U0181230

黄河河道整治

胡一三　江恩慧　曹常胜　曹永涛　张晓华　李永强　著

科学出版社
北　京

内 容 简 介

本书以黄河下游为重点，全面系统地总结黄河河道整治的实践经验，针对黄河情况研究提出一套行之有效的河道整治措施。介绍黄河下游地质、古地理环境，早期黄河、黄淮海平原古水系变化，历史上的决口、改道及河道变迁，洪水灾害，自然与社会环境，以及黄河来水来沙概况等；汇集丰富的河势演变资料，分析不同河段的河势演变过程，研究河势演变规律及畸形河势；概述河道演变的基本特点，记述不同时段、不同河段的河道冲淤演变；总结发展了黄河河道整治措施，分别对整治必要性、整治方案、原则、工程布局、建筑物结构、发展历程及工程结构现场试验等进行研究并用于河道整治实践；论述河工模型试验，并对其在黄河河道整治实践中与河道整治基础研究中的应用进行全面总结；概述黄河下游河道整治的效果与作用；简述黄河上游宁蒙河段的河道整治；针对河道整治目前尚属以经验为主的学科情况，专门对河型成因与转化、河弯流路方程，以及“河行性曲”“大水趋直、小水坐弯”和“畸形河弯”的机理进行研究或探索。

本书的主要读者对象为从事河道整治、河床演变、防洪、防汛、泥沙、工程管理、模型试验等专业的水利工程技术人员及科学技术研究人员，并可供相关大专院校师生及关心黄河治理开发的同仁们参考。

图书在版编目（CIP）数据

黄河河道整治 / 胡一三等著. —北京：科学出版社，2020. 5

ISBN 978-7-03-062780-3

Ⅰ. ①黄…　Ⅱ. ①胡…　Ⅲ. ①黄河-河道整治　Ⅳ. ①TV882.1

中国版本图书馆 CIP 数据核字（2019）第 238019 号

责任编辑：杨帅英　张力群 / 责任校对：何艳萍
责任印制：肖　兴 / 封面设计：图阅社

科学出版社出版
北京东黄城根北街 16 号
邮政编码：100717
http://www.sciencep.com
北京通州皇家印刷厂印刷
科学出版社发行　各地新华书店经销
*
2020 年 5 月第　一　版　开本：787×1092　1/16
2020 年 5 月第一次印刷　印张：59
字数：1 400 000

定价：560.00 元

（如有印装质量问题，我社负责调换）

作者简介

胡一三，男，1941 年 2 月生，河南鹿邑人，1964 年毕业于天津大学。教授级高级工程师，享受国务院政府特殊津贴专家。曾任黄河水利委员会副总工程师、科学技术委员会副主任，华北水利水电大学兼职教授，治黄科技拔尖人才，国家抗洪抢险专家。全国水利系统先进工作者，全国农业科技先进工作者。

主要从事河流防洪、河道整治、防汛防凌及科技管理工作；主持、参与编制黄河防洪规划、设计，参加防洪工程的建设与管理。1998 年长江特大洪水期间，任国家防总抗洪抢险专家组组长，赴长江抗洪抢险，并参加了长江九江堵口工作。2001 年 7 月作为专家参加"国务院广西抗洪抢险工作组"，赴广西协助指导南宁市抗洪抢险工作。2003 年 9 月任黄河防总抗洪抢险专家组组长，赴渭河抢险堵口。胡一三先生理论联系实际，实践经验丰富，创造性地解决科学技术问题。在学术上有创新，根据黄河的特点和实践，在难以整治的游荡性河段，提出并采用了微弯型整治方案，为改善工程布局创立了整治工程位置线，在一处河道整治工程布局上优选出连续弯道式，为解决控制中水河势与宣泄大洪水的矛盾，创立并确定了排洪河槽宽度，设计了椭圆头丁坝，改变了原坝型不适应加高特点的弊端。上述成果在防洪工程建设中均被采用。"黄河下游游荡性河段整治研究"1998 年获国家科技进步奖；"小浪底水库运用初期防洪减淤运用关键技术研究""黄河河道整治工程根石探测技术研究与应用"分获 2004 年、2010 年水利部大禹科学技术奖；"堤防工程新技术研究"1997 年获水利部科技进步奖；1992 年《黄河防洪志》分获中宣部"五个一工程"奖和第六届中国图书奖；1994 年"黄河下游防洪减灾对策建议"获中国科协优秀建议奖；1999 年《黄河防洪》获全国优秀科技图书奖。

著有《黄河下游游荡性河段河道整治》《中国水利百科全书·防洪分册》《中国江河防洪丛书·黄河卷》《黄河防洪志》《黄河防洪》《河防问答》《黄河河防词典》《黄河埽工与堵口》《小浪底水库运用初期三门峡水库运用方式研究》《三门峡水库运用方式原型试验研究》《黄河高村至陶城铺河段河道整治》《黄河水利科技主题词表》《黄河堤防》《胡一三黄河治理琐议笔谈》等专著，发表《悬河议》等百余篇论文。

序　一

黄河治理历史悠久。1946 年人民治黄之前，受经济、技术、材料和对黄河认识水平的制约，历代王朝虽投入大量人力、物力和财力，但黄河仍决口改道频繁。人民治黄以来，在中国共产党的正确领导下，经过广大治黄人的不断探索与工程实践，黄河治理取得了巨大成效。

1949 年黄河发生大洪水后，为了确保下游防洪安全，1950 年即开始在济南以下进行河道整治试验，成功后先在弯曲性河段进而在黄河下游推广，河道整治工程成为黄河防洪工程体系的重要组成部分。半个多世纪以来，通过河道整治稳定了河势，达到了控导河势的目的，在确保黄河防洪安全中发挥了重要作用；并且提高了引水保证率，为两岸农业增产、城市生活、工业发展做出了重大贡献；黄河下游滩区居住着一百余万人，整治前常受塌失耕地、村庄掉河之苦，河势稳定后避免了塌村，减少了塌滩。黄河下游河道整治取得了世人瞩目的成绩。20 世纪末以来下游河道整治经验又在黄河上游及部分支流推广。

回顾黄河下游河道整治历程可以发现，在黄河河道整治中尊重实践经验、坚持工程实践与科学研究相结合、坚持实践是检验真理的唯一标准，从工程实践中发现问题，在整治中不断改进完善。自 20 世纪 50 年代开始，黄河下游进行了系统的河势及河道冲淤演变原型观测，积累了丰富的资料，通过分析总结，提炼出河道整治的技术参数和治理模式。同时，深入开展黄河下游河道整治基础理论研究，探索河床演变和河势变化的基本规律与机理。自 20 世纪 90 年代开始，黄河水利科学研究院分别利用“花园口至东坝头河道动床模型”“小浪底至苏泗庄河道动床模型”等 10 余个大型河工模型，进行了不同水沙条件、不同工程布局条件下的河道整治方案检验与优化试验。这些为黄河下游河道整治提供了科学技术支撑。

《黄河河道整治》一书，是对半个多世纪黄河河道整治工程实践和科学研究的系统总结。该书在总结分析黄河下游河道冲淤演变、河势实况及演变特性的基础上，详细论述了黄河河道整治措施，包括河道整治必要性、整治方案、原则、工程布局、建筑物结构、发展历程及工程结构现场试验等，总结了微弯型河道整治方案的形成、发展、完善过程，论述了河工模型试验及在黄河河道整治实践中的应用，简述了黄河下游河道整治的效用及上游宁蒙河段的河道整治；针对河道整治目前尚属以经验为主的学科情况，专门对河型成因与转化、河弯流路方程，以及“河行性曲”“大水趋直、小水坐弯”、畸形河弯的机理进行了研究或探索。

该书第一作者胡一三同志，自 1964 年大学毕业到黄河水利委员会工作起，50 余年来一直从事黄河下游河道整治工作，是黄河下游河道整治的主要参与者，推动了黄河下游河道系统整治的理论研究，为黄河下游河道整治的工程建设、总结提高、理论研究做出了卓越贡献。如今，胡一三同志退而不休，仍为黄河治理辛劳忙碌，是我们当代治黄人员学习的楷模。江恩慧等一代年轻人秉承老一辈治黄人的优良传统，多年持续攻关，先后开展了治黄重大项目“黄河下游游荡性河道河势演变机理及整治方案研究”、水利部科技创新项目“黄河下游河道均衡输沙关系与游荡性河道整治理论研究”、国家自然基金重点项目“游荡性河道河势演变与稳定控制系统理论”等研究，从机理层面进一步发展了黄河下游河道整治理论。该书是几代治黄人为黄河河道整治做出巨大贡献的集成。

当前，全体治黄工作者正高举习近平新时代中国特色社会主义思想伟大旗帜，为奋力夺取新时代治黄改革发展新胜利而奋斗。相信该书的出版，将对保证黄河防洪安全、探索黄河水沙规律等起到积极的指导作用！

韩英为

2018 年 11 月 20 日

序　二

黄河流域是中华民族的发祥地，黄河哺育了中国灿烂的古代文明。但黄河也是一条“害河”，巨量泥沙沉积在下游河道，形成“悬河”。历史上黄河决口改道频繁，给两岸人民带来深重灾难。为防御洪灾，早在春秋战国时期，黄河下游已普遍修筑堤防，在此后漫长的历史时期，伴随着黄河频繁的决溢改道，防御黄河水患成为历代王朝的大事，不断投入大量人力、财力，修筑堤防、抢险、堵口。1946 年人民治黄以来，多次编制、修订黄河治理规划，注重调查和科学技术研发，进行大规模的防洪工程建设，战胜了历次洪水，确保了黄河防洪安全。

1949 年抗洪抢险的实践经验使人们认识到即使在济南以下的窄河段，单靠两岸堤防和险工，难以保证黄河下游防洪安全。为此，从 1950 年开始进行以防洪为目的的河道整治工程试验，继而在弯曲性河段推广，经受了 1957 年、1958 年大洪水的考验，后经调整、续建，修建的河道整治工程已控制了河势。在总结弯曲性河段经验的基础上，1965～1974 年重点对过渡性河段进行河道整治，经过完善现已基本控制了河势。黄河下游游荡性河段河势变化速度快、幅度大，尽管 20 世纪 60 年代以后逐步修建了部分河道整治工程，但能否进行整治、能否控制河势，一直是个有争议的话题。该书作者胡一三等在“八五”科技攻关期间，首次系统分析了黄河下游游荡性河段河势演变的特性及规律，论述了河道整治的必要性，提出了游荡性河段河道整治方案、原则、措施，初步建立了系统的河道整治理论，创立了“整治工程位置线”“排洪河槽宽度”，提出并实施了“微弯型整治方案”，对黄河下游的河道整治起到了直接指导作用。20 世纪 90 年代开始加快游荡性河段河道整治步伐，按照微弯型整治方案修建控导工程和险工，河势游荡范围明显减少，河势向稳定发展，有一半游荡性河段河势得到了初步控制。20 世纪末，特别是小浪底水库运用以来，进入黄河下游的水沙过程发生了很大变化，黄河下游河道整治工程适应性问题引起了人们的关注。为此，进入 21 世纪后又对游荡性河段河道整治开展进一步研究。在理论方面，首次运用紊动猝发、次生环流等理论和三维数模模拟，研究了“河行性曲”“大水趋直、小水坐弯”“河弯蠕动”等河势演变现象的机理，初步建立了黄河游荡性河道河弯流路方程，为整治方案研究与工程布局奠定了理论基础；在工程布局方面，基于上百组次模型试验成果和原型统计分析，确定了河弯半径、工程密度等技术参数，提出了一套符合河床演变特征和河势演变规律的游荡性河道进一步整治技术指标，丰富了黄河河道整治理论。

1950 年以来，黄河下游的河道整治从无到有，从易到难，从被动抢险到主动控导河势，从减少灾害到减灾兴利结合，从一处工程防守到综合考虑上下弯工程，从局部河段到黄河下游，按照实践第一的观点，不断总结河道整治的经验教训，理论与实践相结合，进行科学研究与模型试验，依照成功的实践经验及科研试验成果指导河道整治工程建设。经过半个多世纪的实践—认识—再实践的不断探索，建成了黄河下游以控导工程、险工为主体的河道整治工程，形成了一套系统的多沙河流河道整治理论体系，促进了河道整治学科的发展，在确保黄河下游防洪安全中发挥了重要作用。

该书是黄河水利委员会河道整治工程建设和科学研究的智慧结晶。全书在分析黄河下游河势及河道冲淤演变的基础上，全面系统总结了黄河下游河道整治从创建到推广发展的实践历程、河道整治体系及整治经验、技术方面的不断创新、科研试验成果及其在整治实践中的应用等。相信该书的出版，不仅能够促进河道整治进程、丰富河道整治学科内容，而且能为国内以至世界上其他多沙河流的河道整治提供有益的借鉴。

2018 年 11 月 15 日

前言

我于 1964 年天津大学毕业后，分配到黄河水利委员会（简称“黄委”）工作，在大学学习的是河川枢纽及水电站的水工建筑专业，到黄委工务处后从事防洪、防汛、河道整治方面的工作，这是在水利范围内的小改行。为了完成工作任务，除利用业余时间学习专业知识外，还注重在实践中学习，以适应工作需要。50 余年来，除“文化大革命”期间的 1969 年 11 月至 1971 年 11 月在黄委河口村水库设计组从事水工专业的工作外，其余均主要从事防洪、防汛，尤其是河道整治方面的工作。

黄河是世界上著名的多沙河流，也是最难治理的一条大河。黄河下游历史上洪水灾害严重，以“善淤、善决、善徙”闻名于世。从周定王五年（公元前 602 年）至 1938 年郑州花园口扒口的 2540 年中，有记载的黄河决口年份就有 543 年，有些年决口数次至数十次，共达 1590 余次，素有“三年两决口”之说，每次决口都会给沿岸人民带来深重的灾难，历代王朝注重黄河治理。中华人民共和国成立的 1949 年，黄河发生了大洪水，沿黄人民经过艰苦的抗洪斗争，战胜了接连发生的险情，洪水安全入海。在与洪水斗争的过程中人们认识到，即使在堤距很窄、河床土质黏粒含量高的济南以下的弯曲性河段，若仅靠加高加固两岸堤防，不采取控制河势措施，堤防、险工依然会频频出险，防洪仍将处于十分被动的状态。因此，为了限制河势变化，控导主溜，从 1950 年开始就在较易进行河道整治的济南以下河段试办河道整治，取得成功后逐步进行了推广。

河道整治，是指按照河势演变规律，因势利导，调整、稳定河势，改善水流、泥沙运动和冲淤部位，扩大过水断面，以适应国民经济多部门要求的工程措施。通过河道整治防止堤防冲决，并利于灌溉及城市供水、航运交通、滩区居民的生命财产安全等。

在有计划地进行河道整治之前，黄河下游的河势演变迅速，横向摆动幅度大，纵向传递速度快，还经常出现畸形河弯、横河等直接危及堤防安全的河势。不同河段有不同的河势演变特点，加之河床土质条件由上而下的趋势性变化，还有因不同洪水，不同含沙量、不同地形条件下河道淤积的差异性都会影响河势变化，因此，要掌握河势演变规律绝非易事。为了掌握河势及其演变特性，从 20 世纪 50 年代开始，黄委、省河务局、地区修防处（现河务局）、县修防段（现河务局）都要进行河势查勘，积累文字及河势图资料，县修防段每个月月初进行河势查勘，洪水期各级还要增加查勘次数，这为河道整治积累了宝贵的资料。在总结河势演变规律的基础上，由易到难，分河段进行了河道整治。由于河道整治涉及的自然因素多，目前河道整治还是一个以经验为主的学科，单靠分析计算、照搬其他河流的河道整治办法，是难以取得成功的。按照实践第一的观点，尊重实践，勤于思考，总结经验，分析规律，注重试验，逐步推广，不断提高河道整治水平。从河道整治实践中总结出微弯型河道整治方案及河道整治原则，继而又指导继续进行的河道整治工作。

黄河下游半个多世纪进行的河道整治已经取得显著效果。弯曲性河段已经控制了河势；过渡性河段已经基本控制了河势；游荡性河段明显缩小了游荡范围，并约有一半以上的河段初步控制了河势。河道整治在防洪、引水、滩区群众生产生活等方面都取得了显著成效。黄河下游的河道整治经验推动了黄河流域河道整治的进展，上游防洪任务较重的宁夏内蒙古河段，从 20 世纪 90 年代后半期开始，也进行了较大规模的河道整治，并已取得初步成效。

本书作者均是长期从事河道整治及相近学科的人员。几十年来研究、总结提炼出不少有关河道整治方面的成果，有些已发表在各种杂志上，并出版了多部专著，如《黄河下游游荡性河段河道整治》（胡一三等）、《黄河高村至陶城铺河段河道整治》（胡一三、曹常胜等）、《黄河下游游荡性河段河势演变规律及机理研究》（江恩慧、曹永涛等）、《黄河水沙特性变化研究》（李勇、张晓华等）。本书试图对黄河河道整治进行全面总结，为了保持本书的全面性、系统性，书中包含了一些作者已有论文及专著的内容。

本书以黄河下游为重点，力图如实反映黄河河道整治的发展实况，全面系统地论述黄河河道整治。本书分为 8 篇 40 章：第一篇为古黄河及与河道整治有关的黄河概况；第二篇、第三篇为黄河下游的河势演变及河道冲淤演变；第四篇至第六篇为河道整治措施、河工模型试验在河道整治中的应用和河道整治的效用；第七篇对黄河上中游河段的河道整治进行简要论述；第八篇对河型、“河行性曲”、畸形河弯等进行理论研究与探索。撰写过程中，注重本书的资料性和实用性。认真回忆亲身经历的河道整治过程、整治过程中遇到的技术问题及社会问题的解决情况，用丰富的资料反映：黄河河势演变过程及其规律，黄河河道整治创建、发展、完善的实际过程及工程修建概况，河道整治建筑物的结构及其演变，力求如实反映黄河河道整治的全貌。使阅读本书的人，不仅能从技术方面了解黄河河道整治，还可看到黄河河道整治的不断总结、不断创新过程，并可获取河道整治方面的大量技术资料。

黄河下游游荡性河道尚有部分河段的河势未得到初步控制，其他河段的河道整治工程还需要完善；上游河段及主要支流河道整治的任务还很大。今后本书若能对从事河道整治工作的同行们有一定的参考、借鉴作用，将是我这个从事防洪、防汛、河道整治 50 余年治黄老兵的最大欣慰。

由于本书撰写时间长，各章内容截止时间不同，敬请读者见谅。

中国工程院院士韩其为，中国人民政治协商会议全国委员会常委、中国科学院院士王光谦，在百忙中拨冗分别为本书作序，作者衷心表示感谢。

本书在撰写的过程中，得到了从事河道整治工作同行们的大力支持和帮助，有的提供了资料，有的协助制图，有的为书稿提出修改意见，特别是张清、周景芍、张敏、刘筠、尚红霞等同志，在此深表谢意。本书经过 10 年的撰写过程，有的二易其稿，有的三易其稿，但由于作者水平所限，谬误及不当之处在所难免，敬请广大读者批评指正。

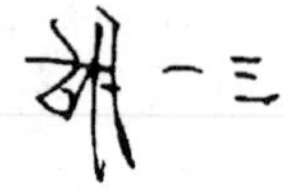

2018 年 11 月 25 日

目　　录

第三篇　黄河下游河道冲淤演变

第四篇　黄河下游河道整治措施

第五篇　河工模型试验在河道整治中的应用

第六篇　黄河下游河道整治的效用

第七篇　黄河上中游河道整治

第八篇　研究与探索

第一篇　绪　　论

第一章 古 黄 河

一、黄河下游地区地质构造概况

华北平原为古老地块，是太古与早元古代褶皱回返成陆，并经多次构造运动固结硬化而成为刚性地体。经多次构造运动，形成以现黄河为界，分为南北两个断落块体。北部断块壳层厚 32～34km，南部断块壳层厚 34～36km。华北地区构造活动方式与主要特点为：①中元古代前为水平运动，构造表现形式以地层挤压褶皱变形为主。②中元古至古生代，域内地壳大体处于稳定状态，但存在缓慢升降运动。③中生代时，早期地壳仍较稳定，只有局部产生坳陷，至晚期则以水平运动为主，中生代及其以前沉积的盖层均发生褶皱变形，且伴随有强烈的断裂变形，平原北部、南部出现众多的断陷。④新生代时，区域地壳以垂直运动为主，表现形式为张裂活动，总的讲是平原下降，外围山地隆升，且断裂活动也不均匀，北部下降占主导地位（国家海洋局第一海洋研究所，1984）。

关于华北平原晚近期构造活动方式与地壳变形，戴英生先生进行过深入研究，主要内容如下。

（一）新生代以来黄淮海平原构造活动方式

始新世以来，西太平洋板块多次向亚洲大陆板块俯冲，引起华北陆块向东南方向滑动，产生一系列的张性裂谷。构造转折点以黄河为界，北部海黄平原沉降带为裂谷，属于大华北裂谷体系的组成部分，称海黄裂谷；南部黄淮平原为相对抬升的断裂块体，称黄淮抬升断块。

海黄裂谷四周以深断裂或大断裂为界：北为燕山南麓大断裂，南为泰山北麓与黄河南岸大断裂，西为太行山东麓深断裂，东为郯庐深断裂（渤海东侧深断裂）。新生代以来，上述诸断裂均转化为正断层或张剪性断层，而且，下盘均位于裂谷一侧。因此裂谷的总体活动方式是下沉。新生代以来海黄裂谷发育特点是：早期（古近纪），水平扩张与垂直差异活动强烈；中期（新近纪），整体断落下沉量增大，各构造部位垂直差异活动强度减小；晚期（第四纪），南北两段裂谷活动方式是北段扩张，下沉幅度大，南段收敛，沉降幅度减小，两者的垂直运动差别大。

黄淮断块为古老断块，也称河淮地核。边缘多被断裂切割，北侧以大断裂与海黄裂谷及泰山隆起为界，东侧南侧以深断裂分别与扬子陆块及大别褶皱带为界，西侧无连续性大断裂，以缓坡与伏牛隆起连接。中新世前断块以隆升为主，唯有周口、商丘地区呈块状陷落；晚新生代以来出现大面积拗陷下沉，但下沉并不连续，曾多次出现隆升回返。

据新生代地层发育状况与构造活动特点分析，黄淮断块形成时代晚于海黄裂谷，构造活动方式，海黄断块为扩张裂陷和挤压隆升回返的裂谷式运动，黄淮断块为块断运动，以垂直隆升为主。

（二）黄淮海平原现代地壳形变特征

区域地壳缓慢形变过程，是地壳深部能量的聚集过程，也是大地震的酝酿过程。当能量聚集到足以突破围岩的抗阻力时，就会突然释放，产生破坏性地壳形变，平原地区多次发生的大地震，就是这种构造活动方式的反映。

黄淮海平原自 11 世纪以来，共发生 6 级以上灾害性地震 35 次，平均不到 30 年就发生一次，且主要集中于海黄裂谷。裂谷北段为 7 级以上地震的集中发震区，20 世纪发生 6 级以上地震 15 次，其中 13 次发生在裂谷北段，海黄裂谷处于破坏性地震的高发期。

断裂性破坏变形为平原地壳缓慢形变的另一表现形式。黄淮海平原受西太平洋板块俯冲影响，平原边深断裂与大断裂处于活动状态，而且北西西向和北东东向派生断裂也多有继续活动者。

据国家地震局 20 世纪 50～80 年代地形变资料分析，平原周边山区长期处于隆升状态，年平均垂直形变速率为 2～5mm/a。总的变化趋势是南部山区上升缓慢，垂直形变速率小；北部山区上升快，垂直形变速率大，如泰山、燕山和太行山北段多年平均值约为 5mm/a。

平原区南北两个构造块体形变差异明显。南部黄淮断块形变趋势以上升为主，特别是断隆，均呈上升趋势，年均垂直形变速率为 3mm/a 左右；断陷呈下降状态，年均垂直形变速率为-1～-2mm/a。北部海黄裂谷，地壳形变趋势总的讲是下沉的，但裂谷带和断裂带的垂直形变速率不同，裂谷带一般为-1～-3mm/a，开封、济阳、黄骅、饶阳等裂槽地为-5mm/a；断隆带一般为 0～2mm/a。

二、古地理环境演化

影响古地理环境演化的因素主要为新构造运动和古代气候变化，以及由此引起的古地形、古水文网的变化。叶青超等根据《黄淮海平原第四纪岩相古地理图》（邵时雄和王明德，1989）的研究成果，编制了第四纪时期黄河下游古地貌图，对不同年代地理环境演化进行了概述（参见《黄河防洪》），以便从宏观角度了解地质时期黄河下游平原形成和演变的概况及黄河发育的脉络。

（一）早更新世古地理

距今 250 万～70 万年为早更新世时期，黄河、淮河两大河流尚未形成。平原周边山地上升，并遭受强烈的侵蚀和剥蚀作用，凹陷盆地下降，山前堆积形成冲洪积扇及冲积平原，而在盆地中部，地势低洼积水，自南至北形成长条状开放形的湖泊洼地，河流从不同方向汇入，并堆积若干河湖三角洲（图 1-1）。当时，现在苏北平原一带由山地分隔形成另一个水系网系统。

（二）中更新世古地理

距今 70 万～15 万年为中更新世时期，周边山地继续上升和侵蚀剥蚀，山坡后退，平原相应扩张。现黄河与沂沭河地区之间的山地分水岭，在两边溯源侵蚀作用下，缩小变窄，坳陷盆地继续下降。此时中游的黄河自豫西山口进入盆地，流向东北。黄河自孟津出山口后，泥沙堆积，冲积扇初具规模，北抵大名，南达杞县，东越开封。在黄河冲积扇扩大和

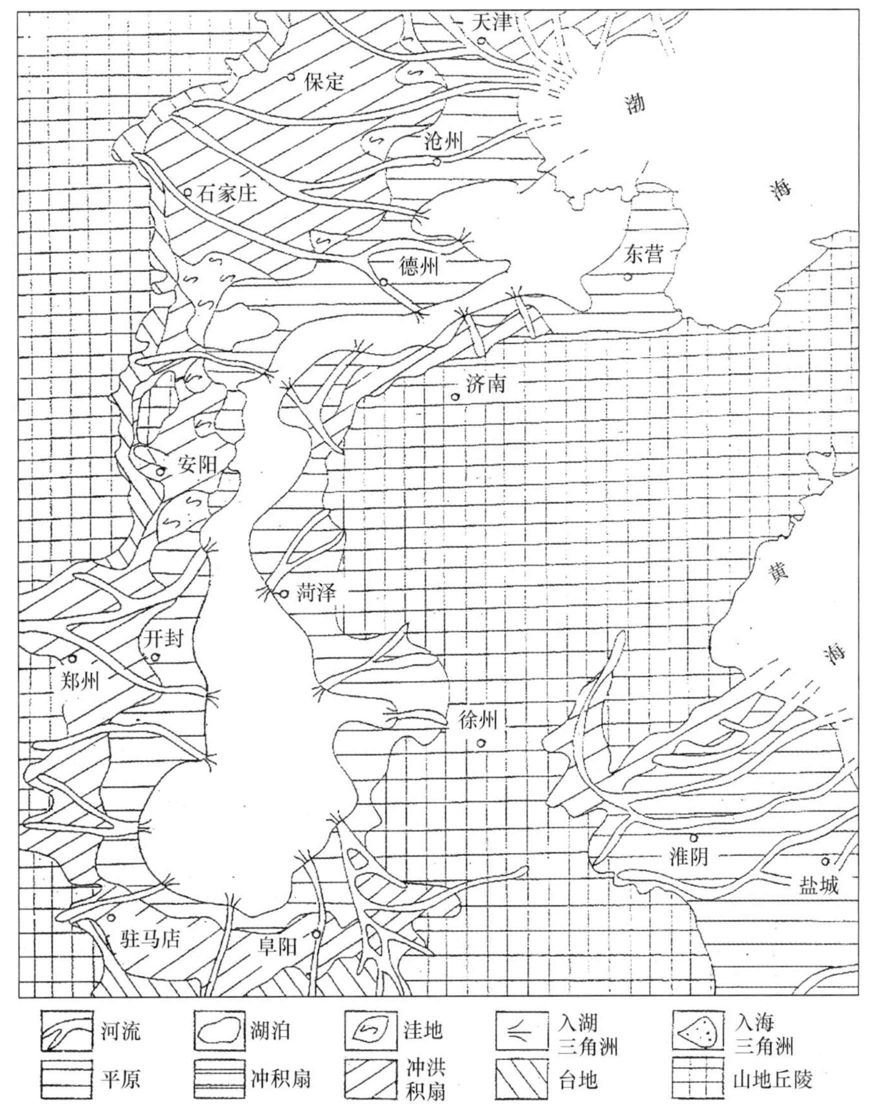

图 1-1　早更新世黄河下游地区古地貌图

河道分流泥沙沉积的影响下，早更新世时期的湖泊洼地面积缩小，且东移至临近徐州和阜阳等地（图 1-2）。

（三）晚更新世古地理

距今 15 万～1.2 万年为晚更新世时期，鲁、苏、皖地区侵蚀剥蚀作用强烈，山坡后退迅速，徐州以南地带，山地侵蚀殆尽，仅残存一些分割展布的丘陵了。与前相比，古地貌和古水文网的格局均发生了较大的变化。

当时黄河与沂沭河水网开始相互连通，形成黄河向东南注入黄海的又一入海通道（图 1-3）。随着黄土高原的泥沙不断由黄河输移至孟津以东地区，黄河冲积扇的沉积相应加剧，并向南北两翼延伸，南翼达到安徽淮南、蚌埠、固镇、五河一带；北翼前缘超过河南内黄、清

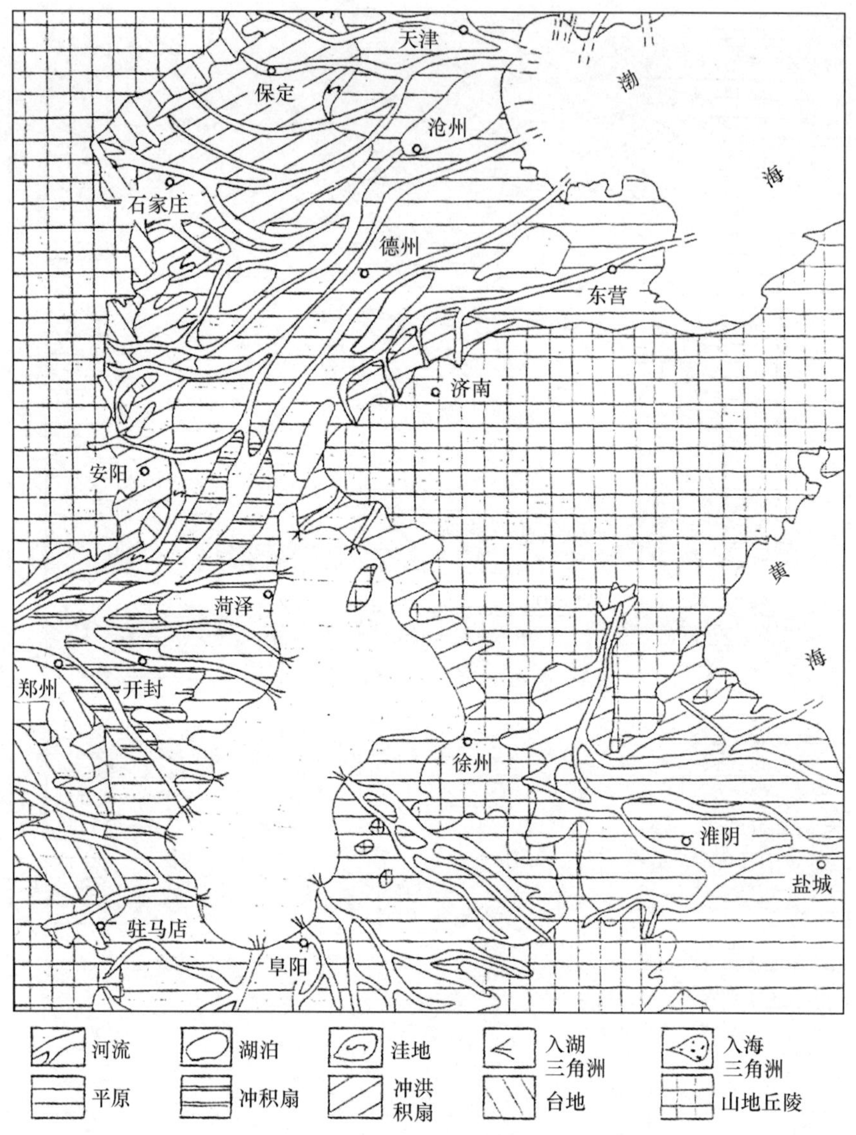

图 1-2　中更新世黄河下游地区古地貌图

丰，山东聊城、东明、鄄城；东达山东曹县、定陶附近。中更新世时期的湖泊洼地，面积相应缩小，阜阳、蚌埠、五河一线以南的湖洼地一起形成规模很大的扇前湖洼地（图 1-3）。

晚更新世晚期，气候干冷，出现末次冰期，海平面大幅度下降，海退东移，当时的黄海和渤海均为陆地，黄河下游地区已为距海洋很远的平原腹地。

（四）全新世古地貌

距今 1.2 万年开始进入全新世时期，末次冰期结束，气候转为温暖，海平面相应回升。至距今 6000 年时，黄海、渤海恢复水域，平原复又以黄海、渤海为邻。进入全新世以来，尤其是进入全新世中期（距今 3000 年）以来，黄河中游地区的黄土高原，在自然侵蚀的基础上，由于人类活动的影响，加剧了土壤侵蚀，致使黄河输移到下游地区的泥沙量增大。由于泥沙淤积，黄河决口改道频繁，南北往复迁徙，入海三角洲扩大（图 1-4）。

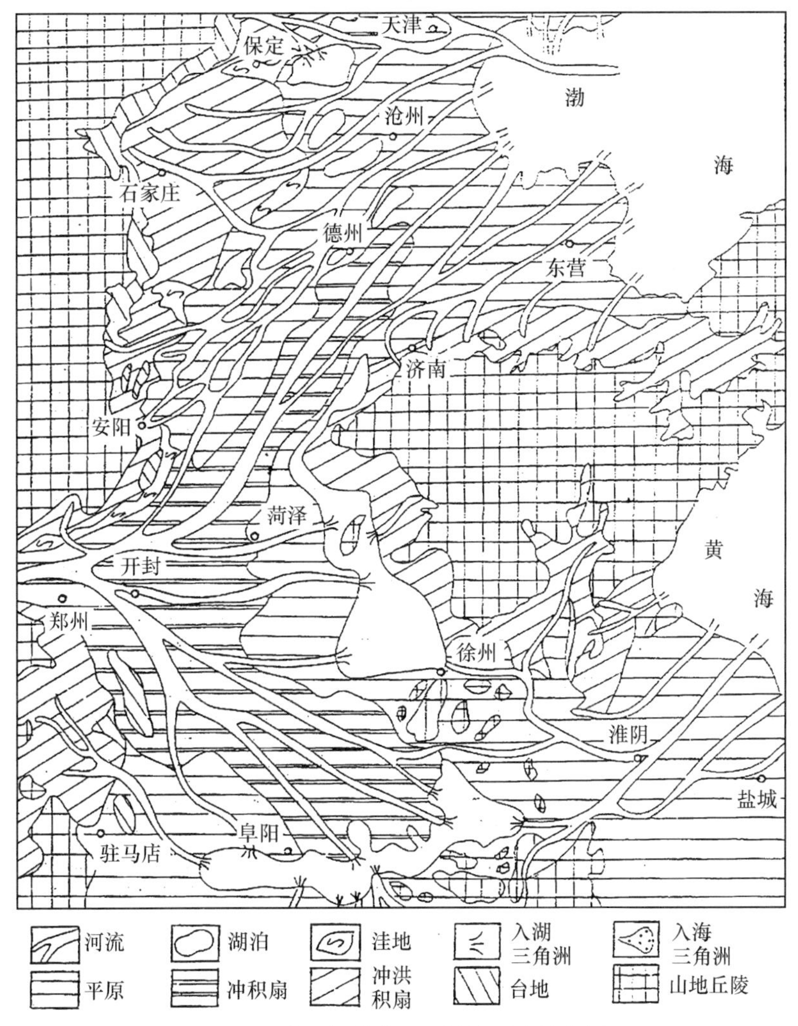

图 1-3　晚更新世黄河下游地区古地貌图

三、早期黄河

戴英生从地质角度进行研究，并绘制了下游古地理图。

（一）形成初期

中更新世末期至晚更新世初期，区域地壳隆升回返，湖泊为之收缩，河口排水基准面相对降低，河流下切，溯源侵蚀加剧。致使位于太行山东麓诸裂谷湖、河系开始串通，成为统一的大河，这是河流的发展时期，黄河下游在此时诞生。该时期，气温升高，海洋水面不断上升，太平洋海域大量扩张，海水入侵至今渤海海域。此时诞生于古内陆湖盆水系的古黄河，开始注入古渤海，成为海洋型水系。这是黄河发展史上一个很关键的演变时期。同时，中上游黄河也与之贯通，并且，发源于太行山的诸多水系及伊河、洛河等也于此时汇入黄河，成为古黄河的主要支流。就流域面积、河流长度、水量等方面，此时之黄河已居中国北方河流之首，这是黄河发展演化的昌盛时期。

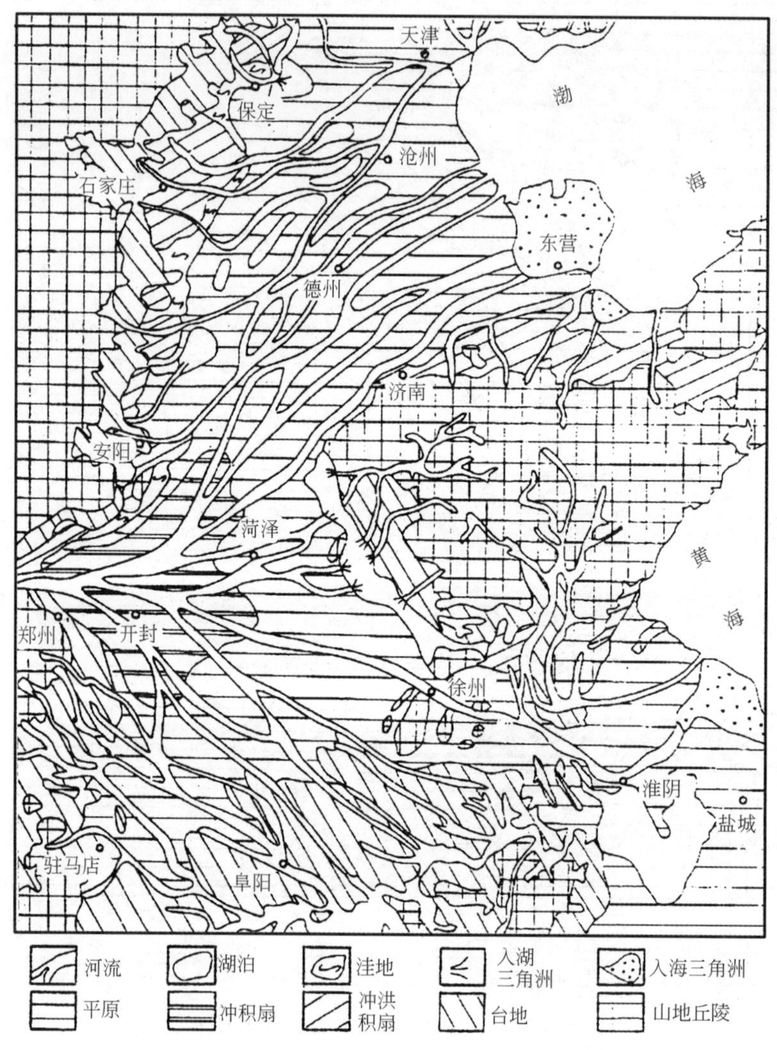

图 1-4　全新世黄河下游地区古地貌图

下游河道的流路为，自今河南武陟县境绕太行山南缘倾伏端，沿山体东麓流入大海，大体是后来禹河流路。该河道已被后期发育的河流沉积物淹埋或被人工破坏，但还残存一些古河道形迹。戴英生曾于 20 世纪 90 年代初对古河道进行了实地调查，并绘制成图（图 1-5），载于《黄河防洪》（胡一三，1996）。

黄河勘测规划设计有限公司从事地质工作的同志认为，黄河干流约在晚更新世初期全线贯通。在贯通之前，发育着多个彼此分隔的内陆湖盆水文系统，主要有上游的鄂陵湖盆、扎陵湖盆、共和湖盆，中游的银川湖盆、河套湖盆、三门湖盆和下游的冀、鲁湖盆。早更新世、中更新世期间，各湖盆多为内陆向心水系，汇水于本湖盆，主要堆积了湖相或河湖相层，只是在山前有洪积物。由于各湖盆所经受的新构造运动的强弱和性质不同，致使它们的沉降幅度不均衡，堆积物的厚度也各异。可能在中更新世末期，青藏高原持续抬升，鄂陵湖、扎陵湖区西部抬升较剧，迫使水流沿着活动断裂所开辟的通道向东流去，被岷山堵截，大约在晚更新世初期转向北西西进入共和湖盆，约在同时或稍早，共和湖盆的水流

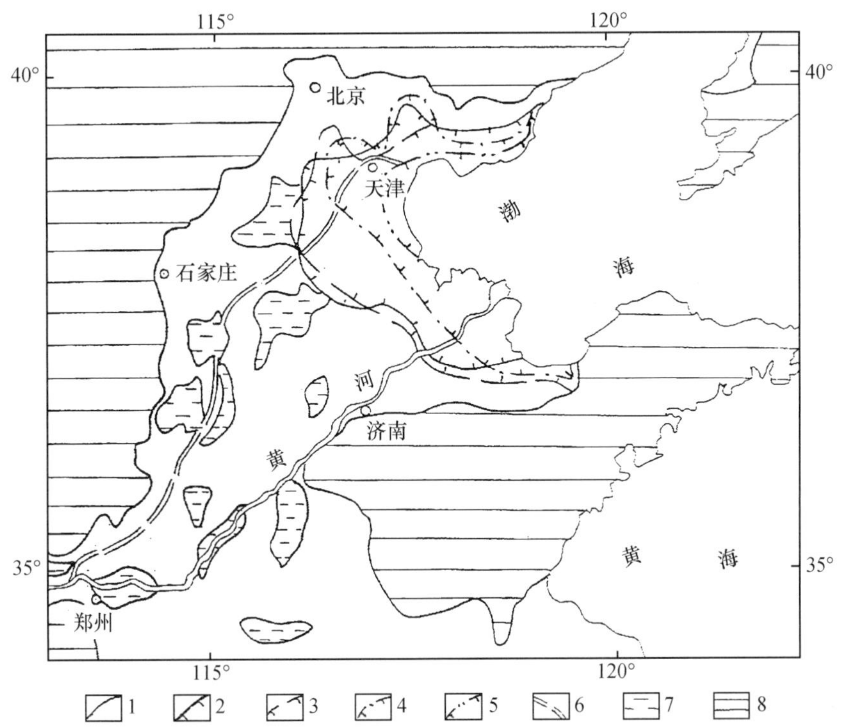

1.古渤海海岸线；2.晚更新世早期（距今10万～7万年）岸线；3.晚更新世晚期（距今5万～2.3万年）岸线；4.早、中全新世（距今1万～0.4万年）岸线；5.晚全新世早期（商末周初）岸线；6.古黄河（禹河）；7.古湖泊；8.基岩山地

图 1-5 晚更新世至晚全新世早期黄河下游古地理略图

也向东刻切，形成龙羊峡、刘家峡等峡谷，几经下跌而达兰州，继而向北东穿越早已形成的桑园峡、红山峡、黑山峡与银川湖盆之南部（卫、宁地区）相沟通，进而越青铜峡西北入银川湖盆中心。根据资料银川湖盆的古黄河“早更新世已具雏形，中更新世初期具一定规模”。由于宁夏南部地区抬升运动较北部强，水流继续北流入河套湖盆，受阻于阴山山脉，折而东去托克托，成为过湖河，又为吕梁山围拦，难以外泄。约在晚更新世初期，喜马拉雅运动在整个板块范围内的强烈断块升降，造成了中国地形由西向东降落的巨大高差地形的新特点，迫使水体向动水环境转化，湖泊开始联通，湖水开始流动，形成新的河流。这些河流在隆起地带下切，形成峡谷，因此成为早于地形形成的“先成谷”。在这一阶段即出现了黄河的雏形，并向南切开分水岭，下壶口越龙门汇入三门湖盆，三门湖盆的汇水河流除黄河外，还有汾河、渭河水系。早在上新世末期即形成由汾河、渭河、黄河汇入的三门湖盆，早更新世的湖相环境，到中更新世逐渐改变为河湖相环境，同时由于汾河各小盆地贯通，汇水下泄，增强了河流相特色。根据有关资料，约在中更新世末三门峡被切开，湖水向东直泄冀、鲁湖盆经由山东聊城—高唐—陵县—乐陵至河北海兴入海。

吴忱等（1991）曾确定河北省境内禹河底界埋深 45～60m，在埋深 30～45m 淤泥层取样进行 C^{14} 测定，测出距今 4.2 万年。河南省地矿厅水文地质二队黄河研究组，于 20 世纪 80 年代末在孟津县全义镇黄河第二级阶地（此段黄河仅发育两级阶地）底部堆积层取样进行热释光测定，其年龄距今 9.9 万～8.8 万年。

由上述得出，禹河形成发育始于晚更新世初期，距今 15 万～10 万年。晚更新世至全新世早期，区域古地理环境不断演变，古黄河也随之发生变迁。

（二）古渤海变迁影响

黄河演化成海洋型水系后，海洋变化就会对其产生很大影响，黄河的进退直接受到海平面升降的控制。

近 10 万年来古渤海海域变化频繁。按渤海西岸滨海平原埋藏的海相地层研究成果，晚更新世至中全新世古渤海共发生 3 次大规模的海侵。第一次是晚更新世早期，距今 10 万～7 万年，第二次是晚更新世晚期，距今 5 万～2.3 万年，第三次是早全新世至中全新世，距今 1 万～0.4 万年。前两次规模大，边界范围基本相当，西侧古海岸已达今河北省廊坊、固安、雄县（东）、任丘（东）、献县（东）、东光（东）及今山东省乐陵、惠民、商青、寿光、昌邑等地。第三次规模小，西侧古海岸线仅至今河北省廊坊、永清、青县、黄骅、海兴及今山东省无棣（东）、滨州（东）、广饶、昌邑等地。

在此 3 个阶段，随着海平面升高，海域扩大，海岸线后退，使河口段河道水面升高，河道萎缩，不仅使古黄河大幅度后退，而且使泥沙大量淤积，水流旁蚀，河道摆动，河床的不稳定性增强，使河流处于衰退期。

海进之后，出现 3 次大的海退，年代分别为距今 7 万～5 万年、距今 2.3 万～1 万年、距今 0.4 万年。第二次海退幅度最大，在距今 1.8 万～1.5 万年的晚更新世末期，海水已退出今黄海、渤海及东海大陆架，东海古海面较今低 160m。东海海底测量发现，水深 100～160m 海区出现若干古岸坡塑造形成的平坦地形及含淡水生物群落化石的河口三角洲沉积物，尤其是陆架平原北部济州岛以南海区，并采集到黄土状土沉积物（秦蕴珊等，1987）。在海洋调查中还发现黄海东侧海底隐伏由北向南流的古河道（国家海洋局第一海洋研究所，1984）。这类海底古地貌形迹表明，当时东海古海岸线已退至今大陆外缘。同时古黄河大幅度向前延伸，于济州岛西侧入东海。辽河及发源于朝鲜半岛南侧诸水系也成为黄河的支流。这是黄河自形成以来，流程最长，流域面积最大的发展时期。

全新世时，海水面又开始回升，黄海渤海陆架又被海水侵没，黄河相应后退，古河口上移至今河北省文安洼境内。在古渤海第 3 次海退时，大致是晚全新世早期（商末周初），古黄河口又下移至今天津市东北郊入海。

（三）沿程古湖泊演变影响

禹河形成后，沿程穿越众多大小湖泊，其中面积达 1000～5000km^2 的大湖泊有沁阳、大名、肥乡、宁晋、任丘诸古湖。在禹河发育的过程中，这些湖泊发挥了调节作用，洪水期间滞蓄了大量水，同时也沉积了大量泥沙。禹河沿程诸湖的淤积厚度不尽一致。在晚更新世至晚全新世初，禹河各湖段的泥沙淤积厚度为：沁阳湖约 50m，大名、肥乡、宁晋诸古湖 60～70m，任丘湖 80～90m（陈望和等，1987）。湖泊的沉积厚度沿禹河为上小下大，表明河流有很强的输沙能力。从构造活动来讲，禹河大体是从南向北流，华北平原是北部下沉量大于南部，在一个较长时段内，就加大了河流的纵比降，这有利于维持河流的排洪输沙能力。但需要说明的是，由于黄河的泥沙太多，即使面积如此之大的众多湖泊，也经不起黄河长期的淤填，最终都失去了调节能力，难逃萎缩消亡之下场，加之其他因素，禹河也走向衰亡。不难看出单靠湖泊（天然湖、人工湖）拦沙是不能解决黄河泥沙问题的。

（四）山前古洪积扇发展影响

禹河西傍太行山，其发展也受其影响，晚更新世以来，由于太行山不断隆升剥蚀，大量碎屑物随山洪倾泻堆积于山麓，于是在太行山东侧山前地带形成了成群分布的洪积扇群。特别是长年流水的河流，在山口河段冲洪积物不断的堆积叠加，随着时间的推移，形成规模宏大的冲洪积扇。如沁河、淇河、漳河、滹沱河等，均发育成两级冲洪积扇阶地，阶地高差 10m 左右，其形成时代分别为晚更新世及早全新世。

这些位于太行山东麓、以粗粒碎屑物为主组成的多元结构堆积体，自晚更新世形成以来不断向平原推进、扩展，尤其是中新世—全新世之后形成的冲洪积扇，已推进到禹河西岸，有的进入河道，迫使河道东移。从构造活动看，太行山隆升，而平原下降，更有利于冲洪积扇向前推进，从而加速禹河的衰亡。

（五）黄淮海平原古水系变化

从长时期来说，大陆水系网形成发展与调整演化主要受地壳变动和气候变迁的控制。地壳变动可使大陆下沉成为洋海，也可使海洋隆升成陆地，此乃“沧海桑田”说。气候变迁可使地球大气层温度和降水量呈周期性演替，使海洋水量相应增减，海平面也会相应变化。地壳变动和气候变迁对大陆水系网起着控制作用。

就较短的时期来说，自禹河形成以来，黄河数次大迁徙，水系网几度调整组合。下游黄河发育的基本特点也与地壳变动和气候演变有一定的关系，战国之后，黄河下游已成为受人工控制的河流，但自然因素的变化对河流演变所产生的影响，仍然是难以驾驭的。

黄淮海断块为同一构造块体，但南北断块的类型和活动方式有一定差别。北段为裂谷，以裂谷运动为其活动方式，地壳下沉幅度大，境内大型裂谷湖泊多，这为湖泊型水系发育奠定了基础。南部断块，以断块垂直运动为主，因此，中南部产生若干断陷湖，并出现数个内陆湖盆水系，通徐断隆带在北部形成一道构造屏障，成为湖泊北侧河流的发源地。现淮河中游北侧支流即导源于此。

黄淮海平原在早中更新世所形成的内陆湖泊型水系分为两类，一为裂谷型，另一为断陷型。这两种构造类型的湖泊水系，由于晚中更新世末至晚更新世初地壳上升，河流溯源侵蚀增强，各个独立的湖泊水系，彼此互相连通并外排，形成了海洋型河系。

戴英生根据地质勘探资料研究得出，晚更新世至晚全新世早期，组成黄淮海平原古老水系网共有三大河系：一为行河于饶阳裂谷带，入古渤海湾的禹河；二为发源于内黄凸起，流经济阳裂谷带，于古莱州湾入渤海的古济水；三为位于平原南部，入黄海的古淮河。

周定王五年（公元前 602 年），河决宿胥口（今淇河口），斜穿沧内断隆带南段北流，行河于黄骅裂谷带，入渤海湾。这次黄河迁徙，引起黄淮海平原北部水系调整，原流入黄河（禹河）的来自太行山的诸多水系不能再流入黄河，而组成新的海洋水系入海，即海河水系。这样黄淮海平原地区由 3 个水系变成了 4 个水系。

南宋建炎二年（1128 年），为防金兵南犯，人工在李固渡（今河南滑县境）掘堤，改河东南流，造成黄河夺淮 700 余年。同时造成平原水系格局发生巨大变化。古济水被黄河侵夺而淤积消亡，淮河被强占而并入黄河。这样，黄淮海平原仅剩下流入渤海的海河水系和流入黄海的黄（淮）河水系了。

清咸丰五年（1855 年），黄河在铜瓦厢（今河南兰考县东坝头）决口，沿黄骅裂谷带东流，穿越泰山隆起后进入济阳裂谷带，注入渤海，即黄河现行流路。这次黄河迁徙之后，黄河水系与淮河水系分离，黄淮海平原水系再次进行大的调整，成为现今的黄淮海平原三大水系，即流入渤海的黄河水系、海河水系和流入黄海的淮河水系。

参考文献

陈望和，倪明云，等. 1987. 河北第四纪地质. 北京：地质出版社

国家海洋局第一海洋研究所. 1984. 黄渤海地势图（1∶100 万）. 北京：地图出版社

胡一三. 1996. 黄河防洪. 郑州：黄河水利出版社

秦蕴珊，赵一阳，陈丽蓉，等. 1987. 东海地质. 北京：科学出版社

邵时雄，王明德. 1989. 1∶2000000 中国黄淮海平原第四纪岩相古地理图、说明书. 北京：地质出版社

吴忱，等. 1991. 华北平原古河道研究. 北京：中国科学技术出版社

第二章　黄河下游历史上的河道变迁

一、黄河下游堤防决口

春秋时代及其以前，黄河出积石山“至于龙门，南至于华阴，东至于砥柱，又东至于孟津。东过洛汭（今河南巩义洛河入黄处），至于大伾（一说在荥阳，一说在浚县），北过降水（今漳河），至于大陆（大陆泽），又北播为九河，同为逆河，入于海”。其大致流路为由禹门口至华阴到三门峡，经孟津、荥阳、武陟、原阳、浚县、滑县、内黄，再经河北省广宗至巨鹿北（所谓大陆泽）分播九河，由今静海入渤海。这条河最早为《禹贡》所载，后被称为“禹河”。

黄河下游堤防春秋时代已进行建设，战国时代已达一定规模。堤防决口应在修建堤防之后，修堤初期，由于堤防矮小，质量差，一遇洪水，最易决口，但由于文字记载的文献很少，很难找到当时的记述。西汉以后关于黄河决溢的记载才逐渐增多。

（一）唐代以前的决口概况

1. 汉代

汉代河患（黄河水利委员会《黄河水利史述要》编写组，1982），自文帝十二年（公元前168年）决东郡酸枣开始，见于史书记载的有15年16次，大部分在西汉中后期和东汉前期。文帝“十二年冬十二月，河决东郡”（《汉书·文帝纪》）。武帝建元“三年（公元前138年）春，河水溢于平原，大饥，人相食”（《汉书·武帝纪》）。武帝元光三年（公元前132年），“河决于瓠子（今濮阳县西南），东南注巨野，通于淮泗”（《汉书·沟洫志》）。因堵口未成，其后20年未堵。武帝元封二年（公元前109年）后，“河复决于馆陶，分为屯氏河，东北经魏郡、清河、信都、渤海入海”（《汉书·沟洫志》）。元帝“永光五年（公元前39年），河决清河灵鸣犊口，而屯氏河绝”（《汉书·沟洫志》）。成帝建始“四年（公元前29年）……秋，桃李实，大水，河决东郡金堤”（《汉书·成帝纪》）。成帝河平二年（公元前27年），“河复决平原，流入济南、千乘”（《汉书·沟洫志》）。成帝鸿嘉四年（公元前17年），“渤海、清河、信都河水湓溢，灌县邑三十一”（《汉书·沟洫志》）。公元前13年至前12年，“往六七岁（指哀帝元延前六七年），河水大盛，增丈[①]七尺[②]，坏黎阳南郭门，入至堤下，……水留十三日，堤溃”（《汉书·沟洫志》）。平帝元始年间（公元1～5年），“平帝时，河、汴决坏”（《后汉书·王莽传》）。王莽始建国三年（公元11年），“河决魏郡，泛清河以东数郡”（《汉书·王莽传》）。殇帝延平元年（公元106年），“六州河、济、渭、雒、洧水盛长泛溢，伤秋稼”（《后汉书·五行志》注引刘昭案：《袁山松书》）。安帝永初元年（公元107年），“郡国四十一县三百一十五雨水，四渎溢，伤秋稼，坏城郭，杀人民”（《后汉书·天文志》）。安帝建光年间（公元121～122年），“霖雨积时，河水涌溢”；“青、冀之域，淫雨漏河”（《后汉书·陈忠传》）。桓帝永兴元年（公元153年），“秋七月，郡国三十二蝗；河水溢”（《后汉书·桓帝纪》）。

---

① 1丈≈3.33m，下同

② 1尺≈0.33m，下同

2. 魏晋南北朝时期

魏晋南北朝时期（黄河水利委员会《黄河水利史述要》编写组，1982），大部分时间黄河两岸是处在战争不断的年代，由于分裂时间长，统一时间短，关于决口记载的史料不多。魏晋南北朝有较多的大水记载，就当时的堤防状况看，大水时是易于造成决口的。从零星的史料看，魏黄初四年（公元 223 年）、魏太和四年（公元 230 年）、西晋武帝泰始七年（公元 271 年）、汉刘聪麟嘉二年（东晋建武元年，公元 317 年）、前秦苻健皇始四年（东晋永和十年，公元 354 年）、晋末（东晋公元 420 年灭亡，大概在东晋灭亡前几年）、北魏献文帝皇兴二年（公元 468 年）、北魏孝明帝熙平初年（公元 516 年前后）、东魏孝静帝武定元年（公元 543 年）等均发生了决溢。

3. 隋唐五代

隋唐五代时期，黄河下游河道大致与魏晋南北朝一样，河道行水已久，河患增加（黄河水利委员会《黄河水利史述要》编写组，1982），据史料记载，从唐太宗贞观十一年（公元 637 年）至唐昭宗乾宁三年（公元 896 年）的 260 年间，有明文记载的河溢、河决的年份有 21 年：贞观十一年，“九月丁亥，河溢，坏陕州之河北县及太原仓，毁河阳中潬”（《新唐书·五行志》）；唐高宗永徽六年（公元 655 年），“十月，齐州河溢”（《新唐书·五行志》）；唐高宗永淳二年（公元 683 年），“秋七月，己巳，河水溢，坏河阳城，水面高于城内五尺，北至盐坎，居人庐舍漂没皆尽，南北并坏”（《旧唐书·高宗本纪》）；周（武后）如意元年（公元 692 年），“八月，河溢，坏河阳县”（《新唐书·五行志》）；周（武后）长寿二年（公元 693 年），“五月，棣州河溢，坏居民二千余家”（《新唐书·五行志》）；周（武后）圣历二年（公元 699 年），“秋，河溢怀州，漂千余家”（《新唐书·五行志》）；唐玄宗开元十年（公元 722 年），“六月，博州、棣州河决”（《新唐书·五行志》）；开元十四年（公元 726 年），“秋，天下州五十水，河南、河北尤甚，河及支川皆溢，怀、卫、郑、滑、汴、濮民或巢舟以居，死者千计”（《新唐书·五行志》），“八月，河决魏州”（《新唐书·玄宗本纪》）；唐玄宗天宝十三年（公元 754 年），“（济）州为河所陷废”（《元和郡县志·郓州·卢县》）；唐肃宗乾元二年（公元 759 年），“逆党史思明侵河南，守将李铣于长清县界边家口决大河”（《太平寰宇纪·齐州·禹城县》）；唐代宗大历十二年（公元 777 年），“秋，京畿及宋、亳、滑三州大雨水，害稼，河南尤甚，平地深五尺，河溢”（《新唐书·五行志》）；唐德宗建中元年（公元 780 年），“是冬无雪，黄河、滹沱、易水溢”（《新唐书·德宗本纪》）；唐德宗贞元二年（公元 786 年），“夏……东都、河南、荆南、淮南江河泛溢，坏人庐舍”（《旧唐书·五行志》）；唐宪宗元和八年（公元 813 年），“以河溢浸滑州羊马城之半”（《旧唐书·宪宗本纪》）；唐文宗大和二年（公元 829 年），“夏……河阳水，平地五尺；河决，坏棣州城”（《新唐书·五行志》）；唐元宗开成三年（公元 838 年），“夏，河决，浸郑、滑外城”（《新唐书·五行志》）；唐懿宗咸通四年至七年（公元 863～866 年），“滑临黄河，频年水潦，河流泛溢，坏西北堤”（《旧唐书·萧仿传》）；唐僖宗乾符五年（公元 878 年），“秋，大霖雨，汾、浍及河溢流，害稼”（《新唐书·五行志》）；唐昭宗大顺二年（公元 891 年），“二月辛巳，……时张浚、韩建兵败后，……出河清，达于河阳。属河溢，无舟楫，建坏人卢舍，为木罂数百，方获渡”（《旧唐书·昭宗本纪》）；唐昭宗景福二年（公元 893 年），“旧黄河在（渤海）县西北六十里[①]，景福二年后河水移道，今枯”（《太平寰宇记·滨州下》）；唐昭宗乾宁三年（公元 896 年），

① 1 里=500m，下同

“四月，河圮于滑州，朱全忠决其堤，因为二河，散漫千余里”（《新唐书·五行志》）。

五代时期，藩镇割据混战。黄河流域先后经历了后梁、后唐、后晋、后汉、后周五个政权，黄河除自然决溢外，还有以水代兵的人为扒口。54年间有明文记载的决溢达18年，即：后梁末帝贞明四年（公元918年），“天祐十五年（即梁贞明四年）二月，梁将谢彦章率众数万来迫杨刘，筑垒以自固。又决河水，弥漫数里，以限帝军”（《旧五代史·唐书·庄宗纪》）；后梁龙德三年（即后唐庄宗同光元年，公元923年），“是时唐已下郓州，凝乃自酸枣决河注郓，以隔绝唐军，号护驾水”（《新五代史·段凝传》）；后唐庄宗同光二年（公元924年），“八月，大雨霖，河溢”（《新五代史·唐庄宗本纪》），“八月，陕州奏，河水溢岸”（《旧五代史·庄宗纪》）；同光三年（公元925年），“六月至九月，大雨，江河崩决，坏民田。……巩县河堤破，坏仓廒”（《旧五代史·五行志》）；后唐明宗长兴二年（公元931年），“十一月壬子，郓州上言，黄河暴涨，漂溺四千余户”（《旧五代史·五行志》）；长兴三年（公元932年），“四月，棣州上言，水坏其城。是月己巳，郓州上言黄河水溢岸，阔三十里，东流”（《旧五代史·五行志》）；后晋高祖天福二年（公元937年），“九月，……甲戌，贝、卫两州（贝州不沿河）奏，河溢害稼”（《旧五代史·晋书·高祖纪》），天福三年（公元938年），“八月，……戊戌，郓州奏，阳谷县河决”（《旧五代史·晋书·高祖纪》）；天福四年（公元939年），“八月乙亥朔，河决博平”（《新五代史·晋本纪》）；天福六年（公元941年），“九月，河决于滑州，一概东流……兖州、濮州界皆为水所漂溺”（《旧五代史·五行志》），“九月……丁丑，河决中都，入于沓河。冬十月，河决滑、濮、郓、澶州”（《新五代史·晋本纪》）；后晋出帝开运元年（公元944年），“六月丙辰，河决滑州，环梁山，入于汶、济”（《新五代史·晋本纪》）；开运三年（公元946年），“夏六月，……己丑，河决渔池”，“秋七月，大雨水，河决杨刘、朝城、武德”，“九月，河决澶、滑、怀州。……癸卯，……大雨霖，河决临黄。冬十月，河决卫州。丙寅，河决原武”（《新五代史·晋本纪》）；后汉高祖乾祐元年（公元948年），“夏四月，……戊子，……河决原武。五月，……乙亥，……河决滑州鱼池”（《新五代史·汉本纪》）；乾祐三年（公元950年），“六月癸卯，河决原武”（《新五代史·汉本纪》）；后周太祖广顺三年（公元953年），“八月，……丁卯，河决河阴”（《旧五代史·周太祖纪》）；后周世宗显德元年（公元954年），“河自杨刘至于博州百二十里，连年东溃，分为二派，汇为大泽，弥漫数百里”（《资治通鉴》卷二九二）；显德六年（公元959年），“六月，……丙子，郑州奏，河决原武”（《资治通鉴》卷二九四）。

（二）宋元时期的决口概况

1. 宋代（北宋）

北宋初期，黄河下游河道大致和隋唐五代相同，该河道行水时间已很长，河床淤积严重，入宋以后河患频繁（黄河水利委员会《黄河水利史述要》编写组，1982）。宋太祖建隆元年（公元960年），“十月，棣州河决，坏厌次、商河二县民庐舍、田畴”（《宋史·五行志》）；“河决公乘渡口，坏（临邑）城，三年移治孙耿镇”（《宋史·地理志·济南府临邑县》）。从建隆元年至宋太宗太平兴国（公元984年）的25年内，黄河只有9年没有决溢的记载，其余年都是多处决口。宋太宗淳化二年（公元991年），“闰二月，‘河水溢’；四月‘河水溢’；六月‘河水汴水’溢”（《宋史·太宗本纪》）；“六月‘博州大霖雨，河涨，坏民庐舍八百七十区’”（《宋史·五行志》）。淳化三年（公元992年），“河决，移治于孝武渡西”（《宋史·地理志·博州》）。淳化四年（公元993年），“九月，澶州河涨，冲陷北城，坏居人庐舍、官署、仓库殆尽，民溺死者甚众。……十月，澶州河决，水西北流入御河，浸大名府城”（《宋史·五行志》）。从淳化四年至宋真宗天禧三年（1019 年）的 27 年间，有决溢明文记载的有 10 年。黄河又 2 次南流夺淮流入黄海，2 次合御河北流于天津附近入渤海。天禧三年滑州决口，洪水漫滑州城，经澶、濮、曹、郓等州，注入梁山泊，又合清水、古汴渠东入于淮，至天禧四年（1020 年）二月堵住了决口，堵口后四个月，黄河又决于滑州天台山，河水仍东南由泗水合淮水注入黄海。直至宋仁宗天圣五年（1027 年）七月至十月堵塞了决口，河水复走原河道。天圣六年（1028 年），“八月，河决于澶州之王楚埽，凡三十步”（《宋史·河渠志》）。宋仁宗景祐元年（1034 年），“七月，河决澶州横陇埽”（《宋史·河渠志》）。宋仁宗康定元年（1040 年），“九月甲寅，滑州大河泛溢，坏民庐舍”（《宋史·五行志》）。宋仁宗庆历八年（1048 年），“六月癸酉，河决商胡埽，决口广五百五十七步”（《宋史·河渠志》），河水改道北流。宋仁宗皇祐元年（1049 年）、皇祐三年（1051 年）、至和二年（1055 年）、嘉祐元年（1056 年）、嘉祐三年（1058 年）、嘉祐五年（1060 年）、嘉祐七年（1062 年）黄河均发生了决口。宋神宗在位 18 年，有熙宁元年（1068 年），熙宁二年（1069 年）、熙宁四年（1071 年）、熙宁五年（1072 年）、熙宁七年（1074 年）、熙宁十年（1077 年）和元丰三年（1080 年）、元丰四年（1081 年）、元丰五年（1082 年）、元丰八年（1085 年）黄河发生决口。宋哲宗时，有元祐二年（1087 年）、元祐三年（1088 年）、元祐四年（1089 年）、元祐五年（1090 年）、元祐八年（1093 年）、绍圣元年（1094 年）、元符元年（1098 年）、元符二年（1099 年）、元符三年（1100 年），在位 15 年黄河决口达 9 年。宋徽宗时，有大观元年（1107 年）、大观二年（1108 年）、大观三年（1109 年）、政和五年（1115 年）、政和七年（1117 年）、宣和三年（1121 年）6 年黄河发生决口。

2. 金（南宋）

1127 年金灭北宋，黄河流域处于金人的统治之下。南宁建炎二年（金太宗天会六年，1128 年），“是冬，（东京留守）杜充决黄河，自泗水入淮，以阻金兵”（《宋史·高宗本纪》），从此黄河长期南泛入淮。金世宗大定六年（1166 年），“五月河决阳武，由郓城东流，汇入梁山泊。”大定八年（1168 年），“六月，河决李固渡，水溃曹州城，分流于单州之境”（《金史·河渠志》）。大定十一年（1171 年），“河决王村，南至孟、卫州界多被其害”（《金史·河渠志》）。大定十七年（1177 年），“秋七月，大雨，河决白沟”（《金史·河渠志》）。大定二十年（1180 年），“河决卫州及延津京东埽，弥漫至于归德府”（《金史·河渠志》）。大定二十六年（1186 年），“八月，河决卫州堤，坏其城”（《金史·河渠志》。大定二十七年（1187 年），“河决曹、濮间，濒水者多垫溺”（《金史·康元弼传》）。大定二十九年（1189 年），“五月，河溢于曹州小堤之北”（《金史·河渠志》）。金章宗明昌四年（1193 年），“六月，河决卫州，魏、清、沧皆被害”（《金史·五行志》）。明昌五年（1194 年），“八月，河决阳武故堤，灌封丘而东”（《金史·河渠志》）。金哀宗正大九年（1232 年），“二月，以行政枢密院事守归德。……三月壬午朔，（元兵）攻城不能下，大军中有献决河之策者，主将从之。河既决，水从西北而下，至城西南，入故濉水道，城反以水为固”（《金史·石盏女鲁欢传》）。金哀宗天兴三年（宋理宗端平元年，1234 年），“八月朔旦，蒙古兵至洛阳城下立寨……赵葵、全子才在汴，亦以史嵩之不致餽，粮用不继，蒙古兵又决黄河寸金淀之水，以灌南军（宋军），南军多溺死。遂皆引师南还”（《续资治通鉴·宋纪》）。

3. 元代

黄河南下夺淮之后，长期多股分流，河道淤积，加之战争不断，黄河决溢频繁（黄河水利委员会《黄河水利史述要》编写组，1982）。从元世祖至元九年（1272 年）有河患记载起，至元顺帝至正二十六年（1366 年）的 95 年中，史书记载黄河决溢的年份就达 40 年以上。

元世祖忽必烈时，至元九年（1272 年）、至元二十二年到至元二十五年（1285～1288 年），至元二十七年（1290 年）黄河决溢，有的一年决溢数十处，如：至元二十五年（1288 年）“五月，……己丑，汴梁大霖雨，河决襄邑，漂麦禾。”“五月，……癸丑，河决汴梁，太康、通许、杞三县，陈、颍二州皆被害。”“六月，……任申，睢阳霖雨，河溢害稼。……乙亥，以考城、陈留、通许、杞、太康五县大水及河溢，没民田”（《元史·世祖本纪》）；“汴梁路阳武县诸处，河决二十二所，漂荡麦禾、房舍”（《元史·河渠志》）；“十二月，太原、汴梁二路河溢，害稼”（《元史·五行志》）；元成宗元贞二年（1296 年），“九月，河决河南杞、封丘、祥符、宁陵、襄邑五县。十月河决开封县”（《元史·五行志》）。元成宗大德元年（1297 年），“三月，归德、徐州、邳州宿迁、睢宁、鹿邑三县，河南许州临颍、郾城等县，睢州襄邑、太康、扶沟、陈留、开封、杞等县，河水大溢，漂没田庐”（《元史·五行志》）；“五月丙寅，河决汴梁、发民三万余人塞之”，“七月丁亥，河决杞县蒲口”（《元史·成宗本纪》）。大德二年（1298 年）“六月，河决蒲口，凡九十六所，泛溢汴梁、归德二郡”（《元史·五行志》）；“七月，汴梁等处大雨，河决坏堤防，漂没归德数县禾稼庐舍”（《元史·成宗本纪》）。大德八年（1304 年），“五月，……汴梁之祥符、太康，卫辉之获嘉，汴梁之阳武河溢”（《元史·成宗本纪》）。大德九年（1305 年），“六月，汴梁（阳武）县思齐口河决”，“八月，归德府宁陵、陈留、通许、扶沟、太康、杞县河溢”（《元史·五行志》）。元武宋至大二年（1309 年），“七月，……癸未，河决归德府境”“己亥，河决汴梁之封丘”（《元史·武宗本纪》）。元仁宋皇庆元年（1312 年），“五月，归德睢阳县河溢”（《元史·五行志》）。皇庆二年（1313 年），“六月，……河决陈、亳、睢州、开封、陈留县，没民田庐”（《元史·仁宗本纪》）。元仁宗延祐二年（1315 年），“六月，河决郑州、坏汜水县治”（《元史·五行志》），延祐三年（1316 年），“四月，颍州太和县河溢”（《元史·五行志》），“六月，……河决汴梁，没民居”（《元史·仁宗本纪》。延祐七年（1320 年），“七月，汴梁路荥泽县六月十一日，河决塔海庄东堤十余步，横堤两重，又缺数处。二十三日夜，开封县苏村及七里寺复决二处”（《元史·河渠志》）。元英宗至治二年（1322 年），“正月，……辛巳，……仪封县河溢伤稼”（《元史·英宗本纪》）。

元泰定帝在位期间，泰定元年（1324 年）至泰定四年（1327 年）以及致和元年（1328 年）黄河年年决溢，有的还一年决口数次，如泰定三年（1326 年），“二月，……归德府属县河决，民饥”（《元史·泰定帝本纪》），“七月，河决郑州，漂没阳武等县民一万六千五百余家”（《元史·五行志》），“十月，……癸酉，河水溢，汴梁路乐利堤坏”“是岁、亳州河溢，漂民舍八百余家”（《元史·泰定帝本纪》）。元明宗至顺元年（1330 年），“六月，河决大名路长垣、东明两县，没民田五百八十余顷”（《元史·五行志》），“六月……二十一日，水忽泛溢，新旧三堤，一时咸决，明日外堤复坏，急率民闭塞，而湍流迅猛……所下桩土，一扫无遗”（《元史·河渠志》）；至顺二年（1332 年），“五月，……汴梁之睢州、陈州，开封之兰阳、封丘诸县河水溢”（《元史·文宗本纪》）。元顺帝元统元年（1333 年），“五月，汴梁阳武县河溢害稼，六月，……黄河大溢，河南水灾”（《元史·五行志》）；至元元年（1335 年），“河决汴梁封丘县”（《元史·五行志》）；至元三年（1337 年），“六月，汴梁兰阳、尉氏二县，归德府皆河水泛溢”（《元史·五行志》）；至正二年至至正九年（1342～1349 年）、至正十一年（1351 年）、至正十四年（1354 年）、至正十六年（1356 年）、至正二十三年（1363

年)、至正二十五年（1365年)、至正二十六年（1366年）黄河均发生了决溢，有些年决口多处。如至正四年，“春正月，……庚寅，河决曹州……是月，河又决汴梁”(《元史·顺帝本纪》);“五月，大雨二十余日，黄河暴溢，水平地深二丈许，北决白茅堤，六月，又北决金堤。并河郡邑济宁、单州、虞城、砀山、金乡、鱼台、丰、沛、定陶、楚丘、成武、以至曹州、东明、巨野、郓城、嘉祥，汶上、任城等处皆罹水患（《元史·河渠志》)。

（三）明代决口概况

1. 明代前期

黄河夺淮入海至明初，行河已二百余年，在河南段河道常分多股，水流分散且流道多变，河道淤积严重，决溢频繁（黄河水利委员会《黄河水利史述要》编写组，1982)。记载黄河的文献也很多，黄河决溢多发生在河南境内。

明太祖年间，洪武元年（1368年)、洪武八年（1375年)、洪武十一年（1378年)、洪武十四年（1381年)、洪武十六年（1383年)、洪武十七年（1384年)、洪武二十年（1387年)、洪武二十二年至洪武二十五年（1389～1392年)、洪武二十九年（1396年)、洪武三十年（1397年）黄河发生决溢，有的年份决口多处，走不同的流路，一些流路相应淤垫，如洪武二十四年、“四月，河水暴溢。决原武黑羊山，东经开封城东五里，又东南由陈州、项城、太和、颍州、颍上、东至寿州正阳镇，全入于淮，而贾鲁河故道遂淤”。“又由旧曹州、郓城西河口漫东平之安山，元会通河亦淤”(《明史·河渠志》)。明成祖永乐在位22年，有记载黄河决溢的有11年，即永乐二年（1404年)、永乐三年（1405年)、永乐五年（1407年)、永乐七年至永乐九年（1409～1411年)、永乐十二年（1414年)、永乐十四年（1416年)、永乐十六年（1418年)、永乐二十年（1422年)、永乐二十二年（1424年)。明宣宗宣德元年（1426年),“溢开封州县十”(《明史·河渠志》);宣德三年（1428年),“九月丙子，河南开封府之郑州、祥符、陈留、荥阳、荥泽、鄢陵、杞、中牟、洧川等十县河水泛溢”(《明宣宗实录》)。宣德六年（1431年),“七年六月乙卯，巡抚侍郎于谦奏：开封祥符、中牟、尉氏、扶沟、太康、通许、阳武、夏邑八县，去年七月黄河泛溢，冲决堤岸”(《明宣宗实录》)。

明英宗在位14年，黄河决溢有9年之多，达五年三决。这9年为：正统元年至正统三年（1436～1438年)、正统八年至正统十年（1443～1445年)、正统十二年至正统十四年(1447～1449年)，其中正统二年黄河决溢达30处以上，“六月庚辰，……直隶凤阳、淮安、扬州诸府，徐、和、滁诸州，河南开封府各奏：自四月至五月阴雨连绵，河、淮泛涨，居民禾稼，多致漂没”“九月己酉，河南开封府阳武、原武、荥泽三县，秋雨涨漫，决堤岸三十余处”(《明英宗实录》)。明代宗在位8年，于景泰三年至景泰七年（1452～1456年）黄河5年发生决溢。明英宗在位8年，有5年黄河决溢，即天顺元年（1457年)、天顺二年(1458年)、天顺四年至天顺六年（1460～1462年)。明宪宗成化十三年（1477年),“河南右副都御史张暄奏：今岁首，黄河水溢，淹没民居，弥漫田野”(《明宪宗实录》);成化十四年（1478年),“南北直隶、山东、河南等处五月以后骤雨连绵，河水泛溢，平陆成川”“九月癸亥，黄河水溢，冲决开封府护城堤五十丈，居民被灾者五百余家”(《明宪宗实录》);成化十八年(1482年),“五月丁巳，河南开封府州县黄河水溢，淹没禾稼”(《明宪宗实录》)。明孝宗在位18年，有10年黄河决溢，即弘治二年（1489年)、弘治四年（1491年)、弘治五年（1492年)、弘治七年（1494年)、弘治九年（1496年)、弘治十一年（1498年)、弘治十三年（1500年）、弘治十五年（1502年）、弘治十七年（1504年）、弘治十八年（1505年）。弘治二年，决溢后分数股而下，“南决者，自中牟杨桥至祥符界析为二支：一经尉氏等县，合颍水、下涂山，入于淮；一经通许等县，入涡河，下荆山，入于淮。又一支自归德州通凤阳之亳县，亦合涡河入于淮。北决者，自原武经阳武、祥符、封丘、兰阳、仪封、考城，其一支决入金龙等口，至山东曹州，冲入张秋漕河”（《明史·河渠志》）。

2. 明代后期

弘治年间河南境内北岸堤防已经形成，以后南岸也逐渐修了堤防，且黄河由颍入淮河道于嘉靖初逐渐淤塞，河南境内决口已很少发生，决口位置下移至山东和南直隶境内，据一些史料统计，明后期的139年中，有53年有决溢的记载（黄河水利委员会《黄河水利史述要》编写组，1982）。正德、嘉靖年间，归德至徐州仍为多道分流，有时河道分流达10股以上。同时河道变化的幅度也很大，弘治十八年（1505年），“河忽北徙三百里，至宿迁小河口”；正德三年（1508年），“又北徙三百里，至徐州小浮桥”；正德四年（1509年）六月，“又北徙一百二十里，至沛县飞云桥”。潘季驯治河后河道才基本归于一流。

明武宗在位16年，于正德三年、正德四年、正德八年（1513年）、正德十年（1515年）、正德十一年（1516年）、正德十四年（1519年）黄河发生决溢。明世宗在位45年，决溢年数较少，仅为12年，平均近4年决溢1年。其中嘉靖五年至嘉靖七年（1526～1528年）年年决溢；嘉靖九年（1530年），“本年六月以来，河决曹县胡村寺东”（《明世宗实录》）；嘉靖十三年（1534年），“是岁，河决赵皮寨入淮，谷亭流绝，庙道口复淤。……河忽自夏邑大丘、回村等集冲数口，转向东北，流经萧县，下徐州小浮桥”（《明史·河渠志》）；嘉靖十九年（1540年），“黄河南徙，决（睢州）野鸡岗，由涡河经亳州入淮”（《明史·河渠志》）；嘉靖三十一年（1552年），“九月，河决徐州房村集至邳州新安，运道淤阻五十里”（《明史·河渠志》）；嘉靖三十四年（1555年），“正月丙辰，工部尚书吴鹏奏：迩者黄河冲决飞云桥，于是昭阳湖水柜淤为平阜”（《明世宗实录》）；嘉靖三十七年（1558年），“至是（曹县新集）遂决，趋东北段家口，析而为六，……俱由运河至徐洪。又分一支由砀山坚城集下郭贯楼，析而为五，……亦有小浮桥会徐洪”（明史·河渠志）；嘉靖四十四年（1565年），“河决沛县，上下二百余里运道俱淤”，嘉靖四十五年（1566年），“河复决沛县，败马家桥堤”（《明史·河渠志》）。明穆宗在位6年，隆庆三年（1569年）、隆庆四年（1570年），黄河分别在沛县、邳州决口；隆庆五年（1571年），“四月甲午，河复决邳州，自曲头集至王家口，新堤多坏（《明穆宗实录》）”“四月，乃自灵壁双沟而下，北决三口，南决八口，支流散溢，大势下睢宁出小河口，而匙头湾八十五里正河悉淤“（《明史·河渠志》）。

明神宗在位48年，有21年黄河发生决溢。万历元年至万历五年（1573～1577年）年年决溢；万历十五年（1587年）“封丘、偃师、东明、长垣屡被冲决；万历十七年（1589年）“黄河暴涨，决兽医口月堤，漫李景高口新堤，冲入夏镇内河”；万历十八年（1590年）“大溢，徐州水积城中者逾年，众议迁城改河”（《明史·河渠志》）；万历十九年（1591年）“山阳复河决”；万历二十一年（1593年）“五月大雨，河决单县黄堌口，一由徐州出小浮桥，一由旧河达镇口闸。邳城陷水中”；万历二十五年（1597年）“四月，河复大决黄堌口”；万历二十九年（1601年）“开归大水，河涨商丘，决萧家口，全河尽南注”；万历三十一年（1603年）“河大决单县苏家庄及曹县缕堤，又决沛县四铺口太行堤，灌昭阳湖，入夏镇，横冲运道”；万历三十二年（1604年）“是秋，河决丰县，由昭阳湖穿李家港口，出镇口，上灌南阳，而单县决口复溃，鱼台、济宁间平城成湖”（《明史·河渠志》）。万历三十五年

（1607年），“决单县”（《明史·河渠志》）：“巡河御史黄吉士查勘回奏：……今岁勘阅，正值秋水泛涨，四望弥漫，杨村集以下，陈家楼以上，两岸堤岸冲决多口，徐属州县汇为巨浸，而萧、砀受害更深”（《明神宗实录》）。万历三十九年（1611年）“六月，（河）决徐州狼矢沟”；万历四十年（1612年）“九月，决徐州三山，冲缕堤二百八十丈，遥堤百七十余丈，梨林铺以下二十里正河悉淤为平陆”；万历四十二年（1614 年）“决灵壁陈铺”；万历四十四年（1616 年）“五月，复决狼矢沟，……六月，决开封陶家店、张家湾，由会城大堤下陈留，入亳州涡河”；万历四十七年（1619年）“九月，决阳武脾沙岗，由封丘、曹、单至考城，复入旧河”（《明史·河渠志》）。

明熹宗在位7年，黄河决溢5年，平均不到一年半即有一年决口。天启元年（1621年），“河决灵壁双沟、黄铺，由永姬湖出白洋、小河口，仍与黄会，故道湮涸”（《明史·河渠史》）。天启三年（1623年），“决徐州青田、大龙口，徐、邳、灵、睢河并淤”（《明史·灌渠志》），“五月己亥，以河决尽蠲睢宁县粮”（《明熹宗实录》）；天启四年（1624年）“六月，决徐州魁山堤，东北灌州城，城中水深一丈三尺”；天启六年（1626年）“七月，河决淮安，逆入骆马湖，灌邳、宿”（《明史·河渠志》）。天启七年（1627年），“崇祯三年二月辛亥，总督河道李若星疏奏：……露铺决口始于天启（七年）丁卯之忧，迄今四年于兹，涓涓不止，渐成巨川”（《崇祯长编》）。明思宗崇祯二年（1629年），“春，河决曹县十四铺口。四月，决睢宁，至七月中，城尽圮”，崇祯四年（1631年）“夏，河决原武湖村铺，又决封丘荆隆口，败曹县塔儿湾太行堤。六月，黄淮交涨，海口壅塞，河决建义诸口，下灌兴化、盐城，水深二丈，村庄尽漂没”（《明史·河渠志》）。崇祯五年（1632年），“六月壬申，河决孟津口，横扫数百里”（《明史·五行志》），“八月癸未，直隶巡按饶京疏报：黄河漫涨，泗州、虹县、宿迁、桃源、沭阳、赣榆、山阳、清河、邳州、盱眙、临淮、高邮、兴化、宝应诸州县尽为淹没”（《崇祯长编》）。崇祯七年（1634 年）“六月甲戌，河决沛县之满坝及陈岸水口”；崇祯十年（1637 年）“六月辛酉，以河水溃溢，将道厅官文运衡、陈六韐分别降处”（《崇祯长编》）。崇祯十五年（1642 年），九月，李自成率领的农民起义军与明军战于开封，人为扒口为军事所有，“河之决口有二：一为朱家寨，宽二里许，……一为马家口，宽一里余。……两口相距三十里，至汴堤之外，合为一流，决一大口，直冲汴城而去”（《明史·河渠志》）。

（四）清代决口概况

1.1855年以前

清代在1855年以前，黄河仍夺淮入黄海，1855年以后改为夺大清河入渤海。

清世祖执政18年，黄河决溢9年（黄河水利委员会《黄河水利史述要》编写组，1982）。顺治元年（1644年）“秋，决温县”（《清史稿·河渠志》），“伏秋汛发，北岸小宋口、曹家寨堤溃，河水漫曹、单、金乡、鱼台四县，自兰阳入运河，田庐尽没”（《清史稿·杨文兴传》）。顺治二年（1645 年）“夏，决考城，又决王家园，……七月，决流通集，一趋曹、单及南阳入运，一趋塔儿湾、魏家湾，侵淤运道，下游徐、邳、淮、扬亦多冲决”；顺治五年（1648年）“决兰阳”；顺治七年（1650年）“八月，决（封丘）荆隆、（祥符）朱源寨，直注沙湾，溃运堤，挟汶由大清河入海”；顺治九年（1652年）“决封丘大王庙，冲圮县城，水由长垣去东昌，坏安平堤，北入海”，“是年复决邳州，又决祥符朱源寨”；顺治十一年（1654年）“复决（封丘）大王庙”；顺治十四年（1657年）“决祥符槐疙疸，随塞”；顺治十五年

（1658 年）“决山阳柴沟姚家湾，旋塞。复决阳武慕家楼”；顺治十七年（1660 年）“决陈留郭家埠、虞城罗家口，随塞”（《清史稿·河渠志》）。清圣祖在位 61 年。从康熙元年至康熙十五年（1662～1676 年），除康熙五年、十二年外，年年决溢；康熙二十一年“决宿迁徐家湾，随塞。又决萧家渡”；康熙三十五年（1696 年）“大水，决（仪封）张家庄。……又决安东童家营”；康熙三十六年（1697 年）“决时家马头（安东西）”；康熙四十六年（1607 年）“八月，决丰县吴家庄，随塞”；康熙四十八年（1709 年）“六月，决兰阳雷家集、仪封洪邵湾及水驿张家庄各堤”，康熙六十年（1721 年）“八月，决武陟詹家店、马营口、魏家口，大溜北趋，注滑县、长垣、东明，夺运河，至张秋，由五空桥入盐河归海”；康熙六十一年（1722 年）“马营口复决，灌张秋，奔注大清河。……九月，秦家厂南坝甫塞，北坝又决，马营也漫开；十二月塞之”（《清史稿·河渠志》）。

清世宗在位 13 年，雍正元年（1723 年）“六月，决中牟十里店、娄家庄，由刘家寨南入贾鲁河”，“七月，决梁家营、詹家店”“九月，决郑州来潼寨民堤，郑民挖阳武故堤泄水，并冲决中牟杨桥官堤，寻塞”（《清史稿·河渠志》）。清高宗在位 60 年，黄河决溢 18 年。乾隆元年（1736 年）“四月，河水大涨，由砀山毛城铺闸口汹涌南下，堤多冲塌”；乾隆七年（1742 年）“决丰县石林、黄村、夺溜东趋，又决沛县缕堤，旋塞”；乾隆十年（1745 年）“决阜宁陈家铺。时淮、黄交涨，沿河州县被淹”；乾隆十六年（1751 年）“六月，决阳武，……十一月塞”；乾隆十八年（1753 年）“秋，决阳武十三堡。九月，决铜山张家马路……夺淮而下”；乾隆二十一年（1756 年）“决（铜山）孙家集，随塞”；乾隆二十三年（1758 年）“七月，决窦家寨新筑土坝，直注毛城铺，漫开金门土坝”；乾隆二十六年（1761 年）“七月，沁黄并涨，武陟、荥泽、阳武、祥符、兰阳同时决十五口，中牟之杨桥决数百丈，大溜直趋贾鲁河”；乾隆三十一年（1766 年）“决铜（山）沛（县）厅之韩家堂，旋塞”；乾隆三十九年（1774 年）“八月，决清河老坝口……”；乾隆四十三年（1778 年）“决祥符，旬日塞之”“闰六月，决仪封十六堡”，“八月，上游迭涨……，十六堡已塞复决”；乾隆四十五年（1780 年）“六月，决睢宁郭家渡，又决考城、曹县，未几俱塞。十一月，张家油房塞而复开”；乾隆四十六年（1781 年）“五月，决睢宁魏家庄，大溜注洪泽湖。七月，决仪封漫口二十余，北岸水势全注青龙岗”；乾隆四十九年“八月，决睢州二堡……十一月塞”；乾隆五十二年（1787 年）“夏，复决睢州，十月塞”；乾隆五十四年（1789 年）“夏，决睢宁周家楼，十月塞”；乾隆五十九年（1794 年）“决丰北曲家庄，寻塞”（《清史稿·河渠志》）。

清仁宗在位 25 年，黄河决溢达 13 年。嘉庆元年至嘉庆十二年（1796～1807 年），除嘉庆五年（1800 年）、嘉庆七年（1802 年）、嘉庆九年（1804 年）、嘉庆十年（1805 年）外，黄河均决；嘉庆十六年（1811 年）“四月，马港复决，……七月，决邳北棉拐山及萧南李家楼”；嘉庆十八年（1813 年）“决睢州及睢南薛家楼、桃（源）北丁家庄”（《清史稿·河渠志》）。嘉庆二十三年（1818 年）“六月，河决虞城”；嘉庆二十四年（1819 年）“七月，溢仪封及兰阳，再溢祥符、陈留、中牟，……又决马营坝，夺溜东趋，穿运注大清河”（《清志稿·河渠志》）。清宣宗在位 30 年，决口年较少，仅 4 年。道光十二年（1832 年）“八月，决祥符。九月桃源奸民陈瑞因河水盛涨，纠众盗挖于家湾大堤，放淤肥田，至决口宽大，掣全涌入湖（洪泽湖）”；道光二十一年（1841 年）“六月，决祥符，大溜全掣，水围省城”；道光二十二年（1842 年）“七月，决桃源十五堡、萧家庄，溜穿运由六塘河下注，……正河断流”；道光二十三年（1843 年）六月，决中牟，水趋朱仙镇，历通许、扶沟、太康入涡会淮”（《清史稿·河渠志》）。清元宗咸丰元年（1851 年），八月，“丰下汛三堡迤上无工处所，先已漫水，塌宽至一百八十五丈，水深三、四丈不等，见在大溜全行掣动，迤下正河，业已断流“(《清文宗实录》)。

2. 1855 年以后

1855 年阴历六月十九日，在今兰考东坝头西黄河北岸堤防决口，二十日全河夺溜，结束了黄河夺淮入黄海的历史，改由穿运夺大清河入渤海。清咸丰至宣统年间黄河决口情况（黄河水利委员会《黄河水利史述要》编写组，1982）如次。

清文宗咸丰五年（1855 年）六月，“下北兰阳汛三堡无工处所漫溢（即铜瓦厢决口），业已夺溜，下游正河断流。”“黄流先向西北斜注，淹及封丘、祥符二县村庄，复折转东北，溢流兰、仪、考城及直隶长垣等县村庄，复分为三股……至张秋镇汇流穿运，总归大清河入海”(《再续行水金鉴》引《黄运两河修防章程》)。

清穆宗同治七年（1868 年）六月，“上河南厅溜势提至荥泽十堡，坐弯淘刷，水势抬高，漫堤过水。”“口门已刷宽二百余丈”(《清穆宗实录》)。同治十年（1871 年）“黄水于八月初七日由该县（郓城）东南沮河东岸侯家林冲决民埝，漫水下注，……于十一日由南旺湖西北湖堤决处灌入湖内”(《再续行水金鉴》引《丁文诚公奏稿》)。同治十二年（1873 年)，“是年秋，(河）决开封焦丘、濮州兰庄，又决东明之岳新庄、石庄户民埝，分溜趋金乡、嘉祥、宿迁、沭阳入六塘河”(《清史稿·河渠志》)。

清德宗在位 34 年，决口十分频繁，自光绪元年至光绪三十四年（1875～1909 年），除光绪元年至光绪四年（1875～1878 年），光绪十七年（1891 年)、光绪十九年（1893 年)，光绪二十年（1894 年)、光绪二十五年（1899 年)、光绪三十一年（1905 年）外，其余 25 年黄河均发生决溢，有些年一年决口达数十处，如：光绪十年（1884 年)，吴元炳奏：“山东省今岁缕堤、遥堤所决各口，如东阿之三里庄、吴家坝、史家桥、陶城铺、张秋镇、挂剑台、郎家营、于家庄，齐河之红庙、李家岸、柳家屯、姚吕庄，历城之蒋家庄、北小街、霍家溜、河套圈、纸坊、冯家庄，章丘之罗家庄，齐东之萧家庄、东月堤、西月堤、许家圈、盛家庄、大张家庄、邵家庄、生家庄，利津之张家滩、卞家庄、张家庄、宁海等处(《再续行水金鉴》引《山东河工成案》)；“(闰五月）又决利津县北十四户”(《治水述要》)；“七月，南岸中汛（东明）高村失事，旋即堵合”(《直隶河防辑要》)。光绪二十四年（1898 年)，“六月，武安府惠民县北岸桑家渡险工决口，又济南府历城县境内南岸杨史道口民埝决口”(《治水述要》)；“山东黄河上游南岸黑虎庙漫溢，溜由寿张、郓城两县地界穿运河东泄”“寿张县杨家井临黄堤漫溢，平均水深盈丈”(《清德宗实录》)；“七月十五日张汝梅奏：濮州之八孔桥、谭家庄民埝先后漫溢，……张楼、唐庙、徐家桥等处连出漏眼，……奈水势过大，漫逾堤顶，……六月二十一日，……张家楼以北之杨庄大堤漫溢”(光绪《谕摺汇存》)；七月“濮州境内之八孔桥、谭家庄大堤漫溢”(光绪《谕摺汇存》)，七月“濮州境内之八孔桥、谭家庄、旧城里，寿张县境内之杨家井，东阿县境内之王家坡（庙)，平阴县境内之胡溪渡、翟庄、生家庄，肥城县境内之潘家庄，长清县境内之郭家庄等处，民埝漫溢决口”(光绪《谕摺汇存》)。清溥仪在位 3 年，年年决溢。宣统元年（1909 年）“决开州孟民庄”(《清史稿·河渠志》)，“濮州北岸马刘家开口”(《黄河志》)。宣统二年（1910 年）“利津南岸尾工以下之新冯家堤埝，因形势顶冲，大溜侧注，于九月初五日将该处冲成决口一百余丈”(《华制存考》)，“是年（八月）黄河北岸长垣二郎庙漫决，濮阳县李忠凌漫口”(《直隶河防辑要》)；宣统三年（1911 年）“濮州南岸杨屯民堰漫决”(《政治官报》)，“黄河决东明县南堤刘庄西数里”(《淮系年表》)。

（五）民国时期决口概况

1. 1912～1938 年

1912～1938 年，黄河决口频繁，据《黄河水利史述要》（黄河水利委员会《黄河水利史述要》编写组，1982）和“民国黄河决溢表”（邵彬，黄河史志资料，2001 年第 4 期）的资料，除 1914 年、1916 年、1927 年外，黄河均发生了决溢。决口影响大的如：民国二十二年（1933 年）八月，黄河决于“豫境温县、武陟县豫冀两省之交，北决数十口，分两大股：一股由封丘县贯台北出，至长垣大东集，破堤东北流，汇流于古大金堤之南，由夹河至陶城铺复归正河。……又由长垣县南岸庞庄西北，漫淹兰封、考城。并由铜瓦厢旧口决小新堤及四明堂，分水入南河故道”（《中国水利史》）。民国二十四年（1935 年）“七月，河又决鄄城县董庄临河民埝，分正河水十之七八，……决官堤六大口，溜分二股，小股由赵王河穿东平县运河，合汶水复归正河；大股则平漫于菏泽、郓城、嘉祥、巨野、济宁、金乡、鱼台等县，由运河入江苏”（《中国水利史》）。民国二十七年（1938 年），国民党军队为阻止日本侵略军西进，六月二日先扒开中牟赵口大堤，九日又扒开郑州花园口大堤，黄河主流直趋东南入淮，在豫东、皖北、苏北泛滥 9 年之久，直至 1947 年汛前堵合口门，黄河回归故道。

2. 1939～1949 年

1938 年花园口扒口之后，黄河东南流，右岸修建了长 316km 的“防泛西堤”，日伪在东岸修建了长 110km 的“防泛东堤”。在抗日战争时期修建的堤防是身矮质差，经常发生决口，1939～1946 年有 6 年决口达 59 处。1940 年 8 月，“防泛西堤”在尉氏县烧酒黄、寺前张、十里铺、后张铁、北曹决口。1942 年尉氏县“防泛西堤”在岗庄决口；8 月，在西华县道陵岗、张庄、刘干城等地漫决 5 处。1943 年 5 月 18 日，“防泛西堤”在尉氏县荣村决口；8 月，在武陟解封东、西方陵等处漫决；1～8 月，尉氏、西华、扶沟、淮阳 4 县决口多处，“防泛东堤”在开封、通许、杞县等堤段决口 13 处。1944 年，五六月间，为障碍日军的进攻，在扶沟吕潭，西华毕口、薛埠口、杨庄户、刘老家，淮阳李方口、下炉圈堤及贾鲁河东堤之龙头池、栗楼岗等处开挖多口；8 月 16 日，日伪在西华县葫芦湾及周口南寨之沙河南堤，挖口 2 处；8 月，“防泛西堤”尉氏县荣村，扶沟县杜家、岳桥、吕潭、董桥等地决口 6 处；8 月，颍河南堤西华县朱寨、律庄、孙嘴先后漫决；10 月 1 日，扶沟县李庄、董桥、吕潭、和西华县毕口、刘老家等地决口 6 处，其中吕潭、毕口、刘老家 3 处系排泄积水，由政府军扒决。1945 年 5 月 2 日，“防泛东堤”在中牟大吴村决口，8 月 23 日，郑县郭当口决口；“防泛西堤”在上起尉氏县荣村，下至周家口北不足百公里的河段内，于荣村、孙寨等地决口 10 处。1946 年，郑县黄庄决口。

（六）20 世纪 50 年代凌汛决口

1. 1951 年利津王庄凌汛决口

1950 年 12 月上半月，气温下降，由淌凌到封河，下自河口地区、上到花园口，封河长共 550km，总冰量 5300 万 m^3，河槽蓄水 10.57 亿 m^3。1951 年元月 21 日后气温回升，27 日郑州河段开河，至 30 日 21 时开河至垦利前左一号坝，此时河口地区气温仍低，冰层坚厚，形成冰坝，水位升高，左岸十六户、右岸宁海、东章一带堤顶出水仅 0.2～0.3m，局部与堤顶平，出现渗水、漏洞险情 13 处。2 月 2 日 23 时在利津王庄险工下首 380m 处，背河堤脚发现 3 处碗口般的漏洞，虽经抢堵，但因天寒地冻，取土困难，漏洞过流加大，背河堤坡塌陷，至3日1时45分堤防溃决。溃水分股经徒骇河入海。泛区宽14km，长40km。大河冰融后，大溜走原黄河河道，经堵复，于4月7日合龙闭气，5月21日全部竣工。

2. 1955年利津五庄凌汛决口

1954年12月15日，四号桩至小沙河插凌封河，以后上延，至20日前左水位上涨2.97m。1955年1月15日封冻最上端到荥阳汜水河口，封河河段总长623km，总冰量约1亿m^3。冰厚一般0.2～0.4m，河口段局部达1m左右。1955年1月下旬，气温回升，流量沿程增加，28日泺口流量达2900m^3/s。29日3时30分，开河至利津王庄险工下首，以下冰层坚固。当时最低气温在-10℃左右，冰块上爬下插，堆冰至博兴麻湾，河道积冰长24km，冰量约1200万m^3，30km河段超过防洪保证水位，局部堤段水与堤顶平。在河道内爆破、炮击、飞机炸也无济于事。利津王庄至蒲台王旺庄堤段先后出现漏洞20余处。1月29日18时利津刘家河房台出现3个漏洞，29日19时张家滩背河房台上20m范围内出现3处漏洞，均险些造成决口。利津五庄堤段是1921年宫家决口的合龙处。29日21时，柳荫地出现数处冒水，经抢护漏洞仍在扩大，几次用船载装土麻袋、秸料沉堵，均被冲出，当时天寒地冻，取土困难，物料用尽，又是黑夜，已无力抢堵，于29日23时30分堤身溃决，口门最大过流量约1900m^3/s。溃水于利津、沾化经徒骇河入海。受灾东西宽约25km，南北长约40km。开河后趁水流回落时堵口，3月11日堵口合龙，13日堵口完成。

（七）堤防决口类型

河流堤防的作用是使水流沿河道下泄。堤防遭到破坏或高度不足时，水流横断堤防而过的现象，称为决口。按照造成堤防决口的原因可将决口分为以下类型。

1. 冲决

水流冲淘堤防，造成坍塌，当抢护的速度赶不上坍塌的速度时，塌断堤身造成的决口，称为冲决。冲决发生的原因主要有3种：①由于大溜顶冲堤防，依堤修建的险工坝垛被冲垮，致使大溜直接顶冲堤身，土质堤防经不起水流淘刷，冲断堤身造成决口；②因河势变化，大溜或沿较大支汊的水流，顶冲堤防平工段，堤身经不住水流淘刷，水流破堤而过造成决口；③洪水期漫滩水流沿堤河而下，顺堤行洪，在滩地宽阔堤段及串沟水流直冲堤段，流速较大，致使堤身坍塌，严重时也会塌断堤身，造成决口。

历史上堤防冲决的次数相当多（徐福龄，1989），如清嘉庆八年（1803年）河南封丘衡家楼（即大宫）决口。阴历九月上旬，封丘衡家楼一带出现横河，该段为平工堤段，“外滩宽五六十丈，内为积水深塘。因河势忽移南岸，坐滩挺恃河心，逼溜北移，河身挤窄，更值（九月）八、九日西南风暴，塌滩甚疾。两日内将外滩全行塌尽，浸及堤根”，抢护不及，于九月十三日造成决口。明万历三十五年（1607年）单县等地冲决、清道光二十一年（1841年）开封张家湾决口、清道光二十三年（1843年）中牟九堡决口、清光绪六年（1880年）东明高村决口、1934年封丘贯台决口等均为冲决。

2. 溃决

河流水位尽管低于设计洪水位，由于施工质量不能满足要求，堤身或堤基有隐患，水流偎堤后发生渗水、管涌、流土等险情，进而发展为漏洞，抢护不及，漏洞扩大，堤防溃塌，水流穿堤而过造成的决口，称为溃决。造成溃决的原因主要有：堤防施工质量不能满足设计要求、堤身或堤基有隐患。例如，堤基中有过去堵口时遗留的秸料层，堤身内有软弱夹层、裂缝、害堤动物洞穴，穿堤建筑物与堤防间的土石结合部施工质量不好等。当水位较高时，就可能造成溃决。

历史上堤防溃决的次数是很多的，如清光绪十三年（1887 年）郑州石桥决口。八月主流下挫，郑州下汛 8～11 堡着溜生险，八月十四日黎明，十堡迤下大堤拐弯处发现漏洞，开始时用铁锅、毡絮堵抢成功，但在堤身淘空再次漏水时，堤顶陡陷，水流汹涌而过，抢堵无效，初时口门宽 40 丈（1 丈=3.33 米），至二十四日口门宽 300 余丈，中泓水深 1.7 丈，全河之水集泄于此，九月初口门宽发展到 550 丈。光绪二十三年（1897 年）鄄城旧城决口、光绪三十年（1904 年）郓城仲堌堆决口、1925 年鄄城李升屯决口、1926 年菏泽刘庄决口、1929 年东明黄庄决口、1935 年山东鄄城董庄决口等均为溃决。

3. 漫决

水流漫过堤顶或水位接近堤顶在风浪作用下爬上堤顶，使堤防发生破坏而造成的决口，称为漫决。造成漫决的原因主要有：①决口以上河段发生了超标准洪水，使水位接近或超过堤顶；②正在施工的堤防，堤顶尚未达到设计高程；③施工中存在虚土层或软弱层，堤防大量沉陷使其高度下降；④河道内有阻水建筑物，降低了河道的排洪能力，抬高了洪水位；⑤多沙河流的河道淤积，使洪水位抬高等，上述情况均可能造成漫决。

历史文献中记载的漫决最多，如清乾隆二十六年（1761 年）七月十五日至十九日，黄河伊、洛、沁河和黄河潼关至孟津干流区间时有大雨，伊、洛河大溢，伊、洛河夹滩地区水深一丈以上，洛阳、偃师、巩县大水溉城，沁阳、修武、武陟、博爱城中水深五、六尺至丈余，黑岗口七月十五日观测，“原存长水二尺九寸，十六日午时起，至十八日巳时止，陆续共长水五尺，连前共长水七尺九寸，十八日午时至酉时又长水四寸”。据分析花园口洪峰流量为 32000m^3/s。“武陟、荥泽、阳武、祥符、兰阳同时决十五口，中牟之杨桥决数百丈，大流直趋贾鲁河”（《清史稿·河渠志》）。光绪二十八年（1902 年）郓城伟庄决口、清宣统三年（1911 年）鄄城杨屯决口、1917 年东明谢寨决口、1933 年洪水长垣等县数十处决口等均为漫决。

历史上，由于漫决是水大造成的，黄河决口后多以漫决上报。而溃决、冲决还有防守不力的因素在内，为减少责任，有些溃决、冲决也以漫决上报。

4. 扒决

（1）以水代兵的扒决

在战争期间，一方利用有利的水势，人为扒开堤防，造成水淹对方，达到以水代兵的目的，这种决口称为以水代兵的扒决。战国时期“无曲堤”的记载，反映当时已有利用河水为本方服务的思想，以后又发展为直接扒堤放水淹及对方的以水代兵的思想。

唐肃宗乾元二年（公元 759 年），“逆党史思明侵河南、守将李铣于长清县界边家口决大河”（《太平寰宇纪·齐州·禹城县》）。五代时期，战争攻伐不已，“后梁期间，梁军与后唐李存勖作战，曾两次决开黄河”（《黄河水利史述要》）；梁龙德三年（即唐庄宗同光元年，公元 923 年），“是时唐已下郓州，凝乃自酸枣决河东注郓，以隔绝唐军，号护驾水”（《新五代史·段凝传》）。宋建炎二年（1128 年），南宋赵构政权为了阻止金兵南进，东京（今开封）留守杜冲决开黄河，自泗入淮。金哀宗正大九年（1232 年），“二月，以行枢密院事守归德。……三月壬午朔，（元兵）攻城不能下，大军中有献决河之策者，主将从之。河既决，水从西北而下，至城西南，入故濉水道，城反以水为固”（《金史·石盏女鲁欢传》）。金哀宗天兴三年（宋端平元年，1234 年）蒙古军南下决开封北的寸金淀，“以灌南军（宋军），南军多溺死，遂皆引师南还”（《续资治通鉴·宋记》）。明崇祯十五年（1642 年）九月，李自成率领的农民起义军与明军战于开封一带，明河南巡抚高名衡掘开开封城北的朱家寨及马家口……。在日本侵华期间，日本军队快速侵占中国大片领土，为阻止日军前进，国民党军队在郑州花园口掘堤，造成黄河改道近9年。

（2）因某种利害关系的扒决

这种决口是指个人、团体、村镇等因某种利害关系，将河水作为获利工具，人为扒开堤防造成的决口。黄河两岸居住有大量人口，这种因利害关系扒决黄河堤防的也有些记载。清雍正元年（1723年）“九月，决郑州来潼寨民堤，郑民挖阳武故堤泄水，并冲决中牟杨桥官堤，寻塞”（《清史稿·河渠志》）。清道光十二年（1832年），“八月，决祥符。九月桃源奸民陈瑞因河水盛涨，纠众盗挖于家湾大堤，放淤肥田，致决口宽大，掣全流入湖（洪泽湖）”（《清史稿·河渠志》）。清光绪二十四年（1898年）伏汛，东明大李庄人掘堤造成决口，但未引动大溜，水落断流。1918年鄄城土匪仪洪亮与双李庄有仇，乘汛期涨水掘开堤防造成决口，水落后口门自干。1921年郓城汪庄（四杰村）民堰（现大堤）被土匪汪化名掘堤决口，水落后堵干口。1937年，在梁山障东堤紧邻临黄堤处，因雨水特大，临黄堤与障东堤之间雨水无泄处，积涝成灾，当地群众扒开黄花寺以北障东堤，排涝水东入运河。

二、黄河下游历史上的改道及河道变迁

（一）黄河下游历史上的改道

河道堤防决口之后，有些全河从口门外流，原河道断流；有些大溜由口门外流，原河道尚过部分水流；有些大溜仍走原河道，口门只过部分水流。后一种情况，一般为洪水期间在平工堤段决口，决口后主要是漫滩水流外流，并未掣动主流，这种口门一般在洪水过后即停止过流或仅过很少流量，河水仍走原河道，多为堵干口。对于前两种情况，必须采取强有力的措施进行堵口。决口后，一般情况下等洪水过后或等到非汛期就会堵口，有些堵口也可能跨几年时间才能进行，使水流复走原河道。在某些特殊情况下，不进行堵口或无法堵复口门，水流不再回原河道，而改走新的水道，即为改道。从有记载的黄河于周定王五年（公元前602年）开始至1938年黄河在郑州花园口扒口的2540年中，黄河改道共26次（胡一三，1996），其时间和位置见表2-1。

表2-1　黄河下游26次改道简表

序号	改道时间	改道地点	流经地区
1	周定王五年（公元前602年）	宿胥口（淇河、卫河合流处）	东行漯川（古河道名），经滑台（今河南滑县）、戚城（今河南濮阳县西）、元城（今河北大名）、贝丘（今山东清平西南）、成平（今河北交河县南），至章武（今河北沧县东北）入渤海
2	汉武帝元光三年（公元前132年）	瓠子（濮阳县西南）	东南流向山东巨野，经泗水，注入淮河
3	汉武帝元封二年（公元前109年）	馆陶沙丘堰	自沙丘堰向南分流出屯氏河，与大河并行，流经临清、高唐、夏津一带，在平原以南流入大河
4	汉元帝永光五年（公元前39年）	灵县鸣犊口（今高唐南）	水流东北，穿越屯氏河，在恩县西分南北两支：南支称为笃马河，经平原、德县、乐陵、无棣、沾化入海；北支称为咸河，经平原、德县、乐陵以北入海
5	王莽始建国三年（公元11年）	魏郡（今南乐附近）	流经今河南南乐、山东朝城、阳谷、聊城、临邑、惠民至利津入海

续表

序号	改道时间	改道地点	流经地区
6	后周世宗显德二年（955年）	阳谷	在阳谷决口后，分出一支，称为赤河，流经大河（即王景治河后的河道）以南，在长清以下又和大河汇合
7	宋真宗天禧四年（1020年）	滑州（今滑县东）西北天台山和城西南岸	经澶（今濮阳县）、濮（濮县）、曹（菏泽南）、郓（东平）一带，入梁山泊，向东流入泗、淮
8	宋仁宗景祐元年（1034年）	澶州（今濮阳县）横龙埽	流入赤河，至长清仍入大河
9	宋仁宗庆历八年（1048年）	澶州（濮阳县）商胡埽	向北直奔大名，进入卫河，流经馆陶、临清、景县、东光、南皮，至沧县与漳河汇流，从青县、天津入海
10	宋仁宗嘉祐五年（1060年）	魏郡（南乐）第六埽	与原河道分流，向东北，经南乐、朝城、馆陶入唐故大河的北支，合笃马河，东北经乐陵、无棣入海
11	宋神宗元丰四年（1081年）	澶州（濮阳县）小吴埽	水西北流，经过内黄，流入卫河
12	南宋高宗建炎二年（1128年）	今浚县、滑县以上地带	经延津、长垣、东明一带入梁山泊，然后由泗入淮
13	金世宗大定八年（1168年）	李固渡（仅滑县沙店镇南）	经曹县、单县、萧县、砀山等地，经徐州入泗汇入淮
14	金章宗明昌五年（1194年）	阳武	经延津、封丘、长垣、兰仪、东明、曹县等地入曹、单、萧、砀河道
15	元世祖至元二十三年（1286年）	原武、开封	分两路东南而下：一支经陈留、通许、杞县、太康等地注涡入淮；一支经中牟、尉氏、洧川、鄢陵、扶沟等地，由颍入淮
16	元成宗大德二年（1297年）	杞县蒲口	水趋东北，行200多里，在归德（今商丘市）横堤以下和北面汴水泛道合并
17	元顺帝至正四年（1344年）	曹县白茅堤和金堤	流至山东东阿，沿会通运河及清济河故道，分北、东二股流向河间及济南一带，分别注入渤海
18	明太祖洪武二十四年（1391年）	原武黑羊山	经开封城北折向东南，过淮阳、项城、太和、颍上，东至正阳关，由颍河入淮河
19	明成祖永乐十四年（1416年）	开封	经亳县、涡阳、蒙城至怀远，由涡河入淮河
20	明英宗正统十三年（1448年）	原武和荥泽（今郑州附近）孙家渡	北股由原武决口向北抵新乡八柳树，折向东南，经延津、封丘、濮县抵聊城、张秋，穿过运河合大清河入海；中股在荥泽孙家渡决口，漫流于原武、阳武，经开封、杞县、睢县、亳县入涡河，至怀远汇淮河；南股也是从孙家渡决口，流经洪武二十四年（1391年）老河道，汇淮河
21	明孝宗弘治二年（1489年）	开封等地	决口后，水向南、北、东三面分流：一支经尉氏向东南合颍河入淮；一支经通许合涡河入淮；一支与贾鲁故道平行，至归德经亳县也合涡入淮；一支自原武、阳武、封丘，至曹县入张秋运河；一支由开封翟家口东去归德，至徐州，合泗水入淮
22	明武宗正德四年（1509年）	曹县杨家口、梁靖口	流经单县、丰县，由沛县飞运桥入运河
23	明世宗嘉靖十三年（1534年）	兰阳赵皮寨	经兰阳、仪封、睢县、归德、夏邑、永城等地，由濉水入淮河
24	明世宗嘉靖三十七年（1558）	曹县东北	水趋单县段家口，至徐州、沛县分六股，俱入运河至徐洪；另由砀山坚城集趋郭贯楼，分五小股，也由小浮桥汇徐洪
25	清文宗咸丰五年（1855年）	兰阳（今兰考）铜瓦厢	溜分三股：一股由曹县赵王河东注（后淤）；另两股由东明县南北分注，至张秋穿运河后复合为一股，夺大清河入海，以后，北股又淤，南股遂成干流
26	民国二十七年（1938年）	郑州花园口	经尉氏、扶沟、西华、淮阳、商水、项城、沈丘，至安徽进入淮河

（二）黄河下游历史上的大改道

在黄河下游的 26 次改道中，有些改道使黄河下游河道位置较原河道发生了大的变化，其后一个较长时期的改道也在此大的区域内，这种改道习惯上称为大改道，或称迁徙。关于黄河大改道的见解，一些文献中意见有所不同，徐福龄（1989）的见解已被广泛采纳。

1. 大改道的条件

大改道是指黄河决口后，另走一条较长的流路入海，并逐步形成了固定的新河道，不再回归原河道，才算是一次大改道，或一次迁徙。

属于下列情况之一的，不算是大改道：①黄河决口后，不加堵塞，任其泛滥，只是造成了面积广大的黄泛区，并没形成固定的新河道，有的泛滥时间很长，最后经过堵塞，又回原河道。②原河道分出一道支河，流一段距离又回原河道，虽然分流时间较长，但原河道并未断流，应属局部河道变化。③原河道分出一道支河，并行入海，原河道仍走河，这也是两河并行，并非完全改道。④某一段几次大的变化，不属于大改道。例如，1128 年杜充掘河改道后，南泛夺淮。常常数道并行，彼此迭为主次，轮番夺泗、汴、濉、涡、颍等支流注淮入海，其游荡演变范围主要在河南原阳以下到江苏淮安以上，山东泗水与河南贾鲁河之间，南至颍河。1128 年杜冲决河后，徐州以下 400 余千米的河段并无大的变动，一直由淮河入于黄海，期间的一些变化不能算是大改道。潘季驯治河后，河归一槽，即常说的明清故道。⑤尾闾河段改道，距入海口很近，属局部改道或河口流路改道。

2. 黄河下游的五次大改道

据《禹贡》记载，禹导河积石（在今甘肃省境），至于龙门，南至于华阴，东至于砥柱，又东至于孟津，东过洛汭（洛河入黄处）至于大伾（成皋大伾山），北过降水（今漳水），至于大陆（河北省大陆泽），又北播九河（在平原地区分徒骇、太史、马颊、覆釜、胡苏、简、絜、钩盘、鬲津等九河），同为逆河（海水逆潮而得名）入于海。此即禹河故道。

（1）公元前 602 年黄河第一次大改道

周定王五年（公元前 602 年）河决浚县宿胥口，是黄河的第一次大改道。

西周时期就有了堤防，春秋时期“齐桓之霸，遏八流以自广”（《尚书》），把大禹疏导的九河堵了 8 支，使大河不能在平原上纵横漫流，扩大齐国的范围。公元前 651 年齐桓公“会诸侯于葵丘（今河南民权境）”（《史记·齐世家》）订立盟约，规定“毋曲防”（《孟子·告子下》），禁止诸侯之间修以邻为壑的堤防。表明当时堤防已有一定的规模且具有一定水平的筑堤技术。西汉时，沿河群众与水争地，在宽广的滩地上层层筑堤，堤距缩窄，形成较固定河道。大河从浚县，东至濮阳县一带，下经内黄、清丰、南乐、大名、冠县、馆陶、临清、平原、东光，在黄骅西南入渤海。西汉时河患渐多，自文帝十二年（公元前 168 年）河决酸枣（今延津境）以后，接连发生决口，主要有武帝元光三年（公元前 132 年）濮阳县瓠子决口；元封二年（公元前 109 年）河决馆陶，分出屯氏河，与大河同深，汇流于东光；永光五年（公元前 39 年）河决清河郡灵县鸣犊口，分出一股，称为鸣犊河，屯氏河断流；鸿嘉四年（公元前 17 年）清河一带河决，久而不塞；王莽始建国三年（公元 11 年）河决魏郡（在濮阳县西），改道东流，北渎遂空。计至西汉末，此河道行河 613 年。

（2）公元 11 年黄河第二次大改道

公元 11 年河决魏郡时，是王莽执政，其祖坟在元城（今河北大名东），认为大河东去，“元城不忧水，故遂不堤塞”（《汉书·王莽传》），自由泛滥达 60 余年，形成第二次大改道。

魏惠王九年（公元前 362 年）开凿了汴渠（属鸿沟水系），南达江淮，是中原与江淮交通的骨干水道。黄河南侵，侵害汴渠，既破坏了运道，又淹没田园，尤其兖（今河南北部和山东西部一带）、豫（今豫南和皖西北一带）二州水患更为严重。东汉明帝永平十二年（公元 69 年）命五景治河，主要目的是使“河汴分流”。王景自河南荥阳至山东千乘海口，修筑了千里大堤，使黄水就范，河汴分流，固定了新河道。大河从濮阳县长寿津分出，流经濮阳县、范县、高唐、平原到利津一带入渤海，史称东汉河道，长寿津以上仍走西汉大河旧道。魏、晋、南北朝水患记载较少，唐、北宋时期记载较多。例如，唐乾宁三年（公元 896 年），“河圮于滑州，朱金忠决其堤，因为二河，夹城而东，散漫千余里”（《新唐书·五行志》）；后唐同光元年（公元 923 年）“梁兵于滑州（今滑县）南酸枣决黄河……以阻唐兵”（《资治通鉴》）；宋天禧三年（1019 年）滑州天台决口；天圣六年（1028 年）河决澶州之王楚埽；景祐元年（1034 年）又决澶州横陇埽。庆历八年（1048 年）大河在濮阳商胡埽决口北移。第二次大改道共经历 1037 年，其中前 60 年，河水泛滥，流路不固定，后 970 余年有了新的河道。

（3）1048 年黄河第三次大改道

自商胡埽决口北徙后，从濮阳县北经清丰、南乐、大名、馆陶、枣强、衡水、乾宁军（今青县境），于天津附近入海，宋代称为“北流”。宋嘉祐五年（1060 年）大河在魏郡第六埽向东分出一道支河，经陵县、乐陵至无棣入海，名“二股河”，宋代称为“东流”。先是北流、东流并行入海，后为防辽的军事需要，曾三次回河“东流”，两次失败，终于绍圣元年（1094 年）尽闭北流，全由东流入海。元符二年（1099 年）六月又在内黄决口，东流断绝，又回北流。北宋时大河基本以北流为主。钦宗靖康二年（1127 年）金军大举南下，汴京陷落，宋高宗政权南迁。南宋建炎二年（1128 年）杜充决口改道，第三次黄河大改道行河 80 年。

（4）1128 年黄河第四次大改道

南宋建炎二年（1128 年）开封留守杜冲，为抗金兵南侵，在滑县李固渡决河，黄河南犯夺淮入黄海，这是一次人为的决口改道，因战祸不断，无暇治河，形成了第四次大改道。金元时期，“数十年内，或决或塞，迁徙无定”（《金史·河渠志》），河分数股入淮。金章宗明昌五年（1194 年），河决阳武（今河南原阳），当时大河流路大致经今原阳、封丘、长垣、砀山至徐州，入泗夺淮入黄海。元、明两代治河以保漕运为主，重北轻南，15 世纪初，大河在郑州以下南岸分出四路入淮。明弘治八年（1495 年），北岸又加修了遥堤，上自胙城（今河南延津境），统滑县、长垣、东明、曹县，至虞城，长 360 里，名“太行堤”。明嘉靖二十五年（1546 年）以后，自开封至砀山修建了南岸堤防，大河经今兰考、商丘、砀山、徐州、宿迁、泗阳，至涟水云梯关入于黄海，这一河段即现在的“明清故道”。清咸丰五年（1855 年），洪水盛涨之际，大河在河南兰阳铜瓦厢（今兰考东坝头附近）冲开险工，造成决口改道。第四次大改道行河共 727 年。

（5）1855 年黄河第五次大改道

清咸丰五年（1855 年）铜瓦厢冲决后，皇帝下谕，暂行缓堵，形成了第五次大改道。开始 20 余年北岸靠北金堤，南岸洪水漫延山东定陶，单县、曹县、城武、金乡等县。经 20 余年，口门以下至山东阳谷张秋镇才形成较为完整的堤防，阳谷张秋镇以下黄河夺大清河至利津入渤海。原大清河不能容纳黄河之洪水，除平阴、长清南岸有山岭外，两岸均修有堤防，形成了固定河道。100 多年来，除一般的决口外，1938 年，为阻止日军西犯，国民党政府军队在郑州花园口扒口，大河南犯，故道断流，长达9年，于1947年堵口合龙，大河回归故道，至今已行河150余年。

（三）黄河下游决口改道密度

据历史文献统计，黄河下游自周定王五年（公元前602年）到1938年郑州花园口扒口的2540年中，黄河决口泛滥，洪水横流的年份共有543年，平均4.68年有一年发生决口。一场洪水或一年内，黄河会发生多次决溢，甚至一场洪水就发生数十处决溢，2540年中已统计到的决溢次数达1590次，平均1.6年决口一次，其中发生改道的有26次。因此，长期以来，黄河下游有“三年二决口，百年一改道”之说。

参 考 文 献

胡一三. 1996. 黄河防洪. 郑州：黄河水利出版社：61-63

黄河水利委员会《黄河水利史述要》编写组. 1982. 黄河水利史述要. 北京：水利出版社

徐福龄. 1989. 黄河下游河道的历史演变. 见：黄河水利委员会宣传出版中心. 中美黄河下游防洪措施学术讨论会论文集. 北京：中国环境科学出版社：96-101

第三章　黄河洪水灾害

一、黄河下游洪水灾害

（一）洪水灾害特点

黄河流域洪水灾害主要是由于河流决口、洪水泛滥造成的。黄河下游地区古代经济文化发展早，有记载的文献多。由于河道淤积，下游早已成为悬河，易于决口泛滥。因此，下游是洪灾最为严重的地区。

洪水造成都城搬迁（黄河流域及西北片水旱灾害编委会，1996）。相传在公元前 21 世纪以前的帝尧时代，黄河下游就有“洪水泛滥于天下”之说。《尚书·尧典》中“汤汤洪水方割，荡荡怀山襄陵，浩浩滔天，下民其咨”的记述，反映当时洪水横流遍地，老百姓围困在丘陵高地之上，哀叹洪水灾情的情景。据史学界考证，商代曾因黄河下游洪水为患，多次迁都。先后在亳（今河南商丘市北）、西亳（今河南偃师市西）、嚣（一曰傲，今河南荥阳市北、敖山南）、相（今河南内黄县东南）、耿（古时同邢，今河南温县东）、庇（祖辛至祖丁时都城）、奄（南庚时都城，今山东曲阜旧城东）、殷（磐庚以后都城，今河南安阳小屯村）建都。其中公元前 1534 年至公元前 1517 年的 17 年间，因洪水泛滥，不得不两次迁帝都。周代春秋时期，位于黄河下游各诸侯国，纷纷筑堤自保，洪水随地形到处泛滥成灾的状况才得以改变。

洪水灾害突发性强。居住在黄河两岸的居民处在黄河洪水的威胁之下。由于黄河为悬河，一旦堤防失事，不仅在洪水期，即使在平水期和枯水期，也会带来灭顶之灾。黄河决溢的时间难以确定，灾害具有突发性。

黄河决口造成的损失惨重。例如，1935 年山东鄄城董庄决口（黄河水利委员会黄河志总编辑室，1991）。溜分两股，小股由赵王河穿东平县运河，合汶水复归正河；大股则平漫于菏泽、郓城、嘉祥、巨野、济宁、金乡、鱼台等县，由运河入江苏。这次决口使山东、江苏两省 27 县受灾，受灾面积达 1.2 万 km^2，灾民 341 万人。

洪水致灾严重，影响期长。决口洪水泛滥后，水沙俱下，在口门以下，往往造成宽约十几千米，长数十千米甚至数百千米的土地沙化，恢复土地耕作性能需要几年甚至几十年，1938 年花园口扒口后造成的部分泛区几十年方恢复到原有的耕作性能。决口后致灾的影响时间是长期的。

凌汛决口防灾困难。凌汛决口后，冰水俱下，加之天寒地冻，防灾困难。一旦凌汛决口造成灾害，其景更惨。例如，内蒙古河段 1980 年冬至 1981 年春（黄河流域及西北片水旱灾害编委会，1996），出现卡冰结坝 7 处，壅水严重，其中大树湾高出历史最高洪水位 0.5m 以上，致使贡格尔、李三壕防洪堤决口成灾，淹地 0.3 万 hm^2（其中耕地 0.16 万 hm^2），倒房 914 间，受损房屋 400 余间，损失粮食 15.5 万 kg，并冲毁渠道、桥、涵、闸交叉工程 11 座，排水站 1 座，小学 2 所。

洪水灾害取决于黄河防洪工程。堤防决口是由于河水的破坏力超过堤防的御水能力造成的。历史上堤防防御能力弱决口频繁，战争年代对防洪工程破坏严重决口频繁，防洪工程疏于管理的时期决口频繁。中国共产党领导治黄以来，加强了防洪工程的建设与管理，黄河下游除20世纪50年代初2次凌汛决口外，未再发生决口。

（二）重大洪水灾害

1. 历史上黄河重大决溢及灾害概况

洪水灾害是由黄河决溢造成的，泛区洪灾取决于决口情况，重大决溢会造成大的洪灾。

据史学界考证，黄河下游河道决口成灾，汉代以来史志记述才比较翔实（黄河流域及西北片水旱灾害编委会，1996；胡一三，1996）。

（1）汉代

公元前206年至220年，发生重大决溢的有15年。例如，汉成帝建始四年（公元前29年）河决馆陶及东郡金堤，“泛溢兖、豫，入平原、千乘、济南，凡灌四郡三十二县，水居地十五万余顷，深者三丈，坏败官亭室庐具四万所”（《汉书·沟洫志》）。

（2）魏、晋、南北朝

220～581年，发生重大决溢的有9年。例如，北魏景明元年（公元500年），“七月，青、齐、南青、光、徐、兖、东豫、司州之颍州、汲郡大水。平隰一丈五尺，居民全者十之四五。”

（3）隋、唐、五代

581～960年，发生重大决溢的有39年。例如，五代周显德元年（954年）以后，“河从杨刘至于博州百二十里，连年东溃，分为二派，汇为大泽，弥漫数百年。又东北坏古堤而出，灌齐、棣、淄诸州，至于海涯，漂没民田不可胜计（《资治通鉴》卷二九二）。”

（4）北宋

960～1127年，发生重大决溢的有66年。例如，宋天禧三年（1019年）六月，河溢滑州天台山，“复溃于城西南，岸摧七百步；漫溢州城，历澶、濮、曹、郓，注梁山泊，又合清水，古汴渠东南入于淮，州邑罹患者三十二”（《宋史·河渠志》）。

（5）南宋、金、元

1127～1368年，发生重大决溢的有55年。例如，元至正四年（1344年）五月，“大雨二十余日，黄河暴溢，水平地深二丈许，北决白茅堤。六月又北决金堤。并河郡邑济宁、单州、虞城、砀山、金乡、鱼台、丰、沛、定陶、楚丘、成武，以至曹州、东明、巨野、郓州、嘉祥、汶上、任城等处，民老弱昏垫，壮者流离四方”（《元史·河渠志》）。

（6）明代

1368～1644年，发生重大决溢的有112年。例如，明永乐八年（1410年）“八月黄河溢，坏开封城二百余丈，灾民14100余户，田7500余顷”（《明史·河渠志》）。

（7）清代咸丰以前

1644～1855年，发生重大决溢的有69年。例如，康熙元年（1662年）五月，河决曹县石香炉、武陟大村、睢宁孟家湾。六月决开封黄练集，灌祥符、中牟、阳武、杞县、通许、尉氏、扶沟七县”“田禾尽被淹没”。七月再决归仁堤（《清史稿·河渠志》）。

（8）清代咸丰以后

咸丰五年（1855年）黄河兰考铜瓦厢决口改道后，黄河走现行河道。

1）1855～1874 年。1855 年铜瓦厢决口后，由于朝廷腐败，各地农民纷纷起义，1857 年又爆发了第二次鸦片战争，清廷无力堵口和修筑黄河堤防，致使口门以下黄河自由泛滥长达 20 余年。例如，清同治二年（1863 年）“六月兰阳口门复溢，淹鲁西、冀南十余县，平阴以下决口三四十处”。

2）1875～1911 年。光绪元年（1875 年）开始在东坝头以下修建堤防，1877 年初步建成兰考至东平右岸大堤，1893 年兴建东阿至利津大堤。由于堤防标准低、质量差，1875～1911 年的 37 年中下游堤防有 31 年决口，平均 10 年 8 决口。例如，光绪十三年（1887 年）8 月，郑州石桥决口，大溜经朱仙镇南流，淹尉氏、扶沟、鄢陵等地，沿贾鲁河入淮，受灾涉及 15 个县州。

3）1912～1938 年。下游决口的有 19 年。如 1926 年，“八月十四，黄河南岸东明刘庄河决，决口四十余丈，水势东泻，流入巨野赵王河，宽十五里，金乡、嘉祥二县全被淹没”（《黄河年表》引北京《晨报》）。

4）1938～1947 年。1938 年花园口扒口后，在泛区西侧修起了长 316km 的“防泛西堤”，同时日伪在东岸修筑了长 110km 的“防泛东堤”。由于堤身单薄、质量差，决口频繁。9 年内有 6 年决口 59 处，使黄河在豫东、皖北、苏北泛滥 9 年，造成了长达 9 年的“黄泛区”。

2. 典型决口洪水灾害实例

近 200 年来，黄河下游多次发生的重大洪水灾害（黄河流域及西北片水旱灾害编委会，1996）。

（1）1761 年洪水灾害

将黄河下游来自三门峡（陕县）以上的洪水称为上大洪水，来自三门峡至花园口区间（简称三花区间）的洪水称为下大洪水。

清乾隆二十六年七月（1761 年 8 月中旬），三门峡至花园口区间降了一场特大暴雨，形成峰高量大、持续时间长的洪水。据考古推算，花园口洪峰流量为 32000m^3/s，12 天洪量为 120 亿 m^3。在伊河、洛河及三花干流区间暴雨区发生了严重的灾害，黄河下游决口泛滥区灾害更为严重。洪水及灾情史志多有记载。如“七月洛阳等县霪雨浃旬”（《河南府志》）；“七月十四日至十六日夜大雨如注”“沁、丹并涨，水入沁阳城内，水深四至五尺“（《沁阳县志》）；“七月十五至十九日暴雨五昼夜不止”（《新安县志》）；“大雨极乎五日”（东洋河口碑记载）等。堤防决口给下游两岸带来了严重的灾害，河南巡抚常钧在七月向皇上报的奏折中有：“黑岗口河水十五日测量，原存长水二尺九寸，十六日午时起至十八日巳时陆续共长水五尺，连前共长水七尺九寸，十八日午时起至酉时又长水四寸，除落水一尺外，净长水七尺三寸，堤顶与水面相平，间有过水之处”，“……查杨桥河出水散漫，一溜从中牟境内贾鲁河下朱仙镇，漫及尉氏县东北，由扶沟、西华两县入周口沙河，又一溜从中牟境内惠济河下祥符、陈留、杞县、睢州、柘城、鹿邑各境，直达亳州”。河道总督张师载八月初八奏折称：“南北两岸逐一查看，共计漫口二十六处”。这次洪水伊河、洛河、沁河下游两岸的偃师、巩县（今巩义）、沁阳、博爱、修武等县都“大水灌城”，水深五六尺至丈余不等，洛阳至偃师整个夹滩地区水深在一丈以上。黄河下游武陟、荥泽、阳武、祥符、兰阳、中牟、曹县等左右两岸共决口 26 处，使河南开封、陈州、商丘，山东曹、单，安徽颍、泗等 28 州县被淹，灾情十分严重。

（2）1843 年洪水灾害

清道光二十三年（1843 年）8 月，黄河河口镇至三门峡区间降特大暴雨，形成了峰高量大的洪水。据调查推算，陕县（三门峡）发生了洪峰流量为36000m^3/s的洪水，12天洪量达119亿m^3，推算至花园口，洪峰流量为33000m^3/s，12天洪量达136亿m^3，黄河决溢，形成了严重的灾害。洪水及灾情史志上也有记载，如“七月十四日，黄河暴涨，（老灵宝县城）西门外水深丈余，漂没房舍树木无数”（《灵宝县志》）。“道光二十三年又七月十四日，河涨高数丈，水与庙檐平，村下房屋尽坏”（渑池县村碑文刻）。“道光二十三年六月，霪雨二十有余日，七月黄河溢至南城，砖垛次日始落，淹没无数”（《垣曲县志》）。“又据阌乡、陕州、新安、渑池、武陟、郑州、荥泽等州县禀报，该州县地居中牟九堡之上游，因七月十四日等日黄水陡长二丈有余，漫溢出槽，以致沿河民房田禾均被冲毁……现已报到，被黄水浸淹者二十三州县，被雨水淹浸者十七州县，淹及城垣者共七县，内汜水、陈留两县现时情形为最重。”洪水传到中牟时，“决中牟（九堡），水趋朱仙镇，历通许、扶沟、太康入涡会淮。”在中牟将原决口门刷宽1000m，洪水向东南漫流，经贾鲁河入涡河、大沙河夺淮进洪泽湖”。漫水经过豫皖各境，其受水最重者，豫省之中牟、祥符、尉氏、通许、陈留、淮宁、扶沟、西华、太康，皖省之太和；次重者，豫省之杞县、鹿邑，皖省之阜阳、颍上、凤台；其较轻者，豫省之沈丘，皖省之霍邱、亳州”（河南巡抚鄂顺安闰七月八日奏折）。陕州一带至今还流传着“道光二十三，黄河涨上天，冲走太阳渡，捎带万锦滩”的歌谣。据当年宫廷奏文不完全统计，这次洪水约有40余州县受灾，致使河南、安徽境内西起扶沟、西华，东至鹿邑、亳州，南至洪泽湖一片汪洋，受灾面积约4万km^2。

（3）1933年洪水灾害

1933年8月上旬泾、洛、渭河和干流吴堡至龙门区间降大到暴雨，汇合后在陕县站（三门峡站）形成洪峰流量为22000m^3/s的洪水，最大12天输沙量达21.1亿t（当年输沙量达39.1亿t）。演进到花园口，洪峰流量为20400m^3/s，12天洪量为100亿m^3。在洪水演进的过程中，郑州京汉铁路桥被冲，20余孔石墩振动，“铁桥之七十七、七十八两孔为急水所冲东移数寸”，交通中断。冲决华洋堤（贯孟堤）11处，全淹封丘。太行堤漫溢决口6处，大车集至石头庄约20km的堤防决口30余处，使北流过水占全河的70%，淹没了整个的北金堤滞洪区，长垣及北金堤以南的范县、濮阳、寿张、阳谷四县的广大地区尽成泽国，水涨宽达40km，平地水深七八尺。“凡水淹之处，茫茫无际，只见房顶树梢露于水面，特别在决口口门处，洪流倾泻，房塌树倒，人畜漂没，一片惨象”。南岸兰考小新堤、旧堤决口多处，泛水沿明故道东流；四明堂、杨庄也发生决口，考城、东明、菏泽、曹县、定陶等县被淹，巨野县城被水包围，徐州环城故堤十余里决口7处。这次洪水黄河下游两岸共决口60余处，豫、冀、苏、鲁4省30县被淹，受灾面积达0.66万km^2，受灾人口273万人，死亡1.27万人。

（4）1938年洪水灾害

1938年6月2日至9日，国民党军队在郑州花园口扒堤决口后，口门宽由几十米逐渐扩大到1460m。主流奔腾而泄，在口门外刷出面积约2km^2、最大水深13.5m的潭坑，滔滔黄河分两股向东南漫流。一股沿贾鲁河经中牟、尉氏、扶沟、西华、淮阳、周口入颍河，至安徽阜阳，由正阳关入淮；另一股自中牟经通许、太康，顺涡河至安徽亳县，由怀远入淮。黄河水量大，内地河网泄水能力小，到处漫溢成灾，从西北到东南，形成长约400km、宽40～80km的黄泛区。“滔滔黄水滚卷而来，千里平原顿成一片汪洋。”黄水所至，“人畜无从逃避，尽逐波臣，财产田庐，悉付流水”。辗转外逃者，“又以饥饿煎迫，疾病侵寻，往往尸横道路，亦皆九死一生，艰辛备历，不为溺鬼，尽成流民”；守恋家乡者，“更是迫于饥馑，无暇择食，每多以含毒野菜及观音土争相充饥，草根树皮，亦被罗掘殆尽，……于是寂寥灾区，荒凉惨苦，几疑非人寰矣！”直到 1947 年 3 月堵口合龙，5 月竣工，南泛达 8 年 9 个月。据国民党行政院善后救济总署统计：黄泛区共有 44 个县市，132.9 万 hm^2 土地受淹，受灾人口达 1250 万人，其中死亡 89.3 万人，外逃 391 万人。

（三）凌汛灾害

黄河下游凌汛灾害早有发生。据文献记载，西汉文帝十二年（公元前 168 年），“冬十二月，河决东郡”（《汉书·文帝纪》）。宋大中祥符五年（1012 年）正月，决棣州东南李民湾，“环城数十里，民舍多坏”（《宋史·河渠志》）。元至正八年（1348 年）“正月辛亥，河决陷济宁路”（《元史·五行志》）。明成化十三年（1477 年）“今岁首，黄河水溢，淹没民居，弥漫田野，不得播种”（《明宪宗实录》）。清光绪九年（1883 年），“正月十四、五日，凌水陡涨丈余，历城境内之北泺口一带泛滥二处。又赵家道口、刘家道口各漫溢一处。……又齐河县之李家岸于十六日漫溢一处”，至二月，沿河十数州县，漫口竟达三十处。光绪十一年至十三年（1885～1887 年）凌汛，山东河段连连决口，长清、齐河、济阳、历城等县受灾。1926～1937 年几乎连年凌汛决口。1928 年，利津县棘子刘、王家院、后彩庄、二棚村等先后决口 6 处，淹没 70 余村。1951 年 2 月 3 日山东利津县王庄凌汛决口，受灾区宽 14km，长 40km，淹及利津、沾化县耕地 42 万亩①，淹没村庄 122 个。1955 年 1 月 29 日，山东利津县五庄决口，淹没村庄 360 个。据统计 1875～1955 年的 81 年中，凌汛决溢的有 29 年，平均不足 3 年就有 1 年发生凌汛灾害。

（四）滩区洪水灾害

黄河下游河道的不断淤积、摆动、改道，塑造了华北大平原。现行河道两岸堤防之间，有 120 余个大小不等的滩地，滩区总面积 3000 余 km^2（含封丘倒灌区），占下游河道总面积的 85%以上。截至 2003 年，滩区涉及沿黄 43 个县（区），滩区内有村庄 1924 个，居住人口 180 万人，耕地面积 375 万亩。

根据 1949～1999 年花园口站历年实测年最大洪峰流量资料，51 年内花园口最大洪峰流量为 22300m^3/s（1958 年），最小洪峰流量为 3190m^3/s（1991 年），多年平均洪峰流为 7300m^3/s。

据不完全统计，新中国成立以来滩区遭受不同程度的洪水漫滩 30 余次，累计受灾人口 900 余万人次，受淹耕地 2600 余万亩。历年花园口最大流量及黄河下游滩区受灾情况统计见表 3-1。

表 3-1　历年花园口最大流量及黄河下游滩区受灾情况统计表

年份	花园口最大流量/（m^3/s）	淹没村庄个数/个	人口/万人	耕地/万亩	淹没房屋数/万间
1949	12300	275	21.43	44.76	0.77
1950	7250	145	6.90	14.00	0.03
1951	9220	167	7.32	25.18	0.09
1953	10700	422	25.20	69.96	0.32
1954	15000	585	34.61	76.74	0.46
1955	6800	13	0.99	3.55	0.24

① 1 亩≈667m^2，下同

续表

年份	花园口最大流量/（m^3/s）	淹没村庄个数/个	人口/万人	耕地/万亩	淹没房屋数/万间
1956	8360	229	13.48	27.17	0.09
1957	13000	1065	61.86	197.79	6.07
1958	22300	1708	74.08	304.79	29.53
1959	9480		4	10	
1961	6300	155	9.32	24.80	0.26
1964	9430	320	12.80	72.30	0.32
1967	7280	45	2.00	30.00	0.30
1973	5890	155	12.20	57.90	0.26
1975	7580	1289	41.80	114.10	13.00
1976	9210	1639	103.60	225.00	30.80
1977	10800	543	42.85	83.77	0.29
1978	5640	117	5.90	7.50	0.18
1981	8060	636	45.82	152.77	2.27
1982	15300	1297	90.72	217.44	40.08
1983	8180	219	11.22	42.72	0.13
1984	6990	94	4.38	38.02	0.02
1985	8260	141	10.89	15.60	1.41
1988	7000	100	26.69	102.41	0.04
1992	6430	14	0.85	95.09	
1993	4300	28	19.28	75.28	0.02
1994	6300	20	10.44	68.82	
1996	7860	1374	118.80	247.60	26.54
1997	3860	53	10.52	33.03	
1998	4700	427	66.61	92.20	
2002	2600	196	12	29.25	
2003	2500		14.87	35	

从表 3-1 看出，1949～2003 年 55 年中有灾害记录的漫滩洪水 32 次，洪水的漫滩概率约为 1.7 年一遇。2003～2009 年下游没有发生过漫滩洪水。1949～2009 年洪水的漫滩概率约为 1.9 年一遇。龙羊峡水库投入运用前，1949～1985 年 36 年共发生漫滩洪水 24 次，洪水漫滩概率约为 1.5 年一遇；龙羊峡水库运用后至小浪底水库运用前，1986～1999 年 14 年间发生漫滩洪水 8 次，漫滩概率约为 1.8 年一遇；小浪底水库运用后 2000～2009 年，发生漫滩洪水 2 次，漫滩概率约为 5 年一遇。不同时期黄河下游漫滩洪水概率见表 3-2。

表 3-2　不同时期黄河下游漫滩洪水概率表

时期	1949～1985 年	1986～1999 年	2000～2009 年	1949～2009 年
漫滩次数/次	24	8	2	32
漫滩概率（*n* 年一遇）	1.5	1.8	5	1.9

二、上游洪水灾害

（一）兰州河段

兰州河段西起西柳沟，东至桑园峡，长 45km。1368～1949 年有记载的大洪灾共 21 次，平均 28 年出现一次，其中明代 4 次，清代 14 次，民国 3 次。1949 年以来，1964 年 7 月、1967 年 9 月和 1981 年 9 月发生 3 次大洪水，除 1981 年洪水有一定损失外，其他 2 次无大损失。洪灾情况（黄河流域及西北片水旱灾害编委会，1996）举例如下：

清光绪三十年（1904 年）发生了严重的水灾。七月，兰州出现 $8500m^3/s$ 的洪水。据文献记载，兰州一带“连日大雨，黄河暴发，响水子、桑园峡水不能容，泛滥横流。……水涌没东梢门城墙丈余，内以沙囊壅城门，近郊田园屋宇冲毁无数。登陴遥望，几成泽国，灾黎近万余”，“黄河暴涨，河滩数十村庄被淹没，兰州城东南隔城墙浸塌丈余”。这次洪水仅兰州附近受淹面积 $1500hm^2$，受灾人口 2.8 万人。

1946 年 9 月初，黄河涨水，5 日中山桥流量达 $3163m^3/s$，13 日洪峰流量达 $5900m^3/s$，中山桥桥墩全部淹没，桥上停止通行，沿河水位已上埽台，东郊雁滩等被淹农田 1000 余亩，王家滩、人心滩、石沟滩、红柳滩、蘑菇滩、杜林滩、宋家滩、刘家河后滩等处田地被淹 2000 余亩，水深 2～3 丈。

1981 年 9 月 15 日，兰州出现洪峰流量为 $5600m^3/s$ 的洪水，使兰州市滩区和 30 个乡近 30 万人受灾，淹没农田 $6667hm^2$，毁房 4000 间、7.4 万人被迫迁移，冲毁河堤 34km。

（二）宁夏河段

宁夏河段洪水的记载最早见于唐代。据统计自明初至 1949 年的 580 年间，该河段有洪水记载的 27 次。有些洪水也给两岸带来了严重的灾害，洪灾情况（胡一三，1996）举例如下：

清道光三十年（1850 年）洪水，黄河水势于五月初九日至六月十六日“共涨水一丈五尺一寸，已入峡口老桩十五字一刻迹”。“宁夏府阴雨，黄河涨水，黄花（渠）桥以北地区，全成一片汪洋，一般庄子都进了水，农田全部泡在水中，人来往靠船只，人畜死亡无其数，水落后除高秆作物，都被水淹死”。

1934 年，宁夏境……黄河沿河一带到处漫淹，田庐漂没损失巨大，据报中卫、金积、灵武、平罗、磴口等县冲去村落一千余处，灾民数十万人，中卫、金积两邑灾情尤重。

1946 年，黄河涨水，9 月 16 日青铜峡洪峰流量 $6230m^3/s$，沿河农田受淹面积 1.33 万 hm^2，河东秦渠、河西汉渠都发生了决口，平罗县通伏、渠口大部被淹，永宁民生渠以东一片汪洋，细腰子湃段冲决口几十丈。

1981 年 9 月 17 日，青铜峡洪峰流量 $6040m^3/s$，受淹农田 $5813hm^2$，中宁田家滩及中卫刘庄、申滩等处堤防决口。

（三）内蒙古河段

内蒙古河段历史上因无堤防，经常发生水灾。清代开始筑堤，并有较多的洪水记载。1750～1949 年，共发生大洪灾 13 次，平均约 15 年一次。有些洪水灾害严重（胡一三，1996），举例如下：

清道光三十年（1850 年）秋、河口镇水与堤平，昼夜加修堤埝，经数日水不消退。7 月 2 日夜，天大雨，彻夜不止；平地水深数尺。黎明，镇东南皮条沟村附近堤防决口，逆流入镇，全市顷刻漫入巨浪中之商店房，悉被冲毁。仅留沿堤高处之房院数十所，浸渍月余，水始退尽，损失财产数百金。幸少伤残人口。南滩一带被灾严重，镇东南之双墙村，亦同遭淹没焉。相传河口镇经此次大水，巨商多移往包头，市况稍衰（《绥远通志稿》）。

清同治六年（1867 年），黄河由今之第三区王霸窑子决口，水向东流，直至邑境东界，长流一百五十里，除沿山高地外，均成泽国，房屋倒塌，村落为墟，以致人无栖止，马无停厩，生命财产付诸东流（《萨拉齐县志》）。

1943 年 7 月 12 日，石嘴山黄河洪峰流量 4800m^3/s，西起石嘴山，东至米仓县的协成渠，淹没 5000 余 km^2，淹耕地 300 万亩，倒塌房屋 2400 间，死伤 700 余人（“巴盟水利档案资料”）。

1933 年入夏以来，“阴雨连绵，计达四十余日，黄河泛滥，山洪暴发，加之上游陇宁来水，汇流而东，遂至绥西悉成泽国，所有绥属临河、五原、萨拉齐、托克托沿河各县一片汪洋，田禾淹没，人民离析……”（《申报》）。

1981 年 9 月 21 日，磴口洪峰流量 5500m^3/s，巴彦高勒、三湖河口、昭君坟相继出现 5380m^3/s、5450m^3/s、5500m^3/s 的洪峰，洪水期间在西沙拐等出现 5 处决口，右岸总干渠冲断 2 处，长 3km，冲毁输电线路 28km、跨河输电塔 2 座、扬水站 18 处、公路 21km、倒塌房屋 3800 间，淹没草场 1.62 万 km^2、耕地 1.3 万 km^2。

由于内蒙古河段黄河由南向北流，且是黄河纬度最高的河段，在凌汛期间，往往形成冰塞、冰坝，造成黄河决口，淹及两岸。例如，1927 年 3 月，临河永济渠因凌汛涨水决堤，溃水直扑临河县城，西城内一片泽国，除县政府筑了三尺高堤防保全外，西线三四百户民房皆被水淹塌尽付东流。

参 考 文 献

胡一三. 1996. 中国江河防洪丛书 • 黄河卷. 北京：中国水利水电出版社

黄河流域及西北片水旱灾害编委会. 1996. 黄河流域水旱灾害. 郑州：黄河水利出版社

黄河水利委员会黄河志总编辑室. 1991. 黄河防洪志. 郑州：河南人民出版社

第四章　黄河自然与社会环境

一、自 然 环 境

（一）地形地貌

黄河流域位于东经 95°53′～119°05′，北纬 32°10′～41°50′之间，西起巴颜喀拉山，东临渤海，北抵阴山，南达秦岭，横跨青藏高原、内蒙古高原、黄土高原和华北平原等四个地貌单元，地势西高东低，自西向东逐渐下降。按高度的明显变化，可分为三级阶梯（水利部黄河水利委员会，1989）。

1. 第一级阶梯

第一级阶梯是黄河河源区所在的青海高原，位于著名的“世界屋脊”——青藏高原的东北部。高原上有一系列西北—东南走向的山脉、如祁连山、阿尼玛卿山（又称“积石山”）和巴颜喀拉山。黄河迂回于山原间，呈“S”形大转弯。高原平均海拔 4000m 以上，山岭海拔 5500～6000m。雄踞黄河河曲的阿尼玛卿山，主峰玛卿岗日海拔 6282m，是黄河流域的最高峰。巴颜喀拉山北麓的约古宗列盆地，海拔 4500m 左右，为黄河源头。河源地区河谷宽阔，河道平缓地穿行在海拔 4100～4300m 的湖盆地带，沿程湖泊星罗棋布，其中面积 526km^2 的扎陵湖和面积 611km^2 的鄂陵湖是黄河流域两个最大的淡水湖泊。黄河出鄂陵湖，大体上东流，奔驰在阿尼玛卿山和巴颜喀拉山之间，至青海、四川交界处，受阻于岷山，折向西北，流经著名的松潘草原，有白河、黑河汇入。本阶梯东北部以祁连山为界，祁连山南麓的湟水为本阶梯的最大支流。

2. 第二级阶梯

第二级阶梯东以太行山为界，海拔 1000～2000m，分属于内蒙古高原和黄土高原，其中黄土高原占大部分。流域西北界的贺兰山、狼山是阻挡腾格里、乌兰布和等沙漠向黄河流域腹地侵袭的天然屏障。流域南界的秦岭山脉，是我国自然地理上的亚热带和暖温带的南北分界线，同时也是西北沙漠不能南扬的挡风墙。本区西部有著名的六盘山、东部有吕梁山和太行山，阶梯内地形地貌差异较大，可分为以下几个自然地理区域。

（1）河套冲积平原

河套冲积平原属内蒙古高原，分布在黄河沿岸，包括银川平原和内蒙古河套平原。西南起中卫、中宁，东北至呼和浩特，长达 750km，最宽处 50km 以上，是我国古老的引黄灌区所在。其中，宁夏平原位于贺兰山与鄂尔多斯高原之间，海拔 1100～1200m；内蒙古河套平原位于鄂尔多斯与阴山山脉之间，海拔 900～1100m。

（2）鄂尔多斯高原

鄂尔多斯高原亦属内蒙古高原。位于黄河河套以南，西、北、东三面为黄河环绕，南界长城，面积 12 万 km^2（包括高原中部内流区 4.23 万 km^2）。除西缘的桌子山海拔超过 2000m 外，其余绝大部分为 1000～1400m，是一块近似方形的台状干燥剥蚀高原。高原上风沙地貌发育。库布齐沙漠逶迤于高原北缘，大部分为流沙或半固定沙丘组成。南有毛乌素沙漠，沙丘多呈固定或半固定状态。高原河流稀少，盐碱湖众多。

（3）黄土高原

黄土高原北起长城，南界秦岭，西抵青海高原，东至太行山脉，海拔一般为800～2000m，主要为近200万年以来的风成堆积，是世界上一个主要的黄土分布区。地貌形态较复杂，主要由塬、梁、峁组成。由于新构造运动，黄土高原不断抬升，加之土质松散，垂直节理发育，植被稀疏，在暴雨径流的水利侵蚀和滑坡、崩塌等重力侵蚀作用下，黄土高原水土流失十分严重，是黄河泥沙的主要来源地。黄河河口镇至龙门725km河段内，峡谷深邃，谷深100余米，谷底高程由1000m降至400m，两岸汇入的支流密度大，切割侵蚀也最为强烈。龙门至潼关之间有汾河、渭河相继汇入，汾河、渭河中下游河谷亦称汾渭盆地，属地堑式构造，经黄土堆积与河流冲积而成，地势平坦，土地肥沃，灌溉历史悠久，是晋陕两省的富庶地区。

（4）崤熊太山地

崤熊太山地包括豫西山地和黄河以北的太行山地。豫西山地由秦岭东延的崤山（崤山余脉沿黄河南岸延伸，通称邙山）、熊耳山、嵩山（古称“外方山”）和伏牛山组成，大部海拔在1000m以上，系东南暖湿气流深入黄河中上游地区的屏障，对黄河流域及我国西部气候都有影响。太行山脉耸峙山西高原与华北平原之间，最高岭脊海拔1500～2000m，形成华北地区一条重要的自然地理界线。

3. 第三级阶梯

第三级阶梯自太行山脉以东至滨海。这级阶梯是海拔1000m以下的丘陵和100m以下的平原，包括下游冲积平原、鲁中丘陵和黄河河口三角洲。

（1）下游冲积平原

下游冲积平原属燕山运动构造的陷落地带，系由黄河、海河和淮河冲积而成，面积约25万km^2。本区除鲁中丘陵外，地面坡降平缓，微向海洋方向倾斜。黄河流入冲积平原后，河道宽阔平坦，泥沙沿程淤积，河床高出两岸地面4～6m。大者达10m，成为举世闻名的“悬河”。平原地势大体上以黄河河道为分水岭，黄河以北属海河流域，以南属淮河流域。

（2）鲁中丘陵

鲁中丘陵是受燕山运动及喜马拉雅运动而隆起的地垒地区。区内的泰山、鲁山、沂山，自西向东构成断续的略呈弧形的泰沂山脉，海拔400～1000m。蒙山横亘于泰沂山脉之间，泰山主峰1524m，山势雄伟。山间分布有莱芜、新泰等大小不等的盆地平原。

（3）黄河河口三角洲

黄河河口三角洲是1855年黄河改走现行河道后由黄河泥沙淤积而成的。地面平坦，海拔在10m以下。它以垦利县宁海为顶点，大体包括北起徒骇河河口，南至支脉沟口的扇形地带，面积约 6000km^2。三角洲上的故河道呈扇形分布，海岸线随河口的摆动、延伸而变化。黄河在这里净造陆面积约2400km^2。

（二）气候

黄河流域位于我国北中部，属大陆性气候。东南部基本属湿润气候，中部属半干旱气候，西北部为干旱气候。流域冬季几乎全部在蒙古高压控制下，盛行偏北风，有少量雨雪，偶有沙暴；春季蒙古高压逐渐衰退；夏季主要在大陆热低压的范围内，盛行偏南风，水汽含量丰沛，降水量较多；秋季秋高气爽，降水量开始减少。

以东部（济南市）、南部（西安市）、西部（西宁市）、北部（呼和浩特市）、中部（延安市）几个站为代表，黄河流域内多年的月、年平均气温由南向北，由东向西递减。流域内气温 1 月为最低（代表冬季）、7 月为最高（代表夏季）。黄河流域各代表站气温基本特征见表 4-1。

表 4-1 黄河流域代表站气温统计表 （单位：℃）

站名	年平均气温					年极端最高气温	年极端最低气温
	1 月	7 月	年	年最高	年最低		
济南	-1.4	27.4	14.2	19.4	9.4	42.5	-19.5
西安	-1.0	26.6	13.3	19.2	8.6	41.7	-20.6
西宁	-8.4	17.2	5.7	13.5	-0.3	33.5	-26.6
呼和浩特	-13.1	21.9	5.8	12.8	-0.7	37.3	-32.8
延安	-6.4	22.9	9.4	17.2	3.5	39.7	-25.4

流域内日平均气温≥10℃出现天数的分布，基本由东南向西北递减，最小为河源区，出现日数小于 10 天，积温接近 0℃；最大为黄河中下游河谷平原区，出现日数 230 天左右，年积温达 4500℃。

流域内日平均气温≤-10℃出现日数的分布，基本由东南向西北递增，最小的为黄河中下游河谷平原地带，最大的为河源区。

年日照时数以青海高原为最高，大部分在 3000 小时以上，其余地区一般为 2200～2800 小时。

流域多年平均年降水量 446mm，总的趋势是由东南向西北递减，降水量最多的是流域东南部湿润、半湿润地区，如秦岭、伏牛山及泰山一带，年降水量达 800～1000mm；降水量最少的是流域北部的干旱地区，如宁蒙河套平原，年降水量只有 200mm 左右。流域内大部分地区旱灾频繁，历史上曾经多次发生遍及数省、连续多年的严重旱灾，危害极大。流域北部分布为沙漠风沙区，风蚀强烈，严重的水土流失和风沙灾害使脆弱的生态环境持续恶化，阻碍了当地经济社会的发展。

（三）水资源

1. 降水

根据 1956～2000 年资料统计，流域多年平均年降水量为 445.8mm，相应降水总量为 3544 亿 m^3，分区和分省降水量见表 4-2①。

表 4-2 黄河流域多年平均降水量基本特征值

省区	面积/万 km^2	年降水量/mm	降水总量/亿 m^3	离散系数（Cv）	不同频率降水量/mm		
					20%	50%	95%
龙羊峡以上	13.13	478.3	628	0.11	530.2	473.9	401.4
龙羊峡—兰州	9.11	478.9	436	0.14	534.2	475.8	374.2
兰州—河口镇	16.36	261.9	428	0.22	308.5	257.5	174.7
河口镇—龙门	11.13	433.5	482	0.21	507.7	427.1	295.4

① 水利部黄河水利委员会. 2010. 黄河流域及西北诸河水资源综合规划

续表

省区	面积/万 km^2	年降水量/mm	降水总量/亿 m^3	离散系数（Cv）	不同频率降水量/mm		
					20%	50%	95%
龙门—三门峡	19.11	540.6	1033	0.16	611.6	535.9	406.5
三门峡—花园口	4.17	659.5	275	0.18	756.8	652.4	477.1
花园口以下	2.26	647.8	146	0.22	763.7	637.4	432.5
内流区	4.23	271.9	115	0.27	331.0	265.3	163.4
青海	15.23	438.5	668	0.12	489.5	430.2	361.2
四川	1.70	702.3	119	0.14	784.4	698.6	549.5
甘肃	14.32	465.5	667	0.15	527.2	465.7	359.7
宁夏	5.14	288.6	148	0.23	339.5	281.1	187.1
内蒙古	15.10	270.3	408	0.24	325.8	267.6	174.7
陕西	13.33	529.0	705	0.17	593.3	515.6	384.1
山西	9.71	520.8	506	0.20	595.4	513.3	375.4
河南	3.62	633.1	229	0.19	747.9	623.5	459.1
山东	1.36	691.5	94	0.23	820.6	679.3	452.3
黄河流域	79.5	445.8	3544	0.14	498.7	444.2	349.3

流域年降水量受纬度、距海洋远近、水汽来源以及地形变化的综合影响，其变化比较复杂，其特点是：东南多雨、西北干旱、山区降水大于平原；年降水量由东南向西北递减，东南是西北的3～4倍。

降水量的年内分配极不均匀，夏季降水量最多，7月、8月两个月是黄河流域降水量最集中的月份，占年降水量的40%以上，且降水多以暴雨形式出现，强度大、历时短，极易形成洪水，特别是中游黄土高原地区土壤侵蚀严重，洪水携带大量泥沙，对下游防洪极为不利。冬季降水量最少，出现在12月；春秋介于冬夏之间，一般秋雨大于春雨。降水量年际变化悬殊，降水量越少的地区年际变化越大。以年降水量400mm等值线为界，划分为湿润、半湿润和干旱、半干旱地区，其中，湿润区与半湿润区年降水量的最大比值与最小比值大都在3倍以上，干旱区、半干旱区最大与最小年降水量的比值一般在2.5～7.5之间，极个别站在10倍以上。由于黄河流域降水量季节分布不均和年际变化大，导致黄河流域水旱灾害频繁。

2. 蒸发

黄河流域水面蒸发量随气温、地形、地理位置等变化较大。兰州以上多系青海高原和石山林区，气温较低，平均水面蒸发量790mm；兰州至河口镇区间，气候干燥、降水量不大，多沙漠干旱草原，平均水面蒸发量1360mm；河口镇至龙门区间，水面蒸发量变化不大，平均水面蒸发量1090mm；龙门至三门峡区间面积较大、范围广，从东到西横跨9个经度，下垫面、气候条件变化较大，平均水面蒸发量1000mm；三门峡至花园口区间平均水面蒸发量1060mm；花园口以下黄河冲积平原平均水面蒸发量990mm。

流域气候条件年际变化不大，水面蒸发的年际变化也不大，最大水面与最小水面蒸发量比值在1.4～2.2之间，多数站在1.5左右；Cv值在0.08～0.14之间，多数在0.11左右，见表4-3。

表 4-3　长系列代表站水面蒸发量特征值统计

站名	流域	多年均值/mm	离散系数（Cv）	最大值/mm	最小值/mm	最大值/最小值
民和	湟水	968	0.14	1352.5	841.8	1.6
互助	湟水	802	0.09	963.6	657.1	1.5
挡阳桥	浑河	1863	0.19	2724.3	1213.1	2.2
太原	汾河	1580	0.08	2080.0	1427.5	1.5
临汾	汾河	1800	0.11	2274.8	1466.6	1.6
神木	窟野河	921	0.12	1096.7	721.8	1.5
赵石窑	无定河	951	0.11	1100.8	718.5	1.5
林家村	渭河	769	0.10	942.8	669.7	1.4
交口河	北洛河	942	0.12	1124.8	730.3	1.5
灵口	洛河	721	0.13	865.7	580.0	1.5

3. 各控制站水资源

根据 1956～2000 年系列水资源调查评价，黄河流域水资源总量 647 亿 m^3。其中，现状下垫面条件下的利津站多年平均河川天然径流量 534.8 亿 m^3，地下水与地表水之间不重复计算量 112.21 亿 m^3。黄河干流主要控制站和区间水资源总量统计结果见表 4-4。

表 4-4　黄河干支流主要水文断面水资源总量统计表（1956～2000 年）　（单位：亿 m^3）

站名	天然径流	地表水与地下水不重复量	水资源总量
唐乃亥	205.15	0.46	205.61
兰州	329.89	2.02	331.91
河口镇	331.75	24.70	356.45
龙门	379.12	43.39	422.51
三门峡	482.72	80.01	562.73
花园口	532.78	88.05	620.83
利津	534.79	103.47	638.26
内流区	0	8.74	8.74
黄河流域	534.79	112.21	647.0

黄河流域河川径流量具有水资源贫乏、年际年内变化大、地区分布不均等特点。黄河流域面积占全国的 8.3%，年径流量只占全国的 2%，流域内人均水量是全国的 23%。汛期 7～10 月径流量占全年的 60%以上；干流断面最大年径流量一般为最小的 3.1～3.5 倍。径流主要来源于兰州以上，年径流量占全河的 61.7%，而流域面积只占全河的 28%；兰州至河口镇区间产流很少，河道蒸发渗漏强烈，流域面积占全河的 20.6%，年径流量仅占全河的 0.3%；龙门至三门峡区间的流域面积占全河的 24%，年径流量占全河的 19.4%。

（四）土地及矿产

黄河流域土地总面积 11.9 亿亩（含内陆区），占全国的 8.3%，其中大部分为山区和丘陵，分别占流域面积的 40%和 35%。流域内耕地面积共 2.44 亿亩，林地 1.53 亿亩，牧草地4.19亿亩，林地主要分布在中下游，牧草地主要分布在中上游。

流域内矿产资源丰富，已探明的矿产有114种，具有全国性优势的有煤、稀土、石膏、玻璃用石英岩、铌、铝土矿、钼、耐火黏土等8种；具有区域性优势的有石油、天然气和芒硝3种。另外还有相对优势的天然碱、硫铁矿、水泥用石灰岩、钨、铜等。

流域内能源资源十分丰富，中游地区的煤炭资源和中下游地区的石油天然气资源在全国占有极其重要的地位。已探明的煤炭储量约有5500亿t，占全国煤炭储量的50%左右，主要分布在内蒙古、山西、陕西、宁夏、河南和甘肃6省（自治区）；流域内已探明的石油天然气储量分别约为90亿t和2万亿m^3，分别占全国总地质储量的40%和9%，主要分布在胜利、长庆、延长和中原4个油区，其中胜利油田为我国第二大油田。

二、河道特性

黄河水系的发育，在流域北部和南部主要受阴山—天山和秦岭—昆仑山两大纬向构造体系控制，西部位于青海高原“歹”字形构造体系首部，中间受祁连山、吕梁山、贺兰山“山”字形构造体系控制，东部受新华夏构造体系影响，黄河萦回期间，从而发展成为今日的水系。其特点是干流弯曲多变、支流分布不均、河床纵比降较大。根据水沙特征和地形、地质条件，黄河干流分为上中下游共11个河段，各河段特征值见表4-5。

表4-5　黄河干流各河段特征值

河段	起讫地点	流域面积/km^2	河长/km	落差/m	比降/‱	汇入主要支流/条
全河	河源—河口	794712	5464	4480	8.2	76
上游	河源—河口镇	428235	3472	3496	10.1	43
	1.河源—玛多	20930	270	265	9.8	3
	2.玛多—龙羊峡	110490	1417	1765	12.5	22
	3.龙羊峡—下河沿	122722	794	1220	15.4	8
	4.下河沿—河口镇	174093	991	246	2.5	10
中游	河口镇—桃花峪	343751	1206	890.4	7.4	30
	5.河口镇—禹门口	111591	725	607.3	8.4	21
	6.禹门口—小浪底	196598	368	253.1	6.9	7
	7.小浪底—桃花峪	35562	113	30.0	2.6	2
下游	桃花峪—河口	22726	786	93.6	1.2	3
	8.桃花峪—高村	4429	207	37.3	1.8	1
	9.高村—陶城铺	6099	165	19.8	1.2	1
	10.陶城铺—宁海	11694	322	29	0.9	1
	11.宁海—河口	504	92	7.5	0.8	

注：①汇入主要支流指流域面积在1000km^2以上的一级支流；②落差以约古宗列盆地上口为起点计算；③流域面积包括内流区，其面积计入下河沿—河口镇河段

（一）上游河段

自河源至内蒙古托克托县河口镇为黄河上游，干流河道长3472km，流域面积42.8万km^2，汇入的较大支流有43条。龙羊峡以上河段是黄河径流的主要来源区和水源涵养区，也是我国三江源自然保护区的重要组成部分。玛多以上属河源段，地势平坦，多为草原、湖泊和沼泽，河段内的扎陵湖、鄂陵湖海拔在4260m以上，蓄水量分别为47亿m^3和108亿m^3，是我国最大的高原淡水湖；玛多—玛曲区间，黄河流经巴颜喀拉山与阿尼玛卿山之间的古盆地和低山丘陵，大部分河段河谷宽阔，间有几段峡谷；玛曲—龙羊峡区间，黄河流经高山峡谷，水量相对丰沛，水流湍急，水力资源较为丰富；龙羊峡至宁夏境内的下河沿，川峡相间，落差集中，水力资源十分丰富，是我国重要的水电基地；下河沿—河口镇，黄河流经宁蒙平原，河道展宽，比降平缓，两岸分布着大面积的引黄灌区，是宁夏、内蒙古经济发达地区，由于该河段黄河自低纬度流向高纬度，冬季在内蒙古三盛公以下河段易形成冰塞、冰坝，壅水常导致堤防决溢，危害较大，本河段属干旱地区，降水少、蒸发量大，加之灌溉引水和河道侧渗损失，致使黄河水量沿程减少。

（二）中游河段

河口镇—河南桃花峪为黄河中游，干流河道长1206km，流域面积34.4万km^2，汇入的较大支流有30条。河段内绝大部分支流地处水土流失严重的黄土丘陵沟壑区，暴雨集中，产汇流条件好，是黄河洪水和泥沙的重要来源区。河口镇—禹门口河段（也称“北干流”）是黄河干流最长的一段连续峡谷，水利资源较丰富，峡谷下段有著名的壶口瀑布。禹门口至潼关段（也称“小北干流”）黄河流经汾渭地堑，河谷展宽，河道宽浅散乱，冲淤变化剧烈，河段内有汾河、渭河两大支流汇入。潼关—小浪底河段是黄河干流最后一段峡谷；小浪底以下南岸是邙山，北岸是清风岭，是黄河由山区进入平原的过渡河段。

（三）下游河段

桃花峪至入海口为黄河下游，干流河道长786km，流域面积2.3万km^2，汇入的较大支流只有3条。现状河床高出背河地面4～6m，比两岸平原高出更多，成为淮河和海河流域的分水岭，是举世闻名的“悬河”。该河段除南岸东平湖至济南区间为低山丘陵外，其余全靠堤防挡水，历史上堤防决口频繁。下游两岸堤防之间滩区面积约3154km^2，有可耕地340万亩，居住人口189.5万人，洪水漫滩后，迁安救护任务重。

黄河下游河道具有上宽下窄的特点。桃花峪—高村河段河长207km，堤距一般10km，最宽处24km，河槽宽一般3～5km，河道泥沙冲淤变化剧烈，河势游荡多变，属游荡型河段，历史上洪水灾害非常严重，重大改道都发生在本河段，也是黄河下游防洪的重点河段。高村至陶城铺河段，河道长165km，堤距一般5km以上，河槽宽1～2km，是游荡型向弯曲型转变的过渡型河段。陶城铺—宁海河段，河道长322km，堤距一般1～3km，河槽宽0.4～1.2km，河势比较稳定，是人工控制的弯曲型河段。宁海以下为河口段，河道长92km，随着入海口的淤积—延伸—摆动—改道，入海流路相应变迁，摆动范围北起徒骇河口，南至支脉沟口，扇形面积约6000km^2，现状入海流路是1976年人工改道清水沟后形成的，位于莱州湾，是一个弱潮陆相河口。随着河口的淤积延伸，1953年以来至小浪底水库建成前年均净造陆面积约24km^2。

三、社会经济

（一）人口

黄河流域涉及青海、四川、甘肃、宁夏、内蒙古、山西、陕西、河南和山东9省（自治区）的66个地（市、州、盟），340个县（市、旗），其中有267个县（市、旗）全部位于黄河流域，73个县部分位于黄河流域。流域上游属多民族聚居地，主要分布有汉族、回族、藏族、蒙古族、东乡族、土族、撒拉族、保安族和满族等9个民族，其中汉族人口最多（水利部黄河水利委员会，2013）。

至2007年，黄河流域总人口约为1.14亿，占全国总人口的8.6%。受气候、地形、水资源等条件影响，流域内各地区人口分布不均，全流域70%的人口集中在龙门以下地区，而该地区面积仅为全流域的32%左右，人口分布见表4-6。流域人口密度为143人/km^2，高于全国平均值134人/km^2，城镇化率为40.0%，略低于全国平均值44.1%。

表4-6　黄河流域2007年人口分布表

河段	人口/万人			城镇化率/%	人口密度/（人/km^2）
	总人口	城镇人口	农村人口		
龙羊峡以上	65.23	14.28	50.95	21.9	5
龙羊峡—兰州	917.41	327.12	590.29	35.7	101
兰州—河口镇	1605.98	850.36	755.62	52.9	99
河口镇—龙门	871.00	265.03	605.98	30.4	78
龙门—三门峡	5119.48	2066.34	3053.14	40.4	268
三门峡—花园口	1340.27	529.66	810.61	39.5	319
花园口以下	1391.90	463.68	928.22	33.3	633
内流区	56.96	26.81	30.15	47.1	14
黄河流域	11368.23	4543.27	6824.96	40.0	143

（二）经济状况

黄河流域大部分位于我国中西部地区，由于历史、自然条件等原因，经济社会发展相对滞后，与我国东部地区相比存在明显的差距。进入21世纪后，随着国家政策向中西部倾斜，黄河流域经济社会得到快速发展。流域内生产总值由1980年的916亿元增加至2007年的16527亿元，(按2000年不变价格计算)，年均增长率达到了11.0%；人均GDP由1980年的1121元增加至2007年的14538元，增长了10余倍，达到了全国人均GDP的90%。

黄河流域及相关地区是我国农业经济开发的重点地区，小麦、棉花、油料、烟叶、畜牧等主要农牧产品在全国占有重要地位。上游青藏高原和内蒙古高原是我国主要的畜牧业基地；上游的宁蒙河套平原、中游的汾渭盆地、下游保护区范围内的黄淮海平原，引黄灌溉条件较好，是我国主要的农业生产基地。而广大的山丘地区，受灌溉条件限制，粮食单产较低。据统计，黄河流域及下游流域外引黄灌区耕地面积合计为3.04亿亩，占全国的

16.6%，农业有效灌溉面积为 1.11 亿亩，占全国的 13.2%；粮食总产量达 6685 万 t，占全国的 13.4%。全流域有 18 个地市、53 个县以及流域外河南和山东引黄灌区的 13 个地市、59 个县均列入全国产粮大县的主产县。

新中国成立以来，依托丰富的煤炭、电力、石油、天然气和有色金属等能源和矿产资源，流域内建成了一大批能源、重化工、钢铁、铝业、机械制造等基地。形成了以包头、太原等城市为中心的钢铁生产基地和豫西、晋南等铝生产基地，以山西、内蒙古、宁夏、陕西、河南等省（自治区）为主的煤炭重化工基地；建成了我国著名的胜利油田和中原油田，长庆油气田和延长油气田；西安、太原、兰州、洛阳等城市的机械制造、冶金工业等也有很大的发展。2007 年黄河流域煤炭产量约 12 亿 t，占全国的 47%，火电装机容量约 6 万 MW，占全国的 8.4%，工业增加值 7837 亿元，占流域 GDP 的 47.4%，占全国工业增加值的 9.1%。

参 考 文 献

水利部黄河水利委员会. 1989. 黄河流域地图集. 北京：中国地图出版社

水利部黄河水利委员会. 2013. 黄河流域综合规划. 郑州：黄河水利出版社

第五章　黄河来水来沙

一、来水来沙基本特性

（一）流域水文泥沙特性

黄河流域的绝大部分地区处于半干旱和干旱地带，多年平均降水量只有 448.6mm（1956～1999 年，表 5-1），而中上游黄土高原面积宽广，在暴雨期水土流失十分严重。因此，黄河的来水来沙条件具有独特的基本特点。

表 5-1　黄河流域不同时期年平均降水量统计　（单位：mm）

分区	1956～1999 年	1990～1999 年	2000～2005 年
兰州以上	484.6	470.9	447.3
兰州一头道拐	263.5	266.3	220.7
头道拐一龙门	435.6	403.6	420.9
龙门一三门峡	541.8	491.7	527.0
三门峡一花园口	659.5	603.6	679.5
花园口以下	647.0	663.9	716.5
内流区	274.3	260.5	253.2
全流域	448.6	422.2	431.0

资料来源：黄河水利科学研究院. 2007. 黄河水沙变化趋势与水利枢纽工程建设对黄河健康的影响

1. 水少沙多、含沙量高

在我国的大江大河中，黄河的流域面积仅次于长江，居全国第二位。由于大部分地区处于半干旱和干旱地带，黄河流域所产生的径流量极为贫乏，和流域面积相比很不相称。黄河陕县站实测年平均水量 464 亿 m^3（表 5-2），年平均沙量 15.6 亿 t，年平均含沙量 33.6kg/m^3。黄河的水量仅约为长江的 1/20，而沙量为长江的 3 倍，与世界多泥沙河流相比，孟加拉国的恒河年平均沙量 14.51 亿 t，与黄河相近，但年平均水量达 3710 亿 m^3，因而年平均含沙量较小，只有 3.92kg/m^3，远小于黄河；美国的科罗拉多河年平均含沙量为 27.5kg/m^3，与黄河相近，而年平均沙量仅有 1.35 亿 t。由此可见，黄河沙量之多，含沙量之高，在世界大江大河中是绝无仅有的（潘贤娣等，2006）。

2. 黄河水沙异源

黄河流域幅员广阔，流经不同的自然地理单元，流域条件差别很大，水沙的地区来源不平衡性非常突出(表 5-3)。上游河口镇以上流域面积为 361640km^2，占全流域面积的 51%，但来沙量仅占总沙量的 9.0%，而水量却占 54%。中游河口镇至龙门区间流域面积为 132830km^2，占全流域面积的 15%，水量占 14%，但沙量却占 55%，是黄河泥沙的主要来源区。龙门—潼关区间的主要支流渭河、泾河、北洛河、汾河，沙量占 34%，水量占 22%。三门峡以下的伊洛河、沁河沙量仅占 2.0%，水量约占 11%。从上可见，上游是黄河水量的主要来源区，中游是黄河泥沙的主要来源区。

表 5-2　国内外一些河流的水量和沙量

国名	河名	流域面积/km²	站名	水量		沙量			备注
				年平均流量/（m³/s）	年平均水量/亿 m³	年平均含沙量/（kg/m³）	年平均沙量/亿 t	输沙模数/[t/（km²·a）]	
孟加拉国	布拉马普特拉河	666000	河口	12190	3840	1.89	7.26	1090	
	恒河	955000	河口	1750	3710	3.92	14.51	1525	
印度	科西河	62200	楚特拉	1810	570	3.02	1.72	2770	恒河支流
巴基斯坦	印度河	969000	柯特里	5500	1750	2.49	4.35	450	
缅甸	伊洛瓦底河	430000	普朗姆	13550	4270	0.70	2.99	693	
越南	红河	119000	河内	3900	1230	1.06	1.30	1090	
美国	密西西比河	3220000	河口	17820	5610	0.56	3.12	97	
	密苏里河	1370000	赫尔曼	1950	616	3.54	2.18	159	密西西比河支流
	科罗拉多河	637000	大峡谷	155	49	27.5	1.35	212	
巴西	亚马孙河	5770000	河口	181000	57100	0.06	3.63	63	
埃及	尼罗河	2978000	格弗拉	2830	892	1.25	1.11	37	
中国	黄河	688384	陕县	1470	464	33.6	15.6	2266	
	泾河	43195	张家山	49.2	15.5	172	2.67	6180	黄河支流
	窟野河	8645	温家川	24.7	7.8	169	1.32	15300	黄河支流
	长江	1700000	大通	29200	9211	0.52	4.78	280	
	无定河	49000	三家店	45	14.2	44.2	0.82	1673	黄河支流
	珠江	329725	福州	7210	2270	0.34	0.718	218	珠江干流西口

表 5-3　1919 年 7 月至 1985 年 6 月黄河下游水量、沙量来源统计

河段	流域面积/km²	项目	水量/亿 m³		沙量/亿 t		含沙量/（kg/m³）	
			汛期	全年	汛期	全年	汛期	全年
河口镇以上	361640	总量	152	252	1.14	1.41	7.5	5.6
		占下游比例/%	54	54	8.0	9.0		
河口镇至龙门区间	132830	总量	36	67	7.62	8.54	209.8	126.4
		占下游比例/%	13	14	56	55		
泾河、北洛河、渭河、汾河	213518	总量	63	101	4.92	5.33	78.0	52.4
		占下游比例/%	22	22	36	34		
伊洛河、沁河	30000	总量	31	49	0.27	0.31	8.6	6.2
		占下游比例/%	11	11	2.0	2.0		
下游	715270	总量	279	464	13.51	15.59	48.5	33.6
		占下游比例/%	100	100				

注：下游为三门峡+黑石关+武陟

黄河流经中游广大的黄土高原，表面覆盖着数十米至几百米的黄土层，质地疏松，抗冲能力差，遇水极易崩解。在夏秋之际，中游地区暴雨频繁，土壤侵蚀十分严重，给黄河带来大量泥沙。黄河流域输沙模数大于 10000t/（km²·a）的有三大片：即河口镇—延水关之间的支流区；无定河的支流红柳河、芦河、大理河和清涧河、延水、北洛河及泾河支流马莲河河源区（亦即广大的白于山河源区）；渭河上游北岸支流葫芦河中下游和散渡河地区（亦即六盘山河源区）。这三片地区从地貌看都是黄土丘陵沟壑区，是黄河中游泥沙的主要来源区。

黄河中游地区黄土分布十分广泛，其粒径组成具有明显的分带性（图 5-1）。从西北至东南中数粒径从大于 0.045mm 逐步降到 0.015mm 左右。从黄河中游粗泥沙（粒径大于 0.05mm）输沙模数图 5-2 可以看出，粗泥沙主要集中来自两个区域，一是皇甫川—秃尾河各条支流的中下游地区，粗泥沙模数为 10000t/（km^2 • a）；二是无定河中下游及白于山河源区，粗泥沙模数为 6000～8000t/（km^2 • a）。进一步分析表明，在黄河的泥沙和粗泥沙总量中，约有 3/4 集中来自 10 万～11 万 km^2 的区域，约有 1/2 集中来自 3.8 万～5 万 km^2 的区域，这些地区都是黄土丘陵沟壑区，这充分表明黄河泥沙来源地区的集中性。

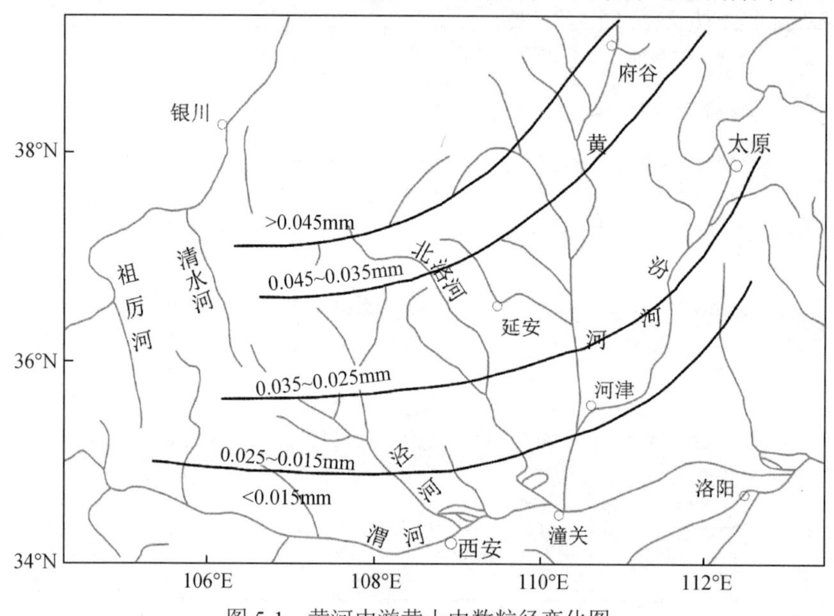

图 5-1　黄河中游黄土中数粒径变化图

图 5-2　黄河中游 1956～1963 年粗泥沙输沙模数图［单位：万 t/（km^2 • a）］

3. 水沙时间分布的不均衡性

黄河下游（三门峡+黑石关+武陟或小浪底+黑石关+武陟）水沙存在着长时段的丰、枯相间的周期性变化（图 5-3），丰水段、枯水段或丰水年、枯水年交替出现。有 1922～1932 年（运用年，下同）连续 11 年、1969～1974 年连续 6 年和 1994～2002 年连续 9 年的枯水段，各年水量均小于多年平均值，以及 1933～1968 年 36 年丰、平、枯交替出现的一个丰水段。由于存在“水沙异源”的特点，所以来沙多少并不完全与来水丰枯同步，丰水年并不一定是丰沙年，反之枯水年不一定是枯沙年。洪水泥沙的搭配视暴雨降落区域的不同而出现。如丰水丰沙年（1937 年）水量、沙量分别为 695.7 亿 m^3 和 26.42 亿 t；平水平沙年（1983 年）水量、沙量分别为 553 亿 m^3 和 9.35 亿 t；枯水丰沙年（1977 年）水量、沙量分别为 350.5 亿 m^3 和 20.98 亿 t；枯水枯沙年（1928 年）水量、沙量分别为 251.1 亿 m^3 和 5.22 亿 t。

年沙量的变幅大于年水量变幅。自 1919 年以来，进入下游水量以 1964 年最大为 776.8 亿 m^3，1928 年最小为 251.08 亿 m^3，最大是最小的 2.1 倍；而 1933 年沙量最大达 39.49 亿 t，1928 年最小为 5.22 亿 t，最大是最小的 7.6 倍。

水沙在年内分配也很不均匀，水沙主要集中在汛期（图 5-3），汛期水量占年水量的 60%左右；沙量的集中程度更甚于水量，汛期沙量占年沙量的 85%以上，在汛期又集中于几场暴雨洪水，如干流三门峡站洪水期最大五天沙量占年沙量的 31%，而水量仅占 4.4%。支流沙量的集中程度更甚于干流，无定河川口站最大五天沙量占年沙量的 42%，窟野河占 75%。高度集中的泥沙形成浓度极大的高含沙量洪水，支流常有 1000～1500kg/m^3 的高含沙量洪水出现，干流三门峡站 1977 年 8 月出现了含沙量高达 911kg/m^3 的洪水。

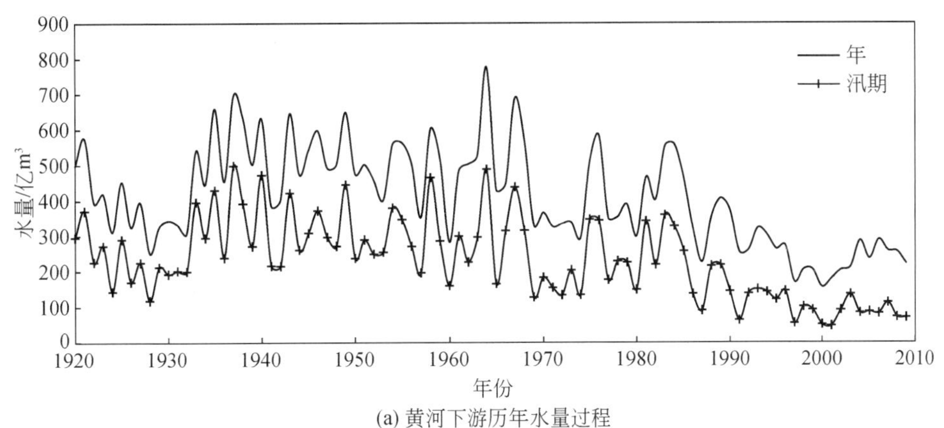

(a) 黄河下游历年水量过程

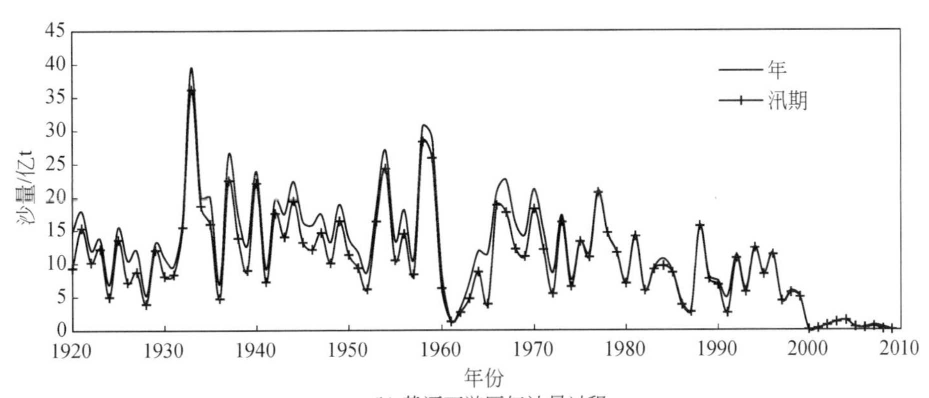

(b) 黄河下游历年沙量过程

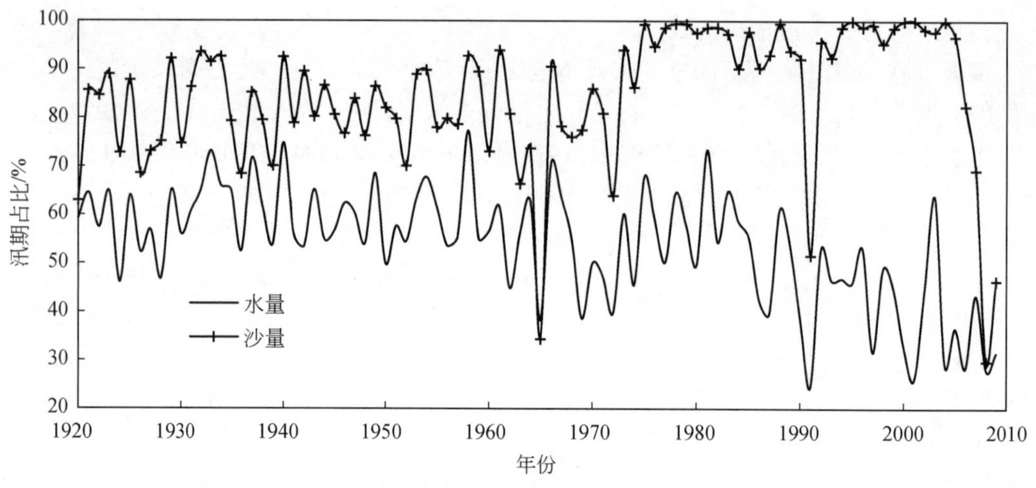

(c) 黄河下游历年汛期水量占年水量比例过程

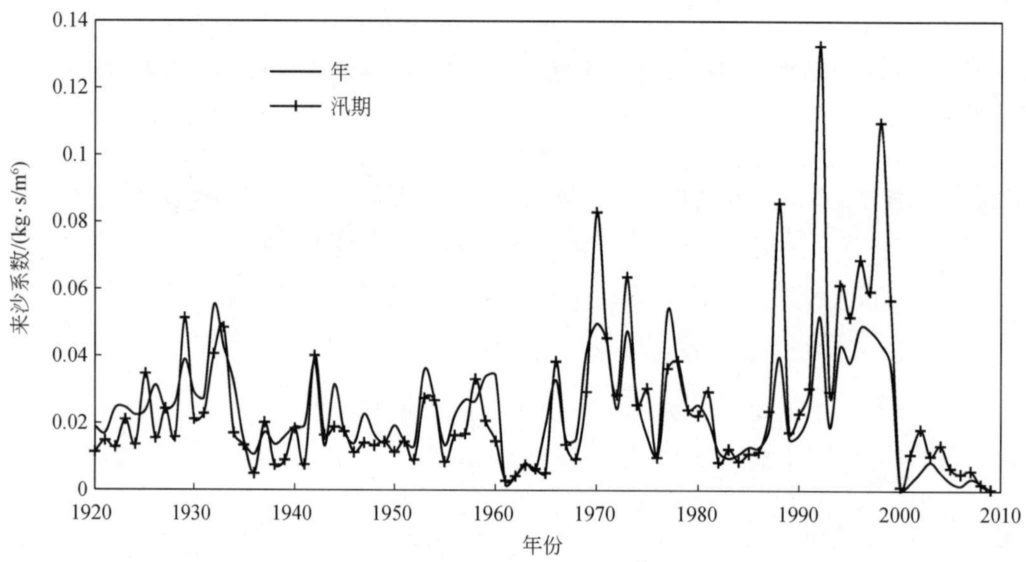

(d) 黄河下游历年来沙系数过程

图 5-3　黄河下游历年水量、沙量、汛期水量、来沙系数变化过程

4. 黄河下游洪水

（1）洪水类型

黄河洪水按其成因，可分为暴雨洪水和冰凌洪水。暴雨洪水发生在 7～8 月的称“伏汛”，发生在 9～10 月的称“秋汛”。伏秋二汛相距近，习惯上称“伏秋大汛”。下游河段冰凌洪水多发生在 2 月，洪峰较小。主要洪水为暴雨洪水。

黄河下游洪水主要由中游地区暴雨形成，而上游洪水流至中游后，流量多在 2000～3000m^3/s，组成中游洪水的基流。但有的年份黄河上游洪水流至中下游也会形成花园口较大洪峰，如 1981 年 8 月兰州以上流域连续降雨 35 天，兰州站出现有记录以来实测最大洪峰流量 5600m^3/s，如果没有刘家峡水库拦蓄与龙羊峡水库施工围堰的调蓄，估计洪峰流量可达 6800m^3/s，历史最大洪峰为 8500m^3/s（1904 年）。上游洪水的特点是洪峰低，历时长，过程为矮胖型，如兰州站一次洪水历时平均为 40 天，最长可达 66 天，最短也有 22 天。

黄河下游暴雨洪水具有猛涨猛落的特性，图 5-4 为黄河下游花园口站 1958 年流量和含沙量过程线，由图可见洪峰陡峻度大。

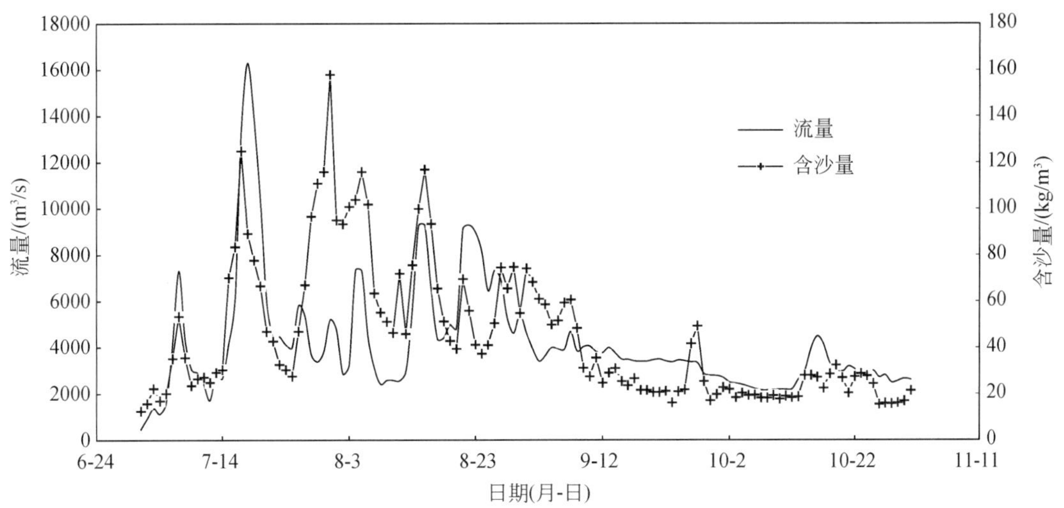

图 5-4　黄河下游花园口站 1958 年汛期流量和含沙量过程线

（2）洪水来源

黄河下游的洪水主要来自中游，中游有三个洪水来源区，河口镇—龙门区间（简称河龙间）；龙门—三门峡区间（简称龙三间）；三门峡—花园口区间（简称三花间）。三个不同来源区的洪水以三种组合形式，形成花园口站的大洪水和特大洪水（表 5-4）。

表 5-4　花园口站各种类型大洪水来水组成

洪水类型	年份	洪峰流量/（m^3/s）					三门峡占花园口流量比例/%
		花园口站		三门峡		三门峡相应流量	
		日期（月-日）	最大	日期（月-日）	最大		
上大型	1843	8-10	33000	8-9	36000	30800	93.3
	1933	8-11	20400	8-10	22000	18500	90.7
下大型	1761	8-18	32000			6000	18.8
	1958	7-17	22300			6400	28.7
上下较大型	1957	7-19	13000			5700	43.8

以三门峡以上的河龙间和龙三间来水为主形成的大洪水（简称上大洪水）。这种洪水花园口洪峰流量的 70%～90%都是以三门峡以上来水组成，如 1933 年 8 月洪水，花园口洪峰流量为 20400m^3/s，三门峡以上相应来水流量为 18500m^3/s，占花园口洪峰流量的 90.7%。这类洪水的特点是洪峰高，洪量大，含沙量也大。

以三门峡以下的三花间来水为主的大洪水（简称下大洪水）。这类洪水花园口洪峰流量的 70%～80%都来自三花间，如 1958 年 7 月洪水花园口洪峰流量 22300m^3/s，为实测最大洪水，三门峡以上相应流量 6400m^3/s，仅占花园口洪峰流量的 28.7%，三花间洪峰流量为 15900m³/s，占 71.3%，这类洪水的特点是洪峰高，来势猛，含沙量小，预见期短。

以三门峡以上的龙三间和三门峡以下的三花间共同来水。这种洪水花园口站的洪峰流量的 40%～50%由三门峡以上来水组成，如 1957 年花园口洪峰流量为 13000m³/s，相应三门峡流量 5700m³/s，占 43.8%。这类洪水洪峰较低，历时较长。

从历年洪水统计成果来看，每个地区都可能单独产生几千立方米每秒至一万立方米每秒的洪水，上下较大洪水是由“上大”和“下大”来源区的洪水组成，且洪水的洪量和峰值均不大。

（3）洪峰沿程削减

黄河下游河道的堤距较宽，堤根低洼，且多串沟，再加上艾山河段的卡水，河道有一定的蓄洪作用，洪水在向下游传播过程中，洪峰逐渐削减（图 5-5）。河道蓄洪作用与许多因素有关，包括洪峰流量、含沙量及级配、峰型等。洪峰不超过平滩流量时，河槽的削峰作用很不明显。

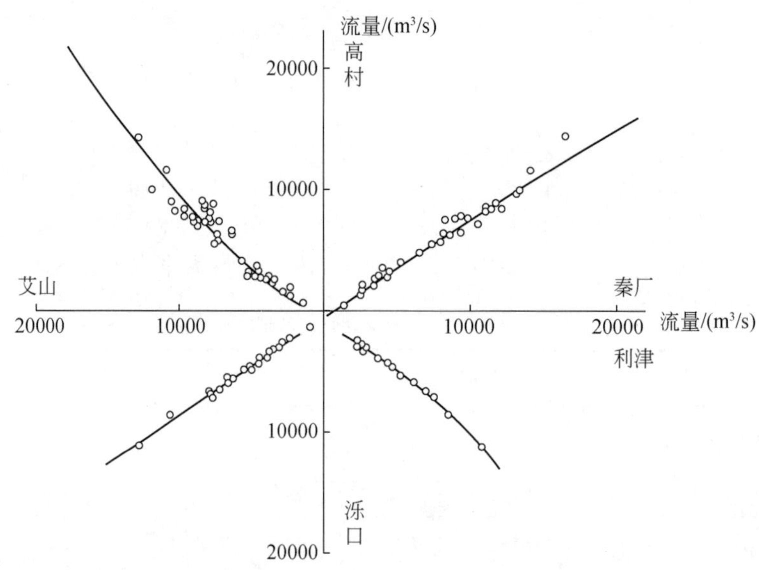

图 5-5　黄河下游河道蓄洪对削减洪峰的作用

在黄河下游自花园口到孙口的宽河道河段，几乎没有支流汇入，因此洪峰流量几乎都是沿程减小的，洪峰流量的大小起着决定作用，当洪峰流量接近平滩流量时，洪峰流量的削减程度——削峰率（上下站洪峰流量之差占上站洪峰流量的百分比）是最小的；而洪峰流量大的胖型洪水削峰率也较低；相反含沙量越高、来沙级配越粗的洪水削峰率越高。区间各小河段由于所处位置及河道边界条件等影响因素的差异，其影响程度也不同。河道边界条件和洪水含沙量对花园口—夹河滩河段和夹河滩—高村河段影响较大，而对高村—孙口及以下河段影响较小。

5. 悬移质颗粒组成

进入下游河道的泥沙以悬移质为主，推移质所占的百分比很少。悬移质泥沙总的趋势是沿程变细。其颗粒组成的季节性变化十分明显，汛期泥沙比较细，悬移质中数粒径上游河口镇为 0.02mm、中游龙门为 0.031mm、下游花园口为 0.02mm、利津为 0.018mm；非汛期泥沙较粗，悬移质中数粒径河口镇为 0.022mm、龙门为 0.04mm、花园口为 0.035mm、利津为 0.026mm。这是因为汛期的泥沙主要是通过暴雨从流域表面带来的，而枯水期的泥沙则多来自河床的冲刷。

从河床演变的角度来说，并不是所有来自上游的泥沙都与河槽特性有关。按照粒径的不同，可把运动泥沙分为“床沙质”与“冲泻质”两部分。按河床组成中的 D_5（按重量计，5%的泥沙较此细）来划分，大于 D_5 为床沙质，小于 D_5 为冲泻质。从黄河下游河道多年平均情况看，床沙质与冲泻质的分界粒径约为 0.025mm，冲泻质在悬移质中占 60%左右，在河漫滩淤积物中约占 50%。

6. 同流量下含沙量变幅大

黄河流域不同地区的植被和水土流失情况有很大的不同，单位面积产沙量常有显著差异，而暴雨往往集中在一个区域。因此，在中游控制流域面积不大的支流，出现沙峰大洪峰小，也出现洪峰大沙峰小的情况。测站控制流域面积较大，来水来沙经过较长河段的沿程调整作用，洪峰与沙峰就较同步。进入黄河下游河道的水流经过沿程的调整，一般情况（没有人为的影响）下，产生洪峰的同时，必带来沙峰，但来自三门峡以上的洪水，沙峰多落在洪峰后面。所谓洪峰、沙峰同步，并不是同样大小的洪峰带来的沙峰大小也一定。相反的，由于暴雨中心不同、土壤植被不同，造成含沙量的变幅相当大。在流量较小时，含沙量变幅比较小，流量较大时，同一流量下的含沙量变幅一般可达 10 倍，个别情况可达 20 倍左右，如发生在 1967 年 7 月、1994 年 8 月和 1970 年 8 月黄河下游的三场洪水，花园口站洪峰流量都是 $3800m^3/s$，洪水期平均含沙量却分别为 $22.6kg/m^3$、$183.8kg/m^3$ 和 $315.0kg/m^3$，后面两场含沙量分别是前面一场的 8 倍和 14 倍。除了由于暴雨中心所造成的含沙量变异以外，汛前黄河流域的气候比较干旱，流域地表物质疏松。因此，每年的前几场暴雨洪水，这些物质被冲洗入河，含沙量较大，当这些地表疏松物质被冲走后，继之而来的洪水含沙量就较小。因此，一般 7～8 月洪水含沙量较大，9～10 月洪水含沙量较小。

（二）下游各河段水沙特性

黄河下游河道孟津—高村为游荡性河段，高村—陶城铺为过渡性河段，陶城铺—宁海为弯曲性河段，宁海以下为河口段，分别以花园口、高村、艾山、利津为代表来分析各河段及河口段的来水来沙条件。

1. 水沙量及其分布

因为黄河下游入汇的支流少，因此下游各河段来水来沙的基本特点是相同的，都具有水少沙多、水沙不协调的基本特点。

20 世纪 80 年代中期以前下游引水量不大，各河段水量基本相同（表 5-5），1950 年 11 月至 1985 年 10 月，花园口、高村、艾山、利津年平均水量分别为 459.81 亿 m^3、439.8 亿 m^3、436.67 亿 m^3、413.90 亿 m^3，全下游水量相差约 46 亿 m^3。由于来沙量大，水流难以输送，长时期下游河道以淤积为主，因此各河段从上至下沙量是逐渐减少的；花园口、高村、艾山、利津的年平均沙量分别为 12.284 亿 t、11.518 亿 t、10.829 亿 t、10.458 亿 t，相差约 1.8 亿 t。水沙量都主要集中在汛期，汛期水沙量占全年的比例分别约为 60%～80%，利津的比例稍大些。

表 5-5　黄河下游代表站不同时段水沙量统计

水文站	时期	水量/亿 m^3			汛期水量占比/%	沙量/亿 t			汛期沙量占比/%	含沙量/（kg/m^3）			来沙系数/（$kg \cdot s/m^6$）		
		非汛期	汛期	全年		非汛期	汛期	全年		非汛期	汛期	全年	非汛期	汛期	全年
花园口	1950 年 11 月至 1985 年 10 月	188.32	271.49	459.81	59.0	2.041	10.243	12.284	83.4	10.8	37.7	26.7	0.012	0.015	0.018
花园口	1985 年 11 月至 1999 年 10 月	148.07	131.10	279.17	47.0	1.068	5.795	6.863	84.4	7.2	44.2	24.6	0.010	0.036	0.028
高村	1952 年 11 月至 1985 年 10 月	178.28	261.52	439.8	59.5	2.143	9.374	11.518	81.4	12.0	35.8	26.2	0.014	0.014	0.019
高村	1985 年 11 月至 1999 年 10 月	126.22	116.15	242.37	47.9	1.157	3.958	5.114	77.4	9.2	34.1	21.1	0.015	0.031	0.027
艾山	1951 年 11 月至 1985 年 10 月	172.15	264.52	436.67	60.6	2.050	8.779	10.829	81.1	11.9	33.2	24.8	0.014	0.013	0.018
艾山	1985 年 11 月至 1999 年 10 月	101.59	111.17	212.76	52.3	1.110	4.046	5.156	78.5	10.9	36.4	24.2	0.022	0.035	0.036
利津	1951 年 11 月至 1985 年 10 月	158.45	255.45	413.90	61.7	1.611	8.846	10.458	84.6	10.2	34.6	25.3	0.013	0.014	0.019
利津	1985 年 11 月至 1999 年 10 月	61.67	92.66	154.33	60.0	0.491	3.518	4.009	87.8	8.0	38.0	26.0	0.027	0.044	0.053

20 世纪 80 年代中期以来进入下游的水沙条件发生了较大变化，下游各河段水沙量也随着变化。首先体现在上下河段水量差增大，各河段来水量显著减少。1985 年 11 月至 1999 年 10 月花园口、高村、艾山、利津站年平均水量分别为 279.17 亿 m^3、242.37 亿 m^3、212.76 亿 m^3、154.33 亿 m^3，利津较花园口水量减少近 125 亿 m^3，约为来水的 50%，只有 1950～1985 年的 37%。进入弯曲性河段的艾山站的水量也大大减少。各河段沙量也在减少，1985 年 11 月至 1999 年 10 月花园口、高村、艾山、利津年平均沙量分别只有 6.863 亿 t、5.114 亿 t、5.156 亿 t、4.009 亿 t，利津沙量较花园口沙量减少约 2.8 亿 t，利津沙量只有 1950～1985 年的 38%。进入弯曲性河段的艾山站的沙量大大减少。

年内汛期与非汛期的水量分配，花园口主要受龙羊峡和刘家峡水库调节的影响，汛期水量占全年的比例只有 47%，而花园口以下各河段引水增加的影响越来越大，造成以下各站非汛期水量的不断减少，因此汛期水量占全年的比例从花园口以下逐渐增加，到利津仍维持在 60%左右。

2. 水沙搭配

进入下游不协调的来水来沙搭配关系经游荡性河段冲淤调整后，进入过渡性和弯曲性河段时有所好转，由表 5-5 可见，两个时期高村、艾山、利津的汛期的来沙系数都较花园口有所减少，但含沙量也都在 30kg/m^3 以上、来沙系数在 0.01kg • s/m^6 以上，含沙量和来沙系数仍较大。从各站的含沙量和来沙系数看，基本上是花园口最大、高村站相对最小，艾山站稍大于高村，利津又大于艾山而小于花园口。水沙搭配的这种变化反映出经游荡性河道大量淤积，进入过渡性河段的水沙条件相对较好，又经过渡性和弯曲性河段的冲淤调整，进入河口地区的水沙搭配条件向不利方向变化。

3. 泥沙组成

从各水文站中值粒径 d_{50} 和泥沙组成来看（表 5-6），1950～1985 年汛期各河段悬移质泥沙组成变化不大，除了高村与花园口相比泥沙偏细稍多外，各站相差不大，中值粒径为 0.016～0.018mm，细泥沙、中泥沙、粗泥沙的比例分别约在 60%、25%和 15%。而 1986～1999 年汛期泥沙经游荡性河段调整后，进入过渡性和弯曲性河段的泥沙中细泥沙和中泥沙比例增加、粗泥沙比例减少，组成明显沿程变细，花园口、高村、艾山、利津的中值粒径分别为 0.020mm、0.016mm、0.017mm、0.017mm，相差较大。

非汛期各时期泥沙都是沿程细化的，细泥沙比例增加 15～20 个百分点，中泥沙减少 4～8 个百分点，粗泥沙减少 10～11 个百分点；相应 1950～1985 年和 1986～1999 年中值粒径从花园口的 0.033mm 和 0.035mm 逐渐沿程减小到利津的 0.023mm 和 0.022mm。

4. 流量级特征

以 200m^3/s 为间距将流量划分为若干流量级。计算各河段代表水文站汛期各流量级的历时、水量、沙量分布情况，成果见图 5-6。由图 5-6 可见，1950～1985 年和 1986～1999 年两个时期的分布特点明显不同。

1950～1985 年由于区间加水和引水量不大，因此各河段的分布特点一致。首先是历时、水量和沙量在各流量级的分布比较均匀，各流量级都有一定的出现天数，输送了一定的水沙量；其次各河段差别不大，历时主要以 1000～3000m^3/s 为主，水沙则在 1000m^3/s 以上分布均匀，其中 1000～5000m^3/s 的最多。

表 5-6 不同时段泥沙组成

水文站	时期	全年				汛期				非汛期			
		细泥沙/%	中泥沙/%	粗泥沙/%	d_{50}/mm	细泥沙/%	中泥沙/%	粗泥沙/%	d_{50}/mm	细泥沙/%	中泥沙/%	粗泥沙/%	d_{50}/mm
花园口	1961 年 11 月至 1985 年 10 月	57.6	24.6	17.9	0.019	61.7	23	15.2	0.017	38	31.7	30.3	0.033
	1985 年 11 月至 1999 年 10 月	53.1	25.4	21.6	0.022	56.5	23.8	19.7	0.020	34.2	34.3	31.6	0.035
高村	1961 年 11 月至 1985 年 10 月	58.4	25.9	15.7	0.019	62.7	24.4	12.9	0.016	41.7	31.7	26.6	0.031
	1985 年 11 月至 1999 年 10 月	58.2	26	15.8	0.019	63.4	23.1	13.5	0.016	40.5	35.7	23.8	0.031
艾山	1962 年 11 月至 1985 年 10 月	56.2	26	17.8	0.020	59.4	25.1	15.5	0.018	42.7	30.1	27.2	0.03
	1985 年 11 月至 1999 年 10 月	56.4	27	16.6	0.020	60.9	25	14.1	0.017	40.1	34.6	25.3	0.031
利津	1962 年 11 月至 1985 年 10 月	58.3	26.2	15.6	0.019	59.4	25.8	14.7	0.018	52.5	27.8	19.6	0.023
	1985 年 11 月至 1999 年 10 月	60.1	25.3	14.5	0.018	61	25.2	13.7	0.017	53.8	26.1	20	0.022

注：细泥沙粒径小于 0.025mm，中泥沙粒径为 0.025～0.05mm，粗泥沙粒径大于 0.05mm；d_{50} 为中值粒径

全下游来看，1986～1999 年汛期与 1950～1985 年汛期相比，变化主要体现在小流量级历时、水沙量的增加，95%的时间在 3000m³/s 以下。受引水增加的影响，进入过渡性和弯曲性河段的流量更小，大部分时间在 1000m³/s 以下，由于引水主要发生在流量较小时，因此与花园口相比，高村、艾山基本上在 400m³/s 以上时差别小，400m³/s 以下时差别大。但水沙量主要集中在 1000～3000m³/s，尤其是泥沙的输送仍需要较大流量，小流量时输沙量很小。

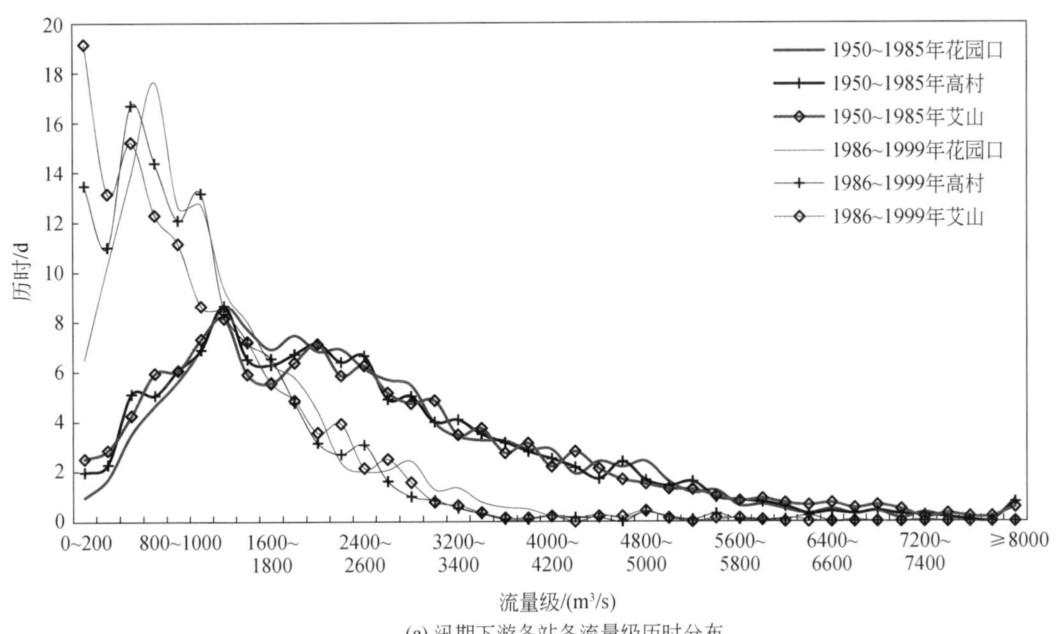

(a) 汛期下游各站各流量级历时分布

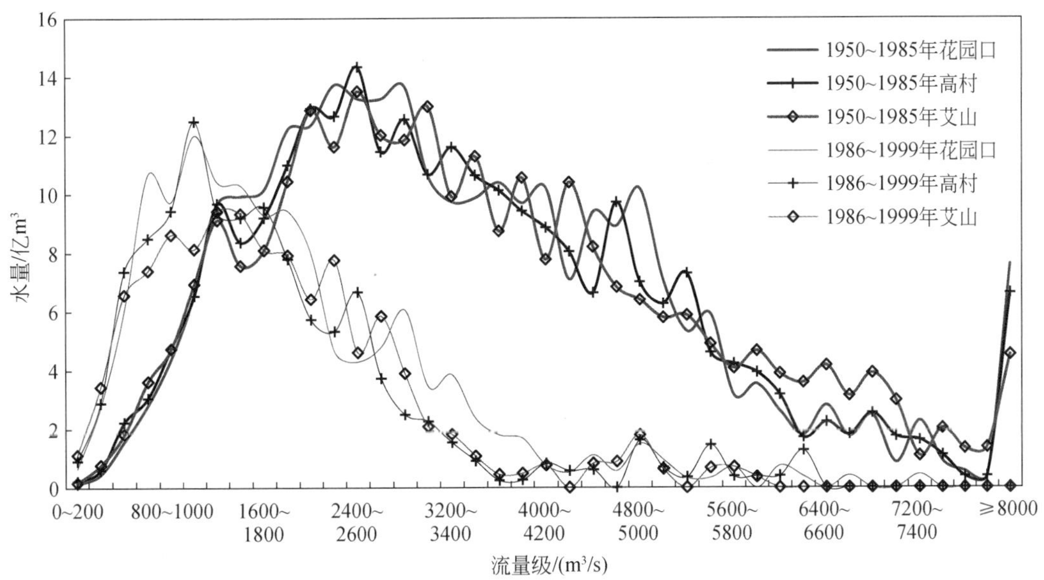

(b) 汛期下游各站各流量级水量分布

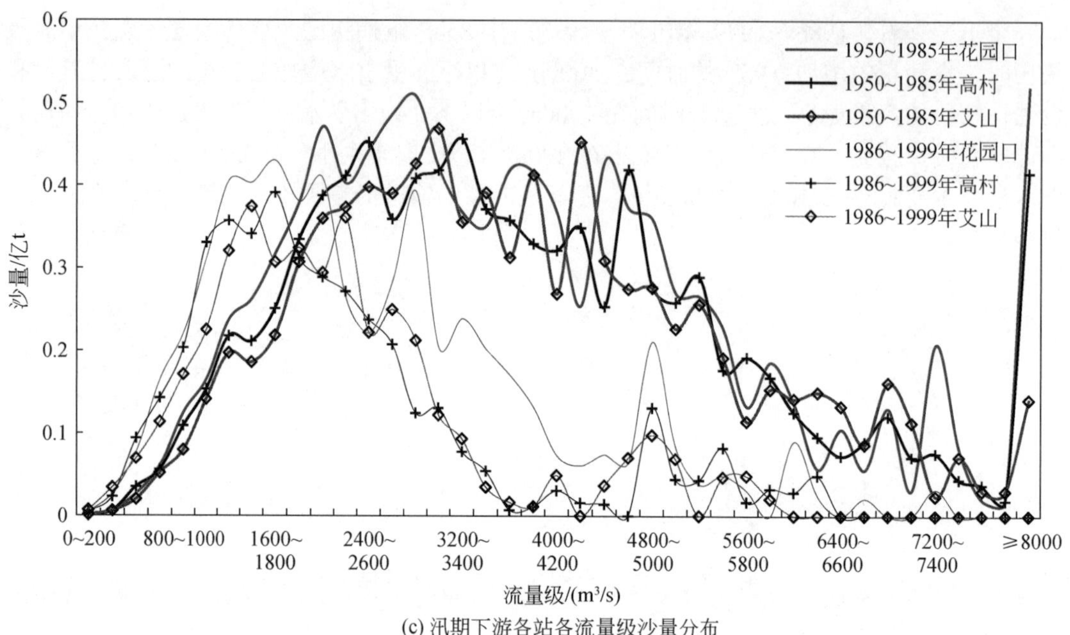

(c) 汛期下游各站各流量级沙量分布

图 5-6 汛期下游各站各流量级历时、水量、沙量分布

5. 洪峰流量

黄河下游由于支流加入对洪峰流量的影响较小，因此 1985 年以前在不漫滩洪水情况下，各河段的洪峰流量相差不大（图 5-7）；漫滩洪水情况下，由于以后滩地滞蓄大量水体，削减洪峰，造成洪峰峰型坦化，致使各河段洪峰流量相差很大。由表 5-7 可见，发生大漫滩洪水的 1954 年、1958 年和 1982 年，花园口和高村、艾山的洪峰流量相差很大，特别是在花园口—高村游荡性河段的大片滩地削峰作用很大，致使高村洪峰流量减小很多，1982 年受生产堤影响导致滩区进、退水异常，以及东平湖滞洪区分洪的影响，致使高村洪峰流

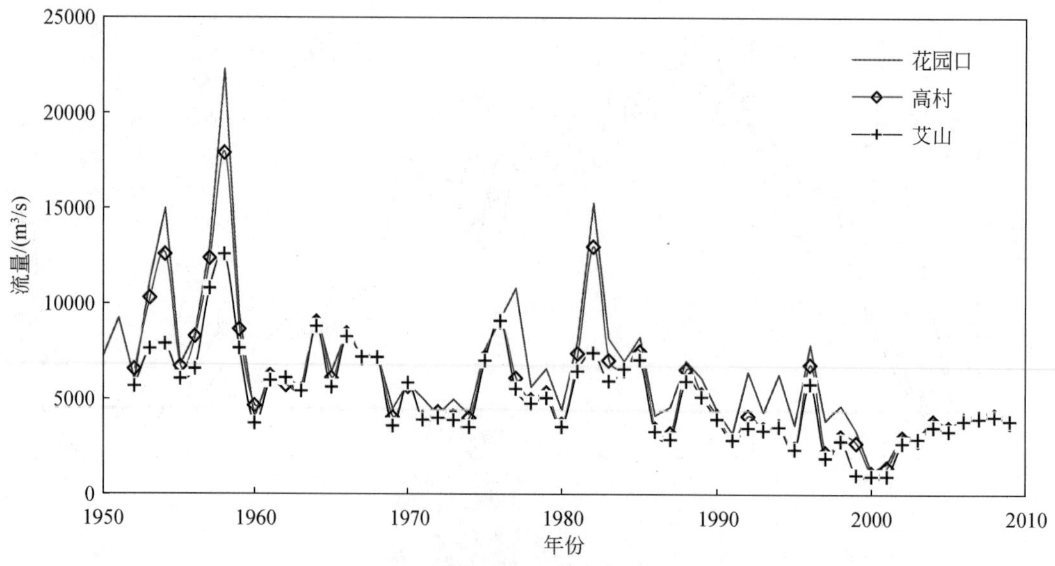

图 5-7 下游各站洪峰流量历年变化过程

量减小不多、艾山洪峰流量减小较多。对于含沙量高、水量少的 1977 年高含沙量洪水，虽然漫滩程度小，但是洪峰流量在游荡性河段大大衰减，在过渡性和弯曲性河段衰减较少。该时期花园口、高村、艾山的最大洪峰流量都出现在 1958 年，分别为 22300m^3/s、17900m^3/s 和 12600m^3/s。

1986 年以后，尤其是 20 世纪 90 年代，出现了与前期截然不同的变化特点。由表 5-7 可见，发生大漫滩洪水的 1996 年，洪峰流量沿程坦化程度并不很大，其原因是漫滩程度大，滩地退水量较大，形成较大流量叠加在主槽退水过程上，形成新的较大的洪峰流量。而发生小漫滩洪水的 1992 年和 1994 年，以及花园口洪峰流量仅为 3000～5000m^3/s 的 1997 年、1998 年和 1999 年，洪峰流量沿程削减程度较大。其原因一是该时期下游河道萎缩，主槽过流能力小，较小流量洪水即漫嫩滩，沿程水量损耗增大，洪水坦化程度增加；二是该时期受上游调节影响，洪水基流减少，洪量减小，洪峰峰型尖瘦，坦化迅速。该时期洪峰流量普遍降低，花园口、高村、艾山最大洪峰流量分别仅为 7860m^3/s、6810m^3/s 和 5030m^3/s。

表 5-7　黄河下游削峰较大年份洪峰流量统计　（单位：m^3/s）

年份	花园口	高村	艾山
1954	15000	12600	7900
1958	22300	17900	12600
1977	10800	6100	5540
1982	15300	13000	7430
1992	6260	4100	3310
1994	6280	3600	3450
1996	7860	6810	5030
1997	4020	2200	1590
1998	4700	3020	2600
1999	3340	2700	1030

6. *水力泥沙因子在断面上的分布*

黄河下游坡度较大，加之泥沙较细，因此，水力泥沙因子的分布比较均匀，窄深断面更甚于宽浅断面。泥沙粒径及含沙量垂线平均值沿河宽的分布在窄深断面内接近均匀，在宽浅断面上，则有和断面起伏相适应的趋势，横向分布较不均匀。图 5-8 为游荡性河段流速、含沙量、悬移质中值粒径在断面及垂线上的分布。悬移质泥沙在垂线上的分布是靠近水面含沙量较小且颗粒细，靠近河底含沙量大且颗粒粗。细颗粒泥沙（一般粒径小于 0.025mm 的部分）在垂线上的分布是比较均匀的；粗颗粒泥沙则靠近水面的含量较小，靠近河底的含量较大，颗粒越粗这种上下含量悬殊的现象也越明显。

图 5-9 为过渡性河段弯段及直段的水力泥沙因子在断面及垂线上的分布情况，这些河段的含沙量及悬移质中径在垂线上的分布似乎没有游荡性河段均匀。在直段，断面形状较规则，水力泥沙因子在横向的分布比较一致。弯段的情况则不同，环流的存在使深槽偏向凹岸，流速也较高，而弯道环流把底沙带向凸岸，沿着凹岸深槽看不到含沙量及悬移质中径的等值线，说明它们在垂向上几乎是上下一致的；而在靠近凸岸的地方，较粗的泥沙和高含沙量的水流集中底部，在垂线分布上就有相当大的梯度。在横向分布上，最大流速和最大含沙量的位置并不一致，最大流速靠近凹岸，最大含沙量偏向凸岸。这样的分布说明在弯道凹岸引水就较为有利。

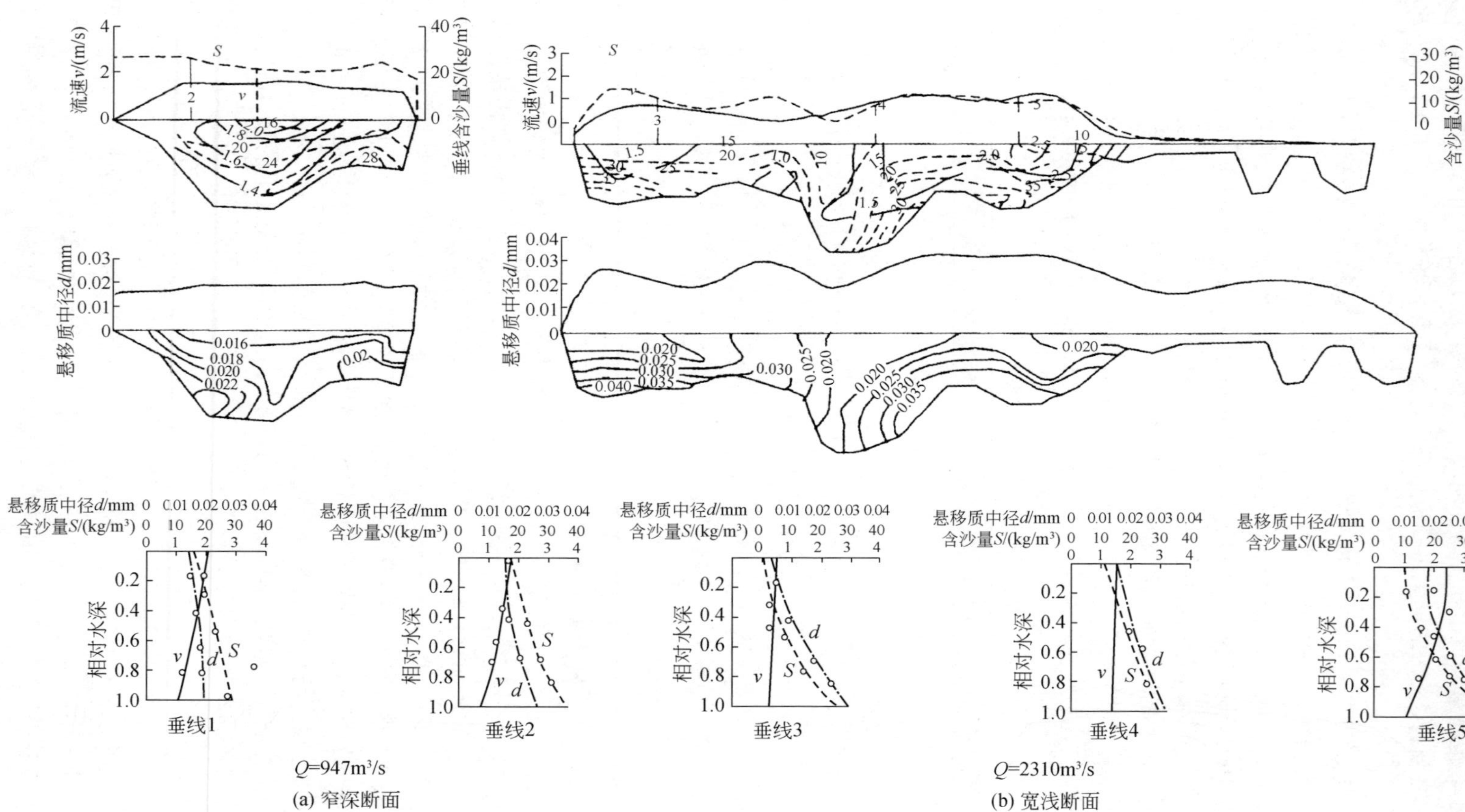

Q=947m³/s

(a) 窄深断面

Q=2310m³/s

(b) 宽浅断面

图 5-8 游荡性河段流速、含沙量、悬移质中径在断面及垂线上的分布

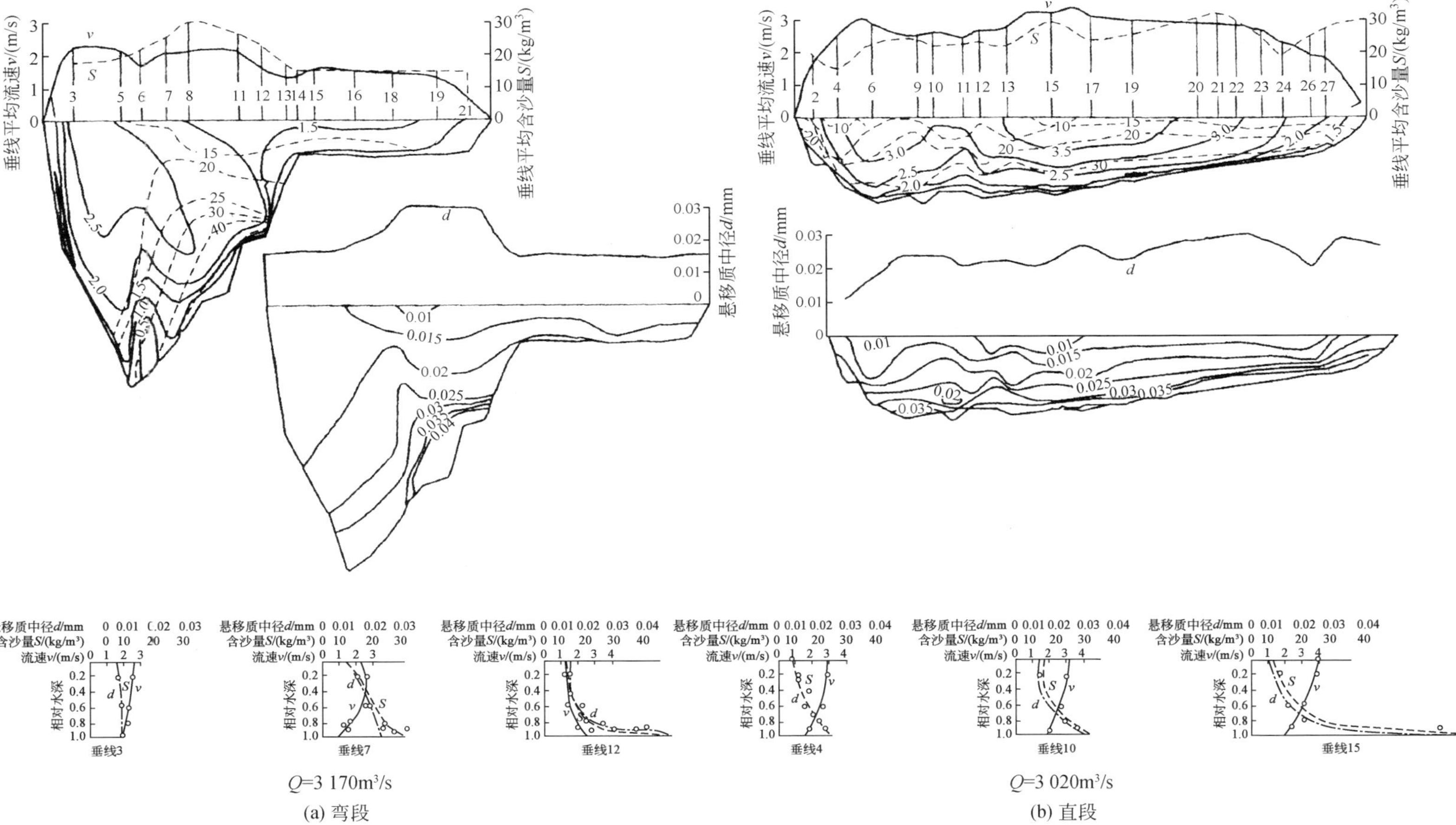

Q=3 170m³/s

(a) 弯段

Q=3 020m³/s

(b) 直段

图 5-9 过渡性河段流速、含沙量悬移质中径在断面及垂线上的分布

二、不同时期下游河道水沙特点

黄河下游水沙条件的变化取决于自然条件和人类活动的共同影响。20 世纪 60 年代以前，受生产力发展水平的制约，人类活动对水沙条件的影响较小，进入黄河下游的水沙条件主要取决于气候因素，基本接近天然情况。20 世纪 60 年代以后，随着社会经济的发展、黄河治理开发水平不断提高，人类活动对进入下游的水沙条件的影响逐渐增大。沿黄引水迅速增加、上中游水土保持得到了快速发展，尤其是干流三门峡、刘家峡、龙羊峡、小浪底等大型水利枢纽的修建，在很大程度上改变了进入黄河下游的水沙条件，其中又以三门峡水库、龙羊峡水库、小浪底水库影响最大。因此，主要按照三门峡水库、龙羊峡水库以及小浪底水库的投入运用时间和气候条件变化情况，将 1950 年以来至小浪底水库投入运用以后的时间，划分为天然情况（1960 年以前）、三门峡水库蓄水运用到龙羊峡水库运用前（1961～1985 年）、龙羊峡水库运用至小浪底水库运用前（1986～1999 年）、小浪底水库运用后（2000～2009 年）四个时段分析。本节采用的运用年，自上年的 11 月至本年的 10 月为一个运用年。

（一）天然情况（1960 年以前）

1. 平水平沙系列，丰水多沙年份较多

1950～1960 年的水沙量变化见表 5-8，年均水量为 474.15 亿m^3，年均沙量 17.244 亿 t，与长系列（1919 年 7 月～1985 年 6 月，下同）均值相比，水沙量分别偏多 2%和 11%，属平水平沙系列。但年际变化较大［图 5-3（a)]，十年中有 6 年水量大于 430 亿 m^3，有 3 年水量大于 560 亿 m^3，最大达 600.6 亿 m^3（1958 年），最小也有 353 亿 m^3（1957 年），比值为 1.7∶1；而来沙量有 5 年大于 15 亿 t［图 5-3（b)]，有 3 年大于 25 亿 t，最大达 29.28 亿 t（1958 年），最小为 8.53 亿 t（1952 年），比值为 3.4∶1，产生这种变幅的主要原因是黄河水沙异源的基本特性造成的，随着降雨落区的不同而产生不同的水沙组合。

2. 来水来沙量以汛期为主

由表 5-8 可见，该时段多年平均汛期水量占年水量的 60%，沙量占年沙量的 87.7%。汛期占全年的比例各年有所不同，水量变化范围为 53%～74%，沙量变化范围为 74%～92%。表明下游来水来沙主要集中在汛期。

3. 洪峰流量大，次数多

图 5-10 为花园口站历年最大洪峰流量过程，最大洪峰为 1958 年的 22300m^3/s。表 5-9 为花园口站不同量级洪峰出现的次数，该时期洪峰流量大于 10000m^3/s 的洪水出现 7 次，大于 7000m^3/s 的洪水出现 22 次，大于 4000m^3/s 的洪水出现 47 次；1953 年、1954 年、1957 年均出现了大于 10000m^3/s 的大洪水，这些洪水对塑造较好的泄洪排沙通道是十分有利的。

黄河在 7～8 月发生的洪水，称为伏汛，7～8 月是暴雨集中的时间，因此造成该时段洪水的洪峰高、洪量大，年最大洪峰及年最大含沙量多发生在伏汛期；漫滩大洪水也多发生在该时期，由于漫滩洪水的淤滩刷槽作用，常常造成滩地的大量淤积，相应河槽发生冲刷，对改善河槽横断面形态非常有利。

表 5-8　黄河下游各时期年均来水来沙量

时期	水量/亿 m^3			汛期水量占比/%	沙量/亿 t			汛期沙量占比/%	含沙量/（kg/m^3）			来沙系数/（$kg \cdot s/m^6$）		
	非汛期	汛期	全年		非汛期	汛期	全年		非汛期	汛期	全年	非汛期	汛期	全年
1950～1960 年	189.51	284.64	474.15	60	2.603	14.641	17.244	84.9	13.7	51.4	36.4	0.015	0.019	0.024
1961～1964 年	245.42	327.17	572.59	57.1	1.559	4.368	5.927	75.4	6.4	13.4	10.4	0.005	0.004	0.006
1965～1973 年	199.5	225.9	425.41	53.1	3.486	12.840	16.326	81.7	17.5	56.8	38.4	0.018	0.027	0.028
1974～1980 年	168 13	228.9	397.03	57.7	0.338	12.095	12.433	98.8	2.0	52.8	31.3	0.003	0.025	0.025
1981～1985 年	187 79	300.71	488.5	61.6	0.354	9.454	9.808	96.5	1.9	31.4	20.1	0.002	0.011	0.013
1986～1999 年	152.08	129.01	281.1	45.9	0.417	7.314	7.730	94.9	2.7	56.7	27.5	0.004	0.047	0.031
2000～2009 年	146.92	82.82	229.74	36	0.070	0.507	0.577	87.9	0.5	6.1	2.5	0.001	0.008	0.003

注：黄河下游来水来沙量，1950～1999 年为三门峡+黑石关+小董，简称三黑小；2000 年以后为小浪底+黑石关+小董，简称小黑小

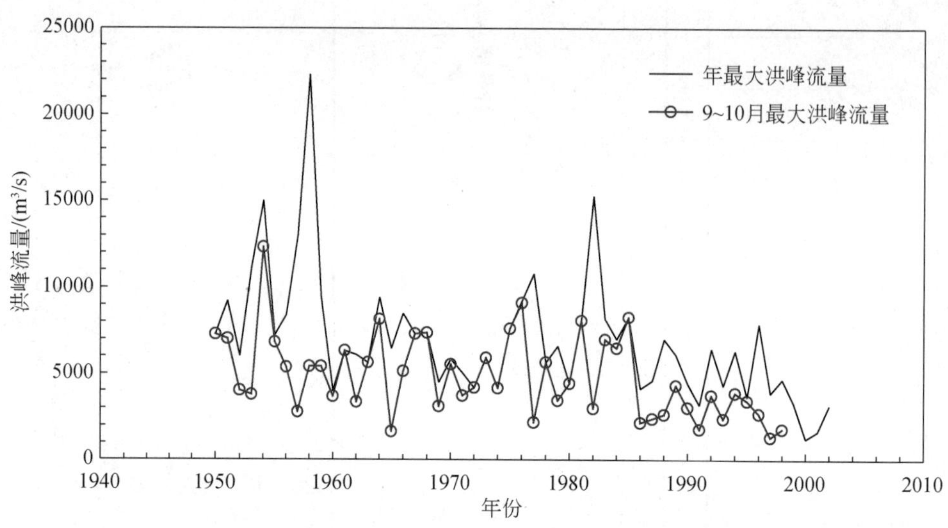

图 5-10　黄河下游花园口站历年最大洪峰流量过程

表 5-9　天然情况下花园口站洪峰流量出现次数　　（单位：次）

年份	流量级/（m^3/s）		
	≥4000	≥7000	≥10000
1950	2	1	
1951	3	2	
1952	4	0	
1953	4	2	1
1954	5	3	2
1955	5	0	
1956	7	2	1
1957	1	1	
1958	9	7	
1959	6	3	3
共计	47	21	7

黄河在 9～10 月也常发生洪水，称为秋汛，秋汛洪水的特点是：洪峰流量一般较小，历时较长，水量也大，但含沙量较低，对黄河下游河道有一定的冲刷作用。9～10 月水沙情况见表 5-10。该时期 9～10 月水量较大，最大接近 190 亿 m^3，最小也接近 70 亿 m^3，10 年中有 6 年大于 100 亿 m^3，多年平均 131.2 亿 m^3，平均占汛期 44%；而沙量较少，平均为 4.142 亿 t，平均占汛期沙量的 31%，只有 3 年大于 40%。

表 5-11 为历年洪峰大的几次秋汛洪水情况。大多数年都出现了洪峰流量较大的秋汛洪水，有的年份还有数次，洪水历时一般为 10～20 天，洪峰流量一般为 4000～7000m^3/s，1954 年为最大，达 12300m^3/s，也是年最大洪水，平均含沙量一般为 20～40kg/m^3，来沙系数一般小于 0.01$kg \cdot s/m^6$，对冲刷河道十分有利。

表 5-10　天然情况下花园口站 9～10 月水沙量

年份	水量/亿 m^3		沙量/亿 t		9～10 月占汛期比例/%	
	9～10 月	汛期	9～10 月	汛期	水量	沙量
1950	134.25	235.76	4.000	9.799	56.9	40.8
1951	156.74	285.57	3.427	7.949	54.9	43.1
1952	99.09	252.61	1.680	5.730	39.2	29.3
1953	123.97	272.11	3.310	13.430	45.6	24.6
1954	181.98	384.43	10.480	21.430	47.3	48.9
1955	189.83	346.79	5.300	10.140	54.7	52.3
1956	88.42	287.69	2.269	12.929	30.7	17.5
1957	68.19	196.49	1.689	7.119	34.7	23.7
1958	172.54	465.04	5.110	25.720	37.1	19.9
1959	96.97	253.95	4.158	19.168	38.2	21.7
1950～1959	131.20	298.04	4.142	13.341	44.0	31.0

表 5-11　天然情况花园口站秋汛洪水特征

日期	最大洪峰流量/（m^3/s）	历时/天	水量/亿 m^3	沙量/亿 t	含沙量/（kg/m^3）	来沙系数/（$kg \cdot s/m^6$）
1950.10.22	7250	22	71.7	1.75	24.4	0.006
1951.9.10	5974	12	42.6	1.40	32.8	0.008
1952.9.9	4000	12	27.5	0.74	26.7	0.01
1954.9.5	12300	8	47.5	8.36	176	0.026
1954.10.10	4390	9	27.5	0.77	27.8	0.008
1955.9.19	6800	17	70.5	2.5	35.4	0.007
1955.10.11	5680	15	52.8	1.05	19.9	0.005
1956.9.2	5340	6	18	0.73	40.3	0.012
1957.9.7	5390	14	51.7	2.08	40.3	0.009
1958.10.17	4840	8	23.0	0.59	25.8	0.008

4. 汛期泥沙靠大流量输送

该时期汛期各流量级的水量、沙量分配比较均匀，花园口站流量 1000～3000m^3/s、3000～5000m^3/s 和大于 5000m^3/s 的水量分别占汛期的 46.3%、32.7%和 19.3%（表 5-12），而相应流量级输沙量分别占汛期沙量的 32.4%、33.8%和 32.9%，沙量的比例较水量更加均匀。该时期洪峰流量大、次数多，较大流量出现时机较多，泥沙大部分集中在流量大于 3000m^3/s 时输送，其水量占汛期的 50%左右，而沙量占汛期 67%左右。

表 5-12　花园口站汛期各流量级水沙量

项目	时段	各流量级/（m³/s）						各流量级占汛期总量的比例/%					
		<1000	1000～3000	3000～5000	>5000	>2000	>3000	<1000	1000～3000	3000～5000	>5000	>2000	>3000
历时/天	1950～1960 年	7.9	77.0	28.8	9.3	76.8	38.1	6.4	62.6	23.4	7.6	62.4	31.0
	1961～1964 年	10.9	60.7	33.3	18.0	84.2	51.3	8.9	49.4	27.1	14.6	68.5	41.8
	1965～1973 年	28.1	64.1	24.3	6.4	54.8	30.7	22.9	52.1	19.8	5.2	44.5	25.0
	1974～1980 年	25.1	70.7	22.9	4.3	54.0	27.2	20.4	57.5	18.6	3.5	43.9	22.1
	1981～1985 年	6.8	64.2	40.0	12.0	84.0	52	5.5	52.2	32.5	9.8	68.3	42.3
	1950～1985 年	16.5	68.8	28.6	9.1	68.8	37.7	13.4	55.9	23.3	7.4	55.9	30.7
	1986～1999 年	61.0	55.5	5.6	0.9	19.8	6.5	49.6	45.1	4.6	0.7	16.1	5.3
	2000～2009 年	99.6	22.2	1.2	0.0	10.6	1.2	81.0	18.0	1.0	0.0	8.6	1.0
水量/亿 m³	1950～1960 年	4.88	133.58	94.43	55.82	233.36	150.25	1.7	46.3	32.7	19.3	80.8	52.0
	1961～1964 年	8.16	97.62	118.81	75.36	255.54	194.16	2.7	32.5	39.6	25.1	85.2	64.7
	1965～1973 年	16.58	100.82	79.37	33.26	163.83	112.63	7.2	43.8	34.5	14.5	71.2	49.0
	1974～1980 年	14.62	113.54	77.10	24.47	158.47	101.57	6.4	49.4	33.6	10.7	69.0	44.2
	1981～1985 年	3.86	110.04	140.07	64.64	272.94	204.71	1.2	34.5	44.0	20.3	85.7	64.3
	1950～1985 年	9.41	114.89	96.16	49.11	211.54	145.27	3.5	42.6	35.7	18.2	78.5	53.9
	1986～1999 年	29.87	79.25	17.65	4.32	49.76	21.97	22.8	60.5	13.5	3.3	38.0	16.8
	2000～2009 年	47.33	35.19	3.49	0.00	23.97	3.49	55.0	40.9	4.1	0.0	27.9	4.1
沙量/亿 t	1950～1960 年	0.106	4.078	4.260	4.147	11.123	8.407	0.8	32.4	33.8	32.9	88.3	66.8
	1961～1964 年	0.030	1.740	2.312	1.378	4.847	3.689	0.5	31.9	42.3	25.2	88.8	67.6
	1965～1973 年	0.495	4.510	4.360	1.629	8.635	5.989	4.5	41.0	39.7	14.8	78.5	54.5
	1974～1980 年	0.292	4.185	3.370	1.901	7.808	5.271	3.0	42.9	34.6	19.5	80.1	54.1
	1981～1985 年	0.041	2.341	3.445	2.004	7.030	5.449	0.5	29.9	44.0	25.6	89.8	69.6
	1950～1985 年	0.221	3.673	3.755	2.437	8.503	6.192	2.2	36.4	37.2	24.2	84.3	61.4
	1986～1999 年	0.495	3.501	1.428	0.367	3.364	1.795	8.6	60.5	24.7	6.3	58.1	31.0
	2000～2009 年	0.131	0.432	0.117	0.000	0.437	0.117	19.2	63.6	17.2	0.0	64.4	17.2

注：1950～1960 年为 1950～1959 年汛期和 1960 年 7～8 月，1961～1964 年为 1960 年 9～10 月和 1961～1964 年汛期

5. 沿程引水不大，沿程水量损耗较小

该时期只有 1958 年和 1959 年引水，总的看沿程水量损耗较小。花园口站平均水量 464.22 亿 m^3，而利津站为 436.42 亿 m^3，相差不到 30 亿 m^3。

（二）三门峡水库运用至龙羊峡水库运用前（1961～1985 年）

根据三门峡水库不同运用方式及气候变化情况，该时段划分为三门峡水库蓄水拦沙期（1960 年 11 月至 1964 年 10 月）、三门峡水库滞洪排沙期（1964 年 11 月至 1973 年 10 月）、三门峡水库蓄清排浑运用期（1973 年 11 月至 1985 年 10 月）等三个阶段。

1. 三门峡水库蓄水拦沙期（1960 年 9 月至 1964 年 10 月）

三门峡水库 1960 年 9 月至 1962 年 3 月蓄水拦沙运用，除洪水期曾以异重流形式排出少量的细颗粒泥沙外，其他时间均下泄清水。1962 年 3 月至 1964 年 10 月，水库改为滞洪排沙运用，但由于水库泄流能力小、滞洪作用大，以及泄流排沙设施底槛高于原河床 20m 等原因，出库泥沙仍较小，黄河下游河道继续冲刷。因此，将上述两个运用时期合起来视为水库蓄水拦沙期。

（1）丰水少沙系列

1961～1964 年黄河下游年均来水 572.59 亿 m^3（表 5-8），较长系列均值偏多 24.6%，是各时段中水量最丰的时期。年均来沙 5.927 亿 t，较长系列均值偏少 57%，含沙量仅 10.4kg/m^3，属于丰水少沙系列。

（2）进入下游洪峰流量大幅度削减

三门峡水库蓄水拦沙期间对洪水的调节使洪峰流量大幅度削减，洪量减少。据统计潼关洪峰流量大于 5000m^3/s 的洪水，在水库修建前，潼关—三门峡河段基本没有削峰作用。但建库后，该河段削峰明显。拦沙期洪峰流量大幅度削减，削减幅度与水库运用情况及入库洪峰流量大小有关。例如，1964 年 8 月 14 日潼关站洪峰流量 12400m^3/s，经三门峡水库削减出库为 4910m^3/s，削峰比达 60%，伊洛河、沁河加水后花园口洪峰流量 5930m^3/s；1960 年 8 月 4 日潼关站洪峰流量 6080m^3/s，经削减出库只有 3080m^3/s，削峰比为 49.3%，花园口洪峰流量 4000m^3/s。1960～1963 年三门峡水库入库洪峰流量大于 6000m^3/s 的洪水，经水库调节后洪峰流量仅为 2000～3000m^3/s，1964 年也仅达 4910m^3/s，水库削峰作用十分显著。水库削峰使三门峡出库和花园口洪峰流量也大幅度减小。

（3）进入下游中小流量级历时增长，大流量过程减少

经三门峡水库调节后出库流量过程改变，花园口中小流量级历时增长，而大流量的历时和水量减少，流量过程趋于均匀化。据统计 1961～1964 年汛期流量大于 3000m^3/s 的历时年平均进库潼关站 48 天，出库三门峡站 39.8 天，花园口站 51.3 天；大于 5000m^3/s 的历时进库年均 6.25 天，出库不到一天；而小于 1000m^3/s 的流量历时潼关站 3.1 天，出库三门峡站 13.1 天，花园口 10.9 天（表 5-12），高于天然情况的 7.9 天。

（4）进入下游泥沙人大细化

三门峡水库不仅拦截了大量泥沙，同时对于不同粒径组的泥沙起到不同的调节作用。根据资料情况统计 1961 年 11 月至 1964 年 10 月下游泥沙级配，花园口站泥沙粒径小于 0.025mm、0.025～0.05mm 和大于 0.05mm 泥沙的比例分别为 72.4%、15.7%和 11.9%，中值粒径 d_{50} 仅 0.08mm（表 5-13）。

表 5-13　花园口站不同时段泥沙组成　　（单位：%）

时段	粒径/mm	1961～1964 年	1965～1973 年	1974～1980 年	1981～1985 年	1986～1999 年	2000～2009 年	1961～1985 年
年平均	<0.025	72.4	55.5	57	55.3	53.1	58.2	57.6
	0.025～0.05	15.7	25.9	24	27.1	25.4	15.1	24.6
	>0.05	11.9	18.6	19	17.5	21.6	26.7	17.9
	d_{50}	0.08	0.021	0.020	0.021	0.022	0.017	0.019
汛期	<0.025	78.6	60.1	60.5	59	56.5	72.8	61.7
	0.025～0.05	13.1	24.1	22.7	26.3	23.8	11.2	23
	>0.05	8.2	15.7	16.9	14.6	19.7	16.1	15.2
	d_{50}	0.07	0.018	0.018	0.019	0.020	0.009	0.017
非汛期	<0.025	53.5	38.4	29	30.5	34.2	30.4	38
	0.025～0.05	23.5	32.6	35	32.7	34.3	22.4	31.7
	>0.05	23.1	28.8	36.1	36.8	31.6	47.2	30.3
	d_{50}	0.022	0.033	0.038	0.038	0.035	0.046	0.033

2. 三门峡水库滞洪排沙期（1964 年 11 月至 1973 年 10 月）

三门峡水库于 1962 年 3 月改为滞洪排沙运用，全年敞开闸门泄流排沙，经过两次改建，1973 年 11 月开始蓄清排浑控制运用。前面已经说明，在水库改为滞洪排沙运用初期（1962 年 3 月至 1964 年 10 月），枢纽泄流能力低，下泄泥沙很小，且泥沙较细，已并入蓄水拦沙期分析，因此，把 1964 年 11 月至 1973 年 10 月作为滞洪排沙期来分析。

（1）非汛期沙量增加

由于该时段三门峡水库只起着自然滞洪削峰作用，因此对总水量调节不大，但对泥沙的年内调节较大。该时段年平均水量 425.41 亿 m^3，年均来沙 16.326 亿 t，其中非汛期来沙 3.486 亿 t，是所有时段中最大的（表 5-8），特别是 1965 年非汛期沙量达到 7.53 亿 t，占全年沙量的 66%。

（2）非汛期泥沙粗化

由表 5-13 可以看出，花园口站该时段非汛期泥沙组成中粒径小于 0.025mm、0.025～0.05mm 和大于 0.05mm 泥沙的比例分别为 38.4%、32.6%和 28.8%，细颗粒泥沙比例明显降低，中值粒径达到 0.033mm。

（3）洪峰流量削减幅度仍然较大

三门峡水利枢纽虽经过两次改建，但遇较大洪水水库的自然滞洪削峰作用仍很大。该时期潼关每年都有洪峰流量大于 5000m^3/s 的洪水，其中大于 6000m^3/s 的洪水有 6 次，洪水的水库削峰比大部分在 34%～40%。潼关最大洪峰流量为 10200m^3/s（1971 年 7 月 26 日），出库三门峡站只有 5380m^3/s，削峰比为 47.5%，相应花园口洪峰流量仅为 5000m^3/s。因此减少了下游河道淤滩刷槽的机遇。

（4）大水带小沙、小水含沙量高

该时期汛期出库水沙过程发生了大的调整，当流量超过 5000m^3/s 后，三门峡的沙量小于潼关沙量，库区发生淤积；流量 5000m^3/s 以下的冲刷量可占汛期总冲刷量的 238%，特别集中在流量小于 3000m^3/s，冲刷量可占汛期总冲刷量的 275%。因此，这种水沙调节的模式造成洪水削峰滞沙，峰后排沙多且较粗，使水沙关系非常不协调，形成大水含沙量低、峰后含沙量高，对下游河道十分不利。花园口站该时段输沙最大的流量级为 3000m³/s，流量小于 1000m³/s 流量级平均含沙量达到 29.8kg/m³。

3. 三门峡水库蓄清排浑运用期（1973 年 11 月至 1985 年 10 月）

1973 年 11 月开始，三门峡水库实行非汛期蓄水拦沙、汛期降低水位泄洪排沙的蓄清排浑控制运用。根据各年的来水来沙情况和水库运用方式，以及对进入下游水沙条件的影响，大致可分为两个阶段，即 1974～1980 年、1981～1985 年。

（1）1973 年 11 月至 1980 年 10 月

1）平偏枯水沙系列，泥沙年内分配发生根本性变化。该时段黄河下游年平均水量 397.03 亿 m³，沙量 12.433 亿 t（表 5-8），年平均含沙量 31.3kg/m³。水沙量比长系列均值（1950～1985 年）分别偏少 14%和 10%，基本上是平偏枯的水沙系列。泥沙集中在汛期排入下游河道，非汛期沙量仅占年沙量的 2%。但各年变化比较大，1974 年和 1980 年水量不到 300 亿 m³、沙量不到 8 亿 t，是典型的枯水枯沙年；1975 年和 1976 年水量超过 500 亿 m³，是丰水年，其中 1976 年水量高达 583.3 亿 m³，是 1950～2009 年中的第四大水年份；而 1977 年水量、沙量分别为 350.51 亿 m³ 和 20.975 亿 t，分别较多年均值偏少 23%和偏多 51%，是枯水多沙年。

2）中大洪峰出现较多，小流量历时较长。花园口站中大洪水出现较多，6000m³/s 以上洪水出现 6 次，其中 1975 年和 1976 年洪水都发生漫滩，1977 年 7～8 月发生两场高含沙量洪水，8 月洪水花园口洪峰流量达 10800m³/s，最大含沙量达到 437kg/m³。但是另一方面，2000m³/s 以下小流量历时较长，占到汛期的 55.9%（表 5-12）。

3）汛初小洪水水库泄空排沙。为避免非汛期水库淤积对潼关高程的影响，三门峡水库需要在汛期及早将淤积泥沙排出库外，同时由于潼关以下库区没有泥沙多年调节库容，无法等到汛期后期较大流量时排沙，因此非汛期水库淤积的泥沙主要集中在汛期中小水时下排，而且多在每年汛初小流量时泄空冲刷排沙（表 5-14），造成进入下游“小洪水带大沙”的不协调水沙关系，来沙系数多在 0.02kg • s/m⁶ 以上。

表 5-14　三门峡水库汛初小流量排沙情况

时间（年-月-日）	潼关		三门峡			
	最大流量/（m³/s）	沙量/亿 t	平均流量/（m³/s）	沙量/亿 t	平均含沙量/（kg/m³）	来沙系数/（kg • s/m⁶）
1975-07-10～07-14	2470	0.171	1740	0.651	86.8	0.0499
1975-07-15～07-12	1950	0.099	1760	0.626	58.5	0.0332
1976-06-30～07-15	1840	0.208	1487	0.956	46.5	0.0313
1976-07-16～07-27	2040	0.275	1874	0.620	31.9	0.017
1978-07-11～07-19	2050	1.84	1481	2.38	207	0.14
1978-07-20～07-27	2730	2.04	1863	2.41	189	0.101
1979-06-30～07-20	1090	0.387	741	0.81	60.2	0.0812
1980-06-30～07-13	2560	0.741	1089	1.129	85.7	0.0787
1980-07-14～08-03	2390	1.178	1360	2.021	165.3	0.115

续表

时间（年-月-日）	潼关		三门峡			
	最大流量/（m^3/s）	沙量/亿 t	平均流量/（m^3/s）	沙量/亿 t	平均含沙量/（kg/m^3）	来沙系数/（$kg·s/m^6$）
1981-07-03～07-14	4250	1.231	2286	2.086	81.2	0.0355
1982-07-11～07-28	1640	0.241	2760	0.54	28.3	0.0103
1983-06-23～07-04	1660	0.196	1355	0.318	22.6	0.0167
1983-07-05～07-14	1840	0.129	1296	0.482	35.9	0.0277
1984-06-23～07-01	1830	0.281	1531	0.585	49.1	0.0321
1984-07-02～07-06	3320	0.186	1379	0.604	56.4	0.0409
1985-06-30～07-06	594	0.009	525	0.037	117	0.0222
1986-07-02～07-08	3140	0.416	1934	0.89	76.1	0.0393
1986-07-09～07-25	3690	0.937	2494	1.588	43.4	0.0174
1988-07-01～07-15	2760	1.152	1425	1.892	102.4	0.0719
1988-07-16～07-19	2860	0.543	1707	0.646	110	0.0644
1990-06-30～07-06	1990	0.185	1265	0.57	74.5	0.0589
1990-07-07～07-14	4080	0.754	1918	1.254	94.6	0.0493
1993-07-21～07-31	2800	0.549	1758	1.516	90.7	0.0516
1996-07-16～07-21	2720	1.51	1399	2.41	332	0.2376
1996-07-22～07-26	1800	0.34	1116	0.62	129	0.1156
1996-07-28～08-01	2290	2.16	1535	2.33	351	0.2287
1998-07-08～07-12	2182	0.537	1641	1.076	151.7	0.092
1998-07-13～07-19	4616	1.641	2196	2.454	184.8	0.084
1999-07-13～07-18	1950	1.259	1378	2.017	282.3	0.205
1999-07-19～07-27	2490	1.438	1675	2.060	158.1	0.094

（2）1980 年 11 月至 1985 年 10 月

1）水沙条件有利。1981～1985 年黄河下游来水来沙条件十分有利，年均水量、沙量分别为 488.5 亿 m^3 和 9.808 亿 t（表 5-8），水量比长系列（1950～1985 年）均值偏多 6%，基本为平偏丰，沙量却偏少 29%，来沙较少，因此形成下游难得的少沙系列，年均含沙量只有 20.1kg/m^3；其中汛期水量偏多 13%，沙量偏少 20%，年均含沙量仅 31.4kg/m^3，对下游河道冲淤演变是十分有利的。这 5 年除 1982 年水量偏少 13%外基本上都是平水年和丰水年，水量均在 450 亿 m^3 以上（图 5-3），最大水量为 558 亿 m^3（1984 年），而沙量除 1981 年偏多 3%为平沙年外，其余 4 年偏少幅度都在 28%以上，均为枯沙年，尤其是 1982 年沙量仅为 6.024 亿 t，较长系列均值偏少达 56%。

2）秋汛期水量较大。秋汛期下游洪水一般来自河口镇以上、支流渭河、伊洛河、沁河，含沙量低，对下游河道起到一定的冲刷作用。1981～1985 年下游 9～10 月来水除 1982 年偏少 25%外，其余四年都是偏多的，最大的 1981 年 9～10 月水量达 215.92 亿 m^3，偏多 59%。

1981～1985 年下游年均水量与长系列均值相比偏多 4%。伏汛期 7～8 月水量并不多，因此秋汛期水量偏多 21%，这是该时期水量能与长系列均值持平的主要因素。

3）中大流量历时较长，含沙量偏低。1981～1985 年汛期中大流量级出现概率较多，历时较长。由表 5-12 可见，该时期 3000～5000m^3/s 的年均历时达 40 天、水量 140.07 亿 m^3，都是各时期中这一流量级最大的；而沙量为 3.445 亿 t，并不很大，因此该流量级含沙量只有 24.6kg/m^3，远小于 1950～1985 年平均 39.1kg/m^3。从各项占汛期总量的比例来看，该时期 3000m^3/s 以上中大流量级在汛期 42.3%的时间里用 64.3%的水量输送了 69.6%的沙量，因此大部分泥沙是在中大流量级输送的，这样的水沙搭配有利于河道输沙。

4）大流量洪水较多，秋汛洪水较多，洪水含沙量偏低。1981～1985 年黄河流域洪水较多，花园口洪峰日均流量在 2600m^3/s 以上和 4000m^3/s 以上的洪水年均达到 4.8 次和 1.8 次（表 5-15），是 1950 年以来各时期最多的。期间除 1984 年最大洪峰流量为 6990m^3/s 外，其他 4 年最大洪峰流量都超过 8000m^3/s，其中 1982 年发生了洪峰流量为 15300m^3/s 的 1950 年以来第二大洪水（图 5-7）。

表 5-15　黄河花园口站各时期年均洪水发生场次统计　　（单位：次）

时期	日均流量＞2600m^3/s		日均流量＞4000m^3/s	
	年均	9～10 月	年均	9～10 月
1950～1960 年	4.7	1.3	1.7	0.5
1961～1964 年	2.8	1.5	1.5	1.5
1965～1973 年	2.6	1.4	0.8	0.6
1974～1980 年	3.7	1.9	1.0	0.7
1981～1985 年	4.8	2.2	1.8	1.2
1986～1999 年	2.5	0.1	0.8	0.0
2000～2009 年	1.5	0.3	0.3	
1950～1985 年	3.8	1.6	1.3	0.8
1950～1999 年	3.0	1.2	1.0	0.6

1981～1985 年秋汛期洪水较多，花园口年均发生洪峰日均流量在 2600m^3/s 以上的秋汛洪水 2.2 次，4000m^3/s 以上的秋汛洪水 1.2 次，是各时期秋汛洪水比较多的时期。1981 年和 1985 年的最大洪水发生在 9～10 月，洪峰流量分别为 8050m^3/s 和 8260m^3/s，列 1949 年以来秋汛洪水的第四位和第六位。

5）洪水期水量大、沙量小、含沙量低。1981～1985 年洪水期水量较大，场次平均洪量为 36.8 亿 m^3，较 1950～1985 年平均 32.7 亿 m^3 偏多 13%，主要由于秋汛洪水多、洪量大，该时期秋汛洪水场次洪量达 44.3 亿 m^3。同样原因洪水期沙量较小，场次平均为 1.21 亿 t，较长系列平均值偏小 29%。因此洪水含沙量较低，洪水期平均为 32.7kg/m^3，较长系列平均 52.4kg/m^3 偏少 38%。该时期花园口最大含沙量仅为 139kg/m^3，三黑小洪水期来沙系数平均只有 0.0096$kg \cdot s/m^6$，是下游较为有利的低含沙洪水期。

（三）龙羊峡水库运用至小浪底水库运用前（1986～1999 年）

黄河流域上中游地区从 20 世纪 80 年代开始进入降雨偏少时期，同时 1986 年龙羊峡水库投入运用，与刘家峡水库联合多年调节水量，三门峡水库仍采用蓄清排浑运用方式，沿黄引水量从 20 世纪 80 年代开始大量增加，同时水利水保措施也发挥了一定的减水减沙作用，在上述气候变化和人类活动的共同影响下，黄河下游 1986～1999 年为特枯水沙系列。

1. 枯水少沙

（1）年均水沙量减少，但水沙关系更不协调

1986～1999 年下游年均来水 281.1 亿 m^3（表 5-8），比长系列（1950～1985 年）均值偏少 38%。该系列各年水量普遍减少，由图 5-3 可见，14 年水量都少于长系列均值较多，统计 1919～2009 年水量，最枯的前 10 年（运用年）见表 5-16，该时段就有 4 年，其中 1997 年水量仅 170.56 亿 m^3。

表 5-16　黄河下游年水量历史最小前十位统计

位数	一	二	三	四	五	六	七	八	九	十
年份	2000	1997	2001	2002	1999	1998	2003	2009	1987	2005
水量/亿 m^3	155.75	170.56	178.64	203.76	204.47	205.17	212.28	221.61	226.20	235.92

1986～1999 年下游年均来沙 7.73 亿 t，比长系列均值偏少 44%，其中 1987 年、1986 年、1997 年沙量分别为 2.934 亿 t、4.194 亿 t 和 4.405 亿 t，但来沙减少并不稳定，暴雨强度大的年份，沙量仍较大，如 1988 年、1992 年、1994 年、1996 年沙量分别 15.647 亿 t、11.237 亿 t、12.441 亿 t 和 11.461 亿 t。

水沙关系更不协调，年平均来沙系数为 0.031kg・s/m^6，其中汛期来沙系数高达 0.047kg・s/m^6。

（2）水量沿程减少加剧，断流现象严重

下游来水来沙量的变化主要是上中游各种因素综合影响的反映；同时，下游沿黄引水量的变化，也在影响着下游沿程水沙量的变化。在来水量大量减少和大量引水的前提下，各河段沿程水量减少增多，造成下游部分河段断流现象加剧。

由表 5-5 可见，长系列平均情况进入下游的水量沿程变化不大，从花园口到高村、艾山、利津分别减少 20.01 亿 m^3、23.14 亿 m^3 和 45.91 亿 m^3，分别约占花园口水量的 5%、5%和 10%，即下游河道沿程的损耗量约为来水量的 10%；而 1986～1999 年从花园口到高村、艾山、利津减少量分别达到 36.8 亿 m^3、66.41 亿 m^3 和 124.84 亿 m^3，分别占到三黑小水量的 13%、23%和 45%，沿程减少达近一半的来水量。

在下游来水量大大减少的条件下，沿程水量的损耗又在增加，造成下游部分河段来水量剧减，断流现象日益突出。由表 5-17 可见，黄河下游 1972～1990 年间泺口、利津两站分别有 6 年和 13 年出现断流，断流历时一般在 1 个月内。而在 20 世纪 90 年代断流次数增多、断流时间增长、断流长度增加（图 5-11），1991～1999 年 9 年间，黄河下游年年出现断流，1992～1994 年断流历时每年超过 2 个月，1995～1996 年断流历时每年长达 4 个月，至 1997 年黄河下游断流发展到最为严重，断流历时达 226 天，长度约 700km，为 70 年代以来断流时间最长、断流次数最多、断流河段最长的年份。

自 1999 年黄河实行全河水量统一调度以来，下游河道断流现象逐步得到解决。1999 年与 1998 年相比在花园口站来水量相当的情况下，断流次数和断流天数明显减少。

与此同时，近乎断流的小流量出现时间越来越长。由图 5-12 可见，70 年代以来利津站日均流量在 50m^3/s 以下的历时逐年增加，由 20 世纪 70 年代的年均 27.6 天增加到 80

年代的年均 33.5 天，90 年代达到年均出现 118.7 天，1997 年和 1998 年最多分别为 259 天和 181 天。

表 5-17 黄河下游来水（日历年）及断流情况统计

年份	水量/亿 m^3		利津/三黑小/%	断流长度/km	利津断流次数	断流天数			
	三黑小	利津				夹河滩	高村	泺口	利津
1972	298.2	222.7	75	310	3			6	19
1974	291.8	231.6	79	316	2			10	20
1975	550.1	478.3	87	278	2			4	13
1976	539.7	448.9	83	166	1				8
1978	357.9	259.2	72	104	4				5
1979	374.3	269.9	72	278	2			5	21
1980	287.7	188.6	66	104	3				8
1981	468.8	345.9	74	662	5	2	11	16	36
1982	398.6	297.0	75	278	1			3	10
1983	580.1	490.8	85	104	1				5
1987	228.4	108.4	47	216	2				17
1988	349.2	193.9	56	150	2				5
1989	422.8	241.7	57	277	3				24
1991	237.1	123.3	52	131	2				16
1992	269.9	133.7	50	303	5			31	83
1993	311.4	185.0	59	278	5			1	60
1994	305.1	217.0	71	308	4			29	74
1995	243.4	136.7	56	683	3	4	8	77	122
1996	267.7	155.6	58	579	7		7	71	136
1997	149.2	18.6	12	700	13	18	25	132	226
1998	209.8	106.1	51	300	12			28	123
1999	170.6	68.4	40	300	2			10	38

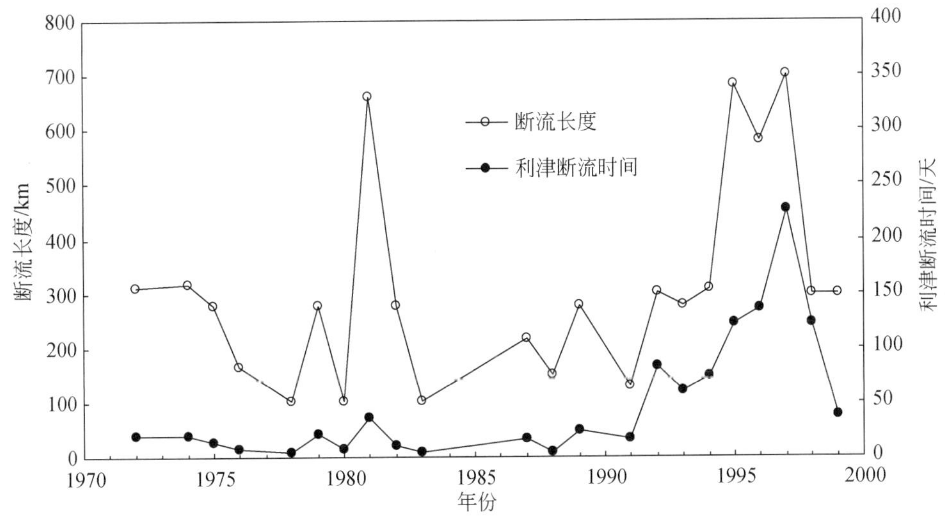

图 5-11 黄河下游历年断流特征

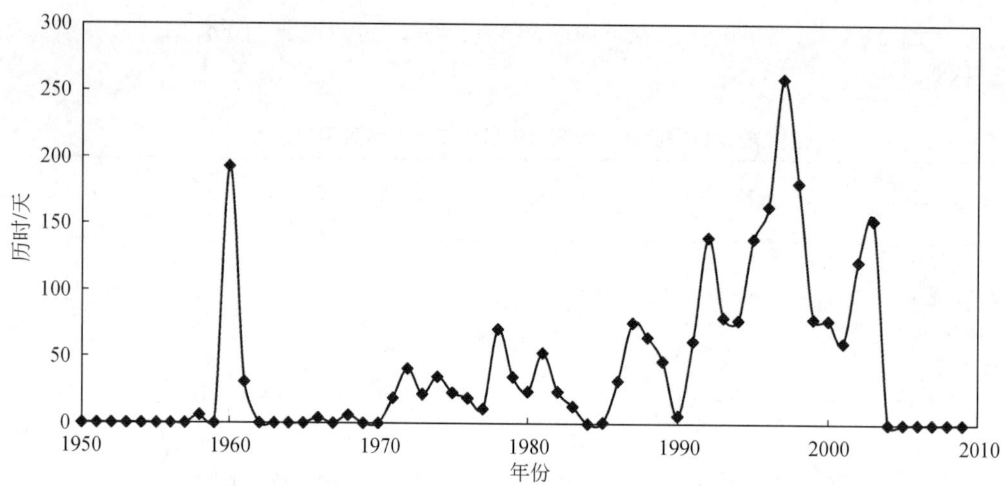

图 5-12　利津站历年日均流量小于 50m³/s 出现天数过程

2. 水量的年内分配发生改变

（1）汛期、非汛期水量的分配发生根本性改变

1986 年以后下游水量减少主要集中在汛期，1986～1999 年年均汛期水量只有 129.01 亿 m^3，较长系列均值减少 52%，个别年份如 1991 年和 1997 年汛期水量仅为 62.41 亿 m^3 和 54 亿 m^3；非汛期减少幅度较汛期少，年均水量 152.08 亿 m^3，较长期均值减少 21%。因此下游水量年内分配发生了根本性改变（表 5-8）。长系列平均情况汛期水量较多，约占全年的 60%，非汛期水量少，仅占 40%；而 1986 年以后由于汛期水量的减少幅度远大于非汛期，致使汛期水量小于非汛期，水量只占到全年的 46%，相反非汛期水量占年水量的比例增大到 54%，个别年份如 1991 年和 1997 年汛期水量仅占到年水量的 24%和 32%。

（2）9～10 月秋汛期水量减幅更大，9 月下旬至 10 月水沙特征接近非汛期

汛期水量、沙量的大量减少，更集中在 9～10 月。9～10 月为黄河下游的秋汛期，来水较大，含沙量较低，长系列均值水量、沙量为 135.7 亿 m^3 和 3.743 亿 t，占到全年的 30%和 27%。而 1986 年以后 9～10 月水量、沙量只有 52.1 亿 m^3 和 1.082 亿 t，较长系列均值的减幅分别达到 61%和 71%。相应占全年总量的比例下降到 18%和 14%。

尤其 9 月下旬至 10 月水量、沙量减幅更大，除 1989 年下游水量偏多以外，其余年份 9 月下旬水量均较长系列减少 1/2 以上，10 月减少 2/3 以上。沙量减少更多，1986 年后 9 月下旬至 10 月水沙量年均只有长系列均值的 1/3 和 1/5，10 月份沙量最少的年份（1997 年）只有 100 万 t，水量、沙量占全年的比例明显下降。这一时段的水沙特征已与非汛期非常接近。

以花园口站为例，1986 年以前 9 月下旬至 10 月花园口的月均水量为 68.4 亿 m^3，分别是非汛期 11 月至翌年 6 月和 4～6 月月均水量的 2.9 倍和 2.6 倍，而 1986 年后月均水量只有 22 亿 m^3，略大于非汛期月均水量，而且从图 5-13 可以看到基本上各年变化都与平均情况一致。沙量减少更大于水量，1986 年前花园口站 9 月下旬至 10 月月均沙量为 1.39 亿 t，分别是非汛期 11 月至翌年 6 月和 4～6 月月均水量的 5.6 倍和 5.4 倍，而 1986 年后只有 0.318 亿 t，与非汛期月均沙量相近。因此从水沙量的平均和历年情况来看，下游 9 月下旬至 10 月的来水来沙特征已近似于非汛期。

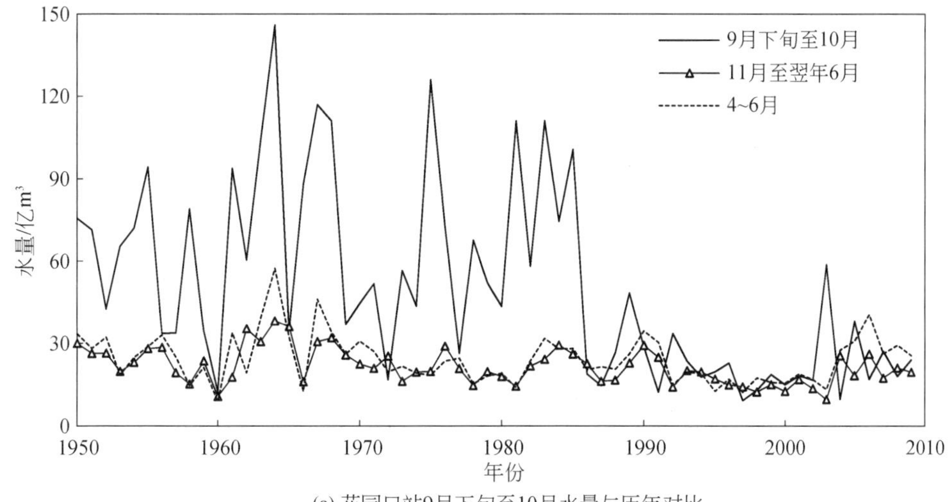

(a) 花园口站9月下旬至10月水量与历年对比

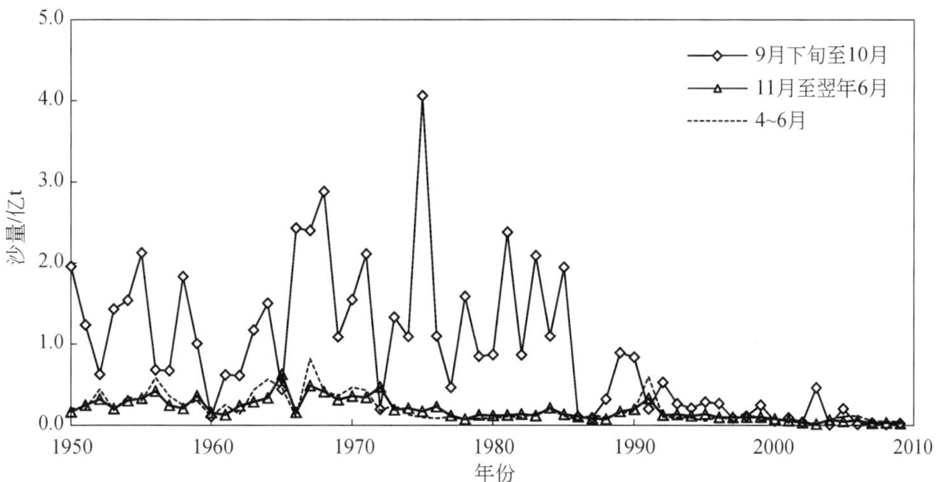

(b) 花园口站9月下旬至10月沙量与历年对比

图 5-13　花园口站 9 月下旬至 10 月水量、沙量与历年对比

3. 水沙过程发生变化

（1）汛期中大流量减少、枯水流量增加

黄河下游汛期水量、沙量减少，水沙过程也发生了较大变化，主要是枯水流量级历时增长，中大流量历时及相应输水输沙量明显降低（表 5-12）。

由表 5-12 明显可见，与 1950～1985 年平均情况相比，花园口站 1986～1999 年从各流量级的历时、水量和沙量来看，基本上都是 1000m^3/s 以下小流量数值增加，1000m^3/s 以上数值开始减少；特别是 3000m^3/s 以上较大流量级的减少最多。1000m^3/s 以下的历时由 1950～1985 年的年均出现 16.5 天增加到 1986～1999 年的 61.0 天，而 3000m^3/s 以上流量级历时由 37.7 天减少到 6.5 天，大于 5000m^3/s 的历时由 9.1 天减小到 0.9 天。

汛期水沙量的减少主要集中在 3000m^3/s 以上较大流量级，花园口汛期水量、沙量 1986～1999 年分别为 131.09 亿 m^3 和 5.791 亿 t，较 1950～1985 年分别减少 138.48 亿 m^3 和 4.295 亿 t，减幅为 51%和 43%。而 3000m^3/s 以上流量级的水量、沙量减少值达 123.3 亿

m^3和 4.397 亿 t，减幅达 85%和 71%，占到汛期总减少量的 89%和 102%。而 $1000m^3/s$ 以下小流量的水量、沙量有一定程度的增加，特别是水量增加较多。

各流量级水沙量的变化不同，引起水沙量在各流量级分配的变化。由表 5-12 各流量级水沙量占汛期总量的比例可见，1950～1985 年水沙量主要是大于 $1000m^3/s$ 的流量输送，而且水沙量在 1000～$3000m^3/s$、3000～$5000m^3/s$ 和大于 $5000m^3/s$ 三个流量级的分布比较均匀，但 1986～1999 年 $1000m^3/s$ 以下流量级输送水沙的比例增大，同时在 $1000m^3/s$ 以上的分布更为集中于 1000～$3000m^3/s$，$3000m^3/s$ 以上大流量级输水输沙比例下降。从河道输沙的角度综合对比来看，黄河下游花园口站 1950～1985 年在汛期 31%的时间里通过 $3000m^3/s$ 以上流量级的水流，输送了 54%的水量和 61%的泥沙，而 1986～1999 年变为 $3000m^3/s$ 以上流量级的水流仅能在 5%的时间内，通过 17%的水量，输送 31%的泥沙。

（2）汛期中小流量级水量增大，成为优势流量级

水量是河床演变的主要动力条件，其在各流量级的分布情况对河道排洪能力的塑造起到决定作用。1986 年以前各时期汛期水量在各流量级的分布比较均匀，虽然因发生大洪水使得各时期有水量较大、较突出的流量级，但明显可见基本上在 $6000m^3/s$ 以下时各流量级水量相差并不大，没有出现水量明显集中的流量级。1986～1999 年水量基本集中在 $3000m^3/s$ 以下，占到汛期总水量的 86%，而其他流量级水量很少，因此 $3000m^3/s$ 以下流量级的水量非常集中，我们将水量集中的流量级定义为“优势流量级”。

水量是河道演变最主要的因素，不同流量级水量需要的河道过流面积不同，各流量级水量相近说明必须有一个相当大的河道过流面积和宽度来适应各流量级的需要。因此在 1986 年以前各时期河道过洪的面积和宽度相对来说都比较大，即使在 1965～1973 年水少沙多的不利水沙条件时期，由于有较大流量级出现且维持一定的水量，致使水量在各流量级的分布仍比较均匀，因此该时期虽然河道淤积严重，但仍保持有较大的河宽，河道并未萎缩。而 1986～1999 年中小流量级成为优势流量级，大流量级水流出现时间很短，水量很小，不足以塑造相应的较大河宽，因此形成下游河道萎缩的局面。

（3）汛期中大流量级含沙量增高

黄河下游 1986 年后汛期水沙量都在减少，因此汛期的含沙量与历史来沙量较多的时期相比变化并不大，但由于不同流量级水沙量减少的幅度不同，相应含沙量在各流量级的变化并不一致。由表 5-18 可见，与 1950～1985 年相比，$1000m^3/s$ 以下流量级水流的含沙量减小，$1000m^3/s$ 以上流量级水流的含沙量增大，特别是 $3000m^3/s$ 以上较大流量含沙量增加较多，花园口站 $1000m^3/s$ 以下流量级含沙量 1950～1985 年平均为 $23.5kg/m^3$，1986～1999 年减小到 $16.6kg/m^3$，而 1000～$3000m^3/s$、3000～$5000m^3/s$ 和 $5000m^3/s$ 以上流量级的含沙量分别从 $32.0kg/m^3$、$39.0kg/m^3$ 和 $49.6kg/m^3$ 增加到 $44.2kg/m^3$、$80.9kg/m^3$ 和 $85.0kg/m^3$，后一时期含沙量分别为前一时期的 1.4 倍、2.0 倍和 1.7 倍。

表 5-18　汛期不同流量级含沙量变化　（单位：kg/m^3）

时段	不同流量级（m^3/s）含沙量					
	＜1000	1000～3000	3000～5000	＞5000	＞2000	＞3000
1950～1960 年	21.7	30.5	45.1	74.3	47.7	56.0
1961～1964 年	3.7	17.8	19.5	18.3	19.0	19.0
1965～1973 年	29.9	44.7	54.9	49.0	52.7	53.2

续表

时段	不同流量级（m³/s）含沙量					
	＜1000	1000～3000	3000～5000	＞5000	＞2000	＞3000
1974～1980 年	20.0	36.9	43.7	77.7	49.3	51.9
1981～1985 年	10.6	21.3	24.6	31.0	25.8	26.6
1986～1999 年	16.6	44.2	80.9	85.0	67.6	81.7
2000～2009 年	2.8	12.3	33.5		18.2	33.5
1950～1985 年	23.5	32.0	39.0	49.6	40.2	42.6

4. 洪水特点发生变化

（1）大洪水减少，洪峰流量降低

由表 5-15 可见，1986 年以前年均发生日均流量 2600m³/s 以上和 4000m³/s 以上的洪水分别为 3.8 次和 1.3 次，1986～1999 年分别减少到年均仅 2.5 次和 0.8 次，大洪水出现频率显著降低。而且 1986 年后洪峰流量普遍降低，由图 5-7 可见，1986 年后连续 13 年未出现大洪水，经常出现的是洪峰流量在 3000m³/s 左右的小洪水。花园口最大洪峰流量仅 7860m³/s（1996 年 8 月），1991 年洪峰流量只有 3120m³/s，是 1950～1999 年洪峰流量最小的一年。

（2）洪水期含沙量增大

在洪峰流量降低的同时，洪水期的含沙量却明显增高，高含沙量洪水出现频率增大。1988 年、1992 年、1994 年和 1997 年最大洪水都是中小洪水，三门峡站出库最大含沙量却都超过 300kg/m³。其中 1992 年发生的高含沙量洪水，含沙量大于 300kg/m³ 的持续时间长达 67h，为近年来黄河下游洪水中高含沙量持续时间最长的。

由图 5-14 洪水期水沙量关系的变化情况可见，图中点群可大致分成两部分，偏右部分洪水期相同水量下沙量小，洪水含沙量较低，为一般洪水；偏左部分洪水沙量大，发生的是高含沙量洪水，如 1973 年、1977 年。而 1986 年后的点子都集中于左边部分，水沙关系与高含沙量洪水相近，尤其是水量很小，洪峰流量很低的一些小洪水，沙量偏大。例如，1997 年洪水洪量不到 10 亿 m³，沙量却超过 2 亿 t，洪峰流量只有 3860m³/s，花园口最大含沙量达到 378kg/m³。

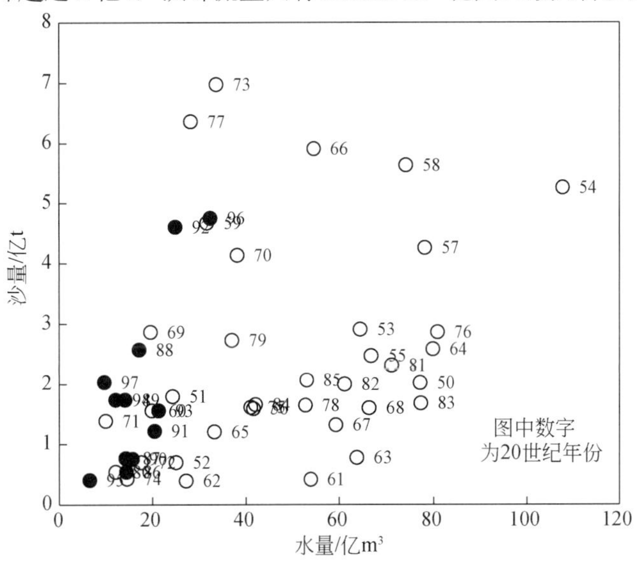

图 5-14　洪水期水量与沙量的关系

（3）洪水期洪量减少

河道基流的减少造成洪水期水量变化，图 5-15 表明在相同洪水历时条件下，1986 年后的洪量大大减少。从平均情况来看，洪水期日均水量从 1986 年前的 3.87 亿 m^3/d 减少到 2.13 亿 m^3/d，减少了 45%，而且洪峰流量大于 $5000m^3/s$ 的中大洪水减少较多。洪量的减少是与中大流量级的减少并存的，这一洪水特性的改变不利于下游河道泥沙的输送，是河道萎缩的重要原因。

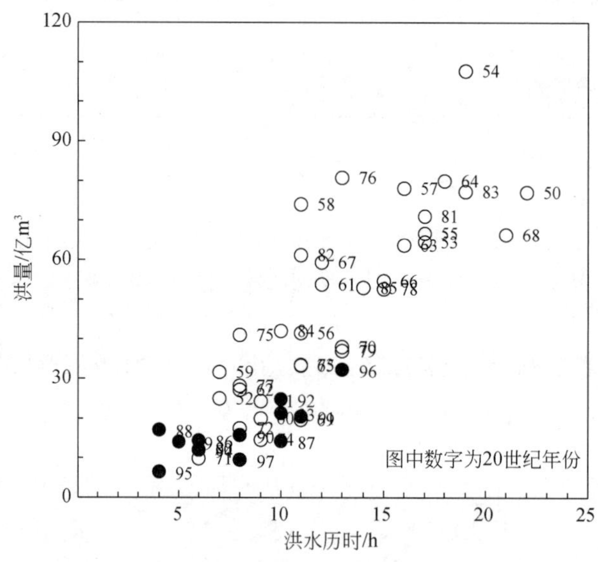

图 5-15　花园口洪水期洪量与洪水历时的关系

（4）汛期沙量在洪水期的集中程度增高

洪峰流量降低后，由于汛期洪水出现频率减少，平水期增长，因此沙量仍主要来自洪水期，而且集中程度增高。由图 5-16 可见，1986 年前的 36 年中只有 2 年洪水期沙量占汛期的比例超过 40%，而 1986 年后的 12 年中就有 4 年，而且 1997 年这一比例达到 64%，是各年中最高的。这表明下游汛期的沙量主要来自时间很短的洪水期，这期间水流含沙量很高，河道变化相对较大。而洪水期外的汛期其他时间，多是低含沙量的小流量过程，对河道冲淤的影响相对较小。

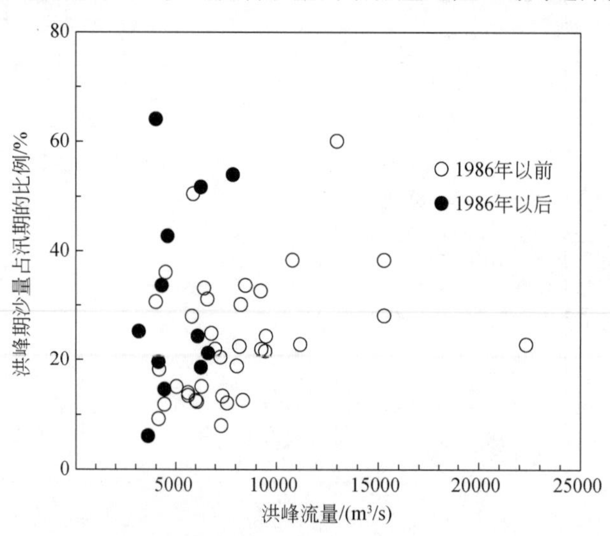

图 5-16　花园口洪水期沙量占汛期的比例与洪峰流量的关系

（5）汛初高含沙量中小洪水增加

1986 年以来，7～8 月来水量偏少，且受三门峡水库汛初降低水位运用的影响，下游汛初经常出现小洪水带大沙的不利来水来沙条件，多次发生低洪峰高含沙量洪水。由表 5-15 列出的 1986 年以来各年汛初小洪水排沙的情况，12 年中有 7 年在潼关洪峰仅 2000～4000m^3/s 的情况下，潼关—三门峡河段冲刷量达 0.75 亿～1.6 亿 t，出库含沙量明显增高，来沙系数多在 0.05kg·s/m^6 以上。1996 年 7 月三门峡最大出库流量为 2700m^3/s 时，最大含沙量达 603kg/m^3。

（四）小浪底水库运用后（2000～2009 年）

1. 进入下游水沙属于枯水枯沙系列

小浪底水库投入运用以后，1999 年 11 月至 2009 年 10 月年均进入下游水量为 229.74 亿 m^3（表 5-8），较长系列平均偏少 50%；年均进入下游沙量为 0.577 亿 t，较长系列均值偏少 95%；属于枯水枯沙系列。其中汛期年均水量、沙量分别为 82.82 亿 m^3 和 0.507 亿 t，较长系列均值分别偏少 69%和 96%。年平均含沙量 2.5kg/m^3，汛期平均含沙量 6.1kg/m^3，与长系列年均值（30.1kg/m^3）和汛期均值（44.7kg/m^3）相比，大幅度减少。统计 1919 年以来水量最少的前 10 年（运用年）（表 5-16），该时段就有 6 年，其中 2000 年水量仅 155.75 亿 m^3［图 5-3（a）］，是历史最少的一年。

各年水沙量不同，2006 年水量相对较多，为 289.12 亿 m^3，其中汛期水量 81.8 亿 m^3，仅占年水量的 28%；2004 年沙量较多，为 1.424 亿 t，其中汛期 1.423 亿 t，为十年均值的 2.5 倍左右；2000 年水量、沙量相对较少，分别为 155.75 亿 m^3 和 0.047 亿 t。

该时段汛期水量仅占年水量的 36%，较多年均值明显减少，是所有时段中最小的；汛期沙量占年沙量的 88%，与多年均值基本持平。

2. 入海水沙明显偏少

1999 年 11 月至 2009 年 10 月，年均进入河口地区（利津站）的水量 139.63 亿 m^3，较多年均值偏少 66%，年均进入河口地区的沙量 1.342 亿 t，较多年均值偏少 87%，也属于枯水枯沙系列。其中汛期平均水量、沙量分别为 73.47 亿 m^3 和 0.918 亿 t，较多年均值分别偏少 71%和 90%。年平均含沙量 9.6kg/m^3，汛期平均含沙量 12.5kg/m^3，与多年均值相比，大幅度减少。

3. 进入下游洪水场次少、洪峰流量小

该时期花园口站洪峰流量大于 2600m^3/s 的洪水仅 15 次，年平均仅 1.5 次，较 1950～1999 年年均减少 50%；洪峰流量大于 4000m^3/s 的洪水仅 3 次，年均 0.3 次，较 1950～1999 年年均减少 70%，洪水场次明显偏少。10 年中花园口最大洪峰仅 3970m^3/s，洪峰流量减小明显。

4. 汛期径流过程以小流量为主

由表 5-12 可以看出，小浪底水库运用以来汛期下游水流过程以 1000m^3/s 以下的小流量为主。花园口小于 1000m^3/s 流量级的历时，汛期平均为 99.6 天，占汛期历时的 81%，特别是小于 500m^3/s 流量级达到 43.6 天，占汛期历时的 35.4%，而大于 3000m^3/s 流量级仅 1.2 天。

5. 汛期输沙以较大流量为主

汛期较大流量级历时虽然比较短，但仍是输沙的主要流量级（表 5-12），花园口站输沙量最大的流量级为 1000～3000m^3/s，这一级流量历时和水量仅分别占到汛期总历时和水量的 18%和 40.9%，而输送的沙量占汛期总沙量的 63.6%。

参 考 文 献

潘贤娣，李勇，张晓华，等. 2006. 三门峡水库修建后黄河下游河床演变. 郑州：黄河水利出版社

第二篇　黄河下游河势演变

第六章　孟津白鹤镇以下河道特性

黄河自河南省郑州市桃花峪—山东省垦利县入海口称为下游，长 786km。另外，黄河干流在中游的尾端河南省孟津白鹤镇出峡谷以后，河道展宽，比降变缓，流速降低，泥沙大量落淤，成为堆积性河道，河性与桃花峪以下的河道相近。加之，在中华人民共和国成立后，国家直接负责治理的范围包括白鹤镇—桃花峪间长 92km 的河段，因此，习惯上所说的黄河下游是指孟津白鹤镇至入海口，长 878km。

黄河下游河道上宽下窄（图 6-1），河道比降上陡下缓，排洪能力上大下小。由于黄河水少沙多、水沙关系不协调，进入下游的泥沙大量淤积，20 世纪河床每年平均抬高 0.05～0.1m，现状下游河床已高出两岸地面 4～6m，最大 10m 以上，形成举世闻名的“地上悬河”。目前下游河道除右岸邙山及东平湖至济南区间为低山丘陵外，其余全靠堤防约束洪水。

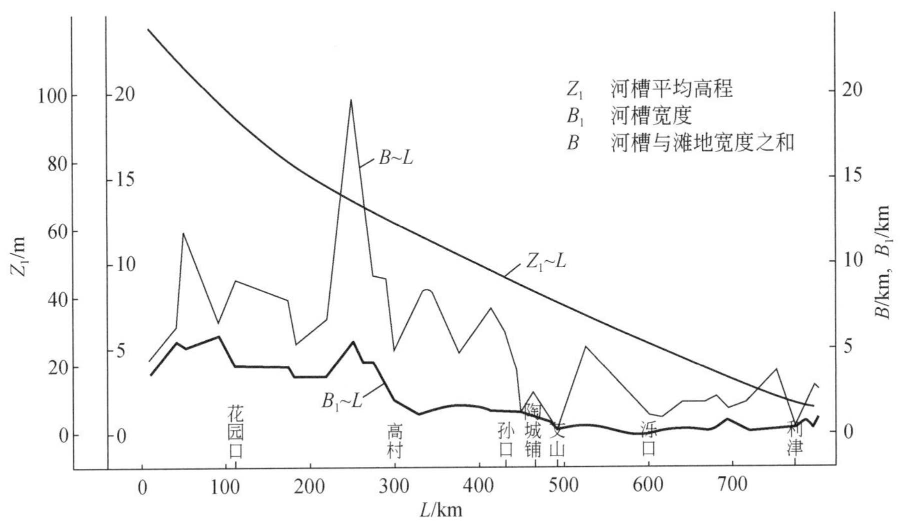

图 6-1　黄河下游河道宽度沿程变化

黄河下游按其特性可分为四个河段（图 6-2）：白鹤镇—高村河段为游荡性河段，高村—陶城铺河段属于由游荡向弯曲转化的过渡性河段，陶城铺—垦利宁海河段为弯曲性河段，宁海以下为河口段。各河段的基本情况见表 6-1。

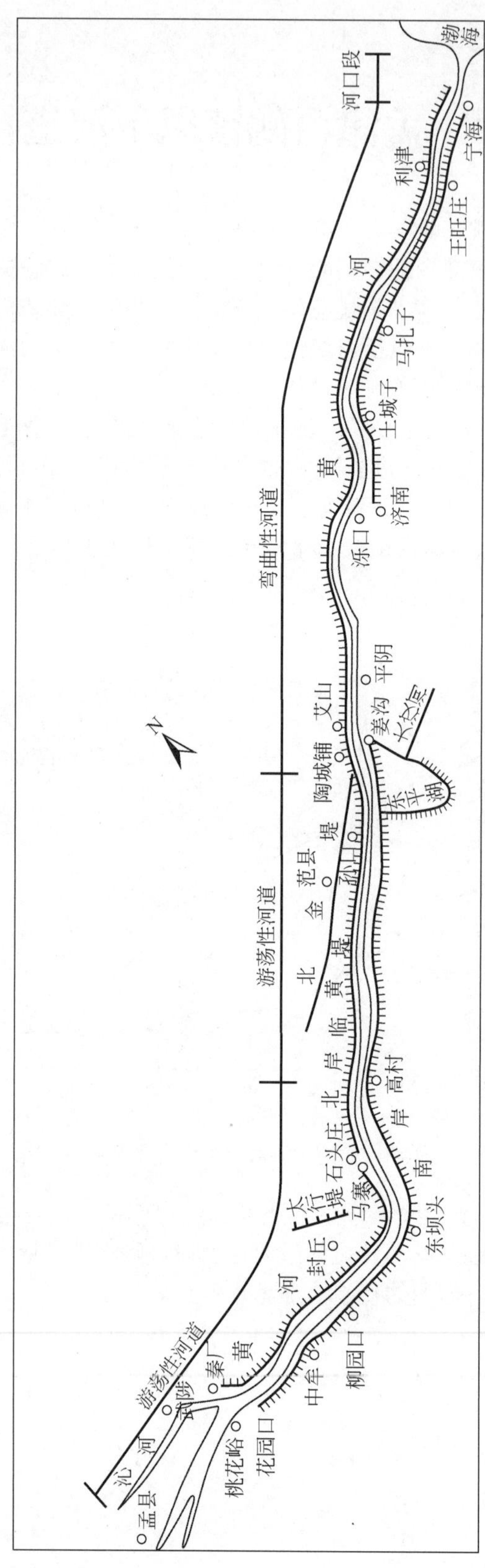

图 6-2　黄河下游河道概况

表 6-1　黄河下游各河段河道基本情况

河段	河型	长度/km	宽度/km			河道面积/km^2			平均比降/‱
			堤距	河槽	滩地	全河道	河槽	滩地	
白鹤镇—铁桥	游荡型	98	4.1～10.0	3.1～9.5	0.5～5.7	697.7	131.2	566.5	2.56
铁桥—东坝头		131	5.5～12.7	1.5～7.2	0.3～7.1	1142.4	169.0	973.4	2.03
东坝头—高村		70	4.7～20.0	2.2～6.5	0.4～8.7	673.5	83.2	590.3	1.72
高村—陶城铺	过渡型	165	1.4～8.5	0.7～3.7	0.5～7.5	746.4	106.6	639.8	1.48
陶城铺—宁海	弯曲型	322	0.5～5.0	0.3～1.5	0.4～3.7				1.01
宁海—西河口	弯曲型	39	1.6～5.5	0.4～0.5	0.7～3.0	979.7	222.7	757.0	1.01
西河口以下		53	6.5～15.0						1.19
全下游		878							

一、孟津白鹤镇至东明高村河段河道特性

白鹤镇—高村河段长 299km，两岸大堤堤距一般为 10km 左右，最宽处达 20km，河道比降为 1.72‱～2.65‱。河床断面宽浅，河槽宽度达 1.5～3.5km。天然情况下河道内沙洲密布，水流分散，汊流丛生，有时多达 4～5 股，河势变化频繁，平滩流量下河相系数 $\sqrt{B}/H$ 值在 20～40 之间，为典型的游荡性河段。该河段两岸堤防保护面积广大，历史上洪水灾害非常严重，重大改道都发生在本河段，是黄河下游防洪的重要河段。支流伊洛河、沁河在此段汇入，其中东坝头—高村河段“二级悬河”形势严峻。

自 20 世纪 60 年代末在游荡性河段修建控导护滩工程以来，陆续修建了一些河道整治工程，“宽、浅、散、乱”的河槽形态有所改善。河道整治工程控制较好的河段河势向稳定发展，主溜基本为单股，如花园镇—神堤、花园口—武庄、东坝头—高村等河段；河道整治工程控制较弱的河段，常出现两三股河，仍具有“宽、浅、散、乱”的基本特点（胡一三，1996）。

根据地形地貌、河床边界条件及河道特性等，黄河游荡性河段河道又可划分为白鹤镇—京广铁路桥、京广铁路桥—东坝头、东坝头—高村三个河段。

白鹤镇—京广铁路桥河段，长 98km，河道宽 4～10km。河出孟津焦枝铁路桥以后，水流突然展宽，大量卵石和粗沙沉积，洛阳公路桥以上床面基本由卵石和粗沙组成，公路桥以下卵石埋深逐渐加大，床面由粗沙组成，在自然条件下，心滩多为浅滩，出没不定，溜势极为散乱，非洪水期水面宽有时达 3km。从该河段典型断面历史套绘图看（图 6-3 和图 6-4），1960～1985 年间的断面形态，滩地普遍淤高，主槽调整基本以展宽和下切为主；1985～2000 年主槽萎缩严重，河槽淤高变窄；2000 年小浪底水库运用以后，河槽展宽和下切同存，断面趋于窄深。该河段从上到下主要入黄支流右岸有伊洛河、左岸有沁河，均是黄河下游洪水的主要来源。该河段内滩地主要集中在左岸的孟州市、温县、武陟县境内，习惯上称为“温孟滩”，是温县和孟州市的粮食高产区。温县大玉兰工程以上由于小浪底水利枢纽温孟滩移民安置区的建设，已修建了防御标准为 10000m^3/s 洪水的防护堤，中小洪

水不受漫滩影响；大玉兰工程以下河段河道冲淤变幅较大，漫滩流量随中游来水来沙情况有很大差异，21 世纪 10 年代一般流量达到 7000m^3/s 以上方可漫滩。此河段现有滩区面积 580.5km^2，耕地 51.0 万亩，村庄 84 个，人口 9.07 万人。

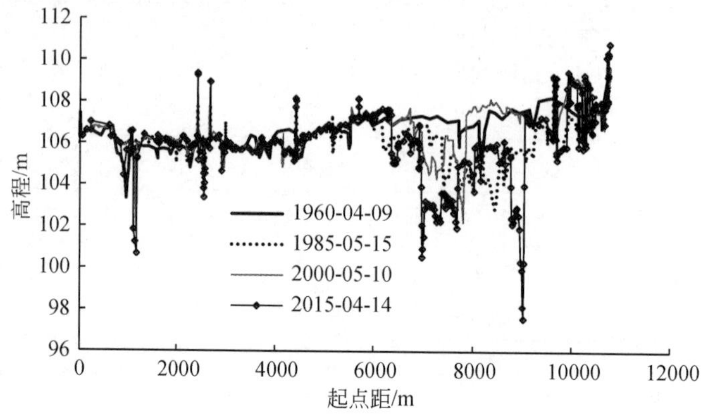

图 6-3　伊洛河口断面套绘

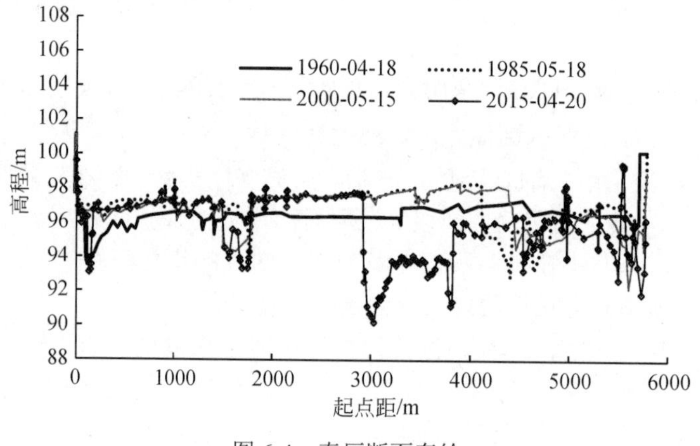

图 6-4　秦厂断面套绘

京广铁路桥—东坝头河段，长 131km，堤距 5.5～12.7km。由于堤距较宽，溜势分散，泥沙易于淤积，加之主溜摆动频繁，新淤滩岸抗冲能力弱，主溜冲刷滩岸坐弯后，易形成“横河”顶冲大堤，威胁堤防安全。该河段整体上主槽变动频繁（图 6-5～图 6-7），其中 1960～1985 年断面形态调整基本以滩槽淤高为主，1985～2000 年滩地变化不大，主槽淤高并缩窄，2000 年以后河槽开始展宽、下切，断面趋于窄深。该河段历史上决口频繁，中华人民共和国成立后虽然没有发生决口，但是危及堤防安全的重大险情不断，是历年汛期重点防守河段（江恩慧，2006）。1986 年以来，下游来水来沙条件发生了较大变化，河槽淤积加重，逐渐出现了高滩不高的现象。1996 年 8 月 6 日花园口洪峰流量 7860m^3/s，原阳高滩大部漫水，堤根水深 1～3m。该河段滩地主要集中在原阳县、开封县境内，滩区面积 702.5km^2，耕地 5.12 万 hm^2，村庄 450 个，人口 47.2 万，村庄稠密；其中面积较大的主要有左岸的原阳滩和右岸的开封滩。

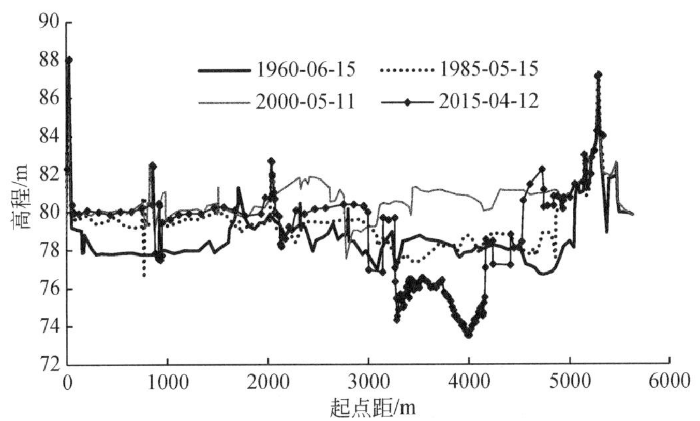

图 6-5　柳园口断面套绘

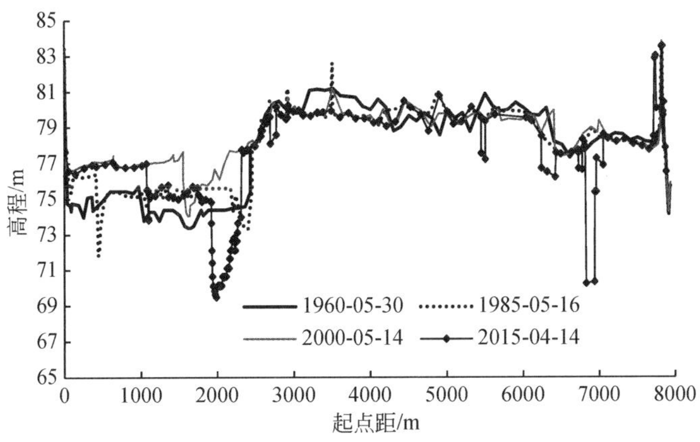

图 6-6　曹岗断面套绘

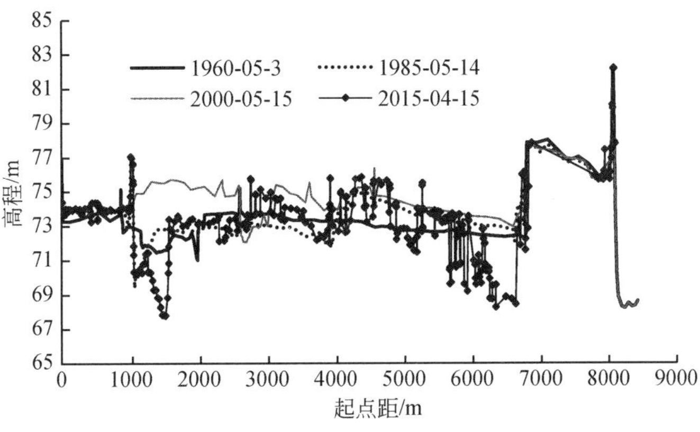

图 6-7　夹河滩断面套绘

东坝头—高村河段，长70km，是清咸丰五年（1855 年）铜瓦厢决口后形成的河道，两岸堤距上段最宽处超过 20km，下段最窄处也达 4.7km。由于水流含沙量大，输沙用水被大量挤占，造成泥沙主要淤积在主槽，加之滩区群众修建的生产堤，人为缩窄了行洪河道，影响了滩槽水沙交换，加快了主槽的淤积，滩槽高差减小，20 世纪 70 年代初就形成了河槽平均高程高于滩地平均高程的“二级悬河”，且滩面横比降远大于河道纵比降，是黄河下游防洪的薄弱河段，素有“豆腐腰”之称。从该河段典型断面套绘图看（图 6-8），滩地自 20 世纪 60 年代以来变化不大，而主槽持续淤高，因此“二级悬河”愈来愈严重。该河段较大的滩区主要有左岸的长垣滩和右岸的兰考滩、东明滩等。长垣滩由贯孟堤、黄河大堤与生产堤围成，滩区面积约 217km^2；兰考滩和东明滩，两滩相连，面积约 174km^2。

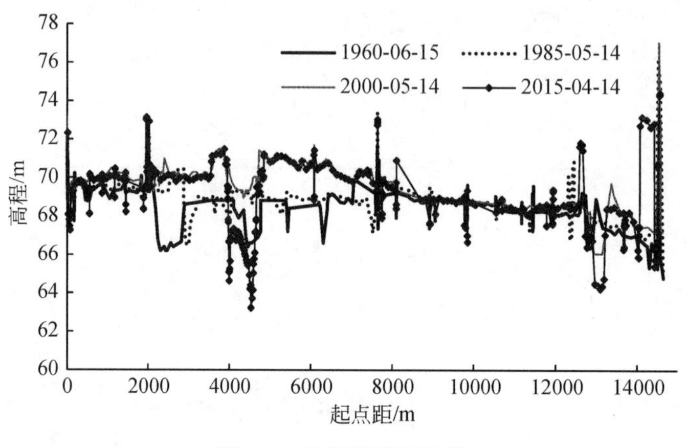

图 6-8　油房寨断面套绘

总之，白鹤镇—高村河段自 20 世纪 90 年代以来，由于上游来水偏枯，河槽淤积萎缩严重、行洪能力降低，2000 年黄河下游个别河段平滩流量只有 2000m³/s 左右。小浪底水库 1999 年 10 月下闸蓄水后，水库拦沙，并进行了调水调沙，使得黄河下游的河道过洪能力不同程度地得到恢复，各河段平滩流量普遍超过了 4000m³/s。但是，与 20 世纪 60 年代和 70 年代平滩流量 5000～6000m³/s 的过洪能力相比，黄河下游河道的过洪能力仍然偏小，一旦发生较大洪水，滩区行洪流量增加，串沟过流，顺堤行洪，威胁下游堤防安全，若发生“横河”，更会造成严重抢险的局面。

二、东明高村至阳谷陶城铺河段河道特性

高村—陶城铺河段的河道是 1855 年黄河铜瓦厢决口后形成的，仅有 100 余年的历史。决口初期，由于当时社会动荡，财政困难，加之对决口堵复与否认识不一，导致决口后 20 余年口门至陶城铺无官修大堤，水流多股分流，主溜迁徙不定，南北摆动达“百余里”。其中一支出东明北经濮阳、范县，至张秋穿运河入大清河，于利津牡蛎嘴入海，后逐渐形成现今黄河河道。1875 年开始修官堤，历时 10 年，新河堤防陆续建立起来。右岸自东明—梁山修了障东堤（此堤在鄄城县临濮以上部分基本成为现临黄大堤；临濮—梁山县黄花寺现为南金堤，今临黄大堤是在民埝基础上加修而成的），随后左岸也修建了民埝，后经加培成为现临黄大堤。1938 年国民党军队在郑州花园口黄河大堤扒口，河水南流泛滥，高村—陶城铺河段河道呈干涸状态，受战争影响，堤防遭受严重破坏。1947 年 3 月 15 日花园口口门合龙，4 月 20 日闭气，黄河归故，高村—陶城铺河段河道重新过流，黄河治理工作开始在共产党领导下进行，经过河道整治，高村—陶城铺河段现已成为河势基本稳定的河道（胡一三，2006）。

目前，高村—陶城铺河段河道长 165km，堤距上宽下窄，上段一般 6～7km，下段一般 3～4km。最大堤距 8.5km，位于鄄城营房与濮阳孙庄之间；最小堤距 1.4km，位于东平县

十里堡与台前县姜庄之间。河槽也为上宽下窄，一般3.7～0.7km，近期有所减小。河道平均比降比游荡性河段小，比弯曲性河段大，为1.48‱。天然文岩渠、金堤河在左岸汇入。

该河段整体上河槽位置摆动不大（图6-9和图6-10），其中1960～1985年主槽基本以边滩淤积主，河宽缩窄；1985～2000年主槽基本以淤高为主，河槽严重萎缩，2000年以后断面形态调整以下切为主，断面趋于窄深。

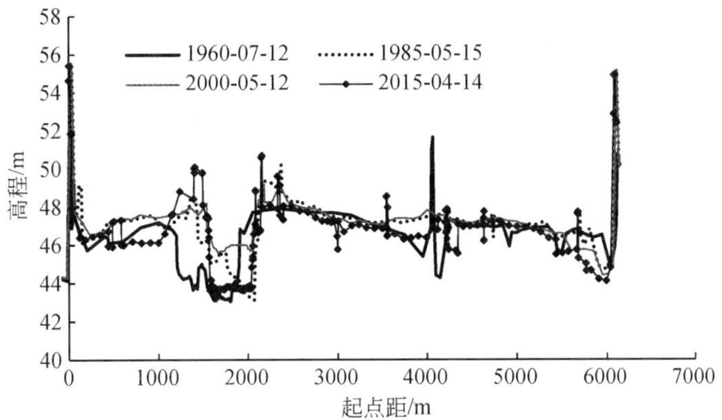

图6-9　孙口断面套绘

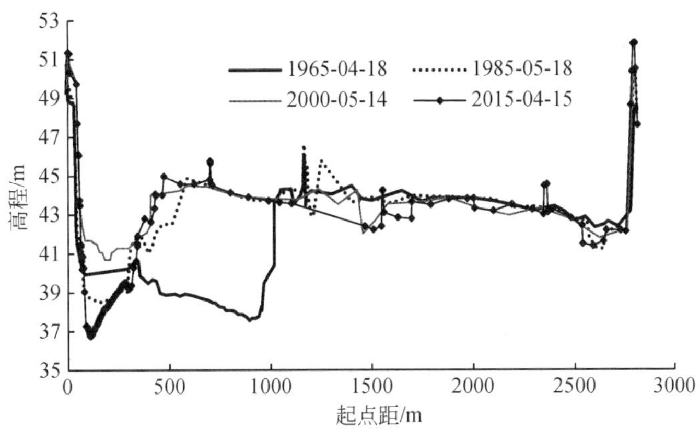

图6-10　陶城铺断面套绘

河道平面形态曲直相间。历史上比较著名的河弯有密城湾、旧城湾（左岸）等；直河段长短不一，基本顺直且较长的直河段有刘庄—苏泗庄、营房—彭楼等，长度均在8km以上，还曾出现过李桥—苏阁、苏阁—左岸旧城、梁路口—梁集等长直河段，后因河势变化均遭破坏，长的直河段经洪、中、枯水后，往往发生弯曲。

该河段滩区堤根低洼、块数多、坑洼多，有部分滩区退水困难，往往成为死水区，蓄水作用十分显著。较大的自然滩左岸主要有濮阳习城滩、范县辛庄滩、陆集滩、台前清河滩，右岸主要有鄄城葛庄滩和左营滩等。其中濮阳习城滩、范县陆集滩、台前清河滩的面积分别为110km^2、42km^{2}和62km^2。

高村—陶城铺河段属过渡性河道，其河势演变特性具有双重性。一方面，它保留了游荡性河道主流散乱、摆动幅度大、变化速度快、河槽比较顺直的基本特性，另一方面它又在平面上表现出弯曲河道河槽单一、弯曲、主溜变化较小的基本特性。

三、阳谷陶城铺至垦利宁海河段河道特性

陶城铺—宁海河段河道长 322km，陶城铺以下除右岸东平湖至济南郊区宋庄为石质山区未修堤防外，其余全靠堤防挡水。堤距 0.5～5.0km，一般为 1.0～2.0km。济南北郊的北店子—曹家圈、章丘的胡家岸—济阳的沟阳家河段，以及利津宫家险工、刘家夹河险工、小李庄险工上下，堤距仅 0.5km 左右。河床黏粒含量又较陶城铺以上增加，且两岸整治工程较多，河势稳定。但由于两岸堤距窄，河弯得不到充分发育，河道弯曲系数仅为 1.21，河道平均比降 1.01‰左右。支流汶河在右岸汇入。

陶城铺—宁海河段属于弯曲性河型，断面较为窄深，河相系数较小，滩槽高差大，滩岸对水流的约束作用强，河势变化的尺度及速率均远小于游荡性河段。河势的平面外形弯曲，一般是由一系列具有一定曲率的正反向相间的弯道和相邻弯道间较为顺直的过渡段衔接而成。河势的演变主要表现在弯道的变化上，在横向表现为弯道的深化、外移以至切滩撇弯，纵向是弯道的上提下挫，同时随着流量的变化，弯段深槽和过渡段浅滩也交替的发生冲淤变化。从该河段典型断面套绘图看（图 6-11～图 6-13），主槽位置基本固定，2000 年以前河槽持续淤高，至 2000 年达到最严重状态；2000 年以后，河槽开始冲刷下切，至 2015 年基本恢复至 20 世纪 80 年代的河槽水平。

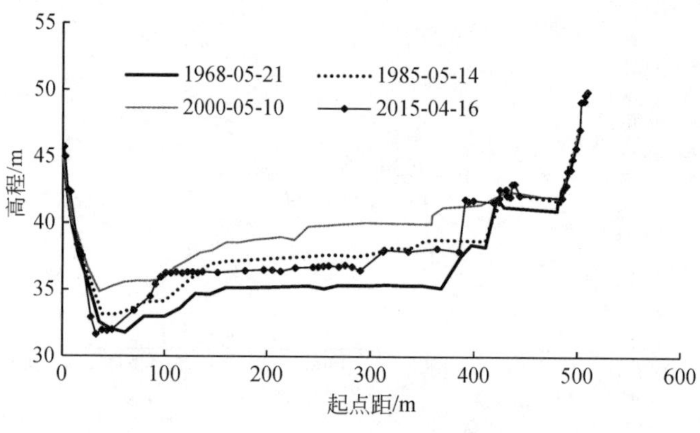

图 6-11 艾山断面套绘

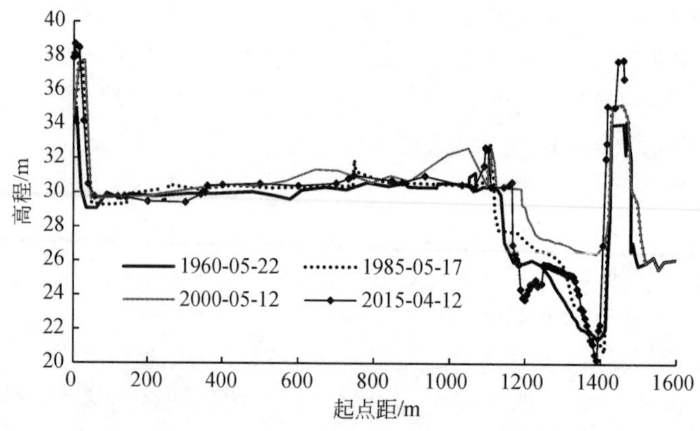

图 6-12 泺口断面套绘

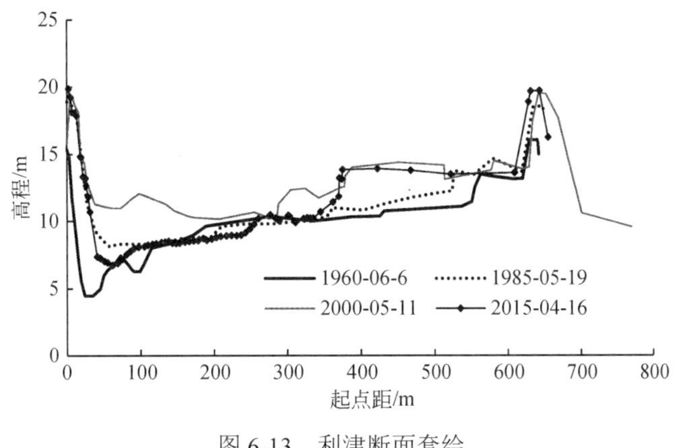

图 6-13　利津断面套绘

四、垦利宁海以下河口河段河道特性

东营宁海以下为黄河河口河段（中国水利学会和黄河研究会，2003）。自 1855 年黄河于铜瓦厢决口夺大清河入海以来，随着进入河口水沙条件的不同，黄河河口大体上经历了两个塑造演变阶段：第一是决口初期，整个陶城铺以下河段出现冲深展宽，河口稳定，河口地区不存在淤积和决溢问题；第二阶段是 1889 年以后，由于沿黄堤防的完善和巩固，巨量泥沙下排入海，海洋动力外输不及，造成河口严重淤积延伸，从而使黄河河口演变规律出现了性质上的变化。河床逐渐变成地上河，河口尾闾开始处于淤积延伸、摆动、改道的基本演变之中，决溢问题日趋严重。自 1855 年以来，在黄河河口地区共发生 9 次较大改道，形成 10 条流路（图 6-14），其中 1889～1953 年改道 6 次，顶点为宁海附近；

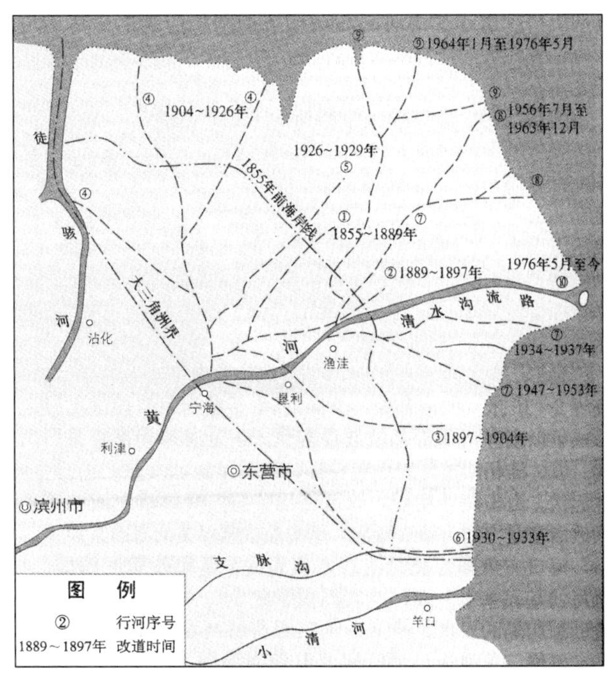

图 6-14　黄河河口流路变迁图

1953 年以后改道 3 次，顶点为渔洼附近，现行流路为 1976 年 5 月在西河口附近人工改道形成的清水沟流路。河道摆动形成的河口三角洲，北起套尔河口，南至支脉沟口，面积约 6000 余平方千米；其中 1953 年以后改道摆动的范围缩小，北起车子沟，南至宋春荣沟，面积 2400 余平方千米。

整体上，黄河三角洲地势西南高、东北低，黄河故道河床成为高脊，故道之间低洼。现行清水沟河道由西南向东北通向渤海，形成了以西南—东北为轴线的中间高、向两侧倾斜的扇形地形。三角洲地势平缓，地面海拔高程一般为 2.0～9.0m，自然坡降为 1/8000～1/12000。由于黄河在该地区改道频繁，新老河道纵横交错，相互重叠切割，形成了岗、坡、洼相间排列的微地貌类型，它们在纵向上呈指状交错，横向上呈波浪起伏。

参 考 文 献

胡一三，等. 1996. 中国江河防洪丛书·黄河卷. 北京：中国水利水电出版社

胡一三，刘贵芝，李勇，等. 2006. 黄河高村至陶城铺河段河道整治. 郑州：黄河水利出版社

江恩慧，曹永涛，张林忠，等. 2006. 黄河下游游荡性河段河势演变规律及机理研究. 北京：中国水利水电出版社

中国水利学会，黄河研究会. 2003. 黄河河口问题及治理对策研讨会专家论坛. 郑州：黄河水利出版社

第七章　河势演变的影响因素及一般特性

一、河势演变的影响因素

河势变化是水沙条件与河床边界相互作用、相互影响的结果，水流塑造河槽、河槽约束水流。来水来沙条件的不同组合，塑造出不同的河槽形态和比降，边界条件的改变又反过来影响河道的排洪输沙。影响河势演变的主要因素一般包括以下三方面。

（一）来水来沙条件

水沙条件主要指一定时期内来水来沙量及其过程。以洪枯悬殊、含沙量高且变幅大而著称的黄河独特的水沙特性，对河势演变具有重大影响。

1. 来水来沙对河床的作用

黄河下游冲积型河道随来水来沙条件的变化不断地进行调整，力求河道的输水、输沙与来水来沙相适应。水沙对河床的调整作用一般可分为纵向调整和横向调整。

纵向调整主要指纵比降的调整，其随水沙变化可分为短期快速调整（指洪水期）及长期缓慢调整（小水及平水期）。对一个较长河段来说，随水沙条件的变化，各河段在不同时期的淤积抬升（冲刷）速率是不一样的，同一时期不同河段河床抬升（冲刷）速率也有大有小，但对黄河下游来说，不论是清水下泄，还是高含沙水流，或是清浑水交替变化，下游都将出现间歇性的淤积与冲刷，但淤积与冲刷的幅度随河段的不同而差异较大，冲刷期上段冲刷多、下段冲刷少，淤积期则上段淤积少、下段淤积多，长期作用的结果，下游纵比降变缓。

横向调整首先表现在河槽宽度的变化上。长时期清水作用，会使河槽发生大幅度的冲刷，随着时间的延长，河槽刷深，河宽增加，河槽逐渐向宽深方向发展；而高含沙洪水的作用在短期通过二滩及嫩滩的严重淤积，河槽宽度明显缩窄，同时河槽会向下冲深，断面趋于窄深；对于含沙量较低的洪水，断面展宽幅度较大，同时河槽也会刷深，但幅度比同流量级的清水要小。黄河下游是典型的复式断面，河床的横向调整还表现在断面横比降的变化上。对漫滩含沙量高的洪水来说，含沙量横向分布在滩槽交界面附近变化最大，主槽两侧滩面的变化逐渐减小，这是由于滩槽交界面附近的水流结构所决定的，一方面，由于滩槽的相互作用，交界面附近的水流紊动较为强烈，紊动的横向脉动分量必然也较大，而且这种脉动分量也是在滩槽交界面附近最大，主槽两侧滩面逐渐减小；另一方面，由于主槽的含沙量大于滩地的含沙量，由主槽向滩地运动的水体所挟带的泥沙必然大于由滩地向主槽运动的水体所挟带的沙量。由于交界面上滩槽水深的急剧变化，决定了沙量的不等量交换在滩槽交界面上达到最大，反映在泥沙横向分布上，就是该处的含沙量横向梯度最大，由交界面往主槽两侧滩面，随着紊动作用的减弱，这种沙量的不等量交换逐渐减小，含沙量横向分布逐渐趋缓。因此，黄河下游河道每遇漫滩洪水，滩地即发生淤积，且距离主槽近的滩地要比远离主槽的滩地淤积厚度大，长此以往，使滩地存在不同程度的横比降，形成“槽高、滩低、堤根洼”的局面。

2. 黄河来水来沙特点

黄河下游的水沙条件，具有水少沙多、年内时空分布不均、年际之间变化大、受人类活动影响显著等特点。

1986年以来，由于龙羊峡和刘家峡两水库的调节、降水量减少以及沿程工农业用水增加等因素的影响，黄河下游来水来沙条件发生了明显变化，主要表现为：年实测水量减少，连年出现枯水少沙现象；水库运用改变了年内水沙过程，汛期水量减少、非汛期水量增加明显；中常洪水洪峰流量削减；全年泥沙相对集中在汛期进入下游；10月份水沙特性已基本接近非汛期的水沙特性。表7-1为黄河下游来水来沙主要控制站实测水沙资料统计，表7-2为各典型时段的水沙量和洪峰情况，从这两表中可以明显看出上述趋势。

表7-1　进入黄河下游控制站3站实测来水来沙统计表

项目		时段（年-月）				
		1919-07～1985-06	1985-11～1999-10		1999-11～2013-10	
		量	量	占多年均值比例/%	量	占多年均值比例/%
水量/亿 m^3	全年	464	278	60	260	56
	非汛期	186	150	81	164	88
	汛期	278	128	46	96	35
沙量/亿 t	全年	15.6	7.64	49	0.73	4.7
	非汛期	2.1	0.41	20	0.04	1.9
	汛期	13.5	7.23	54	0.69	5.1
含沙量/（kg/m^3）	全年	33.6	27.5	82	2.81	8.4
	非汛期	11.3	2.7	24	0.24	2.2
	汛期	48.6	56.5	116	7.18	14.8

注：3站，1999年前为三门峡、黑石关、武陟，2000年后为小浪底、黑石关、武陟

表7-2　黄河下游控制站3站各时段年平均水沙量统计表

时段（年-月）	水量/亿 m^3	沙量/亿 t	含沙量/（kg/m^3）	花园口最大流量/（m^3/s）
1950-07～1960-06	480	17.95	37.4	22300
1960-11～1964-10	573	6.03	10.5	9430
1964-11～1973-10	426	16.3	38.3	8480
1973-11～1980-10	395	12.4	31.3	10800
1980-11～1985-10	482	9.7	20.1	15300
1985-11～1999-10	278	7.64	27.5	7860
1999-11～2013-10	260	0.73	2.81	6680
1919-07～1985-06	464	15.6	33.6	

注：3站，1999年前为三门峡+黑石关+武陟，2000年后为小浪底+黑石关+武陟

由表7-1看出，1985年11月至1999年10月进入下游（三门峡、黑石关、武陟3站之和）的年均水量278亿 m^3，为多年均值的60%，其中汛期平均水量128亿 m^3，仅为多年（1919-7～1985-6）均值的46%；汛期水量占全年的比例由多年均值的60%降至46%，非汛期水量占全年的比例由多年均值的40%升至54%；实测年均沙量7.64亿t，为多年均值的49%，其中，汛期沙量7.23亿t，为多年平均值的54%，但汛期沙量占全年的比例由多年的86.5%增至94.6%。

由表 7-2 看出，1999 年 10 月小浪底水库运用后，这种趋势进一步发展。1999 年 11 月～2013 年 10 月进入下游（小浪底、黑石关、武陟 3 站之和）的年均水量下降为 260 亿 m^3，是多年均值的 56%，其中汛期平均水量 96 亿 m^3，仅为多年均值的 35%；汛期水量占全年的比例由多年均值的 59%降至 37%，非汛期水量占全年的比例由多年均值的 41%升至 63%；实测年均沙量 0.73 亿 t，仅为多年均值的 4.7%，其中，汛期沙量 0.69 亿 t，为多年平均值的 5.1%，但汛期沙量占全年的比例由多年的 86.5%增至 94.5%。

未来一个时期，黄河流域的降水量不会发生大的波动，天然径流量仍会维持近期水平，但经济社会的迅速发展，对黄河流域水资源利用要求越来越高，利用量会进一步增加。据初步预测，2030 年和 2050 年，花园口以上地表水消耗量将分别达到 320 亿 m^3 和 350 亿 m^3，中游地区水土保持用水也将在 2030 年达到 30 亿 m^3，2050 年达到 40 亿 m^3。因此，若不考虑外流域水量的调入，预测进入黄河下游河道的水量较目前水平还会进一步减少，一般年份仅能维持 180～200 亿 m^3，较 1986～1999 年 278 亿 m^3 减少 28%～35%。随着水土保持力度的加大，未来一个时期进入黄河干流的泥沙量会进一步减少，预测 2050 年进入黄河的泥沙量将会减少到 8 亿 t 左右，沙量减少的幅度小于水量，因此，黄河仍将是一条多泥沙的河流，水少沙多的矛盾未来会随着经济社会的发展而更加突出。

3. 不同水沙特点对河势演变的影响

黄河下游水少沙多的特点，使黄河下游河道整体上处于淤积抬高的趋势，河槽在淤积的河床上演变。来水大小不同，其水流动力所要求的流路也不同，就会造成河势变化。

1）大流量过程常使河道顺直，即大水趋直。在较大流量有利来水来沙条件作用下，主槽刷深，滩唇淤高，宽浅散乱的河床可以形成相对单一窄深的河槽，即所谓的“大水出好河”。20 世纪 50 年代相对水量较丰，河段内主流趋直走中的概率增大。然而，大水冲出河槽之后，中常洪水不出槽，随之而来的则是漫滩机遇偏少，河槽淤积加大，塌滩严重，河道很快又向宽浅发展，为新一轮循环演变积累和创造条件。

2）小流量过程河道容易弯曲，即小水坐弯。长期的小水作用，河弯在横向易向纵深发展、纵向弯顶下移，甚至发展成“Ω”形、“S”形等畸形河弯，导致主流线曲率增大，主流线长度加大。畸形河弯的形成易导致出现“横河”，对本河段及其以下河势产生较大影响，甚至造成危及大堤安全的险情。

3）高含沙洪水期，河道发生强烈淤积，汊河消亡，水流多由几股变为一股（但与上述大水河势演变规律不同的是，它是以前期河道的强烈淤积为代价换来的），往往切割阻水洲滩，水流滚移，引起河势大变，增加了出现“横河”的机会。高含沙洪水特殊的造床作用，常使河槽剧烈冲刷，河宽急剧减小，有时形成“河脖”，对工程影响大。

（二）河床边界条件

河床边界条件主要指容纳和约束水流运动的河床。对于冲积性河道，河床边界对河势演变影响显著。如果河床边界约束较强，则河床变形以下切为主，河槽宽深比有所减小，河道横断面趋于窄深，河势趋于稳定；如果河床边界约束较弱，则河床变形以展宽为主，河槽宽深比有所增加，河道横断面趋于宽浅，河势也会相应调整。

河床边界的主要特征和参数有平面形态、断面形态、纵比降大小、河床物组成及抗冲性、滩槽高差等。在平面形态上，河床抗冲性的不同则往往形成塌滩坐弯。在断面形态方面，宽浅的断面形态输沙能力弱于窄深断面，容易加重河道淤积，增强河床组成的不均匀性，造成断面形态随水流状况不断改变，河势稳定性差。纵比降是河床适应长期水沙过程形成的，纵比降陡，意味着河流有较大的惯性，河床横向变形幅度小，容易发育成分汊或游荡性河型；相反则河床横向变形幅度较大，易发育成弯曲河型。在河床组成方面，黏性土抗冲性能比非黏性土强，因此，黏性土含量多的河岸，河岸的冲刷坍塌速度缓慢，河势调整也慢；相反，黏性土含量较少的河岸，河岸的冲刷坍塌速度迅速，河势调整剧烈；在河岸组成不均一的地方，抗冲能力较弱处，河岸将以较大的坍塌速度后退，而在有坝垛或者胶泥嘴等局部抗冲性强的地方，河岸不易坍塌后退。平滩流量受制于滩槽高差，平滩流量的大小是反映河势稳定的一个重要指标，平滩流量大河势多趋于稳定或变化速度慢，反之河势则易于变化。

（三）工程状况

工程包括为控导河势而专门修建的河道整治工程，以及为发展经济而在河流上修建的其他建筑物，如桥梁、浮桥、码头等。

工程边界条件主要指工程长度与布置形式、间距大小与上下衔接情况、工程的靠流情况等。

1. 河道整治工程

依照河势演变规律修建河道整治工程后，强化了河床边界条件，增大了控制河势的能力，使主流变化范围减小。在改善、控制河势的同时，塑造了新的河床形态，特别是河道整治工程较完善的河段，河势演变规律与天然情况相比有明显的不同。具体表现为四方面：

1）在工程附近“小水坐弯，大水趋直”的规律表现为“小水上提，大水下挫”。自然状态下，小水时水流在滩地坐弯后改变流向，冲刷下游对岸滩地，随着上游滩地的不断淘刷坐弯，下游滩地也在发生坍塌后退，弯曲率增大，“小水坐弯”；弯道处修建河道整治工程后，水流在此形成了弯道环流，导致工程对岸滩地淤积，同时水流在受到建筑物阻拦后会向上游分流，冲刷靠溜段以上工程前抗冲能力弱的滩岸，造成“小水上提”。自然状态下，大水时水流动量增大，“大水趋直”；修建工程后，工程附近形成大量紊动涡将水流从弯顶推出，逐步冲刷凸岸滩地，使工程靠溜部位下移，“大水下挫”。

2）河势的稳定程度与工程布局、工程密度、河弯参数关系密切。特别是两岸控导工程配套的河段，控导作用强，对其下一定范围内河势演变的影响大。一般来说，河道比降越大，水流能量越大，需要控制水流的工程越多、长度越大。

3）微弯型工程有利于控制河势。这是由于河弯最大涡强都位于弯顶以下，且随着河弯中心角的增大，最大涡强值和最大涡强点距弯顶的距离增大，这就减小了河弯对水流的控导效果。因此，对河道整治来说，在满足需要的同样条件下，应尽量采取微弯型方案（河弯中心角超过60°后，涡强增大明显），其对水流的控导效果要强于中心角较大的方案。

4）河道整治工程可控制主流的摆动幅度，减小河势的变化范围。同时随着工程对水流的控制能力增强，上下河弯河势变化关联性增强。上弯靠溜部位确定后，下一弯的着流点也基本固定。

2. 其他工程

随着经济社会的发展，黄河两岸经济交流和人员往来的需求日益迫切，桥梁、浮桥、码头建设的速度加快。由于桥梁、桥墩及浮桥船体侵占了过流面积，增大了水流流速，因此桥位处滩岸经常受到水流冲刷，造成滩岸坍塌；同时，在桥梁或浮桥的上游，由于水位壅高、流速减缓，造成泥沙淤积增多，常出现心滩等现象。心滩的出现，改变了桥梁（浮桥）河段的水流状况，对河势稳定将会带来较大影响，畸形河势也时有发生。此外，对浮桥、码头来说，为保证船体及滩岸安全，经常对滩岸进行加固，修建路堤等，这也可能影响河势的正常调整，影响浮桥以下河段一定范围内的河势变化。如开封浮桥南北岸滩区道路平均高出滩面近 1m，其路堤极大改变了大宫—王庵河段的河势，使该河段河势上提下挫，甚至影响开封大堤的防洪安全。

二、河势演变的一般特性

（一）复杂性和多变性

河势变化是一定水沙条件和一定边界条件共同作用的结果。多变的水沙条件和善冲善淤的河床边界，决定了河势变化的复杂性。水沙条件、河床边界条件及工程边界条件在时空上的随机组合构成了千差万别的河势变化影响条件，进而导致了复杂多变的河势演变过程和形式。

游荡性河段河势演变的复杂性和多变性更为明显，河势演变的激烈变化过程和河势的不稳定程度远远超过其他河段。河床粉细沙边界与水沙条件的相互作用和影响非常敏感。据有关记载，洪水过程中河势变化迅速，周期很短，一昼夜内主流可摆动数公里，正在抢险的河段，因河势变化由大溜顶冲坍塌变为有水无溜、险情解除的情况也时有发生。

（二）随机性

随机性是指水沙条件和边界条件的随机组合，在较短时期内造成河势演变趋势的不确定性。河势的突变多发在一场洪水的峰顶附近或洪峰过后的落水期，前者主要表现为洪水的切滩取直改道，后者则多为局部河段出现畸形河弯、发生“横河”。一个河段长时期的主溜线几乎布满两堤之间的整个河道，河势变化杂乱无章、似无规律可循。例如，在河道整治之前，郑州花园口—来潼寨河段，北岸为高滩，河势主溜在南岸大堤至北岸高滩之间宽约 5km 的范围内变化，把多年的主溜线套绘在一起看出，主溜线基本布满这 5km 宽的范围。但这种随机性随着河道整治工程的修建逐渐减弱。东坝头以下河段河道整治工程相对配套，主溜摆动范围变小，尽管经过 1986 年以来的小水小沙过程，河势仍然没有发生大的变化，流路较为理想。

（三）相关性

某一河段对其下河段、某一时段对以后时期的河势变化产生影响，存在密切的因果联系。就河势的演变过程而言，某一时刻的河势状态显然是前期各种因素综合作用的结果，同时在一定程度上又决定着今后一定时期内河势演变发展的趋势；同样，某一河段河势的变化必然引起其下河段的河势变化，“一弯变、多弯变”即是河势演变相关性特点的表现。

具体来说，某一河段的河势变化对其下河段的河势变化产生影响。在较短范围（1～2 处河道整治工程）内，改变上游河段的边界条件，会导致改变以下河段的来流方向，进而影响下一河段的河势流路。在较大范围（如大于 100km）内，河道边界可以改变其下河段的来水来沙组合，进而影响其下河段的河型和河势演变。

某一时段的河势演变对其后一个时期河势演变的影响，主要体现在该时段形成的河道边界条件，对其后一个时期的河势演变具有约束作用。前期边界条件好、河道整治工程比较配套的，对各种水流的适应性就强，后期河势变化就较小；反之，河势变化就大。

（四）不均衡性

不均衡性指不同时段、不同河段的河势演变状况及性质存在的明显差异。同一时段，有些河段以左摆为主、有些河段则以右摆为主；不同的时段，河道整治工程已经配套的河段，因受整治工程的约束、控制，其河势演变过程就比较简单且摆幅小，但同样的水沙条件下，河道整治工程不配套的河段，河势变化的幅度就大。

不均衡性各河型都存在，但程度不一，以游荡型河段最甚。造成河势演变不均衡性的主要原因是：①来水来沙变化造成的不均衡性。不同时期进入黄河下游的水沙量不同，不同高含沙洪水的泥沙来源、粒径粗细不同。②边界条件变化造成的不均衡性。不同河段具有不同的河床组成及不同的工程边界条件，在相同的水沙条件下表现出不同的河势演变特征，如东坝头以上，河道整治工程不完善，河势依然散乱，主溜摆幅较大；东坝头以下河段河道整治工程相对配套，目前河势流路较为理想，主溜摆幅较小。

第八章　孟津白鹤镇至东明高村河段的河势演变*

为了掌握黄河河势情况及其变化趋势，尽早采取措施，减少洪水灾害，从 20 世纪 50 年代初开始，黄河水利委员会及所属省地县河务部门每年都进行数次河势查勘。以后为研究河势变化规律，总结河道整治经验，除害兴利，查勘内容不断丰富。本章及第九章充分利用了上述河势查勘资料。

一、三门峡水库运用前的河势演变

1949～1960 年间，该时段年均来水 477.43 亿 m^3（花园口站，本章下同），较多年平均多 24.27%；年均来沙量 14.27 亿 t，较多年平均来沙量多 56.63%。

（一）白鹤镇—伊洛河口

该时段河段内尚未修建控导工程，河势基本处于自由演变状态，对河势影响相对较大的有铁谢险工和赵沟山弯、裴峪山弯。

1. 白鹤镇—赵沟河段

铁谢险工位于孟津县铁谢村村北，原为汉陵险工，始建于 1873 年，现由牛庄、乔疙瘩、铁谢三段工程组成，总称为铁谢险工。铁谢险工为河出山谷进入平原地段后的第一处险工，修建之处没有统一规划，平面上大体可分为两个自然弯道，北门坝（10 坝）为两个弯道的分界点。由于铁谢险工存在两个自然弯道，其靠流部位对其下游河势有明显影响。

河出白坡后，主流多分南、北两种流路。1933 年之前主流走北河，流向铁谢险工 10 坝以下。当主溜平顺入铁谢险工上弯时，由于北门坝（10 坝）长度不够，挑溜作用弱，主溜顺铁谢险工下滑，基本呈直河滑至赵沟；当主溜以较大角度入铁谢险工上弯时，由于北门坝（10 坝）挑溜，主流经北门坝（10 坝）后导向对岸，于现逯村控导工程中部或偏上部背河滩地处坐弯，经逯村弯道后亦趋向赵沟工程方向；当主溜走中河或者偏北河时，铁谢险工不起作用，主流多走直河趋向赵沟方向，现逯村工程位置亦少有弯道产生。整体看，铁谢至赵沟之间河道多呈顺直型形态。

1958 年大水过后，主流逐渐南移，铁谢险工 4 护岸着溜，形成弯道，出溜方向东北，并在现逯村控导工程位置一带形成弯道。

2. 赵沟—伊洛河口河段

赵沟以下右岸为邙山，赵沟和裴峪两处山体呈挑流弯道形状，有一定的导流作用。裴峪山弯以下该时期内主流明显分为南河、中河、北河三个流路。当主溜靠裴峪自然山弯时，在山弯导流作用下，主溜导向对岸，朝关白庄方向，伊洛河口及以下河段走北河；当裴峪不靠溜或主溜在裴峪山弯对岸坐弯时，主溜滑过或绕过裴峪山弯，以下走南河至伊洛河口，进而沿南岸下行；当赵沟山弯不靠溜，裴峪山弯也不靠溜或靠溜不紧时，主溜不受自然山弯影响，或基本不受右岸山体影响时，水流在山体以北顺直而下，在赵沟—伊洛河口之间走中河，或裴峪以上虽

* 本章资料来源：历年河势查勘资料

离山体较近，但不起导流作用，主溜绕过山尖在裴峪—伊洛河口段走中河，1955～1957 年多为此种河势，此河势下弯曲半径大，河道顺直，1958 年 7 月洪水期间也为此种河势。时段内即使现赵沟和裴峪控导工程处主流坐弯情况下，现化工、大玉兰控导工程位置也少有弯道产生。本时期河段内无人工修建的控导工程，河势除受右岸天然山弯的影响外，属于自由演变。

白鹤镇—伊洛河口河段 1960 年以前河势变化情况见图 8-1。

从河势随时间的变化情况看：1949 年、1950 年查勘的河势图是从神堤、伊洛河口一带开始的，当时河分北河与南河或北河与中河两股。1951 年自白鹤镇开始查勘，从白鹤镇，经铁谢险工，以下沿南河至赵沟，出赵沟山弯后，东北至现大玉兰控导工程，继而东北至伊洛河口断面时已靠北岸。1952 年，白鹤镇、白坡为南北两股河，至现逯村控导工程处汇合后又分两股，走中河、南河至赵沟汇合，以下至裴峪断面处走中河，再分两股，一股走北河，一股走南河而下。1953 年裴峪上下大河北移，分中、北两股。1954 年 6 月裴峪以下仍为两股河；1954 年 9 月裴峪以下南股消失，全河走北河。1955 年汛末，白坡至现逯村控导工程走北河，以下中河至赵沟，赵沟以下无大变化。1956 年大玉兰以下改走中河。1957 年赵沟弯脱溜，以下河走中。1958 年汛前，大玉兰以下又成北、中两股河；7 月变为单股中河；1958 年 10 月神堤段为南北两股河。1959 年汛前河道趋向弯曲，白坡—铁谢，挑流东北至现逯村控导工程东北滩地坐大弯，流向东南，至现花园镇控导工程以北滩地，中河东流至裴峪，转向东北至北岸关白庄以南；1959 年汛期，白坡—铁谢、赵沟—裴峪为单股河，铁谢—赵沟为三股河，在花园镇以下，南股向南大量坍塌，尤其是叩马以东滩地，裴峪以下为南北两股河；1959 年汛末，河又基本为一股，由中河至赵沟以北，微转向，经现大玉兰工程位置至伊洛河口断面处走北岸。

该时段总的讲，河道较为顺直，弯曲半径大，无死弯。

（二）伊洛河口—京广铁路桥

1. 伊洛河口—孤柏嘴河段

该时段伊洛河口—孤柏嘴主流由西向东，无明显弯道，基本呈北河和中河两种流路，北河流路较多，中河次之，无靠山的南河流路。北河与中河经常互变，摆动幅度多在 5km 以上。北河基本都在现张王庄控导工程以北。相对来说，孤柏嘴附近变化幅度较小。尤其是 1958 年以前，孤柏嘴山尖以上的山弯均不靠溜，大溜从山尖前滑过，在伊洛河口—孤柏嘴之间，即使走中偏南流路的情况下，主溜距邙山岭仍有一定距离。仅在 1959 年汛期洪水（7450m^3/s）后，主流在汜水入黄口下游趋向山岭，孤柏嘴山尖开始有导流的趋势。

2. 孤柏嘴—京广铁路桥河段

孤柏嘴断面与官庄峪断面之间，主溜经孤柏嘴后顺山势下行过苍头弯后至枣树沟，期间均为南河，水流平顺，主溜方向虽变化，但横向变幅不大，总体来说流路顺直。经苍头湾至枣树沟以下，主溜呈两种流路，摆动频繁，摆幅一般 4～5km，河势十分散乱。枣树沟、官庄峪一带山势走向为西南至东北向，虽较平顺，一旦靠溜仍会呈挑溜之势。枣树沟一带发挥导流作用时，主流直趋沁河口方向，在中偏北滩地坐弯后走北河趋向京广铁路桥。1950 年，主溜出枣树沟后，水流转向，以横河形式直逼花坡堤，致使花坡堤出险。当主流滑过枣树沟山体不发挥导流作用时，主流多保持与邙山岭平行顺山势下滑，走南河流路直趋京广铁路桥，在南河流路时，主流也始终与南岸山岭间有一定距离。

伊洛河口—京广铁路桥河段 1960 年前河势变化情况见图 8-2。

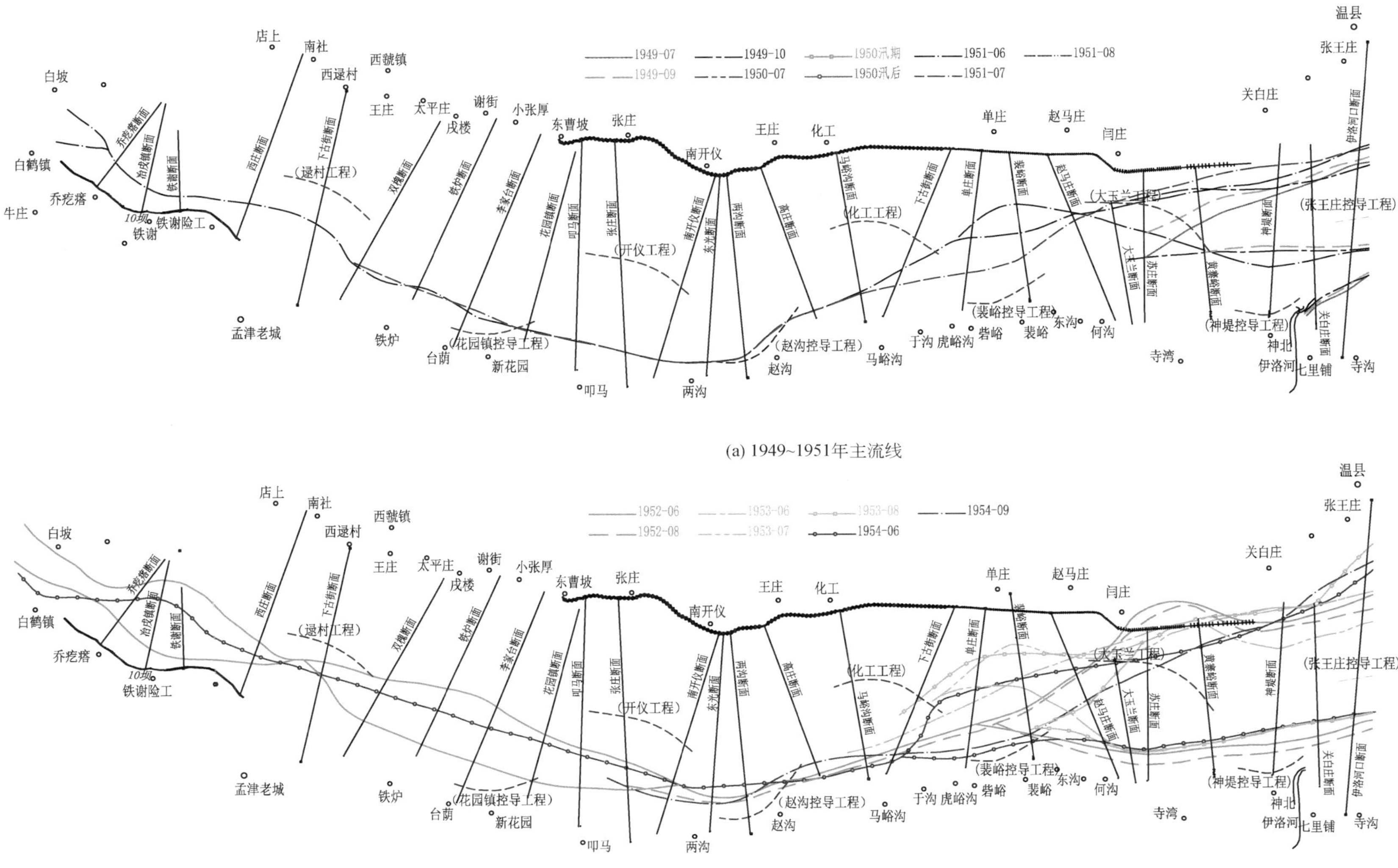

(a) 1949~1951年主流线

(b) 1952~1954年主流线

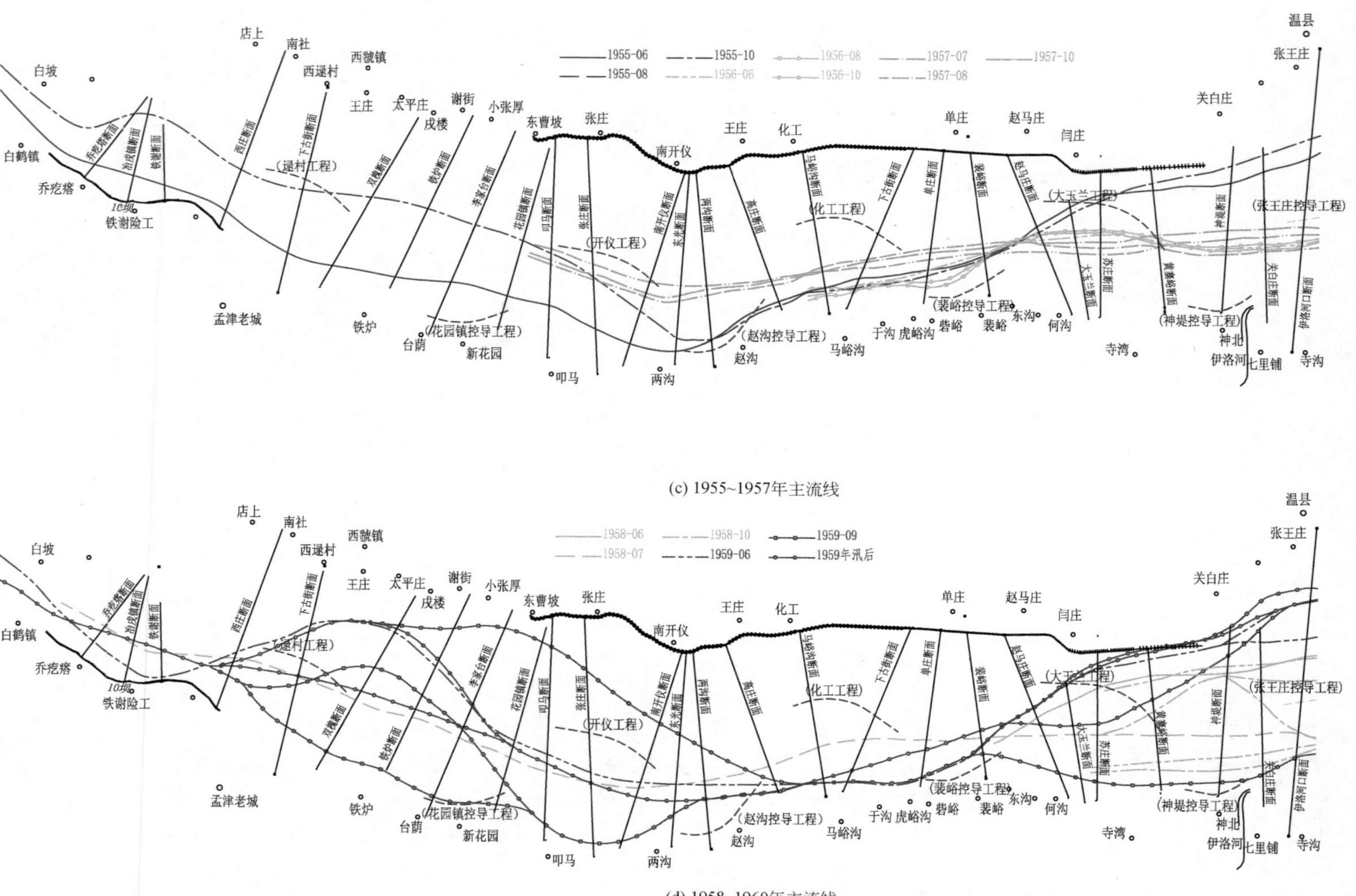

(c) 1955~1957年主流线

(d) 1958~1960年主流线

图 8-1 白鹤镇—伊洛河口1949～1960年主流线套绘图

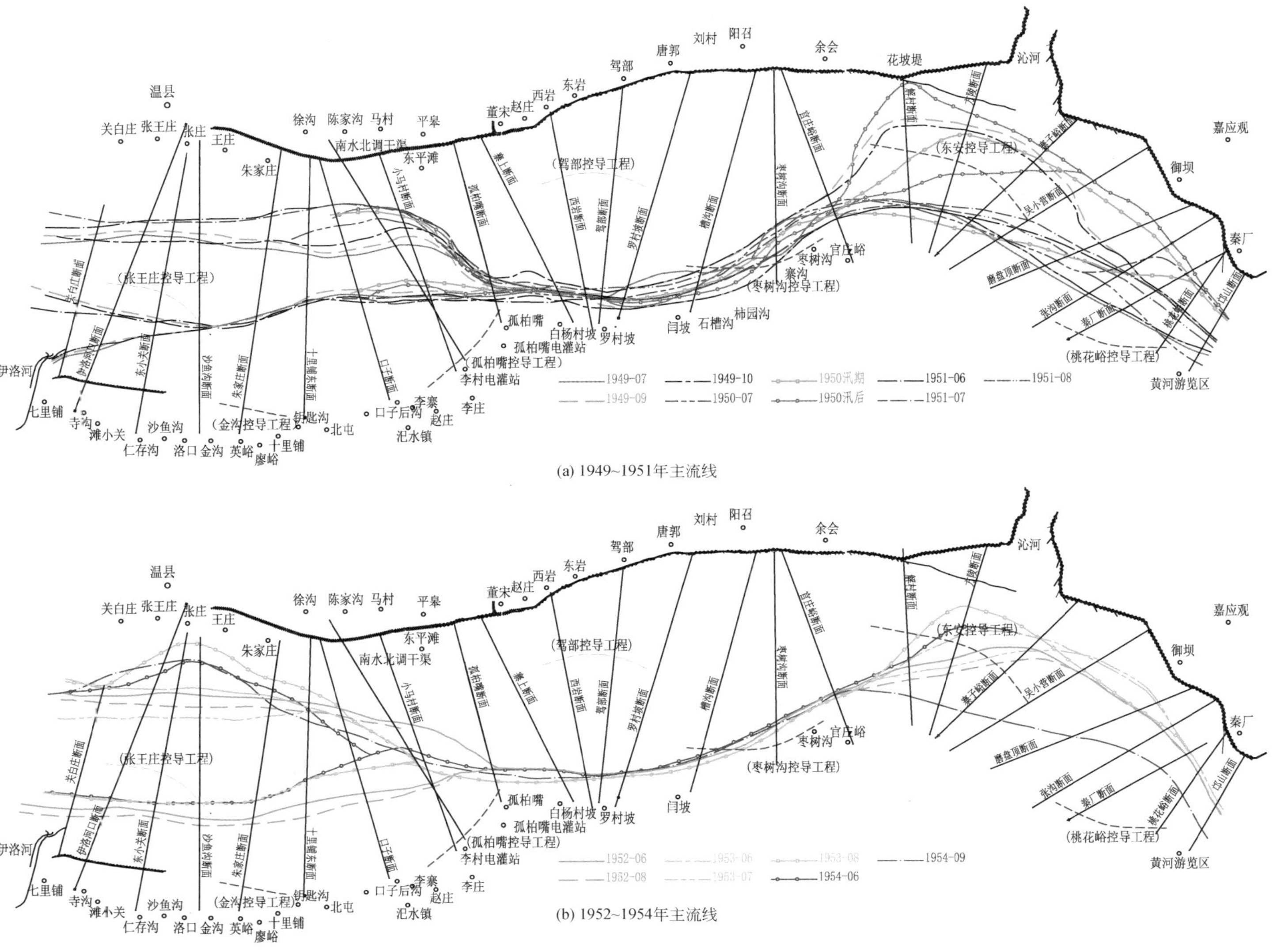

(a) 1949~1951年主流线

(b) 1952~1954年主流线

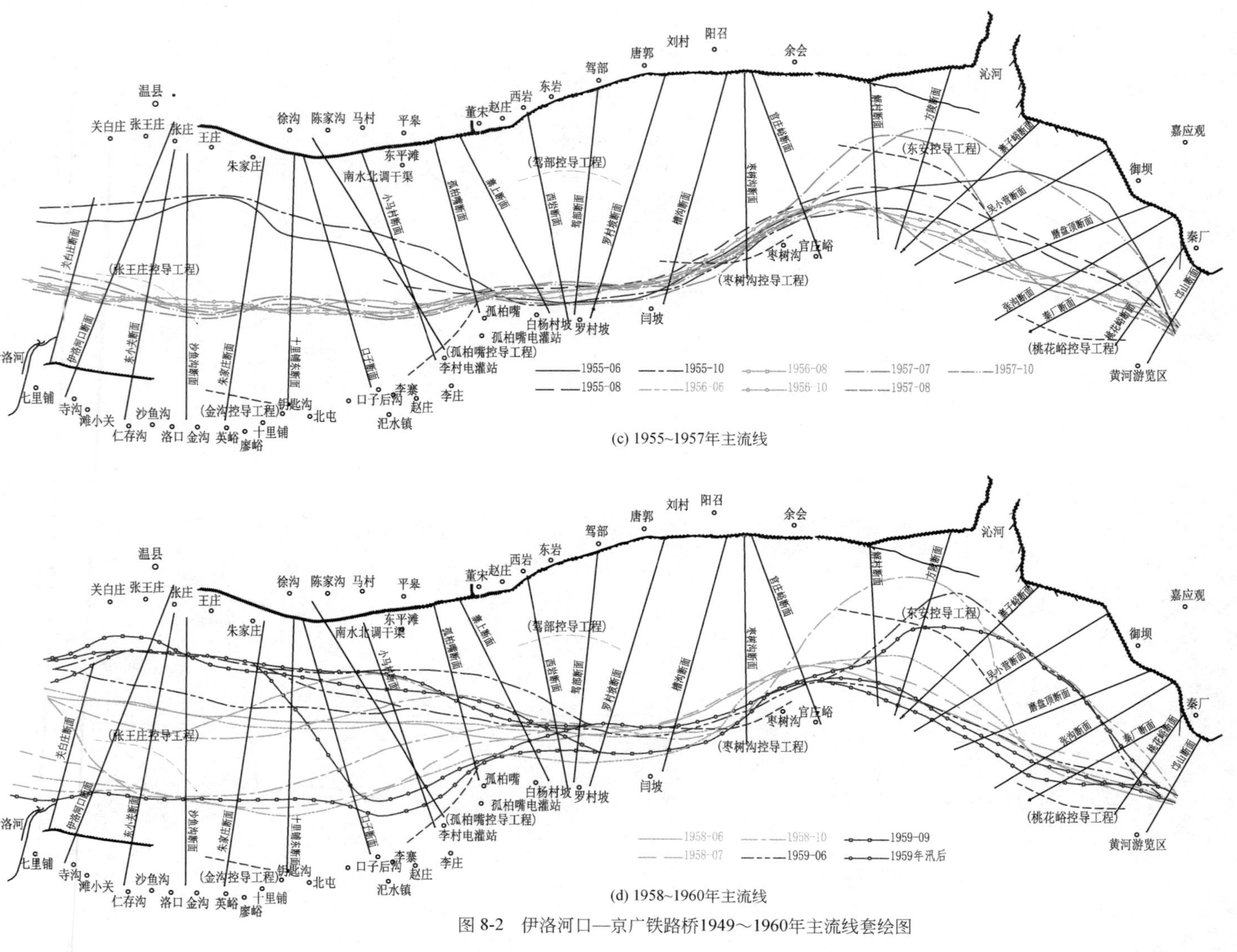

(c) 1955~1957年主流线

(d) 1958~1960年主流线

图 8-2　伊洛河口—京广铁路桥1949～1960年主流线套绘图

从河势随时间的变化情况看，1949 年 7 月，伊洛河口断面以下河分两股，北河、中河东流而下至孤柏嘴汇合，以下走南河至枣树沟、官庄峪，但行河平顺，枣树沟及官庄峪山体不起导流作用，以下走南河，但距山体有一定距离至京广铁路桥。1949 年汛期在罗村坡一带大河分为两股，至官庄峪以下，北股东北流向沁河口以上的花坡堤，在沁河口前滩地坐缓弯后流向京广铁路桥。1950 年汛期北股进一步向北塌滩，造成花坡堤抢险。1951 年孤柏嘴以上河分两股，官庄峪以下北股消失。官庄峪以下，1952～1954 年汛前，基本上为北河至京广铁路桥。至 1954 年 9 月，伊洛河口以下全为单股河，走北河至孤柏嘴以北，经官庄峪，以下基本走中河至京广铁路桥。官庄峪以下，1955～1956 年除 1955 年汛前为北河外，其余均为中河。1956 年，伊洛河口—孤柏嘴改走中河，1957 年 10 月河出枣树沟后又东北朝向花坡堤方向，坐弯走北河至京广铁路桥。1958 年汛前伊洛河口至枣树沟河又分为两股，官庄峪以下又走中河；1958 年 10 月以后伊洛河口—孤柏嘴河分为 2～3 股，反复游荡变化，官庄峪以下也是北河、中河、南河流路交替出现。

总体看，该时期内该河段主流较为平顺，弯道也相对较少，河势变化大，但两条主要流路明显。

（三）京广铁路桥—花园口

该时期河段内尚未修建控导工程，河势摆动除受京广铁路桥两岸裹头限制及保合寨险工、花园口险工的限制外，基本处于自由演变状态。1959 年建成了花园口枢纽，靠南岸大堤处有过流能力 4500m^3/s 的 18 孔闸，靠左岸 1855 年形成的高滩处有 1404m 的溢洪道。1963 年 7 月破坝，即在溢洪道以南留 200m 拦河坝（以后称为孤岛），向南破除拦河坝 1300m，并在口门南端修建了南裹头。

该河段河势变化与京广铁路桥断面处出流方向关系密切。当主溜从京广铁路桥出流朝东南方向时，主流多趋向保合寨险工，保合寨险工靠河后，主流在工程作用下趋向对岸，于花园口险工对岸破车庄、西兰庄一带的 1855 年高滩前坐弯，后导向花园口险工以下的申庄险工。当主流从京广铁路桥出流朝向东北方向或走中河时，主溜在左岸大茶堡至盐店庄一带 1855 年高滩前坐弯，导流至花园口险工。当京广铁路桥出流朝东方向时，主溜多为向东流至花园口枢纽位置转向至花园口险工一带。

1960 年前该河段河势变化的速度快，范围大，南至保合寨险工和花园口险工，北至大茶堡、盐店庄、西兰庄一带村南 1855 年高滩，南北摆动 5～6km，大者 7～8km。例如，1949 年 9 月主溜已接近盐店庄，1950 年、1951 年主溜南摆至保合寨险工，1952 年 9 月出现横河时还造成保合寨险工临堤出险。

京广铁路桥—花园口河段 1960 年前河势变化情况见图 8-3。

从河势随时间的变化情况看：1949 年 7 月，主溜出京广铁路桥朝向东北，至现老田庵控导工程处分为两股，一股为东偏南方向，经现马庄控导工程，至破车庄断面中部；另一股东南至南岸后来修建的 18 孔闸以下，东流过花园口断面后东北至破车庄断面中部，两股汇合后东流。1949 年 9 月，为单股河，出京广铁路桥向东约 3km 后转东北向，至盐店庄村南坐弯（是几十年内塌到的最北位置），折转南南东方向，冲向花园口险工，继而流向现双井控导工程方向。1949 年 10 月，河势又发生大的变化，出京广铁路桥东南至 18 孔闸以下转向东，在至南岸堤防有一定距离的情况下，流经花园口险工。1950 年汛中由京广铁路桥东南至 18 孔闸，折向东北至破车庄断面，在北距西兰庄约 1km 处坐缓弯而下。1950 年汛后，保合寨险工段河势南移，险工靠河，出流东北在花园口断面北岸 1855 年形成的高滩处坐弯，流向东南去花园口险工以下的申庄险工。1951 年 18 孔闸以下行流靠南，经花园口险工流

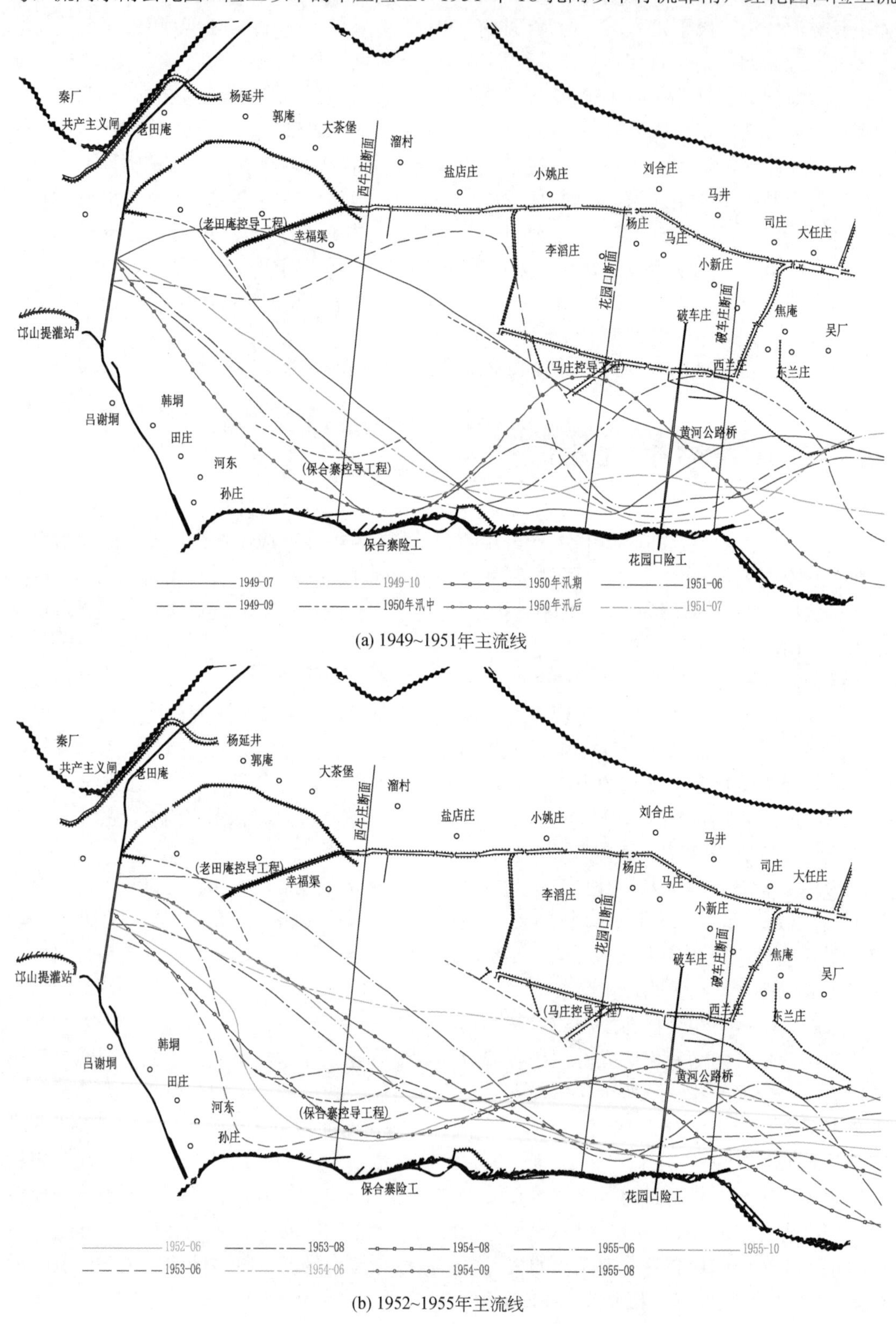

(a) 1949~1951年主流线

(b) 1952~1955年主流线

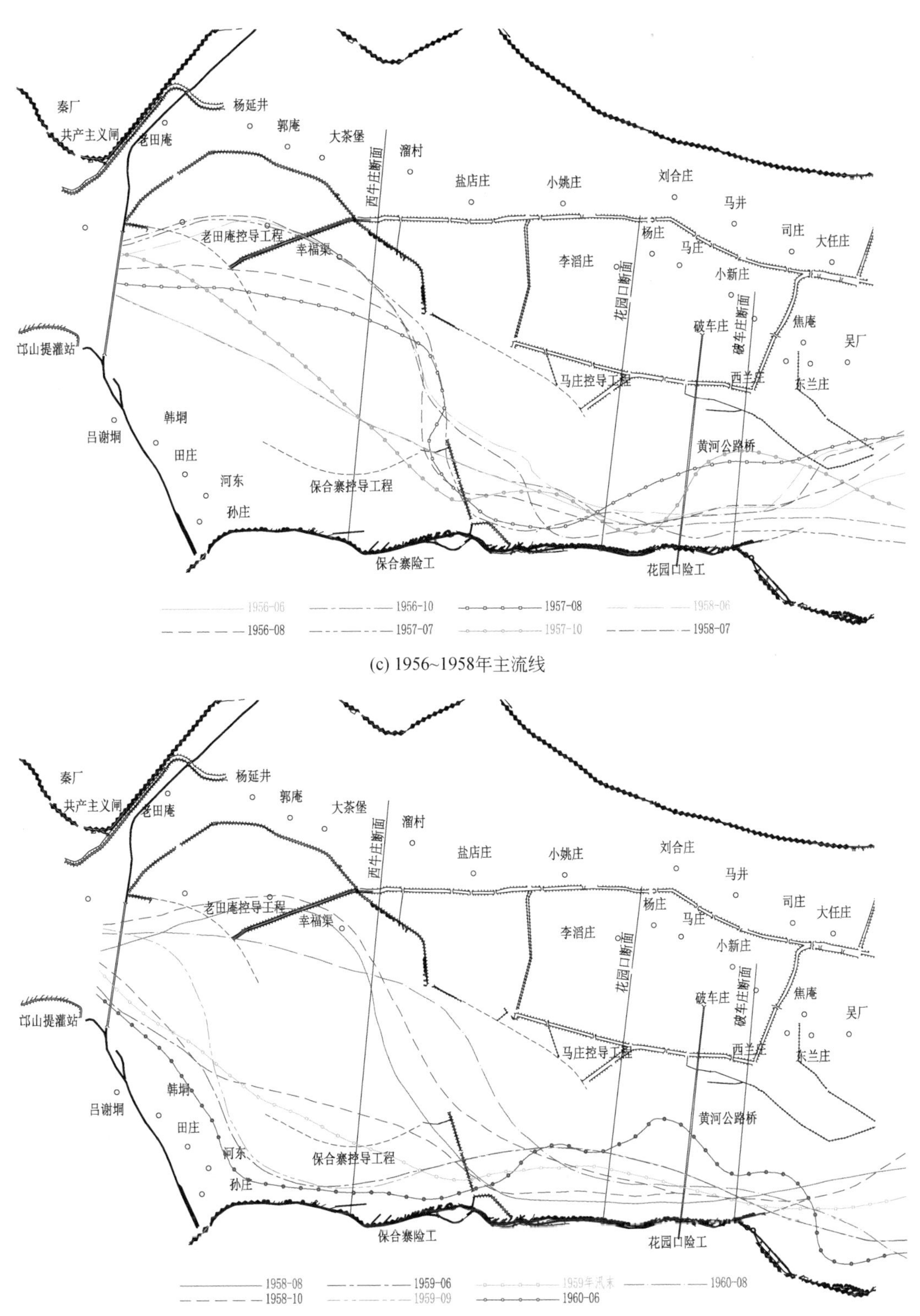

(c) 1956~1958年主流线

(d) 1958~1960年主流线

图 8-3　京广铁路桥—花园口河段 1949～1960 年主流线套绘图

向双井。1952 年 6 月，保合寨险工靠河位置上提，9 月底河势进一步上提，以横河形式直冲保合寨险工，出现了堤顶塌宽 6m 的严重险情。1953 年 6 月，由保合寨险工直至花园口险工对岸坐弯；1953 年 8 月全段基本走中河，保合寨险工脱河。1954 年 6 月从京广铁路桥中段出流向东走中河；8 月保合寨险工段，主溜在南岸坐弯，送流至中河，于花园口断面分南北两股河；1954 年 9 月主溜出京广铁路桥后，直河至花园口险工。1955 年 6 月在现老田庵控导工程、花园口险工上段出两个微弯；1955 年 8 月在现保合寨控导工程上段出弯后，中偏南河下行；1955 年 10 月花园口断面以下基本走中河。1956 年 8 月，主溜出京广铁路桥后走北河至花园口枢纽北裹头附近折转至南岸再转向东流过花园口险工。1957 年 7 月京广铁路桥至北裹头向北大量坍塌成弯，花园口险工段河南移；1957 年 8 月京广铁路桥至北裹头走中河，以下横河至 18 孔闸处转向，花园口险工段为中偏北河；1957 年 10 月横河消失。1958 年汛前京广铁路桥至北裹头北河成弯，以下斜向花园口险工；1958 年 10 月京广铁路桥处河分两股，1 股东北坐弯、1 股东南微弯后下行，至花园口险工上段汇合成 1 股。1960 年 6 月枢纽以上走南河，过枢纽 18 孔闸后朝向东北，再中河而下；1959 年受修建花园口枢纽的影响，库区为南河，以下南河至花园口险工。1960 年 8 月库区走北河，主溜经溢洪道后斜向花园口险工。

总体看，河段流路与京广铁路桥出流方向关系密切，基本处于无工程控制状态，河势较为顺畅，弯道较少，弯曲半径大。

（四）花园口—赵口

河段内该时段流路散乱，主流遍布在南岸大堤与北岸 1855 年形成的高滩之间，处于无工程控制状态。

该河段 1960 年前除南岸有基本连续的堤防险工外，其他无工程，处于自由演变状态。北岸 1855 年高滩对水流有一定的影响，主流线充满南岸堤防与北岸 1855 年形成的高滩之间约 5km 宽的范围内。北岸高滩经常出现坍塌后退，河势游荡摆动的幅度很大。主溜线摆动的速度很快，在两三年时段内会发生南北摆动，如 1955～1957 年，主溜线已基本布满在 3～5km 宽的范围内。

花园口—赵口河段 1960 年以前河势变化情况见图 8-4。

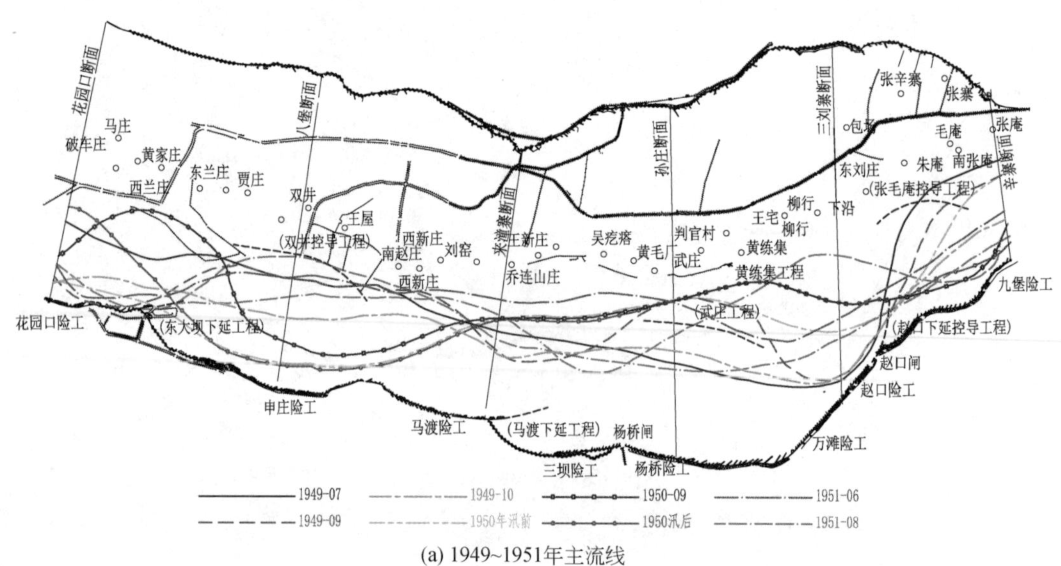

(a) 1949~1951年主流线

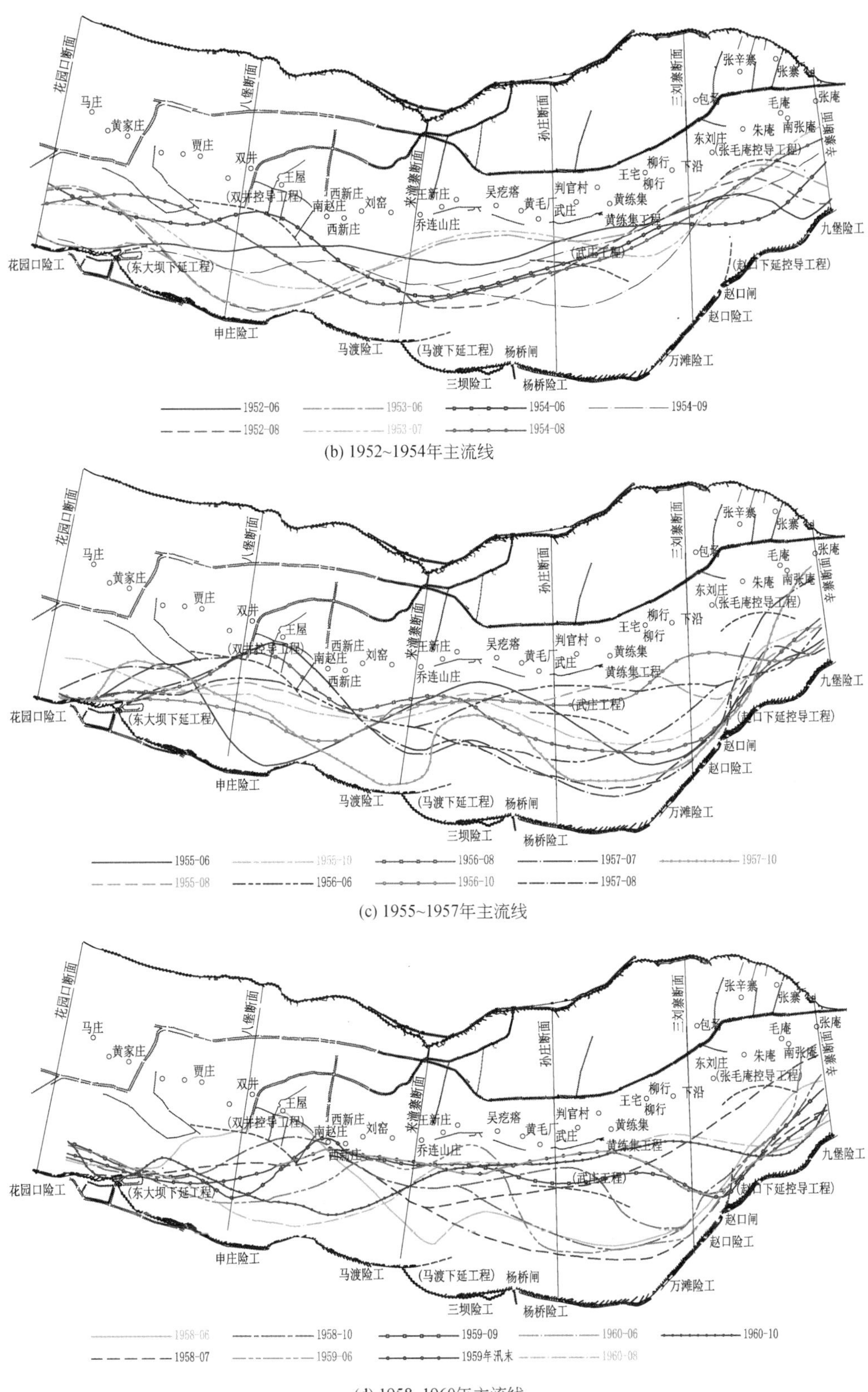

(b) 1952~1954年主流线

(c) 1955~1957年主流线

(d) 1958~1960年主流线

图 8-4　花园口—赵口河段 1949～1960 年主流线套绘图

从河势随时间的变化情况看：1949 年 7 月由花园口险工段中河，顺直到赵口险工，再去对岸毛庵；1949 年 9 月花园口险工靠河，出流至中河位置后，又走中河至赵口险工，但在右岸马渡、左岸武庄段有 2 个弯道；1949 年 10 月又变为 7 月的河势，仅主溜稍南移。1950 年 9 月花园口段在北岸坐弯，申庄险工段向南出微弯，马渡至黄练集段由中河流向北河，以下绕过赵口险工流向九堡险工。1951 年汛前花园口险工靠河，至现双井控导工程下段，沿北河至现武庄控导工程，再沿中河而下；1951 年 8 月花园口险工靠河，以下全为两股河，现双井控导工程处坐弯后以下基本为中河，赵口险工不靠河，主溜至九堡险工。1952 年 6 月河出花园口后顺直地流向黄练集村南，绕过赵口险工流向九堡险工；1952 年 8 月花园口对岸及申庄险工处坐弯，以下至黄练集，再至九堡险工。1953 年，溜出申庄险工后至左岸吴疙瘩村南滩地，再沿北河至毛庵。1954 年 6 月，花园口段中河至现双井控导工程，以下基本走中河；1954 年 9 月花园口险工靠河，以下基本走中河而下，至黄练集河靠北岸滩地。1955 年 6 月花园口险工上段靠河，以下在北岸东兰庄村南滩地、南岸申庄险工下端、北岸吴疙瘩村南滩地、赵口险工前形成弯道，呈曲直相间的平面形态；1955 年 8 月，曲直相间的弯道消失，溜出花园口险工后较为平顺地流向黄练集村南滩地，以下赵口险工不靠河；1955 年 10 月河势无大的变化。1956 年 6 月马渡至赵口闸中河，河分两股；1956 年 8 月现双井控导工程处坐弯，其他段仍较平顺；1956 年 10 月，双井弯道消失，成为中河。1957 年 7 月花园口险工靠河，双井、王屋村南滩地大量坍塌，马渡段主溜南移，万滩险工向靠河趋势发展，赵口险工靠河；1957 年 8 月河势无大的变化；1957 年 10 月，花园口险工上段靠河，出流至中河后转向马渡险工下段，折转向北，以横河形式向北在中河位置形成一个小弯道，再流向万滩险工方向。1958 年 6 月，北岸双井、王屋滩地大量坍塌；1958 年 7 月双井弯消失，马渡段以下中河，河分两股，南股大漫弯至赵口险工，北股较顺直地流向毛庵；1958 年 10 月，北岸王屋段出现微弯，马渡以下的两股河汇合于赵口险工。1959 年 6 月北岸王屋处弯道消失，吴疙瘩处形成弯道，杨桥、万滩段中偏南河，赵口险工靠河；1959 年 9 月北岸王屋以下走北河至赵口险工下段。1960 年汛期，主溜出花园口险工后，东流至申庄险工下端，转向东北至吴疙瘩，经黄练集至九堡险工，赵口险工脱河。

20 世纪 50 年代是丰水系列，流量大，河势游荡变化除表现为幅度大、速度快外，就一条主溜线而言，宏观上也比较顺直，弯道平缓，弯顶距较大。

在河势演变中，因处于无工程控制的自由演变，溜势散乱，但从宏观流路而言，尚有一些基本流路。从京广铁路桥以下，尤其在 1954 年以前，当保合寨险工靠河时，主流东北向至花园口险工对岸的破车庄、西兰庄村南滩地坐弯，流向右岸申庄险工，出流东北向至吴疙瘩至黄练集一带村南滩地，以下到赵口或九堡险工。当保合寨险工不靠河，主流靠在花园口险工时，尤其是 1954 年以后，主流东北向在双井一带村南滩地坐弯，出流至马渡险工，以下流向现武庄工程或滑向赵口险工。总的来说，该时期花园口至赵口间多形成两个大弯道和两种主要流路，且两种流路呈“∞”形。

（五）赵口—黑岗口

该时段河段内尚未兴建控导工程，河段内河势除受赵口险工、九堡险工约束外，基本处于自由演变状态。此时段内大张庄开始修建护村工程。

该河段河势与赵口险工靠河与否有很大关系。赵口险工 45 坝以上靠河导流，险工将较好地发挥控导河势的作用，主流至对岸后，形成大的平顺弯道，该弯道一般自毛庵至三官庙村南滩地，至黑石、仁村堤，出仁村堤后导向右岸，多于现韦滩控导工程以南的南仁至韦滩村北滩地坐弯，经现大张庄工程下首坐弯导向黑岗口险工下游，主溜滑过黑岗口险工至柳园口险工；若三官庙弯送溜不力，于现韦滩控导工程以北滩地坐弯后流向大张庄工程，主流出大张庄弯道后导向黑岗口险工段。

若赵口险工不靠河，主流走中河或北河，当九堡险工 111 坝以上靠河发挥控导河势作用时，主流经九堡险工后折向左岸于现三官庙工程上首形成平顺弯道，一直延伸至原黑石工程，受黑石工程限制，主流出仁村堤后南下至现韦滩工程以下形成弯道。若黑石工程能充分限制主流发展，则在现韦滩工程下段形成较小的河弯导向大张庄工程，若在黑石工程前即导流至对岸，此时弯道平顺，主流多平顺至黑岗口险工上段，后坐急弯趋向下游。

总体说来该河段上段南岸有险工，北岸无控制工程，在现张毛庵控导工程和三官庙工程之间多形成大的平顺弯道，主流将较为平顺地通过该河段。该河段在 20 世纪 50 年代为主溜摆动范围较小，平面上河势较为规顺的时期。

赵口—黑岗口河段 1960 年以前河势变化情况见图 8-5。

从河势随时间的变化看：1949 年 7 月，主溜由中河至九堡险工，东北流向三官庙村，以大漫弯的形式，经三官庙、黑石、仁村堤东南流向黑岗口险工；1949 年 9 月北岸三官庙以下弯道半径变小，至南岸辛庄、韦滩村北滩地坐弯，东北至北岸三教堂村南滩地微弯后，流向黑岗口险工下段。1950 年 7 月赵口、九堡险工均不靠河，在北岸毛庵至黑石间沿北岸行河，以下河势较前有所北移；1950 年 9 月除主溜进一步有所靠近九堡险工外，其余无大的变化。1951 年 6 月，辛庄、韦滩段弯道消失，主溜北移，黑岗口险工段河势上提；1951 年 8 月，九堡险工以下主溜基本走中河，缓弯而下。1952 年 6 月赵口险工靠河，九堡险工脱河，北岸毛庵至黑石走北河，以下中河至黑岗口险工以下；1952 年 8 月该河段为曲直相间的形式，弯顶分别在九堡险工下段、三官庙村南滩地、韦滩村北滩地、三教堂村南滩地黑岗口险工下段。1953 年 6 月，赵口、九堡险工脱河，主溜自现张毛庵控导工程，以下中河

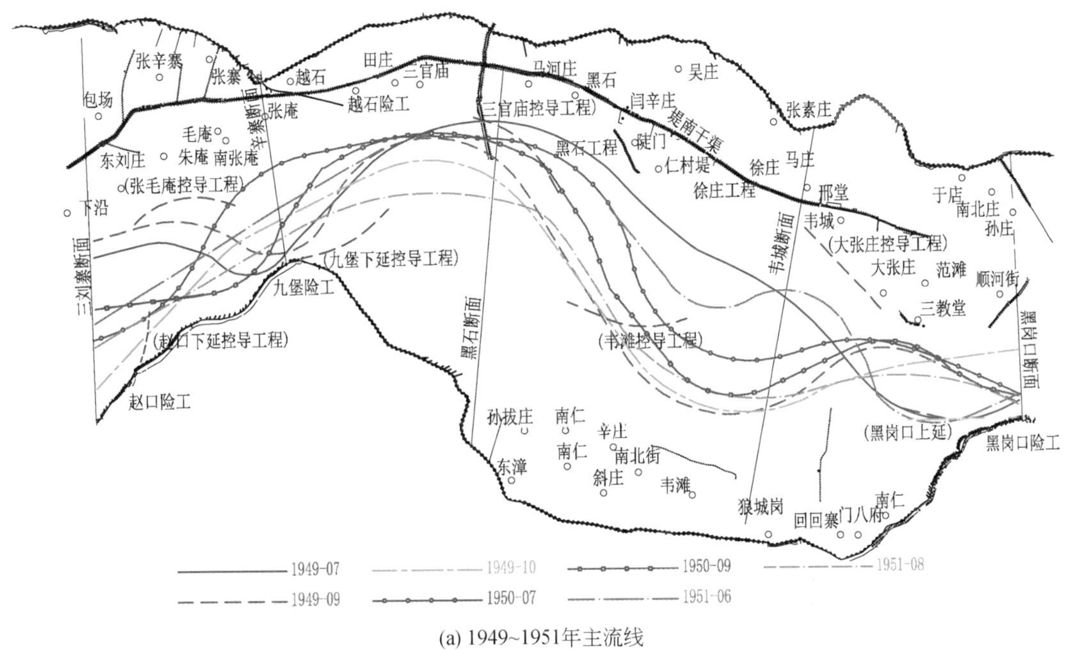

(a) 1949~1951年主流线

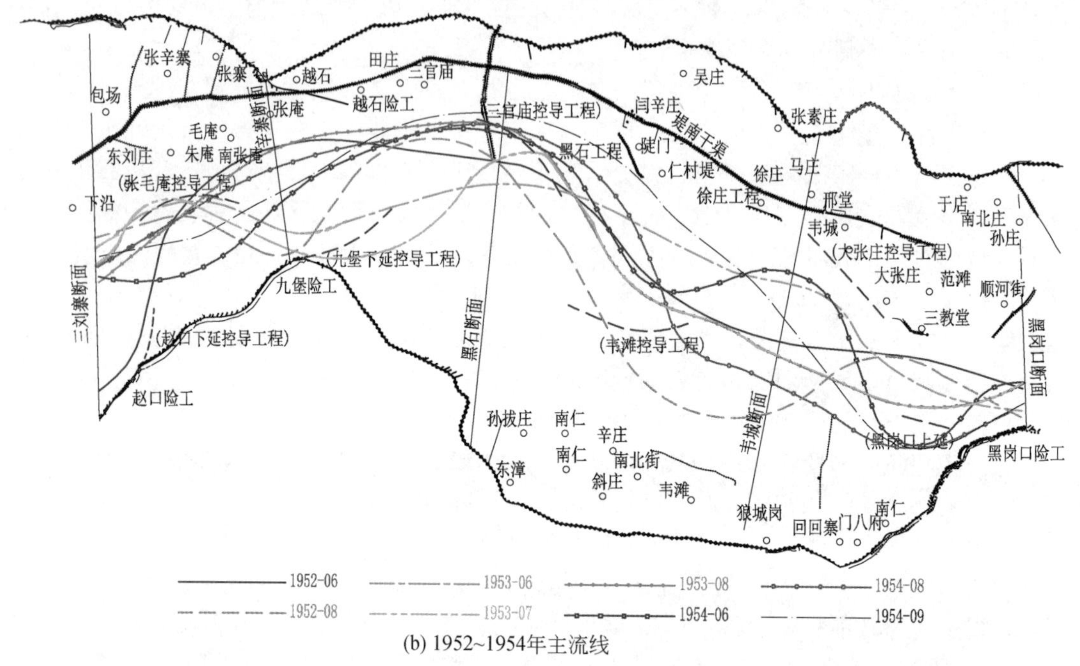

(b) 1952~1954年主流线

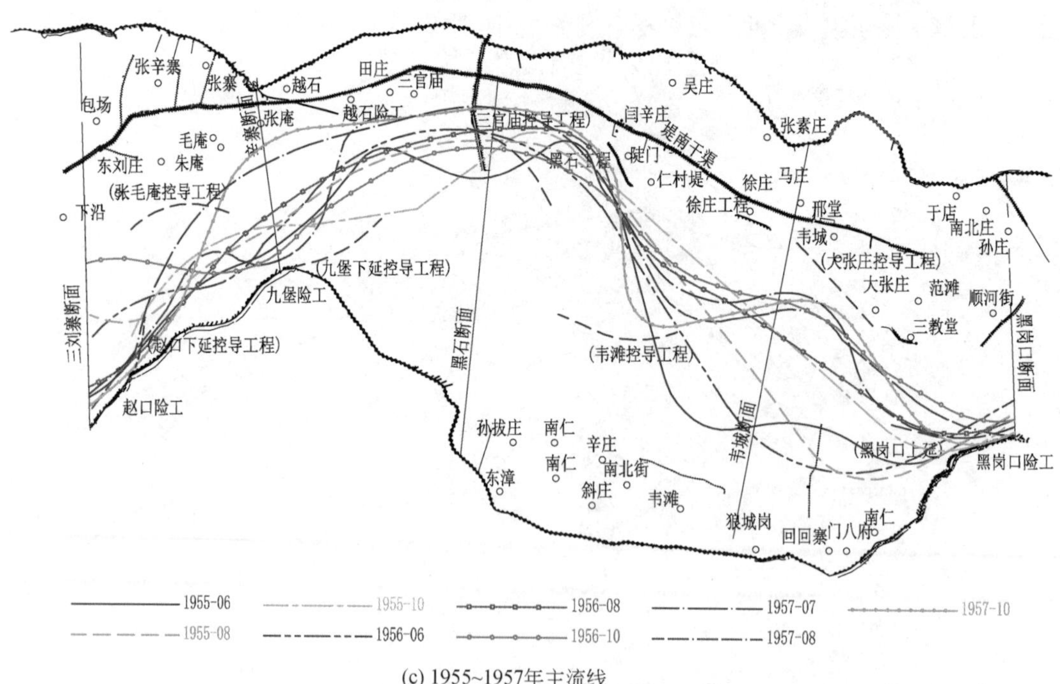

(c) 1955~1957年主流线

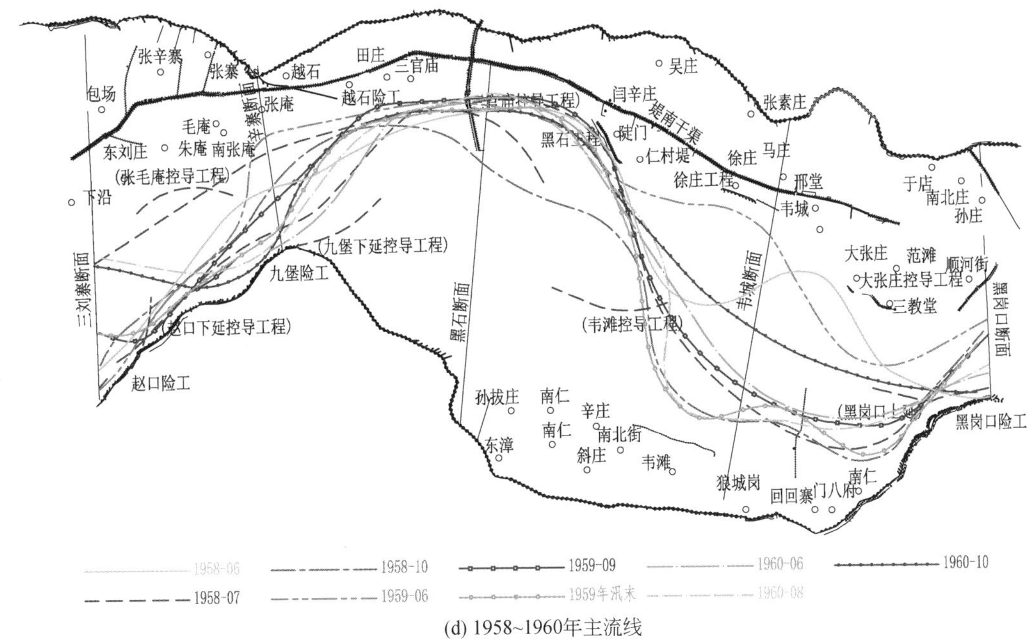

(d) 1958~1960年主流线

图 8-5 赵口—黑岗口河段 1949～1960 年主流线套绘图

偏北至大张庄后流向黑岗口险工下段；1953 年 7 月在九堡险工以下、黑石形成两处弯道，以下中河至黑岗口险工；1953 年 8 月九堡险工以下弯道消失，变为走毛庵至黑石的北河。1954 年韦城断面上下河势摆幅大，黑岗口险工河势上提，并靠河导流。1955 年汛前北岸黑石村南滩地大量北塌，形成陡弯；1955 年 8 月黑石以上向北塌滩，形成较大的弯道。1956 年 6 月在北岸三官庙、南岸回回寨以北形成两个大的弯道，黑岗口险工靠河；1956 年 8 月，北岸黑石弯道深化，回回寨弯道消失。1957 年 7 月黑岗口险工导流至北岸，毛庵至黑石弯道北塌，以下走中河向右、向左各形成一个小弯道后至黑岗口险工；1957 年 8 月九堡险工前形成一个小弯道后至对岸三官庙；1957 年 10 月此小弯道消失，其余仍为 7 月时河势流路。1958 年 7 月，赵口险工处一股靠险工，一股走北河，至三官庙汇合，以下黑石弯道深化，折转东南，在回回寨以北滩地坐弯后去黑岗口险工；1958 年 10 月，黑石弯弯道消失，主溜南移。1959 年 6 月由赵口险工至对岸张庵至黑石仍为沿北岸的弯道，过仁村堤后还走北岸而下，至大张庄、三教堂段走中河，黑岗口险工段也为中河；1959 年 9 月由赵口险工至三官庙，至黑石仍为靠北岸的弯道，出流东南大漫湾至黑岗口险工以上坐弯，流向东北。1960 年流路基本为赵口险工不靠河，九堡险工导流至三官庙至黑石弯道，出流东南在南岸韦城断面至黑岗口险工之间形成一个缓弯后流向下游。

（六）黑岗口—曹岗

该时段期间内有黑岗口险工、柳园口险工及古城、府君寺护村工程。古城工程始建于 1930 年，原系护村工程，1950 年工程受大溜顶冲出险，坍塌严重，紧急抢修完成 5～8 垛及 1 段护岸。府君寺工程始建于 1958 年。该时期河段内基本处于自由演变状态。

该河段河势变化与黑岗口断面处出流方向关系密切。黑岗口—曹岗流路主要可分为两种流路。当黑岗口险工中部靠河导流时，出溜多趋向现顺河街控导工程的中下部，并于现顺河街和大宫控导工程之间坐弯，出流方向指向右岸现王庵控导工程中部，在王庵、军张楼、徐庄村北滩地自然坐弯，顺府君寺工程出流导向左岸曹岗险工下段。若右岸弯道弯顶靠上，经弯道送溜至曹岗险工 34 坝以下，若弯顶靠下，多经弯道进入府君寺弯道，继而趋向曹岗险工下段。流向大致为：黑岗口险工中部—顺河街控导工程以下滩地—军张楼、徐庄村村北滩地—曹岗险工。

当黑岗口险工不靠河或仅下部靠水、柳园口险工靠河时，出流向古城工程，古城工程靠河后，主流或出古城工程后撇过府君寺工程趋向其下游滕庄滩地处，或主流顺流而下滑向曹岗险工；当古城工程入流角度较大时，主流导向府君寺工程，经府君寺弯道后出溜趋向曹岗险工以下滩地。主流流向大致为：柳园口险工—古城工程—滕庄。

该河段期间存在形似“∞”的两个基本流路。主溜线位置 1954 年以前多在河道北部，以后主溜线摆动范围加大，遍布于两岸险工与 1855 年形成的高滩之间。在柳园口断面处，北至大宫溢洪堰，南达柳园口险工。主溜线不仅摆动范围大，而且速度快，不仅黑岗口与柳园口险工之间，柳园口险工以下也是如此。1958 年 7 月主溜线多位于中部，10 月南移，至 1959 年 6 月大宫溢洪堰以下沿左岸高滩行河，1959 年 9 月位置变化不大，而至 1959 年汛末，主流又南移至现王庵控导工程处，1 年多的时段内，主流北移南移大者六七千米。右岸堤防与左岸 1855 年高滩之间布满了主溜线。

黑岗口—曹岗河段 1960 年以前河势变化情况见图 8-6。

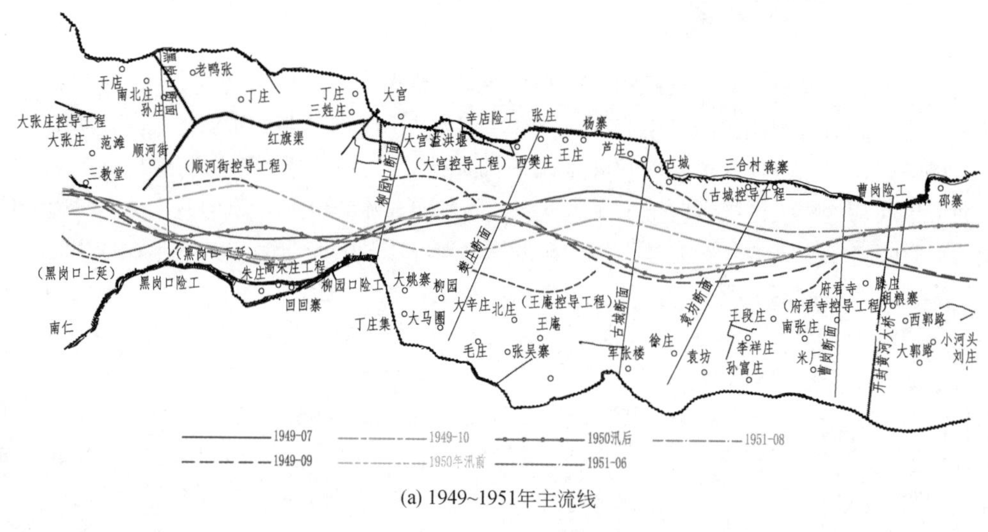

(a) 1949~1951年主流线

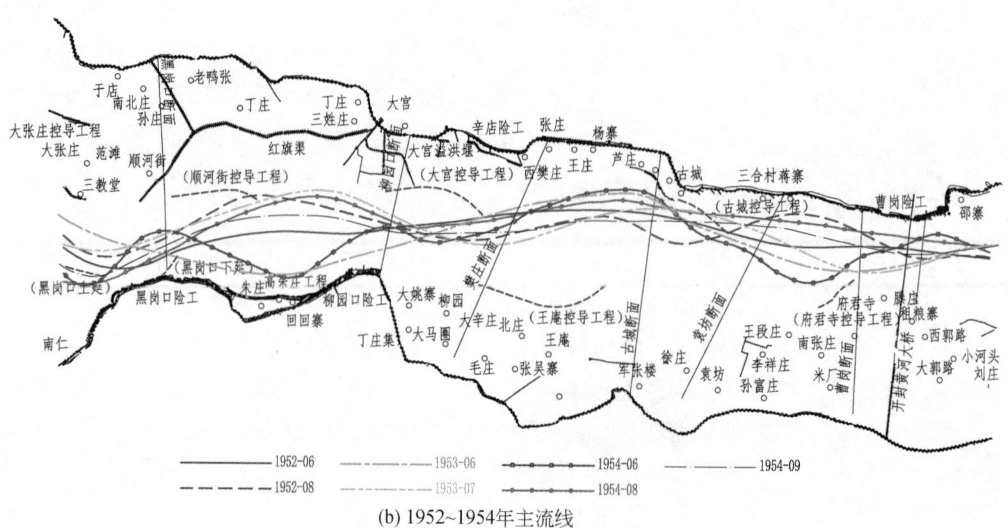

(b) 1952~1954年主流线

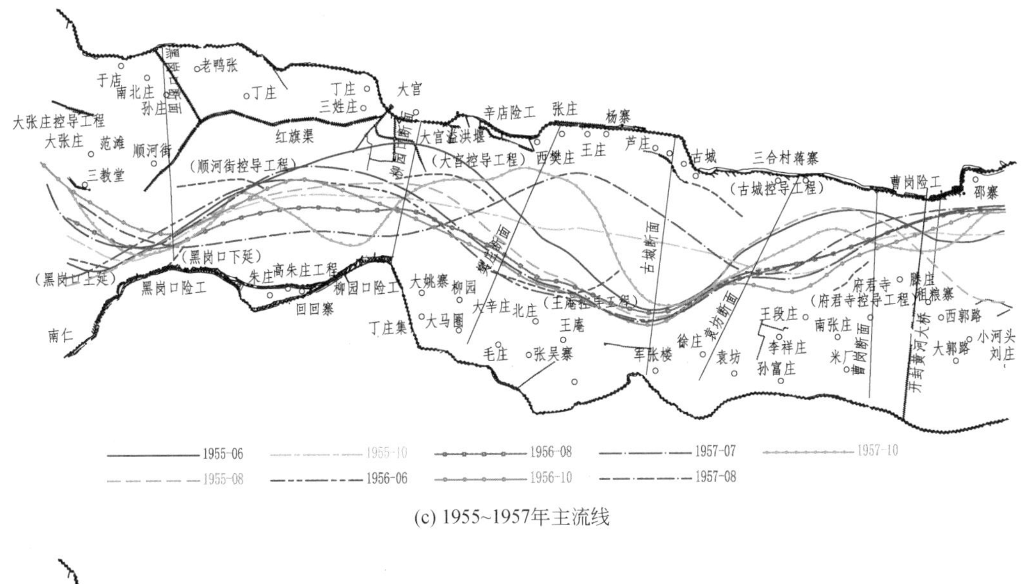

(c) 1955~1957年主流线

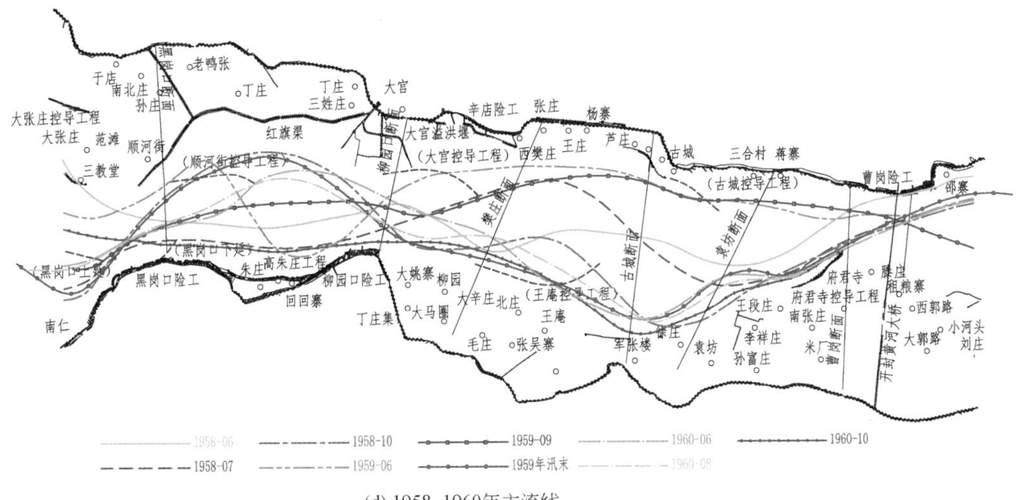

(d) 1958~1960年主流线

图 8-6 黑岗口—曹岗河段 1949～1960 年主流线套绘图

从河势随时间的变化情况看：1949 年 7 月，黑岗口险工不靠河，河从左岸三教堂村南平顺而下，两岸均不靠险工或高滩，仅在南岸高朱庄、柳园口，北岸芦庄—古城存在两个微弯，曹岗险工段也为中河；1949 年 9 月，河道稍变曲，在南岸高朱庄、柳园口，北岸现大宫控导工程以下、南岸军张楼—王段庄以北滩地出现弯道；1949 年 10 月河势变化较大，弯顶左右易位，曹岗险工处仍为中河。1950 年汛前弯顶又发生了左右岸易位，至汛后无大的变化。1951 年 8 月高朱庄、柳园口微弯，出流东北，西樊庄至曹岗行河稍偏北。1952 年 6 月高朱庄处弯道外移取直；1952 年 8 月黑岗口—曹岗左右岸形成几个小的弯道。1953 年 6 月出现三教堂—高朱庄、柳园口—芦庄、古城大漫弯；1953 年 7 月，高朱庄弯左右岸易位，以下无大的变化。1954 年 6 月，高朱庄段又改为南岸坐弯，府君寺段也形成了弯向南岸的弯道；1954 年 8 月，高朱庄段又改为向北岸坐弯，府君寺段弯道撇弯改为顺北岸滩地的直河，至 9 月基本无变化。1955 年 6 月河势变化大，溜由黑岗口险工至北岸大宫溢洪堰，弯顶至大堤仅约 0.7km，大溜转向东南，在南岸古城断面至南岸堤防约 2.5km 处坐弯，水流转向东北在曹岗险工上首距堤防约 0.7km 坐弯，即在大宫溢洪堰、军张楼、曹岗险工上首形成 3 个大的弯道；1955 年 8 月大宫溢洪堰处弯道南移；1955 年 10 月大宫溢洪堰弯道、军张楼弯道取直，曹岗险工上段弯道左右岸易位。1956 年 6 月由黑岗口险工到现顺河街控导工程以下，转向至柳园口断面后转向东南，经现王庵控导工程中段至古城断面折流东北，古城断面处进一步向南（军张楼）坍塌，以下朝向曹岗险工下段；1956 年汛期流路无大变化。1957 年 7 月现顺河街控导工程以下弯道向北坍塌深化；1957 年 8 月黑岗口至柳园口险工变为直河（中偏南河），军张楼弯道转为弯顶在北岸的弯道；1957 年 10 月河道变曲，在黑岗口、现顺河街、柳园口险工下段、大宫控导工程、军张楼处坐弯，曹岗险工段为中河。1958 年 6 月，河经三教堂，以下大河基本走中，行流较平顺，府君寺段河走中，至曹岗险工中段；1958 年 7 月河由黑岗口险工下滑经高朱庄、柳园口险工，至北岸西樊庄以南坐弯，溜经南岸王段庄、府君寺以北滩地而下，曹岗险工不靠河；1958 年 10 月河势变化幅度大，主溜由黑岗口险工出溜东北，在现顺河街控导工程背后塌成一个大弯道，西樊庄弯道消失，军张楼以下弯道发展，曹岗险工仍不靠河。1959 年 6 月河势又发生大的变化，南北摆动了数千米，弯顶左右易位，黑岗口险工段为中河，现顺河街控导工程处坐陡弯，折流东南趋向柳园口险工上段，再折流东北去现大宫控导工程中段，以下走北河，曹岗险工仍不靠河；1959 年 9 月黑岗口至柳园口断面间弯道消失；1959 年汛末，河势又发生了大的变化，其流路与 1958 年 10 月基本相同。1960 年 6～8 月，河势无大的变化；1960 年 10 月，黑岗口至柳园口断面又变成了沿南岸的顺直河道，以下主溜稍有南移，军张楼弯进一步向南坍塌，曹岗险工仍不靠河。

（七）曹岗—东坝头

该段时期内仅有曹岗险工、东坝头险工和夹河滩护滩，河势基本处于自由演变状态。

东坝头是 1855 年铜瓦厢决口改道的地方，河道水流在此折转 90°，1924 年开始建设东坝头险工，在其上游 1964 年开始修建东坝头控导工程。三义寨引水闸以下杨圪垱至东坝头段称为东坝头湾。

当主流自府君寺出溜导向曹岗险工下段时，走北河，经常堤至贯台，继而趋向夹河滩方向并顺势进入东坝头湾，该河势是本时段主导性河势。当主流从曹岗险工前滑过时，走中河多呈直河状直接趋向东坝头湾，如 1959 年河势。此时，弯顶距现东坝头控导工程及东坝头险工较远，虽弯顶在南岸，但多属于中河流路。或主溜于贯台前坐弯导向夹河滩顺势入东坝头湾。

当主流大角度入曹岗险工中段，曹岗险工发挥导流作用，大河出溜向现欧坦控导工程方向，坐弯后走南河坐弯后折向贯台，如 1955 年 8 月河势。

本时段东坝头湾河势变化大，1949 年 7 月，基本为中河，7 月和 9 月花园口分别发生大于 10000m^3/s 的洪峰，水流动力条件好，1949 年 9 月即发展为南河，1950 年汛前又回复至中河，1954 年 6 月又复至南河，1955 年和 1956 年维持南河，1957 年 7 月又大变至北河。1958 年 7 月出现大洪水，主溜在中河，1958 年 8 月以后又发展为南河，以后基本维持南河。该时段主溜线几乎布满整个东坝头湾，摆动范围一般达 4～5km。

曹岗—东坝头河段 1960 年以前河势变化情况见图 8-7。

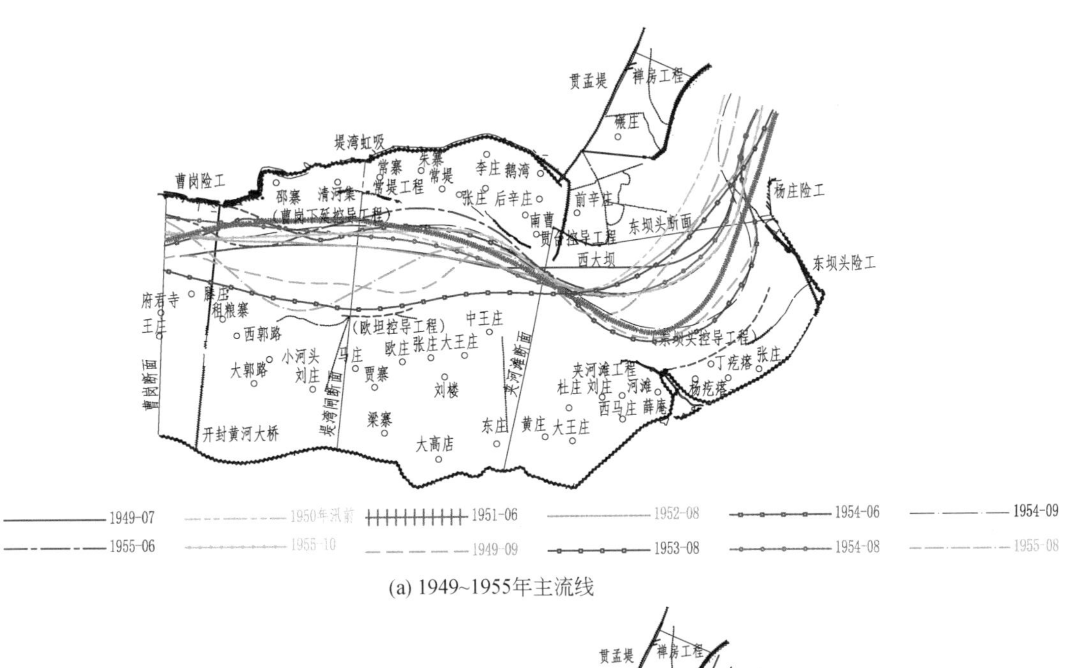

(a) 1949~1955年主流线

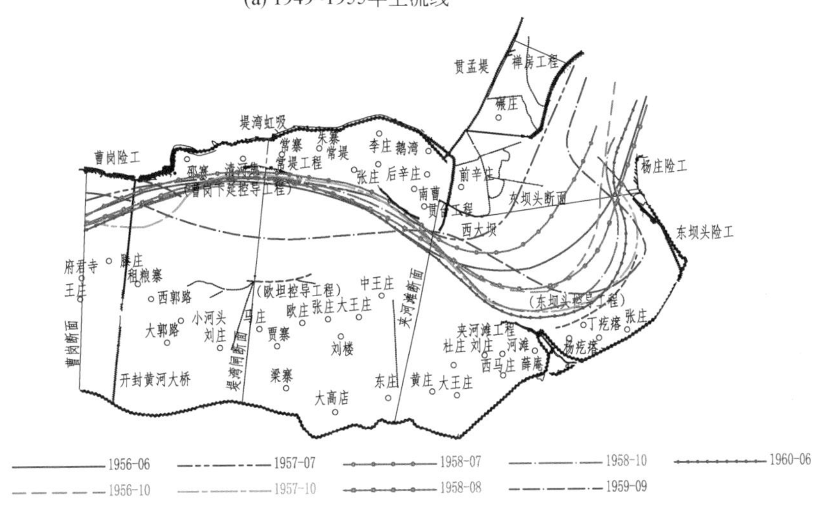

(b) 1956~1960年主流线

图 8-7　曹岗—东坝头河段 1949～1960 年主流线套绘图

从主溜随时间发展变化的情况看：1949 年 7 月主溜从曹岗险工段顺直地沿中河而下直至东坝头，中间基本没有弯道，东坝头以下仍为中河；1949 年 9 月现欧坦工程段河势稍有南移，东坝头湾内河势也向南河发展。1950 年汛前曹岗险工不靠河，以下北河经常堤至贯台村南，以中偏北河过东坝头湾，以下仍走中河。1951 年河势无大变化。1952 年 8 月流路与 1949 年 7 月基本相同。1953 年 8 月曹岗至现欧坦控导工程走南河，以下较顺直地流向东坝头断面再中河而下。1954 年 6 月曹岗至贯台走北河，东坝头湾为南河；1954 年 8 月东坝头湾改走中河；1954 年 9 月东坝头湾改走南河，东坝头以下向西河发展。1955 年 6 月东坝头湾又改走中河；1955 年 8 月曹岗险工段中河出流，东南朝向现欧坦控导工程，再至贯台，以下东坝头湾内走中河；1955 年 10 月曹岗至贯台走北河，东坝头湾内走中河。1956 年曹岗至贯台主溜北移，东坝头湾内向南河方向发展。1957 年 7 月河出曹岗险工，经现常堤工程沿北岸高滩至贯台，以下仍走北河，穿过东坝头断面后走西河；1957 年 10 月东坝头湾改走南河，并向右岸坍塌。1958 年 7 月东坝头湾走中偏北河；1958 年 8 月东坝头湾改走中偏南河；1958 年 10 月东坝头湾内又进一步向南河发展。1959 年 9 月曹岗—贯台改走中河，东坝头湾南河，东坝头险工以上塌滩严重，险工挑流能力增强，东坝头以下向西坍塌坐弯。1960 年 6 月大河由府君寺—清河集、常堤、贯台，送溜至夹河滩控导工程，进入东坝头湾南河，出东坝头断面后走中偏东河。

（八）东坝头—周营

本河段是黄河下游堤距最宽的河段，又是 1855 年兰考铜瓦厢决口改道后的起始段，在水流作用下，河床易于变化，是河势游荡范围大、速度快的河段。就总的情况讲，1960 年前的行河位置远较 20 世纪 70 年代后偏左（偏西）。现左岸的大留寺控导工程、周营上延控导工程位置均在主溜线的变化范围内，现右岸的蔡集控导工程、王夹堤控导工程、马厂控导工程、辛店集控导工程位置西距主溜线较远，有的距离达 3～5km。

该时期水量丰、流量大，两岸无控制工程，主溜线位置多靠左岸，平面上较为平缓，弯道少且弯顶间距大，横向的摆动幅度大，但该河段堤距宽，河势的变化范围到堤防尚有一定距离，两岸堤防均未靠主溜。

东坝头—周营河段 1960 年以前河势变化情况见图 8-8。

从河势随时间的变化看：1949 年 5 月河出东坝头后，中河而下，过现大留寺控导工程下端后折转朝西（朝左），在郭寨村东坐弯出流东北，至马寨断面主溜又回左岸周营村。1950 年 7 月，主溜在郭寨坐弯后，沿左岸流向周营村；1950 年 8 月东坝头中河，顺直至郭寨，郭寨湾撇弯，周营村前主溜左移。1951 年 7 月主溜线由平顺变为稍弯曲，分别在现禅房控导工程以下向左、王夹堤控导工程以下向右，郭寨—周营村东滩地向左出现缓弯；1951 年 9 月现王夹堤控导工程以下主溜大幅度西移，大留寺、孙堂段至贯孟堤仅约 1km，以下仍沿西岸至马寨、周营村东滩地；1951 年 10 月现蔡集、现王夹堤控导工程段弯道消失，主溜西移，大河由东坝头中河顺直至马寨、周营村东滩地。1952 年 8 月现马厂控导工程以上主溜东移，并在马厂—王高寨段向东形成弯道，流向西北再转向而下；1952 年 9 月马厂以下弯道消失，主溜由东坝头顺直至辛店断面，微弯至周营村西滩地。1953 年 7 月现禅房控导工程以下主溜位置西移；1953 年 8 月除主溜位置东移外无大的变化；1953 年 9 月马寨—周营段河势西靠，并形成缓弯。1954 年 6 月在现蔡集、王夹堤控导工程前形成缓弯，送溜穿过现大留寺控导工程中段后，在郭寨—马寨间坍塌滩地，形成弯道，送溜至周营村以下；1954 年 7 月郭寨至马寨弯道消失；1954 年 8 月无大的变化。1955 年 6 月东坝头—大留寺出现左右两个缓弯，周营村前也形成弯道；1955 年现蔡集、王夹堤控导工程处弯道消失，主溜西移。1956 年 6 月现蔡集、王夹堤控导工程前又形成弯道；1956 年 8 月东坝头险工挑溜，现禅房控导工程前坐陡弯，送溜至蔡集、王夹堤弯道；1956 年 10 月郭寨—周营走中河。1957 年 6 月蔡集、王夹堤弯道消失，现禅房控导工程—马寨走西河；1957 年 9 月又形成禅房弯道。1958 年 8 月主溜由东坝头险工—现禅房控导工程，坐弯导流，以下走中河至周营；1958 年 10 月现大留寺控导工程以下主溜西移，顺西岸至周营。1959 年 6 月主溜由东坝头—禅房，以下在右岸马厂以西（中河位置）坐弯后至左岸郭寨（至贯孟堤 1km 多），转两个小弯至周营；1959 年 10 月禅房—大王寨断面基本为西河，以下缓慢转向至周营。1960 年 6 月现王夹堤控导工程以下坐弯，马寨—周营村前滩地靠河行溜；1960 年 8 月河势无大变化；1960 年 10 月主溜由东坝头至现禅房控导工程，走西河至辛店断面后，微弯至马寨、周营。

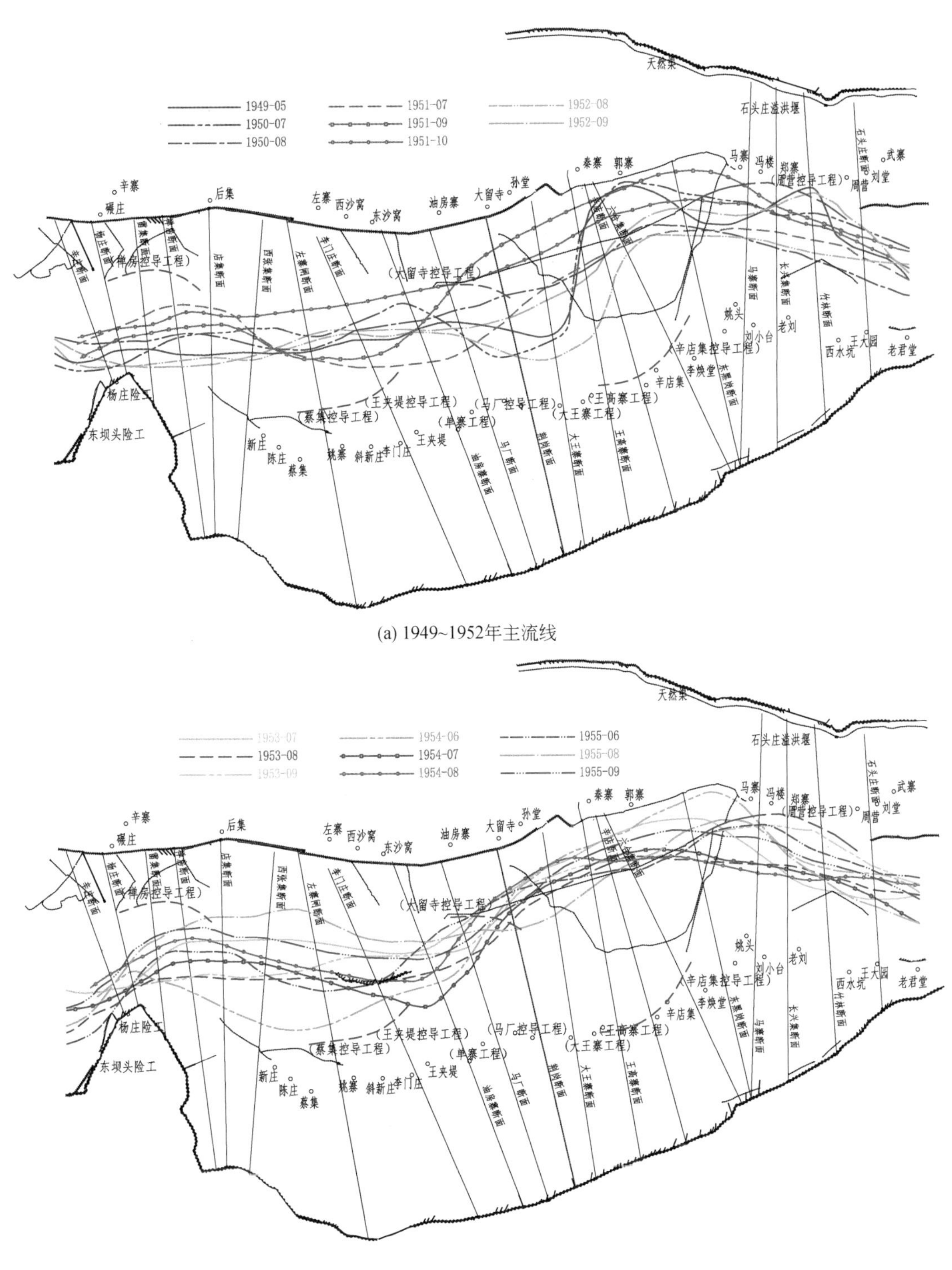

(a) 1949~1952年主流线

(b) 1953~1955年主流线

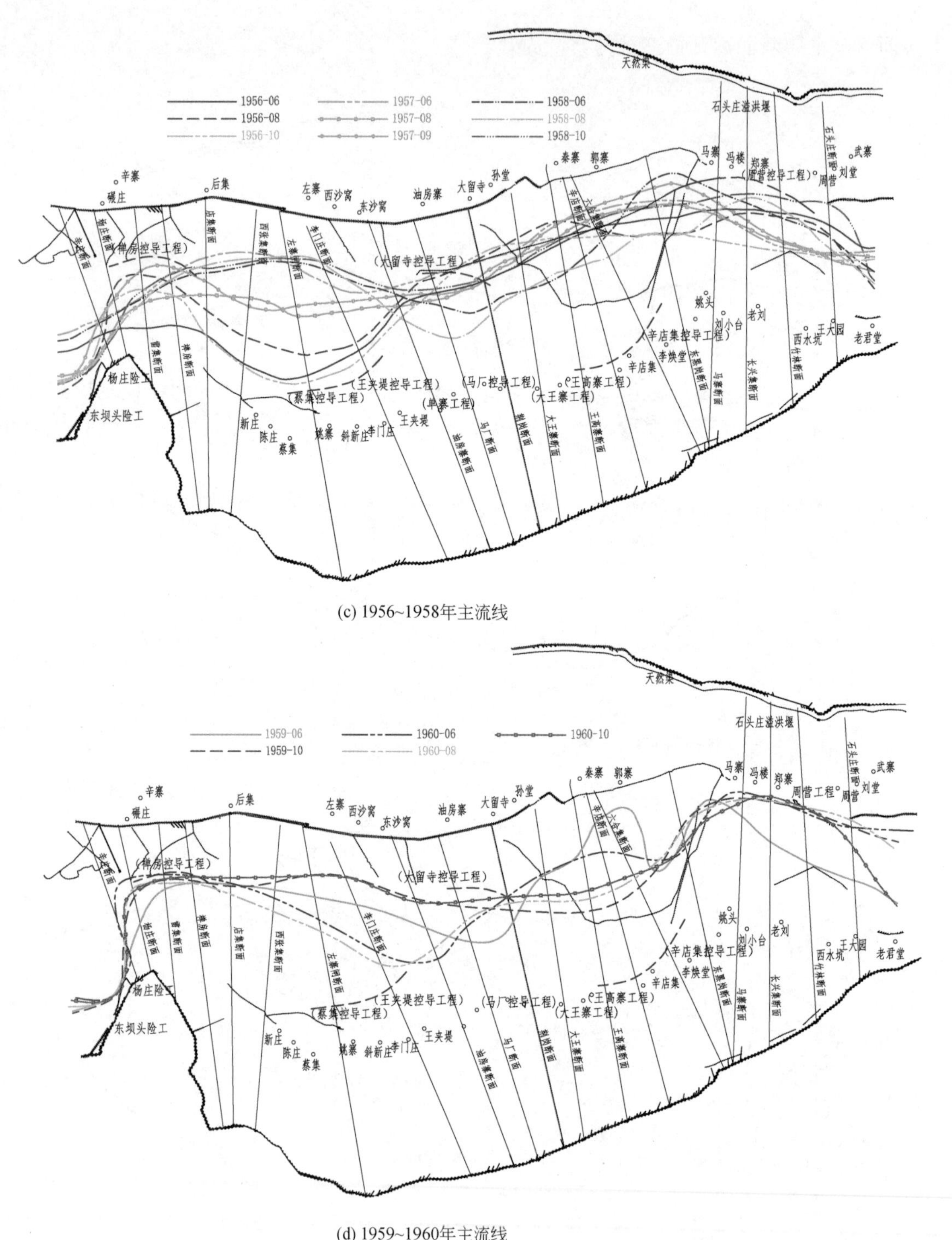

(c) 1956~1958年主流线

(d) 1959~1960年主流线

图 8-8　东坝头—周营河段 1949～1960 年主流线套绘图

（九）周营—高村

周营至河道村断面，流向大体为现周营控导段西河或中河，至黄寨险工中河，大多中河而下，流向河道村断面。主溜较为平顺，弯道少，有些直河段长，弯顶间距大，弯道的中心角一般不大。水流不受工程约束，河势变化范围大，有些达 3～4km。例如，1956 年 6 月从周营至赵堤断面一直是走中河，以下流向河道村断面，8 月在石头庄断面处右转流向现老君堂控导工程以下，转向至霍寨险工后再转向至赵堤断面，即在石头庄断面至赵堤断面长约 15km 的河段内形成一个大缓弯，主溜向右摆动约 3km，至 1956 年 10 月该弯道段弯道基本取直，主溜左摆了约 2.3km，流路与 1956 年 6 月相当，在一个汛期内主流来回摆动幅度达 5km。

周营—高村河段 1960 年以前河势变化情况见图 8-9。

从主溜随时间的变化情况看：1949 年 5 月自周营村前至现老君堂控导工程前转向走中河而下，在左岸尚寨出弯后流向青庄险工下端，再至高村险工；1949 年 9 月现老君堂控导工程转向处下滑，在黄寨险工以西滩地坐弯后至尚寨，溜出弯后流向高村险工上段。1950 年 7 月周营村前弯道消失，基本顺直下行，三合村村东滩地靠溜；1950 年 8 月全线主溜右

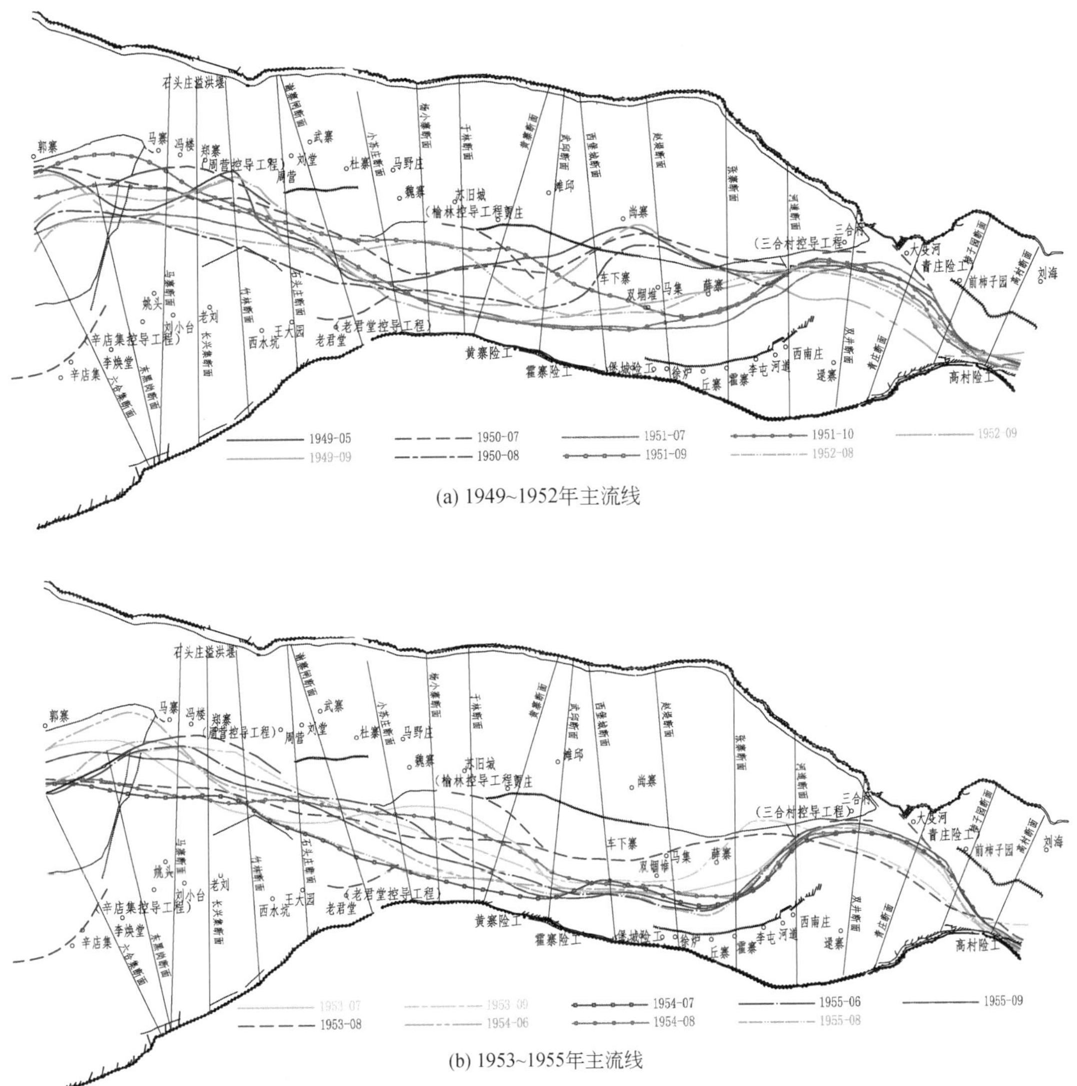

(a) 1949~1952年主流线

(b) 1953~1955年主流线

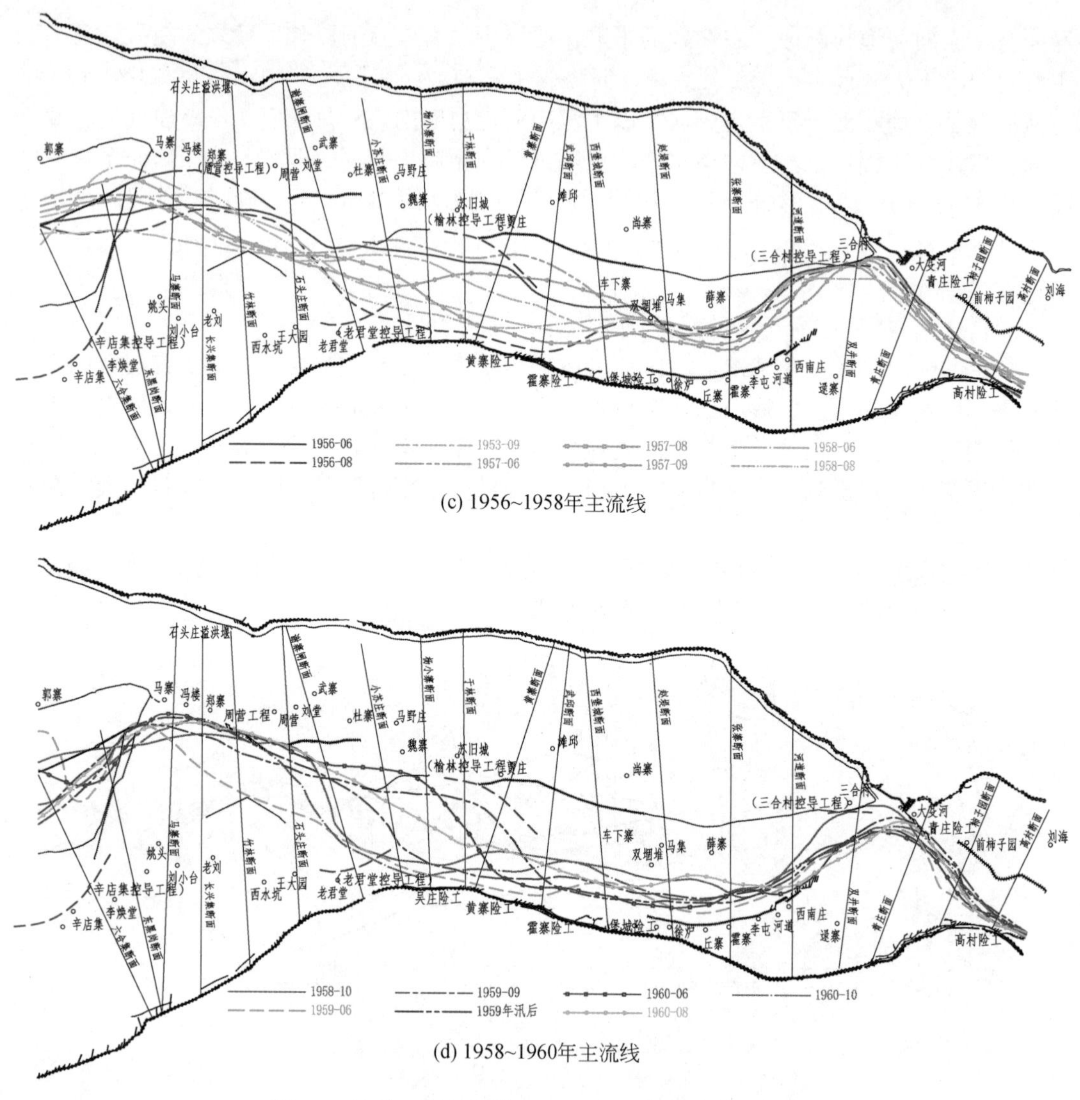

(c) 1956~1958年主流线

(d) 1958~1960年主流线

图 8-9　周营—高村河段 1949～1960 年主流线套绘图

移，但都在中河范围。1951 年 7 月周营村处中河，以下基本为直河至河道村，以下经青庄险工—高村险工；1951 年 9 月三合村以上主溜西移，河道村—高村基本没有变化；1951 年 10 月又基本恢复 1951 年 7 月河势。1952 年 8 月在现榆林控导工程前形成一个小弯道；1952 年 9 月周营坐弯靠溜，现榆林控导工程前的弯道消失，弯顶易位，在黄寨险工前坐弯。1953 年 7 月在周营村对岸、现榆林控导工程前、霍寨—堡城、三合村—青庄形成 4 个平缓弯道；1953 年 8 月 4 个缓弯基本消失；1953 年 9 月左岸在河道村断面以上北何寨一带形成了一个小弯道，致使青庄险工脱河，主溜直达高村险工。1954 年 6 月左岸马寨村以上坐弯，中河至黄寨险工，下行至河道村后转向三合村村东；1954 年 7 月马寨弯撇弯走直，以下至霍寨险工主溜位置东移，河道村前、青庄险工前坐弯；1954 年 8 月周营村—霍寨段主溜西移，周营—堡城为顺直的中河。1955 年 6 月马寨—周营段出现弯道，汛期河势无大的变化。1956 年 6 月河道村以上主溜位置大多西移；1956 年 8 月主溜流路为左岸周营坐弯，东岸吴庄—霍寨坐弯，黄寨、霍寨险工靠河，以下中河至青庄险工，再到高村险工；1956 年 10 月又恢复到 1956 年 6 月时的河势。1957 年 6 月河道村以上主溜不同程度的西移；1957 年 8 月东岸吴庄—堡城险工主溜又东移成微弯，以下为三合村—高村险工；1957 年 9 月又恢复成 1957 年 6 月河势。1958 年 6 月和 8 月河势基本与 1957 年 8 月相当；1958 年 10 月主溜在周营村东滩地折转至东岸吴庄险工前坐弯后中河而下，河道村、青庄、高村靠河。1959 年 6 月主溜自马寨斜向右岸黄寨、霍寨险工，经河道村、青庄险工—高村险工。1959 年汛末，马寨—周营村靠河，以下沿左岸至现榆林控导工程前坐弯，至霍寨、堡城险工，以下流路不变。1960 年 6 月仍同 1959 年汛末河势；1960 年 8 月溜出周营后斜向河道村下首，以下为青庄险工—高村险工；1960 年 10 月主溜由周营—吴庄险工，以下中河至青庄险工再至高村险工。

二、三门峡水库蓄水拦沙及滞洪排沙运用期的河势演变

三门峡水库蓄水拦沙及滞洪排沙运用期指的是 1961～1973 年。该时段为丰水年。根据三门峡水库运用情况，又可分为两个阶段，即 1961～1964 年和 1965～1973 年两个时段。

1961～1964 年花园口站年均径流量超过 600 亿 m^3，受三门峡水库运行影响，下游来沙很少。

1965～1973 年花园口站年均来水量 410.95 亿 m^3，较多年平均多 6.97%。年均来沙量 13.04 亿 t，较多年平均来沙量多 43.17%。受三门峡水库运用的影响，河势变化剧烈。该时段黄河下游修建的控导工程较多。

（一）白鹤镇—伊洛河口

1. 1961～1964 年三门峡水库蓄水拦沙期

1961～1964 年，仅 1964 年开始修建花园镇工程，河势仍基本处于自由演变状态。

三门峡水库 1960 年 9 月下闸蓄水，泥沙淤积在水库内，下泄清水，改变了下游河道的水沙条件，易于造成河势变化。该河段位于水库以下河道的上段，首当其冲，总的趋势为河势变化很大，尤以 1961 年后河势流路变化最大。

白鹤镇—铁谢段，北有清风岭，南岸有堤防，河道一般宽 3～4km。主溜由北河（1961 年 8 月、1961 年 11 月）至南河（1962 年 5 月），至北河（1963 年 8 月），再至南河（1964 年 8 月），主溜线遍布于全部河道内。铁谢—赵沟河段，主溜线分布在河道的中部和南部，主槽总的趋势是南移。1961 年 8 月及 1961 年 11 月走中河，顺直而下，弯道非常平缓，1962～1964 年，全部为南河。主溜沿南岸滩地而下，只有几个微弯。

赵沟—伊洛河口河段，裴峪以上主溜变化于河道的中部和南部，而裴峪以下主溜变化范围为全部河道。裴峪以上基本走南河，仅在 1962 年 5 月和 1963 年 8 月在河道中部坐弯。裴峪以下，河势变化趋势是南移。1961 年 8 月、11 月主溜线在北河，其位置可以说是 20 世纪 50 年代至今最靠北的位置，1962 年 5 月中部行河，1963 年后全为南河。主溜摆动范围达 5～6km。

在河势演变的过程中，铁谢险工（北门坝以上）、赵沟山弯、裴峪山弯若靠溜紧，导流作用强时，往往送流距离长，以下形成较大的弯道，如 1964 年 8 月铁谢险工以下、1961 年裴峪以下等。

1961～1964 年是河道冲刷最严重的时期。在河势变化表现上除主槽南移外，原来多股分汊行河的情况也发生变化，多股游荡的河道也基本变成单股行河。

白鹤镇—伊洛河口河道 1961～1964 年河势变化情况见图 8-10。

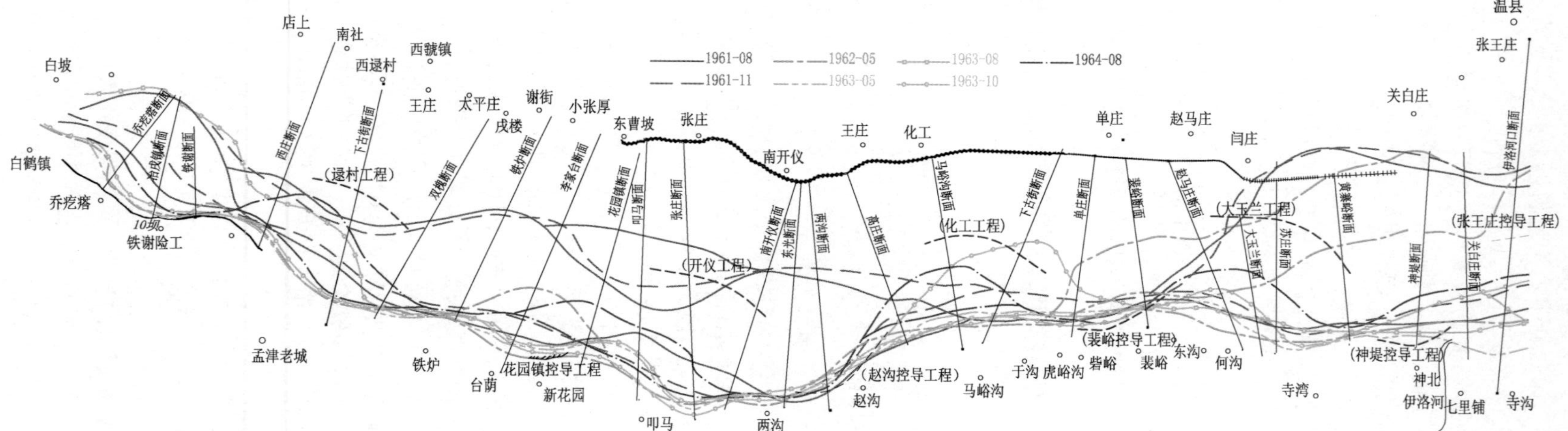

图 8-10　白鹤镇—伊洛河口河道1961～1964年主流线套绘图

从主流线随时间变化的情况看：1961 年 8 月白鹤镇以下为南北两股，有些段为 3 股，在赵沟以下的马峪沟汇合后，单股沿南岸流至裴峪后又分为两股，南股沿山边流至伊洛河口，北股自裴峪流向东北，穿过现大玉兰工程上段在闫庄一关白庄坐弯转向沿北岸东流；1961 年 11 月河势基本不变。1962 年 5 月马峪沟以上北股消失仅为南股一股，马峪沟以下除已有南北两股外，增加一股中河，至伊洛河口断面与北股汇合。1963 年 5 月白鹤镇—伊洛河口为沿南岸行溜的一股河；1963 年 8 月白鹤脱河，河靠北岸白坡，沿北岸至现洛阳公路桥位置，斜向东南至双槐断面南岸，以下同 5 月河势；1963 年 10 月白鹤镇—双槐断面恢复南河，赵沟以下流向东北，在现化工控导工程以下坐弯后转回南岸，裴峪以下沿南岸行河。1964 年 8 月逯村、花园镇、化工段为两股河，主溜在现逯村控导工程前坐弯，转向至南岸，顺南岸而下，裴峪山弯靠溜后，主溜至中河位置又转回南岸，流向伊洛河口。

2. 1965～1973 年三门峡水库滞洪排沙期

1965 年后三门峡水库运用方式为滞洪排沙。1964 年前水库淤积的泥沙要排向下游河道，河道来水来沙条件变化易于造成河势变化，尤其是在无工程控制的河段。由于 1961～1964 年下游河道冲刷量大，主槽下切的多，回淤也要有个过程，尤其是在河槽窄深的河段。因此，该时段水库排沙对河势的影响，表现出来的时段不同，且各河段的影响程度也不同。

该时段已开始修建控导工程，1970 年 3 月开始修建化工控导工程，1971 年 11 月开始修建逯村控导工程，1974 年开始修建开仪、赵沟、裴峪、大玉兰和神堤控导工程。该时段是该河段全面开始布设控导工程的时期，时段内共修建坝垛 43 道。

该河段 1965～1973 年与 1961～1964 年相比，弯道段增长，直河段长度减少，在上段流路南移的基础上，大部分已稳定下来。受山弯影响较大的河段，主溜变化范围也在河道的南部和中部。

白鹤镇—花园镇，该时段内已为曲直相间的微弯型河势流路。由白鹤控导工程—白坡控导—铁谢险工—逯村控导工程—花园镇控导工程，为现行的规划流路提供了很好的背景材料。河势规顺单一，尚未出现畸形河势。花园镇—赵沟，1970 年 5 月以前基本上是由花园镇沿南岸滑向赵沟上弯，而从 1970 年 10 月开始，又发展为花园镇—开仪—赵沟，即后来的规划流路。赵沟—裴峪，1964 年为南河，以后化工弯道逐步发展，1966 年后形成弯道，而后大部分时间行河流路为赵沟—化工—裴峪，成为以后规划流路的参证材料。裴峪—伊洛河口，1964 年也为南河流路，以后在现大玉兰工程前形成弯道，有的出现南北两股河，但至 1968～1973 年又全走南河，由裴峪沿南岸山根滑向神堤。

铁谢险工、赵沟山弯、裴峪山弯、现神堤工程前主流摆动幅度较小，当赵沟山弯靠溜导流时，走赵沟—化工—裴峪流路，当裴峪山弯靠溜紧时，走裴峪—大玉兰—神堤流路。当山弯不靠溜或溜从山嘴处滑过时，主溜往往沿南岸滑过，且走向易于变化。

该河段总的来讲，在 1964 年河势大部分规顺单一的基础上，没有发生严重恶化，赵沟以上河段大体上与后来规划的流路相近，赵沟—神堤主溜的摆动范围在河道的中部和南部，尚在以后的规划范围内，为按微弯型整治修建工程提供了一个较好的河势条件。

白鹤镇—伊洛河口河段 1965～1973 年河势变化情况见图 8-11。

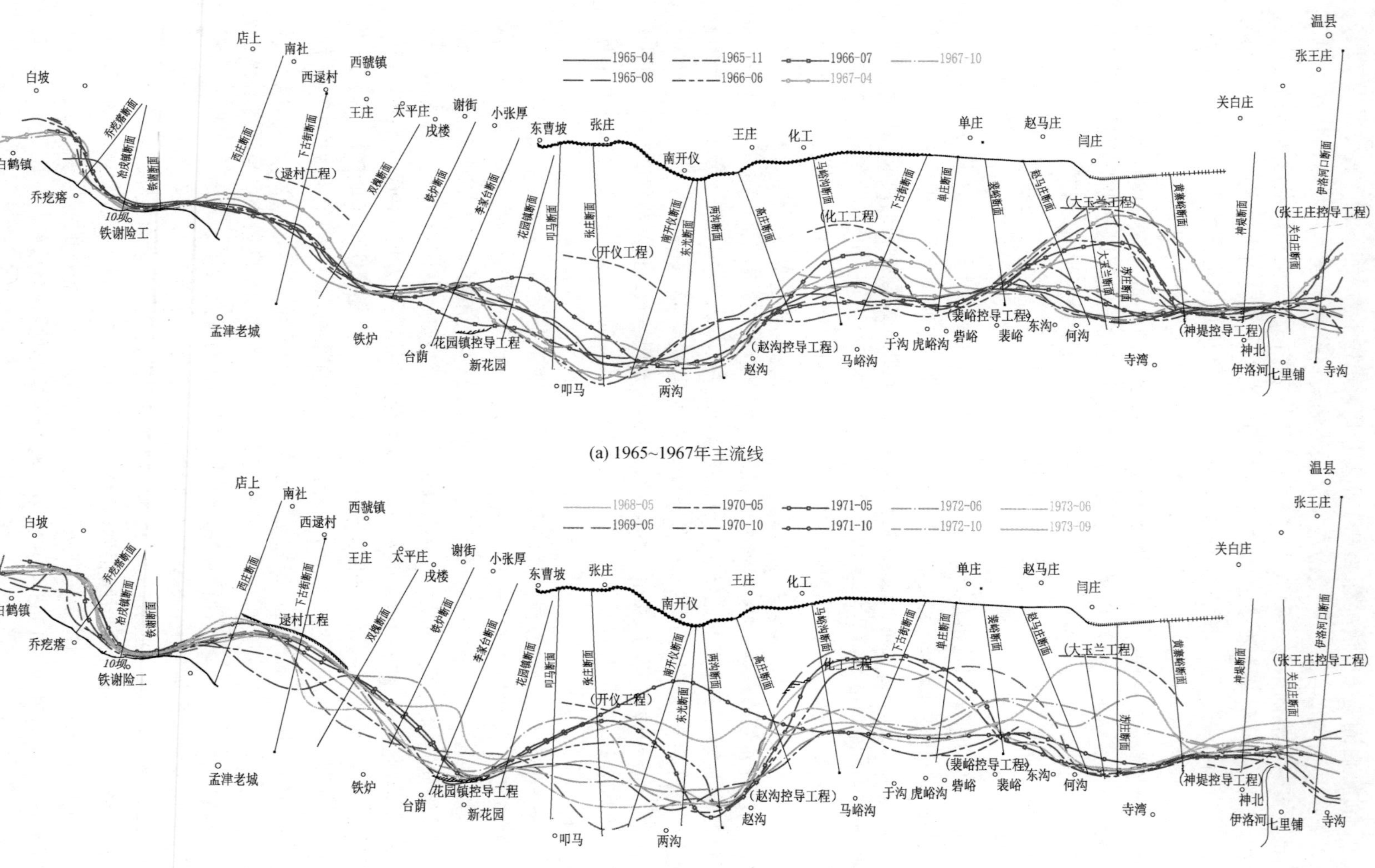

图 8-11　白鹤镇—伊洛河口河段1965～1973年主流线套绘图

从主流线随时间的变化情况看：1965 年 4 月白鹤镇—伊洛河口均为沿南岸行河；1965 年 8～11 月，出现了裴峪—大玉兰—神堤的流路。1966 年 6～7 月，赵沟—裴峪和裴峪—神堤均出现了两股河，一股走北岸弯道，另一股走南岸。1967 年 4 月河势无大的变化；1967 年 10 月化工弯道及大玉兰弯道向北发展至大体现工程位置。1968 年 5 月白鹤镇中河至现白坡控导位置至铁谢险工至现逯村控导工程，以下微弯至赵沟，化工弯道北移超过现化工控导工程位置，裴峪以下走南河。1969 年 5 月叩马至两沟滩地坍塌，主流大幅度南移坐弯，赵沟—裴峪河段在北岸形成大弯道。1970 年 5 月铁谢险工以下中河弯曲下行，花园镇向南坐弯，坍塌至现控导工程位置，赵沟—裴峪段北岸弯道消失改走南河；1970 年 10 月赵沟—裴峪间再次形成化工弯道。1971 年 5 月溜由白坡—铁谢险工—现逯村控导工程—现花园镇控导工程—现开仪控导工程，再至赵沟山弯至化工弯道，裴峪以下仍走南河；1971 年 10 月花园镇以下穿过现开仪控导工程北塌坐弯后流向裴峪，走南河而下。1972 年 6 月花园镇—赵沟改走南河；1972 年 10 月现开仪控导工程前形成弯道。1973 年 6 月现开仪控导工程前弯道消失，改走南河；1973 年 9 月河势变化较大，主溜从现逯村控导工程下滑，连续小弯道走中河至裴峪，微弯至现大玉兰控导工程，再至神堤、伊洛河口。

（二）伊洛河口—京广铁路桥

1. 1961～1964 年三门峡水库蓄水拦沙期

1961～1964 年，该时段虽较短，但从河势演变看，河势发生了大的变化。

伊洛河口—孤柏嘴之间，1961 年走北河，即从现在的大玉兰工程位置顺北河流路至孤柏嘴，1962 年 5 月北河、中河两股于孤柏嘴断面中偏南位置汇合，1962 年后，主流演变为南河流路，相对上一时段，有主流弯道曲度增大、流路延长的趋势。孤柏嘴—枣树沟除 1963 年行河偏中部外，其余为南河，主溜摆动幅度较小。枣树沟、官庄峪山体平顺，挑溜作用不强，该段河势主溜靠南，4 年的主溜线近于重合。官庄峪以下仅 1961 年 8 月为北河，即主溜经枣树沟、官庄峪段导流后，出流东北，在现东安控导工程以下坐弯，走北河流路滑向京广铁路桥，其余均沿南岸滑向京广铁路桥。本时段末伊洛河口—京广铁路桥河段均走南河。

神堤走南河时，以下也有两种主要流路。一种是神堤工程处向东流，经微弯趋向汜水口方向，再转向对岸于孤柏嘴断面位置趋向苍头弯下段，枣树沟山尖虽导流但作用有限，枣树沟以下继续顺山势走南河流路趋向京广铁路桥；另一种是主溜出神堤后接着滑向南岸滩地，东流顺孤柏嘴山尖流向现驾部工程，于驾部工程以南滩地坐弯后流向枣树沟山尖，主流方向不同年份出现反复变化。枣树沟山尖导流作用不明显，主流出枣树沟山尖后顺势下滑趋向京广铁路桥方向。期间，寨峪沟等南岸山岭逐渐靠河。同时，该河段较上一时段，孤柏嘴—官庄峪断面之间主流向北有所移动，流路较上时段弯曲率增大且摆动幅度增加。

伊洛河口—京广铁路桥河段 1961～1964 年河势变化情况见图 8-12。

从主流线随时间的变化情况看：1961 年 8 月神堤处为南、北两股河，南股出神堤后向东走中河，绕过孤柏嘴—枣树沟与北股汇合，至官庄峪后又分为南、北两股，于邙山断面以下汇合流向京广铁路桥；1961 年 11 月枣树沟以上两股河流路位置略有南移，官庄峪以下北股消失，沿南岸顺流而下。1962 年 5 月出神堤后为两股，至孤柏嘴断面汇合后走中河，

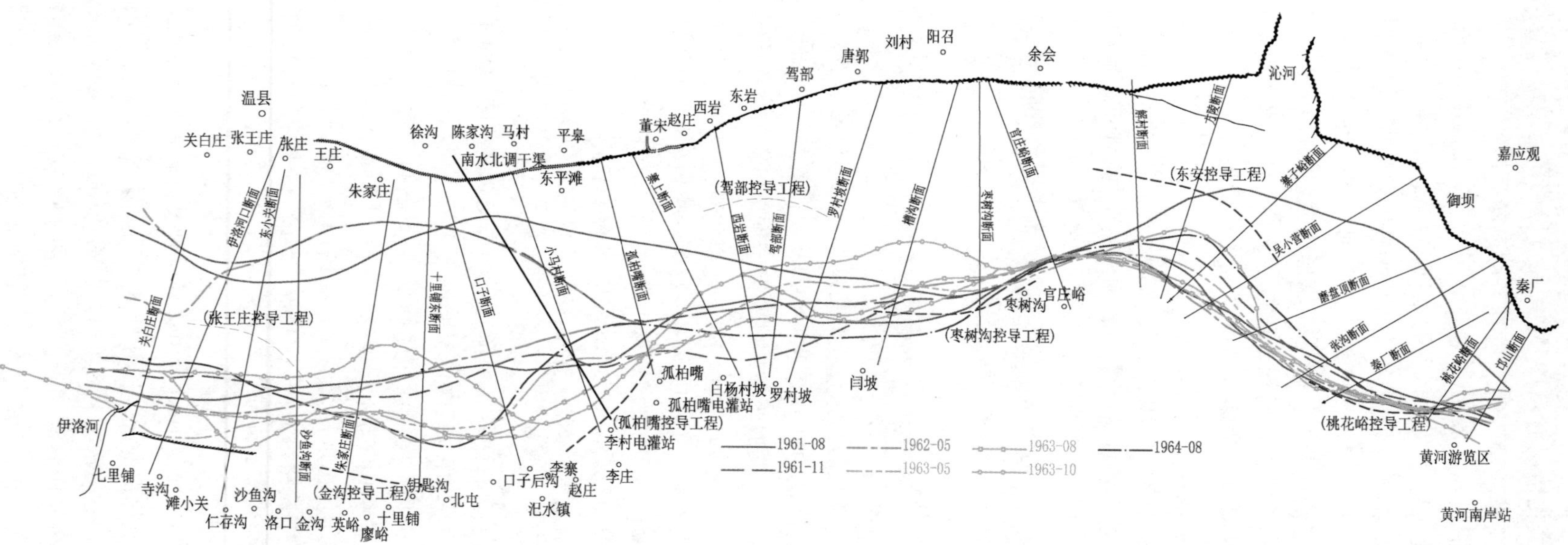

图 8-12 伊洛河口—京广铁路桥河段1961～1964年主流线套绘图

以下绕过官庄峪，顺南河流路至京广铁路桥。1963 年 5 月神堤以下的北股消失成为单股河，其主溜位置较原中河流路有所南移，过孤柏嘴后流路基本没有变化；1963 年 8 月仍走原流路；1963 年 10 月神堤—汜水口河分中、南两股河，汜水口—孤柏嘴一股靠南，以下主溜分为中、南两股，枣树沟—官庄峪靠河，以下在官庄峪—磨盘顶断面分为中、南两股，以下汇合沿南河而下。1964 年 8 月神堤中河至汜水口后东北向，绕过孤柏嘴山嘴走南河至枣树沟，官庄峪以下主溜北移后复回南河至京广铁路桥。

2. 1965～1973 年三门峡水库滞洪排沙期

1965 年后河道由冲刷转为淤积，河势向散乱方向发展，流路变化也较 1961～1964 年时段大。伊洛河口—孤柏嘴河段，北河流路消失，主溜多沿邙山根流过，部分时段河分两股（如 1966 年、1967 年），一股走南，一股偏中。溜出神堤以后，有的直接滑入南河，有的向东行一段距离后东南流向山根，继而沿南岸山根而下直至孤柏嘴，流程中有时出现小的弯道。1971 年汛后出现过主流出神堤后走中河趋向孤柏嘴山尖前，后主流仍恢复出神堤流向东南，1972 年主流出金沟折向对岸后坐弯导向南岸顺南岸山岭而下，随着河势演变该弯道也逐渐消失。

孤柏嘴—枣树沟河段，期间河势散乱，主溜摆动范围基本布满河道，宽 6～7km。少数为主流绕孤柏嘴而过，主流仍出现同上个时期相同的流路，即出孤柏嘴后迅速走南河流路直接滑向枣树沟或于对岸坐微弯导向枣树沟，多数为随着孤柏嘴以上山体坍塌，山弯导流能力愈来愈强，当孤柏嘴山弯靠河稳定时，出流北东向或北北东向至左岸，滩地坍塌，弯道不断深化下移，造成左岸赵庄—唐郭一带滩地大量坍塌后退，“孤柏嘴着了河，驾部、唐郭往外挪”的谚语，说的就是这种情况。1968 年、1973 年是坍塌最为严重的年份。

枣树沟—京广铁路桥河段，期间河势变化较大，1967 年前主溜线基本在南河流路变化，而 1968～1973 年主溜线布满了南部半个河道，同时，主溜线的弯曲率变化也很大，可以说是变化不定。该时段现东安控导工程位置没有出现弯道，仅 1970 年、1971 年、1972 年沁河口以下出现中偏北流路趋向京广铁路桥。

总体来说，该时段神堤—孤柏嘴之间北河流路消失，南河流路成主导流路，孤柏嘴与京广铁路桥之间河势变化大、弯道增多，主流变化幅度大、速率快。

伊洛河口—京广铁路桥河段 1965～1973 年河势变化情况见图 8-13。

从主流线随时间的变化情况看：1965 年 4 月河势较 1964 年 8 月基本没有变化，一路沿南岸行河；1965 年 8 月孤柏嘴以上主溜南北弯曲，孤柏嘴—枣树沟河分南、中两股，中股河在现驾部控导工程前坐弯后流向枣树沟，南股河在苍头湾内闫坡上下向南坍塌坐弯，官庄峪以下基本为南河；1965 年 11 月神堤—汜水口，主溜南移，在洛口段向南坍塌坐弯，以下无大的变化。1966 年 6 月伊洛河口以下南河至孤柏嘴，在山湾挑流作用下，以下成单股河，在现驾部控导工程以南滩地坐弯后流向官庄峪，以下沿南岸至京广铁路桥；1966 年 7 月神堤以下河分为两股，南股在洛口至英峪继续向南塌岸，北股在现张王庄控导工程以下坐弯后于孤柏嘴山嘴以下与南股汇合，以下主溜南移，官庄峪以下主溜北移，分两股走南河流路至京广铁路桥。1967 年 4 月孤柏嘴以下河分为两股，北股塌至现驾部控导工程，官庄峪以下为沿南岸山根一股；1967 年 10 月神堤至孤柏嘴北河消失，仅存南股，现驾部工程段北股消失，其余河段无大的变化，全河段基本为南河流路。1968 年神堤主溜走中，英峪向南坍塌，孤柏嘴湾挑流能力增强，驾部弯道塌到现控导工程以北，分两股河至官庄

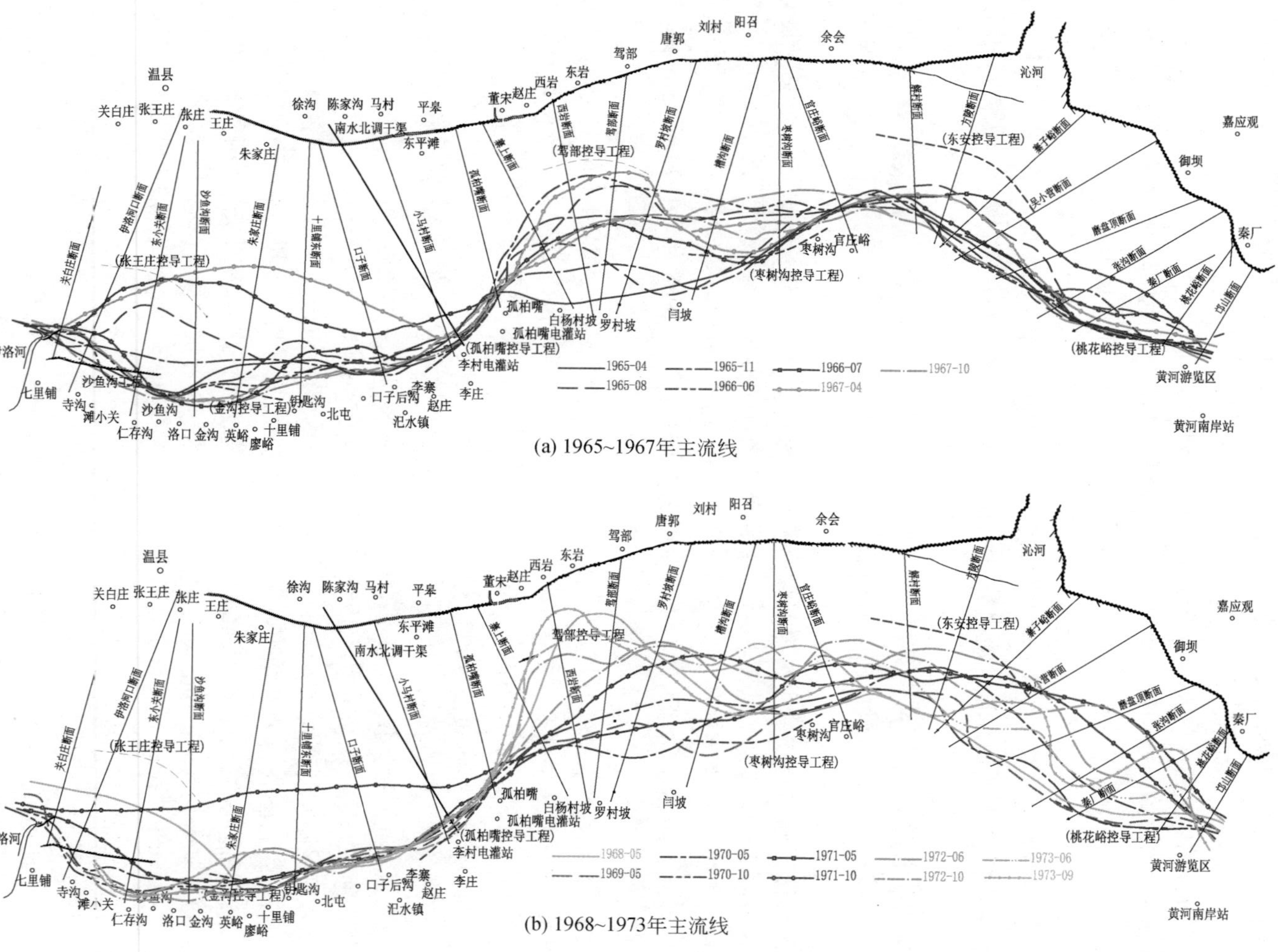

(a) 1965~1967年主流线

(b) 1968~1973年主流线

图 8-13 伊洛河口—京广铁路桥河段1965～1973年主流线套绘图

峪，以下两股汇合后走南河。1969 年 5 月溜出神堤后南圈河至孤柏嘴，以下驾部撇弯，走南河至京广铁路桥，全段均为南河。1970 年 5 月河势无大的变化；1970 年 10 月仅孤柏嘴至枣树沟和官庄峪以下河势稍北移。1971 年 5 月为单股河，驾部以下主溜北移至中河，在沁河口以下的御坝段向北略成弯道；1971 年 10 月流路平顺，基本无弯道，除孤柏嘴以下因山体突出为南河外，其他均为中河。1972 年 6 月，河势变化大，孤柏嘴以上为南圈河，现驾部控导工程处再次形成弯道，以下无大的变化；1972 年 10 月流路无大变化。1973 年 6 月驾部弯道继续北塌，其他无大的变化；1973 年 9 月孤柏嘴以上南圈河，驾部弯道进一步向北坍塌，至现驾部控导工程以北，现枣树沟控导工程北也形成了弯道，沁河口以下主溜线走中、弯曲，接连出现弯道，秦厂断面处弯顶塌至北岸老滩沿，坐陡弯转向东南至京广铁路桥。

（三）京广铁路桥—花园口

该河段 1959 年修建了花园口枢纽。枢纽由南到北依次为过流能力 $4500m^3/s$ 的 18 孔闸，拦河坝，长 1404m 设计流量为 $10000m^3/s$ 的溢洪堰，在溢洪堰北裹头以北为北围堤。为保证防洪安全，1963 年 7 月破除拦河坝，其破口位置为溢洪堰以南留 200m 拦河坝（以后称为孤岛）后，向南破除拦河坝长 1300m。为防以南未破除的拦河坝不被冲毁，在口门南端对拦河坝进行了防护，以后又进行了多次抢险加固，称为南裹头工程。破坝后有 3 处可以过流，后因 18 孔闸的部分消力池被冲毁，以后就不再利用闸门过水。破坝后主要从 1300m 长的破口过流，大水时溢洪堰才过流，随着过流时间的增长，溢洪堰底部被冲毁，加之河道淤积，水位抬高，溢流堰对过流已无影响。花园口枢纽的修建与破除对该河段河势流路的影响是很大的。因南裹头以南还有长约 2.2km 的拦河坝，1963 年以后就不再出现修建枢纽前的南河流路。

1. 1961～1964 年三门峡水库蓄水拦沙期

京广铁路桥—花园口枢纽，主溜多走北河，在现老田庵工程附近坐弯，出流东南，受 18 孔闸过流的影响，1961 年、1962 年主溜走南河或中河，因处于库区，主溜变化范围大。过枢纽的位置，1963 年 7 月前为 18 孔闸和溢洪堰，1963 年 8 月后从破口处过流，1964 年水量丰，流量大，溢洪堰也过流。枢纽以下，破坝前走花园口险工，破口后在花园口对岸出微弯后撇过花园口险工，流向申庄险工方向。

京广铁路桥—花园口河段 1961～1964 年河势变化情况见图 8-14。

从主流线随时间的变化情况看：1961 年 6 月京广铁路桥—保合寨险工，基本沿南岸堤防至花园口险工；1961 年 8 月河势基本没有变化。1962 年 5 月主溜自京广铁路桥走北河至西牛庄断面折向东南，经 18 孔闸沿南岸堤防至花园口险工；1962 年汛末，除京广铁路桥至西牛庄断面改走中河外，其余无变化。1963 年 5 月主溜出京广铁路桥后东北至现老田庵控导工程后面坐弯，过溢洪堰后东南至花园口险工；1963 年 8 月主溜在老田庵弯道继续东北坍塌，折流东南，过破口至现马庄控导工程下段坐弯，折向南岸花园口将军坝以上，花园口险工出流向双井控导工程方向；1963 年 10 月马庄弯道下挫，出流指向花园口险工下端。1964 年 5 月老田庵弯道弯顶上提，在现工程背后坐弯，其余基本无变化；1964 年 8 月老田庵弯道继续坍塌后退，主溜过溢洪堰斜向花园口险工下端，花园口险工不靠河。

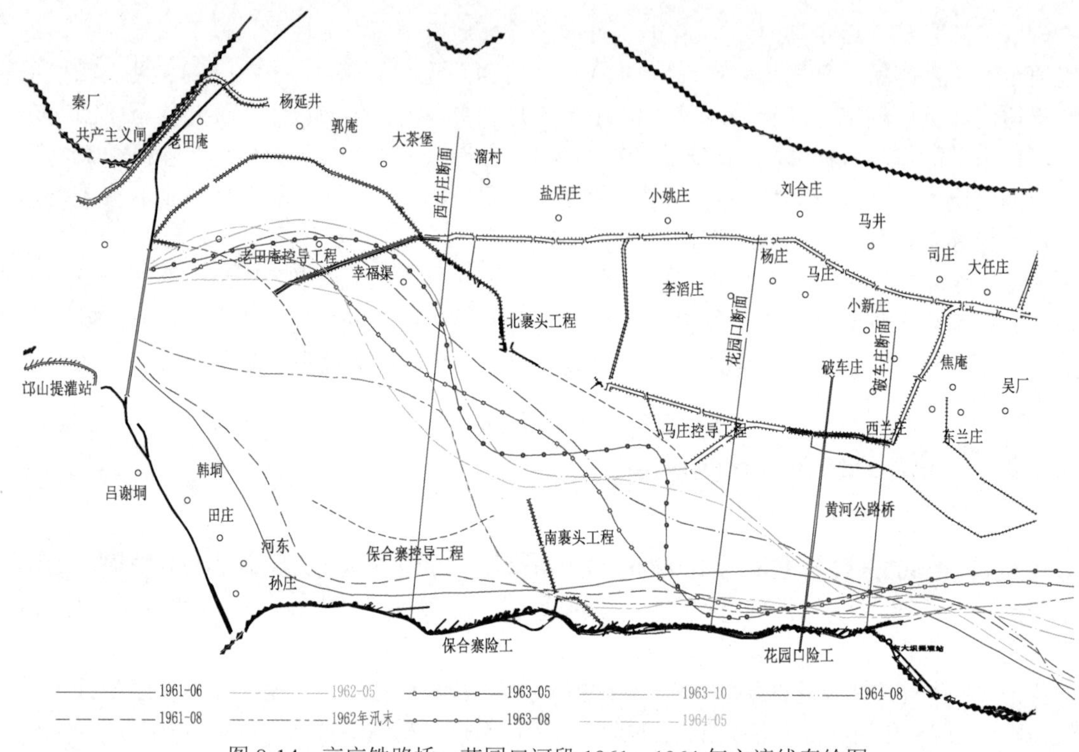

图 8-14　京广铁路桥—花园口河段 1961～1964 年主流线套绘图

2. 1965～1973 年三门峡水库滞洪排沙期

京广铁路桥—花园口枢纽为原来的库区，河势变化快，范围大。1965 年 5 月走北河，位于现老田庵工程以后，以后多走中河，位置向南发展，至 1973 年 9 月，发展为南河，出铁路桥东南至南裹头以上，塌过现保合寨控导工程位置，因受南裹头以南拦河坝的影响，坐陡弯折转东北方向穿过破口流向北岸，北岸继续坍塌坐弯，并造成了南裹头工程抢险。

花园口枢纽—花园口险工段，受三门峡枢纽滞洪排沙运用和花园口枢纽破坝的影响，河势变化大。破坝后，主溜北移，1965～1967 年主溜均塌过现马庄控导工程，尤其是 1967 年汛期，左岸坍塌严重，从原阳马庄西南的农场一队开始一直向东，马庄、破车庄、西兰庄一线村南的 1855 年形成的高滩接连坍塌后退，10 月塌至东兰庄并于村南坐陡弯折转向南，以横河形势直冲花园口险工东大坝以下的赵兰庄，并造成抢险，左岸农场一队至东兰庄长约 6km，向北塌宽 1～3km。这种花园口险工对岸坐弯的河势，一般主溜进入花园口险工以下的申庄险工。花园口枢纽以下，1968 年～1972 年主溜从破口东南流向花园口险工。1972 年汛末以后枢纽以下主溜北移，花园口险工不起导流作用。

京广铁路桥—花园口河段 1965～1973 年河势变化情况见图 8-15。

从主流线随时间的变化情况看：1965 年 5 月主溜由京广铁路桥东偏北至北围堤以南滩地坐弯，穿过溢洪堰后仍走北河，并在花园口断面北段、胡庄村南滩地坐弯后流向花园口险工下段，但险工仍不靠河；1965 年 8 月京广铁路桥以下走中河，过破口斜向花园口险工；1965 年 11 月在花园口枢纽以上向南、以下向北出现了缓弯。1966 年 6 月在现马庄控导工程以北塌滩坐弯，送流入申庄弯道；1966 年 10 月弯道消失，基本为直河，京广铁路桥—花园口险工皆为中河，过破车庄断面后流入申庄险工。1967 年 8 月河势无大的变化；1967

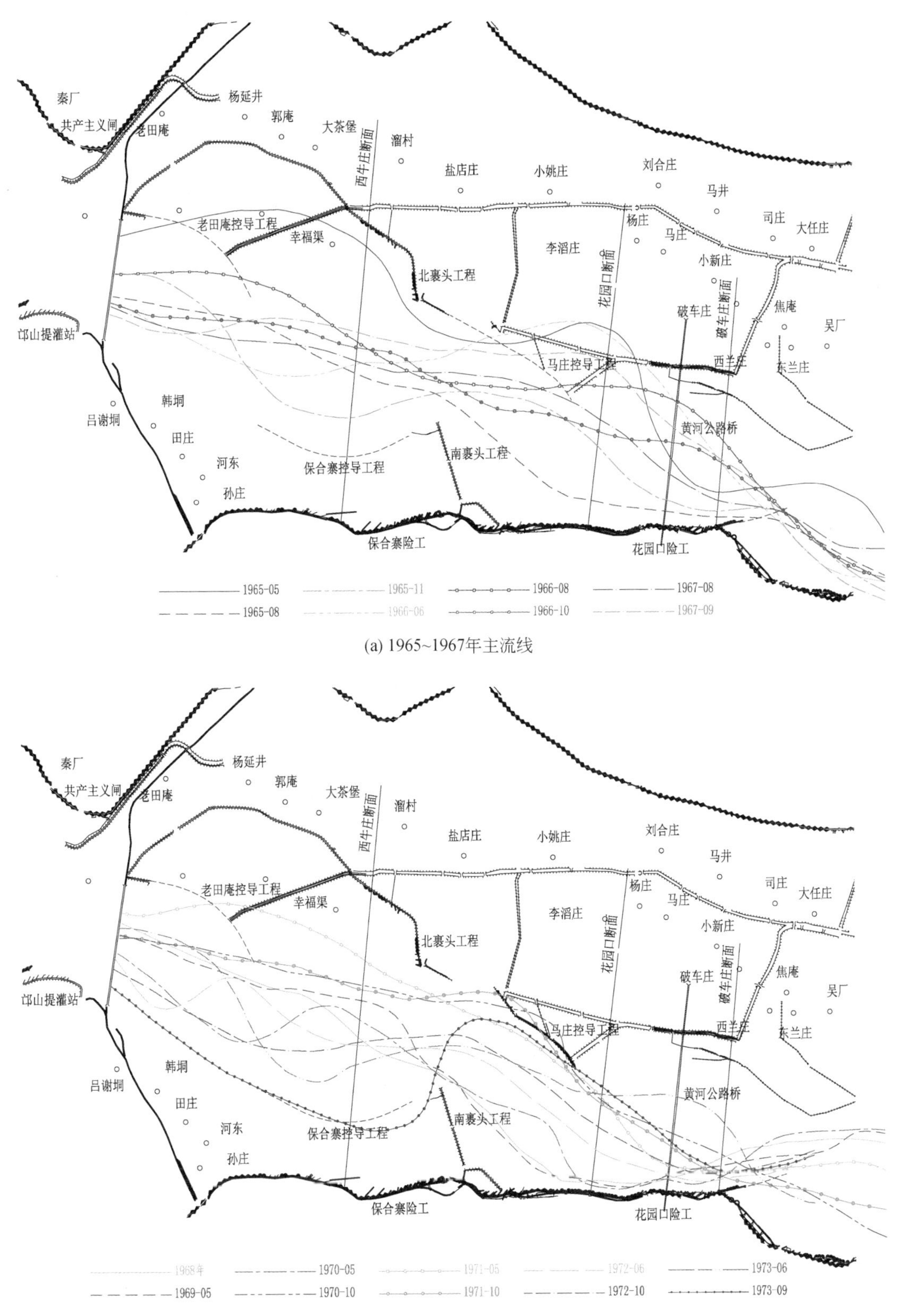

(a) 1965~1967年主流线

(b) 1968~1973年主流线

图 8-15 京广铁路桥—花园口河段 1965～1973 年主流线套绘图

年 9 月主溜过枢纽溢洪堰段，又在现马庄控导工程后坐弯，继而沿北岸向东坍塌 1855 年高滩，直至东兰庄；10 月在东兰庄村南坐弯，水流折转，以横河之势直冲花园口险工下游赵兰庄一带。1968 年，主溜自京广铁路桥中河出流东南向，经枢纽破口至花园口险工上段。1969 年 5 月至 1970 年 5 月，河势无大的变化。1970 年 10 月，主溜经枢纽溢洪堰，在现马庄控导工程北坐弯后流向申庄险工。1971 年 5 月河势较为平顺，在现老田庵控导工程以下微弯，过溢洪堰，至花园口险工段；1971 年 10 月现马庄控导工程上段塌滩出弯，其余无大的变化。1972 年京广铁路桥以下流向东偏南，中河过枢纽破口段，至花园口险工。1973 年 6 月花园口险工段为中河，弯顶在北岸，流向申庄险工；1973 年 9 月主溜自京广铁路桥南河坍塌至现保合寨控导工程以下，南裹头以上形成陡弯，折流过破口，在现马庄控导工程坐陡弯后东南流至花园口险工下段。

（四）花园口—赵口

1. 1961～1964 年三门峡水库蓄水拦沙期

该时期河段内主流较上一时期有明显的集中，其中主流在花园口险工东大坝处集中最为明显。

花园口—赵口河段大部分是沿南岸行河，虽有一些弯道，但弯曲幅度不大。在主流出花园口险工后，主要有两种流路，一种出花园口险工后趋向东北并于申庄险工对岸微弯后流向马渡险工或来潼寨方向，出弯后流向杨桥险工对岸滩地，出流向赵口险工。另一种走南路，主流不靠东大坝直接东南进入申庄险工，撇过马渡险工和三坝险工，滑向杨桥险工和万滩险工，沿大堤至赵口险工。期间，主流流路变化幅度大的为 1961 年 8 月，主溜在马渡险工前折转东北向，在王新庄、周屋村南滩地坐弯，折转向东沿全屋、武庄、黄练集一线村南滩地至三刘寨断面后流向九堡险工。1964 年 8 月主溜的弯曲幅度相对较大，经申庄险工导流，主溜转向东北，在马渡险工对岸出弯后流向杨桥险工上段，继而折转东北向，在现武庄控导工程以北到黄练集村东南坐弯，过三刘寨断面后东流至九堡险工。

花园口—赵口河段 1961～1964 年河势变化情况见图 8-16。

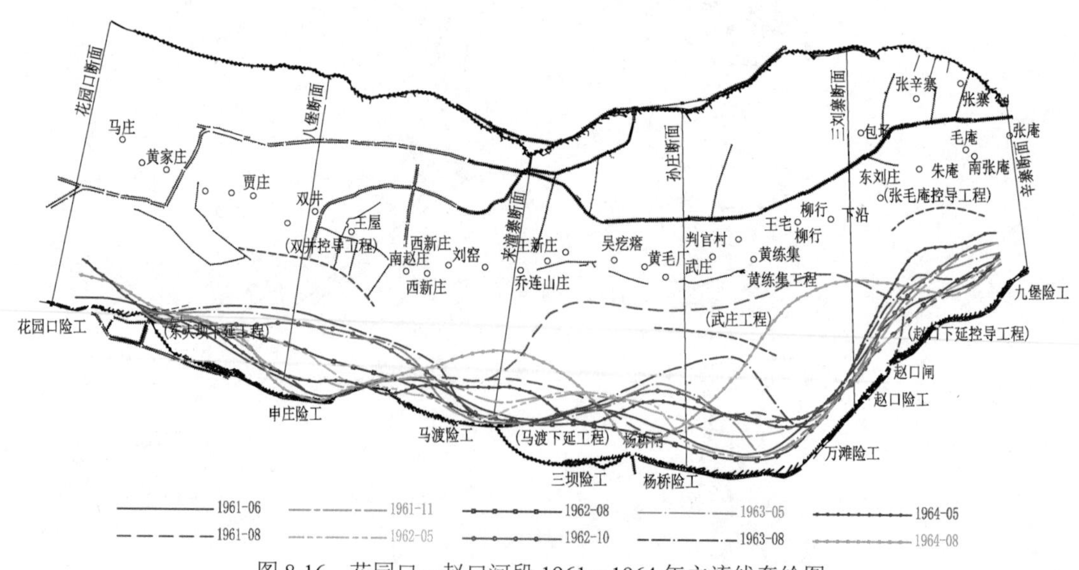

图 8-16　花园口—赵口河段 1961～1964 年主流线套绘图

从主流线随时间的变化情况看：1961 年 6 月河势较 1960 年 10 月主溜大幅度南移，由花园口险工下滑至申庄险工，顺马渡险工，经三坝险工、杨桥险工前滩地到万滩险工，再到赵口险工和九堡险工，虽靠河不紧但主溜距险工均较近；1961 年 8 月马渡险工—赵口险工河分为南北两股，南股在马渡险工—万滩险工段主溜较 6 月稍北移，北股顺吴疙瘩—黄练集而下，两股河汇合于赵口险工下段；1961 年 11 月北股消失，全段均为单股河，走南河流路，与 6 月流路相当。1962 年全线维持南河流路。1963 年申庄险工段中河，马渡险工下段靠河较紧，在现武庄控导工程以南滩地形成弯道送流至万滩险工下段。1964 年 5 月又恢复了南河，赵口险工以下走中河；1964 年 8 月主溜线较前弯曲，花园口险工以下主溜滑入申庄险工下段，送流在马渡险工对岸（中河位置）坐弯后导流至杨桥险工上段靠河，以下折转东北，在左岸黄练集村南滩地坐弯后流向九堡险工。

2. 1965～1973 年三门峡水库滞洪排沙期

花园口—赵口河段，该时段 9 年的河势变化还是比较大的。1965～1967 年马渡险工以上主溜的摆动幅度较小，马渡以下主溜摆动幅度大，南北变幅达 5km。

1968～1973 年的后 6 年中，马渡以上主溜摆动范围较大，南北约 3km。申庄险工不靠河，1970 年、1971 年河由花园口险工滑入马渡险工，其他时间多为过花园口险工后主溜外移，流向双井控导工程方向，在双井控导工程前面滩地出微弯，继而流向马渡险工。马渡险工以下河段沿南岸顺险工而行，直至赵口险工顺堤而下。

河势流路主要为两种，一为花园口险工不靠溜，主溜进入申庄险工后转向东北，于周屋、全屋以南滩地坐弯后流向万滩险工、赵口险工方向；二为花园口险工东大坝段靠溜，工程有一定的导流作用，出流东北朝双井控导工程方向，在双井工程南滩地坐弯后，流向马渡险工，马渡险工导流作用不明显，主流多顺险工下滑至三坝险工或撇过三坝险工直趋杨桥险工后顺势过万滩险工滑向赵口险工。该时段后期申庄险工靠河概率下降，该种流路逐渐湮灭。

花园口—赵口河段 1965～1973 年河势变化情况见图 8-17。

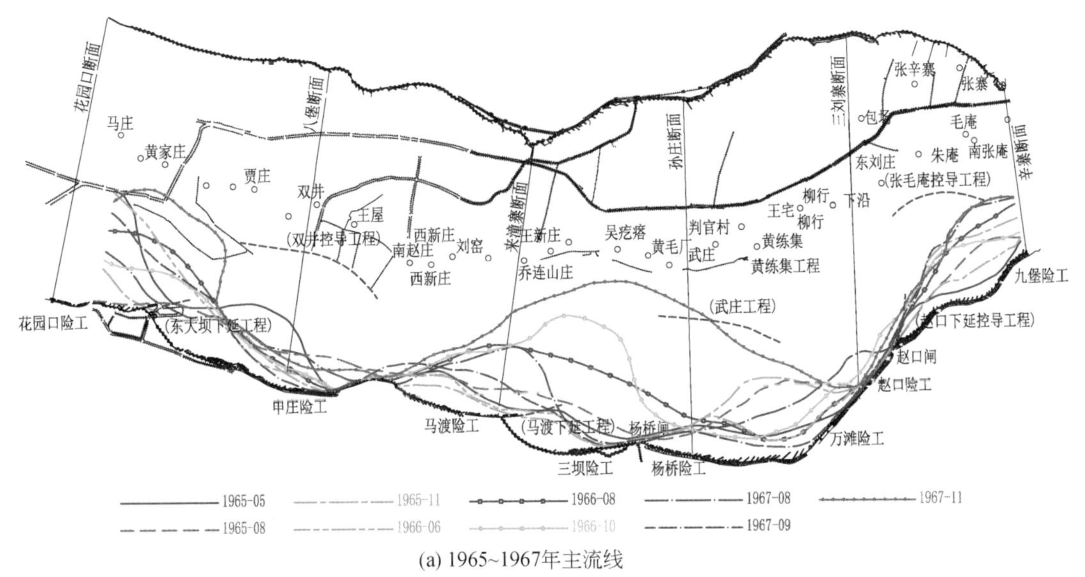

(a) 1965~1967年主流线

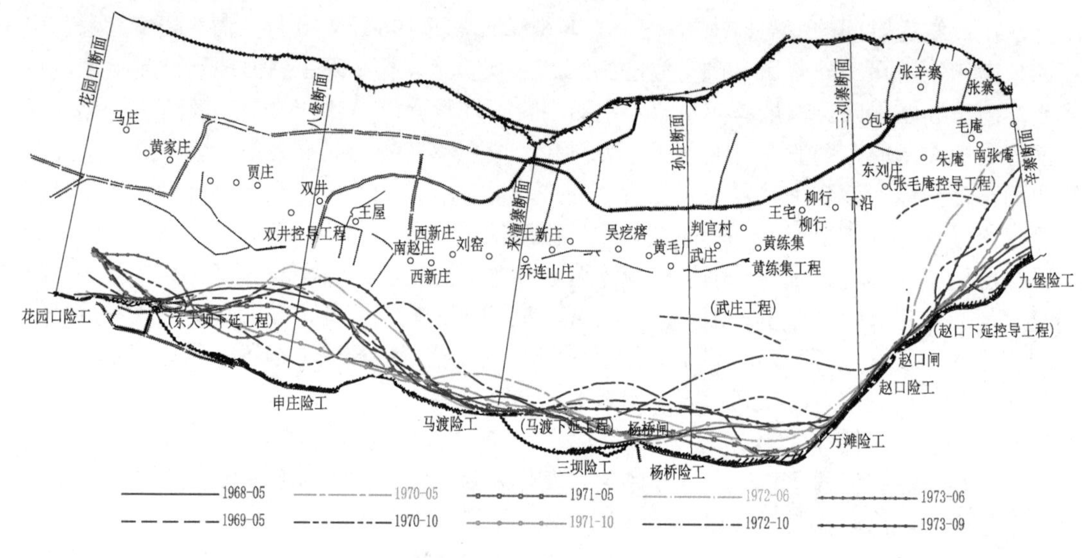

(b) 1968~1973年主流线

图 8-17 花园口—赵口河段 1965～1973 年主流线套绘图

从主流线随时间的变化情况看：1965 年 5 月河势较 1964 年 8 月变化较大，主溜出花园口险工东大坝—申庄险工下端，以下南河至赵口险工；1965 年 8～11 月仍为南河，仅万滩险工向对岸出个小弯。1966 年 6 月全为沿险工的南河；1966 年 8～10 月，主溜自花园口险工对岸至申庄险工下段，送流至中河形成微弯后，流向南岸万滩险工，再至赵口险工。1967 年 8 月马渡险工对岸（中河位置）出弯，三坝险工靠河，送流至赵口险工；1967 年 11 月河势又发生大变，主溜在北岸东兰庄村南坐弯后，折流向南，在东大坝以下折流向东，经申庄险工下端，流向东北在北岸吴疙瘩村南坍塌 1855 年高滩，形成一个大弯道后，送流至赵口险工。1968 年 5 月河势大变，主溜出花园口险工后，在申庄险工对岸（中河位置）坐弯后流向马渡险工，以下南河至赵口险工。1969 年 5 月至 1970 年 5 月，基本与 1968 年 5 月河势相同。1970 年 10 月主溜滑过东大坝进入申庄险工，出流东北在左岸南赵庄、西新庄以南滩地（中河位置）坐弯后流向马渡险工下段，以下主溜稍北移后东流至万滩险工、赵口险工。1971 年 5～10 月，主溜出花园口险工东大坝段后，稍外移，以下基本沿南岸险工至万滩险工、赵口险工。1972 年 6 月主溜由花园口险工至现双井控导工程再到马渡险工，以下基本无变化；1972 年 10 月杨桥至万滩险工在对岸出微弯后再至赵口险工。1973 年 6 月花园口险工脱河，马渡险工至赵口险工仍沿南岸险工行河；1973 年 9 月花园口险工下端靠河，又形成双井弯道，马渡险工靠河，以下至万滩险工主溜稍有北移，但仍为南河，赵口险工靠河。

（五）赵口—黑岗口

1 .1961～1964 年三门峡水库蓄水拦沙期

该时段河段内仍未兴建控导工程，河势仍处于自由演变状态，河势变化范围远超过上个时段。该时段三门峡水库清水下泄，水流淘刷力强，4 年时间河势摆幅达 5～6km。

该时段主溜进入该河段的情况为：少部分直接进入九堡险工下段；大部分主溜至赵口险工再到九堡险工下段或绕过九堡险工。九堡险工以下 1961～1963 年主溜走北河，三官庙至陡门形成大弯道，再几次微弯后至黑岗口险工。1961 年 11 月河势变化大，主溜由陡门出弯后，以接近南北河方向冲向右岸韦滩村北滩地，坐陡弯折转东北方向，继而流向黑岗口险工。1964年河势南滚，出九堡险工至河道中部后即转向东流，以下为两种流路，一种是走北河至徐庄工程后东南至黑岗口险工，另一种是走南河在南岸坐弯后至黑岗口险工。

相对上个时段来说，河段内弯道数量增加，北岸张毛庵—三官庙大的弯道消失，代之而来的是增加的小弯和三官庙以下的急弯。

赵口—黑岗口河段1961～1964年河势变化情况见图8-18。

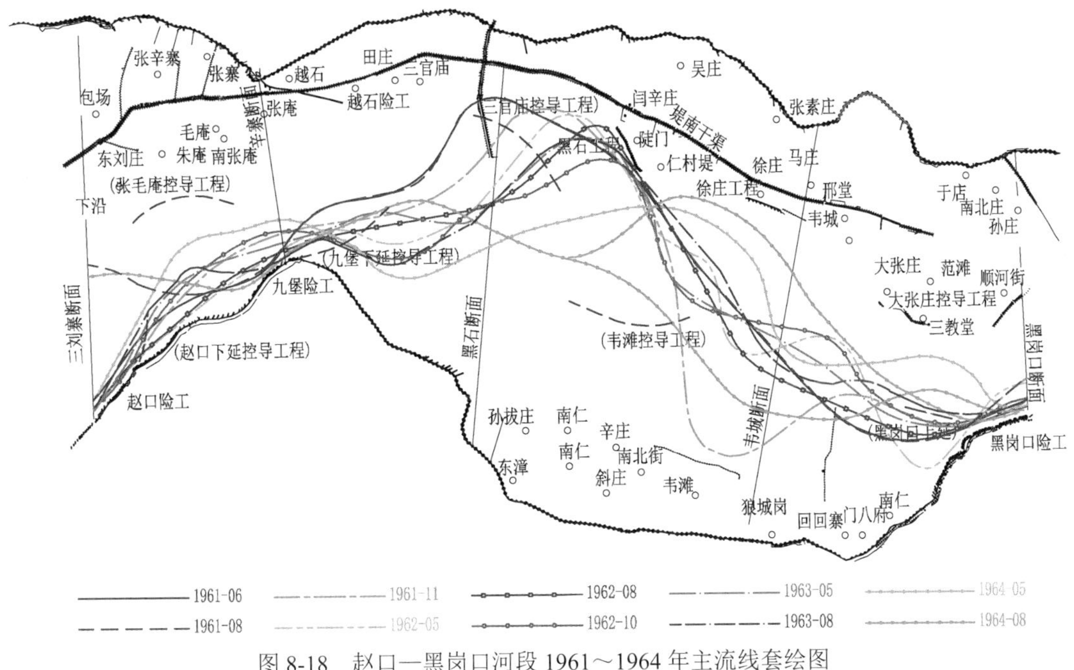

图8-18　赵口—黑岗口河段1961～1964年主流线套绘图

从主流线随时间的变化情况看：1961年6月主溜由赵口险工—九堡险工下段，经两个微弯至北岸三官庙，沿北岸至仁村堤，以下东南至黑岗口险工以上滩地坐弯后至黑岗口险工；1961年8月赵口险工不靠河，主溜由中河至九堡险工，以下基本无变化；1961年11月主溜由赵口险工流向三官庙至仁村堤弯道，以下折转南东方向，右岸韦滩以北滩地大量坍塌，形成陡弯后流向黑岗口险工。1962年5月韦滩村北弯道消失改走中河；1962年8月～10月无大的变化。1963年黑石弯道向北坍塌。1964年5月主溜由赵口险工出流东北，绕过九堡险工在其下游微弯后流向左岸徐庄工程，三官庙至仁村堤弯道湮灭，在现徐庄工程前缓弯转向流至黑岗口险工；1964年8月赵口险工脱河，九堡险工靠河，送流东北，中河而下，现韦滩控导工程以北至黑岗口险工分为两股河，北股走徐庄工程，南股穿过现韦滩控导工程至韦城断面后转向黑岗口险工，黑岗口险工仍靠河。

2. 1965～1973年三门峡水库滞洪排沙期

受三门峡水库运用影响，河势变化仍十分剧烈。该时段修建了大张庄控导工程。

本时段赵口险工前北河流路大部分消失，主流靠近赵口险工，且靠河长度较长。但由于险工较为平顺，其导流作用主要与主流和险工的相对关系而定。入流较为平顺时，险工主要发挥平顺送溜的作用，主流经险工后进入九堡险工中下段；若主流以较大角度冲向赵口险工，此时险工会发挥挑溜作用，主流至对岸，在毛庵、张庵、越石村南滩地坐弯。就大多数主溜线而言，张庵—大张庄为沿北河的主溜带，宽达 3～4km，宏观上弯曲度不大。左岸马庄—黑石的小弯道没有入弯，仅 1970 年 10 月黑石工程靠溜，并造成以下河势南移，尤以韦城断面以下为甚。黑石断面上下，1971～1973 年主溜线南移，基本走中河，以下至北岸（左岸）徐庄工程—大张庄工程，再至黑岗口险工。

与 1949～1960 年北河流路相比，河段内弯道数量增加，经大张庄工程靠河后，黑岗口险工靠河稳定。

赵口—黑岗口河段 1965～1973 年河势变化情况见图 8-19。

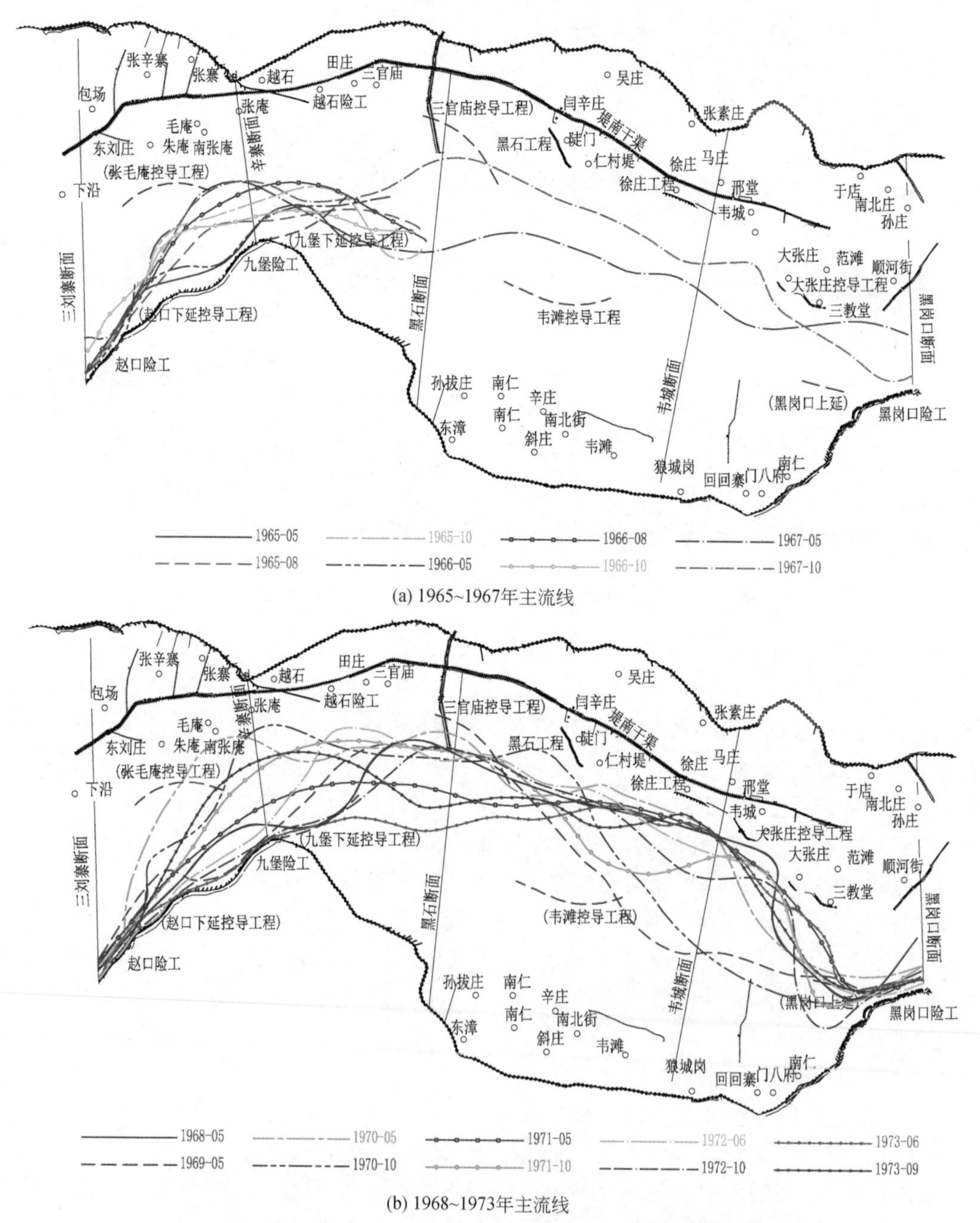

(a) 1965~1967年主流线

(b) 1968~1973年主流线

图 8-19　赵口—黑岗口河段 1965～1973 年主流线套绘图

从主流线随时间的变化情况看：在赵口—黑石断面，1965 年 5 月主溜由赵口险工滑入九堡险工，1965 年 8～10 月九堡险工脱河。1966 年 5 月赵口险工、九堡险工均靠河。1966 年 8～10 月，九堡险工又脱河。1967 年 5 月主溜出赵口险工后东北至现张毛庵工程下端坐弯，以下走中河至黑岗口断面；1967 年 10 月北岸三官庙—大张庄走北河，以下至黑岗口险工。1968 年 5 月赵口险工靠河滑过九堡险工，在其下坐弯折转至左岸三官庙村南滩地，再转弯顺北岸基本为直河至大张庄，再至黑岗口险工盖坝以上坐弯，挑流斜向现顺河街控导工程。1969 年 5 月九堡险工靠河，三官庙弯道出流东南，经现韦滩控导工程下端，至韦城断面转向黑岗口险工。1970 年 5 月赵口险工挑流至北岸张庵村南滩地坐弯后东流，几处微弯后到徐庄、韦城南滩地，以下东南微弯后至黑岗口险工；1970 年 10 月黑石工程下段靠河，出流东南，走中偏南河到黑岗口险工。1971 年 5 月赵口险工靠河出流东北，由中偏南河、中河、北河至大张庄后，出流东南至黑岗口险工，自赵口—黑岗口河道外形为一个大漫弯；1971 年 10 月左岸张庵至黑石改走北河，以下在右岸（中河位置）出弯后仍回大张庄再到黑岗口险工。1972 年 6 月黑石至大张庄复回北河；1972 年 10 月赵口险工、九堡险工靠河，出流至左岸三官庙，黑岗口险工盖坝以上坐陡弯，其他无大的变化。1973 年 6 月主溜由赵口险工，经九堡险工，斜向左岸徐庄，经大张庄—黑岗口险工；1973 年 9 月主溜由赵口险工东北流向张庵，在张庵村南滩地坐弯转向后至徐庄，以下无大的变化。

（六）黑岗口—曹岗

1. 1961～1964 年三门峡水库蓄水拦沙期

该河段期间黑岗口险工绝大部分情况都靠溜，当靠溜紧、挑溜能力强时，至现顺河街工程以下滩地坐弯，当自黑岗口—柳园口断面时河走中，以下东南，塌南岸滩地，至军张楼、徐庄村北滩地坐弯后折转东北至曹岗险工。该种流路河弯缓，弯曲半径大，以 1961 年 11 月河势为代表。该时段主溜由黑岗口险工滑入高朱庄控导工程位置，至柳园口险工着溜出流东北向，一部分在现大宫控导工程前坐弯，主溜东南，走南河在王庵、军张楼、徐庄村北滩地坐弯后，转向东北朝曹岗险工方向；另一部分由柳园口险工向东北—辛店险工—古城控导工程一带坐弯，有的经府君寺—曹岗，有的滑向曹岗。

该时段河势变化大，主溜摆动范围广，尤以柳园口断面—府君寺工程上首为甚，南北宽达 5～6km。河势变化远超过上一时段。

黑岗口—曹岗河段 1961～1964 年河势变化情况见图 8-20。

从主流线随时间的变化情况看：1961 年 6 月较 1960 年 10 月柳园口—府君寺主溜线稍北移，军张楼、徐庄村北滩地上的弯道消失，主溜由黑岗口—柳园口，出流东北，在滩地（中河位置）坐弯后流向现王庵工程位置后再东流至府君寺，至曹岗险工下段；1961 年 8 月柳园口险工以下东流平顺到达府君寺控导工程，曹岗险工脱河；1961 年 11 月河势由顺直变为大缓弯，主溜出黑岗口险工东北至现顺河街控导工程下游滩地坐弯，以东偏南方向穿过现王庵控导工程下段，在军张楼、徐庄村北滩地坐弯，出流东北，府君寺、曹岗险工均脱河。1962 年 5 月主溜由黑岗口险工上段—高朱庄控导工程、柳园口险工上段坐弯，折转至现大宫控导工程，穿过王庵控导工程下段至军张楼、徐庄村北弯道，以下斜向曹岗险工下段。1962 年 8 月仅大宫弯道有所下移；1962 年 10 月大宫以下走北河至曹岗，古城控导工程以西出现了一个小弯道。1963 年 5 月大宫—府君寺间出现南北两股河，北股至古城以西的芦庄，南股至军张楼、徐庄村北弯道，南北两股相距宽处达 6km；1963 年 8 月高朱

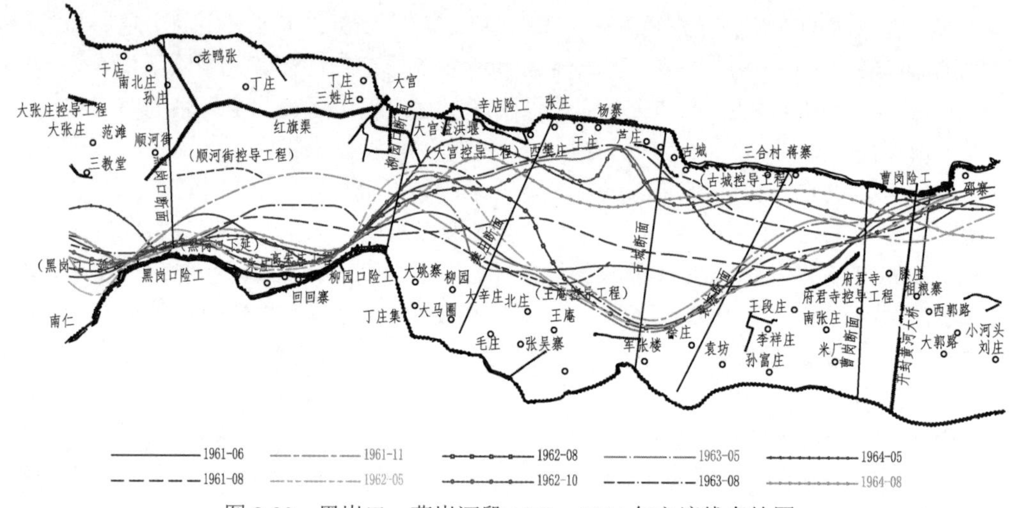

图 8-20　黑岗口—曹岗河段 1961～1964 年主流线套绘图

庄控导工程脱河，呈向北微凸的弯道，以下河势无变化。1964 年 5 月黑岗口—曹岗为单股河，柳园口险工下段靠溜，出流东北，塌滩至大宫溢洪堰以南滩地，走北河至古城，再经府君寺控导工程—曹岗险工；1964 年 8 月变化不大，仅在古城控导工程以下走北河，顺曹岗险工而下。

2. 1965～1973 年三门峡水库滞洪排沙期

本时段与上个时段一样，流路散乱，无主要流路，主流线河弯增多，河弯数量约在 9～16 个。流路年际变化大，年内变化亦较大，还出现小的畸形弯道。1970 年 5 月主溜出黑岗口险工后，先后在现顺河街工程及柳园口险工下首坐弯，过柳园口断面折转向北，穿过现大宫控导工程中部以横河之势，直冲辛店险工，形成急弯，弯道半径小，转向约 110º，形成了一个“S”形河弯。又如 1972 年 6 月，主溜出黑岗口险工后，于现顺河街工程以下形成弯道，送溜至柳园口险工下端，再经几个小弯后至古城断面中部，在此折转约 90º，顺古城断面北行，在古城村南滩地坐陡弯，主溜折转，转向达 130º，出溜东南，在古城控导工程前又形成了一个“S”形的畸形河弯。

黑岗口—曹岗河段 1965～1973 年河势变化情况见图 8-21。

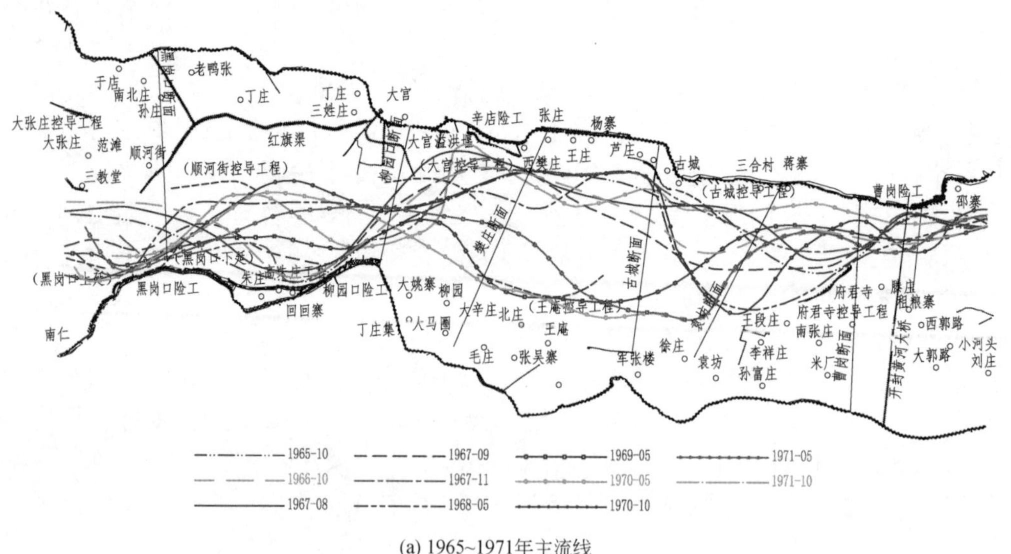

(a) 1965~1971年主流线

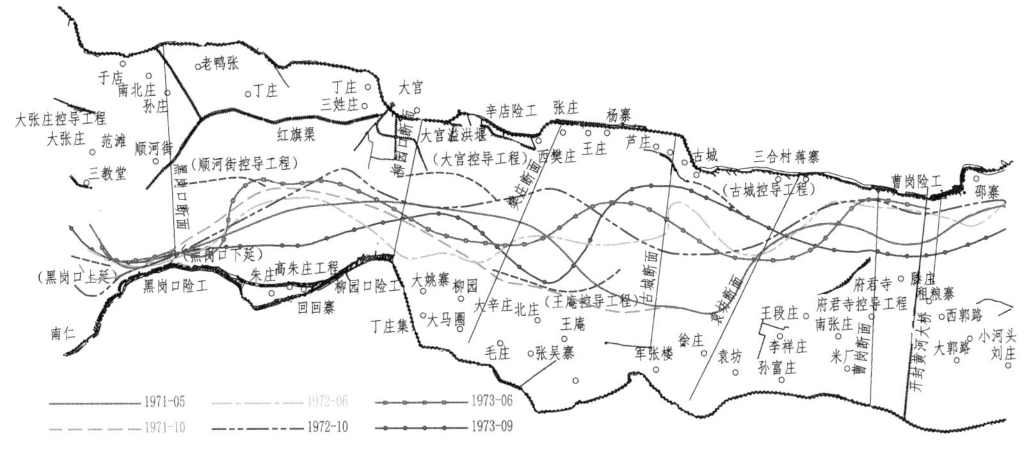

(b) 1971~1973年主流线

图 8-21　黑岗口—曹岗河段 1965～1973 年主流线套绘图

从主流线随时间变化的情况看：1965 年 10 月，黑岗口险工不靠河，主溜由柳园口险工下段，穿过现大宫控导工程下段，经左岸西樊庄村南滩地和现古城控导工程下段至府君寺控导工程下段，再至曹岗险工。1966 年 10 月由柳园口险工下段至现大宫控导工程下段背后坐弯，古城对岸（中河位置）出微弯，府君寺控导工程—曹岗险工段走中河。1967 年 8 月黑岗口险工仍脱河，主溜从三教堂—高朱庄工程、柳园口险工，出流东北至大宫溢洪堰前滩地坐弯后基本沿北岸而下至曹岗险工；1967 年 9 月黑岗口险工段中河至柳园口险工，大宫溢洪堰前弯道下移，出流向府君寺控导工程下段，再至曹岗险工；1967 年 11 月恢复至接近 1967 年 8 月时的流路。1968 年 5 月主溜由黑岗口险工东北流至现顺河街控导工程以南滩地坐弯后，东流走中河至古城控导工程，折转东南在王段庄—府君寺坐弯后出流向东，曹岗险工段为中河。1969 年 5 月与 1968 年 5 月河势相比，主溜线形成了一个“∞”形，黑岗口—古城断面由中河、北河变为南河，以下则由南河变为北河。1970 年 5 月由黑岗口险工至现顺河街控导工程末段坐弯，送流至柳园口险工下段坐弯后，以南北河（横河形式）方向塌至辛店险工，坐陡弯（转向约 110°）出流东南，又转向东流，沿北岸流过曹岗险工；1970 年 10 月柳园口险工、辛店险工处的弯道消失，主溜过古城后折向南岸，在王段庄一带坐弯后流向曹岗险工上段。1971 年 5 月柳园口断面以下北河变为中河、再南河，至徐庄以北滩地坐弯折流东北，以下基本为中河流至曹岗以下，至汛末河势无大的变化。1972 年 6 月现王庵控导工程至古城又改走中河；1972 年 10 月顺河街—古城主溜北移。1973 年 6 月由于在黑岗口险工下段坐弯，折转北流，在现顺河街控导工程下段坐弯后转向东流，以下基本走中河，河势无大变化，曹岗险工靠河；1973 年 9 月顺河街控导工程下段的弯道消失，现王庵控导工程、古城控导工程处形成弯道，以下走中河，府君寺控导工程及曹岗险工均不靠河。

（七）曹岗—东坝头

1. 1961～1964 年三门峡水库蓄水拦沙期

曹岗险工下段靠河或主溜从曹岗险工前通过。曹岗—贯台段主溜出曹岗险工后，经常堤工程沿北河至贯台。曹岗—常堤主溜线横向稍有变化，而常堤—贯台主流线近于重合。

本时期曹岗—夹河滩断面的北河流路基本没有变化。

夹河滩断面—东坝头断面的东坝头湾主溜线变化较大，但仍在上一时段的变化范围内。主溜由贯台东南至右岸夹河滩工程，再进入东坝头湾，经东坝头湾大弯道后进入下一个河段。东坝头湾有南河、中河、北河三种流路。本时段行河在南河、中河交替转换，摆动幅度 3～4km。

东坝头湾是河流走向由东西转为南北向折弯处，河势变化对以下河段影响很大，为防止东坝头坐弯坍塌，威胁堤防及兰坝铁路支线的安全，避免黄河在东坝头以下左岸封丘禅房形成死弯，1964 年在夹河滩工程以下，兴建了东坝头控导工程，为稳定下游河势创造了条件。

曹岗—东坝头河段 1961～1964 年河势变化情况见图 8-22。

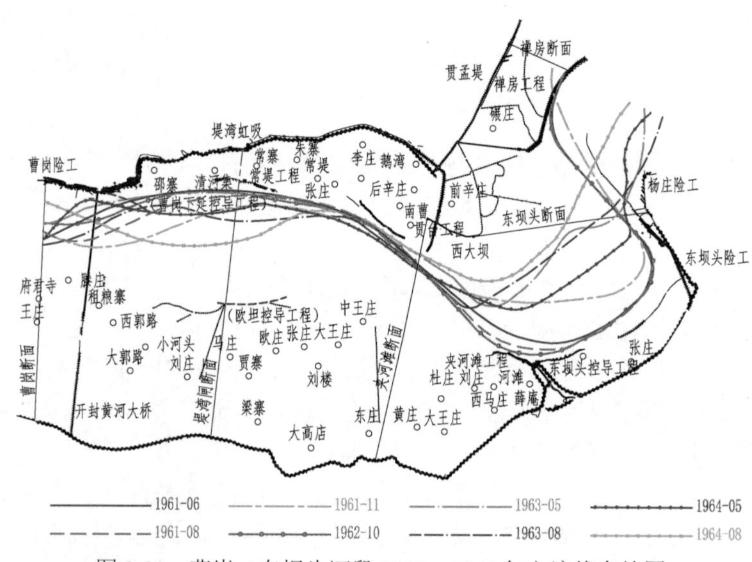

图 8-22　曹岗—东坝头河段 1961～1964 年主流线套绘图

从主流线随时间的变化情况看：1961 年 6 月主溜出曹岗险工东流经常堤工程—贯台，送流入东坝头湾，走南河经东坝头险工—禅房；1961 年 8 月河势流路基本无变化；1961 年 11 月东坝头湾内改走中河，经东坝头险工后去禅房方向。1962 年 10 月东坝头湾内又走南河。1963 年 5 月东坝头湾内主溜大幅度北移，基本走中河流路，撇过东坝头险工，流向杨庄险工；1963 年 8 月河势无大的变化。1964 年 5 月东坝头湾内河势有所右移，但属中河范围，东坝头险工靠河，杨庄险工脱河；1964 年 8 月曹岗—常堤主溜南移至中河，流至贯台，以下基本为中偏北河，东坝头险工和杨庄险工均不靠河，东坝头以下走中河。

2. 1965～1973 年三门峡水库滞洪排沙期

主流多沿北岸顺曹岗—常堤—贯台—夹河滩—东坝头控导工程—东坝头险工流路。1970 年修建贯台控导工程，堵截了北河流路以来，南河、偏南河的概率大增。有几年河势发生变化，曹岗—贯台 1970 年 5 月主溜在曹岗险工与常堤工程之间坐弯，出流东南，在现欧坦工程下首坐弯后折回贯台，以下走南河入东坝头湾。1973 年 6 月，河出曹岗险工后朝向东南，在南岸滩地（中河位置）坐弯，至堤弯闸断面以下坐弯，折转向北，以横河之势直冲常堤工程以下 1855 年形成的高滩，再折转流向，顺老滩沿到贯台，绕过贯台工程后，走中河流路过东坝头湾，过东坝头断面后沿东坝头以下河段的中河下行。

曹岗—东坝头河段 1965～1973 年河势变化情况见图 8-23。

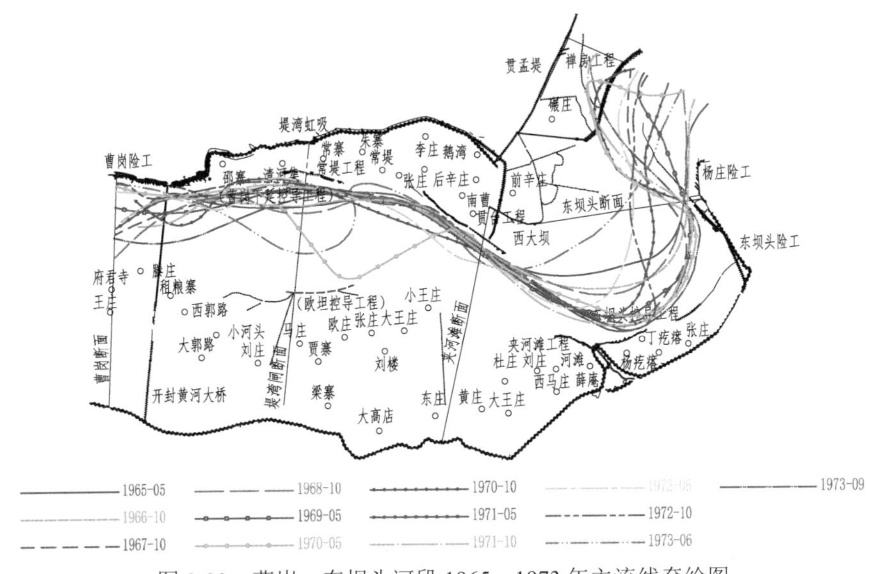

图 8-23　曹岗—东坝头河段 1965～1973 年主流线套绘图

从主溜随时间的变化情况看：1965 年 5 月河出曹岗北河—贯台，东坝头湾内为中河，东坝头险工不靠河，主溜走杨庄险工前而下。1966 年 10 月河势基本无变化，仅东坝头湾内稍有右移。1967 年 10 月贯台以上北河，以下走南圈河，东坝头险工靠河不紧，以下流向现禅房工程。1968 年 10 月东坝头湾内主溜左移至中河。1969 年 5 月流路仍为常堤、贯台、东坝头湾南圈河、东坝头险工，流向禅房方向。1970 年 5 月常堤脱河，在对岸现欧坦工程下段坐弯后流向贯台，以下东坝头湾内南圈河，经东坝头险工流向禅房；1970 年 10 月欧坦工程下段弯道消失，主溜由曹岗险工段中河至常堤，经贯台入东坝头湾南圈河。1971 年 5 月东坝头湾内改走中河，穿过东坝头断面，以下为中河；1971 年 10 月东坝头湾内恢复南圈河，过东坝头险工后流向禅房。1972 年 6 月东坝头湾内改走中河，东坝头险工脱河；1972 年 10 月主溜由贯台斜向东坝头湾的丁疙瘩，折转向北，中河位置穿过东坝头断面，以下仍走中河。1973 年 6 月河势变化很大，主溜由曹岗险工东偏南流至现欧坦控导工程前（中河位置）坐弯后，折转朝北在常堤工程以下坐弯后至贯台，常堤—贯台出现一个“S”形弯道，东坝头湾内为中偏北河流向东坝头断面以下；1973 年 9 月主溜由曹岗险工对岸流向常堤工程以下，经贯台控导工程入东坝头湾内南圈河，东坝头险工靠河，流向禅房。

（八）东坝头—周营

1. 1961～1964 年三门峡水库蓄水拦沙期

与上时段相比，河势变化较大。1961 年 6 月，东坝头险工靠河挑溜，主溜至现禅房控导工程转向至现王夹堤控导工程以西，微弯后沿中偏西河至周营。当年汛前已在禅房控导工程处形成了一个较陡的弯道。汛期该弯道迅速深化，弯顶已接近贯孟堤，为保护堤防安全，沿贯孟堤修了 4 道坝，至汛后 11 月形成死弯。1961 年在东坝头—油房寨断面之间形成了一个“S”形畸形河势，1962 年东坝头—油房寨断面间“S”形河弯消失，主溜在现禅房控导工程下段转向走西河，方向基本平行于贯孟堤，流向周营，现王夹堤控导工程、辛店集控导工程等右岸工程距河有 3～5km。1963 年 10 月油房寨断面—王高寨断面，主溜向右岸摆动至中河。1964 年东坝头至马厂断面河势变化大，东坝头以下走东河，到现蔡集控导工程、王夹堤控导工程处坐弯，送流到中河马厂断面处，沿中河而下。该时段现周营控导工程前多数形成弯道。

该时段，河道下切，主溜摆动加剧，河势变化范围大，禅房弯道是 60 多年来塌到的最西位置，主溜带也是最靠西的时段。

东坝头—周营河段 1961～1964 年河势变化情况见图 8-24。

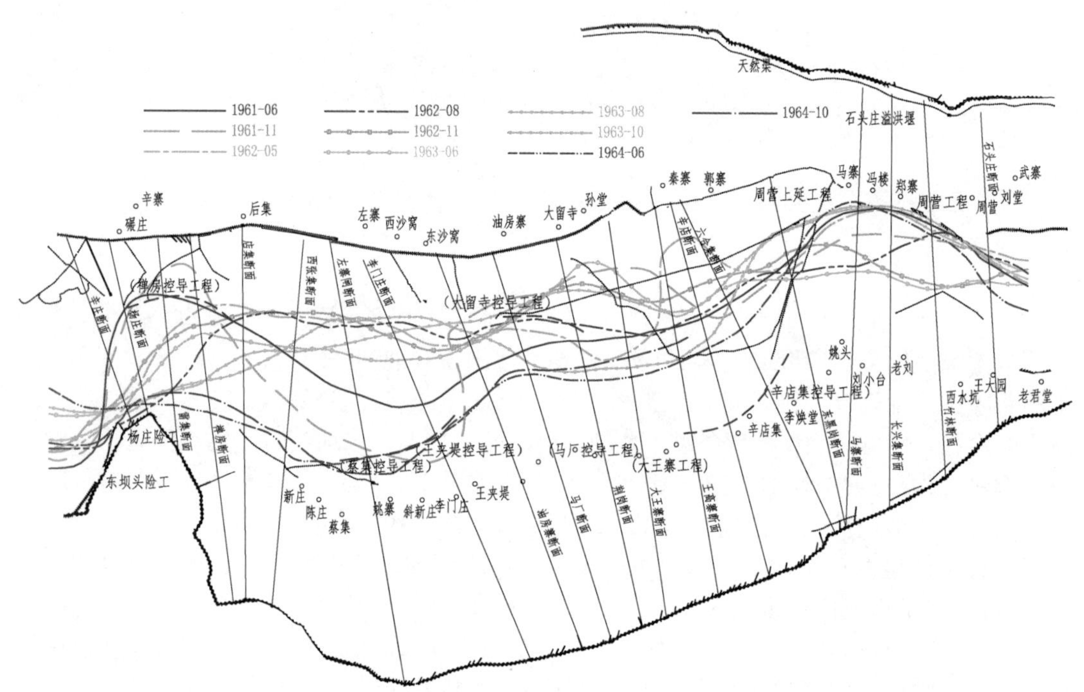

图 8-24 东坝头—周营河段 1961～1964 年主流线套绘图

从主流线随时间的变化看：1961 年 6 月主溜由东坝头险工—现禅房控导工程，以下基本走中偏西河，至现周营上延控导工程处，主溜左移到现周营控导工程；汛期河势发生较大变化，1961 年 11 月，禅房弯道大幅度左移，已接近贯孟堤，出溜至右岸，塌过现王夹堤控导坐陡弯，在油房寨断面以上以横河形式冲向左岸，塌过现大留寺控导工程，在东沙窝—姜堂基本平行于贯孟堤，至贯孟堤的距离不足 1km，以下溜稍右移，再至周营。1962 年 5 月，禅房死弯消失，主溜由东坝头险工—现禅房工程下段，转为平行于贯孟堤方向沿西河而下，至现大留寺控导工程，以下主溜稍右移后又转向左岸，在秦寨、郭寨段向左塌弯后以下仍走西河至周营；1962 年 8 月秦寨、郭寨段弯道消失，从禅房—马寨基本为一直河，在周营以上形成弯道；1962 年 11 月周营弯道脱河。1963 年 8 月东坝头险工脱河，大溜从杨庄险工以西，穿过现大留寺控导工程，走西河至周营弯道；1963 年 10 月油房寨断面—辛店断面主溜东移至中河位置，现周营上延—周营控导工程形成弯道。1964 年 6 月东坝头险工脱河，以下走东河，经现蔡集控导工程、王夹堤控导工程，马厂—辛店集走中河，以下主溜西北进入周营弯道；1964 年 10 月东坝头险工靠河，以下河势无大的变化。

2. 1965～1973 年三门峡水库滞洪排沙期

1965～1967 年，东坝头—周营河势变化范围广，变化速度快，是河势游荡最为严重的时段。1965 年 5 月～1966 年 8 月，东坝头以下仍走东河，并在现蔡集、王夹堤控导工程一带坐弯，以下基本走中河到周营控导工程。1966 年 11 月至 1967 年 6 月，非汛期东坝头、油房寨断面河势变化大，主溜自东坝头—禅房控导处坐弯出流至油房寨断面后沿中河而下。1967 年 10 月东坝头以下走中河，至辛店集流向左岸，1967 年 10 月在左岸出现小畸形河弯，在周营控导工程处为中河行河。

1968 年，主溜线为东坝头—王夹堤—大留寺—辛店集—周营。1971 年 10 月在现禅房控导工程背后又塌成陡弯。1972 年、1973 年禅房陡弯主溜外移。1968～1973 年，东坝头—辛店集河势变化的特点与 1965～1967 年相当。马厂、大王寨、王高寨、辛店集控导工程的修建限制了河势的向东坍塌，对改善河势发挥了一定作用。辛店集—周营（周营上延）控导工程主溜带集中，改变了特别散乱的状况。1968 年以后辛店集—周营流路稳定，主流带宽度小。

东坝头—周营河段 1965～1973 年河势变化情况见图 8-25。

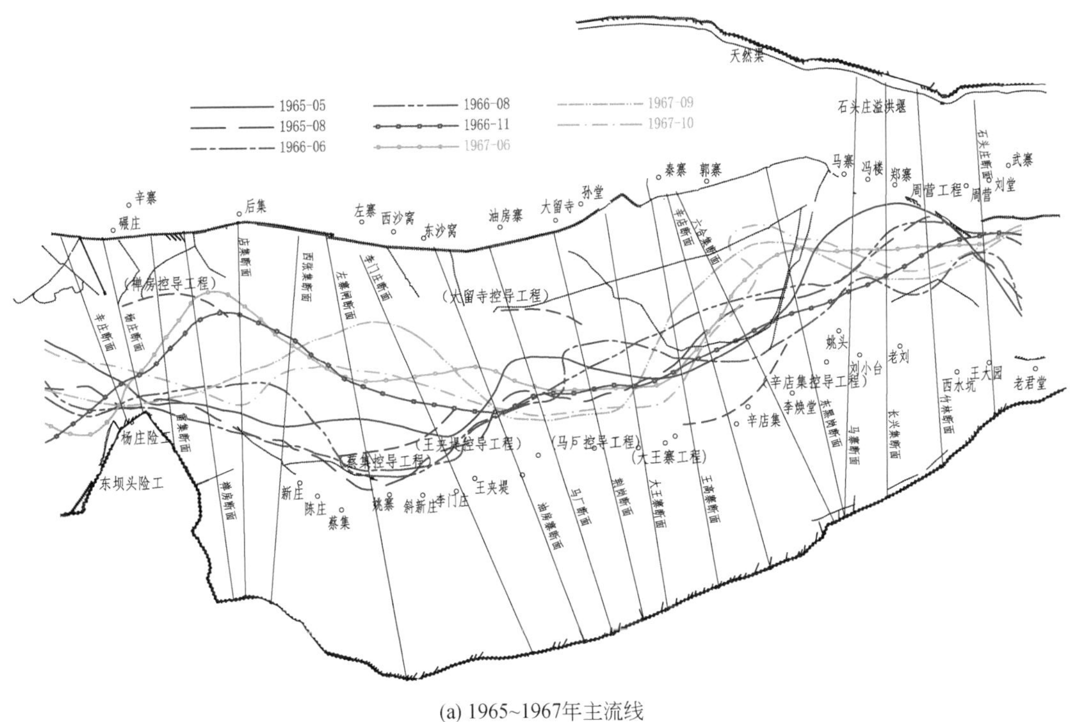

(a) 1965~1967年主流线

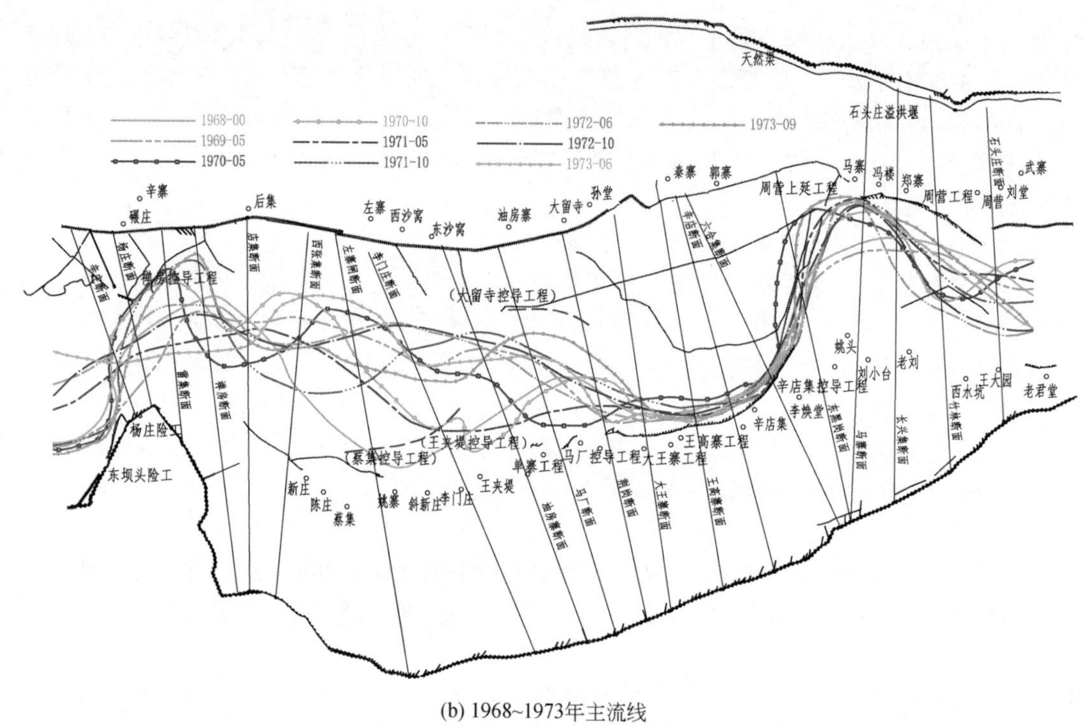

(b) 1968~1973年主流线

图 8-25　东坝头—周营河段 1965～1973 年主流线套绘图

从主溜线随时间的变化情况看：1965 年 5 月东坝头以下走东河，穿过现王夹堤控导工程下段后坐弯、转向，以下中河过东黑岗断面后，主溜向左进入周营弯道；1965 年 8 月东坝头以下主溜继续东移，塌过现蔡集控导工程和王夹堤控导工程，以下走中河进入周营弯道。1966 年 6 月周营弯道脱河，弯道下挫至现周营控导工程以下；1966 年 8 月现王夹堤控导工程至周营河道顺直，现周营控导工程下段又恢复靠河；1966 年 11 月东坝头到油房寨断面河势变化大，主溜出东坝头断面后到现禅房控导工程下段坐弯，经现王夹堤控导工程下端，至油房寨断面中部，以下无大的变化，仅周营靠河位置有所下挫。1967 年 6 月东坝头险工靠河，禅房弯道向左坍塌；1967 年 9 月东坝头险工脱河，大溜从杨庄险工以西流向左岸，禅房弯道下移至现大留寺控导工程以上滩地，以下在右岸马厂至大王寨、左岸在辛店集对岸、右岸在周营弯对岸形成弯道，4 个弯道均比较平缓。1968 年流路为东坝头险工—现禅房—现蔡集、王夹堤控导工程—大留寺以东（中河）—现辛店集控导工程—周营弯。1969 年 5 月主溜由东坝头险工—禅房，斜向辛店集控导工程，再在周营弯道前形成缓弯。1970 年 5 月主溜向西塌过现禅房控导工程形成陡弯，以下弯弯曲曲的流至辛店集控导工程，再折向左岸，又在现周营上延控导工程处坐弯转向东北，周营控导工程脱河；1970 年 10 月禅房—辛店集控导工程段弯曲多变，周营上延控导工程处弯顶下移至马寨断面。1971 年 5 月禅房段中河王夹堤—辛店集段东河，周营段基本无变化；1971 年 10 月禅房段又坐陡弯，以下至辛店集水面较宽，主溜线左右变化，周营控导工程上段靠河导流。1972 年 6 月禅房陡弯外移变缓；至 1972 年 10 月河势无大的变化。1973 年 6 月主溜在左右变化、多小弯道的情况下基本走中河至辛店集，再至周营；1973 年 9 月东坝头险工靠河挑流，禅房在当年修建 1～5 坝以后在其下又塌成陡弯，以下基本走中河弯弯曲曲至辛店集，再至现周营上延控导工程，周营控导工程脱河。

（九）周营—高村

1. 1961～1964 年三门峡水库蓄水拦沙期

1961～1964 年，周营—高村的基本流路为周营—黄寨、霍寨、堡城险工—河道村控导工程—青庄险工—高村险工，弯道平缓，弯顶间距大，水流较为平顺。周营—黄寨险工段，河势变化范围大，周营弯道的靠河情况直接决定了以下河势，年际间的变化速度还是比较快的。黄寨险工—高村险工，河势变化范围较小，变化速度也较慢，但在 1964 年却出现了青庄、高村险工脱河的不利河势。

周营—高村河段 1961～1964 年河势变化情况见图 8-26。

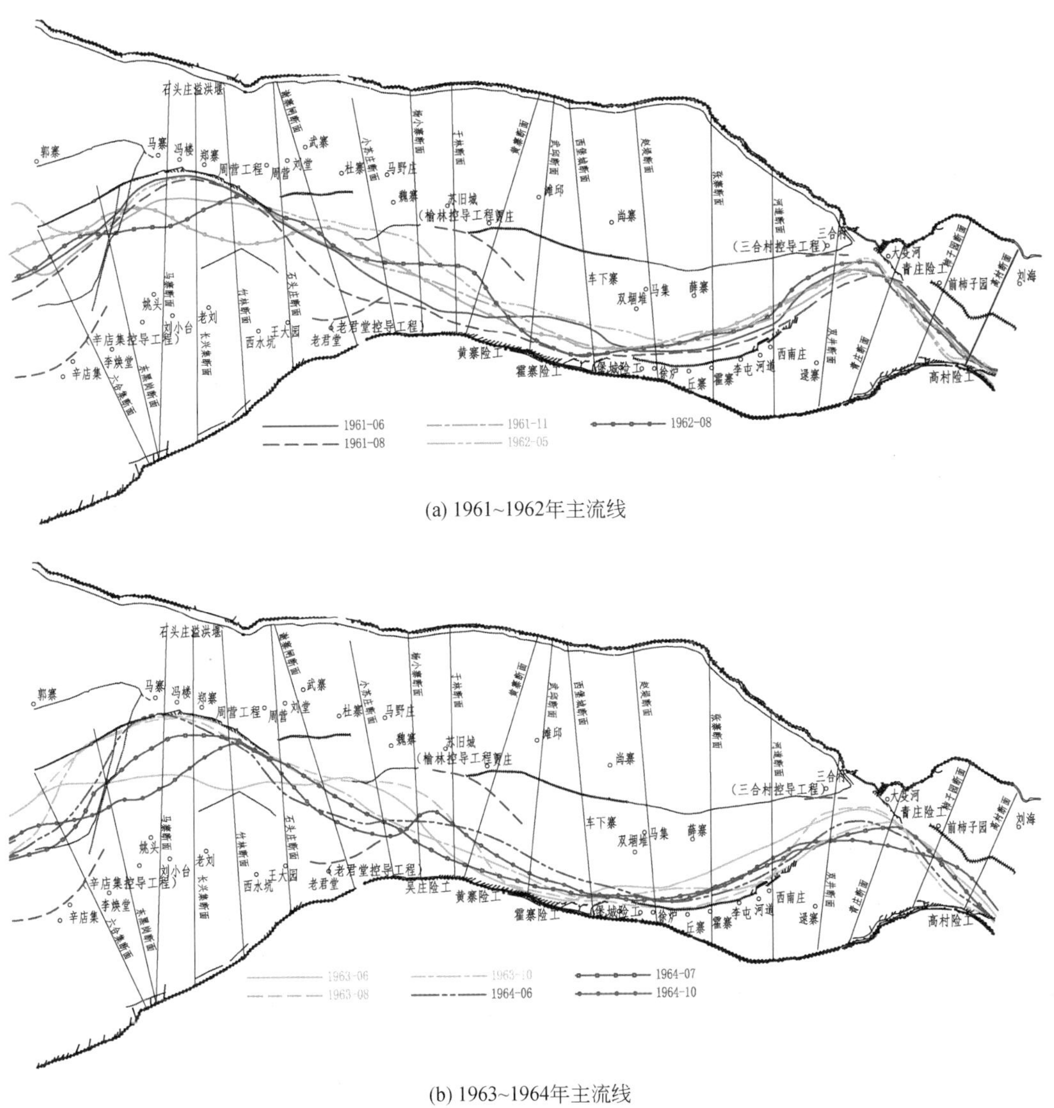

(a) 1961~1962年主流线

(b) 1963~1964年主流线

图 8-26　周营—高村河段 1961～1964 年主流线套绘图

从主溜线随时间的变化情况看：1961 年 6 月较前无大的变化，由周营—吴庄险工，沿右岸至河道村控导工程，再经青庄险工—高村险工；8 月河势无大的变化；11 月吴庄险工—霍寨险工段主溜左移，河道村控导工程溜势外移。1962 年 5 月主溜出周营弯道后斜向河道村工程；1962 年 8 月霍寨、堡城险工靠河，河道村工程处溜势外移，以下无大的变化；1962 年 11 月周营弯脱河，弯顶下挫至老君堂控导工程对岸，以下无大的变化，黄寨—河道村为一大漫弯，青庄、高村仍靠河。1963 年 6 月黄寨险工、霍寨险工、堡城险工靠河，送流至青庄险工，再至高村险工下端；1963 年 8 月周营恢复靠河，霍寨险工、堡城险工、河道村工程、青庄险工均靠河，送流至高村险工下段；1963 年 10 月主溜自周营—堡城险工，经河道村工程、青庄险工—高村险工。1964 年 6 月霍寨险工、堡城险工段主溜外移，主溜经河道村工程、青庄险工—高村险工；1964 年 7 月主溜自周营控导工程—黄寨险工、霍寨险工、堡城险工，滑过河道村工程—青庄险工、高村险工；1964 年 10 月河道村工程以上基本无变化，但青庄险工脱河，弯道下滑至柿子园，相应的高村险工脱河。

2. 1965～1973 年三门峡水库滞洪排沙期

1965 年 5 月至 1966 年 6 月，周营弯道下段靠河，出流至老君堂村西滩地坐弯，经黄寨、霍寨、堡城险工，主溜外移，河道村控导工程仅下端靠河，以下走中河，青庄、高村险工均处于脱河状态。1966 年 8 月至 1967 年 11 月周营弯脱河。1967 年 11 月已形成青庄、高村险工靠河的流势。1968 年和 1969 年周营不靠河，但为周营弯道的外形，以下至堡城险工主溜左右大幅度摆动，堡城险工靠河，但以下河道村控导工程、青庄、高村险工均不靠河。1970 年现周营上延控导工程处坐弯，青庄险工向靠河发展。1971～1973 年，现周营上延控导处坐弯，至堡城险工间河势摆动幅度大，以下去三合村—青庄险工，青庄险工、高村险工亦靠河。1973 年 9 月 3 日，花园口出现 5890m^3/s 的洪水，是前后几年的较大洪水，在右岸老君堂、左岸榆林处形成了两个弯道，1974 年修建了控导工程。

总的讲，该河段 1965～1973 年河势变化是堡城险工以上变化大，堡城险工以下河势变化小。

周营—高村河段 1965～1973 年河势变化情况见图 8-27。

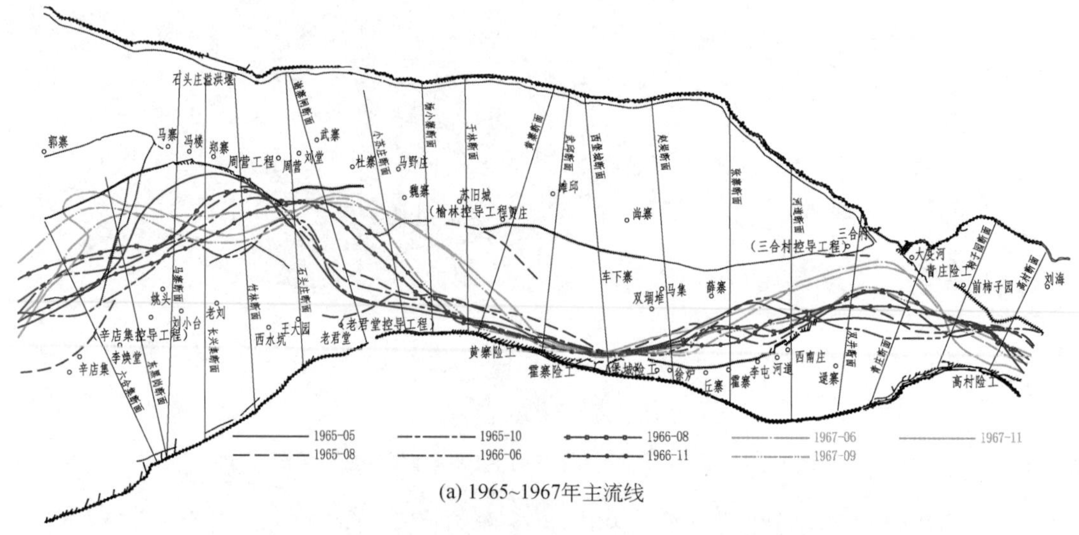

(a) 1965~1967年主流线

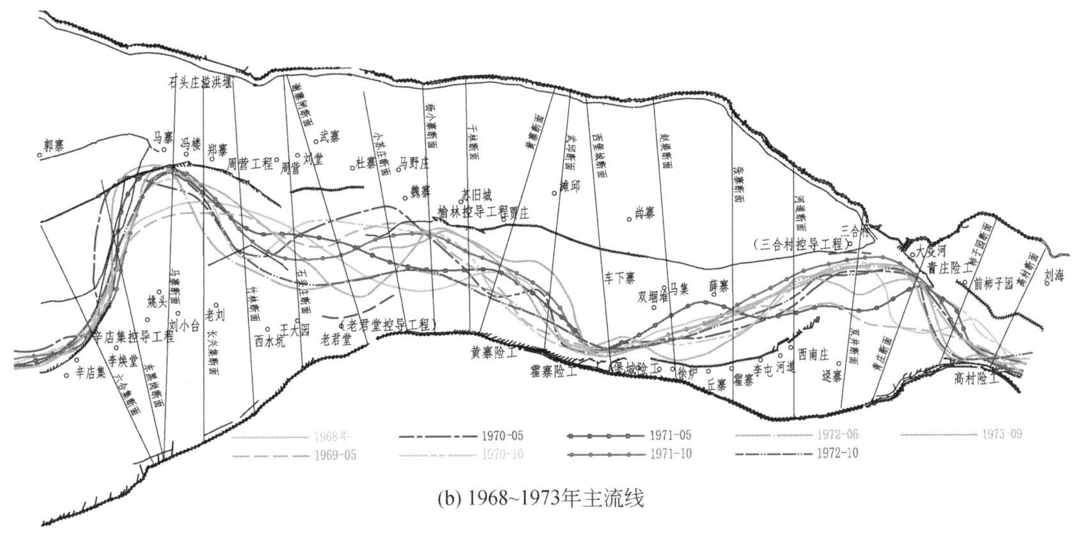

(b) 1968~1973年主流线

图 8-27　周营—高村河段 1965～1973 年主流线套绘图

从主溜线随时间变化的情况看：1965 年 5 月现周营控导工程靠河，出流斜向右岸，吴庄—堡城险工主溜基本平行于堤防，险工靠河不紧，堡城出流至中河位置后坐弯流向柿子园，河道村控导工程、青庄险工、高村险工均不靠河，基本沿中河而下；1965 年 8 月河势无大的变化；1965 年 10 月周营河势下挫。1966 年 6 月，周营弯顶下挫到现控导工程以下，其下至高村河势无大的变化；1966 年 8 月周营弯道弯顶上提，黄寨险工、霍寨险工、堡城险工仍靠河，以下河走中；1966 年 11 月除周营弯弯顶下滑至杜寨一带外，其他基本无变化。1967 年 6 月主溜从杜寨—霍寨险工、堡城险工，青庄险工恢复靠河，但高村险工仍处于脱河状态；1967 年 9 月变化之处为黄寨险工靠河，青庄险工又脱河；1967 年 11 月又基本与 1967 年 6 月河势相同。1968 年周营弯道不靠河，但已有靠河之势，以下经右岸、左岸微弯后入堡城险工弯道，堡城险工靠河，出溜趋向青庄险工方向，未达险工已转向，高村险工仍脱河。1969 年 5 月周营以下大溜又回左岸，在魏寨微弯后至右岸霍寨险工、堡城险工，以下走中河，河道村控导工程、青庄险工、高村险工均不靠河。1970 年 5 月主溜在现周营上延控导工程处坐弯，主溜右移后又回左岸魏寨处坐弯，以下经堡城险工导流，至青庄险工，高村险工虽有靠河之势，但仍处于脱河状态；1970 年 10 月，现周营控导工程上段靠河，其他河势无大的变化。1971 年 5 月在现周营上延控导工程坐弯后走中河，堡城险工靠河，几次微弯后到青庄险工，高村险工恢复靠河；1971 年 10 月青庄险工及其以上形成了一个较好的弯道。1972 年 6 月周营—堡城险工主溜位置稍有右移；1972 年 10 月河势无大的变化，仅高村险工靠河位置上提。1973 年 9 月周营—堡城之间河势变化大，分别在左岸老君堂、左岸榆林形成了两个弯道，堡城险工、青庄险工、高村险工仍靠河导流。

三、三门峡水库蓄清排浑运用期的河势演变

三门峡水库蓄清排浑运用期相应时段为 1974～1999 年。根据黄河下游来水情况分为 1974～1985 年、1986～1999 年两个时段。花园口水文站，1975～1985 年年均来水量 452.92

亿 m^3，较多年平均多 17.89%；年均来沙量 10.46 亿 t，较多年平均来沙量多 14.86%。1986～1999 年年均来水 276.55 亿 m^3，较多年平均少 28.02%；年均来沙量 6.79 亿 t，较多年平均来沙量少 25.48%。

（一）白鹤镇—伊洛河口

1. 1974～1985 年

（1）白鹤镇—赵沟河段

该时段铁谢险工靠河比较好，主流比较集中，主流多于上弯道坐弯，下弯道靠河概率明显减少。当铁谢险工靠河较好时，主溜直接出铁谢弯道后送溜至逯村工程上首并顺逯村弯道出溜，逯村控导工程能较好地发挥控导主流的作用。当铁谢险工不能充分导流时，主流出铁谢弯道后于北岸滩地坐小弯，稍向下游即在逯村工程上游对岸河中心滩坐弯后折向逯村工程中下段。随着逯村工程上游对岸弯道的发展，逯村工程靠河位置不断下移。部分情况下，主流自铁谢出溜并于北岸滩地坐弯后直接走中河流路滑向开仪工程临河侧滩地。

逯村工程的靠河情况比上一个时段有所改善。逯村工程中下段靠河较好时，主流摆幅较小。当逯村工程靠河较紧时，弯道发展充分，主流会导向花园镇方向；当逯村靠河长度较短或主流经中河流路至逯村弯道下段时，主流多滑向现开仪控导工程，花园镇控导工程脱河；当逯村工程前走中河流路时，主流更多直接趋向赵沟控导工程，并经赵沟工程导流至化工控导工程。当逯村工程靠河不紧时，主流在逯村工程与赵沟工程之间散乱，游荡。一种流路是主流直接出逯村滑向开仪后趋向赵沟或者赵沟稍下游；二是导流向花园镇工程方向，但由于送溜能力不足，花园镇弯道不能得到充分发育或者仅在花园镇工程临河滩地出现弯道，继而主流趋向开仪工程。若开仪弯道发育则主流折向赵沟工程，如不发育则滑过开仪工程位置，主流趋向赵沟弯道临河滩地，赵沟工程位置仅末端靠河甚至不靠河。

（2）赵沟—伊洛河口河段

赵沟控导工程段大部分时段靠河较好，一般送流至化工控导工程，但化工以下至伊洛河口段主流变化频繁，且主流摆幅也较上一时段增大。

该河段在 1974～1985 年期间，白鹤镇、白坡、铁谢、逯村上下，河势变化较小，赵沟控导工程处 1983 年以前靠河较好，主溜线变化也小，这时河势较为稳定。其他河段河势变化大，花园镇段在中河、南河间变化，化工以下至神堤主溜线变化北至化工、大玉兰控导工程，南至邙山脚下的河道中，南北摆动幅度达 3～4km。有的还超过此范围，如 1985 年河势游荡散乱，河分两股或 3 股，7 月，河出逯村控导工程，河分两股，北股流向现开仪控导工程，南股在花园镇控导工程以北滩地坐弯后至赵沟工程，以下两股汇合，绕过化工控导工程，沿北北东方向塌滩坐弯，弯底接近孟县黄河堤，再折向东南，顺大玉兰控导工程前流至神堤控导工程下首。1985 年是丰水年，8 月弯道进一步深化，尤其是化工控导工程以下，继续向西向北塌滩，孟县堤防下端塌失长 170m（因该段堤防以下接清风岭，以后未再修复），以下折转东南，从大玉兰控导工程上首绕过，直趋神堤控导工程下端，主溜线的变化范围南北摆动达 6km。孟县堤头抢险是当年严重的抢险之一。

白鹤镇—伊洛河口河段 1974～1985 年河势变化情况见图 8-28。

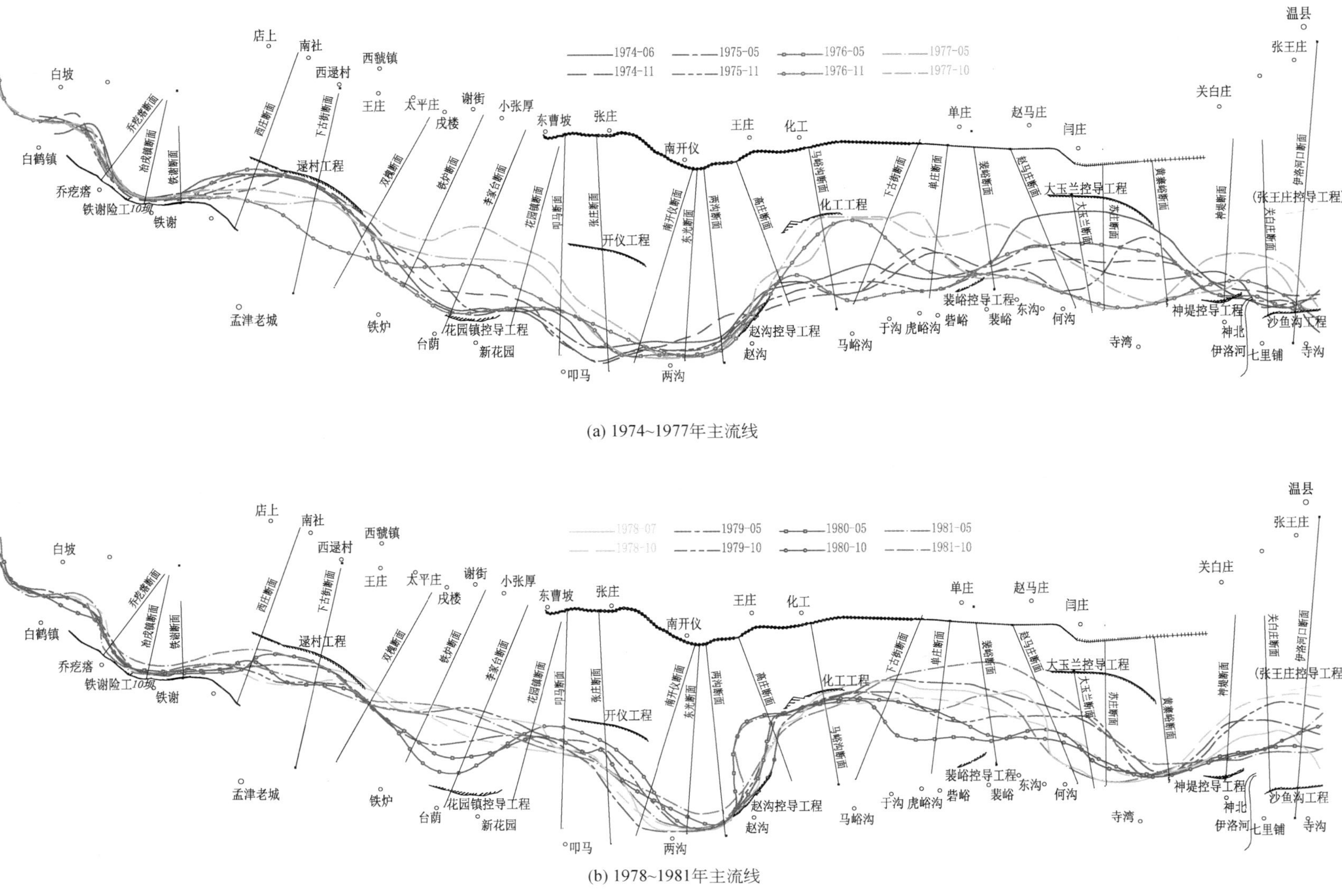

(a) 1974~1977年主流线

(b) 1978~1981年主流线

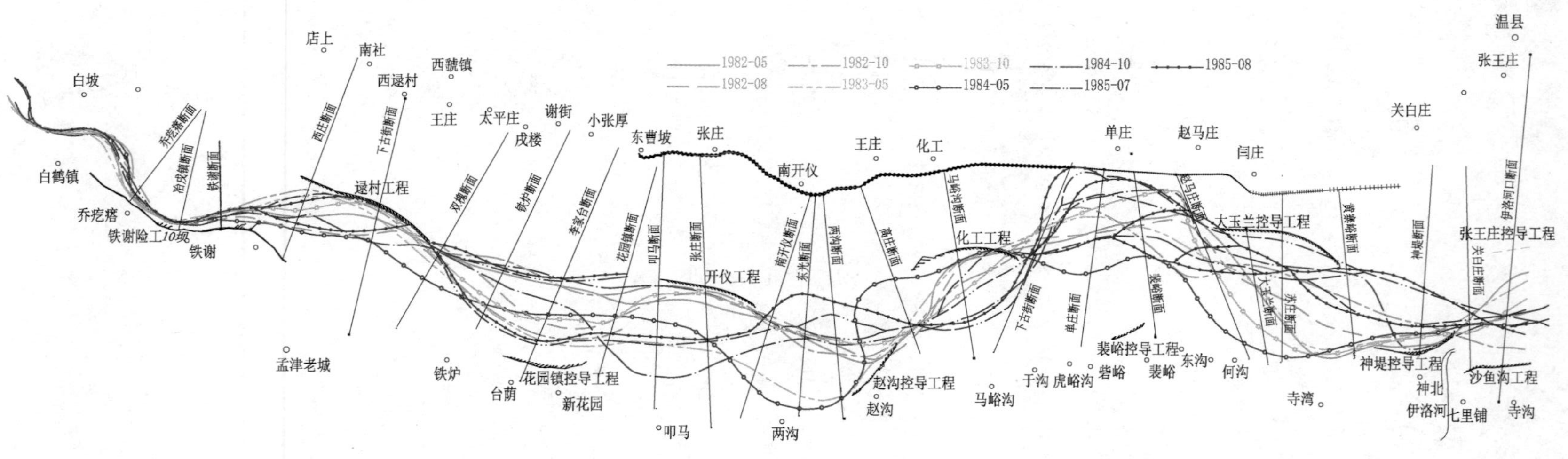

(c) 1982~1985年主流线

图 8-28　白鹤镇—伊洛河口河段1974～1985年主流线套绘图

从主溜线随时间的变化情况看：1974 年 6 月主溜由白鹤控导工程—现白坡控导工程—铁谢险工—逯村控导工程—花园镇控导工程，以下主溜沿南岸流至赵沟控导工程—裴峪控导工程，出流东北到现大玉兰控导工程位置，再至神堤控导工程下端；1974 年 11 月白鹤控导工程处主溜北移，现大玉兰工程段由北河改走中河。1975 年汛前河势无大变化；1975 年 11 月主溜在裴峪—神堤间先向南再向北出了两个小弯道，其他无大变化。1976 年 5 月大玉兰控导工程段改走中河；1976 年汛期水量丰，至 11 月河势变化大，铁谢—赵沟主溜基本顺直，逯村控导工程及花园镇控导工程脱河，赵沟控导工程导流东北，化工控导工程靠河，以下斜向裴峪控导工程下端，沿南岸东流，神堤控导工程也脱流。1977 年 5 月河势无大变化；1977 年 10 月化工控导工程以下仍东流至裴峪断面后再东南至南岸再折转东北，神堤控导工程段反向出弯后再流到伊洛河口以下南岸。1978 年 7 月流路基本同前，逯村控导工程下端开始靠河；1978 年 10 月河势无大变化。1979 年逯村控导工程靠河部位又向上提，其余无大变化。1980 年 5 月铁谢—赵沟河走中，主溜出赵沟控导工程后以横河形势出流向北，化工弯道上提，以下走中河；1980 年 10 月逯村控导工程中下段靠河，花园镇控导工程向靠河发展。1981 年 5 月铁谢以下河势顺直，直至赵沟控导工程，逯村控导工程及花园镇控导工程脱河；经过汛期后，10 月逯村控导工程全线靠河，化工控导工程—大玉兰之间北岸形成大弯道，神堤控导工程处为中偏南河。1982 年 5 月逯村控导工程靠溜部位下滑，大玉兰控导工程以上弯道继续北塌，神堤控导工程以上向南坍塌坐弯，神堤控导工程靠河后出流东北；1982 年 10 月溜自铁谢—逯村，再下滑至开仪，再至赵沟，走化工控导工程以下继续东北塌滩，折流东南至伊洛河口以下南岸。1983 年 5 月逯村—花园镇—赵沟，经化工控导工程—大玉兰控导工程之间大弯后于神堤控导工程以上坐弯，神堤以下流向东北；1983 年 10 月花园镇控导工程脱河，开仪控导靠河，溜自赵沟控导工程下端滑过，大玉兰控导工程上首向北塌成陡弯，折流南偏东流向南岸坐弯后，水流向东滑过神堤控导工程流向伊洛河口以下。1984 年 5 月河势变化较大，逯村、花园镇、开仪控导工程均脱河，主溜出铁谢险工走中河向下，在赵沟控导工程以上向南塌弯，折流朝北又在北岸滩地坐弯，形成了一个“S”形弯道，以下经化工控导工程下段继续东流，至裴峪断面折流东南，至南岸大玉兰断面处转向东流出神堤控导工程；1984 年河势变化大，10 月逯村—赵沟间河分南北两股，水流不受工程控制，除铁谢以上、神堤控导工程靠河外，其他工程均不靠河，化工与大玉兰控导工程间弯道继续北塌。1985 年河势宽浅分股，7 月逯村控导工程靠河，化工控导工程以下弯道继续北塌，弯顶已接近孟县黄河大堤堤头，神堤控导工程又脱河；1985 年 8 月化工控导工程以下河势散乱，溜分多股，最北股塌断孟县黄河大堤东头，形成新的险工。

2. 1986～1999 年

1986～1999 年，整体来说，随着逐步修建控导工程，主流变动范围受到河道整治工程的控制，随着时间的推移河势摆动范围缩小，工程位置靠河概率增加，基本实现了河道整治工程控导河势的目的。由于河势逐步得到控制，自 1994 年起，花园镇—神堤河段河势基本与规划流路一致，成为河道治理的模范河段。

当铁谢险工靠河情况较好时，主流比较集中，出流东偏北导入逯村工程。受来水影响，主流在铁谢险工弯道内上提下挫，加之铁谢险工送流能力不足，逯村工程靠河情况不如上一时段。当铁谢险工上段靠溜较紧时，主流能顺利送至逯村工程上段，且主流在逯村工程的控制下顺逯村工程下泄，送溜能力不足时，主流多在花园镇工程上段临河滩地坐弯，花园镇工程下段多能靠溜。当铁谢险工上段靠河不紧，致使北门坝以上弯道导流能力不强，送溜达不到逯村工程，于铁谢险工以下北岸滩地坐微弯后折向南岸，在逯村工程上段对岸滩地坐微弯后流向逯村工程中下段靠河导流时，主流向花园镇方向，如逯村工程不靠河，主流于逯村工程末端临河侧滑过。

花园镇工程河段，1989 年后河势好转，自 20 坝以下多靠河且弯道发育充分。随着花园镇弯道靠河导流能力的提升，开仪工程于 1990 年后河势得到规顺。主流经花园镇后直接趋向开仪工程 15 坝以上，且多数于 5～10 坝间靠主流，开仪工程以下流向赵沟工程。若花园镇弯道送溜不力，主流或直接滑向化工 20 坝以下，或于下游滩地微弯后流向化工 25 坝以下。

随着开仪工程控导能力的提高，赵沟及以下工程在 1994 年之后基本形成了稳定的河势流路。赵沟工程多于-5～5 坝之间靠河导流，主流顺工程弯道出溜指向化工 1～15 坝，部分时候，主流出赵沟工程于下游滩地坐弯后导向化工工程，化工工程靠河位置也较为固定，主流多经化工控导工程送流至裴峪-4～7 坝，主流出裴峪后多直接导向大玉兰控导工程，部分时候于工程下首滩地坐微弯后导向大玉兰，大玉兰控导工程靠溜较好时，导流至神堤控导工程，当大玉兰控导工程靠溜不紧不能很好导流时，主流出大玉兰后多于神堤工程前滩地坐弯，下游河势仍不稳定。

白鹤镇—神堤河段，该时段修建河道整治工程最多，河势从游荡多变向单一规顺转化。1986～1989 年河势变化情况已较上一时段有了明显的改善，1990～1994 年大玉兰控导工程以上已经成为弯弯相连的微弯型河道。1994 年以后，可以说白鹤镇—神堤河段没有发生大的河势变化，与规划流路基本一致。1996 年洪水是近 20 年来的洪峰流量最大的洪水，在洪水期间，主流虽于铁谢与逯村、花园镇与开仪之间有趋直趋势，但主流仍在控导工程控制范围以内。

总体说来，随着河道整治工程的建设，河段内主流变动范围受到限制，摆动范围缩小，且工程靠河导流概率大大增加，流路逐步得到控制，河势趋向稳定，初步控制了河势，基本达到了河道整治的目的。

白鹤镇—伊洛河口河段 1986～1999 年河势变化情况见图 8-29。

从主溜随时间的变化情况看：1986 年 5 月铁谢险工以上河势单一，以下河分 2～3 股，已修的逯村工程及以下控导工程基本不靠河，化工—大玉兰控导工程向北坍塌的弯道已消失；1986 年 9 月分股河段减少，逯村、花园镇控导工程靠河着溜，化工—大玉兰控导工程间又向北出现弯道，化工控导工程上下出现了“S”形河弯，神堤控导工程呈靠河趋势。1987 年 5 月化工—大玉兰控导工程间大弯道消失，大玉兰控导工程以下河分 3 股，神堤控导工程靠南股；1987 年 10 月大玉兰以下河分两股，神堤控导工程又脱河。1988 年 5 月化工与大玉兰控导工程间河沿北岸，大玉兰控导工程中部靠河，以下为 1 股，出神堤控导工程后又分为两股；1988 年 8 月白鹤控导工程—逯村控导工程靠河，以下河段河分 2～3 股河，其他工程不靠河。1989 年 6 月逯村控导工程以下，溜势散，河分两股或多股，工程不起导流作用；1989 年 9 月仅有铁谢险工、逯村控导工程、花园镇控导工程靠溜，逯村工程段及裴峪以下河分多股。1990 年 5 月花园镇控导工程、赵沟控导工程及裴峪控导工程重新靠河，大玉兰控导以下仍为多股分流；1990 年 10 月铁谢险工、逯村控导工程、花园镇控导工程、开仪控导工程、赵沟控导工程、裴峪控导工程靠河，化工控导工程、大玉兰控导工程、神堤控导工程脱河，除逯村控导工程段外，均为单股河。1991 年 5 月多数河段出现分股情况，尤其是裴峪控导工程以下；1991 年 10 月化工控导工程向靠河发展。1992 年 5

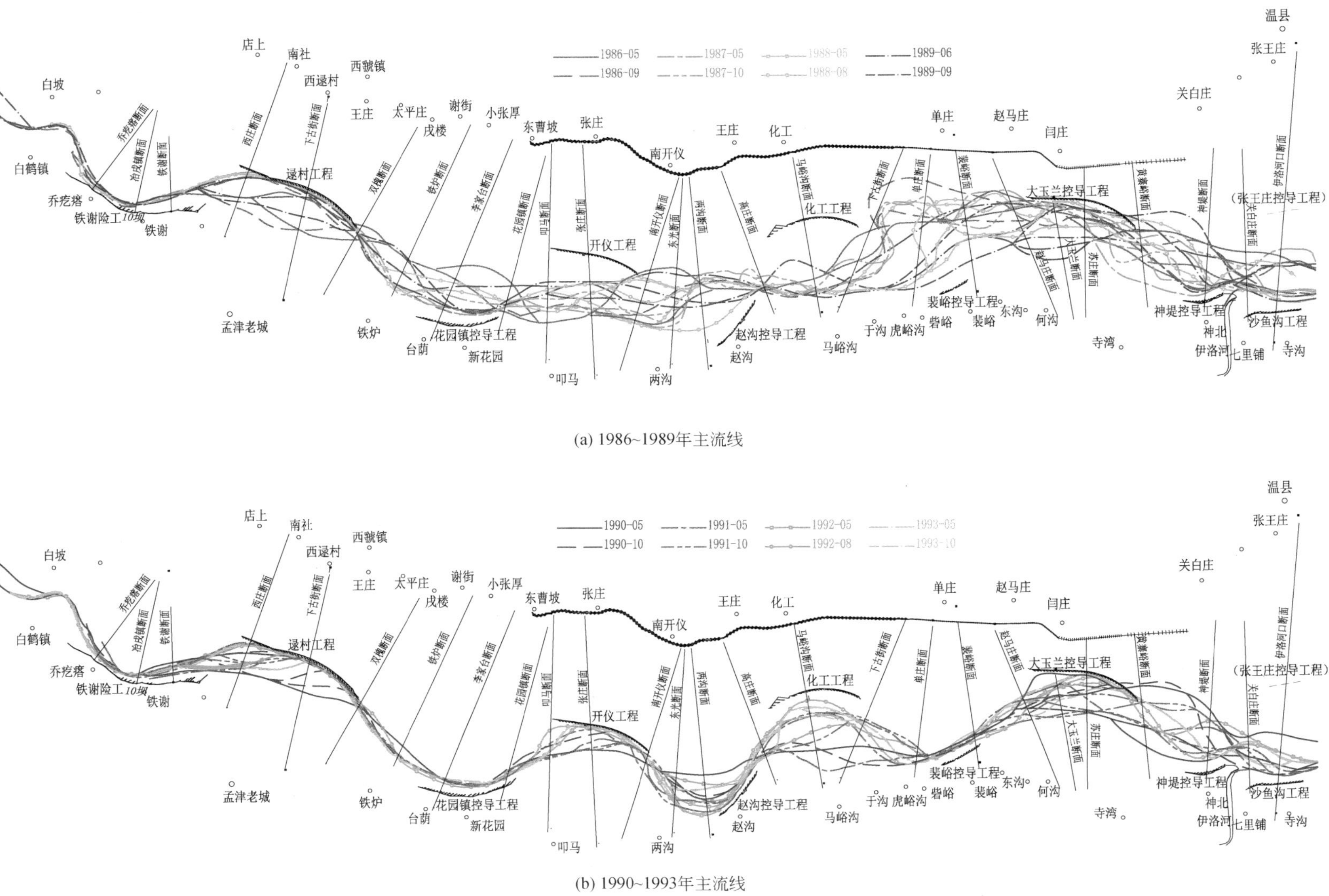

(a) 1986~1989年主流线

(b) 1990~1993年主流线

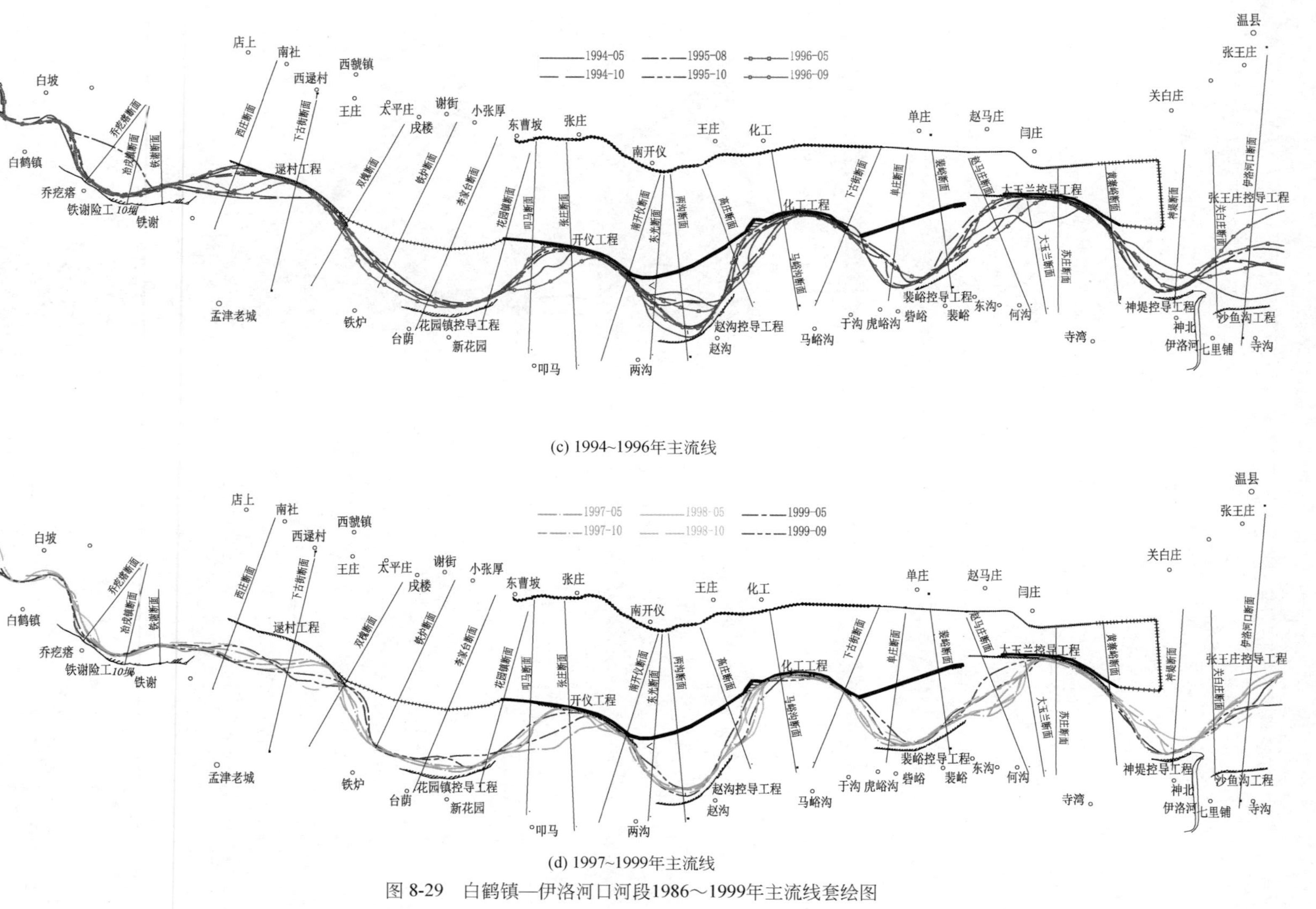

(c) 1994~1996年主流线

(d) 1997~1999年主流线

图 8-29　白鹤镇—伊洛河口河段1986～1999年主流线套绘图

月赵沟以上基本为规划流路，化工控导工程以下已为单股河；1992 年 8 月至 1993 年 10 月已形成较为规顺的流路，由铁谢—逯村—花园镇—开仪—赵沟—化工—裴峪—大玉兰控导工程，神堤控导工程也向靠河发展。1994 年 5 月赵沟控导工程前河道分股，神堤控导工程脱河；1994 年 10 月神堤控导工程下段已靠河。1995 年 8 月至 1996 年 9 月单股沿规划流路行河。1997～1999 年逯村控导工程仅下段靠河，其他控导工程均发挥了控导河势的作用，其流路为：白鹤—白坡—铁谢—逯村—花园镇—开仪—赵沟—化工—裴峪—大玉兰—神堤。

（二）伊洛河口—京广铁路桥

伊洛河口—京广铁路桥，南为邙山，北为清风岭，仅在南平皋以下修建有堤防，堤前有广阔的滩地，且村庄少，仅在温县段有村庄。在防洪保安全上没有其他河段突出。因此，该河段是黄河下游修建河道整治工程最晚的河段。20 世纪 60～80 年代基本上没有修建河道整治工程，尤其是伊洛河口—孤柏嘴河段，受投资力度的限制，没有安排修建河道整治工程，整治方案也未最后确定。

1. 1974～1985 年

1974～1985 年，整体来说，伊洛河口—孤柏嘴之间基本走南河流路，但伊洛河口以下南河入流点的位置变化范围较大。上游流路及神堤工程靠河情况对入流点位置有直接影响。期间，神堤工程弯道导流作用有呈现加强趋势，主流出神堤弯道后北岸坐弯位置逐渐北移且弯道半径逐渐变大，入流点的位置有下移趋势。随着张王庄弯道的形成与发展，南岸的着流点位置不断下移。南岸总的趋势是向南凹入，但沿线有一些小弯道，对其下河势有一定的影响。主流靠南岸山体平顺段时，主流顺山势下滑至孤柏嘴。主流靠山体小弯道时，导向对岸微弯后趋向孤柏嘴，孤柏嘴基本不发挥导流作用。期间，也出现过主流在北岸坐微弯后绕过孤柏嘴的河势，但出现概率很小。

孤柏嘴—京广铁路桥河段，总的讲河势散乱，变化于南河与中河范围，除驾部弯道外，基本以南河为主。驾部控导工程以下至枣树沟、汜河口至秦厂断面是河势摆动范围最大的河段，最大达 6km。

孤柏嘴靠河导流情况直接影响以下河段的河势。当孤柏嘴靠河导流时，主流出孤柏嘴山弯后导向驾部工程。当驾部靠溜较紧时，主流出驾部弯道后流向枣树沟方向，枣树沟靠河位置偏下，不起导流作用，主流顺山势走南河流路下滑，但 1974 年、1976 年、1979 年、1980 年、1981 年、1982 年和 1983 年在官庄峪—秦厂断面之间左岸滩地（中河）不同位置坐弯后，流向邙山岭后再至京广铁路桥。当驾部工程靠河不紧时，主流在驾部坐弯后出溜向东一直滑向唐郭—余会以南临河滩地，坐弯折向枣树沟下游，东南向流过官庄峪断面，后顺山势沿南河流路至京广铁路桥。当孤柏嘴不靠河或靠边溜时，主流撇过孤柏嘴，在孤柏嘴下游坐弯后导向驾部工程下首，以下流路与前述流路重合。1981 年和 1982 年间主流撇过孤柏嘴后走中河进入枣树沟工程下段，后顺南岸山体下滑至桃花峪后趋向京广铁路桥。

伊洛河口—京广铁路桥河段 1974～1985 年河势变化情况见图 8-30。

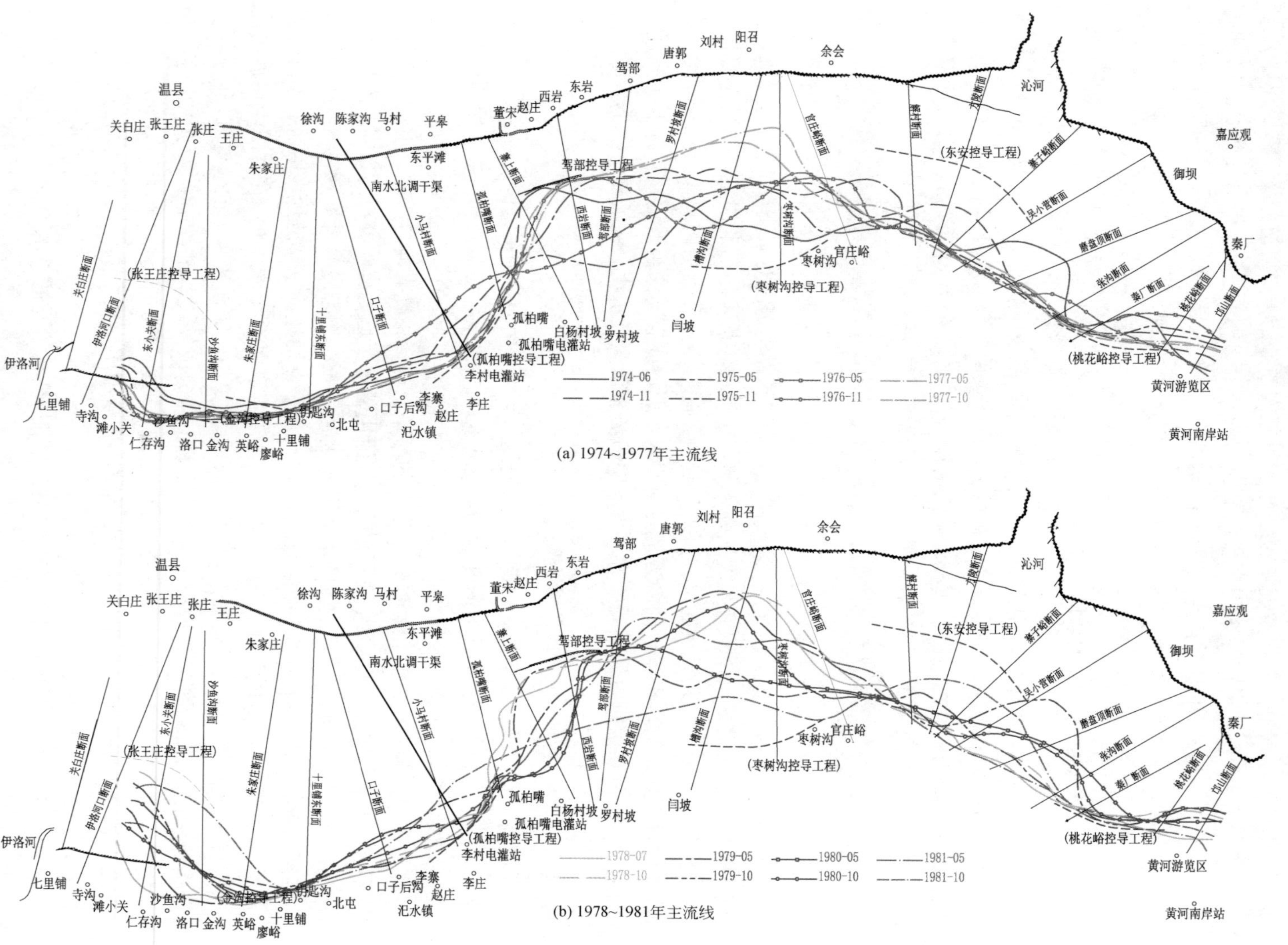

(a) 1974~1977年主流线

(b) 1978~1981年主流线

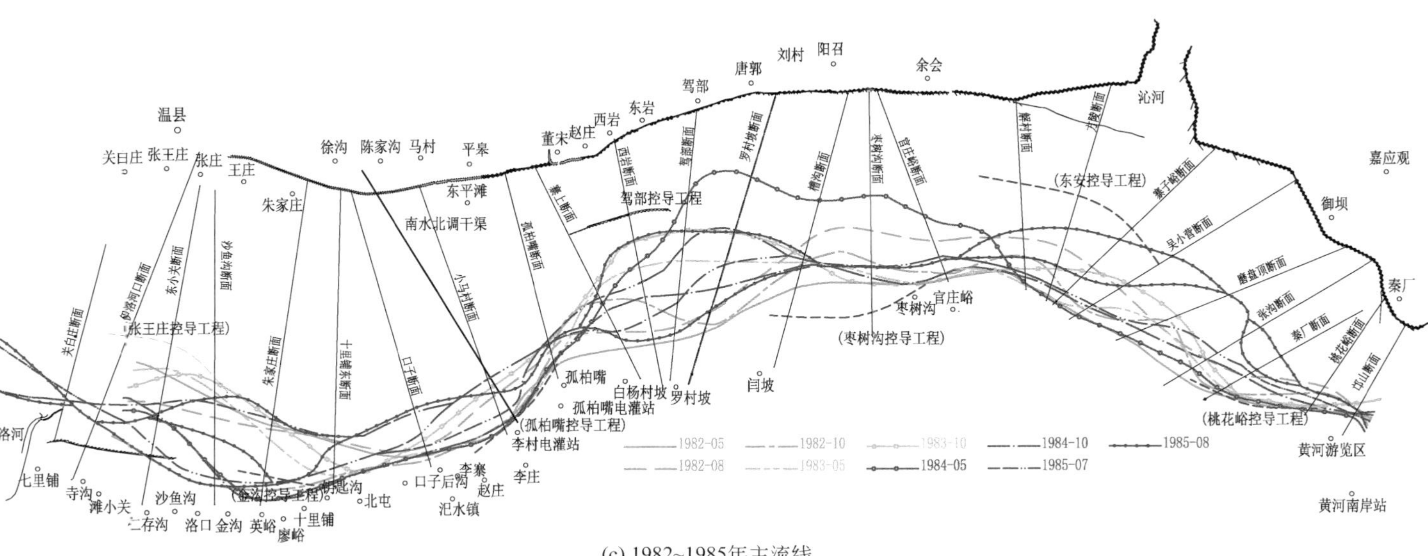

(c) 1982~1985年主流线

图 8-30　伊洛河口—京广铁路桥河段1974～1985年主流线套绘图

从主溜随时间的变化情况看：1974 年 6 月主溜在左右微弯交替中前进，伊洛河口以下走南河至孤柏嘴，经现驾部控导工程—官庄峪后仍走南河至京广铁路桥；1974 年 11 月孤柏嘴以上南河，驾部—官庄峪走中河，其下仍走南河。1975 年汛前河势无大变化；1975 年 11 月主溜在孤柏嘴以上无变化，孤柏嘴湾溜外移，在其下（中河位置）转向东，经右侧、左侧两个微弯后至官庄峪，以下仍走南河。1976 年 5 月主溜在汜水口以上即开始外移，走孤柏嘴与驾部控导工程之间，东偏北至官庄峪对岸（中河位置）坐弯出流东南，走南河至现桃花峪控导工程，以下中河至京广铁路桥；1976 年 11 月孤柏嘴、驾部控导工程恢复靠河，现桃花峪工程以下走南河。1977 年至 1978 年 7 月伊洛河口—孤柏嘴南河，于驾部控导工程当时工程末端靠河下滑数公里后转向东南至官庄峪，以下走南河。1978 年 10 月，神堤以下，溜去现张王庄控导工程处，折转东南直冲金沟村北折转东流，以下河势基本未变，仅在现桃花峪控导工程以下走中河。1979 年 5 月河势无大变化，10 月驾部控导工程靠河后东南至官庄峪。1980 年 5 月溜出现金沟控导工程于对岸微弯后，滑过孤柏嘴—驾部控导工程，再至官庄峪，走南河至寨子沟断面，以下主溜离开南岸山体，走中偏南，现桃花峪以下走中河；1980 年 10 月至 1981 年 5 月主溜滑过当时驾部控导工程下段，于北岸出弯后去官庄峪。1981 年 10 月溜出现金沟控导工程后，东北从孤柏嘴与驾部控导工程之间流过，至官庄峪，经向北岸出弯（中河位置）后回南岸而下。1982 年 5 月现金沟控导工程处弯道消失，主溜经现张王庄控导工程以南滩地后流向汜水口以下，经孤柏嘴，以下仍走南河；1982 年 8 月张王庄段河走中河，孤柏嘴以下溜势稍北移；1982 年 10 月伊洛河口—京广铁路桥基本都为南河。1983 年 5 月主溜又经现张王庄控导工程以南滩地至现金沟控导工程下端入南河，以下除驾部控导工程段为中河外，其余均为南河；1983 年 10 月仅在现金沟控导工程以下靠南岸，以下孤柏嘴湾脱河，驾部段河势北移。1984 年 5 月现金沟控导工程以下恢复南河，在当时驾部控导工程以下北岸形成弯道，流向官庄峪，以下走南河。1984 年 10 月驾部以下北岸弯道消失，主溜在孤柏嘴与驾部控导工程之间转向东流至官庄峪，以下南河。1985 年基本为南河，溜势较散，多为两股。

2. 1986～1999 年

1986～1999 年总体来说，主流变幅较上一时段明显减小，流路已接近于规划流路，但伊洛河口、枣树沟与东安控导工程位置前主流仍摆动频繁且幅度较大。

1986～1993 年，伊洛河口—孤柏嘴河段，主溜基本走南河，但在南河内有一定的变化范围，主溜线左右有些微弯，大部分主溜沿孤柏嘴山弯，也有一部分主溜在汜水口以上离岸，北岸微弯后至孤柏嘴或绕过孤柏嘴，在其下滩地坐弯，如 1988 年 8 月河势。孤柏嘴—京广铁路桥段，河势较伊洛河口—孤柏嘴段变化大，但较上个时段小。孤柏嘴多数时期靠河较好，主流顺弯道出溜方向导向驾部并经驾部平顺送往枣树沟方向。在孤柏嘴靠河不好或主流撇过孤柏嘴的情况下，主流于孤柏嘴下游坐弯后流向驾部，驾部控导工程着流点变化很大。1988 年最为典型，主流于孤柏嘴下游坐弯后形成“S”形河弯，在驾部 7 垛以上靠河。该时段驾部弯道多数发展不充分，主流绕驾部工程而过，致使驾部与枣树沟之间主流虽仍保持东南方向前进，但摆动幅度大，枣树沟弯道入流点多在官庄峪断面下游。1990 年、1991 年和 1994 年枣树沟工程全部脱河。枣树沟不起导流作用时，主流多顺山势走南河流路一直下滑至桃花峪弯道并出溜向京广铁路桥。由于主流顺山势下滑，部分时期京广铁路桥出现主流偏向东南的流路。在河势演变过程中，曾出现主流在枣树沟下段山体的控导下，折向北岸，坐弯后入桃花峪弯道的流路，如 1986 年、1988 年、1989 年、1991 年和 1993

年的河势。

1994～1999 年，随着河道整治工程的新建和续建，河势变化范围总体上减小，仅在孤柏嘴—驾部控导工程段变化较大。伊洛河口—孤柏嘴河段，南河流路消失，主流多出神堤后导向北岸张王庄工程。张王庄弯道弯顶逐渐向东北移动，1996 年已塌到现张王庄控导工程位置，以后弯顶继续塌滩移动，并形成陡弯。但以下右岸金沟工程弯道入流点变化不大，使得该处形成倒“S”形畸形河弯，部分段水流方向与大河总的流向相反。金沟以下，主流多数顺山势下滑进入孤柏嘴弯道。孤柏嘴—京广铁路桥河段，孤柏嘴山嘴靠河一直较好，主流出孤柏嘴后导向驾部工程。驾部靠河位置一度逐渐上提至 11 垛。驾部靠河稳定后，主流能很好地进入枣树沟弯道；当驾部靠河不好时，主流会在驾部和枣树沟之间出现摆动和形成小的弯道。枣树沟靠溜，一般均能较好地送溜去东安控导工程方向，以下导向桃花峪工程，再出溜向京广铁路桥。但此期间，东安控导工程入流点变幅较大。本时期桃花峪出溜方向较为稳定，多出溜直接趋向老田庵工程。

伊洛河口—京广铁路桥河段 1986～1999 年河势变化情况见图 8-31。

从主溜随时间的变化情况看：1986 年 5 月河势较散，多数河段分两股或多股。伊洛河口—孤柏嘴除汜水口上下外均靠南岸，驾部控导工程靠河后，导流至枣树沟，以下为南河；1986 年 9 月汜水口段又靠南岸。1987 年溜势仍较散，大部分河段分股。1988 年孤柏嘴以上出些小弯道。1989 年 6 月孤柏嘴以上溜分股且稍有外移，东安控导工程以下仍走南河但分股；1989 年 9 月金沟段滩地进一步坍塌。1990～1991 年河势无大变化，仅部分河段出些小弯道。1992 年 5 月基本为单股河，枣树沟脱河，由驾部控导直接进入官庄峪以下；1992 年 8 月枣树沟向靠河发展。1993 年枣树沟控导工程前滩地再坍塌后退。1994 年 5 月河势无大变化，但在主溜行进的过程中，出现了许多小弯道，枣树沟控导工程对岸出弯；1994 年 10 月小弯道减少。1995 年张王庄控导工程段向北岸出弯（中河位置），汜水口段主溜北移，枣树沟控导工程向靠河发展。1996 年 5 月河势变化不大；1996 年 9 月张王庄控导工程开始靠河，水流折转，以横河形势南流冲向洛口、金沟处坐陡弯而下，驾部河势上提，东安控导工程处向靠河发展。1997 年 5 月东安控导工程前滩地弯道与工程弯道形状相似；1997 年 10 月流路无变化，但多个河段分股。1998 年张王庄控导工程到金沟两个弯道进一步深化，形成了一个倒“S”形的畸形河弯。1999 年 5 月张王庄控导工程处的陡弯消失，而金沟处的陡弯仍然存在；1999 年 9 月，张王庄—金沟倒“S”形河弯进一步发展，局部段流向与大河总的流向相反，成为两个近似“Ω”形的弯道相连，以下经孤柏嘴、驾部控导工程—枣树沟控导工程，在接近东安控导工程前滩地坐弯后送流至对岸，沿南岸山边顺流过京广铁路桥。

（三）京广铁路桥—花园口

1. 1974～1985 年

该时期河段内已建设有马庄控导工程。在马庄控导工程和南裹头的约束下，其间的主流摆动范围减小，但这并不意味着摆动频率的降低，主流在限定的范围内来回摆动，遍布于整个限定空间。该时段河势变化大，南、北、中河皆有，尤其是京广铁路桥—原花园口枢纽（南裹头）河段。

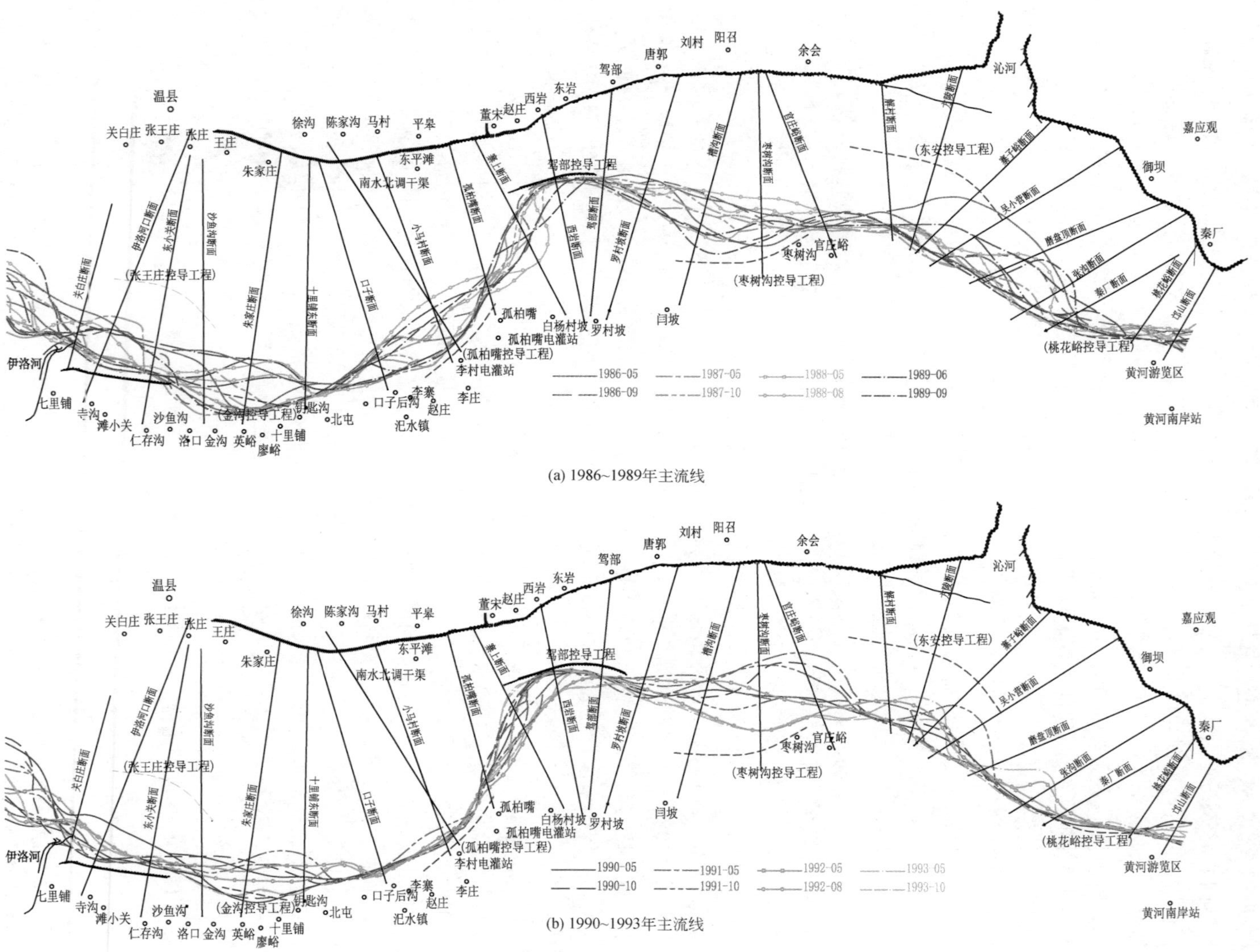

(a) 1986~1989年主流线

(b) 1990~1993年主流线

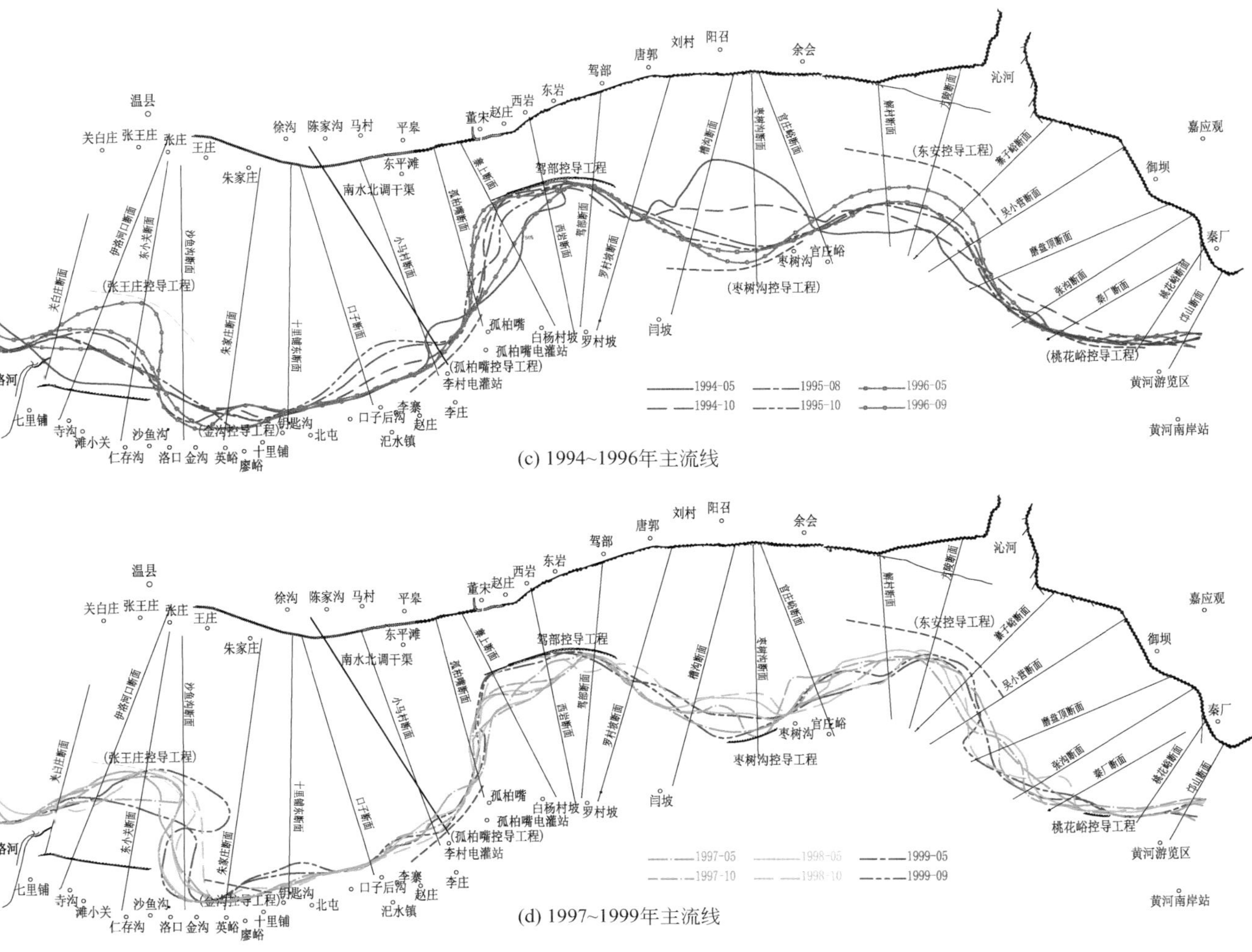

(c) 1994~1996年主流线

(d) 1997~1999年主流线

图 8-31　伊洛河口—京广铁路桥河段1986～1999年主流线套绘图

京广铁路桥—花园口枢纽河段。主溜摆动速度快，覆盖范围广。京广铁路桥处出溜方向对该河段河势影响大。出溜东北向时走北河流路；出溜正东时，多走中河；出溜东南时走南河。南北主溜摆动范围达 6km。本时段以中河、北河为主，少部分走南河。穿过原花园口枢纽位置多在原溢洪堰段，少部分在破口段。1974 年 6 月出铁路桥向北摆至北围堤，走北河在溢洪堰处穿过原枢纽东南而下；1981 年 5 月，主溜摆向南河，于破口处穿过原枢纽；1982 年，主溜再走北河，1983 年继续向北坍塌，弯道深化，直至北围堤，并造成著名的 1983 年北围堤大抢险，用石 30000m^3，用柳料 1500 万 kg；1984 年、1985 年改走中河，从原溢洪堰处穿过枢纽。

南裹头—花园口河段。当南裹头靠溜，一般导流至马庄控导工程再转向花园口险工。当溢洪堰过流时，出溜东南、经马庄控导工程前滩地至花园口险工；当中河穿过破口段，有的沿中河而下，到花园口险工对岸滩地坐弯，出溜东南，绕过花园口险工，流向申庄险工方向，如 1975 年 5 月河势。南北变化范围也很大，如 1975 年 11 月枢纽以下为南河流路，至 1977 年 10 月，北裹头以下，盐店庄以南滩地大量坍塌后退，摆动了约 4km，以下于马庄控导工程以下滩地坐弯，主溜折转以横河形势冲向南岸花园口险工以上滩地，转向约 120°，折转东流；1978～1981 年马庄控导工程以下主溜南北变化的范围也很大。

京广铁路桥—花园口河段 1974～1985 年河势变化情况见图 8-32。

从主溜随时间的变化情况看：1974 年主溜出京广铁路桥东偏南方向，基本走中河通过破口—马庄控导工程前滩地坐弯后流向花园口险工上段，转向东流。1975 年 5 月京广铁路桥—破口走中河，以下东流，马庄控导工程不靠溜，在西兰庄以南滩地（中河位置）坐弯，折流南偏东流向申庄险工；1975 年 11 月由基本直河变为两个大弯，溜出京广铁路桥东北，穿过现老田庵工程后坐一缓弯，穿过破口在南裹头以下南岸滩地形成缓弯后，东流中河而下。1976 年 6 月主溜出京广铁路桥东流至北裹头以上转向约 90°南流，在破口处又折转约 90°东流，至马庄控导工程下端缓慢转弯流往花园口险工；1976 年 11 月河势变化幅度较大，主溜出京广铁路桥后东北，穿过现老田庵控导坍塌至接近北围堤，坐弯后穿过溢洪堰段斜向花园口险工以北滩地（中河位置），继而东流。1977 年 5 月溜出京广铁路桥后东流，穿过溢洪堰段流向花园口；1977 年 10 月在溢洪堰以上坐弯后至北裹头，以下在北岸坐弯顺马庄控导工程而下，在其下滩地坐弯，流向折转为南偏西，以横河形势冲向南岸滩地，在南岸花园口断面以上折转东流而下。1978 年 7 月马庄控导工程—花园口的畸形河弯消失；1978 年 10 月原枢纽以上在南裹头以上坐弯，穿过破口—马庄控导工程。1979 年主溜出铁路桥走北河，过溢洪堰段，顺马庄控导工程而下，花园口险工脱河。1980 年 5 月大河在现老田庵控导工程中段背后坐弯，至南裹头以上坐陡弯，过破口段后东偏南流向花园口险工前滩地；1980 年 10 月主溜从溢洪堰段穿过原枢纽至马庄控导工程。1981 年 5 月主溜出京广铁路桥走中偏南河，穿破口段流向破车庄村南滩地微弯后东流而下；1981 年 10 月京广铁路桥以下东流至北裹头，顺马庄控导工程，再至花园口险工以北滩地（中偏南河位置）。1982 年 5 月马庄控导工程段主溜向南摆动，京广铁路桥到花园口险工以北滩地（中河位置）基本为中偏南的直河；1982 年 8 月枢纽以上为北河，马庄控导工程靠河。1983 年北围堤滩地大量坍塌，发生北围堤大抢险。1984 年京广铁路桥以下走南河或中河，穿过溢洪堤段，经马庄控导工程以下走中河。1985 年马庄控导工程以上河分 2～3 股，穿过堰，以下基本走中河。

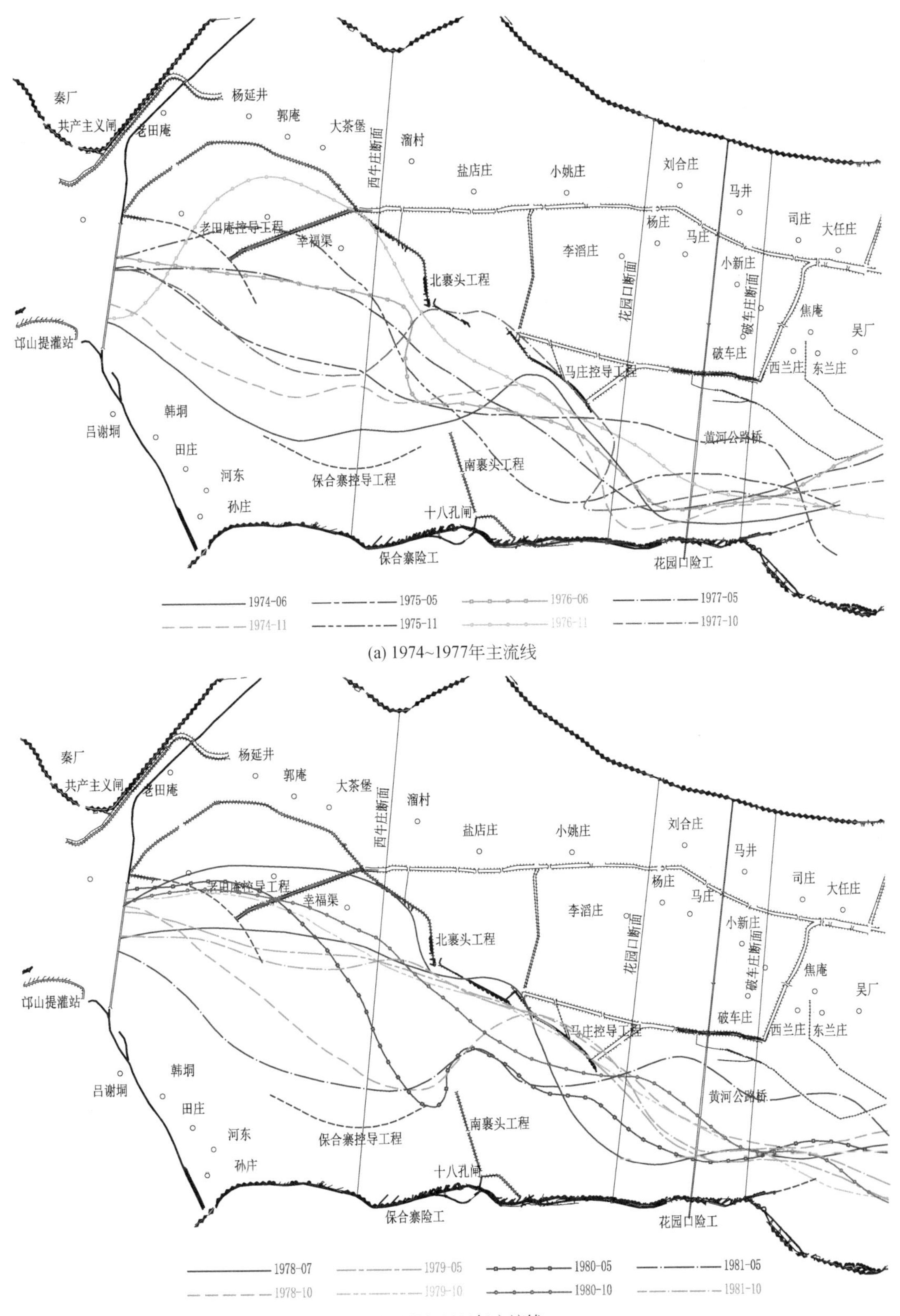

(a) 1974~1977年主流线

(b) 1978~1981年主流线

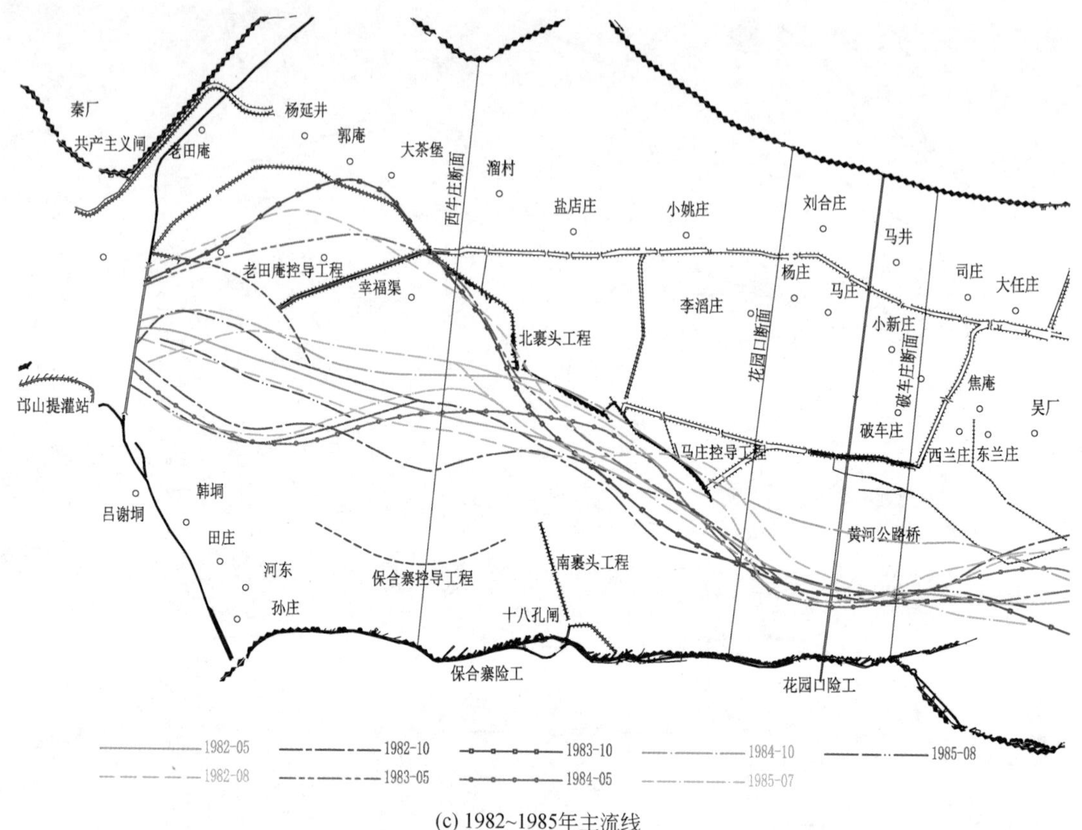

(c) 1982~1985年主流线

图 8-32　京广铁路桥—花园口河段 1974～1985 年主流线套绘图

2. 1986～1999 年

1986～1999 年时段内，1990 起开始修建老田庵控导工程，1992 起修建保合寨控导工程。

总体来说，该河段时段内京广铁路桥—原花园口枢纽河势变化范围仍很大，枢纽至花园口险工河势变化范围较大。

京广铁路桥出流情况变化大，1986～1988 年从出流东北向变为出流东南向，北河流路、南河流路交替出现，过原花园口枢纽后，多数靠马庄控导工程，少部分走工程以南滩地，流向花园口险工。1989～1991 年京广铁路桥出流为东北向，走北河流路和中河流路，主溜自老田庵控导工程以下东南、微弯至花园口险工，也有在花园口险工对岸坐弯流向下游的，如 1989 年 6 月至 1990 年 5 月河势，这种河势对以下河段的河势演变是不利的。1992～1999 年京广铁路桥处出流为东北向，也有少部分向东，主溜从老田庵工程前东南、微弯后至南裹头，有些继续东南流向花园口险工，有些流向马庄控导工程后，转向花园口险工上、中段。时段内河势变化范围有减少的趋势，京广铁路桥断面出流偏向南的流路逐渐减少，1990 年以后该流路基本消失。1996～1999 年河势流路有了明显改善，总的趋势为老田庵控导工程—保合寨控导工程下段—南裹头—马庄控导工程—花园口险工，向规划流路发展。另外，老田庵控导工程的修建，对改善河势也发挥了一定的作用。

京广铁路桥—花园口河段 1986～1999 年河势变化情况见图 8-33。

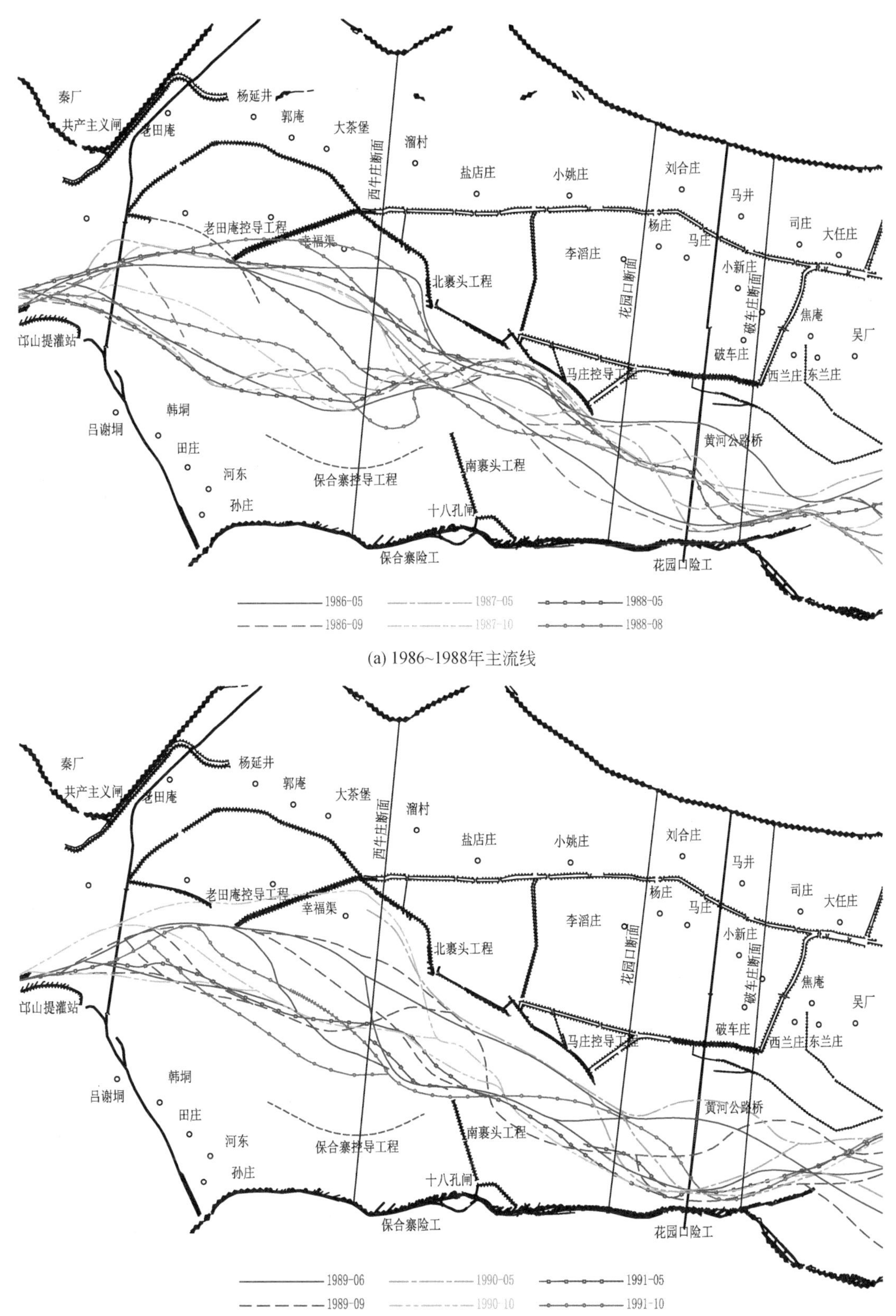

(a) 1986~1988年主流线

(b) 1989~1991年主流线

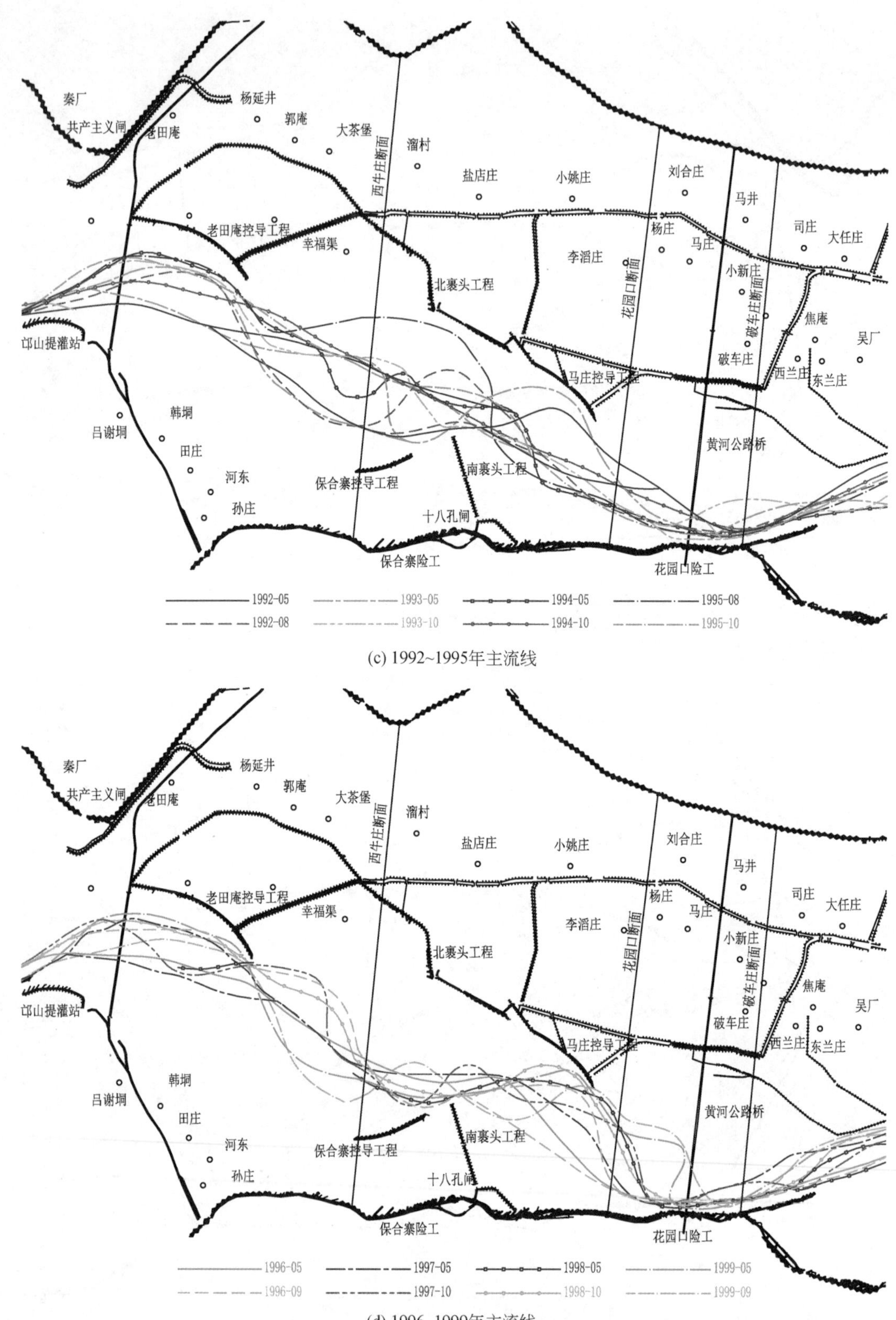

(c) 1992~1995年主流线

(d) 1996~1999年主流线

图 8-33　京广铁路桥—花园口河段 1986～1999 年主流线套绘图

从主溜随时间的变化情况看：1986 年 5 月京广铁路桥以下河分南北两股，分别从溢洪堰、破口处穿过原枢纽，以下仍为南北两股行河；1986 年 9 月原枢纽以上基本为 1 股中河，穿过溢洪堰后两股 3 股交替出现，花园口险工靠南股。1987 年枢纽以上分为两股或 3 股，但基本维持了原来的流势。1988 年枢纽以上流势散乱，多股行河，枢纽以下，马庄控导工程时靠时脱，花园口险工不靠大溜。1989 年河道分 2～3 股，从溢洪堰和破口段过流后，马庄不靠河，花园口险工靠南股，从老田庵—花园口基本为中河。1990 年 10 月枢纽以上分为北中两股，北股已接近北围堤，以下两股汇合后，东南流向花园口险工。1991 年 5 月为单股河，基本走中河，穿过破口段流向花园口险工；1991 年 10 月主溜出京广铁路桥后，分两股至南裹头处汇合，马庄控导工程不靠河，花园口险工下段靠河。1992 年 5 月大部分河段分股，花园口险工靠河；1992 年 8 月主溜出京广铁路桥在现老田庵及保合寨控导工程前滩地出两个微弯后分两股从溢洪堰、破口段穿过汇合后流向花园口险工。1993 年 5 月原枢纽以上河道分股，南裹头、马庄、花园口靠河；1993 年 10 月马庄脱河，主溜由南裹头直接至花园口。1994 年流路无大变化，仅有花园口险工靠河。1995 年 8 月主溜由过破口，改为过溢洪堰；1995 年 10 月又改为过破口至花园口险工。1996 年 9 月马庄控导工程前河分两股，北股向马庄控导工程发展。1997 年 5 月老田庵控导工程前分两股，北股接近工程，以下仅花园口险工靠河；1997 年 10 月小弯道弯曲行河，仅花园口险工靠河。1998 年 10 月马庄控导工程开始靠河。1999 年 5 月大的流向为老田庵控导工程—南裹头—马庄控导工程—花园口险工，在花园口险工以上出现了一个南北向横河；1999 年 9 月南裹头、马庄河势下滑，以下横河消失，花园口险工靠河后流向双井方向。

（四）花园口—赵口

1. 1974～1985 年

该时期河段内流路较上一时段无大变化，东大坝处主流线仍然集中，出流方向仍然分为南北两种，北河出现概率相对较大。

当花园口险工东大坝导流，出流方向偏东北时，在双井控导工程或其前临河滩地坐弯，该时期内双井工程进行了一定规模的下延，主流出双井后趋向马渡险工，在马渡险工靠流偏上的情况下，马渡险工能起到一定挑流作用，主流会折向东北，但马渡险工导流能力有限，主流基本上沿南岸堤防顺杨桥险工—赵口险工下行。

当东大坝出流方向偏东南时，主流滑过东大坝后基本形成直河至申庄险工，然后会分为两种情况，一种为在申庄险工下首坐弯先折向对岸，再折向三坝险工；另一种直接顺申庄险工、马渡险工而下至三坝险工。主流出三坝险工后，大部分会折向现武庄控导工程下段位置，少部分仍然沿南岸大堤滑至赵口险工。

1974～1985 年内不同时段也有变化。1974～1978 年，流路大部分为花园口险工—双井控导工程—马渡险工，以下顺流而下，于万滩至赵口险工段靠右岸险工，再顺险工而下，而 1977 年 6 月、1978 年 10 月则为花园口险工东大坝以下走中河，到三坝险工后再至万滩险工、赵口险工。1978～1981 年大部分走的为另一条流路，主溜滑过东大坝后直接进入申庄险工，导流至马渡险工对岸滩地坐弯后转向三坝险工，以下流向赵口险工。1982～1985 年河势又发生变化，申庄险工基本不靠河，主溜大部分靠双井控导工程，以下马渡险工不靠河，流向三坝险工，杨桥险工，进而走南河至万滩险工、赵口险工。总的讲，河势变化是频繁的，但摆动变化的幅度不算太大。

花园口—赵口河段 1974～1985 年河势变化情况见图 8-34。

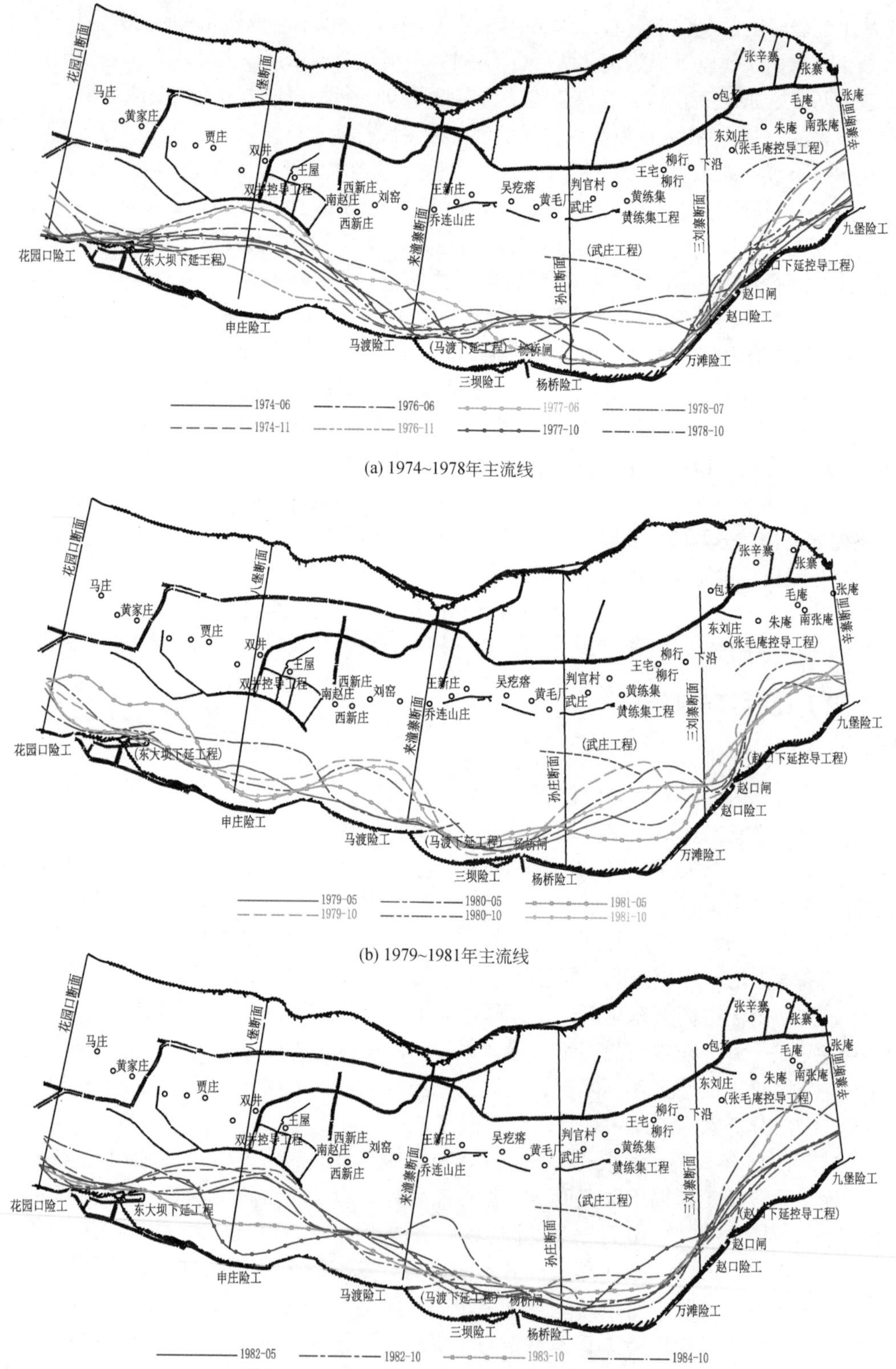

(a) 1974~1978年主流线

(b) 1979~1981年主流线

(c) 1982~1985年主流线

图 8-34　花园口—赵口河段 1974～1985 年主流线套绘图

从主溜随时间的变化情况看：1974 年主溜出花园口险工东大坝段后东行微弯后，回南岸在当时马渡险工来潼寨大坝段靠河后下滑东流至万滩险工、赵口险工。1976 年 6 月，主溜由花园口险工—双井控导工程—马渡险工，以下顺南岸三坝、杨桥、万滩险工—赵口险工；1976 年 11 月双井控导工程脱河，主溜从花园口险工下滑东流至马渡险工，以下离开南岸东流至赵口险工。1977 年 6 月由花园口险工—双井控导工程，以下斜向杨桥险工，经万滩险工—赵口险工；1977 年 10 月双井控导工程脱河，马渡险工靠河，主溜稍外移又以横河之势冲向杨桥险工，万滩险工靠河后，主溜外移，赵口险工不起导流作用，滑向九堡险工。1978 年 7 月河势无大变化；1978 年 10 月溜出花园口险工，双井、马渡均脱河，三坝险工靠河后东偏北流向赵口险工。1979 年 5 月花园口—马渡主溜南移；1979 年 10 月马渡对岸出弯后回三坝险工，再穿过现武庄控导工程下段坐弯后至赵口险工。1980 年 5 月马渡险工靠河后滑向三坝险工；1980 年马渡险工脱河，主溜经三坝险工—赵口险工。1981 年 5 月花园口险工脱河，申庄险工靠河后滑向三坝险工，再至赵口险工；1981 年 10 月，花园口险工恢复靠河，滑向申庄险工下段，马渡险工对岸（中河位置）出弯后进入三坝险工，再东偏北方向至赵口险工。1982 年花园口险工靠河不紧，双井控导工程下段有时靠河、有时脱河，以下斜向杨桥险工方向，万滩、赵口险工靠河不紧。1983 年 5 月双井靠河长度增加，至三坝险工以下，顺右岸行河至赵口险工；1983 年 10 月，双井脱河，花园口险工下滑走南河东流至赵口险工。1984 年 5 月总的流路不变，沿途出现一些小弯道；1984 年 10 月花园口险工脱河，大河中偏南，申庄、马渡三坝险工脱河，以下基本顺南岸险工至赵口险工。

2. 1986～1999 年

该时段内修建了两处控导工程。一是东大坝下延控导工程，1990 年以前该工程尚未修建时，主流位置与上一时段基本相同。东大坝处主溜分为南北两种情形，1990 年以后随着东大坝下延工程的修建，花园口弯道的导流能力得到明显增强，河出东大坝下延工程后，主流全部走北河，南河流路湮灭，主流出东大坝下延工程入双井控导工程，双井控导工程靠河导流，主流导向南岸马渡。二是马渡下延控导工程，马渡下延控导工程始建于 1991 年，1991 年以前，主流出马渡险工基本上沿南岸堤防走，顺三坝、杨桥、万滩等险工滑至赵口险工，1991 年以后，随着马渡下延控导工程的修建，工程挑流能力增强，主流出工程后，流向北岸，顺大堤行进的南河流路不再出现。1995 年在北岸开始修建武庄控导工程。

该时段河势变化范围较上一时段有所减小，1986～1989 年双井、申庄险工段及杨桥、万滩险工段主溜南北摆动范围较大；1990～1993 年仅杨桥、万滩险工段摆动范围较大，其余段变化较小。

随着河段内多处工程的修建，特别是 1994 年以后，初步形成了花园口（东大坝）—双井—马渡—武庄—赵口与规划流路基本一致的流路。顺南岸大堤行洪的状况有了明显改善，堤防及险工的压力明显减小，河势得到了初步控制。

花园口—赵口河段 1986～1999 年河势变化情况见图 8-35。

从主流线随时间的变化情况看：1986 年 5 月主溜在花园口险工、双井控导工程段分为 2 股，花园口险工、双井控导工程、马渡险工靠河，再下滑至杨桥险工、万滩险工、赵口险工；1986 年 9 月马渡险工不起导流作用，三坝险工下段靠河后东偏北方向至赵口险工。1987 年 5 月花园口险工以下分南北两股，双井控导工程、申庄险工均靠河，以下马渡险工不靠河，三坝险工下段靠河，其下无大变化；1987 年 10 月为单股河，花园口险工、双井控

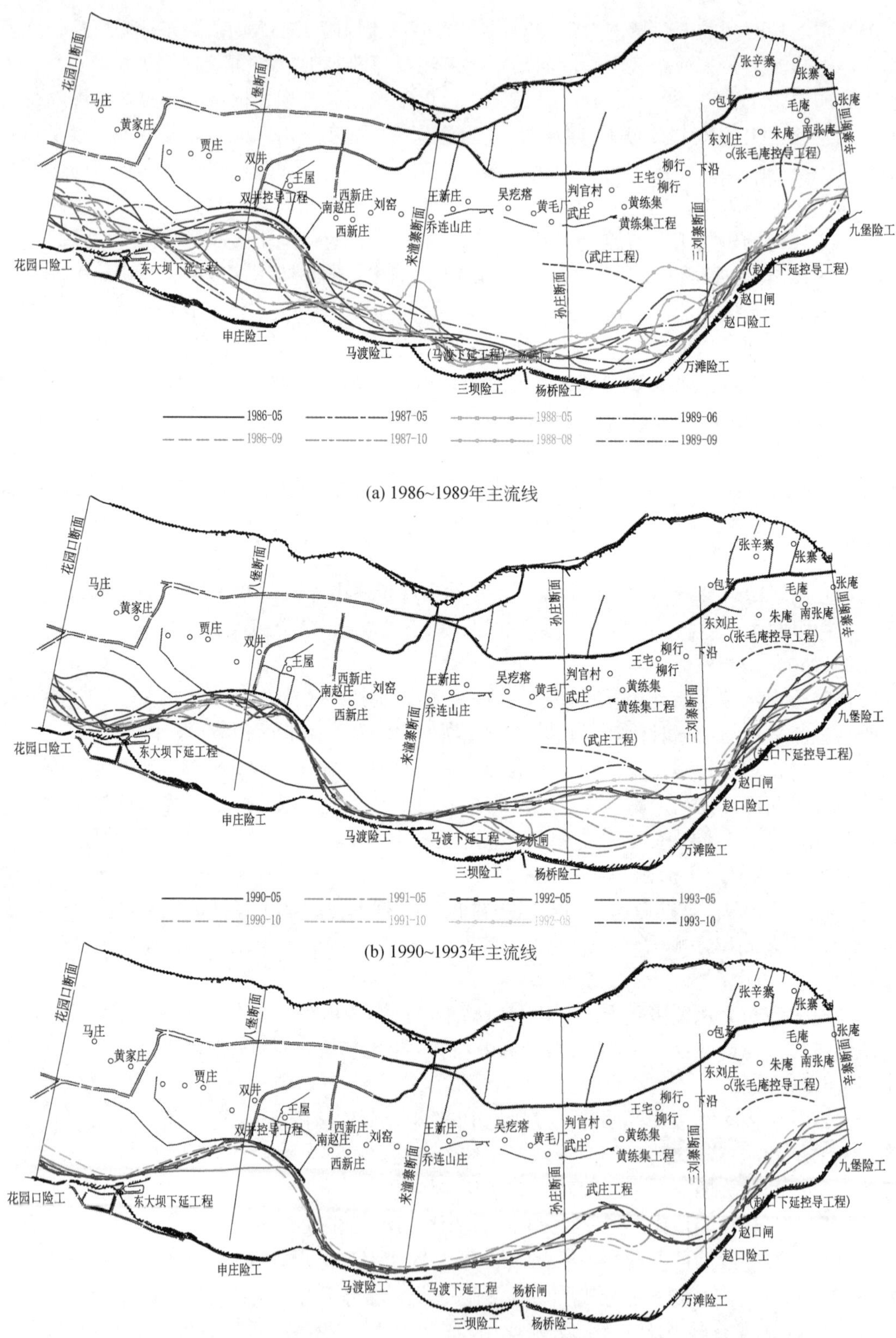

(a) 1986~1989年主流线

(b) 1990~1993年主流线

(c) 1994~1996年主流线

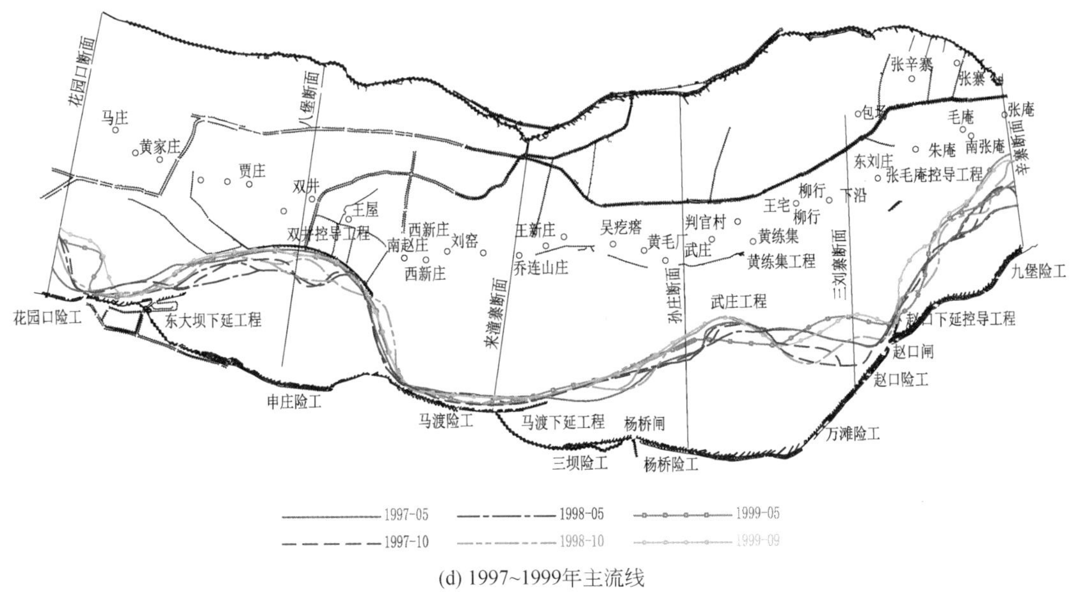

(d) 1997~1999年主流线

图 8-35　花园口—赵口河段 1986～1999 年主流线套绘图

导工程、申庄险工均脱河，马渡、三坝险工靠河不紧，以下河势无变化。1988 年 5 月河势流路无变化；1988 年 8 月双井控导工程段及赵口险工以上河分两股，双井下端靠溜，马渡险工下段对岸（中河位置）出陡弯后，以横河形势南偏东方向冲向三坝险工，汛期三坝险工经历了紧急抢险，赵口险工仍靠河。1989 年 6 月流势散乱，大部分河段分为两股或 3 股，花园口险工、双井控导工程、马渡险工、赵口险工靠河；1989 年 9 月杨桥险工以上仍为两股或 3 股行河，花园口险工靠河，且出现双井控导工程、申庄险工南北岸同时靠溜的情况。1990 年 5 月流路无大变化；10 月主溜由花园口险工—双井控导工程—马渡险工，以下经杨桥险工、万滩险工—赵口险工。1991 年 5 月花园口、双井、马渡靠河，以下东流至赵口险工；1991 年 10 月河势无大变化。1992 年至 1993 年 5 月河势流路仍为花园口—双井—马渡—赵口。1993 年 10 月现武庄控导工程下段靠河。1994 年 5 月溜出马渡险工后至现武庄控导工程一带坐弯后至赵口险工；1994 年 10 月武庄工程处主溜南移走中河。1995 年流路无大变化。1996 年现武庄控导工程处又形成弯道。1997～1999 年河势无大变化，仅赵口险工入流位置有所上提下挫，河段内的流路为花园口险工—双井控导工程—马渡险工—武庄控导工程—赵口险工。

（五）赵口—黑岗口

1.1974～1985 年

本时段河势变化仍很大，主溜大部分靠赵口险工下段，部分主溜靠九堡险工。

1974～1978 年主溜从赵口或九堡出流后，东北向到对岸在三官庙至陡门间滩地坐弯，转向东南，在仁村堤出弯后有的又回到北岸在大张庄靠岸后至黑岗口险工，有的东南到中河位置滩地坐弯后，在三教堂村南滩地靠岸后东流，撇过黑岗口险工。1980 年开始，三官庙至仁村堤段河势南移至中河位置，在北岸徐庄以下靠高滩行河，有的撇过黑岗口险工，有的靠黑岗口险工。河势变化速度快，如九堡—仁村堤，1979 年 5 月走北河，1980 年 5 月走中河，而至 1981 年 5 月河绕过九堡险工走南河至黑石断面转弯 90° 至仁村堤，1982 年

5 月又变为中河，1983 年 10 月河出赵口险工后东北在张庵村南滩地辛寨断面以下坐弯再折向黑石断面处的中河位置。

赵口—黑岗口河段 1974～1985 年河势变化情况见图 8-36。

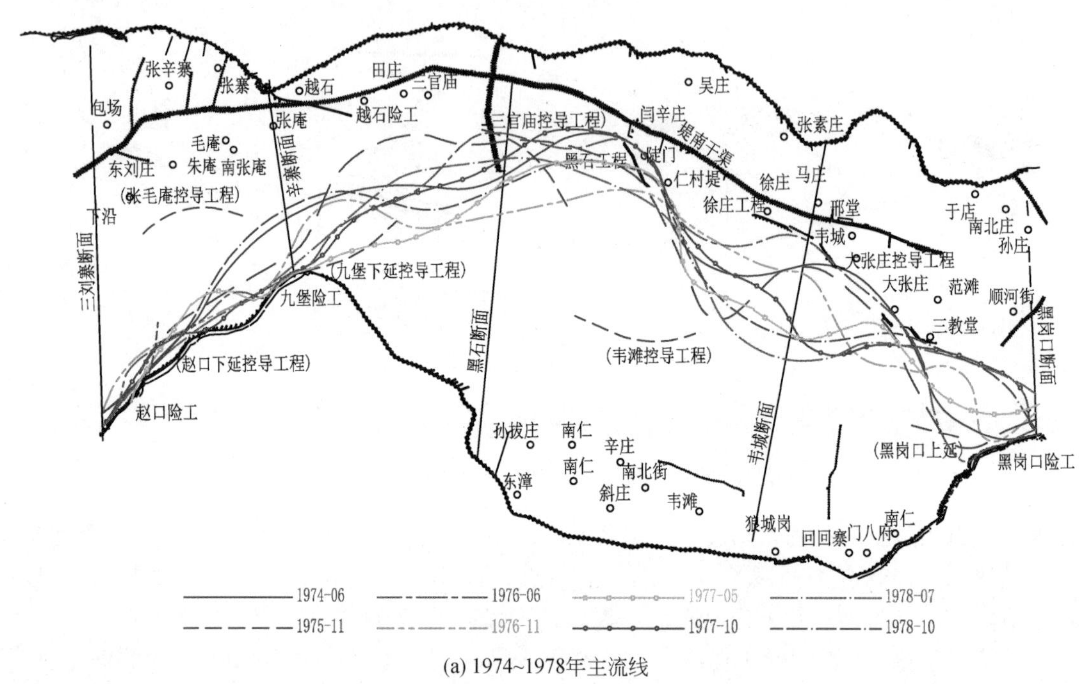

(a) 1974~1978年主流线

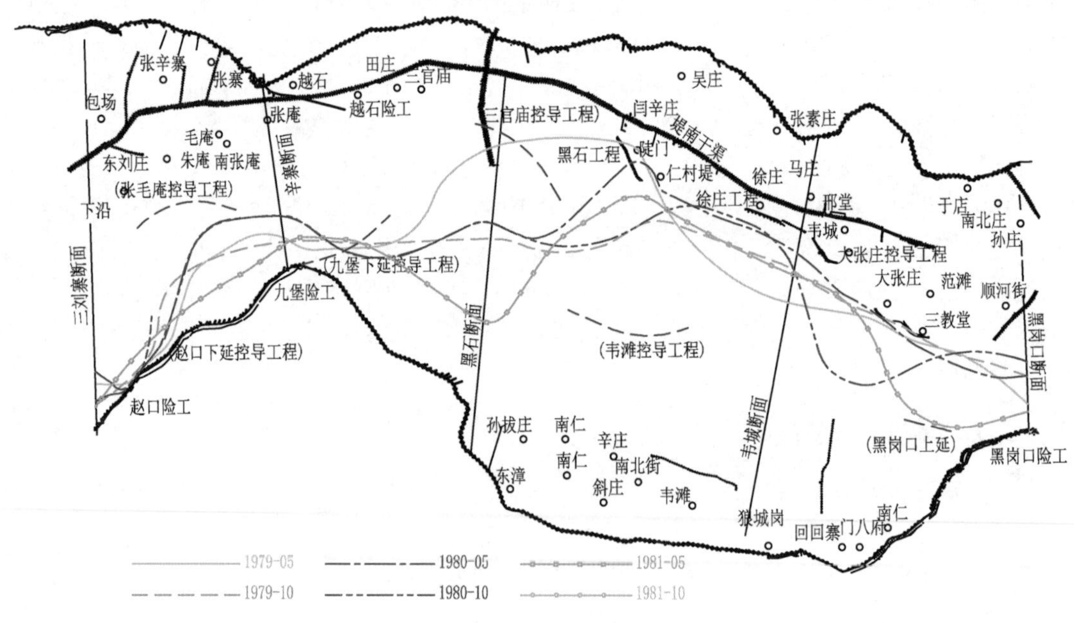

(b) 1979~1981年主流线

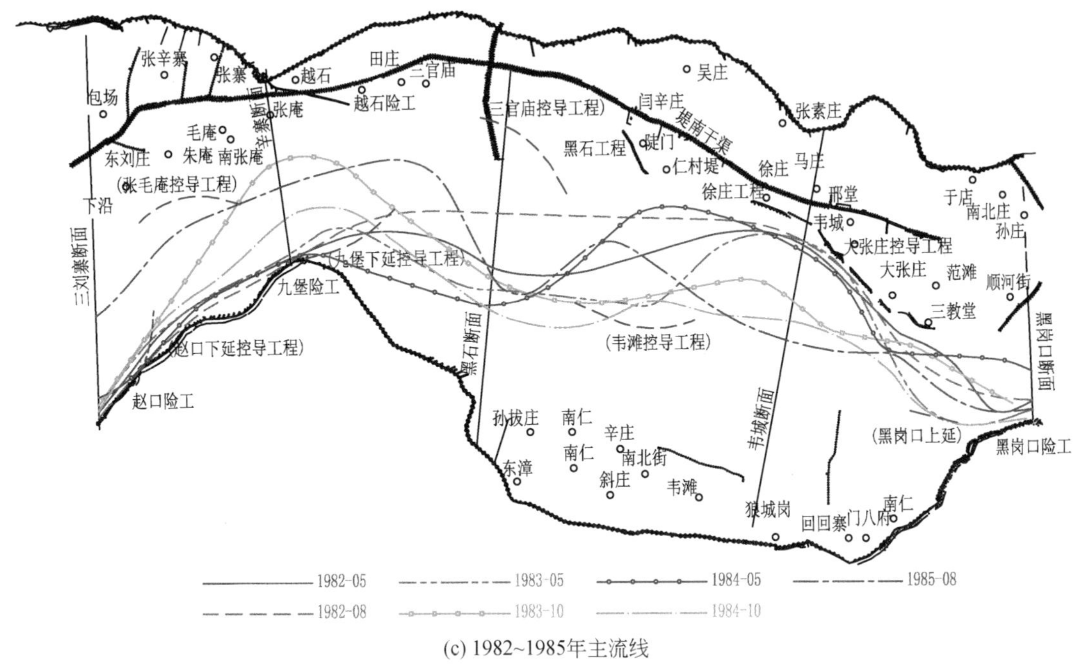

(c) 1982~1985年主流线

图 8-36　赵口—黑岗口河段 1974～1985 年主流线套绘图

从主溜随时间的变化情况看：1974 年 6 月主溜由赵口险工流向东北，走黑石湾，出仁村堤溜外移后复回北岸于大张庄坐弯后至黑岗口险工。1975 年 6 月主溜由赵口险工滑向九堡险工后再至黑石湾；1975 年 11 月九堡险工以下先在三官庙村南坐弯，沿北岸至仁村堤，东南至现韦滩控导工程下端坐弯后至大张庄，再至黑岗口险工。1976 年 6 月河势无大变化；1976 年 11 月经 1976 年汛期洪水后，主溜由赵口险工、九堡险工—仁村堤村南转向沿北岸至三教堂，坐陡弯后至黑岗口险工。1977 年 5 月黑石湾有入湾趋势，以下溜势南移后复回大张庄，再至黑岗口险工；1977 年 10 月黑石湾入湾，以下溜南移后至北岸三教堂，以下主溜折转，以横河形势冲向黑岗口险工。1978 年 7 月黑石湾溜势外移，黑岗口险工脱河，其上横河消失；1978 年 10 月九堡险工脱河，黑岗口险工转为靠河。1979 年 5 月主溜靠赵口险工，绕过九堡险工，在其下坐弯后至黑石湾，再基本走北河至三教堂再至黑岗口险工；1979 年 10 月主溜由赵口险工东北，在滩地（中河位置）坐弯后东流至大张庄、三教堂，以下走中河，黑岗口险工脱河。1980 年 5 月黑石工程下端靠溜，其上多微弯，其下走北河至三教堂；1980 年 10 月黑石工程下端溜势下滑至徐庄，以下先后在左岸、右岸出弯，黑岗口险工仍不靠河。1981 年 5 月主溜由赵口险工，绕过九堡险工，流向东南至黑石断面处坐弯，东北至仁村堤村南坐弯后走北河至大张庄，东南至现黑岗口上延控导工程处坐弯东流过黑岗口险工。1982 年 5 月主溜由赵口险工滑向九堡险工，至大张庄后流向黑岗口险工。1982 年 8 月至 1983 年 5 月九堡险工—大张庄间溜势南北摆较大，黑岗口险工段河势上提。1983 年 10 月主溜出赵口险工东北，至北岸张庵村南滩地坐弯后，东南至现韦滩控导工程上段微弯后下行至黑岗口险工中下段。1984 年 5 月主溜经赵口险工、九堡险工后，东偏南至黑石断面微弯后至仁村堤村南转向沿北岸至大张庄，在大张庄以南滩地（中河位置）转向东流，黑岗口险工脱河；1984 年 10 月赵口险工靠河，九堡险工脱河，以下在嫩滩间弯曲前行。1985 年 8 月，赵口—三官庙走中河，以下在中河嫩滩上弯曲前行至黑岗口险工，该河段仅黑岗口险工靠河。

2. 1986～1999 年

该时段内 1986 年开始修建九堡下延控导工程，1998 年开始修建赵口下延、三官庙、黑岗口下延控导工程，1999 年开始修建张毛庵、韦滩控导工程。总体来说主流线在河段内仍摆动不定，变幅大，河势散乱。

本河段是黄河下游本时段河势最乱的河段之一。主溜摆动范围、散乱的情况、线型的不规律性是最典型的，仅在后期主溜变化范围有所减小。1986～1989 年，河出赵口险工后，绕过九堡险工于滩地坐弯，流向东南在黑石断面以下坐弯，现韦滩控导工程以下河又分为南、北、中流路，再至黑岗口险工。1988 年、1989 年，变化幅度最大。1988 年 8 月河出赵口险工后，直冲北岸塌滩，在现张毛庵控导工程以北，毛庵村以南折流向东，形成一个大弯道，再以南北向的横河形势冲向黑石断面以上的太平庄村，坐弯后折转朝东，于南仁村北又折转朝北，以横河形势冲向北岸转为朝东流。1989 年弯道进一步发展，太平庄村北滩地继续坍塌，已接近黄河大堤，为防止堤防出险，对清光绪年间始修的几道土坝基进行了加高、接长和裹护，以下南仁、辛庄村北滩地坍塌严重，主溜在此转向约 110°，形成急弯。1986～1989 年韦城断面上下河势摆动的幅度也很大，南北达 5km。1990～1992 年，河势变化减小。赵口—韦滩北河流路消失，韦滩断面以下大部分经大张庄控导工程—黑岗口险工。1993～1999 年，河势变化范围进一步减小，大部分的流路为顺赵口险工而下，至北岸三官庙到仁村堤一线走北河，但黑石不入弯，以下顺北岸到大张庄或三教堂后转向黑岗口险工。主溜带的外形是平顺的，但每条主溜线是弯曲的。如 1998 年 10 月的主溜线就是小弯接连出现的形式。有的还出现畸形河势，如 1996 年 9 月主溜出大张庄控导工程于对岸出微弯后复回北岸三教堂村东南，坐急弯，以横河形势直冲黑岗口险工，曾造成多次抢险。

赵口—黑岗口河段 1986～1999 年河势变化情况见图 8-37。

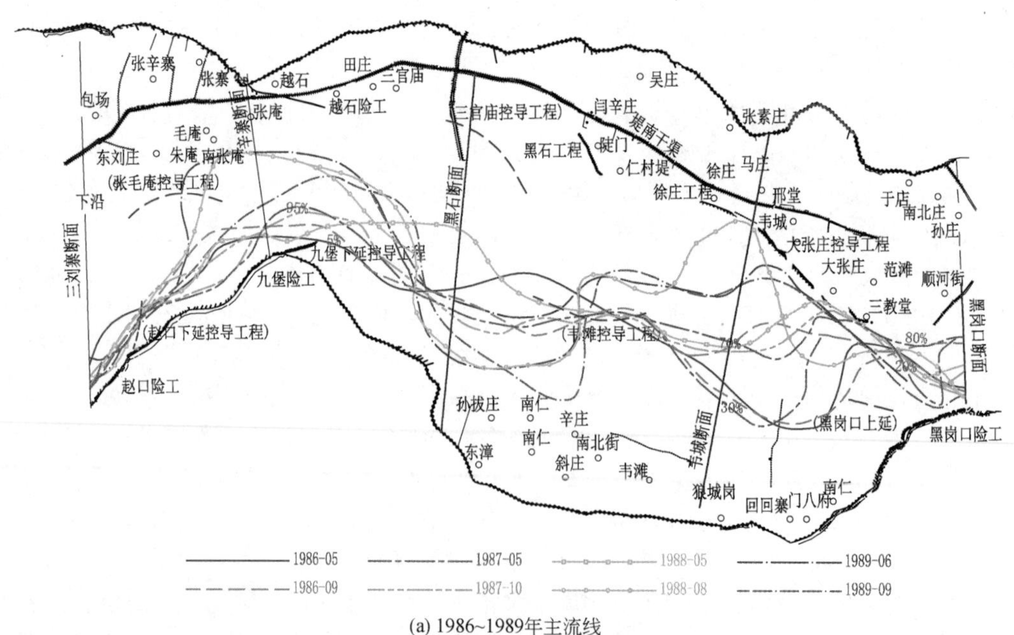

(a) 1986~1989年主流线

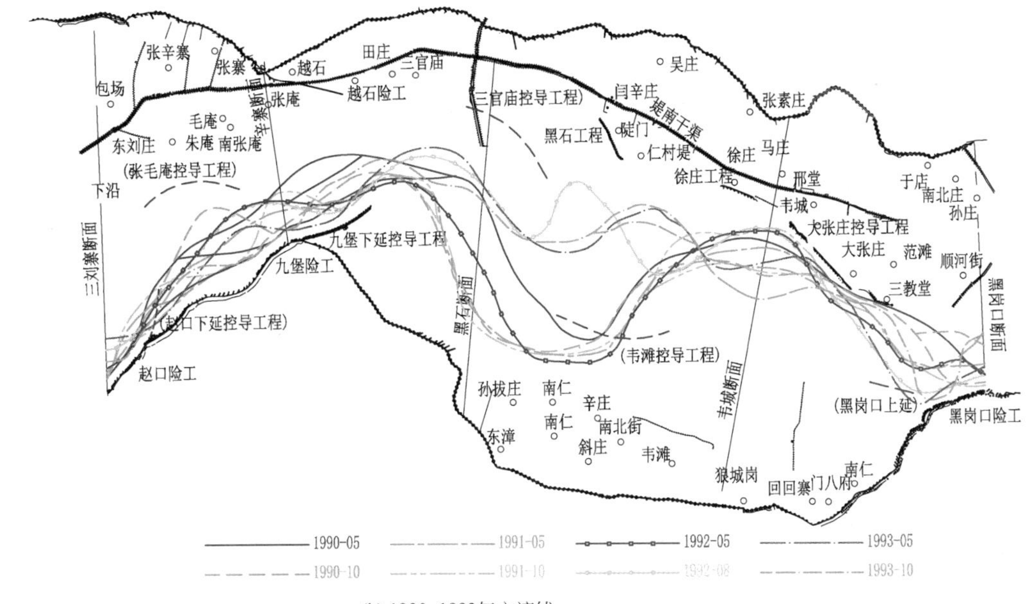

(b) 1990~1993年主流线

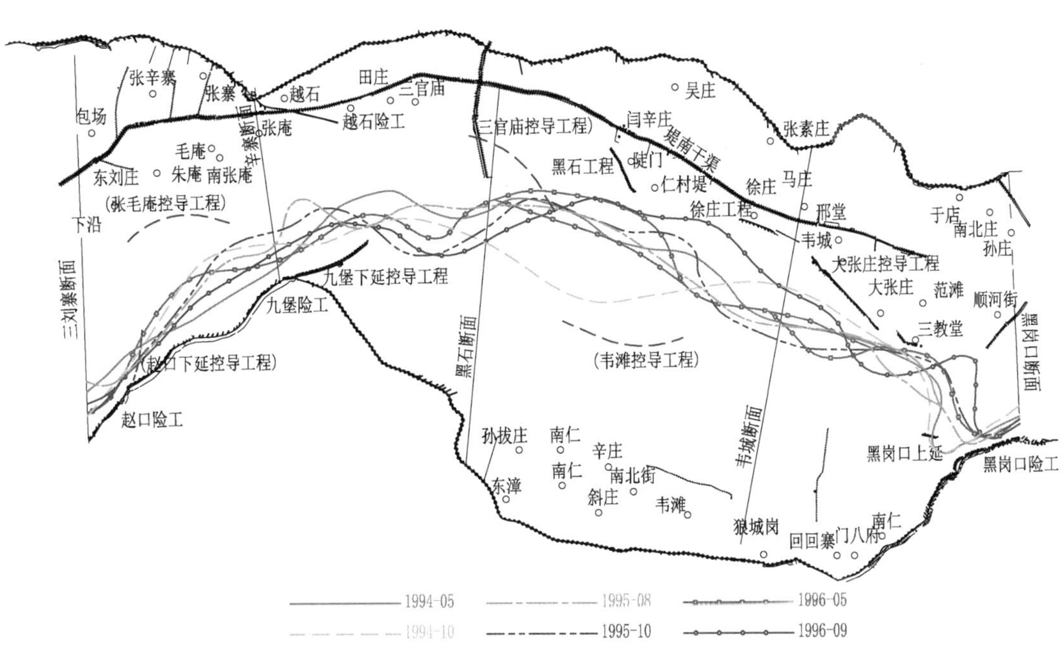

(c) 1994~1996年主流线

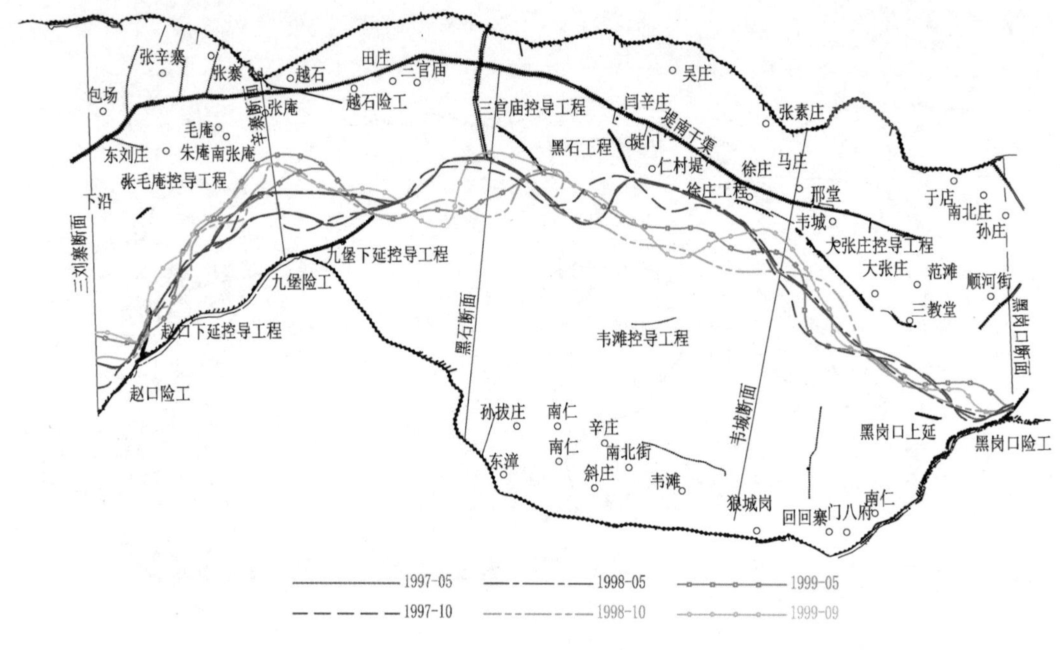

(d) 1997~1999年主流线

图 8-37　赵口—黑岗口河段 1986～1999 年主流线套绘图

从主溜线随时间的变化情况看：1986 年 5 月主溜线较上年南移，工程均不靠溜，水流在河中游荡；1986 年 9 月赵口险工变为靠河。1987 年赵口险工、九堡险工靠河不紧，现韦滩控导工程—黑岗口河势散乱分股。1988 年 5 月主溜基本一股，大张庄、三教堂一带高滩靠河；1988 年 7～8 月出现 8 次中小洪水，河势变化大，8 月河靠赵口险工，出流东北在张庵村南及以下滩地坐弯，转流东南，南岸太平庄至南仁一带滩地大量坍塌至距清光绪年间沿堤修的土坝体仅数百米形成弯道，流向由南偏东—向东—向北，成“Ω”形，以下至徐庄再经微弯后至黑岗口险工。1989 年 6 月太平庄至南仁弯道消失，主溜北移；1989 年 9 月主溜向南坍塌，南仁弯道继续向东向南发展，再折转向北，经多次转弯后至大张庄，黑岗口险工恢复靠河。1990 年 5 月黑石断面以上河段分多股；1990 年 10 月多为单股河，主溜由赵口险工，滑过九堡险工—南仁弯道，经大张庄—黑岗口险工。1991 年 5 月至 1992 年 5 月流路无大变化，但多处分股行河。1992 年 8 月赵口险工、九堡下延靠河，南仁弯消失，主溜北移约 5km。1993 年赵口、九堡、黑岗口险工靠河，九堡—大张庄之间主溜线弯弯相连，在中河、北河位置南北摆动变化。1994 年 5 月在三教堂现黑岗口上延控导工程间出现了横河；1994 年 10 月主溜位置南北向摆动变化。1995 年基本为中河流路，九堡险工不靠河，黑岗口险工以上的横河消失。1996 年流路无大变化，黑石以下主溜北移，黑岗口险工处于横河顶冲的情况。1997 年三官庙—大张庄基本沿北岸，以下至黑岗口险工，横河消失。1998 年 5 月九堡险工段主溜北移；10 月九堡险工不靠河，在对岸张庵村南滩地坐弯，以下主溜位置有所南移，黑岗口险工仍靠河。1999 年流路无大变化，但小弯道弯弯道相连，黑石断面以下走北偏南河，经大张庄流向黑岗口险工。

（六）黑岗口—曹岗

该时段内按规划治导线开始修建顺河街、大宫、王庵 3 处河道整治工程。顺河街控导工程始建于1998年，当年5月修26～30坝，1999年汛后续建24坝、25坝、31坝及潜坝300m。大宫控导工程始建于1985年，1985～2000年陆续修建丁坝34道。王庵控导工程始建于1994年，至1999年完成了1～33坝。

1. 1974～1985年

1974～1985年黑岗口—柳园口大部分走南河，主溜从黑岗口险工下段滑向或从三教堂以南直接进入高朱庄控导工程，顺弯而下，经柳园口险工导流，出流向大宫工程方向；也有部分例外，如1975年11月、1981年10月、1982年8月、1983年5月主溜从黑岗口险工以下外移向东，绕过柳园口险工，进入柳园口断面以下，另1981年5月、1982年5月则是在高朱庄对岸出弯后流向柳园口险工下首。总的讲该河段河势变化不大。

1974～1985年柳园口—曹岗河段，河势散乱，变化迅速，游荡于南北两岸高滩之间，且经常出现畸形河势。主溜线的河弯个数变化也大，多的可达17个，如1975年5月流路。少的仅有5个，如1978年7月流路。河弯个数多，大多因为出现“S”形的畸形河势造成的。

在河势演变的过程中，经常出现畸形河势，如1975年5月在大宫控导工程上下出现“S”形河弯，在古城以下出现近似“Ω”形河弯；1980年5月在现大宫控导工程以北接连坍塌，直至辛店险工之前，在古城以上又形成“S”形河弯，以横河之势顶冲古城以上滩地；1982年10月在辛店险工以上出现横河，造成辛店险工前出现急弯等。

黑岗口—曹岗河段1974～1985年河势变化情况见图8-38。

从主溜线随时间的变化情况看：1974年6月主溜由黑岗口险工滑至高朱庄控导工程，以下穿过现大宫控导工程下段至古城，再走北河至曹岗险工上段，曹岗险工中下段不靠河；1974年11月较6月主溜线大多为凹凸岸易位，柳园口险工下段靠河，高朱庄、古城脱河，曹岗险工中下段仍脱河。1975年5月弯道变化，出现畸形河势，柳园口—大宫、古城—曹岗间形成两个“S”形河弯，曹岗险工靠河；1975年11月经汛期洪水调整后，畸形河弯消失，主溜弯曲度小，由黑岗口险工平顺至古城，以下走北河至曹岗险工。1976年6月主溜变弯曲，由黑岗口—柳园口，现大宫控导工程、王庵控导工程附近分别坐弯后至曹岗险工；1976年11月，汛期水量丰，河势又有调整，黑岗口、柳园口险工靠河，现大宫控导工程以下由中河至古城到府君寺，但曹岗险工不靠河。1977年10月较1976年11月，在柳园口以下基本上是弯道凹岸、凸岸左右易位，府君寺控导工程下段靠河，但曹岗险工仍不靠河。1978年7月在黑岗口—柳园口、大宫控导工程—古城形成了两个大缓弯，曹岗险工段为南河；1978年11月黑岗口险工靠河位置上提，柳园口靠河，现大宫控导工程以下缓弯消失，流向朝东，府君寺控导工程靠河，曹岗险工仍不靠河。1979年5月大宫—古城段主溜北移；1979年10月主溜由高朱庄控导工程、柳园口险工东北向穿过现大宫控导工程，塌滩至辛店险工，水流折转东南，以下在中河偏北位置东流，曹岗险工段中河，以下流向东南。1980年5月在古城以上形成了一个“S”形河弯；1980年10月辛店险工前主溜稍外移，古城以上的“S”形河弯消失，主溜南移。1981年5月在现王庵控导工程下游，古城断面向上右岸塌成弯道，以下府君寺、曹岗靠河；1981年10月柳园口险工脱河，辛店险工前弯道下移，以下主溜至府君寺到曹岗险工。1982年8月弯道少，主溜由黑岗口—柳园口，辛店险工处弯道外移至现大宫控导工程以下，以下府君寺控导工程靠河，曹岗险工段为中河；1982年10月辛店险工段又坐弯靠河，以下微弯，中河前行，府君寺、曹岗均不靠河。1983年5月辛店险工前弯道大幅度下移至现王庵控导工程对岸，东南流向南岸，从古城断面开始坐弯东流，经王段庄—

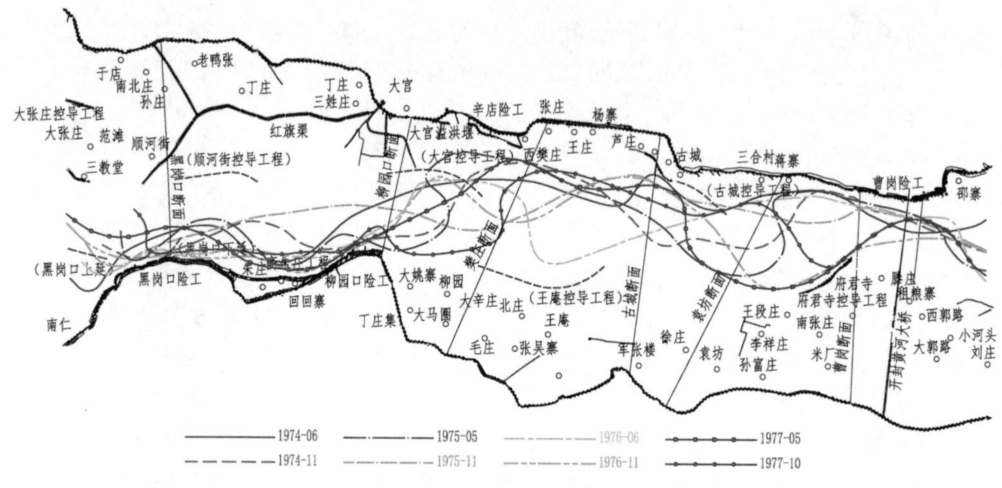

(a) 1974~1977年主流线

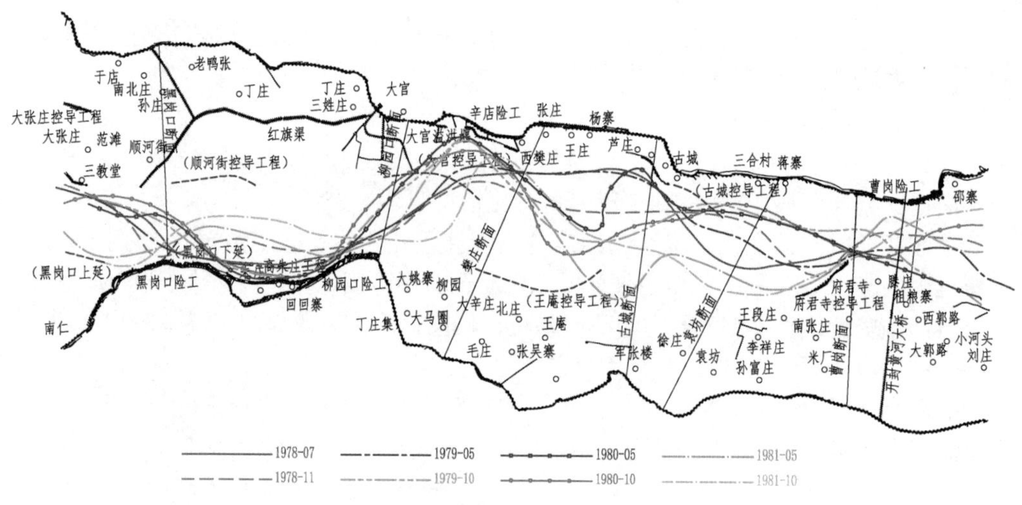

(b) 1978~1981年主流线

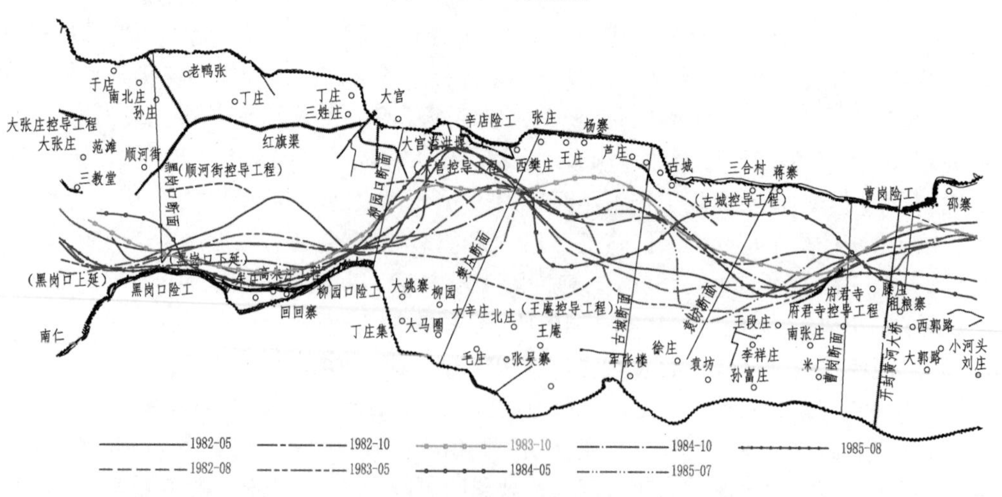

(c) 1982~1985年主流线

图 8-38　黑岗口—曹岗河段 1974～1985 年主流线套绘图

府君寺控导工程，曹岗险工仍未靠河；1983 年 10 月主溜变幅大，由高朱庄、柳园口险工—现大宫控导工程，沿北岸到古城，以下经府君寺—曹岗险工。1984 年 5 月辛店险工又靠河，以下弯道凹凸岸易位，府君寺控导工程、曹岗险工脱河；1984 年 10 月辛店险工脱河，柳园口以下弯道凹凸岸易位，府君寺控导工程靠河，曹岗险工仍脱河。1985 年 7 月左岸现大宫控导工程以下、右岸徐庄到袁坊村北又形成弯道，府君寺、曹岗均不靠河；1985 年 8 月右岸徐庄到袁坊弯道消失，曹岗险工段为南河，除黑岗口险工、高朱庄控导工程、柳园口险工靠河外，其他工程均不靠河。

2. 1986～1999 年

1986～1999 年黑岗口—柳园口河段，较上一时段河势变化大，由南河逐渐转到北河。1986～1993 年主溜线变化于高朱庄控导工程、柳园口险工前的河道南部，出柳园口险工之后东北向去大宫控导工程或以下。只有 1991 年 5 月例外，该年流路为出黑岗口险工之后朝北，在现顺河街控导工程以南滩地转向东后过柳园口断面。1994 年后主溜线变化范围较小，主溜出黑岗口险工后东北至顺河街控导工程以下滩地坐缓弯，出流南东方向过柳园口断面，大宫控导工程不靠河。

1986～1999 年柳园口—曹岗河段，河势变化大，古城以上河段反复出现的畸形河势是河势演变的主要特点。1986～1989 年河势散乱、多变，唯府君寺—曹岗河势变化减小。1990～1992 年，河势变化幅度减小，流路较前集中，大宫控导工程靠河后流向东南，滩地坐弯后流向古城控导工程。古城以下河势变化幅度减小，但在古城控导工程以上已形成了畸形河势的雏形。1993 年 10 月～1996 年 5 月，是畸形河势最为发育的时期，在大宫—古城，长时间连续沿幅度很大的“S”形河弯行河。主溜 3 次穿过古城断面，府君寺以下主溜带很窄。1994 年 10 月主溜即在柳园口—大宫控导工程之间形成“S”形河弯，继而又在古城以上形成“S”形河弯。1995 年 8 月、1995 年 10 月在古城前均为一个“S”形河弯。1996 年 5 月主溜在大宫控导工程形成“S”形河弯后，又在古城以上形成“S”形河弯。该时期的主溜带也为一个“S”形畸形河弯，经过“96.8”洪水直至 1996 年 9 月才发生裁弯，“S”形畸形河弯消失，成为普通的流路形式。1997～1999 年河势的变化不大，主溜自柳园口断面中部东偏南流至王庵控导工程上段坐陡弯，折转朝北，在王庵至北岸芦庄村南滩地坐弯后流向古城控导工程，以下经府君寺控导工程—曹岗险工。尽管主溜带宏观上较为平缓，但每条主溜线的小弯道远较一般主溜线多。

黑岗口—曹岗河段 1986～1999 年河势变化情况见图 8-39。

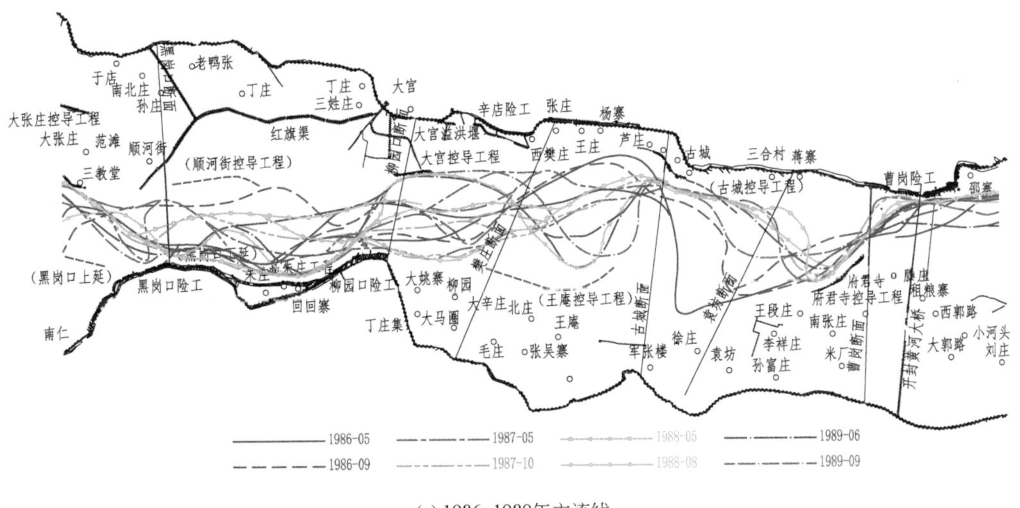

(a) 1986~1989年主流线

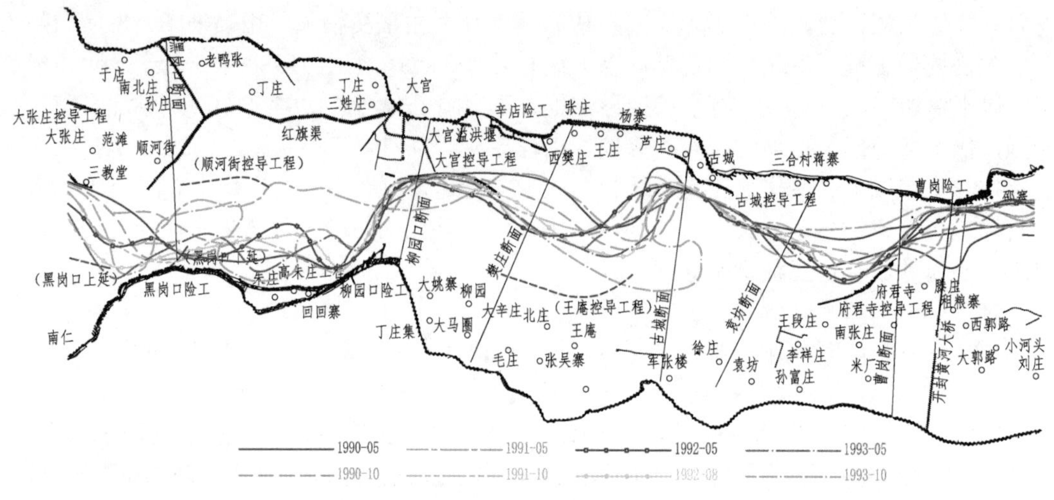

(b) 1990~1993年主流线

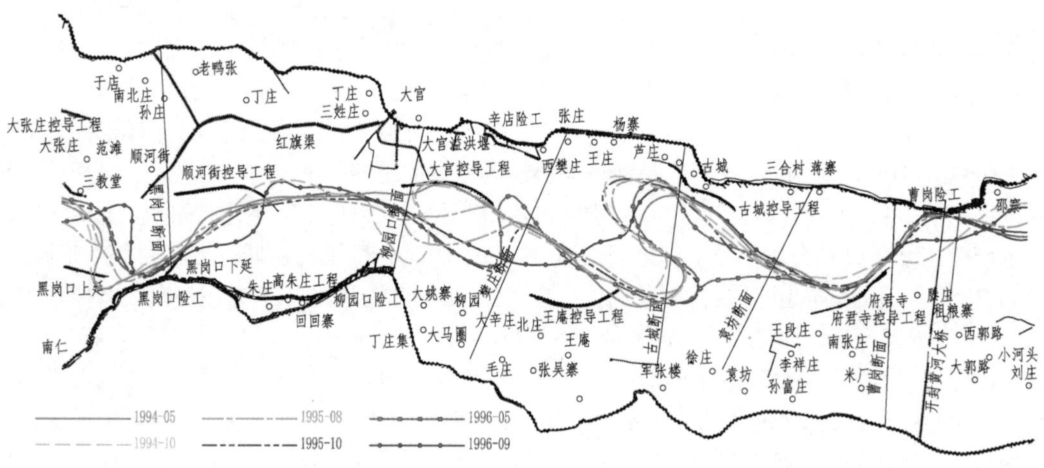

(c) 1994~1996年主流线

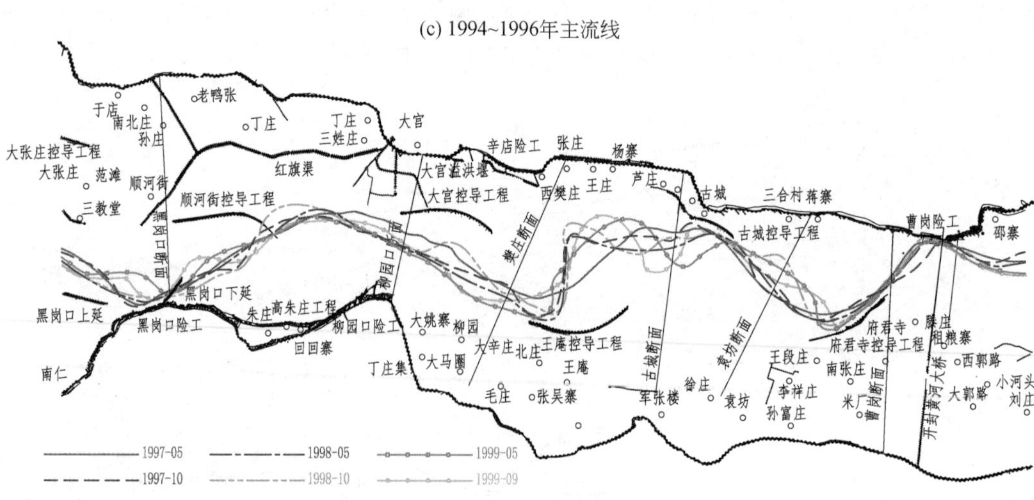

(d) 1997~1999年主流线

图 8-39　黑岗口—曹岗河段 1986～1999 年主流线套绘图

从主流线随时间的变化情况看：1986 年 5 月黑岗口险工不靠河，主溜由三教堂—高朱庄转向东偏北，水流分汊、弯曲前行至古城以上坐弯，折转南偏东，在右岸徐庄、袁坊村北滩地坐弯后流向曹岗险工；1986 年 9 月柳园口险工以上河道分股，黑岗口、高朱庄、柳园口均靠河不紧，以下走中河至古城。1987 年 5 月柳园口—古城河势分 2～4 股、溜势散乱，府君寺控导工程、曹岗险工靠河；1987 年 10 月，黑岗口—柳园口分两股，南股沿工程而行，至现王庵控导工程以北合为 1 股。1988 年 5 月河势无大变化；1988 年 8 月，经过汛期几次中小洪水后主溜变为 1 股曲直相间的河势，主溜自北岸三教堂，经黑岗口险工中段、柳园口险工，至现大宫控导工程处坐弯，以下在现王庵控导工程以北滩地及古城坐弯后，经府君寺控导工程—曹岗险工。1989 年 6 月黑岗口—大宫控导工程及曹岗险工段水流分散，3 股行河；1989 年 9 月，经汛期洪水后又变为 1 股，古城以上出现了向由南向北流动的横河。1990 年 5 月大宫至古城改走北河，古城—曹岗基本走中河，河分 2～3 股，府君寺控导工程脱河；1990 年 10 月曹岗险工脱河。1991 年 5 月柳园口险工以上主溜北移走中河，大宫控导工程以下坐弯后，经古城—曹岗险工。府君寺控导工程不靠河；1991 年 10 月柳园口以上河势变化大，主溜经黑岗口、柳园口险工—大宫控导工程，主溜外移后再至古城，以下东偏南但未至府君寺控导工程就流向曹岗险工。1992 年黑岗口险工靠河部位上移，府君寺控导工程靠河。1993 年 5 月主溜在柳园口以上连续出现小弯；1993 年 10 月主溜线进一步弯曲，并发展为几处畸形河弯，三教堂—柳园口连续出现两个反向“Ω”形河弯，古城以上形成幅度很大的“S”形弯道，主溜 3 次穿过古城断面，局部流向朝西（倒流），主溜的弯曲系数大。1994 年 5 月河势变化大，柳园口以上的畸形河势消失，主溜由黑岗口—大宫控导工程，古城断面上下的“S”形河弯仍存在；1994 年 10 月在柳园口—大宫控导工程间形成新的“S”形河弯，古城断面上下的“S”形河弯进一步深化、发展。1995 年 8 月大宫控导工程以上的“S”形河弯消失，变为 3 股分流，古城以上的“S”形河弯进一步发展；1995 年 10 月古城“S”形河弯的弯顶处进一步坍塌，倒流段加长。1996 年 5 月大宫控导工程下段形成横河、急弯，也为一个“S”形河弯，古城“S”形弯道依然存在；1996 年 9 月，汛期洪水接连发生，河势得到调整，原畸形河势消失，主溜自北岸三教堂以东滩地坐弯折转南流，在黑岗口险工靠河坐弯后，至现顺河街控导工程以下坐弯转向东流，走中河至古城，经府君寺控导工程—曹岗险工。1997 年流路未发生大的变化。1998 年在王庵控导工程上段坐弯后，流向朝北至对岸流向古城。1999 年主溜行进时多小弯道，王庵控导工程上段靠河后出流转北，左岸、右岸连续出现小弯道，以下仍经古城、府君寺控导工程—曹岗险工。

（七）曹岗—东坝头

本时段流路散乱，尤其是曹岗—夹河滩河段，流路年际变化大，年内变化亦较大，主流弯曲率大，弯道数量增加。

1. 1974～1985 年

1974～1985 年曹岗—贯台主溜线遍布两岸之间的河槽，在其变化的范围内大体可分为以下流路：一为主流出府君寺后，导向现曹岗下延控导工程位置，坐弯后流向欧坦控导工程上段，坐弯东流至中王庄村北坐弯折向北，以横河形势冲向北岸高滩沿后，转陡弯东南流过贯台控导工程，进入东坝头湾。或在欧坦控导工程以下中河位置平顺趋向中王庄方向后，折向贯台工程下段或滑过贯台工程直接趋向东坝头湾。二为主流滑过府君寺，直接朝东流至中王庄后基本走中河流路进入东坝头湾。三为主流由曹岗险工下段走北河流向常堤工程，再缓弯出流东南进入东坝头湾。

为控制府君寺—贯台间的河势，继而稳定贯台—东坝头河段的河势，解决右岸中王庄、张庄、欧坦等低滩区村庄掉入河内的威胁问题，于 1978 年 11 月修建了欧坦控导工程。工程修建后，对不断向南坐弯的河势起到了有效的控制。

1974～1985 年贯台—东坝头险工河段，东坝头湾内在南河和中河位置行河，且在时段内由南河向中河变化，但东坝头险工始终靠河，其出溜方向稳定，指向禅房控导工程上段。

总的说来，在该时段内，河弯数量明显增加，主流流路由原来的北河流路较多转为南河流路较多，河势较前一时段散乱。

曹岗—东坝头河段 1974～1985 年河势变化情况见图 8-40。

从主流线随时间的变化情况看：1974 年 6 月，曹岗险工段溜走中河，过常堤工程东南进入东坝头湾，走南圈河—东坝头险工；1974 年 11 月常堤工程脱河，中河行至常堤至贯台控导工程中间时折转北流，以横河形势冲向北岸现贯台控导工程以上，坐陡弯（转向约 140°）折转东南，进入东坝头湾，走南圈河至东坝头险工，出流朝向禅房，在已修禅房控导工程以下塌向贯孟堤。1975 年 10 月贯台控导工程以上的陡弯下挫至贯台控导工程下段。1976 年 6 月曹岗险工靠河，出流东南在现欧坦工程以北滩地坐弯，流向现贯台控导工程以上坐陡弯转向东南，入东坝头湾，仍走南圈河至东坝头险工；1976 年 11 月曹岗险工段改走中河，现贯台控导工程处弯道下移。1977 年 5 月河势无大变化；1977 年 10 月溜由府君寺下滑，走中河东流，在常堤控导工程以下北岸形成弯道，以下走中河进入东坝头湾，在东坝头湾内形成一个倒“S”形河弯后流向东坝头险工。1978 年 7 月河道变直，从府君寺

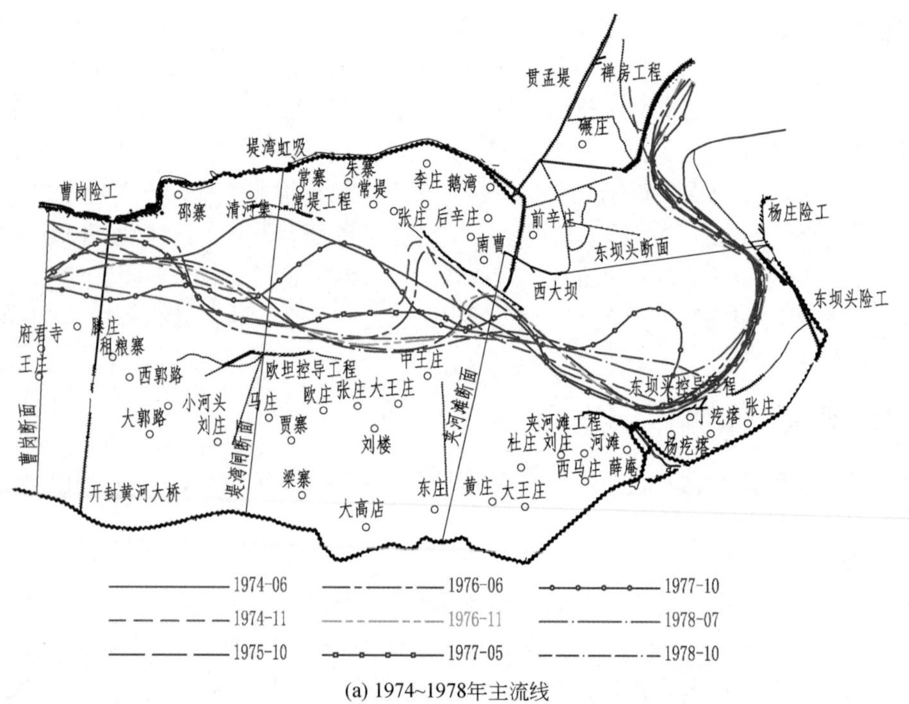

(a) 1974~1978年主流线

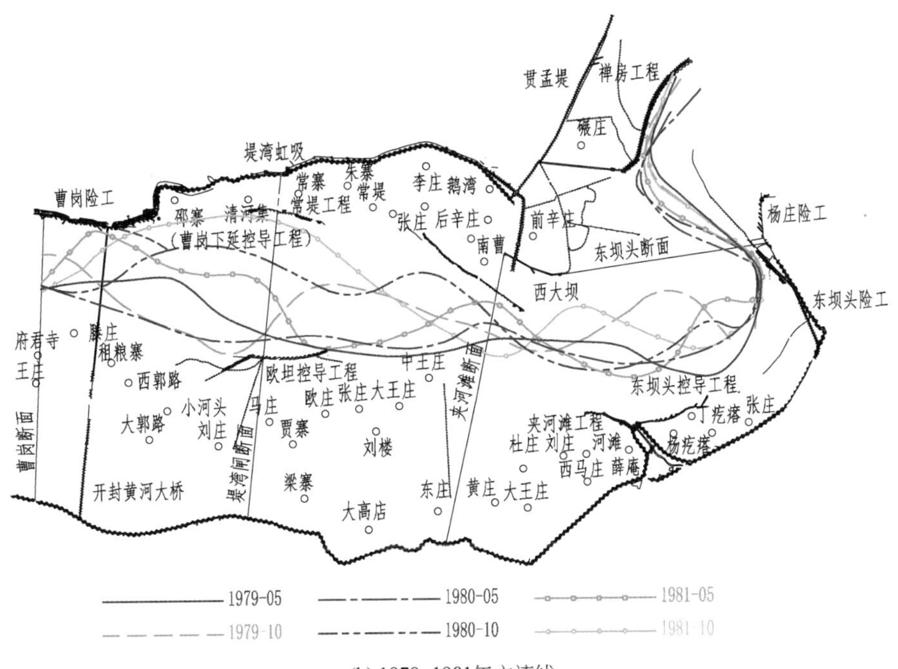

(b) 1979~1981年主流线

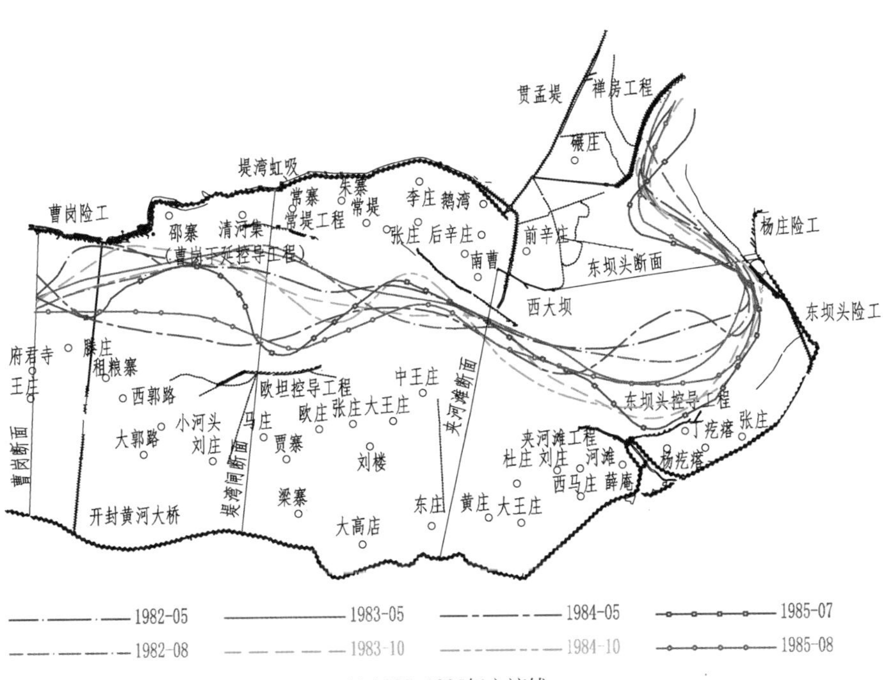

(c) 1982~1985年主流线

图 8-40　曹岗—东坝头河段 1974～1985 年主流线套绘图

东流，基本为直河进入东坝头湾，畸形河弯消失，东坝头险工靠河；1978 年 10 月至 1979 年 5 月主溜线仍较直，流路基本无变化。1979 年 10 月在现欧坦控导工程上段坐弯，以下流路稍弯曲，东坝头湾内也出现了畸形陡弯，东坝头险工仍靠河。1980 年 5 月中河进入东坝头湾，东坝头湾内的畸河弯消失，东坝头险工靠河；1980 年 10 月贯台控导工程以上主溜线北移，其余无大变化。1981 年 5 月曹岗险工靠河后，至贯台控导工程间主溜又南移，溜靠现欧坦控导工程下段及贯台控导下段，中河进入东坝头湾，东坝头险工仍靠河；1981 年 10 月主溜弯道凹凸岸相对 1981 年 5 月河势易位，曹岗—常堤间形成大缓弯，东坝头湾内出现小弯道，东坝头险工靠河。1982 年 5 月主溜从曹岗险工基本直河东流至东坝头险工，再折向禅房控导工程；1982 年 8 月至 1983 年 5 月主溜由府君寺下端至常堤控导工程，以下无大变化。1983 年 10 月曹岗险工靠河，经贯台控导工程下端入东坝头湾，走南圈河至东坝头险工。1984 年 5 月曹岗险工脱河，主溜南移，微弯东流，东坝头湾内又变为中河，东坝头险工仍靠河；1984 年 10 月主溜从府君寺流向常堤控导工程，主溜外移后又在贯台控导工程以上坐弯，以下进入东坝头湾南圈河，再至东坝头险工。1985 年 7 月曹岗险工段中河，以下中河先后在北岸、南岸出弯后至贯台控导工程，以下东坝头湾南圈河，东坝头险工靠河；1985 年 8 月，曹岗—贯台控导工程间北、南两个弯道基本取直，主溜自府君寺控导工程以下平顺东流进入东坝头湾，东坝头险工仍靠河。

2. 1986～1999 年

1986～1989 年曹岗—贯台河段河势较为稳定，主溜变化范围小，时段内主溜带宽度窄。其流路为北河流路，由曹岗—常堤—贯台—夹河滩控导工程。1995 年之后，府君寺出流方向与曹岗险工夹角较大，这种河势下，主流在南岸坐微弯，虽仍走北河，但在曹岗与常堤之间，主溜线南移，在常堤工程以下向北凹入一个小弯道后流向夹河滩控导工程。

1986～1999 年，贯台—东坝头河段，总的讲由中河变为南河。东坝头险工始终靠河着溜，出流方向稳定，为以下河段提供了一个有利条件。但在东坝头湾内部却出现了畸形河弯。1988 年 5 月，主溜在东坝头湾内形成“S”形河弯，在东坝头险工对岸弯顶已接近东坝头断面，其下至东坝头险工之间为“Ω”形河弯。汛前弯颈仅为 400m，如塌透，将造成东坝头以下出现中河流路，这就打乱了已有的规划流路和工程布局。1988 年 7 月花园口发生 4 次流量大于 3000m^3/s 的小洪水，8 月发生大于 5000m^3/s 的洪水 4 次，在水流的作用下，东坝头控导工程上下又发展为南圈河至东坝头险工，避免了“Ω”形河弯裁弯，维持好的河势流路。以后时段内走的都是南河流路。

曹岗—东坝头河段 1986～1999 年河势变化情况见图 8-41。

从主溜线随时间的变化情况看：1986 年 5 月主溜由曹岗险工—常堤工程，流向东南在至夹河滩控导工程前转向东偏北进入东坝头湾，中河入湾后至东坝头险工，再至禅房控导工程；1986 年 9 月在夹河滩控导工程以下，多次出现小的弯道。1987 年东坝头断面以上形成一畸形河弯，其他河势无大变化。1988 年 5 月中河进入东坝头湾，东坝头断面以上的畸形河弯进一步发展，在东坝头险工以上，流向先是东偏南，以下转陡弯流向变为西偏北，流线为近于方向相反的平行线，两线间距约为 0.4km，湾内畸形弯道发展为“Ω”形；汛期出现多次中常洪水，东坝头险工前的畸形河弯不断发展，弯颈最窄时约为 0.2km，很有裁弯危险。但在裁弯前，在水流作用下东坝头湾上段已发展为南圈河，8 月洪水后主流走南圈河至东坝头险工，主溜顺东坝头控导工程、东坝头险工而下，避免了畸形河弯可能造成的不利河势。1989 年 6 月曹岗至常堤仍走此河，但河道分股，夹河滩以下分为南、中两股；1989

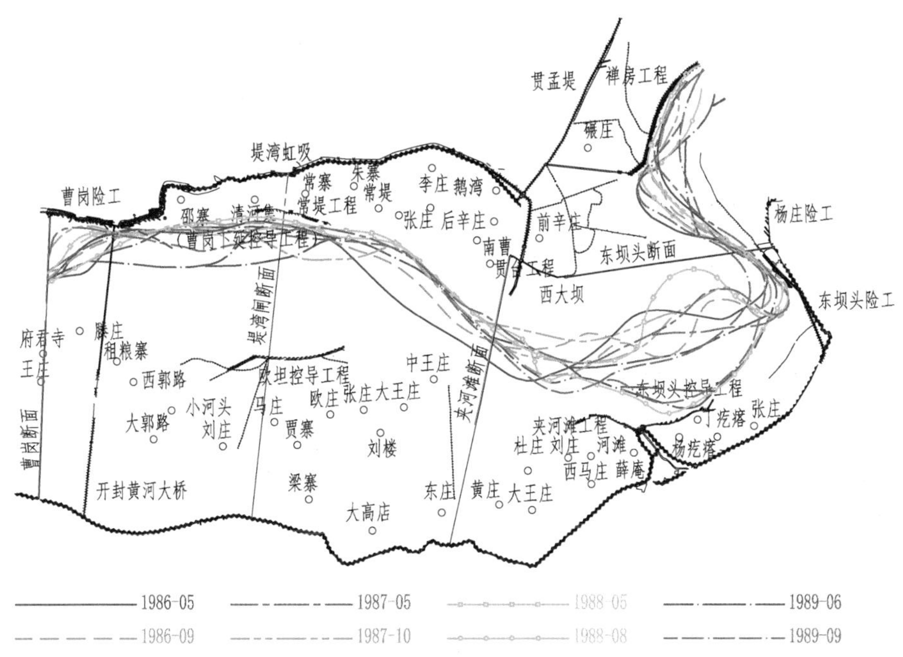

(a) 1986~1989年主流线

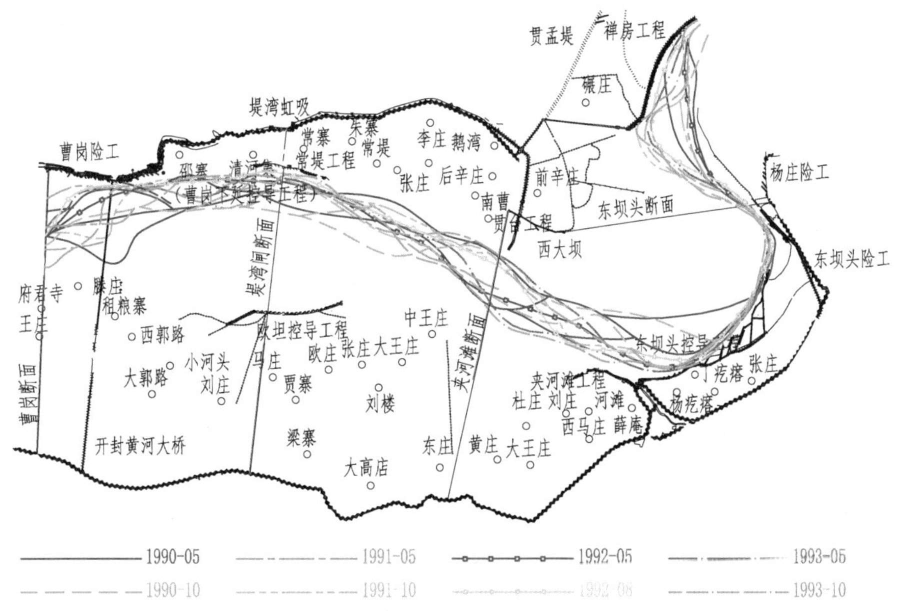

(b) 1990~1993年主流线

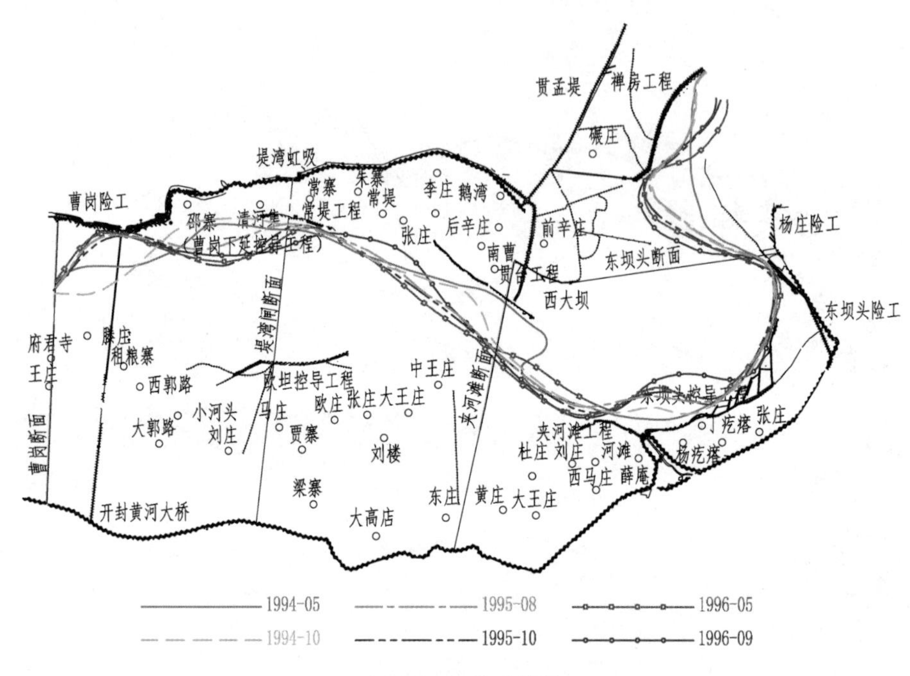

(c) 1994~1996年主流线

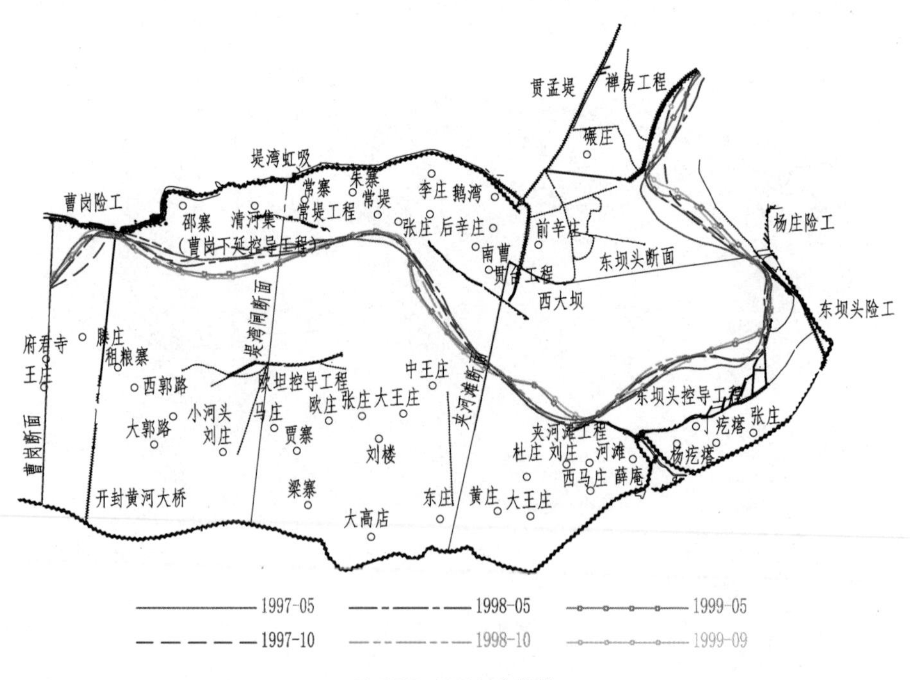

(d) 1997~1999年主流线

图 8-41　曹岗—东坝头河段 1986～1999 年主流线套绘图

年 9 月东坝头湾内水流仍分为南、中两股。1990 年 5 月曹岗—东坝头险工基本都为两股河；1990 年 10 月流路未变，但曹岗险工—东坝头控导工程为 2～3 股河。1991 年曹岗险工又恢复靠河，主溜经常堤入东坝头湾，走南圈河。1992～1993 年流路基本为曹岗险工—常堤工程—东坝头湾南圈河—东坝头险工—禅房控导工程。1994 年 5 月曹岗险工段中河—常堤工程—贯台控导工程，以下形成小“S”形弯后入东坝头湾，走南圈河至东坝头险工；1994 年 10 月贯台控导工程脱河，小“S”形河弯消失。1995 年曹岗险工靠河后主溜外移再回常堤工程，流向东南至夹河滩控导工程，南圈河至东坝头险工。1996～1999 年，除 1996 年 9 月常堤工程着溜部位下滑，并在其下形成缓弯，东坝头湾内南圈河主溜有所北移外，主溜由曹岗险工—常堤控导工程—夹河滩控导工程，入东坝头南圈河，由东坝头控导工程—东坝头险工—禅房控导工程。

（八）东坝头—周营

1. 1974 ~ 1985 年

1974～1985 年尤其是 1974～1977 年，东坝头—辛店集控导工程河段河势变化范围大，速度快，河势游荡，多处发生畸形河势，一些河段主溜摆动范围达 4～6km。该时段修建河道整治工程多，1978 年完成布点，继而进行续建，后期河势变化有所减小。1974～1985 年辛店集控导工程—周营控导工程河势变化小，主溜线较为集中。

东坝头—周营河段 1974～1985 年河势变化情况见图 8-42。

从主流线随时间的变化情况看：1974 年 6 月主溜出东坝头险工后未至禅房控导工程就坐弯流向右岸，在新庄以西滩地坐弯后流向左岸沙窝、油房寨一带滩地坐弯后流向左岸大王寨控导工程，在东坝头—大王寨控导工程间主溜在中河范围内变化，以下沿右岸至辛店集控导工程，出流至左岸周营控导工程 1 坝以上塌滩坐陡弯后送溜至右岸，周营控导脱河；

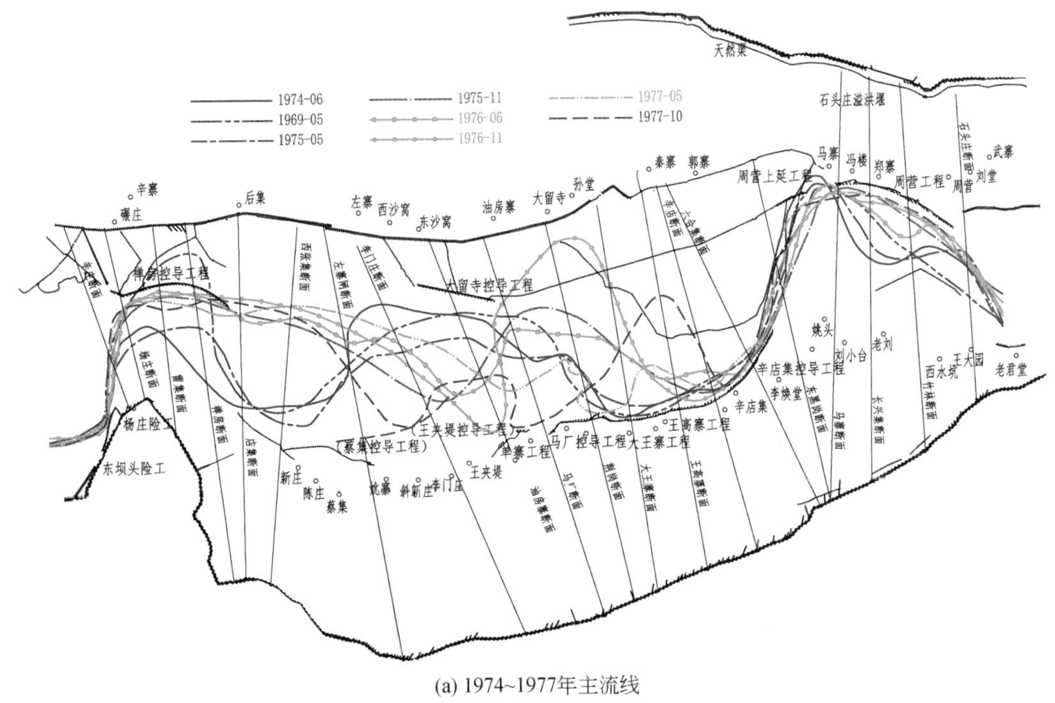

(a) 1974~1977年主流线

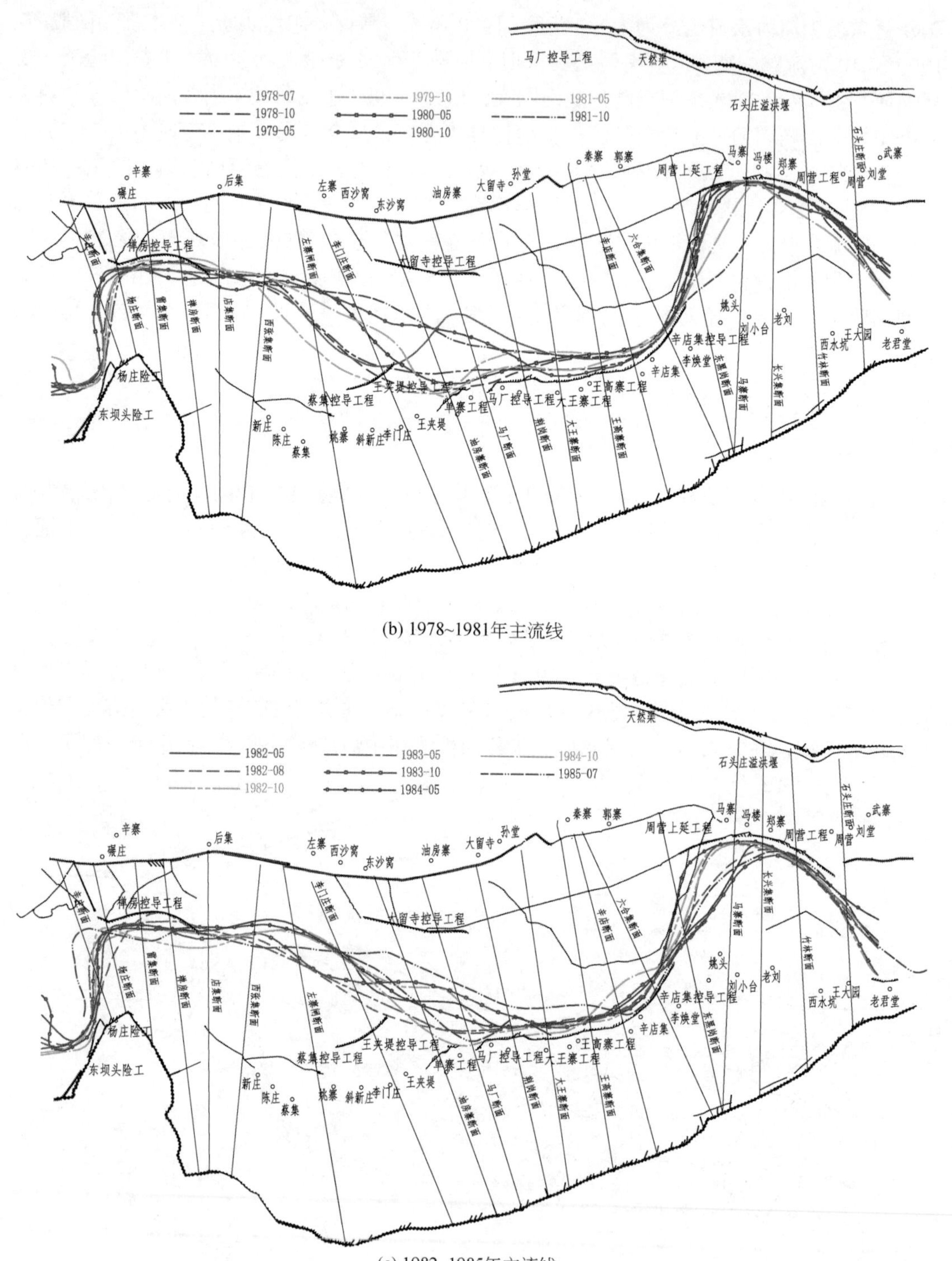

(b) 1978~1981年主流线

(c) 1982~1985年主流线

图 8-42　东坝头—周营河段 1974～1985 年主流线套绘图

1974 年 11 月禅房上下变化大，从禅房控导工程当时已修坝段以下，向西快速坍塌后退，与 1961 年相仿，塌向贯孟堤，形成陡弯后折转向右岸新庄以西滩地，以下无大变化。1975 年 5 月禅房陡弯撇弯，以下同上年河势；1975 年 11 月至 1976 年 6 月，河势变化为禅房控导工程靠河，以下至辛店集控导工程基本上是凹凸岸易位，主溜由东坝头险工—禅房控导工程—现王夹堤控导工程下端—大留寺控导工程—辛店集控导工程—周营控导工程。1976年11月主溜出禅房控导工程后沿左岸下行，在左寨断面—辛店集断面之间形成了一个“S”形河弯，在现王夹堤控导工程以下向右岸塌出一个陡弯，弯底已接近单寨，水流转向约130°，以横河之势直冲大留寺控导工程已修工程以下滩地，弯底在大留寺村东，至贯孟堤仅有约0.6km，以下流向王高寨、辛店集控导工程。1977年5月“S”形河势消失，但在右岸马厂控导工程前又形成了一个小“Ω”形弯道，以下由辛店集控导工程—周营控导工程；1977年10月禅房—辛店集控导工程间河势变化大，现王夹堤控导工程处靠河，溜外移后又回右岸单寨工程，水流折转斜向对岸，至王高寨断面中河偏左位置再折转回辛店集控导工程，接连出现不规则的小弯道。1978年7月主溜变平顺，畸形小弯消失，主溜从东坝头险工—禅房控导工程，经王夹堤控导工程下段斜向左岸，在马厂断面中河位置转向辛店集工程，再至周营控导工程；1978年10月至1979年10月，主溜穿过现王夹堤控导工程中部，经单寨、马厂工程—辛店集控导工程。1980年5月禅房控导工程河势上提，工程上头、下段靠河，出流下滑至左寨断面处才斜向右岸单寨工程；1980年10月单寨、马厂不靠河，主溜由禅房控导工程直接流向王高寨、辛店集控导工程，再至周营控导工程。1981年5月主溜又于单寨工程处坐弯；1981年10月主溜直接从禅房控导工程斜向辛店集控导工程，周营靠河部位由上段移至中段。1982年5月至1983年5月禅房、马厂、大王寨、王高寨、辛店集、周营控导工程全靠河；1983年10月单寨、马厂工程不再靠河。1984年5月马厂又靠河；1984年10月单寨至辛店集控导工程又全线靠河。1985年7月主溜出东坝头险工后在禅房控导工程以上坐弯，经工程下端沿左岸而下，大留寺控导工程不靠河，在其上河分两股，1股往马厂、大王寨、王高寨控导工程—辛店集，另1股直接至辛店集控导工程，汇流后至周营控导工程。

2. 1986～1999年

本时段与上时段一样，东坝头—辛店集河段河势变化大、速度快，摆动范围较上时段缩小，但多次出现畸形河弯，仍表现为游荡特性突出。辛店集—周营控导工程段，主流带不宽，河势变化小，已趋于初步稳定。

东坝头—周营河段1986～1999年河势变化情况见图8-43。

从主溜线随时间的变化情况看。1986年5月，主溜由东坝头—禅房控导工程，以下走中偏西河—马厂断面后，斜向大王寨控导工程，以下经王高寨、辛店集控导工程到周营控导工程，禅房—大留寺溜势散乱、分股；1986年9月至1987年10月流路无大变化，但分股情况经常变化。1988年5月主溜弯曲、左移，大留寺控导工程以下出现横河，直冲大王寨控导工程，以下经王高寨、辛店集—周营控导工程；1988年8月禅房控导工程两端靠河，以下主溜弯曲，走中河，王高寨以下无大变化。1989年主溜在禅房控导工程5坝以上靠河较紧（5坝以下工程位置线折转了45°），出弯后绕过禅房控导工程中下段，走中河至辛店集控导工程，但水流分股，溜势散乱，以下至周营上延、周营控导工程。1990年5月，禅房控导工程中下段靠河，王夹堤、大留寺控导工程前开始出弯，再至辛店集控导工程；1990年10月禅房—辛店集河势散乱分股。1991年主溜由禅房直接斜向王高寨、辛店集。1992年5月至1993年5月王夹堤、大留寺工程又有出现弯道的趋势。1993年10月王夹堤控导工程处的弯道消失并反向形成了一个“Ω”畸形河弯，以下流向辛店集控导工程。“Ω”畸形河弯维持到1994年汛前，1994年10月消失，左寨闸断面—辛店集出现几个不规则的小弯道。

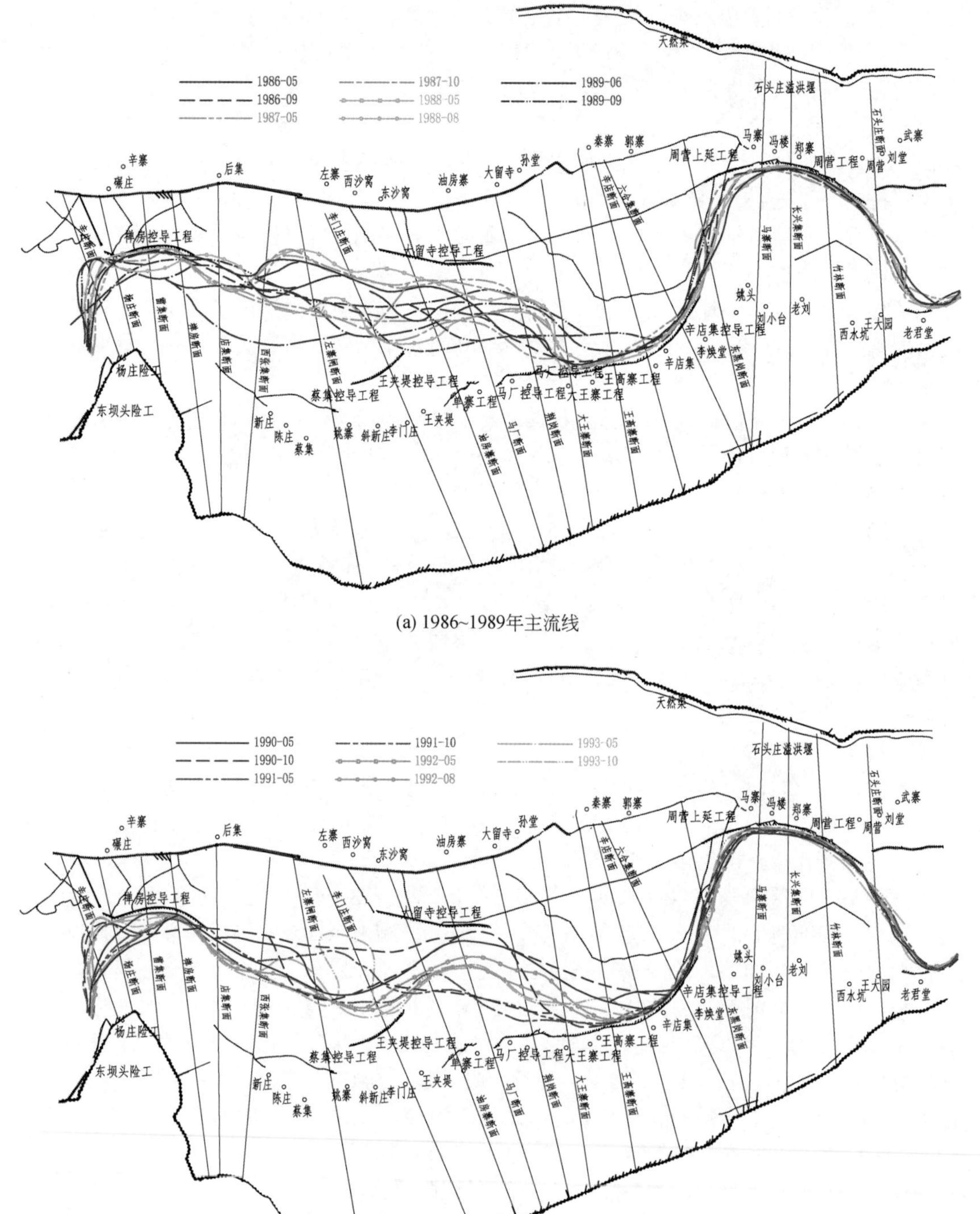

(a) 1986~1989年主流线

(b) 1990~1993年主流线

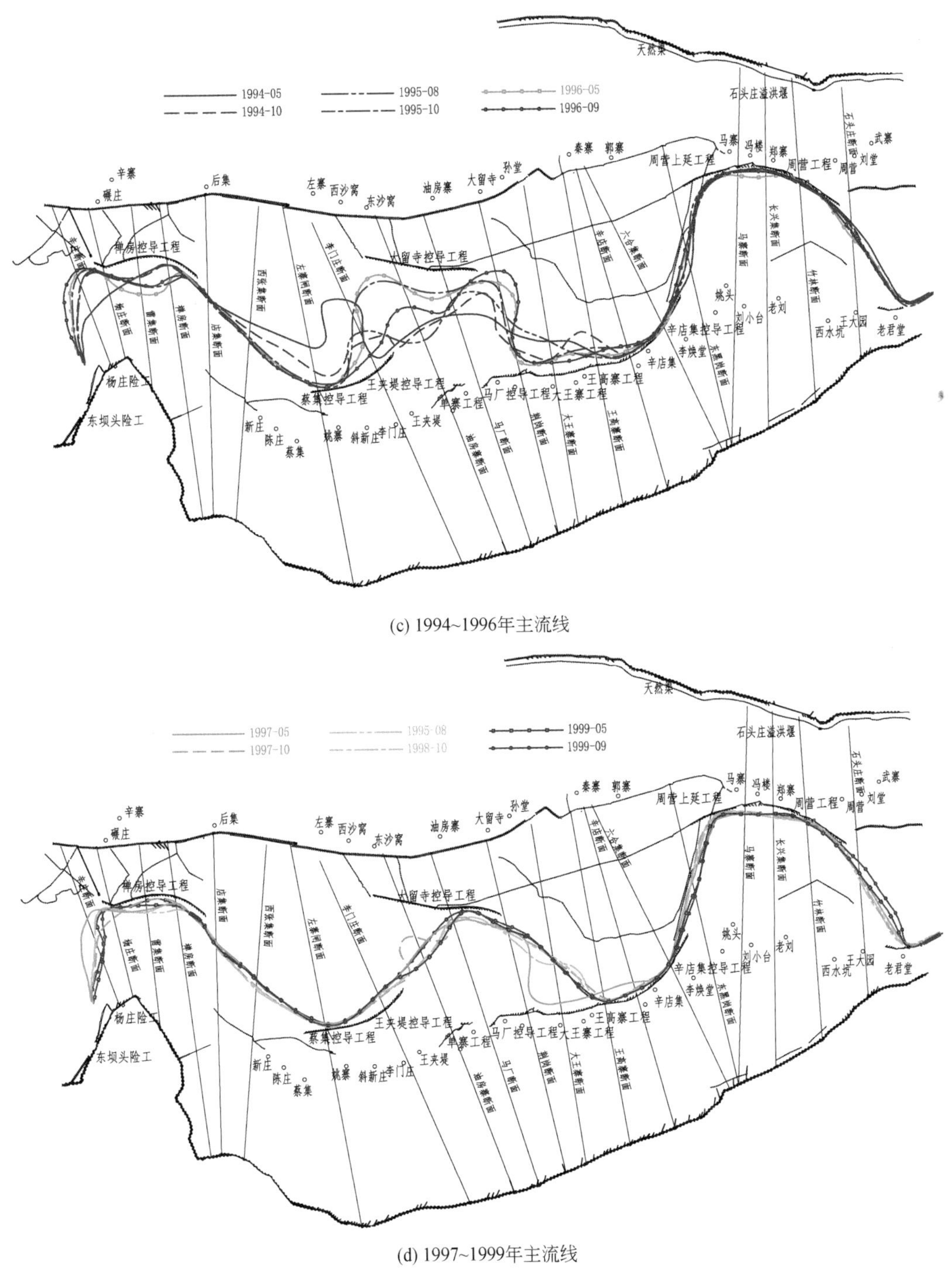

(c) 1994~1996年主流线

(d) 1997~1999年主流线

图 8-43　东坝头—周营河段 1986~1999 年主流线套绘图

1995 年 8 月蔡集控导工程靠河后，至辛店集控导工程接连出现 3 个小弯道；1995 年 10 月主溜由东坝头险工至禅房控导工程，送流至蔡集控导工程，主溜横向至左岸大留寺控导工程上段，在 24 坝以下顺工程至下端，转向以横河形式直冲马厂控导工程，以下经辛店集—周营上延、周营控导工程。1996 年流路无大变化。1997 年 5 月大留寺控导工程段变成一个弯道；1997 年 10 月马厂前横河消失，主溜直接到王高寨。1998 年 5 月至 1999 年 9 月河势稳定，流路为东坝头—禅房—蔡集、王夹堤—大留寺—王高寨、辛店集—周营上延、周营控导工程，即为规划的流路。

总的讲，1974～1999 年，禅房控导工程—辛店集控导工程河段河势变化很大，主溜摆动迅速，游荡范围大，一般 3～4km，最大者超过 6km。演变的过程中，还伴随出现一些畸形河势。随着时间的推移，不断修建一些控导工程，摆动范围逐渐减小，至时段末期，已为主溜带很窄的稳定河势。东坝头—禅房和辛店集以下河段，河势变化小，较为稳定。

（九）周营—高村

1. 1974～1985 年

本河段 1974～1985 年多次出现畸形河弯。主溜变化不定的为老君堂—堡城河段，其他河段变化相对较小。

周营—高村河段 1974～1985 年河势变化情况见图 8-44。

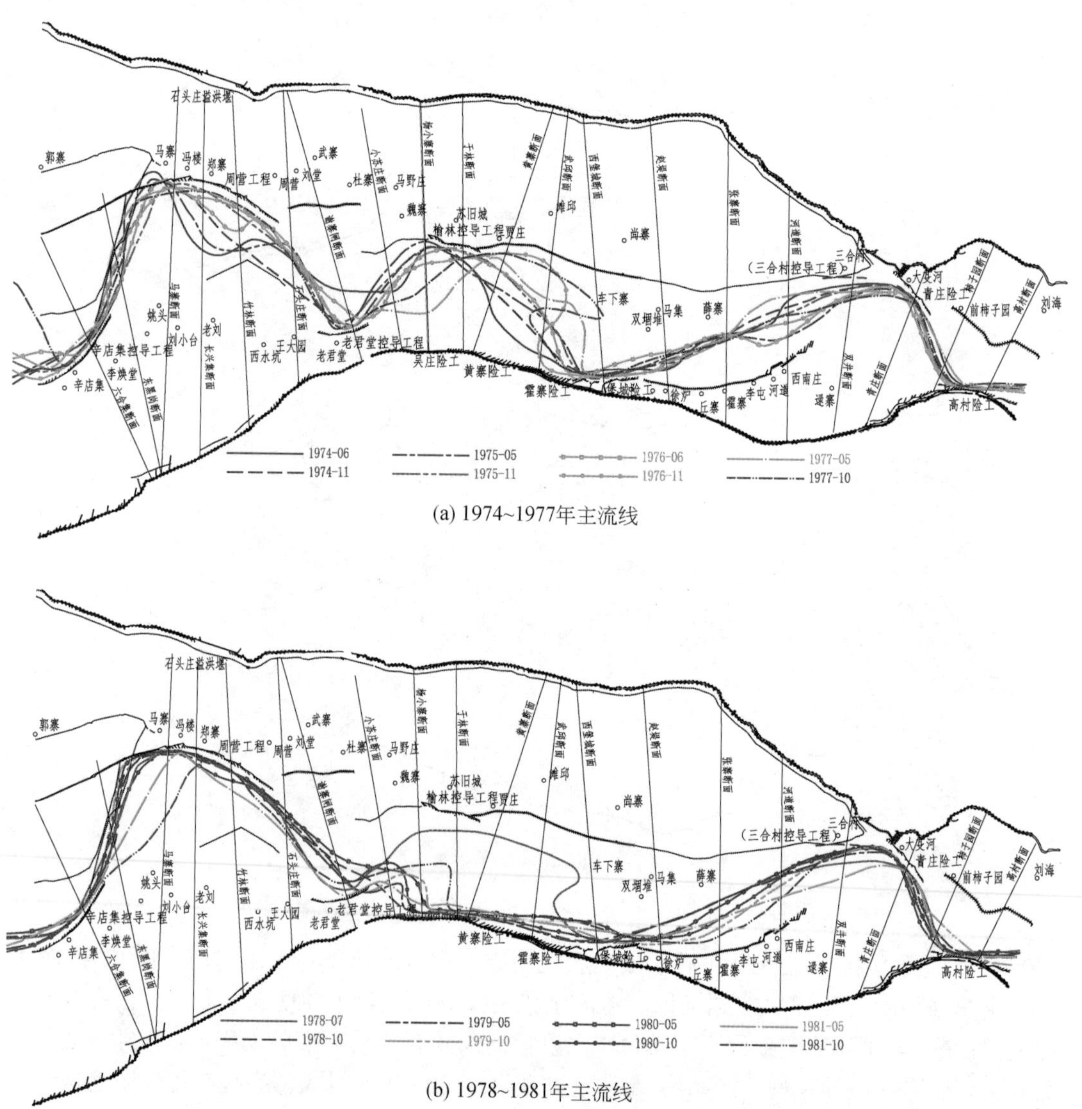

(a) 1974~1977年主流线

(b) 1978~1981年主流线

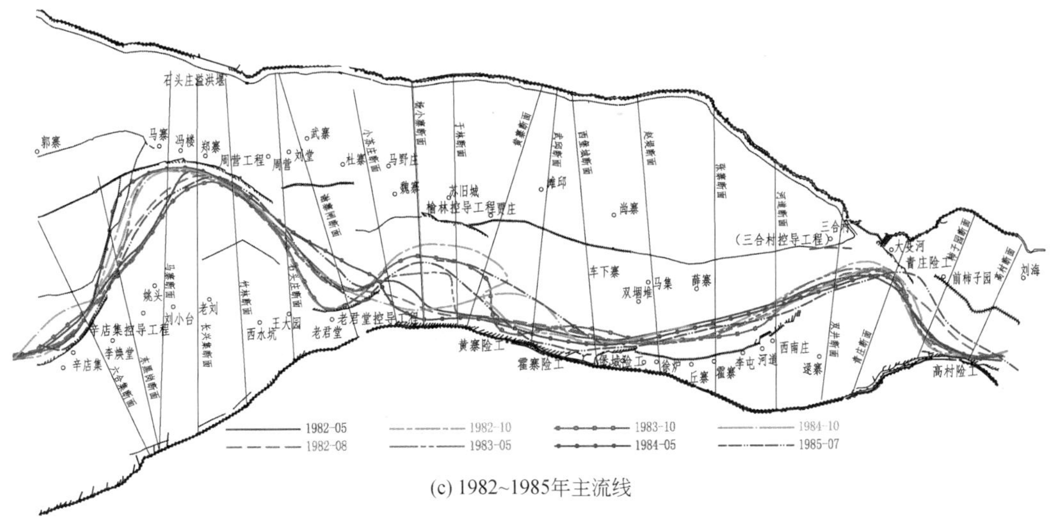

(c) 1982~1985年主流线

图 8-44　周营—高村河段 1974～1985 年主流线套绘图

从主流线随时间的变化情况看：1974 年 6 月主溜弯曲前行，于周营控导工程 1 坝以上坍塌滩地，坐一陡弯，出流未至对岸即坐弯，以下沿中河而行，现榆林控导工程前坐弯后至右岸霍寨、堡城险工，以下至青庄险工再至高村险工。1974 年 11 月至 1975 年 5 月老君堂控导工程下段及榆林控导工程均靠河。1975 年 11 月至 1976 年 6 月周营控导工程靠河。1976 年 11 月在榆林控导工程与霍寨险工之间形成一个“S”形弯道。1977 年 5 月“S”形弯道消失，横河位置由霍寨险工前下移至堡城险工前；1977 年 10 月主溜由周营控导工程—老君堂控导工程—榆林控导工程，以下沿左岸下滑超过西堡城断面后，折转约 140°后，向大河的上游方向倒流数公里后再折转约 120°流向堡城险工，形成了一个倒“S”形河弯，以下至青庄再至高村险工。1978 年 7 月，“S”形畸形弯道幅度有所变小；1978 年 10 月“S”形河弯消失，主溜由周营控导工程至吴庄、黄寨、霍寨、堡城险工。1979 年 5 月至 1981 年 5 月流路无大变化，仅在老君堂—黄寨险工间有小的弯道变化。1981 年 10 月在黄寨险工前出现了横河。1982 年 5 月横河消失；1982 年 8 月河势无大变化；1982 年 10 月榆林恢复靠河，并在其下与黄寨险工间形成了一个幅度不大的倒“S”形弯道。1983 年榆林控导工程又脱河。1984 年主溜由周营控导工程—吴庄、黄寨险工。1985 年 7 月主溜自周营控导工程中下段—老君堂控导工程，以下未至榆林控导工程即转向右岸霍寨险工、堡城险工，再至青庄险工，高村险工已不靠河，周营—堡城河段河道分股。

2. 1986～1999 年

随着周营上延和周营控导工程的完善，主流能被平顺送入老君堂弯道，老君堂工程控导主流作用日益明显，榆林弯道靠河点虽仍呈现明显的上提下挫，但已都在工程控制范围之内。堡城险工上下也表现为主流的上提下挫，但也在控制范围之内。主流出堡城险工后，经过直河段入三合村、青庄弯道。由于此直河段长，致使青庄靠河位置上提下挫幅度较大。如青庄险工不靠河或下端靠河，一般高村险工不靠河；如青庄险工上、中段靠河，则主流顺规划流路至高村险工。

该段的基本流路为：周营上延、周营控导工程—老君堂控导工程—榆林控导工程—堡城险工—青庄险工—高村险工。总的讲，河势稳定，主溜线集中。仅在个别情况有较大变化，如 1986 年 9 月至 1988 年 5 月，青庄险工、高村险工不靠河；1989 年 9 月榆林控导工程脱河。

周营—高村河段 1986～1999 年河势变化情况见图 8-45。

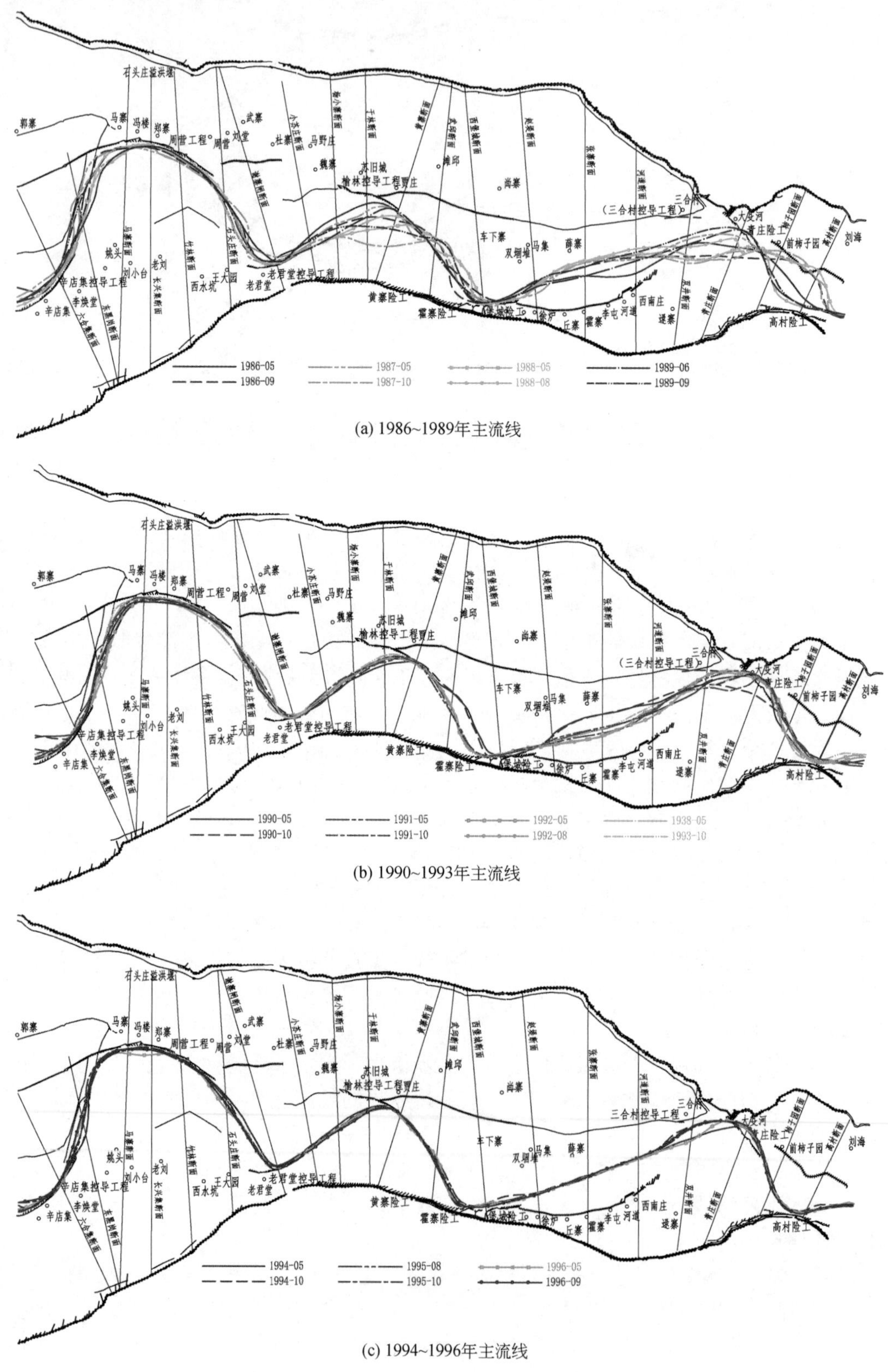

(a) 1986~1989年主流线

(b) 1990~1993年主流线

(c) 1994~1996年主流线

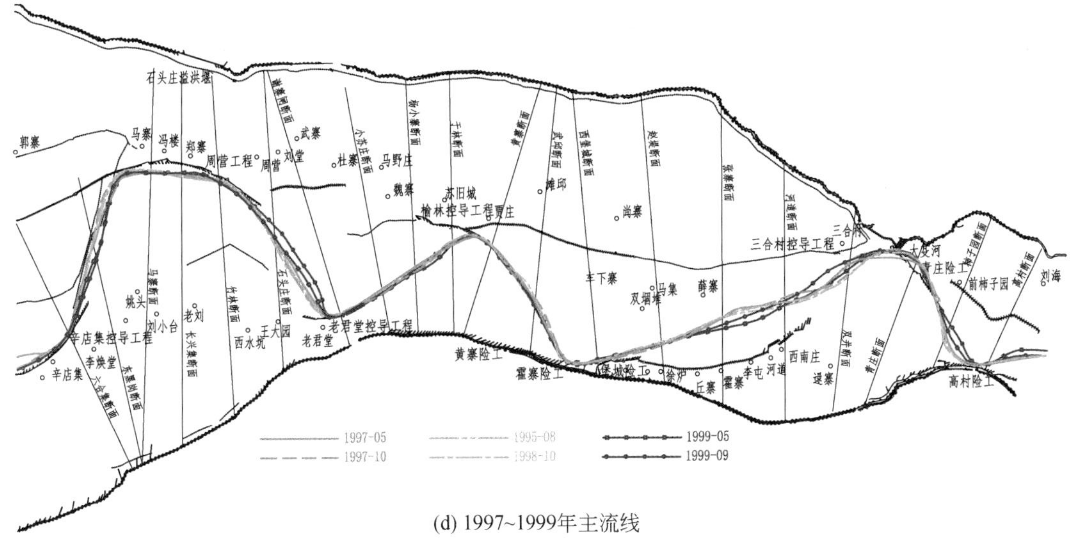

(d) 1997~1999年主流线

图 8-45　周营—高村河段 1986～1999 年主流线套绘图

从主流线随时间的变化情况看：1986 年 5 月主溜由周营控导工程—老君堂控导工程—榆林控导工程—堡城险工—青庄险工—高村险工；1986 年 9 月榆林控导工程先下滑再脱河、青庄险工脱河溜入柿子园湾、高村险工河势下滑，不再靠河。1987 年 5 月榆林控导工程、青庄险工下端靠河；1987 年 10 月榆林控导工程脱河、青庄险工脱河溜入柿子园湾，高村险工仍脱河。1988 年 5 月柿子园湾进一步发展；1988 年 7 月、8 月连续出现中小洪水，不利河势得到一点调整，8 月青庄险工靠河，柿子园湾消失，高村险工丁坝虽不靠河但已形成靠河之势。1989 年 6 月榆林控导工程下端靠河，青庄、高村险工靠河；1989 年 9 月榆林控导工程又脱河。1990 年榆林控导工程下端又靠河。1991 年榆林控导工程靠河段增长。以上几年河势虽有变化，但主溜摆幅不大。1992～1999 年河势基本无变化，且主溜带窄，其流路仍为周营上延、周营控导工程—老君堂控导工程—榆林控导工程—堡城险工—青庄险工—高村险工。

四、小浪底水库运用后的河势演变

小浪底水库于 2000 年 10 月下闸蓄水，开始投入运用。2000～2015 年花园口站年均来水 231.59 亿 m^3，较多年平均少 39.72%。受小浪底水库拦沙的影响，年均来沙量仅为 1.03 亿 t，较多年平均来沙量少 88.74%。

（一）白鹤镇—伊洛河口

2000 年 10 月小浪底水库下闸蓄水，进入拦沙运用期。由于水库拦沙，进入下游河道的泥沙很少，河道发生下切，对减少河势游荡、稳定主槽有利。本河段处于水库下游河道下切首当其冲的位置。总体来说，河势已被较好地控制在河道整治工程的控制范围之内。

主流基本沿规划流路行进，但受来水减少影响，不同河段也出现了一些小的河弯。铁谢填弯工程下游、逯村工程前、开仪工程前、化工工程前、大玉兰工程前均存在小的河弯，而赵沟工程、神堤工程前并没有类似河弯出现。

逯村控导工程靠溜部位偏于尾端，其原因主要为现铁谢填弯丁坝较规划长，使上下工程段成为两个弯道，形不成导流合力，加之逯村工程上段前面滩地存有大量的采砂遗留下来的堆积物，且砂卵石所占比例大，主溜出铁谢后虽朝逯村工程上中段，但不能塌至逯村工程上中段。在铁谢填弯丁坝—逯村工程下首会形成2～3个弯道。一般，主流多在逯村工程上延段临河滩地形成弯道、继而在逯村工程5～10坝对岸滩地坐弯后流向逯村工程25坝以下。花园镇工程多在22坝以下靠河导流，或于花园镇工程以下坐弯后流向开仪工程，开仪工程多在21坝以下靠河，靠溜位置较上一时段下挫。

赵沟控导工程靠河位置稳定。化工控导工程靠河一般在中下段，如主流在工程前有小的弯道产生，靠河位置将明显下挫。裴峪控导工程靠河位置较上一时段下挫。主流多在12坝以下靠河。相对来说，大玉兰、神堤控导工程靠河位置较上一时段变化较小。

由于河道下切，水流单一，普遍为一般河。自2002年后接连进行汛前调水调沙，前几年调水调沙结束段流量多为由3800m^3/s直接降为800m^3/s，大流量时在水流转弯处往往存在一个很低的潜滩，由于水位突然降落，河床来不及调整，在数处工程前出现分股情况，一股紧靠工程坝垛前根石，一股离工程较远，这两股河在行近工程时分开，行至工程中部后汇为一股，随着时间的推移，两股中有一股消失。

白鹤镇—伊洛河口河段2000～2015年河势变化情况见图8-46。

从主流线随时间的变化情况看：2000年裴峪控导工程—大玉兰控导工程—神堤控导工程按规划流路行河。2001年汛末，主溜由白鹤控导工程—白坡控导工程—铁谢险工上弯，以下溜外移绕过铁谢险工下弯后—逯村控导工程下段，以下流路基本为花园镇控导工程—开仪控导工程—赵沟控导工程—化工控导工程—裴峪控导工程—大玉兰控导工程—神堤控导工程。2002年汛末基本无大变化。2003年大玉兰以下走中河，神堤控导工程脱河。2004年汛前神堤控导恢复靠河，但在其下出现了一个"Ω"形河弯；2004年汛末神堤以下的"Ω"形河弯消失。2005年铁谢险工北门坝以下出现数个小弯道后才至逯村控导工程下段。2006年主溜在化工控导工程—裴峪控导工程下段连续出现小弯道，大玉兰控导工程后下滑东流，神堤控导工程脱河。2007年汛后裴峪控导工程仅下端靠河。2008年汛前裴峪、大玉兰、神堤控导工程均为下段靠河；2008年汛末裴峪靠河长度增加，大玉兰控导工程全弯靠河，神堤靠河不紧。2009年开仪控导工程段、化工控导工程段出现小弯道，裴峪控导仅工程下端靠河，神堤靠河较好。2010年开仪、化工控导工程仅下端靠河，裴峪控导工程不起导流作用，主溜在裴峪工程以下坐弯，折流朝北，冲向大玉兰工程上段，以下通过大玉兰控导工程调整水流方向，仍送至神堤控导工程。2011年汛前至2012年汛后河势无大变化。2013年汛前裴峪、神堤控导工程脱河；2014年汛前河势无大变化。2015年汛前裴峪已呈靠河之势，神堤又恢复靠河。

本时段的基本流路为：白鹤—白坡—铁谢—逯村—花园镇—开仪—赵沟—化工—裴峪—大玉兰—神堤，与规划流路一致，控导工程能较好地发挥控导主流的作用。

（二）伊洛河口—京广铁路桥

该河段在2000～2015年小浪底水库拦沙期伊洛河口—孤柏嘴河势变化小，孤柏嘴—京广铁路桥变化较大。

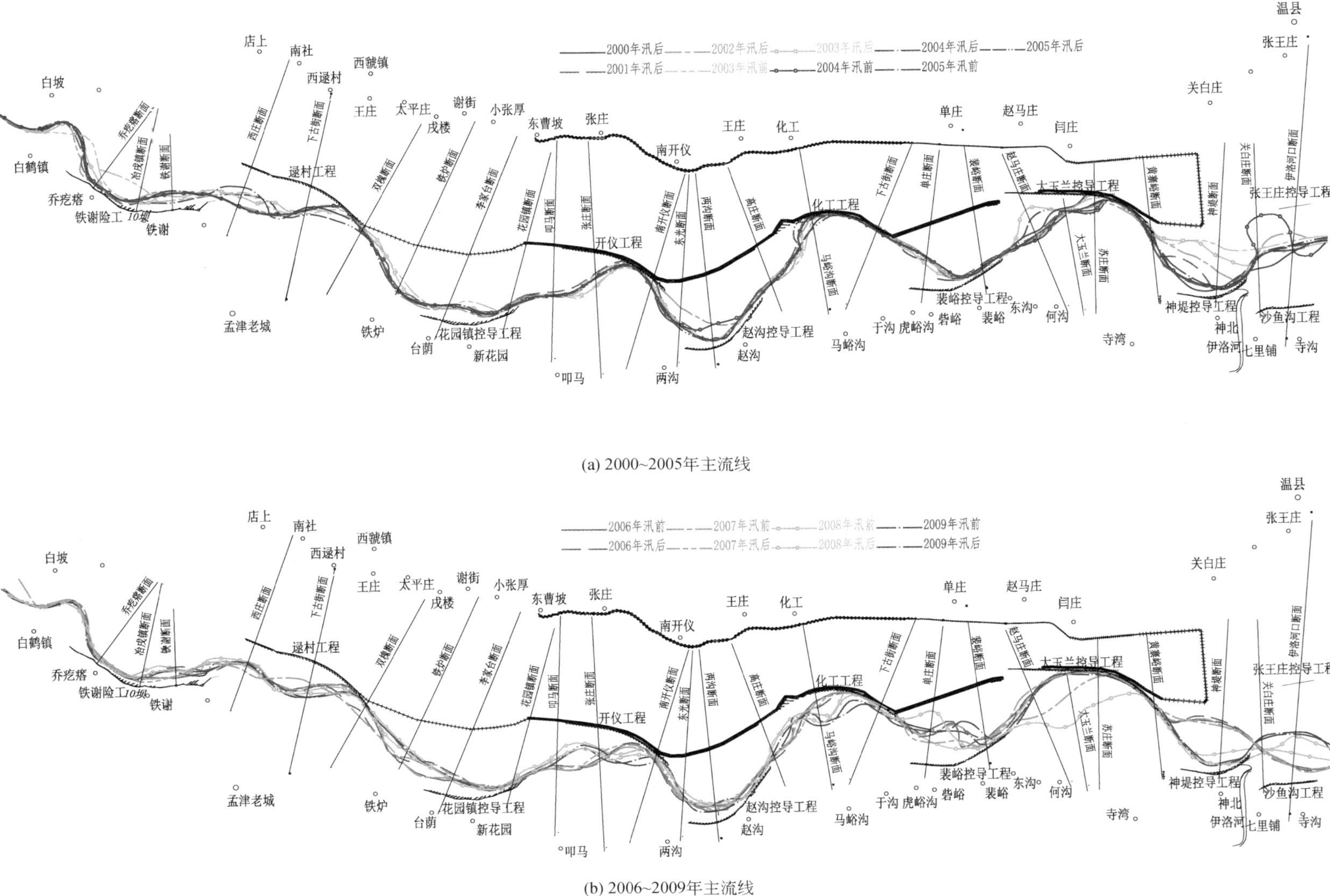

(a) 2000~2005年主流线

(b) 2006~2009年主流线

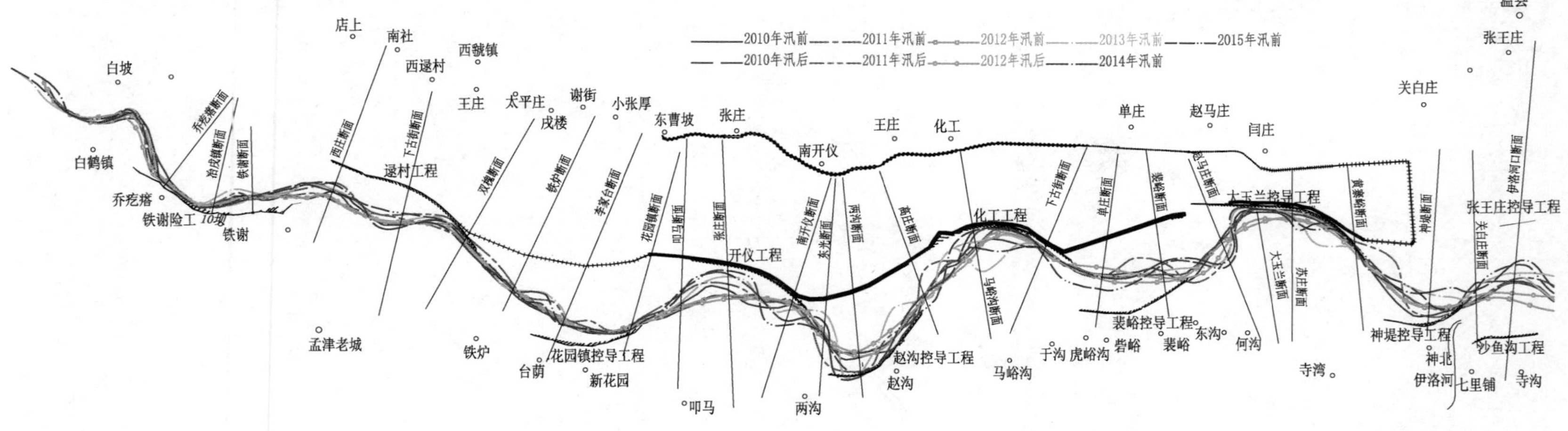

(c) 2010~2015年主流线

图 8-46　白鹤镇—伊洛河口河段2000～2015年主流线套绘图

伊洛河口—孤柏嘴河段总的讲主溜变化范围小，主溜带宽度不大。张王庄控导工程段由南河逐渐向北发展，大体在中河位置。2004 年汛前，神堤控导工程不靠河，主溜在工程以下坐弯，于伊洛河口对岸形成了一个“Ω”形河弯。张王庄控导与金沟控导工程之间形成畸形河势，尤其是 2007 年、2008 年、2009 年，都存在“Ω”形河弯。

孤柏嘴—京广铁路桥河段，驾部、枣树沟、桃花峪控导工程大部分时段靠河，东安控导工程向靠河发展，下首部分时段靠河。主溜带的宽度仍较大，主溜线宏观上与规划流路接近，在局部河段主溜线的变化仍较大，有些还发生接连出现小弯的情况。2001 年、2003 年、2004 年、2005 年主流绕过孤柏嘴，在孤柏嘴下游坐弯后导向驾部控导工程上游，顺驾部弯道出溜而下。2006 年后孤柏嘴下游弯道消失，主流直接导向驾部工程下首。2009 年后又出现在孤柏嘴下游坐弯，经弯道导流后主流趋向驾部工程下首。2003 年和 2004 年主流出驾部后不能有效送至枣树沟弯道，撇过枣树沟控导工程走中河滑向东安控导工程方向并于东安中段临河滩地坐弯后趋向桃花峪。2006 年后主流逐渐靠向枣树沟工程。主流经枣树沟弯道后出溜趋向东安工程。2009 年出现东安上首不断上提的河势，东安与桃花峪弯道前弯顶位置变幅很大。

伊洛河口—京广铁路桥河段 2000～2015 年河势变化情况见图 8-47。

从主流线随时间的变化情况看：2000 年汛末神堤控导工程处中河东流，至张王庄控导工程下端折流朝南，在与南岸洛口、金沟之间形成“S”形弯道，在金沟处折流东偏北，沿南岸山体至孤柏嘴，经驾部控导工程、枣树沟控导工程，在东安控导工程前滩地（中河位置）坐弯后至南岸，沿山边至桃花峪控导工程，出流至京广铁路桥中段。2001 年汛末至 2003 年汛前，河势无大变化，仅东安控导工程前弯道向北发展。2003 年汛末，枣树沟控导工程脱河，主溜出驾部后至中河即折流向东，走中河至东安控导工程以下坐弯后，流向桃花峪控导工程。2004 年汛前伊洛河口对岸出现小的“Ω”形河弯，金沟以上为横河顶冲，枣树沟控导工程恢复靠河；2004 年汛末伊洛河口对岸的“Ω”形河弯消失，枣树沟控导工程又脱河。2005 年汛前枣树沟控导工程又靠河；2005 年汛末汜水口上下主溜外移，驾部控导工程仅下段靠河，其他河段河势无大变化。2006 年汛前东安控导工程下段靠河；2006 年汛末枣树沟控导工程不靠溜。2007 年汛前枣树沟重新靠河；2007 年汛末枣树沟、东安控导工程无导流作用，在东安控导工程以下坐弯，折流向南，以横河形势冲向南岸山体后折转东流至京广铁路桥。2008 年汛前金沟以上横河向畸形弯道发展，枣树沟控导工程靠河，东安控导工程上、下端出现弯道，桃花峪靠河送流至京广铁路桥；2008 年汛末金沟以上畸形弯道有所发展，驾部控导工程仅下段靠河，东安控导工程段主溜南移。2009 年金沟以上仍为畸形弯道，东安段主溜北移。2010 年金沟控导工程以上畸形弯道消失，东安控导工程上段靠河。2011 年汛前伊洛河口—金沟接连出现小弯道以下在流路不变的情况下，多处小弯相连；2011 年汛末小弯道基本消失。2012 年东安控导工程脱河。2013 年汛前小弯多，河势乱，东安控导工程靠河。2014 年汛前金沟处河势下滑，东安控导工程—桃花峪控导工程主溜弯曲不规则。2015 年汛前大致流路为伊洛河口处中河，数个小弯后至金沟控导工程以下沿南岸山边至孤柏嘴，驾部、枣树沟、东安、桃花峪控导工程均靠下段，出流至京广铁路桥中部。

（三）京广铁路桥—花园口

2001～2005 年，河势流路基本是京广铁路桥断面出流东偏北，主流经老田庵控导工程下段导流后，趋向保合寨控导工程下段，至南裹头工程后转向马庄控导工程，再至花园口险工下段。这一时段河段内控导工程均为控导下段靠河。

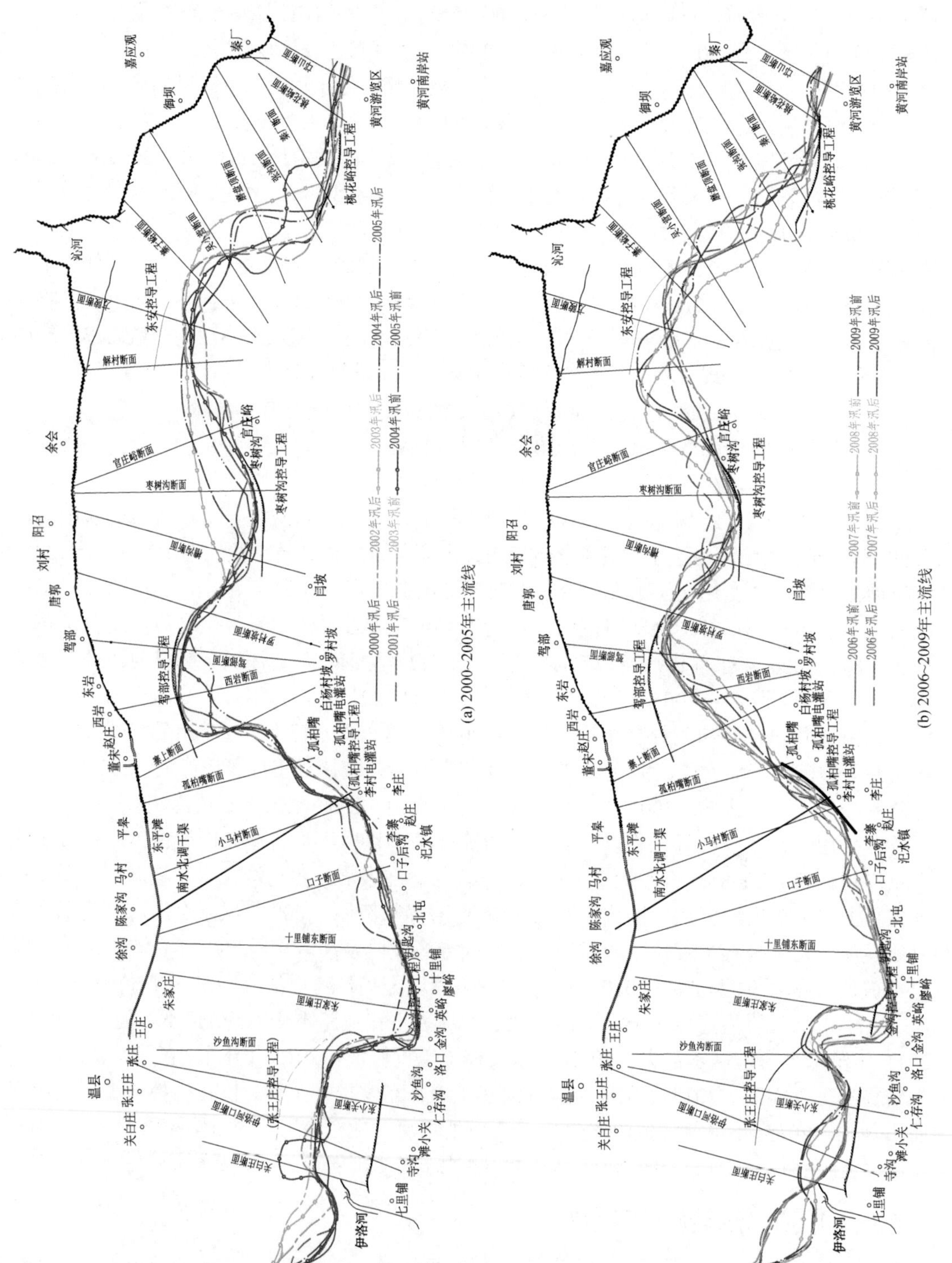

(a) 2000~2005年主流线

(b) 2006~2009年主流线

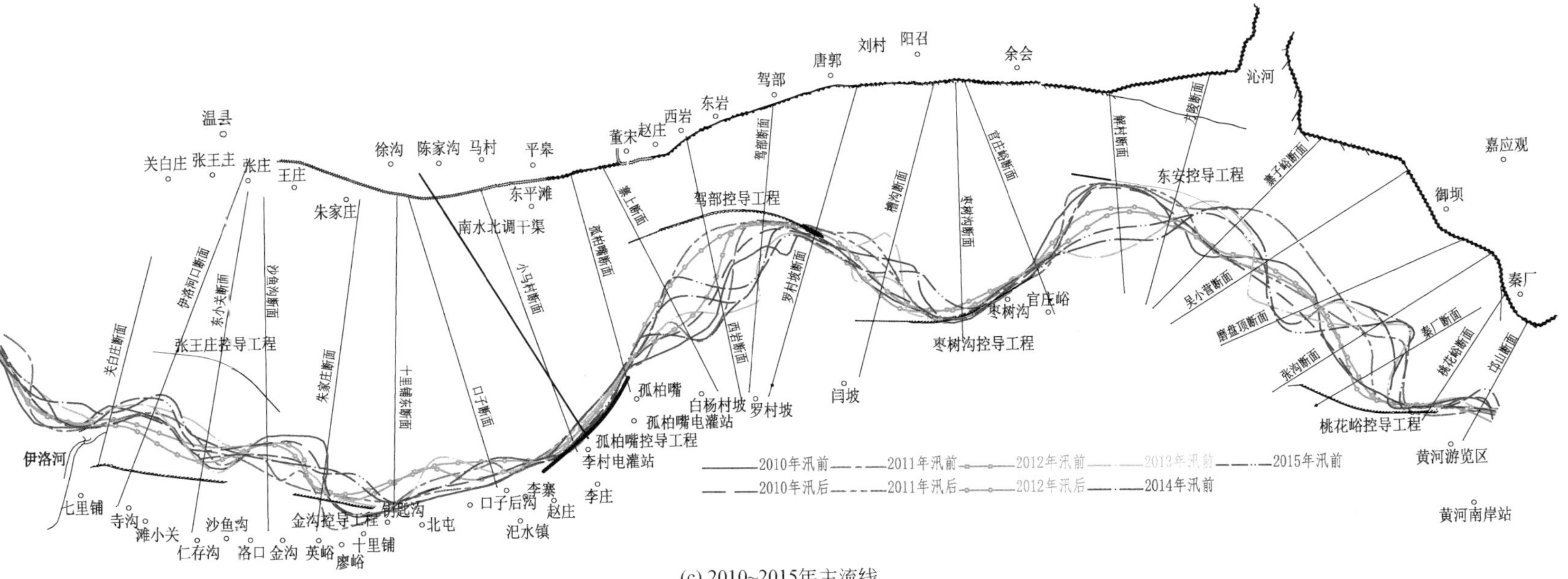

(c) 2010~2015年主流线

图 8-47　伊洛河口—京广铁路桥河段2000～2015年主流线套绘图

2006～2009 年，老田庵控导工程靠河导流段进一步下挫，主流绕过工程后坐弯，有的趋向南裹头工程，并逐步呈撇开南裹头工程的趋势；有的已撇开南裹头工程，由老田庵控导工程以下直接流到马庄控导工程前。保合寨控导工程一直处于脱河状态，南裹头也逐渐失去导流作用。花园口险工靠河位置在公路桥至东大坝下延控导工程段，送流至双井控导工程。为改善老田庵控导工程的导流作用，2007 年冬曾采用水中进占的办法下延了 5 道丁坝，长 500m，挑流向保合寨控导工程方向，由于工程以下浮桥过流位置未能及时南移，影响过溜位置向南调整，改善以下河势的作用未能及时发挥。

2010～2015 年，京广铁路桥出流方向已基本朝东，从老田庵控导工程下首滑过后，东南趋向花园口险工下段及东大坝下延控导工程，老田庵、南裹头、马庄均未能发挥控导河势的作用，主溜在行进的过程中还出现一些缓弯。

京广铁路桥是该河段的进口条件。20 世纪初修建的老铁路桥上部结构已拆除数十年，但在拆除前为保证过洪安全抛投了大量的石料，随着泥沙淤积对河势影响不明显，小浪底水库投入运用后河道下切 2m 以上，15 年没有来大的洪水，已有抛石对河势影响也越来越大，老桥墩距又小，根据物探资料，沿老桥下为一道地面以下的“石梁”，中水时就有跌水情况。从桃花峪工程送溜本来是至老田庵控导工程，但至老铁桥处的“石梁”时，改变了原送溜方向，造成流向有一定的偏转，这就影响了该段规划流路的实现，短期内此影响还是难以消除的。

京广铁路桥—花园口河段 2000～2015 年河势变化情况见图 8-48。

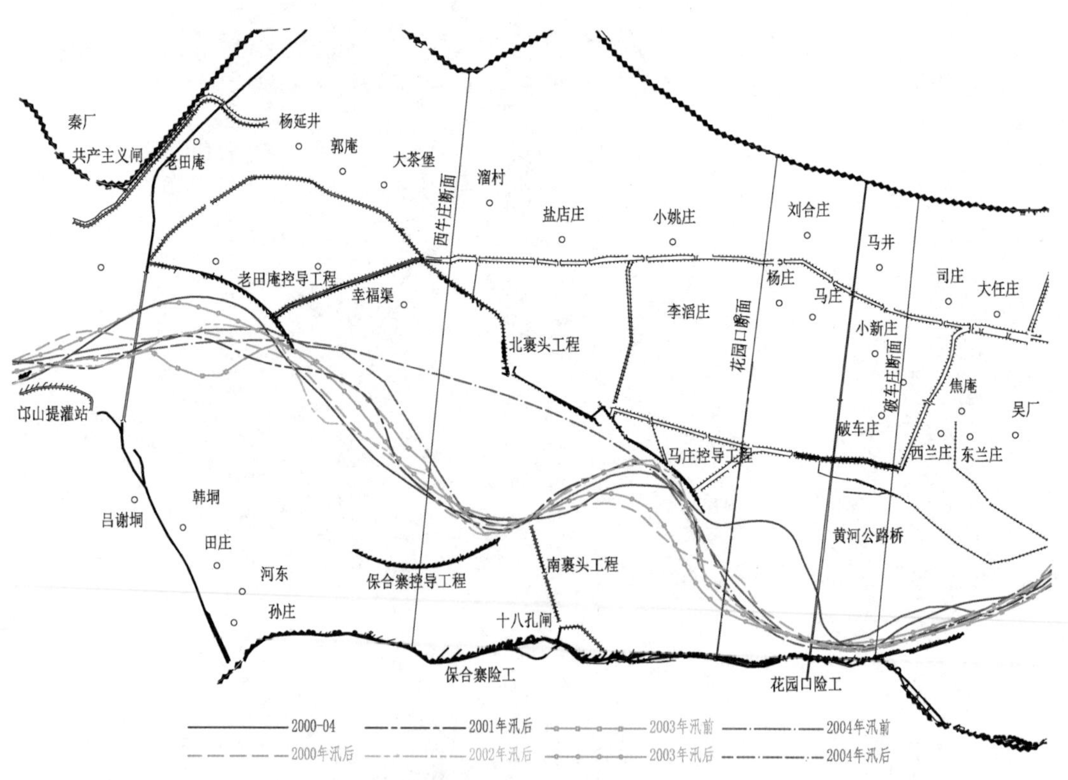

(a) 2000~2004年主流线

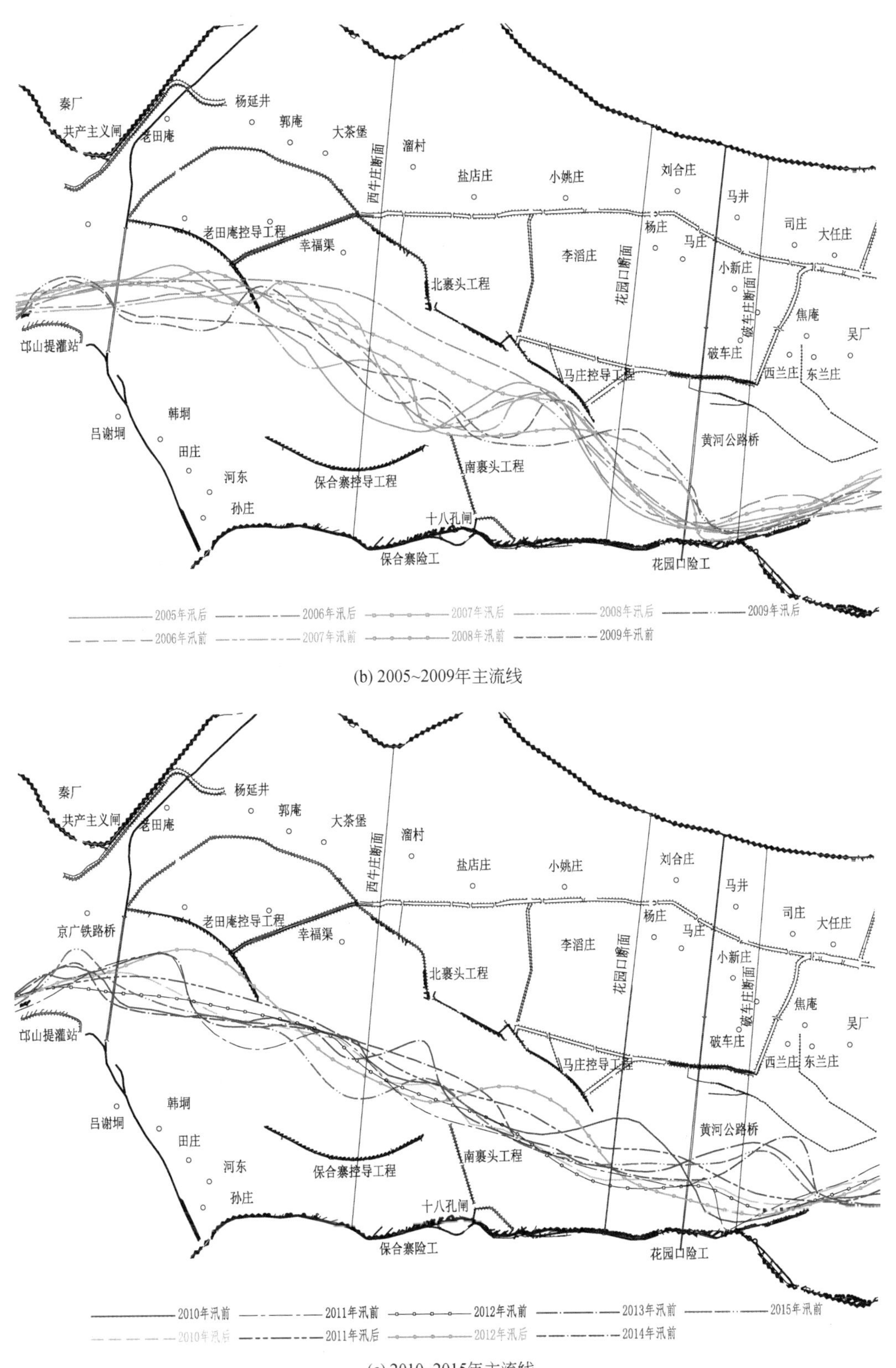

图 8-48 京广铁路桥—花园口河段 2000～2015 年主流线套绘图

从主流线随时间的变化情况看：2000 年 4 月主溜由京广铁路桥—老田庵控导工程—南裹头—马庄控导工程—花园口险工；2000 年汛末老田庵、马庄控导工程脱河。2001 年汛末马庄控导工程恢复靠河。2002 年汛末老田庵及保合寨控导工程下段、南裹头靠河。2003 年汛末马庄控导工程前主溜外移。2004 年汛前马庄控导工程靠河；2004 年汛末南裹头以上河势摆动大，主溜由京广铁路桥中部，滑过老田庵控导工程下端，穿过原枢纽溢洪堰段—马庄控导工程，花园口险工靠河。2005 年汛末河势又变为由老田庵—南裹头—马庄—花园口险工。2006 年汛前河势无大变化；2006 年汛末又由铁路桥中部—老田庵控导工程，穿过溢洪堰—马庄—花园口。2007 年汛前主溜靠南裹头—马庄控导工程—花园口险工；2007 年汛末主溜又改为穿过溢洪堰段。2008 年汛前主溜改走南裹头，以下东流在马庄控导工程以下坐弯，以近似横河形势冲向花园口险工；2008 年汛末主溜线小弯接小弯前行。2009 年汛前流路未变，但老田庵、南裹头均不靠溜，马庄和花园口靠河；2009 年汛末流路又小幅度调整，工程只有花园口险工靠河。2010 年自京广铁路桥，流向东偏南穿过原枢纽破口段—花园口东大坝下延控导工程。2011～2012 年流路无大变化，只是主溜线的左右小幅度移动。2013 年汛前至 2015 年花园口险工脱河，对岸坐弯。在五六年的时间内，主溜不受整治工程控制，但变化幅度不大，均在排洪河槽宽度的范围之内。

（四）花园口—赵口

2000 年以后，随着该河段内河道整治工程的进一步完善，河势进一步好转，主流规顺，摆幅进一步缩减，由花园口—双井—马渡—武庄—赵口，形成连续微弯的状态，除武庄—赵口主溜变化范围稍大外，其他段主溜带很窄，主溜线弯曲度适中，平面形态良好，成为黄河下游游荡性河道整治的模范河段。

小浪底水库拦沙期，花园口以上河势有所变化，花园口险工靠河部位下滑，主要在东大坝下延控导工程段靠河，由于靠河段短，东大坝下延控导工程的导流能力不强，东大坝—双井控导工程间的主溜带稍宽，双井控导工程靠溜段有所下移。

花园口—赵口河段 2000～2015 年河势变化情况见图 8-49。

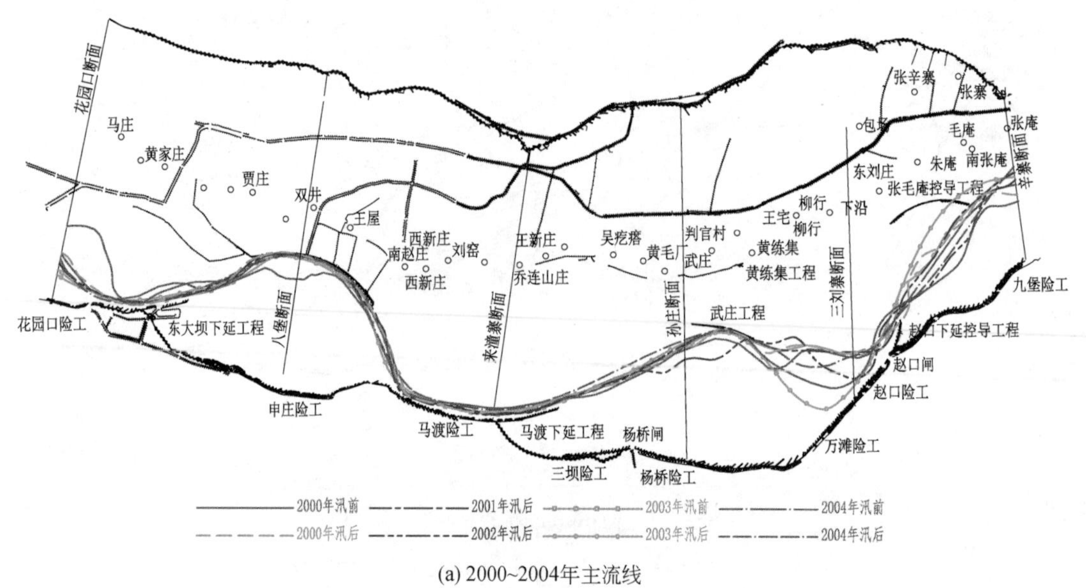

(a) 2000~2004年主流线

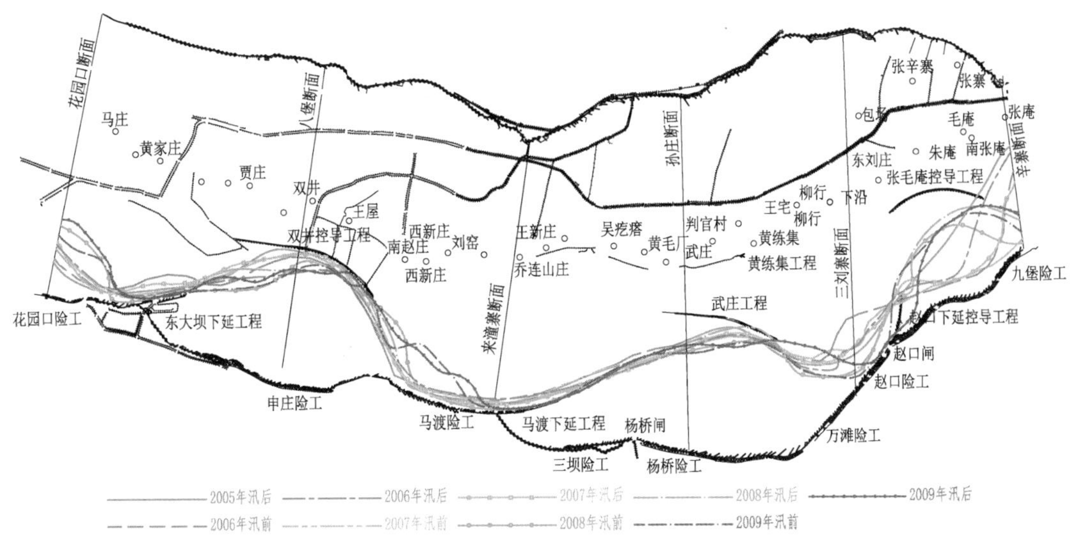

(b) 2005~2009年主流线

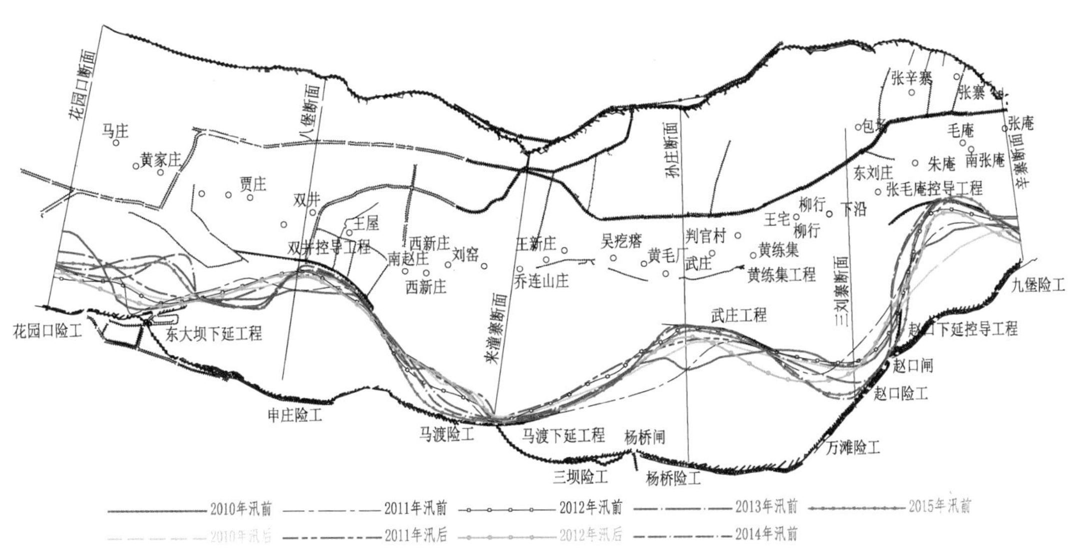

(c) 2010~2015年主流线

图 8-49　花园口—赵口河段 2000～2015 年主流线套绘图

从主流线随时间的变化情况看：2000 年 4 月主溜由花园口险工—双井控导工程—马渡险工—武庄控导工程—赵口险工，2000 年汛末主溜过武庄控导工程后即转向东流，赵口险工脱河。2001 年汛末赵口险工靠河。2002 年汛末至 2003 年汛前赵口险工靠河长度增长。2003 年汛末赵口险工河势上提至万滩险工。2004 年汛前至 2005 年汛末万滩险工脱河，仅赵口险工靠河。2005 年汛末至 2007 年汛末主溜在武庄控导工程—赵口险工间坐弯流向东北，赵口险工脱河。2008 年汛前至 2010 年汛末赵口险工又重新靠河，走花园口险工—双井—马渡—武庄—赵口的流路。2011 年汛前赵口险工脱河，2011 年汛末至 2013 年汛前赵口险工又靠河。2013 年汛前至 2015 年汛前花园口险工对岸坐弯后转向东南，又在花园口险工以下坐弯（中河位置）后，仍至双井控导工程。十余年该河段流路基本没变，主溜带除赵口险工前较宽外，其余的均较窄。

（五）赵口—黑岗口

本时段与前面几个时段相比，主流线变化范围有所减小。

2000～2003 年，河势流路与上个时段基本相同。由赵口险工到现张毛庵控导工程以下滩地坐弯出流朝东至仁村堤，沿北岸至大张庄再至黑岗口险工。2004 年在越石险工前大幅度塌滩，直至 2007 年主溜一直在此坐深弯，折流东南，至黑石断面坐弯流向北岸，至仁村堤沿北岸至大张庄，再到黑岗口险工。随着赵口下延控导工程的兴建并发挥导流作用，2008 年主溜向张毛庵控导工程靠近，2011 年以后张毛庵控导工程靠河导流，越石险工前的陡弯消失，主溜渐靠九堡下延控导工程，在河势演变的过程中，以下形成了畸形河弯。主溜先在九堡下延与三官庙控导工程之间的左岸滩地坐弯，折流东南，过黑石断面后于右岸滩地坐陡弯，再折转朝北，于仁村堤一带左岸滩地坐陡弯，折转东南，再流向北岸到大张庄再至黑岗口。在三官庙控导工程上下形成一个大的“Ω”形河弯。当时曾试图下延三官庙工程，以解决主溜对仁村堤的威胁，但下延赶不上河势的变化，直至 2015 年仍未解决这一问题。本时段黑岗口靠河部位变化幅度较大，险工以上修建的黑岗口上延控导工程多次上延，以适应左岸大张庄、三教堂一线的河势变化。

本时段，九堡—黑岗口河段仍为黄河下游河势最乱的河段之一，以后仍应加强河势观测，采取措施使三官庙控导工程靠河导流至韦滩控导工程，以改变三官庙控导工程上下的畸形河势。

赵口—黑岗口河段 2000～2015 年河势变化情况见图 8-50。

从主流线随时间的变化情况看：2000 年 4 月主溜由赵口险工东北至现张毛庵控导工程，以下流向转东，走中河至大张庄控导工程，又在三教堂以下滩地坐弯后至黑岗口险工；2000 年汛末流路无大变化。2001 年汛末至 2003 年汛前，现张毛庵控导工程至仁村堤主溜有所北移，以下至南岸（中河位置）出弯，经大张庄—黑岗口险工。2003 年汛末张毛庵控导工程以

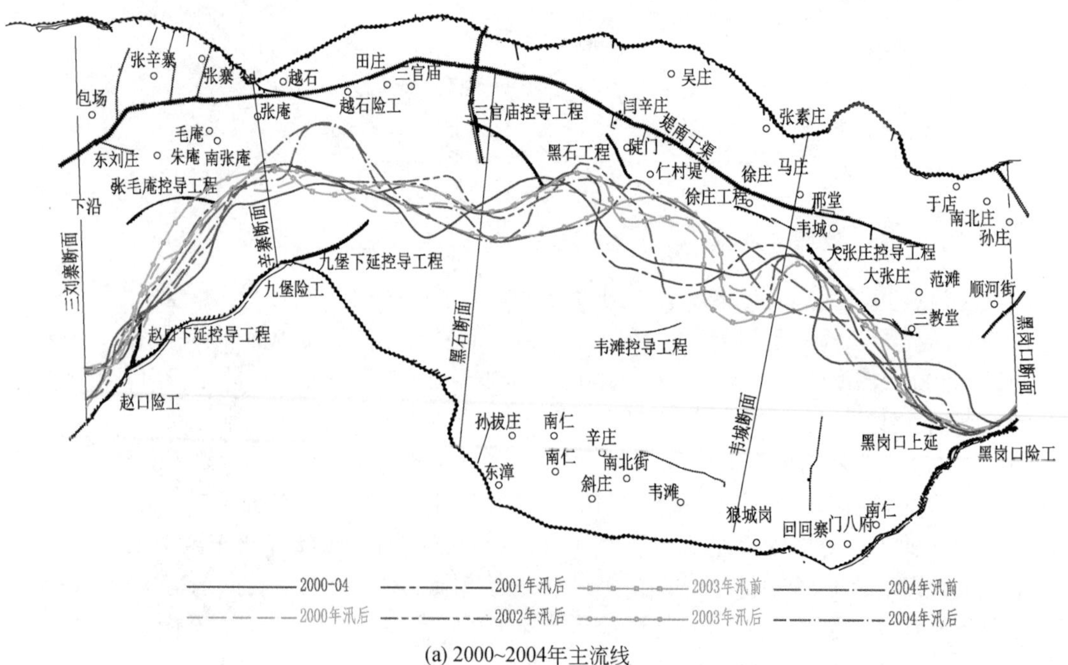

(a) 2000~2004年主流线

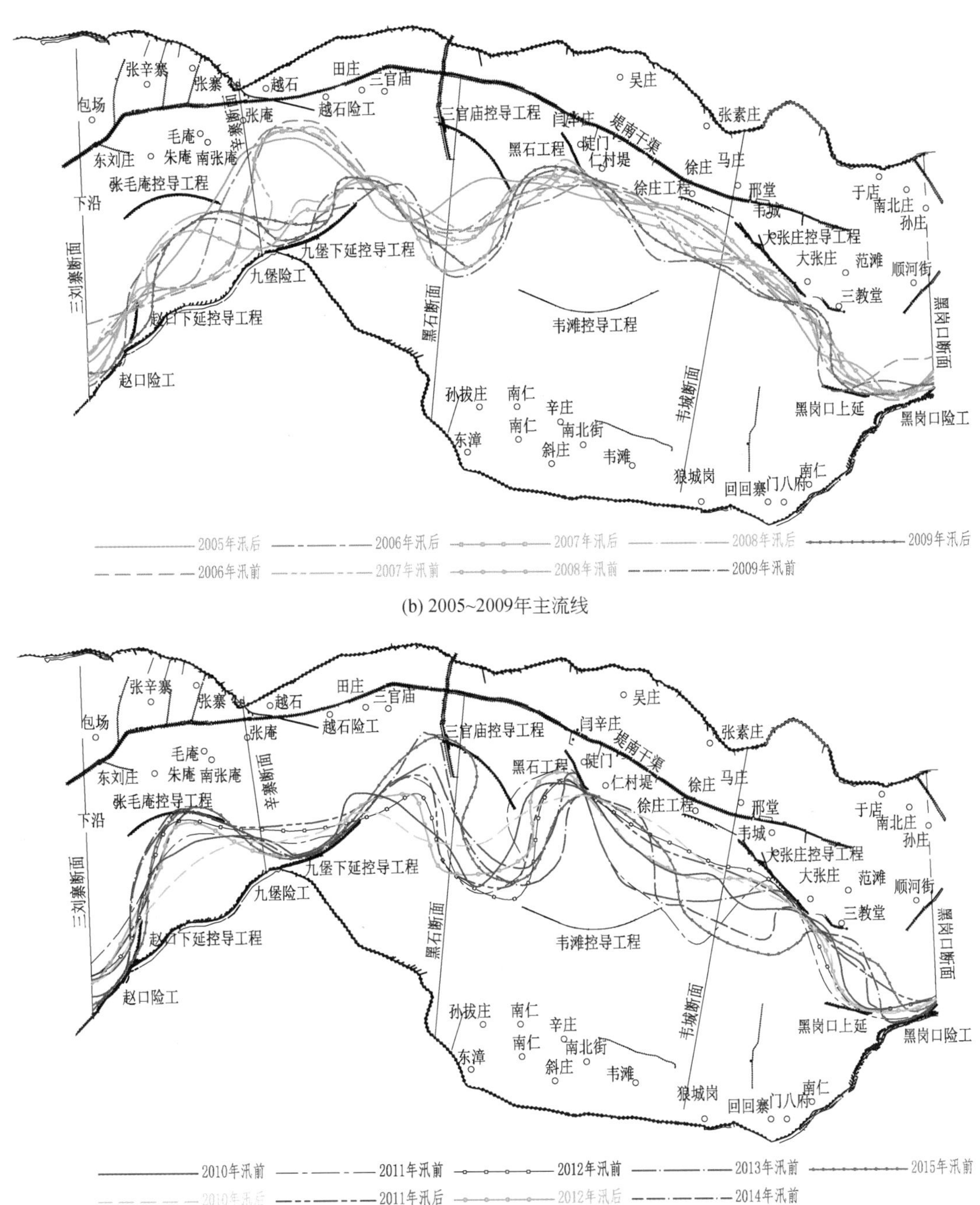

(b) 2005~2009年主流线

(c) 2010~2015年主流线

图 8-50 赵口—黑岗口河段 2000～2015 年主流线套绘图

下弯道主溜有所北移，溜由仁村堤下滑至徐庄。2004 年北岸越石以南滩地大量北塌形成弯道，出流东偏南，回北岸后自仁村堤—大张庄沿北岸，以下至黑岗口险工。2005 年流路无大变化。2006 年赵口险工不靠河，九堡险工开始靠河，黑岗口上延控导工程—黑岗口险工靠河。2007 年主溜出九堡险工后基本沿辛寨断面向北形成横河，至北岸张庵村南转向东偏南。2008 年赵口险工靠河，溜外移又回九堡险工下段，溜再外移后又回南岸在黑石断面处

（南岸）坐弯后，流向仁村堤，以下基本沿北岸至大张庄，再到黑岗口上延、黑岗口险工。2009 年南岸黑石断面处的弯道向南发展，黑岗口上延控导工程靠溜部往上提。2010 年流路无大变化，但汛前小的弯道多。2011 年汛前主溜线出现了大的弯曲并形成畸形河弯，在九堡下延控导工程与仁村堤之间形成“Ω”形弯道，其下出流东南，在现韦滩控导工程以下坐弯后去大张庄，再至黑岗口上延控导工程、黑岗口险工；2011 年汛末至 2012 年汛前主溜由赵口险工—张毛庵控导工程，九堡险工及下延控导工程脱河，以下仍走“Ω”形畸形河弯，但仁村堤以下走北河至大张庄。2012 年汛末九堡下延控导工程靠河。2013 年汛前九堡下延控导工程至仁村堤间仍存在畸形河弯，仁村堤以上弯道进一步深化。2014 年汛前畸形河弯在三官庙控导工程上段向北坍塌成陡弯，在仁村堤以下溜南移，并在中河位置形成弯道后去大张庄。2015 年汛前，主溜线弯曲度大，由赵口险工—张毛庵控导工程—九堡下延控导工程—三官庙控导工程上段，以下折向南，在中河位置坐弯东流再折向北流至仁村堤，在三官庙—仁村堤间形成一个“Ω”形弯道，以下流向东南，在韦滩控导工程以下滩地坐弯后至大张庄，再至黑岗口险工。

（六）黑岗口—曹岗

黑岗口—曹岗河段本时段仍为河势变化大尤其是畸形河势多发的河段。

2000 年河势与前一时段基本相同。2001～2005 年是两头变化小，中间畸形河势多。上段是黑岗口—顺河街控导工程，出流东南于右岸滩地微弯后再去大宫控导工程上段或下段。下段是由古城—府君寺控导工程，再至曹岗险工后出流东南。中段从柳园口断面至古城断面，宏观上看是个“Ω”形，主溜线又有小的“Ω”形，是大“Ω”形套小“Ω”形。2004 年在已修建的王庵控导工程以上、王庵控导工程与古城之间，以及芦庄以南均形成了小的“Ω”形河势，主溜 3 次穿过一个横断面。2005 年主溜在大宫控导工程前，王庵控导工程前、古城以西滩地均形成了畸形河势，尤其是王庵控导工程上部的主溜线是非常稀奇的，曾造成王庵控导工程上段连坝背水面抢险 100 多米。2006～2008 年的河势为两头变化小，中段变化范围较前有所减小。2009～2015 年，河势变化范围减小，且向规划流路发展。顺河街控导工程除 2010 年和 2012 年外均靠河着溜，2009 年柳园口险工段弯道南移，以后接近险工或下段靠溜，以下大宫、王庵、古城、府君寺控导工程靠河，曹岗险工靠河后出溜东南。

该时段河段内的控导工程按照规划治导线工程长度已经完成了 2/3。从该时段主流线看，经过河势的不断调整变化，河势散乱的情况逐步得到改善，至本时段末期，河势流路基本走规划治导线流路，主溜带趋于规顺，黑岗口—顺河街—柳园口—大宫—王庵—古城—府君寺—曹岗的流路已经形成。

黑岗口—曹岗河段 2000～2015 年河势变化情况见图 8-51。

从主流线随时间的变化情况看：2000 年 4 月，黑岗口以上中河来溜，经黑岗口下延控导工程流向东北，在顺河街—大宫控导工程间成缓弯后，至王庵控导工程上段坐弯，折转北流至对岸，转向到府君寺控导工程，再至曹岗险工；2000 年汛末流路无大变化，黑岗口上延—黑岗口下延控导工程靠河，古城控导工程靠河。2001～2002 年顺河街控导工程靠河后下滑东流，至大宫控导工程上段前滩地，王庵控导工程靠溜部位下挫，古城控导工程不靠溜。2003 年大宫控导工程上段靠河抢险，王庵—古城控导工程之间形成“S”形畸形弯道。2004 年汛前大宫控导工程靠河在中段，为向工程下段靠河发展的趋势。从大宫控导工

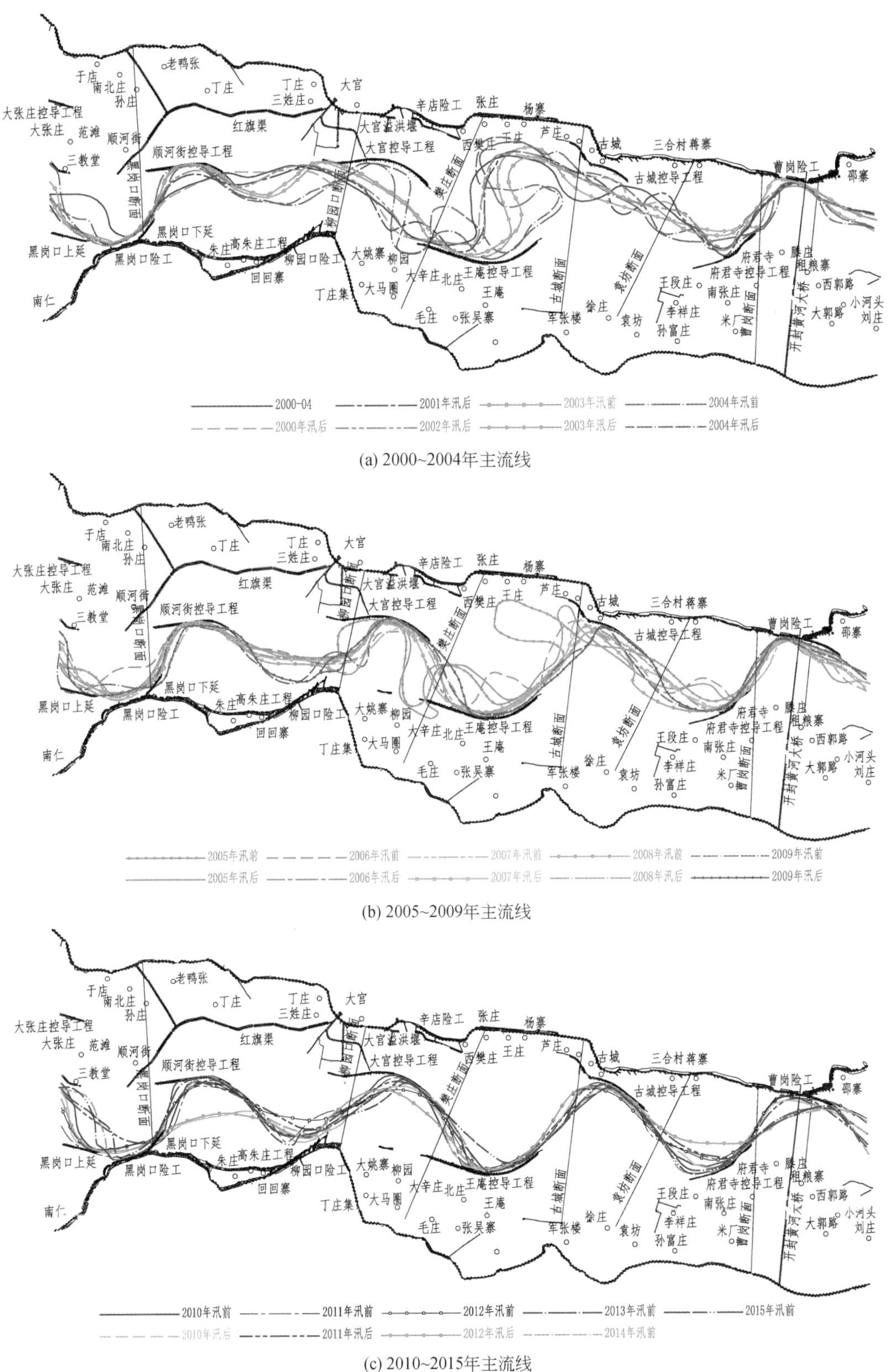

(a) 2000~2004年主流线

(b) 2005~2009年主流线

(c) 2010~2015年主流线

图 8-51 黑岗口—曹岗河段 2000～2015 年主流线套绘图

程中部穿过的浮桥过流口门当时在工程以南数百米，至工程的路基抛了大量石头。2003 年汛期洪水未能冲垮工程以南的路基，迫使水流折转向南，以横河之势冲向王庵控导工程以上滩地，在已修建的王庵控导工程以上形成陡弯，溜外移后再回王庵控导工程出流东北，在中河位置坐一陡弯，转向近 180°，向西南流一段距离后再折转西北，至北岸高滩后折转东流顺古城控导工程东偏南流经府君寺控导工程下端再至曹岗险工，在大宫—古城控导工程之间全是畸形河弯，部分段河水倒流，大“Ω”形河弯套小“Ω”形河弯；2004 年汛末至 2005 年汛前，大宫—古城控导间畸形河弯的弯道进一步深化，古城控导工程以上倒流的河弯进一步向西发展，柳园口—大宫控导工程也为由南而北的横河。2005 年汛末王庵控导工程已修工程上端的弯道进一步发展，并造成 100 多米长的连坝背河坡抢险，古城以上倒流的河弯裁弯，裁弯后古城控导工程上段着溜部位大幅度上提，并形成了一个转向近 180° 的陡弯。2006 年汛前黑岗口险工脱河，主溜由黑岗口上延直接至顺河街控导工程，以下主溜从浮桥的抛石路基以南流向大宫控导工程下段，再至王庵控导工程中段，王庵控导工程以上畸形河弯消失（经人工裁弯）；2006 年汛末诸畸形河弯消失，主溜由黑岗口上延、黑岗口险工、黑岗口下延—顺河街控导工程—大宫控导工程—王庵控导工程—古城控导工程—府君寺控导工程—曹岗险工。2007 年汛前至 2010 年流路无大变化，柳园口险工向靠河趋势发展。2010 年汛末顺河街控导工程脱河，柳园口险工靠河。2011 年汛前顺河街控导工程恢复靠河；2011 年汛末主溜由三教堂直接至黑岗口下延控导工程，黑岗口险工脱河。2012 年汛前黑岗口上延、黑岗口下延靠河；2012 年汛后顺河街控导工程脱河，府君寺控导工程及曹岗险工河势下滑。2013 年汛前顺河街控导工程靠河，府君寺靠河，曹岗险工靠溜下滑至曹岗下延控导工程。2014～2015 年流路无变化，其流路为黑岗口—顺河街—柳园口—大宫—王庵—古城—府君寺—曹岗下延。

（七）曹岗—东坝头

曹岗—东坝头河段，在小浪底水库拦沙的 2000～2015 年，河势前期散乱，后期规顺，上段曹岗—欧坦控导工程及下段夹河滩—东坝头险工，河势变化较小，中段欧坦控导工程—夹河滩控导工程河势变化大，时期内出现畸形河势，且接连出现。在 1999 年前的几年该河段河势变化慢，摆动范围小，在河道发生冲刷之后，河道却接连发生变化。本河段 2000～2005 年是黄河下游畸形河势多发的河段，“Ω”形河弯接连出现。2006～2008 年，河势向好的方向转化，畸形河势基本消失，主溜出曹岗—欧坦控导工程，以下中河，虽有小弯，总的趋势是东流进入东坝头湾。2009～2015 年，主溜变化范围缩小，流路规顺，主溜带明显缩窄，流路与规划流路一致，由曹岗—欧坦—贯台—东坝头控导工程—东坝头险工，出溜到禅房控导工程，修建的河道整治工程发挥了控导河势的作用。

曹岗—东坝头河段 2000～2015 年河势变化情况见图 8-52。

从主流线随时间的变化情况看：2000 年 4 月河势，河出曹岗中河而下，走常堤控导工程与欧坦之间，过堤弯断面后折转向北，并在常堤工程前很小范围内形成一个“Ω”形河弯，再折转东偏北在张庄前滩地形成小弯道，转南偏东方向约 1km 后再变东南向流至夹河滩控导工程，在东坝头湾内走中偏南河至东坝头险工，送流到禅房控导工程；2000 年汛末常堤工程前的“Ω”形河弯消失。2001 年汛末河势无大变化。2002 年汛末从北岸张庄折流向南，南岸中王庄滩地坍塌，以下在北岸出弯后再至夹河滩控导工程。2003 年汛前欧坦控导工程段走中河，在工程下端以北滩地坐弯，以北偏东方向流向北岸张庄村南滩地，坐弯后南流至中王庄

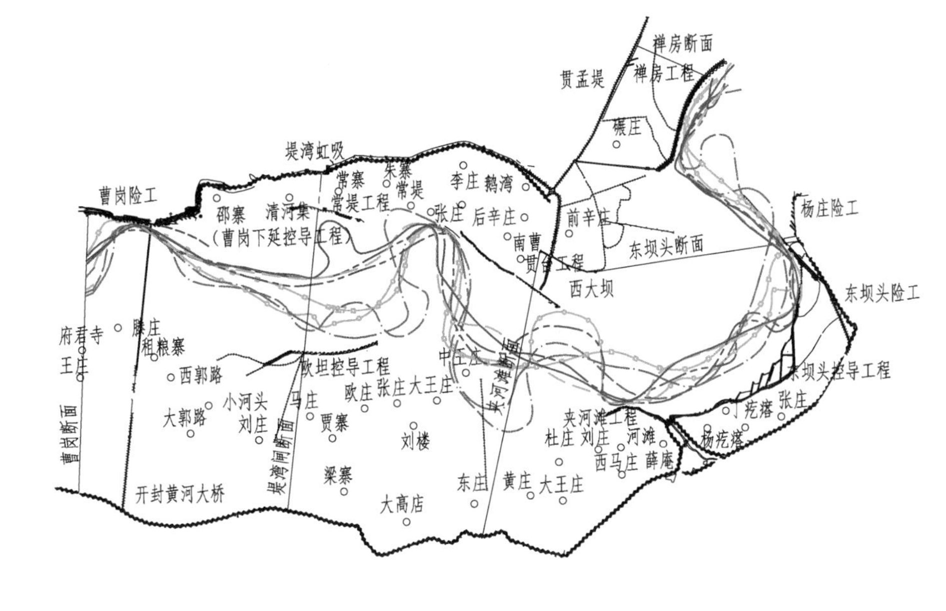

2000-04　2001年汛后　2003年汛前　2004年汛前

2000年汛后　2002年汛后　2003年汛后　2004年汛后

(a) 2000~2004年主流线

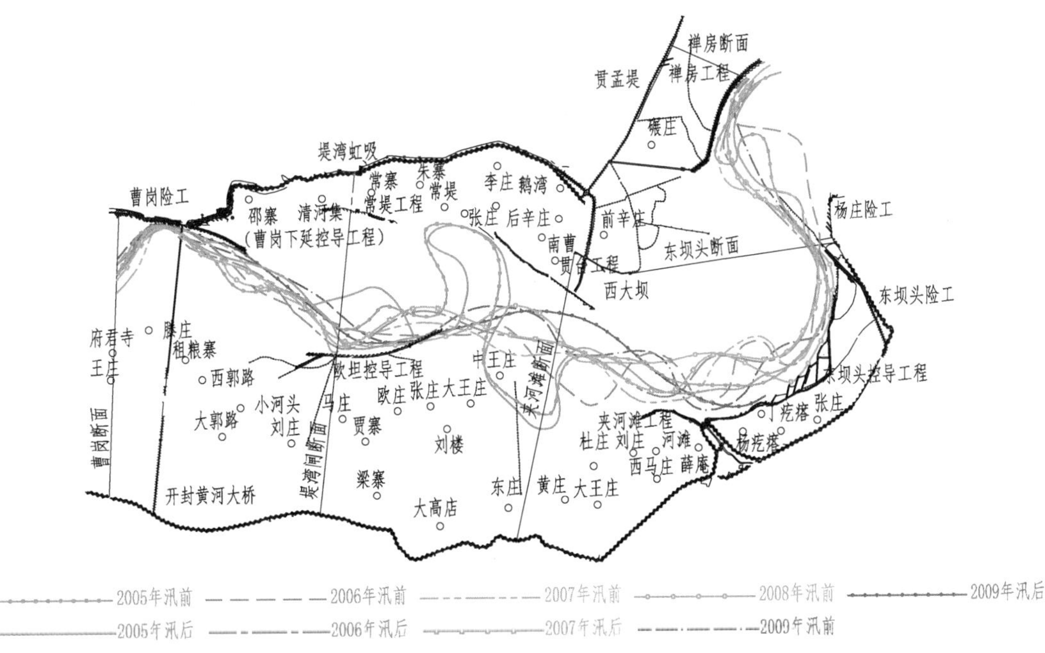

2005年汛前　2006年汛前　2007年汛前　2008年汛前　2009年汛后

2005年汛后　2006年汛后　2007年汛后　2009年汛前

(b) 2005~2009年主流线

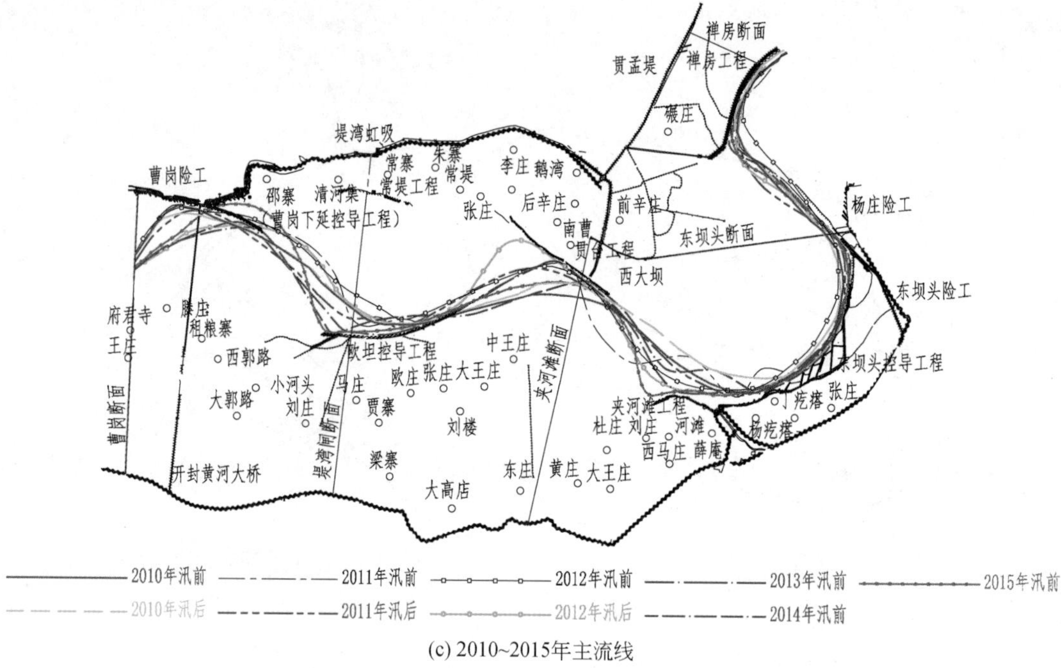

(c) 2010~2015年主流线

图 8-52　曹岗—东坝头河段 2000～2015 年主流线套绘图

村北坐弯转向东流入东坝头湾走中河至东坝头险工，张庄弯道转向约 180°，成“Ω”形河弯；2003 年汛末，河在欧坦控导工程以北滩地形成缓弯，东北朝张庄方向，在张庄前急弯转向 160°后至南岸中王庄，转弯近 90°东流过夹河滩断面后又转约 90°北流，在贯台控导工程尾端前滩地转东流，再转南流至夹河滩控导工程后东流入东坝头湾。从欧坦到夹河滩，畸形河弯相连，主溜线形似骆驼的双峰。2004 年汛前南岸中王庄处继续向东南方向塌滩坐弯；2004 年汛末除弯道深化外，欧坦控导工程以下又形成了一个“Ω”形河弯，成为 3 个“Ω”形相连的畸形河弯。2005 年汛前欧坦控导工程以下的“Ω”形河弯消失；2005 年汛末欧坦控导工程靠河，其至夹河滩间两个相连的“Ω”形畸形河弯进一步深化。2006 年畸形河弯消失，主溜由曹岗—欧坦控导工程，以下中河至夹河滩控导工程，夹河滩断面以下小弯相连，东坝头湾内基本走南河。2007 年流路无大变化。2008 年汛前贯台控导段主溜北移出小湾。2009 年汛前欧坦控导工程以下小弯相连，走中河，东坝头湾内出现小弯道；2009 年汛末主溜为由曹岗—欧坦控导工程—贯台控导工程下段，东坝头湾为南圈河。2010 年汛前至 2011 年汛前无大变化。2011 年汛末贯台控导靠河段增长。2012～2015 年河势稳定，主流带窄，流路为曹岗—欧坦控导工程—贯台控导工程—东坝头湾南河—东坝头险工—禅房控导工程。

（八）东坝头—周营

本时段的主溜线集中，河势较为稳定，其流路为东坝头险工—禅房控导工程—蔡集、王夹堤控导工程—大留寺控导工程—王高寨工程、辛店集控导工程—周营上延工程、周营控导工程。主流变化主要表现为随流量变化的上提下挫，但始终在工程的有效控制范围内。仅在一些时段局部河段出现一定的变化。

东坝头—周营河段 2000～2015 年的主流线变化见图 8-53。

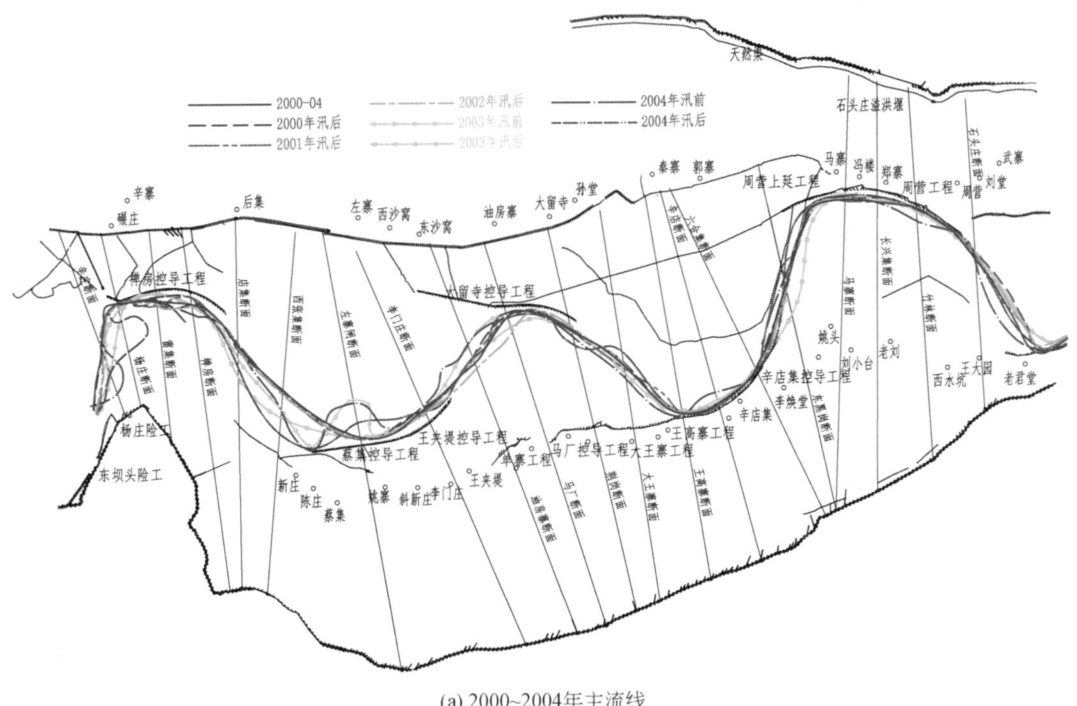

(a) 2000~2004年主流线

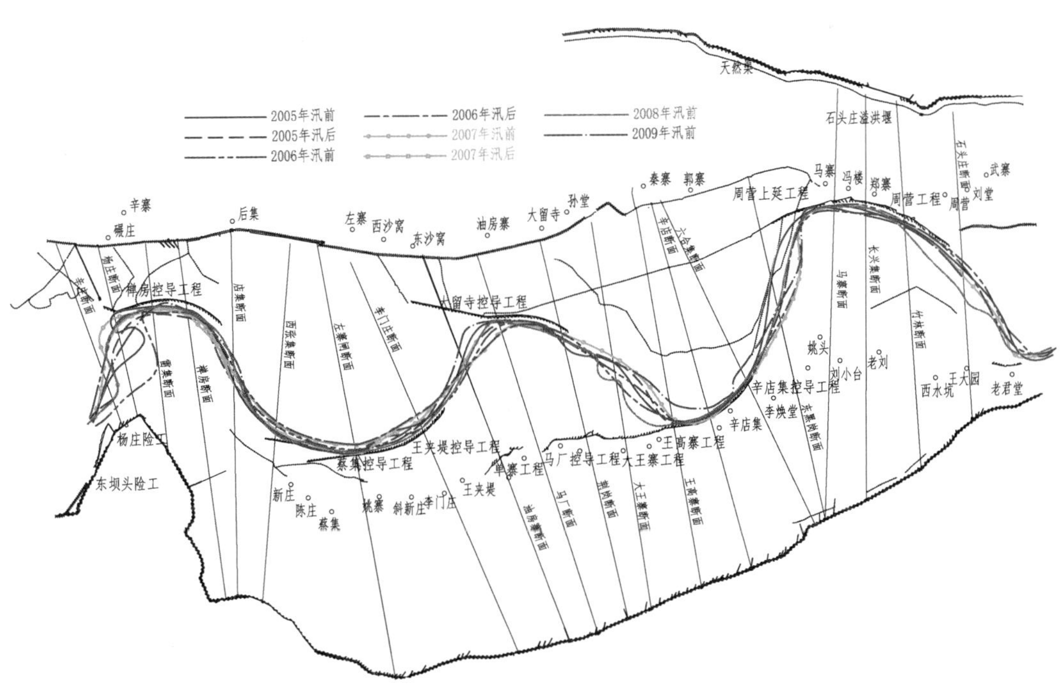

(b) 2005~2009年主流线

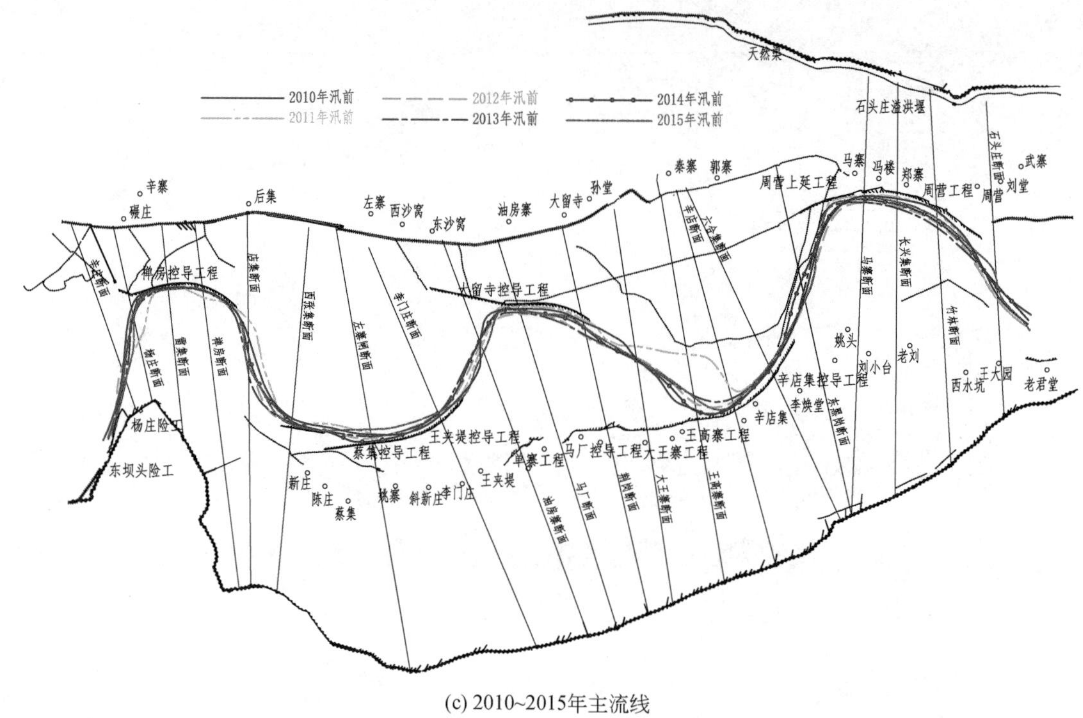

(c) 2010~2015年主流线

图 8-53　东坝头—周营河段 2000～2015 年主流线套绘图

从主流线随时间的变化情况看：2000 年 4 月主溜从东坝头险工—禅房控导工程—蔡集控导工程、王夹堤控导工程—大留寺控导工程—王高寨、辛店集控导工程—周营上延工程、周营控导工程。2000 年汛末以后流路基本无变化。仅有一些局部变化：2003 年汛前，蔡集控导工程靠河点上提至已建工程上段，靠溜后，主溜折转，并在蔡集控导工程段形成了一个“Ω”形河弯后又经蔡集控导工程、王夹堤控导工程送流至大留寺控导工程。2003 年 10 月初，在蔡集控导工程以上发生了生产堤决口，兰考北滩、东明南滩漫滩过流，主溜仍走原河道，堵复生产堤口门以后大河仍由蔡集、王夹堤控导工程—大留寺控导工程，“Ω”形河弯消失。2004 年在东坝头—禅房、蔡集控导工程前出现了一些小河弯，2005～2006 年汛前东坝头—禅房也有小的不规则河弯出现。

从总的情况看，本河段河势已基本稳定，主流得到有效控制，河势变化主要为上提下挫，险情也较整治前大幅度减小。

（九）周营—高村

本河段河势稳定。主流基本沿规划流路行进，河势变化主要为工程靠河位置的上提下挫。其流路为周营上延、周营控导工程—老君堂控导工程—榆林控导工程—霍寨、堡城险工—三合村控导工程、青庄险工—高村险工。三合村、青庄弯道大部分为青庄靠河，有些年三合村控导工程靠河，如 2000 年汛后、2004 年汛后、2006～2009 年等。

周营—高村河段 2000～2015 年的河势变化情况见图 8-54。

从主流线随时间的变化情况看：2000 年 4 月主溜由周营上延、周营控导工程—老君堂控导工程—榆林控导工程—霍寨、堡城险工—三合村控导工程、青庄险工—高村险工。2000 年汛末以后河势仍走上述流路。除三合村上下主流带稍宽外，其余主流带都很窄。三合村控导工程、青庄险工弯道，大部分都靠河，少部分仅青庄险工靠河，2003 年三合村脱河，2004 年汛末靠河，2007 年溜势外移，2009 年又靠河。

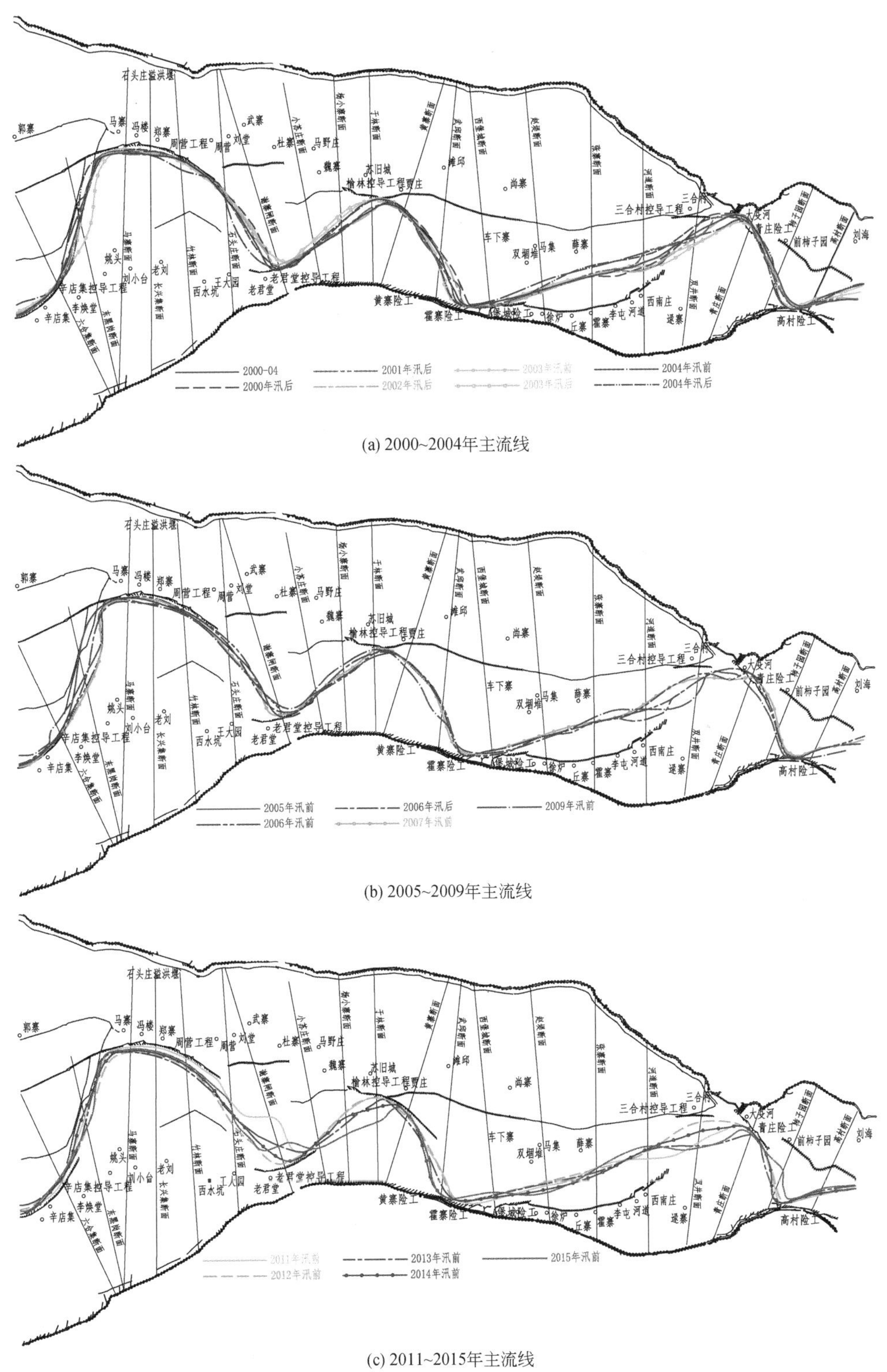

图 8-54　周营—高村河段 2000～2015 年主流线套绘图

第九章　东明高村至阳谷陶城铺河段的河势演变*

东明高村至阳谷陶城铺河段为由游荡向弯曲转变的过渡性河段，位于黄河1855年8月兰阳（现兰考）铜瓦厢决口处与大清河之间的泛区下段，决口初期两岸无堤防，水流在冲积扇上摆动。1875年后开始在堆积体上修堤，堤基普遍较差，堤防决口频繁。1938年6月国民党军队扒开花园口大堤至1947年3月，近9年间该段河道未行水。

高村以上为游荡性宽河段，具有较强的滞洪沉沙作用，且河槽以细砂为主，黏粒含量低，抗冲能力差；高村以下河段淤积物粒径普遍较上游细，颗粒级配中黏粒含量较上游河段有明显增加，部分河段还分布有抗冲性较强的黏土透镜体，对河势演变有较大的影响。

该河段主槽具有明显的弯曲性河道的平面形态，主流虽也时常发生摆动，但摆动幅度较高村以上河段小。1964年以前主槽两侧和滩地很少有防护工程，主流可在两岸大堤间自然摆动，为河道自由演变时段。1965年之后，根据河道整治规划，开始在河道内有计划地修建控导工程。1965～1974年为集中进行河道整治时段，随着控导工程的逐步增多，与依附于大堤修建的险工一并构成了河道整治工程体系。1974年后，该河段的主流摆动幅度已明显减小，主槽相对较为稳定，河势基本得到了控制，成为黄河下游人工控制下的过渡性河段。依照河道上游修建水库后来水来沙变化情况等，将河势演变划分为1949～1960年、1961～1964年、1965～1973年、1974～1999年和2000年以后几个时段。

一、三门峡水库运用前的河势演变

自1855年铜瓦厢决口至1875年修建障东堤，黄河无堤防约束，自由漫流，河道支汊众多，河道主槽摆动范围南到菏泽、北至金堤，宽约75km，溜势变化频繁，南北迁徙不定。

1878年两岸民埝已初具规模，后虽多次决口，但河道摆动范围已由几十千米缩窄到两岸民埝之间，河势演变的主要特点是主槽比较单一，但摆动频繁，小水塌滩，主槽弯曲，大水趋直、切割边滩形成新的河槽，一场洪水往往造成主槽的变迁。

1938年黄河在花园口附近决口后，黄河夺淮近9年，期间该河段没有行水，河道内人口增长较快，土地被大面积耕作。从1947年黄河回归故道至1960年，河势演变的基本规律并未改变。图9-1为高村—陶城铺河段1949年以前典型年份的主流线变迁图。

（一）高村—苏泗庄

该河段长约32km，早期修有高村、南小堤、刘庄、苏泗庄四处险工，均位于堤防决口的老口门附近，为堵口合龙时抢修而成，工程长度短，外形均凸向河中，其显著特点是顶溜外移，对下游堤防有一定的防护作用，缺点是控导水流能力弱，不同部位着溜，出溜方向均不一样。

1949～1960年，河段内修建了南小堤险工10坝下护岸、15～17坝、11坝下护岸、

* 本章资料来源：历年河势查勘资料

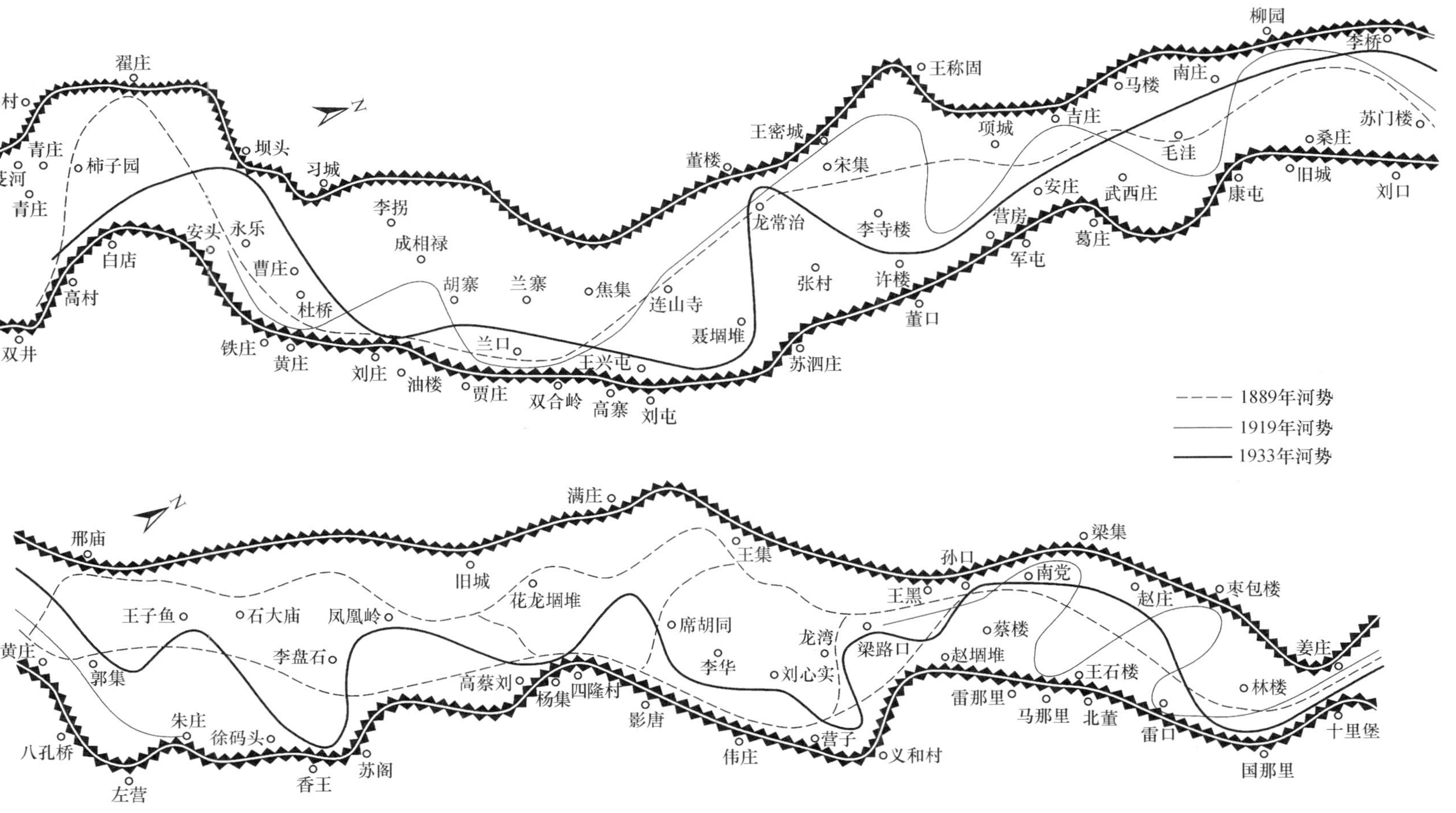

图 9-1　高村—陶城铺主流线变迁图

18～24 坝支坝及 17～23 坝 7 道坝的坝下护岸；刘庄险工 30～43 坝；胡寨护滩工程 13 坝；苏泗庄险工 34 坝、35 坝和拆除了 28 坝。

高村险工上迎左岸青庄方向来流。受上游来流及大芟河村与青庄一带滩岸消长的影响，工程靠溜部位上提下挫。高村险工平面上以 29 坝为界凸入河中。当险工 29 坝以上靠溜时，经挑溜后主流偏向东北直冲南小堤险工 7～9 坝，并经南小堤险工挑溜后，向东南呈 90°折向刘庄险工；当高村险工在 29 坝以下靠溜或脱溜时，河势下滑至安头—双河岭一带，在永乐滩地坐弯后，折向南小堤险工。

1955 年、1956 年高村险工靠河位置不稳，致使南小堤险工靠河位置上提下挫，但主流坐弯弯顶位置仍接近于林村，且弯顶持续向于林村方向发展，致使主溜出弯后冲向刘庄险工上游侧滩地。刘庄险工上游侧畸形河弯持续发展，弯顶进一步上提。1956 年仅一年河弯即塌退了近 1km，先后塌掉万寨、于林等村庄，1956 年汛期高村站洪峰流量 8360m^3/s，洪水漫滩，将于林一带滩面刷出多条串沟，其中较大的串沟有 3 条，当高村站流量超过 3000m^3/s 时串沟即可行船，到 1959 年汛前河弯已发展成反“S”形（图 9-2），郑庄户—胡寨主流线为“Ω”形，弯径比达到了 4.1。汛期高村站又出现流量为 8880m^3/s 的洪峰，串沟过溜夺河，自然裁弯，大河经郑庄户村前滩地冲向刘庄下首郝寨，刘庄险工脱溜，为防止大堤出险，刘庄险工被迫下延 13 道坝（32～44 坝）。刘庄险工溜势下滑后，7 坝至 8 坝之间的刘庄闸引水困难，为了保证灌溉用水，1960 年汛前利用三门峡工程下闸蓄水之机，在南小堤险工 15 坝以下修建 15 道丁坝（土坝基，未裹护）截流，迫使大河走 1956 年以前河道。

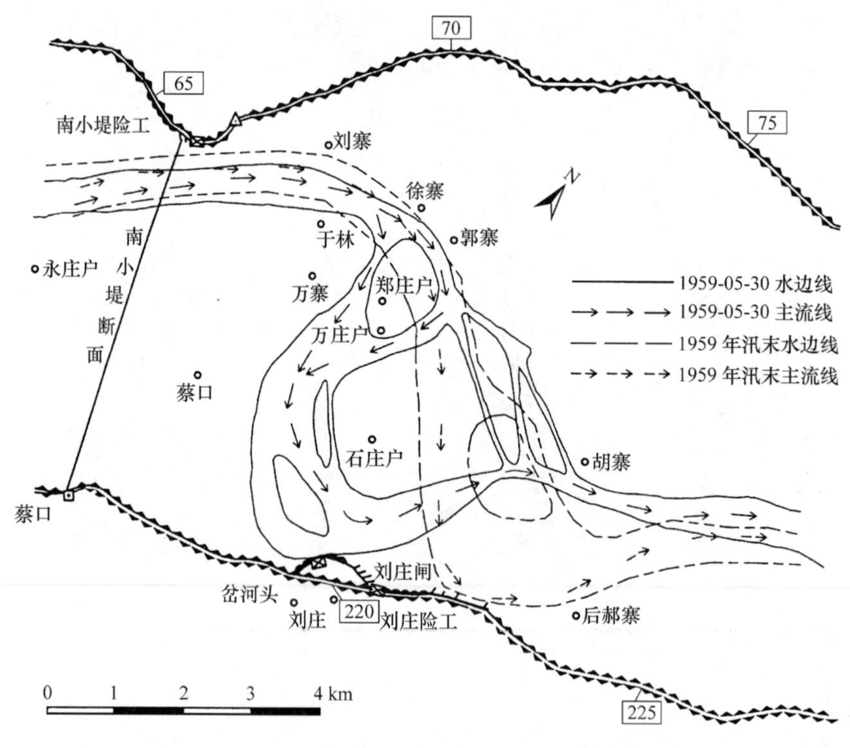

图 9-2　濮阳郑庄户裁弯前后河势套绘图

刘庄以下至苏泗庄为约 17km 的相对直河段，主流线的弯曲幅度较小，主槽的摆动范围不足 1.5km。刘庄险工 9～14 坝呈外凸形，中、小水时主溜一般靠在刘庄险工 9 坝以上，刘庄和苏泗庄两险工之间一般存有 3 个弯曲率很小的弯道，基本流路为刘庄—胡寨—阎楼—连山寺或王刀庄—苏泗庄险工；大水时溜势下滑至 14～21 坝之间，此段出溜方向较顺，流路一般为兰寨—马海（段寨）—王盛屯—聂堌堆—苏泗庄险工。

高村—苏泗庄河段 1960 年以前河势变化情况见图 9-3。

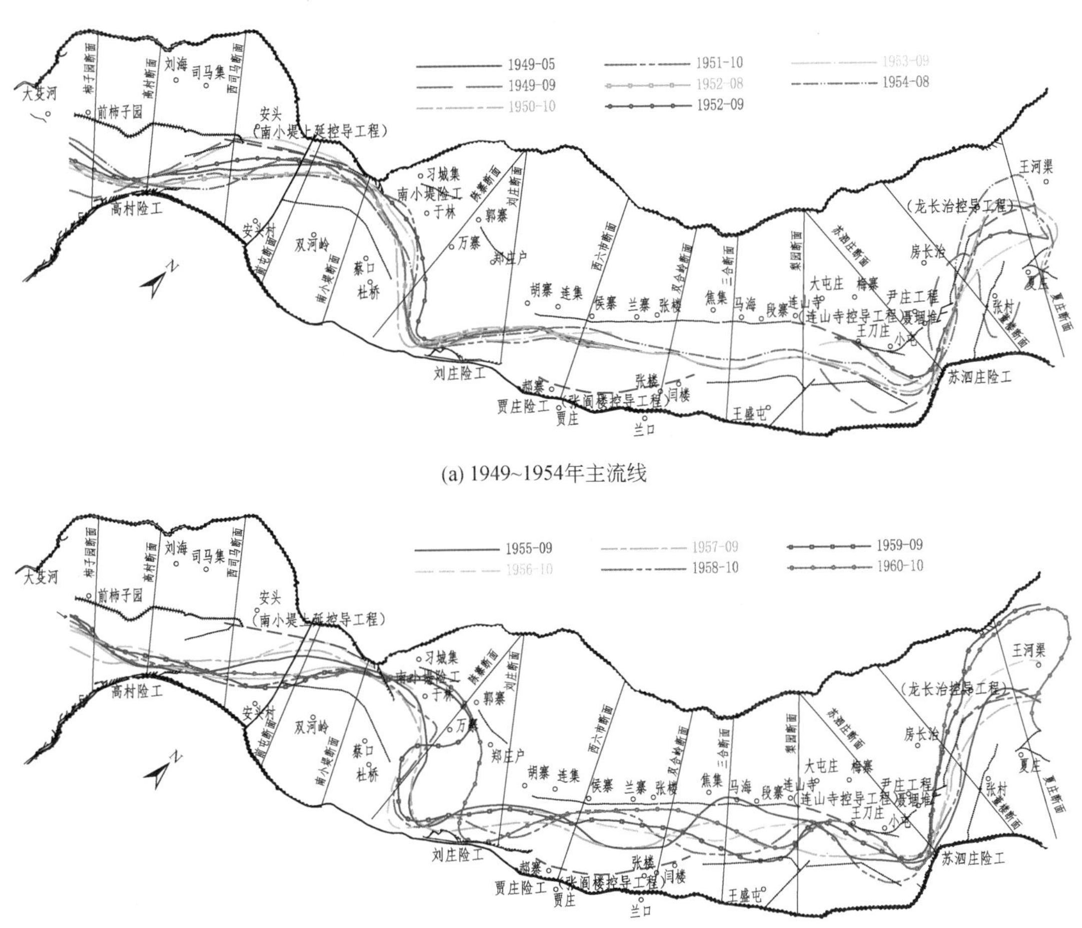

(a) 1949~1954年主流线

(b) 1955~1960年主流线

图 9-3　高村—苏泗庄河段 1949～1960 年主流线套绘图

从河势随时间的变化看，1949 年主溜由高村险工—南小堤险工—刘庄险工上段，出流向连集并坐弯折向对岸经两个弯道后与苏泗庄险工上游侧坐弯，经苏泗庄险工出弯后流向房长治方向。1950 年 10 月江苏坝脱河。1951 年 10 月，高村险工靠溜部位下滑，南小堤险工下挫至于林村西，并在村西坐弯，折向刘庄险工上段，以下无大变化。1952 年 9 月南小堤险工恢复靠溜。1953 年 9 月无大变化。1954 年 8 月高村险工下滑至 32 坝以上靠河，南小堤险工靠溜部位上提，其他无大变化。1955 年 9 月该河段弯曲率增大，南小堤险工溜势下滑到于林村西坐弯折流到刘庄险工对岸后又折流而下，出现反“S”弯雏形，以下左岸胡寨、右岸闫楼微弯，左岸马海、段寨塌到村边，再到苏泗庄险工。1956 年 10 月高村险工溜势下滑至滩地，南小堤—刘庄险工上段的反“S”弯稍有发展，但胡寨、闫楼、段寨处趋直。1957 年 9 月南小堤到刘庄险工之间的反“S”形弯有所改善。1958 年 10 月反“S”形弯发展，刘庄—苏泗庄间的小弯与1957年成“∞”交叉。1959年9月高村险工不靠溜，南小堤险工不靠溜，主溜下滑，于林村掉入河中，塌向郑庄户后折向上游再折向刘庄险工上段，形成“Ω”形河弯，以下在连山寺村出了小弯道流向苏泗庄。1960年10月，郑庄户以下的“Ω”弯消失，自郑庄户以横河形势直冲刘庄险工上段，以下在左岸兰寨一带微弯后至苏泗庄。

（二）苏泗庄—邢庙

该河段整治以前是高村—陶城铺之间河势变化最剧烈的河段之一，全长46km。其中，苏泗庄—营房河段长约15km，左岸没有河道整治工程，十几年的河势变化说明该段河势变化具有典型弯曲性河道的特点；营房以下至邢庙长31km，没有整治工程，河道平面外形相对比较顺直，主槽摆动幅度虽远小于营房以上河段，但摆动频率较大，具有一定的游荡特性。

时段内修建的控导工程为：苏泗庄险工34坝、35坝和拆除了28坝；尹庄控导工程1～4坝，1962年拆除了4坝，3坝截短100m；彭楼控导工程1～6坝；李桥险工8～10坝；邢庙险工2～12坝。配合三门峡水利枢纽的建设，1958年、1960年利用“树、泥、草”为主要原料，修建了护滩工程9处、坝垛80余道。

苏泗庄—营房河段。1960年之前处于畸形河弯的反复演变中。1938年以前，该河段曾发生过数次决堤，以南岸居多，到1947年黄河重归现行河道时，滩地上还留有多处串沟。1948年以后，该河段有了比较系统的河势观测资料，从这些资料看，苏泗庄险工靠溜部位是比较稳定的，除1948年、1949年大溜靠江苏坝，苏泗庄险工不靠溜外，主溜都靠苏泗庄险工，其主要原因是苏泗庄险工与对岸聂堌堆胶泥嘴（由抗冲性较好的黏土组成）形成宽度不足1km的卡口，约束水流使苏泗庄险工靠溜，但苏泗庄险工平面呈外凸形，险工出流方向变化较大。以下河道滩地主要由粉细砂组成，抗冲性差，小水坍塌坐弯发展快，大水切割边滩，致使主槽摆动频繁且幅度大。

1949年前，江苏坝险工着溜，苏泗庄险工靠溜不紧，主流偏向西北，在尹庄附近开始坐弯，至右岸张桥以上坐弯，以下基本走中河，逐渐发育成不完整的“Ω”形河弯。1950年后尹庄靠河部位向东北方向发展（图9-4）形成了密城湾的“Ω”形河势，以后弯道继续发展深化。1952年“Ω”形弯道发生裁弯，成为普通弯道。1954年密城湾又形成畸形河弯，1956年密城湾弯顶又再次深化（图9-5），弯顶发展至王河渠，1957年、1958年密城湾弯道变缓，1959年、1960年密城湾弯顶再次深化，主溜出苏泗庄险工后直接冲向前辛庄与后辛庄之间堤防（90+000附近），“Ω”形河弯进一步发展，由苏泗庄—营房河段形成了2个“Ω”形弯道相连的畸形弯道。

营房—邢庙河段。1919年营房湾靠溜，并导流至左岸吉庄靠溜，后折向右岸王庄、康屯（原有险工一处，1938年花园口决口后废除）一带导流至左岸柳园、沿左侧民埝（现大堤）入李桥邢庙湾。1935年营房湾脱溜，吉庄溜势下滑至彭楼，经柳园、芦井入邢庙湾。1948～1953年，该河段主流线比较顺直，主流虽有摆动，但摆幅不足1km，营房以上主流在许楼至鱼骨村一带坐弯，营房、彭楼脱溜，主流基本沿左岸滩沿下行至邢庙。

1954年5月至1955年9月上游来水较丰，密城湾发展较快，许楼—鱼骨村靠溜不稳，营房一带开始塌滩坐弯（图9-6），导流向左岸武祥屯（吉庄）并逐渐下滑至付庄、于庄、马棚一带，于庄以上滩地土质黏粒含量高，抗冲性好，马棚以下滩地主要由粉细砂组成，

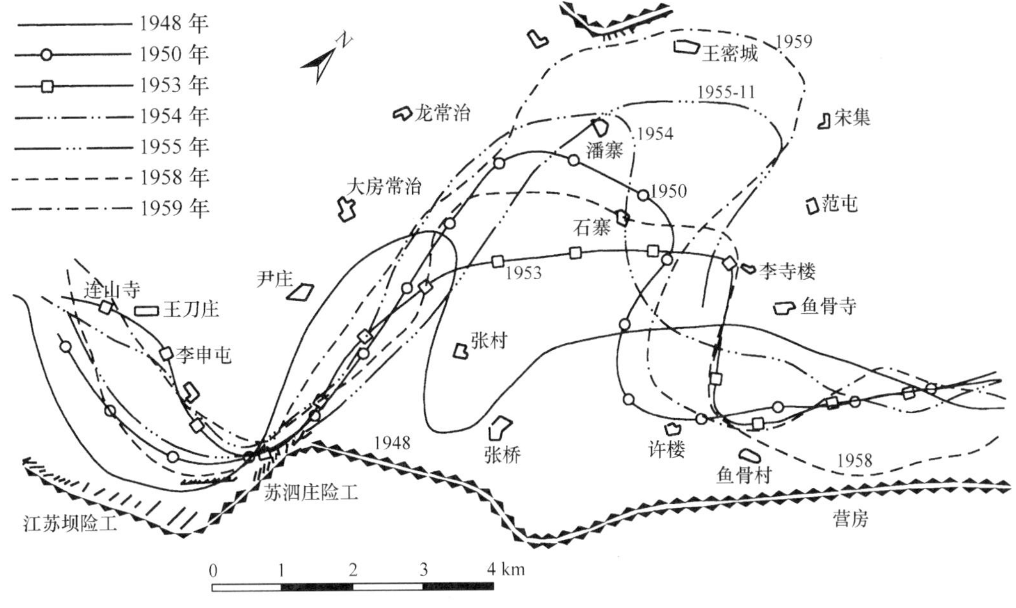

图 9-4　苏泗庄—营房河段 1948～1959 年主流线套绘图

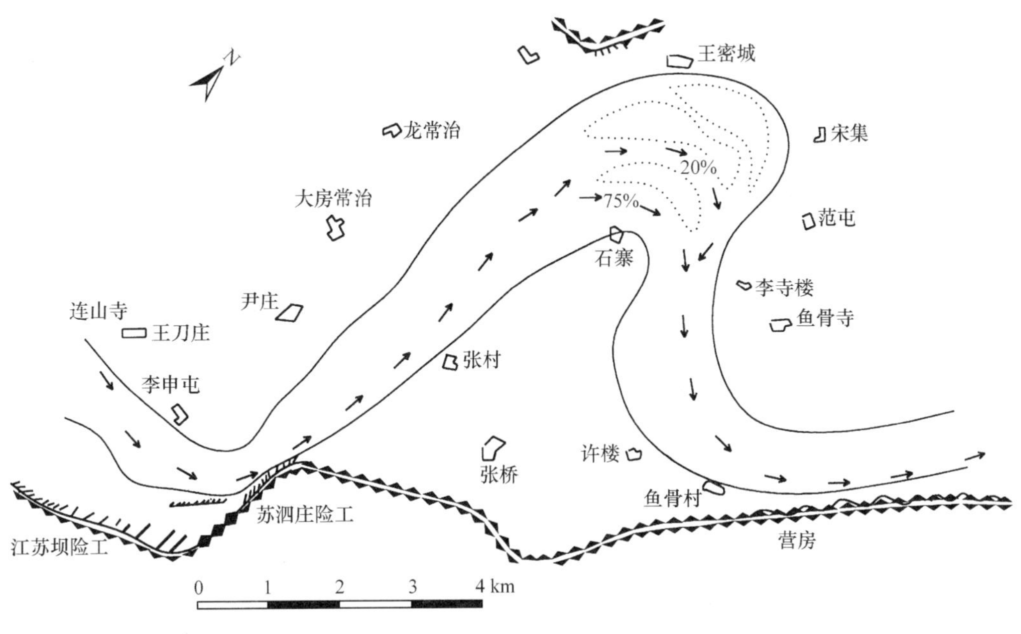

图 9-5　密城湾 1956 年 6 月 15 日河势图

抗冲性差，塌滩较快，马棚附近塌退滩地宽度在 1500m 左右，吉庄—马棚之间形成一个比较顺直的河弯。河出弯后经右岸梅庄、老宅庄下行至桑庄坐弯，一年之内弯道后退 1500m，流向折转大于 90°，以横河之势冲向柳园，再折转坐弯后流向右岸苏门楼、尖堌堆一带，转弯至邢庙险工，在梅庄—邢庙河段形成了一个“S”形河弯。

苏泗庄—邢庙河段 1960 年前河势变化情况见图 9-7。

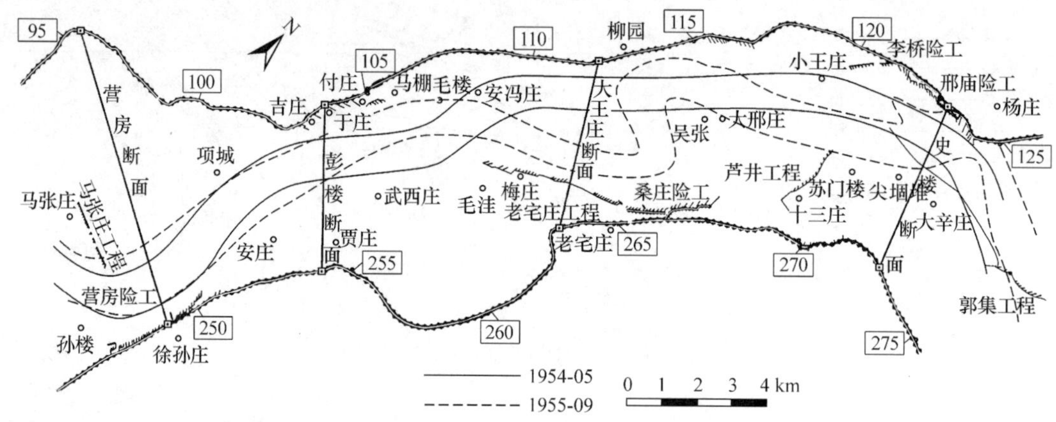

图 9-6 营房—邢庙 1954～1955 年河势套绘图

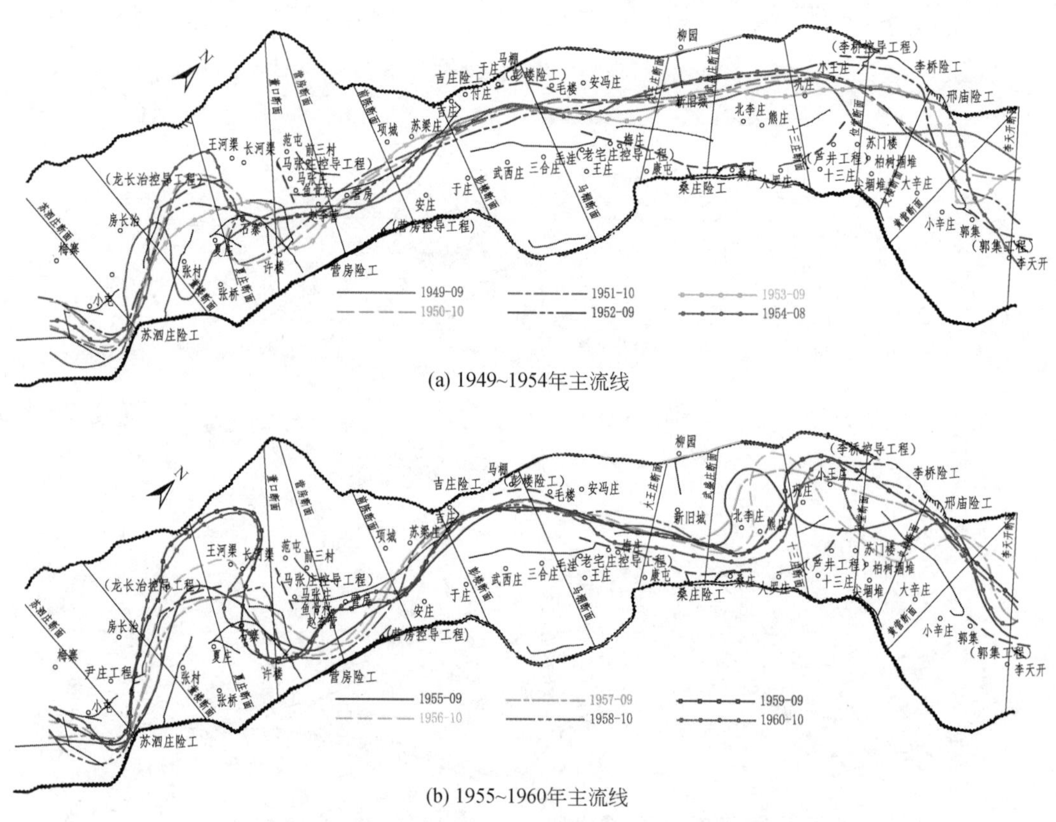

(a) 1949~1954年主流线

(b) 1955~1960年主流线

图 9-7 苏泗庄—邢庙河段 1949～1960 年主流线套绘图

从河势随时间的变化情况看：1949 年 9 月苏泗庄—营房为两个陡弯相连的畸形河势，由苏泗庄险工至左岸房常治村东坐陡弯转向近 180°至右岸张村南坐陡弯转向 150°左右至夏庄，以下走中河，营房—邢庙主溜曲率小，均不靠两岸大堤，仅在左岸吉庄、巩庄，右岸苏门楼形成了小弯道。1950 年 10 月苏泗庄到营房河势大变，成为 2 个“Ω”形弯道相连的畸形弯道，营房以下无大变化，仅苏门楼微弯消失。1951 年 10 月，河势无大变化。1952 年 9 月，苏泗庄—营房的畸形弯道裁弯，主流由苏泗庄险工—龙长治村东转向营房，营房以下仅巩庄以下溜北靠，李桥形成弯道，邢庙险工处不靠河。1953 年 9 月，密城湾弯顶下移至石寨村北出弯后，以近 90°方向朝向右岸堤防，于许楼村北坐弯后流向左岸营房村，彭楼—李桥以上主溜稍右移，李桥弯脱河，邢庙弯向靠河发展。1954 年 8 月，密城湾弯顶深化至王河渠村西，出弯后主溜冲向石寨村上游并于石寨村滩地坐弯流向赵李营，营房以下只是部分河段主溜稍有移位。1955 年 9 月，密城湾弯顶上提至龙长治村，石寨村滩地弯道弯顶发展至许楼村北，出弯后北向滑过营房，营房以下在彭楼控导工程前滩地上形成了一个缓弯，桑庄险工与巩庄之间形成了一个“Ω”形河弯，以下在苏门楼村后微弯后去邢庙险工下段。1956 年 10 月，密城湾弯道坍塌后退至王河渠，营房以下巩庄以上的“Ω”河弯下移，右岸苏门楼以下形成弯道，邢庙脱河。1957 年 9 月，密城湾弯道变缓，营房险工前弯道弯顶下挫至营房断面，营房以下，巩庄“Ω”形河弯消失，以下沿北岸行河。1958 年 10 月，密城湾弯顶变化不大，但营房险工前弯道弯顶向东发展，营房险工开始靠河，李桥险工前主溜稍左靠。1959 年 9 月，密城弯再次深化，主溜出苏泗庄险工后直接冲向前辛庄与后辛庄之间堤防（K90+000 附近），“Ω”形河弯弯顶位于王密城村西，主溜经许楼临河侧滩地坐弯后流向吉庄、彭楼，营房险工脱河，主溜在桑庄险工前滩地坐弯后，横河形式流向左岸，在现李桥控导工程以上坐弯折转而下，堤防、险工均不靠河。从图 9-8 示出的 1958～1959 年河势套绘图看出，桑庄险工—李桥为一不规则的“S”弯道。1960 年 10 月，几乎维持了 1959 年的密城湾河势，河弯曲率半径有所减小。主要原因是 1957 年汛前苏泗庄险工 28 坝水上部分截去 51m，经过 1957 年和 1958 年两个汛期的冲刷，水下部分已被冲蚀，28 坝与以下坝垛基本形成了较规顺的导流段，导流能力较 28 坝未截短时有所提高，出溜方向顺、水流集中，经苏泗庄险工导流后，溜势直接入密城湾，弯顶坍塌后退，冲毁了王密城村，弯顶紧贴孟楼、宋集、范屯一带，李寺楼滩嘴黏土层部分虽被大水冲蚀，但底部仍能起到托溜作用，导流冲向许楼—鱼骨之间的滩地坐弯，营房湾脱溜，此时密城湾的弯颈比达到了 2.81，桑庄以下形成了一个桑庄险工—巩庄—现李桥控导工程以上—苏门楼—邢庙的不规则弯道，总的流路大体为，苏泗庄—营房间为很不规则的大“Ω”形河弯，在彭楼控导工程前、桑庄险工前形成 2 个缓弯，以下为不规则弯道。

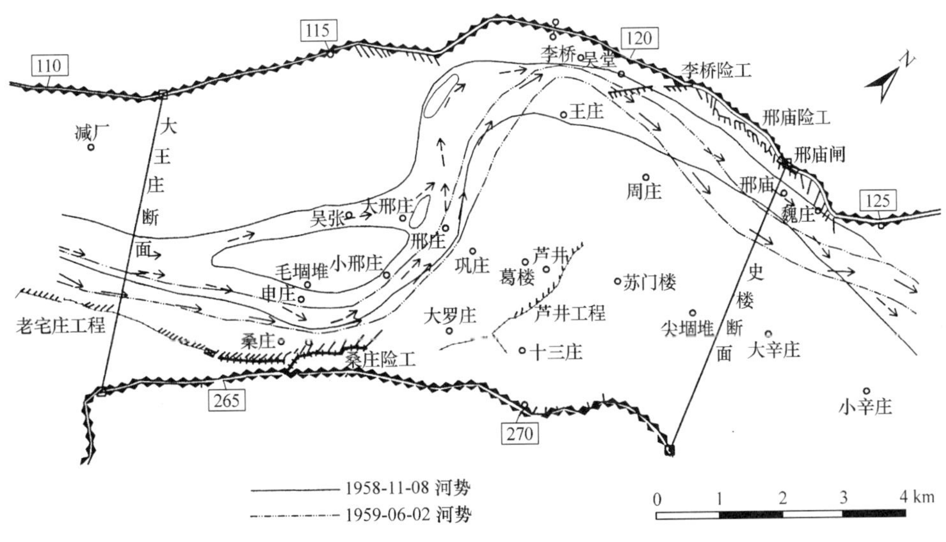

图 9-8　老宅庄—邢庙河段 1958～1959 年河势套绘图

（三）邢庙—程那里

该河段长 45km，右岸分布有苏阁、杨集、伟庄 3 处险工，两岸滩地多由沙壤土组成，抗冲性差，主槽不定，主流摆动频繁，摆动范围达 5000m，年最大摆幅 3500m，险工附近的河势相对比较稳定。

时段内修建了邢庙险工 2～12 坝；苏阁险工 1～24 坝；杨集险工 1949 年汛后 1 坝、2 坝、9～17 坝；伟庄险工 1～11 坝。

邢庙—苏阁河段。1948 年汛期李桥险工（前李胡与东桑庄之间（现桩号 115+000 以下），后被水流冲毁，1960 年重建）靠河，在此坐弯后将主流导向右岸，沿苏门楼、小辛庄一带下行，切割石奶奶庙（现石庙村，观音寺、魏屯分别位于石奶奶庙以东 500m 和 1000m）、观音寺、魏屯一带滩地（原村庄均已掉河），撇开朱庄（现石庙正南 500m，后搬至背河侧）、王鸭子、徐码头一带的弯道，冲向仲堌堆一带，这期间邢庙—苏阁河道比较顺直。1949 年汛期，李桥险工脱河，主流在右岸苏门楼坐弯导向左岸，滑过邢庙险工后在宋楼坐微弯走观音寺去吴老家。并在吴老家—林楼之间坐弯导流造成仲堌堆上首塌滩，弯顶上提近 800m，与 1948 年汛期相比主流摆动剧烈，向北移 1500～2500m。1950 年、1951 年，邢庙—苏阁主流比较顺直，仅在右岸小辛庄和左岸王子圩与吴老家之间存有微弯，仲堌堆河势进一步上提至苏阁，威胁堤防安全，为此从下至上抢修了坝垛 10 道（现 5～12、14、16）。1952～1955 年邢庙险工开始靠溜，并逐年下挫，右岸滩地多为粉细砂，小辛庄坐弯较深，1952 年弯顶在小辛庄以北 500m，1953 年向南塌滩至小辛庄，1954 年 7～9 月向东下挫了 2500～3000m、向南淘进了 1000～1200m，到朱庄附近，共塌掉张庄、崔庙、李卞庄等 9 个村庄，河出朱庄后由东转向西北直冲王子圩与前石胡同（现前石村），在此坐弯后冲向苏阁险工 9 坝附近。1955 年汛前，河在郭集附近分成两股，右股占 70%，因滩地的分流作用右岸弯顶下挫，汛期大水，前石胡同附近河弯取直，溜势直冲苏阁险工，汛期过后朱庄湾已完全断流，主流全部走左股。1956 年邢庙不靠河，以下 6km 为直河段，至石奶奶庙坐弯挑溜向左岸林楼并坐弯导流至苏阁 9～11 坝，1957 年靠溜部位接近邢庙，邢庙以下至石奶奶庙直河段出现了 2 个弯道，石奶奶庙以下弯顶均较 1956 年下挫，7 月中旬至 8 月上旬，黄河连续出现 7 次洪峰，特别是第 6 和第 7 次洪峰在高村以下汇合后，水量大、持续时间长，将该河段的多处滩嘴冲蚀，主槽趋直，水流直冲仲堌堆以下北徐庄、苗庄滩地，苏阁险工距主流 100～500m。1957 年洪水过后至 1959 年汛前，李桥以下至徐码头 14km 的直河段维持了近两年。1958 年北徐庄掉入河中。1960 年下游来水较枯，邢庙—苏阁 14km 的河道内出现约 7 个小河弯。

苏阁—程那里河段。1948 年，苏阁 21～23 坝靠溜不紧，河在此坐弯后转向北，下行 1km 多在徐庄以东 500m 坐弯再折向东北绕过杨集险工再冲向四杰村，导致大堤出险，河出四杰村后，在左岸李华至张罐（今姜贯）之间坐微弯后冲向程那里，在程那里以西 800m 坐急弯转向对岸龙湾。1949 年苏阁险工靠溜部位上提到 9 坝以上，1950～1954 年汛前，虽然吴老家以上主流摆动幅度大、变化快，但吴老家以下至苏阁河势变化不大，苏阁险工靠溜部位随来水情况上提下挫，但一直维持在 9 坝以上，由于靠溜段较长，导流能力明显增强，苏阁以下至程那里河势在这段时间里变化不大，基本流路和弯道是苏阁—储洼（杨楼）—李庄—刘垓（今刘垓以西 600m）邵集—伟庄（1951 年抢修 1～6 坝，1954 年河势下滑，1955 年又抢修 7～11 坝。），伟庄以下在距程那里村西南 2km 的于楼坐弯，呈 90°转向西北的龙湾。

1954 年汛前，苏阁险工 3～6 坝着溜，左岸杨楼以下至白堂坐弯，白堂胶泥嘴托溜，主流折向东，在潘集以南 1000m 坐弯转向东南至杨集险工。1954 年汛期，杨楼溜势上提至储洼，随着储洼至高庄一带滩地坍塌后退，白堂胶泥嘴被水流逐渐冲蚀，仅 7 月和 8 月左岸储洼以下 4500m 滩沿向后塌退 300～500m，新高庄、白堂部分塌入河中，主流在距左岸旧城 500m 处折向东南，刷掉夏庄、李庄，冲向杨集 8 坝，造成 8 坝抢险，同时抢修了 8+1、9、10 坝三道坝。1955 年汛前白堂一带继续向西坍塌，左岸基本形成一大的弯道。1955 年汛期，苏阁险工靠溜部位下挫至 9 坝，左岸着溜部位下挫至杨楼以下，截至 11 月上旬，杨楼以下至旧城滩沿较汛前平均后退了 800m，弯顶向北塌退 1400m，旧城湾曲率半径进一步缩小，导流至右岸焦庙及高庄一带（距杨集险工 1 坝西南 1km）坐弯，滑过杨集险工，1954 年汛前至 1955 年汛末两岸共有 7 个村庄全部或部分掉入河中。1956 年汛前至 1957 年汛前除旧城湾弯顶向东北下挫至花龙堌堆，引起新李庄（从左岸迁来）弯顶上提外，其他地方没有大的变化，主要原因是苏阁靠溜部位上提下挫不稳，造成杨楼—旧城之间左岸滩沿后退或前进，主流不再一味坍塌坐弯，同时主流在旧城村东遇到胶泥层，阻止了滩地进一步坍塌后退。1957 年 7 月至 1958 年 6 月，苏阁险工溜势下挫至 22 坝以下北徐庄和苗庄，该处滩地由抗冲性较好的黏粒组成，经滩地导流后仍入旧城湾。杨楼一带淤出嫩滩宽近 500m。1958 年大水，主流在右岸徐码头略微坐弯后，撇开苏阁险工冲掉北徐庄、罗纹、新李庄，旧城湾脱河，杨集险工 7 坝、8 坝着边溜。大水过后，弯顶仍归花龙堌堆，出弯后急转冲掉潘集村，仍在焦庙及高庄一带坐弯，杨集险工靠边溜。

杨集险工以下，因杨集险工外形凸出，一般靠溜在 8 坝以上，经挑溜至对岸邵集一带坐弯，经过近 6km 的顺直河段，流向伟庄险工 4～6 坝，经于楼到程那里，1955 年以前基本维持这种河势。1956 年，邵集坐弯较深，薛庄（今棘针园西南 1000m）胶泥嘴凸出挑溜至右岸影塘（义和庄以西约 1km）坐弯。1957 年，左岸邵集以下至薛庄平均塌滩宽度近 200m，弯顶退至宋庄，大溜至右岸影塘与义和庄之间，弯顶后退 350m，下首土质抗冲性强，挑溜外移，伟庄险工逐渐脱溜。1958 年汛初，随着邵集至薛庄、影塘至义和庄附近两个弯道的不断发展，义和庄滩嘴挑溜至左岸李华至刘心实之间，形成一“几”字形河弯，伟庄险工上首后师滩地坐弯，主流经伟庄险工 1～6 坝略微托溜后在程那里西北 700m 处坐弯流向左岸龙湾。于楼出滩，滩宽近 1km。

邢庙—程那里河段 1960 年前河势变化情况见图 9-9。

从河势随时间的变化情况看：邢庙—程那里河段 1949 年 9 月主流线在邢庙险工以下滩地稍出弯后，基本为直河至苏阁险工，出弯后到左岸杨楼村东滩地开始坐弯，以下至杨集险工，杨集险工不起挑溜作用，以下基本沿右岸堤线方向（但堤防均不靠河）至伟庄险工后，经于楼至程那里。1950 年 10 月在邢庙险工以下对岸微弯后，至现吴老家控导工程以上坐弯，苏阁险工靠河部位上提，杨楼弯道稍深化，现杨集上延工程处坐弯，杨集险工脱河，挑流到左岸，以缓弯形式流向伟庄险工，在于楼控导工程前坐弯后到左岸，程那里脱河。1951 年 10 月主溜流向无大变化。1952 年 9 月由于邢庙以上李桥险工挑溜，以下在右岸郭集、左岸现吴老家控导工程以上分别坐弯后到苏阁险工，以下仍为经杨楼、杨集以上、韩胡同坐弯后到伟庄险工，程那里险工仍不靠河。1953 年 9 月李桥险工脱河，邢庙险工靠河，以下诸弯道进一步深化，尤其是杨楼以下、现韩胡同控导工程以上弯道。1954 年 8 月，邢庙险工紧靠大溜，在邢庙—苏阁间，在右岸李天开以下、左岸西吴庄以上，形成了 2 个锐角弯

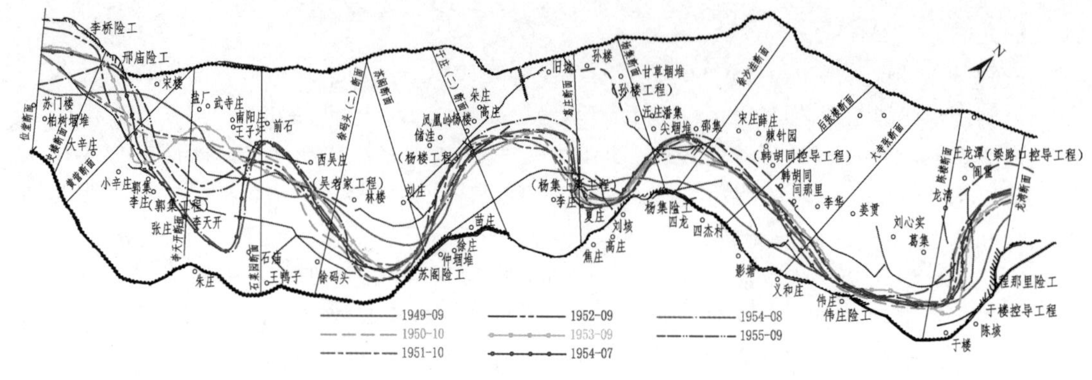

(a) 1949~1955年主流线

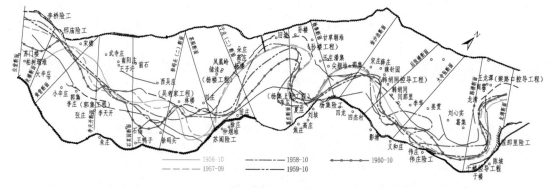

(b) 1956~1960年主流线

图 9-9　邢庙—程那里河段 1949～1960 年主流线套绘图

道，已成畸形河弯。1955 年 9 月李天开以下锐角弯消失，苏阁险工上提，杨楼弯深化，程那里险工处仍为溜走对岸。1956 年 10 月邢庙溜势下滑，右岸李天开、左岸吴老家呈微弯，苏阁险工上段靠河，杨楼—韩胡同畸形弯道相连，杨楼到孙楼工程，再到杨集险工上段为鹅头形弯道，孙楼至韩胡同为一“Ω”弯道，流向非常不顺。1957 年 9 月仍维持畸形河弯，杨集以上弯道进一步深化，伟庄险工以下，于楼控导工程前塌滩，弯顶下移。1958 年 10 月，邢庙—苏阁险工下段主溜较顺直，以下河弯进一步向不规则发展，畸形河弯相连，左岸杨楼—旧城—孙楼—甘草堌堆、右岸现杨集上延工程以上为连续的“Ω”弯道，左岸李华—刘心实、右岸伟庄险工—程那里—左岸龙湾又是“Ω”形弯，畸形河弯弯弯相连，河道的弯曲系数是很大的。1959 年汛末邢庙—苏阁无大变化；苏阁—韩胡同弯道有变化，但仍维持畸形河弯；韩胡同—程那里畸形弯道消失，走韩胡同—伟庄险工—程那里（未到险工）转弯流向左岸。1960 年 10 月邢庙—苏阁间小弯相连，苏阁—韩胡同仍为不规则的弯道，韩胡同以下河道变弯，伟庄险工脱河，程那里险工仍未靠河。

（四）程那里—陶城铺

程那里—陶城铺河段长 42km，1949 年以前左岸仅在陶城铺有一处险工，右岸有路那里（含国那里）、十里堡两处险工。该河段以十里堡为界分为上下两段，上段长 27km，为自然河道，下段长 15km，右岸 1958 年以前没有堤防，与东平湖相连，东平湖为黄河和汶河洪水的自然滞洪区。

铜瓦厢决口初期的20多年，该河段是黄河漫流的末端，泥沙细颗粒在此大量沉积，两岸滩地土质黏粒含量较高，特别是下段加上长期的自然滞洪作用，淤积层厚度大，抗冲性强，限制了主槽摆动范围，但上段主槽的摆动明显强于下段。

陶城铺以上一般河势变化小。每年乘船河势查看时，一般仅查到路那里险工或十里堡处，限于资料描述的河势往往不含陶城铺以上一个小河段的河势变化。

程那里—张堂河段。1948年，河在程那里险工以西800m坐急弯转向对岸龙湾，缓弯后折向右岸的范那里，再折向左岸孙口险工上首（今孙口断面附近）坐弯后，沿左岸李那里（今邢同南500m，1952年掉河）、赵庄至黄那里（现赵庄以东约1000m，已搬至左岸背河侧）坐弯，河出弯后入右岸路那里险工，大溜靠5坝、6坝，至34坝出溜向左岸贺洼，沿左岸姜庄、白铺至张堂险工。1949年，程那里以西弯道上提至于楼，程那里以下大河趋中偏右，经范那里西直冲孙口险工下段，龙湾、范那里两弯道脱河。孙口以下河比较顺直，主流略向右摆至赵庄，以下入右岸刘灿东（今刘郯东）、左岸黄那里与万桥之间的河弯，弯顶后退，以下河势基本没有变化。1950～1953年于楼湾坐深，导流入龙湾，贴左岸阎霍（庄），经尚岭、孙口险工，以下至张堂基本维持原状。1954年汛期，伟庄溜势下滑至6坝以下，于楼湾进一步坍塌后退，造成龙湾弯顶后退近200m，刷掉阎霍、新（辛）庄两村，从龙湾至尚岭形成一个大弯，托溜入蔡楼湾，蔡楼村塌滩宽120m，溜势从孙口险工下滑到孙庄（今孙那里）与南党（今东影唐南500m，1955年掉河）间，为确保堤防安全，抢修影唐险工，以下河贴左岸下行至梁楼（今林坝西1km，1963年掉河）坐陡弯导流直冲路那里险工4坝。1955年于楼、龙湾、蔡楼弯道继续发展，左岸南党坍塌近500m，村庄掉河，刘灿东河势上提至朱丁庄导流向左岸赵庄、白店（位于现枣包楼工程上首）间坐弯，河出弯后直冲路那里险工11坝以下。1956～1960年梁集以上变化不大。

张堂—陶城铺河段，受路那里（含国那里、十里堡）险工导流和两岸抗冲滩沿的制约，张堂险工靠溜稳定，1952年以前张堂出溜在刘庄（现徐巴士南1500m，1958年掉河）以西坐微弯，导流至左岸张庄坐弯后滑过陶城铺入黄庄。1953～1957年，刘庄弯不断坐深，弯下口大洪口村为较厚的抗冲黏性土层，挑溜向左岸，冲刷左岸石桥以上的周庄，并形成“S”形河弯。1957年7月22日，孙口站出现洪峰流量为11600m^3/s的洪水，水位高、流量大，主流从大洪口与徐巴士之间串沟穿过，直冲陶城铺险工下段，发生自然裁弯，大洪口从大河右岸变为左岸。1958～1960年，丁口至徐巴士河势逐渐右靠，徐巴士河岸抗冲性强，在上首逐步坐弯，并导流向石桥与张庄一带，沿左岸至陶城铺险工。

程那里—陶城铺河段1960年以前河势变化情况见图9-10。

从河势随时间的变化情况看：程那里—陶城铺河段，1949年程那里险工不靠河，主溜从险工以西北流，慢转向至孙口，坐弯后东偏北流至现枣包楼控导工程，转向至路那里险工上段，慢弯至左岸姜庄、白铺，以下至陶城铺。1950年程那里段主溜左靠微弯至影堂以下南堂，再至现枣包楼控导工程折转到路那里险工上段，以下无大变化。1951年程那里段主溜靠左岸，经微弯至孙口再东偏北流到赵庄，斜向现枣包楼控导工程后转至路那里险工上段。1952年主溜出孙口后，经南堂、赵庄、现枣包楼控导工程，以下无大变化。1953年，除赵庄段主溜位置稍右移外，其他无大变化。1954年，主溜在现梁路口控导工程下段坐弯导流至现蔡楼控导工程下段，再至孙口、孙庄，转向至赵庄、现枣包楼控导工程，以下在雷口村东北一边塌滩坐弯，流向路那里险工、姜庄、白铺、陶城铺。1955年，主溜从现梁路口与现蔡楼控导工程之间穿过，流向影唐险工下段，再至现枣包楼控导工程，以下到路

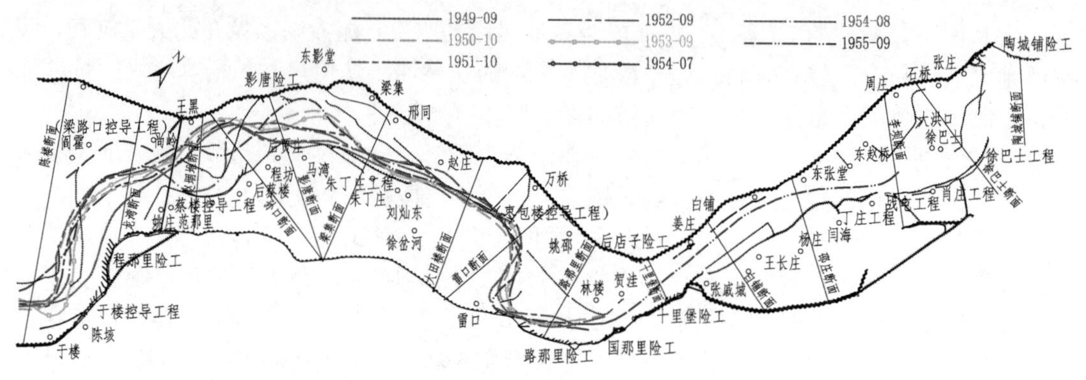

(a) 1949~1955年主流线

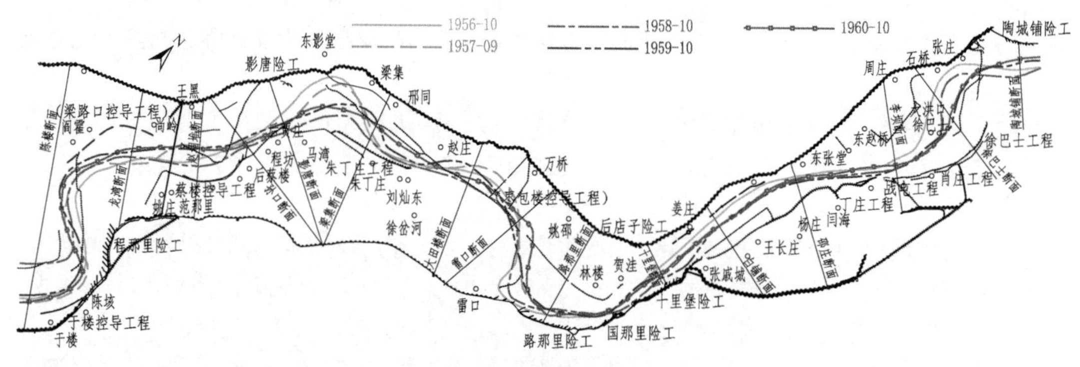

(b) 1956~1960年主流线

图 9-10　程那里—陶城铺河段 1949～1960 年主流线套绘图

那里险工之间形成了一个反“S”形弯道，再经路那里险工上段、姜庄、白铺，至张堂。1956年程那里段河走中，经现梁路口控导工程与现蔡楼控导工程中间到影堂险工下端，至现枣包楼控导工程，以下为倒“S”形河势到路那里险工上段。1957 年主溜由影堂险工下端下挫至梁集村一带坐弯后，在右岸现朱丁庄控导工程下段、左岸赵庄村前坐缓弯，以下反“S”弯消失，以横河之势流向路那里险工上段，以下无大变化。1958 年程那里仍脱河，左岸龙湾到右岸蔡楼村转向后下滑至现朱丁庄控导工程下段、于枣包楼控导工程背后坐弯后流向路那里险工，再至姜庄、白铺。1959 年流路大体为经龙湾至梁集至朱丁庄控导工程下段至赵庄，经现枣包楼控导工程至路那里险工。1960 年由右岸陈垓至龙弯，流向梁集险工方向至李那里坐弯，以下在现朱丁庄控导工程下段、赵庄坐弯再至路那里险工（路那里断面处），以下经右岸国那里、左岸白铺至张堂、右岸徐巴士至左岸陶城铺。

二、三门峡水库蓄水拦沙及滞洪排沙运用期的河势演变

1960 年 9 月三门峡水库蓄水，蓄水运用初期，水库拦蓄洪水，清水下泄，下游河道普遍发生冲刷，主槽在下切的同时展宽，东明高村至郓城伟庄主槽宽度由 600～800m 展宽到 1200～1800m，平滩流量由 5000m^3/s 左右增加到 6000～7000m^3/s。1959～1964 年，为了防止三门峡水库清水下泄带来的滩岸坍塌，以“树、泥、草”为主修建了部分控导工程，但终因强度不足，几乎全部被冲毁，河势仍处于快速变化之中。

1964 年以前该河段河势演变的主要特点是，河势变化大，主流摆动频繁，剧烈变动的弯曲河段与相对平顺的直河段交替出现，在弯曲河段表现出弯曲性河道的演变规律，在平顺河段时常表现出游荡性河道的演变特点。

三门峡水库于 1965 年 1 月开始进行第一次改建，即增建 2 条泄流隧洞和改建 4 条发电引水钢管为泄流排沙管道（简称“两洞四管”），1968 年 8 月建成投入运用；在第二次改建中，于 1970～1971 年打开了 8 个底孔，1～5 号发电机组进水口高程由 300m 降至 287m，第一台机组于 1973 年底并网发电。水库运用方式由“蓄水拦沙”、“滞洪排沙”改为“蓄清排浑”。同时，下游河道整治方针也由“纵向控制，束水攻沙”改为“控导主流，护滩保堤”。明确了河道整治要搞统一规划，并将这一时期的治理重点确定为高村—陶城铺的过渡性河段。经过有计划整治，基本控制了高村—陶城铺河段的河势。

河势演变和河床边界条件密切相关。1965～1973 年按照规划修建了大量的河道整治工程，修建的这些工程强化了河床边界条件，控制了河势变化，并使局部河段自然状态下不利的演变状况得到改善。黄河下游采取的是微弯型整治方案，同一河段在单岸修建河道整治工程，主槽摆动强度明显减弱，但仍具有过渡性河道的演变特点。

（一）高村—苏泗庄

1. 1961～1964 年三门峡水库蓄水拦沙期

1961～1964 年间，修建了南小堤险工 15～17 坝。

高村—刘庄河段。一般情况下，当高村险工靠溜偏上，南小堤险工上游滩地坐弯，导流至南小堤险工下段的截流坝下段，因靠溜段较短，控溜不力，河势下滑，刘庄险工靠溜部位下挫；当高村险工下段靠溜，因工程后败，主流在下游滩地坐弯，导流至南小堤险工，截流坝靠溜较好，导流能力强，刘庄险工靠溜部位上提。

刘庄—苏泗庄河段。受来流方向影响，主流出刘庄险工后方向不定。

高村—苏泗庄河段 1960 年前河势变化情况见图 9-11。

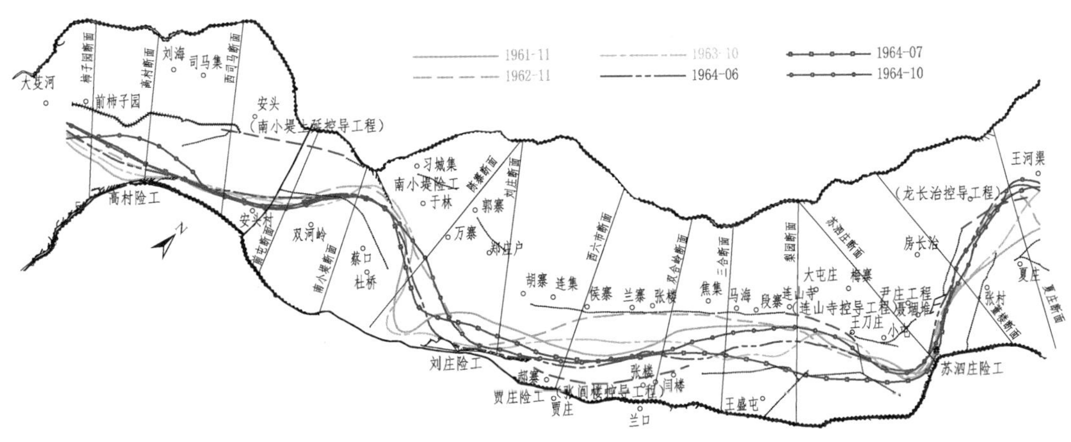

图 9-11　高村—苏泗庄河段 1961～1964 年主流线套绘图

从河势随时间的变换情况看：1961 年，主流以较小角度入高村险工，高村险工挑溜作用不明显，主流滑过高村险工后下败于西司马断面上游出弯直趋南小堤险工下段，在于林村前坐弯后以近 90°方向冲向刘庄险工上游堤防，主流出刘庄上游急弯后出流指向胡寨方向，并迅速坐弯后较平顺流向苏泗庄险工，河段中右岸张阎楼及左岸马海至连山寺之间有呈平顺弯道的趋势。至 1961 年 11 月，主溜由高村险工—南小堤险工下段，折溜朝右岸，在刘庄险工以上滩地坐陡弯，溜外移后分别在右岸现张阎楼控导工程前、左岸连山寺控导工程前出微弯后流向苏泗庄险工。1962 年 6 月，高村险工河势上提，导流至左岸南小堤险工上游坐弯，左岸滩地坍塌后退，截流坝靠溜部位下挫，7 月截流坝下段 6 道坝因强度不足被水流冲毁（截流坝冲毁后余长约 1.4km），下游庄户滩不断塌滩后退，最大一天塌退近 300m，导致郑庄户、石庄户、张庄户先后塌入河中，刘庄险工靠溜部位下挫，南小堤上游滩地坍塌近 1.2km，刘庄险工由大溜顶冲 7 坝下挫至 20 坝（图 9-12），汛期高村险工河势下挫，南小堤险工及截流坝靠溜，刘庄险工河势上提，汛末南小堤出溜方向指向刘庄险工下段，刘庄上游急弯河势缓和。主流出刘庄弯道后流向侯寨方向，并于侯寨与段寨之间形成平顺弯道出弯后流向苏泗庄方向，连山寺以下主槽不固定，导致苏泗庄险工靠溜部位上提下挫。至 1962 年 11 月高村险工靠溜部位下滑，南小堤险工下段靠溜，刘庄险工靠溜后出流至左岸，沿兰寨—段寨成缓弯后出流至苏泗庄险工。1963 年 4 月，主流在刘庄上游堤防坐急弯出弯后滑向刘庄险工，刘庄险工 10～12 坝靠主溜，受河心滩及三门峡水库持续下泄清水的影响，阎楼—王盛屯之间右岸滩地坐弯，导流至左岸连山寺形成弯道，致使苏泗庄险工溜势上提至龙门口护岸（1935 年决口合龙）处，5 月份高村出现 5000m^3/s 左右的洪峰，苏泗庄溜势下滑。1963 年汛期高村站流量 3000m^3/s 以上的洪水持续长达 70 多天，高村险工河势进一步下挫，右岸滩嘴后退，导致南小堤截流坝靠溜不紧，在截流坝以下河面展宽出现心滩，形成两股流，当南小堤险工及截流坝上段靠溜时，主流走右股；当南小堤险工脱溜截流坝靠溜部位偏下时，主流走左股，受滩岸导流及两股流分流比的变化，刘庄险工靠溜部位在 10～30 坝之间摆动，原刘庄闸引水困难。至 10 月滑过南小堤险工，塌于林滩地，以横河形势冲向刘庄险工以上滩地，塌滩、折转 90°后顺刘庄险工而下，至现连山寺控导工程后流向苏泗庄险工。1964 年汛前，主溜靠刘庄险工，但刘庄险工导流作用不明显，主溜滑过刘庄险工后经连续微弯曲折流向苏泗庄险工。1964 年 7 月高村险工脱河，在以下安头村微弯后到南小堤险工下端，转向刘庄险工，但在未到险工就转弯流向刘庄险工以下，再顺右岸滩地至苏泗庄险工。1964 年 10 月主溜在高村险工对岸柿子园滩地坐弯后，分别在右岸安头村、左岸南小堤险工下端坐弯，刘庄河势下滑到 31 坝以下，右岸由闫楼上提到兰口，左岸上提到连山寺上游 1000m 的段寨，右岸刘庄险工中下段、左岸现连山寺控导工程前坐弯后，流向苏泗庄险工，苏泗庄险工靠溜部位相应上提。

2. 1965～1973 年三门峡水库滞洪排沙运用期

1965～1973 年，该河段的河势演变与 1965 年以前相似，即刘庄以上河势散乱，刘庄以下总的趋势为顺直。

依照高村险工靠溜情况，该河段河势演变可分为两个阶段。1970 年以前，主流从青庄与高村两险工之间穿过，溜势比较散乱，南小堤险工和刘庄险工时靠时不靠，基本丧失了控溜能力，高村—南小堤及南小堤—刘庄险工之间常有心滩，主流摆幅达 2.5km。

高村—苏泗庄河段 1965～1973 年河势变化情况见图 9-13。

从河势随时间的变化情况看：1965 年 5 月主溜在高村险工对岸柿子园滩地生弯，流向右岸安头村—双河岭村间坐弯，弯顶较前坍塌后退，送流南小堤险工，南小堤险工导流至刘庄险工上段，以下主溜基本走中至现连山寺控导工程前坐弯，挑流至江苏坝与苏泗庄险

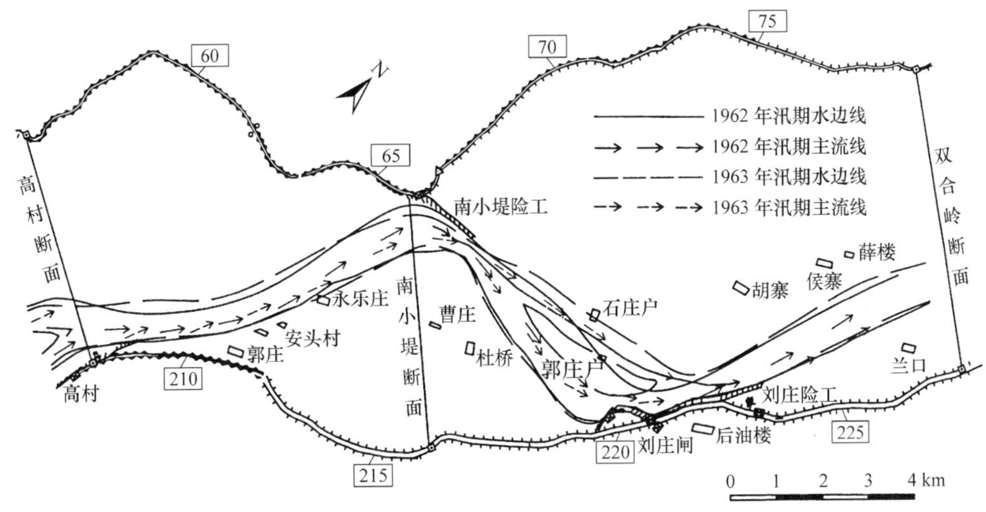

图 9-12　南小堤—刘庄 1962～1963 年河势套绘图

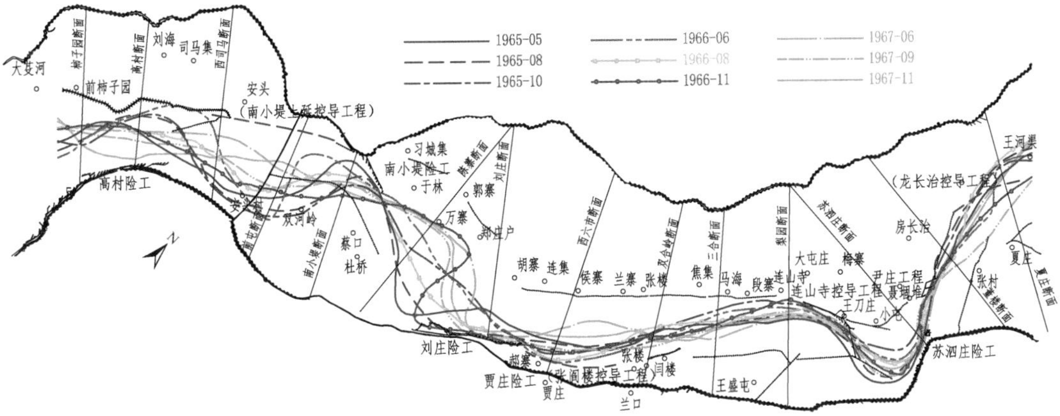

(a) 1965~1967年主流线

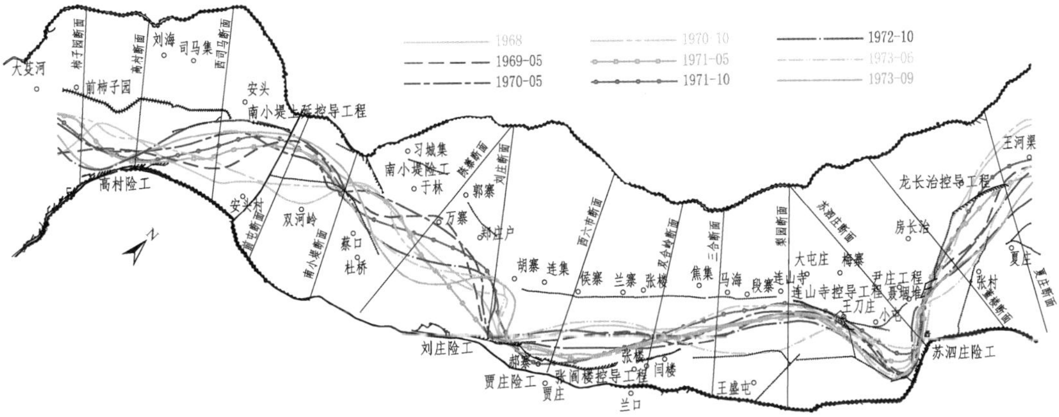

(b) 1968~1973年主流线

图 9-13　高村—苏泗庄河段 1965～1973 年主流线套绘图

工之间滩地坐弯，以下入密城湾。1965 年 10 月柿子园湾弯顶下移，安头村—双河岭弯坍塌后退下移，南小堤险工基本不起导流作用，刘庄险工靠溜部位下挫且呈脱河之势，以下贾庄、张楼段已形成弯道后，再经左岸段寨—连山寺弯道后—苏泗庄险工，江苏坝—苏泗庄险工之间的弯道消失。1966 年 6 月高村对岸弯道继续坍塌下挫，安头村—双河岭弯道由缓弯变成了锐角陡弯，南小堤靠河部位上提，险工基本不起导流作用，以下无大变化；1966 年 8 月高村对岸弯道消失，高村—南小堤基本走中，刘庄险工着溜部位稍有上提；1966 年 11 月高村—南小堤走中河，南小堤险工脱河后坍塌以下左岸滩地，至郑庄户急转弯，在郑庄户与刘庄险工之间形成了一个反“S”形畸形弯道，滑过刘庄险工，转向至现连山寺控导工程，坐弯后送溜至苏泗庄险工。1967 年 6 月郑庄户急弯向下游坍塌，反“S”形弯已变成横河冲向刘庄险工，刘庄险工靠溜部位下移到下段；1967 年修建了张阎楼控导工程和连山寺控导工程，经汛期到 1967 年 11 月高村险工向靠河发展，以下仍基本保持 6 月的流路。1968 年在刘庄险工与张阎楼控导工程之间又修建了贾庄工程，刘庄以下工程长度长达 10km。1968 年柿子园滩地坐弯，绕过高村险工，双合岭前弯道发展，南小堤险工下段靠河，导流到刘庄险工下段，郑庄户到刘庄间的横河消失，其他无大变化。1969 年主溜分别在高村险工以下滩地，现南小堤上延控导工程前、南小堤险工截流坝段对岸、郑庄户出现小弯道，刘庄险工下段、连山寺控导工程、苏泗庄险工靠河。1970 年 5 月高村险工—南小堤之间先后在右岸、左岸滩地出现两个小弯，10 月南小堤险工以上走中河，下端靠溜，刘庄险工下段受横河顶冲，以下仍为连山寺控导工程和苏泗庄险工靠河。1971 年 5 月高村险工下段靠河，主溜冲向现南小堤上延工程前滩地，坐弯后滑过南小堤险工流向刘庄险工下段；1971 年 10 月南小堤险工对岸出微弯，刘庄险工下滑至贾庄至张阎楼控导工程上段，以下连山寺控导工程和苏泗庄险工靠溜。1972 年 10 月高村险工靠溜部位上提到中段，主流朝左岸安头村方向，坐弯后到右岸蔡口村东滩地，微弯后流向左岸胡寨村，再折流以横河形势冲向刘庄险工中下段，以下中河至连山寺控导工程前再到苏泗庄险工上段。1973 年 6 月河势无大变化，仅在右岸闫楼至左岸连山寺主流有所左移；1973 年 9 月刘庄险工以上河势无大变化，仅为胡寨—刘庄的横河向下游平移，以下贾庄、张阎楼控导工程脱河，连山寺控导工程及苏泗庄险工仍靠河导流。为防止南小堤险工以上主溜威胁堤防安全，并控导河势，1973 年汛后修建了南小堤上延控导工程（简称南上延）。

（二）苏泗庄—邢庙

1. 1961～1964 年三门峡水库蓄水拦沙期

时段内拆除了尹庄 4 坝及 3 坝前部（约 100m），修建了营房险工 28～42 坝，吉庄险工 1～4 坝，彭楼控导工程 7～13 坝，桑庄险工 12～15 坝，李桥险工 1～7 坝。

苏泗庄—营房河段。1958～1960 年以“树、泥、草”为主要原料，修建的护滩工程相继靠河出险，为了防止滩岸进一步坍塌及河势摆动，在工程抢险加固及建设中大量利用石料，工程强度明显增强，对控制局部河势起到了一定作用。苏泗庄下游 1300m 处左岸的尹庄工程挑溜作用明显，使主溜偏右，水流在房常治附近仍分为两股，但左股明显减小，密城湾弯顶开始淤积，曲率半径增大；李寺楼滩嘴托溜作用减弱，右岸着溜部位由许楼、鱼骨村间下挫至鱼骨、营房村间，营房一带塌滩较快，仅 1960 年 6 月 25 日至 7 月 8 日，即向营房方向塌宽达 200 余米，1961 年又塌宽 200 余米，7 月上旬原营房险工 4～6 坝（现状编号 12～14 坝）土坝基开始靠溜出险，随后抢修了 7～11 坝，上延了新 1、新 2 坝。1962

年，受上游张楼、阎楼—王兴屯河心滩的消长影响，苏泗庄险工靠溜极不稳定，汛期流量 2000～4000m^3/s 时苏泗庄险工着溜在 30 坝左右，流量增大溜势下挫，流量减小溜势上提，尹庄工程对小水的挑溜作用非常明显，而大水时控制较差。为了削弱尹庄工程的作用，缓解营房险工靠河下延趋势，1962 年拆除了尹庄工程 4 坝，并将 3 坝截短 100m（形成现尹庄工程平面布局），1963 年、1964 年密城湾又恢复到 1958 年的河势，鱼骨村护滩 3～5 垛（1960 年修建，主要材料为“树、泥、草”，因工程强度较差，不能抵御较强水流冲刷，逐步被废弃）顶冲大溜。

营房—邢庙河段。1961～1964 年该河段河势变化具有典型的弯曲性河道的特点，主要表现为大罗庄弯道至李桥的河势发展变化。河出许楼（鱼骨）、营房湾后，偏向左岸付庄、于庄、马棚、毛楼一带坐弯，弯顶随营房一带的弯顶的变化上提下挫，但弯道出溜方向变化不大，主流出弯后，偏向右岸梅庄，沿老宅庄、桑庄—大罗庄坐弯，导向李桥，并在李桥坐弯后流向邢庙险工。1961 年汛前，桑庄弯顶下挫至大罗庄，李桥弯顶位置变化不大，但弯道半径减小，导流向东南的苏门楼，流向邢庙险工前，主槽平面形态成“几”字形。1961 年汛末，大罗庄村部分塌入河中，1962 年汛前至 1963 年汛前受毛楼 1 坝（1960 年修建 1～6 垛，1963 年被大水冲毁）突出挑溜影响，右岸梅庄以下 4km 出现不同程度的塌滩，大罗庄湾后退约 500m，大罗庄、巩庄塌入河中，弯顶进一步后退，李桥弯顶相应上提，出溜方向由东南转向正东，邢庙险工以下弯顶由左岸宋楼转到右岸大辛庄。1948～1962 年间彭楼主流左移了 1.8km，水流已临近大堤，为此 1962 年修建彭楼控导工程 12、13 坝，1963 年毛楼工程被冲毁，抢修的彭楼工程 1～6 坝靠河着溜，梅庄掉河，李桥继续上提，1964 年修建了彭楼工程 7～11 坝。同年，为了防止主槽继续南移，威胁大堤安全，修建了桑庄险工 12～14 坝（现工程坝号，1964 年修建，以后陆续修建其他坝垛，并进行了统一编号）及大罗庄工程，李桥以下至邢庙基本为顺直河段，1961～1964 年邢庙险工均未靠溜。

苏泗庄—邢庙河段 1961～1964 年河势变化情况见图 9-14。

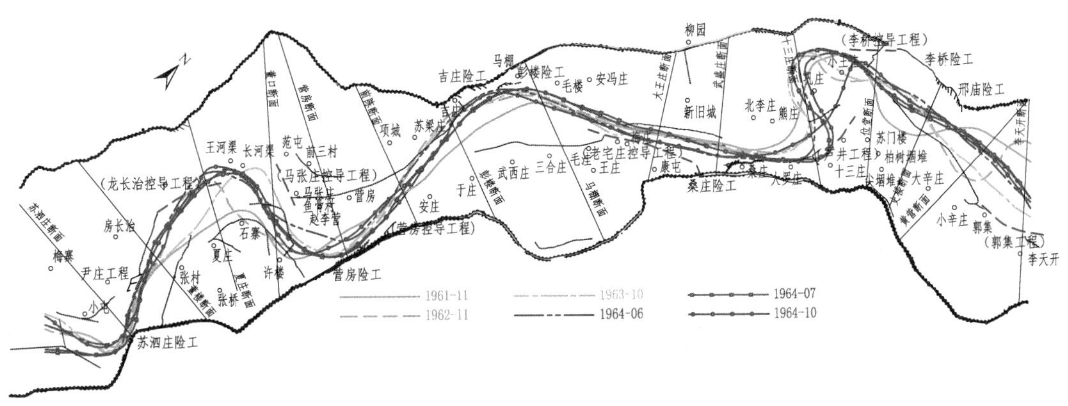

图 9-14　苏泗庄—邢庙河段 1961～1964 年主流线套绘图

从河势随时间的变化情况看：1961 年 11 月主溜由右岸苏泗庄险工—左岸尹庄工程—现马张庄控导工程—营房，以下河走中，由营房险工前向北至左岸彭楼控导工程前缓弯转向东，至右岸大罗庄，以下至李桥—右岸苏门楼再至邢庙，大罗庄以下向畸形河弯发展。1962 年 11 月密城湾弯顶深化、左移到现龙长治控导工程，营房险工靠河，至左岸吉庄、彭楼，再流向右岸大罗庄湾，该湾与李桥湾均坍塌后退，大罗庄—李桥形成了一个“S”形畸形弯道，邢庙险工仍不靠河，并在其对岸大辛庄以下坐弯。1963 年 10 月密城湾弯顶后退下挫至长河渠一带，大罗庄—李桥险工的“S”形弯道稍有发展，以下河走中。1964 年 6 月密城湾、大罗庄—李桥畸形弯道均有所发展，1964 年 7 月密城湾弯顶上提至王河渠，大罗庄弯继续向下游坍塌，“S”形河弯进一步发展，弯曲率加大；1964 年 10 月苏泗庄—桑庄险工河势变化不大，大罗庄—李桥的“S”形弯道裁弯，主溜由桑庄险工直接流向现李桥上延控导工程，邢庙险工仍不靠河。

2. 1965～1973 年三门峡水库滞洪排沙运用期

1965 年以前，该河段分布有苏泗庄、营房、彭楼、李桥四处工程，在苏泗庄—营房之间还有尹庄、鱼骨护滩工程。该河段河势变化的特点是“两头乱，中间稳”，两头的密城湾、大罗庄湾及李桥湾弯顶上提下挫，变化不定，中间营房至旧城近 12km 河势比较稳定。经过有计划的河道整治，至 1974 年底，该河段主槽摆动的不利局面基本得到了控制。

苏泗庄—营房河段。连山寺控导工程修建以后，苏泗庄河势上提，主流靠苏泗庄老口门以上，尹庄工程 1～3 坝大溜顶冲，靠溜好坏主要取决于苏泗庄出溜方向，主流经尹庄工程入密城湾，入弯及出弯处水流时常分为两股。1965 年，主溜出苏泗庄后过尹庄工程滑向王河渠形成弯道，弯顶位于长河渠以北，出弯后主流成与上游来流近 180º方向向右岸许楼上游并形成弯道，上下两个弯道形成“S”形河弯。主流出“S”形河弯后滑过营房险工。1967 年末，该“S”形河弯随流量几经变化，弯顶上移下挫频繁，但总的趋势是上弯道不断加深，弯顶最深处超过长河渠村。随着上弯顶的加深，下弯顶也逐渐下移南靠，主流呈逐渐靠向营房险工的趋势。1968 年，上弯顶进一步淘刷，出弯处的马张庄（马庄和张庄的简称，因西南方向的李寺楼村掉河，此处靠溜）滩嘴坍塌后退 400 余米，致使营房险工溜势一度下滑到 42 坝以下，造成杨马庄塌滩，如果不加控制，可能使营房以下河势失控。为了避免苏泗庄河势进一步上提，规顺苏泗庄以下河势入密城湾，同时，防止营房以下出现不利河势，1969 年修建苏泗庄导流坝，并抢修了马张庄控导工程。1969 年，“S”形河弯不利形势有所缓和，上弯顶上提至长河渠村临河侧滩地，但下弯道弯顶继续下挫。1970 年，“S”形河弯的弯顶进一步下挫至马张庄工程上首，由于马张庄工程的导流作用，下弯道弯顶有所上堤。1970 年修建了营房 43～45 三道坝。1970 年汛末，苏泗庄险工靠河点下挫，主溜滑过尹庄工程后再次趋向王河渠村南滩地并于王河渠、长河渠村北滩地坐弯，主溜出弯后导向徐楼村北滩地入营房弯道。1971 年，苏泗庄险工靠河点上提，尹庄工程靠溜，主流经龙长治工程趋向马张庄工程并经马张庄工程导向许楼入营房险工。为了从根本上改善密城湾坐弯过深，稳定马张庄靠河，并导流至营房，1971～1973 年修建并完善了龙常治控导工程。龙常治工程修建后，并未马上靠溜，1973 年和 1974 年又在苏泗庄导流坝至苏泗庄险工 26 坝之间修建了 3 道坝填弯，苏泗庄溜势下滑，尹庄工程溜势逐步外移，主流逐渐逼近龙常治工程，加速了密城湾弯顶的回淤和外移。修建和完善龙常治工程以后，从根本上控制了苏泗庄工程来溜，使密城湾入弯水流规顺并导流至马张庄工程，达到了河道整治规划的要求。

营房—邢庙河段。1964 年营房险工上首许楼、鱼骨时常靠溜，使主流偏离营房险工，1964 年放弃鱼骨护滩工程，大溜上提顶冲营房工程上首并逼近大堤。1965 年，主溜自许楼下游出密城湾趋向右岸安庄临河滩地方向直至彭楼工程，经彭楼导流滑过老宅庄工程—桑庄险工，滑向现芦井工程位置后经接近 130°转向过巩庄下游滩地于现李桥控导工程上游小王庄背河滩地坐弯，主流经此河弯以近 180°改向出流向右岸大辛庄下游滩地。1965 年彭楼工程下延了 1500m（14～33 坝），使工程以 12 坝为界分为上下两个弯道，上弯（险工标准）靠溜，主流指向桑庄，下弯（控导工程标准）靠溜，主流偏向老宅庄。该期间上弯靠溜为主，送溜至桑庄险工 12～15 坝，桑庄险工原来仅有 4 道坝，控溜能力较弱，溜势下挫至大罗庄工程，大罗庄以下基本维持 20 世纪 60 年代初河势（图 9-15）。1966 年营房险工上延 24 道坝，营房险工以下出现心滩，受滩地影响，主流一般在右岸安庄坐微弯，导流向彭楼工程。出彭楼弯道后，主流经桑庄险工于芦井村西滩地坐弯后在小王庄村入李桥弯道，弯顶位于现李桥控导工程上段，出李桥弯道后趋向李桥险工对岸，李桥、邢庙险工脱河。汛后，安庄弯道弯顶下挫，彭楼弯道上提，芦井弯道下挫。至 1967 年，该河段河势变化不大，主要表现在彭楼弯道的上提下挫，以及芦井坐弯的急、缓决定其出流方向，从而导致现李桥控导工程位置的弯顶的上提下挫。期间，彭楼弯道曾上提至吉庄险工。由于彭楼工程下弯曲率半径小，特别是 24 坝以下突出挑溜，引起桑庄河势不断上提，为预防抄桑庄险工后路，1966 年汛前上延修建了桑庄险工 5～11 坝，汛末桑庄险工靠溜部位上提，大罗庄溜势外移，1967 年，随着溜势的不断上提，桑庄险工又上延 1～4 坝，同时修建了老宅庄工程 20～33 坝，以防该处滩岸进一步坍塌后退抄桑庄险工后路。当时对该段河势演变尚缺乏全面的认识，没有认真考虑工程藏头问题，整个工程修筑太靠前，且平面布置凸出，老宅庄工程靠溜后，不能把溜导入桑庄险工，反而使大罗庄河势下挫至芦井，并造成长 1800m 的滩地平均塌退约 370m。1968 年汛期，主流从芦井村前切割滩地夺溜，李桥弯道自然裁弯（图 9-15）。1969 年，为了防止芦井滩地继续坍塌，导致李桥险工脱河，使邢庙以下河势失去控制，修建了芦井控导工程，并上延了李桥险工。

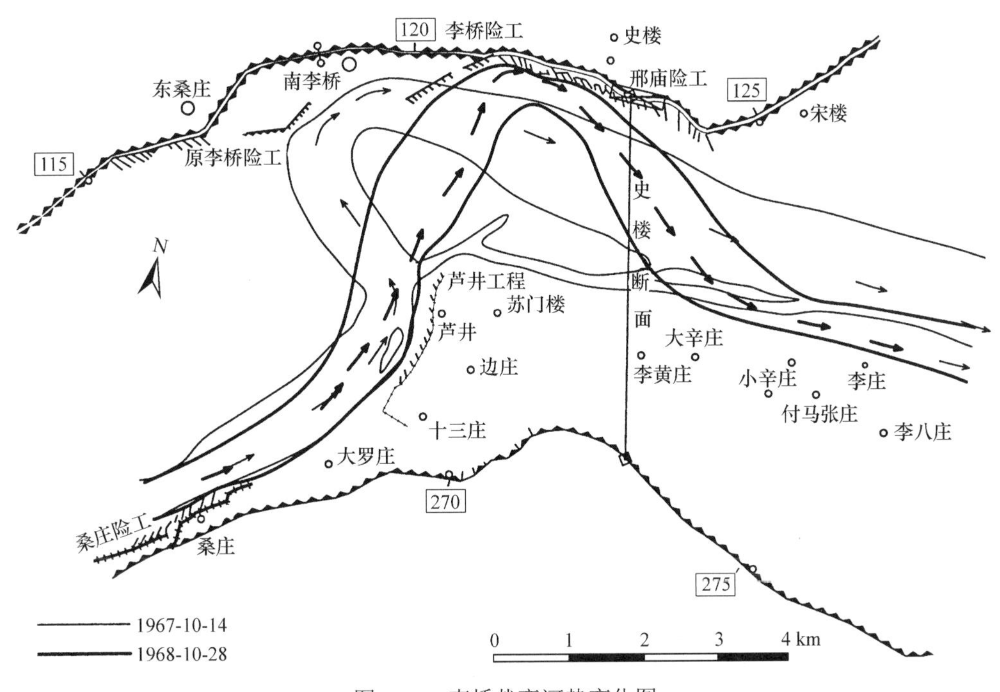

图 9-15　李桥裁弯河势变化图

1969～1973 年，营房险工靠溜上提下挫，但对彭楼的影响不大，上、中部靠溜，下首主流左偏，挑溜向彭楼 23 坝以上；下部靠溜，主流下滑至杨马庄坐微弯向左岸吉庄、彭楼，

1970 年营房险工下延 3 道坝，避免了溜势下滑。彭楼以下老宅庄工程靠边溜，桑庄险工靠大溜，芦井工程脱溜，李桥险工 43 坝以下靠溜。这一时期，是该河段连续修建工程后的调整期，工程靠溜基本稳定，河势摆动不大，河势基本得到了控制。

苏泗庄—邢庙河段 1965～1973 年河势变化情况见图 9-16。

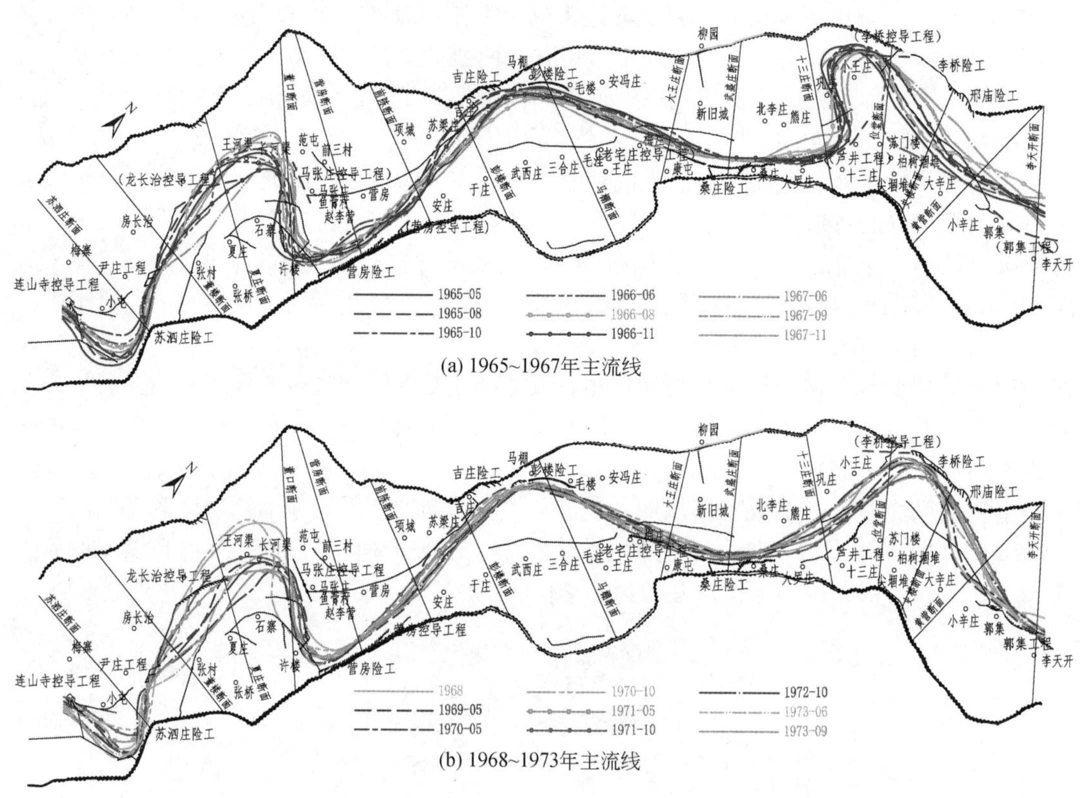

(a) 1965~1967年主流线

(b) 1968~1973年主流线

图 9-16　苏泗庄—邢庙河段 1965～1973 年主流线套绘图

从河势随时间的变化情况看：1965 年 5 月主溜自苏泗庄险工穿过现龙长治控导工程，在王河渠、长河渠坐陡弯后至右岸许楼，以下经营房、彭楼、右岸桑庄，在右岸芦井、左岸现李桥控导工程以上坍塌坐弯，在大罗庄与李桥间形成了由 2 个“Ω”形弯组成的“S”形畸形河弯，以下主溜沿右岸大辛庄而下，李桥险工、邢庙险工脱河；1965 年 8～10 月河势无大变化。1966 年 6 月密城湾弯顶继续坍塌后退，右岸大罗庄—右岸苏门楼间发展成一弯曲率很大的“Ω”形河弯，弯径比达 4.8；1966 年 8 月，密城湾弯顶坍塌深化，苏门楼处主溜左移，“Ω”形弯形有所改善；1966 年 11 月，密城湾弯顶右移，其他无大变化。1967 年密城湾弯顶 6 月左移深化，9 月右移，11 月又左移深化；现李桥控导工程以上弯道弯顶 6 月右移，9 月左移，11 月右移，其他无大变化。1968 年桑庄险工—李桥险工的畸形弯道裁弯，李桥险工靠河。1969 年密城湾弯顶右移，营房靠河部往上提，致使彭楼以上的苏梁庄—吉庄一带滩地靠河塌滩。1970 年 5 月密城湾弯顶下移至马张庄控导工程上段；1970 年 10 月密城湾弯顶又发展到王河渠、长河渠以北。1971 年密城湾弯顶右移，畸形弯道改善。1972～1973 年密城湾弯顶左右有所移动。至 1973 年已基本与河道整治规划的流路一致，其流路为苏泗庄险工—龙长治、马张庄控导工程—营房险工—彭楼控导工程—老宅庄控导工程、桑庄险工—李桥险工、邢庙险工。

（三）邢庙—程那里

1. 1961～1964 年三门峡水库蓄水拦沙期

1960 年受三门峡蓄水影响，黄河下游来水较枯，邢庙—苏阁 14km 河道内出现了约 7 个小的河弯（图 9-17）。1961～1964 年，上游来水偏丰，邢庙—苏阁河段平面形态相对顺直，河势变化主要是受上游来流方向影响，主流线摆动较大。

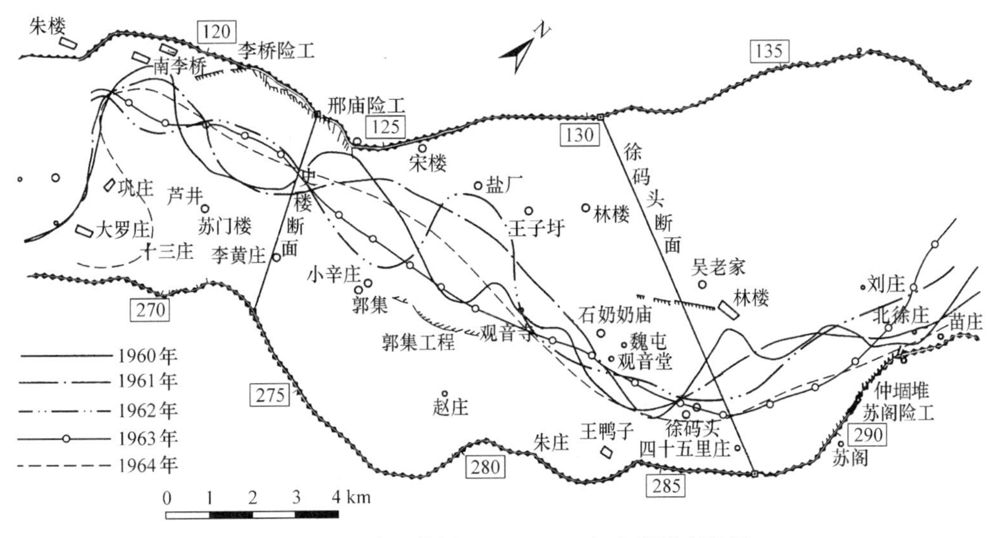

图 9-17　邢庙—苏阁 1960～1964 年主流线套绘图

邢庙—程那里河段 1961～1964 年河势变化情况见图 9-18。

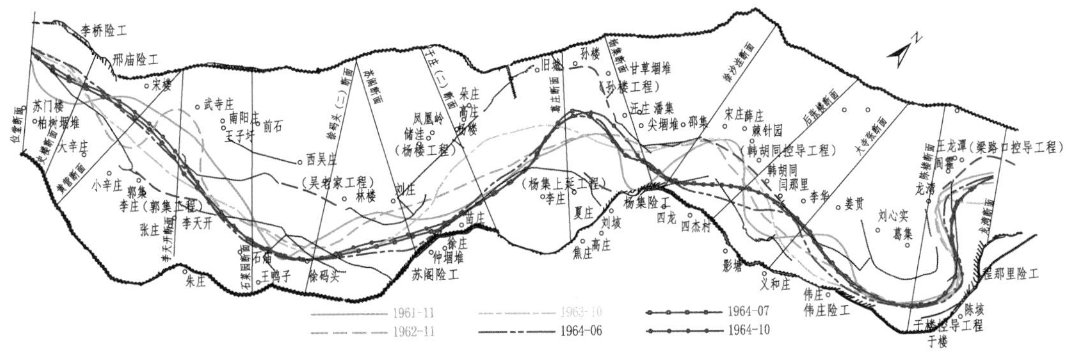

图 9-18　邢庙—程那里河段 1961～1964 年主流线套绘图

从河势随时间的变化情况看：1961 年 11 月主溜在邢庙险工以下宋楼、武寺庄坐弯，出弯后维持 6km 长的相对直河段至右岸石庙、徐码头坐弯，折流至左岸林楼以下坐弯，导流至苏阁险工以下苗庄，微弯后至左岸尖堌堆，折流到杨集险工，汛期尖堌堆逐渐塌入河中，10 月杨集险工脱河，溜势下挫至四龙村，以下主溜至左岸至右岸至左岸再至伟庄险工下段，伟庄—程那里沿右岸行溜。1962 年 11 月，邢庙险工以下弯顶在右岸小辛庄一带，折流向左岸在盐厂—王子圩坐弯后流向右岸李天开，流向徐码头一带微弯，以下主流较为顺直，在左岸尖堌堆稍改变流向后在左岸棘针园以上坐弯后流向伟庄险工，以下仍沿右岸下行，经于楼控导工程至程那里险工。1963 年 10 月邢庙险工仍不靠河，邢庙以下 10km 呈相对直线至徐码头坐弯导向左岸现杨楼控导工程一带，沿左岸行至韩胡同后流向右岸，以下沿右岸经伟庄险工—于楼—程那里险工上段，再折流至左岸。1964 年邢庙险工不靠河，至徐码头主流较顺直，徐码头弯道以下流向苏阁险工下首，出流甘草堌堆方向，滩地坐弯后流向右岸，在杨集险工以下四龙村坐微弯后到左岸韩胡同，再流向伟庄险工后沿右岸而下，伟庄—程那里河势多年无大变化。

2. 1965～1973 年三门峡水库滞洪排沙运用期

邢庙—程那里河段，1965～1973 年是集中进行河道整治的时间，修建的河道整治工程较多，这些工程也在逐步发挥着控导河势的作用。总的讲，河势变化较上游河段小。邢庙—苏阁河段变化较大的为徐码头—苏阁段。苏阁—程那里变化较大的为苏阁—甘草堌堆段。

1966 年台前甘草堌堆一带滩地快速坍塌后退，被迫于 1966 年 11 月抢修形状极不规则的孙楼工程（原修时称为甘草堌堆工程，工程经上延下续后称孙楼工程，2016 年进行了弯道改造）。1967 年苏阁险工上段靠河，挑溜向左岸杨楼以下，在范县旧城村以上塌滩坐弯，威胁堤防安全，于 1967 年修建了旧城工程（为了控制该段河势，1987 年 8 月开始修建杨楼工程，苏阁险工来流经杨楼工程导流后去孙楼工程，旧城工程失去了控制河势作用，修建杨楼控导工程后放弃），基本控制了苏阁方向来溜，并导流至杨集险工上首。1969 年，为防止郭集滩坍塌后退，在徐码头以上坐弯，影响下游河势和防洪安全，修建了郭集工程。杨集险工靠溜对以下河势有一定的影响，由于杨集险工平面呈凸出形，靠溜段较短，送溜能力不足，直接导致左岸河势上提下挫，修建孙楼、郭集工程以后，杨集靠溜基本稳定在 8 坝以上，1970 年又在左岸修建了韩胡同工程，基本控制了杨集险工河势上提下挫对伟庄以下河势的影响，伟庄以下主流沿右岸下行，于楼工程靠边溜，程那里险工下段靠溜。这一时期，该河段修建了较多的河道整治工程，对稳定河势起到了好的作用。

邢庙—程那里河段 1965～1973 年河势变化情况见图 9-19。

从河势随时间的变化情况看：1965 年 5 月主流于李桥、邢庙险工对岸滩地滑过，于小辛庄上游微弯后，流向左岸（现郭集控导工程对岸）微弯后至徐码头到苏阁险工之间坐弯，主溜朝左岸孙楼方向，在孙楼以南滩地坐弯后流向杨集险工，以下经左岸李华—刘心实微弯至伟庄险工，沿右岸经于楼控导工程—程那里险工；1965 年 8 月李华—刘心实弯道上提至韩胡同以上；1965 年 10 月苏阁—孙楼主流左移，杨集险工靠溜部位上提。1966 年 6 月徐码头上下右岸坍塌后退，杨集靠溜部位上提到以上滩地，左岸棘针园以上弯顶左移，伟庄险工脱河，于楼、程那里仍靠河；1966 年 8 月基本没有变化；1966 年 11 月汛末甘草堌堆滩地严重坍塌，为保村庄安全，抢修了平面形状十分不规则的甘草堌堆工程（后改称孙楼控导工程，2016 年对其平面外形进行了改造），棘针园弯顶进一步坍塌后退。1967 年 6 月杨集靠溜部位下滑至险工中下段，棘针园弯道外移下挫；邢庙—苏阁各微弯左右易位。1967 年 9 月，杨集靠溜部位往上提，棘针园弯顶下滑到韩胡同；1967 年 11 月右岸李天开出现微弯后顺直流向苏阁险工，杨集险工及韩胡同弯道处主溜外移。1968 年苏阁—孙楼段主溜左移，孙楼弯道撇弯。1969 年 5 月李桥险工靠河，送溜至右岸小辛庄，以下沿左岸郭集、李天开—苏阁险工，韩胡同弯顶靠河。1970 年孙楼控导工程下段卢庄一段靠河，送溜到杨集险工，至韩胡同控导工程，伟庄险工向靠河发展，于楼控导工程、程那里险工仍靠河。

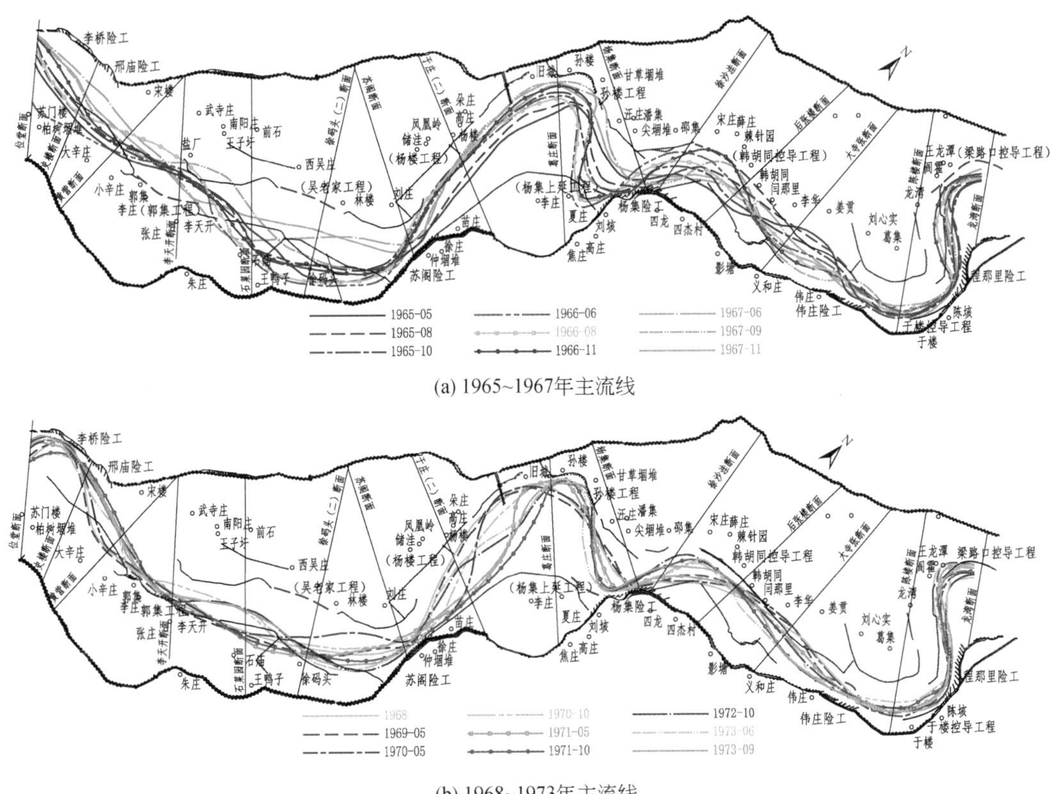

(a) 1965~1967年主流线

(b) 1968~1973年主流线

图 9-19　邢庙—程那里河段 1965～1973 年主流线套绘图

1971 年 10 月邢庙险工向靠河发展，孙楼控导工程靠溜紧。1972 年 10 月苏阁—孙楼河势稍向左移，1973 年 9 月河势无大变化。

（四）程那里—陶城铺

1. 1961～1964 年三门峡水库蓄水拦沙期

程那里—张堂河段，1961～1964 年蔡楼以下左岸弯顶在梁集与邢同之间上提下挫，并影响以下河段，但至路那里险工后靠右岸下行至十里堡，十里堡—张堂变化很小。1962 年汛前为防止大河顶冲梁集、邢同一带堤防，曾抢修梁集险工 1～6 坝。张堂—陶城铺河段，1961～1964 年，丁口—徐巴士河势逐渐右靠，徐巴士河岸抗冲性强，在上首逐步坐弯，并导流向石桥与张庄一带，沿左岸至陶城铺险工，陶城铺弯道弯顶逐年上提。

程那里—陶城铺河段 1961～1964 年河势变化情况见图 9-20。

从河势随主流线的变化情况看：1961 年 11 月主流线自程那里险工以上的于楼坐弯冲向现梁路口控导工程以上的龙湾，坐弯后折转东北方向，近于直河至左岸梁集一带滩地坐弯，穿过现朱丁庄控导工程在右岸岔河村坐弯后流向左岸，穿过现枣包楼控导工程于姚邵到林楼出微弯后流向右岸十里铺险工。以下至左岸张堂再至右岸战屯、肖庄工程后到左岸陶城铺险工。1962 年 11 月左岸梁集弯道坍塌后退，右岸岔河、左岸现枣包楼工程上首出现陡弯后流向姚邵，在姚邵至右岸路那里险工上端间形成横河，再折转流向国那里险工、十里铺险工。1963 年 10 月，龙湾以下主溜稍右靠，左岸梁集与右岸国那里险工之间连续出现 3 个紧相连的弯道，弯道之间几乎没有直河段。1964 年 6～7 月梁集至路那里间的 2

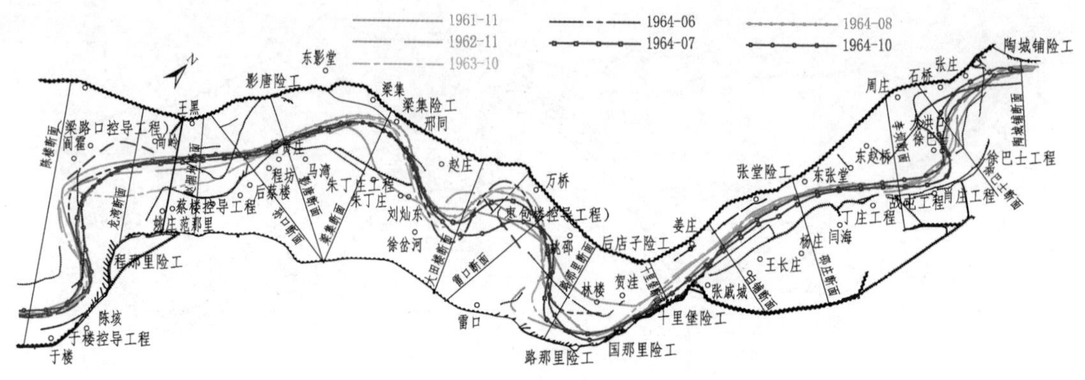

图 9-20　程那里—陶城铺河段 1961～1964 年主流线套绘图

个弯顶坍塌后退，右岸战屯与左岸陶城铺之间出现了一个“S”形弯道；1964 年 8～10 月的流路为于楼控导工程—左岸龙弯，直线段—梁集险工，以下经左右岸 2 个弯道后—国那里险工，再经左岸张堂，经右岸战屯、肖庄—陶城铺，右岸战屯—左岸陶城铺之间的“S”形弯道消失。

2. 1965～1973 年三门峡水库滞洪排沙运用期

程那里—陶城铺河段，1968 年修建了梁路口、蔡楼控导工程后，程那里—影唐 15km 范围内有了 4 处工程，基本控制了河势摆动。

程那里—陶城铺河段 1965～1973 年河势变化情况见图 9-21。

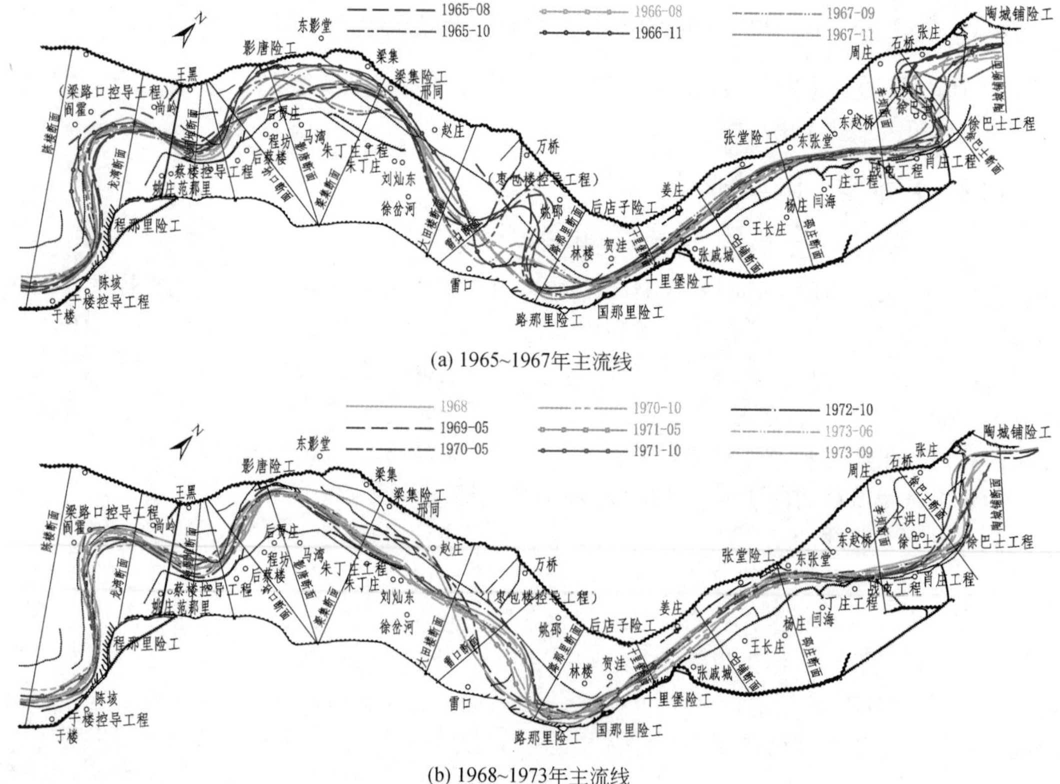

(a) 1965~1967年主流线

(b) 1968~1973年主流线

图 9-21　程那里—陶城铺河段 1965～1973 年主流线套绘图

从河势随主流线变化情况看：1965 年 5 月至 10 月的河势流路为由程那里险工—现梁路口控导工程—现蔡楼控导工程—现朱丁庄控导工程对岸的梁集险工前，以下在右岸雷口—左岸姚邵—右岸路那里险工之间形成了一个“Ω”形弯道（枣包楼畸形弯道），以下至左岸张堂至右岸，战屯至陶城铺间为“S”形畸形弯道。1965 年汛前，主溜出张堂弯道后滑过丁庄工程、战屯工程后于徐巴士工程前滩地坐弯，丁庄工程、战屯工程不靠河，出徐巴士弯道后偏转约 135º向北，并于对岸再次坐急弯后过徐巴士断面顺势而下滑向陶城铺险工；1965 年汛期，张堂弯道出溜偏向右，丁庄、战屯位置靠河，过丁庄、战屯后过肖庄工程入徐巴士弯道，徐巴士弯道弯顶右靠逐步靠向现徐巴士控导工程；汛后，徐巴士下游对岸弯道弯顶进一步上提。1966 年 6 月现蔡楼控导工程出流至左岸影堂；1966 年 8 月影堂脱河，枣包楼“Ω”形弯道裁弯，十里堡与张堂之间主流左移，徐巴士河段形成的“S”形河弯的下弯裁弯；1966 年 11 月影堂险工靠河，影堂到梁集为一个大弯道。1967 年 6 月徐巴士上下的“S”形弯道的下弯裁弯，该河段的流路为：程那里—梁路口—现蔡楼—影堂—梁集—路那里—张堂—徐巴士—陶城铺；1967 年 9 月影堂—梁集的弯道变为影唐弯道，梁集脱河，主溜由影堂—赵庄—右岸雷口以下出弯，路那里险工脱河；1967 年 11 月仍为影堂—梁集的大弯道，路那里险工恢复靠河。1968 年 10 月影堂—赵庄为一大弯道，战屯—陶城铺又形成了“S”形弯道。1969 年河势无大变化。1970 年 5 月“S”形弯道消失；1970 年 10 月影堂以下主溜近于直线到路那里险工。1971 年河势无大变化。1972 年 10 月现朱丁庄控导工程、现枣包楼控导工程向靠河发展。1973 年河势无大变化，其流路为程那里—梁路口—蔡楼—影堂—朱丁庄—枣包楼—路那里—张堂—徐巴士—陶城铺。

三、三门峡水库蓄清排浑运用期的河势演变

根据上游来水来沙条件的不同及其对河势的影响，以 1986 年为界分为前后 2 个阶段。1974～1985 年上游来水偏丰，河势变化不大，主流摆动较小，河道整治工程靠溜较好，基本发挥了控导主溜的作用。1986 年龙羊峡水库建成至 1990 年，为水库蓄水期，汛期进入下游的水量减小，1990 年以后，水库调节运用，使汛期进入下游的水量减小，非汛期增加，加上刘家峡水库控制运用，汛期减小水量约 40 亿 m^3，非汛期增加值与汛期减小值大体相当。龙羊峡水库建成后下游进入了连续枯水年，高村站最大洪峰流量超过 $5000m^3/s$ 的仅有 3 次，分别为 1988 年 $6550m^3/s$、1989 年 $5270m^3/s$、1996 年 $6200m^3/s$。连续的枯水系列，使河槽严重淤积，滩槽高差减小，非汛期小水长期作用下的河势，在汛期得不到大洪水的修复，导致河势向不利方向发展，主要表现为工程靠溜部位上提，靠溜段减小，主流线曲率增大，滩地坍塌，影响防洪安全。

（一）高村—苏泗庄

1. 1974～1985 年

1973 年后南小堤以下河势变化较快。1973 年汛后修建了南小堤上延控导工程（简称南上延控导工程）。1973 年汛前主流在右岸杜桥以下坐弯流向左岸胡寨，折流至刘庄险工下端前滩地坐弯，贾庄、张阎楼控导工程脱河。1974 年 8 月右岸杜桥弯道继续坍塌后退下移，折向左岸郑庄户至胡寨再折转刘庄险工上段，形成了一个“Ω”形河弯。1974 年 11 月，该“Ω”形河弯消失。

1976～1985 年，高村—苏泗庄河段总体上河势变化不大，主溜摆动范围不超过 1km。1977～1986 年刘庄险工—连山寺控导工程基本呈顺直河道，河势变化主要表现在刘庄险工、连山寺控导工程靠河位置的上提下挫。

高村—苏泗庄河段 1974～1985 年河势变化情况见图 9-22。

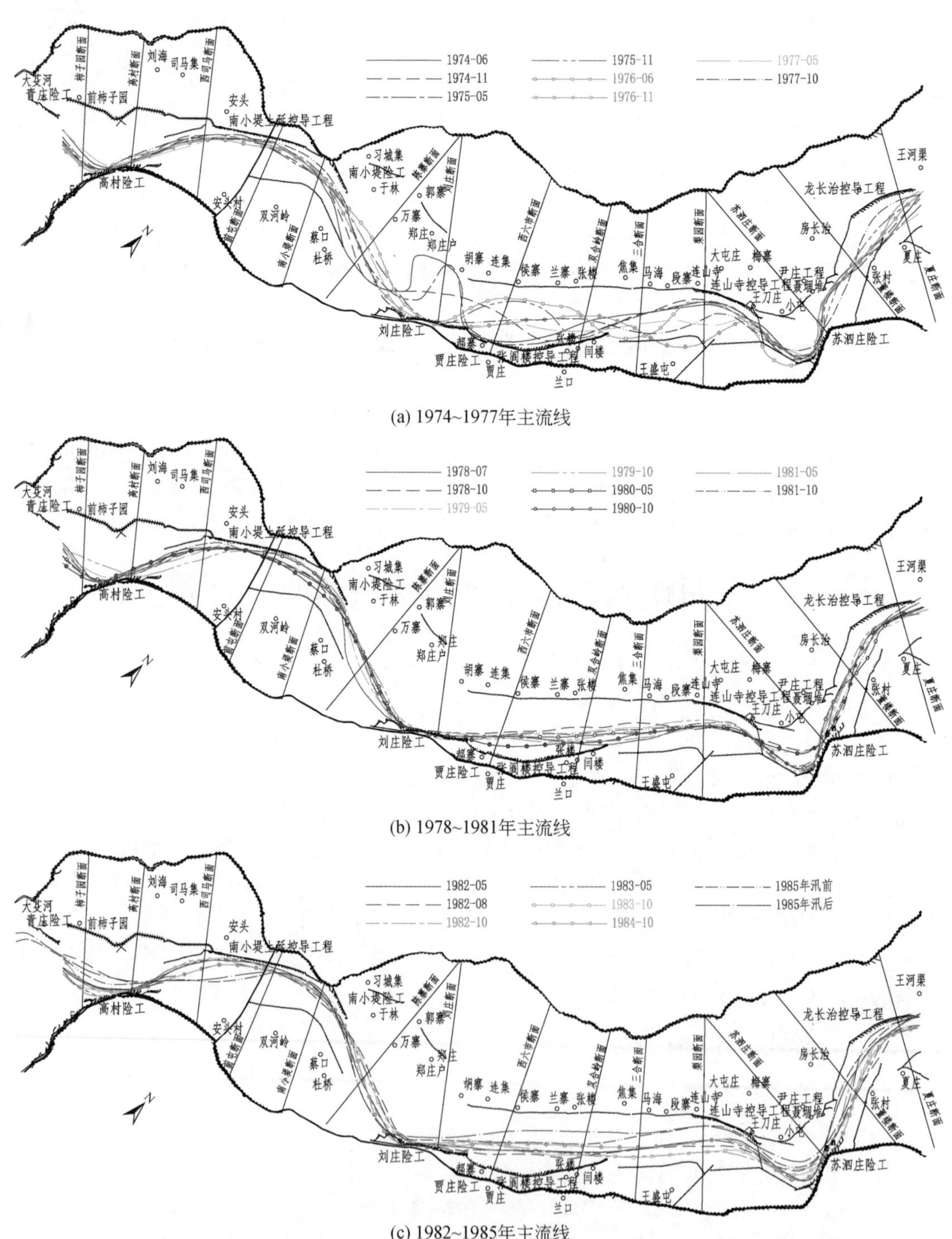

(a) 1974~1977年主流线

(b) 1978~1981年主流线

(c) 1982~1985年主流线

图 9-22　高村—苏泗庄河段 1974～1985 年主流线套绘图

从河势随时间的变化情况看：1974 年 6 月主流由高村险工—南小堤。以下在右岸杜桥、左岸胡寨、右岸贾庄间形成了一个“Ω”形畸形河弯，以下经右岸张阎楼控导工程、左岸连山寺控导工程—苏泗庄险工。1974 年 11 月杜桥、胡寨、贾庄间的“Ω”形河弯消失。1975 年 5 月胡寨以上又形成了一个小陡弯，刘庄险工不靠河，下滑至张闫楼控导工程；1975 年 11 月，刘庄险工—张阎楼控导工程下段与 5 月河势对比恰成麻花形。1976 年 11 月刘庄险工靠河，以下主流线稍右移，连山寺控导仅下端靠河，苏泗庄险工仍靠河着溜。1977 年至 1981 年 10 月河势无大变化。1982 年 10 月至 1984 年高村险工靠河位置上提。1985 年高村险工靠溜不紧，主流经南小堤、刘庄险工、连山寺控导工程至苏泗庄险工。

2. 1986～1999 年

高村—刘庄河段，大部分为由高村险工—南小堤控导工程、南小堤险工—刘庄险工，少数年份高村险工脱河，南小堤险工下滑至其下滩地坐弯，以下以近似横河形势至刘庄险工上段。刘庄至苏泗庄河段，河势虽出现上提下挫和局部形成小弯道情况，但刘庄—连山寺—苏泗庄总的流路基本稳定，且刘庄—连山寺之间的河形基本顺直。

1987～1988 年 5 月在青庄险工以下 2km、高村险工以下 2km 处坐弯，为防止河势进一步恶化，按控导工程标准修建了青庄险工 16～18 坝。1990～1993 年，由于主溜在左岸三合村坐弯，青庄险工溜势由 15～18 坝上提至 10 坝，相应高村险工、南小堤险工溜势上提，被迫上延了南小堤上延控导工程 1～4 垛。

高村—苏泗庄河段 1986～1999 年河势变化情况见图 9-23。

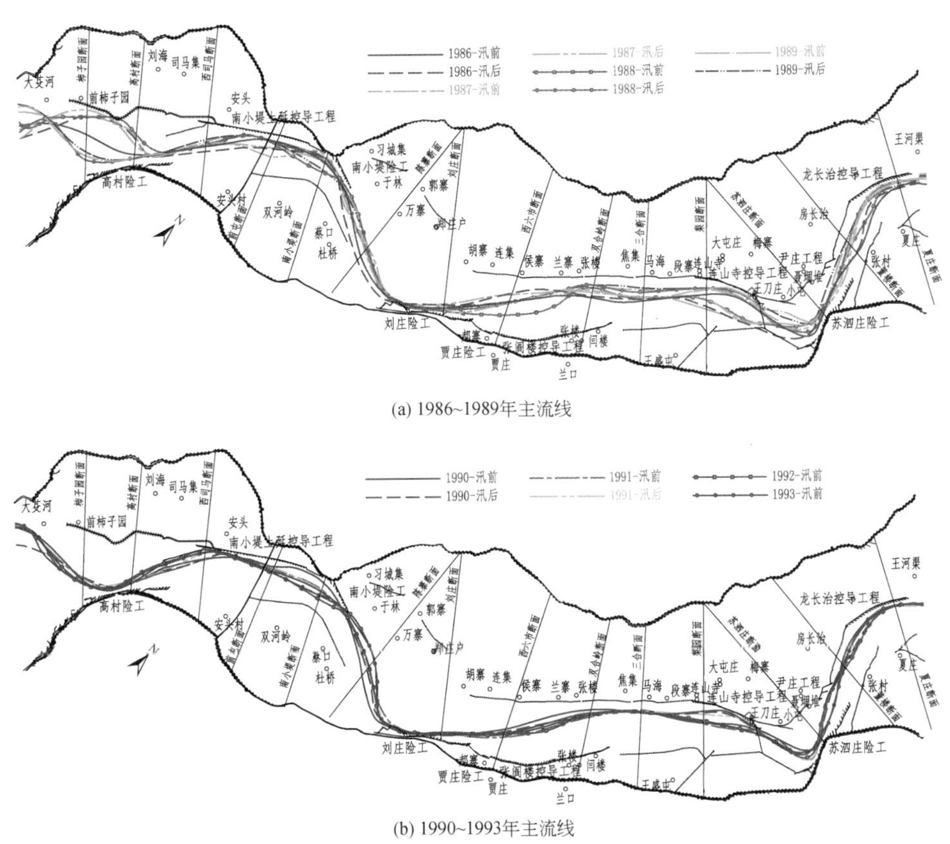

(a) 1986~1989年主流线

(b) 1990~1993年主流线

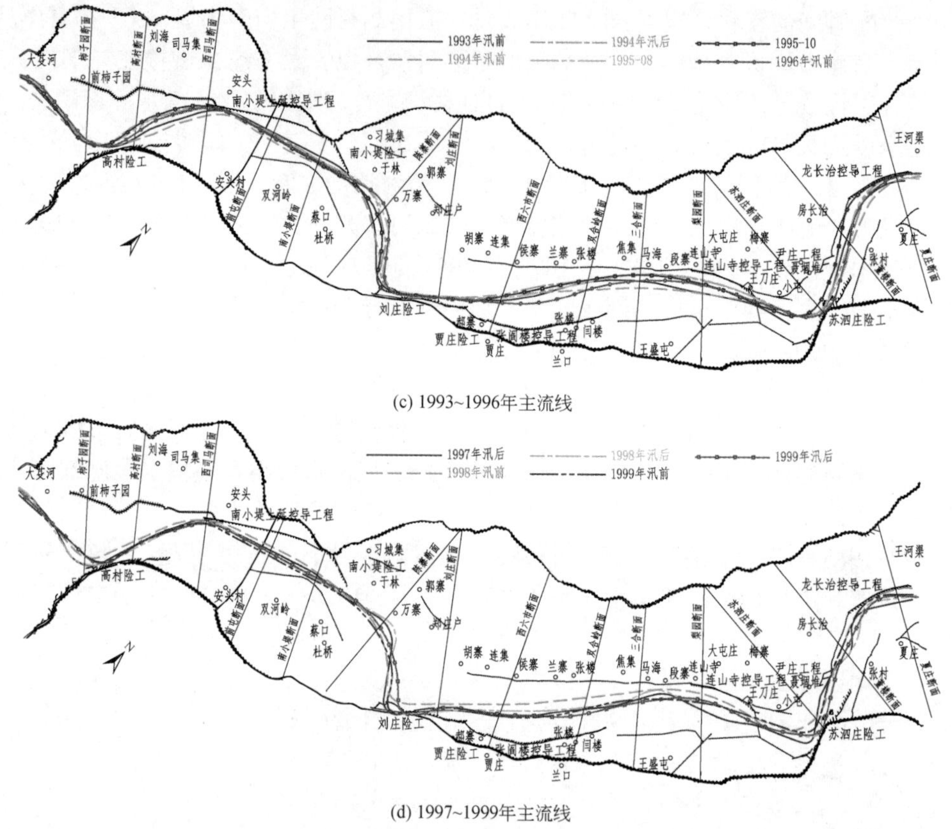

(c) 1993~1996年主流线

(d) 1997~1999年主流线

图 9-23　高村—苏泗庄河段 1986～1999 年主流线套绘图

从河势随时间的变化情况看：1986 年汛前主流在堡城与青庄之间向右微弯，距多年不靠河的河道村控导工程仅百余米，青庄险工脱河，形成柿子园弯道，高村险工 20～38 坝靠河，汛末主流左移近 1km，高村险工靠溜部位下挫至 33～36 坝，南上延工程脱河，主流顶冲南小堤险工 15～22 坝，汛前刘庄险工 12 坝以上靠河，主流出刘庄险工走中河经左岸兰寨前蜿蜒趋向连山寺方向，经连山寺弯道出溜向苏泗庄上延控导工程，汛后，主流出刘庄险工后于左岸侯寨村临河滩地坐小弯后曲折向前，于段寨村临河滩地坐弯折向苏泗庄上延，相比汛前，弯顶均有上提。1987 年汛前，刘庄险工靠河部位下移，主流出刘庄险工基本成顺直河道趋向连山寺方向，苏泗庄险工靠河位置明显下挫；1987 年汛末连山寺河段河分两股，左股靠控导工程。1988 年汛前在南小堤上延控导工程与南小堤险工下段间形成一个直线段，成为“一岸双弯”，连山寺控导工程段的 2 股中的左股消失，连山寺控导工程脱河；1988 年汛期，来水较丰（4000m^3/s 以上流量持续 14 天），青庄险工河势上提，主流靠在 9～15 坝，以下一个汛期主流向右摆了 1900m；1988 年汛末，青庄险工、高村险工恢复靠河，刘庄险工靠河位置进一步下挫，主流出刘庄险工直趋张楼方向并滑入连山寺弯道，主流出连山寺弯道后导向苏泗庄上延与苏泗庄险工之间滩地，苏泗庄险工靠河点上提。1989 年青庄靠河段增长，更利于高村险工靠河。1990 年汛末南上延控导工程上段靠河，南小堤险工仅下段靠河，控导溜能力减弱。1991 年汛前，刘庄险工、连山寺控导着溜部位均下挫，苏泗庄弯道着溜部位上提；汛末，连山寺控导工程下段又靠河。1992 年汛前连山寺控导溜势又外移；1992 年汛末河势基本无变化。1993 年汛前无大变化。1994 年，主流滑过南小堤险工，在于林村临河滩地坐弯后以近 90°方向导向刘庄险工，出刘庄险工后趋向左岸马海、段寨方向，再滑入连山寺弯道；至汛末南上延控导工程靠河位置再度上提，南小堤险工下端已不靠溜，滑至于林村村前滩地坐弯后以近于横河的形势冲向刘庄险工上段。1995～1996 年流路无大变化。1997 年汛末高村险工靠河位置有所上提，连山寺控导工程脱溜。1998 年连山寺控导恢复靠溜。1999 年高村险工靠河位置下滑到中段，该河段的流路为由青庄险工—高村险工—南上延控导工程上段（南小堤险工脱河）—刘庄险工上中段—连山寺控导工程—苏泗庄险工。

（二）苏泗庄—邢庙

1. 1974～1985 年

苏泗庄—营房河段。河势已基本稳定。主流的变化主要在控导工程控制下形成的河槽内上提下挫。苏泗庄靠溜部位基本维持在苏泗庄导流坝至老口门（苏泗庄险工 24 护岸）之间。主流出苏泗庄险工，经尹庄工程滑向龙长治工程下段后趋向马张庄工程中上段，经马张庄工程导流后趋向营房险工中上段。个别情况为主溜出苏泗庄险工后导向尹庄工程上首，尹庄工程导流，主流将偏向右岸张村与夏庄之间临河滩地并坐微弯，撇过龙长治工程直接趋向左岸龙长治与马张庄工程之间并于马张庄工程上段坐弯，出弯道后趋向营房险工上段。1975 年下延了苏泗庄导流坝。1978～1979 年苏泗庄险工分别下延了 36～38 坝、39 坝、40 坝。

营房—彭楼河段。营房—彭楼河势比较稳定，彭楼断面主流摆动范围由整治前的 2150m 减小到 700m，年最大摆幅也由整治前的 1150m 减小到 400m。彭楼工程靠溜部位对老宅庄—芦井工程河势有较大的影响，1978 年以前彭楼工程靠溜主要在 23 坝以上，老宅庄工程 9 垛以下至桑庄险工 15 坝靠溜，大罗庄工程脱河，芦井工程（现芦井工程以北 400m）修建后 10 年未靠河，李桥险工主流靠在 50 坝，邢庙险工脱溜。1978 年以后，彭楼工程河势下挫，大溜靠 19～28 坝，由于 27～33 坝突出挑溜、老宅庄工程上首与彭楼距离较近，且藏头不好，导致老宅庄工程靠溜部位一直上提，1978 年抢修了 1～3 坝，1981 年老宅庄工程 1 坝被冲断。为防止河势进一步恶化，于 1983 年、1985 年桑庄险工分别下延了 19 坝、20 坝，但仍无法控制河势，主溜在芦井坐弯，部分房屋掉入河中，故于 1985 年依弯重建芦井工程 1～10 坝，其中 3～8 坝为弯道，8～10 坝为一直线。

苏泗庄—邢庙河段 1974～1985 年河势变化情况见图 9-24。

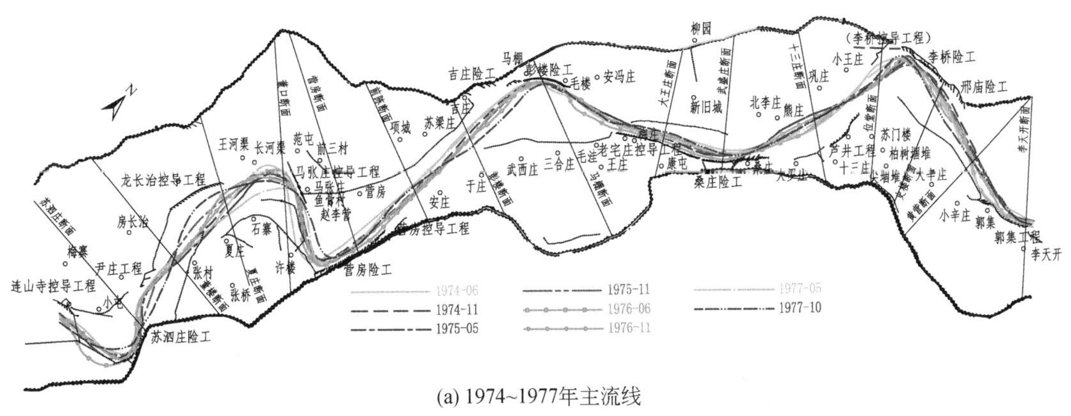

(a) 1974~1977年主流线

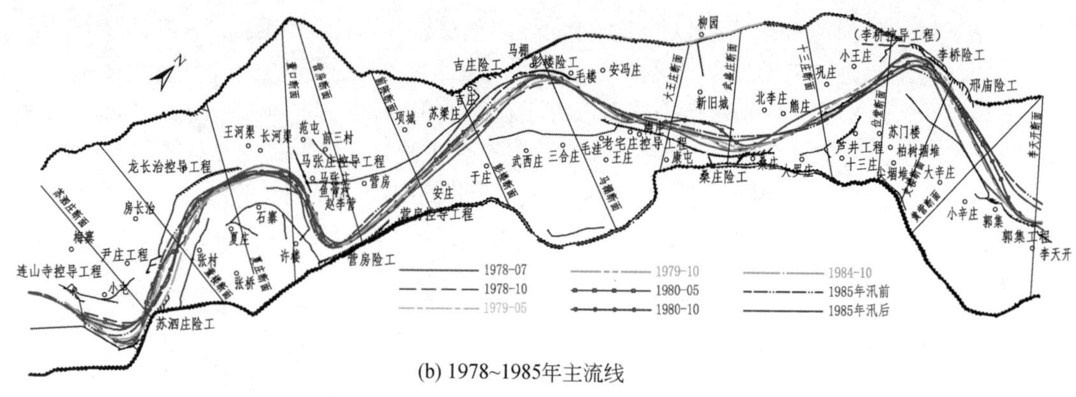

(b) 1978~1985年主流线

图 9-24　苏泗庄—邢庙河段 1974～1985 年主流线套绘图

从河势随时间的变化情况看：1974 年，主流出苏泗庄险工后经尹庄控导工程，至右岸夏庄坐微弯后趋向长河渠方向，于马张庄工程上端坐急弯后折向营房险工上段，经营房险工—彭楼控导工程—桑庄险工，再至李桥险工、邢庙险工；1975 年 11 月尹庄溜势有所外移。1976 年至 1977 年 5 月河势无大变化。1977 年聂堌堆滩嘴后退，苏泗庄险工靠溜部位下挫，尹庄工程溜势外移，主流线趋中，龙常治工程开始靠河着溜，导流至马张庄控导工程中、下段，密城湾溜势逐步趋向稳定；1977 年 10 月苏泗庄险工靠河部位有所下挫，尹庄脱河，现龙长治控导工程前滩地坍塌后退。1978 年 7 月在龙长治与马张庄控导工程间形成弯道后去营房险工，老宅庄控导工程上段及桑庄险工均靠河，李桥险工靠河部位上提，邢庙险工脱河；1978 年 10 月龙长治控导工程前的弯顶上提，在与马张庄控导工程间形成“一岸双弯”形式。1979 年大溜顶冲老宅庄控导工程 1～3 垛，桑庄险工上段溜势外移，下段溜势由 13～15 坝逐渐下滑。1979 年后河势无明显变化。1981 年老宅庄工程 1 坝被冲断。1982 年大水，马张庄控导工程下首左岸滩地刷退，造成营房靠溜部位由 15～28 坝下挫到 18～45 坝，大溜顶冲部位下挫到 28～32 坝，老宅庄工程 1 坝被冲垮，落水后老宅庄工程仍全线靠溜，桑庄险工仅 17～18 坝靠溜，芦井控导工程大水靠溜，落水后溜势外移，李桥险工 48～50 坝靠主溜。1983 年彭楼入弯较深，老宅庄控导工程导流至对岸滩地微弯后再入桑庄险工下段，大罗庄滩地坍塌后退，芦井工程被大水冲毁（土坝基未裹护，抗冲能力差，抢险料物运送不便，洪水时未抢护。见黄委工务处“1983 年汛后东坝头至路那里河段河势查勘报告”），李桥险工大溜顶冲部位仍在 48～50 坝。1985 年流路为苏泗庄险工—龙长治、马张庄控导工程—营房险工—彭楼控导工程—老宅庄控导工程、桑庄险工—李桥险工以下从邢庙险工前流过。

2. 1986～1999 年

1986～1989 年营房以上河势变化不大，营房险工靠溜部位在 15～26 坝之间，彭楼控导 7～13 坝靠溜，右岸老宅庄工程 5～9 坝大溜顶冲，桑庄险工 19 坝、20 坝着边溜，主流外移，芦井控导 8～10 坝大溜顶冲，李桥险工大溜顶冲 41～44 坝。

1991 年以后上游来水偏枯，彭楼入流由 12 坝下挫至 18 坝，出流基本维持在 23 坝附近，因彭楼工程下段弯道半径小，导致老宅庄工程靠溜部位上提至 3 坝至 7 坝范围内，3 坝与 5 坝之间为空裆，受 5 坝挑流影响，主流逐渐偏向左岸，桑庄险工脱溜，桑庄险工以下主流入芦井控导工程，芦井河势不断上提，3～8 坝大溜顶冲，河出芦井冲向李桥工程上首，致使滩地坍塌长度达 2km，最大坍宽近 800m，为防威胁堤防安全，1992 年被迫在原李桥险工上游按控导工程标准先后修建了李桥上延控导工程 27～36 坝。1994 年以后彭楼以下河势基本上是逐年上提，但上提幅度不大，李桥上延 28～36 坝大溜顶冲，1996 年汛期，老宅庄工程 3 坝与 5 坝之间连坝被冲断，滩区进水，为了尽快排水，老宅庄工程连坝多处扒口。

苏泗庄—邢庙河段 1986～1999 年河势变化情况见图 9-25。

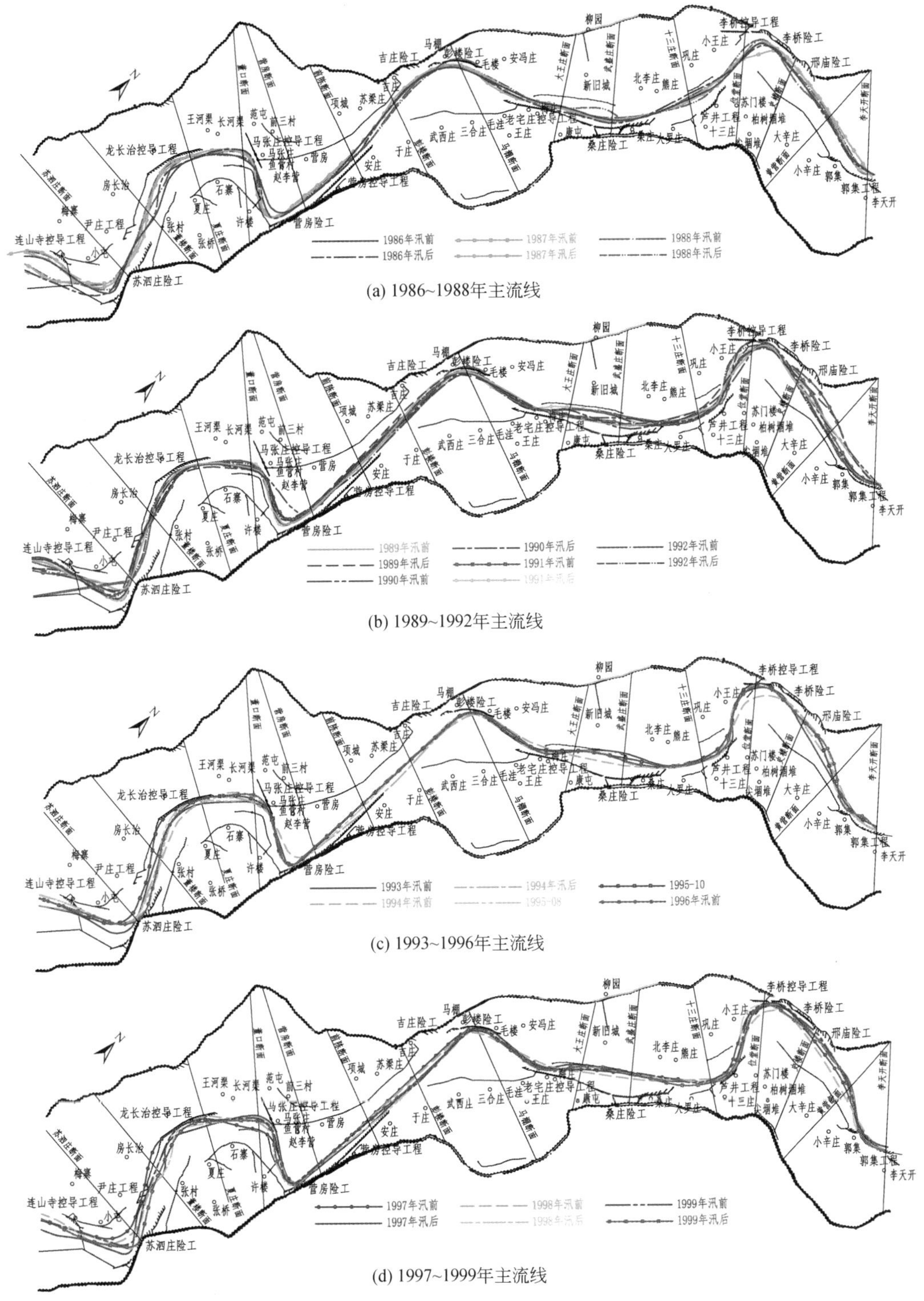

图 9-25　苏泗庄—邢庙河段 1986～1999 年主流线套绘图

从河势随时间的变化情况看：1986 年主溜出苏泗庄险工后至左岸，在龙长治—马张庄控导工程间“一岸双弯”，到营房险工顺右岸杨马庄、安庄—左岸彭楼控导工程，老宅庄控导工程、桑庄险工靠河，送溜至李桥险工，转弯后顺邢庙险工而下。1987～1988 年汛前无大变化。1988 年汛末龙长治控导靠溜位置有所上提。1989 年变化不大。1990 年以后李桥弯道弯顶多次上提。老宅庄—桑庄一直处于两头靠河的状态。1993 年汛前李桥险工以上弯道继续向上坍塌坐弯，在桑庄险工与李桥险工之间形成了一个“S”形弯道；1993～1994 年基本走原来流路。1995 年 10 月龙长治控导靠溜部位上提至工程上端，1996 年汛前又下挫，邢庙险工前主溜左移，但仍不靠大溜，1996 年汛期李桥上延大溜顶冲。1997 年龙长治再次上提，桑庄险工脱河。1998 年李桥上延处弯顶继续向上游侧坍塌，已接近小王庄，邢庙险工处主流又有所左移。1999 年河势无大变化，流路为由苏泗庄险工—龙长治、马张庄控导工程—营房险工—彭楼控导工程—老宅庄控导工程、芦井控导工程—李桥上延控导、李桥险工、邢庙险工。

（三）邢庙—程那里

1. 1974～1985 年

经过前段集中整治，河势已基本稳定，流路没发生大的变化。河段内基本流路为：李桥险工、邢庙险工—郭集控导工程—吴老家控导工程—苏阁险工—孙楼控导—杨集上延工程、杨集险工—韩胡同控导工程—伟庄险工、于楼控导工程、程那里险工。

邢庙—程那里河段 1974～1985 年河势变化情况见图 9-26。

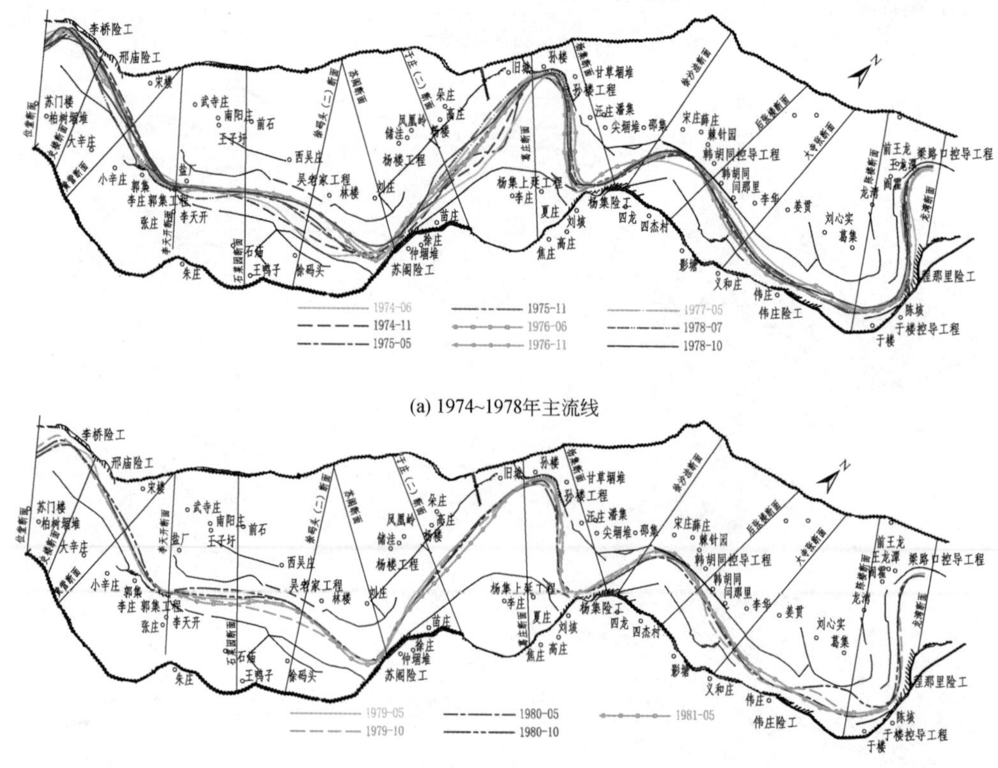

(a) 1974~1978年主流线

(b) 1979~1981年主流线

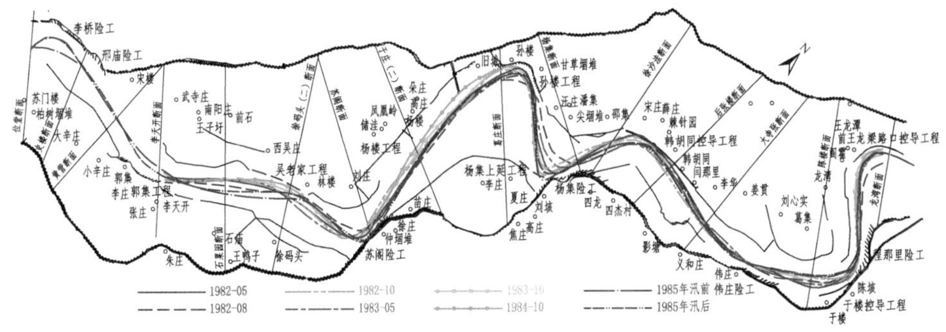

(c) 1982~1985年主流线

图 9-26　邢庙—程那里河段 1974～1985 年主流线套绘图

从河势随时间的变化情况看：1974 年主溜从李桥险工、邢庙险工—郭集控导工程，以下到苏阁险工之间为直河，经苏阁险工出流至孙楼控导工程（即甘草堌堆控导工程），折转到右岸杨集险工（8 坝以下）坐弯后至左岸韩胡同一带坐弯，伟庄险工不靠河，直至于楼控导工程、程那里险工。1975 年郭集控导工程至苏阁险工之间直河向左岸吴老家方向出微弯，伟庄险工前主溜右移。1976 年无大变化。1977 年 5 月杨集险工靠河部位上提至 8 坝以上滩地，伟庄险工主溜右移，6 坝以下已接近靠河。1978 年无大变化，1979 年原孙楼控导工程弯道中部的死弯靠主溜，造成杨集弯道弯顶进一步上提，韩胡同弯顶也上提。1980 年 5 月吴老家段微弯左靠，向规划弯道发展。1980 年 10 月在伟庄险工 6 坝以上滩地出微弯，于楼控导工程脱河，主流直接靠程那里险工。1981 年吴老家控导工程前继续向规划弯道位置发展。1982 年 8 月孙楼控导工程中部不规则工程段溜势外移，杨集险工河势下滑，韩胡同弯顶下挫，伟庄险工 6 坝以下靠河；1982 年 10 月杨集险工、韩胡同又上提。1983 年吴老家控导工程前为平缓的弯道，杨集险工，韩胡同控导又上提。1984 年沿现吴老家控导工程位置行河。1985 年 10 月流路为邢庙险工—郭集控导工程—现吴老家控导工程位置—苏阁险工—孙楼控导工程—杨集险工—韩胡同控导工程—伟庄险工—程那里险工。

2. 1986～1999 年

1986 年，邢庙险工不靠溜，郭集工程靠溜多年来一直在 18～23 坝间，挑溜向吴老家，该处滩地抗冲能力较强，滩岸塌滩速率小，逐步形成曲率小的弯道，导流至苏阁，苏阁溜势逐步上提至 9 坝以上，靠溜段加长，出流左偏，在杨楼村附近出微弯，以下主流顶冲孙楼工程上段，为防止杨楼村附近滩地继续坍塌对孙楼一带河势产生不利影响，1986 年修建了杨楼控导工程，当年靠河抢险。1987 年郭集工程靠溜较短，郭集以下至苏阁主流开始摆动，徐码头断面主流线年摆幅近 400m。1987 年修建了吴老家工程，但当年未靠河。1991 年，李桥河势继续上提，郭集河势上提至 16～20 坝，吴老家工程前面滩地坍塌后退，苏阁险工溜势下滑至 12～21 坝，杨楼工程导流入孙楼工程中部的陡弯，杨集险工靠在 6 坝以上，导流至韩胡同工程以上滩地坐弯，有抄工程后路的危险。为此，上延了韩胡同新 7～新 9 坝，以下伟庄溜势上提，并上延修建了 6 个垛。1996 年，为改善韩胡同以下河势逐年上提的不利局面，汛前修建了杨集上延工程，8 月高村站出现了洪峰流量为 6810m^3/s 的洪水，杨集险工 5 坝受大溜顶冲，杨集上延控导工程抢险不断，韩胡同工程新 7～新 9 坝被大水冲断，1997 年恢复，同时向上游加修了临 1～临 3 坝。杨集上延工程修建以后，杨集险工靠溜部位下挫至 6～8 坝，但由于杨集险工下首滩地黏粒含量较高，加上缺少大水，主流在下首滩地坐弯后仍送溜至韩胡同工程新 9 坝与临 1～临 3 坝之间，韩胡同以下河势尚未得到改善。

邢庙—程那里河段 1986～1999 年河势变化情况见图 9-27。

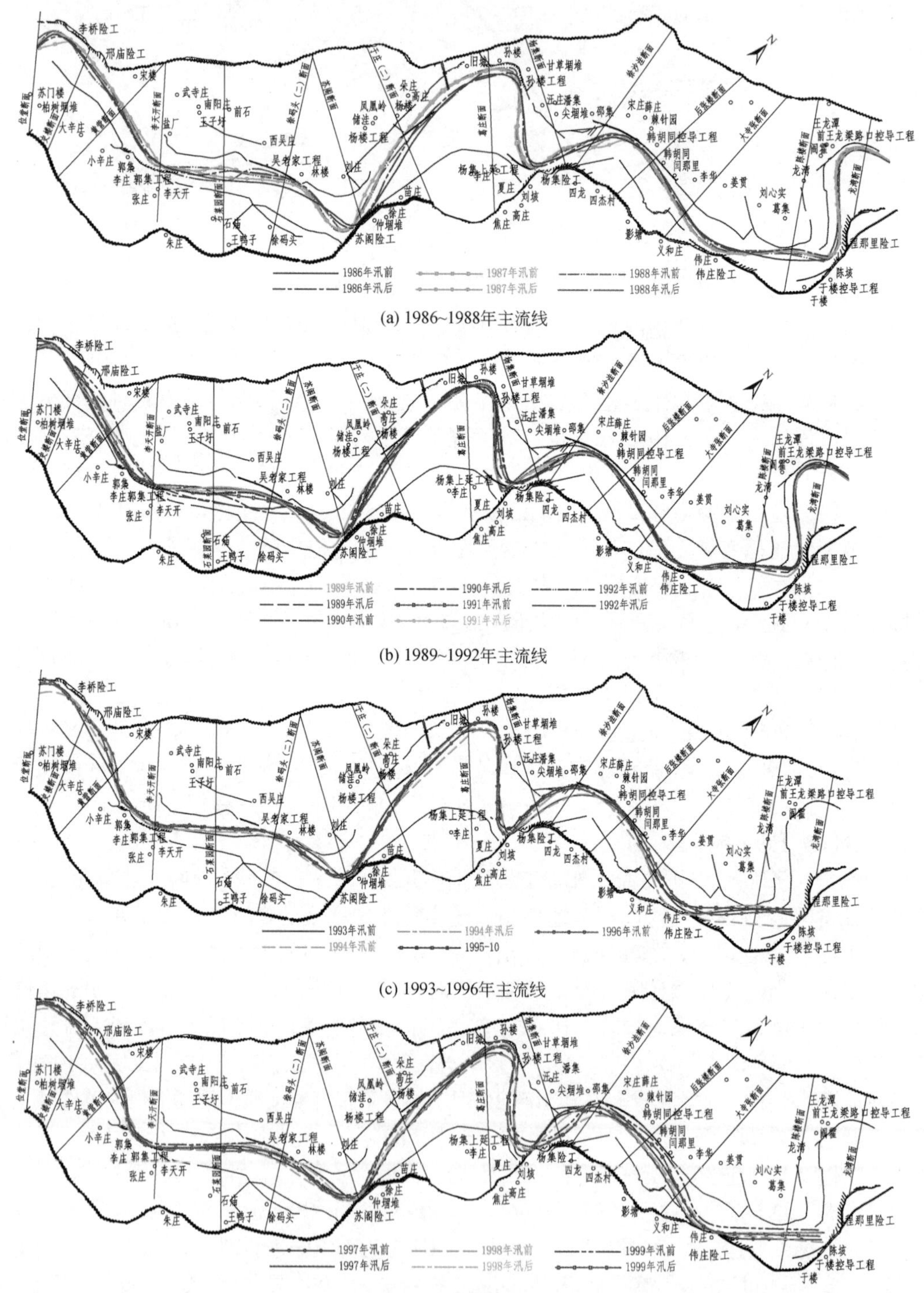

图 9-27　邢庙—程那里河段 1986～1999 年主流线套绘图

从河势随时间的变化情况看：1986 年主溜由李桥险工（邢庙险工不靠河）至郭集控导工程下段，经现吴老家控导工程位置至苏阁险工，苏阁险工靠溜位置上提至 9 坝以上，出溜到左岸塌滩，当年修建的杨楼控导工程靠河抢险，以下至孙楼控导工程，折转右岸杨集险工，送溜到左岸韩胡同控导工程，再经伟庄险工到程那里险工。1987 年河势无大变化。1988 年吴老家控导工程靠河，杨集险工靠河部位在现杨集上延控导工程位置，于楼控导工程仍不靠河。1989 年主溜滑过郭集控导工程，吴老家控导工程前主溜向右岸微弯，到左岸林楼，以下苏阁险工靠溜部位下挫。1990 年河势变化不大。1991 年吴老家段改向左岸微弯，杨集险工、韩胡同控导工程河势上提。1992 年杨集险工靠河部位进一步上提。1993 年吴老家段主溜向工程靠近。1994 年吴老家控导工程靠河，由于杨集险工靠溜一直在 8 坝以上，韩胡同控导工程段靠溜部位一直上提。1995 年伟庄险工主溜上提至 6 坝以上，于楼控导脱溜。1996 年汛前杨集险工靠河位置仍在上提。1997 年汛前至 1998 年汛前河势无明显变化。1998 年汛后主溜进入孙楼控导工程中部不规则弯道，杨集弯道上提到杨集上延控导工程，韩胡同仍为上提趋势。1999 年流路无大变化，为李桥、邢庙险工—郭集控导工程—吴老家控导工程—苏阁险工—杨楼、孙楼控导工程—杨集上延控导、杨集险工—韩胡同控导工程上首—伟庄险工—程那里险工。

（四）程那里—陶城铺

1. 1974～1985 年

时段内河势较为稳定，流路为：程那里险工—梁路口控导工程—蔡楼控导工程—影唐险工—朱丁庄控导工程—枣包楼控导工程—路那里、国那里险工—姜庄、白铺、邵庄控导工程—丁庄、站屯、徐巴士控导工程—陶城铺险工。

程那里—陶城铺河段 1974～1985 年河势变化情况见图 9-28。

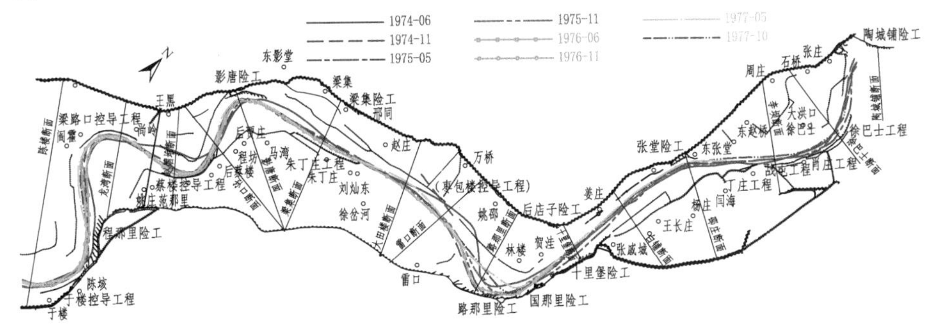

(a) 1974~1977年主流线

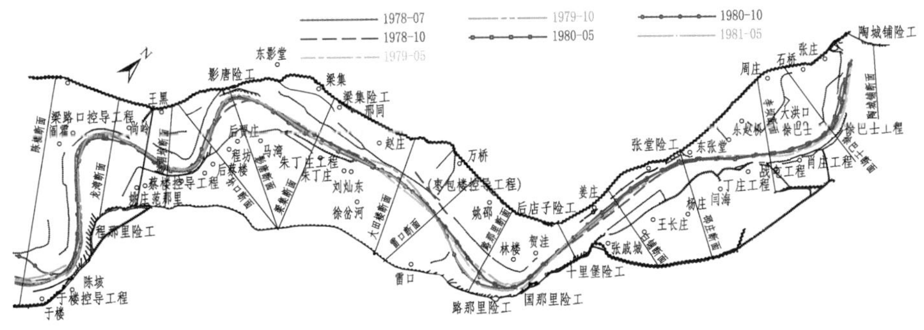

(b) 1978~1981年主流线

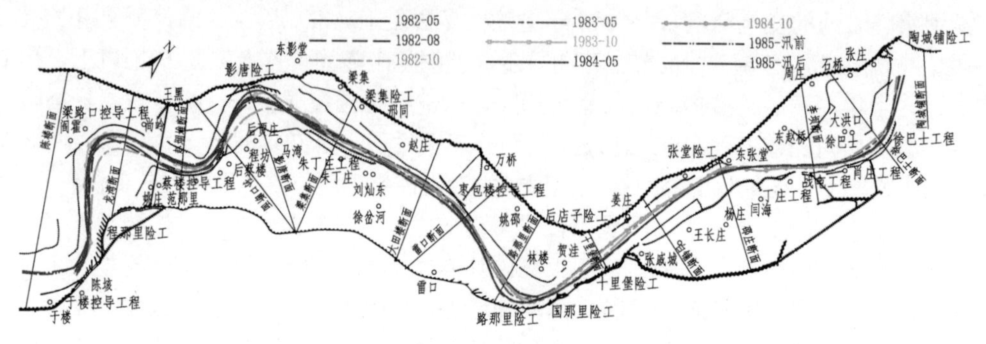

(c) 1982~1985年主流线

图 9-28　程那里—陶城铺河段 1974～1985 年主流线套绘图

1974 年 6 月，主溜自程那里险工 10～12 坝延长线方向出流，导向梁路口控导工程上端入梁路口弯道，7 坝以下靠河，出溜向下入蔡楼弯道下段，蔡楼工程靠河位置偏下，送流至影堂险工下段，以下滑过朱丁庄工程，穿过现枣包楼控导工程，于姚邵村南临河滩地坐弯后导向路那里险工，经国那里险工、十里堡险工送流至张堂险工，出张堂弯道后，滑过丁庄、战屯，过肖庄入徐巴士弯道，送流朝向陶城铺险工；1974 年 11 月蔡楼控导工程靠溜部位上提，中下段全部靠溜，影堂险工靠河位置上提，姚邵村南弯道主溜外移，以下仍入路那里险工。1975 年，主流出影堂弯道后，顺朱丁庄控导工程下段流向现枣包楼控导工程临河滩地坐微弯后流向路那里险工。1976 年朱丁庄控导工程靠河。1977 年枣包楼段主溜稍左移，路那里险工河势下滑，主溜出国那里险工—张堂险工。1978 年至 1979 年 5 月河势无大变化。1979 年 10 月枣包楼微弯上提至现工程以上。1980 年 5 月枣包楼段上段弯道消失，枣包楼段又恢复为一个大缓弯。1980 年 10 月至 1981 年 5 月路那里靠河位置有所上提。1982 年枣包楼段主流线稍有左移。1983 年汛末至 1985 年河势流路稳定，主溜由程那里险工—梁路口控导工程—蔡楼控导工程—影堂险工—朱丁庄控导工程—现枣包楼控导工程前面滩地缓弯—路那里险工、国那里险工—张堂险工—徐巴士控导工程—陶城铺险工。

2. 1986～1999 年

河段流路仍然为：程那里险工—梁路口控导工程—蔡楼控导工程—影唐险工—朱丁庄控导工程—枣包楼控导工程—路那里、国那里险工—姜庄、白铺、邵庄控导工程—丁庄、站屯、徐巴士控导工程—陶城铺险工。

1986～2000 年进入下游的水量急剧减小，特别是 1995～1997 年连续 3 年高村站出现断流，高村站年径流量分别为 196 亿 m^3、237 亿 m^3 和 110 亿 m^3，较多年平均 379 亿 m^3 分别少 48%、37%和 71%。

该河段与其他河段一样，河势普遍上提，1994 年 12 月新建了枣包楼控导工程 10～25 坝，不久靠河，1995 年 5 月，主流靠在工程下段 21 坝、22 坝。1997 年又分别续建了 6～9 坝和 26～30 坝。1992 年后，蔡楼工程靠溜部位上提，1998 年将蔡楼工程上延 4 个垛，1999 年梁路口工程上延了-4～-11 坝，基本控制了河势上提的不利局面。

程那里—陶城铺河段 1986～1999 年河势变化情况见图 9-29。

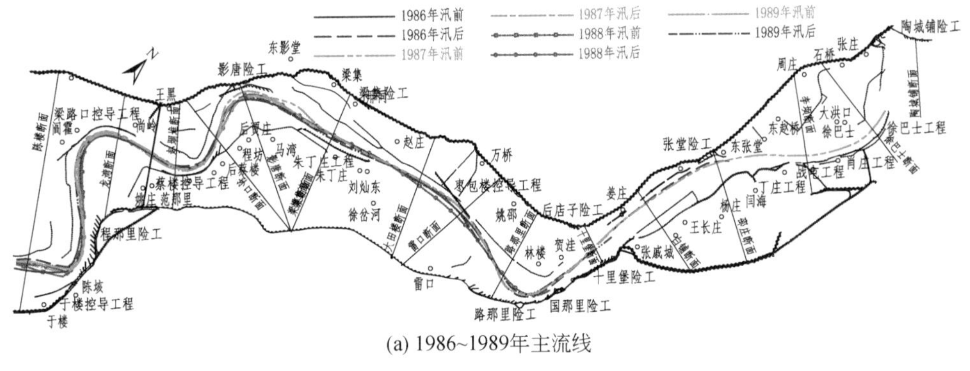

(a) 1986~1989年主流线

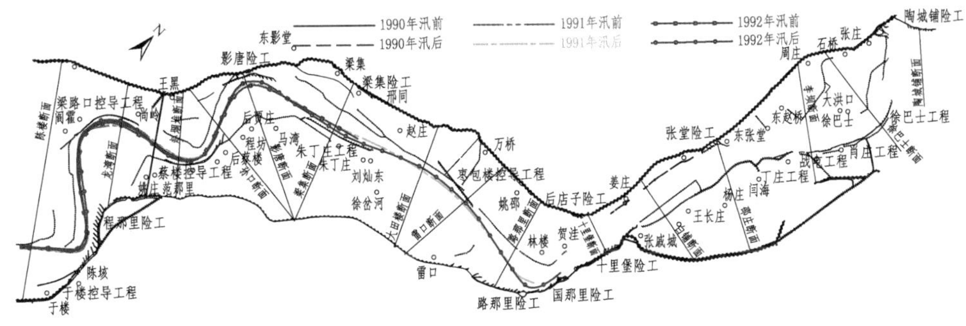

(b) 1990~1992年主流线

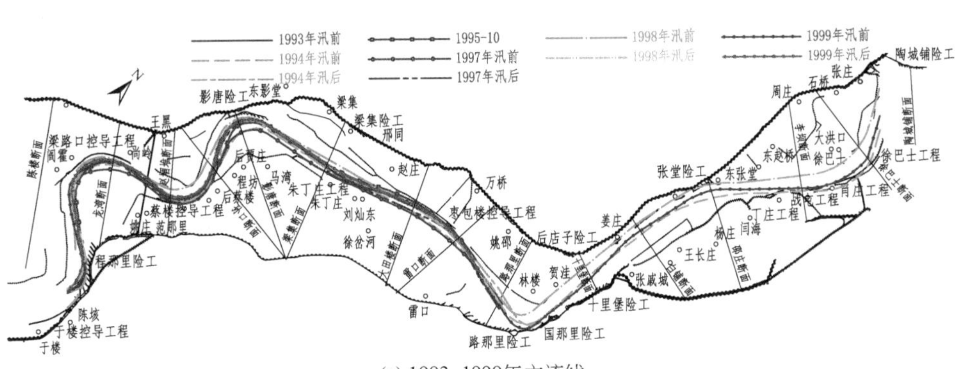

(c) 1993~1999年主流线

图 9-29　程那里—陶城铺河段 1986～1999 年主流线套绘图

从河势随时间的变化情况看：1986 年主流线由程那里险工—梁路口控导工程—蔡集控导工程—影堂险工，顺朱丁庄控导工程—枣包楼控导工程位置—路那里险工中下段、国那里险工—张堂险工—徐巴士控导工程—陶城铺险工。1987 年影堂险工以下汛前出一微弯，汛期随着影堂险工靠河部分的上提，微弯又消失。1988 年汛末枣包楼段主流线外移。1989～1993 年河势无大变化。1994 年朱丁庄控导工程中下段全部靠河，枣包楼主溜左移至规划修建工程的位置，路那里险工进一步下挫。1995 年以后流路无大变化。

四、小浪底水库修建后的河势演变

1999 年 10 月小浪底水库下闸蓄水投入运用，从此黄河干流流入下游的水沙需经过小浪底水库调节，水沙过程发生相应的变化。洪水期、中水期减少，由于引水枯水期增加，对以防洪为主要目的、以中水为整治对象的黄河下游河道整治是有不利影响的。小浪底水库有 75.5 亿 m^3 的拦沙库容，水库拦沙下游河道冲刷，改变下游河道连年累计淤积的不利状态，对下游减淤作用约相当于黄河下游河道 30 年左右时间内的淤积量，这对进行河道整治是有利的。但在河道冲刷过程中，改变了原来修建河道整治工程时的条件，已有的河道整治工程又会有些不适应，部分河段河势会发生较大变化。

（一）高村—苏泗庄

小浪底水库投入运用后，下游河道冲刷，受已有河道整治工程的影响主要表现为冲刷下切，横向展宽不明显，水溜向集中发展。

高村—苏泗庄河段 2000 年以后的河势变化情况见图 9-30。

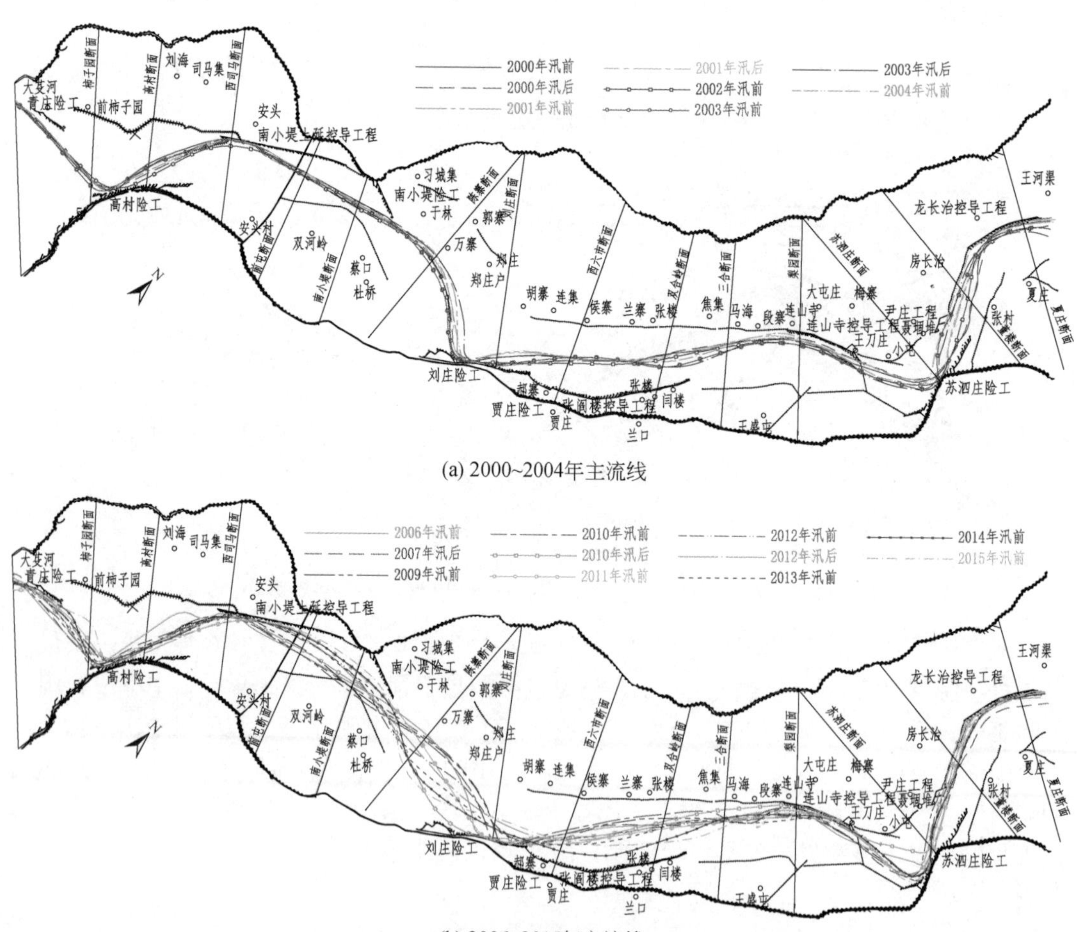

(a) 2000~2004年主流线

(b) 2006~2015年主流线

图 9-30　高村—苏泗庄河段 2000 年以后主流线套绘图

从河势随时间的变化情况看：2000 年，主溜于高村险工上段入高村弯道，送流至南上延控导工程-4 坝并形成弯道，自南上延 7 坝以下出弯后呈顺直形平顺流向南小堤险工下首。主流在此坐弯后以近 90°方向冲向刘庄险工 14 坝以下。出刘庄弯道后较顺直流向连山寺控导工程上段，再导流至苏泗庄险工 30 坝。2001 年汛前，南小堤险工下游弯道弯顶下挫，刘庄险工着溜部位亦下挫，主流出刘庄险工后于段寨村前滩地至连山寺工程上段靠河。2002 年汛前，主流恢复至 2001 年前流路，段寨临河滩地弯道弯顶右移。2003 年，主流出刘庄险工后经三个微弯后导向苏泗庄险工上段，苏泗庄险工靠河点上提。2004～2005 年河势无大的变化。2006 年汛前，刘庄—连山寺基本为顺直河道。连山寺弯道弯顶上提下挫，但变化范围不大。2007～2009 年河势无大的变化，仅刘庄险工靠河位置稍有下挫。2010 年汛末，刘庄险工靠溜部位上提，主流出刘庄险工后基本顺直流向连山寺工程上段，苏泗庄险工着溜部位下挫。2011 年，高村险工着溜部位下挫，南小堤控导工程着溜部位下挫至 10 坝以下，主流在南小堤上延与刘庄险工之间明显整体左移，刘庄险工着溜部位下挫至 28 坝以下，贾庄控导工程导流，连山寺着溜部位下挫，主流出连山寺弯道后流向苏泗庄导流坝方向，苏泗庄险工靠河位置明显上提。2012 年汛前，南小堤上延控导着溜部位上提，南小堤险工脱河，主流经两个微弯后导向刘庄险工下段；2012 年汛末，刘庄险工着溜部位下挫至末端，连山寺弯道弯顶呈上提趋势。2013 年以来，由刘庄险工 43 坝靠边溜演变为 43 坝靠主流，大河主流在受到刘庄险工挑流作用后，在刘庄对岸坐微弯后折向张阎楼工程，并与张阎楼工程前微弯后流向连山寺控导工程上游滩地，经连山寺控导工程—苏泗庄险工。2014 年汛前刘庄险工脱河，主流在张闫楼控导工程前大漫弯后，流向连山寺控导工程，再至苏泗庄险工。2015 年汛前，刘庄—张闫楼段主流外移，连山寺控导工程上游侧焦集村南滩地继续坍塌。

整体看，河段河势已基本得到控制。主溜被较好地控制在河道整治工程控制范围内，工程靠河位置的上提下挫，主要是主流在下切的河槽中随流量变化引起的变化。随着主槽的进一步下切，主流更为集中。流路为高村险工—南小堤上延控导工程（南小堤险工）—刘庄险工（张闫楼控导工程）—连山寺控导工程—苏泗庄险工。

（二）苏泗庄—邢庙

苏泗庄—邢庙河段 2000 年以后河势变化情况见图 9-31。

从河势随时间的变化情况看：2000 年，主溜靠苏泗庄险工 31 坝，顺险工下滑，主流至龙长治控导工程 6 坝以下，出流马张庄工程 10 坝方向，坐弯后，马张庄 12 坝以下靠河。主流向营房险工 15 坝方向，经营房险工送流，彭楼 13 坝以下靠河。在老宅庄控导工程前滩地微弯后至左岸滩地微弯，出流向芦井控导工程上首，出芦井弯道导向李桥上延控导 29 坝方向，李桥上延控导 31～40 坝靠河，顺李桥险工、邢庙险工送流至郭集控导工程。2001～2002 年苏泗庄险工靠河位置上提，主溜顺尹庄工程流向龙长治工程。2003 年汛前老宅庄控导工程上段靠河，汛末靠河位置上提。2004 年汛前营房到彭楼间主溜稍右移，邢庙险工仍靠河。2006 年、2007 年苏泗庄险工靠溜部位稍上提，彭楼靠河位置偏下，桑庄险工对岸大漫弯段坍塌，芦井控导上提至十三庄段。2009 年，苏泗庄河势上提，出流后沿尹庄工程至龙长治控导工程而下，彭楼靠河部位上提，老宅庄控导靠河部位也上提，以下至芦井工程上段。2010 年彭楼靠河部位下挫。2011 年无大变化。2012 年营房—彭楼主流稍左移，彭楼靠河在 12 坝以上，老宅庄上段至芦井控导控导工程段为直河。至 2015 年基本无变化。

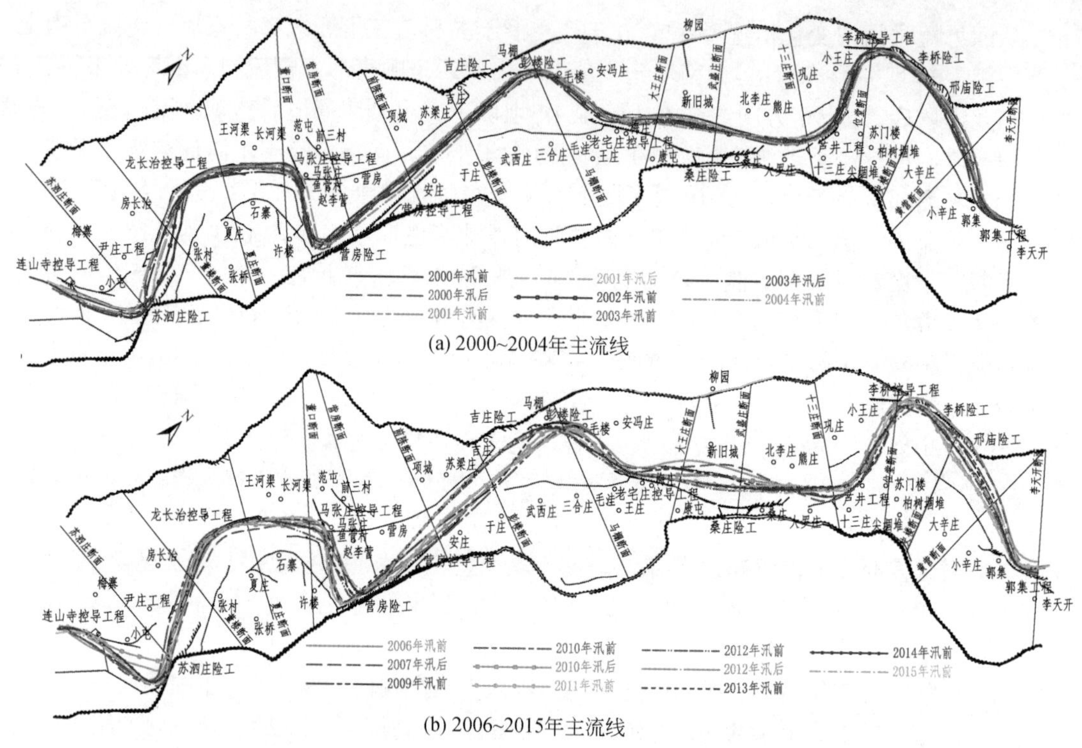

图 9-31　苏泗庄—邢庙河段 2000 年以后主流线套绘图

该河段时段内流路为苏泗庄险工—龙长治、马张庄控导工程—营房险工—彭楼控导工程—老宅庄、芦井控导工程—李桥、邢庙险工。

（三）邢庙—程那里

随着郭集、吴老家、杨楼、杨集上延控导工程的逐步完善，河段河势基本稳定。主流被较好地控制在控导工程控制范围之内，主流的变化主要体现在靠河位置的上提下挫。期间，杨楼控导工程靠河位置逐渐上提并至工程上端，据此上延了 3 道坝。孙楼控导工程弯道半径较小，出溜方向偏向杨集险工上端，虽修建杨集上延控导工程后能较好地控制河势，但形成的杨集弯道为急弯，对可能的洪水泄洪会产生不利影响，因此，2015 年对孙楼弯道进行了改造。主流出伟庄险工后直接导向于楼工程末端，较上一时段于楼工程靠河位置下挫，程那里险工靠河。

邢庙—程那里河段 2000 年以后河势变化情况图 9-32。

从河势随时间的变化情况看：2000 年汛前主溜自李桥险工、邢庙险工—郭集控导工程—吴老家控导工程—苏阁险工中段，经杨楼控导工程到孙楼控导工程中部不规则段至杨集上延控导工程、杨集险工至韩胡同控导工程上端，经缓弯后至伟庄险工 6 坝以上及上延部分至程那里险工，于楼控导工程脱河；2000 年汛末邢庙险工溜势有所外移。2001 年邢庙险工又靠河。2002 年无大变化。2003 年汛前杨集上延控导工程、韩胡同控导工程进一步上提；2003 年汛末韩胡同弯道稍有左靠。2004～2009 年无大变化。2010 年邢庙险工溜势外移。2011 年韩胡同控导靠溜部位有所下挫，2012～2015 年河势无大变化。

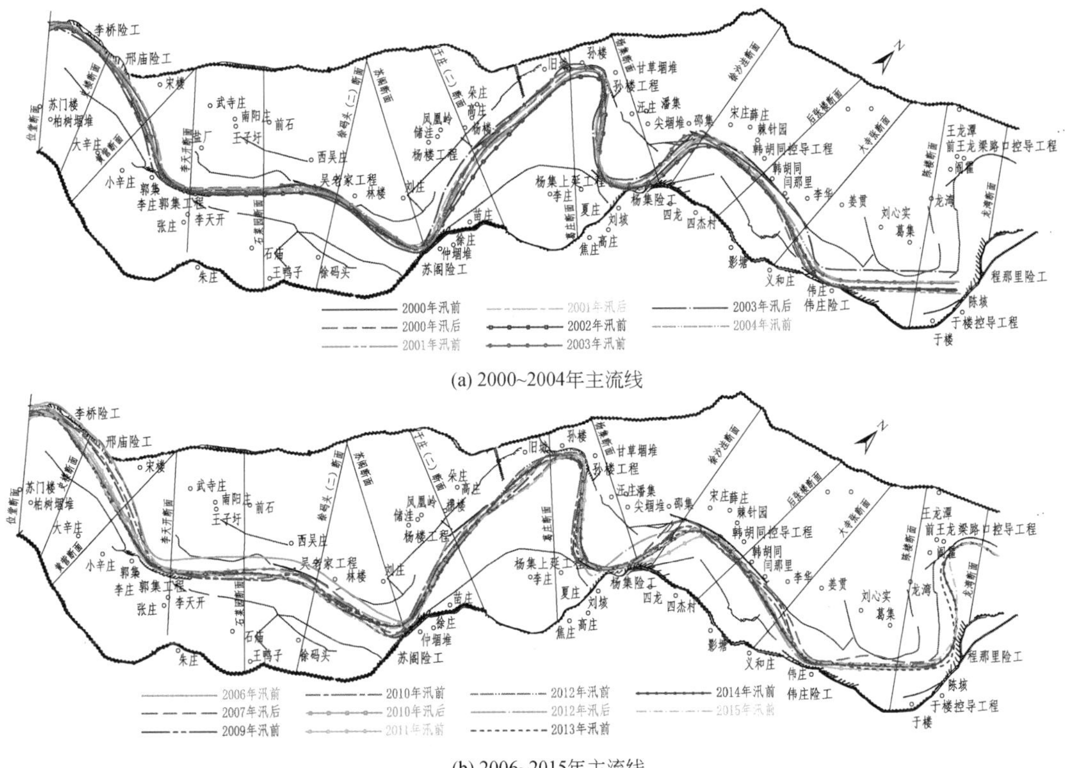

(a) 2000~2004年主流线

(b) 2006~2015年主流线

图 9-32　邢庙—程那里河段 2000 年以后主流线套绘图

河段内基本流路为：李桥险工、邢庙险工—郭集控导工程—吴老家控导工程—苏阁险工—杨楼、孙楼控导工程—杨集上延工程、杨集险工—韩胡同控导工程—伟庄险工、程那里险工。

（四）程那里—陶城铺

时段初期，主流均能按规划流路行进，弯道发育比较充分，工程能很好地发挥控导作用，河势稳定。相对上一时段，主流出国那里险工后，流路整体偏左，张堂险工靠河挑溜作用明显。

程那里—陶城铺河段 2000 年后河势变化情况见图 9-33。

从河势随时间的变化情况看：2000～2001 年，主溜自程那里险工—梁路口控导工程—蔡楼控导工程—影堂险工—朱丁庄控导工程—枣包楼控导工程，送流向路那里、国那里险工。2002 年主溜由枣包楼控导工程—国那里险工—张堂险工—徐巴士控导工程—陶城铺险工。2003 年枣包楼弯顶上移，主溜由国那里险工上提至路那里险工，出流贺洼方向，到张堂险工主溜左靠，以下徐巴士靠河部位上提到战屯，陶城铺险工也上提。2004 年，枣包楼弯道靠河位置下挫，主流出枣包楼弯道后导向路那里险工下段。经国那里险工，以下主流较上一年右移，张堂险工靠河位置下挫，徐巴士靠河，陶城铺弯道弯顶亦随之下挫。至 2006 年，蔡楼弯道弯顶下挫，影堂险工、枣包楼弯道弯顶也随之下挫，路那里弯道弯顶上提，主流经路那里险工、国那里险工后导向张堂险工方向，张堂险工下段靠河紧，出溜向徐巴

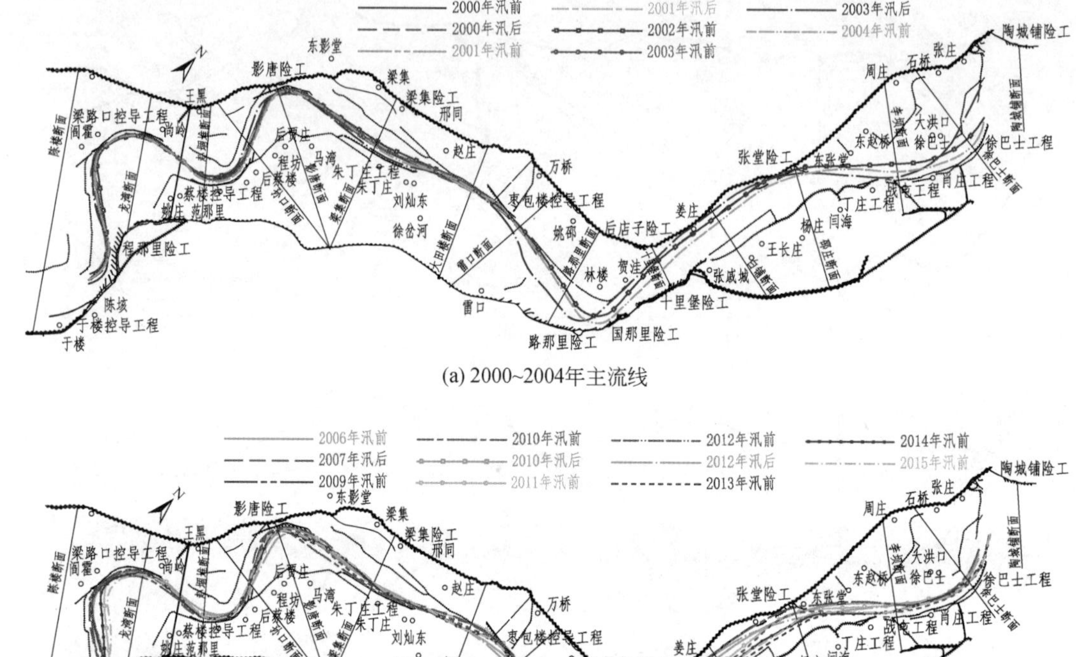

(a) 2000~2004年主流线

(b) 2006~2015年主流线

图 9-33 程那里—陶城铺河段 2000 年以后主流线套绘图

士工程方向，徐巴士弯道弯顶相对上年度有所下挫。2007 年以后，主流均维持上述流路。2011～2012 年汛前国那里至张堂段主流稍右移，2012 年汛末又左移。2013 年以后又右移。河势的变化主要体现在弯道内靠溜部位的上提下挫及直河段的左右移动，河势流路基本稳定。

该河段时段内的河势流路为：程那里险工—梁路口控导工程—蔡楼控导工程—影唐险工—朱丁庄控导工程—枣包楼控导工程—路那里、国那里险工—姜庄、白铺、邵庄控导工程及张堂险工—丁庄、战屯、徐巴士控导工程—陶城铺险工。

第十章　河势演变的基本类型

河势演变主要是指河道水流平面形式的变化。黄河水少沙多、水沙组合不合理、河道淤积严重，造成河势沿程和随时间的千变万化。全部反映河势演变情况目前是很难办到的，不得不将河势进行概化，分析河势演变的基本类型。分析中常以主溜的变化作为河势变化的代表。从横断面看，依照水流的集中情况可分为单股或多股。在单股河段，河势演变主要表现为弯道的变化和直河段位置的变更；在多股河段，河势演变主要表现为主股的发生、发展、演变、消亡和主股、支股的交替变化。

在河道中流速大或流速较大的流线带，称为溜。在一个河道横断面内可出现几股溜，其中流速快且流量大的称为主溜，也称为大溜或主流；其余水流较集中的流线带分别称为大边溜、边溜、小边溜。在河槽单一且水流集中时，主流即为全部水流；在大部分情况下，主流为全部水流的大部分，在水流分散多股前行时，主溜仅为全部水流的一部分，但为多股中的最大部分。主溜有一定的宽度，在河道中沿流程各断面最大垂线平均流速处的连线称为主溜线或主流线，即水流动力轴线。

由于水流条件、泥沙条件、工程边界、河床组成等等的变化，不同的河段、不同的时间具有不同的河势，其演变形式也各不相同，类型繁多。本章主要根据主溜线的变化，概化河势演变的基本类型。

一、弯 道 演 变

“河行性曲”是河道水流运行的基本特点之一。在来水来沙条件及河床边界条件的影响下，河道水流总是以弯段、直段相间的形式向下游流动。在多股并行的河段，其中的某一股水流在一定的流程内也是以弯段、直段交替的形式运行。在演变的过程中，弯道的变化决定直河段的变化，直河段的溜势变化在一定程度上也影响弯道的变化，因此在河势演变的过程中，弯道的变化起主导作用。弯道演变形式一般可归纳为下述几种（胡一三，2003）。

（一）弯顶朝着一个方向发展

弯道进口入流条件在一个时段内较为稳定，弯曲段的河床为沙质土壤，出口有工程或有抗冲性强的胶泥嘴分布时，弯道的弯顶易于朝着一个方向发展。

过渡性河段的范县旧城湾（图 10-1），在 1949～1957 年进口处苏阁险工靠溜比较稳定，出溜朝向旧城村方向；弯道中部多为沙质土壤，易于被水流淘刷、坍塌；出口段受李庄、蔡庄胶泥嘴的影响，弯道出口段水流冲塌滩地困难，致使弯道中部靠溜部位不能明显下挫，弯顶愈塌愈深，从 1949 年后旧城弯道一直向纵深发展，成为畸形河弯。弯道上游侧白堂胶泥嘴对限制弯道发展尚有一定的控制作用，至 1954 年塌掉该胶泥嘴后，弯道以更快的速度深化。1949～1957 年期间弯道顶部一直朝孙楼方向发展。以后，由于苏阁以上来溜的变化，旧城弯河势取顺。但在 1965～1970 年又重演了弯顶一直朝向孙楼方向发展的演变过程。

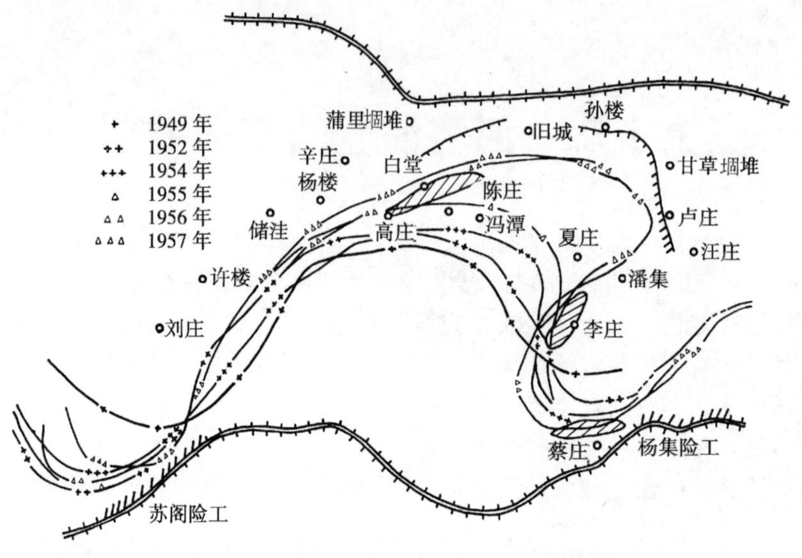

图 10-1　范县旧城湾 1949～1957 年主溜线图

（二）弯顶逐年下移

在一定的工程和河床边界条件下，一岸弯道的靠溜部位逐年下移，有的长达数千米。

台前孙口—梁集河段（图 10-2），1951 年主溜在王黑村东滩地坐弯送溜至对岸，1952 年、1953 年弯顶向下游移至孙口，1954 年由于上游河势的变化，主溜在孙口断面附近以横河形式冲向左岸，但弯顶仍在孙口一带。1955 下移至影唐险工 2、3 号坝（当时编号），1956～1957 年又下移至贾那里。自 1951～1957 年左岸靠溜的弯顶部位共下移了 5km。

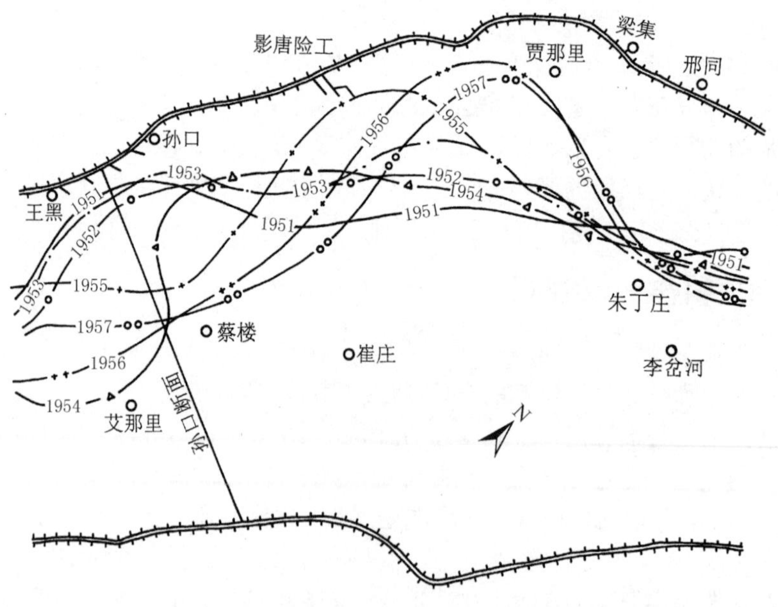

图 10-2　孙口—梁集河段 1951～1957 年弯道下移示意图

（三）弯道左右易位

一个河段在一个较长的时段内，弯道左右易位在河道整治前是经常发生的。这里是指在一个较短的时间内，例如一年内发生的左右易位现象，即在滩地低且河势不稳定的河段，一个非汛期内发生弯道左右易位，凸岸变凹岸、凹岸变凸岸的演变形式。

图 10-3 为鄄城大罗庄—范县王子圩 1961 年汛末至 1962 年汛前的河势套绘图，1961 年 10 月河势为自右岸大罗庄－左岸南李桥—右岸苏门楼—左岸宋楼，继而以直河形式流向右岸；在非汛期河势发生了很大变化，至 1962 年 6 月河势变为：在右岸大罗庄和左岸南李桥以上形成两个弯道，以下在南李桥、苏门楼、宋楼对岸分别出现弯道，左岸王子圩也新增了 1 个弯道。在一个非汛期内连续数道河弯发生了左右易位的变化。

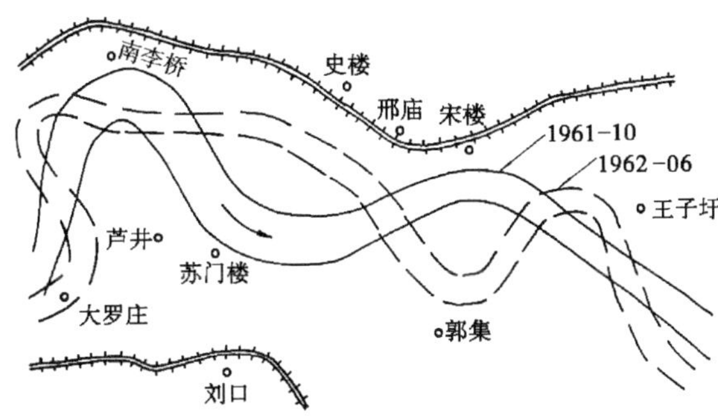

图 10-3　鄄城大罗庄—范县王子圩弯道左右易位图

（四）弯道相对稳定

当弯道上游来溜方向较为稳定、弯道处为耐冲的胶泥嘴或整治工程、弯道下游出溜平顺、且水沙条件变化不大时，在一个较长的时段内能保持相对稳定的弯道。

鄄城营房河弯的上弯为河势变化频繁的密城湾，但其出溜却能稳定在濮阳范屯至马张庄一带，营房受溜较为稳定，营房湾背靠大堤且修有险工，不能后退，且营房以下出溜平顺，因此，多年来营房湾弯道相对稳定，河势的变化表现为上提下挫形式。

随着河道整治的进展，河道整治工程日趋配套，弯道相对稳定、靠溜部位表现为上提下挫演变形式的越来越多。

（五）弯道多变

在无工程控制且河床抗冲性差的河段，河势变化频繁，且无明显规律，河势演变呈弯道多变的形式。

范县邢庙—郓城苏阁河段，长 14km，中间无工程也无抗冲性强的胶泥嘴。由图 10-4 示出的该河段 1948～1964 年的主溜线套绘图看出，主溜线的整体外形顺直，但就每一条主溜线而言，除少数较为顺直外，大多数接连数弯，流路多变，一年一个样子，且变化的速度较快。

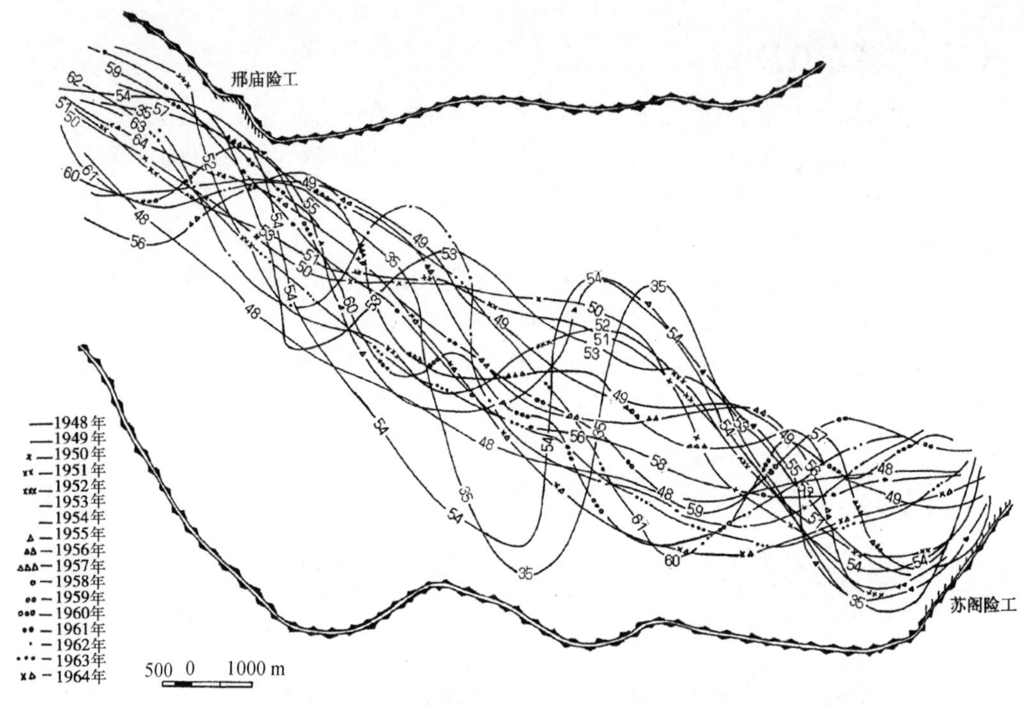

图 10-4 范县邢庙—郓城苏阁河段 1948～1964 年主溜线套绘图

郓城苏阁—伟庄河段，长约 20km，在河道整治之前的 1958～1964 年间弯道的变化很大（图 10-5）。1958 年在苏阁—杨集、杨集—韩胡同、韩胡同—伟庄之间均出现了畸形河弯，有的呈倒“S”形。1959 年虽然弯道形状有所好转，但在杨集至伟庄间仍呈倒“S”形弯道。1960 年与 1959 年相比，苏阁—杨集仍为倒“S”弯形，但在甘草堌堆前的弯顶南移了 0.8～0.9km，在义和庄—伟庄段凹岸由右岸变到左岸。1961 年未再出现畸形河弯，成了几个较为平顺的曲直相间的弯道。1962 年成大顺弯形式，仅在杨集对岸和伟庄出现 2 个大弯道，杨集段变成了凸岸，呈现凹岸、凸岸左右易位的变化。1963 年与 1962 年相比，于庄断面处左岸、韩胡同以及义和庄以下又形成了新的弯道。不难看出，弯道年年都有大的变化，在弯道变化的过程，两岸都不能形成供耕种的滩地，并塌掉一些村庄。

二、主股支股交替

在游荡性河段，心滩、潜滩发育，溜分数股。随着来水来沙，来溜方向的变化，各股之间的过流量相应发生变化，有时主股过溜明显减少，而支股中的一个支股过流量明显增加，甚至超过原主股的过溜百分比。从而主股支股转换，发生主股、支股交替的演变形式。

在水流分两股或多股运行时，其中 1 股为主流。当来水来沙或河床边界发生变化的情况下，主股淤积时，过流能力减小，若另一股发生冲刷，过流能力增大，当某个支股的过流能力超过主股时，就可能出现主股、支股交替变化。从图 10-6（钱宁和周文浩，1965）示出的水流情况看出，花园口河段 1959 年 3 月 21 日（Q=802m^3/s）水流经过 CS34 断面后，水流分为两股，尽管南股比较顺直，但北股过流多。并在 CS55 断面上下形成弯道，成为全断面的主溜。几天之内，北股淤积过流能力减小，至 3 月 26 日（Q=774m^3/s）南股冲刷，发展为主溜。仅在 5 天时间内，主股支股发生了交替。

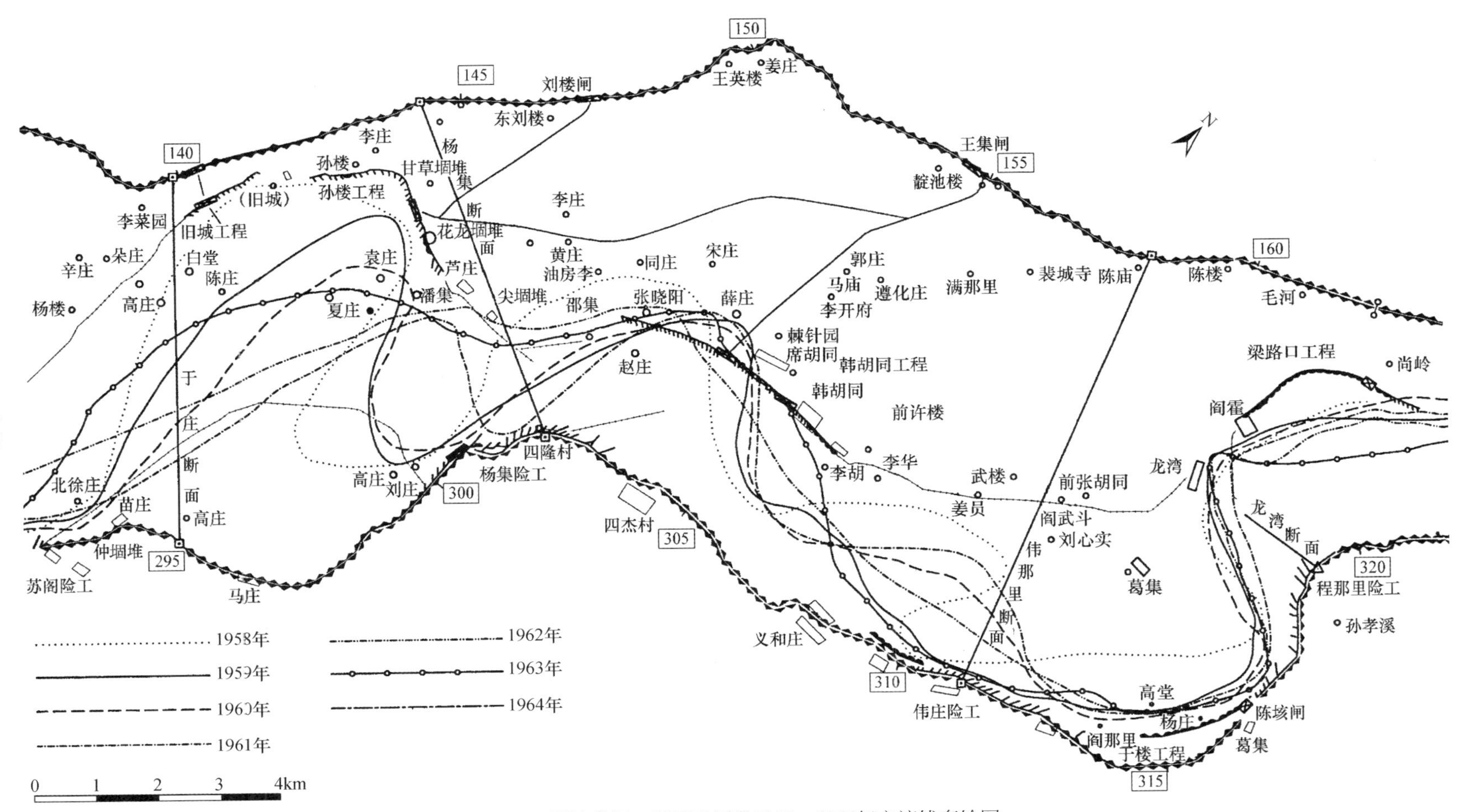

图 10-5 郓城苏阁—程那里河段1958～1964年主流线套绘图

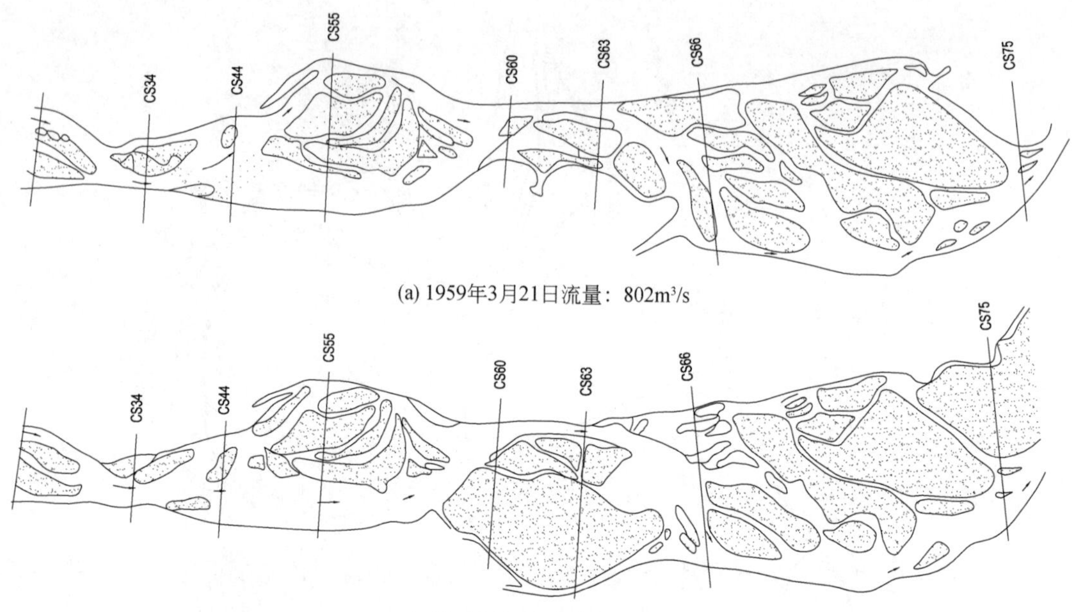

(a) 1959年3月21日流量：802m³/s

(b) 1959年3月26日流量：774m³/s

图 10-6　花园口附近 1959 年 3 月主股、支股交替河势图

开封柳园口河段，1954 年汛前河分南北两股，主溜在北股，在 8 月的一次洪水中，洪峰过后主溜向南演变，北岸大片出滩，但很快又演变到北岸，一昼夜内，主溜由北股演变到南股，继而又由南股演变到北股，发生了两次主股支股交替变化。

过渡性河段在进行河道整治之前，也曾经发生主股支股交替的演变形式。

三、串沟夺溜

串沟是指水流在滩面上冲蚀形成的沟槽，位于稳定的滩面上，多与堤河相连。串沟过流少，但遇一定的水沙和来溜条件时，其过流量会不断增大，当其过溜百分比超过主溜时，就成为串沟夺溜。串沟夺溜是主股支股交替变化的一种特殊情况。在黄河下游不同河性的某些河段都曾发生过串沟夺溜的演变形式。

东明老君堂—堡城河段 1978 年发生了串沟夺溜（图 10-7）。1978 年春主溜由右岸老君堂控导工程至左岸后塌滩成陡弯，在堡城险工前形成倒“S”弯道流向下游；右岸黄寨、霍寨险工前有一串沟，过流约占 30%。由于老君堂工程（当时老君堂工程下首还未延长）着溜位置的下挫，工程不能控制河势，加之左岸主溜流线不顺，致使串沟过流比例逐渐增大，至 6 月串沟过溜增大到占全河道的 75%，成为主河道，完成了串沟夺溜的过程。

20 世纪 50 年代初，齐河水牛赵至南坦险工之间主溜靠右岸行进，在河势变化的过程中，红庙村被坍塌掉河，小庞庄串沟过流。1954 年洪水期间，串沟扩大，分流比增加。1957 年汛期洪水期，串沟加深，过流比进一步加大，终于 1957 年 8 月 1 日自然裁弯，串沟夺河。造成索袁徐险工脱河，南坦险工靠溜部位大幅度下挫。

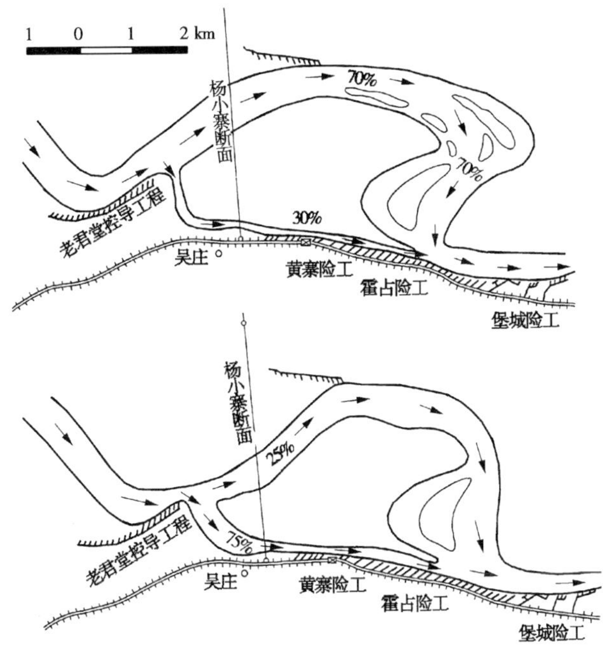

图 10-7 老君堂—堡城河段串沟夺溜示意图

四、溜势大幅度下挫

前述弯顶逐年下移是指在几年内连续完成的，而溜势大幅度下挫是指在一个汛期或一场洪水的时段内河势的快速变化。它发生在一股河或主股过溜占 80%以上的情况，并且要水量丰沛，中水持续时间长。

1967 年花园口水量丰，中水时间长，年水量达 705.9 亿 m^3，其中汛期水量达 445.0 亿 m^3，出现多次洪峰。最大洪峰 7280m^3/s，7～10 月月平均流量依次达 3050m^3/s、4210m^3/s、5700m^3/s、3840m^3/s。1963 年花园口枢纽破坝后，靠 1300m 破口和原枢纽 1404m 的溢洪道过流。1967 年入汛后南裹头靠溜紧，出溜方向东北，致使当时的左岸农场一队附近滩地大量坍塌，为防止弯道继续深化，批复修建 6 个垛，但在修建一个垛后，因溜势下挫，其余 5 个垛未再兴建。随着向东北方向坍塌，胡庄、马庄村南的 1855 年高滩逐渐被塌失。继而河势下挫，继续塌滩，胡庄、马庄、刘庵、破车庄，西兰庄村南的 1855 年滩均被塌尽，塌至村庄后，还在村前修建了一些临时护村工程（在修建马庄控导工程、河势南移后，这些临时工程已废弃）。10 月份下挫至东兰庄村南，并坐一陡弯，主溜折转向南，以横河形式流向右岸（图 10-8）。

在 1967 年汛期，此河段内左岸滩地后退了 1～3km，溜势下挫了 4km。

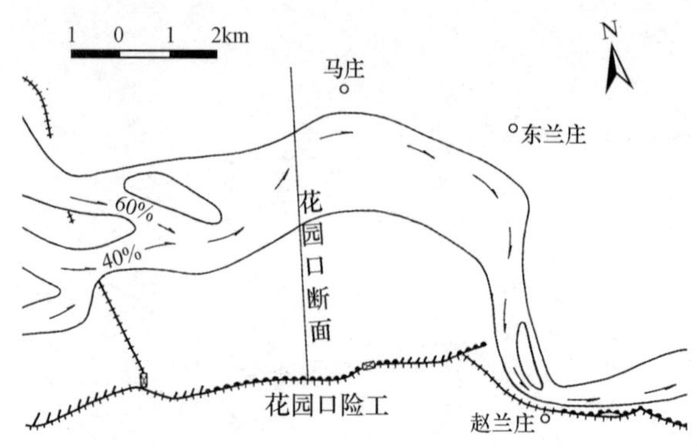

图 10-8 花园口河段 1967 年 10 月河势图

1949 年水量丰，汛期中水持续时期长。花园口站年水量达 687.9 亿 m^3，其中汛期 458.6 亿 m^3，发生大于 5000m^3/s 的洪水 7 次，最大洪峰为 12300m^3/s。7～10 月月平均流量依次为 3480、3849、5905、4077m^3/s，济南以下的弯曲性河段河势变化也很大。有 40 余处险工溜势大幅度下挫，9 处险工脱河，济阳朝阳庄险工脱河后靠河部位下挫了 2km，并引起了以下河势的大幅度变化，造成“撵河抢险”（跟随河势下滑接连不断的抢险），防汛十分被动。

五、裁　弯

裁弯是河道演变中由渐变到突变的一种特殊形式。在弯道演变的过程中，随着弯道向纵深发展、流程增长，水流下排不畅，有些弯道颈部变得很窄，逐渐形成“Ω”形河弯，遇到合适的水沙条件，就会发生自然裁弯。

裁弯在河道整治前是河势演变的常见现象。在有计划进行河道整治并初步控制河势前，黄河下游各河段都曾多次出现自然裁弯。游荡性河段，因河床组成颗粒粗，水流比降陡，经常多股并行，河势演变速度快，幅度大，裁弯演变形式仅是次要的演变方式；弯曲性河道大部分河段为一股河，河势演变的形成主要是弯道的变化和直河段位置的变化，但由于河床的组成颗粒较细，且水流比降较缓，演变的速度并不快，裁弯的次数并不一定多；过度性河段的特性介于两者之间，裁弯现象较游荡性河段多。以下就过渡性河段 1968 年以前河势尚未得到初步控制的十几年内的几次自然裁弯现象（胡一三和肖文昌，1991）略述于后。

1. 濮阳庄户湾自然裁弯

庄户湾位于濮阳南小堤至菏泽刘庄之间，上距高村仅约 12km。南小堤险工从 1949 年汛期开始，靠溜部位逐年下滑，1951 年脱溜，到 1954 年弯顶下滑了近 1km，1954～1956 年，继续发展，1956 年一年内先后塌掉万寨、于林等村庄，弯顶塌退了近 1km。高村站 1956 年 8 月 5 日出现了 8290m^3/s 的洪峰流量，洪水期间，水流漫滩，于林一带滩面形成多条串沟，其中较大的 3 条串沟在 3000m^3/s 流量时即过水并可行船。至 1959 年汛前弯道已发展成倒“S”形（图 10-9），郑庄户至胡寨主溜线弯曲率达 4.1。1959 年 8 月下旬高村站出现了洪峰流量为 8650m^3/s 的洪水，串沟过流增大，直至夺河发生自然裁弯，主溜经胡寨冲向刘庄险工下端的郝寨。

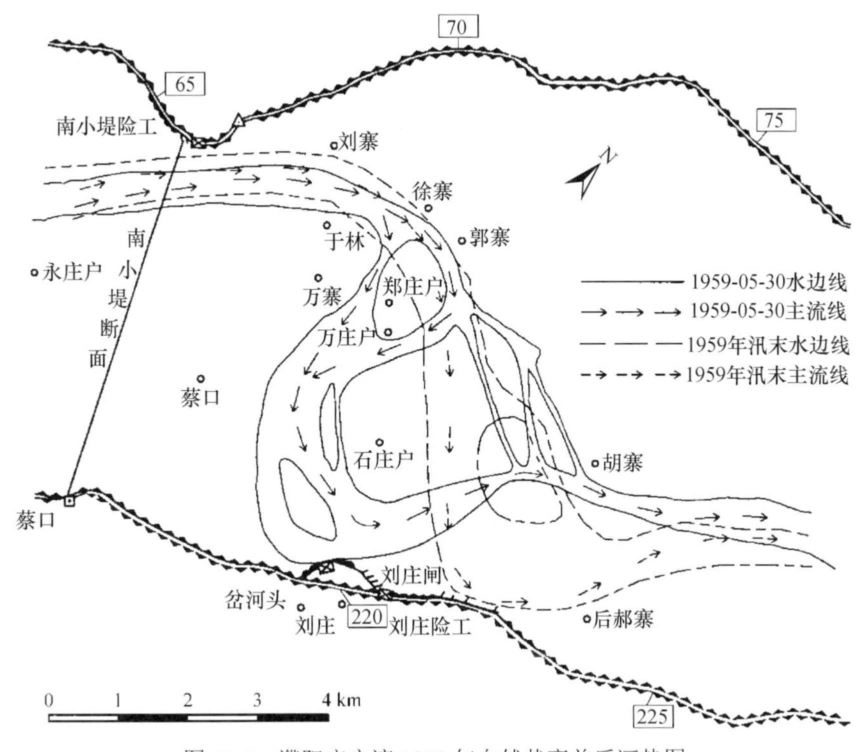

图 10-9　濮阳庄户湾 1959 年自然裁弯前后河势图

2. 濮阳王密城湾自然裁弯

王密城位于过渡性河段的上段。由于苏泗庄以上的直河段河势比较稳定，左岸聂固堆，右岸张村（图 10-10）一带均有大面积的黏土分布，对水流有控制作用，而王密城湾内基本都为沙土，抗冲力弱，易于坍塌坐弯，着溜部位逐渐向纵深发展。1959 年汛后，弯颈比达 2.81。1960 年汛初形成了典型的"Ω"形弯道，7 月 3 日枯水时弯颈宽仅为 900m。1960 年上旬高村站出现了洪水，8 月 7 日洪峰仅为 4660m^3/s，仍从弯颈处冲开，尽管水面还很宽，但弯颈处冲开的串沟很快发展，过流比增大，以致扩大成主溜，发生自然裁弯。比较 7 月 3 日与 10 月 2 日的河势就可一目了然。

3. 范县李桥湾自然裁弯

李桥湾位于过渡性河段的中段。1962 年以后十三庄以西的滩地逐年坍塌后退，芦井村处为一耐冲的胶泥咀，迫使水流在十三庄至芦井形成急转弯，导溜向左岸李桥（在滩区原来也有村庄），李桥村南滩地逐年后退，1967 年沿滩岸修建了坝、垛，水流折转东偏南。1962～1967 年鄄城桑庄—范县邢庙河段形成了一个比较稳定的"S"形河弯（图 10-11）。小水时主溜更加弯曲，如 1966 年上半年主溜在李桥村西、村东滩地上坐弯，使水流在苏门楼村北滩地转向东流，形成一个"Ω"形弯道。7 月 7 日孙口流量 610m^3/s，弯颈长仅 1350m。8 月 2 日上游高村出现 8440m^3/s 的洪峰，诸弯顶处的河势均出现了外移、下挫变化，但峰后仍维持"S"形河弯。高村站 1968 年 9～10 月中水时间长，水量较丰，9 月、10 月月平均流量分别为 4190、4020m^3/s。10 月 15 日高村出现 7210m^3/s 的洪峰，桑庄险工靠溜，对水流的控导作用增强，致使十三庄至芦井弯道不起控制水流作用，大水期间，撇开李桥湾，从芦井以西流向史楼，李桥湾发生自然裁弯。

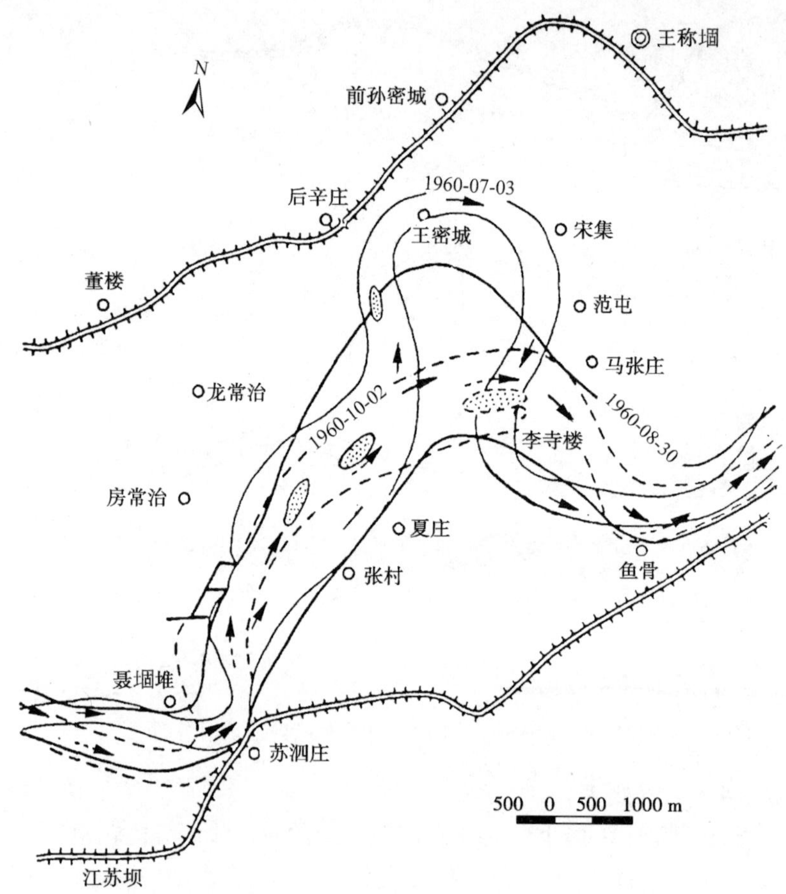

图 10-10 濮阳王密城湾 1960 年自然裁弯前后河势图

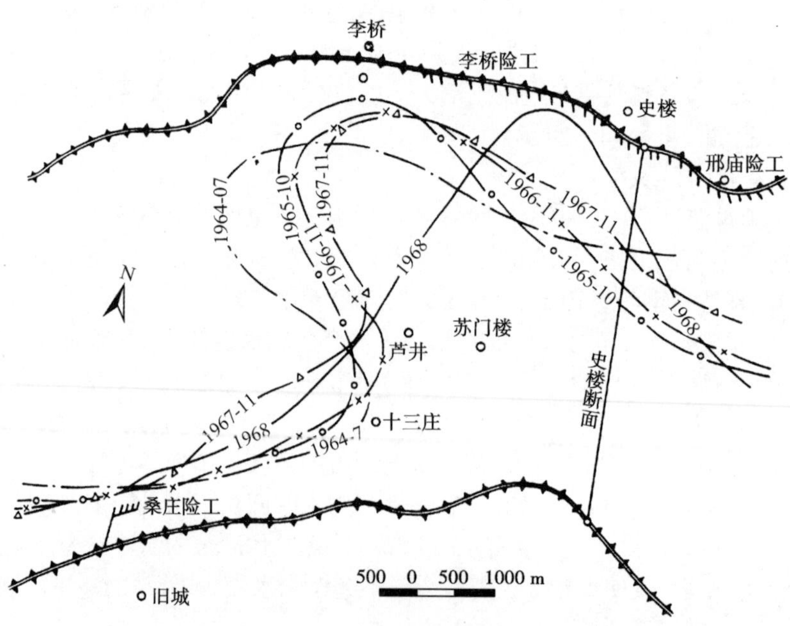

图 10-11 范县李桥湾 1968 年自然裁弯前后河势图

4. 台前枣包楼湾自然裁弯

枣包楼湾位于过渡性河段的下段。上游左岸 4～5km 处的李那里、马庄一带，虽然滩地为沙土，但村基下层有 1m 厚的黏性土，枯水期可控制溜势。右岸李岔河至阎那里一带 1962～1964 年河弯向下游延伸 1.8km，塌至阎那里村西（图 10-12），水流折转，流向左岸枣包楼前的滩地，在村前塌滩坐弯。南宋、姚邵一带与林坝村基为耐冲的黏性土，控制水流入路那里险工。1965 年弯道向纵深发展，以横河形式冲向枣包楼村南滩地。至 1966 年汛前右岸弯底由阎那里下推至雷口，枣包楼湾也相应下移至南宋、姚邵一带，发展成“Ω”形弯道，弯颈最窄时仅 400m。8 月 3 日孙口站出现 8300m^3/s 的洪峰，弯颈处漫滩过水，由于过流时间短，未冲刷成主河道，洪峰过后水流复归原河槽。8 月 20 日孙口站出现 5000m^3/s 的洪峰，弯颈处再度过流，由于洪水持续时间长，水流使断面冲深扩宽，发展成为主河道，大河自然裁弯。原河道过流比例由大变小，沉沙落淤，进、出口淤塞，4km 长的弯道成为一个牛轭湖，20 世纪 70 年代中期形迹仍然可见。

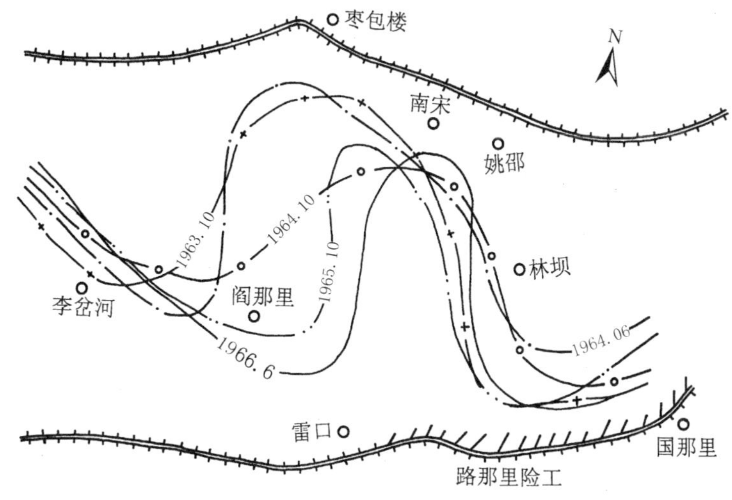

图 10-12　台前枣包楼湾 1966 年自然裁弯前河势图

5. 台前石桥湾自然裁弯

石桥位于过渡性河段的尾端。石桥上游 16km 的路那里险工（后随着行政区划调整，分为几处险工），是一处长达 7km 的凹入形工程，对水流的调整、控导能力强，使左岸张堂一带滩岸长期靠河，并迫溜至右岸丁庄村西滩地。1952 年以后丁庄至大洪口滩岸逐渐后退，由于大洪口村基系深层黏土、抗冲力强，迫使水流折向左岸，塌滩坐弯，于石桥村南折向右岸。1953～1957 年此流路的弯顶处不断坍塌，石桥上下形成“S”形河弯（图 10-13）。1957 年 7 月 22 日孙口站出现 11600m^3/s 的洪峰，水位高、流量大，大洪口与徐把士之间的串沟过流比增大，并发展为主溜，发生自然裁弯。丁庄至陶城铺出现了较为顺直的流路，大洪口村从大河右岸变为左岸。

1958～1962 丁庄一徐把式河段河势逐渐右靠，由于徐把士村基为重黏土层，控溜向左岸，又在石桥坐弯，沿左岸流向陶城铺。随着徐把士以上弯道下挫深化、石桥湾弯顶后退、上堤，至 1967 年 7 月，石桥湾在河槽宽度仅 2～3km 范围内，再次形成“S”型弯道。当年汛期，花园口站曾发生 3680～7280m^3/s 的洪峰 9 次，徐把士村基一带的黏土区被冲掉，石桥脱河，主溜沿右岸而下，石桥“S”型弯道再次发生自然裁弯现象。

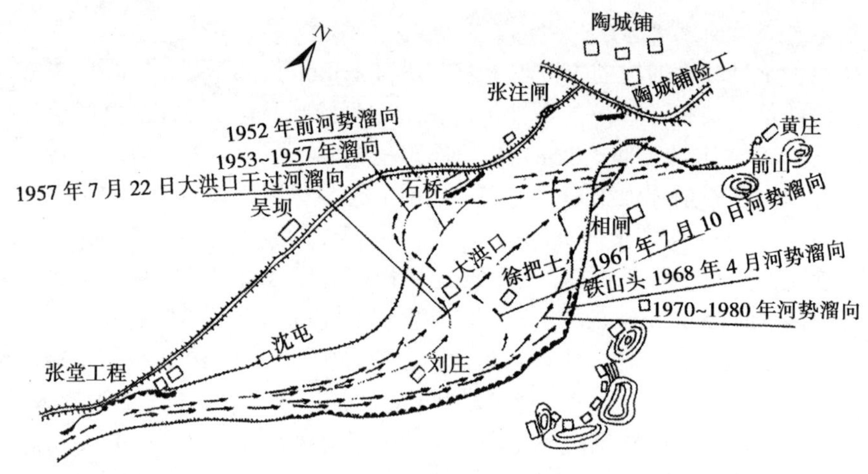

图 10-13　台前石桥湾自然裁弯前后河势图

随着河道整治的进展，过渡性河段河势逐渐趋于稳定，至今未再出现畸形河弯。

六、游荡演变与主溜变化

在典型的游荡性河段，平面外形总的讲是水面宽阔，外形较为顺直，河道内沙洲星罗棋布，汊流纵横交织，嫩滩大小、形状各异（图 10-14），滩和水的位置经常转换①。用千变万化来形容典型游荡性河段的河势变化一点也不为过，但就主溜的变化来讲，大体可分为两类。

1. 游荡过程中水流洲滩变化但主溜不发生大变化

图 10-14 为花园口（即图中的核桃园）—辛寨 1959 年 3 月 21 日实测河势图，当日花园口流量为 655m^3/s。河面宽阔，潜滩、嫩滩不计其数，形状多样且不规则，尽管流量小但水分数股，汊流很多。主溜呈弯曲状，在花园口基本断面，主溜于左岸以东南方向流向右岸花园口（核桃园）险工下首，东行至 CS58 断面折向左岸，在 CS60～CS63 断面间坐弯，以横河形式沿 CS65 断面冲向右岸，折转东流沿赵口险工和九堡险工再流向左岸。图 10-15 为 1959 年 4 月 13 日的实测河势图，当日流量 946m^3/s。与 3 月 21 日的河势图相比，主溜位置基本没有发生大的变化，仅左岸靠溜部位由 CS60 断面上提到 CS58 断面、沿 CS65 断面的横河下挫至沿 CS67 断面发生横河。洲滩、汊流的位置、形状绝大部分都发生了变化。

2. 游荡过程中水流洲滩快速变化同时主溜也发生大变化

花园口—万滩河段长近 30km，图 10-16 为该河段 1959 年 5 月 11 日的实测河势图，当日流量 576m^3/s，尽管流量很小，水面宽大部分仍达 3～4km，虽有曲直相间的流带，但都为多股前行，汊流发育，宽、浅、散、乱的特点十分突出。

1959 年水量偏枯，花园口年径流量仅为 339.7 亿 m^3，5 月 6 月平均流量仅为 461m^3/s 和 695m^3/s，汛期 7～10 月月平均流量也只有 1450m^3/s、3510m^3/s、2630m^3/s、818m^3/s，但汛期过后花园口—万滩河段的河势发生了较大变化，仍表现为游荡性河道河势变化的特点。图 10-17 示出了当年 11 月 22 日（Q=724m^3/s）的实测河势，与 5 月 11 日的实测河势相比，洲滩形状及位置、汊流分布都发生了明显变化，同时主溜也发生了很大变化。5 月

① 黄河流域花园口河床演变水文观测资料.1960.郑州：水利电力部黄河水利委员会刊印

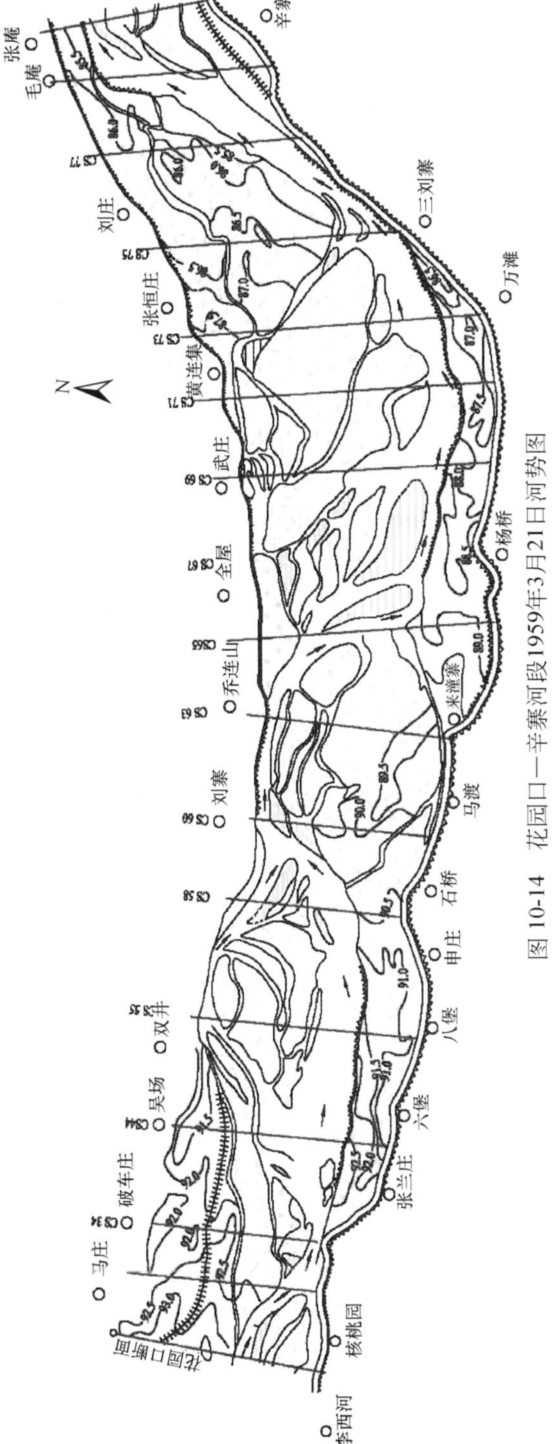

图 10-14 花园口—辛寨河段1959年3月21日河势图

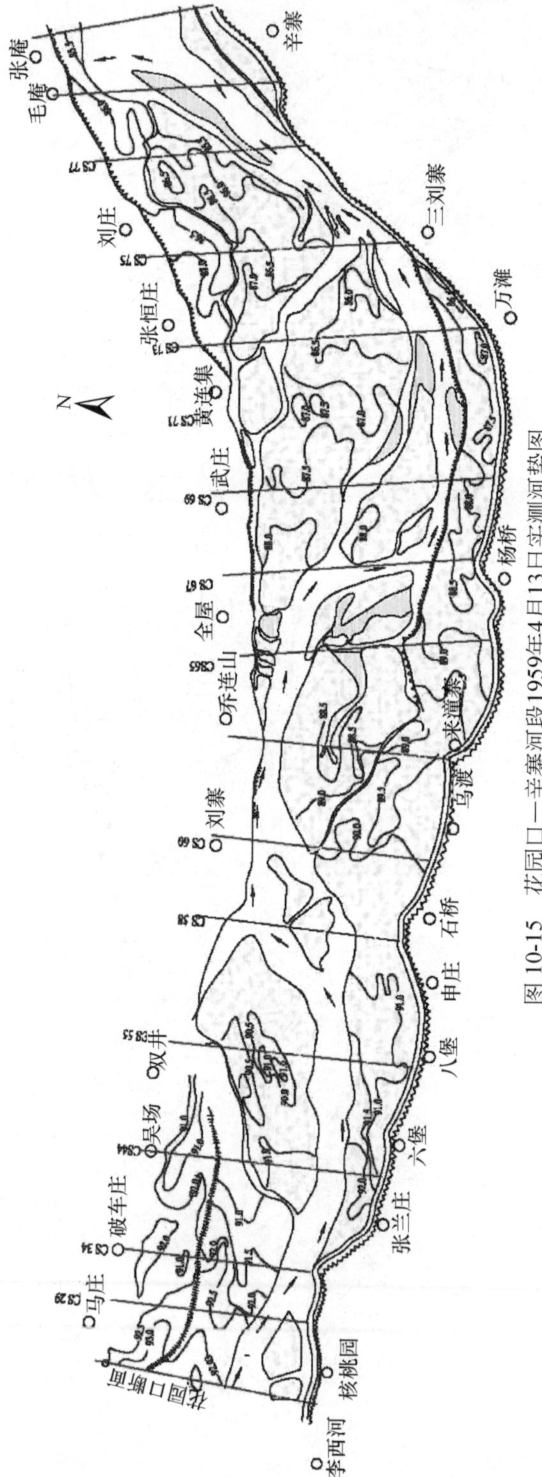

图 10-15　花园口—辛寨河段1959年4月13日实测河势图

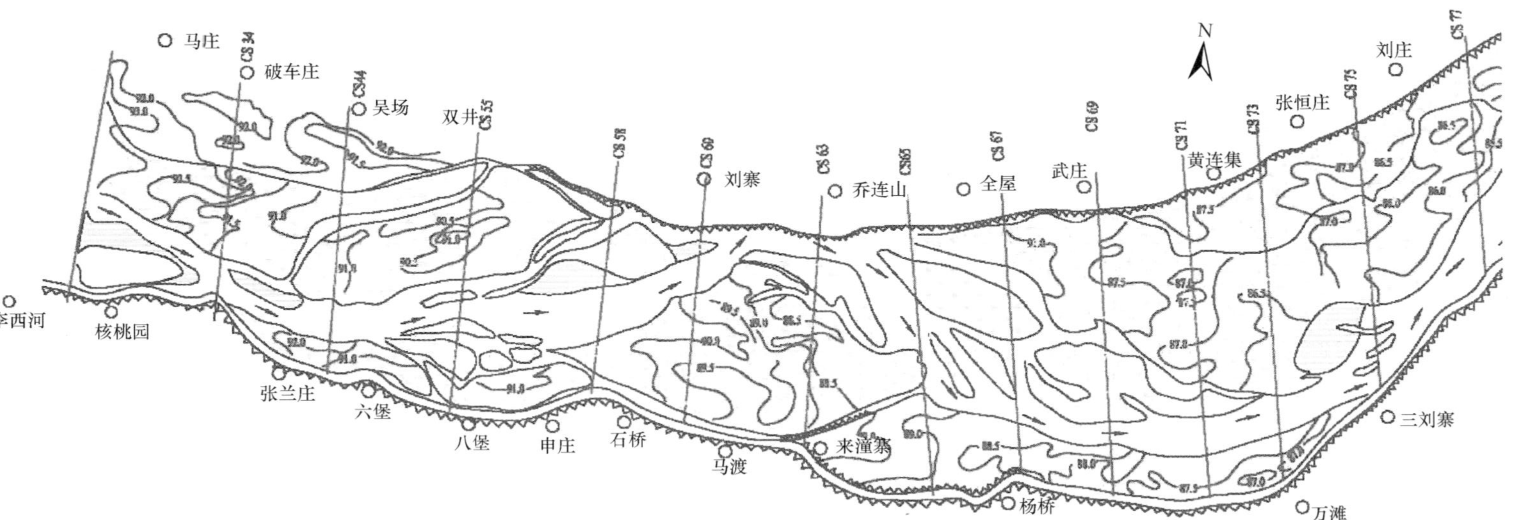

图 10-16　花园口—万滩河段1959年5月11日实测河势图

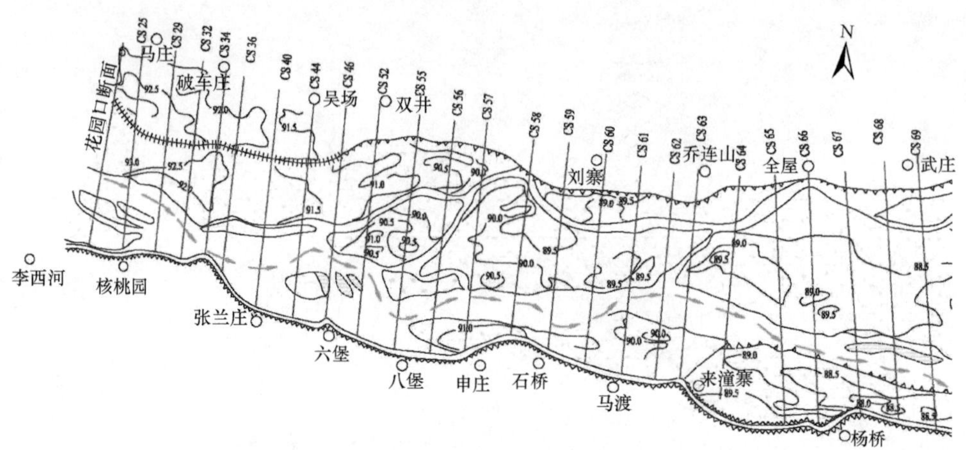

图 10-17　花园口—杨桥 1959 年 11 月 22 日实测河势图

11 日主溜在基本断面由左岸流向右岸花园口（核桃园）险工下首，以下微弯斜向流到左岸，在 CS60～CS63 断面间坐弯后送流至右岸，在 CS65 断面以下出微弯至万滩。至 11 月 22 日，主溜在花园口险工以下，基本在大河中偏南部分流向万滩，从宏观上看主溜较为顺直，但中间在 CS36～CS40 断面（右岸）、CS44～CS48 断面（左岸）、CS55 断面（右岸）、CS57～CS58 断面（左岸）、CS59 断面（右岸）、CS62～CS63 断面（左岸）连续出了 6 个小弯道。比较 5 月 11 日和 11 月 22 日的实测河势图，即可得出在水流洲滩变化的同时，主溜也发生了很大变化。

参考文献

胡一三. 2003. 黄河河势演弯. 水利学报，4：46-50

胡一三，肖文昌. 1991. 黄河下游过渡性河段整治前的裁弯. 人民黄河，5：30-32

钱宁，周文浩. 1965. 黄河下游河床演变. 北京：科学出版社

第十一章　河势演变中的畸形河势

在河势演变的过程中，会出现一些畸形河势。由于畸形河势演变的不规律性，往往造成严重抢险，因此常常引起人们的高度关注。对防洪安全危害最大的畸形河势为横河和畸形河弯。

一、横　　河

（一）何为横河

在河势演变强度大的河段，于一定的来水来沙条件下，遇到不利的河床边界条件，在河势激烈演变的过程中会形成河流主溜线急剧变化，出现冲向堤防、滩地、河道整治工程的情况。流向与堤防、滩地或工程的交角很大，甚至达到垂直，这些是人们想力求避免的。

河道水流在天然情况下，由高处流向低处，在有堤防的河道内，总的走向与堤防的走向大体相当，在水流与河床边界条件的相互作用下，以弯曲的形式向下游流动。在游荡性河段，河流外形是较为顺直的，但其主溜也是以弯曲的形式流动的，特别是在枯水期更是如此，就其弯曲度而言，一般是较为平缓的。

在河道整治的过程中，因受已有工程条件的约束或为保证以下河段的河势流路稳定或特殊部门的要求，不得不安排使下弯整治工程的入流角很大甚至垂直的工程，如过渡性河段的马张庄控导工程、孙楼控导工程（改建前），造成营房险工、杨集上延工程的入流成垂直形式。修建马张庄控导是为了防止马张庄一带的串沟大水时夺河，造成当时已长约 3km 的营房险工脱河，并影响以下河势的大幅度变化，1969 年主动修建了马张庄控导工程。孙楼控导工程是为防止甘草堌堆村掉河，于 1966 年 11 月开始修建的，以后下延至卢庄，致使下弯杨集上延工程的入流角很大。入流角大的整治工程，其根石达到足够深度时才能稳定。

河道水流在非工程控导下，全河或主溜以与宏观流向垂直或近于垂直的方向冲向堤防、整治工程、滩岸，水流发生急转弯的河势流态，称为横河。按照综合需求修建的河道整治工程造成水流垂直或近于垂直地冲向河道整治工程，水流发生急转弯的河势流态，不属于本书所指的横河范围。

（二）横河造成严重抢险

横河形成之后，在横向环流的作用下，凸岸滩嘴不断向河中延伸，水面缩窄，单宽流量加大，流速加快，致使顶冲滩岸、险工、控导工程的冲击力增强，造成滩岸快速后退，或险工、控导工程的根石大量冲塌。由于水流方向与滩岸或工程迎水面的交角大，冲刷深度与交角的大小成正相关，这就进一步加大了冲刷深度。因此，在遭到横河顶冲的地方，会造成大量塌失滩地，或造成工程的严重抢险。由于横河多发生在游荡性河段，严重抢险也主要发生在游荡性河段。

历史上由于堤防工程薄弱，抢险能力有限，出现横河后曾多次造成堤防冲决（胡一三，2010），如：清嘉庆八年（1803 年）阴历九月上旬，封丘衡家楼（即大宫）出现横河，造成大宫决口，所谓“大沙河”，即这次决口遗留的故道。清同治十年（1871 年）山东郓城河段出现横河，造成侯家林决口。

20 世纪 50 年代以后，国家非常重视黄河的治理，不仅加强了黄河的防洪工程，还十分重视防汛工作。因此，50 年代以后，虽多次出现横河，由于集中人力、物力、及时进行抢险，均未发生决口，但却造成了严重抢险（徐福龄和胡一三，1983），如 1952 年 9 月郑州保合寨险工抢险、1964 年郑州花园口险工东大坝抢险、1967 年 10 月赵兰庄抢修坝垛、1982 年 8 月开封黑岗口险工抢险、1983 年 8～10 月原阳北围堤抢险等。

（三）横河多发河段

横河是河势演变过程中的一种特殊河势流态，有些能持续很长时间，如几个月或几年，虽然顶冲点的位置有所上提下挫，但工程或岸线受流的入流角均处于垂直或接近于垂直的状态；另一些横河，可能持续的时间很短，多发生在滩面较低情况下发生的横河，如中牟河段 1953 年 8 月发生的横河（图 11-1）。8 月 10 日在左岸嫩滩坐弯，水流折转 90°左右，以横河形式冲向右岸，以后左岸嫩滩尖坍塌后退，失去了对水流的约束作用，水流流向趋顺，至 8 月 15 日横河流态已不存在。

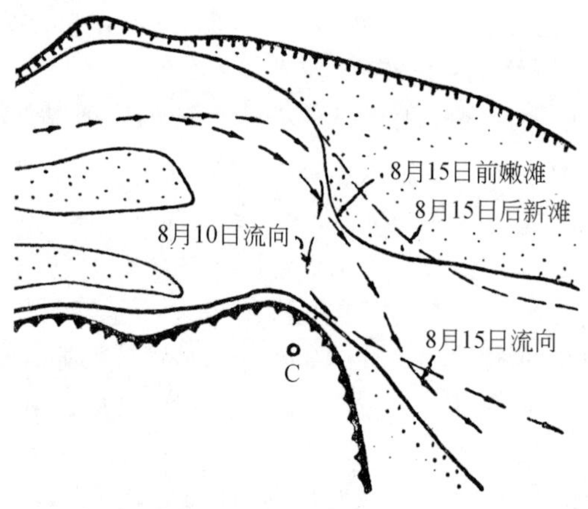

图 11-1　中牟河段 1953 年 8 月横河变化河势图

由于横河存在的时间长短不同，人们对河势的观测次数又很少，不可能观测记录到所有的横河，可统计的横河仅是实际发生横河的一部分，但对于时间超过一年的横河还是能够统计出来的。

横河出现的时间、地点，事先是难以确定的，但就一般情况而言，河势变化相对较小的弯曲性河段，出现横河的概率小，而河势变化剧烈的游荡性河段出现横河的概率大。进行河道整治后，出现横河的概率变小。

高村至陶城铺的过渡性河段，在河道整治之前，如刘庄上下、王密城湾、蒋家—邢庙、杨集上下，路那里附近等河段，均曾多次出现横河。彭楼—邢庙河段 1974 年以前曾发生 13 次横河河势。过渡性河段经过有计划的河道整治，基本控制了河势，已很少出现横河河势。

游荡性河段是横河河势的频发河段，也是研究横河的重点河段。20 世纪 90 年代曾对 1994 年以前的横河情况进行过研究（胡一三等，1998）。现将 1950～2009 年黄河下游游荡性河段汛后河势图及收集到的 1956～1990 年中 19 年 46 次航空照片和卫星遥感照片中的横河发生情况进行统计，按照原有的河道大断面进行分段，分时段汇于表 11-1 中。

表 11-1　黄河下游游荡性河段汛后主流线 1950～2009 年横河发生次数统计表

河段		1950～1954 年	1955～1959 年	1960～1964 年	1965～1969 年	1970～1974 年	1975～1979 年	1980～1984 年	1985～1989 年	1990～1994 年	1995～1999 年	2000～2004 年	2005～2009 年	1950～2009 年
序号	起止断面													
1	铁谢—下古街	0	0	0	0	0	0	0	0	0	0	0	0	0
2	下古街—花园镇	0	1	0	0	1	0	1	0	0	2	0	0	5
3	花园镇—马峪沟	0	1	0	1	1	0	1	1	1	0	0	0	6
4	马峪沟—裴峪	0	0	1	1	1	0	0	3	2	0	0	0	8
5	裴峪—洛河口	1	1	3	4	1	3	2	4	0	0	0	0	19
6	洛河口—孤柏嘴	1	0	1	1	0	2	0	2	1	4	5	5	22
7	孤柏嘴—罗村坡	0	0	0	1	2	2	1	2	0	0	0	0	8
8	罗村坡—官庄峪	0	0	0	1	0	2	1	0	1	0	0	0	5
9	官庄峪—秦厂	0	3	0	0	3	1	0	3	1	0	3	2	16
10	秦厂—花园口	2	1	2	1	2	4	0	2	3	0	0	0	17
11	花园口—八堡	0	1	0	1	0	0	1	1	1	0	0	0	5
12	八堡—来潼寨	1	2	0	0	1	1	0	1	0	0	0	0	6
13	来潼寨—辛寨	0	2	0	2	1	2	0	4	3	0	0	0	14
14	辛寨—黑石	0	0	0	1	1	0	0	1	1	0	0	1	5
15	黑石—韦城	2	5	3	0	1	1	1	3	2	0	4	2	24
16	韦城—黑岗口	1	4	1	1	2	2	2	1	1	2	0	1	18
17	黑岗口—柳园口	0	3	0	1	0	1	0	0	5	0	1	0	11
18	柳园口—古城	0	1	3	3	3	2	4	3	6	3	7	4	39
19	古城—曹岗	0	2	0	0	3	0	0	2	0	0	1	0	8
20	曹岗—夹河滩	0	0	0	0	1	2	0	0	1	0	8	2	14
21	夹河滩—东坝头	0	1	0	2	0	2	2	3	0	0	4	1	15
22	东坝头—禅房	0	0	2	0	0	0	0	0	0	1	0	0	3
23	禅房—油房寨	0	1	3	0	5	2	0	2	4	1	0	0	18
24	油房寨—马寨	0	2	2	1	6	4	0	3	2	2	0	0	22
25	马寨—杨小寨	0	0	0	1	3	0	1	0	0	0	0	0	5
26	杨小寨—河道村	2	0	0	1	0	3	3	3	0	0	0	0	12
	合计	10	31	21	24	38	36	20	44	35	15	33	18	325

由表 11-1 看出，游荡性河段除铁谢至下古街，因河段短（仅 4km）、铁谢险工修建早、工程长、控导作用较强，未发生横河外，其余河段均不同频次的出现过横河。

游荡性河段中各子河段发生横河的情况差别是很大的，表 11-2 和图 11-2 给出了横河发生河段的沿程变化情况。

表 11-2　游荡性河段汛后主流线 1950～2009 年各子河段横河发生次数占总次数百分比

河段		横河发生次数	子河段发生次数占总次数/%	由大至小排序
序号	起止断面			
1	铁谢—下古街	0	0	26
2	下古街—花园镇	5	1.54	20
3	花园镇—马峪沟	6	1.85	18
4	马峪沟—裴峪	8	2.46	15
5	裴峪—洛河口	19	5.85	5
6	洛河口—孤柏嘴	22	6.77	3
7	孤柏嘴—罗村坡	8	2.46	15
8	罗村坡—官庄峪	5	1.54	20
9	官庄峪—秦厂	16	4.92	9
10	秦厂—花园口	17	5.23	8
11	花园口—八堡	5	1.54	20
12	八堡—来潼寨	6	1.85	18
13	来潼寨—辛寨	14	4.31	11
14	辛寨—黑石	5	1.54	20
15	黑石—韦城	24	7.38	2
16	韦城—黑岗口	18	5.54	6
17	黑岗口—柳园口	11	3.38	14
18	柳园口—古城	39	12.00	1
19	古城—曹岗	8	2.46	15
20	曹岗—夹河滩	14	4.31	11
21	夹河滩—东坝头	15	4.61	10
22	东坝头—禅房	3	0.92	25
23	禅房—油房寨	18	5.54	6
24	油房寨—马寨	22	6.77	3
25	马寨—杨小寨	5	1.54	20
26	杨小寨—河道村	12	3.69	13
合计		325	100	

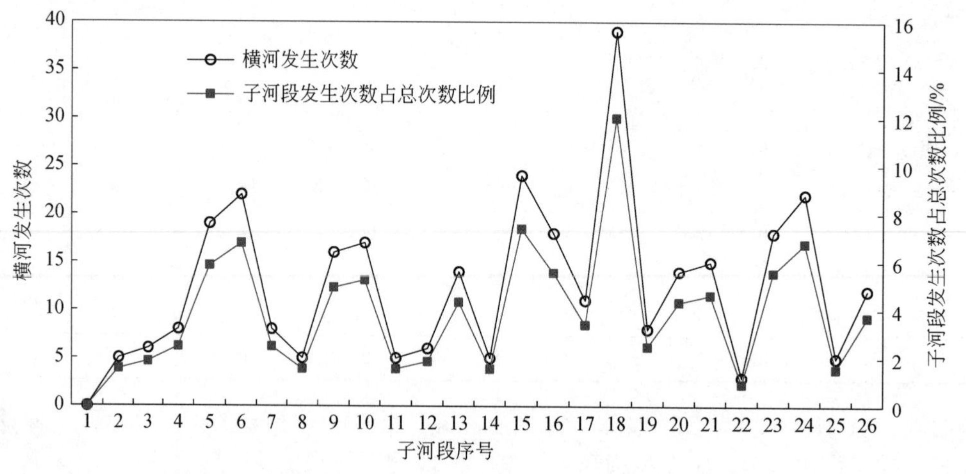

图 11-2　游荡性河段各子河段 1950～2009 年横河发生次数占总次数百分比

由表 11-2 及图 11-2 看出，在 26 个子河段中，发生横河次数多的子河段依次为：①“18、柳园口—古城”，发生 39 次，占游荡性河段总次数的 12.00%；②“15、黑石—韦城”，发生 24 次，占总次数的 7.38%；③“6、洛河口—孤柏嘴”，发生 22 次，占总次数的 6.77%；④“24、油房寨—马寨”，发生 22 次，占总次数的 6.77%；⑤“5、裴峪—洛河口”，发生 19 次，占总次数的 5.85%。⑥“16、韦城—黑岗口”，发生 18 次，占总次数的 5.54%；⑦“23、禅房—油房寨”，发生 18 次，占总次数的 5.54%。这 7 个子河段中“5”与“6”、“15”与“16”、“23”与“24”为头尾相连的 3 个河段，因此，发生横河多的河段为“柳园口—古城”“黑石—黑岗口”“裴峪—孤柏嘴”“禅房—马寨”4 个河段。

（四）横河多发时段

按照横河发生情况统计得出表 11-3。并绘出图 11-3、图 11-4。

表 11-3　黄河下游游荡性河段及横河多发子河段 1950～2009 年横河次数随时段变化统计表

序号	起止断面	项目	1950～1954年	1955～1959年	1960～1964年	1965～1969年	1970～1974年	1975～1979年	1980～1984年	1985～1989年	1990～1994年	1995～1999年	2000～2004年	2005～2009年	1950～2009年
5	裴峪—洛河口	发生次数	1	1	3	4	1	3	2	4	0	0	0	0	19
		沿时段频率/%	5.26	5.26	15.79	21.05	5.26	15.79	10.54	21.05	0	0	0	0	100
		沿时段排序	6	6	3	1	6	3	5	1	12	12	12	12	
6	洛河口—孤柏嘴	发生次数	1	0	1	1	0	2	0	2	1	4	5	5	22
		沿时段频率/%	4.55	0	4.55	4.55	0	9.09	0	9.09	4.55	18.18	22.72	22.72	100
		沿时段排序	6	12	6	6	12	4	12	4	6	3	1	1	
15	黑石—韦城	发生次数	2	5	3	0	1	1	1	3	2	0	4	2	24
		沿时段频率/%	8.33	20.83	12.50	0	4.17	4.17	4.17	12.50	8.33	0	16.67	8.33	100
		沿时段排序	5	1	3	12	8	8	8	3	5	12	2	5	
16	韦城—黑岗口	发生次数	1	4	1	1	2	2	2	1	1	2	0	1	18
		沿时段频率/%	5.55	22.22	5.55	5.56	11.11	11.11	11.11	5.56	5.56	11.11	0	5.56	100
		沿时段排序	6	1	6	6	2	2	2	6	6	2	12	6	
18	柳园口—古城	发生次数	0	1	3	3	3	2	4	3	6	3	7	4	39
		沿时段频率/%	0	2.56	7.69	7.69	7.69	5.13	10.27	7.69	15.38	7.69	17.95	10.26	100
		沿时段排序	12	11	5	5	5	10	3	5	2	5	1	3	
23	禅房—油房寨	发生次数	0	1	3	0	5	2	0	2	4	1	0	0	18
		沿时段频率/%	0	5.56	16.67	0	27.77	11.11	0	11.11	22.22	5.56	0	0	100
		沿时段排序	12	6	3	12	1	4	12	4	2	6	12	12	
24	油房寨—马寨	发生次数	0	2	2	1	6	4	0	3	2	2	0	0	22
		沿时段频率/%	0	9.09	9.09	4.55	27.27	18.18	0	13.64	9.09	9.09	0	0	100
		沿时段排序	12	4	4	8	1	2	12	3	4	4	12	12	
1～26合计	游荡性河段	发生次数	10	31	21	24	38	36	20	44	35	15	33	18	325
		沿时段频率/%	3.08	9.54	6.46	7.38	11.69	11.08	6.15	13.54	10.77	4.62	10.15	5.54	100
		沿时段由多到少排序	12	6	8	7	2	3	9	1	4	11	5	10	

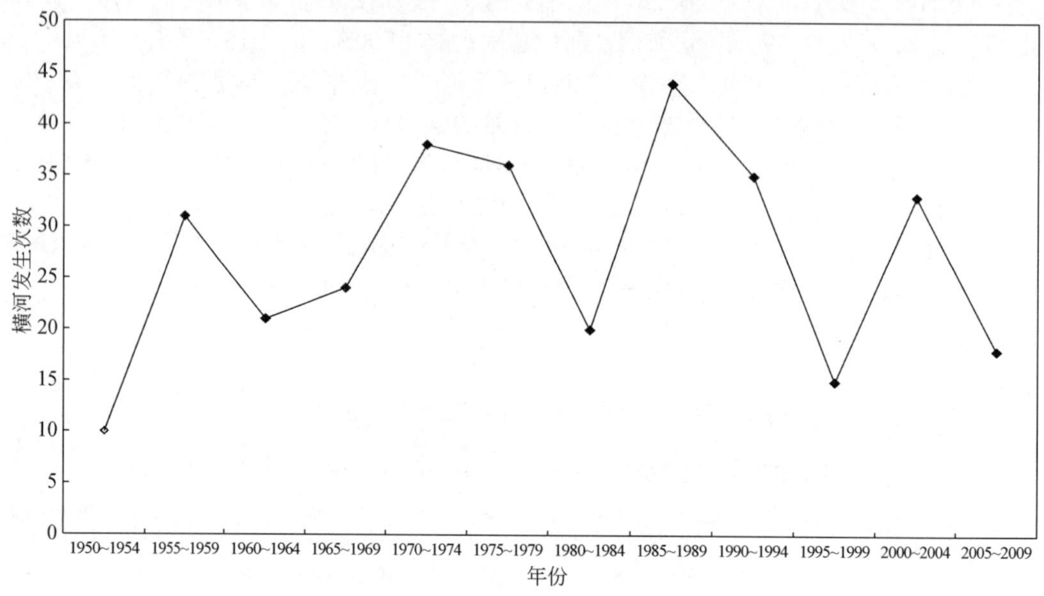

图 11-3　游荡性河段 1950～2009 年横河发生频次随时段变化图

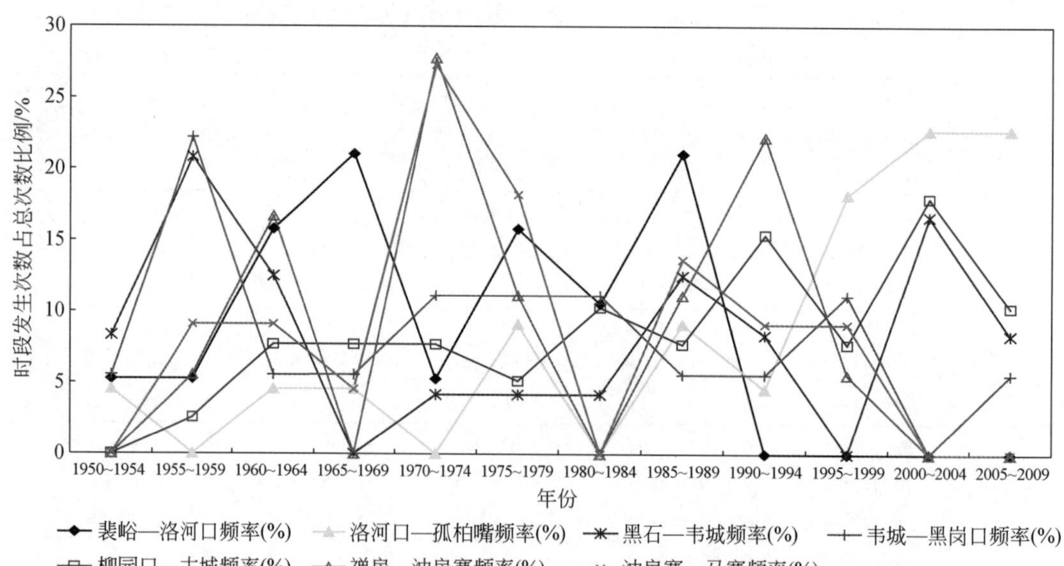

图 11-4　游荡性河段横河多发子河段 1950～2009 年横河发生频次随时段变化图

就整个游荡性河段而言，在 60 年的时间内，游荡性河段共发生横河 325 次，平均每年发生 5.4 次。横河发生多的时段为 1985～1989 年、1970～1974 年、1975～1979 年、1990～1994 年和 2000～2004 年。对于多发子河段而言，大体趋势与游荡性河段相同，但每个子河段又有其多发的时段。裴峪-洛河口主要集中在 1960～1969 年和 1975～1989 年，1990～2009 年未再发生横河；洛河口-孤柏嘴主要集中在 1995～2009 年；黑石-韦城主要集中在 1955～1964 年、1985～1989 年、2000～2004 年；韦城-黑岗口主要集中在 1955～1959 年、1970～1984 年、1995～1999 年；柳园口-古城主要集中在 1980～1984 年、1990～1994 年、

2000～2009 年；禅房-油房寨主要集中在 1960～1964 年、1970～1979 年、1985～1994 年；油房寨—马寨主要集中在 1970～1979 年、1985～1989 年。

进入 21 世纪后，发生横河有减少趋势，在 7 个多发子河段中，裴峪—洛河口、禅房—油房寨及油房寨—马寨 3 个子河段，2000～2009 年 10 年内没有发生一次横河。

（五）横河形成原因

形成横河的原因是综合性的，只能根据出现横河的情况进行概括，找出易形成横河的主要因素。

1. 主溜摆动、河势游荡

横河是一种畸形河势，平原河道在天然情况下是不可能长期维持横河流路的，它是在河势演变的过程中形成、发展、消失的。一处横河消失后还可能在另一个地方形成新的横河。

弯曲性河段和过渡性河段，因其河势演变的速度慢，主溜的变化多由塌滩造成，出现横河的概率也相对较小。在游荡性河段，河道宽浅、水流散乱，沙洲密布且变化快，纵向、横向冲淤变化快且幅度大，在主溜位置经常变化的过程中，易于形成横河并进一步发展，直至消失。

2. 河床组成差异

在一个较短的河段内，河床质组成变化较大时，在一定的条件下易于形成横河。如遇河床质为易于冲塌的沙土时，在滩地被水流淘刷的过程中，易于坍塌后退，在弯道下首滩岸遇有黏土层或亚黏土层，其抗冲性较强，水流到此受阻，河弯中部不断塌滩后退，黏土层受溜范围加长，弯道导流能力增大，迫使水流急转，形成横河。

在图 10-13 中，大洪口村基为耐冲的黏性土，村庄以上弯底深化。村庄以下出现横河，就是河床组成差异造成的横河。

3. 流量大幅度变化

流量大时水流的功率大，主流趋中走直，河心滩相对低矮，不易坐弯；流量小时，在大流量塑造的河床内演变则易坐弯、形成横河。按照表 11-4 的数据点绘了 1950～2009 年花园口年平均流量与当年游荡性河段发生横河次数过程线图（图 11-5），由图 11-5 看出大多数年份当流量大时，横河发生的次数明显减少，流量小时次数多，即呈反相关。由横河发生次数与花园口年平均流量关系同样较明确地反映出，随着流量的增大横河发生次数有相应减少的趋势。值得注意的是，流量大时横河发生的概率确实相对较少；但若一旦形成横河，因其冲蚀力大，其影响和危害相对也要大得多。

表 11-4　1950～2009 年花园口年均流量 $\overline{Q}_{年}$ 及游荡性河段横河发生次数 N 统计表

年份	1950	1951	1952	1953	1954	1955	1956	1957	1958	1959
$\overline{Q}_{年}$	1485	1569	1425	1385	1860	1820	1500	1130	2000	1240
N	4	0	4	2	0	3	4	11	5	8
年份	1960	1961	1962	1963	1964	1965	1966	1967	1968	1969
$\overline{Q}_{年}$	636	1780	1420	1770	2720	1220	1430	2240	1850	965
N	3	9	4	3	2	5	4	6	5	4

续表

年份	1970	1971	1972	1973	1974	1975	1976	1977	1978	1979
$\overline{Q}_{年}$	1170	1110	932	1140	901	1740	1690	1110	1110	1180
N	8	4	2	11	13	6	8	13	2	7
年份	1980	1981	1982	1983	1984	1985	1986	1987	1988	1989
$\overline{Q}_{年}$	923	1510	1350	1940	1690	1500	626	723	1130	1350
N	5	5	3	2	5	2	7	13	16	6
年份	1990	1991	1992	1993	1994	1995	1996	1997	1998	1999
$\overline{Q}_{年}$	1160	765	845	967	969	758	877	452	691	661
N	2	5	5	9	14	4	4	2	3	2
年份	2000	2001	2002	2003	2004	2005	2006	2007	2008	2009
$\overline{Q}_{年}$	524	525	620	865	776	815	891	855	747	736
N	4	4	7	9	9	7	1	2	3	5

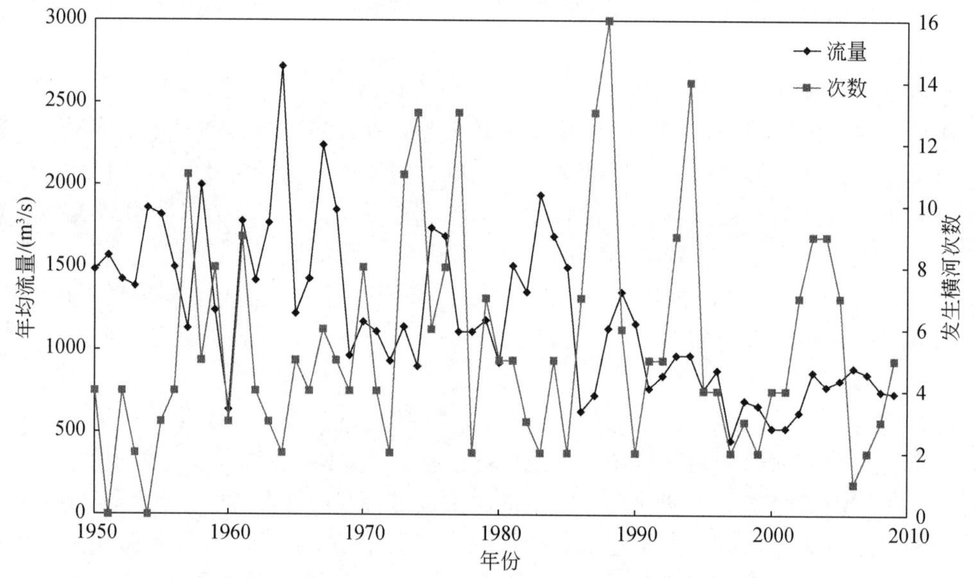

图 11-5　游荡性河段年均流量与横河发生次数对比图

在洪水期流量的急剧消落过程中，由于河弯内溜势骤然上提，往往在河弯下端很快淤出新滩，水流受到滩嘴阻水作用，易于形成横河。

4. 主股支股交替

在多股行流的游荡性河段，主股、支股有时会相互演变，尤其在流量变幅较大的时间，有时一些斜向支股会发展成为主股，形成横河。

（六）横河与河道整治的关系

横河是河势演变中的一种不利河势，河道整治是通过修建河道整治工程稳定河势，进行河道整治可以减少影响防洪安全的横河发生。

中华人民共和国成立以来，黄河下游创立并发展了河道整治。在已控制和基本控制河势的弯曲性及过渡性河段，已很少出现横河，游荡性河段仍为出现横河最多的河段。

在游荡性河段，20 世纪 50 年代只是被动的新建、完善险工；60～70 年代在修建护滩、护村工程的过程中，也结合控导河势按规划修建了一些控导工程，80 年代在与过渡性河段相接的东坝头—高村河段基本取得初步控制河势的效果，90 年代以后继续按规划治导线修建控导工程，现已大大缩小了摆动范围，花园镇—神堤（洛河口），花园口—武庄河段已基本达到初步控制河势的效果。

为了说明横河发生次数与河道整治的关系，将 1950～2009 年分成 3 个时距均为 20 年的时段。图 11-6 为游荡性河段不同时段横河发生次数沿程变化图。由表 11-5 看出，1950～1969 年为 86 次，1970～1989 年为 138 次，1990～2009 为 101 次。由表 11-4 知，1950～1969 年是水量丰的 20 年，大流量时不易形成横河，因此出现横河的次数较少。1970～1989 年发生横河的次数最多，达 138 次，平均 6.9 次/年；1990～2009 年发生横河的次数少，仅 101 次，平均 5.05 次/年。1990～2009 年的年均流量又远小于 1970～1979 年（表 11-4）。在 1970～2009 年的 40 年中，游荡性河段的河道整治在不断进行中，可见进行河道整治可以减少横河发生的频率。

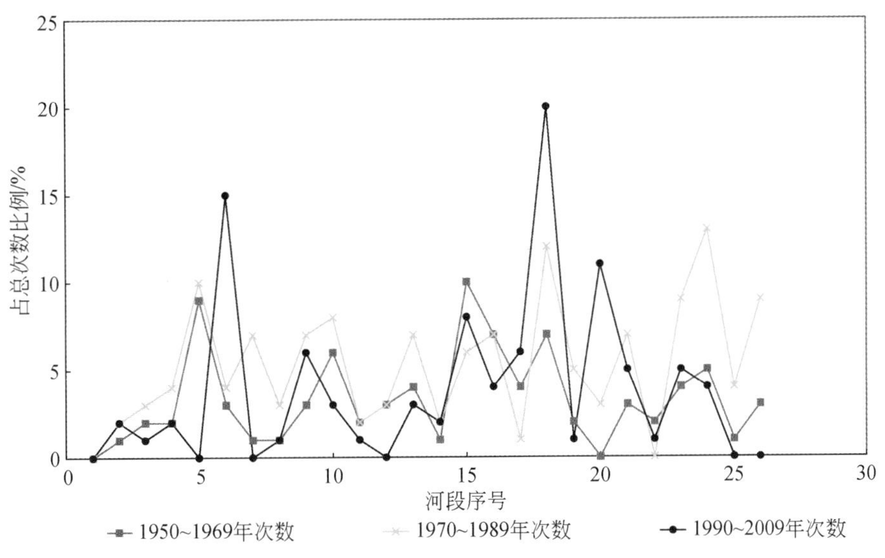

图 11-6　游荡性河段不同时段横河发生次数沿程变化图

表 11-5　黄河下游游荡性河段汛后主流线横河发生次数不同时段发生频率表

河段		1950～1969 年			1970～1989 年			1990～2009 年			1950～2009 年		
序号	起止断面	横河发生次数	占总次数比例/%	由多至少排序	横河发生次数	占总次数比例/%	由多至少排序	横河发生次数	占总次数比例/%	由多至少排序	横河发生次数	占总次数比例/%	由多至少排序
1	铁谢—下古街	0	0	26	0	0	26	0	0	26	0	0	26
2	下古街—花园镇	1	1.16	20	2	1.45	20	2	1.98	13	5	1.54	20
3	花园镇—马峪沟	2	2.33	15	3	2.17	16	1	0.99	16	6	1.85	18
4	马峪沟—裴峪	2	2.33	15	4	2.90	13	2	1.98	13	8	2.46	15
5	裴峪—洛河口	9	10.47	2	10	7.24	3	0	0	26	19	5.85	5
6	洛河口—孤柏嘴	3	3.49	10	4	2.90	13	15	14.85	2	22	6.77	3
7	孤柏嘴—罗村坡	1	1.16	20	7	5.07	6	0	0	26	8	2.46	15

续表

河段		1950～1969年			1970～1989年			1990～2009年			1950～2009年		
序号	起止断面	横河发生次数	占总次数比例/%	由多至少排序	横河发生次数	占总次数比例/%	由多至少排序	横河发生次数	占总次数比例/%	由多至少排序	横河发生次数	占总次数比例/%	由多至少排序
8	罗村坡—官庄峪	1	1.16	20	3	2.17	16	1	0.99	16	5	1.54	20
9	官庄峪—秦厂	3	3.49	10	7	5.07	6	6	5.94	5	16	4.92	9
10	秦厂—花园口	6	6.98	5	8	5.80	26	3	2.97	11	17	5.23	8
11	花园口—八堡	2	2.33	15	2	1.45	20	1	0.99	16	5	1.54	20
12	八堡—来潼寨	3	3.49	10	3	2.17	16	0	0	26	6	1.85	18
13	来潼寨—辛寨	4	4.65	7	7	5.07	6	3	2.97	11	14	4.31	11
14	辛寨—黑石	1	1.16	20	2	1.45	20	2	1.98	13	5	1.54	20
15	黑石—韦城	10	11.63	1	6	4.35	11	8	7.92	4	24	7.38	2
16	韦城—黑岗口	7	8.13	3	7	5.07	6	4	3.96	9	18	5.54	6
17	黑岗口—柳园口	4	4.65	7	1	0.72	23	6	5.94	5	11	3.38	14
18	柳园口—古城	7	8.13	3	12	8.69	2	20	19.80	1	39	12.00	1
19	古城—曹岗	2	2.33	15	5	3.62	12	1	0.99	16	8	2.46	15
20	曹岗—夹河滩	0	0	26	3	2.17	16	11	10.89	3	14	4.31	11
21	夹河滩—东坝头	3	3.49	10	7	5.07	6	5	4.95	7	15	4.61	10
22	东坝头—禅房	2	2.33	15	0	0	26	1	0.99	16	3	0.92	25
23	禅房—油房寨	4	4.65	7	9	6.52	4	5	4.95	7	18	5.54	6
24	油房寨—马寨	5	5.81	6	13	9.42	1	4	3.96	9	22	6.77	3
25	马寨—杨小寨	1	1.16	20	4	2.90	13	0	0	26	5	1.54	20
26	杨小寨—河道村	3	3.49	10	9	6.52	4	0	0	26	12	3.69	13
游荡性河段合计		86	100		138	100		101	100		325	100	
沿时段频率/%		26.46			42.46			31.08			100		

从表 11-5 看出，1950～2009 年 60 年间发生横河最多的河段为柳园口—古城、黑石—韦城、洛河口—孤柏嘴、油房寨—马寨。1950～1969 年发生最多的河段为黑石—韦城、裴峪—洛河口、韦城—黑岗口、柳园口—古城。1970～1989 年发生横河最多的河段为油房寨—马寨、柳园口—古城、裴峪—洛河口、禅房—油房寨、杨小寨—河道村。1990～2009 年横河发生最多的河段为柳园口—古城、裴峪—洛河口、曹岗—夹河滩、黑石—韦城。不同时段横河多发河段的位置是有所变化的，1970～1989 年的横河多发河段，位于整治工程较为配套、初步控制河势河段中的禅房—油房寨和油房寨—马寨河段，至 1990～2009 年已大大减少了横河次数，裴峪—洛河口、马寨－杨小寨和杨小寨—河道村河段 20 年内没有发生一次横河。1990～2009 年发生横河多的河段，正是进行河道整治晚，两岸整治工程少且不配套的河段，为了减少横河威胁防洪安全，正是需要加快整治的河段。

二、畸形河弯

一般而言，河流在纵向是以曲直相间的形式流向下游，在平面上可能是一股，也可能是多股。对于多股情况，每股水流在纵向也多为曲直相间，沿程还会有汇合、分股情况。弯段多为较平顺的弯道，弯道内水流流向宏观上与大河总的流向一致。

对于畸形河弯，弯道的曲率大，平面形状不规则，如有的畸形河弯呈倒“S”形、“Ω”形、鹅头形；有的畸形河弯的部分水流段的水流方向，与河流总的流向呈相反方向的“倒流”情况；有的畸形河弯连续出现陡弯等。随着时间的推移，畸形河弯会不断发展，但在一定的来水来沙情况下会发生裁弯等平面形态突变的情况，致使畸形河弯消失，成为一般常见的曲直相间流动形式。在自由演变的情况下，有些还会重新出现新的畸形河弯。图 11-7 为封丘大宫—曹岗河段 1995 年发生的畸形河势，连续出现畸形河弯。主流先在右岸王庵控导工程以上坐陡弯后折向左岸，流经约 2km 又在左岸坐一陡弯，折向东南，2 处坐弯处水流转弯均超过 90°。以下在王庵控导工程至府君寺控导工程之间形成了 2 个连续的、尺度较大的、转弯均为 180°左右的弯道。水流 3 次穿过古城断面，在古城断面上下约 5km 的局部河段内，水流流线长度相当于河道长度的 3 倍。不仅在两岸造成大面积的坍塌，水流也十分不顺，对排洪是非常不利的。

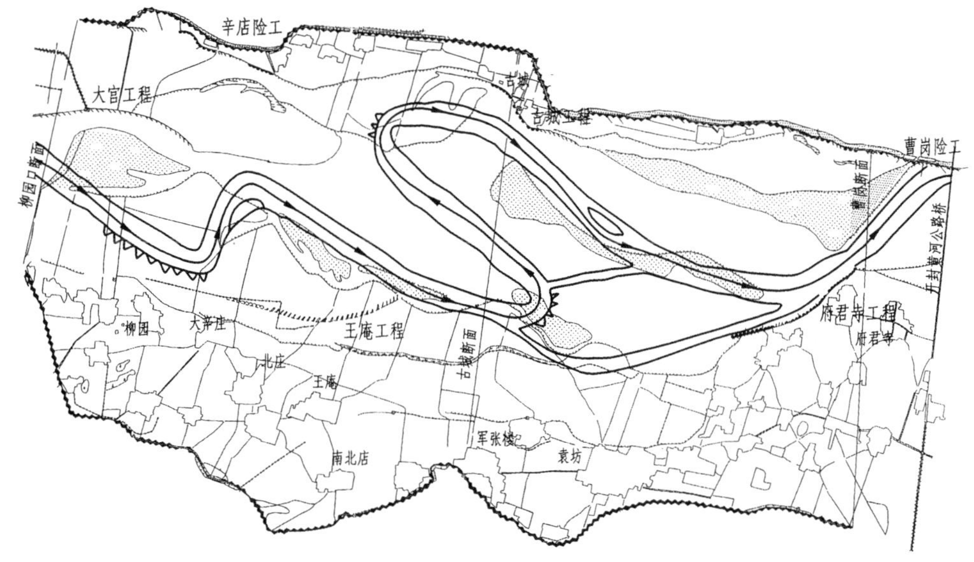

图 11-7　封丘大宫—曹岗河段 1995 年 10 月畸形河弯

（一）游荡性河段的畸形河弯

1. 巩义神堤—英峪河段

（1）1999 年畸形河弯

洛河入黄口以上为神堤控导工程，1999 年汛末主溜靠神堤控导工程，出流东北流向北岸（左岸），通过塌滩，流向变为朝东，在嫩滩上形成“死弯”，水流折转近 180°成“倒流”状况，流向朝西，再转向约 90°向南流至南岸（右岸），又折转约 90°向东偏北流（图 11-8），在很短的河段内，水流方向变化了约 360°。于河槽范围内，形成了一个大的倒“S”弯，如在此划一个垂直河道的横断面线，即会出现水流 3 次穿过一个横断面线的情况。

（2）2009 年畸形河弯

神堤以下河段长期未有修建河道整治工程，河势变化很大，进入 21 世纪后，在英峪以上多次出现由北向南流的横河，并形成倒“S”形的河弯。由图 11-9 看出，2008 年在英峪以上就出现了横河形式的畸形河弯，在河势演变的过程中，弯道不断深化，至 2009 年汛末，溜出神堤工程之后，以缓弯向下，至沙鱼沟滩下段水流折转朝北，经 2 个约 90°的转弯后，又以横河形式流向南岸英峪一带，再折转为东偏北方向沿南岸而下，该河段成为一个畸形弯道。

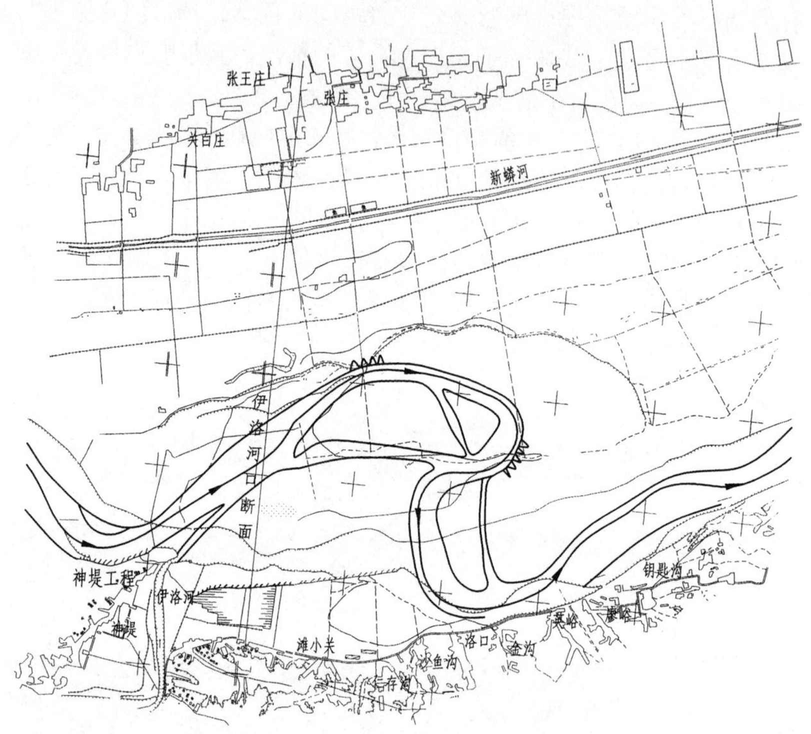

图 11-8　神堤—英峪 1999 年 9 月畸形河弯

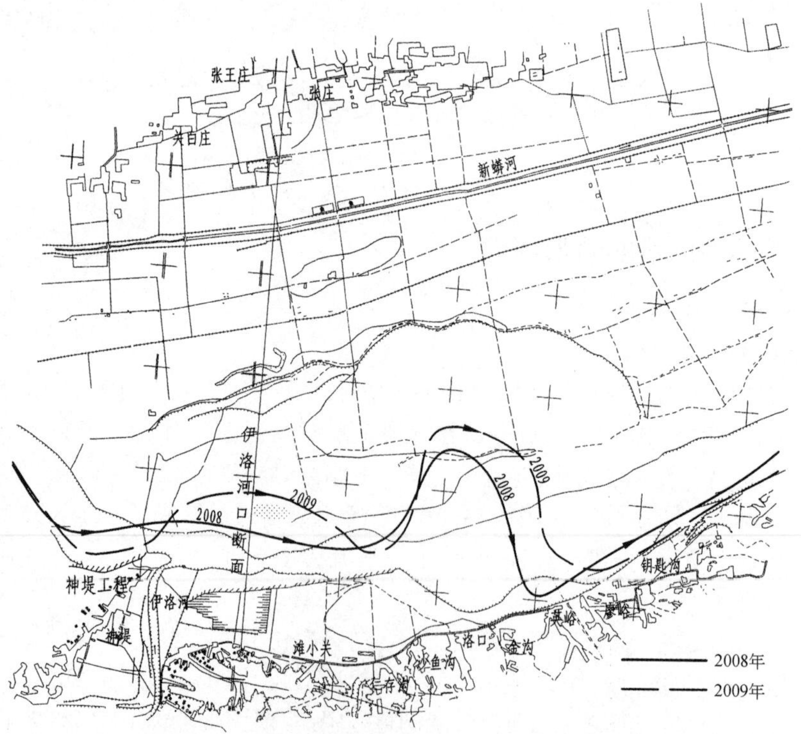

图 11-9　神堤—英峪 2008 年、2009 年主溜线图

2. 开封柳园口—封丘古城河段

（1）1994 年畸形河弯

图 11-10 是柳园口—府君寺河段 1994 年洪水期及汛末主流线图。1994 年 8 月 8 日花园口站出现洪峰流量为 6300m^3/s 的洪水。洪水时流路为：柳园口险工靠河送溜至大宫控导工程，流向东偏南至古城断面（中河位置）以上坐陡弯至古城再折向下游，在古城断面上下已形成了一个倒“S”形河弯。至汛后大宫控导工程以上河势发生了大的变化。大河经黑岗口险工流向柳园口险工对岸坐弯，以下在柳园口险工下首至大宫控导工程之间，水流流向由东南急弯转向西北，流向改变了约 180°，经大宫控导工程后流向转为东南，古城断面上下的倒“S”形弯进一步深化、弯曲，其中一段主溜朝西北方向流，经过“倒流”后再转约 180°后沿古城控导工程向东南流至府君寺工程。在柳园口—府君寺直线距离不足 20km 的范围内，出现 4 个转弯约 180^0 的弯道，形成了 2 个倒“S”弯相连的畸形河弯。

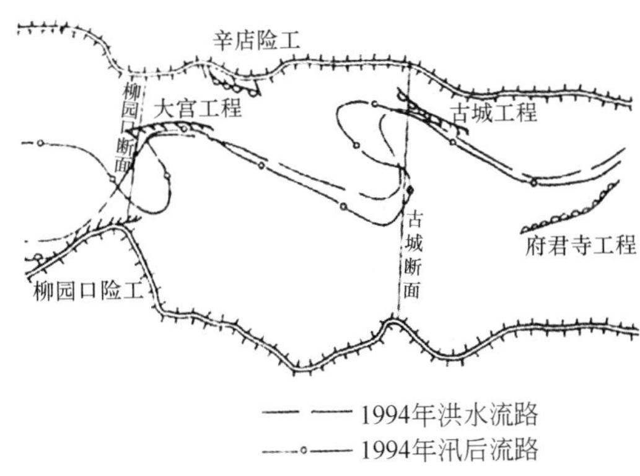

图 11-10　柳园口—府君寺河段 1994 年畸形河弯

（2）2003 年畸形河弯

2003 年受华西秋雨的影响，9 月、10 月黄河来水量相对较大，所形成的畸形河弯较小水形成的畸形河弯的河弯参数相对要大，在较大的尺度范围内呈畸形之状。图 11-11 为柳园口至古城河段 2003～2005 年汛末主溜线套绘图，由图看出，2003 年主溜于大宫控导工程以上滩地坐弯，朝东南流至右岸王庵控导工程前滩地坐一陡弯，折转 90°以上，沿北北西方向流至左岸滩地坐弯，水流在 2～3km 的流程中流向由北北西→东流→南东，以下古城控导工程不靠河，在工程南的滩地上慢慢改变方向，沿南东东方向流向下游。在大宫控导工程、古城控导工程均不靠溜的情况下，形成了一个倒“S”形弯道。

（3）2004 年畸形河弯

2004 年该河段的畸形河弯进一步发展（图 11-11）。柳园口险工前为中河，大宫控导工程下段虽未靠河，但水流基本沿工程位置线的走向，至下端水流折转近 90°向南，在柳园口险工下端与王庵控导工程上端之间，折转 90°向东，再折转 90°向北，以下更是畸形弯道相连，流向不仅有“横向”，还有“倒流”的，在大宫控导工程至古城控导工程之间，形成了 3 个相连的形似“Ω”的畸形弯道。

（4）2005 年畸形河弯

2005 年柳园口—古城河段的河势较 2004 年有所改善，但仍存在畸形河弯（图 11-11）。为防止右岸柳园口险工以东滩地继续坍塌后退，造成劓王庵控导工程后路的河势，在当时王庵控导工程最上端（-14 垛）以上，沿-14～-1 垛的直线方向，留有一定距离（当时为主溜流经的地方）后，于汛前修了-30～-25 垛，工程长约 500m。汛期主溜在-25～-14 垛之间形成畸形河弯，-14～-11 垛之间的连坝背河侧接连抢险，流路非常不顺。以下虽发生了自然裁弯，主溜流线较 2004 年有所改善，但在古城控导工程前仍存在一个非常不顺的近似“Ω”形的弯道。纵观柳园口至古城之间 2005 年汛末的河势，仍为不规则弯道组成的畸形河弯。

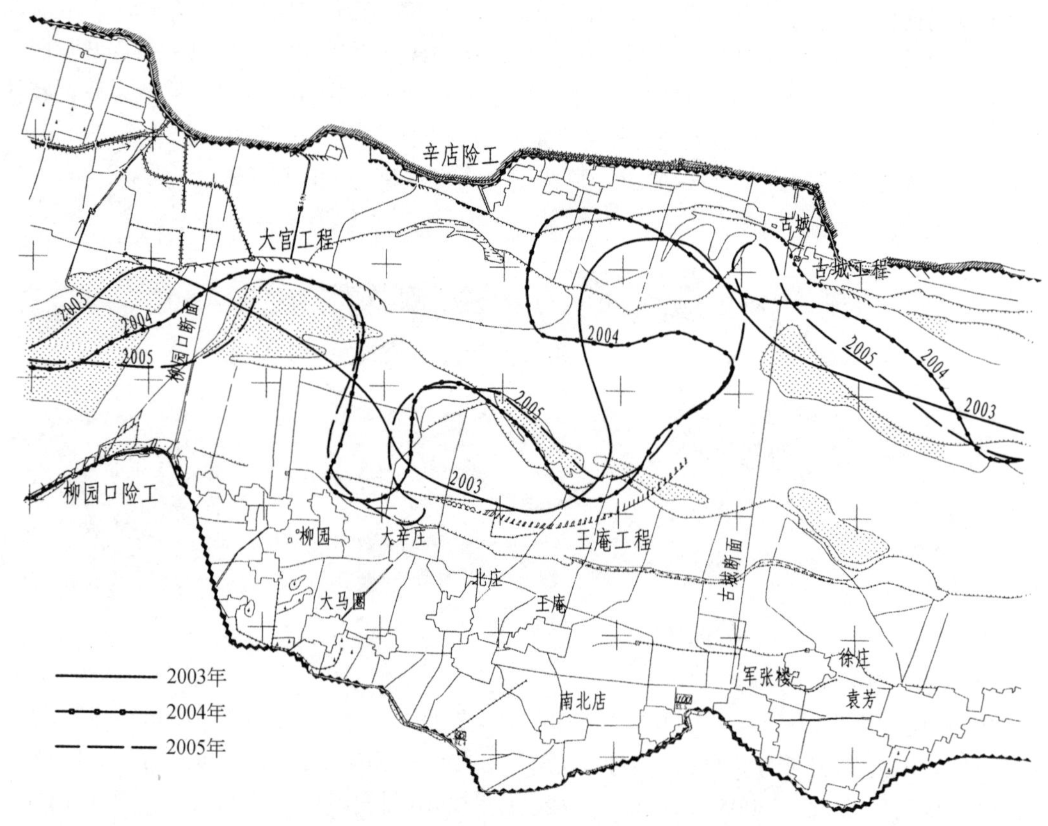

图 11-11　柳园口—古城河段 2003～2005 年汛末畸形河弯

3. 开封欧坦—兰考夹河滩河段

欧坦控导工程建于曹岗险工的下一个弯道上。在 20 世纪，曹岗以下河势流路大体有三：一为北河即由曹岗经常堤到贯台，二为南河即由曹岗至欧坦到贯台，三为介于二流路之间的中河，21 世纪初曹岗险工下首接修控导工程后，曹岗经常堤到贯台的北河流路不会再出现。21 世纪初欧坦控导工程没有靠河，其下却多次出现畸形河弯。

（1）2003 年畸形河弯

大溜在欧坦控导工程下首以北的滩地坐弯，以横河形式到左岸贯台控导工程以上的张庄以南滩地，经塌滩弯道不断深化，流向由北东，转为向南，在张庄一带转弯近 140°，继而南流至右岸中王庄村北一带滩地，流向由南→东→北，流向又变化了 180°，以下在左岸贯台控导工程以下滩地上坐弯，流向由北→东→南，转向 180°后流向右岸的夹河滩控导工程（图 11-12），再折转 90°东流。由欧坦控导工程以北滩地上的向东流至夹河滩控导工程处的向东流，流向多次急变，共约转变了 720°，从欧坦—夹河滩控导工程，主溜线像是双峰骆驼的双峰。

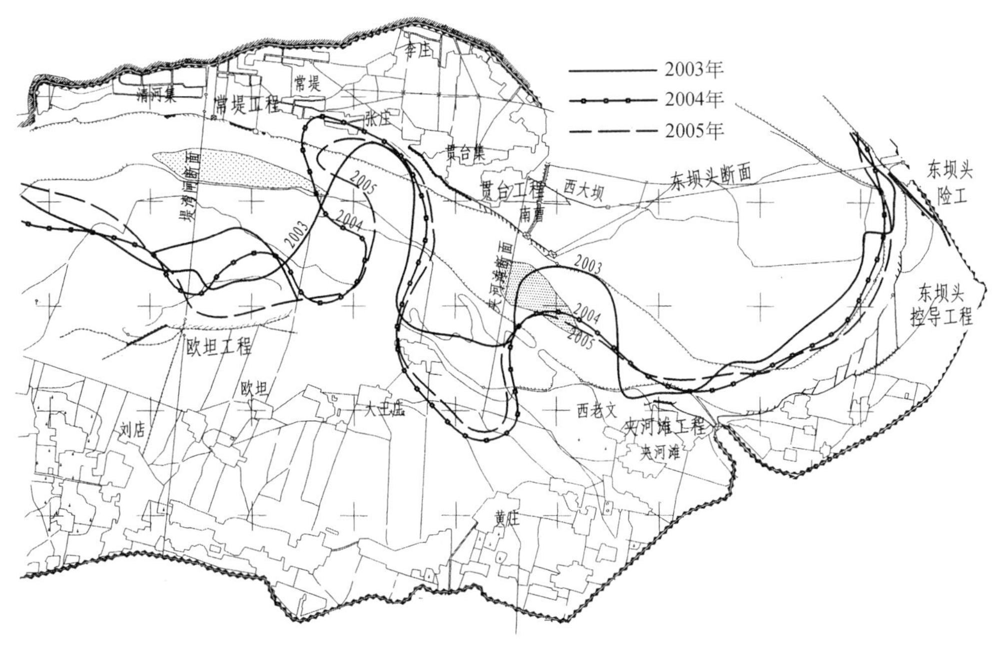

图 11-12 欧坦—夹河滩河段 2003～2005 年畸形河弯

（2）2004 年畸形河弯

在 2003 年畸形河弯的基础上，右岸欧坦控导工程下首、左岸张庄以上、右岸中王庄一带，滩岸继续坍塌后退，中王庄塌入河中，弯道向纵深发展，畸形河弯进一步恶化，流向为“正流”、“横流”、“倒流”交替，在欧坦至夹河滩控导工程之间出现了由 3 个紧密相连的“Ω”形河弯组成的畸形河势（图 11-12）。

（3）2005 年畸形河弯

该河段 2005 年与 2004 年相比，河势变化不大，基本维持了 2004 年的畸形河势外形，但欧坦控导工程下首的“Ω”形河弯消失，成为由 2 个紧密相连的“Ω”形河弯组成的畸形河势（图 11-12）。鹅头形河弯是畸形河弯的一种形状，左岸张庄南的河弯为反向鹅头形。

4. 东明王夹堤—王高寨河段

东明王夹堤—王高寨是河势游荡多变的河段，不仅主溜的摆动幅度大、流路不稳定，还经常出现畸形河弯。

1994 年 5 月禅房控导工程下首主流朝向王夹堤控导工程，但在接近王家堤控导工程位置时，却出现了一个“Ω”形河弯，经王夹堤控导工程下段顺流而下，未至大留寺控导工程就缓弯流向王高寨控导工程，中间一段像是曾经出现过“Ω”形河弯且裁弯后的情况（图 11-13）。经过一个洪水不大的汛期，至 10 月河势又发生了变化，“Ω”畸形河弯消失，王夹堤控导工程上游右岸滩地坍塌后退，离岸后走河槽中部向下，至左岸大留寺控导工程以下滩地折转流向右岸。1995 年也是一个洪水不大的年份，至 1995 年 10 月，主溜沿右岸至蔡集控导工程下首转向左岸，以横河形式冲向大留寺控导工程上段，在大留寺控导工程前滩地上出现 2 个近似 90°的弯道（图 11-13），又以横河形式冲向右岸大王寨控导工程上首，即在王夹堤—大王寨控导工程之间出现了由 2 个横河组成的不规则河势。

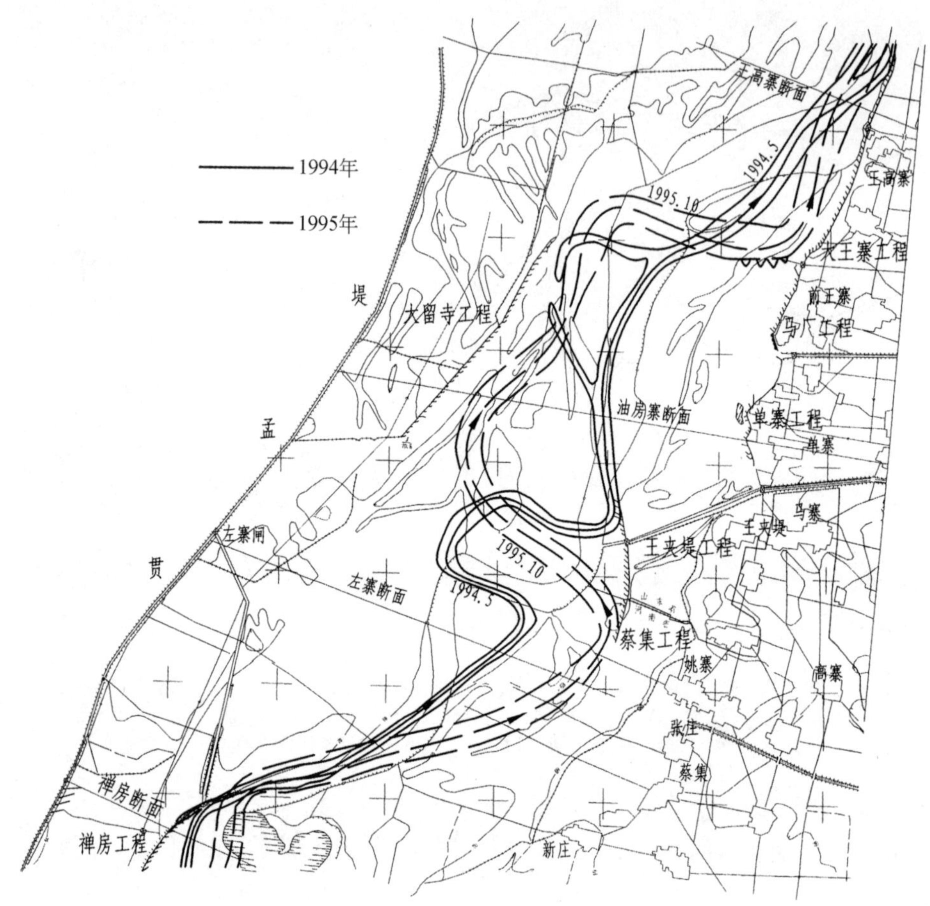

图 11-13　东明王夹堤—王高寨河段 1994～1995 年畸形河弯

5. 东明老君堂—堡城河段

图 11-14 是东明老君堂控导工程至堡城险工间的主溜线套绘图，在 1980 年前后，老君堂及榆林控导工程仅修建了上段的丁坝，尚不能控导河势，在河势演变的过程中出现横河和畸形河弯。1975 年尚属由老君堂→榆林→堡城的正常弯道，1976 年水流以横河形式顶冲霍寨险工，弯道继续向纵深发展，至 1977 年，主溜出榆林控导工程后沿左岸向下游发展，在原白寨村一带有耐冲的胶泥嘴，致使水流急转将近 160°，呈向上游流动的“倒流”之势，再转向约 130°冲向霍寨险工下首，形成一个倒“S”形弯道，如在霍寨险工取一个横断面即会 3 次穿过河道主溜。1978 年河道裁弯，主溜绕过老君堂控导工程至黄寨、霍寨险工，再到堡城险工。1979 年、1980 年、1981 年虽已生成弯道，但范围都不大，1982 年又形成了畸形弯道，在黄寨险工前出现了一个规模较小的倒“S”形弯道，1983 年发生了小范围的演变，至 1984 年这种畸形弯道消失。

（二）过渡性河段的畸形河弯

1. 鄄城苏泗庄—营房河段

（1）1957 年濮阳密城河段畸形河势

右岸鄄城苏泗庄险工与左岸濮阳聂堌堆胶泥嘴之间为一卡口，水流出卡口后流向左岸

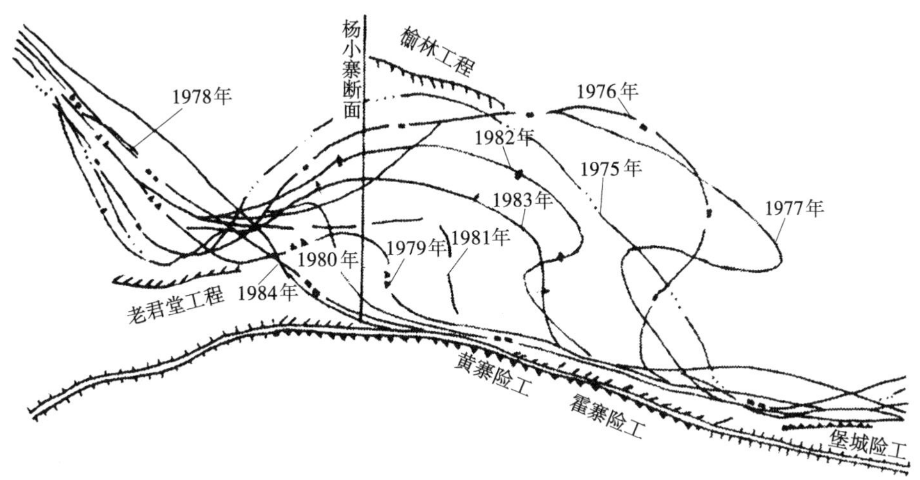

图 11-14　老君堂控导工程至堡城险工河段畸形河势发展图

濮阳后辛庄、东孙密城一带，在 1956 年弯道的基础上，坍塌后退，水流转向，至宋集西南滩地水流继续转向，冲向右岸滩地（图 11-15）。从房常治算起水流流向已转弯 180°，继而沿右岸塌滩转向，至右岸鄄城许楼、鱼骨、营房一带。在濮阳密城河段形成了一个“Ω”河弯。

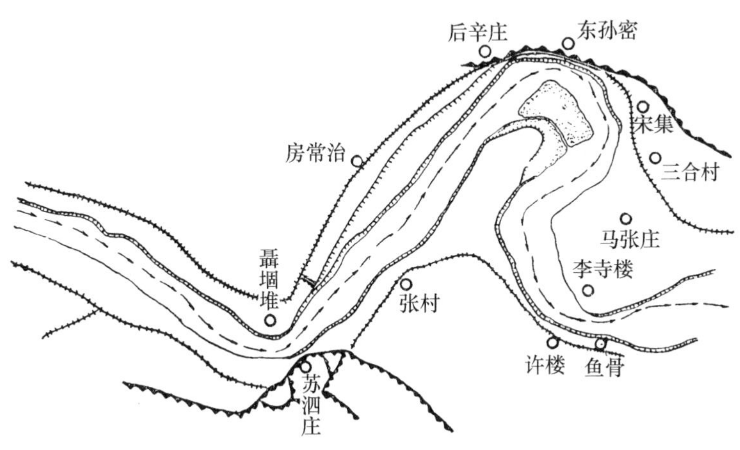

图 11-15　1957 年濮阳密城湾畸形河弯平面图

（2）1960 年濮阳密城河段畸形河势

濮阳密城河段的畸形河弯经过 1958 年大洪水，发生裁弯，水流在房常治至马张庄连线方向流动。1959 年又向弯曲发展，至 1960 年 7 月复又形成一个“Ω”形弯道（图 10-10）。水流出苏泗庄后基本沿右岸而下，至张庄、夏庄成弯后，送流至左岸，沿左岸塌滩坐弯至王密城、宋集，水流流向为北→东→南，至马张庄以西滩地，水流转向已超过 180°，至李寺楼为弯颈处，水流折转朝东，至右岸鄄城鱼骨、营房。形成了一个完整的“Ω”弯道。经 1960 年洪水，河势发生变化，“Ω”弯道裁弯，汛末河势已为一般的弯道。

2. 鄄城老宅庄—范县邢庙河段

（1）1956 年、1960 年、1964 年畸形河势

图 11-16 为 1956 年、1960 年、1964 年鄄城老宅庄—范县邢庙河段主溜线套绘图。1956

年主溜沿右岸在老宅庄以下滩地上折转约 100°流向左岸，又在较短的流程内转向 120°，形成了一个“Ω”形河弯。1960 年，老宅庄以下较 1956 年弯顶下移，并以较大的角度流向左岸，在左岸滩地塌成陡弯，转向约 120°后又慢转弯流向下游。1964 年右岸老宅庄以下弯道进一步向下游发展，以转向 130°的弯道流向左岸，紧接着在左岸形成了一个转向为 140°的陡弯，2 个陡弯构成了一个倒“S”形的畸形河势。

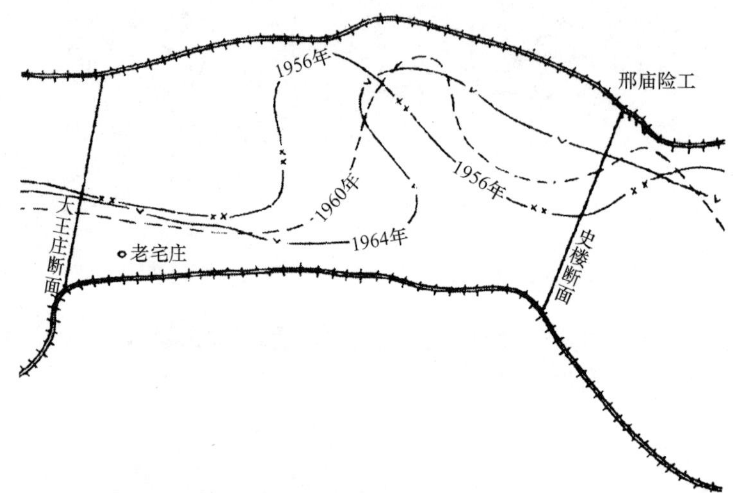

图 11-16　鄄城老宅庄—范县邢庙河段 1956 年、1960 年、1964 年畸形河弯

（2）1966 年畸形河弯

1966 年随着右岸鄄城桑庄险工以下十三庄一带弯道的深化，岸线对水流的控导作用增强，主溜折转西北，在左岸范县南李桥以南滩地坐弯，水流折转下行 2～3km 后又折转东南，在李桥弯流向改变了 210°，继而在右岸鄄城苏门楼村北坐弯后东流而下，在此范围内形成了一个“Ω”形河弯（图 11-17）。

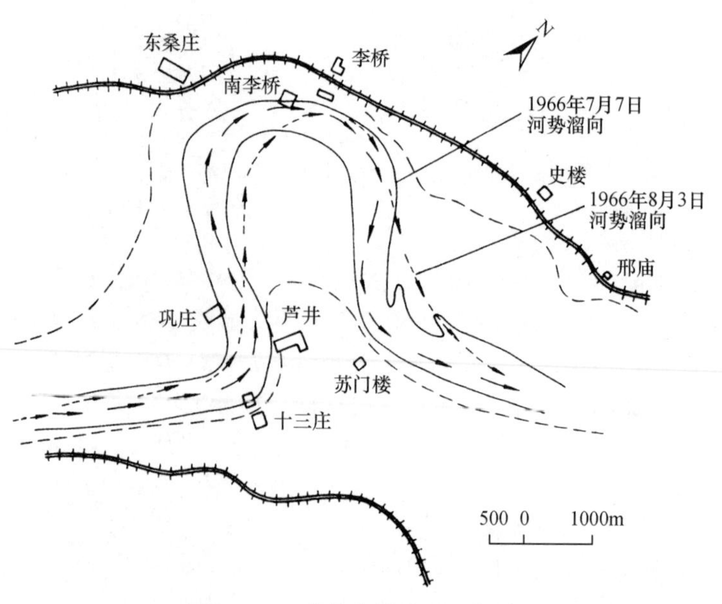

图 11-17　范县李桥畸形河弯图

3. 范县邢庙—郓城苏阁河段

范县邢庙—郓城苏阁河段，1935 年在左岸范县邢庙一带主溜沿左岸而下，行河 4km 左右后水流转弯，接连出现 3 个弯道，水流转向约 360°后，冲向苏阁险工上首前面滩地，坐弯后又流向对岸（图 11-18）。

1954 年主溜靠左岸范县邢庙险工，出险工后较为顺直的流向右岸，约经 8km，在滩地上坐一陡弯，其位置与 1935 年相近，以下连续出现横河及近于横河的形式冲向右岸郓城苏阁险工方向，在险工前面滩地坐弯后，折向对岸，畸形河弯的位置与 1935 年的畸形河弯位置相近（图 11-18）。

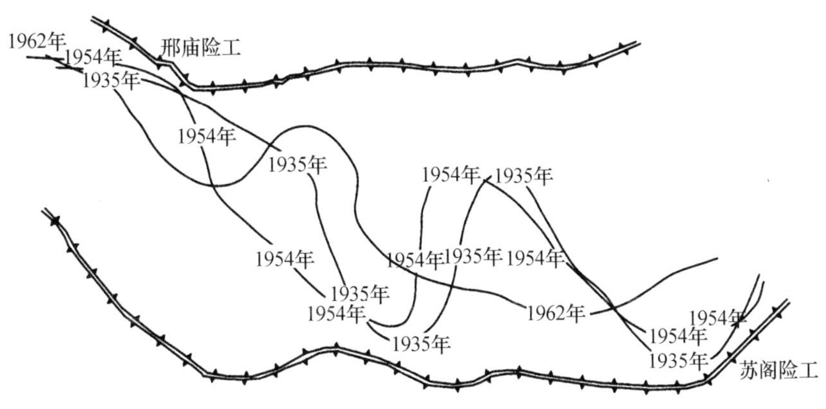

图 11-18　邢庙—苏阁河段 1935 年、1954 年畸形河弯

4. 郓城苏阁—杨集河段

20 世纪 50 年代右岸郓城苏阁险工靠河较为稳定。1956 年河出右岸苏阁险工至左岸范县许楼、储洼一带，流向冯潭、夏庄，再至右岸郓城蔡庄、杨集险工，左岸弯道虽较 1954 年有所深化，但基本仍为正常弯道。随着弯道的继续深化，1956 年、1957 年成为一个倒“S”形弯道（图 10-1）。水流出右岸郓城苏阁险工后至左岸范县许楼、储洼、白堂一线，以下弯道继续深化，水流从范县旧城到台前卢庄，由许楼至卢庄为一路慢弯，但在卢庄水流流向折转约 90°流向右岸塌滩坐弯，由卢庄至李庄以西滩地至郓城蔡庄以北至杨集连续转弯，在几千米的流程内流向改变约 180°，如从苏阁算起，至杨集水流转向达 360°。这样的畸形河弯对排洪是非常不利的。

（三）畸形河弯的影响

1. 造成严重抢险

开封黑岗口险工至柳园口险工长约 13km，由于河势变化，至 20 世纪末修有黑岗口险工（长 5695m）、柳园口险工（长 4287m）和在两险工之间并与柳园口险工相连的高朱庄控导工程（长 2390m），工程总长度（12372m）已接近堤线的长度。但该段河势并未得到控制。

1991 年、1992 年来水少，花园口年径流量仅 212.5、248.4 亿 m^3，也未发生较大的洪峰，1993 年汛期水量仍偏枯，最大流量仅为 $4300m^3/s$（8 月 7 日）。小水情况下，易出现一些畸形河弯。1993 年 9 月在黑岗口险工与大宫控导工程之间接连出现首尾相连的 2 个畸形河弯（图 11-19）。黑岗口险工、柳园口险工及高朱庄控导工程有坝垛御流，未出现大的险情，但在畸形河弯演变的过程中，着溜部位变化，塌失滩地，9 月在黑岗口险工下首至高朱庄控导工程上首之间长 850m 无坝垛的范围内，堤防前滩地塌失，滩地宽度仅余 60～70m 的距离，为防危及堤防安全，被迫抢修了 8 个垛。

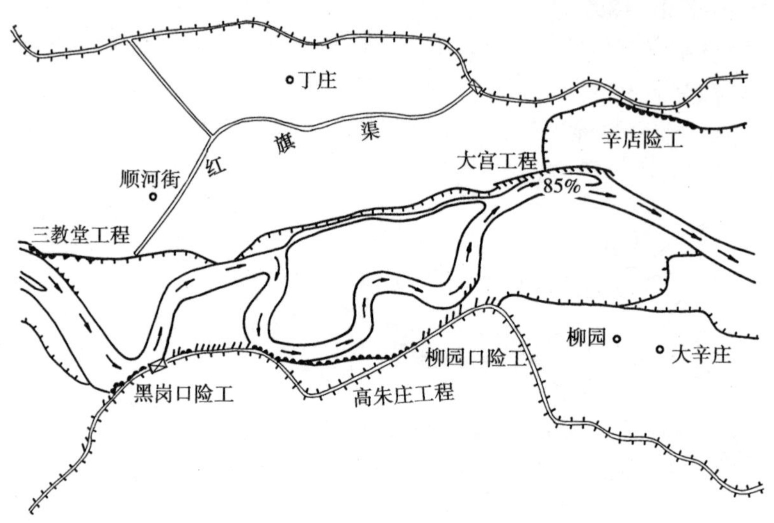

图 11-19　黑岗口险工—柳园口险工河段 1993 年畸形河弯

2. 造成河势巨变

由于 1855 年黄河在兰考铜互厢决口改道，黄河在东坝头上下由向东流转为向北流。河势演变的一般规律为东坝头以上为南河时，东坝头以下为西河；以上为北河时，以下为东河；以上为中河时，以下也多为中河。在进行河道整治规划时，结合 1964 年已修建的东坝头控导工程及当时的河势情况，选择了东坝头以上南河、东坝头以下西河的流路，东坝头以上靠东坝头控导工程和东坝头险工导流，东坝头以下于 1973 年开始修建了禅房控导工程、1978 年开始修建了大留寺控导工程。20 世纪 70 年代以来，东坝头险工是靠河的。

1988 年汛前东坝头河段出现了畸形河势（图 11-20）。贯台控导工程以下至东坝头控导工程一段河道内的所有工程均不靠河，主流在两岸嫩滩范围内任意变化，至东坝头险工前形成畸形河弯，主溜在东坝头断面中部嫩滩上坐弯，直冲东坝头控导工程 6 坝（当时为最下游 1 道坝）至东坝头险工之间的滩地，在数百米范围内主溜转向 180°，经东坝头险工导流至禅房控导工程，形成了一个“Ω”形河弯，在此畸形河弯内水流非常不顺。

7 月位于东坝头断面中部滩地上的弯道（图 11-20）继续坍塌后退，弯颈缩至约 400m。8 月上旬弯颈进一步缩至 200m 左右。8 月 9 日 3：30 花园口流量达 6400m^3/s，8 月 10 日 5 时夹河滩流量为 5700m^3/s。10 日下午胡一三等去山东河段防汛路经东坝头险工查勘时，大河水面宽约 0.8km，随着“Ω”形河弯进一步发展，弯颈仅为 100 余 m，由于水位升高，在弯颈处滩面上已有漫水。当时非常担心塌透弯颈，主溜撇开东坝头险工，顺杨庄险工而下，多年走西河的河势就会变成走东河的河势。这样，就使东坝头以下的河势发生巨变，已修的控导工程也会失去作用。

1988 年是水量偏枯的年份，但 8 月份水量偏丰，月平流量 3820m^3/s，月径流量达 102.3 亿 m^3，尤其集中在 8 月中旬前后，8 月份花园口站发生大于 5000m^3/s 的洪峰 4 次，最大流量为发生在 8 月 21 日的 7000m^3/s。水量丰有利于改善不利河势。在 8 月中旬弯颈塌透之前，

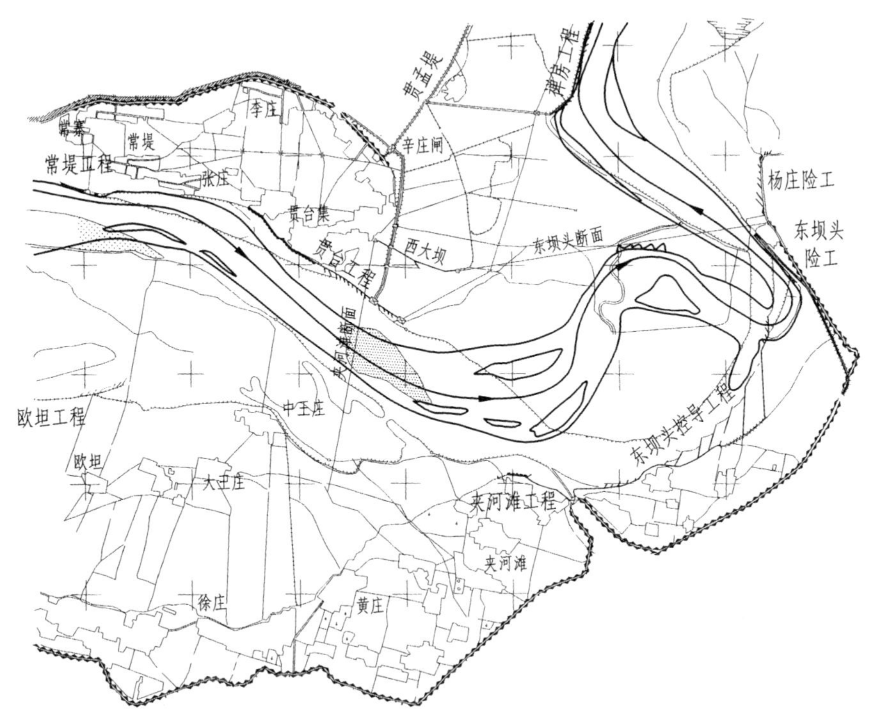

图 11-20 兰考东坝头河段 1988 年 5 月畸形河弯

由于东坝头控导工程以上河势的变化，东坝头弯又恢复了南圈河，促使东坝头险工继续靠溜导流，维持东坝头以下西河流路，保证了以下经禅房控导工程到王夹堤控导工程的河势。胡一三等人从山东防汛回郑州于 8 月 18 日下午再至东坝头险工查勘时，原来的畸形河弯已不存在，而是由东坝头控导工程靠河导流的南河，送溜至东坝头险工再到禅房控导工程的河势。经过 1988 年 8 月洪水期水流对河势的调整，至今一直维持了这种有利河势。

参 考 文 献

胡一三. 2010. 黄河下游河道整治的必要性. 水利规则与设计，5：1-4

胡一三，张红武，刘贵芝，等. 1998. 黄河下游游荡性河段河道整治. 郑州：黄河水利出版社

徐福龄，胡一三. 1983. 横河出险 不可忽视. 人民黄河，3：67-69

第十二章　黄河河口流路变迁

黄河 1855 年在兰考铜瓦厢决口改道走现行河道以来，注入渤海，由于泥沙淤积和河道变迁，形成了一个位于渤海湾与莱州湾之间的黄河河口三角洲。现在的河口三角洲是以垦利县宁海为顶点、北起套儿河口、南至支脉沟口、面积约 6000km² 的扇形地区。其范围为东经 118°10′～119°15′，北纬 37°15′～38°10′。黄河河口属陆相弱潮强烈堆积性河口。

黄河河口三角洲的变化主要受来水来沙条件及海洋动力条件的影响，它的变化又决定了三角洲地区地面高程、海岸淤进或蚀退的变化，同时对河口三角洲以上黄河下游河道也产生直接影响。

随着河口三角洲地区经济社会发展，尤其是石油工业的发展和东营建市，黄河河口流路变迁愈来愈受到人们的关注。

一、来水来沙及海洋动力

（一）河口地区洪水特性

利津水文站位于宁海以上约 10km 的地方，是黄河下游最后一个水文站，也是河口地区的水沙控制站。

黄河下游洪水可分为桃汛、伏汛、秋汛、凌汛，河口地区同样存在四个涨水期，7～10 月的伏秋大汛习惯上称为汛期，年最大流量一般在汛期出现，12 月至次年 2 月是凌汛期，其流量不算很大，但可能出现一年的最高水位。由于洪水在黄河下游传播过程中的坦化作用，利津站的洪水峰型一般较为矮胖。如 1958 年洪水，花园口站实测洪峰流量为 22300m³/s，利津站洪峰流量为 10400m³/s（7 月 25 日），Q>10000m³/s 的持续时间达 1 天以上（Q>5000m³/s 的持续时间达 19 天），1954 年和 1982 年洪水，花园站洪峰为 15000m³/s 左右，经下游滩区削峰和东平湖滞洪区分洪后，利津站洪峰流量为 8000m³/s 左右，Q>5000m³/s 的持续时间超过了 7 天。

（二）来水来沙及其特点

1. 概况

据利津水文站实例资料统计 1950 年 7 月至 2008 年 6 月进入河口地区多年平均水量为 314.1 亿 m³，沙量为 7.68 亿 t，平均含沙量为 24.4kg/m³。详见表 12-1。20 世纪利津站水量沙量逐年过程线见图 12-1。

表 12-1　利津水文站 1950～2008 年水沙特征值表

年份	水量/亿 m³			沙量/亿 t			含沙量/（kg/m³）		
	汛期（7～10 月）	非汛期（11～6 月）	年（7～6 月）	汛期（7～10 月）	非汛期（11～6 月）	年（7～6 月）	汛期（7～10 月）	非汛期（11～6 月）	年（7～6 月）
1950～1959	298.7	164.9	463.6	11.45	1.70	13.15	38.3	10.3	28.4
1960～1969	291.5	221.4	512.9	8.68	2.32	11.00	29.8	10.5	21.5
1970～1979	187.3	116.8	304.2	7.57	1.31	8.88	40.4	11.2	29.2
1980～1989	189.7	101.0	290.7	5.77	0.69	6.46	30.4	6.8	22.2
1990～1999	86.2	45.5	131.7	3.37	0.43	3.80	39.1	9.5	28.9
2000～2008	76.3	72.1	148.4	1.07	0.49	1.55	14.0	6.7	10.5
1950～2008	192.1	122.0	314.1	6.50	1.18	7.68	33.8	9.7	24.4

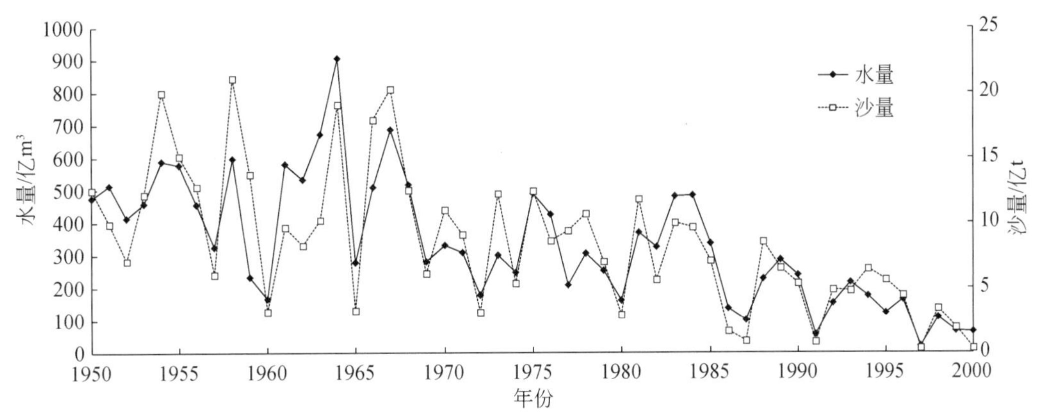

图 12-1　利津水文站 20 世纪水量沙量逐年过程线图

2. 特点

（1）水沙量年内分布不均

由表 12-1 看出，利津水文站多年平均水量 314.1 亿 m³，汛期 4 个月即占全年的 61.2%；多年平均沙量 7.68 亿 t，汛期即占全年的 84.6%；全年平均含沙量为 24.4kg/m³，而汛期为 33.8kg/m³，详见表 12-2。

表 12-2　利津水文站 1950～2007 年水量沙量年内分配情况表

项目	汛期（7～10 月）		非汛期（11～6 月）		全年（7～6 月）
	数量	占全年/%	数量	占全年/%	
水量/亿 m³	192.1	61.2	122.0	38.8	314.1
沙量/亿 t	6.50	84.6	1.18	15.4	7.68
含沙量/（kg/m³）	33.8		9.7		24.4

（2）水量沙量年际分配不均

年际间水量、沙量的变化幅度是很大的，就宏观情况而言，年水量大的年份年沙量一般也较大。由于来沙量的多少受洪水来源区和干流枢纽工程的影响。最大最小水沙量年份并不重合。最大年水量为 1964 年的 904.5 亿 m^3，最小年水量为 1997 年的 19.1 亿 m^3，前者是后者的 47.4 倍。最大年沙量为 1958 年的 21.09 亿 t，最小年沙量为 2000 年的 0.24 亿 t，前者是后者的 87.9 倍。

（3）水量沙量是减少趋势，但含沙量无明显趋势性变化

由表 12-1 可以看出，利津站年水量，20 世纪 50 年代、60 年代为四、五百亿 m^3，70 年代、80 年代为 300 亿 m^3 左右，90 年代和 21 世纪初尚不足 150 亿 m^3，减少趋势十分明显。

利津站年沙量，20 世纪 50 年代为 13 亿 t、60 年代为 11 亿 t、70 年代为近 9 亿 t、80 年代为 6 亿多 t、90 年代不足 4 亿 t、21 世纪初由于受小浪底水库拦沙的影响，仅为 1.55 亿 t。沙量减少趋势比水量减少趋势更为明显。

水量沙量在 20 世纪的减少趋势在图 12-1 中也能明显的看出来。

含沙量没有明显的变化趋势，从表 12-3 中也可看出。21 世纪前 8 年的含沙量低是由于小浪底水库从 1999 年 10 月下闸蓄水拦沙造成的，含沙量不足均值的一半是水库拦沙的特定时期造成的，无代表意义。20 世纪 5 个年代含沙量的变幅与均值相比均在 20%以内。50 年代来沙总量大造成含沙量高。60 年代与 70 年代的变化，与三门峡水库 1960～1964 年拦沙和 70 年代初水库大量排沙有关；90 年代含沙量可能与黄河下游年引水量占来水量的比例大有关。总之进入河口地区的水流含沙量尚无明显变化。

表 12-3　利津站 1950～2008 年含沙量变化情况

时段	1950～1959 年	1960～1969 年	1970～1979 年	1980～1989 年	1990～1999 年	2000～2008 年	1950～2008 年
平均含沙量/（kg/m^3）	28.4	21.5	29.2	22.2	28.9	10.5	24.4
占多年平均/%	116.4	88.1	119.6	91.0	118.4	43.0	100.0

（三）海洋动力

1. 风场

黄河口海区多年平均风速为 5.3m/s，偏北风的风速普遍高于偏南风的风速。平均风速黄河枯水期间要大于洪水期间，6 级以上的大风出现的频率枯水期大于洪水期，且以偏北风为主。6 级以上大风中各方位均会出现，但以 NW、NNW、NNE、NE、NEE 五个方向的风居多。黄河现行流路是在三角洲东部的莱州湾入海，因此，就 1976 年以后的黄河口而言，NE 和 NEE 方向的大风对黄河河口的影响最大。

2. 潮流

潮汐是海水在星球引潮力作用下产生的水面周期性涨落现象，海平面上升为涨潮，降低为落潮。由潮汐引起的海水水平方向的运动称为潮流。渤海中的潮汐主要是太平洋的潮汐强迫振动形成的胁振潮。

渤海的海流以潮流为主，在 5 级风以下天气情况下，渤海的海流中潮流占 90%以上。通常所说的海洋动力，在渤海主要是指潮流而言的。

潮汐可分为正规半日潮、正规全日潮和混合潮。混合潮又分为不正规半日潮和不正规

全日潮。在黄河三角洲沿岸，除神仙沟口外局部海域为不正规全日潮和全日潮性质外，其他大部分海区都呈现为不正规半日潮的特点。

天文潮的潮高取决于太阳、地球、月球之间的相对位置，其变化会导致引潮力场出现半月、一月、半年、一年、多年的周期性变化，致使潮位具有相应的周期性变化。在黄河三角洲沿岸，一个月内朔（望）时为大潮，上（下）弦时为小潮，潮差变幅 1m 左右；在半年内春分（秋分）的分点潮潮差比其他月份大潮时的潮高高 0.2～0.4m。

潮差沿三角洲岸线也有变化，从小清河口至套儿河河口，长约 200km 的海岸线，平均潮差为 0.75～1.77m，最大潮差变化为 1.56～5.07m。神仙沟口外潮差最小，两侧向渤海湾和莱州湾方向，潮差逐渐增大。河口三角洲暂时下移到渔洼后，河口就在平均潮差小于 1.3m 的范围内变动。

3. 余流

在大海中观测的流动称为海流，包括了潮流及因风、海水密度差、径流注入、地球偏转力等引起的流动。从海流中扣除周期性的潮流后所剩余的流动，称为余流（庞家珍和姜明星，2007）。余流是海水搬运泥沙的动力之一，黄河口滨海区的余流主要是风吹流。表层余流在偏南风作用下，由莱州湾口向西偏北往神仙沟口外、再流向渤海湾湾顶。在偏北风作用下，表层余流由西北向东南。底层余流受风影响小，都是由海洋向岸边流动。就年内变化而言，冬半年在偏北风作用下，渤海湾一侧余流方向多流向东，莱州湾一侧余流方向多流向南；夏半年多盛行偏南风，两个海湾余流方向与冬半年多相反。余流流速一般在 10cm/s 左右。

4. 风暴潮

风暴潮是叠加在天文潮位上的增减水现象，这是气象因素引起的局部海区水位异常变化。风暴潮多发生在 4～5 月和 7～9 月。水位的异常升高会侵蚀沿海陆地，淹没村庄等，水位降低又会增加航行困难。黄河三角洲沿海岸是风暴潮的多发地区，一般情况下，神仙沟口附近较轻，以南比以西严重，莱州湾顶部最为严重。风暴潮的侵蚀范围可达 15～30km，风暴潮引起的高潮位可比一般潮位高 2～3m，并伴随有巨大海浪。

据历史文献记载，1949 年以前的 268 年中，发生潮灾 45 次，羊角沟潮位站超过平均海平面 3m 以上的 10 次，超过 4m 以上的 3 次。1949～1997 年，三角洲地区发生大的风暴潮 5 次（1964 年、1969 年、1980 年、1992 年、1997 年），超过平均海平面均在 3m 以上。

5. 余流输沙

余流流速不大，但它的作用时间长，在一定的条件下（如风向一定）对泥沙的输送方向是一定的，能沿着一个方向输送很长距离，故余流具有长距离的输沙作用。黄河排至海中的泥沙，粗颗粒大部分沉积在三角洲前坡，一小部分以滚动推移形式被送到较远的海区；粒径小于 0.01mm 的细颗粒泥沙，在海水中易于悬浮，其大部分随余流漂移到很远的海域。因此，在输往外海的泥沙中，余流具有重要的作用。

渤海由渤海湾、莱州湾、辽东湾三个海湾和中央区组成，其岸线轮廓像一个葫芦，见图 12-2。黄河入海口位于渤海湾和莱州湾之间的渤海西南岸。黄河三角洲海域水深较浅，坡度较缓，但各个岸段有较大的差别，以中部神仙沟口外海域最深，5m、10m、15m 等深线距岸 3.3km、7.5km、17km，最大水深可达 20m；西部渤海湾次之；南部莱州湾最浅。入海泥沙进入滨海区以后，其沉积、悬浮、扩散和运移受到潮流、余流、波浪等诸多海洋动力因素的作用。

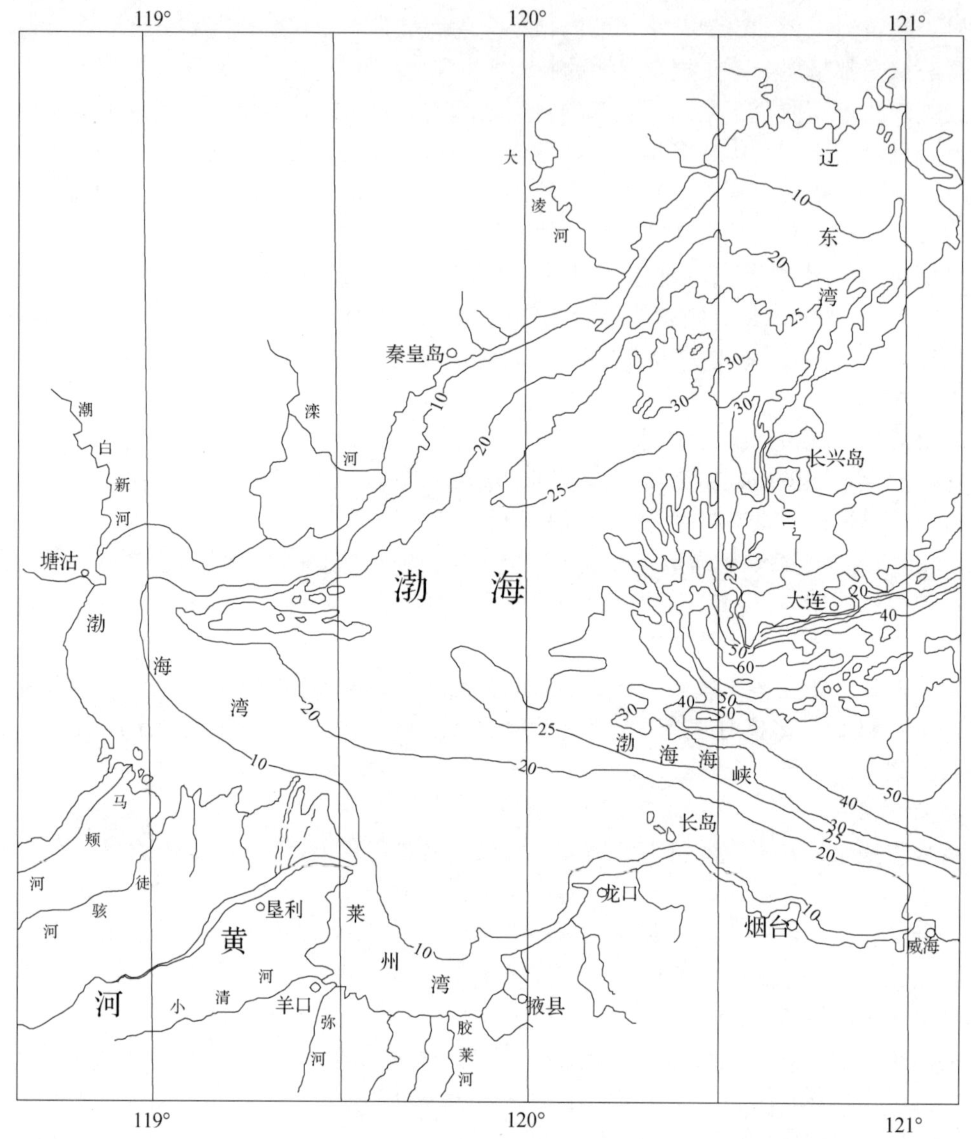

图 12-2　渤海形势图

二、河口三角洲流路演变

1855 年黄河在兰考铜瓦厢决口后，河道由徐淮故道北徙，夺大清河至利津注入渤海以来，在河口三角洲地区河道经常变迁，至今已发生 9 次流路变迁（黄河水利委员会山东河务局，1988），在每条流路行河期间都要发生多次小的改道，据不完全统计，这种小的改道已有 50 多次。

由于每年黄河都把大量的泥沙带至河口地区，在滨海淤积成新的土地，黄河泥沙中带有丰富的养分，当淤高至一定高程后就具备耕种条件，且面向渤海又有渔盐之利，因此这些新淤出的土地具有很好的开发条件。但由于黄河水量年内及年际变幅很大，经常被淹，在技术不发达的年代，河口地区是人烟稀少、地面荒芜，河流改道频繁，流路经常变迁。

兰考铜瓦厢至利津的下游河道，长 600 余千米，铜瓦厢改道初期，其下至张秋镇并无河道和堤防，任由水流泛滥，形似湖泊，大量泥沙落淤，流到张秋镇以下夺大清河入海的水流含沙量很低，流路相对稳定。

（一）河口流路实际行水历时

在河口三角洲地区实际行水历时是个很难确定的复杂问题，这是因为 1855～1949 年铜瓦厢以下从无堤到有堤，行水条件复杂；在河口三角洲以上的黄河下游又多次发生决口，且缺乏详细记载，很难确切定出对河口行水年限的影响。为了分析泥沙对河口演变的影响，研究河口演变的基本规律，谢鉴衡、庞家珍、丁六逸等在《黄河河口基本情况及基本规律初步报告》（1965 年）中写有：经多方查对历史文献，采取了以下粗略的处理方法：①扣除河口三角洲以上河道决口改道使三角洲河竭的年份；②1855～1875 年铜瓦厢以下仅部分地区修有民埝御水，未建“官堤”，洪水泛滥，大量泥沙在铜瓦厢以下的冲堆扇上堆积，致使入海沙量减少，假定按 50%削减行水年数；③1876 年以后，河道沿岸已修有“官堤”，有决口、堵口时间及分流百分数记载者，直接据以削减行水年数，已有决口、堵口时间，而无分流百分数记载者，凡分流半年以上的，皆假令分流二分之一，并据以削减行水年数。下文中的实际行水历时已按上述方法进行了处理。黄河自 1855 年 7 月至 1999 年 12 月入渤海的 144.5 年中，在此三角洲上实际行水 120 年，其中，1972 年以来的多次断流时间未予扣除。

（二）河口流路自然改道演变

流路自然改道演变发生在 1855～1949 年之间，除 1855 年在兰考铜瓦厢决口改道外，在表 12-4 中示出了黄河三角洲地区发生的 6 次改道（李泽刚，2006）。

表 12-4　黄河河口三角洲流路自然改道演变（1855～1949 年）

流路序号	改道时间	改道地点	入海位置	至下次改道时距	至下次改道实际行水历时	累计实际行水历时/年	说明
1	1855 年 7 月	铜瓦厢	利津铁门关以下肖神庙牡蛎嘴	33 年 9 个月	18 年 11 个月	19	兰考铜瓦厢决口初次行河
2	1889 年 3 月	韩家垣	毛丝坨（今建林以东）	8 年 2 个月	5 年 10 个月	25	决口改道
3	1897 年 5 月	岭子庄	丝网口东南	7 年 1 个月	5 年 9 个月	30.5	决口改道
4	1904 年 7 月	盐窝	老鸹嘴	22 年	17 年 6 个月	48	决口改道
5	1926 年 6 月	八里庄	沙石头及铁门关故道	3 年 2 个月	2 年 11 个月	51	决口改道
6	1929 年 8 月	纪家庄	南旺河、宋春荣沟青坨子	5 年	4 年	55	决口改道
7	1934 年 8 月	合龙处一号坝上	老神仙沟 甜水沟 宋春荣沟	18 年 10 个月	9 年 2 个月	64	决口改道

1. 河口流路①

1855 年 7 月黄河在兰考铜瓦厢决口改道后，经东坝头至东阿张秋镇之间宽达几十千米的地区漫流，以下夺大清河河道，进入河口地区后，于利津铁门关以下肖神庙牡蛎嘴入渤海，此为黄河现行河道河口三角洲地区的第①条流路（图 12-3）。

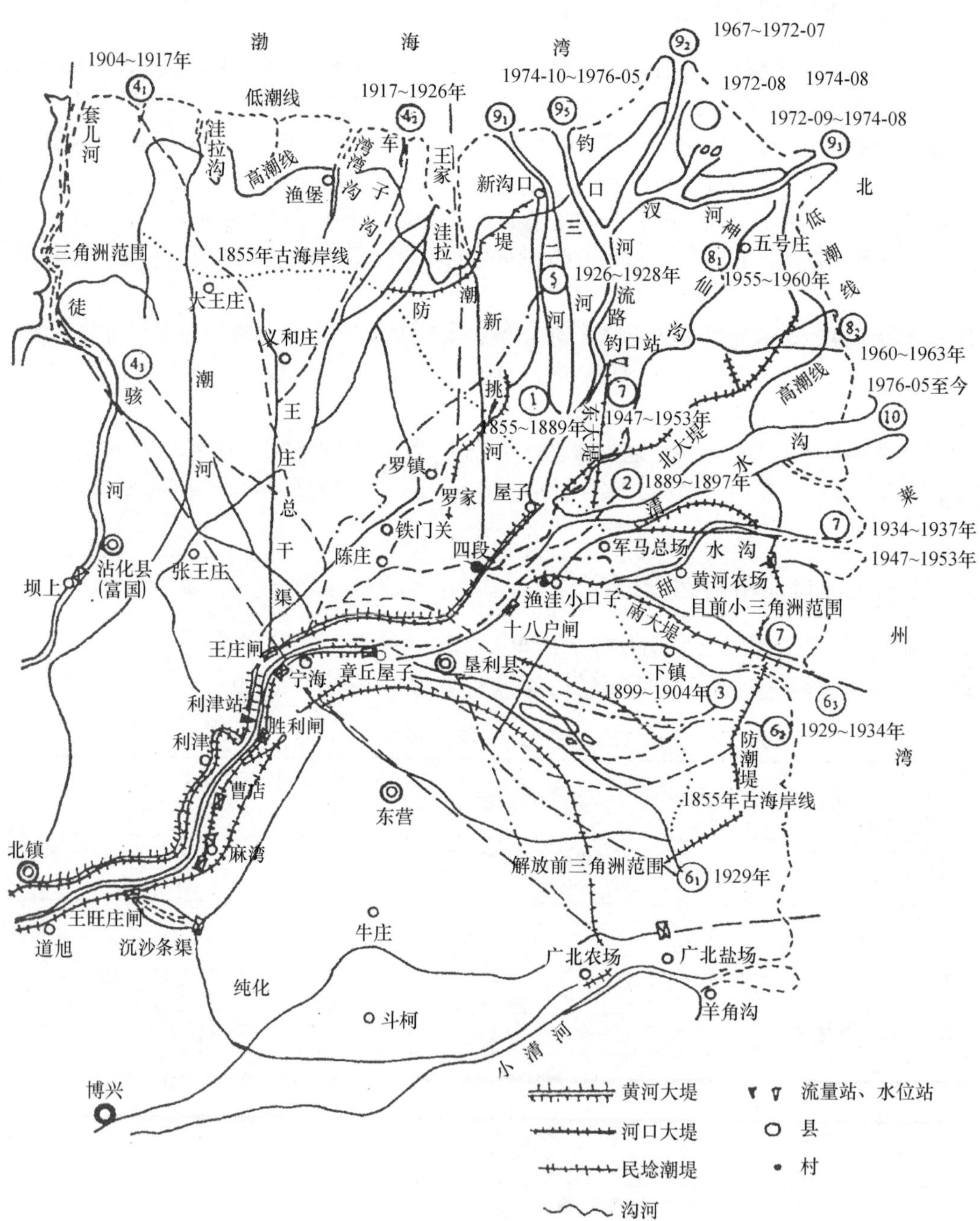

图 12-3　黄河河口流路变迁示意图

随着铜瓦厢以下两岸堤防的修建与完善，入海沙量不断增加，大清河原河道由冲刷转为淤积抬高，到 1919 年泺口设立水文站时，中水流量的水位已经超过背河地面 2m 多，河口河道也会明显的延伸。黄河河口河道于 1889 年 3 月在韩家垣漫决，改走流路②。

流路①行河时距 33 年 9 个月，实际行水历时 18 年 11 个月。

2. 河口流路②

黄河在韩家垣漫决后，河道东移，到杨家河分为两股，至伏家窝汇合，在今建林以东的毛丝坨入海（图 12-3）。流路②行河时距 8 年 2 个月，实际行河历时 5 年 10 个月。河口河道于 1897 年 5 月在岭子庄决口，改走流路③。

3. 河口流路③

黄河在岭子庄决口后，于西滩分为两股，北股经集贤、左家庄，南股经西双河、民丰，至一村汇合，经永安镇、刘家屋子，在丝网口注入莱州湾（图 12-3）。行河时距 7 年 1 个月，实际行河历时 5 年 9 个月，后于 1904 年 7 月在左岸盐窝至寇家庄一带发生决口，改走流路④（图 12-3）。

4. 河口流路④

流路④是向北演变，在三角洲北部漫流，先经过虎滩嘴、义和庄至太平镇，由顺江沟在渤海湾入海。1917 年河口河道在义和庄以南改道，改由车子沟入渤海。至 1926 年 6 月，黄河在八里庄决口东北流，改走流路⑤（图 12-3）。流路④的行河时距为 22 年，实际行河历时为 17.5 年。

5. 河口流路⑤

黄河在八里庄附近民埝决口后，流向东北，经由王家庄、汀河、九龙口，由钓口河于渤海湾沙石头一带入海，其流路与流路①大体一致（图 12-3）。该流路行河时距仅 3 年 2 个月、实际行河 2 年 11 个月，于 1929 年 8 月因人为扒口而改走流路⑥。

6. 河口流路⑥

1929 年 8 月扒口的位置在纪家庄附近，水流由东北向改为东南向，水流在广利河至永安、夏镇一带迁徙泛滥，主要在南旺河、宋春荣沟青坨子，注入莱州湾（图 12-3）。行河时距 5 年、实际行水 4 年后，水流在一号坝出汊，因堵汊未合龙而改走流路⑦。

7. 河口流路⑦

1934 年 8 月在一号坝出汊改道后，水向东偏北方向流动，在夏镇以北地带泛滥，经过淤积造槽，归股并汊，形成了 3 股并行水势，分流入莱州湾，这 3 股由右至左分别为宋春荣沟、甜水沟和神仙沟（图 12-3），其中主汊为甜水沟。

3 股并行入海的形势维持了多年。1938 年花园口扒口至 1947 年花园口堵口的 9 年多时间内，河口三角洲地区歇河。花园口堵口成功黄河归故后，河口河道仍为 3 股入海，直至 1953 年方改行流路⑧。流路⑦行河时距 18 年 10 个月，而实际行水历时仅为 9 年 2 个月。

（三）河口流路人工改道演变

1950 年以后，黄河在三角洲地区加强了观测和治理。为减少河口三角洲及其以上河段的实害，在河道达自然改道前就采用了人工措施，将河流改道。就流路人工改道而言，1950～2010 年期间共进行了 3 次（表 12-5）。

表 12-5　黄河河口三角洲流路自然改道演变（1950～2010 年）

流路序号	改道时间	改道地点	入海位置	至下次改道时距	至下次改道实际行水历时	累计实际行水历时/年	说明
8	1953 年 7 月	小口子	神仙沟	10 年 6 个月	10 年 6 个月	74.5	人工裁弯并汊
9	1964 年 1 月	罗家屋子	钩口与洼拉沟之间	12 年 4 个月	12 年 4 个月	87	人工爆堤改道
10	1976 年 7 月	西河口	清水沟				人工截流改道

1. 河口流路⑧

1947 年黄河归故后，河口地区渔洼以下入海流路（胡一三，1996）仍为甜水沟、宋春荣沟、神仙沟 3 股入海（图 12-4）。1952 年 7 月甜水沟过流占 70%，神仙沟占 30%。甜水沟因流路长，河床淤积抬高，出流不畅，中间向南分出的宋春荣沟过流占甜水沟的 10%。至 1953 年，神仙沟过流比逐渐加大，4 月 3 日神仙沟过流 387m³/s，甜水沟过流 381m³/s。甜水沟的比降为 0.1‰，神仙沟的比降为 0.14‰。两股河流路均弯曲，且均在渔洼以下坐弯，在渔洼以下 2km 的小口子附近，两股河的弯顶相对，最近处仅 95m（图 12-4），而水位相差却达 0.71m。

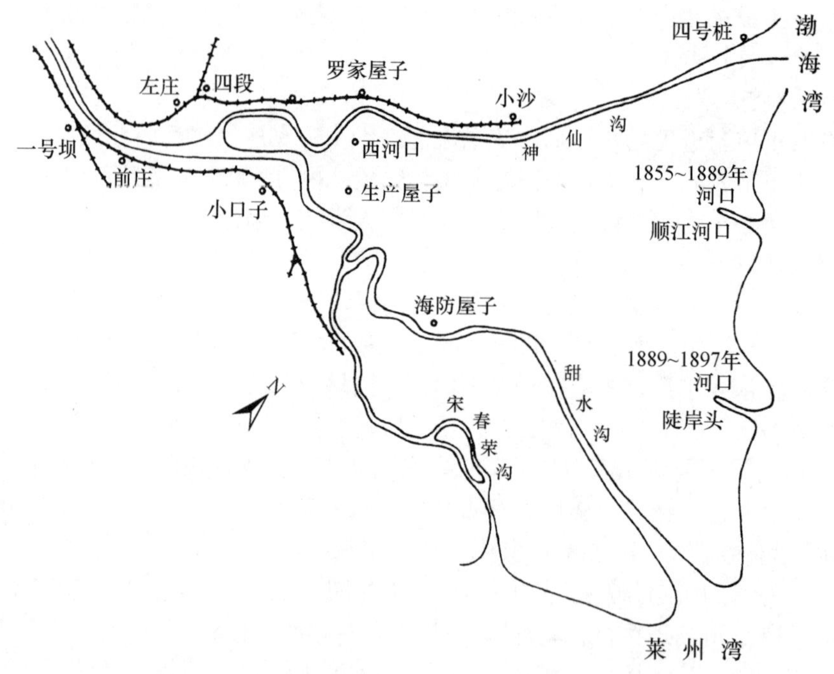

图 12-4　黄三角洲地区 1953 年人工改道前河口流路

为了改善河口地区的防洪条件，减轻河口以上地区洪水对两岸的威胁，利用神仙沟流路流程短、比降陡的条件，在 1953 年汛前决定采用人工裁弯措施，改道河口流路，即在 2 股水流弯顶相对的地方开挖引河，3 股入海变为 1 股入海。6 月 14 日开工，6 月 16 日竣工，开挖引河长 119m。7 月 8 日引河过水。改走神仙沟后，裁弯处以下较甜水沟缩短流路 11km，裁弯处以上，裁去了原神仙沟过流不畅的弯曲段，致使河口地区河道流程缩短，比降变陡，过流通畅，合流后的河道扩展很快。7 月底神仙沟过流已占全河的 2/3，8 月 26 日甜水沟淤死，引河宽由原来的十几米发展为300m左右，正式成为大河，即为神仙沟流路。

1953年7月改走神仙沟流路后，水流顺畅，小口子以下河道长39km，随着过流时间的增加，泥沙淤积，河道延长，比降又逐渐变缓，1960年在四号桩以上1km处，向右岸出汊，至1962年夺流。至1963年河道进一步伸延，小口子以下河道长达60km，过流不畅，于1964年初改走流路⑨。流路⑧即神仙沟流路行河时距及实际行水历时均为10年6个月。

2. 河口流路⑨

1963年12月河口三角洲地区发生冰凌壅塞后，水位上涨，罗家屋子以下大部分漫滩，孤岛上的济南军区军马场及15个村庄、2600多人，以及41万亩耕地被淹。1964年1月1日晨，罗家屋子出现比1958年洪水位还高0.30m的高水位，罗家屋子以下普遍上滩，威胁两岸安全。为安全度过凌汛，决定进行人工改道。

1月1日，在左岸罗家屋子以下1100m处，爆破临河新堤和套堤。口门过水后宽度很快扩大到100m左右，过流100～150m^3/s，1月2日10时，口门过流达300～400m^3/s，5月过流比约为70%，7月31日原河道淤死，大河全部由钓口河流路、即流路⑨注入渤海湾（图12-3）。

钓口河流路入海部位是海洋动力条件较好的海域，本应能很快起到降低水位的作用，但改道点以下20km左右一段新河道比神仙沟原河道还要高，造成以上河道很快淤积，至1966年河道淤积厚度达2m以上，1967年又暂时出现高水位。后在淤积的滩面上形成新的河槽，输沙至浅海区，河道淤积延伸，至1976年5月河道长度由原来的26km，延伸到59km，过流不畅，不得不于1976年5月在西河口破口，进行有计划的人工改道，黄河改走流路⑩。流路⑨行河时距及实际行水历时均为12年4个月（未扣除始于1972年的黄河断流时间）。

3. 河口流路⑩

1967年9月河口段暂时出现高水位，汛后即开始进行河口治理、改道的研究工作。确定下次改道走清水沟流路，即利用甜水沟与神仙沟之间的洼地行河，经批准的改道标准是西河口的运用水位确定为10m，相应大河流量约为9000m^3/s。

为了顺利改道，预做了一些准备工作，主要包括左岸修复四段村以下至罗家屋子北堤和培修河口北大堤，开挖长8.7km的清水沟引河，右岸加修南大堤和培修防洪堤，以及西河口和原东大堤口门爆破的准备等。

1975年10月利津站流量6500m^3/s时，在位于罗家屋子以上一千二村附近分流1000m^3/s的情况下，西河口水位接近10m（大估），超过1958年洪水水位0.57m。为保证河口段防洪安全，1975年12月决定，于1976年汛前进行河口有计划的人工截流改道。为顺利截流，经水电部决定，1976年5月6日以后，三门峡水库控制下泄流量500m^3/s，经河南、山东引水使大河流量由大变小，逐渐断流，保证罗家屋子在断流情况下截流。截流从4月20日开始，截流口门宽417m，过水面积813m^2，平均水深1.95m，最大水深5.25m，由两岸向河中进土，昼夜抢堵，5月19日上午断流，20日下午5时合龙，5月底全部完工。5月27日河道经清水沟入莱州湾，改走流路⑩，即清水沟流路（图12-3）。

清水沟流路较右岸甜水沟流路及左岸神仙沟流路低1～4m，西河口向东5km比降为0.8‰，往下变缓，比降为0.23‰。1975年西河口距钓口河流路口门为64km，改道点距清水沟平均潮线27km，改道缩短流程37km。

改道后，1976年7月初1340m^3/s洪水时，因口门尚未冲开，产生壅水，7月14日后，口门扩展，水位开始下降，7月23日第二次洪峰时，水位即下降到同流量1975年平均水位以下，壅水现象消除。9月8日利津站最大流量达8020m^3/s，且含沙量仅为55kg/m^3，出现了明显的溯源冲刷。口门以下经过主流摆动，淤积抬升，至 1980 年河道溜势趋于稳定、规顺，形成比较顺直单一的河型。1981～1985 年为中水少沙、大水中沙年份。中水持续时间长，输沙能力大，河口延伸，西河口水位接近 1976 年改道前水平，河口延伸了 26km。1986～1995 年河道继续延伸，口门位置和出流方向在不断变化（图 12-5），河道也有所延长。

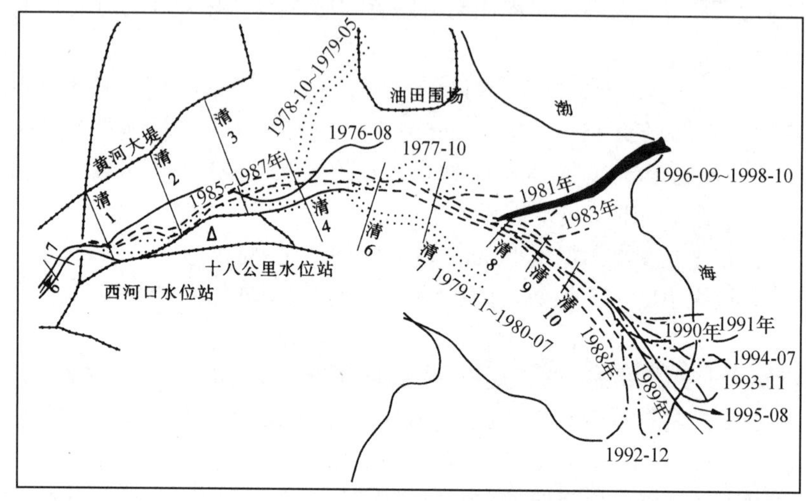

图 12-5　清水沟流路入海位置变迁图

1996 年春，胜利石油管理局为了石油开采，提出了黄河尾闾改汊的要求，经批准于 1996 年汛前进行了“清 8 出汊造陆采油工程”，即在黄河河口清 8 断面以上 950m 处，原河道截流，修建新的汊河，实施黄河尾闾改道。新汊河沿东略偏北方向入海，出汊方向与原河道交角为 29.5°，改道前西河口以下河长 65km，改道后缩短河长 16km。由于出汊后缩短了河长，加之 1996 年来水较丰，直至 1998 年 5 月利津以下总体上处于冲刷状态。1998 年 10 月至 2001 年 4 月利津以下，主槽平均河底高程有所抬升，2001 年 5 月以后，受小浪底水库拦沙的影响，进入河口地区的泥沙大量减少，河口河道有所冲刷。流路还在延长，1996 年出汊初期为 49km，2007 年 6 月西河口以下河道长 60km，2007 年 6 月又在尾闾汊 3 断面以上出汊，缩短河长，2010 年春西河口以下河长为 54km。

清水沟流路还有行河潜力，黄河干支流小浪底等水库的修建，以及黄土高原水土保持，都将减少进入河口地区的泥沙，因此，清水沟流路还会再行河数十年。

（四）河口流路演变的基本特点

1. 河口三角洲地区单条流路演变

每年都有大量的泥沙进入河口地区，由于河口地区河道比降缓、流速小，挟沙能力低，大量泥沙会在河口段发生淤积。在入海段，由河道转为海洋，过流面积无限制扩大，进入海洋的泥沙基本都淤积在滨海区，延伸河道。河道延长又进一步减缓河道比降，为入海口以上河道泥沙淤积创造新的条件。因此河口河道处于淤积、延伸的过程中。如遇海潮等不利条件，或有更短流程入海时，河口河道就会出汊摆动，由新的汊道入海，随着时间的推移，出汊点上移，摆动的范围增大，当出汊点上移至接近三角洲顶点时，整个流路就会发生改道，原流路不再行河，改由沿新的流路入海。即在河口三角洲地区单条流路的演变过程一般为：淤积、延伸、摆动、改道，有些学者把此称为小循环。下面以钓口河流路为例，说明单条流路的演变过程。

自 1964 年 1 月 1 日改走流路⑨后，流程缩短 22km，新河比降为 0.213‰，河由洼拉沟至钓口河入海，称为钓口河流路。改道初期无成型河沟，改道点以下河宽 7～10km，支汊众多，沙洲棋布，水流游荡，淤积严重。在淤积造床的过程中，滩面淤高，部分支汊消失，溜势逐渐分明，但主溜仍分 3 股，1965 年汛期中股淤塞。1964 年 1～10 月来沙量大，主要在神仙沟与挑河间狭窄的海湾上淤积，河道延伸速度快，不到 1 年就延伸 14km。1966 年汛后西股缩小，支汊很多，东股扩大为主溜，至此完成了沉积造床的过程。1967 年 9 月由于三门峡水库的调节，出现了较长时间的大流量小含沙量过程，洪峰过后在罗 7 断面以下河段出现向东取直摆动，罗家屋子以下河槽变为单一顺直，水流集中，同流量水位普遍下降，溯源冲刷向上发展到改道点以上 153km 的杨房。1970 年后河口河道开始自上而下向弯曲发展，沙嘴外延，河道增长，水位回升。1972 年 7 月河口发生出汊摆动，河长缩短 3km。9 月 6 日利津站出现洪峰流量 3780m^3/s 的洪水时，在罗 11 断面以下 2.3km 处向左出汊摆动，河长缩短 8km，出汊点以下 4～6km 范围内水流集中，水深 2～3m，再向下水流分散。1974 年 8 月利津站出现洪峰流量为 3340m^3/s 的洪水时，正与海潮引起的高潮位相遇，造成在罗 14 断面以下 2.5km 处，向左出汊摆动，缩短流程 8km，新河支汊、心滩众多，过流不畅，出汊点以下发生淤积。10 月 3160m^3/s 的洪峰流量过后，在罗 10 断面以下 3km 处出汊摆动，河长比汛前河道缩短 17km。但出汊摆动后，水位仍表现为升高。水流沿北偏西方向入海。虽出汊点不断上移，但均在本次流路所淤积的滩面上，水流仍不畅。

钓口河流路从 1964 年 1 月至 1976 年 5 月，河长由 26km，延伸至 59km，比降由 0.213‰ 减缓至 0.11‰，河道经历了一个完整的过程：由改道后的散乱游荡—归股并汊—单一顺直—弯曲—出汊摆动—出汊点上移，至下一次流路改道。在各个阶段又伴随着泥沙淤积，河道长度的延长与缩短，但总的趋势是延长。

河口出现改道之后，由于流程的缩短，河口相对基准面降低，改道点以上发生溯源冲刷，同流量水位相应下降，但在改道点以下的尾闾河道，在天然情况下，大致要经历 3 个河道演变过程，即漫流游荡—单一顺直—出汊摆动。当形成单一顺直的河道后，河势相对稳定，其冲淤特性与近口河段接近，口门沙嘴附近水流形态复杂，大量泥沙分选落淤，河道很不稳定。随着河口河道的不断淤积延伸，水位不断抬高，如遇大洪水、风暴潮顶托、口门淤堵等情况，就会发生出汊摆动。每次出汊点不断上提，直至改道点附近，即会发生下一次河口改道。每次改道以后，流路的变化呈现流程缩短—淤积延伸—出汊摆动（流程缩短）—淤积延伸—再一次改道；河口段水位表现为下降—升高—下降—升高—下降的过程，如此循环演变称为小循环。对于一条流路演变而言，可概括为淤积、延伸、摆动、改道的规律。

2. 河口三角洲地区流路演变及河道延长

在河口流路自然改道演变阶段，水流在河口地区自行选择流路，一般要沿低处行河，或沿流路短的路线行河。当河道淤高之后或流程足够长之后，就要改道另寻流路入海。在河口流路人工改道演变阶段，是人们选择低洼地区行河或沿入海流程短的路线行河。在进行有计划的人工改道时，除选择低洼地区或流程短的线路外，还要考虑入海口处的海域及海洋动力条件，并在改道前做一些必要的工程。

由于黄河河口是强堆积性河口，随着行河时间的增长，河床会不断淤高。当改走另一条流路时又会将原来较低的地面淤高。通过流路的转变，会淤高整个三角洲地区，通常把通过流路变换淤高整个或大部分河口三角洲的过程，称为一次流路循环，或称完成一次大循环。继而就在三角洲淤高和河道延长的条件下行河，进入下一次的循环行河。

从 10 条河口流路看，河口流路①在河口三角洲的中部，流向东北；河口流路②也在三角洲的中部，流向东北，但其位置在流路①的东南侧（图 12-3）；流路③改行河口三角洲的南部，流向基本为东南；流路④改行三角洲的北部，流向朝北。从河口流路①至河口流路④分别在河口三角洲的中部、南部、北部行河。河口三角洲基本行河一遍（图 12-3），河口三角洲淤高，河道延长，完成了一次大循环。河口流路⑤又在三角洲中部行河，流向东北，其位置大体与流路①一致；流路⑥在三角洲的南部行河，流向大体为东南向；流路⑦基本在三角洲的中部，流向以东为主；流路⑧是流路⑦偏北的一股，位于三角洲的中部，流向东北；流路⑨位于三角洲的北部，流向朝北。流路⑤至流路⑨又基本上在河口三角洲上行河一遍，可以说又完成了一次大循环（图 12-3）。

流路⑩是有计划地人工改道，利用流路⑦（甜水沟）与流路⑧（神仙沟）之间的洼地处理泥沙，流路位于三角洲的中部，流向总的讲为东偏北方向，经过前段淤填第二次大循环范围内的洼地后，随着河道的延伸，可以说又进入了第三次大循环。

三、河口三角洲海岸线演变

（一）河口三角洲泥沙淤积分布

利津水文站位于河口三角洲顶点宁海以上 10 余千米，利津站沙量即为进入河口三角洲的沙量。进入三角洲的泥沙一部分淤积在宁海以下的河道内，大部分淤积在滨海区，一部分输往外海或称为输往测区以外。

进入河口地区沙量与黄土高原产沙量，中下游河道的淤积量，水库的拦沙量及两岸的引沙量等因素有关，一般年份为几亿吨至十几亿吨。有水文记录以来，利津站各年代的来沙量见表 12-6，多年平均近 10 亿 t，且主要集中在汛期，约占全年沙量的 80%以上，更集中几次洪水期。

表 12-6　黄河利津水文站水沙特征值（水文年）

时段/年数	年径流量/亿 m^3				年输沙量/亿 t				含沙量/（kg/m^3）		
	汛期	非汛期	全年	汛期占全年/%	汛期	非汛期	全年	汛期占全年/%	汛期	非汛期	全年
（1920～1929）/10	258	158	416	62	8.7	1.5	10.2	85	33.7	9.5	24.5
（1930～1939）/10	327	172	499	65	12.6	1.9	14.5	87	38.5	11.0	29.1
（1940～1949）/10	359	201	560	64	11.1	1.9	13.0	85	30.9	9.5	23.2
（1950～1959）/10	299	165	464	64	11.5	1.7	13.2	87	38.3	10.3	28.4
（1960～1969）/10	292	221	513	57	8.7	2.3	11.0	79	29.8	10.5	21.5
（1970～1979）/10	187	116	303	62	7.6	1.3	8.9	85	40.4	11.2	29.2
（1980～1989）/10	190	101	291	65	5.8	0.7	6.5	89	30.4	6.8	22.2
（1990～1999）/10	85.9	45.6	131.5	65	3.36	0.43	3.79	89	39.1	9.5	28.9
（2000～2004）/5	58.5	56.3	114.8	51	1.12	0.43	1.55	72	19.2	7.6	13.5
（1920～1969）/50	307.0	183.4	490.4	62.6	10.52	1.86	12.38	85.0	34.3	10.1	25.2
（1970～2004）/35	140.6	83.1	223.7	62.9	4.95	0.75	5.70	86.8	35.2	9.0	25.5
（1920～2004）/85	238.5	142.1	380.6	62.7	8.23	1.41	9.64	85.4	34.5	9.9	25.3

河口三角洲的泥沙淤积与来水来沙条件、三角洲当时状况、海洋动力条件、水域深浅、风力状况等因素有关。但从长期来看，水沙条件是影响河口泥沙淤积及分布的主要因素，来沙量的数量及颗粒组成具有更大的影响。从 1953 年以来的神仙沟流路、钓口河流路、清水沟流路中选择沙量相当的时段进行比较，从表 12-7 可以看出：每条流路所选时段的沙量均在 110 亿 t 左右；行河年限分别为 9～16 年，相差很大；成陆面积 412～586.9km^2，相差很大；而河道延伸长度为 15.8～17.7km，相差很小。进入河口段的泥沙量与河道的延伸长度关系最为密切。

表 12-7　黄河口不同流路来沙量与河道延长情况

流路	时段	走河年限/年	时段来沙量/亿 t	成陆面积/km^2	平均延伸长度/km	单沙造陆面积/（km^2/亿 t）
神仙沟	1954～1963	9	116.25	412.0	15.8	3.54
钓口河	1964-01～1973-09	10	113.09	506.9	17.6	4.48
清水沟	1976-06～1991-10	16	106.47	586.9	17.7	5.51

滨海区是黄河泥沙的主要淤积区。泥沙的淤积分布如表 12-8。

表 12-8　黄河河口泥沙淤积分布　（单位：亿 t）

分布区	1950～1960 年（神仙沟）		1964-01～1976-05（钓口河）		1976-06～1991-10（清水沟）		占利津比例/%
	年沙量/亿 t	占利津比例/%	年沙量/亿 t	占利津比例/%	年沙量/亿 t	占利津比例/%	
利津站	13.2	100	10.8	100	7.09	100	100
陆上	3.5	26.0	2.33	21.6	1.36	19.2	23
滨海区	4.7	36.0	4.76	44.1	4.31	60.8	46
输往外海区	5.0	38.0	3.71	34.3	1.42	20.0	31

从长时段看，输往外海的沙量占总沙量的三成，陆上淤积的占二成多，滨海区淤积的泥沙占了近一半，由表 12-8 看出：随着时间的推移，陆上淤积泥沙的比例在减小，其原因主要是，原来河口地区经济不发展，人口也稀少，水流进入河口地区基本上是自由泛滥，过流的面积大，落淤的泥沙多，近四十年来，河口地区经济发展快，又进行了河口河道治理，渔洼以下也修建了堤防，现堤防已修到清 7 断面，水流仅能在清 7 断面以下摆动泛滥，沉沙面积减少，造成陆上淤沙比例减少。输往外海的泥沙比例也在减少，主要是由于降雨原因及两岸用水量增加，进入河口地区的水量在减少（表 12-6），20 世纪 50 年代和 60 年代年径流量为 400 余亿立方米，70 年代和 80 年代为 300 亿 m^3，90 年代为 100 余亿立方米，同时年沙量也在减少，致使输往外海的泥沙量所占比例也在减少。从表 12-8 还可看出，神仙沟、钓口河、清水沟流路期间，滨海区淤积的泥沙均为 4 亿多 t，变化不大，在泥沙总量减少的情况下，所占比例就自然增加，神仙沟流路及钓口河流路时期滨海区淤沙占总量的四成左右，而清水沟流路却占六成，相应陆上及输往外海的仅分别占二成。

（二）海岸线变化

随着每年数亿吨至十多亿吨的泥沙进入渤海，并有大部分泥沙淤积的滨海区，一部分海域变为陆地，致使海岸线向海中推进，并形成大片的陆地，习惯上称为淤进。在黄河入海口及两侧海岸线，尤其是黄河大沙年时淤进是很迅速的，在入海口一带形成突入海中很长的沙嘴。随着河口流路改道或出汊摆动，入海口的位置就会发生变化，在新的入海位置形成新的沙嘴，而原来的沙嘴由于没有泥沙补给就不会再延伸，在海流、风浪作用下，上部泥沙会塌入水中，但其中的大部分泥沙在不长的距离内又会沉积下来，就海岸线而言，随着上部泥沙的塌失就会向陆上推进，习惯上称为蚀退。淤进伴随着河口三角洲面积的增加，蚀退伴随着河口三角洲面积的减少。

1855 年开始的黄河三角洲，由于缺乏当时的地图，很难准确的划出海岸线的位置。庞家珍和姜明星（2007）曾对 1855 年、1954 年、1976 年、1992 年的海岸线进行研究。1855 年的高潮线，庞家珍、杨峻岭于 1957 年进行 40 天实地调查，采访当时老人了解各历史流路入海鱼堡位置，并结合 1962 年、1963 年、1965 年黄委所拍航片（近似 1∶50000 图）进行判读，粗略确定的高潮线为北起套儿河口，经耿家屋子、老鸹嘴、大洋堡、北浑水旺、老爷庙、罗家屋子和幼林村附近，南至南旺河口，全长 128km。1954 年岸线采用总参测绘局所测 1∶50000 地形图的高潮线。1976 年岸线依据黄委济南水文总站实测的 1∶10000 黄河口滨海区水深图确定。1992 年岸线依据黄委山东水文水资源局、黄河口水文水资源勘测局、黄河水文水资源勘测局实测的 1∶10000 黄河口滨海区水深图确定。这 4 条海岸线的位置见图 12-6（庞家珍和姜明星，2007）。

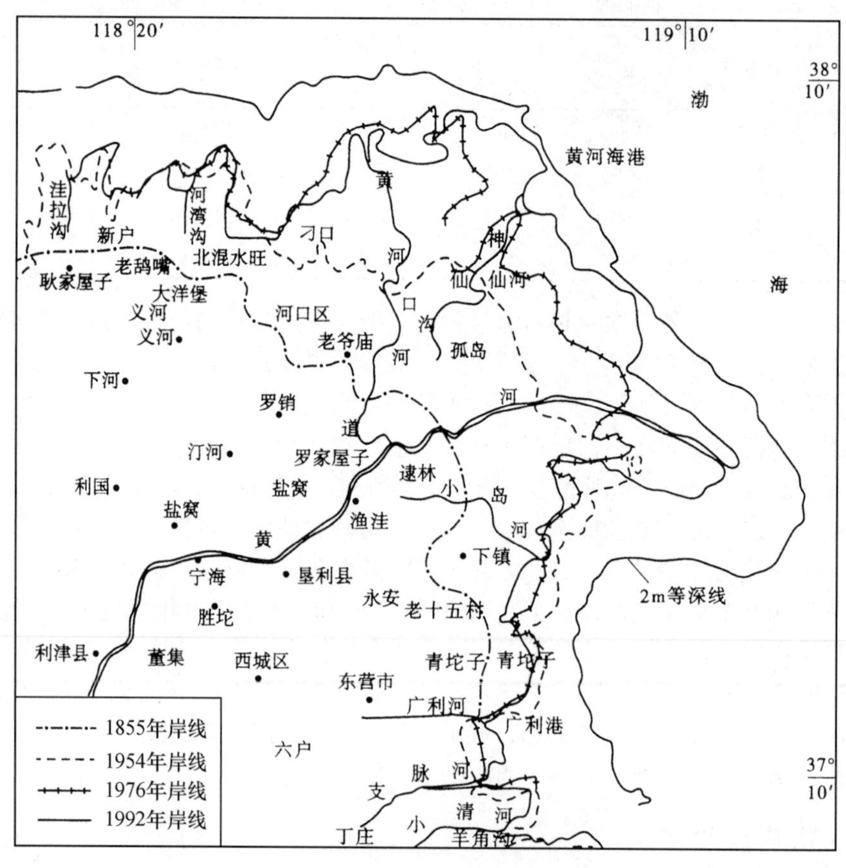

图 12-6　黄河三角洲海岸线变迁图

通过对 4 条岸线比较、量算发现，由于泥沙淤积，海岸线向海中大量推进，在不行河的岸线段，在风浪、海流作用下有所后退。将淤进及蚀退情况，并补充 1992～2001 年的资料后，列于表 12-9。1855～1992 年黄河三角洲的海岸线（套儿河至南旺河口）分别推进了 12～35km。

表 12-9　黄河三角洲 1855～2001 年海岸线变化情况表

年份	淤进面积 /km²	蚀退面积 /km²	净淤进面积 /km²	每年净淤进面积 /（km²/a）
1855～1954	1510		1510	1510/64＝23.6
1954～1976	650.7	－102.4	548.3	548.3/22＝24.9
1976～1992	499.9	－82.5（清水沟以北） －37.9（清水沟以南）	364.4	364.4/16＝22.8
1992～2001 年（估算）	81.7	－4.4	77.3	77.3/9＝8.6
1855～2001	2742.3		2500	2500/111＝22.5

1992 年后，来沙量少，淤进速度变慢，但岸线也有变化。1996 年 5 月人工进行清 8 出汊后，原河道口门位置有所蚀退，清 8 汊河入海口处淤进。1999 年 10 月小浪底水库投入运用后，进入下游的泥沙减少，淤进速度变缓。20 世纪末及 21 世纪初，河口三角洲海岸大部分都已修建了防潮堤，因此已不可能有大的蚀退情况。

黄河入海口沙嘴淤进模式如图 12-7（a）所示，河口沙嘴经过鸭嘴状若干次两侧摆动后，由原始海岸线Ⅰ线，就变成了由 a、b、c 等鸭嘴线外部构成的第二阶段的海岸线Ⅱ，这就使河道向外延长了一段距离；非行河岸线蚀退的模式如图 12-7（b）所示，不行河岸段被海浪淘涮，泥沙被海水带走，岸线从 a 退到 b，进而退到 c，直至退到稳定为止。图 12-8 为沙嘴推进的实例。

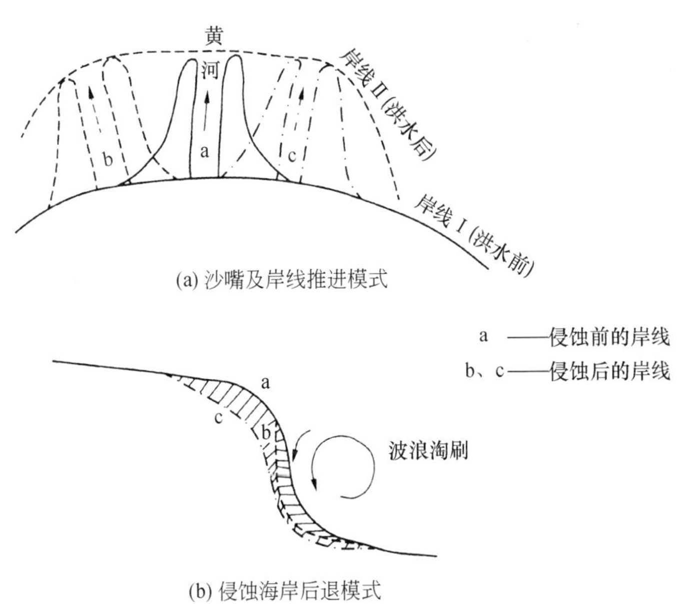

(a) 沙嘴及岸线推进模式

(b) 侵蚀海岸后退模式

图 12-7　黄河沙嘴淤进及岸线蚀退模式

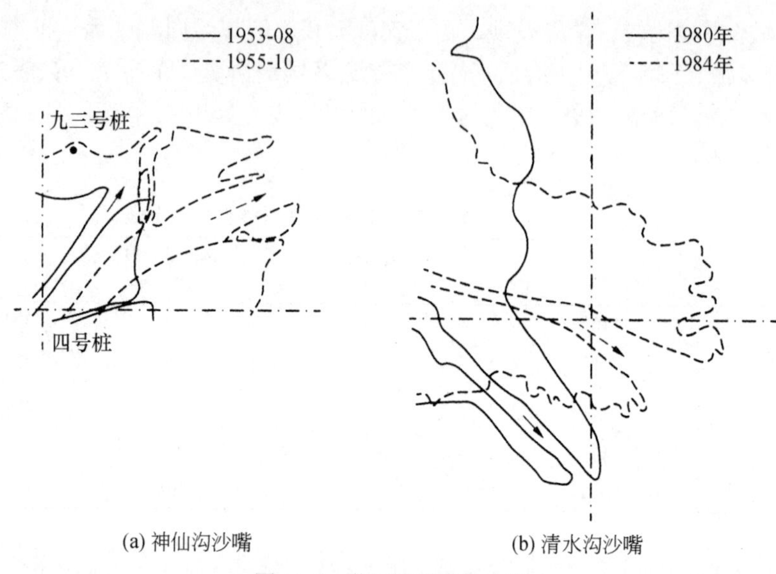

(a) 神仙沟沙嘴　　(b) 清水沟沙嘴

图 12-8　黄河沙嘴变化实例

入海口处，淤积形态是河流动力和海洋动力共同作用的结果。在河流动力的作用下，泥沙向河流前进方向推移，在海洋动力作用下，又要向两侧推移。沙嘴向前推移宽度一般达 20 余 km（2m 水深线处），中间推进的快，两侧推进的慢，如图 12-9 所示。图 12-9（c）是正对口门的断面，堆沙量大，淤进速度快，岸坡由缓变陡后，在单股河道入海期，淤进形式基本是平行外移；图 12-9（b）为距口门约 10km 的断面，淤进的距离短，前坡也较缓。图 12-9（a）是距口门更远的断面，其淤进的距离更小。当入海流路改道或一条流路出汊摆动时，又会淤进成新的沙嘴，诸个沙嘴相连时就形成了海岸线的淤进。

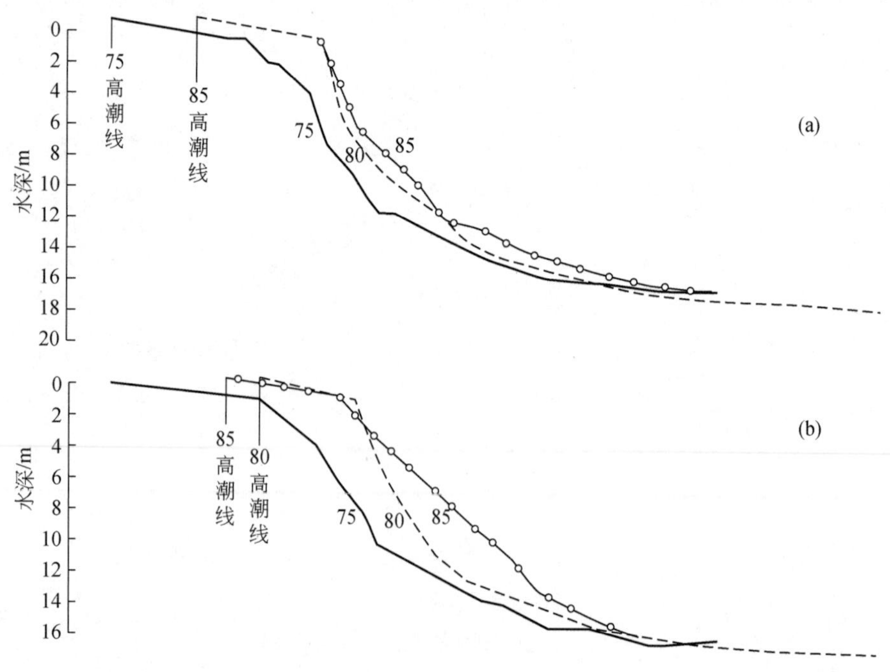

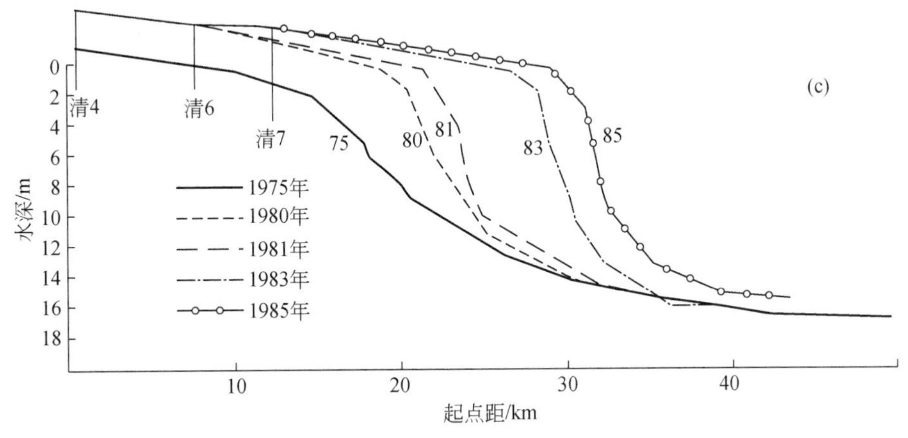

图 12-9　清水沟流路入海口门淤积类型

四、河口演变对泺口至利津河段的影响

（一）黄河下游河道演变与河口延伸的相互影响

黄河下游河道的演变主要受来水来沙条件的影响。进入下游河道的水沙有不同的组合，遇到枯水大沙年、中水大沙年等不利水沙组合时，河道就会发生严重淤积；遇到丰水枯沙年、中水枯沙年，或在中游修建大型水库的情况下，河道主槽就会冲刷。从长的系列看黄河下游是淤积抬高的。对于进入河口地区的泥沙而言，下游河道像是个调节器，在来沙系数大的年份，下游河道淤积数亿吨泥沙，减少进入河口地区的沙量；对于来沙系数小的年份，又会冲刷河道，补充泥沙，增加进入河口地区的泥沙，因此，每年都会有数亿吨的泥沙进入河口地区，这就为河口河道的延伸提供了沙源。下游河道的冲淤变化，除可影响进入河口地区的沙量外，还具有时间上的调节作用，也就是说下游河道的冲淤演变对河口河道的延伸状况产生一定的影响。

由于泥沙淤积，造成河口河道的延伸、出汊摆动、改道，可视为下游河道侵蚀基面高程的变化，从而造成河流纵剖面的调整以及水流挟沙能力与来沙量对比关系的改变。河床纵剖面的调整是通过泥沙的冲淤来实现，相应会产生河口向上发展的溯源淤积或溯源冲刷。

随着河口的淤积、延伸，比降变缓，至改道前夕时，河身高于两岸非行河地带的地面，水流挟沙能力很低，在一定的水沙条件下就会出汊、摆动、改道，另寻捷径入海。一旦改道就会造成改道点附近水位大幅度降落，局部比降与上下游比降相差很大，局部河段的挟沙能力远大于上下游，形成河道水力因子沿程分布不平衡的局面。改道点以上的比降变陡，水流挟沙能力增加，致使河道发生严重的溯源冲刷，有的会影响数十千米至二百千米。而在改道点以下会发生严重的沿程淤积。改道点以上的溯源冲刷发展到一定程度后就会转为沿程淤积，加之改道点以下沿程淤积的发展，逐渐把比降调整为上下协调。但随着河道的延伸，河口段比降变缓，挟沙能力相应降低，从而会引起新的溯源淤积，直至下一次出汊摆动或改道。长时段讲，河口延伸会使河口以上一定范围的河道发生淤积。每一次河口改道对下游河道的影响尚需进行具体分析。

（二）泺口—利津河段河道冲淤受沿程和溯源冲淤双重影响

为便于分析泺口至利津河段沿程冲淤和溯源冲淤的情况（胡一三和李勇，2003），将艾山以下窄河段按主槽宽度，弯曲情况等河道特性划分为 9 个小河段，分析各子河段主槽累计冲淤面积的变化过程，其成果点绘在图 12-10。由图看出，窄河道各小河段累计冲淤过程定性上基本一致，表明窄河道冲淤情况总体上是受水沙条件控制的。但不同河段的冲淤变化幅度又存在较大差别，接近河口的第 8、7、6 小河段冲淤幅度较其上游各小河段明显偏大，其中 1965～1974 年三门峡水库排沙期，第 5 小河段（刘家园附近）及其以上各小河段累计冲淤面积均在 1200m^2 以上，而第 6 小河段及其以下小河段的累计冲淤面积约 1000m^2，具有明显的沿程淤积特征。而 1975 年以后，河道经历了“冲刷—淤积—冲刷—淤积”的演变过程，都具有明显的溯源冲淤特征。特别是 1976～1980 年回淤时期，第 5 小河段（刘家园）以上淤积幅度接近，而第 6 小河段以下受河口有利条件的影响，淤积幅度明显偏小，表明河口边界条件对刘家园以下河段的河道冲淤强度的影响比较明显。

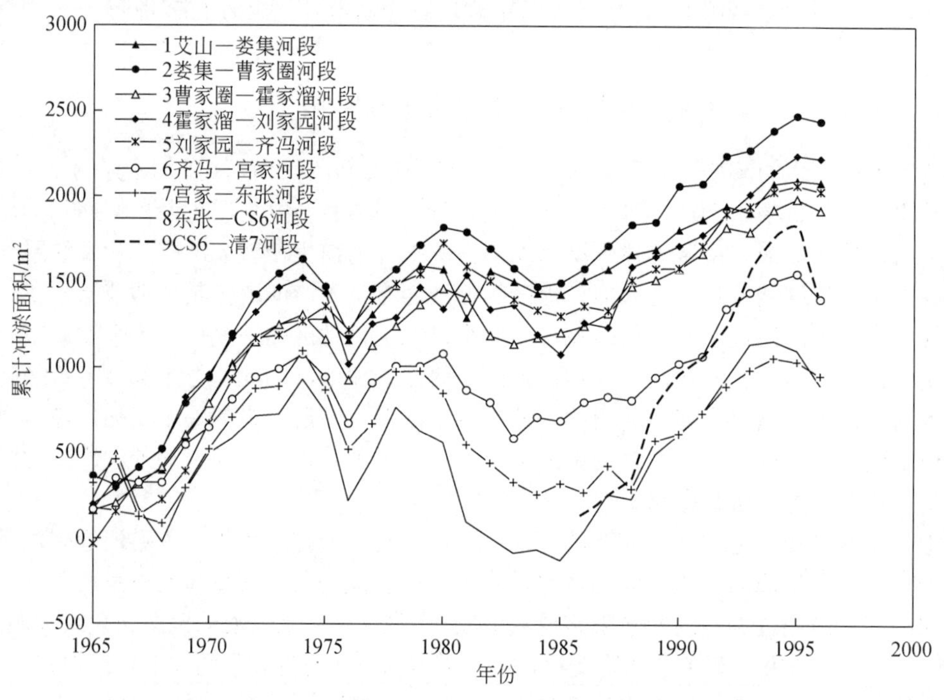

图 12-10　艾山以下各小河段水文年主槽累计冲淤面积过程

（三）河口流路演变对水位的影响

1. 河口三角洲河长变化

河口段河道长度随着流路的淤积延伸不断增长，随着出汊摆动而缩短，淤积延伸与改道呈周期性变化，每次尾闾改道河道长度可以缩短 10～30km，对以宁海为顶点的河口三角洲而言，长度变化不大，只有在完成一次“大循环”后，海岸线延伸，河口三角洲尾闾长度才有一个稳定的增长。1953 年改走神仙沟流路之前，宁海以下河长基本维持在 60km 范围内，1953 年以后，河口河长增长较快，由其后的 3 次改道所构成的三角洲平均海岸线，大约向外延长了 20 余千米。

（1）神仙沟流路

1953 年前甜水沟流路分别由甜水沟、宋春荣沟、神仙沟 3 股入海，实际行水近 10 年（1934 年 9 月至 1938 年 7 月、1947 年 3 月至 1953 年 7 月）。1953 年 7 月并汊集流由神仙沟入海改走神仙沟单股入海流路后，流程缩短 11km，前左站 3000m^3/s 流量水位比并汊前降低了 1.5m（最大值）。至 1960 年 6 月，利津以下河道长与 1953 年并汊前相比，河长仅延长了 7km（神仙沟自身延长了 18km）。

（2）钓口河流路

1960 年以后，随着河长的增加，尾闾河道淤积，水位抬高，为保 1963～1964 年防凌安全，1964 年 1 月在罗家屋子进行人工改道，改由钓口河入海，流程缩短 22km，至 1976 年汛前，利津以下河道长比 1960 年 6 月神仙沟流路长了 12km（自身延长了 33km），此时已比 1953 年并汊前，河口三角洲河道长度已延长了 19km。

（3）清水沟流路

1976 年 5 月有计划的人工改道至清水沟流路后，河道长度缩短了 30km，至 1987 年汛后河道长还比改道前短 1km（自身延长了 29km）。至 1995 年，河口沙嘴距西河口的距离由改道时的 27km 延伸到 65km（自身延长了 38km）。1996 年 5 月实施清 8 出汊摆动后，西河口以下河长 49km，比出汊前缩短了 16km。至 1999 年 10 月西河口以下河长 56km。进入 21 世纪初，由于小浪底水库的拦沙作用，进入河口地区的泥沙数量减少，西河口以下的河道长度变化不大。

2. 河口流路演变对利津站同流量水位的影响

泺口—利津河段的冲淤变化主要受来水来沙条件变化的影响，同时河口流路的延长及改道对其也产生相当大的影响。利津为至河口段最近的水文站，受河口的影响会最大，河口的淤积延伸使利津站的比降变缓，改道又会使利津站的比降变陡，致使利津站的过流能力会发生相应变化，相应的同流量水位也有相当大的差异。利津站 3000m^3/s 的水位变化过程如图 12-11 所示。

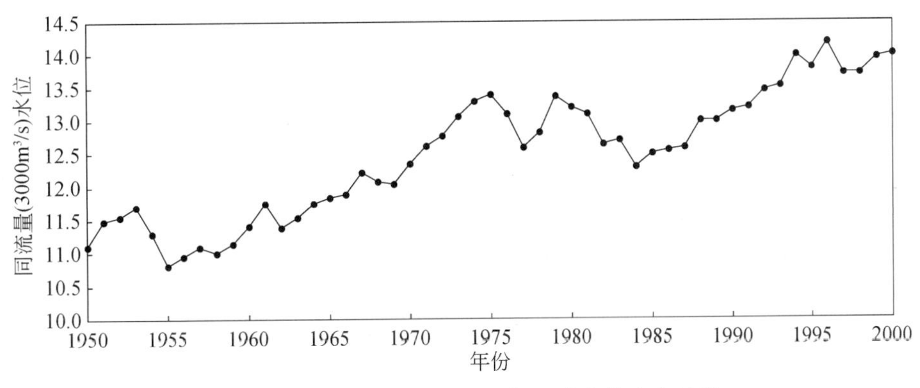

图 12-11　利津同流量（3000m^3/s）水位的变化过程

3. 河口流路演变引起的溯源冲刷

河口流路演变对黄河下游的影响主要表现在泺口—利津河段。河口改道初期产生溯源性质的冲刷，河口河道淤积延伸造成溯源淤积，两种现象交替产生。当相临两次流路改道、延伸长度大体一致、侵蚀基准面高程并未发生重大改变的情况下，河床周期性的抬高和降低并不造成河床稳定性的抬高。只有当河口三角洲顶点所控制的扇形面积，普遍行河、淤高、造成海岸线普遍外移，河道长度进一步增长，侵蚀基准面的高程稳定升高后，河口以上水位才会出现一次稳定性的抬高，以后的周期性溯源淤积和溯源冲刷的交替变化，又会在新的高度上进行。

溯源冲刷或淤积是自下向上发展的，传播需要一段时间，在影响范围内逐渐向上发展。溯源冲刷的发展主要在主槽内进行，使滩槽高差增大，宽深比减小，有利于泄洪排沙。

溯源冲刷发生的时机主要为：改道初期，由于流路缩短，比降变陡引起溯源冲刷；改道初期改道点以下，水流散乱，水面宽阔，流速小，冲刷能力小时，不能造成溯源冲刷，当经过淤积造床，水流归股、单一，过流能力提高后产生溯源冲刷。20 世纪 50 年代以来，由于河口流路演变造成的几次大的溯源冲刷见表 12-10。从表中看出，河口流路改道溯源冲刷的影响范围，多为 160～170km，最大达 200km，其位置一般至泺口以下约 50km 的刘家园，河口流路改道又遇上有利的水沙条件时可至泺口。改道或大的出汊摆动后，改道点以上同流量水位一般会发生明显降低，水位降低幅度一般为 0.5～1.0m，遇到好的水沙条件可达 1.7m。

表 12-10　河口流路演变造成的溯源冲刷

年份	影响上界	影响长度/km	$3000m^3/s$ 水位升降值/m	说明
1953～1955	泺口	208	−1.70（前左）	前左在改道上游 12.5km
1967～1968	杨房	153	−0.47（罗家屋子）	1964 年 1 月 1 日改道后，由于水流散乱及改道点以下部分河段河床高等原因，并未引起溯源冲刷。1967 年成单股集中过流，又发生了出汊摆动 罗家屋子在出汊点上游约 25km
1975～1976	刘家园	177	−0.62（利津）	利津距改道点西河口约 50km
1979～1984	刘家园	177	−1.24（西河口）	1984 年西河口至口门约 52km
1995～1996	清河镇	166	−0.47（西河口）	1996 年 7 月在清 8 出汊，缩短流程 16km。西河口距口门约 49km

注：溯源冲刷长度自改道点起算。

溯源淤积是由于河口河道不断的淤积延伸造成的，其过程是渐变的，占河口演变中的大部分历时，而河口改道是突变的，造成的溯源冲刷也是短时间的。在相邻两次改道造成的溯源冲刷之间发展着溯源淤积，溯源冲刷是以溯源淤积为前提条件的，即溯源淤积发生在溯源冲刷之前。溯源冲刷与溯源淤积交替发展，但以溯源淤积的效果为主，溯源淤积与溯源冲刷叠加在一起，构成同流量水位抬升的结果。溯源淤积和沿程淤积各占的比重，目前还很难分析出来。在泺口站沿程淤积的影响占主要成分，而在利津站，河口河道淤积，海岸线外移影响要比泺口站大得多。

参 考 文 献

胡一三. 1996. 中国江河防洪丛书・黄河卷. 北京：中国水利水电出版社

胡一三，李勇. 2003. 黄河河口治理要有利于下游防洪.见：黄河河口问题及治理对策研讨会专家论坛. 郑

州：黄河水利出版社：251-260
黄河水利委员会山东河务局. 1988. 山东黄河志. 济南：山东省新闻出版局
李泽刚. 2006. 黄河近代河口演变基本规律与稳定入海流路治理. 郑州：黄河水利出版社
庞家珍，姜明星. 2007. 黄河河口演变.见：黄河水利委员会水文局编.黄河水文科技成果与论文选集. 郑州：黄河水利出版社：104-129

第三篇　黄河下游河道冲淤演变

第十三章　河道演变的基本特点

一、河道演变的主要影响因素

影响河床演变的主要因素可概括为进口条件、出口条件及河床周界条件。

进口条件主要是：①河段上游的来水量及其变化过程；②河段上游的来沙量、来沙组成及其变化过程，这两个条件也可理解为河流作为一条输水输沙通道所必须完成的基本任务。为此，河流必须进行自我塑造，使之具有在平均情况下输送来水来沙的能力，而当来水来沙发生波动时，则适时地作出自我调整，来适应这种变化。

出口条件主要是出口处的侵蚀基点条件。它可以是能控制出口水面高程的各种水面，如河面、湖面、海面等，也可以是能限制河流向纵深方向发展的抗冲岩层的相应高程，在此之上的水面线和床面线都要受到此点高程的制约，在特定的来水来沙条件下，侵蚀基点的情况不同，河流纵剖面的形态、位置及其变化过程会出现明显的差异。

河床周界条件泛指河流所在地区的地理、地质条件。它包括：河谷比降，河谷宽度，组成河底、河岸的较难冲刷的岩层、卵石层、黏土层或较易冲刷的沙层等。即使进口、出口具有完全相同的来水来沙条件及侵蚀基点条件，不同的河床周界条件仍会带来不同的河床演变特点。

黄河下游河道的冲淤演变主要取决于流域的来水来沙条件及河床边界条件，同时侵蚀基准面也有一定影响。

（一）来水来沙与河道冲淤的关系

由于黄河下游河道是一条强烈的冲积性河流，河道整治前的河床边界是由来水来沙塑造而成，所以来水来沙对下游河道冲淤演变起着主导作用。来水来沙条件包含水沙量、过程和质量（组成）。

1. 来水来沙量

黄河下游冲淤变化随水沙量而变，凡是水多沙少年份（如 1952 年、1955 年、1961 年、1981～1985 年）河道淤积不大或发生冲刷，而水少沙多年份则发生淤积（如 1969 年、1970 年、1971 年、1977 年和 1992 年）。年淤积量大的可达 7 亿～10 亿 t，年淤积量最大的 1933 年，下游河道孟津—高村河段的淤积量约 20 亿 t，一年的淤积量等于一般年份 6～10 年的淤积量。如以各年汛期（7～10 月）与非汛期（11 月至次年 6 月）的来水来沙量与全下游同期冲淤关系进行分析，则有下列关系（潘贤娣等，2006）：

汛期　不漫滩时　$$\Delta W_{S1}=0.473W_{S1}-0.0287W_1+3.33 \tag{13-1}$$

漫滩时　$$\Delta W_{S1}=0.52W_{S1}-0.0223W_1+2.82 \tag{13-2}$$

非汛期　$$\Delta W_{S2}=1.03W_{S2}-0.018W_2+1.267 \tag{13-3}$$

式中：ΔW_{S1} 为全下游汛期冲淤量，亿 t；ΔW_{S2} 为全下游非汛期冲淤量，亿 t；W_{S1} 为汛期来沙量，亿 t；W_{S2} 为非汛期来沙量，亿 t；W_1 为汛期来水量，亿 m^3；W_2 为非汛期来水量，亿 m^3，如沿程水量变化较大时，采用沿程各站平均值。

采用上式进行验算，基本与实测吻合。从式（13-1）至式（13-3）可看出：来水越多，来沙越少，则下游淤积量越少；反之，则来水越少，来沙越多时，则下游淤积越多。

2. 水沙组合

（1）含沙量

由汛期下游河道单位水量冲淤量与来水来沙的关系（图 13-1）可以看出，来水含沙量小，则单位水量淤积量少，甚至发生冲刷。而来水含沙量大，则单位水量淤积量也大。作为平均情况，冲淤相对平衡的临界含沙量约为 $30kg/m^3$（相对于此含沙量下的泥沙组成），高于此值，发生淤积，低于此值，发生冲刷。

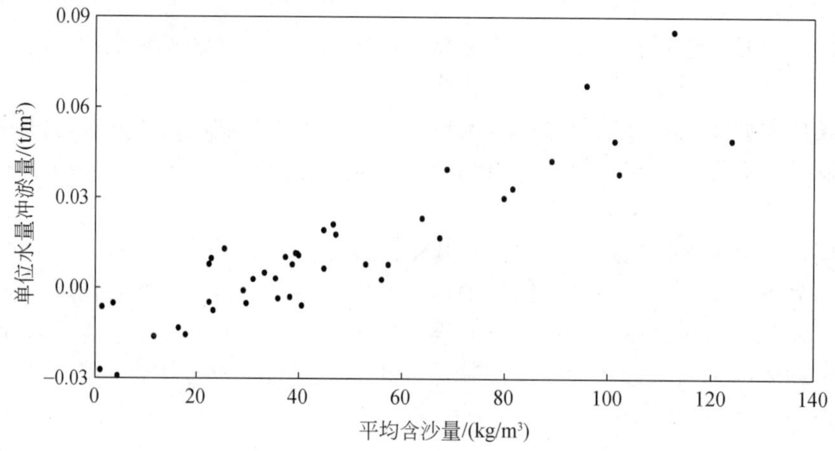

图 13-1　黄河下游河道汛期单位水量冲淤量与平均含沙量关系

洪水期的冲淤调整更为剧烈。从洪水期平均含沙量与单位水量冲淤量关系可见，随着洪水含沙量的增大，河道淤积量增大，临界含沙量约等于 $50kg/m^3$ 左右，可以基本维持河道冲淤平衡（图 13-2）。

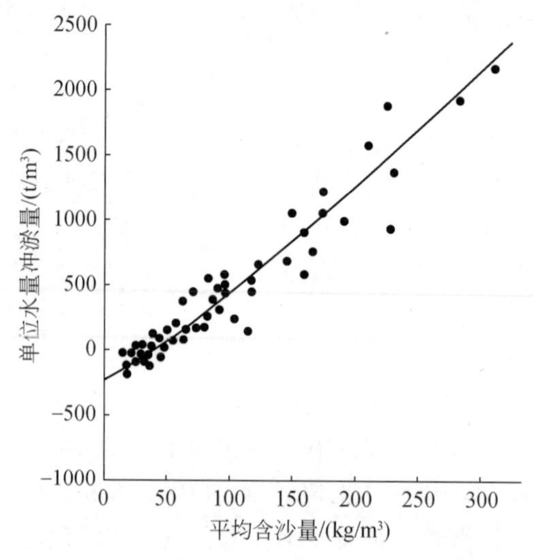

图 13-2　黄河下游非漫滩洪水洪峰期河道单位水量冲淤量与平均含沙量关系

（2）来沙系数

来沙系数 S/Q 是含沙量与流量的比值，反映了水沙搭配情况。从汛期平均来沙系数与淤积比的关系（图 13-3），可以看出，河道的淤积比随来沙系数的增大而增大：1961～1964 年处于冲刷状态，淤积比小于−1；而 1986 年以来来沙系数大多数年份均大于 0.02kg・s/m^6，淤积比大多数年份均大于 0.5。而当来沙系数约为 0.01kg・s/m^6 左右，河道可维持基本平衡。

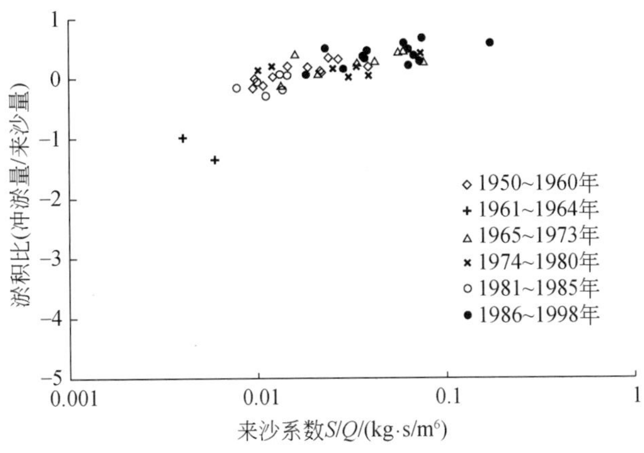

图 13-3　黄河下游汛期河道淤积比与来沙系数的关系

3. 泥沙组成

泥沙组成对黄河下游河道的冲淤状况有较大影响，选择了 28 场洪水，形成 2 组 14 对来水来沙接近但来沙组成不同的洪水进行对比分析（表 13-1）。2 组洪水水量分别为 396.7 亿 m^3 和 338.9 亿 m^3，沙量分别为 30.07 亿 t 和 25.4 亿 t，平均含沙量分别为 75.7kg/m^3 和 74.9kg/m^3，均比较接近；但泥沙组成差别较大，细泥沙（粒径小于 0.025mm）所占比例分别为 62.8%和 46.2%，而粗泥沙（粒径大于 0.05mm）所占比例分别为 14.2%和 27.4%，其中特粗沙（粒径大于 0.1mm）所占比例分别为 1.9%和 4.6%。对比可以看出，从全沙量来看，来沙比例粗的洪水比来沙细的洪水来沙量少 4.67 亿 t，但淤积量却是来沙细的洪水的 3 倍还多，两组的洪水淤积比分别为 11.2%和 48.1%；来沙粗的洪水比来沙细的洪水中粗泥沙多 2.71 亿 t，而粗泥沙淤积量却增加 4.36 亿 t，是粗泥沙多来量的近 2 倍，其淤积比分别为 12.0%和 71.2%。同时也可看到，来沙粗的洪水并不只是粗泥沙部分多淤，相应的中、细泥沙的淤积比也普遍加大，所以粗泥沙含量的增加引起包括粗、中、细泥沙的整个全沙输沙能力的降低。

表 13-1　泥沙组成对黄河下游河道淤积的影响

洪水泥沙组合	项目	各粒径组/mm				
		细泥沙（＜0.025）	中泥沙（0.025～0.05）	较粗泥沙（0.05～0.1）	特粗沙（＞0.01）	全沙
泥沙组成较细	水量/亿 m^3			396.7		
	平均流量/(m^3/s)			2136		
	沙量/亿 t	18.89	6.92	3.7	0.56	30.07
	平均含沙量/(kg/m^3)	47.5	17.4	9.3	1.4	75.7
	占全沙比例/%	62.8	23.0	12.3	1.9	100.0
	淤积量/亿 t	1.97	0.9	0.13	0.38	3.38
	占全沙淤积量比例/%	58.1	26.5	3.8	11.2	100.0
	淤积比（淤积量 / 来沙量）/%	10.4	13.0	3.5	67.9	11.2

续表

洪水泥沙组合	项目	各粒径组/mm				
		细泥沙（<0.025）	中泥沙（0.025～0.05）	较粗泥沙（0.05～0.1）	特粗沙（>0.01）	全沙
泥沙组成较粗	水量/亿 m^3			338.9		
	平均流量/(m^3/s)			2086		
	沙量/亿 t	11.74	6.69	5.79	1.18	25.4
	平均含沙量/(kg/m^3)	34.6	19.7	17.0	3.5	74.9
	占全沙比例/%	46.2	26.3	22.8	4.6	100.0
	淤积量/亿 t	3.71	3.55	3.89	1.07	12.22
	占全沙淤积量比例/%	30.4	29.1	31.8	8.8	100.0
	淤积比/%	31.6	53.1	67.2	90.7	48.1

（二）河道边界与河道冲淤的关系

黄河下游河道从 20 世纪 50 年代至今，边界条件变化较大，对河道输沙和冲淤有一定的影响。

1. 黄河下游河道特点

黄河下游河道为复式河槽，如 1957 年汛后的花园口断面（图 13-4）。河道横断面中可分为枯水槽（深槽）、一级滩地（嫩滩）、二级滩地（二滩）、三级滩地（高滩或老滩）几部分。在河势演变的过程中，各部分的宽度及位置都会发生变化，尤其是枯水槽及一级滩地的位置更是变化频繁（胡一三等，2010）。

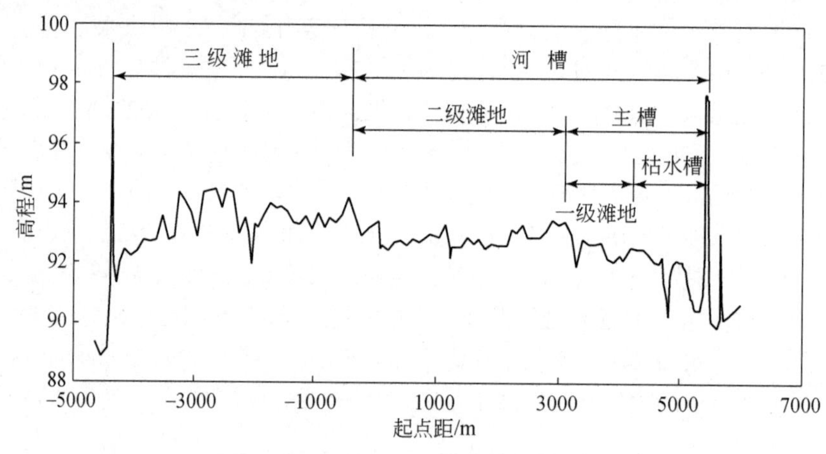

图 13-4 1957 年汛后花园口断面

主槽是洪水泥沙的主要通道，一级滩地（嫩滩）紧靠枯水槽，枯水槽和一级滩地合称主槽（图 13-4）。它是一次洪水主流所通过的河床部分。非汛期的绝大部分时间及汛期的平水期，流量小，为枯水期。枯水期河床过流部分称为枯水槽，也称为深槽，但对于二级悬河河段，深槽的深泓点不一定是全断面的最低处。枯水槽较窄，在黄河下游一般为 0.3～0.6km，对于未经整治的游荡性河段可能会宽得多；枯水槽的位置会经常变化。

一级滩地是黄河主流变化、河势摆动过程中形成的，相对其他滩地而言，一般形成较晚，也称嫩滩。中水即可形成，滩面一般较低，但对于二级悬河严重的河段，其高程可能不低于其他滩面。一级滩地没有明显的滩地横比降，其上植被稀少，阻力小，具有较大的过流能力。宽度和位置变化快，凹岸部分塌失，凸岸又会淤出新的嫩滩；断面冲刷时，嫩滩会缩窄，断面萎缩时，嫩滩会增宽。它的变化，在某种程度上调整着主槽的过流能力。高村以上的游荡性河段嫩滩十分发育，艾山以下的弯曲性河段嫩滩较窄或不明显。

主槽又称中水河槽。中水较枯水的流速大，又较洪水的持续时间长，其造床作用最强，中水期能塑造一个较为明显的中水河槽。

河槽是指洪水期流速较大和在一个较长的时期内主槽变化所涵盖的部分（图 13-4）。一般而言，河槽宽度大于主槽宽度，就某一时间的河槽而言，它包括主槽、二滩或部分二滩。宽河段在河道整治前河槽很宽，多达 3～5km，部分河段会更宽；在河道整治后基本与河槽排洪宽度相当。当主槽的变化范围遍布两岸堤防之间时，河槽宽度相当于堤距。

由于河道冲淤调整和河势变化，河槽内的主槽位置和形态经常变动。主槽变化主要有两种形式：一是位置稳定下的局部变化，表现为主槽范围内的冲淤调整，河道冲淤可比较强烈，但都在主槽范围内变化，深槽、嫩滩位置调整，主槽位置基本不变；二是主槽大幅度摆动，即在河槽范围内，主槽与二级滩地的转换，如图 13-5 所示的于庄断面，1969 年汛前左侧为由几个深槽组成的主槽，右侧为二级滩地；经大量淤积，到 1973 年汛前只维持了中间较小的主槽，左侧原主槽部位已演变成二级滩地。由于主槽位置的变化，致使河槽宽度大于或远大于主槽宽度。河槽宽度主要取决于主槽在河势演变中的变化范围。黄河下游游荡性河段河槽基本上包含了大部分二滩，因此宽达数千米。

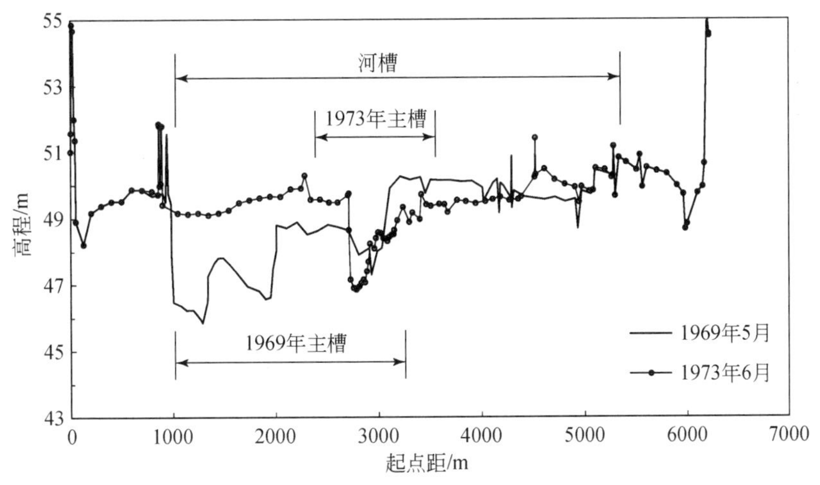

图 13-5 于庄断面的河槽与主槽

滩地通常指河道内水流一侧或两侧的未上水部分。黄河下游滩地（图 13-4）分为一级滩地（嫩滩）、二级滩地（二滩）和三级滩地（老滩、高滩）3 级，其中嫩滩高程低且经常变动，将其作为主槽的组成部分，本文所称滩地包括二级滩地和三级滩地，它是洪水和大洪水时才过水的河床部分。

二滩滩面高，20 世纪 50 年代高村以上滩槽高差为 1～2m、高村—陶城铺为 2～3m、陶城铺—宁海一般大于 3m。二滩相对嫩滩而言比较稳定，住有大量居民，种有小麦、大豆、玉米等农作物。受滩地植被的阻水作用，二滩过流能力较嫩滩要小得多，在大洪水时具有行洪、滞洪、削峰、沉沙、减少主槽淤积的作用。黄河下游 1953～1996 年 11 场大漫滩洪水中，主槽共冲刷 25.44 亿 t，滩地淤积 39.66 亿 t，滩地淤积在维持排洪能力中起到了重要作用。20 世纪 70 年代以后，由于黄河水量和洪峰流量均减小，加之生产堤的修建影响洪水漫滩，因此黄河下游局部河段形成了滩地平均高程低于河槽平均高程的二级悬河，对防洪安全危害很大。

二级滩地（二滩）经常处于变化之中，尤其是临近主槽的部分，在河道冲淤调整和河势摆动中，主溜向一岸摆动时，该岸滩地发生坍塌，滩地面积减小；而在对岸由于流速降低、泥沙落淤，会淤出新的滩地。黄河下游游荡型河段河势摆动频繁、强烈，滩地变化也较大。塌滩与还滩往复进行是冲积性河道调整的特点之一。

黄河下游三级滩地（图 13-4）是由于 1855 年黄河在铜瓦厢决口改道，口门处落差大，致使东坝头以上河段发生强烈溯源冲刷形成的，当时的滩槽高差为 3～5m。三级滩地形成的时间早且不易上水，也称老滩或高滩。随着河槽淤积，滩槽高差逐渐缩小，现已形成高滩不高的情况。

2. 黄河下游河床边界条件的变化

（1）河道边界条件的变化

下游河道（包括主槽与滩地）内河道边界的变化，主要包括河道整治工程、生产堤和滩地阻水设施的变化。人民治黄以来修建了大量的河道整治工程（包括险工和控导工程），至 2014 年计有工程 354 处，坝垛 9904 道，长 738km。河势变化迅速的长 299km 的黄河下游游荡性河段，计有河道整治工程 116 处，坝垛 3755 道，长 337km。这些工程增强了河道边界的抗冲能力，极大地改变了水沙运行的边界物质条件，起到很大的控制河势作用，对河道平面形态变化的影响较大。

历史上黄河下游沿岸群众修建了大量民埝（新中国成立后称为生产堤），现在黄河部分堤防就是从原来的民埝改建而来的。新中国成立前和新中国成立后为了确保黄河下游防洪安全，都曾提出了废除生产堤的方针，因此生产堤在不同历史背景下经历了修－废的多个反复过程，现在的生产堤主要是从 1958 年汛后大量修建，至今经多次破、修形成的。至 2004 年 3 月，黄河下游生产堤长 583.8km。生产堤不仅改变了水沙运行的自然边界，而且导致水沙在黄河下游宽河道的运行范围和运行方式发生改变。

在 20 世纪 60 年代以前主槽与二滩基本连为一体（图 13-6），没有明显阻隔。在流量超过 10000m^3/s 时二滩开始过水，由于这一流量级的洪水发生次数较多，因此二滩经常上水，时冲时淤。滩面多分布有小串沟，但表面比较平整，土质多沙，很少植物生长，中水河槽附近滩区耕种较少，远离主槽的滩面上植被长势也很差，连片的房台较少，因此滩区阻水作用很小。滩地糙率一般为 0.03～0.04。滩区修建大量的生产堤后使原来开敞的滩区被封闭（图 13-7），滩唇附近不断淤高，堤根附近变化不大，因此滩地横比降增大，二级悬河加剧。东坝头—高村河段左右岸滩地横比降分别达 5.15‱和 5.84‱。滩地行洪条件变化：随着社会经济的发展，滩区居住人口不断增多，耕地增加；滩区植被增多，尤其是茂密的玉米等典型高秆植物，增加了滩地行洪的阻力；同时房屋、连成一片的房台等建筑物增多，特别是一些贯通性建筑物，包括生产堤、自控导工程上的引水口到大堤引黄闸间的拦滩渠堤和横贯滩区且高出地面的拦滩公路等，均增大了滩区的局部水头损失和沿程水头损失，路面的硬化进一步增强了其抗冲性。这些都造成滩地糙率增加。1982 年和 1996 年高村断面生产堤至大堤间二滩糙率已达 0.06～0.08，漫滩初期甚至高达 0.1 以上；孙口断面天然情况下左滩糙率为 0.02～0.04，1982 年和 1996 年已增大到 0.035～0.045。

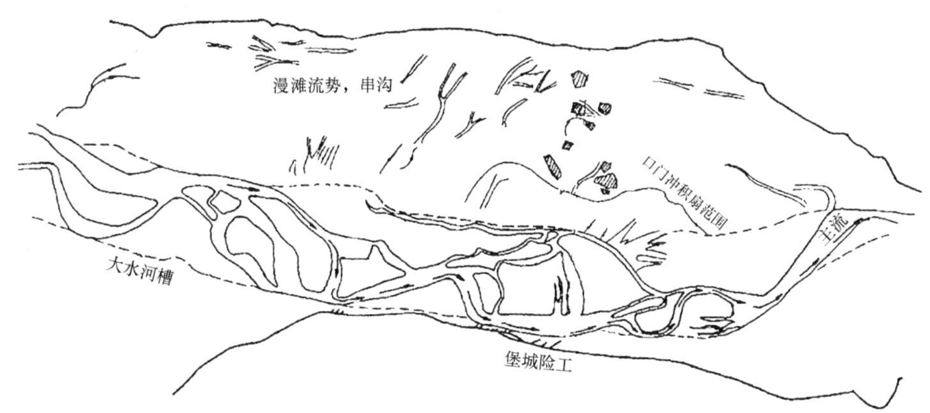

图 13-6　1956 年汛前高村以上河段地形图

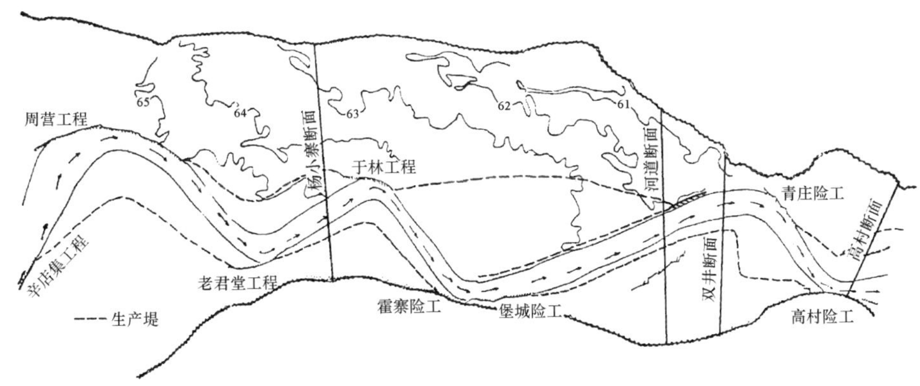

图 13-7　1996 年汛前高村河段地形图

（2）河道横断面变化

黄河下游宽河段断面随水沙及边界条件变化，主槽经历了 1961～1964 年的拓宽，1964～1980 年的缩窄，其后经过 1981～1985 年大水冲刷，河道宽度增加，面积也明显增大。1997～1999 年没有大的水沙过程，河道断面变化不大，以 1997 年统计的断面特征代表 1999 年断面特点。

1986～1999 年黄河下游枯水少沙，洪峰小、历时短，河槽萎缩，主槽宽度缩窄，过水断面面积减小（表 13-2）。铁谢—花园口河段主槽宽度减小 665m，减小幅度达 42%，夹河滩—高村减小幅度也达 40%，铁谢—孙口平均减小 224m，减小幅度为 26%；主槽面积减小的幅度更加明显，其中夹河滩—高村河段、高村—孙口河段分别减小 1263m^2 和 1524m^2，减小幅度高达 51%和 53%，铁谢—孙口平均减小 1201m^2，减小幅度为 44%。按 2.5m/s 流速匡算，平滩流量减少约 3000m^3/s，到 1997 年汛后，平滩流量约为 3000～4000m^3/s。

表 13-2　黄河下游各河段主槽断面特征统计

项目	河段	1964 年	1973 年	1980 年	1985 年	1997 年
宽度 B/m	铁谢—花园口	1715	1474	1115	1586	921
	花园口—夹河滩	1584	1194	1238	1432	923
	夹河滩—高村	1497	956	860	1208	727
	高村—孙口			750	879	695

续表

项目	河段	1964 年	1973 年	1980 年	1985 年	1997 年
面积/m^2	铁谢—花园口	3345	2726	1529	2717	1937
	花园口—夹河滩	2429	2090	1491	2449	1408
	夹河滩—高村	3133	1630	1404	2453	1190
	高村—孙口			1695	2860	1336
水深 H/m	铁谢—花园口	1.95	1.85	1.37	1.71	2.1
	花园口—夹河滩	1.53	1.75	1.2	1.71	1.53
	夹河滩—高村	2.09	1.71	1.63	2.03	1.64
	高村—孙口			2.26	3.25	1.92
河相关系 $\sqrt{B}/H$	铁谢—花园口	21.2	20.8	24.4	23.3	14.5
	花园口—夹河滩	26	19.7	29.3	22.1	19.9
	夹河滩—高村	18.5	18.1	18	17.1	16.4
	高村—孙口			12.1	9.1	13.7

由典型洪水涨水期各水文站测流断面主槽宽度可以看出（表 13-3），1958～1996 年各断面主槽明显萎缩，花园口、夹河滩、高村、利津四站主槽缩窄在 41%～52%；从各断面主槽变化过程看，除高村站断面缩窄主要集中在 1985 年前以外，其他各断面缩窄主要集中在 1985～1996 年。

表 13-3　典型洪水测流断面平滩下主槽宽度变化

年份		花园口	夹河滩	高村	利津
主槽宽度/m	1958	1260	1300	1100	560
	1982	1200	1000	800	480
	1985	1000	1200	600	500
	1996	600	700	600	330
1996 年较 1958 年缩窄/%		52	46	45	41
1996 年较 1982 年缩窄/%		50	30	25	31
1996 年较 1985 年缩窄/%		40	42	0	34

3. 边界条件变化对河道输沙特性和冲淤的影响

河流在来水来沙与河道边界未达到平衡时，其输水输沙能力与河床一直处在不断调整过程中，力求达到二者的动态平衡。黄河下游河道尤其是高村以上宽河段边界条件变化巨大，其对宽河道的输沙特性和冲淤演变产生较大影响。

（1）对输沙特性的影响

河道排沙比是河道出口站与进口站输沙量之比，是直接反映河道输沙能力的指标。基于黄河下游输沙主要集中在前汛期 7～8 月，以花园口到高村宽河段 7～8 月洪水的排沙情况来反映边界条件变化对输沙特性的影响。比较相同来水来沙条件下河道排沙比的变化，来水来沙条件以来沙系数 S/Q 为依据，根据实测资料中来沙系数分带情况，大致以来沙系数 0.021kg・s/m^6 和 0.055kg・s/m^6 为界将洪水分为来沙系数小、中、大的三组洪水。由于来沙系数大的洪水较少，无法显现规律，因此以来沙系数分别较小和居中的洪水为例进行对比分析。由图 13-8 可见，不同来沙系数时河道排沙比随洪峰流量的变化规律相同，在洪水未漫滩时洪峰流量越大排沙比也越大，当接近平滩流量时排沙比达到最大，水流一旦超过平滩流量发生漫滩，排沙比转而变小，并随洪峰流量的增大而不断减小。但来沙系数不同时排沙比的定量数值是不同的，来沙系数小的洪水排沙比大于来沙系数大的洪水，而且排沙比随洪峰流量的变化幅度也较大。

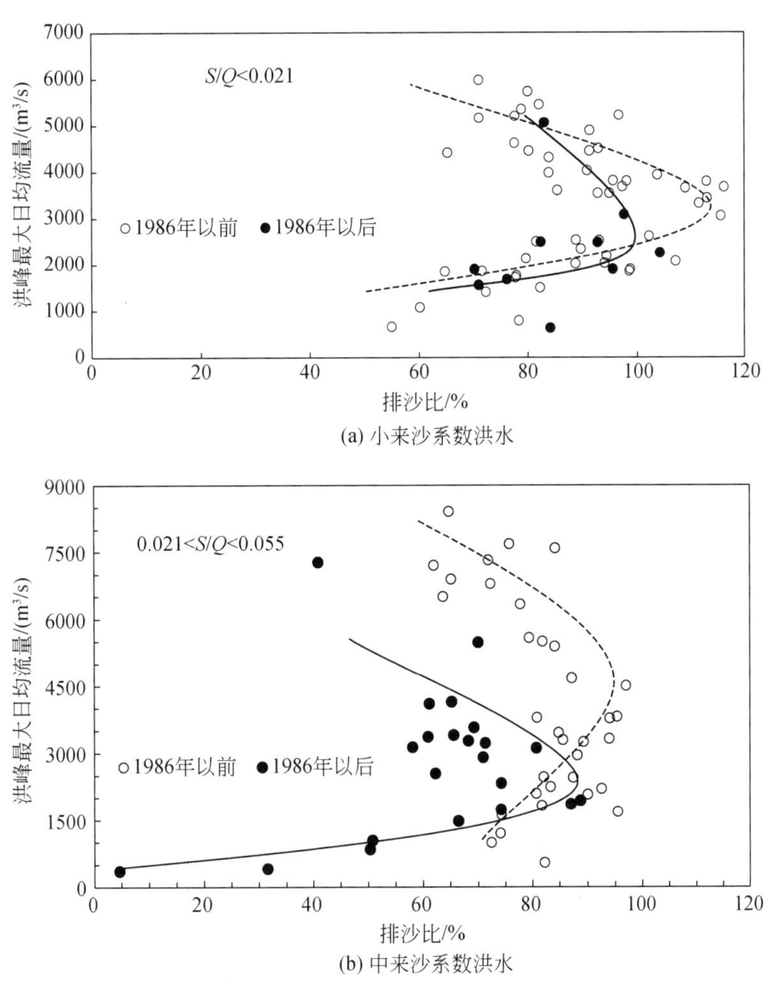

图 13-8 宽河道花园口—高村河段排沙比随洪峰流量变化

对比 1986 年前后的排沙比变化，明显可见 1986 年后同流量洪水排沙比普遍减小，小、中来沙系数的最大排沙比分别由 1986 年前的 115%和 95%减小到 100%和 90%。同时最大排沙比所对应的流量也降低了，由 3000m^3/s 和 4000m^3/s 降低到 2000m^3/s 和 3000m^3/s。1986 年后下游河道萎缩严重，平滩流量降低，是造成上述变化的主要原因，同时也说明河道输沙能力的降低。由两幅图中还可看到，平滩流量以下的洪水排沙比变化不大，而超过平滩流量的洪水排沙比减小幅度很大。同时有一些洪峰流量约在 2000m^3/s 以下的小洪水排沙比很大，甚至超过 1986 年以前同样条件的洪水。反映出河道主槽的输沙能力有所提高，尤其是在发生含沙量不是很高的洪水时，主槽输沙能力有一定程度的提高。

早期经过对黄河下游水沙关系的研究，认识到水流的输沙率不仅与流量而且与上游河段来水含沙量有关，从这一认识出发，将各时期具有相同上站含沙量的洪水进行输沙率与流量关系的比较，来研究 1986 年后河道萎缩时期水流输沙能力是否发生变化。以三黑小含沙量在 100～200kg/m^3 的花园口洪水为例，由图 13-9 可见，1986 年后河道的输沙率与流量关系的变化是很大的。大约以洪峰流量 2500m^3/s 为界，小于该流量级的洪水输沙率较 1986 年前有一定程度的增加；大于该流量级的洪水输沙率却有较大的减少，同样为 4000m^3/s 的洪水 1986 年以前输沙率可达到 900t/s，1986 年以后只有约 600t/s。这一认识与前述研究结果是一致的，当流量较小、水流在主槽中未漫上滩地时，1986 年后水流输沙率大于 1986 年前，河道的输沙能力提高了；当流量较大、水流漫滩后，1986 年后的输沙率明显减小，表明河道输沙能力大大降低。

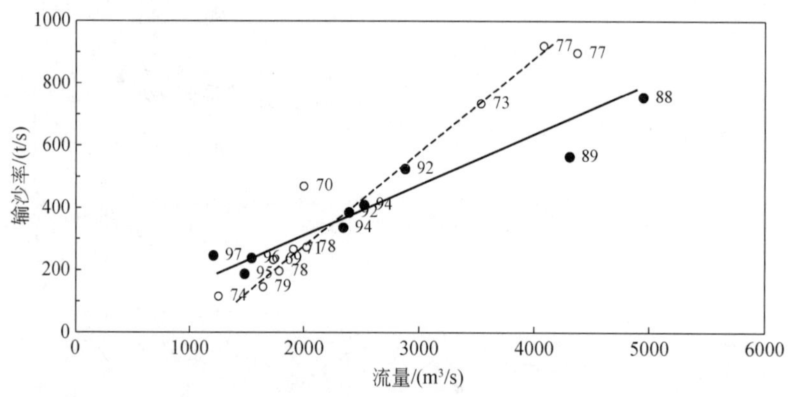

图 13-9　花园口站输沙率与流量的关系

虽然小流量洪水的输沙能力有增加的趋势，而且 1986 年后中小流量洪水发生较多，但黄河下游宽河道的冲淤主要是由较大洪水造成的，因此这一影响很小，还是中大流量级洪水输沙能力的降低决定了整个汛期输沙能力的降低。

（2）对河道冲淤特性的影响

1986 年后黄河下游河道边界条件变化，随着输沙特性的改变，河道冲淤也出现一些新的特点。黄河来水来沙集中在汛期（7～10 月），相应河道演变也以汛期为主，汛期的冲淤特点基本决定了全年的河道演变状况。由图 13-10 可见，下游宽河道汛期单位水量冲淤量与含沙量有较好的相关关系，随着含沙量的增大，单位水量冲淤量增加，而且 1986 年后大部分年份单位水量冲淤量大于 1986 年前各年，说明在来沙量相同条件下单位水量冲淤量增加。

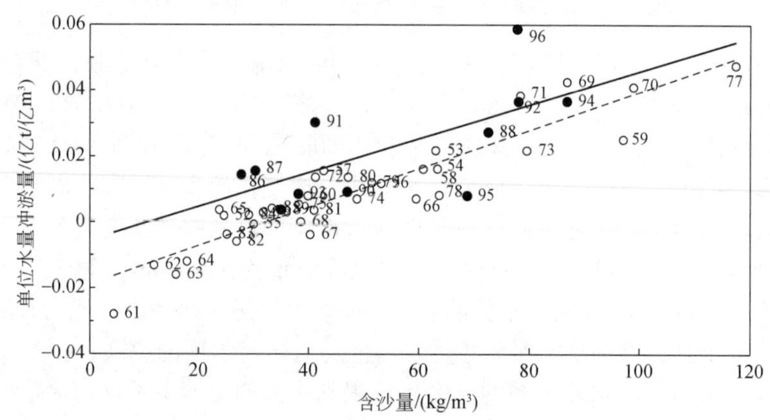

图 13-10　三门峡—高村河段汛期单位水量冲淤量与含沙量的关系

黄河下游汛期的暴雨洪水是河道演变的主要作用因素，洪水强烈的冲淤作用造成河道形态发生质的改变，河道形态发生改变后对洪水期冲淤特性的影响更大。点绘黄河下游洪水期河道冲淤量与水沙条件的关系（图 13-11），图中纵坐标为冲淤强度，A 代表河道来水来沙条件。Δq_s 为三门峡—高村河段洪水期日均冲淤量（万 t/d），A 采用式（13-4）计算。

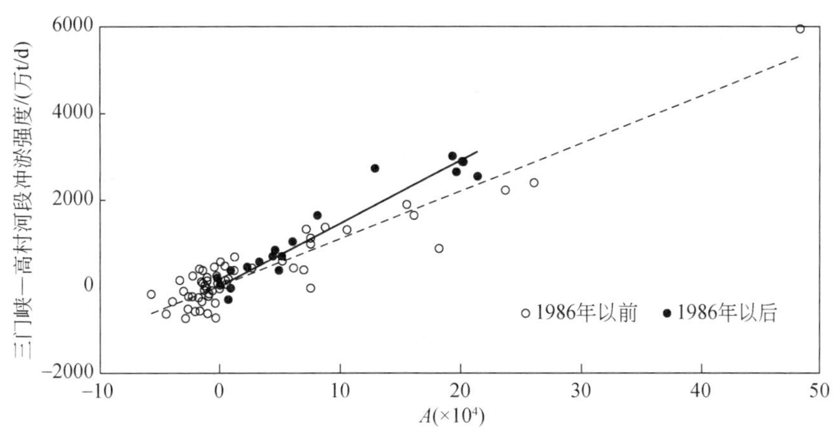

图 13-11　三门峡—高村河段洪水冲淤强度与河道水沙条件的关系

$$A=Q^2[S/Q-0.33(S/Q)^{0.75}] \tag{13-4}$$

式中：Q 为洪水期平均流量，m^3/s；S 为洪水期平均含沙量，kg/m^3。

从图 13-11 中可看出，1986 年前后洪水期冲淤特性的不同：①在 A 值较大的洪水期间，河道淤积强度明显增大。由式（13-4）可知，洪水流量 Q 和水沙搭配关系 S/Q 是决定水沙条件 A 值的主要因素，其中 Q 起到最重要作用，S/Q 处于第二位。A 值较大洪水淤积强度增大，说明 1986 年后在较大流量洪水时期河道淤积量增加，从水流输沙角度来看即是河道的输沙能力降低了。1986 年后下游河道萎缩，3000～4000m^3/s 的洪水即发生漫滩，漫滩后水流流速减小，河道输沙能力明显降低，造成淤积量增大。②在 A 值较小的洪水期间，河道淤积强度增加不明显。1986 年后宽河道发生冲刷的洪水很少，冲刷强度大的洪水基本没有，但比较 A 值在 0～5 的洪水仍能看出 1986 年后河道冲淤强度与 1986 年前相比变化不大，而且有两场洪水淤积强度还偏小。1986 年后河道持续淤积，主槽断面形态变得相对窄深，水流在主槽内的流速不应减小，在相同流量下还应有所提高，因此河道主槽的输沙能力并未降低，小流量洪水的淤积强度变化不大。由图 13-11 可得到冲淤强度与水沙条件的关系式，同样反映出 1986 年前后的变化：

1986 年以前　　$\Delta q_s=110A$　　（13-5）

1986 年以后　　$\Delta q_s=146A$　　（13-6）

河道边界条件的改变，影响水流特性，从而改变河道的挟沙能力。黄河下游河道 1986 年以来不断萎缩，形成相对窄深的断面形态，在漫滩前主槽的水流流速增大，水流挟沙能力增强，因此在小流量时河道的输沙能力是增大的。但由于平滩流量较小，洪水流量较小时即开始漫滩，而且相同流量级洪水的漫滩程度大，因此流速迅速减小，输沙能力降低。表现在河道淤积量上则是小流量洪水淤积强度小，排沙比大，输沙率高，而大流量洪水正相反。

（三）河口改道的影响

黄河的大量来沙进入河口地区，约有 2/3 淤积在河口三角洲，以沙嘴的形式向外延伸，致使河道比降变缓；当延伸到一定长度，比降变缓到一定程度时，在适当的水流条件下，河口改道，于三角洲其他部位入海，然后又重复这一过程。为此循环往复，直至整个三角洲前沿为沙嘴所布满，将整个三角洲岸线从一个水平推至另一个水平，造成侵蚀基准面的抬高，对下游河道造成永久性影响。黄河自 1855 年由利津入海以来，尾闾河段可分为 3 次大循环，分别为 1855～1926 年、1926～1953 年和 1953 年至今，对河口附近水位升高影响分别为 1.41m、1.1m 和 2.13m。有研究估算第三次大循环结束后，可能影响水位约 3.0m 左右，与黄河下游泺口以下的上升幅度基本处在同一数量级。

黄河河口在大的淤积延伸的基础上发生频繁改道，形成不同的入海流路。自 1855 年以来发生 10 次改道，其中人民治黄以来 3 次，行河流路分别为神仙沟（1953 年 7 月至 1963 年 12 月）、钓口河（1964 年 1 月至 1976 年 5 月）、清水沟（1976 年 5 月至今）。影响改道后溯源冲刷效果的决定因素是改道后形成的落差大小及河口河床边界条件，但又需要有利的水沙条件来冲刷新尾闾。溯源冲刷的影响范围和落差成正反，与河床耐冲性呈反比，几次改道的影响范围约在刘家园附近，距河口约 200km（表 13-4）。

表 13-4　河口变化对下游河道影响长度和作用

时段	冲淤类型	影响上界	影响长度/km	$3000m^3/s$ 水位升（+）降（−）值/m	说明
1953～1955 年	溯源冲刷	泺口	208	−1.70（前左）	前左站在改道点上游 12.5km
1955～1961 年	溯源堆积	刘家园	224	+1.20（罗家屋子）	罗家屋子距口门约 45km
1961～1963 年	溯源堆积	一号坝	74	+0.95（罗家屋子）	罗家屋子距口门约 48km
1963～1964 年		宫家一道旭间	100	+0.35（罗家屋子）	罗家屋子即改道点、距口门约 36km（改道前河长 58km）
1964～1967 年	溯源堆积	刘家园	229	+1.10（罗家屋子）	罗家屋子距口门约 50km
1976～1979 年	溯源堆积	刘家园	215	+0.73（西河口）	1979 年汛后口门距西河口 38km
1979～1984 年	溯源冲刷	刘家园	177	−1.24（西河口）	1984 年西河口距口门 52km
1984～1995 年	溯源堆积 沿程堆积	刘家园	252	+1.87（西河口）	西河口距口门约 55km
1995～1996 年(9～10 月)	溯源冲刷	清河镇	166	−0.47（西河口）	1996 年 7 月在丁字路口以清 8 改道，轴线方位角 81°30′。缩短流程 16.6km
1996～1998 年	溯源冲刷			−0.95（丁字路）	丁字路距改道口门约 7.5km，1997 年断流

注：溯源冲刷影响长度自改道点起算，溯源堆积影响长度自口门起算。表中 $3000m^3/s$ 系指各站的同级流量。

根据大、小四次改道（含 1996 年汊河一次）的背景条件及对下游河道直接影响的范围、幅度和作用历时等分析河口改道对黄河下游冲淤演变的影响（赵文林，1996）。改道对下游产生影响，其物理实质主要表现在河道纵比降的变化。改道后在改道点以下形成集中单股水流以后，流速及挟沙力自上而下由小变大，再由大变小，使得改道点上游发生溯源冲刷，而下游则发生沿程堆积，比降逐渐朝调平方向发展，使改道点下游河段比降的增加很快受到限制；因为在三角洲面发生堆积的同时，口门也在堆积和延伸，当延伸达到一定规模，由洲面堆积所增加的落差不能抵消由河口延伸所要求的落差时，改道点以下河段比降开始减小，使以后的堆积转而具有溯源淤积的性质。

各次改道都产生程度不同的溯源冲刷，这种冲刷产生的时机不仅与比降变化有密切关系，而且还与河道平面形态及河相的变化有密切关系。各次溯源冲刷的幅度由改道点向上沿程减小，在同一次冲刷过程中，随着流量的增加，溯源冲刷的幅度有所增强，影响范围也有向上延伸的趋势；在四次改道中，溯源冲刷效果最大的是 1953～1955 年，影响长度达 200km，前左水位下降 1.70m。

溯源冲刷或溯源堆积是自下而上发展的，但并不是在所影响的范围内同步发生，需要有一个传递的时间，逐渐向上传递，如当河口已由冲刷变为淤积时，而距河口较远的冲刷作用还在继续向上发展，不过其幅度沿程递减而已。溯源冲淤的发展主要在主槽内进行。溯源冲刷发展明显的河段，滩槽高差增加，宽深比减小。溯源堆积的后果则与此相反。

在相邻两次改道所产生的溯源冲刷过程中发展着溯源堆积，溯源冲刷是以溯源堆积为前提条件的，即溯源堆积发生在溯源冲刷之前。河口沙嘴延伸是渐进的，不停止的，由此而造成的溯源堆积过程也是逐渐积累的，占河口演变中的大部分历时。河口流路变迁是河口演变过程中的跃变，由此而造成的溯源冲刷过程是比较剧烈的，历时也比较短。从整个河口演变的历程来看，溯源冲刷和溯源堆积交替发展，但以溯源堆积造成的后果为主。溯源堆积与沿程堆积叠加在一起形成水位抬升的最后结果。对黄河口来说，由于来沙超过水流的挟沙能力，溯源堆积作用并不超过沿程堆积的作用。

影响溯源堆积的主要因素有：改道点上下游河道的地理条件、海域条件和上游来水来沙条件。有利于发展溯源冲刷的地理条件有：改道点河床较高，且距入海口较远，因改道而缩短的河长较大；改道点上游前期地形较高，下游有成型沟槽，滩面植被少。海域条件包括海域面积与水深大小及海洋动力的强弱等，沙嘴突出开敞海域，水深大，动力强，则有利于带走较多的泥沙，其结果将增强溯源冲刷，延缓溯源堆积。来水来沙条件直接影响溯源冲淤的发展，特别是在改道初期如来水多，来沙少，则增强水流输沙能力，有利于溯源冲刷的发展。

二、水沙输移及河道演变基本特点

黄河下游河道经历了不同水沙和边界条件的冲淤演变，具有以下水沙输移及河道演变基本特点。

（一）不同粒径泥沙的沿程冲淤调整和输移

黄河下游泥沙按粒径大小分为细泥沙（$d<0.025$mm）、中泥沙（$0.025<d<0.05$mm）和粗泥沙（$d>0.05$mm），其中粗泥沙又分为较粗泥沙（$0.05<d<0.1$mm）和特粗沙（$d>0.1$mm）。以 1965～1990 年 198 场洪水资料为基础，分析洪水期粗细泥沙的沿程冲淤调整及输移特点。由表 13-5 可见，洪水期全沙的淤积比为 21.3%，其中细泥沙、中泥沙、较粗泥沙和特粗泥沙的淤积比分别为 10.6%、21.7%、38.1%和 86.3%，特粗泥沙的淤积比例非常高，说明特粗泥沙难以输送。

表 13-5　黄河下游洪水各粒径组泥沙冲淤量

项目		各粒径组泥沙				
		细泥沙	中泥沙	较粗泥沙	特粗泥沙	全沙
来沙量/亿 t	三+黑+武	145.16	73.68	52.01	9.73	280.58
冲淤量/亿 t	三门峡—花园口	−5.32	13.41	14.57	2.63	25.29
	花园口—高村	12.79	3.61	8.5	4.06	28.96
	高村—艾山	11.68	1.45	−5.23	0.77	8.67
	艾山—利津	−3.82	−2.49	2.3	0.94	−3.07
	全下游	15.33	15.98	20.14	8.4	59.85
淤积比（淤积量 / 来沙量）/%		10.6	21.7	38.7	86.3	21.3

不同来源区洪水由于泥沙组成不同，冲淤调整特点也不同（赵业安等，1998）：

1）多沙粗泥沙来源区洪水总来沙量 44.82 亿 t，平均含沙量 $174kg/m^3$，泥沙平均中数粒径 0.032mm。这 14 场洪水下游河道淤积比较严重，总淤积量为 27.95 亿 t，淤积比（淤积量 / 来沙量）高达 62.4%（表 13-6）；泥沙均发生淤积，随着泥沙粒径的增粗，淤积比增加，其中，特粗泥沙基本上全部淤积，较粗泥沙淤积比为 85.5%，中泥沙淤积比为 71.9%，而细泥沙淤积比为 36.4%。在来沙量中粒径大于 0.05mm 的粗泥沙占总来沙量的 32.5%，淤积量占总淤积量的 46%，是该组洪水淤积大的主要原因。从沿程的淤积分布看，淤积主要发生在高村以上河段，随着泥沙的变粗，高村以上河段淤积量占全河段淤积量的比例加大，细、中、较粗、特粗泥沙的比例分别为 75%、80.4%、88%和 93%。

表 13-6　粗泥沙来源区洪水下游河道各粒径组泥沙冲淤量

项目		各粒径组泥沙				
		细泥沙	中泥沙	较粗泥沙	特粗泥沙	全沙
来沙量/亿 t	三+黑+武	18.88	11.37	10.88	3.69	44.82
冲淤量/亿 t	三门峡—花园口	−0.06	4.96	5.03	2.21	12.14
	花园口—高村	5.24	2.34	3.16	1.16	11.9
	高村—艾山	1.64	0.69	0.54	0.16	3.03
	艾山—利津	0.05	0.18	0.57	0.09	0.89
	全下游	6.87	8.17	9.30	3.62	27.96
淤积比（淤积量 / 来沙量）/%		36.4	71.9	85.5	98.1	62.4

2）多沙细泥沙来源区洪水总来沙量为 174.8 亿 t，平均含沙量为 $63.5kg/m^3$，泥沙中数粒径为 0.022mm，来沙量中粗泥沙仅占总沙量的 19%（表 13-7）。下游河道共淤积 47.83 亿 t，淤积比较小为 27.4%。同样随着泥沙粒径的变粗，淤积比增加，但淤积比要小于粗沙来源区的洪水，特粗泥沙、较粗泥沙、中泥沙和细泥沙的淤积比分别为 79.3%、44.4%、32.4%和 17.6%。从沿程分布来看，集中淤积在高村以上河段的比例更大，出现艾山以下冲细淤粗现象。

表 13-7　细泥沙来源区洪水下游河道各粒径组泥沙冲淤量

项目		各粒径组泥沙				
		细泥沙	中泥沙	较粗泥沙	特粗泥沙	全沙
来沙量/亿 t	三+黑+武	96.33	45.16	29.44	3.86	174.8
冲淤量/亿 t	三门峡—花园口	2.2	10.68	9.4	0.21	22.49
	花园口—高村	8.76	4.33	5.99	2.1	21.18
	高村—艾山	7.94	0.98	-4.01	0.26	5.17
	艾山—利津	-1.84	-1.34	1.68	0.49	-1.01
	全下游	17.0	14.65	13.06	3.06	47.83
淤积比（淤积量 / 来沙量）/%		17.6	32.4	44.4	79.3	27.4

3）少沙来源区洪水总沙量 61 亿 t，平均含沙量 21.8kg/m^3，下游河道冲刷 15.94 亿 t（表 13-8），除特粗泥沙淤积外，各组泥沙均是冲刷的。

表 13-8　少沙来源区洪水各粒径组泥沙冲淤量　　（单位：亿 t）

项目		各粒径组泥沙				
		细泥沙	中泥沙	较粗泥沙	特粗泥沙	全沙
来沙量	三+黑+武	29.95	17.15	11.69	2.18	60.97
冲淤量	三门峡—花园口	-7.46	-2.23	0.14	0.21	-9.34
	花园口—高村	-1.21	-3.06	-0.65	0.80	-4.12
	高村—艾山	2.10	-0.22	-1.76	0.35	0.47
	艾山—利津	-2.03	-1.33	0.05	0.36	-2.95
	全下游	-8.6	-6.84	-2.22	1.72	-15.94

因此，下游河道的淤积物组成中以粗泥沙为主，由表 13-9 可以看出，上段比下段粗，深层比表层粗，如花园口表层粗泥沙占 83%左右，而在表层以下 3～5m 却占 95%左右，而在菏泽朱口刘庄主槽表层粗泥沙占 50%左右，深层占 90%左右，而滩地仅占 34%左右。分析 1996 年汛前下游河道取样（表 13-10），得到了与上述一致的结论。主槽淤积物较粗，滩地淤积物较细，细泥沙在主槽淤积仅占 15%以下，而粗泥沙却占 70%以上，而滩地淤积物中，细泥沙占 50%左右。粒径小于 0.025mm 的细泥沙在主流中不易淤积，但在水流漫滩时，滩地也会发生淤积，约占滩地淤积的 50%左右。

表 13-9　黄河下游河道滩槽淤积物组成　　（单位：%）

地名	粒径组	主槽表层以下不同深度			滩地表层以下不同深度		
		0～1.5m	1～3m	3～5m	0.1～1.5m	1～3m	3～5m
花园口	细泥沙	6.5	5.4	1.9			
	中泥沙	10.8	8.8	3.5			
	粗泥沙	82.7	85.8	94.6			
中牟	细泥沙		11.0	1.0	14	25	27.6
	中泥沙		39	2	17	20	6.1
	粗泥沙		60	97	69	55	66.3
柳园口	细泥沙	12	2			17	40.5
	中泥沙	25	2			43	9.0
	粗泥沙	63	96			40	50.0

续表

地名	粒径组	主槽表层以下不同深度			滩地表层以下不同深度		
		0～1.5m	1～3m	3～5m	0.1～1.5m	1～3m	3～5m
东坝头	细泥沙			1.5			
	中泥沙			1.5			
	粗泥沙			97.0			
朱口刘庄	细泥沙	15	29.5	6	35.2	54.7	26.9
	中泥沙	35	20.0	4	30.5	21.9	26.9
	粗泥沙	50	50.5	90	34.3	23.4	46.2
伟那里	细泥沙		7.0	3	15	19.0	5
	中泥沙		10.7	7	45	21	3
	粗泥沙		82.3	90	40	70	92
平均	细泥沙	11.2	11.0	2.7	20.4	26.4	25
	中泥沙	23.6	14	3.6	29.5	26.6	11.2
	粗泥沙	65.2	75	93.7	50.1	47.0	63.8

表 13-10　1996 年汛前下游河道淤积物组成　　（单位：%）

河段	各粒径组含量								
	细泥沙（<0.025mm）			中泥沙（0.025～0.05mm）			粗泥沙（>0.05mm）		
	主槽	滩地	全断面	主槽	滩地	全断面	主槽	滩地	全断面
铁谢—高村	15.9	30.8	20.3	4.7	33	26.1	77.4	36.2	53.6
高村—利津	7.1	29.4	21.9	17.8	37.1	30.6	75.1	33.5	47.5
铁谢—利津	6.4	30.2	21.0	17.1	34.9	28.1	76.5	34.9	50.9

黄河下游河道分组泥沙的冲淤情况见表 13-11。总的看来，黄河下游的来沙量中细泥沙约占 50%，中泥沙约占 25%，粗泥沙约占 25%（其中特粗泥沙仅约占 4%）；但下游河道的淤积量中细泥沙仅约占 15%，中泥沙约占 30%，粗泥沙约占 55%（其中特粗泥沙约占 17%）；也就是说来沙仅占 1/4 的粗泥沙却造成河道淤积的 1/2，来沙占 1/2 的细泥沙仅造成淤积的 1/7。从淤积比（淤积量/来沙量）来看，细泥沙淤积比仅 5%，中泥沙淤积比为 20%左右，而粗泥沙淤积比却约为 50%（其中特粗泥沙淤积比为 80%），也就是说细泥沙的 95%均能排至利津以下，而粗泥沙只有 20%能排至利津以下。因此，下游河道主槽淤积物的主要组成物质为粗泥沙，其危害最大；而粒径小于 0.025mm 的细泥沙属冲泻质在主槽中不易淤积，但在洪水漫滩后，仍会淤积在滩地，一般也可称为造滩质，而大于 0.025mm 的泥沙，一般称为造床质。

表 13-11　黄河下游不同时期分组泥沙冲淤情况

时期	粒径组	来沙量/亿 t	占来沙量/%	冲淤量/亿 t	占冲淤量/%	淤积比/%
1950～1960 年	细泥沙	9.7	54	0.53	15	5
	中泥沙	4.61	26	1.22	34	26
	较粗泥沙	2.96	16	1.34	37	45
	特粗泥沙	0.68	4	0.52	14	76
	粗泥沙	3.64	20	1.86	51	51
	全沙	17.95	100	3.61	100	20

续表

时期	粒径组	来沙量/亿 t	占来沙量/%	冲淤量/亿 t	占冲淤量/%	淤积比/%
1964～1990 年	细泥沙	6.25	50	0.31	14	5
	中泥沙	3.2	26	0.51	24	16
	较粗泥沙	2.44	20	0.91	43	37
	特粗泥沙	0.47	4	0.41	19	87
	粗泥沙	2.91	24	1.32	62	45
	全沙	12.36	100	2.14	100	17

注：粗泥沙包括较粗泥沙和特粗泥沙

（二）漫滩洪水对冲淤演变的作用

黄河下游河道具有上宽下窄的形态特性，因此，洪水漫滩后，广阔的滩地起着滞蓄洪水削减洪峰的作用，改变了洪水的传播过程。图 13-12 为典型洪峰演进过程，表 13-12 为典型洪水削峰情况。1954 年、1958 年、1982 年和 1996 年四场典型洪水，从花园口—艾山河段洪峰削减值分别为 7100m^3/s、9700m^3/s、7870m^3/s 和 2800m^3/s，占花园口洪峰流量的 47%、43%、51%和 36%，其中夹河滩—艾山河段的削峰作用更为显著。

表 13-12　黄河下游河道漫滩洪水洪峰演进和削峰情况

项目	时间（年-月-日）	站名						
		花园口	夹河滩	高村	孙口	艾山	泺口	利津
洪峰流量/（m^3/s）	1953-08-03	10700	10500	10300	8120	7640	6860	6860
	1954-08-05	15000	13300	12000	8640	7900	7290	7220
	1957-07-19	13000	12700	12400	11600	10800	9630	8500
	1958-07-17	22300	20500	17900	15900	12600	11900	10400
	1982-08	15300	14500	13000	10100	7430	6010	5810
	1996-08	7860	7170	6200	5540	5060	4780	4100
削峰率/%	1953-08-03		1.8	1.9	21.2	5.9	10.2	0
	1954-08-05		11.3	9.8	28.0	8.6	7.7	1.0
	1957-07-19		2.3	2.3	6.5	6.8	10.8	11.7
	1958-07-17		8.1	12.7	11.2	20.8	5.6	12.6
	1982-08		5.2	10.3	22.3	26.4	19.1	3.3
	1996-08		8.8	13.5	10.6	8.7	5.5	14.2

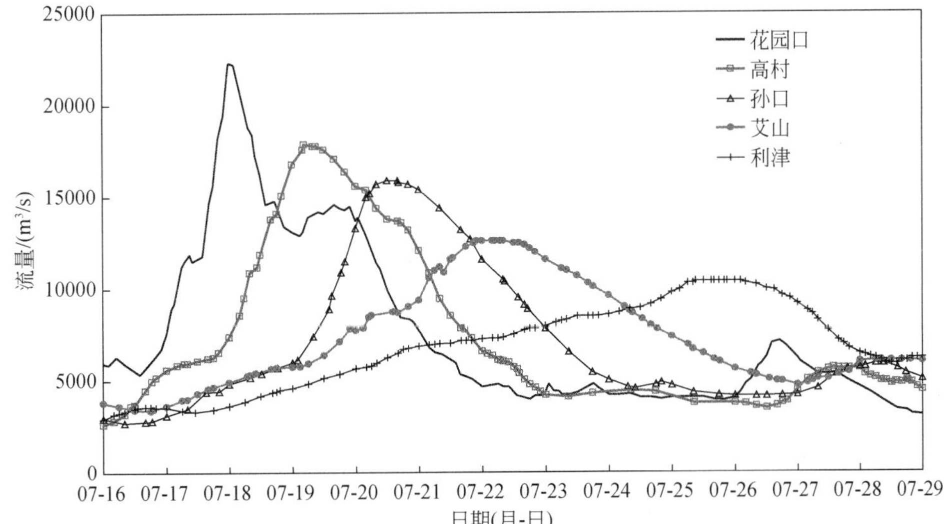

(a) 流量变化

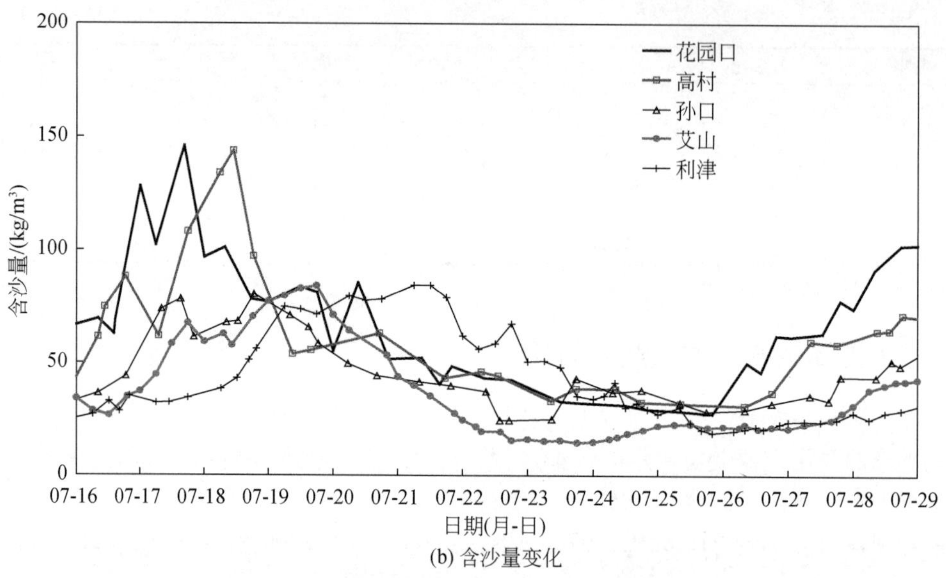

(b) 含沙量变化

图 13-12 1958 年洪水洪峰流量及含沙量沿程变化

1. 漫滩洪水时的滩地滞洪作用

漫滩洪量的蓄洪作用显著（表 13-13），花园口—孙口河段，1958 年 7 月和 1982 年 7 月洪水滞蓄洪量分别为 25.89 亿 m^3 和 24.54 亿 m^3，其中以高村—孙口河段滞洪作用最大，约占花园口—孙口河段的 52%～71%。其滞洪量相当于故县和陆浑水库的总库容，大大减轻下游窄河道的防洪压力。

表 13-13 黄河下游河道漫滩洪水滩地滞蓄量

花园口洪峰流量/（m^3/s）	时间（年-月-日）	滞蓄量/亿 m^3			
		花园口—夹河滩	夹河滩—高村	高村—孙口	花园口—孙口
15000	1954-08-05	7.0	4.0	6.51	12.42
13000	1957-07-19	2.84	4.26	9.69	14.3
22300	1958-07-17	9.85	6.04	15.62	25.89
15300	1982-08	7.67	8.01	17.48	24.54
7860	1996-08	6.61	10.06	12.97	19.81

2. 漫滩洪水的泥沙输移

漫滩洪水泥沙输移特点更为鲜明。由于下游河道沿程宽窄相间，在平面上具有藕节状，收缩段与开阔段交替出现。当洪水漫滩后，在滩槽水流交换过程中也产生泥沙交换，对滩槽冲淤变化有着重大作用。滩槽水流泥沙横向交换一般有三种形式：

1）涨水时，由于两岸阻力较大，河心的水面高于两岸水面，形成由河心流向两岸的环流，把一部分泥沙自主槽搬上滩地。

2）由于滩面上有串沟、汊河，水流漫滩后，主槽的泥沙通过串沟、汊河送至滩地。

3）由于河道宽窄相间，当水流从窄段进入宽段时，一部分水流由主槽分入滩地，滩地水浅流缓，进入滩地的泥沙在滩地大量淤积；而当水流从宽段进入下一个窄段时，来自滩地的较清水流与主槽水流发生掺混，使进入下一河段的水流含沙量相对降低，使主槽发生冲刷。由于这种水流泥沙的不断交换，全断面含沙量沿程衰减，且造成滩淤槽冲，这种淤滩刷槽的影响距离可达几百千米。

由典型漫滩洪水滩槽冲淤情况可以看出（表 13-14）：当花园口洪水来沙系数小于 0.02kg·s/m^6 时，洪水漫滩后都出现淤滩刷槽现象，当花园口洪水来沙系数大于 0.02kg·s/m^6 时，淤滩刷槽表现为淤滩槽少淤的情况。如 1958 年花园口洪峰流量 22300m^3/s，花园口—利津河段主槽冲刷 8.6 亿 t，滩地淤积 10.69 亿 t，其中花园口—艾山河段主槽冲刷 7.1 亿 t，滩地淤积 9.2 亿 t，而艾山—利津河段主槽冲刷 1.5 亿 t，滩地淤积 1.49 亿 t。又如 1996 年洪峰流量 7860m^3/s，虽然流量较小，由于前期河床淤积较大，平滩流量减少，当水流漫滩后，仍发生淤滩刷槽，花园口—艾山河段主槽冲刷 1.5 亿 t，而滩地淤积 4.4 亿 t，槽冲滩淤现象十分明显。

表 13-14　黄河下游河道漫滩洪水滩槽冲淤量

日期（年-月-日）	花园口					冲淤量/亿 t								
						花园口—艾山			艾山—利津			花园口—利津		
	洪峰流量/（m^3/s）	水量/亿 m^3	沙量/亿 t	含沙量/（kg/m^3）	平均来沙系数/（kg·s/m^6）	主槽	滩地	全断面	主槽	滩地	全断面	主槽	滩地	全断面
1953-07-26～08-14	10700	68.0	3.01	44.2	0.011	−1.79	2.20	0.41	−1.21	0.83	−0.38	−3.00	3.03	0.03
1953-08-15～09-01	11700	45.8	5.79	126.4	0.043	1.06	1.03	2.09	0.43	0.00	0.43	1.49	1.03	2.52
1954-08-02～08-25	15000	123.2	5.90	47.9	0.010	−3.34	3.43	2.26	−0.91	1.47	0.56	−2.08	4.90	2.82
1954-08-28～09-09	12300	64.7	6.32	97.7	0.017	2.17								
1957-07-12～08-04	13000	90.2	4.66	51.7	0.012	−3.23	4.66	1.43	−1.10	0.61	−0.49	−4.33	5.27	0.94
1958-07-13～07-23	22300	73.3	5.60	76.5	0.010	−7.10	9.20	2.10	−1.50	1.49	−0.01	−8.60	10.69	2.09
1975-09-29～10-05	7580	37.7	1.48	39.4	0.006	−1.42	2.14	0.72	−1.26	1.25	−0.01	−2.68	3.39	0.71
1976-08-25～09-06	9210	80.8	2.86	35.4	0.005	−0.11	1.57	1.46	−0.95	1.24	0.29	−1.06	2.81	1.75
1982-07-30～08-09	15300	61.1	1.99	32.6	0.005	−1.54	2.17	0.63	−0.73	0.39	−0.34	−2.27	2.56	0.29
1988-08-11～08-26	7000	65.1	5.00	76.7	0.016	−1.05	1.53	0.48	−0.25	0.00	−0.25	−1.30	1.53	0.23
1996-08-03～08-15	7860	44.6	3.39	76.0	0.019	−1.50	4.40	2.90	−0.11	0.05	−0.06	−1.61	4.45	2.84
2002-07-04～07-15	3170	27.5	0.36	13.5	0.005	−0.569	0.564	−0.005	−0.197	0	−0.197	−0.766	0.564	−0.202

通过详细分析花园口河床演变测验队在花园口—艾山河段所收集的系列资料，认识黄河下游河道洪水过程中涨峰落峰冲淤变化规律。

水文站断面在洪水期间主槽的冲淤变化资料反映出漫滩洪水期间泥沙的时空分布调整过程。基本上遵循涨冲落淤的普遍规律，表 13-15 为下游河道典型洪水主槽冲刷情况，可见在洪水涨水阶段都是冲深的，如 1958 年大洪水，花园口站主槽涨水冲深 1.82m，落水回淤 1.25m，整个洪峰仍冲深 0.57m，在高村站也存在这一规律，艾山站涨水阶段甚至可冲深 3m 多，但回淤也快，一次洪水净冲 0.37m。对一个河段来说存在同样的规律，表 13-16 为花园口河床演变测验段 1959 年洪水涨落水的冲淤情况。可以看出，主槽在涨水期均是冲刷的，滩地均是淤积的。主槽冲刷的大小取决于流量、来沙量及涨水速度，如第一次与第二次洪峰相比，流量及涨水速度都比较接近，但第一次来沙较大，因此，第一次主槽冲刷量小于第二次。而第一次与第五次来沙系数较接近，但第五次流量较大，主槽冲刷比第一组为大，而滩地的淤积以第一次及第五次为最大。而落水期主槽几乎均淤积，滩地有冲有淤，滩地的冲刷主要是滩岸的坍塌，而不是面蚀。但对于像黄河这样复杂的河流，来水来沙条件差异较大，断面变化非常迅速，由于汊流的死亡和生长，边滩的移动等原因，也有可能出现涨淤落冲现象。

表 13-15　黄河下游洪水期涨冲落淤情况

站名	年份	洪峰流量/(m^3/s)	涨水期主槽河底高程变化/m	落水期主槽河底高程变化/m	洪水期主槽河底高程变化/m
花园口	1953	15000	−1.24	0.79	−0.45
	1958	22300	−1.82	1.25	−0.57
	1976	9210	−0.56	0.44	−0.12
	1982	15300	−0.75	0.35	−0.40
	1996	7860	−0.64	0.19	−0.45
高村	1954	12600	−1.67	1.32	−0.35
	1957	12400	−1.30	0.54	−0.76
	1958	17900	−0.06	−0.20	−0.26
	1976	9060	−0.56	0.20	−0.36
	1982	13000	−1.73	0.93	−0.80
	1996	6810	−0.30	0.10	−0.20
艾山	1957	10800	−2.75	2.0	−0.75
	1958	12600	−3.87	3.5	−0.37
	1967	7210	−1.29	1.29	0
	1975	7020	−1.40	1.20	−0.20
	1976	9100	−2.70	2.30	−0.40
	1982	7430	−2.40	1.60	0.80
	1985	7060	−1.60	1.10	0.50
	1996	5060	−1.01	0.73	0.29

表 13-16　1959 年洪水花园口河床演变测验河段冲淤变化

涨落水	测次编号	时段（月-日）	平均流量/(m^3/s)	平均含沙量/（kg/m^3）	来沙系数	涨落水速度/[(m^3/s)/d]	冲淤量/（万 m^3）		
							主槽	滩地	全断面
涨水期	1	07-21～07-25	2960	78	0.0264	1900	−1089.9	+1682.3	+592.5
	2	07-29～08-07	2660	56	0.0210	1800	−2188.4	+671.2	−1517.2
	3	08-13～08-15	2490	63	0.0253	700	−318.5	+898.6	+580
	4	08-15～08-19	3210	62	0.0194	800	−423.2	+456.7	+335
	5	08-19～08-23	5350	149	0.0279	1500	−1444.2	+2058.9	+614.7
落水期	6	07-25～07-29	2630	81	0.0310	1000	+1106.2	−562.9	+543.3
	7	08-9～08-13	2860	140	0.049	1700	+518.4	−4.8	+513.6
	8	08-30～09-06	4060	84	0.0207	900	+1072.3	−319.9	+752.4

由以上分析可知，漫滩洪水具有削减洪峰、滞蓄洪量的作用，并存在槽冲滩淤的基本规律，洪水过后，使滩槽高差增加，主槽行洪能力加大，对下游的防洪非常有利，在黄河下游的冲淤演变中，滩槽水沙交换具有特殊重要的意义。

参 考 文 献

胡一三，李勇，张晓华. 2010. 主槽河槽议. 人民黄河，8：13-3

潘贤娣，李勇，张晓华，等. 2006. 三门峡水库修建后黄河下游河床演变. 郑州：黄河水利出版社

赵文林. 1996. 黄河泥沙. 郑州：黄河水利出版社

赵业安，周文浩，费祥俊等. 1998. 黄河下游河道演变基本规律. 郑州：黄河水利出版社

第十四章　1960年以前天然条件下的河道冲淤演变

一、河道冲淤特点

（一）较长历史时期的河道冲淤情况

历史上没有黄河泥沙淤积情况的记载，更没有系统的观测，加之决口改道频繁，大量泥沙被带至堤外，减缓了河床上升速度，因此对较长历史时期河道的淤积情况难以确切估计，仅能根据现有水文泥沙观测、地形图及一些历史文物的调查资料，作一个粗略估计（潘贤娣等，2006）。

根据河床淤高后所造成的堤内外高差估计，自沁河口—东坝头北岸高滩是1493年～1855年淤积而成的，与堤防背河侧地面平均相差6m，估计年均淤积厚度1.66cm；自东明谢寨—菏泽刘庄长37km，大堤系光绪六年（1880年）修筑，谢寨以上25km原系豫冀交界之一段，为光绪四年（1878年）修筑，堤内外高差平均约2m，年平均升高约2.6cm。

根据工程修建时挖出文物资料可粗略估计，如花园口南岸堤防背河侧修工程时，在地面下10m处挖出唐天祐六年（909年）的墓碑（墓碑平放于墓顶），因黄河流经这一地区的时间很难考核，估计年均淤高最多不超过2cm。也可根据黄河下游水利枢纽工程修建时挖出的文物资料加以粗略估计，如泺口枢纽北岸滩地上地面以下7～8m处，挖出咸丰六年（1856年）碑，估计年均淤高6.72cm；王旺庄枢纽北岸滩地上在地面以下7m处，挖出光绪年间石碑，粗略估计年均淤高8.23cm。

根据1∶5万地形图分析，自1722～1972年统计年份239～241年（各位置统计年份不同），沁河口以下御坝、武陟秦厂圈堤、中牟十里店分别年均抬高3.7cm、2.1cm和1.7cm。东坝头—位山河段自筑堤后近80～90年滩地年均淤高约2.6～4.7cm，位山以下近70年年均淤高约4～5cm，由于黄河下游在该时期滩地与主槽基本上是平行上升的，所以滩地的淤高厚度也可代表河床的淤高厚度。必须指出，上述数字包括了新中国成立后二十年滩地的淤积，由于新中国成立后下游河道未决口，河床淤高速度加大，因此，新中国成立前河床的淤高速度要比上述数字小。

（二）近代下游河道的淤积情况

黄河下游自20世纪30年代开始有比较可靠的地形资料，以这些资料为基础分析近代下游河道的冲淤情况（潘贤娣等，2006）。

近代下游河道变化较大，1934年8月，黄河于河南封丘贯台决口，分流占全河流量的十分之四，漫水沿金堤与大堤之间下行至陶城铺回入正河，1935年4月堵复口门；1935年7月10日山东鄄城董庄决口，大部分水流入江苏，1936年3月27日堵复；1938年6月，国民党军队在郑州花园口扒口，花园口以下断流，至1947年3月15日堵复，断流9年。据分析，花园口以上河道的冲淤过程大体为：1934～1937年处于微淤状态，1938～1946年发生溯源冲刷，溯源冲刷的影响范围约 42km，堵口后，又发生溯源淤积。而花园口以下河道，1938～1947 年 10 年未走河。利用宝贵的 1934～1937 年所测地形资料与 1960 年作对比，得出 1934～1937 年至 1960 年铁谢—利津河道淤积 43.8 亿 t（表 14-1）。该时期河床的淤积厚度见表 14-2 和表 14-3，对比历史时期可以看出，近年抬高速度较历史时期快，尤其是东坝头以下至泺口以上河段抬升速度达到年均 5～18cm，东坝头以上河段抬升速度稍小，大部分在 5cm/年以下，泺口以下河段在 5～6cm。

表 14-1　黄河下游 1934～1937 年至 1960 年冲淤量　（单位：亿 t）

决口河段	1934～1937 年至 1953～1954 年	1953 年、1954 年至 1960 年	1934～1937 年至 1960 年
铁谢—花园口	-3.3	6.4	3.1
花园口—夹河滩	1.7	5.8	7.5
夹河滩—高村	1.3	8.2	9.5
高村—艾山	10.0	10.0	20.0
艾山—利津	2.6	1.10	3.7
共计	12.3	31.5	43.8

表 14-2　黄河下游河道 1934～1937 年至 1960 年河床淤高情况

断面	年限	全断面年均淤积厚度/cm	断面	年限	全断面年均淤积厚度/cm
铁谢	26	5.8	三刘寨	17	2.5
铁炉	26	3.6	辛寨	17	6.2
裴峪	26	1.3	韦城	17	8.2
伊洛河口	26	0.9	曹岗	17	1.6
汜水口	26	1.1	夹河滩	17	1.9
官庄峪	26	0.8	东坝头	17	1.5
保合寨	26	0.7	马寨	17	5.4
小刘庄	26	0	杨小寨	17	7.4
李西河	26	0.8	高村	17	8.1
来潼寨	17	1.6	南小堤	17	7.9
孙庄	17	3.8	魏寨	17	7.8

表 14-3　黄河下游高村—利津河段滩面年均淤积厚度

河段	年份	年数	淤积厚度/m	年均淤积厚度/cm
高村—苏泗庄	1936～1959	14	1.29	9
苏泗庄—旧城	1936～1959	14	1.54	11
旧城—路那里	1936～1959	14	2.54	18
路那里—艾山	1936～1960	15	2.60	17
艾山—董渡	1936～1960	15	0.90	6
董渡—韩刘庄	1936～1960	15	1.99	13
泺口—济阳	1935～1960	16	0.89	6
济阳—邹平	1937～1960	14	0.73	5
邹平—董家	1937～1960	14	0.70	5
董家—利津	1937～1960	14	0.91	6

（三）1950～1960 年河道冲淤特点

1950～1960 年黄河受人类活动的干预较少，它基本代表着天然情况。该时期黄河下游年均来水量 479 亿 m^3，来沙量 17.95 亿 t，洪水场次较多且流量较大，花园口洪峰流量大于 10000m^3/s 的有 6 次，6000～10000m^3/s 的有 25 次。大流量级水流和洪水对塑造有利的泄洪排沙通道十分有利。

黄河下游 1950～1960 年的淤积量达 36.1 亿 t（已扣除进入东平湖泥沙），年均淤积 3.61 亿 t，淤积量较大，约占来沙量的 20%。但逐年差别较大，淤积量的多少随水沙条件的自然波动而波动，如遇水丰沙少年份，河床淤积较少，甚至还可能发生冲刷，1955 年来水量 581 亿 m^3、来沙量 14 亿 t，河床冲刷约 1 亿 t；而遇枯水多沙年份，河道淤积，1959 年来水量 392 亿 m^3、来沙量 27 亿 t，来沙系数高达 0.055kg·s/m^6，河床淤积达 7 亿 t。冲淤量集中在汛期，由表 14-4 可以看出，汛期的淤积量可占年淤积量的 80%，而非汛期只占 20%。但是非汛期的淤积主要在主槽，而且全下游各河段均淤积，汛期的淤积则绝大部分在滩地。

表 14-4　黄河下游河道 1950 年 7 月至 1960 年 6 月年内淤积分布

项目	水量/亿 m^3	沙量/亿 t	冲淤量/亿 t	占年比例/%		
				水量	沙量	冲淤量
年	4800	179	36.1	100	100	100
一、汛期	2960	153	29.0	62	85	80
1. 洪峰期洪峰最大流量	2086	129	27.2	44	72	75
>10000m^3/s 大漫滩洪水	350	29	9.4	7	16	26
6000～10000m^3/s 小漫滩洪水	706	54.6	15.0	15	30	41
4000～6000m^3/s 不漫滩洪水	544	28.3	2.5	12	16	7
2000～4000m^3/s	486	17.1	0.3	10	10	1
2. 平水期	874	24.0	1.8	18	13	5
二、非汛期	1840	26.0	7.1	38	15	20

宽窄河段淤积量差异很大，沿程分布不均。艾山以上宽河段的淤积量年均淤积 3.16 亿 t，占全下游河道淤积量 3.61 亿 t 的 87%左右，其中又以夹河滩—孙口河段淤积量最多，占全下游淤积量的 47%（表 14-5），淤积强度最大。主槽淤积分布更不均匀，艾山以下年均淤积仅占全下游淤积的 1%，可以认为基本不淤。

表 14-5　1950 年 7 月至 1960 年 6 月黄河下游河道年均淤积量沿程分布

河段	冲淤量/亿 t			占全下游比例/%			主槽占全断面比例/%
	主槽	滩地	全断面	主槽	滩地	全断面	
铁谢—花园口	0.32	0.3	0.62	39	11	17	52
花园口—夹河滩	0.16	0.41	0.57	20	15	16	28
夹河滩—高村	0.14	0.66	0.80	17	24	22	18
高村—孙口	0.15	0.78	0.93	18	28	25	16
孙口—艾山	0.04	0.20	0.24	5	7	7	17
艾山—泺口	0.01	0.19	0.20	1	6	6	5
泺口—利津	0	0.25	0.25	0	9	7	0
铁谢—利津	0.82	2.79	3.61	100	100	100	23

横向分布不均匀。下游河道为主槽和滩地组成的复式断面，主槽泄洪能力大，一般可占 80%以上，因此主槽淤积造成的危害大于滩地。该时期洪水大而多，造成横向分布很不均匀（表 14-5）。可以看出，全下游主槽淤积量占全断面淤积量 23%左右，但沿程变化不一，从上游往下游主槽淤积量占全断面淤积量从 50%降至基本不淤。

二、纵横断面调整

（一）纵断面调整

黄河下游河道是不同历史时期形成的，孟津铁谢—沁河口原是禹河故道，沁河口—兰考东坝头河段已有 500 多年的历史；东坝头—陶城铺是 1855 年铜瓦厢决口后在泛区内形成的河道；陶城铺以下鱼山至黄河入海口，原系大清河故道，铜瓦厢决口后为黄河所夺。

1. 铜瓦厢决口改道初期

1855 年以来黄河下游河道冲淤演变经历了不同的发展阶段，据史料记载、地形图比较、文物考证等综合分析，下游河道冲淤变化其纵剖面演变过程如表 14-6 及图 14-1、图 14-2。

铜瓦厢决口改道初期，东坝头以上产生了强烈的溯源冲刷，河槽迅速下切，至 1875 年 20 年间口门处冲深约 6m，原郑州铁路桥处（邙山头处）冲深约 4m，花园口—东坝头河槽冲深 3m 左右，花园口以上冲深约 1～2m，冲刷估计发展到铁谢附近。东坝头以下则明显淤积，东坝头—高村淤积 2～3m，高村—陶城铺河段淤高 0.5～1m。

表 14-6　黄河下游不同时期纵剖面冲淤情况统计

河段	1855～1875 年		1875～1891 年		1891～1936 年		1947～1960 年	
	淤积厚度/m	年均厚度/m	淤积厚度/m	年均厚度/m	淤积厚度/m	年均厚度/m	淤积厚度/m	年均厚度/m
铁谢—花园口	－（1～2）	－（0.05～0.1）	0.5	0.03	1	0.02	0.32	0.02
花园口—东坝头	−3.0	−0.15	1.0	0.06	1.5	0.03	0.5	0.03
东坝头—高村	2～3	0.1～0.15	1.0	0.06	1～1.5	0.02～0.03	1.3	0.09
高村—艾山	0.5～1.0	0.025～0.03	1.0	0.06	1～1.5	0.02～0.03	2.0	0.13
艾山—泺口	河槽展宽		1.0～1.5	0.06～0.1	1～2	0.02～0.04	1.5	0.10
泺口—利津			0.5～1.0	0.03～0.06	1.5～2	0.03～0.04	0.8	0.06

注：1938 年 6 月～1947 年 3 月花园口人工改道入淮河；“－”为冲刷

1875～1878 年铜瓦厢以下至张秋镇间两岸堤防形成，黄河被约束于两堤之间，从而结束了长期漫流的局面，使黄河下游河道转为人工堤防控制的发育阶段。1885 年大清河两岸正式筑堤，至 1893 年基本形成现有堤线。据 1891 年地形图显示，修堤后东坝头—利津河道淤积发展迅速。堤内滩地已较堤外地面普遍高出 1m 左右，铁谢—东坝头普遍淤高 0.5～1m。

2. 河道缓慢抬升期

黄河下游河道经过了 1855 年铜瓦厢决口改道后近半个世纪的冲淤调整，铁谢—东坝头近 200km 的河段，形成了 2.0‰～2.5‰的坡降，河道淤积主要受东坝头以上河道堆积抬升的影响，主槽逐渐回淤，但淤积速率相对较小；东坝头—艾山河段河道纵比降远较东坝头以上平缓，是黄河泥沙淤积的重心；艾山以下河道，经 1891 年至 20 世纪初期淤积的初

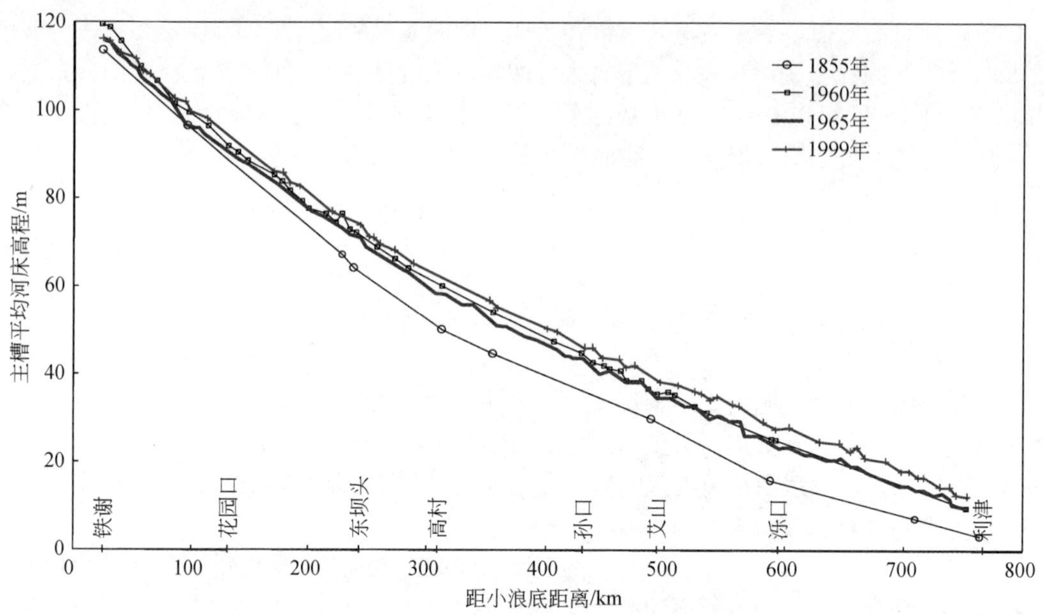

图 14-1 黄河下游河道主槽纵剖面

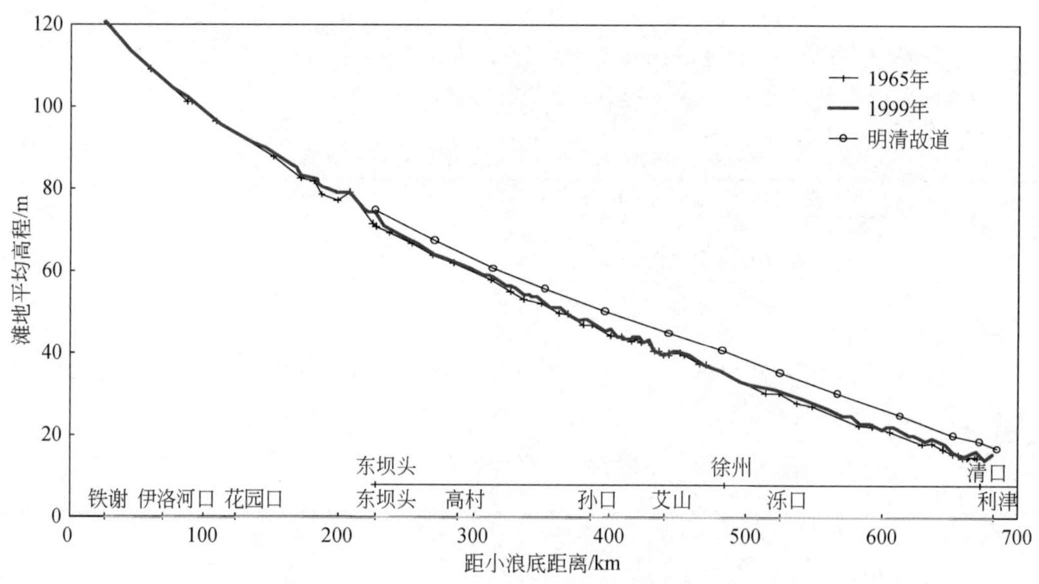

图 14-2 黄河下游河道滩地纵剖面

步调整，形成了窄深河槽，泥沙经艾山以上宽河道调节，进入窄河道的水沙条件相对于宽河道而言从量到质都发生了根本性的改变，相对有利，因而 20 世纪初至 1936 年该河段淤积较少，只是下段受河口淤积延伸的影响，淤积厚度略有增大。1933 年 8 月黄河中游发生了高含沙大洪水，陕县洪峰流量 22000m^3/s，洪水期间黄河下游孟津铁谢—长垣石头庄河段，除郑州铁路桥—东坝头河段 1855 年铜瓦厢决口后形成的高滩未上水外普遍漫滩，滩面淤高 1～2m，高村以下因其上游决口改道河走北金堤滞洪区，没有发生严重淤积。1933 年以前黄河下游河道淤积主要在高村以下河段，1933 年 8 月大洪水造成高村以上严重淤积，两种淤积过程叠加，使得 1891～1936 年期间，黄河下游铁谢—艾山河段沿程普遍淤高 1～1.5m；

艾山以下受 19 世纪末河道塑造时期淤积较多及河口淤积延伸的影响，其淤积厚度稍大一些，达 1.5～2m。由于这一时期黄河下游曾多次决口，大量泥沙带出堤外，黄河下游河道年均淤积厚度并不大，1891～1936 年年均淤积厚度只有 0.02～0.04m，为 1875～1891 年年平均淤积厚度的 1/3～1/2。

3. 人工改道时期

1938 年 6 月，为了阻止日军西进，国民党军队扒开黄河南岸花园口大堤，造成全河夺溜，泛滥豫、皖、苏三省部分地区达 9 年之久。1938 年 6 月至 1947 年 3 月，黄河在花园口人工改道入淮河期间，花园口口门上游不远处河床冲深 3m 左右，在其上游 14km 处的秦厂断面河槽冲深约 2m，据调查，冲刷发展至铁谢附近，黄河花园口以下断流。

4. 河道自然淤积时期

1947 年 3 月花园口截流堵口后至 1960 年为河道自然淤积期。花园口堵口后其上游河道迅速回淤，至 1949 年短短 2 年时间内河槽基本恢复到改道前的状况，但 1933 年大洪水期间滩地淤积的泥沙塌失后没有淤回，据地形图比较，至 1953 年仍塌失泥沙约 2.4 亿 m^3。1953～1960 年铁谢—花园口淤积泥沙 4.6 亿 m^3，冲淤相抵 1947～1960 年只淤积泥沙 2.2 亿 m^3，河槽平均淤积厚度 0.32m。花园口以下河段，由于 1947～1960 年期间下游来水来沙较多，大洪水漫滩次数多，所以东坝头以下普遍漫滩淤积，河道淤积以鄄城旧城—艾山河段最多，淤积厚度为 2.5m 左右，东坝头—旧城河段淤积一般为 1.0～1.5m，艾山以下河段为 0.8～1.5m。淤积分布呈现两头小、中间大的特点，即东坝头以上及泺口以下淤积少，年均淤积厚度 0.03～0.06m，东坝头—泺口段大，年均淤积厚度 0.09～0.13m。这一时期淤积速率大的原因除与来水来沙条件、还与黄河下游堤防逐步完善、汛期未发生决口有关。

（二）横断面调整

该时期下游河道河床冲淤演变的模式为：漫滩洪水使滩地淤高、主槽刷深，而不漫滩洪水、平水期及非汛期使主槽淤积。该时期洪峰流量大（最大洪峰流量达 22300m^3/s）且场次多，流量大于 10000m^3/s 的有 8 次，6000～10000m^3/s 的有 25 次，当水流漫滩后由于滩槽水沙的横向交换，一般情况下，滩地发生淤积，主槽发生冲刷。根据大断面测验资料，结合水沙和水位资料的综合分析，得出该时期 6000m^3/s 以上漫滩洪水的滩槽分布为滩地淤积约 27.9 亿 t，主槽冲刷约 3.5 亿 t，而不漫滩洪水和平水期分别淤积约 2.8 亿 t 和 1.8 亿 t，加上非汛期的淤积 7.1 亿 t，共淤积泥沙 11.7 亿 t，这部分泥沙均淤积在主槽。也就是说从全断面冲淤量看，漫滩洪水造成淤积量占年淤积量的 67%左右，但主槽是冲刷的，而造成主槽淤积的主要是小洪水期、平水期及非汛期。当然，游荡性河道的滩槽是相对的，滩地的淤积为主槽冲刷创造了条件，而主槽的冲刷也为水流漫滩创造了条件，再由于游荡性河道的流路变化不定，通过主流的摆动，主槽位置的移位，使泥沙较均匀地淤积在主槽和滩地上。因此，虽然该时期滩地淤积量大于主槽的淤积量，但滩地面积大，主槽面积小，淤积厚度基本一致，长时期下游河道游荡性河段的主槽和滩地基本趋于同步上升，滩槽高差变化不大，大致保持在 1～1.2m左右（图 14-3、图 14-4），河道断面形态较好。

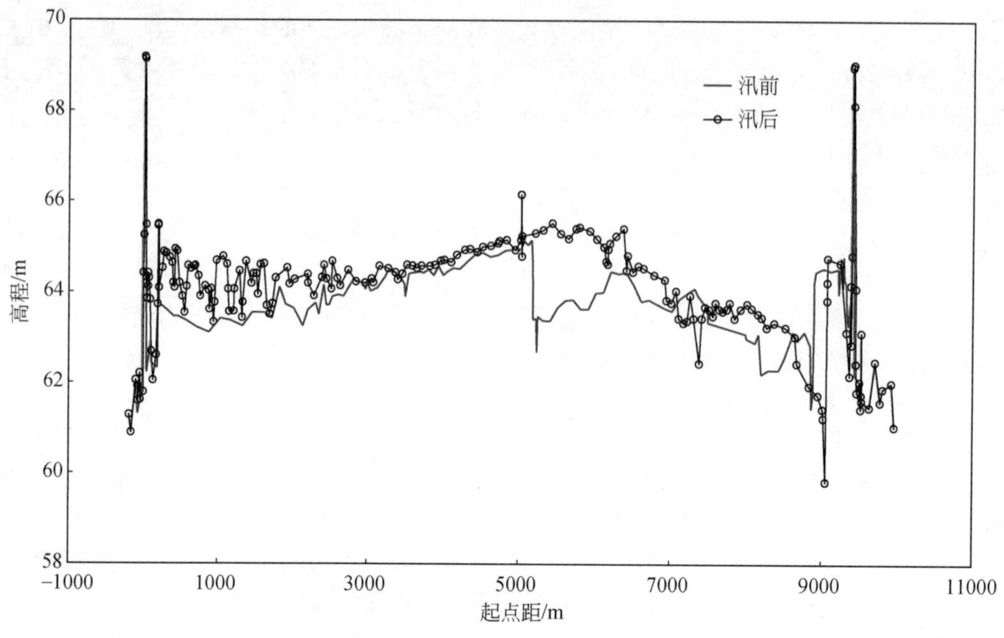

图 14-3　1958 年杨小寨断面变化

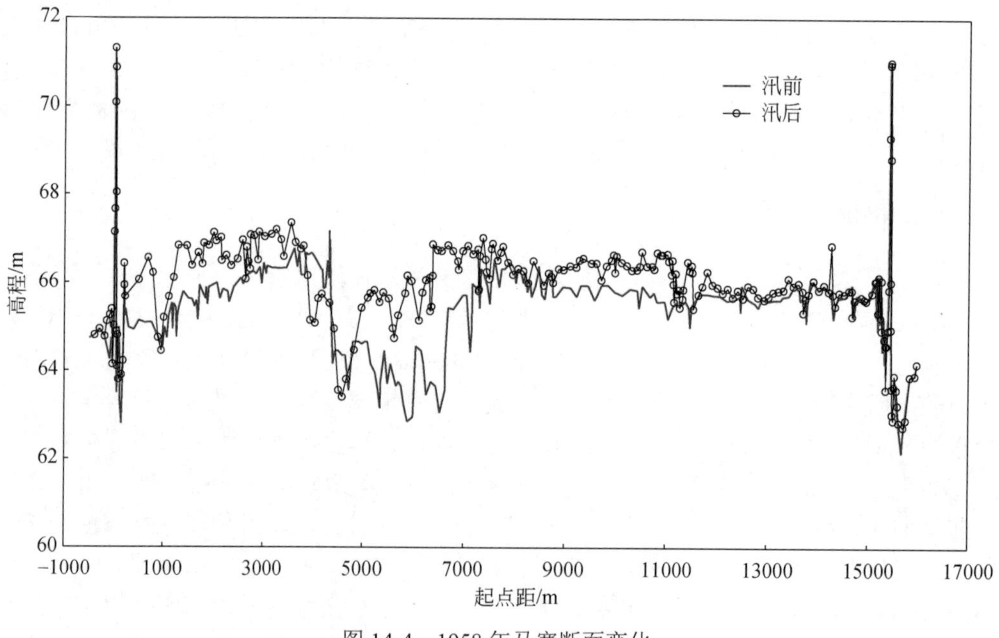

图 14-4　1958 年马寨断面变化

三、排洪能力变化

河道排洪能力主要是指主槽的过流能力，表征因子主要有相同流量下的水位和平滩流量。相同流量下的水位升降直观反映了河道的冲淤调整；平滩流量为水流漫及主槽滩唇的流量，由于冲积性河道输水输沙的主体是主槽，因此这一流量反映了河道排泄水流和泥沙的能力。

该时期水位明显抬升，同流量（3000m³/s）条件下水位上升中间大、两头小，孙口以上共升高 1.1～1.4m，孙口水位抬升最多、达到 2.2m，孙口以下基本在 0.5m 以下。比较年均水位变化可见，花园口、夹河滩和高村站年均抬高 0.12m左右，孙口站年均抬高 0.22m，而艾山以下年均抬高 0.06～0.02m，水位的抬高说明过洪能力有所降低（表 14-7）。

表 14-7 黄河下游 1950～1960 年汛末 3000m³/s 流量水位升降值 （单位：m）

站名	总值	年均	站名	总值	年均
花园口	1.2	0.12	艾山	0.56	0.056
夹河滩	1.4	0.14	北店子	0.35	0.035
高村	1.2	0.12	泺口	0.26	0.026
刘庄	1.1	0.11	张肖堂	0.22	0.022
孙口	2.2	0.22	道旭	0.23	0.023
			利津	0.20	0.020

这一时期的河道排洪能力较大，虽然年均淤积量达到 3.61 亿 t，但由于大部分淤在滩地上，因此主槽保持着较大的过洪排沙能力，平滩流量由 1950 年汛前的 7000m³/s 左右稍有下降，1960 年汛前花园口、夹河滩、高村、孙口分别为 5800m³/s、6100m³/s、6500m³/s 和 6800m³/s（表 14-8）。

表 14-8 黄河下游 1950～1960 年汛前平滩流量变化 （单位：m³/s）

年份	花园口	夹河滩	高村	孙口
1950	7200	7200	7200	7000
1960	5800	6100	6500	6800
变化值	-1400	-1100	-700	-200

该时期虽然淤积量较大、同流量水位持续抬升，但由于河床是宽河道滩槽同步抬高、窄河段淤积很少，主槽过流能力得以维持，因此对下游防洪来看并未构成很大的危害。

参 考 文 献

潘贤娣，李勇，张晓华，等. 2006. 三门峡水库修建后黄河下游河床演变. 郑州：黄河水利出版社

第十五章　三门峡水库运用后至龙羊峡水库运用前河道冲淤演变

三门峡水库运用后至龙羊峡水库运用前的黄河下游河道冲淤演变是指黄河下游1961～1985年期间的河道冲淤演变。

一、河道冲淤特点

（一）三门峡水库蓄水拦沙运用期（1960年9月至1964年10月）

三门峡水库拦沙期间下游河道共冲刷泥沙约23.1亿t，年均冲淤量为5.78亿t（表15-1）。冲刷基本遍及全下游，但主要发生在高村以上河段，其冲刷量占全下游冲淤量的73%，泥沙来源主要是主河槽的冲刷和滩地的坍塌；冲刷强度沿程逐渐减弱，孙口以下河段年均冲淤量为0.54亿t，仅占全下游冲淤量的9.3%。从横向分布来看，全下游河道主槽冲淤量占全断面的70%左右，主要由滩地塌失引起的滩地冲淤量约占全断面的30%，共约7亿t左右，年均1.76亿t左右。高村以上河段主槽的冲淤量占全下游主槽冲淤量的63%左右，而这一河段滩地的塌失量占到全下游的95%左右（潘贤娣等，2006）。

表15-1　三门峡水库蓄水拦沙期下游河道年均冲淤量

河段	冲淤量/亿t			各河段占全下游比例/%			主槽占全断面比例/%
	主槽	滩地	全断面	主槽	滩地	全断面	
铁谢—花园口	-0.97	-0.93	-1.9	24	53	33	51
花园口—夹河滩	-1.11	-0.36	-1.47	28	20	25	76
夹河滩—高村	-0.45	-0.39	-0.84	11	22	15	53
高村—孙口	-0.96	-0.07	-1.03	24	4	18	93
孙口—艾山	-0.21	-0.01	-0.22	5	1	4	95
艾山—泺口	-0.19	0	-0.19	5	0	3	100
泺口—利津	-0.13	0	-0.13	3	0	2	100
全下游	-4.02	-1.76	-5.78	100	100	100	70

（二）三门峡水库滞洪排沙运用期（1964年11月至1973年10月）

水库运用方式的改变造成水库在降低水位的过程中大量排沙，造成下游河道的冲淤特点为：①河道回淤严重，年均淤积4.39亿t（表15-2），大于建库前1950～1960年年均淤积量3.61亿t。淤积量大一方面与水沙条件有关，另一方面与下游河道的演变特性有关，大冲之后必然发生大淤。②本时段非汛期淤积比例较大，由建库前占年淤积量的 20%，增加到本时期的 26%。③从泥沙淤积沿程分布看，铁谢—高村河段的淤积量占下游淤积量的比例由建库前的 55%增加至 68%；艾山—利津段淤积比例由建库前的 13%增至 15%；而中间河段高村—艾山段的比例由建库前的 32%降至 17%。④滞洪排沙期对下游河道冲淤的影响主要是改变了泥沙的横向淤积部位，由于水库的滞洪削峰作用，水流漫滩机会减少，减少了天然情况下洪水淤滩刷槽的机遇，滩地淤积量少；而另一方面水库汛后排沙，小流量挟带大量泥沙，主槽发生严重淤积，造成槽淤积多，滩淤积少；水库对水沙条件的改变，实质上是把天然情况下本可淤在滩地的泥沙，通过水库的滞洪淤在库内，然后又在汛后进行排沙，淤在下游主槽内；本时期主槽淤积量为 2.94 亿 t，为建库前主槽淤积量 0.82 亿 t 的 3 倍多。⑤从泥沙淤积组成看，河道淤积物中粗泥沙所占比例较大，约占总淤积量的 68%，其中特粗泥沙几乎来多少淤多少，同时该时期由于漫滩机遇少，细泥沙淤积少，仅占 9%。

表 15-2　黄河下游滞洪排沙期河道年均冲淤量

河段	冲淤量/亿 t			占全下游比例/%			主槽占全断面比例/%
	主槽	滩地	全断面	主槽	滩地	全断面	
铁谢—花园口	0.47	0.48	0.95	16	33	22	49
花园口—夹河滩	0.74	0.34	1.08	25	23	25	69
夹河滩—高村	0.51	0.43	0.94	17	30	21	54
高村—孙口	0.35	0.09	0.44	12	6	10	80
孙口—艾山	0.23	0.07	0.3	8	5	7	77
艾山—泺口	0.22	0.01	0.23	7	1	5	96
泺口—利津	0.42	0.03	0.45	14	2	10	93
铁谢—利津	2.94	1.45	4.39	100	100	100	67

（三）三门峡水库蓄清排浑运用期（1973 年 11 月至 1985 年 10 月）

1973 年 11 月开始三门峡水库采取非汛期蓄水拦沙、汛期降低水位泄洪排沙的蓄清排浑运用方式，形成下游汛期四个月来浑水、非汛期八个月来清水的年内清浑水交替的过程。由于水库泄流能力不足，汛期遇 5000m^3/s 以上洪水水库仍然滞洪削峰，影响排沙。非汛期淤积在库内的泥沙有时在汛初小洪水时下排，形成小水带大沙的不利局面。1980 年前后水沙条件差别较大，可分为两个时期分别阐述。

1. 1974～1980 年

该时期河道冲淤有如下特点：①淤积量较小。该时期总淤积量为 12.67 亿 t（表 15-3），年均淤积 1.81 亿 t，只有 20 世纪 50 年代淤积量的 50%，全年的淤积比也小于前两个时期，仅为 15%。②年内冲淤分配发生变化。天然情况下非汛期下游河道发生淤积，三门峡水库蓄清排浑运用后非汛期转为清水冲刷，该时期平均每年冲刷 0.89 亿 t，非汛期的冲刷对减少河道的淤积起到一定的作用。③淤积集中在夹河滩—孙口河段，占全下游淤积量的 62%；艾山以下窄河段的淤积比例升高，该时期艾山以下淤积量为年均 0.46 亿 t，与 20 世纪 50 年代 0.45 亿 t 接近，但占全下游的比例达到 25%，而 20 世纪 50 年代仅占 13%；花园口以上河段发生冲刷。④该时期由于发生了 1975 年、1976 年的漫滩洪水，绝大部分泥沙淤积在滩地，主槽年均仅淤积 0.02 亿 t；但不同河段有所差别，花园口以上滩槽皆冲，主槽、滩地冲刷量分别为年均 0.18 亿 t 和 0.04 亿 t，滩地冲刷是由于发生塌滩引起的；花园口以下滩槽皆淤。滩地淤积主要集中在夹河滩—孙口河段，年均淤积 0.99 亿 t，占全河段滩地淤积量的 55%。

表 15-3　黄河下游 1974～1980 年河道年均冲淤量

河段	冲淤量/亿 t			占全下游比例/%			主槽占全断面比例/%
	主槽	滩地	全断面	主槽	滩地	全断面	
铁谢—花园口	−0.18	−0.04	−0.22	−900	−2	−12	82
花园口—夹河滩	0.01	0.33	0.34	50	18	19	3
夹河滩—高村	0.03	0.5	0.53	150	28	29	6
高村—孙口	0.1	0.49	0.59	500	27	33	17
孙口—艾山	0.03	0.08	0.11	150	4	6	27
艾山—泺口	0.03	0.13	0.16	150	7	9	19
泺口—利津	0	0.3	0.3	0	17	17	0
铁谢—利津	0.02	1.79	1.81	100	100	100	1

2. 1981～1985 年

该时期水沙条件较好，同时河口条件较为有利（1980 年河口区河道归股成槽，进入输水输沙能力强的中期阶段），下游河道发生以冲刷为主的河道演变过程。主要特点有：①累计冲刷泥沙 4.85 亿 t（表 15-4），年均冲刷约 1 亿 t，是除三门峡水库拦沙期外，下游河道少有的有利时期；除 1981 年外 1982～1985 年连续四年冲刷。②下游河道非汛期、汛期都发生冲刷，但不同河段差别较大。非汛期年均冲刷 0.93 亿 t，冲刷主要发生在高村以上，年均达 1.13 亿 t，河道中段高村—艾山冲刷很少，年均仅 0.03 亿 t，而艾山—利津发生了淤积，年均淤积 0.23 亿 t；汛期年均冲刷 0.03 亿 t，主要发生在 1982 年、1983 年和 1985 年，这三年汛期冲刷都在 1 亿 t 左右，冲刷主要发生在花园口—高村和艾山—利津河段，而花园口以上河段在非汛期大冲的前期条件下汛期大淤，年均淤积达 0.49 亿 t，高村—艾山河段淤积量也达到年均 0.48 亿 t。③沿程冲淤分布呈两头冲、中间淤的格局，艾山以下冲刷较多。高村以上和艾山以下年均冲刷量分别达 1.19 亿 t 和 0.23 亿 t，中段高村—艾山河段年均淤积 0.45 亿 t；艾山以下河段冲刷量占全下游的比例达到 23%，远高于 1960～1964 年的仅占 5%。④主槽连续五年发生冲刷，年均冲刷达 1.26 亿 t，而滩地淤积了 0.29 亿 t。但各河段的滩槽冲淤情况各不相同，高村以上是滩槽皆冲，但主槽冲刷量大，占全断面的 78%；高村—艾山是槽冲滩淤，由于滩地淤积量大，全断面表现为淤积；艾山以下也是滩槽皆冲，主槽冲刷量占全断面的比例更大，达到 83%。

表 15-4　黄河下游 1981～1985 年河道年均冲淤量

河段	冲淤量/亿 t			占全下游比例/%			主槽占全断面比例/%
	主槽	滩地	全断面	主槽	滩地	全断面	
铁谢—花园口	−0.3	−0.07	−0.37	24	−24	38	81
花园口—夹河滩	−0.34	−0.1	−0.44	27	−34	45	77
夹河滩—高村	−0.29	−0.09	−0.38	23	−31	39	76

续表

河段	冲淤量/亿 t			占全下游比例/%			主槽占全断面比例/%
	主槽	滩地	全断面	主槽	滩地	全断面	
高村—孙口	−0.13	0.53	0.4	10	183	−41	−33
孙口—艾山	−0.01	0.07	0.06	1	24	−6	−17
艾山—泺口	−0.07	−0.04	−0.11	6	−14	11	64
泺口—利津	−0.12	0	−0.12	10	0	12	100
铁谢—利津	−1.26	0.29	−0.97	100	100	100	130

二、纵横断面调整

（一）纵断面调整

黄河下游纵断面调整是一个漫长而复杂的过程，关于纵断面调整的研究也很多，本节就 1960 年以来三门峡水库不同运用期，以各时期黄河下游各水文站 3000m^3/s 流量汛前水位变化（表 15-5）及各时段末的河段纵比降（表 15-6）为依据，结合不同的来水来沙条件，阐述黄河下游纵断面的变化过程。

表 15-5　黄河下游各水文站汛前同流量（3000m^3/s）水位变化　（单位：m）

年份	花园口	夹河滩（三）	高村	孙口	艾山	泺口	利津
1960～1964	−0.89	−1.26	−0.63	−0.99	−0.45	−0.36	0.34
1964～1973	1.53	1.28	1.42	1.29	1.91	2.30	1.31
1973～1980	−0.09	0.76	0.59	0.18	0.29	0.35	0.14
1980～1985	−0.30	−0.44	−0.30	−0.14	−0.20	−0.30	−0.70
1960～1985	0.55	0.78	1.38	0.48	1.75	2.29	1.79

表 15-6　黄河下游各河段纵比降变化　（单位：‱）

年份	花园口—夹河滩	夹河滩—高村	高村—孙口	孙口—艾山	艾山—泺口	泺口—利津
1960	1.749	1.580	1.085	1.319	1.013	0.920
1964	1.788	1.512	1.113	1.233	1.005	0.879
1973	1.814	1.497	1.123	1.135	0.969	0.936
1980	1.725	1.515	1.155	1.117	0.963	0.948
1985	1.740	1.500	1.142	1.127	0.972	0.971

1. 1960 年 9 月至 1964 年 10 月

该时期下游河道发生冲刷，但沿程冲刷程度不一，各河段纵断面变化也不大。水位下降最大的是夹河滩和孙口，分别下降 1.26m 和 0.99m，因此与 1960 年相比，花园口—夹河滩和高村—孙口河段比降增大、夹河滩—高村和孙口—艾山河段比降减小。而艾山以下水位降低较少，尤其是利津水位不降还有所升高，导致艾山以下各河段比降均变缓。

2. 1964 年 11 月至 1973 年 10 月

1964 年 11 月至 1973 年 10 月三门峡水库大量排沙，造成下游河道严重淤积且主要淤积在主槽，水位普遍升高，尤以艾山、泺口升高最多在 2.0m 左右，其次是花园口水位升高约 1.5m。因此各河段纵比降相应调整，两头花园口—夹河滩和泺口—利津河段比降增大，中间河段比降都有所减小。

3. 1973 年 11 月至 1980 年 10 月

1973 年 11 月至 1980 年 10 月淤积主要在滩地上，主槽淤积较少，相比其他时期水位抬高不大，最大的是夹河滩升高 0.76m，花园口还下降 0.09m，因此比降调整幅度不大，主要是花园口—夹河滩河段比降明显减小和夹河滩—高村河段比降有所增大。

4. 1980 年 11 月至 1985 年 10 月

1980 年 11 月至 1985 年 10 月黄河下游来水偏丰、来沙偏少，中水流量历时长，并且 1982 年发生了较大洪水，下游河道逐年冲刷，同流量的水位均降低，花园口—高村水位下降在 0.3～0.4m 左右，比降变化不大；孙口以下各站水位下降值沿程增加，利津最大达到 0.70m，因此孙口以下各河段比降都是增大的。

可以看出，长河段纵断面的变化相对比较小，各河段几个时期比降变幅都在 8%以内，花园口—夹河滩比降基本在 1.75‱、夹河滩—高村在 1.5‱、高村—艾山在 1.1‱～1.2‱、艾山—利津在 0.9‱～1.0‱左右。

（二）横断面调整

1. 三门峡水库蓄水拦沙运用期（1960 年 9 月至 1964 年 10 月）

该时期黄河下游断面调整以下切冲刷为主，同时断面塌滩展宽，其下切量和塌滩量随河段的不同差别也较大。由表 15-7 可见，陶城铺以上共坍塌滩地 326.6km^2，其中高村以上塌失滩地为 277.6km^2。塌滩主要集中在 1961 年汛期和 1964 年汛期，高村以上总塌滩量为 249km^2，占整个清水下泄期高村以上滩地塌失量的 90%，这说明长时期中水持续作用是造成高村以上游荡性河段滩地坍塌的根本原因。

表 15-7　三门峡水库下泄清水期滩地坍塌面积　（单位：km^2）

河段	铁谢—花园口	花园口—东坝头	东坝头—高村	高村—陶城铺	总计
坍塌面积	82.2	125.2	70.2	49.0	326.6

郑州铁桥以上河段首当其冲发生冲刷。该河段右岸为邙山，1960 年以前该河段宽浅散乱，经清水冲刷后，滩唇下平均水深明显增加（表 15-8），由 1960 年汛前的 1.0m 左右增加到 2.5m 左右；断面河相系数 $\sqrt{B}/H$ 由 1960 年汛前的 40～90 减小为 1964 年的 25 左右；河槽由宽浅变为宽深。经清水冲刷后，河床大幅度下降，1964 年汛后已形成较为规顺的河槽，如花园镇断面（图 15-1）1960 年汛前无明显的河槽，水流在宽达 6km 多的河槽内摆动，1964 年汛后河槽宽度明显缩窄仅有 3km 左右。该河段主槽平均冲深 2.19m（表 15-9）。

表 15-8　1960～1964 年河相关系统计

断面	1960 年汛前			1964 年汛后		
	河槽宽度/m	平均水深/m	河相系数（$\sqrt{B}/H$）	河槽宽度/m	平均水深/m	河相系数（$\sqrt{B}/H$）
铁谢	1976	1.21	36.8	2244	3.1	15.3
下古街	2924	1.08	50.1	3569	2.92	20.4
花园镇	5231	0.83	87.3	3082	2.51	22.1

续表

断面	1960 年汛前			1964 年汛后		
	河槽宽度/m	平均水深/m	河相系数（$\sqrt{B}/H$）	河槽宽度/m	平均水深/m	河相系数（$\sqrt{B}/H$）
塌坡村	2454	1.15	43.2	2454	3.11	15.9
裴峪	2729	0.83	63.1	2866	1.65	32.5
伊洛河口	4889	1.29	54.4	3761	2.3	26.6
孤柏嘴	5281	0.86	84.5	5286	1.88	38.6
枣树沟	2442	1.11	44.5	2445	2.7	18.3
秦厂	3229	1	57.1	2269	2.42	19.7
保合寨	5723	1.14	66.5	5200	1.72	41.8
花园口	2363	1.59	30.5	4060	2.56	24.9
八堡	3679	1.17	52	4030	2.21	28.8
来潼寨	3410	1.04	56.1	3384	1.87	31.1
黄练集	5437	1.15	64.1	5437	2.18	33.8
六堡	2993	1.03	53.1	3031	2.26	24.4
黑石	4426	2	33.3	6179	3.14	25
韦城（旧）	4271	1.07	61.1	4095	3.07	20.8
黑岗口	1741	0.91	45.8	1749	1.88	22.2
柳园口	2281	1.03	46.4	2292	2.05	23.4
古城	6447	1.43	56.1	6458	2.45	32.8
曹岗	2416	2.45	20.1	2413	3.33	14.7
夹河滩	1292	1.33	27	1332	3.27	11.1
油房寨	4234	1.31	49.7	4504	1.59	35.1
马寨	2244	1.88	25.2	2978	2.79	19.5
杨小寨	3845	1.08	57.4	3978	1.8	30.3
高村	1018	2.22	14.4	1240	4.12	8.5

表 15-9 黄河下游各河段不同时期主槽冲淤厚度 （单位：m）

河段	1960～1964 年	1964～1973 年	1973～1985 年
铁谢—花园口	-2.19	1.59	-0.89
花园口—夹河滩	-1.27	1.87	-0.51
夹河滩—高村	-1.35	2.2	-0.34
高村—孙口	-1.35	2.26	0.12
孙口—艾山	-1.09	2.16	-0.2
艾山—泺口	-1.34	2.89	-0.5
泺口—利津	-2.27	2.89	-1.09
铁谢—利津	-1.57	2.09	-0.5

花园口—高村河段，边界控制较差，主槽既有下切又有展宽，但下切幅度要比花园口以上河段小。滩唇以下河槽内平均水深经冲刷后由 1960 年汛前的 1.4m 增加到 1964 年汛后的 2.5m；河槽展宽，如马寨断面（图 15-2），嫩滩坍塌约 700m，河槽明显展宽。多数断面河相系数由 35～65 减小为 20～30，断面趋于宽深；少数主流比较固定的断面河相系数变

化较小的如曹岗、高村断面。该河段花园口—夹河滩和夹河滩—高村河段主槽分别平均冲深 1.27m 和 1.35m。

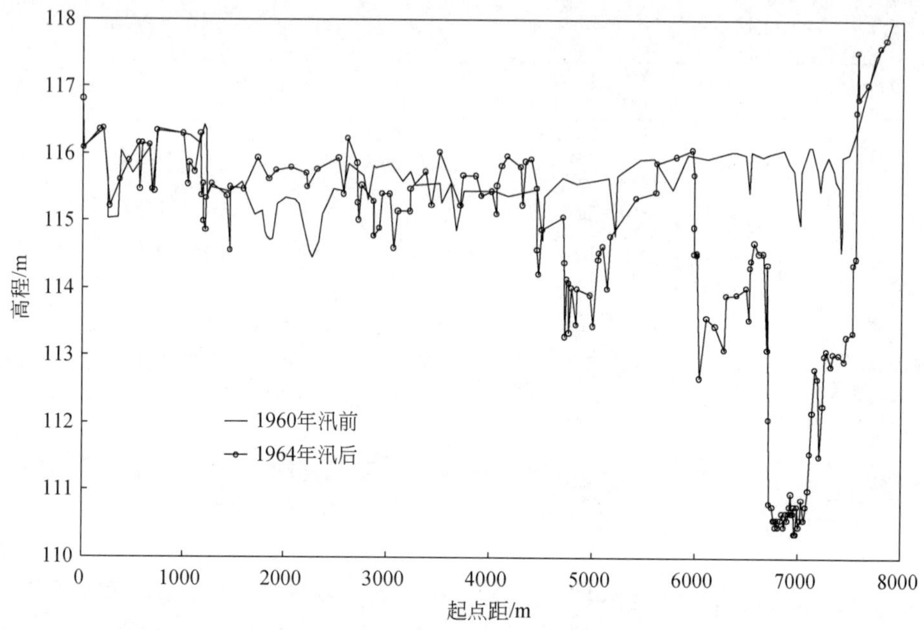

图 15-1　1960～1964 年花园镇断面变化

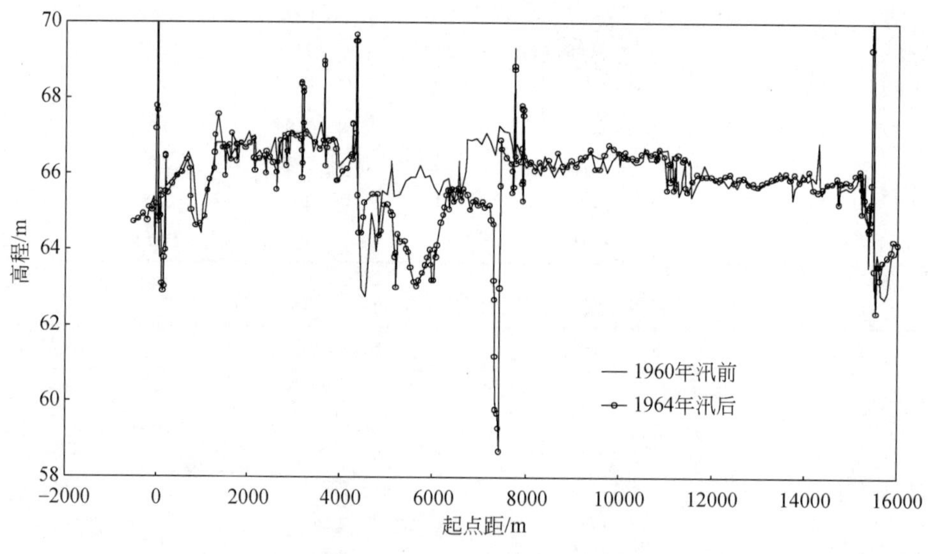

图 15-2　1960～1964 年马寨断面变化

2. 三门峡水库滞洪排沙运用期（1964 年 11 月至 1973 年 10 月）

该时期横断面调整的主要特点是：宽河道嫩滩淤积多，河槽宽度明显缩窄；淤积厚度较大（图 15-3），下游河道平均达到 2.09m，其中艾山以下淤积最厚为 2.89m，中间河段夹河滩—艾山淤高在 2.20m 左右，夹河滩以上也在 1.59～1.87m 之间（表 15-9）；滩槽高差明显减小（表 15-10）。三门峡水库滞洪排沙运用从根本上改变了下游河道横断面的淤积形态，使得滩地淤积少，河槽淤积多，滩槽高差减小。同时 1958 年后下游两岸滩地修有生产堤，生产堤的存在限制了洪水漫滩，泥沙只能在两岸生产堤之间淤积，生产堤与大堤之间的滩地淤积很少甚至不淤；随着河道整治的开展，河道整治工程在一定程度上也约束了水流的横向摆动。在水沙及边界条件的共同作用下，使得泥沙淤积横向分布极为不均，河槽大量淤积，局部河段就形成了两岸生产堤之间的河床高于生产堤与大堤之间的滩地，滩地横比降较大，逐步形成“二级悬河”（图 15-3）。

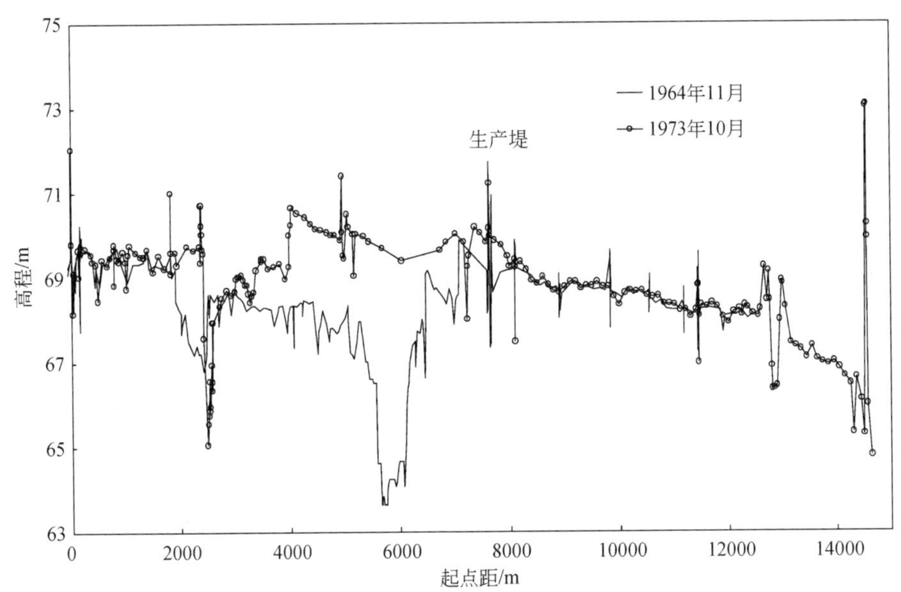

图 15-3　黄河下游油房寨断面变化

表 15-10　三门峡水库滞洪排沙期下游河道断面形态变化

断面	时间（年-月-日）	滩槽高差/m	滩地横比降/‰
花园口	1964-10-23	2.24	1.86
	1973-06-18	0.57	
	1973-09-21	1.15	
夹河滩	1964-10-23	左 2.24　右 2.34	3.6
	1973-06-19	0.95	
	1973-09-23	1.12	
高村	1964-10-23	2.44	5.12
	1973-06-20	1.02	
	1973-09-24	1.09	
孙口	1964-10-23		左 3.08　右 1.08
	1973-06-21	左 1.19　右 1.49	
	1973-09-25	左 1.26　右 1.56	
泺口	1964-10-23		5.3
	1973-06-23	4.03	
	1973-09-27	4.25	

3. 三门峡水库蓄清排浑运用期（1973 年 11 月至 1985 年 10 月）

该时期中 1975 年、1976 年洪峰流量较大，部分河段洪水漫滩，形成淤滩刷槽的局面。下游河槽在严重淤积的基础上进行了调整，接着遭遇了 1977 年两场高含沙洪水，高含沙洪水过后嫩滩及部分滩地大量淤积，河槽向窄深方向发展。其后又遇 1981～1985 年连续丰水少沙，水沙条件有利，下游主槽冲刷，过洪面积加大。1982 年 8 月花园口出现了 15300m^3/s 的大洪水，这场洪水洪量大，含沙量低，中水流量持续时间长，沿程主槽发生冲刷，同时，除高村—艾山河段滩地淤积外，其余滩地冲刷，主要表现为塌滩。

该时期虽然提倡废除生产堤，但事实上洪水发生时当地群众为了保护滩区农作物，仍在守护着生产堤，即使废除的堤段洪水也只能从生产堤口门进水，这样使得滩槽水流交换受到了限制，因此 1974～1985 年下游虽然经历了几场漫滩洪水，但无论是中水还是大水嫩滩始终是泥沙堆积的主要部位，生产堤外淤积量少，部分堤段大堤根甚至不淤积，从绝对量看，滩唇仍然在淤高，滩面横比降仍在加大（赵业安，1998）。

同时由表 15-9 可见，与三门峡滞洪排沙期相比，该时期虽然滩面横比降在加大，“二级悬河”在发展，但由于水沙条件有利，主槽并未萎缩，相反全下游主槽都有不同程度的刷深或展宽，多数河段主槽刷深 0.50～1.0m。

三、排洪能力变化

（一）三门峡水库蓄水拦沙运用期（1960 年 9 月至 1964 年 10 月）

清水冲刷使得下游河道过洪能力增加，水位下降（表 15-11）。汛后同流量（3000m^3/s）水位下降值从上段的 2.8m 逐渐衰减至利津站不但没降反而上升 0.01m。由表 15-12 可见，下游各站 1960 年 1000m^3/s 流量的相应水位，至 1964 年过洪能力增加了 1250～8000m^3/s，其中高村以上河段增加最多，同时平滩流量显著增大。

表 15-11　三门峡水库蓄水拦沙期黄河下游汛后同流量（3000m^3/s）水位变化　（单位：m）

站名	水位下降值		站名	水位下降值	
	总值	年均		总值	年均
铁谢	-2.8	-0.70	孙口	-1.56	-0.39
裴峪	-2.16	-0.54	南桥	-0.64	-0.16
官庄峪	-2.08	-0.52	艾山	-0.76	-0.19
花园口	-1.32	-0.33	官庄	-0.44	-0.11
夹河滩	-1.32	-0.33	北店子	-1.12	-0.28
石头庄	-1.44	-0.36	泺口	-0.68	-0.17
高村	-1.32	-0.33	刘家园	-0.17	-0.043
刘庄	-1.32	-0.33	张肖堂	-0.22	-0.055
苏泗庄	-1.36	-0.34	道旭	-0.3	-0.075
邢庙	-1.8	-0.45	麻湾	-0.4	-0.10
杨集	-1.84	-0.46	利津	0.01	0.002

表 15-12　黄河下游各站 1960 年和 1964 年过洪能力对比

站名	1960 年 1000m^3/s 水位/m	1964 年过洪能力/（m^3/s）	1964 年比 1960 年增加流量/（m^3/s）
花园口	92.3	7800	6800
夹河滩	72.95	9000	8000
高村	60.7	7285	6285
艾山	37.15	2250	1250
泺口	26.3	2300	1300

（二）三门峡水库滞洪排沙运用期（1964 年 11 月至 1973 年 10 月）

该时期下游河道过洪能力急剧降低，如以水文站汛后同流量（3000m^3/s）水位进行比较（表 15-13），可以看出，整个时期除铁谢—裴峪河段外，官庄峪—利津河段长达 700 余 km 的河段抬高了 2m 左右（其中邢庙、北店子附近上升近 3m），年均上升 0.25m 左右。由此造成滩槽高差显著减少，平滩流量降低至历史最低值，1973 年汛前平滩流量只有 3600m^3/s 左右(表 15-14)。由于 1973 年的中常洪水含沙量高，漫滩河段滩唇淤高，平滩流量有所增大。

表 15-13　1964～1973 年黄河下游汛后同流量（3000m^3/s）水位变化　（单位：m）

站名	总值	年均	站名	总值	年均
铁谢	0.64	0.07	南桥	2.21	0.25
裴峪	1.54	0.17	艾山	2.25	0.25
官庄峪	2.02	0.22	官庄	2.35	0.26
花园口	1.85	0.21	北店子	2.9	0.32
夹河滩	1.94	0.22	泺口	2.63	0.29
石头庄	2.07	0.23	刘家园	2.17	0.24
高村	2.37	0.26	张肖堂	1.94	0.22
刘庄	2.35	0.26	道旭	1.95	0.22
苏泗庄	2.20	0.24	麻湾	2.12	0.24
邢庙	2.94	0.33	利津	1.64	0.18
杨集	2.24	0.25			

表 15-14　三门峡水库滞洪排沙期下游河道平滩流量变化　（单位：m^3/s）

时间	花园口	夹河滩	高村	孙口	泺口
1964 年 10 月	9000	11500	12000	8400	8500
1973 年 6 月	3560	3400	3500	3780	3550
1973 年 9 月	7000	3000	3800	4500	5000

1973 年黄河下游出现花园口洪峰流量为 5890m^3/s 的洪水，下游大部分水文站比 1959 年花园口洪峰流量 9480m^3/s 的洪水位还高，可见排洪能力下降较多，特别是艾山以下河道，

由建库前的微淤变为严重淤积，使得下游河道排洪能力上大下小的矛盾更加突出，1963 年加高山东大堤时，是按泄洪流量 13000m^3/s 设计的，由于河道淤积，平均每年降低 500～600m^3/s，防洪形势非常严峻。1974 年起在黄河下游进行了第三次大修堤。

（三）三门峡水库蓄清排浑运用期（1973 年 11 月至 1985 年 10 月）

1. 1973 年 11 月至 1980 年 10 月

该时期滩槽冲淤分布对河槽排洪有利，河槽的排洪能力减少不多。由表 15-15 可见，水位表现呈两端上升小、中间上升大的特点。花园口以上同流量水位有所下降；花园口—泺口除苏泗庄、邢庙两站年均上升约 0.10m 外，大部分站均小于 0.05m，泺口以下年均上升仅 0.03m 左右。

表 15-15　1973～1980 年黄河下游汛后同流量（3000m^3/s）水位年均变化　（单位：m）

站名	变化值	站名	变化值
裴峪	−0.05	南桥	0.05
官庄峪	−0.02	艾山	0.04
花园口	0.02	官庄	0.07
夹河滩	0.02	北店子	0.09
石头庄	0.04	泺口	0.05
高村	0.06	刘家园	0
苏泗庄	0.1	张肖堂	0.05
邢庙	0.09	道旭	0.03
杨集	0.05	麻湾	0.02
孙口	0.05	利津	0.02

该时期下游河道平滩流量明显增加，1980 年汛前平滩流量增大到 4000～5800m^3/s，较 1973 年汛前增加了 200～2400m^3/s（表 15-16）。

表 15-16　黄河下游 1973～1985 年汛前平滩流量变化　（单位：m^3/s）

年份	花园口	夹河滩	高村	孙口	泺口	利津
1973	3560	3400	3500	3780	3550	3800
1980	5800	5800	4500	4700	4630	4000
1985	6900	7000	7600	6500	6000	6300

2. 1981～1985 年

该时期河道排洪能力增大，同流量水位显著降低。汛后 3000m^3/s 流量水位高村以上河段年均降低 0.09～0.16m，高村—艾山降低 0.05～0.17m；艾山以下河段主要受河口段有利条件的影响，冲刷幅度及过程自下而上发展，刘家园以下近河口段同流量水位年均降低 0.15m（表 15-17）。平滩流量明显增大，到 1985 年汛前下游平滩流量普遍在 6000m^3/s 以上，较 1980 年汛前增加了 1100～3100m^3/s（表 15-16）。

表 15-17　1980～1985 年黄河下游汛后同流量（$3000m^3/s$）水位年均变化　　（单位：m）

站名	变化值	站名	变化值
裴峪	−0.16	南桥	−0.05
官庄峪	−0.09	艾山	−0.06
花园口	−0.11	官庄	−0.09
夹河滩	−0.14	北店子	−0.13
石头庄	−0.1	泺口	−0.09
高村	−0.07	刘家园	−0.02
苏泗庄	−0.15	张肖堂	−0.14
邢庙	−0.08	道旭	−0.14
杨集	−0.1	麻湾	−0.16
孙口	−0.06	利津	−0.14

参 考 文 献

潘贤娣，李勇，张晓华，等. 2006. 三门峡水库修建后黄河下游河床演变. 郑州：黄河水利出版社

赵业安，周文浩，费祥俊，等. 1998. 黄河下游河道演变基本规律. 郑州：黄河水利出版社

第十六章　龙羊峡水库运用后至小浪底水库运用前河道冲淤演变

龙羊峡水库运用后至小浪底水库运用前的河道冲淤演变是指 1986～1999 年的河道冲淤演变。

一、河道冲淤特点

1986 年以后进入黄河下游的水沙条件是枯水少沙，由此造成主槽行洪面积明显减小、河槽萎缩为主的河道冲淤演变特点（赵业安等，1998）。

河道冲淤量不大，但淤积比较大。1986～1999 年下游河道总淤积量为 31.22 亿 t，年均淤积量为 2.23 亿 t，约为 20 世纪 50 年代天然情况的 62%（表 16-1）。但是这一时期来沙量少，因此淤积比较大，达到 29%，也就是说来沙量的近 1/3 淤积在河道内，是 1950 年以来下游各淤积时期中淤积比最高的。

表 16-1　黄河下游 1986～1999 年河道年均冲淤量

河段	冲淤量/亿 t			占全下游比例/%			主槽占全断面比例/%
	主槽	滩地	全断面	主槽	滩地	全断面	
铁谢—花园口	0.27	0.15	0.24	17	24	19	64
花园口—夹河滩	0.46	0.2	0.66	29	32	30	70
夹河滩—高村	0.36	0.15	0.51	22	24	23	71
高村—孙口	0.16	0.09	0.25	10	15	11	64
孙口—艾山	0.09	0.02	0.11	6	3	5	82
艾山—泺口	0.15	0	0.15	9	0	7	100
泺口—利津	0.12	0.01	0.13	7	2	6	92
铁谢—利津	1.61	0.62	2.23	100	100	100	72

年际间冲淤变化较大，淤积主要集中在发生高含沙量洪水的年份。发生高含沙量洪水、来沙量大的年份淤积量较大，1988 年、1992 年、1994 年及 1996 年 4 年淤积量占时段总淤积量的 68%。而且这 4 年淤积比也较大，都在 30%以上，1996 年更高达 59%。而来水相对较多、来沙较少的年份淤积量较少、甚至冲刷，1989 年水量达 400 亿 m^3，沙量仅有长系列的一半，年内河道略有冲刷。

主槽淤积严重。由表 16-1 泥沙滩槽淤积分布可见，1986～1999 年下游河道主槽年均淤积量达到 1.61 亿 t，占全断面的 72%，大部分淤积在主槽里，艾山以上主槽淤积量约占全断面的 70%，艾山以下主槽淤积严重，几乎全部淤积在主槽里。与 20 世纪 50 年代相比，1986～1999 年泥沙在滩槽淤积分配发生了大的变化，该时期全断面年均淤积量只有 50 年代下游年均淤积量的 62%，而主槽淤积量却是 50 年代年均淤积量的近 2 倍。

该时期艾山至利津窄河道年均淤积量为 0.28 亿 t，虽然比 20 世纪 50 年代年均淤积量 0.45 亿 t 少，但占全下游淤积量的比例达到 17%，而 50 年代仅为 12%。因此在来沙少的条件下，更显淤积比例高。尤其是艾山—利津河段主槽年均淤积量达到 0.27 亿 t，占到全断面淤积量的 96%，几乎全部淤积在主槽里，而 20 世纪 50 年代该河段主槽基本冲淤平衡，变化非常显著。

二、纵横断面调整

（一）纵断面调整

1985～1999 年黄河下游河道的淤积从年际变化看虽是有冲有淤，但总体呈淤积抬高趋势。由于上宽下窄、上陡下缓的河道特征，下段河道的淤积抬高速度远大于上段（潘贤娣等，2006）。

1985 年 10 月至 1999 年 10 月下游河道主槽淤积严重，各河段同流量水位均显著抬高，抬高值在 1.45m（夹河滩、利津）～1.9m（泺口）之间，差别不大（表 16-2）。因此各河段纵比降与时段前期相比变化不大，只是泺口-利津河段纵比降增大明显（表 16-3）。

表 16-2　黄河下游 1985～1999 年各水文站汛前同流量（3000m^3/s）水位变化　（单位：m）

花园口	夹河滩（三）	高村	孙口	艾山	泺口	利津
1.50	1.45	1.67	1.80	1.85	1.90	1.45

表 16-3　黄河下游 1985～1999 年各河段纵比降变化　（单位：‱）

年份	花园口—夹河滩	夹河滩—高村	高村—孙口	孙口—艾山	艾山—泺口	泺口—利津
1985	1.740	1.500	1.142	1.127	0.972	0.971
1999	1.745	1.476	1.132	1.119	0.968	0.997
1985～1999 年变化	0.005	−0.024	−0.010	−0.008	−0.004	0.026

（二）横断面调整

1986 年后在较长时期枯水少沙条件下，下游河道横断面发生了很大的调整。1986 年以来下游河槽严重萎缩，河槽萎缩的形式不仅与来水来沙条件有关，而且其变化与所处的河段也密切相关，不同河型主槽的萎缩特点及发展过程也各有差异。各河段断面调整的主要特点是：

1）游荡型河段，中小流量高含沙漫嫩滩洪水，使宽河道嫩滩淤积加重，宽度明显变窄，逐渐形成一个枯水河槽（图 16-1）。花园口以上河段主槽平均缩窄 270m，河槽平均淤积厚度达 1.4m；花园口以下游荡型河道河槽淤积严重，断面形态由宽深变为宽浅，花园口—高村河段河槽平均淤积厚度达 1.6m。

2）过渡型河段，断面形态调整主要是在原深槽淤积的同时，边壁淤积严重，进而是主槽明显缩窄（图 16-2）。原有窄深断面的底部都有不同程度的淤积，深泓点高程一般淤高 1～2m，主槽平均淤积厚度在 1.7m 左右，河槽淤积使得平滩下过流面积大幅度减小，至 1999 年有的断面平滩下过流面积仅为 1985 年汛后的一半。

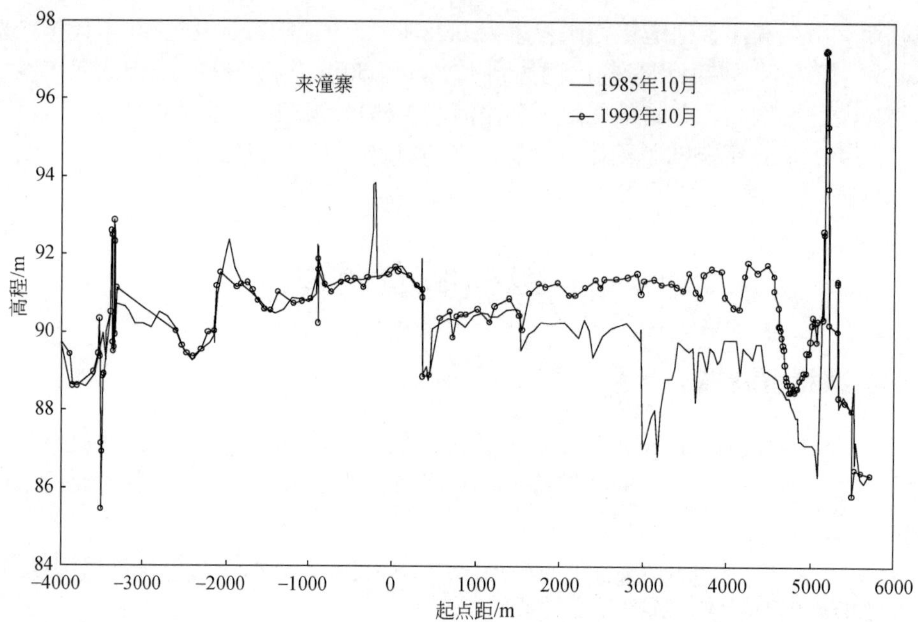

图 16-1　1985～1999 年游荡型河段典型断面变化

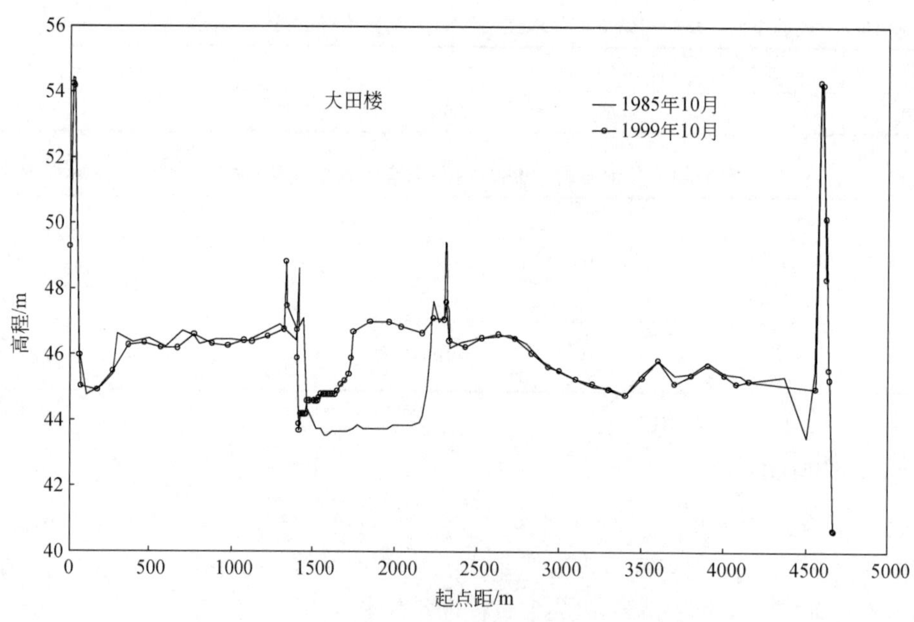

图 16-2　1985～1999 年过渡型河段典型断面变化

3）弯曲型河段，深槽严重淤积，淤积厚度一般在 2.2～2.5m，在深槽淤积的同时，部分断面边壁也发生了一定程度的淤积（图 16-3）。

从表 16-4 主槽河相关系值看，1985 年高村以上主槽平均宽度约为 1100m，滩唇下平均水深为 2.5m，经淤积调整后，1999 年汛后主槽平均宽度变为 800m，缩窄了 300m。同时滩唇下平均水深也逐渐减小，由 1985 年的 2.5m 变为 1999 年的 1.7m，滩唇下相对水深减少约 0.8m。总的来看，河槽淤积的结果使得沿程滩唇高程都普遍抬高，河宽和相对水深（指滩唇以下平均水深）都变小，断面形态由相对的宽深变为窄浅。

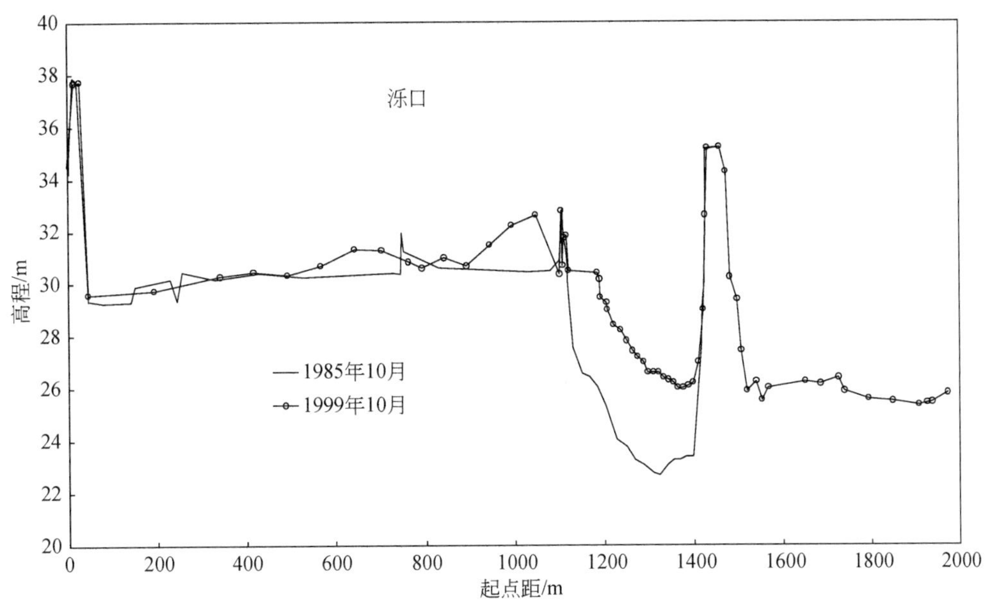

图 16-3　1985～1999 年弯曲型河段典型断面变化

表 16-4　1985～1999 年河相关系统计

断面	1985 年汛后			1999 年汛后		
	河槽宽度/m	平均水深/m	河相系数 ($\sqrt{B}/H$)	河槽宽度/m	平均水深/m	河相系数 ($\sqrt{B}/H$)
铁谢	732	5.25	5.2	750	4.33	6.3
下古街	1715	2.51	16.5	1714	1.95	21.2
花园镇	948	2.04	15.1	668	3.01	8.6
马峪沟	1145	1.8	18.8	814	1.93	14.8
裴峪	673	1.86	13.9	707	1.31	20.3
伊洛河口	1464	2.26	16.9	1079	1.68	19.6
孤柏嘴	856	2.86	10.2	1189	1.69	20.4
罗村坡	851	1.96	14.9	991	1.74	18.1
官庄峪	614	2.61	9.5	449	1.4	15.2
秦厂	1439	1.65	23	938	1.18	25.9
花园口	1756	1.79	23.4	1173	1.43	24
八堡	1194	2.08	16.6	1369	1.64	22.5
来潼寨	721	2.02	13.3	670	1.98	13.1
辛寨	1551	1.5	26.2	1026	1.24	25.8
韦城	1028	1.06	30.2	1088	1.11	29.6
黑岗口	514	3.35	6.8	435	2.66	7.8
柳园口	1390	1.69	22.1	893	1.38	21.6
古城	851	5.79	5	1277	1.73	20.7
曹岗	807	2.77	10.3	604	1.89	13

续表

断面	1985 年汛后			1999 年汛后		
	河槽宽度/m	平均水深/m	河相系数 ($\sqrt{B}/H$)	河槽宽度/m	平均水深/m	河相系数 ($\sqrt{B}/H$)
东坝头	868	3.36	8.8	502	2.65	8.4
禅房	710	3.62	7.4	785	2.02	13.9
油房寨	1164	1.88	18.1	815	2.04	14
马寨	1621	1.81	22.3	397	2.32	8.6
杨小寨	1254	1.44	24.7	551	1.77	13.3
河道	1340	2.27	16.2	764	1.59	17.4
高村	666	4.62	5.6	631	1.62	15.5

主槽的严重淤积造成二级悬河加剧。黄河下游在京广铁桥以下河段存在嫩滩高于堤河的横比降，东坝头以上河段由于老滩滩面相对较高，滩唇与临河滩面高平均高程的差相对不大，平均值为 0.4～1.1m；艾山以下河段，由于滩地较窄，虽然滩面横比降很大，但滩唇高程与临河滩面差值并不是很大，平均值一般在 1.3～1.6m 之间，同时窄河段河道整治工程控导能力较强，“二级悬河”的危害相对也较轻；目前下游河道滩唇高程与临河滩面差值最大的是东坝头—陶城铺河段，差值一般都在 2m 以上，局部河段超过 4m，滩唇高仰，堤河低洼，悬差很大，“二级悬河”最为严重（图 16-4）。

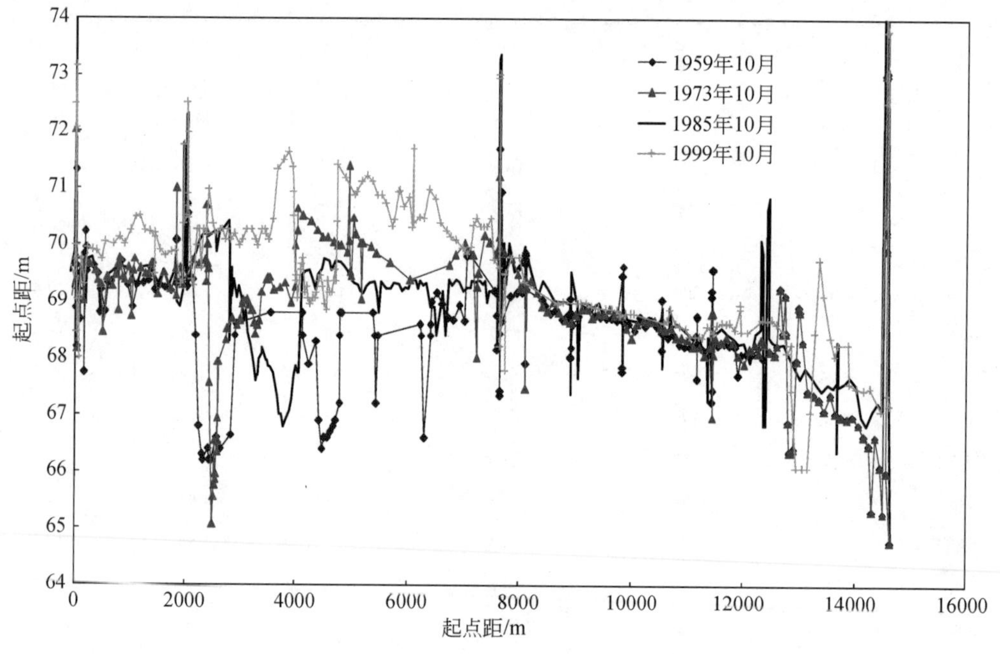

图 16-4　油房寨断面

三、排洪能力变化

主槽的淤积抬高、断面的萎缩使得平滩流量急剧减少（表 16-5），可以看出，大部分水文站已降至历史最低值，约为 3000～3900m³/s，高村站平滩流量最小值为 2700m³/s。

表 16-5 黄河下游 1986～1999 年汛前平滩流量变化 （单位：m³/s）

年份	花园口	夹河滩	高村	孙口	艾山	泺口	利津
1986	6600	7200	7400	6300	5020	5400	4700
1999	3650	3400	2700	2800	3100	3200	3200
变化值	-2950	-3800	-4700	-3500	-1920	-2200	-1500

计算 1998 年汛后的河道边界条件下 1958 年洪峰流量 22300m³/s 洪水沿程水位（表 16-6），可以看出，下游沿程水位与 1958 年实测同流量级洪水位相比偏高 1.9～3.9m。1958 年实际出现的洪水位，至 1999 年过洪能力仅为 2000～5000m³/s，可见排洪能力极大地降低，防洪形势非常严峻。

表 16-6 黄河下游主要站洪水位比较

站名	1958 年洪峰流量/（m³/s）	1958 年洪水位/m	相应 1958 年洪峰流量的 1999 年计算洪水位/m	1999 年与 1958 年同流量水位差/m	相应 1958 年水位下的流量/（m³/s）
花园口	22300	94.42（93.82）	95.72	1.9	2000
夹河滩	20500	74.52（76.73）	79.50	2.77	2000
高村	17900	62.96	65.46	2.5	2500
孙口	15900	48.91	51.81	2.90	3000
艾山	12600	13.13	46.43	3.30	5000
泺口	11900	32.09	36.05	3.96	4000
利津	10400	13.76	17.06	3.30	3000

注：（ ）中数值为同一水文站断面换算到 1999 年断面位置的水位

参考文献

潘贤娣，李勇，张晓华，等．2006．三门峡水库修建后黄河下游河床演变．郑州：黄河水利出版社

赵业安，周文浩，费祥俊，等．1998．黄河下游河道演变基本规律．郑州：黄河水利出版社

第十七章　小浪底水库运用后河道冲淤演变

小浪底水库运用后河道冲淤演变主要内容为2000～2010年的河道冲淤演变。

一、河道冲淤特点

小浪底水库运用以来黄河下游利津以上河道2000～2010年共冲刷13.629亿m^3，年均冲刷1.239亿m^3（表17-1）。冲刷大部分发生在包括汛前调水调沙的4～10月，时期冲刷量占到全年的71%。高村以上是冲刷的主体，占到全下游冲刷量的73%。由于水流基本上在主槽中运行，因此主槽冲刷量为14.106亿m^3，与全断面非常接近；滩地微淤0.477亿m^3。

表17-1　1999年11月～2010年10月黄河下游冲淤状况

河段	冲淤量/亿m^3	4～10月占年比例/%	河段占下游比例/%
白鹤镇—花园口	-4.072	57	30
花园口—夹河滩	-4.564	49	33
夹河滩—高村	-1.345	61	10
高村—孙口	-1.267	93	9
孙口—艾山	-0.504	90	4
艾山—泺口	-0.682	147	5
泺口—利津	-1.194	138	9
花园口—高村	-5.910	52	43
高村—艾山	-1.771	92	13
艾山—利津	-1.876	142	14
白鹤镇—利津	-13.629	71	100

由各河段4～10月冲刷量占全年比例可见，年内这一时期较大流量的冲刷作用是主要的，尤其对高村以下河段重要性巨大。高村—艾山年内冲刷基本都发生在这一时期；而艾山以下由于年内其他时段是淤积的，因此完全依靠年内4～10月的水流冲刷淤积物，河段平均冲刷面积可以反映冲刷沿程分布及发展过程（图17-1）。由各河段平均冲刷面积可见，沿程基本呈现"上段冲刷多、下段冲刷少"的特点，夹河滩以上的冲刷面积超过3300m^2，而孙口以下河段尚不足1000m^2，其中冲刷面积最小的是艾山—泺口河段，只有637m^2。

11年清水冲刷改变了下游河床组成（表17-2）。1999年汛后床沙受小流量淤积影响，河床组成较细，虽然仍然是上游粗下游细，但沿程变化不大；而2010年河床普遍变粗，粒径增加1～3.2倍，沿程差别也显著增大，花园口以上粗化幅度远大于以下河段。同时可见，在既有的水沙条件下下游粗化主要在2005年前后基本完成，其后河床组成变幅较小。

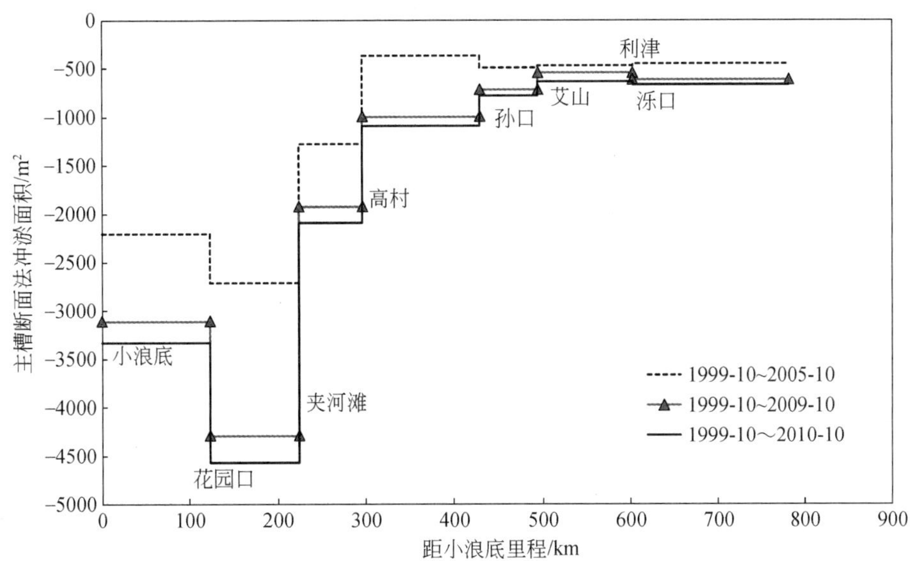

图 17-1　1999～2010 年下游河道冲淤量沿程分布变化

表 17-2　不同河段逐年汛后床沙表层中数粒径变化

河段	中数粒径/mm				较 1999 年变化倍数		2010 年较 2005 年变化倍数
	1999 年	2004 年	2005 年	2010 年	2004 年	2010 年	
花园口以上	0.0545	0.2083	0.1924	0.2297	2.8	3.2	0.19
花园口—夹河滩	0.059	0.1398	0.1213	0.1332	1.4	1.3	0.10
夹河滩—高村	0.0541	0.0929	0.0985	0.1079	0.7	1.0	0.10
高村—孙口	0.0433	0.081	0.097	0.0978	0.9	1.3	0.01
孙口—艾山	0.0414	0.0807	0.0962	0.0940	0.9	1.3	−0.02
艾山—泺口	0.0386	0.076	0.0797	0.0857	1	1.2	0.07
泺口—利津	0.0347	0.063	0.0755	0.0745	0.8	1.1	−0.01
花园口—高村	0.0566	0.121	0.1119	0.1231	1.1	1.2	0.10
高村—艾山	0.0422	0.0808	0.0966	0.0959	0.9	1.3	−0.01
艾山—利津	0.0364	0.0688	0.0773	0.0793	0.9	1.2	0.03

冲刷效率指单位水量的冲刷量，代表了水体的冲刷强度。小浪底水库运用以来黄河下游冲刷效率随时间推移呈现不断衰减的趋势（表 17-3 和表 17-4），全年和汛前调水调沙期的冲刷效率分别由开始的 10.46kg/m^3 和 20.35kg/m^3 降低到 2010 年的 5.78kg/m^3 和 5.19kg/m^3，降幅分别为 64%和 74%。冲刷效率降低主要发生在 2006 年以前（表 17-3），2008 年以来维持在 5～6kg/m^3 的较低水平。从 11 年平均情况来看，夹河滩以上河段是冲刷的主体，占下游冲刷效率的 55%；同时也是冲刷效率衰减的主体，占下游总减少量的 44%。

表 17-3　黄河下游历年各河段冲刷效率　　（单位：kg/m³）

年份	白鹤镇—花园口	花园口—夹河滩	夹河滩—高村	高村—孙口	孙口—艾山	艾山—泺口	泺口—利津	白鹤镇—利津
2000	6.41	4.41	−0.56	−1.62	−0.08	−1.27	−1.29	10.46
2001	3.71	2.45	0.85	−0.69	0.19	0.04	−0.34	8.72
2002	2.09	2.79	−0.99	−0.42	0.04	0.49	3.02	7.41
2003	3.54	3.76	1.84	1.73	0.67	1.44	2.27	16.12
2004	2.21	2.20	1.65	0.62	0.37	0.86	1.30	9.43
2005	0.85	2.44	1.42	1.00	0.82	1.03	1.19	9.04
2006	1.91	3.20	0.38	1.08	0	−0.39	0.22	6.89
2007	2.39	2.36	0.88	1.42	0.39	0.79	1.06	9.79
2008	1.27	1.06	0.52	0.92	0.24	−0.08	0.45	4.74
2009	0.33	1.79	1	1.47	0.32	0.29	0.37	5.99
2010	−1.39	−1.42	−0.61	−0.67	−0.24	−0.57	−0.56	−5.78
平均	−2.17	−2.47	−0.76	−0.75	−0.32	−0.44	−0.87	−8.51
变幅/%*	−78	−68	−67	−61	−70	−60	−81	−64

*变幅百分数为 2010 年与冲刷效率最高年份的对比；水量各河段采用进口站、全下游为各站平均；淤积为“−”

表 17-4　黄河下游调水调沙期冲刷效率　　（单位：kg/m³）

年份	白鹤—花园口	花园口—夹河滩	夹河滩—高村	高村—孙口	孙口—艾山	艾山—泺口	泺口—利津	下游
2002	4.700	2.400	0.950	3.110	0.760	3.700	4.610	20.350
2003	4.029	1.308	4.343	−0.856	6.931	0.068	1.189	16.578
2004	3.529	2.123	0.980	2.627	1.543	0.021	3.194	13.968
2005	4.069	2.346	2.537	2.873	1.481	−1.282	1.596	14.214
2006	1.823	3.467	−0.119	2.916	0.763	−0.089	2.591	11.569
2007	1.316	0.995	0.442	2.204	0.420	0.842	1.215	7.468
2008	−0.433	0.242	0.922	2.729	0.047	0.659	0.523	4.683
2009	2.014	1.517	0.714	2.346	0.344	−0.107	2.163	9.197
2010	−0.448	0.764	0.556	0.959	1.006	0.882	1.569	5.192
平均	2.065	1.707	1.106	2.179	1.273	0.346	1.998	10.819
变幅/%*	−110	−68	−42	−69	+32	−76	−66	−74

*变幅百分数为 2010 年与冲刷效率最高年份的对比；水量各河段采用进口站、全下游为各站平均；淤积为“−”

二、纵横断面调整

（一）纵断面调整

小浪底水库运用以来黄河下游河道全程冲刷，沿程水位普遍下降，1999～2010 年黄河下游水文站 3000m³/s 水位变化计算成果可见（表 17-5），3000m³/s 水位降幅基本上都在 1m 以上，但是水位下降沿程变化呈现出和冲刷量一样的特点，即“两头大、中间小”。花园口—高村的同流量水位降幅在 1.88～2.01m，泺口—利津为 1.20～1.44m，而中间河段孙口—艾山为 1.07～1.05m，是同流量水位降幅最小的河段。

因此各河段纵比降表现出两头增大、中间减小的特点，上段变化最大，比降增加 0.125，泺口—利津比降增加 0.026；中间河段比降虽然减小，但变化幅度很小，减小最多的夹河滩—高村才减小 0.024（表 17-6）。

表 17-5　黄河下游 1999～2010 年各水文站汛前同流量（$3000m^3/s$）水位变化　（单位：m）

花园口	夹河滩（三）	高村	孙口	艾山	泺口	利津
-1.90	-2.01	-1.88	-1.07	-1.05	-1.44	-1.20

表 17-6　黄河下游 1999～2010 年各河段纵比降变化　（单位：‰）

年份	花园口—夹河滩	夹河滩—高村	高村—孙口	孙口—艾山	艾山—泺口	泺口—利津
1999 年纵比降	1.745	1.476	1.132	1.119	0.968	0.997
2010 年纵比降	1.870	1.511	1.127	1.173	1.026	0.984
1999～2010 年纵比降变化	0.125	-0.024	-0.010	-0.008	-0.004	0.026

（二）横断面调整

表 17-7 为小浪底水库运用至 2010 年黄河下游河道各河段主槽的宽度、平均水深以及河相系数的对比表，图 17-2～图 17-4 为各河段代表断面的变化情况。从主槽宽度看，和小浪底水库运用之初相比，除了艾山—泺口的主槽因新修生产堤控制有所变窄外，其他河段的主槽宽均增大，增大最明显的是夹河滩以上的游荡性河段，主槽宽增加到 1202～1257m，主槽宽增大，很大程度上是由于嫩滩塌滩展宽引起的。从主槽平均水深变化看，各河段的平均水深均增加，增加幅度在 1.03～2.33m，增加最明显的是花园口以上河段，平均水深增加了 2.33m，其次为高村—孙口河段，平均水深增加了 2.1m，平均水深增加最少的是花园口—高村河段，增加了 1.03m。因此各河段的河相系数均减小，说明河槽横断面形态朝着更窄深的方向变化。

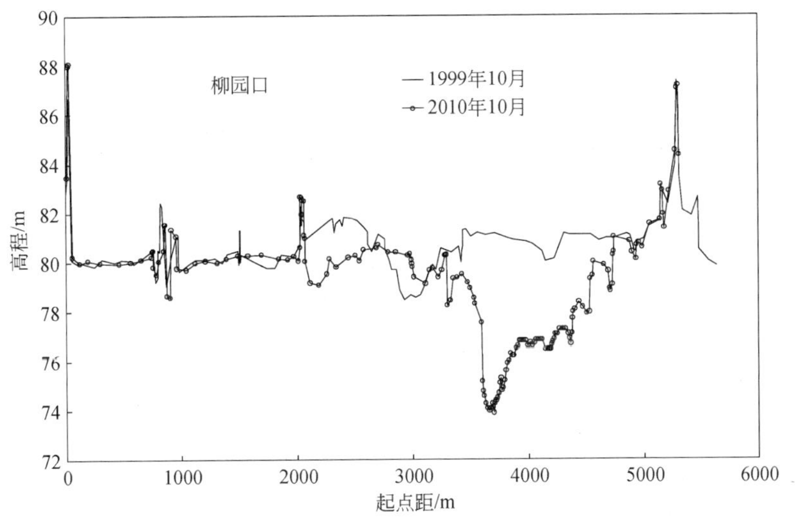

图 17-2　1999～2010 年游荡性河段典型断面变化

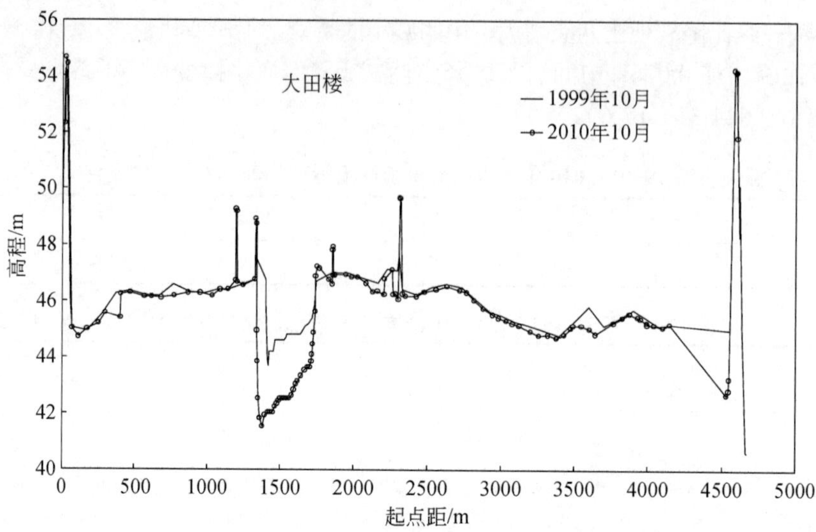

图 17-3　1999～2010 年过渡性河段典型断面变化

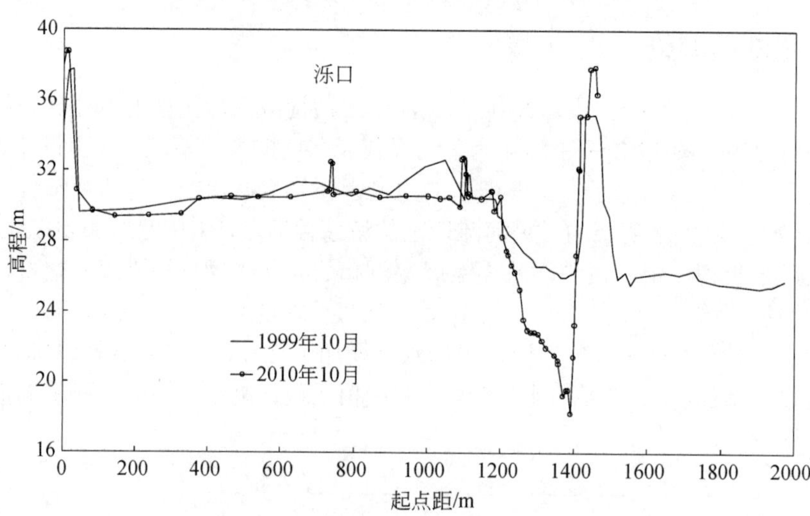

图 17-4　1999～2010 年弯曲性河段典型断面变化

表 17-7　1999～2010 年黄河下游河道主槽横断面形态变化

河段	宽度 B/m			平均水深 H/m			河相系数（$\sqrt{B}/H$）		
	1999 年	2010 年	变化	1999 年	2010 年	变化	1999 年	2010 年	变化
铁谢—花园口	922	1257	335	1.62	3.95	2.33	18.7	9.0	−9.8
花园口—夹河滩	650	1202	552	1.83	2.86	1.03	13.9	12.1	−1.8
夹河滩—高村	627	841	214	2.01	3.80	1.79	12.5	7.6	−4.8
高村—孙口	504	594	90	1.94	4.04	2.10	11.6	6.0	−5.5
孙口—艾山	477	506	29	2.57	4.39	1.82	8.5	5.1	−3.4
艾山—泺口	447	422	−25	3.52	4.98	1.46	6.0	4.1	−1.9
泺口—利津	421	430	9	3.14	4.63	1.49	6.5	4.5	−2.1

三、排洪能力变化

平滩流量是反映河道泄洪排沙能力的一个重要指标，由表 17-8 可见，小浪底水库运用以来河道冲刷、平滩流量显著增大，增幅达 38%～120%。由图 17-5 可见，高村以上增大多，2011 年汛前超过 5500m^3/s；高村以下增加较缓慢，增幅小于上段，2011 年汛前平滩流量为 4100～4400m^3/s。

表 17-8　小浪底水库运用以来黄河下游平滩流量分析结果　（单位：m^3/s）

年份	花园口	夹河滩	高村	孙口	艾山	泺口	利津
1999	3650	3400	2700	2800	3100	3200	3200
2011	6800	6200	5500	4100	4100	4300	4400
变化值	3100	2900	3000	1600	1100	1300	1300
增幅/%	84	91	120	66	38	43	42

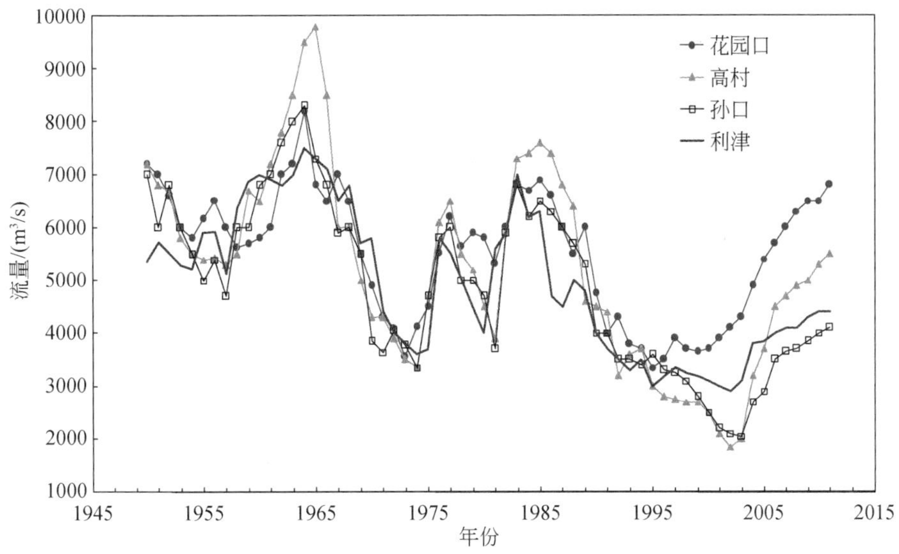

图 17-5　黄河下游典型水文站平滩流量变化过程

为更清楚了解黄河下游防洪形势，给出了黄河下游各水文站设计防洪水位（表 17-9）。由表可见，2011 年花园口—利津各站在设防水位分别为 95.22m、79.00m、65.27m、51.93m、45.42m、35.19m 和 16.76m，较 2000 年设防水位下降 0.20～0.56m；与最近发生的大漫滩洪水 1996 年实际出现的洪水位比较，2011 年设防水位低 0.49～2.85m。

各方面分析表明，从设防水位上来看，小浪底水库运用 11 年后黄河下游防洪形势得到了缓解，但各河段不同，游荡型河段防洪压力大大减轻，过渡型和弯曲型缓解程度较小，尤其是中间孙口—泺口河段减轻最小。

表 17-9　黄河下游堤防设防能力计算表

水文站			花园口	夹河滩（二）	高村	孙口	艾山	泺口	利津
设防流量/（m^3/s）		（1）	22000	21500	20000	17500	11000	11000	11000
设防流量相应水位/m	2000 年	（2）	95.70	79.57	65.66	52.13	45.72	35.60	17.24
	2011 年	（3）	95.22	79.00	65.27	51.93	45.42	35.19	16.76
	水位变化	（4）	−0.48	−0.56	−0.39	−0.20	−0.30	−0.41	−0.48
1958 年洪水	流量/（m^3/s）	（5）	22300	20500	17900	15900	12600	11900	10400
	水位/m	（6）	94.42	74.31	62.96	48.85	43.13	32.09	13.76
1996 年洪水	流量/（m^3/s）	（7）	7860	7150	6810	5800	5030	4700	4130
	水位/m	（8）	94.73	76.44	63.87	49.66	42.75	32.34	14.70
2011 年设防水位高于 1996 年实际洪水位/m		（9）=（3）－（8）	0.49	2.56	1.4	2.27	2.67	2.85	2.06

注：2000 年设防流量对应水位根据《2000 年黄河下游河道排洪能力分析》报告，水位均为大沽高程

第四篇　黄河下游河道整治措施

第十八章　河道整治必要性

黄河下游进行的河道整治是以防洪为主要目的，兼顾工农业发展需要和滩区群众生产、安全要求。

一、确保防洪安全必须进行河道整治

（一）溜势大幅度提挫造成被动抢险

在进行河道整治之前，不仅在宽河段、即使在窄河段，河势的大幅度提挫变化也会造成被动抢险。陶城铺以下的弯曲性河段，一般堤距仅 1～2km。河床组成中黏粒含量已较以上河段增加，在天然情况下河势变化仍是很大的，在沿堤修建一些险工后，虽有一定的御流作用，但因位于滩地的河弯无工程控制，弯道坍塌后退下延，往往改变险工的靠溜部位，甚至脱河，当河势大幅度提挫至平工堤段时，就必须抢险，历史上曾多次因这种原因而造成堤防决口。

1949 年汛期，弯曲性河段高水位持续时间长，河势变化大。据当年的防汛资料，有 40 余处险工靠溜部位发生大幅度上提下挫，东阿李营、济阳朝阳庄等 9 处老险工脱河。左岸朝阳庄险工脱河后，主流下挫 2km 至董家道口，右岸滩地急剧坐弯坍塌，左岸葛家店险工靠溜部位下挫并有脱河危险，以下的张辛险工、谷家险工、小街子险工等靠溜部位也相应下挫，造成随着河势下挫接连不断抢险，“撵河抢险”长达 3km，历时 40 多天，使防汛处于十分被动、危险的境地。

（二）横河顶冲会造成堤防冲决或严重抢险

“冲决”是堤防决口的常见形式，横河顶冲是造成“冲决”的主要原因。

在河势演变尤其是游荡性河段河势演变的过程中，当弯道内土质松散，抗冲能力差，弯道出口处为抗冲性强的黏土及亚黏土时，弯道向纵深发展，迫使水流急转弯，形成横河；在洪水急剧消落，滩区弯道靠溜部位突然上提时，流向改变，弯道深化，且在弯道以下出现新滩，形成横河；在水流涨落过程中，当斜向支汊发展成主溜时，也会形成横河。横河形成后，水流集中，冲刷力增强，大量塌失滩地，塌至堤防即出现险情。当水流冲塌堤防的速度超过抢护的速度时，就可能塌断堤身，水流穿堤而过，造成堤防冲决，或虽未酿成决口，但却造成严重抢险，举例于后。

1. 历史上横河造成的决口

（1）清嘉庆八年封丘大宫决口

清嘉庆八年（公元 1803 年）九月上旬，封丘衡家楼（即大宫）出现横河（图 18-1）。据记载，该段堤防原为平工段，“外滩宽五六十丈至一百二十丈，内系积水深塘。因河势忽移南岸，坐滩挺恃河心，逼溜北移，河身挤窄，更值（九月）八九日西南风暴，塌滩甚疾。两日内将外滩全行塌尽，浸及堤根。”因抢护不及，终于九月十三日造成堤防冲决，20 世纪 70 年代封丘大宫一带的所谓“大沙河”，即是这次决口遗留的故道。

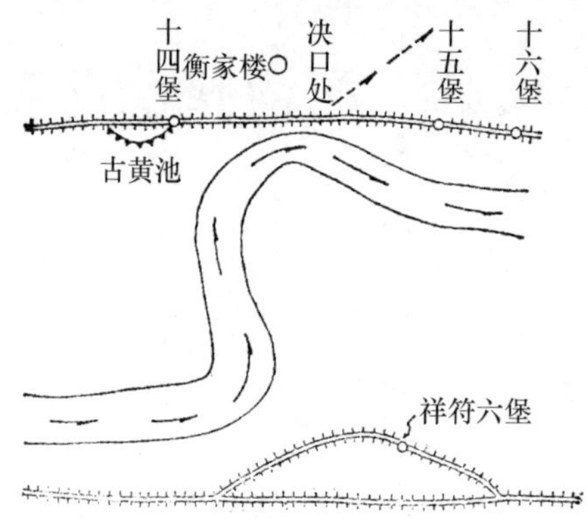

图 18-1 清嘉庆八年（1803 年）封丘大宫黄河决口前河势示意图

（2）郓城侯家林决口

1855 年黄河在铜瓦厢决口后，河水在很宽的范围内流动，河势游荡多变。清同治十年（1871 年）山东郓城河段出现横河，“黄水于八月初七日由该县东南沮河东岸侯家林冲缺民埝，漫水下注……于十一日由南旺湖西北湖堤缺处漫入湖内……下游归南阳湖。”（《再续行水金鉴》引《丁文诚公奏稿》）

2. 新中国成立后横河造成严重抢险

新中国成立后，由于河势多变，曾多次发生横河，虽未造成决口，但却造成严重抢险。兹举例于后。

（1）郑州保合寨抢险

花园口 1952 年 8 月 12 日出现最大洪峰 6000m^3/s，8 月水量较丰，月平均流量为 3196m^3/s，9 月流量变小，黄河在郑州保合寨险工对岸滩地坐弯，形成横河直冲保合寨险工（图 18-2），致使已脱河的保合寨险工前滩地急剧坍塌后退，主流直冲保合寨险工。当时流量约 2000m^3/s，由于溜势集中，淘刷力强，主槽下切，堤前水深在 10m 以上，水面宽由一千多米缩窄到一百多米。当时抽调 4 个修防段的工程队员 200 余人，民工 4000 余人参加抢险，并积极筹运柳秸料，郑州铁路局拨给 350 个车皮，由专用广花铁路支线星夜赶运抢险石料，一面加帮后戗，一面抢修坝垛。严重时，大堤被冲塌长 45m，堤顶塌宽 6m，险情十分危急。经十天左右的紧张抢护方化险为夷。共抢修坝垛 4 道，加固坝垛 4 道。计用石 6000m^3，柳枝 60 余万千克。

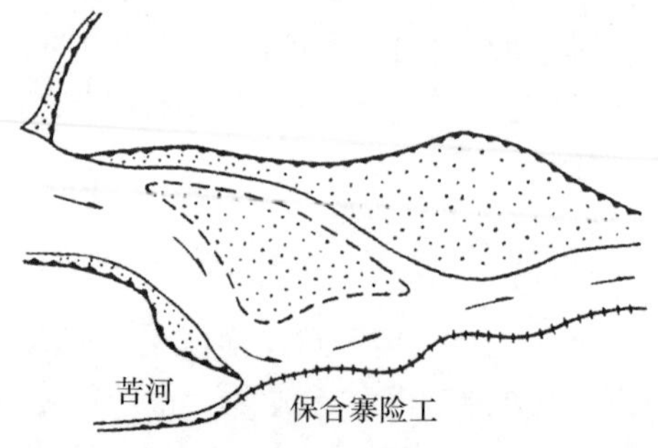

图 18-2 郑州保合寨险工 1952 年 9 月下旬河势图

（2）郑州花园口险工东大坝抢险

1964 年是个丰水年，花园口年水量达 861.1 亿 m^3，7 月 28 日出现年最大流量 9430m^3/s，7、8、9 月平均流量分别达 3720m^3/s、4900m^3/s、5620m^3/s，10 月上旬，在保合寨险工以下 12km 处的花园口险工下首的 117～127 坝（东大坝）前发生横河，主流顶冲险工（图 18-3）。10 月下旬流量仍达 5000m^3/s 左右，险工前水流急转弯，溜势集中，水面宽缩窄到 150m 左右，单宽流量达 30～40m^3/s，5000m^3/s 的流量持续时间又较长，根石淘刷严重，造成连续抢险。东大坝根石深度一般达 13～16m，最深达 17.8m，该坝抢险用石达 11600m^3。

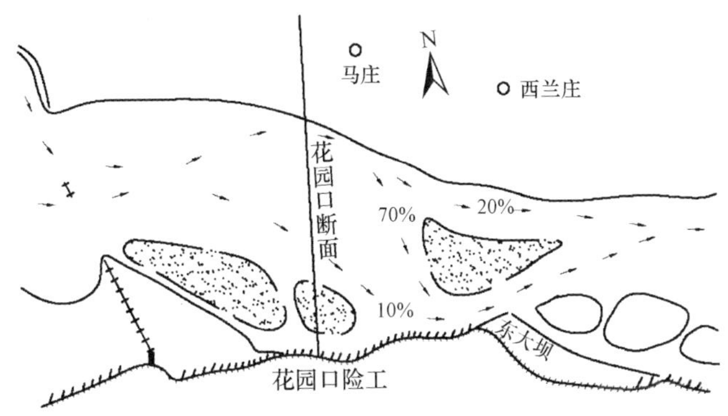

图 18-3　花园口 1964 年 10 月上旬河势图

（3）原阳北围堤抢险

北围堤位于郑州保合寨险工的对岸，原为破坝前的花园口枢纽的组成部分。

1983 年是水量较丰的一年，花园口年水量达 610 亿 m^3，7 月、8 月、9 月平均流量分别为 2500m^3/s、4190m^3/s、2990m^3/s，而 10 月又增大到 4490m^3/s，8 月 2 日发生的年最大流量为 8180m^3/s。京广铁路桥以下河势没得到控制，1983 年在保合寨险工对岸的北围堤前发生横河（图 18-4），造成长时间的严重抢险。自 8 月 12 日至 10 月 23 日除去溜势外移的时间，抢险达 53 个昼夜。在抢险的 1772m 工段内，共抢修垛 25 道、护岸 25 段，围长 3855m，先后参加抢险的军民 6000 余人，用工 16 万工日、用石 3 万 m^3，柳杂料高达 1500 万 kg。

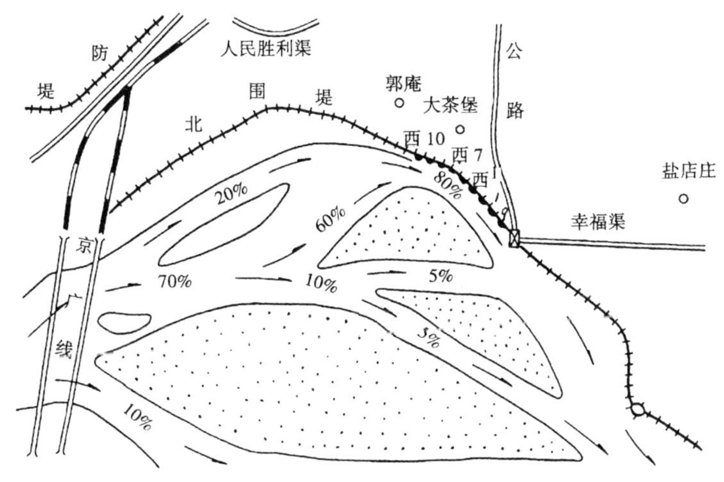

图 18-4　北围堤 1983 年 9 月 4 日河势图

（4）开封黑岗口抢险

1982 年花园口年水量并不大，为 427 亿 m^3，水量主要集中在 8 月，月平均流量达 $3930m^3/s$。8 月 2 日，花园口出现了有实测资料以来的第二大洪水，洪峰流量达 $15300m^3/s$。在流量降落到 $3000m^3/s$ 左右时，开封黑岗口险工前出现横河（图 18-5），来自对岸大张庄一带的主流直冲黑岗口险工，坝前水面宽仅 200 余 m，淘刷发展很快，造成严重抢险。

黑岗口险工 19～29 坝，8 月 9 日至 21 日共出险 19 坝次。9 日 19 时 37 分，25 坝中段至 26 坝迎水面长 50m 的坦石全部墩蛰入水，顶部入水 0.6～0.8m，经突击抛石，1 小时后露出水面，3 小时后出水 3m 左右，8 小时后恢复了原状，水深 10m 左右。10 日 17 时 5 分，23 坝下半段长 30m 的坦石相继墩蛰入水，顶部有的与水面平，有的入水 0.3～0.5m，7m 高的土坝体完全暴露，经突击抛石恢复至原状。至 21 日，共组织军民 2000 余人紧急抢护，抢险加固坝垛围长 501m，抛石 $3308m^3$，铅丝石笼 1084 个（$3244m^3$），共用石 $6552m^3$、铅丝 17988kg、人工 5367 工日。保证了堤防安全。

黑岗口险工 13 坝，9 月 10 日至 15 日出险 2 坝次。10 日 5 时 30 分，50m 长的坦石墩蛰入水，严重处入水达 3m。经抛枕、压石、抛铅丝石笼固基，方达稳定。坦石坡脚外原生长的外径约 0.6m、高约 8m 的柳树，在坦石墩蛰时，向前推移了约 10m，露着树头屹立在水中，洪水过后还活了几年。12 日 7 时 30 分，经抢护后的长 40m 的坦石又下蛰 0.8m。抢险加固共用石 $963m^3$，铅丝 340kg，柳枝 6000kg，人工 912 工日。

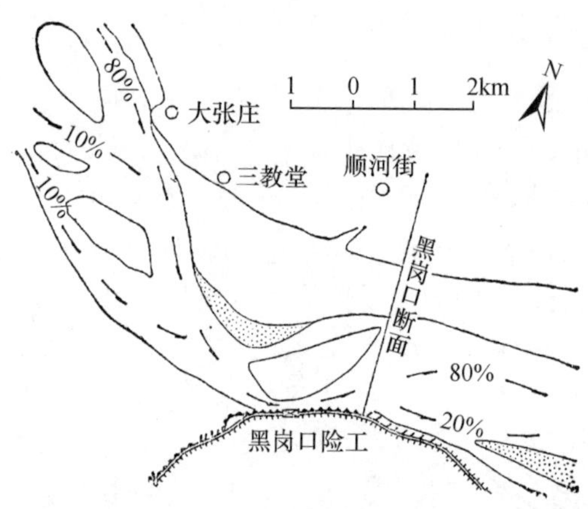

图 18-5　1982 年 8 月上旬黑岗口险工附近河势图

上述各例中，历史上是横河造成堤防决口；1949 年以后在郑州保合寨—花园口东大坝不到 20km 河段内因横河发生的严重抢险，保合寨、花园口险工东大坝抢险因横河险些造成冲决，北围堤因横河造成的抢险虽发生在滩区，如主溜冲开北围堤，右岸几处险工将失去控制溜势的作用，左岸一百多年未靠河的大堤将会出现顺堤行洪的局面，对堤防安全威胁很大；黑岗口因横河造成的抢险直接危及堤防安全。

上述诸例表明，为保堤防安全，需要进行河道整治，控导河势，防止或减少横河发生。

（三）河势游荡会造成堤防布满险工

按照黄河下游弯曲性河段河道整治经验，有计划地进行河道整治时两岸工程的总长度达到河道长度的 90%左右时，即可基本控制河势。而在未进行河道整治的游荡性河段，大溜至堤防时就得被迫修建险工，一岸工程长度占堤防长度的90%时，河势仍然游荡，平工堤段仍会出险。

郑州保合寨至中牟九堡，长48km。由于溜势得不到控制，河势变化无常，有时靠河部位大幅度的上提下挫，有时弯道左右移位，呈现所谓“十年河东，十年河西”的局面。该段堤距多在10km左右，但因左岸有1855年以来未曾上水的高滩，该段河道的摆动范围一般约5km。在河势变化的过程中，左岸高滩，任其淘刷坍塌，直至脱河为止。为了保护堤防安全，右岸先后修建了保合寨、花园口、申庄、马渡、三坝、杨桥、万滩、赵口、九堡9处险工，杨桥险工已有300多年的历史。至20世纪60年代险工总长达43km，占河道长度的90%。20世纪60年代前后左岸还修了十几处护村工程和马庄、双井2处控导工程。由于两岸的工程是在被动抢险的条件下修建的，两岸工程互相不配套，不能控制河势。1967年汛期，花园口险工不靠大河，大溜自右岸南裹头到左岸原阳高滩，滩地经不住水流的淘刷，左岸1855年高滩接连塌滩出险，首先在马庄西南的农场一队开始塌失高滩，当时批准新建6个垛，但仅修1个就因河势下挫而停修。继而由西向东坍塌马庄、胡庄、刘庵、破车庄、西兰庄村南长达5km多的高滩，南北塌宽1～3km，汛末塌至东兰庄村南，并在滩地坐弯，形成横河，流向急转南下，方向正对右岸东大坝以下的赵兰庄一带（图18-6）。当时东大坝尚未下延，赵兰庄一段堤防为长1.4km未修坝垛的平工段。因堤前滩地坍塌迅速，为防在没有坝垛保护的平工堤段出险，在溜至堤根前，就在滩地上抢修了6道坝、1个垛，用石3000余m^3，柳秸料71万多kg。后因河势外移，险情才缓和下来。由此看出，要防止堤防布满险工，必须有计划地进行河道整治。

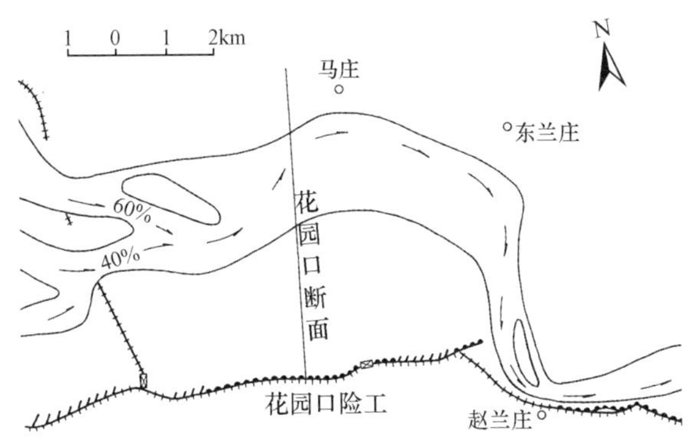

图18-6　花园口险工下段1967年汛末河势图

（四）主溜不稳定能导致堤内改道

主溜不稳定会导致堤内改道，造成平工堤段出险。黄河下游大的滩区宽达3～7km，长达数十千米。洪水期滩唇处淤得多，在每次大洪水过后，一般形成较高的滩唇，至唇愈远，落淤愈薄，靠堤处淤得少，形成滩面横比降。

在漫滩水流的冲蚀下，滩区还有大小不等的串沟。排泄漫滩洪水和雨水时，水流沿堤前流过，成为排水通道，在堤防临河一侧形成堤河。在滩唇的约束下，中、小洪水时常常不漫滩，滩唇与堤防之间的滩地部分淤积的机会少，1958年后滩区普遍修筑了生产堤，减少了洪水漫滩的机遇，滩面落淤机会进一步减少，致使滩槽高差减小，甚至滩地和河槽的平均高程相当。20 世纪 70 年代以来为枯水期，水枯峰低，漫滩洪水少，加之生产堤的影响，滩地落淤少，河槽抬升快，形成比较陡的滩面横比降，堤根处成为地势最洼的地方。如遇可漫过滩唇的大洪水，就会沿着滩面上的串沟流向堤河，造成顺堤行洪的不利局面。若不能控制主溜，大洪水漫滩期间，甚至在中等洪水时，串沟过流后，断面扩大，串沟过流比例增加，在一定的水沙条件下，串沟可能发展为主股，造成堤内改道。沿串沟进入堤河的洪水临堤而下，顺堤行洪，即造成危及堤防安全的不利局面。东坝头至高村河段，河槽平均高程普遍高于滩地平均高程，滩面横比降陡，达 1/2000～1/3000。若不能控制主溜，大洪水漫滩期间，就易造成串沟夺溜，主溜在堤内改道。

在黄河下游不同河性的某些河段都曾发生过串沟夺溜的演变形式。如东明老君堂至堡城河段，1978 年发生的串沟夺溜。主溜原走左岸，右岸黄寨、霍寨险工前有一串沟，过流约占 30%。由于老君堂工程着溜位置的下挫，工程（当时老君堂工程下首还未延长）失去了控制河势的作用，6 月串沟过溜增大到占全河道的 75%，成为主河道，串沟夺溜，主溜在堤内出现了改道（图 10-7）。当时黄寨险工、霍寨险工、堡城险工首尾相连，总长 6km 以上。在串沟夺溜、主溜在堤内改道后，主溜冲塌黄寨险工以上的滩地，1978 年不得不在黄寨险工以上接修吴庄险工（后来统计时并入黄寨险工），长 1650m，坝 15 道。

平工堤段一旦靠溜，极易生险，若抢护不及，就可能造成决口。因此，黄河下游，尤其是串沟、堤河严重的游荡性河段，应加速河道整治，稳定主流河槽，使大洪水期间漫滩不改河，以策防洪安全。

（五）畸形河弯威胁堤防安全

在河势未控制的河段，枯水期形成的一些畸形河弯，有时会危及堤防安全，有的会造成被动抢险。

1. 黑岗口 1993 年抢修坝垛

1993 手 9 月，在黑岗口—封丘大宫河段接连出现 2 个畸形河弯（图 11-19），造成多处塌滩。黑岗口险工至柳园口险工长约 13km 范围内基本都修有工程。在河势演变的过程中，险工、控导工程的坝垛靠溜时未有出险；黑岗口险工与高朱庄控导工程之间 850m 的空当内没有坝垛，畸形河弯演变过程中，滩地塌退，最近处距堤仅 60～70m。为保大堤安全被迫抢险修建了 8 个垛。

2. 王庵控导工程抢修坝垛

封丘大宫控导工程至古城控导工程河段，2004 年出现畸形河弯，大溜在大宫控导工程前滩地坐弯，水流折转南下，以横河形式冲向王庵控导工程上游连坝延长线处的滩地，在水流的冲淘过程中，弯道后退下移，主溜折转东北方向，以下在王庵控导工程前形成 2 个小弯道，继而于王庵与古城控导工程之间形成“Ω”形弯道。大宫至古城控导工程弯道极不规则，畸形弯道接连出现，但尚未威胁到工程或村庄的安全。经 2004 年汛期至汛末，随着大宫控导工程前滩地坍塌后退，工程下段靠河，以下至王庵控导工程间的横河继续发展，和汛前相比，以下诸弯道进一步坍塌后退（图 18-7）。至 2005 年汛前，河势没有改善，仍呈接连的畸形河弯。为防河势进一步恶化，危及王庵控导工程的安全，决定在王庵控导工程以上右岸修建−30～−25 垛。5 月底开始，先修水中进占的−27～−25 垛，再修建旱工的−30～−28 垛，修工程后溜势有所外移。2005 年汛期，花园口站水量不大、洪峰不高，年水量 257.0 亿 m^3，汛期水量仅 94.67 亿 m^3，最大流量 $3530m^3/s$（6 月 24 日、调水调沙期间）。汛期，

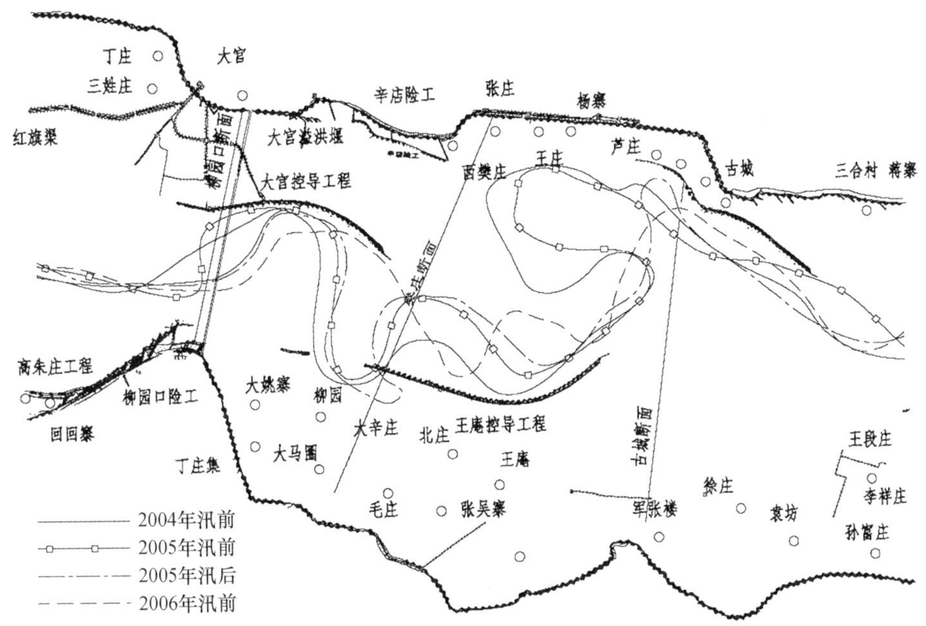

图 18-7　封丘大宫—古城 2004～2006 年畸形河势图

王庵至古城控导工程间的“Ω”形河弯发生裁弯，而大宫至王庵控导工程间的畸形弯道仍然存在，且王庵控导工程-25～-14 垛之间的弯道进一步向东坍塌发展，致使当时王庵控导工程上首-14 垛以东（以下）的连坝背水侧抢险（图 18-7）。10 月 8 日上午查勘时，-11 垛所在连坝背水侧正在抢险。为防止王庵控导工程连坝背河侧继续抢险，威胁工程安全，改善大宫至王庵控导工程之间的畸形河弯，在当时弯颈比大于 6 的情况下，于 10 月下旬进行了人工切滩导流——人工裁弯，消除了本次大宫至王庵控导工程之间的畸形河弯，使王庵控导工程靠溜，发挥控导河势的作用。由 2006 年汛前河势主溜线（图 18-7）可以看出，与 2005 年汛后主溜线相比，发生了 2 处裁弯，基本改变了原有的不利河势。

因此，为确保防洪安全必须进行河道整治。

二、滩区人民和工农业发展需要整治河道

（一）滩区人民要求整治河道

1. 滩区居住有百万人口

黄河下游河道宽阔。广大滩区是含沙水流在多次过流落淤中塑造而成的。由养分丰富的泥沙淤出的肥沃滩区，适合农作物生长。从古至今黄河下游滩区都居住着大量群众。

黄河下游是悬河，河床高于两岸地面，受河道侧渗的影响，沿河一带土壤盐碱化严重，不适宜农作物生长。在生产不发达的时代，滩区粮食亩产远高于背河耕地，尽管多数年份秋庄稼被淹仅能收获夏粮，相对而言滩区却往往成为沿黄县的粮仓。20 世纪 60 年代以前，黄河下游两岸有 300 多万亩沙荒盐碱地，背河一带生存条件非常差，产量很低。以后，背河地区通过引黄河水放淤改土、稻改等措施，改变了盐碱化的面貌，加之农田水利建设等项措施，生产发展很快。

黄河下游计有120多个自然滩，滩面宽0.5～8km不等。其中，面积大于$100km^2$的有7个，$100～50km^2$的有9个，$50～30km^2$的有12个，$30km^2$以下的有90多个。据统计，截至2003年底，黄河下游滩区（含封丘倒灌区）总面积$4046.9km^2$，耕地375.5万亩，村庄1924个，人口179.5万人。耕地及人口主要集中在阳谷陶城铺以上的宽河段。

由于黄河下游滩区面积大且有耕种条件，背河地带人口容量有限，加之滩区人口数量大，将滩区人口全部迁出是不现实的。因此，今后滩区还会有数以百万的人口居住。

2. 河势变化造成大量塌滩掉村

黄河下游河道多淤善变，但形成了大量肥沃的滩地，给滩区人民提供了生存和生活条件，哺育了滩区人民，但又常常给他们带来深重的灾难。在河势变化尤其是剧烈演变的过程中，常常坍塌大量耕地，甚至将村庄塌入河中，河水冲走大量财产，甚至吞噬人们的生命。据统计，20世纪50年代时平均每年坍塌滩地多达10万亩，其中的绝大部分集中于高村以上河段；60年代游荡性河段坍塌滩地也非常严重。在河势演变的过程中，1949～1976年有256个村庄掉河，致使大量滩区居民后退、搬家，有的村庄搬迁数次。塌滩掉村严重影响滩区群众的生产生活，并威胁其生命安全。

为了广大滩区人民生命财产的安全，需使河道有个固定的流路，以保持滩槽相对稳定。滩区村庄在修做避水台（或村台）后，洪峰期间可把牲畜、粮食等主要财产运到台上。对于漫滩洪水，因流速低，冲刷力弱，村庄房屋及其他财产不致有大的损失。即使秋粮受淹、甚至部分滩区绝产，由于取得了麦季丰收，仍可使滩区人民在大水之年生产生活有个基本保证。洪水过后，滩地落淤，为以后的增产又提供了条件。但村庄掉河及大面积的严重塌滩，会给滩区人民带来难以抗拒的灾害。

因此，除进行滩区安全建设外，滩区人民还强烈要求整治河道，以控制河势，稳滩护村，同时进行滩面治理，堵截串沟，有计划地淤高堤河，防止滩面集中过流，使洪水期间，主流仍走原河槽。

（二）工农业发展需要整治河道

随着国民经济的发展，对河流的要求越来越高。治理河道就不仅仅是为了保证堤防安全，农业、工业、交通、城市用水等均与河流有着密切的关系，都要求整治河道。

1. 引水可靠是农业、工业及城市生活用水的必要条件

黄河下游两岸的广大淮海平原，地处半干旱地区，多年平均降水量（以郑州为例）仅636mm，年平均蒸发量达1200mm。天然降水量年内分布不均，有2/3的雨量集中在7～9月，年际变化也很大，且常常出现连续干旱年。农业要取得稳产、高产必须进行灌溉。

在这条世界著称的“悬河”两岸，由于地下水位抬高的影响，两岸农田出现了次生盐碱化，致使产量下降，历史上的决口改道遗留下来的大片沙荒地不能耕种，而黄河下游的水流含沙量高，且含有大量的养分。黄河的水沙资源正是改造这些沙荒盐碱地的财富。河道两岸，分布着郑州、开封、济南、滨州等城市。中华人民共和国成立以来，工业发展迅速，城市人口猛增，单靠地下水已不能满足工业用水及城市生活用水的需要，因此，必须引用黄河水源。除沿黄城市外，人民胜利渠、位山闸、潘庄闸已多次承担了向天津、河北供水的任务。引黄济青等跨流域引水，也需要有好的引水条件。

为了利用黄河水沙资源，1951年以来，黄河下游先后修建了引黄水闸，经20世纪70年代大量建闸，现在引黄水闸已达94座。引水保证率直接与河势的稳定性密切相关。河势

稳定，引水可靠；河势多变，引水就没有保证。

弯曲性河段，20 世纪 50 年代有计划地进行了河道整治，加之以后的续建、完善，河势得到了控制，闸门引水条件基本可靠。如引黄济青工程的取水口博兴打渔张闸，就是靠滨州韩家墩、龙王崖、王大夫等控导工程而保证引水稳定的。

过渡性河段，在进行河道整治以前，河势变化大，引水没保证。经过 1966～1974 年的集中整治，引水条件才得到改善。如位于右岸菏泽刘庄险工上的刘庄闸门，1959 年汛后建成时险工靠溜，引水十分方便。由于以上河段的河势变化，闸门段脱河。为便于刘庄闸门引水，在上游右岸新建了长 2000m 的截流坝工程，后因抢护不及，坝头端放弃，余下坝长 1460m，但仍未解决闸门引水问题。以后黄河下游停止引黄灌溉，1965 年复灌后，为了引水不得不在滩地上临时挖引水渠，最长时达 3.6km。引水渠道经常需要清淤，因多系流沙，每次都要耗用大量的人力。

游荡性河段，河势变化大，引水保证率低。为提高引水的可靠性，有的采用多修引水口的办法，如原阳幸福渠灌区，灌溉面积 20 多万亩，开了 3 个引水口，在每个引水口处都建闸，这就增加了灌溉的成本，但也未能完全保证稳定引水。

随着国民经济的发展，黄河两岸对引黄供水需求愈来愈高，能否及时供水在一定程度上已经成为工业、农业及城市发展的制约因素。

为了保证工农业及城市生活用水，必须整治河道，稳定河势，以提高引水的保证率。

2. 溜势稳定是桥梁安全的要求

中华人民共和国成立前仅有郑州、济南 2 处铁路桥，现在黄河下游已有铁路及公路桥 30 余座。因为河宽，桥梁也较长，如长东铁路桥长超过 10km，主溜区及非主溜区的桥跨及基础深度不同。如河势巨变，主溜区与非主溜区易位，就可能危及桥梁安全，甚至冲垮桥梁，中断交通。在河势变化的过程中若出现横河，也可能因水流过于集中，冲刷力增强，即使在主桥段，也可能威胁大桥安全。

为保两岸交通畅通，必须加紧整治河道，防止产生横河，稳定主流，以策桥梁安全。

3. 一定的水深是航运的条件

历史上由于河势多变，黄河航运并不发达。

黄河下游在 20 世纪 50 年代和 60 年代，非汛期河道过流量尚可满足通航要求，陶城铺以下的弯曲性河段有客轮航行，在高村至陶城铺河段有货轮航行。水运较便宜，运送防汛料物更为有利，平时可将石料运到险工靠河坝垛，抢险时可直接运石到用料部位，东明高村以下河段工程建设用石及抢险用石绝大部分是用船运送的。

河势多变常常给航运造成困难。20 世纪 60 年代和 70 年代，游荡性河段的溜势散乱，潜滩沙洲密布，水深很浅，只能通航吃水 0.4～0.5m、载重几十吨的木船。在汛末河势查勘时，乘坐吃水 0.5m 的木船，还常常搁浅。但在经过整治的弯曲性河段，相同流量下却可航行百吨甚至数百吨的机船。近几十年来为枯水期，流量小，并多次出现断流，加之汽车运输的发展，河内几乎很少有船只通行。

治黄需要运输物资，尤其是防汛料物，由于抢险部位正是靠溜的地方，水运较陆运更有明显的优点。为了能够航运，必须进行河道整治，使水流集中，流路规顺，以保持一定的水深，为通航提供条件。

综上所述，黄河下游必须进行河道整治，控导主溜，稳定河槽，固定靠河险工和控导工程。

第十九章　河道整治类型及组成

一、河道整治类型

河流给人类带来了丰富的资源，哺育了沿河人民，但也会给人们带来深重的灾难。人们为了生存和发展常常对河流采取一些干预措施，以达趋利避害的目的。由于目的不同，采取的措施也不一样；不同的整治对象，需采取不同的整治措施。

（一）按整治目的分

国民经济的发展对河道的要求是多方面的，有的为了两岸免遭洪水灾害，有的为了桥渡安全，有的为了引水供水，有的为了行船航运，有的为了浮运竹木，等等。不同目的的河道整治，其整治措施有些是相同的，有些是相近的，有些可能是相悖的。因此，进行河道整治应根据国民经济提出的要求，明确整治目的。

1. 以防洪为目的的河道整治

在天然情况下，河流的年际、年内来水总是不均匀的，一般而言，汛期水量大，非汛期水量小。对于多沙河流而言，来沙情况在年际、年内的分配更是不均匀。天然河流很难适应不同情况下的泄洪排沙要求。情况严重时会造成洪水泛滥，冲毁农田及各类建筑，威胁两岸人民生命财产安全，影响国民经济正常发展，对人民、对国家造成深重灾难。

保证河流防洪安全需采取综合措施，上、中游修建水库调节径流泥沙，进行水土保持减少入河泥沙，修建蓄滞洪区分水或滞蓄洪水，修建堤防工程约束洪水，进行河道整治稳定河势流路等。

堤防、河道整治是防洪的主要措施。堤防是防洪最早采用的措施，它是防御洪水的屏障，也是长盛不衰的措施。随着经济和科学技术的发展，作为防御洪水冲击、维持堤防安全、改善不利流路、稳定有利流路、控导河势的河道整治也逐渐发展起来。黄河埽工是河道整治的主要工程措施之一，在科学技术不发达的古代已被广泛应用，至今已有 2000 多年的历史。随着时间的推移，河道整治已成为防洪的主要措施之一。

要达到防洪安全，首先应有足够的排泄洪水的断面，维持足够宽度的堤距，以通过该河段的设计洪水流量。设计流量的大小取决于被保护对象的数量和重要程度，以及以上流域的产流特性。其次修建的堤防要有足够高度和强度，其高度应能满足洪水位的要求，以防堤防“漫决”；其强度应保证在不同洪水情况下的堤身堤基安全，以防堤防“溃决”。三要有较为稳定的河势，使防守有重点，避免“横河”等畸形河势发生，以防堤防“冲决”，这就需要进行河道整治。四要保持河道畅通，禁止在河道内修建阻水构筑物，以便在洪水期，水流能顺利通过。

2. 以灌溉为目的的河道整治

灌溉引水时间，一般情况下取决于农作物需水时间及降水情况。其基本要求是灌溉需水时能取到水。农作物生长季节性较强，从增产的角度出发，应能方便、及时取水。

为达到取水的目的，在水资源短缺的地区，就需有取水指标，有水时可以按指标取水。取水时间如在洪水期，需在取水建筑物安全的情况下取水；如在中水期，取水水位一般没有问题，取水口靠河才能方便取水；在枯水情况下，由于大河水位低，水面窄，更要求取水口靠河才能方便取水。灌溉用水要求有稳定的河势，取水口有的在堤防上、有的在滩区，一般都修有水闸。灌溉是数年或数十年都要取水，河势变化直接影响取水的难易程度。对于自流取水而言，尚需有足够高的水位，以能够按设计标准取水。在多沙河流上灌溉取水还希望取水口所在河段冲淤变化幅度不大，严重的淤积会妨碍取水；严重的冲刷不仅会危及取水建筑物的安全，还会影响取水的保证率，在堆积性河道上游修建大型水库后往往会造成这种情况。

对于以城市生活用水及工业用水为目的的河道整治，与枯水期灌溉取水相同。

3. 以航运为目的的河道整治

由于航运的成本低，且因其上部一般净空大，可运送体积大的货物，对于水运而言，航运更具有其优越性。

通航对河道也有一些要求，如航道深度、航道宽度、航道弯曲半径、水流流速、水流流态等。

通航存在的问题主要在枯水期，一般情况下洪水期、中水期的航道水深及航道宽度易于满足。但在洪水、中水期的某些情况下也是不能通航的。为保航行安全大洪水时也有停航的，如 1998 年长江大洪水时期。对于游荡性河道，水流散乱，河势变化迅速，主流位置变化快，非主流部分水深浅，也很难航行。

枯水期流量小，水深浅，水流在弯道段靠凹岸集中过流，而在直线段，较弯道段而言，水深浅，需进行疏挖，对于河道中的浅滩也需进行整治，才能满足通航的要求。采取的措施主要为通过修建整治工程改善、维持流态，稳定枯水河势；通过疏浚增加水深。

4. 其他

目前以防洪、灌溉引水、航运为目的进行的河道整治居多，也还有一些以其他目的进行的河道整治，如：在山区一些陆运交通不方便的地方，进行的以竹木浮运为目的的河道整治；为保证桥梁、码头安全运行而进行的以桥渡安全为目的的河道整治；为减小暴雨形成的灾害而进行的以排水为目的的河道整治等。

（二）按整治对象分

河流流量的大小，习惯上分为洪水、中水、枯水，在一个较长的时段内又会出现枯水系列、丰水系列，修建的整治工程是长期起作用的。不同的整治目的有不同的整治对象（谢鉴衡等，1990），采取的整治措施除考虑本整治对象外，还应考虑在其他情况下的有利影响和不利影响。

1. 洪水整治

洪水整治是以洪水为整治对象，保证洪水期两岸的安全。堤防是洪水整治的主要措施。堤防破坏造成洪水泛滥的原因：一是由于堤防高度不足，洪水期水位漫堤而过，造成堤防“漫决”，形成灾害；二是在洪水期，虽然堤防高度满足要求，但由于河道内水位高，堤防经不起水流的浸泡，发生渗流破坏，若堤身断面不足更易发生渗流破坏，甚至堤身堤基崩溃，造成堤防“溃决”，形成灾害；三是大河主流或流速大的边流冲击堤防，由于堤身土体经不起水流的冲淘，坍塌后退，严重时塌透堤身，造成堤防“冲决”，形成灾害。

关于如何防止堤防的“漫决”及“溃决”问题，本章不予论述。要防止“冲决”就必须进行河道整治，稳定河势。洪水期时间短，河势主要受中水河势的制约，中水河槽是洪水的主要通道，同时洪水期水面宽阔，常常充满两岸堤防之间的全部河道，偎水堤线长，确定防守重点有一定的难度，并且每次洪水时沿堤流速大的部位也会发生变化，因此防止堤防“冲决”，主要靠对中水进行河道整治。

2. 中水整治

中水整治是为了形成一个比较稳定的中水河槽，中水河槽对洪水河槽及枯水河槽有直接的影响，有时是决定性的影响。中水河槽的水深大、糙率小，过流能力强，它是规定河道形态、对河流起决定作用的河槽。中水河槽是洪水的主要通道，洪水期间中水河槽的过流能力一般占全断面的 70%～90%。中水河势往往决定洪水期的河势，对洪水期的流向、流速分布影响很大，中水整治正是洪水期防止冲决、保证堤防安全所必需的。中水河槽水流的动能大，能力强，造床作用大；枯水时动能小，塑造河床的能力弱，枯水河床多在中水河床内变化，洪水过后，非汛期河势变化小也正是这种原因。因此，中水整治的作用是最大的。以防洪为目的的河道整治是以中水为整治对象的。

3. 枯水整治

枯水期较洪水期及中水期的时间长。一年内非汛期时间比汛期长，汛期中除中水、洪水外，还有下泄枯水流量的平水期。我国北方河流，一年内枯水的时间会更长。对于长期需要较好的枯水河槽的部门，如航运，就要求进行枯水整治。通过采用工程措施和水量调度等管理措施，维持一定的水深和航道宽度。通过河道整治的工程措施，稳定流路；裁去过分弯曲的弯道，防止凹岸坍塌；通过爆破或疏浚，清除碍航的浅滩或构筑物，增加水深，扩宽过窄的航道。

尽管枯水的时间长，由于其动量小，造床作用远低于中水，枯水河床受中水河床的制约。因此要维持一个较为稳定的枯水河槽，需要有一个较为稳定的中水河槽。中水河槽发生大的变化后，必定引起枯水河槽的相应变化。因此，对于河势变化较大的河流，首先应整治中水河槽，中水河槽相对稳定后，进行枯水整治才能取得较好的效果。

（三）黄河河道整治的目的及整治对象

1. 黄河河道整治以防洪为主要目的

黄河哺育了中华民族。但由于黄河是条多泥沙河流，河道淤积严重，汉朝已形成悬河，悬河防洪形势严峻；河势游荡多变，更易危及堤防安全。因此，历史上频繁决口成灾。有的还造成改道，悬河一旦决口，水流跌落，一泻千里，水沙俱下，造成河水泛滥，发生严重灾害。致使黄河灾害成为中国的心腹之患。

半个多世纪以来，黄河两岸及我国经济社会有了突飞猛进的发展。黄河堤防保护区内农业产量大幅度提高，工业发展迅速，铁路、公路交通四通八达，沿黄城市数量增多，规模增大。沿黄省、县在我国的经济生活中占有举足轻重的作用，黄河一旦决口将打乱我国的整个国民经济部署。经济社会发展决不允许黄河再发生决口改道。

黄河安危，事关大局。过去及今后一个相当长的时段内，黄河的河道整治应以除害为主、以防洪为主要目的。

黄河两岸大部分为缺水地区，天然降水不论从数量上还是从时间上都不能满足农作物生长的需求。需要引用黄河水予以补充。随着两岸工业及城市人口的增加，地下水已远不能满足供水要求，需要引用黄河水。但在天然河道情况下，引水困难且没有保证。为保证取水口河段的河势稳定，要求进行河道整治，以提高引水的保证率。黄河下游滩区居住着大量居民，通过河道整治，保护滩区人民的安全。因此，在整治过程中还要尽量考虑兴利方面的要求。

黄河安危与国家的发展与安定密切相关，防止堤防冲决主要靠河道整治。黄河是最复杂的河流，也是最难治的河流。整治河道需要巨额的投资。防洪是除害，涉及多个部门甚至是整个社会，单个兴利部门也无力承担河道整治的投资。因此，黄河进行的河道整治需要国家投资。

60 余年来，以防洪为主要目的进行了河道整治，还兼顾了灌溉供水要求、滩区居民安全要求，以及航运及桥渡安全的要求。今后黄河进行河道整治仍应以防洪为主要目的，并兼顾其他兴利部门的要求。

2. 黄河河道整治应以中水为整治对象

河道整治对象决定于整治目的。以防洪为主要目的的河道整治，其整治对象应为中水。由于还需要兼顾其他兴利部门的要求，在采取中水整治的措施时尚需考虑引水、滩区等方面的要求，但采取的措施不能影响排洪和稳定河势。在现阶段，防洪仍是黄河治理中的首要问题，整治对象必须定为中水，短期内难以按枯水整治。

二、河道整治组成

（一）河道横断面

黄河有的穿行于高山峡谷之间，有的在砂卵石河床上经过，有的流过冲积性河段。纵向上有的斗折蛇行，有的平顺向前。平面上有宽有窄，宽窄相间，形状多变。黄河下游是上陡下缓，上宽下窄，河势变化的速度是上快下慢，河势变化的范围是上大下小。河道宽度即两岸堤距宽者约 20km，窄者 0.5km 左右。由于黄河来水情况年际丰枯变化大，每年的最大流量相差悬殊，加上其他因素的影响，黄河下游上段河宽多在 10km 左右，中段多在 5km 左右，而下段多为 1～3km，也有在数十千米范围内河宽一般不超过 1km 的。

河道横断面由槽和滩组成，滩槽名称涵义如图 19-1 所示（胡一三等，2010）。枯水槽是枯水的通道，经常过水的地方。主槽，又称中水河槽，是洪水泥沙的主要通道，一级滩地（嫩滩）紧靠枯水槽，枯水槽和一级滩地合称主槽，它是一次洪水主流所通过的河床部分。河槽是指洪水期流速较大和在一个较长的时期内主槽变化所涵盖的部分，一般而言，河槽宽度大于主槽宽度，就某一段时间的河槽而言，它包括主槽、二滩或部分二滩。滩地通常指河道内水流一侧或两侧的中水或枯水时段未上水的部分，黄河下游滩地分为一级滩地（嫩滩）、二级滩地（二滩）和三级滩地（老滩、高滩）3 级，其中嫩滩高程低且经常变动，将其作为主槽的组成部分，本书所称滩地包括二级滩地和三级滩地，它是洪水和大洪水时才过水的河床部分。

黄河下游游荡性河段，大洪水时的主槽宽度一般 1.5km 左右，而主流在一个较长时段内的变化范围多为 3～5km，经过河道整治后，变化范围有所减小。图 19-1 为花园口断面 1957 年汛后的断面图，主槽宽大于 2km，河槽宽大于 5km，滩地宽大于 4km。图 19-2 为由游荡向弯曲转变的过渡性河段的于庄断面的横断面图，主槽河槽的宽度较游荡性河段的花园口断面小，但在一个较长的时段中，主槽的位置多次变化，河槽的范围仍较大。图 19-3

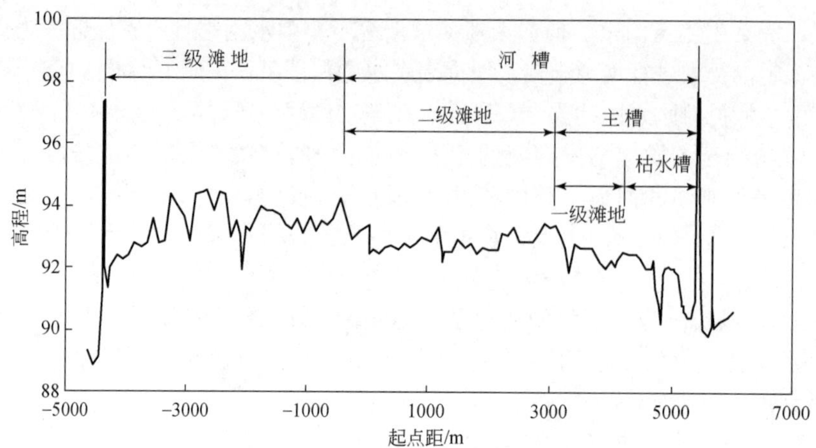

图 19-1 花园口断面 1957 年汛后断面图

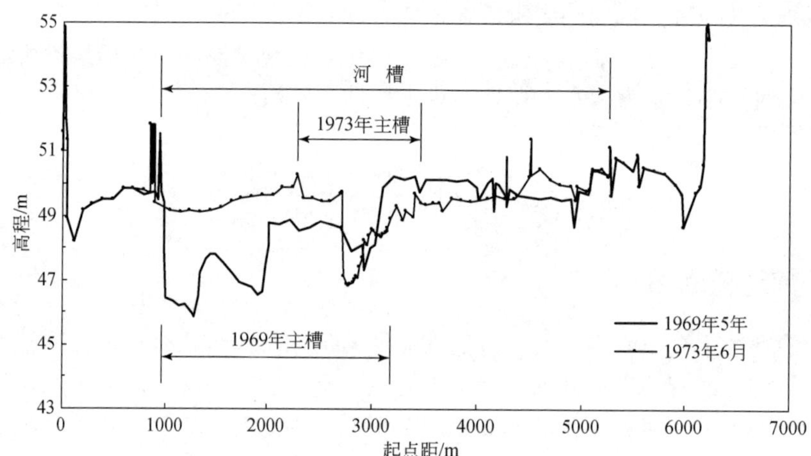

图 19-2 于庄断面 1969 年汛前、1973 年汛前断面图

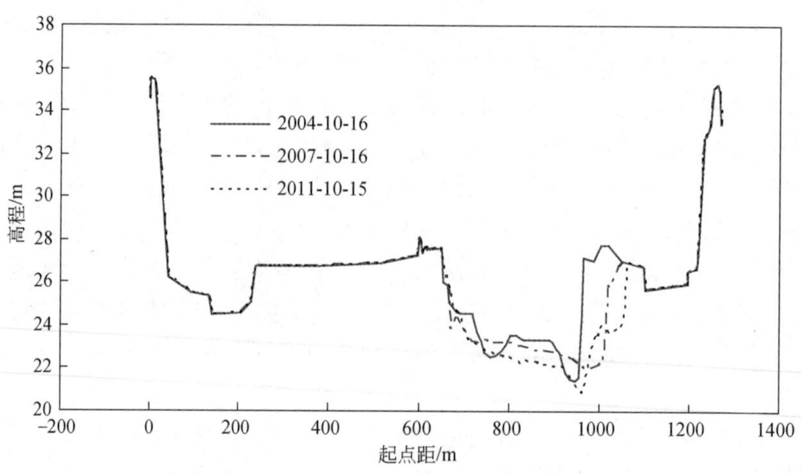

图 19-3 胡家岸断面 2004 年、2007 年、2011 年汛后断面图

为弯曲性河段胡家岸断面 2004 年、2007 年、2011 年汛后横断面图，该时段为小浪底水库运用后的河道冲刷期，从 2004～2011 年河底下切、主槽宽增大，但河槽宽度变化不大。

（二）河道整治内容

河槽尤其是主槽是枯水、中水都过流的地方，而滩地仅在大洪水及部分中等洪水时才漫滩过流。河槽采取的整治措施，对水流经常产生作用，而滩地采取的整治措施仅在漫滩洪水时才对水流产生影响。即河槽整治措施对水流的作用是经常的，而滩地采取的整治措施仅在短期内对水流产生作用。

河槽与滩地是相互影响的。河槽的变化将直接影响滩地，在河槽变化的过程中将会塌失滩地，但也会淤出新的滩地。河槽的变化是主动的，它直接影响滩地的变化；滩地对河槽也会产生一定的约束作用。滩地的情况不同，对河槽的影响也不同，稳定的滩地对河槽的变化有一定的制约作用。在一些特定情况下，滩地的变化会对河槽产生大的影响，甚至使部分滩地转化为河槽，如滩地上有多条通向堤河的串沟，漫滩洪水期间，当某条串沟过流集中、堤河低洼顺畅时，就可能造成串沟夺河，形成新的河槽，这部分滩地就转化为河槽。

1. 河槽整治

由于来水来沙处在不断的变化过程中，受其作用的河床也在发生相应的变化，变化是不可避免的。通过调节来水来沙条件可减少河床变化，但仍不能避免河床变化。河槽整治是通过采取河道整治工程措施来限制不利河势、促进河势向有利情况转化、稳定有利河势；形成有利河床边界后，通过修建河道整治工程增大对流量变化范围的适应能力，从而缩小河势的变化速度，减小河势尤其是主流的摆动范围，达到控制河势、稳定河势的目的。

2. 滩地整治

滩地整治采用的工程措施，仅在漫滩洪水期间对水流发生作用，非漫滩时一般情况下是不靠水的。滩地整治的作用不仅是在洪水期保证防洪安全，还可提高滩地对河槽水流的约束作用，尤其对多沙河流，更有利于维持一定的滩槽高差。

黄河是条多沙河流，洪水期的含沙量很高，洪水漫滩后，流速变缓，泥沙落淤，滩面淤高，一次大洪水滩地可淤高数十厘米，从而增加滩槽高差。滩地整治的工程措施要不妨碍洪水漫滩，保持洪水期的淤滩刷槽作用。

黄河下游在 20 世纪 80 年代和 90 年代大部分为枯水年，漫滩洪水少，滩地淤积慢，而河槽部分的淤积就造成滩槽高差减小，一些河段河槽平均高程反而高于滩地平均高程，即出现“二级悬河”的不利状况。因此滩地整治的工程措施，除堵截串沟、淤填堤河、在平工堤段修建防护坝工程外，还应在二级悬河严重的河段采取人工措施，淤填堤河及低洼滩面，以减缓滩面横比降，改善二级悬河的不利状态。“二级悬河”治理也是滩地整治的组成部分。

3. 整治安排

河槽整治与滩地整治都是不可或缺的。按照作用大小而言，河槽整治的作用大于滩地整治，因此，整治的重点应为河槽整治。几十年来修建的河道整治工程主要是河槽整治工程，当然这些工程也具有保护滩区的作用。过去黄河上进行的河道整治绝大部分为河槽整治，各种文献中所说的河道整治一般是对河槽整治而言的。黄河下游也进行了一些滩地整治，如 20 世纪 50 年代以来，在洪水到来之前采取的堵截串沟的措施，70 年代洪水期间在顺堤行洪严重堤段修建的防护坝，80 年代后在防洪工程建设中按设计修建的防护坝工程等。

在河道整治的过程中，应优先进行河槽整治，但也应结合河道整治的进展情况及防洪中的需要，安排必要的滩地整治工程。针对进入 21 世纪后黄河下游二级悬河已严重发展的情况，进行二级悬河治理，采取措施淤填堤河、淤高低洼滩地是非常必要的。

参 考 文 献

胡一三，李勇，张晓华. 2010. 主槽河槽议. 人民黄河，8：1-2

谢鉴衡，丁君松，王运辉. 1990. 河床演变与整治. 北京：水利电力出版社

第二十章　河道整治方案和整治原则

黄河下游在进行河道整治以前，水面宽阔，流势散乱，汊流众多，心滩、浅滩比比皆是，且经常发生变化，主流摆动的幅度大、速度快。河势的迅速演变，使黄河下游成为难以进行河道整治的河流。

黄河下游历史上堤防决口频繁，经常泛滥成灾。按照堤防决口原因将决口分为漫决、冲决、溃决 3 种。河势变化常常造成堤防抢险，尤其是在河势突变、形成“横河”时易于造成堤防冲决。为了防洪安全，并兼顾两岸工农业与生活用水、滩区群众安全与生产、交通航运的要求，从 20 世纪 50 年代初在易于整治的弯曲性河段开始试修控导护滩工程，取得了成功。20 世纪 50 年代在弯曲性河段进行了推广，60 年代后进一步推广至黄河下游，取得了控制河势及基本控制河势的效果。

一、河道整治方案

黄河下游的河道整治是以防洪为主要目的的河道整治。开始时并没有公认的整治方案，因此在河道整治的过程中，曾研究、实践过不同的整治方案（胡一三和张原锋，2006）。

（一）纵向控制方案

1960 年在黄河下游治理中提出了“采取‘纵向控制，束水攻沙’的治河方案。纵向控制主要是修建梯级枢纽，以抬高水位，保证灌溉引水，加速河床平衡。初步打算，在桃花峪以下修建花园口等 10 座枢纽工程。枢纽建成后，在坝下的自由河段采取‘以点定线，以线束水，以水攻沙’的办法，达到消灭或防止回水区淤积游荡，保证堤防安全和灌溉航运之利”。“打算在 8 年内……将下游河道最后达到治导线所规定的流向和宽度。”（1960～1962 年黄河下游河道治理规划实施意见）在黄河下游先后动工修建了花园口枢纽、位山枢纽、泺口枢纽和王旺庄枢纽，由于防洪及河道淤积问题，泺口枢纽和王旺庄枢纽中途停建，建成的花园口枢纽和位山枢纽也于 1963 年破坝。随着建成的花园口、位山 2 座枢纽的废除，纵向控制方案即告结束。

（二）平顺防护整治方案

游荡性河段，主溜[①]在河道内频繁摆动，河势难以控制，如中牟九堡—原阳大张庄河段。从图 20-1 示出的 1967～1991 年主流线套绘图看出，在九堡险工以下，1968 年、1969 年、1970 年、1975 年、1976 年主流走北河，1967 年、1974 年、1979 年、1980 年走中河，1987 年、1988 年、1989 年、1990 年、1991 年走南河。1967～1968 年由中河变为北河，1974 年变为中河，1975 年变为北河，1979 年后变为中河，继而向南河演变，1987～1991 年走南河，1992 年以后主流又向北演变，20 余年间水流在六七千米范围内摆动。

① 溜：在水道中流速大，可明显代表全部或部分水流动力轴线的流带。在一个水流横断面内可出现几股溜，其中最大的称为主溜，也叫大溜

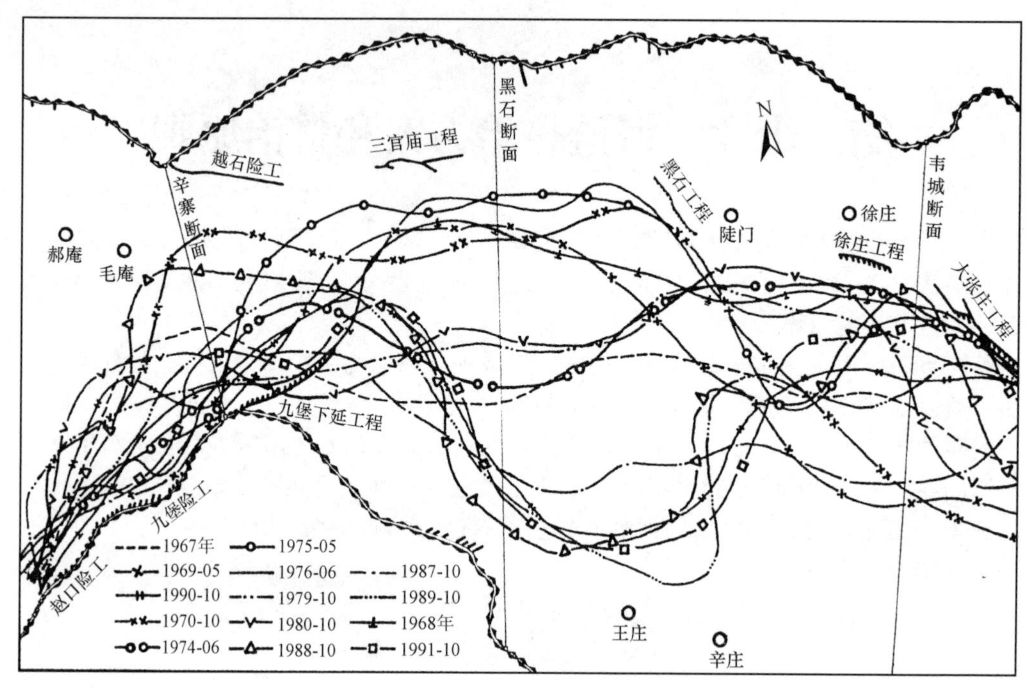

图 20-1　九堡—大张庄河段 1967～1991 年主流线套绘图

针对河势在大范围内频繁摆动的情况，有人提出采用平顺防护整治方案，即在两岸沿堤防或距对岸有足够宽度的滩岸上修建防护工程，把主流限制在两岸防护工程之间。20 世纪 80 年代曾对此方案进行了研究，认为该方案具有不缩窄河槽，不减少河槽的排洪滞洪能力，工程不突出等优点，但是水流并非顺工程而下，在河势演变的过程中，主流常会以斜向或横向冲向工程，与未经整治河段的险工受溜情况相近，且需要修建的工程长度会接近河道长度的 2 倍，工程长，耗资大，也难以改变被动抢险的状态。在黄河下游进行的河道整治中，没有采用平顺防护整治方案。

（三）卡口整治方案

在河道整治以前，黄河下游河道存在一些边界条件基本不变化的卡口。例如，郑州京广铁路桥，北岸为 1855 年以前的高滩，并有工程保护，南岸为邙山；花园口险工上段，南岸为险工，北岸为耐冲淘的盐店庄胶泥嘴；东坝头险工处，由于 1855 年铜瓦厢决口改道，堵口后造成的东岸堤防突入河中，西岸有西大坝保护；曹岗险工与对岸府君寺控导工程形成的卡口等。在天然河道中，河势演变具有向下游传播的特点。天然河道尤其是游荡性河段沿程河宽往往存在宽窄相间的外形。在宽河段，浅滩密布，水流散乱，支汊纵横，河势多变；在窄河段，沙洲较少，水流较为集中，主流摆动的幅度较小。为控制河势，有人提出卡口整治方案，即沿河道每隔一定距离，修建工程（如对口丁坝），形成窄的卡口，故也称对口丁坝方案。目的是借卡口控制流路，并以此来约束卡口之间的河势变化。但从黄河下游天然存在的卡口及工程形成的卡口看，均未能控制河势，举例如下。

1. *游荡性河段*

（1）花园口枢纽破口处

1963 年在花园口枢纽南端泄洪闸向北 2.2km 处以北破坝，口门宽 1300m，再留 0.2km

长的大坝，接原枢纽在洪水时才过流的宽 1404m 的溢洪道。在堤距约 10km 的河段内，仅有宽 2.7km 的河槽，是个很好的卡口。在 1963 年前后，主流过卡口后，呈东南方向，顶冲花园口险工，1964 年 9 月至 10 月，花园口险工的东大坝连续发生抢险，用石超过 1 万 m^3。而在 1967 年汛期，原枢纽以上河势南移，主流过卡口后，呈东北方向，造成原阳高滩东西坍塌长约 4km，南北坍塌宽 1～3km。图 20-2 为位于花园口枢纽以下的花园口断面 1963 年 11 月 9 日、1964 年 6 月 24 日、1967 年 10 月 22 日断面套绘图，可以看出大河主槽 1963 年 11 月在右岸，1964 年 6 月已经左移，至 1967 年 10 月再度大幅度左移；主槽深泓点 1967 年 11 月较 1963 年 11 月左移了约 4km。

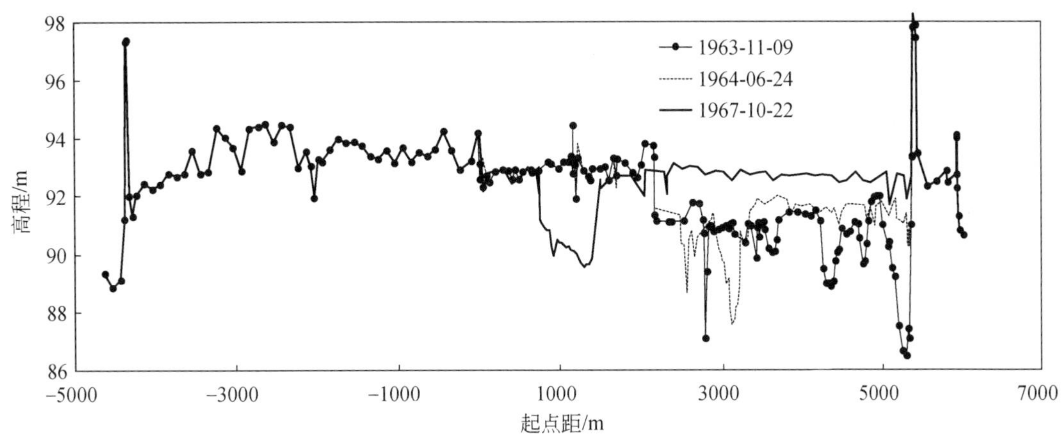

图 20-2　花园口断面 1963 年、1964 年、1967 年断面套绘图

（2）曹岗险工至府君寺控导工程

曹岗险工至府君寺控导最窄处仅 2.4km，在堤距 10km 宽的河段已形成较窄的卡口，府君寺虽为控导工程，由于其背靠 1855 年铜瓦厢决口改道后形成的高滩，大中小水全从卡口处流过。随着卡口以上河势的变化，卡口以下河势变化也是很大的。图 20-3 为卡口以下约 7km 的常堤断面 1963 年 5 月 10 日、1964 年 10 月 23 日、1966 年 4 月 25 日的断面套绘图，常堤断面左右岸均为 1855 年高滩，主槽在两岸高滩内变化。1963 年 5 月 10 日主槽靠左岸；至 1964 年 10 月 23 日，主槽移到右岸，深泓点右移约 3.4km；至 1966 年 4 月 25 日主槽向左岸移动，深泓点左移约 1.5km。20 世纪 70 年代后期，主溜过曹岗以后走南河，主流顶冲南岸（右岸）滩地，造成严重塌滩，修建了欧坦控导工程。在未修曹岗控导工程以前，该卡口以下有时走北河，有时走中河，有时走南河。

（3）东坝头险工与西大坝之间

该险工处也属宽河段内的一处卡口。在此处大河由东西流向转为南北流向。当东坝头险工以上为南河时，东坝头险工以下为西河；以上为北河时，以下为东河；以上为中河时，以下多为中河。

2. 过渡性河段

鄄城苏泗庄河段，两岸堤距 6～8km。在苏泗庄险工对岸原有一处耐冲的聂堌堆胶泥嘴，胶泥嘴与苏泗庄险工之间不足 1km，是一处很窄的卡口。中等洪水及一般流量时，水流均

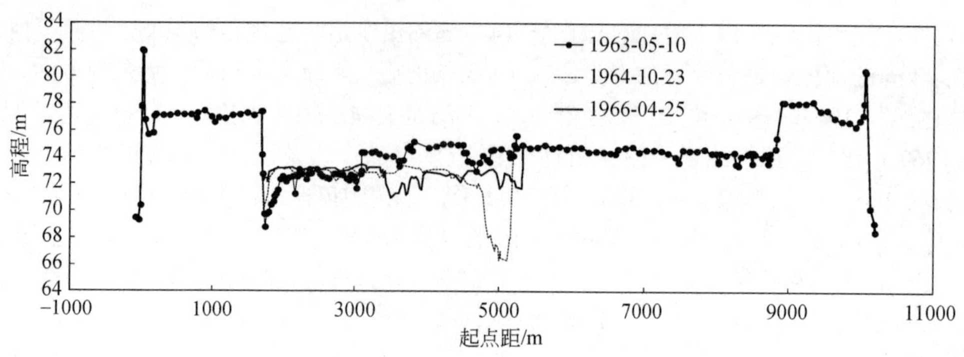

图 20-3 常堤断面 1963 年、1964 年、1966 年断面套绘图

从卡口处穿过，只有在较大洪水时，胶泥嘴与左岸大堤之间的广阔滩地才漫水过流。而该卡口以下是著名的密城湾。在没有进行河道整治时，该处是河势变化最大的弯道之一（图 20-4），20 世纪 70 年代以前，由于河势变化，密城湾内曾有 28 个村庄塌入河中。以后修建龙长治和马张庄控导工程之后，河势才趋于稳定。

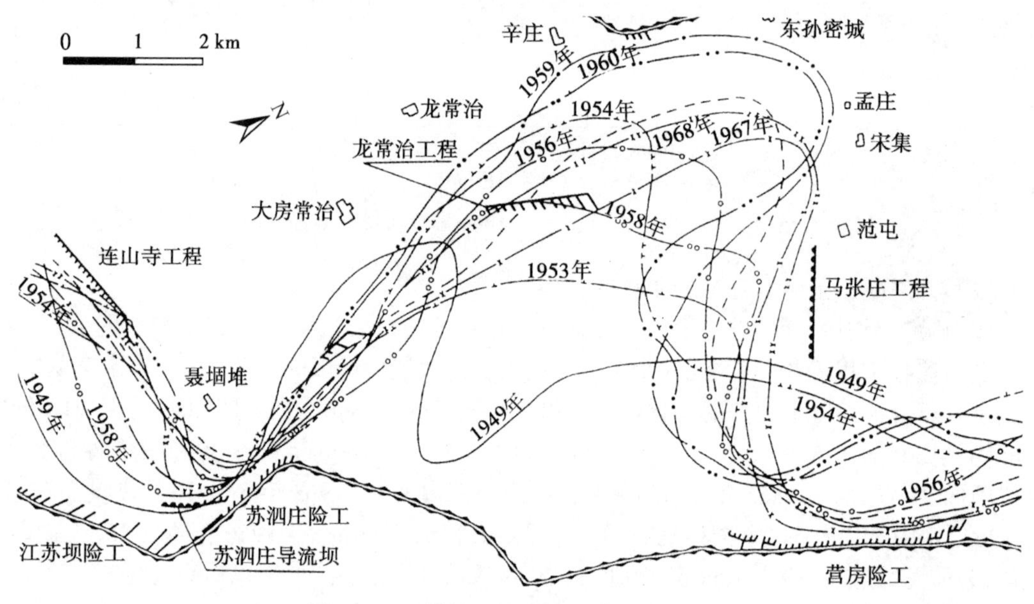

图 20-4 河道整治前密城湾主流线套绘图

3. 弯曲性河段

弯曲性河段堤距窄、河床组成黏粒含量大，是黄河下游河势变化小的河段。济阳小街至惠民簸箕李河段，堤距 2～4km，一般 3km 左右；对岸邹平境内 19 世纪 80 年代修建了梯子坝，坝身（险工标准）长约 1.6km，坝头与对岸堤防间的最小距离约 1.2km，成为该河段的一个卡口。在梯子坝坝头段靠溜时，尚能掩护以下滩地，送溜至簸箕李险工。由于上游来流情况的变化，梯子坝失去控制河势的作用，梯子坝以下滩地大量坍塌，簸箕李险工有脱河的危险，不得不于 1967 年在梯子坝以下修建官道控导工程，经续建后长达 2250m，才稳定了簸箕李险工及其以下河段的河势。

要使卡口整治方案能够控制河势，必须使卡口宽度很窄、间距足够小。而以防洪为主要目的修建的河道整治工程，必须留有足够宽的排洪河槽宽度。在游荡性河段排洪河槽宽度应不小于 2.5～2.0km，在此范围内还可能形成不利的“横河”，难于控制河势。当卡口间距足够小时，不仅工程量很大，而且会造成严重的阻水壅水，给防洪造成不利影响。卡口整治方案不适合于黄河下游。

（四）麻花型（∞型）整治方案

麻花型（∞型）整治方案是出于这样的认识：在孟津白鹤镇至兰考东坝头游荡性河段中，河道虽具有宽、浅、乱和变化无常的特点，但就流路而言，仍具有一定的规律性。一些河段多年主流线可概化为两条基本流路（图 20-5），少数河段可概化为 3 条基本流路，每条基本流路都具有弯直相间的形态。两条基本流路的关系是两弯弯顶大致相对，在平面形态上犹如麻花一样交织。由此设想按两条基本流路控制（徐福龄，1986），即按照两种基本流路修建工程控制河势。这样可使游荡范围缩小，以利防洪，将来根据上中游水沙条件的变化，最后选定其中一条流路作为整治流路，以达整治目的。这一设想不无道理。在天然状态下，游荡性河道主流摆动、变化范围大，其间难免在两岸遇到不同类型的边界条件，在不同水流条件时对主流摆动均有限制作用，有的还具有挑流功能，挑流处河窄水深，溜势常能稳定一段时间。河势演变具有一弯变，多弯变的特点，易形成一种流路。当位于另一位置具有挑溜功能的边界条件靠溜后，其下又易出现另一种河势流路，在有两种控制溜势功能较强的边界条件存在时，两条基本流路也就伴随存在。所以按照这一方案整治河道，符合特定条件下的河势演变规律，会取得缩小游荡范围的整治效果。最后根据来水来沙变化，主攻一条流路以达整治目的。

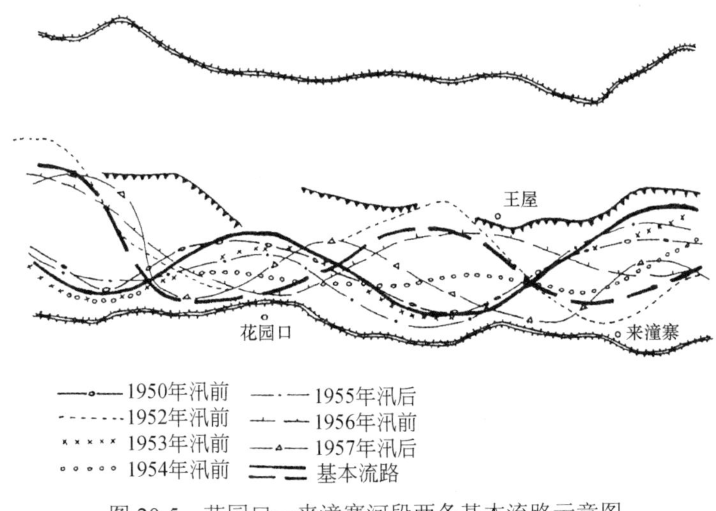

图 20-5　花园口—来潼寨河段两条基本流路示意图

不难看出，麻花型（∞型）整治方案是将游荡性河道整治按两步走方式进行。第一步先以缩小游荡范围为目标控制两条基本流路，第二步按一条基本流路加强整治，达到控制河势的目的。麻花型整治方案是按照未进行河道整治或整治初期条件下提出的。该整治方案符合河势演变规律，按此整治可以达到控制河势的目的。该方案存在的问题是，两套工程长度比微弯型整治方案大。另外，在两种流路工程完成后，由一种流路转到另一种流路的变化过程中，可能会出现一些威胁已建工程安全的临时河势，也需被迫修工防护，这样两岸工程总长度可能达到河道长度的180%以上，因此，这种整治方案需要修建的工程长、投资多。由于按两套整治方案需要修建的工程长度大，在布置工程时，如何留有足够的排洪河槽宽度也会成为不易解决的问题。

（五）微弯型整治方案

关于河型，其分类的方法很多。钱宁、张仁等学者把河型分为四类，即游荡、分汊、弯曲、顺直四类。武汉水利电力大学将河型分成游荡、分汊、顺直微弯、蜿蜒四类。蜿蜒与弯曲实指一类河型。弯曲性河道的弯曲系数（s）相差甚大，如长江下荆江河段的弯曲系数 s 为 2.83，而黄河下游陶城铺以下的弯曲性河段 s 仅为 1.21。我们试图把弯曲性河型分为两个亚类，把弯曲系数 s 大的河道称为蜿蜒型，如长江下荆江河段；把弯曲系数 s 较小（如 s 为 1.1～1.4）的河道称为微弯型，如黄河下游的弯曲性河道。

弯曲性河段及过渡性河段主流的弯曲特性明显。在游荡性河段，天然情况下，其外形总的趋势是顺直的，河道内汊流交织，沙洲众多，主溜摆动频繁，河势极不稳定。但就一个河段而言，主溜线又是弯曲的。主溜线呈弯曲形状，在两弯道之间又有大致顺直的过渡段，主溜及支汊均为曲直相间的形态。

图 20-6 是游荡性河段东明辛店集上下 1964 年的河势图，由图看出，两岸堤防间河道外形顺直，平面形态是河道宽、沙洲多、水流分散，但在顺直的走向中主溜存在 4 个微弯，且具有曲直相间的特点。

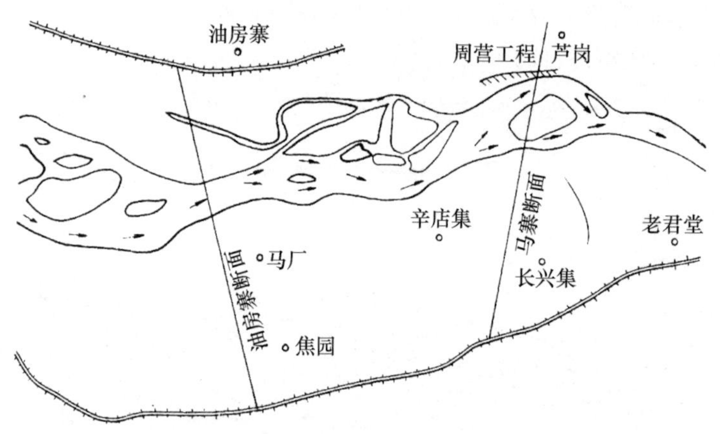

图 20-6　东明辛店集河段 1964 年河势图

图 20-7 是游荡性河段花园口—杨桥 1959 年 11 月 22 日的实测河势图，当日花园口流量 Q=724m^3/s。由图看出，在花园口（图中的核桃园）险工以下，主溜基本在大河中偏南部分流向杨桥，在约 25km 的河段内，从宏观上看水流散乱，河道外形较为顺直，但细看主流线的平面位置，可以看出，在 CS36～CS40 断面（右岸）、CS44～CS46 断面（左岸）、CS55 断面上下（右岸）、CS57～CS58 断面（左岸）、CS59 断面（右岸）、CS62～CS63 断面（左岸）连续出了 6 个小弯道，从总体看，在此 25km 范围中，主流线的形状同样是曲直相间的形式。

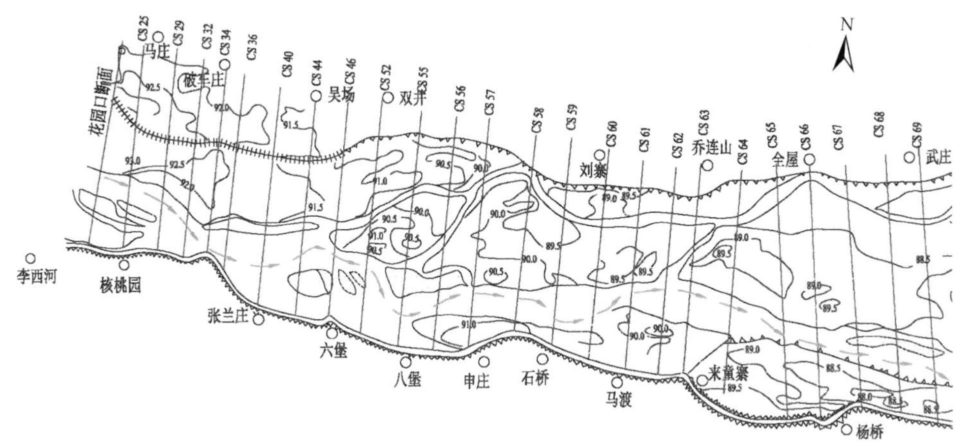

图 20-7　花园口—杨桥 1959 年 11 月 22 日实测河势图

不仅在弯曲性河段及过渡性河段主流线具有弯曲的外形；而且在游荡性河段的河势演变过程中，主溜线也具有弯曲的外形，并为曲直相间的形式，只是主溜线的位置及弯曲的状况经常变化而已。主溜线的外形具有弯曲性河段主溜线的特点，河势变化还具有弯曲性河道的一些演变规律。在河道整治的过程中，利用这些特点，通过修建河道整治工程，限制、控导主溜线的变化，以达缩小游荡范围、稳定河势的目的。黄河下游在 20 世纪 80 年代前半期就明确提出，按微弯型方案进行河道整治。

微弯型整治是通过河势演变分析，归纳出几条基本流路，进而选择一条中水流路作为整治流路，该中水流路与洪水、枯水流路相近，能充分利用已有工程，通过河道整治对防洪、引水、护滩的综合效果最优（胡一三，1986）。图 20-8 为花园口—来潼寨河段大、中、小水流路与中水规划整治流路比较图。由图 20-5、图 20-8 看出，河道整治规划时选择了由花园口—双井—马渡的基本流路，该流路与洪水流路、枯水流路相近，利用了已有的花园口及马渡险工，同时有利于引水及滩区安全。按照微弯型整治方案，仅在弯道凹岸及部分直线段修建整治工程。

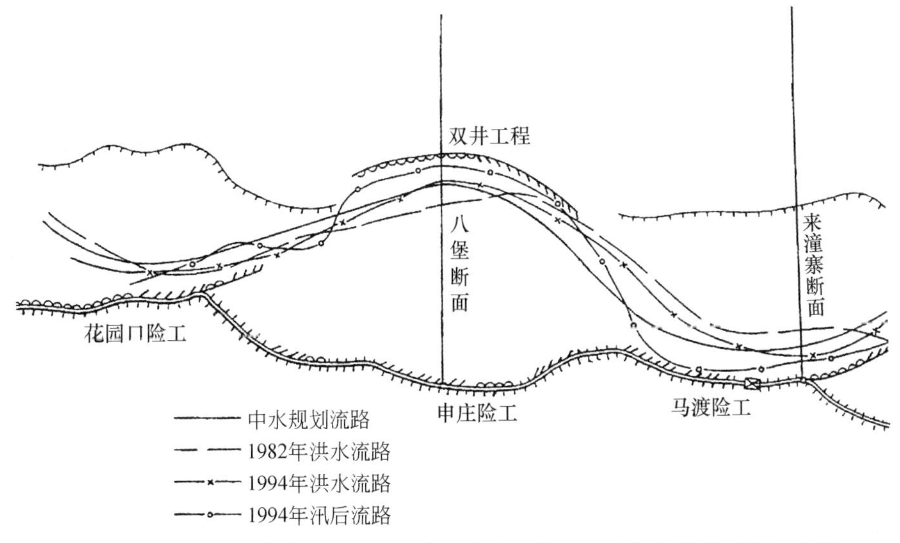

图 20-8　花园口—来潼寨河段大、中、小水流路与中水规划整治流路比较图

图 20-9 为游荡性河段长垣马寨断面河道整治前的断面套绘图。马寨断面宽度超过15km，左岸为长垣滩，右岸为东明滩，两岸滩地均很宽，石头庄水位站就位于该断面。在河道整治之前，主槽的变化范围宽达 5km。1961 年 11 月 29 日主槽靠左岸“杨坝”（周营控导工程 1 号坝）；1962 年 10 月 24 日主槽右移，深泓点右移约 2.8km；1963 年后河势变化很大，1968 年 10 月 12 日水流分为 3 股，深泓点又较 1962 年深泓点靠右约 1.6km；1969 年后又向左移。可以看出河势变化是很大的。

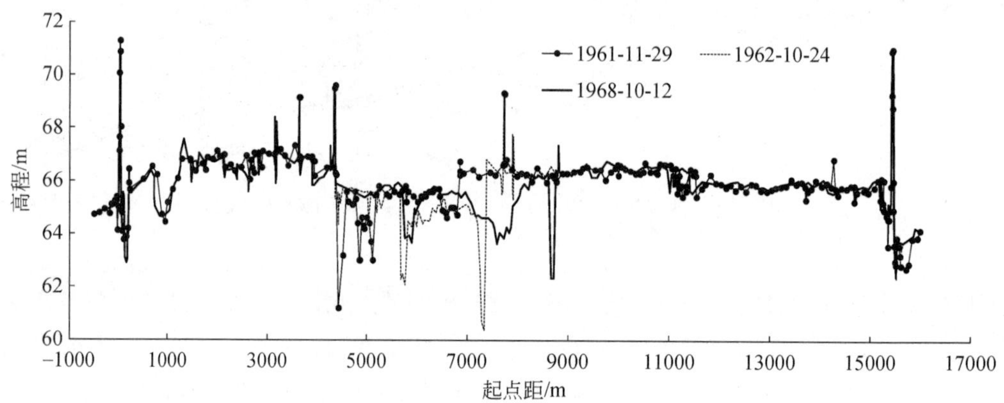

图 20-9　长垣马寨断面 1961 年、1962 年、1968 年断面套绘图

20 世纪 60 年代后半期开始，东坝头至高村的游荡性河段，按照微弯型整治方案陆续修建一些河道整治工程，至 1978 年完成了工程布点，以后又经续建完善，大大缩小了游荡范围，现已初步控制了河势。图 20-10 示出了马寨断面 90 年代的断面套绘图，左岸最低处为天然文岩渠，起点距 4332 最高处为“杨坝”坝顶。由图看出，按照微弯型方案进行河道整治后，河势得到初步控制。1995～1999 年主槽均紧靠“杨坝”，查勘时坝前主槽宽度仅约为 0.6km，深泓点也在此范围内变化。主槽右岸滩唇处 1995 年比 1997 年和 1999 年低，是 1996 年洪水期淤积形成的。

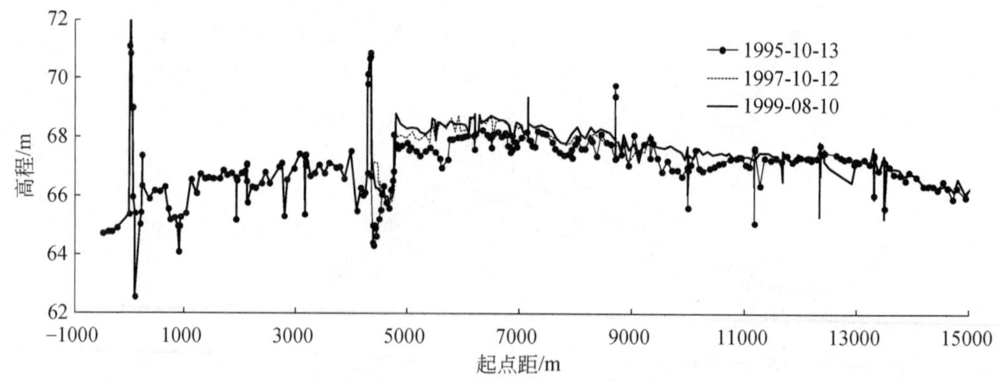

图 20-10　长垣马寨断面 1995 年、1997 年、1999 年断面套绘图

（六）采用的整治方案

为了黄河防洪安全，需要进行河道整治。由于黄河是一条难以进行河道整治的河流，

国内外没有成套的整治经验可供借鉴，只能采取分析研究、试点总结、不断提高的办法进行。

1950年在易于整治的泺口以下的弯曲性河段开始试修河道整治工程，20世纪50年代通过在弯道修建控导工程的办法，取得了初步控制主溜的明显效果，在防洪保安全中发挥了重要作用。1960年提出了在黄河下游治理中采取“纵向控制，束水攻沙”的治河方案，由于在平原河道修建多级枢纽，不符合平原多沙河流的特点，在方案的实施过程中，即暴露出一些影响防洪安全的突出问题，已修建的枢纽被破除，纵向控制方案即告结束。根据黄河主流摆动频繁、河势难以控制的特点，提出在两岸采取平顺防护整治方案，由于需要修建的工程长度接近河道长度的两倍，且仍存在“横河”顶冲、威胁堤防安全的情况，故未被采用。在河道整治前与整治初期，人们发现天然卡口、人工卡口具有限制河势摆动范围的作用，提出了卡口整治方案，但卡口仅能限制局部河段的摆动范围，缺乏控制水流流向和稳定河势的能力，卡口窄时，工程阻水对防洪不利，卡口密度大时将增加投资，根据黄河下游河床组成等情况并经过对已有卡口对控制河势的作用分析，得出卡口整治方案不适合黄河下游的实际情况。麻花型整治方案，是按照河势演变规律提出来的，修建工程后可以控制河势，鉴于其需要修建的工程长而未被采用。微弯型整治方案是按照水流运动特点和河势演变规律提出、并经逐步总结整治经验而形成的。按照微弯型整治方案，1965～1974年集中对过渡性河段进行整治，取得了基本控制河势的效果；20世纪60年代后半期以后在游荡性河段修建了大量的控导工程，初步控制了部分河段的河势。该方案可以控制黄河下游不同河段的河势，需要修建的河道整治工程短，投资省，在弯曲性河段、过渡性河段及游荡性河段均取得了控制河势的效果。经综合研究，黄河下游河道整治采用了微弯型整治方案。总结已有的整治经验，在按规划进行治理时，两岸工程的合计长度达到河道长度的90%左右时，一般可以初步控制河势。黄河下游和上中游的河道整治实践已经表明，该方案符合黄河实际情况，是黄河河道整治的好方案。

二、河道整治原则

河道整治原则是整治河道的准则。河道整治原则的制定受社会经济条件、河道自身特点、人们对河势演变规律的认识、国民经济各部门对河道整治的要求等因素的影响。黄河下游险工修建较早，有的已有300多年的历史。中华人民共和国成立后曾多次制定整治规划，均涉及河道整治原则，但河道整治原则不一定单独提出，有时反映在总体要求、指导思想、目标或任务中。分析黄河下游河道整治原则的变化看出，不同时期提出的整治目标和原则往往偏高，经过实践，不断总结经验教训，目标和原则有所降低。但黄河河道整治主要为防洪服务这一最基本的原则始终未变，反映了黄河河道整治的目的一直是相当明确的。进入20世纪60年代以后，河道整治的原则在不断地修改、补充、完善。

（一）20世纪60年代初期提出的河道整治原则

1960年4月黄委在河南新乡庙宫召开的河道整治现场会议上制订了河道整治规划，提出了黄河下游河道整治原则。按照规划大张旗鼓地修建了一些控导护滩工程，由于工程结构简单、抢险料物不足、又加上三门峡水库下泄清水等原因，大部分工程被冲垮，河道整治也由此处于停滞状态。

庙宫会议提出的整治原则是：纵向控制与束水攻沙并举，纵横结合，堤（堤，此处指生产堤）坝并举，泥柳并用，泥坝为主，柳工为辅，控制主溜，淤滩刷槽。这一原则前半部分即“纵向控制与束水攻沙并举，纵横结合，堤坝并举”是指三门峡等水利枢纽建成运用后，河道整治的指导思想和原则。但是三门峡水利枢纽建成运用后出了一些问题，致使河道整治设想的前提条件丧失，整治原则也就失去了意义。但是1958年汛后开始修建的生产堤发展很快，20世纪60年代和70年代一直未能破除，这样就束窄了河槽，影响了滩地淤积，直至90年代才较为彻底地破除，但以后又修起了生产堤。自60年代后期以来，修建的河道整治工程较多，但有时把在一个弯道内单侧修建工程的河道整治错误地与堤坝并举联系在一起，以致影响了河道整治的发展。

对于20世纪60年代初的河道整治问题，多只注重教训一面，忽略经验一面。从技术角度考虑，“控制主溜、淤滩刷槽”作为原则是首次提出，“泥柳并用”以及一些科技人员关于河势演变及整治技术等的研究成果都对后来的河道整治产生了积极的影响（刘贵芝，1994）。

（二）20世纪60年代后半期提出的河道整治原则

在三门峡水库下泄清水期间，黄河下游发生强烈冲刷，有的河段下切，有的河段展宽，大部分河段下切、展宽皆有，平面上河势变化迅速，尤其是游荡性河段河势演变空前剧烈，滩地后退，河槽展宽，大险不断，严重威胁堤防安全。在这种情况下，滩不定，则槽不稳；槽不稳，则河势不定；河势不定，则险工溜势多变，防守被动。由此，导致了60年代后半期河道整治的迅速开展。

20世纪60年代后半期开始，重点对高村—陶城铺过渡性河段进行了河道整治，同时也在游荡性河段修建了部分河道整治工程。1968年在黄委组织的汛末河势查勘时，经两岸协商一致绘制了河道整治规划治导线。当时采用的河道整治原则为：上下游、左右岸统筹兼顾，全面规划；因势利导，以坝护弯，以弯导溜；控导主溜，稳定险工（河势）；因地制宜，就地取材；有利于防洪，有利于引黄，有利于滩区群众生产生活，有利于航运。

“上下游，左右岸，统筹兼顾，全面规划”是当时治河工作者的一致呼声。东坝头—陶城铺河段左岸属于河南、右岸属于山东，历来水事纠纷较多，总结经验教训，只有上下游，左右岸，统筹兼顾，全面规划，通力协作，按规划设计修建河道整治工程，才能取得良好的整治效果。这一原则的重要意义，在于确保了河道整治顺利开展。

“因势利导，以坝护弯，以弯导溜”是规划工程布局的原则。“因势利导”在当时仍是狭义性的，即根据主溜的发展趋势加以引导。引导的方法是“以坝护弯，以弯导溜”。1965年春，山东河务局召开河道整治与整险经验交流会，会上总结了陶城铺以下河道整治典型弯道的平面布局，剖析了陶城铺以上较为普遍存在的“以坝挑溜”所带来的问题，提出了著名的“短坝头，小裆距，以坝护弯，以弯导溜”的论点，并获得了公认，列入整治原则，至今仍在遵循。

“控导主溜，稳定险工（河势）”。“控导主溜”是河道整治的灵魂，控导了主溜，也就控制了河势，达到了河道整治的目的。“稳定险工（河势）”则是为了防洪安全，使靠河的险工不脱河，进而稳定一个河段的河势。为了稳定险工，还需要在滩区的适当部位修建控导工程。

“因地制宜，就地取材”是指河工建筑材料应根据当地实际情况来选取。当时，柳石是最为经济的材料。柳料料源丰富，就近可取，石料通过改善运输条件也能获得，运价均不昂贵。另外柳石料施工机具简单，便于普通工人操作，优越性显著。

“有利于防洪，有利于引黄，有利于滩区群众生产生活，有利于航运”是指社会效益。防洪安全是河道整治的主要目的。引黄灌溉在当时是迫切需要而又十分困难的一项工作，因河势变化大，引水口不固定，致使黄河水“可引不可靠”，沿黄群众强烈要求在整治河道时兼顾引黄需要。塌滩掉村在20世纪60年代相当普遍，严重威胁滩区人民的生产及安全，群众迫切要求保村护滩。河道整治工程的修建与抢险都需要大量的石料，因此有利于航运主要出于运石的要求。

由此看出，20世纪60年代后半期所遵循的整治原则具有很强的时代背景，既有对过去河道整治实践经验的总结，又有防洪等多方面的社会要求，同时还考虑了当时的客观条件，是比较切合实际的。

（三）20世纪70年代初期提出的河道整治原则

20世纪70年代初期提出的河道整治原则是：以防洪防凌为前提，因势利导，控导主溜，护滩定槽，有利于涵闸引水、滩区农业生产和航运。高村以上河道本着宽床定槽、控导护滩与滩面治理相结合，重点控制与一般防护相结合的原则，首先修筑控导工程，然后因势利导，因弯设工（程），以规顺流路，稳定险工，防止主溜发生大的变化。

20世纪60年代后半期黄河下游河道整治蓬勃进行，修建了大量的控导护滩工程，部分险工也得到了改造，成果显著。高村—陶城铺重点整治河段，河势得到了基本控制，高村以上的游荡性河段修建了部分控导工程，改善了河势，在护滩保堤，引黄淤灌等方面均发挥了大的作用。为使河道整治沿着正确的方向开展，黄委于1972年10月9日至11月10日召开了黄河下游河道整治会议，山东、河南两省河务局和所属各修防处负责人、工程技术人员以及清华大学水利系等单位参加，查勘了全下游河道，交流了经验，制定了整治原则，并通过了河道整治规划。

“以防洪防凌为前提，因势利导，控导主溜，护滩定槽，有利于涵闸引水，滩区农业生产和航运”是普遍性的原则，适用于各个河段。这是在总结陶城铺以下弯曲性河段和高村至陶城铺过渡性河段的河道整治经验后制定的。

在高村以下河段河势得到基本控制后，河道整治的重点就转移到高村以上的游荡性河段。游荡性河段河槽宽浅，溜势散乱，河势演变十分复杂，相应整治难度远大于高村以下河段。

“宽床定槽、控导护滩与滩面治理相结合，重点控制与一般防护相结合”均是由当时河道特点及工程状况决定的。由于游荡性河道自身特点是宽浅，通过整治只能使主槽相对稳定，但不能改变宽浅的性质而变成窄深河道。在上游来水来沙条件特别是泥沙颗粒组成条件没有发生大的改变之前，宽床将是必然的。滩槽高差加大有利于主槽稳定，亦有利于控导工程发挥迎溜送溜作用。基于当时河床宽浅散乱，低滩面积大，滩槽高差小的具体情况，提出控导护滩与滩面治理相结合。据此东明县修防段在王夹堤工程背后曾植柳橛淤滩，取得了较好效果。但在实践中发现，滩面治理面积大，管理难，产权无政策配套，因此滩面治理一直没有普遍开展。重点防护与一般防护相结合这在整治初期是必要的。对在防洪安全中起重要作用的工程及在河道整治规划布局中起关键作用的工程都需要作为重点，优先修筑并加强防护。由于控导河势的能力差，一些临时性的河势常会直接或间接造成危害，塌滩掉村，威胁堤防安全，故需要修建一定数量的一般防护工程，待河势发生变化后可不再利用。由于70年代河道整治发展较快，工程修的较多，河势得到了初步改善，一般防护工程修建的越来越少，所以这一原则随之消失。

（四）20世纪80年代中期提出的河道整治原则

20世纪80年代河道整治进展速度较慢。黄河下游第三次大修堤于1985年结束。为了进行黄河下游防洪工程建设，80年代中期编制了《黄河下游第四期堤防加固河道整治设计任务书》。在分析游荡性河道整治工程状况，总结经验教训的基础上，在《黄河下游第四期堤防加固河道整治设计任务书》中提出的河道整治目标是“以防洪为主，规顺中水河槽，控制主溜，减少游荡范围。达到护滩保堤，防止新险，兼顾引水航运的目的。”整治原则是：“全面规划，统筹兼顾；因势利导，重点整治；充分利用已有工程及天然节点；因地制宜，就地取材。”显然，这些目标和原则是吸取了60年代和70年代过渡性河段的整治经验并结合80年代河势状况提出的。按照整治原则在全面规划的基础上提出重点整治河段，安排重点控制工程，以发挥控制河势的作用。在投资有限、布点工程较少的条件下，突出重点工程是必需的。因地制宜，就地取材是历年整治河道的一贯原则。自70年代初开始，为减少抢险，争取防守主动，开展了一系列新结构试验，这些试验在开拓思路，推广运用新材料方面起到了积极的作用，但在节约投资、防守安全方面还存在一定的问题。因此强调因地制宜，就地取材，发挥当地材料优势，以节约投资。

（五）20世纪90年代初期提出的河道整治原则

20世纪90年代初期提出的河道整治的指导思想和原则具体反映在《黄河下游防洪工程近期建设可行性研究报告》中，报告指出：“现阶段，黄河下游河道整治的指导思想是：进一步强化河床边界条件，规顺中水河槽，缩小游荡范围，逐步控导主溜，控制河势，减少对防洪威胁较大的‘横河’、‘斜河’和‘滚河’，达到护滩保堤的目的”。“整治应遵循的原则是：防洪为主，全面规划，重点治理，统筹兼顾，团结治水，充分利用现有工程，因势利导。”

20世纪70年代和80年代在河道整治研究及讨论中，都提出过通过强化河道边界条件来整治河道，90年代作为指导思想写入报告，反映对这一问题的共识。明确提出通过河道整治减少“横河”“斜河”和“滚河”，增加了河道整治为防洪服务的内涵，且具体化。在整治原则中根据黄河治理投资力度小的情况，继续强调重点治理。这里的重点治理已与过去的重点整治有很大的区别。过去工程少，整治任务大，重点整治仅局限在个别重点工程上，或局限在二三处工程配合的河段上。这里提出的重点治理是特指郑州铁路桥至高村的游荡性河段。这就使河道整治与重点防洪堤段保持一致，河道整治在防洪中的作用更加明显。

（六）20世纪90年代后半期提出的河道整治原则

20世纪90年代前半期，在“八五”国家重点科技攻关中，对黄河下游河道整治进行了专题研究。为保证防洪安全，充分发挥河道整治工程控导河势的作用，在总结吸收不同时期河道整治经验的基础上，结合水沙条件及河道状况，经分析研究提出的河道整治原则（胡一三等，1998）如次。

1. 防洪为主，统筹兼顾

河道整治具有显著的社会效益、经济效益和环境效益。为此国民经济各部门对河道整治寄予很高的期望。沿黄广大平原地区要求黄河永保安全，以利深化改革，发展经济；黄河有大量的水沙资源，希望能够通过可靠的引水口引向背河，保持或扩大引黄灌溉面积，提高农业生产产值；黄河滩区希望有一条稳定的流路，使高滩不再坍塌，村庄不再掉河，进而希望低滩能很快淤高开发，增加耕地面积；交通部门要求河道稳定，加大水深，发展航运，各类桥梁运行安全等。所有这些要求都是合理的。要满足这些要求必须具备两个基本条件：一是对河床演变规律不仅在宏观上、并且在微观上必须有全面深刻的认识，才能采取经济合理的有效整治措施。二是根据黄河特点及现有的整治经验与技术，需要进行巨大的投入，才能保证河道长期处于优良状态。显然，以上两个条件目前都不具备。

正确处理国民经济各部门对河道整治的要求，根据过去的整治实践，只能是以防洪为主，通盘考虑，兼顾引水、护滩、交通等部门的要求。防洪问题解决了，其他问题相对也容易基本得到解决。

河道整治满足防洪要求主要体现在河道整治工程能有效地控制主溜。主溜得到控制后，主槽会保持相对稳定，河道在平面上大幅度的左右摆动现象会显著降低，所谓“横河”等畸形河势也会显著减少或杜绝出现，主溜直接顶冲大堤造成决口成灾的现象就会消除。1978年东明县老君堂工程下首过短，河势下滑，主溜以横河顶冲形式直冲黄寨险工以上平工堤段，大有破堤决口之势，被迫抢修15道丁坝。以后对老君堂工程逐步下延接长，控导主溜至对岸榆林工程，堤防安全问题方得以完全解决，这反映了河道整治在防洪方面的巨大作用。黄河下游游荡性河道河势演变十分复杂，有许多问题至今还没有认识清楚，但是通过多年的整治实践，在宏观上的一些基本规律已经掌握，整治措施中的一些关键技术问题已经解决，为满足防洪要求对主溜能够进行有效的控制。因此，河道整治以防洪为主是可以实现的一项基本原则。

河道整治满足防洪要求后，主溜受到了有效控制，但由于上游来水来沙影响，主溜仍会发生左右摆动现象，整治工程的靠河部位会上提下挫，当然这种左右摆动和上提下挫都是在一定范围内进行的，幅度有限。因此涵闸引水条件、滩地村庄及桥梁安全等都得到了一定的保障。河道整治除满足防洪要求外，充分考虑其他方面的要求，也是可以做到的。

基于黄河的特殊性，在统筹兼顾时，还应特别注意保持宽河道滩地的滞洪沉沙特性，尽量不增加下游窄河道的淤积，以利于全河的防洪安全和河道稳定。

2. 中水整治，洪枯兼顾

中水整治是古今中外许多著名水利专家的一贯主张。德国恩格斯教授（在20世纪30年代）及我国著名水利专家李仪祉先生经过实体模型试验和精心研究，均主张采用工程措施固定中水河槽。黄河下游河道整治无论哪个河段均是按中水整治的，实践表明，按中水进行河道整治不仅能够控制中常洪水溜势，而且对枯水特别是对洪水溜势控制也有积极的意义。因此，进行中水整治的原则必须继续坚持不变。

黄河是一条多沙河流，以善淤、善决、善徙而闻名于世。在来水来沙条件没有显著改善之前，尤其是粗泥沙来源区没有显著治理之前，游荡性河道“游荡”的基本特性不会显著改变。河道整治工程控制了河道“游荡”的范围，但不能改变“游荡”的基本属性。例如，在河床断面上仍表现为宽浅形态，在流量发生大的变化时主溜仍会有较大的摆动幅度等。基于此，在规划设计河道整治工程时，需要充分考虑河道在洪水和枯水时的主溜变化范围，并采取相应的措施予以防范，避免在落水时或枯水时主溜发生大的变化，甚至影响到中水河势的相对稳定。

在这里特别要指出的是枯水河势问题，即流量为1000～2000m³/s时的小水河势问题。根据20世纪90年代小水的观测资料，小水河势对中水河势有破坏作用，曾使一些河段稳定多年的河势“变坏”了。因此无论在新修工程时还是在调整改善原有工程时，应很好掌握运用“洪枯兼顾”原则。

3. *以坝护弯，以弯导溜*

“短丁坝，小裆距，以坝护弯，以弯导溜”是窄河道整治的一条成功经验，多年来在过渡性河段及游荡性河段河道整治中运用这一经验取得了明显的效果，因此，河道整治中坚持“以坝护弯，以弯导溜”的原则是十分必要的。

以防洪为主要目的的河道整治，其基本要求是实现对主溜的有效控制，从而使河势得到基本稳定。通过弯道使主溜得到控制是被实践证明了的有效措施。根据对无工程控制河段按治导线布设工程分析，采用以弯导溜方式控导主溜所需的两岸工程总长度约占河道长度的90%，而其他工程措施都会远远大于这一比值。需要说明的是现状一些河段两岸工程长度已超出这一比值，有的甚至达到100%以上，其原因是一些工程是在有计划地进行河道整治前迫于防洪需要而抢修的，一些工程是在河道整治初期对河势演变规律掌握不够，布设工程缺乏经验条件下修建的，它不能反映按照“以弯导溜”原则整治河道所必须修建的工程长度。

在缺少工程控制或有工程但工程配套不完善的河段，河势变化往往比较大，即使有较完善的工程控制，因来水来沙的变化河势也会发生变化，主溜也会在一定范围内摆动。按照以弯导溜的原则布设工程可以使上游不同方向的来溜通过迎溜段迎溜入弯，经过弯道调整为单一溜势。弯道在调整溜势的过程中逐渐改变水流方向，使出弯水流平稳且方向稳定，顺势向下一弯方向运行。在运行过程中如河槽单一畅通，进入下一弯将十分顺利；如河槽不顺，存有沙洲或滩岸阻挡，只要水流强度大，也会冲刷沙洲或滩岸，塑造新的河槽，送溜直达下一河弯。

以坝护弯是实现以弯导溜必不可少的工程措施。以弯导溜要求弯道凹岸具有很强的抗冲能力，防止在迎溜入弯、以弯导溜、送溜出弯的过程中，因岸线发生剧烈变化而丧失控导溜势的能力。使凹岸具有抗冲能力的建筑物有丁坝、垛、护岸三种型式。根据黄河下游河道比降陡和主溜变化大的特点，如采用护岸型式，运用过程中会在较大工程长度内出险，抢护将十分困难，人力料物如不及时满足抢险需要，会发生垮坝事故。采用丁坝的优越性在于丁坝坝头是靠大溜的重点，在防守上抢护若干点即可保护一条线，人力料物均可集中使用，有利于工程安全。

4. *主动布点，积极完善*

在工程安排上应掌握“主动布点，积极完善”的原则。提出“主动布点”原则是因为有许多被动布点的教训值得吸取。以东坝头—高村河段整治为例。规划河弯包括两端工程在内计11处，两端的东坝头、高村是老险工，中间周营、青庄、堡城工程在有计划整治河道前即已开始修建，新修工程仅6处，其中4处是在被动条件下布点修建的。禅房工程布点时因为已规划的工程上段没有注意后退藏头，修建工程时因小水河势上提，不得不将1号坝后退200余米，致使1～5号坝直线段的工程位置线与6号坝以下的工程位置线成折线连接，1～5号坝呈挑溜形势，致使禅房工程长期溜不入弯，影响了以弯导溜效果。

主动布点是整治河道、改造河道的一种主动行为。可以在河道发生恶化前占领有利阵地，一旦工程靠河即可以主动抢险，一面加固工程，一面控导溜势。当来溜方向属于长期稳定，下游送溜方向又有明确要求时，可以因势利导完善工程布局，发挥整体工程导溜能力，以取得最大的整治效果。

为了主动布点，需要认真分析长河段，尤其是工程所在河段的河势演变规律，只有这样才能使工程位置适中、外形良好，且具有较好的迎溜、导溜、送溜能力。

工程修建并靠河后。应加强河势溜向观测，积极完善工程平面布局形式。当溜势有上提趋势时，应提前上延工程迎溜，防止抄工程后路；当溜势有下滑趋势时，应抓紧下续工程送溜。在游荡性河道整治实践中，因工程上延下续不及时造成被动局面的事例举不胜举。如化工、大玉兰控导工程等均曾因河势上提被迫抢修上延工程（后来又进行了改建），造成工程平面布局很不合理；老君堂工程下延修建不及时，只得抢修吴庄险工，造成防洪被动。

5. 柳石为主，开发新材

在当前工程结构中存在两种形式，即柳石结构形式和新结构形式。柳石结构主要指新修工程的柳石结构和老工程的各种石结构，一般通称为柳石结构。新结构种类繁多，以材料划分大致有：混凝土类型的，如灌注桩、透水桩等；土工布类型的，如土袋枕、长管袋等；石笼类型的，如铅丝石笼沉排等。

柳石结构经过多年的实践、改进，其施工、管理技术都已达到相当成熟的程度，具有许多优越性。新修工程采用柳石结构投资省，施工简单，水工旱工都能够适应，尤其是水中进占筑坝，速度快、效率高、投资少，是其他工程结构无法比拟的。柳石结构新修时基础一般较浅，随着靠溜抢险不断加深。这一特点具有双重性，一方面抢险给防守带来了被动，稍有不慎会导致垮坝；另一方面是初期基础不深，即新建工程的工程量小，投资少，可用有限的投资修建更多的丁坝，增加河道整治工程的长度，使工程投资早期发挥效益。在整治工程没有配套完善的河段溜势一般不稳定，多数丁坝靠溜并不严重，没有特殊大的来水，根石难以达到最大的深度，因此，只要有一般的根石深度就能满足一般溜势的冲刷需要，亦即不需用最大投资来承担一般的溜势。从这一点出发柳石结构是适应黄河特点，尤其是适应黄河游荡性河道特点的一种结构形式。

为改变抢险被动局面，有利于工程管理运用，自 20 世纪 70 年代初开始，黄河下游进行了 10 余种新材料新结构试验，特别是土工织物的出现使新结构试验层出不穷。从试验情况看，有的如混凝土灌注桩坝等因设备复杂，施工工艺满足不了设计要求被淘汰；有的如长管袋等对施工条件要求较高，不适合做永久工程，推广困难。保留下来并不断改进的是土工布铺底铅丝石笼沉排结构。铅丝石笼沉排结构施工简单，操作方便，一般旱滩均能施工，出险抢护时根石、坦石易于衔接，因此基层单位比较欢迎。不难看出，新结构的试验虽然做了大量的探索工作，取得了可喜的实践认识，但仍处于探索阶段，目前还没有一种新结构可以替代柳石结构形式。

基于以上分析，在工程结构选择方面仍要以“柳石为主”，并要积极开发新材料，试验其他结构形式。

（七）21 世纪初提出的河道整治原则

1998 年长江发生大洪水后，国家加大了对水利工程的投资，21 世纪初是河道整治工程快速发展的时段。2000 年后提出的河道整治原则为如下诸点。

1. 全面规划，团结治河

河道整治涉及国民经济的多个部门，各部门在整体目标一致的前提下，又有各自不同的利益，有时甚至互相矛盾。如排洪要求的河槽宽度与滩地耕种之间；不同引水部门对取水口位置的要求；航运、桥梁建设与排洪之间；在争种滩地方面更为明显，两岸居民间有矛盾，上下游之间有矛盾，县际有矛盾，甚至相邻两个乡之间也有矛盾。因此，进行河道整治时，必须全面规划，综合考虑上下游、左右岸、国民经济各部门的利益，并发扬团结治河的精神，协调各部门之间的关系，使整治的综合效益最大。

2. 防洪为主，统筹兼顾

黄河下游历史上洪水灾害严重，为防止洪水泛滥，筑堤防洪成为长盛不衰的治黄方略。1949 年大水使人们开始认识到即使在堤距很窄的河段单靠堤防也是不能保证防洪安全的，于是从 1950 年开始在下游进行河道整治。防洪安全是国民经济发展的总体要求，河道整治必须以防洪为主。

黄河有丰富的水沙资源，两岸广大地区需要引水灌溉，补充工业、生活用水的不足，以提高两岸的农业产量，发展工业生产，同时引用黄河泥沙资源，淤高改良沿黄一带的沙荒盐碱地。希望通过整治河道，稳定流势，使引水可靠，使滩区高滩耕地、村庄不再被塌入河中，同时还能使一部分低滩淤成高滩，以利耕种。河势稳定后，还有利于发展航运和保证各类桥梁的安全。因此，在河道整治时，既需以防洪为主，又要统筹兼顾有关国民经济各部门的利益和要求。

3. 河槽滩地，综合治理

河道是由河槽与滩地共同组成的。河槽是水流的主要通道，滩地面积广阔，具有滞洪沉沙的功能，大洪水期间，挟沙水流漫滩滞洪，落淤沉沙，淤高滩地，改善河槽形态，利于防洪，它是河槽赖以存在的边界条件的一部分。河槽是整治的重点，它的变化会塌失滩区，滩地的稳定是维持一个有利河槽的重要条件，因此，治槽是治滩的基础，治滩有助于稳定河槽，河槽和滩地互相依存，相辅相成，在一个河段进行整治时，必须对河槽和滩地进行综合治理。

4. 分析规律，确定流路

分析河势演变规律，确定河道整治流路，是搞好河道整治的一项非常重要工作。有的河段（如山东东明县高村至阳谷县陶城铺河段），在河道整治之前，尽管主槽明显，但河势的变化速度及变化范围都是很大的，在整治中绝不能采用哪里坍塌哪里抢护的办法，而必须选择合理的整治流路。在进行整治之前既要进行现场查勘，又要全面搜集各个河段的历年河势演变资料，分析研究河势演变的规律，概化出各河段河势变化的几条基本流路。然后根据河道两岸的边界条件与已建河道整治工程的现状，以及国民经济各部门的要求，并依照上游河势与本河段河势状况，预估河势发展趋势，在各个河段河势演变的基本流路中，选择最有利的一条作为整治流路。

5. 中水整治，考虑洪枯

按中水整治是古今中外水利专家的一贯主张。20 世纪 30 年代，德国恩格斯教授通过黄河下游的模型试验，提出了“固定中水河槽”的治河方案。我国水利专家李仪祉先生也主张固定中水河槽，他提出“因为有了固定中水位河床之后，才能设法控制洪水流向”。中水期的造床作用最强，中水塑造出的河槽过洪能力很大，对枯水也有一定的适应性。

枯水的造床能力小，但如遇到连续枯水年，小水的长期作用对中水河势有可能产生破坏作用。1986 年后的一个时期，黄河下游水量少，洪峰低，中水时间短，使一些局部河段河势“变坏”，不得不采取一些工程措施来防止河势恶化。因此，按中水整治河道时，还需考虑洪水期、枯水期的河势特点及对工程的要求。

6. 依照实践，确定方案

对河道进行中水整治时，必须预先确定河道整治方案。不同的河流、同一河流的不同河段会有不同的整治方案。在确定整治方案中，既要借鉴其他河流的成功经验，又不能照搬，一定要根据本河段的河情确定。河道整治的过程是个较长的过程，黄河下游从 1950 年开始进行河道整治，至今已经 60 余年，现仍在进行河道整治。在整治的过程中通过及时总结经验教训，抛弃了与河情或与国民经济发展不相适应的整治方案，完善采用的整治方案。在黄河的整治过程中，优选出微弯型整治方案。

7. 以坝护弯，以弯导流

河行性曲。在流量变化的天然河道中，河流总是以曲直相间的形式向前运行的。弯道段溜势的变化对直河段溜势有很大的影响，直河段的溜势变化也对其下河势产生影响，但弯道段的河势变化对一个河段河势变化的影响是主要的。弯道对上游来流较直河段有较好的适应能力。上游不同方向的来流进入弯道后，经过弯道调整为单一流势。弯道在调整流势的过程中逐渐改变水流方向，使出弯水流平稳且方向稳定，经直河段后进入下一弯道。水流经过数弯后使流势稳定，直河段就缺乏这些功能，所以在整治中采用以弯导流的办法。

以坝护弯是以弯导流的必要工程措施。水流进入弯道后，对弯道岸边有很强的冲淘破坏作用，如不采用强有力的保护措施，弯道凹岸就会坍塌变形，进而影响凹岸对水流的调控作用，使弯道已有的导流方向改变，以致影响下游的河势变化。保护弯道可采用多种建筑物形式。20 世纪 50 年代以后修建的丁坝、垛（短丁坝）、护岸绝大多数为柳石结构，遇水流淘刷需进行多次抢护才能稳定。若采用护岸形式，运用过程中会在较长的工程段出险，抢护将十分困难。采用丁坝的优点在于坝头是靠流的重点，在防守中人力物力均可集中使用，有利于工程安全，同时丁坝抢险在坍塌严重时尚有退守的余地。因此，在柳石结构没有被其他形式的结构替代之前，在人力、料物还不充足的条件下，应按以坝护弯的原则布设工程，尤其是在弯道靠大溜处更是如此。

8. 因势利导，优先旱工

在工程建设中要尽量顺乎河性，充分利用河流本身的有利条件，当河势演变至接近规划流路时，要因势利导，适时修建工程。如当上游来流方向较为稳定，送流方向又符合要求时，就要充分利用其有利的一面，积极完善工程措施，发挥整体工程导流能力，使河势向着规划方向发展。

河道整治工程就施工方法而言，可分为旱地施工（旱工）和水中施工（水中进占）两种。在水中进占的过程中，由于水流冲淘，不仅施工难度大，而且需要的料物多、投资大。因此，在工程安排上应抓住有利时机，尽量采用旱工修做整治工程。在一年内施工期也尽量安排在枯水期，对于水深较浅、流速小于 0.5m/s 的情况，仍可采用旱地施工方法进行。

9. 主动布点，积极完善

主动布点是指进行河道整治要采取主动行动，对于规划好的整治流路，要在河势变化而滩岸还未坍塌之前修建工程。这样，一旦工程靠河着溜即可主动抢险。抢险加固的过程，也就是控导河势的过程。为了主动布点，需要对长河段的河势演变规律及当地河势变化特点进行分析，只有这样才能抓住有利时机，使修建的工程位置适中，外形良好，具有好的迎流、导流、送流能力。

一处河道整治工程布点并靠河后，应加强河势流向观测，按照工程的平面布局积极续建完善工程。当河势有上提趋势时，应提前上延工程迎流，以防改变工程控导河势的能力或抄工程后路；当河势有下挫趋势时，应抓紧修筑下延工程，保持整治工程设计的平面布置形式，以发挥导流和送流作用。

10. *分清主次，先急后缓*

河道整治的战线长、工程量大，难以在短期内完成。因此，在实施的过程中，必须分清主次，先急后缓地修建。对一个河段河势变化影响大的工程、对控导作用明显的工程、对不修工程即会造成严重后果的工程等，都应作为重点，优先安排修建，以防发生大的变化，恶化以下河段的河势。由于来水来沙随机性很大，河势变化又受水沙条件变化的影响，在河道整治实施的过程中，还需根据河势变化情况，投资力度等，及时对重点工程进行调整。其余工程，在投资允许的条件下，也应按规划治导线予以修建，以完善整治工程，发挥控导河势的作用。

11. *因地制宜，就地取材*

由于河道整治工程的规模大，战线长，需用的料物多；同时材料单价受运距的影响极大，有的相差 2～3 倍，甚至达 5～6 倍。在选择建筑材料时首先应满足工程安全的要求，在此前提下，靠山远的河段可少用石料或用“胶泥”等代用料，多用柳杂料；靠山近的河段多用石料，但在沙质河床区修建工程时，尚需要一部分柳杂料；随着土工合成材料单价的降低，还可用一些土工合成材料。为了争取时间，减少运输压力，并保证工程安全，河道整治建筑物的结构和所用材料要因地制宜，尽量就地取材，以节约投资。

12. *继承传统，开拓创新*

长期以来，在人们与洪水斗争的过程中，积累了大量的包括河道整治技术在内的治河技术与治河经验，这些技术来源于实践，也被实践证明是行之有效的。随着生产力水平的提高和科学技术的发展，在借鉴传统技术的同时，还需要结合实际情况，对其进行不断的完善、补充，并开拓创新。1950 年在济南以下河段进行的河道整治本身就是一项创新，半个多世纪以来，河道整治技术不断完善、发展。如由局部防守发展为全河段有计划整治，由被动修建工程到主动控导河势等。在建筑物结构和建筑材料方面，20 世纪 80 年代以来进行了数十次的原型试验研究，一些新技术、新材料试验已取得了较为满意的效果，有的已开始推广应用。因此，在进行河道整治的过程中，必须按照继承传统、开拓创新的原则进行，逐步把河道整治工作提高到一个新水平。

参 考 文 献

胡一三. 1986. 微弯型治理. 人民黄河，4：18

胡一三，张红武，刘贵芝，等.1998. 黄河下游游荡性河段河道整治. 郑州：黄河水利出版社

胡一三，张原锋. 2006. 黄河河道整治方案与原则. 水利学报，37（2）：127-134

刘贵芝. 1994. 黄河下游河道整治技术发展概况. 人民黄河，1：19-22

徐福龄. 1986. 两种基本流路，两套工程控制. 人民黄河，4：20-21

第二十一章　河道整治工程布局

河道整治可以采取多种措施，包括修筑堤防、开挖引河、塞支强干、修建险工或控导工程等，这些措施可以在局部河段单独使用，也可以多种措施并举。本书所述河道整治不包括堤防措施。任何措施的实施都必须建立在规划的基础上。河道整治的前期工作主要包括：明确整治目的、确定整治原则、拟定工程规模、规划工程布局、选定工程结构形式。

黄河下游从郑州桃花峪至山东垦利宁海长 694km。中游下段的孟津白鹤镇至桃花峪长 92km，为黄河出峡谷后的冲积扇，该段由河南黄河河务局管辖，且在黄河下游历次的河道整治规划中都将其纳入其中，因此下面提到的黄河下游河段均包括白鹤镇—桃花峪河段。

黄河下游为举世瞩目的“悬河”，进入该河段的水量和沙量年际间和年内分布极不均衡，河道上宽下窄。上段较宽的河道可用于滞洪沉沙，较宽的两岸堤距间分布有大量的滩地，居住着 180 多万人口。由于黄河下游河道整治的主要目的是防洪安全，本章所述的河道整治工程仅指河槽整治中为控导主流而修建的河工建筑物。

一、整 治 流 量

河道整治应遵循的根本原则就是因势利导。水流有其自身的特性，衡量水流特性的最重要指标就是流量，不同的流量作用在河道边界上，反映的特性是不同的，同一边界条件反馈到不同流量的水流上的作用也是不同的，河道整治就是通过强化河道边界条件，来约束某一流量级的水流。因此，确定整治流量对河道整治来说意义重大。

整治流量的确定在黄河下游也有一个发展过程，20 世纪 60 年代之前上游来水来沙偏多，人类活动对水沙影响较少，洪峰流量在 5000m^3/s 以上的洪水发生较多，造床作用也较强，河床形态基本反映了当时的水流条件，由于主流摆动较大，“横河”等威胁堤防安全的河势频繁发生、塌滩掉村现象也时有发生，下游河道整治的首要任务是确保堤防不决口，其次是利于引黄供水和护滩保村，主要措施是临堤抢修险工和在滩区修建控导工程。三门峡水库的建成运用，改变了进入下游的水沙条件，随后的 10 多年间在下游修建了大量的河道整治工程，其中高村—陶城铺河段修建的河道整治工程数量较多，使该河段河势得到基本控制。通过不断总结经验和教训，河道整治工作和研究水平逐步提高，特别是水文资料的积累和完善，为整治流量的计算和论证提供了条件。

（一）造床流量

整治流量应采用造床流量。造床流量是指其造床作用与多年流量过程的综合造床作用相当的流量，它是对塑造河床形态起着控制作用的流量。造床流量的计算方法很多，但都有一定的局限性，其中应用较为广泛的有以下几类：

1. 平滩流量法

平滩流量是指水位与河漫滩相齐平时的流量。当流量小于此流量时，河宽随水位变化的变幅不大，当流量超过此流量时，河宽会突然增大很多。对于平原冲积型河流来说，由于河道的冲淤变化较大，在某一断面处的平滩流量也是变化的。图 21-1 为 1957～2002 年黄河下游花园口、高村、艾山和利津四站历年汛后的平滩流量值。由图可以看出，四站的平滩流量变化趋势是基本相同的，表 21-1 为对应四站的各时段汛期年均来水量及来沙量。

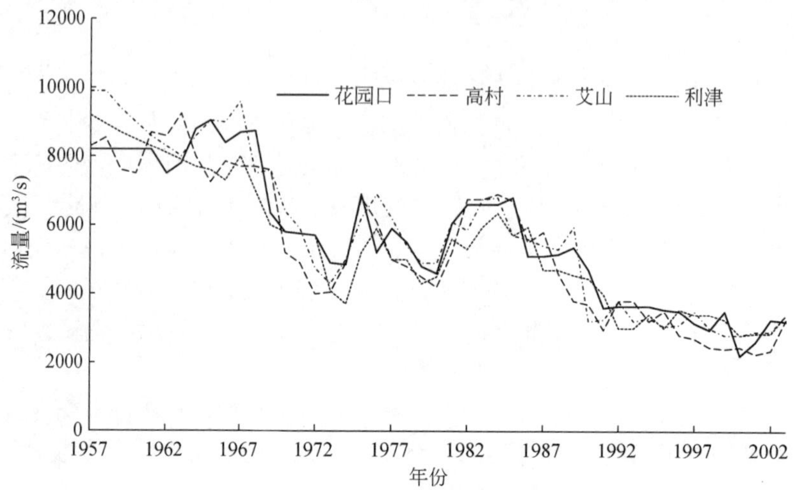

图 21-1　黄河下游花园口、高村、艾山和利津站历年汛后平滩流量图

表 21-1　花园口、高村、艾山和利津四站不同时段汛期平均来水来沙对比表

时段	花园口		高村		艾山		利津	
	水量/亿 m^3	沙量/亿 t	水量/亿 m^3	沙量/亿 t	水量/亿 m^3	沙量/亿 t	水量/亿 m^3	沙量/亿 t
1950～1959 年	294	12.83	292	11.66	304	10.82	299	11.37
1960～1973 年	254	9.11	251	8.43	256	8.20	253	8.23
1974～1985 年	267	8.95	248	7.91	244	7.55	226	7.46
1986～1999 年	131	5.78	116	3.96	111	4.01	93	3.52
2000～2003 年	81	0.74	74	0.86	68	1.01	46	0.90

从图 21-1 和表 21-1 中可以看出，平滩流量与汛期来水量和来沙量有较好的相关性，汛期来水和来沙量越大，平滩流量也越大。从图表中还可看出，各断面的平滩流量也存在一定的差别，为了避免单个断面的分析误差，一般需选取一个较长的河段，当某一流量发生时，河段内各断面的水位基本上与河滩或边滩高程齐平，对应的流量即为该河段的平滩流量。

2. 汛期平均流量法

黄河水利科学研究院（简称“黄科院”）钱意颖等[①]通过对 20 世纪 70 年代以前的资料分析得出，黄河下游平滩流量可用下式确定：

$$Q = 7.7Q_m^{0.85} + 90Q_m^{1/3} \tag{21-1}$$

3. 马卡维也夫法

苏联学者马卡维也夫认为：某一流量的造床作用与其输沙能力有关，同时也决定于造床历时，当 Q^mJP（Q 为流量，J 为河道比降，P 为该级流量出现的频率，m 为指数）为最

① 钱意颖，吴知，朱粹侠，等.1972. 关于多沙河流上修建水库保持有效库容的初步分析.见：黄河水库泥沙观测研究成果交流会・水库泥沙报告汇编

大时，其所对应的流量即为造床流量。利用该方法计算造床流量的详细步骤在各类河道整治和泥沙工程的教科书中都有介绍，本书不再赘述。

图 21-2、图 21-3 和图 21-4 分别是黄河下游花园口、高村、泺口三站不同时段实测资料点绘的 Q^2JP 与流量的关系线。从中可以看出 Q^2JP 的峰值随水沙条件的变化较大，其中1950～1986 系列的峰值均分别在 4000～4500m³/s 之间，花园口站的 Q^2JP 峰值明显，而高村和泺口站在 2500～5000m³/s 之间变化不大，说明高村以上游荡型河道的造床作用主要集中在 4000～4500m³/s 流量之间，而高村以下过渡型河段的各级中水流量的造床作用相差不大。各水文站 1987～2008 年的 Q^2JP 的峰值在 1000m³/s 附近，这主要是由于 1986 年以来黄河下游来水较少，年均来水量还不及多年平均来水量的 80%，特别是 1999 年末小浪底水

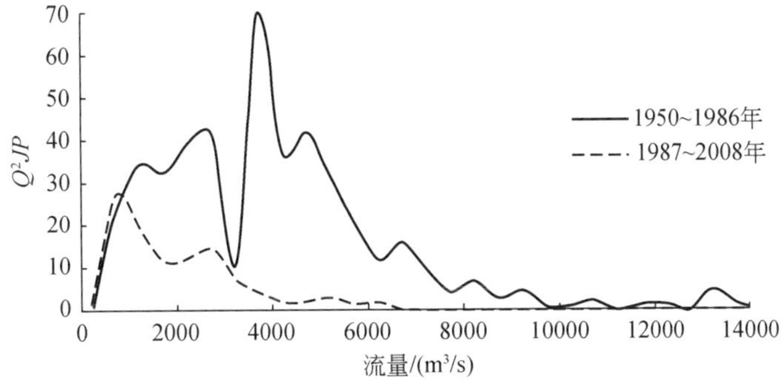

图 21-2　花园口站 Q^2JP-Q 关系曲线

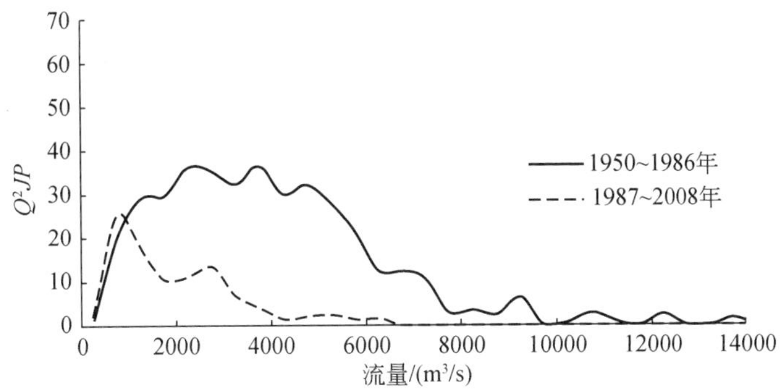

图 21-3　高村站 Q^2JP-Q 关系曲线

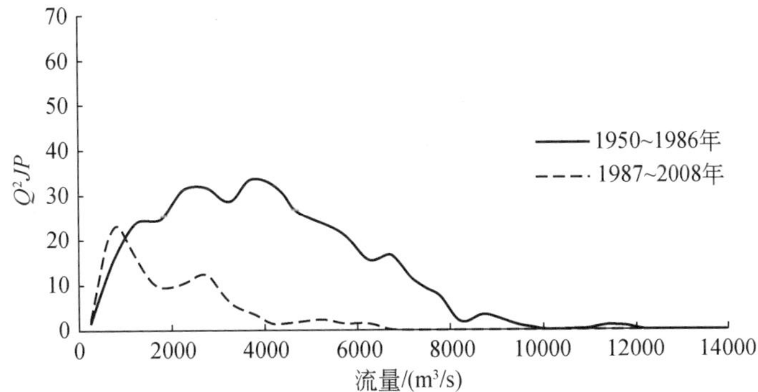

图 21-4　泺口站 Q^2JP-Q 关系曲线

库蓄水以来，水库运用改变了进入下游河道的水沙条件，一般下泄流量维持在 800m³/s 左右，汛前集中下泄流量在 3000m³/s 左右，但历时较短，汛期也很少超过 4000m³/s。因此，利用近期枯水系列来计算造床流量是明显偏小的。

关于造床流量的计算还有最大输沙率、输沙能力等方法，这些方法主要是在马卡维耶夫计算造床流量的方法基础上引入了反映泥沙因子的参数，对黄河来说，这些方法虽然考虑的因素更加全面了，但得出的结论与马氏方法的计算成果差别不大。

（二）整治流量的选择

造床流量只是个理论值，一个河段的整治流量并不完全等同于造床流量，整治流量采用的是一个数值，实际上是一个相对固定的区间。就某一段河道来说，整治流量决定着整治河宽，是河道整治工程建设的重要依据，而整治工程作为永久建筑物是不随水沙条件而变化的。因此，整治流量在一定时期内应该保持相对稳定。就黄河下游而言，20 世纪 60～90 年代整治流量值经多方比选采用 5000m³/s。小浪底水库建成后，改变了进入黄河下游的水沙条件，为了便于和以往衔接，选择了 4000m³/s 作为造床流量，考虑的主要因素为：一是该流量与多种计算方法得出的造床流量相差不大，二是该流量与各河段实测断面推求的平滩流量均值相近，三是与小浪底水库调水调沙运用方式相协调。虽然近 20 年来水偏少，但经过上中游水库群的联合调度运用，河道平滩流量仍然能够保持在 4000m³/s 左右，主流仍基本控制在两岸河道整治工程之间，说明选定的整治流量还是比较合理的。

二、整治河宽及排洪河槽宽度

（一）整治河宽

整治河宽是河道按规划进行整治后，顺直河段在整治流量下河道水面宽度的期望值，它有别于实际河宽。鉴于整治河宽是确定治导线及布设整治工程的依据，通常也称为治导线宽度。一般采用实测资料分析和理论公式计算确定。

1. 主槽宽度与水位涨幅的关系

关于主槽宽度与水位涨幅的关系，黄科院（李文学和李勇，2002）利用黄河下游的实测资料进行了分析。

（1）缩窄河宽能够提高河道输沙能力

联解一维条件下的水流连续方程 $Q = BHV$ 、水流动量方程（曼宁公式）$V = \frac{1}{n}H^{2/3}J^{1/2}$ 和水流输沙方程 $S_* = k\left[\frac{V^3}{gH\omega}\right]^m$（武汉水利电力学院河流动力学及河道整治教研组，1961）可求得河道输沙能力与流量及河道边界条件的关系：

$$S_* = k\left[\left(\frac{Q}{B}\right)^{0.6}\left(\frac{J^{0.5}}{n}\right)^{2.4}\left(\frac{1}{g\omega}\right)\right]^m \tag{21-2}$$

可以看出，通过河道整治、缩窄河宽（B），能够提高河道输沙能力。

（2）缩窄河宽会导致洪水水位的明显抬升

基于曼宁公式，选取糙率 n=0.01 对上式积分，可求得主槽流量从 3000m³/s 上涨到

8000m³/s 时水位涨幅的理论表达式：

$$\Delta H = 6.17\left(BJ^{0.5}\right)^{-0.6} \tag{21-3}$$

黄河下游不同河段各水文站主槽实测流量从 3000m³/s 上涨到 8000m³/s 的水位涨幅与 $BJ^{0.5}$ 的关系（图 21-5）也基本与上式一致，只是由于主槽在洪水涨水期的冲刷使得下游实测洪水水位涨幅稍低于定床条件下的理论计算值。具体可表达为

$$\Delta H = 5.55\left(BJ^{0.5}\right)^{-0.65} \tag{21-4}$$

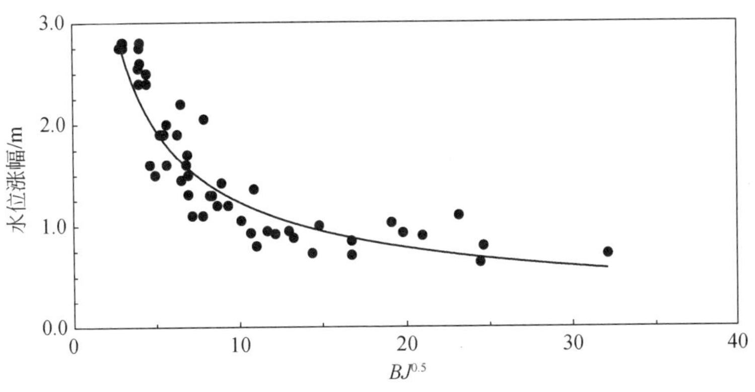

图 21-5　黄河下游各站水位涨幅与 $BJ^{0.5}$ 的关系

由式（21-4）可以算出，在比降不变的条件下，水位涨幅与 $B^{-0.65}$ 呈正比，主槽宽度由 1000m 缩窄 500m 时，相应水位涨率将增大 64%。

图 21-6 是按黄河下游的实测资料，点绘的主槽宽度与流量从 3000m³/s 上涨到 8000m³/s 的水位涨幅的相关图。由图可以看出，当主槽宽度大于 1000m，尤其大于 1200m 时，流量从 3000m³/s 上涨到 8000m³/s 的水位涨幅基本无变化；但当主槽宽度小于 1000m，尤其小于 800m 时，水位涨幅增大，且随着主槽宽度的减小水位涨幅明显增大。以防洪为主要目的的河道整治，整治宽度不宜太小，以免影响河道泄洪、抬高洪水位、增大防洪压力。整治河宽宜选 1000m 左右。

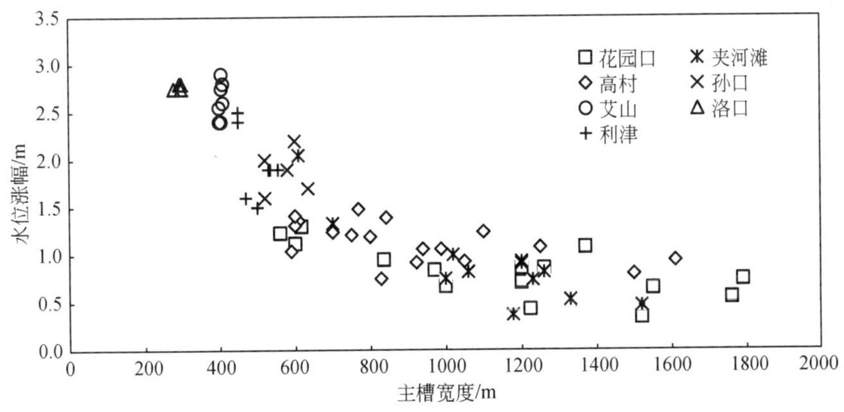

图 21-6　黄河下游河道主槽宽度与水位涨幅相关图

2. 实测资料分析法

实测资料分析法是利用本河段或相关河段的历年河道观测资料，统计分析该河段主槽

宽度，这是确定整治河宽的常用方法之一。

黄河下游河道冲淤的基本特性是：大水淤积，淤滩刷槽；小水冲刷（或淤积），塌滩淤槽。在工程控制较弱的河段，一次较大的洪水过程往往造成主槽在横向上发生较大的摆动。因而主槽宽度的变化也会随上游来水来沙过程的不同而发生相应的变化。图 21-7、图 21-8 和图 21-9 反映了花园口、高村和孙口三个水文站洪水过程中全断面过流量与主槽宽度的关系。

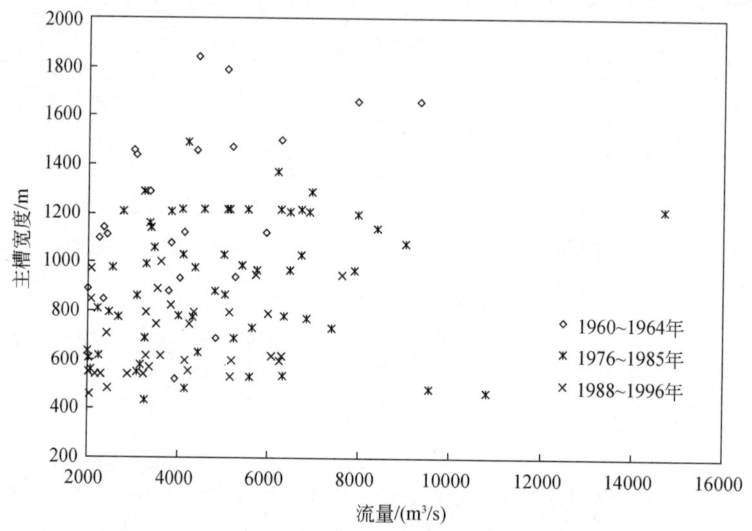

图 21-7　花园口站主槽宽度与流量关系

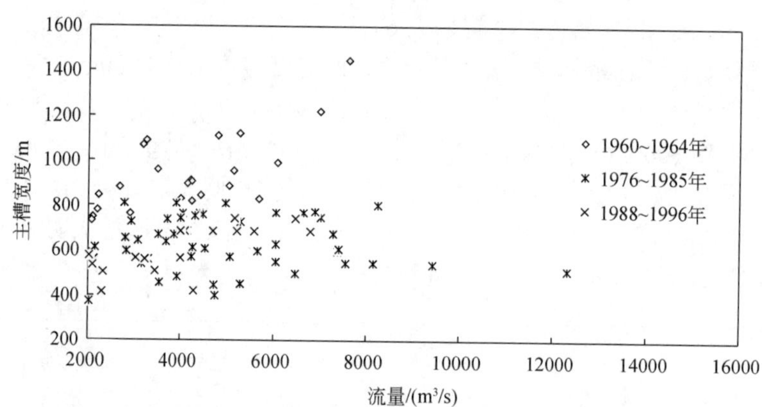

图 21-8　高村站主槽宽度与流量关系

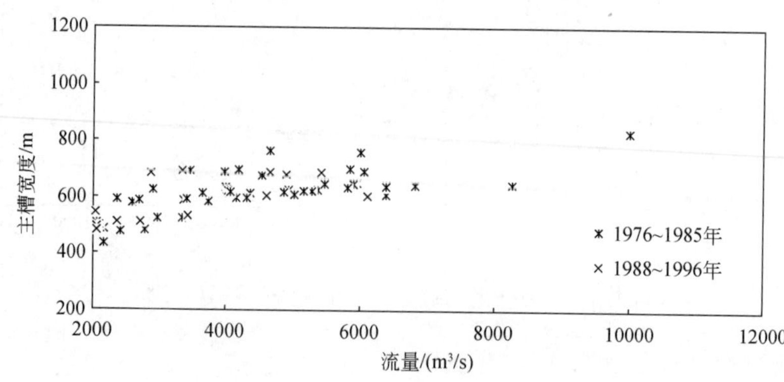

图 21-9　孙口站主槽宽度与流量关系

从图 21-7、图 21-8、图 21-9 中可以看出：高村以上游荡型河段主槽宽度与流量的相关性较差，高村以下逐渐趋好，孙口以下窄河段主槽宽度随流量的增大略有增加，但增加幅度不明显，说明主槽宽度基本稳定。尽管高村以上游荡型河道主槽宽度与流量的相关性较差，但主槽宽度的变化范围是明显的，且随时段不同主槽宽度的变化范围也不同（表 21-2）。

表 21-2 主要测站主槽宽度的变化范围 （单位：m）

时段 \ 测站	花园口		夹河滩		高村		孙口	
	范围	平均	范围	平均	范围	平均	范围	平均
1960～1964 年	800～1800	1220	900～1300	1100	700～1200	940		
1976～1986 年	400～1300	930	500～1400	990	400～800	640	450～800	620
1988～1996 年	400～1000	890	500～1200	760	400～700	600	450～700	590
平均		980		950		730		610

注：孙口站 1960～1963 年无实测资料。

从图 21-7、图 21-8、图 21-9 和表 21-2 中可以看出，随着时间的推移，主槽宽度呈减小趋势，主要是：①1960～1964 年三门峡下泄清水，主槽展宽较大，②河道整治工程的大量增加，对主流的控制能力增强，主槽横向摆动减少，主槽相对比较稳定。

2000 年以后，黄委组织有关单位针对小浪底水库运用后的黄河下游整治方案进行了专门研究，并对规划治导线进行了修订。考虑小浪底水库运用初期的清水下泄，主槽向两岸展宽，河段不同展宽程度也不同，神堤—高村河段河道整治工程控制较弱，主槽的展宽也较为严重；另外，水文断面附近一般工程控制较好，河势比较稳定，主槽宽度一般小于工程控制较弱的河段。综合考虑各种因素，整治河宽神堤以上河段取 800m，神堤至高村取 1000m，高村至孙口取 800m，孙口至陶城铺取 600m。

3. 计算法

联解曼宁流速公式：

$$V = \frac{1}{n} H^{\frac{2}{3}} J^{\frac{1}{2}} \tag{21-5}$$

水流连续公式：

$$Q = BHV \tag{21-6}$$

断面河相关系：

$$K = \sqrt{B} / H \tag{21-7}$$

得整治河宽

$$B = K^2 \left(\frac{Qn}{K^2 J^{0.5}} \right)^{6/11} \tag{21-8}$$

式中：B 为整治河宽，m；K 为河相关系；Q 为整治流量，取 4000m^3/s；n 为主槽糙率，取 0.011～0.013；J 为整治流量下的水面比降；H 为实测主槽平均水深，m。

K 值应为经整治后的典型河段的实测值，目前游荡性河段整治效果比较好的有花园镇至神堤、花园口至武庄、东坝头至高村河段，其他河段的整治正在根据规划逐步实施，工程还不配套，虽然主槽的摆动范围在逐步缩小，但河势在年际间变化仍然较大。选用 1975～1997 年间靠溜条件相对较好的整治工程以下直河段的断面实测资料进行分析计算，得出的

K 值及整治河宽的计算成果见表 21-3。

表 21-3　整治河宽计算表

河段	K	J/‱	糙率	整治宽度 B/m
	实测	实测		计算
铁谢—伊洛河口		2.1	0.014	
伊洛河口—花园口	15.7	1.9	0.013	1040
花园口—高村	14.7	1.7	0.012	1010
高村—孙口	10.5	1.3	0.011	770
孙口—陶城铺	9.2	1.1	0.011	729

4. 整治河宽选取

根据实测资料分析法和计算法得到的成果，选取的整治河宽为：白鹤镇至神堤 800m，神堤至高村 1000m，高村至孙口 800m，孙口至陶城铺 600m。

陶城铺以下河段为弯曲型河道，河道整治工程多数先以护堤保村临时抢险修筑为主，后经加固逐步形成。缺乏系统规划、总体布局较差，鉴于该河段河岸组成以重粉质壤土为主，抗冲性相对较好，主流摆动不大，近几十年来的河道整治规划都未将其作为重点，对整治河宽虽未做明确规定，但新修工程均不得压缩现有主槽宽度。

（二）排洪河槽宽度

1. 问题的提出

在河道整治初期，河道整治工程稀而少，对河道的排洪能力基本没有影响。随着河道整治工程的增加，两岸工程之间的距离也愈来愈近。从控导河势的角度讲，工程愈长对河势的控制作用愈强。但就以防洪为主要目的的河道整治而言，排洪是防洪考虑的主要因素，大洪水时必须有足够的排洪河槽，以免壅高水位、增大防洪压力。河势变化有其自身的演变规律，一处河道整治工程靠溜部位变化与来溜部位及方向关系密切，单靠工程下延不能达到控制河势的目的。高村险工靠河对改善以下河势作用很大。在 20 世纪 70 年代和 80 年代，为解决高村险工靠河问题，险工下延修建了 34～38 坝，后又以控导工程标准下延修建了 39～41 坝，41 坝至对岸南小堤上延控导工程的距离已经很小，仅为 2km，但仍未达到工程靠河的目的。要想河势向有利转化，达到靠河着溜，尚需依赖上游河势的调整。20 世纪 80 年代中期，高村险工不靠河，1988 年洪水期间，中水时间长，水流调整不利河势的能力大，对岸柿子园湾脱溜，高村险工又出现了靠河形势。

以防洪为主要目的的河道整治，为解决排泄洪水与控制河势的矛盾，我们提出了排洪河槽宽度的概念，在规划设计中必须考虑排洪河槽宽度的要求。在“黄河下游防洪工程近期建设可行性研究报告（1993 年 4 月）”中首次论述了排洪河槽宽度的概念，并提出了具体要求。

2. 定义

按河道整治规划修建工程后，一处河道整治工程的末端，至上弯河道整治工程末端与下弯整治工程首端连线的距离，称为该处河道整治工程的排洪河槽宽度（图 21-10）。按照规划修建河道整治工程后，左岸工程及两工程间首尾连线与右岸工程及两工程间首尾连线所形成的带状区域，称为排洪河槽。一处河道整治工程的排洪河槽宽度，是该段排洪河槽的最小宽度（图 21-11）。图中河道整治工程及其间连线（虚线）包含的区域，即为排洪河槽。

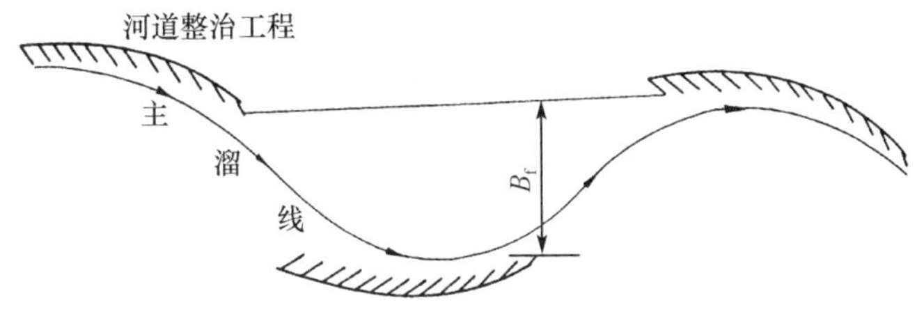

图 21-10　河道整治工程排洪河槽宽度示意图

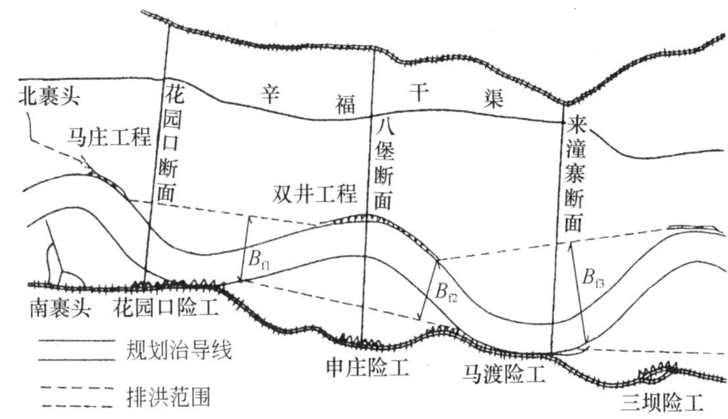

图 21-11　花园口—马渡河段排洪河槽宽度与排洪河道示意图

排洪河槽应保持有足够的宽度，以便在洪水期顺利地排洪排沙；涨水期主溜线曲率变小，落水期主溜线曲率变大，防止在洪水涨落过程中因河槽排洪宽度过小，弯道段出现水流反弯（指凸岸、凹岸左右易位）现象；黄河下游流量、含沙量变化幅度很大，足够的排洪河槽宽度，仍可保持一级滩地的调沙作用。

根据定义及图 21-11 可以看出，河道经整治后的排洪河槽有以下基本特点：一是排洪河槽是河道主槽的外包线，河势演变具有“大水趋中、小水坐弯”的基本规律，无论大、中、小水，主流线都落在排洪河槽范围内，说明河势基本得到了控制；二是排洪河槽宽度明显大于整治河宽，弯曲率明显小于治导线曲率，这有利于宣泄洪水。

3. 分析计算

排洪河槽宽度对黄河下游宽浅河道来说至关重要，宽度过小将影响河道泄洪，严重时可能导致主流另辟新径，使河势失去控制；宽度过窄也不利于一级滩地落淤，从而加重下游主槽的排沙负担。排洪河槽宽度过大，对中常洪水及一般流量的水流约束能力较弱，整治工程作用会降低。

排洪河槽宽度一般是根据实测资料分析确定的。表 21-4 是花园口、夹河滩、高村和孙口 4 个水文站洪水期主槽单宽流量的统计值，各水文断面的主槽平均单宽流量在 $10m^2/s$ 左右，这时主槽的过洪能力一般可以达到全断面的 80%左右。按照防御洪水流量推算，下游各站排洪河槽宽度分别为：花园口 1.91km、夹河滩 1.83km、高村 1.38km、孙口 1.41km。

表 21-4　花园口—孙口主要测站排洪河槽宽度计算表

水文站	统计年份	全断面流量 /（m^3/s）	主槽平均单宽流量/（m^2/s）	防御流量 /（m^3/s）	排洪河槽宽度/m
花园口	1949　1953　1958　1982	11301～17200	9.21	22000	1910
夹河滩	1954　1958　1982	10100～16500	9.4	21500	1830
高村	1954　1958　1982	10400～17400	11.57	20000	1380
孙口	1954　1958　1982	10000～15800	9.91	17500	1410

鉴于水文断面附近河势相对稳定，主槽较窄，单宽流量可能比其上下断面大，计算的排洪河槽宽度一般偏小，同时考虑到出现超标准洪水的可能性，从防洪安全角度出发，目前高村以上河段排洪河槽宽度原则上不小于 2.0km，高村—孙口河段不小于 1.6km，孙口以下河段堤距变窄，其下游不远处有东平湖滞洪区，排洪河槽宽度可适当缩窄。

从排洪河槽宽度的定义来看，采用较大的排洪河槽宽度，两岸工程间的距离会加大，在河道整治工程平面形态和长度不变的情况下，会降低河道整治工程对河势的控制能力。多年的黄河下游河道整治实践表明，整治河段内河道的排洪河槽宽度按不小于整治河宽的 2～2.5 倍控制，既可满足排泄洪水的要求，又可发挥整治工程对河势的控导作用。

三、治　导　线

治导线也叫规划治导线或整治线，是指河道经过整治后，主槽在设计流量下的平面虚拟轮廓线。通俗地讲，治导线就是按规划整治后在整治流量下的水边线，用两条平行线表示。由于河道不同于渠道，各河段的河床组成等边界条件不同，经整治后实际水边线与规划的水边线往往会有一定的出入。由于影响流路的因素很多，流路及相应的河宽均处在变化的过程中，尤其是经过丰水、中水、枯水的过程，即使经过河道整治，其流路也会产生一些提挫变化，弯道的靠溜部位、直河段的左右位置等都可能有所变动。但是，目前河道整治还是以经验为主，近阶段的实践也表明，用两条平行线来描述控导的中水流路，既可满足河道整治的需要，又便于确定整治工程和位置。

治导线的拟定，除上述的整治流量、整治河宽和排洪河槽宽度外，尚需考虑的因素仍较多，如河势、国民经济各部门的需求及符合治导线所在河段的河弯要素等。

（一）河势

河势，包括历史河势和现状河势。对于宽浅型河道，特别是主流摆动较大、滩地面积广阔的黄河下游来说，历史河势能够较全面地反映不同时期水流和边界条件的相互作用，一个河段一般存在两条或三条基本流路，对比分析不同时期河势变化情况，经综合分析比较后选择一条基本流路作为整治流路，经整治后的河势应该与该基本流路相当。

图 20-5 示出了花园口—来潼寨河段 1950～1957 年的主溜线，从套绘的主溜线看出，凹岸和凸岸左右相对、交替出现，大体可分出两条基本流路，分别用实线和虚线示出。在确定治导线时，根据上下游、左右岸及国民经济各方面的需求，选择虚线示出的基本流路并进行优化后，确定了该河段的治导线。依照治导线下延了花园口险工、修建了双井控导

工程、完善了马渡险工，起到了控导主流、稳定河势的作用，同时对洪水有很好的适应性（图 20-8）。

图 21-12 是苏泗庄—营房河段 1948～1959 年的主流线套绘图（胡一三和徐福龄，1989），从图中可以看出：该河段主流摆动范围虽然较大，但右岸苏泗庄险工的出溜方向还是比较稳定的，主流在经过龙常治、王蜜城、李寺楼后，在营房附近又靠向右岸。因此，规划选择了苏泗庄、龙常治、李寺楼、营房作为基本流路。从各条主溜线看出，有些流路很不规顺，甚至为畸形河弯，对排洪和稳定河势不利。在确定治导线时，避开不利河势，按照河势演变的基本规律绘制该河段的治导线，并依此修建了龙长治、马张庄控导工程，并对苏泗庄险工进行了下延，进一步强化了苏泗庄险工的送溜效果。图 21-13 是苏泗庄—营房河段经过整治后 1975～1985 年的主流线套绘图，从图中可以看出主流线的摆动幅度明显减小，河势基本得到了控制。

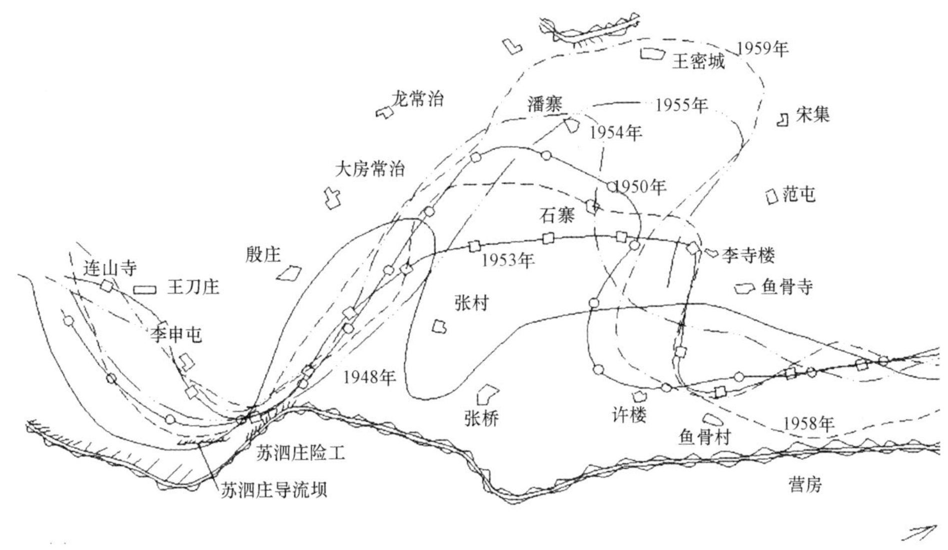

图 21-12　苏泗庄—营房河段整治前主流线套绘图

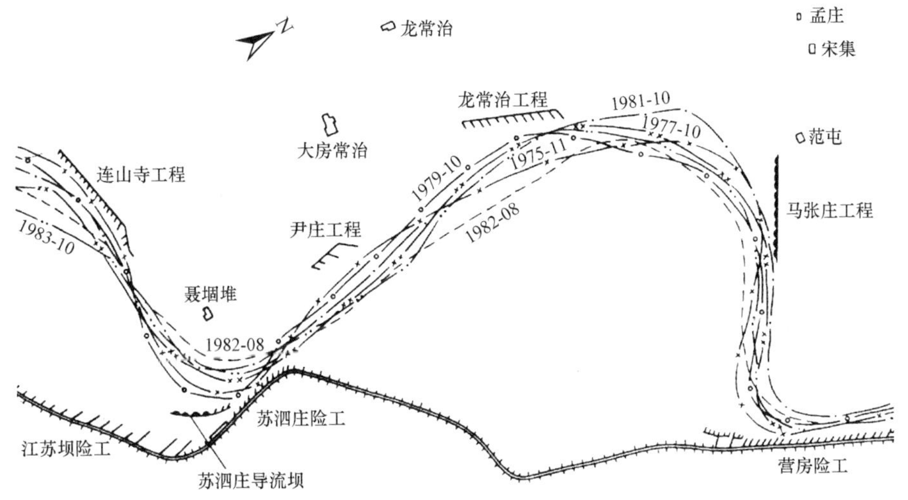

图 21-13　苏泗庄—营房河段整治后主流线套绘图

（二）国民经济各部门需求

1. 工农业发展

黄河下游两岸为了从黄河取水，20 世纪 50 年代就开始在黄河大堤上新建水闸。60～70 年代在两岸大力发展引黄灌溉的同时改造了两岸 300 多万亩沙荒盐碱地，先后修建了几十座引黄水闸。随着两岸经济发展，不仅农业灌溉大量引水，城市居民生活及工业也需从黄河引水，至 20 世纪末黄河下游引黄水闸已发展到 94 座。尤其是黄河下游为“悬河”，河床高于两岸地面，可自流向两岸供水，这就更增加了引用黄河水的积极性。因此，各个时期在确定治导线时，都要充分兼顾两岸引水的要求，尽量使已有和规划的取水口靠河，提高引水保证率。

2. 滩区群众生产生活

黄河下游滩区有 300 多万亩耕地，20 世纪 50 年代以来居住人口已由 140 多万增加到 189 万。历史上由于河势变化，不仅塌失大量的滩地，还有一些村庄被塌入河中，给滩区群众带来深重的灾难。因此，在确定河道整治规划治导线时，要充分考虑滩区群众的生命财产安全，不塌村庄，少塌耕地，并要注意滩区上下游、左右岸的利益，避免、化解矛盾。

3. 交通和航运

20 世纪 50 年代和 60 年代，黄河水量丰，河道两岸有些民船，有一定的航运条件。那时，铁路运输紧张，火车站至黄河一般较远，运输不便；汽运能力很差；水运条件不好，但仍可运送，且水运具有运价低的优点。在过渡性河段及游荡性河段有少量货船运送货物，石料等防汛料物也靠船运至各个工程点，尤其是抢险时用船抛石，具有将石料一次抛投到位的优点。在弯曲性河段济南以下河道内，除货运外，还有班船，解决社会上的交通问题。

80 年代以后，黄河水量减少，水深不能保证通航的要求，航运条件差；加之铁路和公路交通的快速发展，河道中货船已经很少。但是，随着两岸工农业生产的发展，临河及跨河建筑日益增多，尤其是进入 21 世纪后，铁路、公路跨河桥梁迅速发展，对河势稳定有强烈需求。

因此，在拟定治导线时要考虑航运及交通部门的要求。

（三）河弯要素

河势演变的基本规律之一是“大水趋直、小水坐弯”。在天然状态下，河弯变化反映在平面形态上就是河弯的发展和消亡。水流经过弯道时，会作弧线运动，当水流离开弯道后，丧失了向心力，会沿弯道切线方向作离心运动。也就是说：一旦稳定了河弯，水流的流向就被稳定下来。黄河下游治理实践表明，要使一条流路基本稳定下来，就必须把该流路沿程的河弯逐步固定下来。这就是弯道整治的基本思路。黄河下游“微弯型整治”就是这一思路的集中体现。

治导线是一组虚拟线，为了便于工作，一般用相互平行的一组光滑曲线表示。按照微弯型整治思路，这条光滑曲线可以用多个圆弧线和与其相切的直线表示。

1. 河弯要素参数

治导线的基本参数除上述已述及的整治河宽、排洪河槽宽度外，还有河弯弯道半径、弯道中心角、直河段长度，以及描述河弯间关系的河弯间距、弯曲幅度、河弯跨度等，如图 21-14 所示。还有弯道长度 S，它不是一个独立的物理量，可由弯道半径和中心角求得。

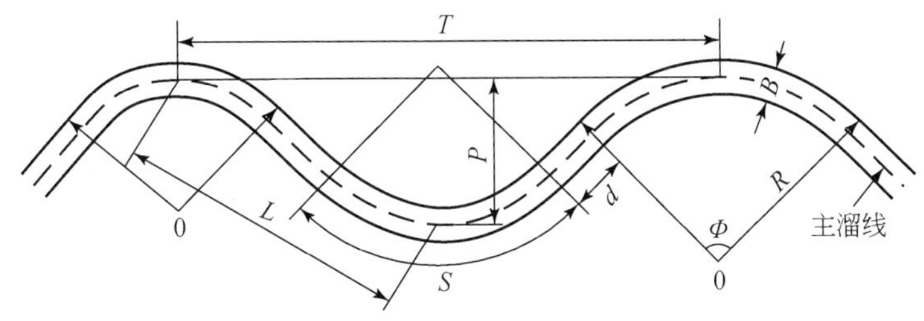

图 21-14　河弯要素示意图

天然状态下，水流及河床边界条件的相互作用，决定了河弯的形态。当河流地质条件相近时，流量是决定河弯形态的主要因素，流量又与河宽成一定的指数关系，因此，弯道半径 R、直河段长度 d、河弯间距 L、弯曲幅度 P、河弯跨度 T 也和整治河宽 B 存在一定的关系。在确定治导线河弯要素时，一般用与整治河宽 B 的关系表示。

2. 河弯要素观测和分析计算

各河段的河弯参数变化幅度比较大，但一些参数之间仍然呈现出一定的正相关性。

（1）河弯半径与中心角

1）根据 1983 年以前地形图、河弯观测及河势查勘资料，绘制 $R \sim \varphi$关系图，可得下式

$$R=3250/\varphi^{2.2} \tag{21-9}$$

式中：R 为弯道半径，m；φ为弯道中心角，弧度。

2）黄河下游吴楼河弯观测资料得出的公式（钱宁等，1987）：

$$R=160Q_n^{0.33}/\varphi \tag{21-10}$$

式中：Q_n 为平滩流量，m³/s；其他，同上。

同时，还给出了考虑比降影响后的河弯半径公式：

$$R=KQ_n^{0.5}J^{-0.25}\varphi^{-1.3} \tag{21-11}$$

式中：J 为比降；K 为系数，黄河和永定河 K 可取 10、荆江和南运河 K 取 3；其他，同上。

决定河弯半径的因素很多，上面公式可以说明流量越大、坡降越陡，水流的惯性越大，河流越不易转向，弯道半径自然就大，相应中心角就小。针对上面公式中坡降与河弯半径呈反比的问题，钱宁也提出了疑问。

3）黄河下游观测资料表明，高村至陶城铺过渡型及陶城铺以下弯曲型河道形成的较稳定河弯，其弯道半径一般为 2000～4000m，且越往下游弯道半径越小，同时中心角也相应加大；高村以上的游荡型河道天然状态下河势摆动较大，自然弯道的演变较快，一般难以形成相对稳定的弯道。

表 21-5 为黄河下游铁谢—东坝头河段不同时段中心角和弯道半径统计值（为了便于分析，我们剔除了弯道半径小于 1000m 的畸形河弯），从表中可以看出该河段的弯道半径和中心角的变化范围是比较大的，分布也是比较散乱的。尽管如此，表中也可看出以下几个特点：

ⅰ. 自然状态下（1965 年以前）随着弯道半径的增大，中心角呈减小趋势；

ⅱ. 弯道半径<2000m 时，中心角φ变化范围很大；

ⅲ. 1965～2000 年间，弯道半径超过 4000m 的不足 20%，其中 1986 年以后弯道中心角有增大的趋势，说明主流在向弯曲方向发展，河势趋向稳定；

ⅳ. 2000 年以后花园口以下河段弯道半径超过 4000m 的时段占到了 33%，弯道中心角

不但没有减小，反而有增大趋势，说明河弯跨度和弯曲幅度增大了。

表 21-5 黄河下游铁谢—东坝头河段不同时段中心角统计表

河段	弯道半径/m	1949～1960 年			1961～1964 年			1965～1974 年			1975～1985 年			1986～1999 年			2000～2009 年		
		范围/(°)	均值/(°)	占比/%	范围/(°)	均值/(°)	占比/%	范围/(°)	均值/(°)	占比/%	范围/(°)	均值/(°)	占比/%	范围/(°)	均值/(°)	占比/%	范围/(°)	均值/(°)	占比/%
铁谢—花园口	1000～2000	18～119	49.4	22	15～96	47.5	34	24～132	60.0	44	12～109	51.4	46	18～175	61.6	45	22～165	73.9	64
	2000～3000	14～95	38.8	21	16～99	39.8	26	21～91	47.0	26	9～118	44.8	22	14～130	52.7	28	26～138	65.3	21
	3000～4000	10～125	34.8	19	16～87	36.2	18	16～87	38.2	13	8～95	34.5	12	12～142	55.6	12	26～112	53.9	9
	4000～5000	11～92	34.5	13	12～47	29.0	8	14～82	35.2	9	13～85	29.8	9	11～106	42.9	7	18～70	48.9	4
	>5000	7～88	30.4	25	10～88	28.2	14	12～72	29.2	8	9～110	32.3	11	11～88	39.9	8	26～75	41.0	2
花园口—东坝头	1000～2000	33～122	69.5	16	29～139	69.5	34	26～115	59.6	37	20～126	57.3	41	25～132	62.4	54	22～166	66.7	19
	2000～3000	23～107	63.6	24	29～99	52.8	23	20～137	51.7	24	16～111	49.0	26	19～104	54.1	21	24～125	59.7	17
	3000～4000	21～130	55.3	17	26～102	54.6	14	20～111	45.0	14	17～100	46.6	13	24～117	57.8	13	25～100	66.2	19
	4000～5000	12～106	47.9	13	30～98	50.8	11	14～89	36.8	9	15～86	38.0	7	18～108	51.4	6	58～96	81.2	23
	>5000	7～105	38.3	29	15～95	32.5	19	10～116	40.2	15	16～104	39.7	13	13～96	41.8	6	27～52	37.1	10

注：资料来源于 1949～2009 年河势查勘图

当一个弯道的半径较大，中心角较小时，说明该河段较为顺直，相应上下游弯道的半径应减小，中心角相应增大，以维持河道的自然比降。

实测资料表明，弯道半径和中心角不是一成不变的，因此在确定治导线时可以根据河势查勘资料选择其中发生频率较高的基本流路为基础，再进行优化。

（2）直河段长度

水流出弯道后，受惯性作用会沿弯道的切线方向行进一段距离，再进入下一个弯道，两个弯道之间的距离，称为直河段长度。行进距离的长短决定于流量的大小和河床边界条件。

在三门峡水库建库前的天然情况下，曾对弯曲性河段及过渡性河段的典型河弯进行过观测，表 21-6 为直河段长与河宽的关系（胡一三等，2006）。

表 21-6 直河段长与直河段水面宽的关系

河段	直河段长 d/m	平槽河宽 B/m	d/B
河道村—刘庄	2044	800	2.6
伟那里—孙口	860	800	1.1
位山—泺口	746	520	1.4
兰家—打渔张	1600	580	2.8

（3）河弯间距、弯曲幅度与河弯跨度

河弯间距 L 是指主溜线两个相邻弯道弯顶之间的距离，即指主溜线的方向由本岸变向对岸到再开始转向本岸所走过的直线距离。它反映弯道长度及直河段长度的综合情况。弯曲幅度 P 是指主溜线河弯弯顶到上弯、下弯弯顶连线的距离。它影响排洪河槽宽度以及所在河段的弯曲系数，比弯道半径与中心角能更好地反映河道的平面形态，且能反映主溜线的弯曲程度。河弯跨度 T 是指主溜线两个同向相邻弯道弯顶之间的距离。它包含相邻 3 个弯道的综合情况，反映弯道的疏密程度。

统计资料表明，在一段较长的河段内，每一个弯道半径与中心角可能变化较大，但弯曲幅度与河弯跨度一般变化不大。

1）钱宁等（1987）在点绘黄河、密西西比河等河流的河弯跨度（T）与平滩流量（Q_n）的关系后，得出：

$$T = 50Q_n^{0.5} \tag{21-12}$$

2）相对河弯跨度来说，弯曲幅度受河道边界的影响要大于受水流的影响，因此，有关弯曲幅度的研究相对较少，比较典型的 C.V.Chitale 根据实测资料得出的经验公式为

$$P/B = 36.3(B/h)^{-0.471}(D/h)^{-0.050}J^{-0.453} - 1 \tag{21-13}$$

式中：h 为平槽水深，m；D 为床沙平均粒径，m；其他同上。

3）游荡型河段经过一段时间整治后，经实测资料分析可得出河弯跨度的经验关系为

$$T = 721\left(\frac{D_{50}^{\frac{1}{3}}}{J}\right)^{0.49} \tag{21-14}$$

$$\frac{T}{B_f} = 138\left(\frac{D_{50}^{\frac{1}{3}}}{J}\right)^{-0.64} \tag{21-15}$$

式中：T 为河弯跨度，m；J 为河道纵比降，1/10000；D_{50} 为床沙中值粒径，mm；B_f 为排洪河槽宽度。

表 21-7 为利用上式计算出的黄河下游游荡型河道不同河段的河弯跨度和排洪河槽宽度值，从中可以看出：黄河下游游荡型河段自上而下河弯跨度和排洪河槽宽度是略有增大的。说明随着河床比降的减小和河床粒径的细化，河床稳定性逐渐增大，弯道的送溜距离增加了，河弯跨度随之增大，但同时排洪河槽宽度不能减小，即一个河弯与对岸相邻的两个河弯弯顶连线的距离（弯曲幅度）不能减小。

表 21-7　黄河下游不同河段河弯跨度计算结果

下游河段	平均比降（J）/（1/10000）	床沙中值粒径（D_{50}）/mm	河弯跨度（T）/km	T/B_f	B_f/m
铁谢—花园口	2.5	0.175	10.22	4.33	2360
花园口—夹河滩	2.0	0.10	10.40	4.23	2459
夹河滩—高村	1.6	0.075	11.07	3.89	2846

4）在三门峡水库建库前的天然情况下，曾对弯曲性河段及过渡性河段的典型河弯进行过观测，其河弯间距 L、弯曲幅度 P、河弯跨度 T 及直河段平槽河宽 B 的观测成果见表 21-8[①]。

表 21-8　河弯形态关系

河段	河弯间距 L/m	弯曲幅度 P/m	河弯跨度 T/m	直河段平槽河宽 B/m	L/B	P/B	T/B
河道村—刘庄	5800	3570	8200	800	7.3	4.5	10.3
位山—泺口	3100	1340	4680	520	6.0	2.6	9.0
八李庄—邢家渡	2680	570	5070	600	4.5	1.0	8.5
兰家—打渔张	4700	1580	8600	580	8.1	2.7	14.8

3. 河弯要素参数一般采用范围

黄河下游河道两岸堤距上宽下窄，比降上陡下缓，排洪能力上大下小，来水来沙量不仅变化大而且组成复杂，这就造成河弯诸要素均有较大的变化范围。

依照上述实测资料和分析计算成果，采取的河弯要素变化范围为：

弯道半径 R 一般为整治河宽 B 的 2～4 倍，即 R=（2～4）B，最小应大于 2 倍。

弯道中心角 φ 一般取 50°～100°。

弯道长度 S 取决于弯道半径和中心角。

直河段长度 d 一般为整治河宽 B 的 1～3 倍，即 d=（1～3）B。

河弯间距 L 一般为整治河宽 B 的 5～8 倍，即 L=（5～8）B。

弯曲幅度 P 一般为整治河宽 B 的 1～5 倍，即 P=（1～5）B。

河弯跨度 T 一般为整治河宽 B 的 9～15 倍，即 T=（9～15）B。

（四）治导线的拟定与修订

治导线包涵一系列河弯要素，但仅靠计算得出的河弯要素是无法拟定出符合实际情况的治导线的。一个河段的治导线绘制是一项相当复杂的系统工程，丰富的治河经验是绘制治导线的必备条件，在绘制过程中除了要弄清河势变化、弯道之间的关系之外，还要充分了解该河段两岸国民经济各部门对河道整治的要求。

治导线是河道整治工程布置的重要依据。随着来水来沙和河床边界条件的变化，以及河道整治工程的修建，每隔一段时间需要对治导线进行修订。治导线的修订除要分析上述因素外，必要时还要开展实体模型试验和数学模型演算。2002～2006 年黄河下游游荡型河道整治方案研究时，曾进行了多组实体模型试验。

1. 拟定治导线

拟定一个河段的治导线前，首先要了解整个河段的基本情况及河势变化特点。拟定时从河段进口段开始，由上而下，直至河段末端。

（1）弯曲段

拟定第一个弯道的治导线时，要分析来溜方向、凹岸的边界条件（包括但不限于河岸的抗冲性、已有整治工程或取退水等建筑物），根据来溜方向、河岸形状和导溜部位、出溜方向绘出第一个弯道的治导线。为了使已有建筑物充分发挥作用，河弯的绘制需要选取不同的弯道半径进行适线，并使弯道圆弧线尽量多地靠近现有工程或可利用的建筑物，为更

① 胡一三. 1980. 黄河下游河道整治工程. 见：黄河水利委员会科技办公室. 黄河下游防洪论文集（第一集）：22-31

合理的确定线位，可采用复合圆弧线。进而按照设计河宽缩短弯曲半径，绘出与其平行的另一条圆弧线，作为对应凸岸的虚拟水边线。第一个弯道绘制完成后，按照相同的方法，依次绘制下一个弯道。

（2）直线段

上下两个弯道绘制完成后，用公切线把上弯的凹（凸）岸治导线与下弯的凸（凹）岸治导线连接起来，切线的长度即为两弯之间的直河段长度。在绘制直线段时，往往需要调整上、下弯道的出、进口位置，以便改善弯道的送流、迎流方向。

（3）检查及合理性分析

按照上述方法每绘制出连续的三个以上的弯道治导线后，就应对其河弯要素进行检查，分析各河弯要素是否合适。整个河段的治导线拟定后，还要根据天然河弯个数、弯曲系数、河弯形态、导溜能力、已有工程的利用程度以及对国民经济各部门的照顾程度等，进一步论证、并优化拟定的治导线。

2. 验证治导线

一个河段的治导线确定之后，就要确定整治工程位置线，并据此修建河道整治工程。河道整治工程建成后都希望其尽可能多地靠河着溜，并很好地发挥控导河势的作用。已建河道整治工程的靠河概率和靠河长度，是验证治导线是否可行的主要标志。

由于修建河道整治工程投资大，且建成后拆除困难，为优化设计治导线及工程位置线，充分发挥拟建工程效益，有条件的情况下应在工程实施前，最好利用实体模型对治导线及工程位置线进行验证。具体方法是，按照拟定的治导线和工程位置线，将计划修建的河道整治工程布置在相应河段的河工模型上，然后按事先设计好的多年水沙过程放水进行验证，并根据试验情况不断调整治导线或工程位置线，直至获得比较满意的效果。

工程建设最好是从上游至下游逐步推进，建一处验证一处，并根据工程出流方向及时调整规划的治导线。但多数情况下，受年度资金安排制约或局部河段河势恶化影响防洪安全或国民经济发展需要，必须优先安排一些工程，这种情况下，应根据轻重缓急，安排资金集中治理，以避免因工程数量及长度不足，上下游工程不配套，难以对河势形成有效约束，造成治理效果不理想的情况发生。随着工程的修建和完善，整治效果将逐步显现出来。

黄河下游河道整治初期，由于没有系统的规划，修建工程是“背着石头撵河”，整治工程是因险而设，从长期来看工程位置不合理，多年统计资料表明工程靠河概率较小。有计划地进行河道整治后，根据规划治导线和工程位置线布置工程，并按照轻重缓急和年度投资安排对河势变化比较大的几个河段进行了集中整治，随着工程的不断完善工程靠河概率明显增加，河势得到有效控制。总体上看，黄河下游按拟定的治导线修建的整治工程对河势的控制作用是好的。

3. 修订治导线

修订治导线是河道整治过程中经常进行的工作。按拟定的治导线整治一段时间后，已修建工程对河势的控导作用就会逐步显现出来，国民经济各部门对河道整治也会提出更高的要求，这时就需要对治导线进行修订，一个切实可行的治导线往往需要经过若干次的调整后才能确定。

黄河下游陶城铺以上河段的治导线曾进行了多次修订。1972 年《黄河下游河道整治近期规划》，分段拟定了铁谢—陶城铺河段的治导线，并开始逐步实施，1991 年水利部在黄委组织召开了黄河下游河道整治研讨会，对下游河道整治实践进行了总结。同年，为配合小浪底水库移民安置区建设，修订了铁谢—伊洛河口河段的治导线，并利用模型试验进行了检验。1996 年将铁谢至陶城铺间以往分河段的治导线进行了系统的梳理，并利用花园口至东坝头实体模型试验对该河段的治导线进行了验证。1999 年以后随着小浪底水库投入运用，进入下游的水沙条件发生了很大变化，2000 年黄委对白鹤镇—孙口河段的治导线进行了修订，将整治流量和整治河宽进行了调整。2002～2005 年，为配合下游河道整治，组织开展了《黄河下游游荡型河道河势演变机理及整治方案研究》，并利用小浪底设计水沙系列在白鹤镇至苏泗庄实体模型上对修订后的治导线和工程位置线进行了检验，通过四组模型试验基本确定了拟定的治导线和工程位置线，并用于指导以后一段时间内游荡型河段的河道整治。

四、整治工程位置线

（一）工程平面形式

黄河下游堤防可追溯至春秋战国时期，东汉、明代时期曾进行较大规模的堤防建设，1855 年黄河走现行河道后，经多年建设，基本形成了现有的堤防体系。受地形地貌和修建年代的制约，堤防修建没有统一的规划，堤线很不规顺。由于土堤主要用来挡水，抗冲能力差，民国以前决堤现象时有发生，堤防决口后，堵口时往往改变了局部堤线位置，这又加剧了堤线弯曲。险工是依附堤防抢险或堵口形成的，平面形式多种多样，很不规则，但大体上可归并为三类。

1. 凸出型

从平面上看，工程突入河中，如黑岗口险工（图 21-15），从图中可以看出，当主流靠在险工上、中、下不同部位时，水流的出溜方向变化是比较大的，险工以下河道宽浅散乱，工程起不到控制河势的作用，同时，给下个弯道的整治工程定位造成困难。

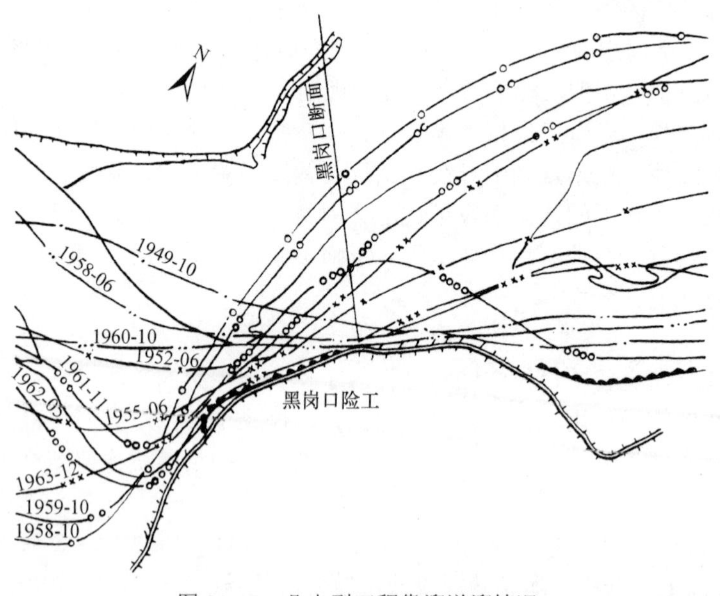

图 21-15　凸出型工程靠溜送溜情况

2. 平顺型

工程平面布局比较平顺或呈微凸微凹相结合的外形，如花园口险工（图 21-16），从图中也可以看出，随着险工靠溜部位的不同，水流的出溜方向变化也是很大的。

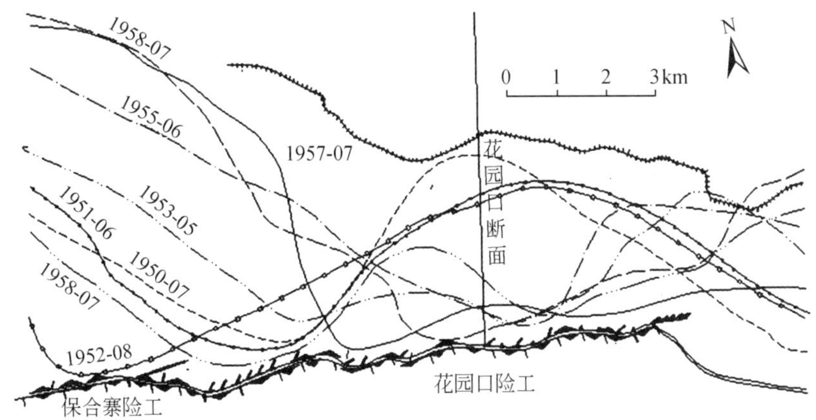

图 21-16 平顺型工程靠溜送溜情况

3. 凹入型

工程平面外形为凹入的弧线，如路那里险工（图 21-17），从图中可以看出，尽管来流方向和靠溜部位变化较大，但水流经过工程以后，出溜方向基本趋于一致，说明凹入型工程从控制河势角度来看是比较好的平面形式。从 20 世纪 70 年代有计划地开展河道整治以来，新修险工及控导工程均采用了凹入型的平面形式，并对一些平面形式不合理的工程进行了调整。图 21-18 是经调整后的黑岗口工程段主流线套绘图，从图中可以看出，水流经过黑岗口工程后，出溜方向逐步趋于一致，对岸下弯出现了相对比较稳定的河弯，为整治工程布置创造了条件。

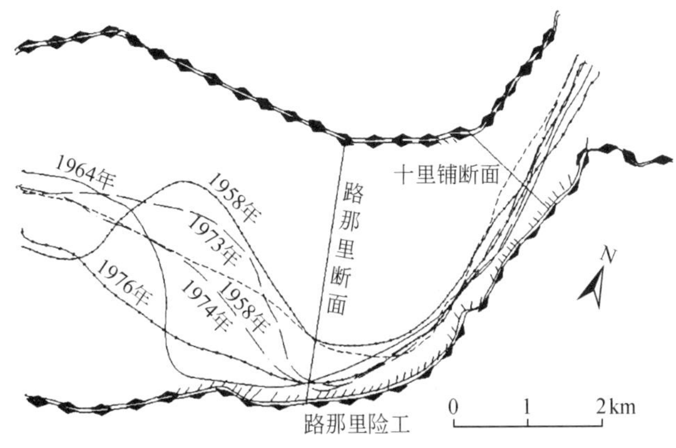

图 21-17 凹入型工程靠溜送溜情况

（二）整治工程位置线的提出

黄河下游河势变化的速度快，幅度大，因此在修建工程时常常提出注意藏头，但初期并没有提出过具体要求。随着修建工程时遇到的问题增多，加深了对藏头问题的认识。封丘禅房控导工程的修建过程就说明了这一点。

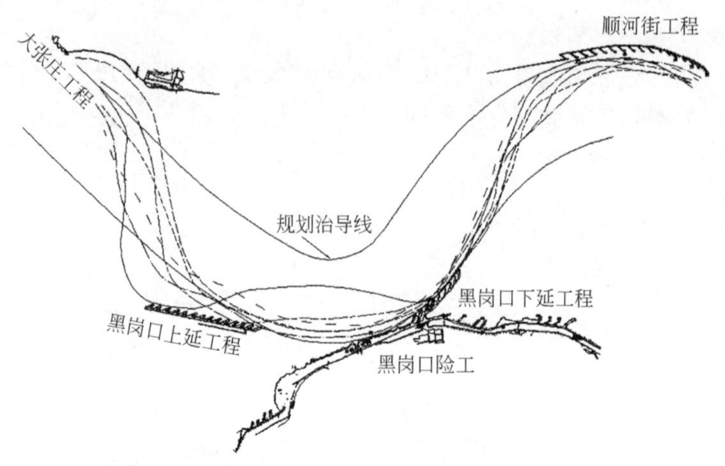

图 21-18　调整后的黑岗口险工靠溜送溜情况（2003～2009 年汛后主流线）

20 世纪 70 年代初，河道淤积严重，平槽流量大幅减少，凌汛期间水流漫滩，封丘县西大坝以下念张村进水，灾害严重。1972 年批复修建禅房控导工程，当时批复的方案是，从贯孟堤向工程首端修建上坝路（控制堤）长 2660m，从路端开始修控导工程长 1100m，拐头丁坝 9 道，其中 1 坝直线段长 167m，2～9 坝直线段长 100m，拐头段长 32.5m；丁坝间距，1～2 坝 190m，其余 130m。工程上段为直线段，长 700m，是治导线弧线段的切线。

1972 年汛期过后，上游东坝头以上两岸工程均不靠溜，在贯台一带尚属北河，按照一般规律，东坝头以上北河，东坝头以下一般为东河。但因河槽宽浅、水流散乱，工程不靠溜，东坝头以下水流却在西河部位散乱的下泄。1973 年 4 月黄委组织河南、山东两省河务部门查勘河道。17 日现场查勘时，贯台大坝 15 垛（当时为最下端）至河 60～100m，对水流无控导作用。东坝头对岸的西大坝坝头段曾发生坍塌，查勘时坝前为死水坑，再向东为刚出水的嫩滩星罗棋布，在拟修的禅房控导工程上端与西大坝之间，还形成了向西塌的小弯。

1972 年冬上坝路修建至 2417m 长时，因已到水边而停工。为节省料物，不搞水中进占施工。经黄委查勘组研究将原设计方案调整为，已修上坝路路端后退 70m、以 45° 方向修连坝，于原设计连坝相交；丁坝坝头连线与连坝平行、交于原设计 4 坝直线段。在此范围内 1973 年拟修建丁坝 5 道，为便于与原设计衔接，5 坝（原设计 4 坝）不设拐头（图 21-19），其为该工程唯一不设拐头的丁坝。以后续建的 6 坝以下诸坝也改变了原设计的坝长及间距。

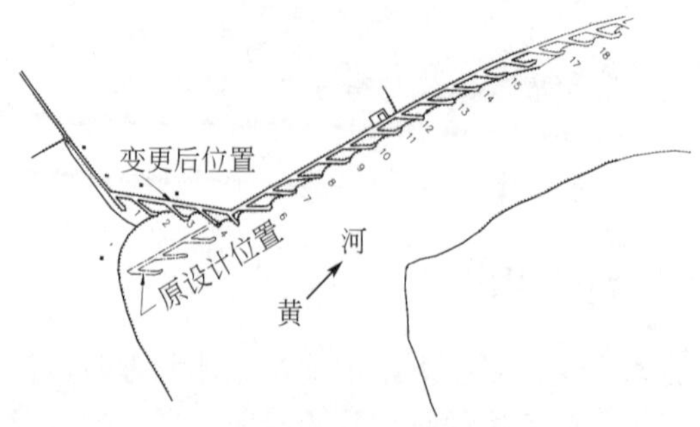

图 21-19　禅房控导工程平面图

除禅房控导工程外，还有多处工程上段被迫折线后退的例子，这就不得不思考如何改变这种情况。单靠治导线来确定工程位置是不够的，于是就提出了整治工程位置线的概念。胡一三（1980）在“黄河下游的河道整治工程”一文中首次论述了整治工程位置线。

（三）整治工程位置线的形式

河道整治工程主要由丁坝、垛、护岸等建筑物组成。每处整治工程坝、垛头或护岸前缘的连线称为整治工程位置线，简称工程位置线或工程线。其作用是确定河道整治工程的长度和具体位置。工程位置线的优劣对控制河势的作用影响很大。依据确定的治导线，上、下游河弯及工程所在河段的河势情况确定工程位置线是河道整治的重要内容之一。

确定一处河道整治工程的工程线，要根据该处工程的作用及与上下河弯的关系，依据治导线确定。首先要研究该河段的河势变化情况，确定可能的最上靠溜部位，工程的起点要布置在该部位以上，以防止修工程后水流抄工程后路。工程的中下段要具有很好的导溜能力和送溜能力。

黄河下游采取微弯型整治，工程线按照与水流的关系自上而下可分为三段，上段为迎溜段，应采用较大的弯道半径或与治导线相切的直线，使工程线离开治导线一定距离，以适应来溜的变化，利于迎溜入弯，且忌布置成折线，以避免折点上下出溜方向的改变。中段为导流段，弯道半径明显小于迎溜段，用于调整和改变水流方向。下段为送溜段，弯道半径较中段稍大，以便削弱弯道环流，规顺流势、送溜出弯。这种工程线的布置形式习惯上称为“上平、下缓、中间陡”的形式。

黄河下游进行河道整治半个多世纪以来，曾采用过的整治工程位置线的形式主要有以下两种。

1. 分组弯道式

这种形式的工程位置线是一条由几个圆弧线组成的不连续曲线，即将一处工程分成几个坝组，每个坝组自成一个小弯道，各个坝组之间有些还留有一定的空当不修工程。有的坝组还采用长短坝结合，上短下长的形式。不同的来溜由不同的坝组承担，优点是靠溜后便于重点防守；缺点是每个坝组适应溜势变化的能力差，导溜送溜能力弱，当来溜发生变化时，着溜的坝组和出溜的方向就会发生变化，达不到控制河势的目的，给下弯工程的防守也会造成困难。图 21-20 示出的为郓城伟庄险工平面图，1～6 坝为第一个坝组，6～15 坝为第二个坝组，不同坝组靠大溜时，出溜方向和位置变化是很大的，给下弯的布置及防守也会造成困难。

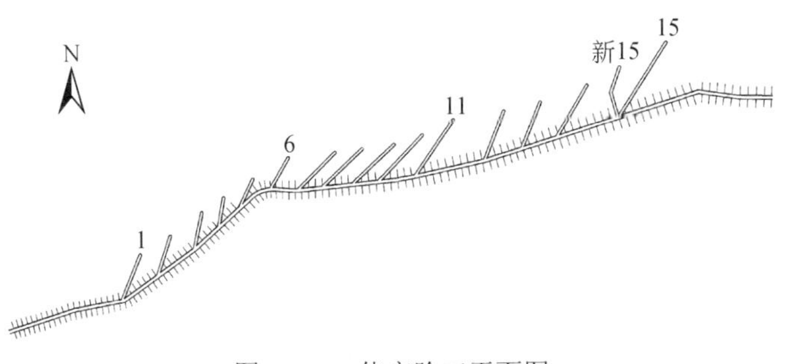

图 21-20　伟庄险工平面图

在河道整治初期，缺乏工程布置经验，且料物紧张，已有的河道整治工程较少，当年修建工程往往仅考虑当时的河势，因此采用此种形式较多。随着河道整治的发展和经验积累，20 世纪 70 年代以后很少采用。

由于一处河道整治工程长达 3～5km，难于在一两年内完成，对于工程线由几个圆弧线组成的连续的复合圆弧线，分若干时段修建工程，中间因未修工程而出现的空当不属于分组弯道式。

2. 连续弯道式

这种形式的工程位置线是一条光滑连续的复合圆弧线，呈以坝护弯、以弯导流的形式。工程线无折转点，水流入弯之后，诸坝受力较为均匀。其优点是水流入弯后较为平顺，导溜能力强，出溜方向稳，坝前淘刷较轻，较易防守。是一种好的工程线型式。图 21-21 示出的原阳双井控导工程就是一个例子。20 世纪 70 年代以后修建的河道整治工程均采用连续弯道式的整治工程位置线，而且对部分分组弯道式工程进行了改造。

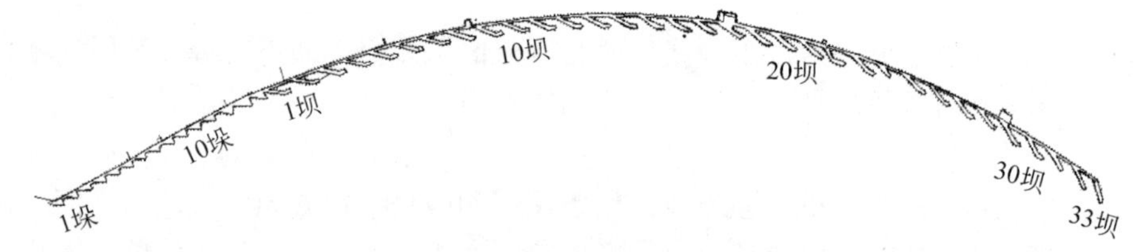

图 21-21　原阳双井控导工程平面图

（四）整治工程位置线与治导线的关系

治导线是一个河段经过河道整治后，在设计流量下的平面轮廓线，整治工程位置线是一个河弯处整治工程的坝垛头位置。后者是前者的局部和细化，前者强调的是水流的宏观走向，后者强调的是水流的局部变化和调整。因此整治工程位置线依赖于治导线，但又有别于治导线。治导线的河弯一般为单一弯道，而工程位置线通常根据来溜条件、河势变化和导流要求采用复式弯道。在一般情况下，工程位置线的上部采用放大弯道半径或切线退离治导线，工程中下部与治导线重合。整治工程位置线与治导线的关系如图 21-22 所示。

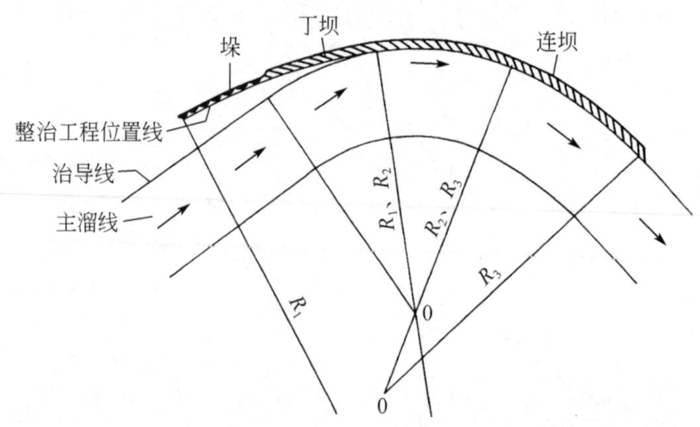

图 21-22　整治工程位置线与治导线的关系示意图

参 考 文 献

胡一三，徐福龄.1989. 黄河下游河道整治在防洪中的作用. 见：黄河水利委员会宣传出版中心. 中美黄河下游防洪措施学术研讨会论文集. 北京：中国环境出版社：169-177

胡一三，刘贵芝，李勇，等.2006. 黄河高村至陶城铺河段河道整治. 郑州：黄河水利出版社

胡一三，张红武，刘贵芝，等.1998.黄河下游游荡性河段河道整治. 郑州：黄河水利出版社

李文学，李勇.2002. 论“宽河固堤”与“输水攻沙”治理方略的有机统一. 水利学报，（10）：96-102

钱宁，张仁，周志德. 1987. 河床演变学. 北京：科学出版社

第二十二章　黄河下游河道整治历程

黄河是中华民族的摇篮，为了防御洪水对人们的侵害，远在春秋战国时期就修建了堤防。土堤抗御水流冲淘的能力很差，堤防决口后就会造成大的灾害。为提高堤防抗御洪水的能力，沿堤修建了一些防护工程，并积累了丰富的修建防护工程的经验。但这些防护工程当时是为了防御水流对堤防的破坏，不具备稳定或控导水流的性质。

为了稳定有利河势、改善不利河势、进而控导河势，达到防洪保安全的目的，有计划地进行河道整治是从20世纪50年代初开始的。

黄河下游有计划进行以防洪为主要目的的河道整治是在实践中创立，经过逐步完善，才形成了一套较为完整的整治措施。河道整治的实施是先易后难，从弯曲性河段开始，进而重点整治过渡性河段，最难整治的游荡性河段的河道整治需经过一个漫长的过程。

一、陶城铺以下弯曲性河段河道整治历程

（一）1949年防汛抢险的启示

1949年花园口站最大洪峰流量12300m^3/s，发生大于5000m^3/s的洪峰7次，是汛期水量较丰的一年。9月22日弯曲性河段泺口站洪峰流量7410m^3/s。在洪水演进的过程中，弯曲性河段河势发生了较大变化，险工溜势普遍下延，老险工脱河，猝生新险，出现了严重的抢险局面。有40余处险工发生严重的上提下挫，并有东阿李营等15处险工脱河。董家道口、沟头、张辛、谷家等险工抢险达四五十天；麻湾、王庄、前左等险工接连出现大险。

7月上旬首次洪峰，济阳县高家纸坊险工，由于右岸张桥滩岸坍塌，溜势下延，接连抢护长达1.5km，修了40余道坝垛，历时40余天方转危为安。由于右岸土城子至卞家河弯坍塌，卞家、王常家、时家、西邢家4个村庄掉入河中，造成左岸济阳县朝阳庄险工溜势下滑，在董家道口平工堤段临堤抢险。经调集济阳段工程队，县大队、省河务局直属工程队及群众防汛队伍2000余人，抢修半月，临堤厢修埽坝13道，才转危为安。9月24日利津王庄险工溜势下延，7段秸埽接连墩蛰入水，埽前水深由4m冲刷至20m。800多人参加抢修，持续了14个日日夜夜。因水深溜急，埽坝屡抢屡蛰，石料已用尽，而险情继续恶化，在此危急关头，有多年治黄经验的工务股长于佐堂，采用以麻袋装淤泥抛护埽根的办法，用1万多条麻袋，夜以继日装红泥3400余m^3，巩固了根基、稳定了险情。垦利县前左是当年新修的险工，一号坝长1660m，坝头修有7段裹头及护沿埽被冲垮5段，当时调集7个工程班和垦利、沾化、广饶三县1000余民工和地方武装，抢修十多个昼夜，保住了坝头。9月底，河水回落溜势上提，主溜顶冲。10月2日至6日，裹头护沿全部被冲垮，整段的埽体被冲走，被迫后退250m，重新抢修裹头，经月余顽强奋战，才保住了一号坝。

由于河势变化向下游传播，相应造成连续抢险。如左岸济阳朝阳庄险工脱河，靠溜部位下滑 2km 至董家道口，右岸章丘县滩地大量坍塌，以下左岸葛家店险工靠溜部位大幅度下挫，存在脱河危险，并引起以下连锁反应，济阳张辛险工靠溜部位大幅度下挫，谷家、小街子险工靠溜部位也发生下滑。撵河抢险长达 40 余天，使防汛处于十分被动的状态。

弯曲性河段堤距窄，河床黏粒含量大、沿堤又修有多处险工，是黄河下游对水流约束能力最强的河段。1949 年汛期十分被动的抢险表明，即使在黄河下游控制水流条件最好的河段，单靠两岸堤防及沿堤修建的险工，是无法控制河势的，防汛仍会处于十分被动的局面（胡一三，2010）。

1949 年弯曲性河段防汛的事实告诉我们，要减少防汛被动，除修好堤防及沿堤险工外，还必须选择与险工相应的滩地弯道修建工程，发挥导流作用，才能相对稳定河势，减少防汛中的被动。即在加高加固堤防的同时，还必须进行河道整治。

（二）创办河道整治

要减少防汛被动，需要防止河势发生大的变化。要稳定河势，必须控制若干滩弯以形成稳定的中水河槽。滩稳则槽稳，槽稳则河势稳、溜势定，险工易守，防洪主动，堤防安全才有保障。

1949 年汛期过后，针对汛期出现的河势变化和严重被动的抢险局面，在进一步调查研究分析 1949 年汛期的河势变化、滩地弯道与险工靠溜关系的基础上，认为泺口上下几处河势变化，都与对岸塌滩有关。特别是济阳沟阳家险工以下河势的大变化，直接与章丘土城子以下右岸蒋家河滩严重塌滩坐弯有关。为稳定险工溜势先做试验，1950 年选择齐河八里庄、济阳邢家渡、章丘蒋家等做固滩定弯试验。采取打木桩编柳笆做篱，成为透水柳坝，使其挑溜落淤护弯，当年汛前完成了章丘县蒋家、苗家、齐河县八里庄、济阳县邢家渡等 14 处工程；采取修做柳箔护坡防冲的办法，完成了邹平县张桥、大郭家、章丘县刘家园等 6 处工程。观察其洪水考验后的作用效果，发现木桩编柳笆篱做成的透水柳坝对挑溜外移、落淤还滩，效果良好；护滩柳箔对防冲固滩效果不够理想，在张桥、大郭家抢险中，改为柳石枕修做的柳石堆（垛）结构，取得了好的效果（黄河水利委员会山东河务局，1988）。

从 1950 年汛期试验中还可看出，孤立一处滩弯修建护滩工程，对弯道水流的环流影响作用和控导力度均不够大，对下弯发挥的控导作用也较有限。若能在一个河段内几个弯道（包括险工及滩弯）统一规划，相互配合，同步进行控导，可能对稳定河势，产生长距离的效应。于是，确定进一步利用护滩控导工程，稳定滩弯，进行典型河段多弯联合控导河势试验，以固定中水河槽，稳定主溜，规顺河势。

1951 年春在连续几个弯道进行控导河势试验，选定有代表性的章丘县土城子险工至济阳县沟头、葛家店险工之间长 9km 的河段，做联弯控导护滩试验。1950 年右岸蒋家及北李家两处滩岸剧烈坍塌坐弯，河王庄滩嘴突出河中，施王庄滩嘴正在坍塌。要避免沟头险工下延，必须消去河王庄滩嘴，保护施王庄滩岸不坍塌，才能达到要求。按照以防洪（防凌）为主要目标，采取凭滩就弯，修建控导护滩工程，固定中水河槽，作为主要工程措施稳定险工溜势，达到主动防守险工、保障堤防安全。具体要求为：控制该段河势不使主溜下延过葛家店险工主坝及防止溜势连锁反应，引发长距离河势下延，影响以下的济阳张辛、小街子等长 16km 的险工河段发生大的溜势变化。该段工程原设计包括修建章丘土城子险工以下的右岸蒋家、刘家园、河王庄等处护滩工程，并相应修建左岸济阳董家道口河湾和右岸北李家护滩工程，以控制左岸济阳沟头、葛家店险工的溜势。但在施工过程中，由于溜势的不断变化，对原设计的治导线，根据实际情况进行了调整，随施工随变更设计。最后形成右岸蒋家、刘家园、河王庄、北李家，左岸戴家、沟头（葛家店险工上延）6 组护滩工程。当时，建筑物结构为在水中打长短不等木桩，编柳笆做成桩篱坝（又称透水柳坝），发挥挑溜、落淤护滩作用。在水深溜急处的施工困难工段，经临时研究改用柳枝包块石，做成“柳石包”（小柳枕）散抛入水沿滩岸堆筑成平面形状大体为“八”字形的柳石堆（垛），施工中又逐渐改进成“雁翅埽”形或称“鱼鳞埽”形垛，发挥推溜护岸作用。经过三个多月紧张施工，于汛前竣工，完成重点透水柳坝 32 道、柳石堆 6 个、土坝基 3 道。此后，随着河势演变、溜势提挫变化，逐年对工程进行调整扩建。工程在竣工后不久，经观察其控导河势效果明显。大溜明显外移，凹岸也停止冲刷坍塌，并在柳坝坝裆间落淤还滩；凸岸的嫩滩嘴则发生冲刷，主溜较施工时已发生趋中规顺。各滩弯及对应的险工溜势，也较前稳定。基本达到了葛家店险工主溜不再下延及防止其脱河的预期目的。

在黄河下游河道整治创办及初步发展阶段，采用的建筑物主要为透水柳坝（图 22-1 和图 22-2）和柳石堆（图 22-3），经完善，已形成较为标准的形式（黄河水利委员会山东河务局，1988）。

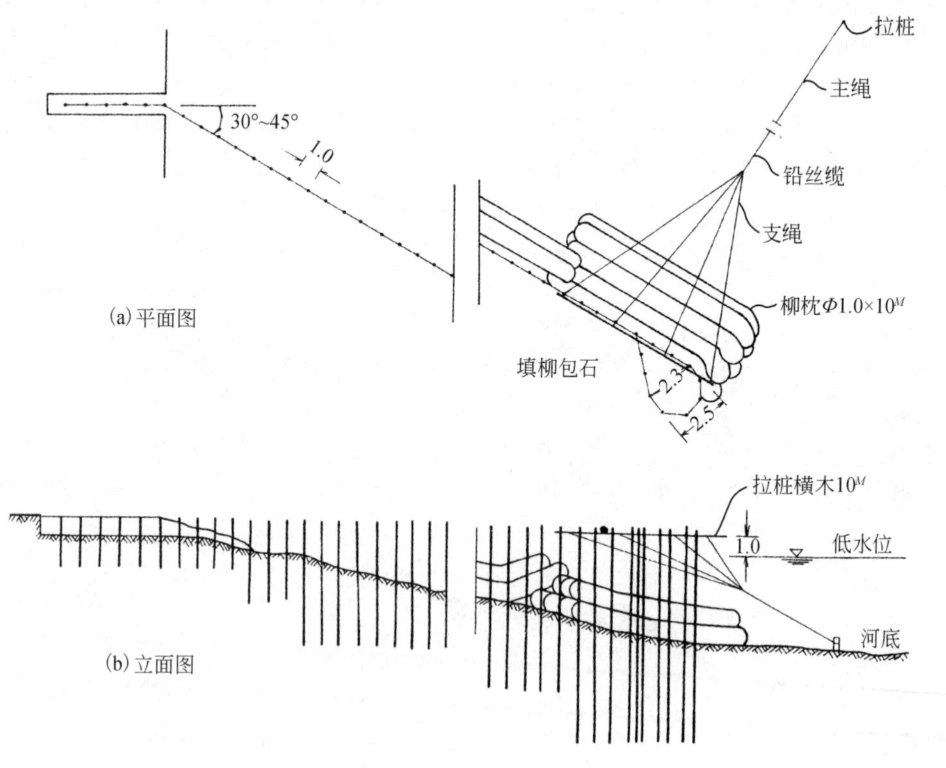

图 22-1 透水柳坝标准图（单位：m）

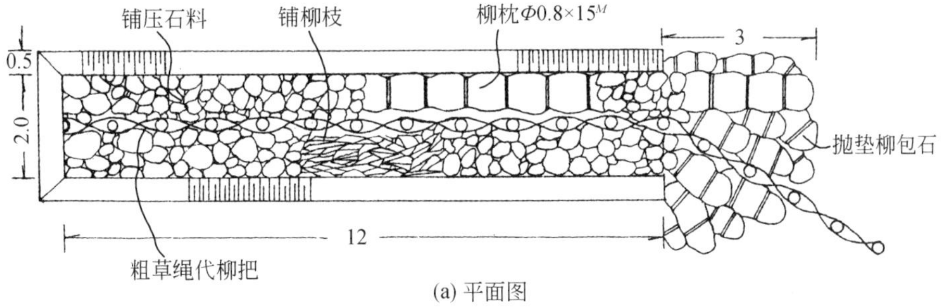

(a) 平面图

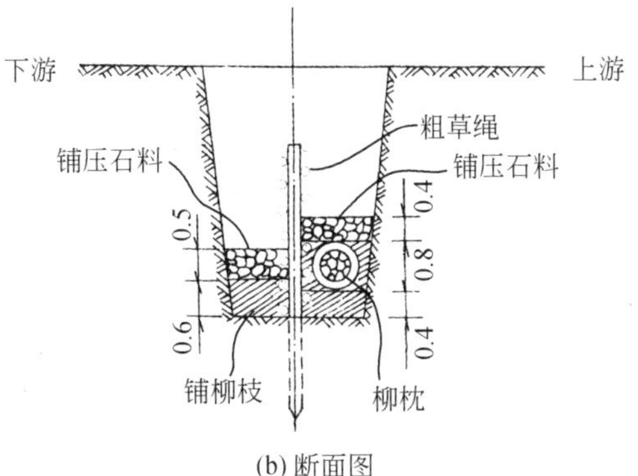

(b) 断面图

图 22-2　透水柳坝根槽标准图（单位：m）

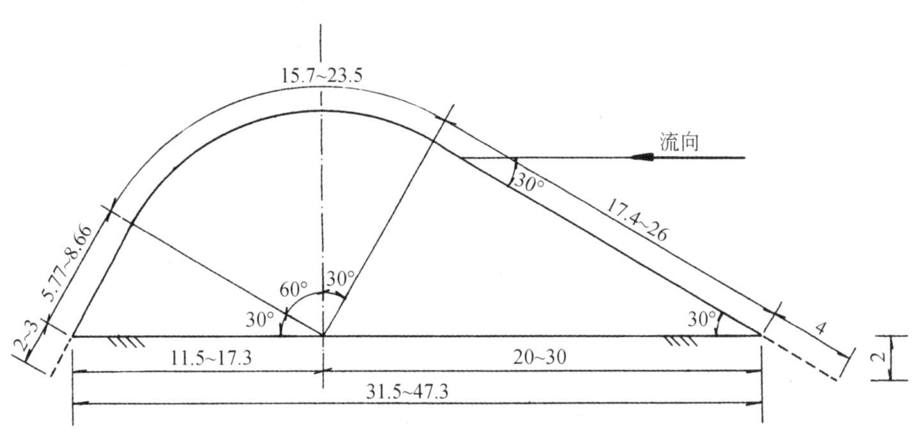

注：1.围长45~65m，2.中至中相距62~77m，净距30m

(a) 平面图

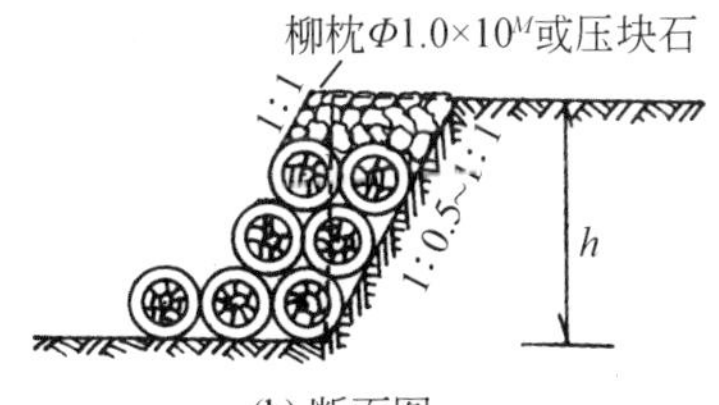

(b) 断面图

图 22-3　柳石堆平面图及断面图（单位：m）

（三）20 世纪 50 年代河道整治发展

河道整治试验取得成功之后，弯曲性河段尤其是济南以下河段的河道整治得到了快速发展。1952 年开始推广护滩工程，配合险工形成控导体系，以稳定河势。由重点到一般，由少到多，逐步配套完善，成为下游河道防洪工程体系的组成部分。

控导护滩工程先在泺口以下推广，按照以防洪（防凌）为主要目的，利用已有工程或河道有利地形、地质等河床条件，因地制宜，因势利导，配合险工，修建控导护滩工程，稳定中水河槽；在“宽河固堤”方针指导下，修建控导护滩工程与治理滩地串沟、堤河相结合；重点控导与一般防护相结合；统筹整治，规顺河势，护滩保堤。1952～1955 年修建了大量的控导护滩工程，达到了控制河势的效果：①滨县纸坊控导工程。其下游对岸为刘春家险工，由于纸坊滩嘴过于突出，滩嘴与刘春家险工之间卡冰影响防凌，但该滩嘴又不能过于坍塌后退，造成刘春家险工脱河，影响以下河势发生大的变化。待滩嘴塌至一定程度后，于 1953 年开始修建纸坊控导工程，至 1955 年共修 18 个垛，长 1656m，基本达到了预期目的。②滨县韩家墩至王大夫控导工程。该段河道滩地土质多沙，且在大小高、韩家墩、玉皇堂一带滩区有 5 条串沟。1947～1952 年由于道旭以下主溜北移，滩岸连年坍塌，其中龙王崖前河岸坍塌后退 294m，王大夫前坍塌 232m；1954～1956 年张王庄前坍塌 302m。滩岸坍塌形成了一个大弯道，如不防守，该河段河势将会发生大的变化。1952 年 8 月为防止洪水走故道，曾修建透水柳坝、土坝基截堵串沟，并在韩家墩、龙王崖前修垛 14 道，王大夫前修垛 8 道。1953 年春韩家墩接修透水柳坝 9 道、填裆 3 道，王大夫前修垛 11 道。1954 年龙王崖填裆 1 道，王大夫填裆修透水柳坝 6 道。1955 年王大夫修建 2 道透水柳坝和 2 道柳石垛。1954 年洪水开始冲塌芦王庄胶泥嘴，这一变化对王旺庄险工靠溜，特别是对打渔张引黄闸正常运用关系重大。1956 年王大夫又接修了 14 个垛。至此按设计治导线全部修建了控导工程，计修透水柳坝 17 道，柳石垛 53 道，长 6120m，使该河段河势一直保持稳定。

1952～1955 年在技术上也有大的改进。由于透水柳坝在冰凌期经常遭受破坏，且受材料和施工技术的限制，逐渐改为以柳石为主要材料的工程。1956～1958 年由于来水来沙较丰，河势摆动冲刷滩弯加剧，护滩工程抗溜负担加重，即采取以巩固、加强为主，实行稳步发展，对工程进行了完善、加固。控导护滩工程顶部与当地滩面平，洪水漫滩时，坝顶拉沟，裹护石料被冲走。在防汛过程中积累了坝顶压柳等防漫顶破坏工程的经验，使工程能长期发挥作用。这些工程经受了 1957 年、1958 年大洪水的考验，险工与控导护滩工程相配合，控制了大部分河弯的河势，减少了被动抢险。

50 年代自阳谷陶城铺—垦利河段共建成控导护滩工程 54 处，工程长 65.9km，占该段河道长度的 18.6%；若计入险工长度则达该段河道长度的 60.6%。在此期间，控导护滩工程配合险工已在弯曲性河段形成了几段对河势控制作用较好的河段，除章丘蒋家护滩、北李家护滩与济阳葛家店险工外，还有如滨县龙王崖、王大夫等护滩工程与博兴王旺庄险工所在的河段等，河势基本流路得到了控制。经过 50 年代的河道整治，弯曲性河段初步控制了河势，不仅有利于防洪，并减少了塌滩掉村、保证了引黄灌区渠首稳定引水。

（四）河道整治工程续建完善

20 世纪 60～70 年代是黄河下游水量较丰、中水持续时间较长的时期，除堤防发生险情较多外，滩地坍塌也非常严重，弯曲性河段修建了一些河道整治工程。1960 年三门峡水库建成投入运用，以后几年下游河道来水来沙发生了大的改变，河势也发生相应变化，部分塌滩严重，威胁堤防安全。加之沿河涵闸等引水工程增多，群众对护滩保堤、稳定引水、发展生产的要求更加迫切。于是，又转入了增建、续建、配套控导工程的阶段，推动了河道整治工作继续发展。在此期间，泺口以下的高青马扎子、刘春家等河段新建、续建了多处控导工程。70 年代下游进入枯水系列，三门峡水库采用“蓄清排浑”的运用方式，河道一直处于淤积状态。控导护滩工程随着河道淤积及河势变化，一方面发挥了控制河势的作用；同时也暴露出工程不够配套，还不能适应新的河势变化。特别在一岸有工程控导而对岸控导工程少的河段，如高青及惠民的白龙湾、大小崔，垦利的义河庄至西河口等河段。70 年代后增修、续建、配套了多处控导工程。同时，对已有工程也针对河势变化情况，分别进行加固，并逐步调整完善。

在阳谷陶城铺至济南北店子的弯曲性河段，左为黄河大堤，右为长清、平阴滩区。在 20 世纪 50 年代修建河道整治工程少，仅有平阴滩区的刘官庄（始建时间为 1950 年）、望口山（1955 年）2 处，长清滩区的姚河门（1958 年）、西兴隆（1950 年）、娘娘店（1949 年）3 处。60～70 年代修建了大量的控导护滩工程。例如，平阴滩区修建的姜沟（1967 年）、苏桥（1971 年）、桃园（1968 年）、丁口（1970 年）、王小庄（1970 年）、外山（1974 年）、田山（1977 年）、石庄（1972 年）8 处；长清滩区修建的有燕刘宋（1967 年）、许道口（1970 年）、王坡（1974 年）、下巴（1967 年）、顾小庄（1965 年）、桃园（1969 年）、董苗（1966 年）、贾庄（1967 年）、孟李魏（1967 年）、小侯庄（1972 年）、老李郭（1967 年）、潘庄（1967 年）、红庙（1972 年）13 处。

20 世纪 80 年代以后，依照河势变化等情况，又对工程进行了新建、续建、调整、完善，河势得到了控制。截至 2014 年，阳谷陶城铺以下的弯曲性河段计有河道整治工程 183 处，坝垛 4910 道，工程长 281.665km，详见表 22-1。

表 22-1　陶城铺以下弯曲性河段河道整治工程统计表（截至 2014 年）

河段		陶城铺—泺口	泺口以下	小计
控导工程	工程处数	47	53	100
	坝垛数/道	748	857	1605
	工程长度/km	61.476	73.881	135.357
险工	工程处数	35	48	83
	坝垛数/道	1451	1854	3305
	工程长度/km	71.271	75.037	146.308
合计	工程处数	82	101	183
	坝垛数/道	2199	2711	4910
	工程长度/km	132.747	148.918	281.665

二、高村至陶城铺过渡性河段河道整治历程

高村—陶城铺河道属过渡性河道，其河势演变特点具有弯曲性河道的部分特点，在平面上表现出河槽单一、弯曲，主溜变化较小的基本特性，但河道整治的难度要比弯曲性河

道整治的难度大。高村—陶城铺河段河道整治大致可分为1965年前、1965～1974年、1975年以后3个阶段。

1947年4月花园口堵口完成至1958年，来水较丰，河势变化很大，河势查勘每月进行一次，汛期一月多次，加深了对河势演变规律的认识。这一时段工程不多，原有工程只有高村、南小堤、刘庄、苏泗庄、路那里5处险工经常靠溜，苏阁、杨集及后来修建的乔口、伟庄、邢庙、李桥、程那里、影唐等8处险工靠溜不稳，时靠时脱，甚至短时靠河，长期脱河。尚未修建控导工程，开展河道整治的条件尚不成熟。

1958年受“左”的思想影响，提出“三年初控，五年永定”的治河口号，盲目推广永定河的“柳盘头”“雁翅林”等活柳坝经验，以为用“树、泥、草”工程结构可以修正控制河势。在此思想指导下，1960年2月黄委在郑州召开了黄河下游治理工作会议，提出了“纵向控制，束水攻沙”的治河方略，纵向控制是指修建10处枢纽工程，束水攻沙是指整治河道。8年实现规划治导线流向和河宽。1962年4月在武陟庙宫召开的河道整治会议上，提出了“纵向控制与束水攻沙并举，纵横结合，堤（这里指生产堤）坝并举，泥柳并用，泥坝为主，柳工为辅，控制主溜，淤滩刷槽”的治理方针。据此，本河段在右岸修建了张村、鱼骨、桑李庄、李桥、苏门楼、徐码头、苗徐等工程，在左岸修建了榆林、卫寨、王密城、潘集等工程，用柳淤搂厢和柳淤枕盘头裹护土坝体，有的靠溜不到一小时就被冲垮，最后全被冲垮。由此对河道整治引起争议，致使河道整治处于偃旗息鼓的状态。

（一）集中整治阶段

这一阶段是河道整治的大发展阶段。工程修得多，积累经验多，整治技术走向成熟。

1964年黄河下游来水量大，花园口年水量达800多亿m^3，为多年平均的近两倍，汛期最大洪峰流量为9430m^3/s，4000m^3/s以上流量达107天。由于河道整治工程少，河势发生了剧烈的变化，险工出险不断，另外还出现了一些新的险工，致使防洪非常被动。塌滩普遍严重，高村—陶城铺河段1964年共塌滩13560.2亩，其中左岸2379.3亩，右岸11180.9亩，详见表22-2（薛全贵和赵明华，1965）。

表22-2 高村—陶城铺河段1964年塌滩情况统计表

岸别	县别	塌滩地点	长度/m	均宽/m	深度/m	面积		体积/万m^3
						万m^2	亩	
左岸	濮阳	柿子园	2600	100	1.5	26.0	391	39
		潘寨—莲山寺	2500	150	1.2	37.5	563	45
	范县	李桥	2500	200	1.3	50.0	750	65
		毛楼	500	17	1.0	0.85	12.7	0.85
	台前	苏庄	850	85	1.2	7.22	108	8.7
		李胡	2600	40	1.2	10.40	156	12.5
		龙湾下	885	30	1.2	2.67	40	3.2
		邢仝	1502	68.5	1.2	10.30	155	12.4
		枣包楼	3720	25	1.2	9.05	136	10.9
		石桥	1000	45	2.0	4.5	67.6	9.0
		小计				158.49	2379.3	206.55

续表

岸别	县别	塌滩地点	长度/m	均宽/m	深度/m	面积		体积/万 m^3
						万 m^2	亩	
右岸	东明	乔口—永乐	3700	350	1.7	129.5	1940	220
	菏泽	上界—西马庄	2000	109	1.1	21.8	327	23.88
		郝寨—兰口	3651	500	1.5	182.5	2740	274
	鄄城	毛洼—老宅庄	3000	17	0.7	5.1	76.4	3.57
		老宅庄—桑庄	3000	42	1.0	12.6	189	12.6
		桑庄—巩庄	4000	302	1.2	121	1810	145.2
	郓城	徐码头—苏阁	2000	257	2.5	51.4	770	128
		杨集—四杰村	1300	200	1.8	26.0	390	46.8
	梁山	程那里	2000	500	1.4	100	1500	140
		蔡楼—程坊	1200	18	1.5	2.16	32.5	3.24
		闫那里（汛前）	2409	269	1.3	64.8	973	84.24
		闫那里（汛期）	2409	120	1.3	28.91	433	37.58
	小计					745.77	11180.9	1119.11
合计						904.26	13560.2	1325.66

为了保障防洪安全，减少由于河势变化造成坍塌对滩区群众的影响，1965 年 2 月 6 日黄委发出《关于黄河下游河道整治工作的安排意见》，河道整治又开始启动。在认真总结弯曲性河段河道整治经验及“树、泥、草”治河教训的基础上，选择河道整治难度较小的东明县高村至阳谷县陶城铺的过渡性河段，从 1965 年以后大力进行河道整治。在堤距较宽、大河距两岸大堤均有数千米的河段，两岸均在滩地合适部位修建控导工程；对一岸靠近堤防、另一岸距堤防较远的河段，一岸利用或修建险工、另一岸在滩地合适部位修建控导工程。采用以弯导流的办法，上下弯控导工程相配合或者险工与控导工程相配合，控导河势。

1969 年在三门峡召开的晋、陕、豫、鲁四省治黄会议上，要求提出规划，整治河道，继续兴建必要的控导护滩工程，控导主溜，护滩保堤，以利防洪和引黄灌溉。黄委于当年 10 月在东坝头至位山汛末河势查勘时，通过讨论、协商提出了整治规划治导线及拟安排的工程项目。

1972 年 10 月 9 日至 11 月 10 日，黄委用 1 个月的时间召开了黄河下游河道整治会议，其中一半时间查勘白鹤镇至河口两岸的河道整治工程，一半时间研究河道整治的技术问题。参加人员上至黄委副主任，下至县修防段工程队队长，人员具有广泛的代表性。经过认真讨论，形成并通过了《黄河下游河道整治规划》《黄河下游河道管理工作的几项暂行规定》。会议肯定了高村至陶城铺河段的河道整治成绩及整治经验；肯定了控导工程对稳定河势、固定险工、护滩保堤、引黄淤灌的重大作用；确定了河道整治的基本原则；明确了整治流量、整治河宽等重要规划设计参数。

1965～1974 年在过渡性河段两岸除改建了部分险工外，共修建 25 处控导工程。其中右岸有贾庄（1969 年）、张闫楼（1967 年）、兰口（1967 年）、老宅庄（1966 年）、芦井（1969 年）、郭集（1969 年）、于楼（1968 年）、蔡楼（1968 年）、朱丁庄（1970 年）、丁庄（1968 年）、战屯（1968 年）、肖庄（1968 年）、徐巴士（1967 年）等工程；左岸有南小堤上延（1973 年）、连山寺（1967 年）、龙常治（1971 年）、马张庄（1969 年）、旧城（1967 年）、孙楼（1966

年）、韩胡同（1970 年）、梁路口（1968 年）、赵庄（1968 年）、贺洼（1966 年）、白铺至前董（1970 年）、石桥（1967 年）等工程。

高村—陶城铺河段河道整治工程的平面布局见图 22-4，这些工程初步控制了该河段的河势，在防洪、引水、保护滩区群众等方面发挥了很好作用。

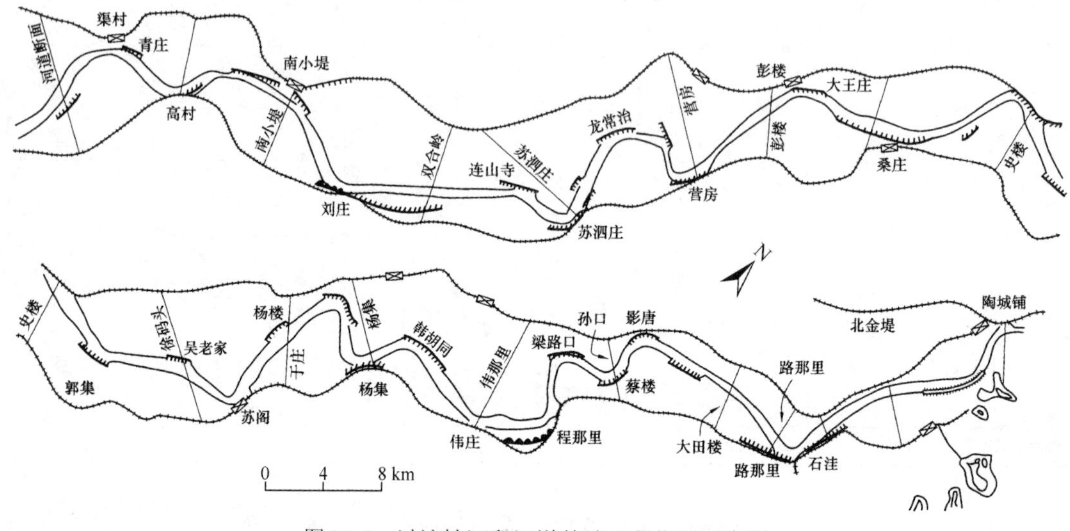

图 22-4　过渡性河段河道整治工程位置示意图

（二）整治工程续建完善

1975 年以后主要是按照规划修建新的控导工程，并对部分工程进行了调整改建；根据河势发展对多处河道整治工程进行了上延下续。

根据规划治导线修建的工程主要有吴老家控导工程、枣包楼控导工程以及杨楼控导工程。根据工程平面形式调整修建的工程主要有高村险工下延、营房险工下延、李桥险工上延、邢庙险工调整、杨集险工上延等。这类工程数量较少。

根据河势变化对工程进行上延下续的有南小堤上延工程上延、苏泗庄险工下延、桑庄险工下延、韩胡同控导工程上延、伟庄险工上延、梁路口控导工程上延、蔡楼控导工程上延、影唐险工上延等。这类工程数量较多。

截至 2014 年，东明高村至阳谷陶城铺的过渡性河段计有河道整治工程 55 处，坝垛 1239 道，工程长 119.670km，详见表 22-3。

表 22-3　高村至陶城铺过渡性河段河道整治工程统计表（截至 2014 年）

项目	控导工程	险工	合计
工程处数	32	23	55
坝垛数/道	744	495	1239
工程长度/km	66.898	52.772	119.670

目前高村—陶城铺河段河势已基本得到控制，堤防安全有了较大保障，两岸引水口处河势相对稳定，塌村塌滩现象已得到有效遏制。

三、高村以上游荡性河段河道整治历程

黄河下游游荡性河段纵比降陡，流速快，水流破坏能力强，河床泥沙颗粒粗，含黏量小，抗冲能力低，塌滩迅速，对堤防威胁大。河势演变的任意性强、范围大、速度快、河势变化无常。游荡性河段是情况最为复杂，最难进行河道整治的河段。游荡性河段能否进行河道整治、能否控制河势，在 20 世纪 60～70 年代一直存在争议。

（一）河道整治初始阶段

20 世纪 50 年代在防洪方面集中力量加高加固堤防，无力涉及河道整治。三门峡水库 1960 年投入运用，先采用“蓄水拦沙”运用方式，清水下泄；后改为“蓄清排浑”运用方式，非汛期蓄水，汛期排沙，在一年之内下游河道的冲淤变化直接受其影响。60～70 年代水量丰，来水来沙变幅大，水库调节后，下游河道的冲淤变化直接受其影响，本河段首当其冲。游荡性河段，两岸堤距大，滩地宽阔，横比降陡，土质多沙，在水流作用下，坍塌迅速，游荡性河道京广铁桥—高村河段 1964 年塌滩情况如表 22-4 所示，仅 1964 年就坍塌 123714.8 亩，其中左岸 79171 亩，右岸 44543.8 亩。河势游荡多变，不仅直接危及堤防安全，而且造成滩地大量坍塌，村庄落河，直接危及滩区群众的生命财产安全。因此，游荡性河段急需进行河道整治，缩小游荡范围，逐步控制河势。

表 22-4　游荡性河道京广铁桥—高村河段 1964 年塌滩情况统计表

岸别	县别	塌滩地点	长度/m	均宽/m	深度/m	面积		体积/万 m^3
						万 m^2	亩	
左岸	原阳	枢纽大坝以西	5000	500	1.2	250	3763	300
		马庄	8000	1400	1.2	1120	16800	1344
		黄练集	2000	300	1.2	600	9000	720
		陡门	12000	1165	1.2	1400	21000	1680
	封丘	红旗渠	5500	1130	1.0	625	9400	625
		汴新路—范庄	6000	750	1.0	450	6750	450
		古城以东	6000	542	1.2	325	4870	390
		常堤以西	200	30	4.0	0.6	9	2.4
		常堤—贯台	2100	25	5.5	5.25	79	28.88
	长垣	王辛庄	3500	430	2.0	150	2250	300
		贾庄	5000	700	1.7	350	5250	595
	小计					5275.85	79171	6435.28
右岸	郑州	枢纽大坝东	4000	562	1.5	225	3370	337.5
		东大坝以东	3000	333	1.5	100	1500	150
	中牟	杨桥	6000	790	1.5	475	7140	712.5
	开封	韦滩工程西	5000	1333	1.5	666.6	10000	1000
		府君寺以下	4200	1310	1.5	550	8250	825
	兰考	夹河滩控导	3000	300	1.0	90	1350	90
		杨庄—陈庄	6500	538	1.4	350	5250	490
	东明	林口—窑头	10000	450	1.0	450	6750	450
		老君堂	800	100	1.0	8.0	120	8.0
		老君堂以下	1000	120	1.2	12	180	14.4
		堡城—双堌堆	2250	10	1.2	2.25	33.8	2.7
		高村正西	2000	200	2.0	40	600	80
	小计					2968.85	44543.8	4160.1
合计						8244.70	123714.8	10595.38

游荡性河段，堤距宽，游荡范围四五千米以上，两岸险工在控制河势方面很难相互配合，因此在滩区修建控导工程更为必要。在河道整治初始阶段的60～70年代，不得不按照先易后难、选择合适位置，先修一些仅有护滩而没有控导作用的临时护滩工程，防止游荡范围进一步扩大，待有条件时，再按治导线修建控导工程。60余千米长的原阳滩就经历了这样的过程。

原阳位于黄河左岸，黄河大堤长62km，堤前为1855年高滩。为防高滩大面积坍塌及村庄掉入河中，修建了许多护滩、护村工程，除20世纪50年代末修建的娄王屋（始修时间为1959年）、刘窑（1959年）、南赵庄（1959年）、杜屋（1959年）、孙堤（1958年）、三官庙（1959年）、马合庄（1959年）、大张庄（1958年）、黑石（1957年）9处外，60～70年代修建了北裹头（1960年）、王屋（1967年）、马庄南（1967年）、刘庵（1967年）、全屋（1967年）、黄练集（1960年）、赵厂（1967年）、双井（1968年）、马庄（1968年）、三教堂（1968年）、任村堤（1973年）11处。这些工程除马庄、双井是按照控导河势要求布置的控导工程外，余皆为临时防护工程，不具有控制河势的作用。

（二）游荡性河段可整治性分析

为了解决游荡性河段防洪、引水、滩区存在的现实问题，回答游荡性河段能否进行整治的问题，60～70年代即对此进行了研究。试图通过与游荡性河段河性相近的过渡性河段整治前后的变化及部分游荡性河段修建整治工程后的作用及变化来说明游荡性河段是能够整治的（胡一三，1992）。

1. 过渡性河段整治的初步效果

过渡性河段既具有游荡性河段主溜摆动频繁的特性，又具有弯曲性河段有明显的主槽、弯道不断下延坐弯的特点。过渡性河段1949年前仅有险工7处，且每处的工程长度较短，都是在抢险中修建的，在20世纪50年代及60年代初期为保堤防安全，增修了数处新险工。1965～1974年，参照弯曲性河段的整治经验，有计划地进行了整治，按照治导线集中修建了一批河道整治工程。这些河道整治工程发挥了应有作用，基本控制了河势，收到了好的效果，主要表现在：

（1）控制了河势，改善了河相关系

该河段主溜线的摆动情况在整治前后发生了很大变化（胡一三等，2006），整治前（取三门峡建库前天然情况下的1949～1960年）和整治后（1975～1990年）相比，断面的最大摆动范围由5400m减少到1850m；平均摆动范围由1802m减少到738m；摆动强度由425m/a减少到160m/a. 图22-5示出了老宅庄—徐码头河段整治前后主溜线的变化情况，整治前主溜线遍布于两堤之间，整治后主溜线基本集中在一条流路上，直观地反映出该段河势已经得到基本控制。

在断面形态上，满槽流量下的平均水深由1.47～2.77m增加到2.13～4.26m，断面宽深比$\sqrt{B}$/H相应减小，由12～45下降到6～19。同时弯曲系数的年际变幅越来越小。这说明通过河道整治，河槽趋向窄深，流路向稳定发展。

（2）有利于防洪防凌，社会经济效益明显

整治之前，由于缺乏工程控制，易形成横河，如1871年汛期，水流以横河形式冲开郓城侯家林处的堤防而造成决口。在某些河段易形成畸形河弯，如濮阳密城一带曾几次形成“Ω”河弯，其中1959年弯颈比达2.81。这种河弯流路长，阻力大，不利于排洪，在凌汛

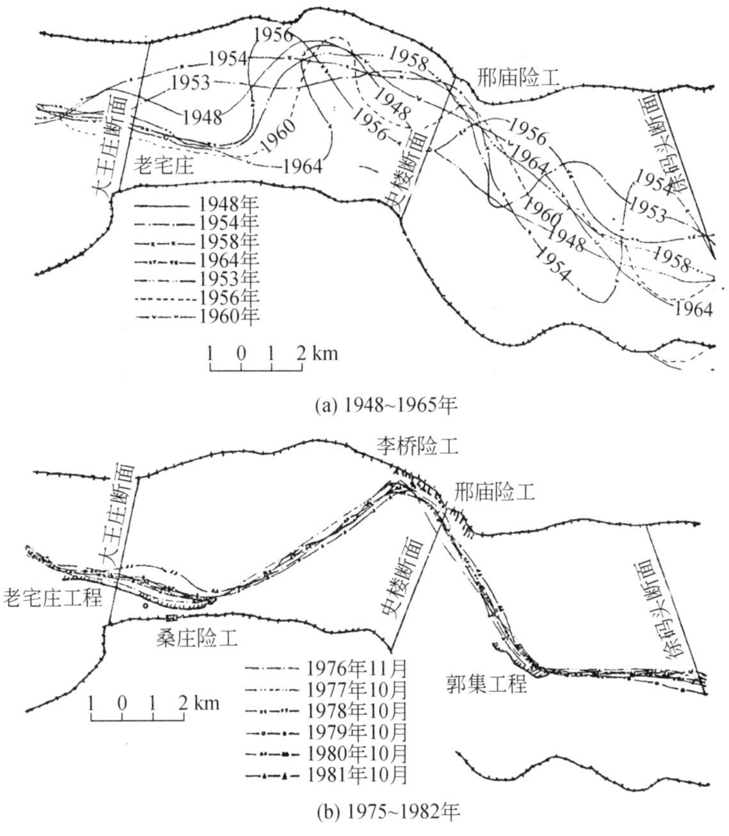

(a) 1948~1965年

(b) 1975~1982年

图 22-5　老宅庄—徐码头主溜线套绘图

期，因流向变化快，易卡冰和形成冰坝，对防凌不利。在河势未加控制之时，提挫变化范围很大，迫使增修整治工程，如菏泽刘庄险工，经多次上延下续，至 1959 年已长达 4420m，以后因河势变化，1968 年又不得不接修长 3100m 的贾庄工程。经过有计划的整治之后，工程约束了水流，稳定了河势和险工的靠河部位，防止了横河，限制了畸形河弯，因此，对保证堤防安全起到了有利作用。

过渡性河段 70 年代计有引黄涵闸 16 座，设计引水能力 597m^3/s，实灌面积 280 万亩。随着溜势的稳定，大大提高了引水的保证率，为农业增产提供了必要条件。同时，安定了堤内滩区群众的生产生活，扭转了整治前大量塌滩和村庄落河的局面。随着宽深比 $\sqrt{B}$ /H 值的减小，同流量时水深增加，大大改善了通航条件，那时百吨以上的驳船一般可以通航。

2. 东坝头至高村修建部分河道整治工程后的变化

东坝头乃是 1855 年铜瓦厢决口改道的口门处。口门以下水面放宽，颗粒较粗的泥沙大量落淤，当时口门下堆积的三角洲便成了以后的河道。由于该河段堤距宽，河床黏性颗粒少，两岸又缺少工程控制，一直是沙洲星罗棋布，支汊纵横交织，溜势变化无常的典型游荡性河段。一百多年来曾多次发生决口，故有黄河上的“豆腐腰”之称。

1966 年之后，在重点治理高村—陶城铺河段的同时，东坝头至高村间的游荡性河段也相继修建了部分控导工程，辛店集至高村修建工程相对较多，1978 年修建王夹堤控导工程，至此，东坝头—高村河段完成了布点任务。尽管一些控导工程的长度还远远达不到规划的要求，却限制了主溜的摆动范围，并在防洪中发挥了一定的作用，1949～1960 年本河段诸断面的平均摆动范围为 2435m，1979～1984 年为 1700m，仅相当于前者的 69.8%。

东坝头—高村河段修建的这些河道整治工程在防洪中发挥了应有的作用。原来在大的洪峰前后往往出现主溜大摆动的情况，如 1933 年大洪水时，陕县洪峰流量 22000m^3/s，大溜出东坝头后，越过贯孟堤，直冲长垣大车集一带堤防，大溜摆动了 10 多 km，致使平工堤段出险，并造成数十处决口。1982 年黄河下游出现了 1949 年以来的第二大洪峰，花园口洪峰流量 15300m^3/s，洪水来势凶猛，洪量较大，含沙量小，水位表现偏高，这些都是易于引起河势摆动的条件，当时东坝头以下的河势与 1933 年相似，由于禅房控导工程的导流作用，贯孟堤及长垣大堤均未靠主溜。洪水期间，尽管有些控导工程漫顶，但整治工程仍具有控制河势作用，整个河段的主流无大摆动。

从过渡性河段河道整治的初步效果，以及东坝头至高村的游荡性河段有计划地修筑河道整治工程后引起的变化和在防洪中发挥的作用看，黄河下游的游荡性河段是能够整治的。

（三）正常整治阶段

由于游荡性河道河势变化迅速，且有多条基本流路，因此在修建工程前应编制规划，选好基本流路，确定每处工程的大体位置；当出现有利河势时，要不失时机，因势利导，及时修建工程，稳定有利河势，缩小游荡范围。在整治的过程中，要进行模型试验，加强现场观测，不断总结经验，随时修正、完善规划方案，使游荡性河段的河道整治建立在科学的基础上。

20 世纪 80 年代以后黄河下游河道整治的重点为游荡性河段。多次制订、修改河道整治规划，不断积累、研究河势演变资料，通过室内分析、实体模型试验修订治导线，指导河道整治工程建设。

游荡性河段堤距大，按照以弯导流的原则，与险工相配合在滩地上的适当部位修建控导工程；在大部分河段，大河至两岸均达数千米，就在两岸滩地上选择适当部位修建控导工程，以达缩小游荡范围、控制河势的目的。

在游荡性河段，20 世纪 60～70 年代，滩区修建了部分控导工程。其中东坝头—高村河段与过渡性河段相接，河床组成与过渡性河段接近，相对易于整治，先限制了游荡范围，经不断续建工程，已初步控制了河势；东坝头以上的游荡性河段修建的控导工程少。20 世纪 90 年代以后加快了河道整治步伐，尤其是进入 21 世纪后，国家投资力度增加。东坝头—高村河段的河道整治工程进一步完善；东坝头以上河段的河道整治工程得到了快速发展。按照治导线，随着金沟控导工程开始建设，布点任务全部完成；对已建的河道整治工程进行了续建，并对一些布局不合理的工程进行了调整、改造。截至 2014 年，高村以上的游荡性河段计有河道整治工程 116 处，坝垛 3755 道，工程长 336.671km，详见表 22-5。在河道整治工程作用下，有利河势相对稳定下来，不利河势逐步向好的方向转化下。

表 22-5　高村以上的游荡性河段河道整治工程统计表（截至 2014 年）

河段		京广铁桥以上	京广铁桥—东坝头	东坝头—高村	小计
控导工程	工程处数	23	48	16	87
	坝垛数/道	829	1009	438	2276
	工程长度/km	82.051	97.544	45.616	225.211

续表

河段		京广铁桥以上	京广铁桥—东坝头	东坝头—高村	小计
险工	工程处数	6	15	8	29
	坝垛数/道	271	1013	195	1479
	工程长度/km	26.554	66.114	18.792	111.460
合计	工程处数	29	63	24	116
	坝垛数/道	1100	2022	633	3755
	工程长度/km	108.605	163.658	64.408	336.671

四、黄河下游河道整治工程已建规模

为了防洪需要，1950 年黄河上开始试办河道整治。循着防洪为主、兼顾兴利，实验先行、成功推广，先易后难、分段进行，依照河情、探索创新，研究试验、效用第一，总结经验、不断前进的精神，在黄河治理中河道整治已进行了 60 多年。随着防洪形势、来水来沙、滩区、治河技术、国家投入等情况的变化，黄河下游河道整治的速度时快时慢，修建的河道整治工程经过新修、若干次抢险及改建，绝大部分都保留至今。为了减少洪水灾害，20 世纪末国家加大了治水投入。“九五”期间，险工加高改建坝垛 1352 道，修建控导工程坝垛 1152 道;“十五”期间险工改建坝垛 1457 道，新建、续建控导工程 42.375km; 在 2005～2007 年度“实施方案”期间，险工改建坝垛 134 道，防护坝 18 道，新建、续建控导工程 15.490km，加固坝垛 78 道；2012～2014 年进行险工改建坝垛 228 道，新建、续建、改造控导工程 6.541km，加固坝垛 52 道。“九五”至 2014 年，共完成险工改建坝垛 1819 道，防护坝 123 道，新建、续建控导工程 75.758km，控导工程加固坝垛 252 道。

至 2014 年，黄河下游共有河道整治工程 354 处，坝垛 9904 道，工程长 738.006km，其中控导工程 219 处，坝垛 4625 道，工程长 427.466km，险工 135 处，坝垛 5279 道，工程长 310.540km，各河段的河道整治工程情况见表 22-6。

表 22-6　黄河下游河道整治工程统计表（截至 2014 年）

河段		游荡性河段	过渡性河段	弯曲性河段	小计
控导工程	工程处数	87	32	100	219
	坝垛数/道	2276	744	1605	4625
	工程长度/km	225.211	66.898	135.357	427.466
险工	工程处数	29	23	83	135
	坝垛数/道	1479	495	3305	5279
	工程长度/km	111.460	52.772	146.308	310.540
合计	工程处数	116	55	183	354
	坝垛数/道	3755	1239	4910	9904
	工程长度/km	336.671	119.670	281.665	738.006

修建的河道整治工程，已经发挥了显著作用，为除害兴利做出了贡献。在控制河势方面：弯曲性河段控制了河势；过渡性河段基本控制了河势；游荡性河段缩小了游荡范围，其中：花园镇—神堤、花园口—武庄、东坝头—高村已初步控制了河势。在防洪、防凌、引水、滩区安全等方面：通过微弯型整治，限制了河势变化，改善了横断面形态，减轻了

防洪压力，改善了引水条件，减少了塌滩掉村。实践表明，在黄河下游采用微弯型整治方案，通过实践和不断创新所进行的河道整治是成功的。由于黄河是最复杂、最难整治的河流，尤其是游荡性河段，对尚未初步控制河势的河段，需要加快整治步伐，争取尽早控制河势；对于其他河段，也要根据水沙条件及河势演变情况不断完善整治工程。

参 考 文 献

胡一三. 1992. 黄河下游游荡性河段河道整治的必要性和可治理性. 泥沙研究，2：1-11

胡一三. 2010. 黄河河道整治历程及整治方案.见：水利部黄河水利委员会.黄河年鉴. 郑州：黄河年鉴社：361-371

胡一三，刘贵芝，李勇，等. 2006. 黄河高村至陶城铺河段河道整治. 郑州：黄河水利出版社

黄河水利委员会山东河务局. 1988. 山东黄河志. 济南：山东省新闻出版局

薛全贵，赵明华. 1965. 1964 年黄河下游坍塌情况统计表. 黄河水利委员会档案

第二十三章　河道整治建筑物

一、建筑物类型及布置

（一）建筑物类型

控导河势靠的是河道整治工程的整体作用，一处河道整治工程短者数百米，长者数千米，在黄河下游一般三四千米。

河道整治工程由数个建筑物组成。按照河道整治建筑物的平面形式分别称为丁坝、垛、护岸。丁坝、垛、护岸常常统称为坝垛。在河道整治初期，河道整治建筑物并无统一的标准，长短不一，形状各异，多根据修筑条件及决策人员的经验现场确定。随着河道整治工作不断发展，河道整治建筑物也逐渐规范。

胡一三等（2006）对河道整治建筑物进行过较全面的总结。

（二）建筑物布置

1. 丁坝

丁坝是河道整治工程中最主要的一种建筑物，广泛用于险工、控导工程。

丁坝的迎水面与整治工程位置线（堤线或滩岸线）的夹角称为丁坝的方位角。按其方位角分为上挑丁坝、正挑丁坝、下挑丁坝三种形式。方位角大于 90°为上挑丁坝，等于 90°为正挑丁坝，小于 90°为下挑丁坝（图 23-1）。根据黄河特点一般都采用下挑丁坝，极个别的也有上挑丁坝，如原彭楼工程 5 坝和 6 坝，它是利用彭楼引黄闸引水渠原堤头裹护而成的，为上挑丁坝。

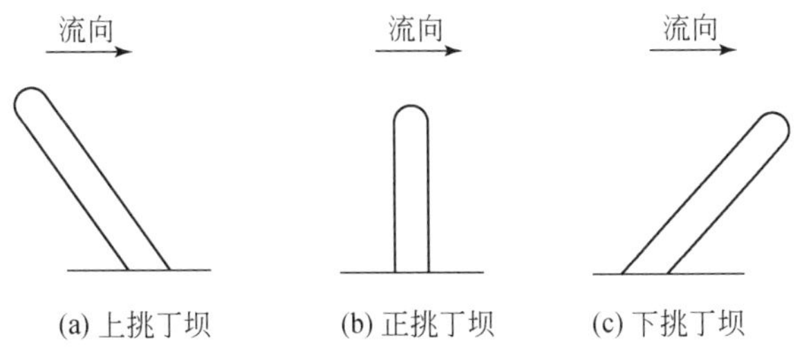

图 23-1　丁坝三种类型示意图

（1）丁坝方位角

下挑丁坝方位角小于 90°。由于丁坝具有挑溜功能，方位角越大，挑溜能力越强；坝长越大，挑溜能力越大。因此，长坝与大的方位角结合后挑溜能力是很大的。基于此，早期修建的丁坝方位角都比较大，一般 40°～60°，个别达到 80°，希望能用几道丁坝把溜挑出，减少修坝数量并保大堤安全。但是实践表明，这种丁坝挑溜外出的距离是有限的，在中水或大水时几乎挑不出溜，真正能使溜势外移的是形成弯道的丁坝群。丁坝方位角大，对水流的干扰也大，坝上坝下回溜大，坝前冲刷坑深，抢险防守十分困难。因此，新修丁坝方位角都适当减小了，近期一般按 30°～45°确定，并以 30°为最多，如吴老家控导工程、杨楼控导工程等。

（2）丁坝坝长

丁坝坝长指丁坝坝顶的轴线长度。前起于坝头最前端，后止于丁坝生根处。丁坝由堤防（连坝）生根应由堤防（连坝）临河堤肩处计算，丁坝由滩岸生根由滩岸上口处计算。也有的控导工程设计按连坝坝顶轴线与丁坝坝顶轴线的交点处起计算丁坝长度。丁坝的长度取决于两个方面，一是丁坝坝前头的位置，二是丁坝生根的位置。早期修建的险工丁坝多是根据河势情况修建，当大河逼近堤防时，首先由河岸决定坝头位置，或在岸沿，或适当后退，然后由堤防生根筑坝，这样堤前滩岸宽度基本上就决定了坝长，导致丁坝长短不一，长的达 200～300m，短的仅 50～60m。另外，当时认为在连续若干个丁坝中，应分主坝和次坝，主坝要长些，次坝要短一些，主坝可以掩护次坝，主坝挑溜，次坝防回溜，减轻靠溜强度，这也导致坝的长短不一。例如，梁山路那里险工编号单号坝为次坝，双号坝为主坝。10 号坝坝长曾达 340m，34 号坝（又称孙楼大坝）坝长为 153m。在有些情况下，险工坝长并不决定于河岸距堤的远近，而是决定于当时修坝的指导思想，如曾有“河不到大堤 100m 不修坝”之说。杨集险工 16 坝以下各坝在修建时河岸距堤较远，为防止偎堤抢险，主动修建了防护性的丁坝，但坝长控制为 100m 左右，使得工程形式随堤防走向下败，无控制河势能力，17 坝和 18 坝在 20 世纪 70 年代被迫接长。早期修建控导护滩工程有的也要求各坝坝头应形成一弧线，弧线位置常由滩岸形式决定，然后按一定间距布置丁坝，在距弧线适当距离确定连坝位置，由此决定了坝长，这时坝长基本相同，但也常遇一些特殊情况改变坝长，当连坝遇到村庄民房时，坝长就要短一些，如菏泽张阎楼控导工程等。

20 世纪 70 年代以后，无论险工或是控导工程，都已按规划治导线修做，圆头丁坝坝长多为 100m，特殊情况如杨集上延工程坝长为 70m，但坝间距也相应缩短为 70m 左右。

（3）丁坝平面形式

丁坝的平面形式主要有直线形、拐头形、椭圆头形，极个别还有“T”形等，如图 23-2 所示。

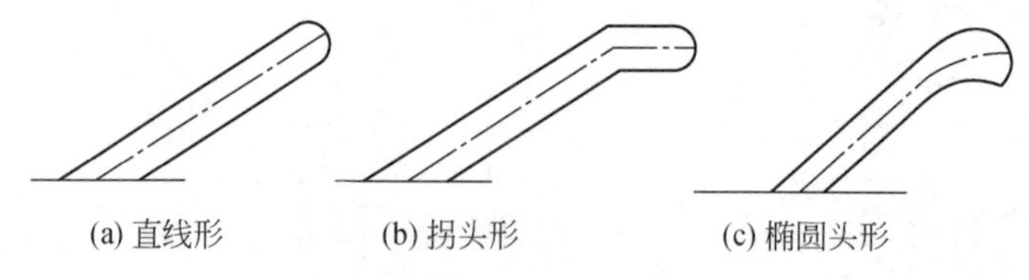

图 23-2　丁坝平面形式示意图

直线形丁坝设计施工均较简单，防守重点范围小，主要集中在坝头段，当坝的方位角采用 30°时，坝上坝下回溜较小，裹护用料也比较少。因此，直线形丁坝采用最多。

拐头形丁坝是在直线形丁坝的坝头增设一拐头，早期拐头形式、长度不一，如东明高村险工 34 坝、鄄城营房险工 20 坝和 24 坝，台前张堂险工 3 坝等拐头为曲线形。20 世纪 70 年代开始高村以上游荡性河道修建的控导工程中有一部分工程大量采用拐头形丁坝，拐头长度 20～30m，拐角与丁坝的方位角有关，一般采用 20°～40°。后在高村以下河段的范县杨楼等控导工程也使用了拐头形丁坝（图 23-3）。

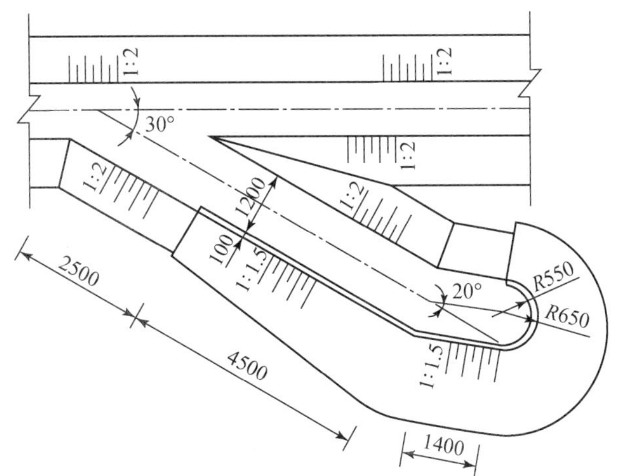

图 23-3　杨楼工程拐头形丁坝平面图

直线形丁坝在坝长、间距、方位角均较大或与来溜方向夹角较大时，丁坝阻水壅水现象严重，常使坝下产生较大的回溜，当坝下回溜与下一道坝的坝上回溜叠加时，回溜范围和回溜强度都相当大，使得上一丁坝的背水面和下一丁坝的迎水面裹护长度都相当大，不仅耗工费料，而且防守被动。为改变这种现象，考虑两种途径，一方面避免修长坝、大间距，减小丁坝方位角，另一方面修拐头丁坝，利用拐头增加丁坝送溜至下一道丁坝的能力，并使回溜远离丁坝背水面。两种途径在游荡性河道整治中常同时使用。实际上前一种途径已基本解决，后一种途径作用已不大。相反，在有些溜势情况下，拐头丁坝增加了对主溜的压缩，在主溜到达拐头末端时产生更大的分离现象，回溜更重。例如，东坝头以下第一个弯道禅房控导工程 8～12 坝为拐头形丁坝，某年汛期，来溜方向与坝的迎水面夹角大，曾出现坝的上、下游坡和连坝坡三面抢险的严重局面，在汛末河势查勘时看到回溜仍然很大，当时就有人主张以后不能再修建拐头型丁坝。杨楼控导工程位于苏阁与孙楼两个河弯之间的过渡段上，工程平顺，坝长、间距都不大，来溜方向较顺，各坝只受边溜冲刷，无大溜顶冲的可能，因此采用拐头形丁坝的合理性也是值得商榷的。

（4）坝头形式

丁坝坝头是指丁坝伸入河中的前端部分，一般包括上跨角、前头、下跨角三个部分，有时也包括迎水面紧靠上跨角的一部分和背水面紧靠下跨角的一部分（图 23-4）。前头是丁坝伸入河中的最前端，上跨角是前头与迎水面间的拐角部分，下跨角是前头与背水面间的拐角部分，迎水面和背水面分别指丁坝上跨角、下跨角至坝根的部分。各部位的具体界限及长度目前尚无明确规定，根据不同坝头的平面形式依经验确定。

坝头是丁坝承受大溜顶冲的主要部位，当来溜方向和河床组成一定时，其平面形式决定了丁坝附近的水流结构，相应也决定了丁坝冲刷坑的大小和深度。冲刷坑的大少和深度对丁坝的安全和造价有着直接的影响。冲刷坑大，出险次数多，险情重，抢险用料多，因此丁坝坝头平面形式与防洪关系极为密切。

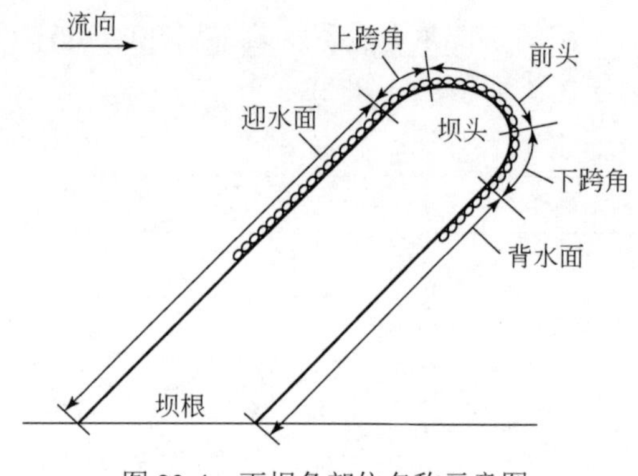

图 23-4　丁坝各部位名称示意图

丁坝坝头平面形式繁多，早期修建的丁坝几乎每道坝都不一样，图 23-5 是菏泽刘庄险工部分早期坝头平面形式，可以看出形态各异，差别很大。造成这种现象的原因：一是丁坝在修建时施工人员（多为老河工）按照传统习惯和自己的经验自行确定，因施工人员技术水平和治河经验不同，所修坝头形式也就各式各样；二是受滩岸地形或河势影响，在抢修时坝头形式难以掌握；三是丁坝在运用时坝头不断坍塌出险，抢护时坝头形式变形，抢护后又不可能使用大量料物恢复原有坝头形式；四是有些丁坝坝头在加高改建时下跨角没有适当外伸，形成或尖或方等多种不良外形。

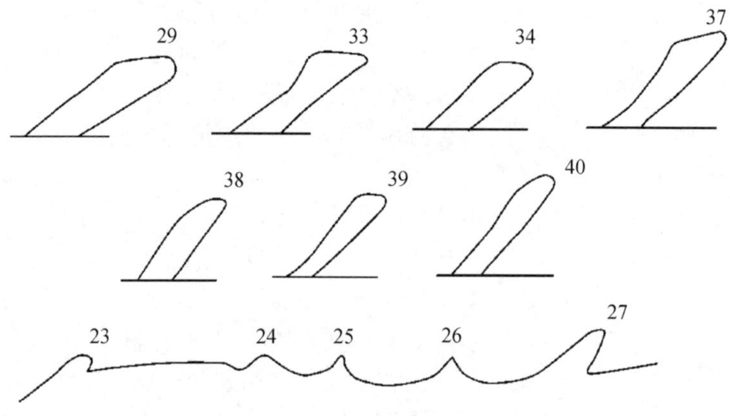

图 23-5　菏泽刘庄险工部分坝垛早期坝头平面形式示意图

坝头平面形式早在 20 世纪 60 年代就引起山东河务局一些治河专家的重视，并认为圆头丁坝和斜线头丁坝相对较好。菏泽修防段工程队长韩明义根据自己多年对坝头溜势的观测，在修建刘庄险工 38 坝时修成了流线形坝头，效果很好。70 年代中期菏泽修防处在对险工丁坝进行加高时，许多丁坝坝头成了不良形式（图 23-6），主要原因是坝头改建时没有重视坝头形式，下跨角没有作必要的外展延伸。为解决丁坝坝头平面形式问题，70 年代末菏泽修防处推广了流线形坝头形式，80 年代初又在流线形坝头基础上设计了抛物线形坝头，并在梁山县路那里险工 24 坝和郓城县伟庄险工 14 坝改建中进行了实施，效果良好。为了使丁坝坝头设计更为科学合理，适应不断加高的特点，胡一三和刘贵芝（1986）共同研创了椭圆头丁坝。

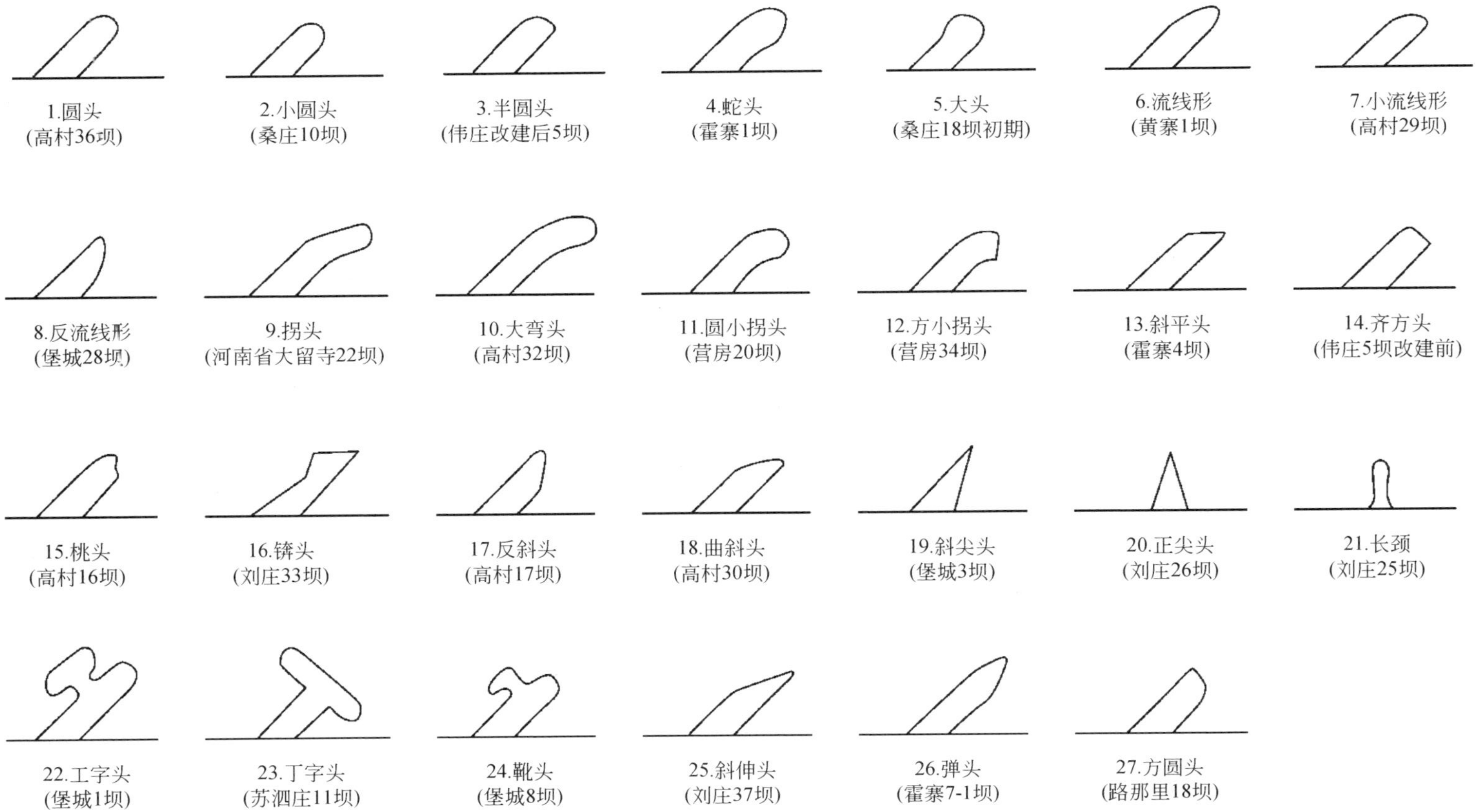

1.圆头
(高村36坝)

2.小圆头
(桑庄10坝)

3.半圆头
(伟庄改建后5坝)

4.蛇头
(霍寨1坝)

5.大头
(桑庄18坝初期)

6.流线形
(黄寨1坝)

7.小流线形
(高村29坝)

8.反流线形
(堡城28坝)

9.拐头
(河南省大留寺22坝)

10.大弯头
(高村32坝)

11.圆小拐头
(营房20坝)

12.方小拐头
(营房34坝)

13.斜平头
(霍寨4坝)

14.齐方头
(伟庄5坝改建前)

15.桃头
(高村16坝)

16.锛头
(刘庄33坝)

17.反斜头
(高村17坝)

18.曲斜头
(高村30坝)

19.斜尖头
(堡城3坝)

20.正尖头
(刘庄26坝)

21.长颈
(刘庄25坝)

22.工字头
(堡城1坝)

23.丁字头
(苏泗庄11坝)

24.靴头
(堡城8坝)

25.斜伸头
(刘庄37坝)

26.弹头
(霍寨7-1坝)

27.方圆头
(路那里18坝)

图 23-6 菏泽河段20世纪70年代坝头形式示意图

A. 圆头形丁坝

丁坝坝头为半圆形（图 23-7），圆弧半径等于 1/2 坝顶宽度，如坝顶宽为 15m 时，圆弧半径为 7.5m。这种坝头的优点是在溜势变化较大时适应性强；上跨角和前头受溜最重，是丁坝出险最多、险情最严重的部位，但段落不长，防守时重点明确；由于仅坝前头一段为圆弧形，施工简单，标准易于掌握。因此，是险工、控导工程中采用最多的坝头形式。主要缺点是着溜段短，导溜效果不如流线形丁坝，尤其是在丁坝长、间距大、来溜方向与坝的迎水面近乎垂直时，过坝水流分离严重，能产生较大的回溜，使得丁坝背水面的裹护段很长，有时达 20～30m。

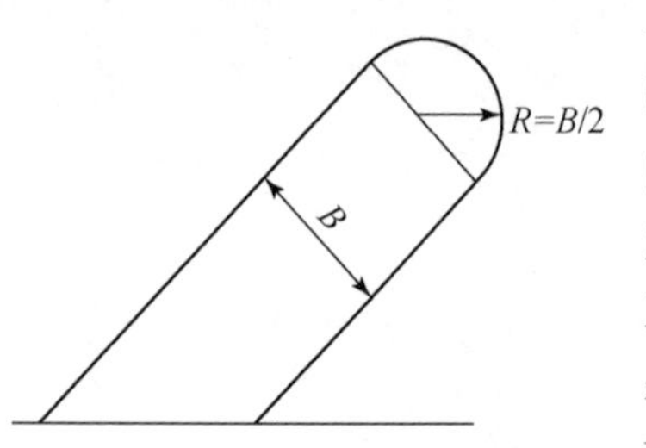

图 23-7　圆头形丁坝平面示意图

B. 流线形丁坝

流线形丁坝（图 23-8）坝头的特点是坝前头、上跨角及与之相连的迎水面后一部分为一平缓的曲线。这种坝头的优点是曲线各点的切线与水流方向的夹角比较小，丁坝在靠溜后阻水壅水现象较轻，水流结构比较简单，与其他坝头形式相比，在上游来溜方向相同的条件下，具有迎溜顺、出溜利、坝上回溜小、坝下回溜轻的特点，所以迎水面和下跨角裹护段比较短，坝前冲刷坑小，险情发生后抢护也比较容易，工料投资耗用较少，是一种比较优越的坝头形式，1977 年后菏泽修防处着重推广了这种坝头形式。其主要缺点是曲线形式没有具体规定，新建和整修时施工放样比较复杂，抢险后易于变形，难以恢复原状。另外坝顶宽度较小，抢险场地狭窄，操作不方便。

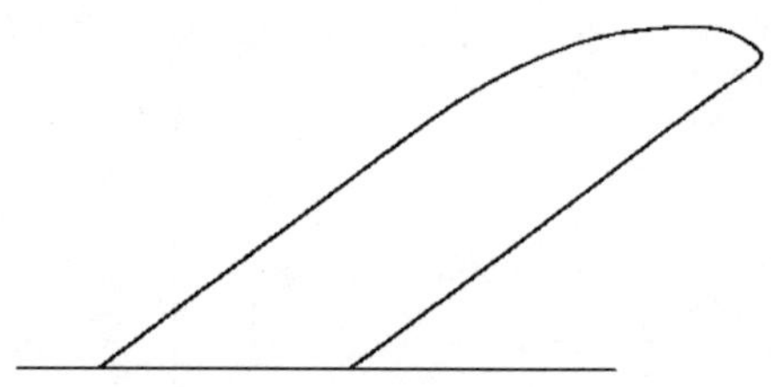
图 23-8　流线形丁坝平面示意图

C. 斜线形丁坝

斜线形丁坝（图 23-9）的前头为一直线，直线与坝顶上口夹角为 150°或大于 150°。这种坝头的优点是溜出上跨角后有一段直线送溜段，可限制回溜向坝的背水面发展，另外施工也比较简单。缺点是上跨角折线转弯、下跨角比较尖突，水流在跨角后易分离，分离后形成的环流较大，坝前头受土坝体顶宽限制比较短，即送溜段短，对回溜约束作用有限，因此坝头外冲刷坑较大，抢险概率多，现已不再采用。

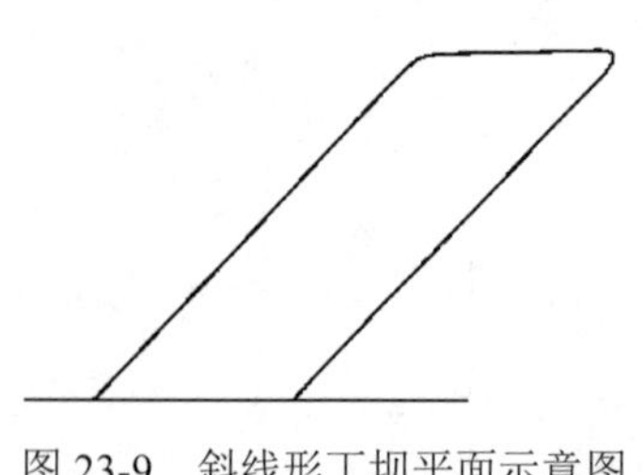
图 23-9　斜线形丁坝平面示意图

D. 特殊坝头形丁坝

图 23-10 是经常见到的几种特殊的丁坝坝头平面形式。显然缺点较多，属不良坝头形式。这种特殊坝头主要是在丁坝加高改建时或抢险时对坝头形式没有很好把握造成的。

图 23-10（a）所示的坝头形式下跨角明显缺损。形成的原因是土坝体在帮宽加高时，下跨角没有外伸并裹护。由图可以看出，土坝体在帮宽加高之前是圆头形丁坝，帮宽加高时，下跨角可能因回溜大无法倒土进筑，或未用软料进占外伸，也可能倒土进筑后未及时裹护被冲塌或裹护后遇较大回溜被冲塌，抢护时仅就坍塌后的形式裹护。图 23-10（b）所示的坝头原来也基本上是圆头形，在多次加高中下跨角都未帮宽外伸，以致坝头越来越尖，

形成特殊的三角形坝头。以上两种坝头都会使绕坝水流发生严重的分离现象，坝后冲刷坑大，抢险困难。图 23-10（c）所示的坝头形式是靠近上跨角的迎水面有一段裹护比较突出，这种坝一般称为大头坝。这是由于主持抢险人员认为这一段是靠大溜部位，应特别加强，于是就大量抛石，形成突出体。鄄城县桑庄险工 14、15、18 坝在修建初期都曾出现过这种现象。这种坝头在受溜顶冲时易使坝前水流分为两股，一股沿坝前头下行，一股则沿坝的迎水面上行，上行水使坝上回溜增大，迎水面裹护段增长，有的回溜发展到连坝，连坝也被迫进行裹护，这种教训应予以吸取。

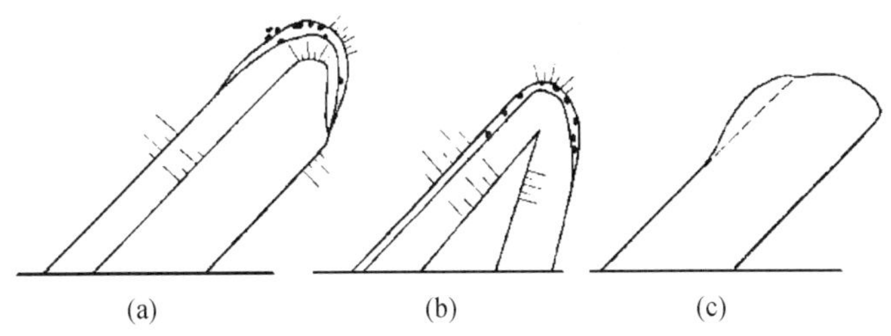

图 23-10　特殊坝头形丁坝示意图

（5）丁坝间距

“短丁坝、小裆距、以坝护弯、以弯导流”是整治过程中总结出的经验。坝的长度一般较短，多采用 100～120m。坝的间距（或裆距）L 与坝的有效长度 l_p 有关（图 23-11），l_p 采用丁坝实有长度 l 的 2/3，即

$$l_p = \frac{2}{3}l \tag{23-1}$$

按照图 23-11 得出以下关系：

$$L = l_p \cos\alpha_1 + l_p \sin\alpha_1 \cot(\beta + \alpha_2 - \alpha_1) \tag{23-2}$$

$$\alpha_3 = \alpha_2 - \alpha_1 \tag{23-3}$$

式中：α_1 为坝的方位角；α_2 为来流方向与坝（垛）迎水面的夹角；α_3 为来流方向与工程线的夹角；β为水流扩散角，据试验成果β≈9.5°。

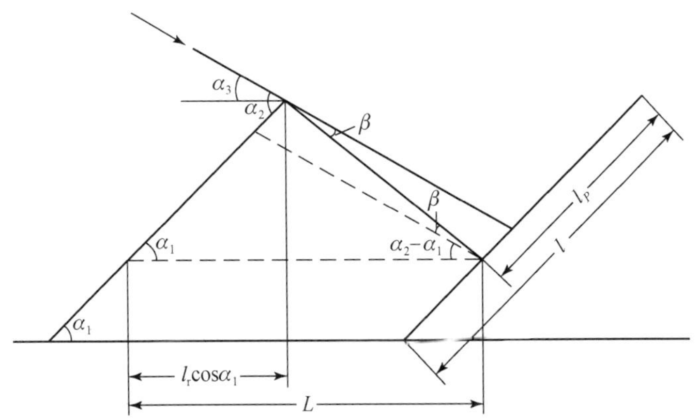

图 23-11　坝的间距与坝长的几何关系

联解式（23-1）、式（23-2）、式（23-3）得

$$L = \frac{2}{3} l \cos\alpha_1 + \frac{2}{3} l \sin\alpha_1 \frac{6\cot\alpha_3 - 1}{\cot\alpha_3 + 6} \tag{23-4}$$

近年来坝的方位角α_1多采用 30°～45°，利用式（23-4）计算得表 23-1。由表看出：①当坝的方位角不变时，水流方向与工程位置线的夹角愈大，坝的间距愈小，或 L/l 值要小；②当来流方向与丁坝的迎水面正交时，丁坝的间距与坝长之比（L/l）约为 0.7～0.8；③黄河下游实际采用的α_3多在 30°～45°，相应的 L/l 值为 0.8～1.04。在一处整治工程的上段，α_3变化范围大，为适应较大的α_3值，应采用较小的 L/l 值，坝、垛宜短宜密。经过弯道的调整，至工程下段α_3值变小，L/l 值可适当放大。近年来多采用 $L/l\approx1.0$，工程下段可适当放大。

表 23-1 坝的间距与坝长的关系

α_1	30°					45°				
α_3	0°	15°	30°	45°	60°	0°	15°	30°	45°	60°
l	100	100	100	100	100	100	100	100	100	100
L	257.7	130.1	98.2	81.5	70.2	330	150.8	104.4	80.8	64.8
L/l	2.58	1.30	0.98	0.82	0.70	3.30	1.51	1.04	0.81	0.65

2. 垛

垛是丁坝的一种特殊形式，具有丁坝的迎水面、上跨角、前头、下跨角、背水面等部位。但长度较短，一般 10～30m。垛长计算方法有两种，一是按前头至堤顶或连坝顶临河堤肩垂直距离计算，二是按垛轴线的长度计算。垛是坝长很短的丁坝，如鄄城老宅庄控导工程 6～13 垛，外形为丁坝形式，坝长为 30m，较一般丁坝短 70m。有的垛在工程编号中也称为坝，如东明高村险工 22 坝，实际上是个垛，习惯上称为坝，但其功能仍为垛的功能。

（1）埽工的形式

垛的平面形式比较复杂，其原因之一是来源于埽工。

黄河埽工（水利电力部黄河水利委员会，1964）已有千年以上的历史，是与洪水作斗争的工具。按照平面形状、作用、位置等有不同的名称。如：

1）磨盘埽。呈半圆形，用于弯道正溜、回溜交接处，可上迎正溜，下抵回溜，是一种主埽（图 23-12）。

2）月牙埽。形似月牙（图 23-12），用于一处工程的首尾，作为藏头或护尾用。它比磨盘埽小，也可抵御正溜和回溜。

3）鱼鳞埽。形状是头窄尾宽（图 23-12），互相连接，形似鱼鳞。头窄易藏，生根稳定，尾宽便于托溜外移。多用于大溜顶冲或大溜顺岸段。在较大回溜处修建时头尾颠倒，称为倒鱼鳞埽。

4）藏头埽。修在一处工程的上首，多为挖槽修做，具有掩护以下诸埽的功能，平面形式可修成磨盘形、鱼鳞形、月牙形（图 23-12）。

5）护尾埽。修在一处工程的尾部（图 23-12），具有托溜外移、防止或减轻冲刷以下滩岸或堤坡的功能，平面形式可修成鱼鳞形、月牙形。

6）裹头埽。堤防堵口时在口门以上适当位置需修建挑水坝。在挑水坝前头修建的埽称为裹头埽（图 23-13）。

7）耳子埽。位于主埽两旁的比较小的丁厢埽。形似主埽的两耳，故称“耳子埽”（图

23-12、图 23-13），用于抵御上下回溜。

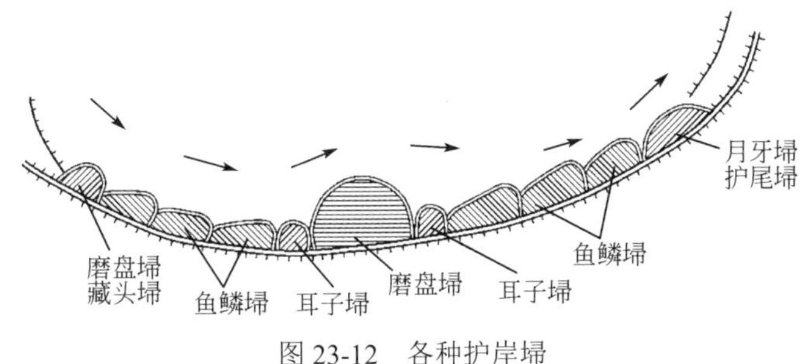

图 23-12 各种护岸埽

8）雁翅埽。形似雁翅，多接连修建（图 23-14），具有抗御正溜和回溜的作用。

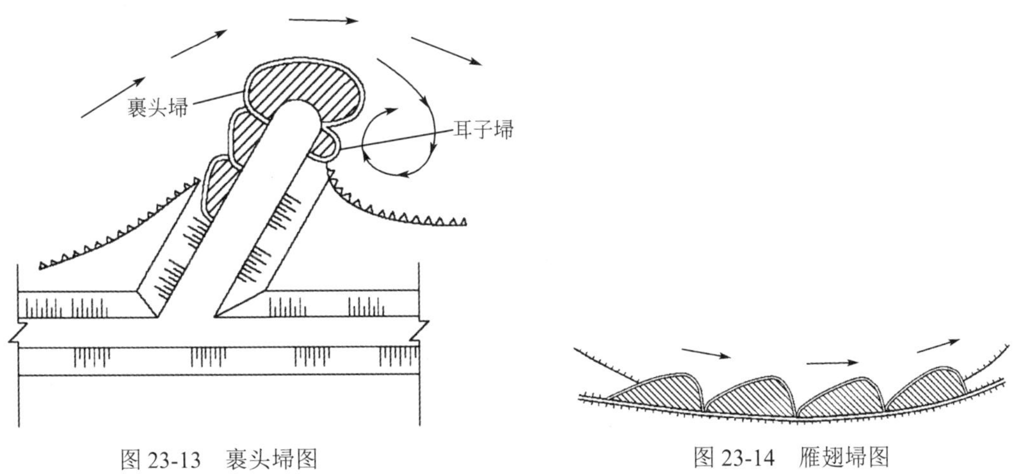

图 23-13 裹头埽图

图 23-14 雁翅埽图

上述各埽如不连续使用便成为垛。因此，垛的形状有磨盘垛、月牙垛、鱼鳞垛、雁翅垛以及经过改进演变出现的人字形垛、抛物线垛等形式。

（2）垛的平面形式

A. 抛物线形

早期修建的垛具有很大的随意性，大小形状各不相同。山东黄河河务局 20 世纪 50 年代提出的垛头为 1/4 圆，上下按切线延长形成的垛称为抛物线垛（图 23-15）。从图中看出，垛的中部为 1/4 圆，上游侧切线与岸线的交角为 30°，下游侧切线与岸线的交角为 60°，垛的上下端还伸入滩岸一定深度。习惯上称此为抛物线形垛。

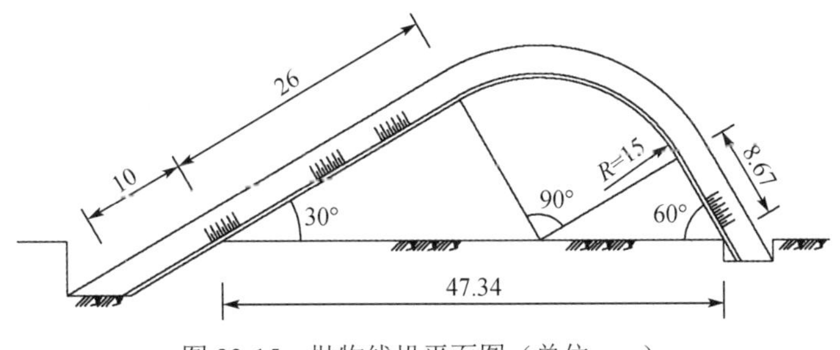

图 23-15 抛物线垛平面图（单位：m）

1993年河南黄河河务局在开封王庵控导工程设计时，提出了二次抛物线垛的平面形式，如图23-16所示。*AO*段方程为$x^2=-105(y-19)$，*OB*段方程为$x^2=-20(y-19)$。抛物线垛各点坐标见表23-2。

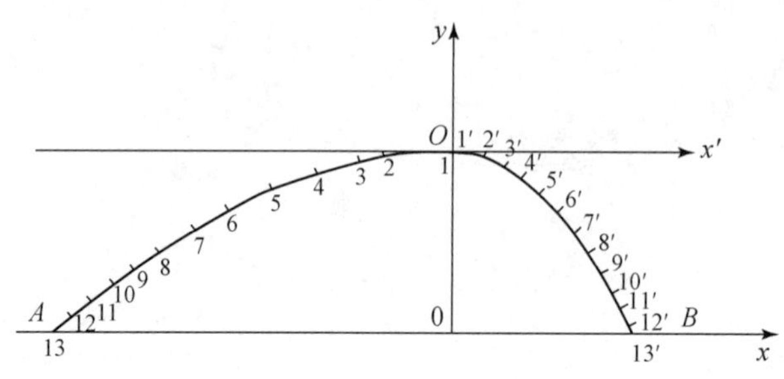

图23-16　二次抛物线垛

表23-2　二次抛物线垛各点坐标

点号	$x^2=-105(y-19)$		点号	$x^2=-20(y-19)$	
	x	*y*		*x*	*y*
1	0	19	1′	0	19
2	−7.25	18.5	2′	3.16	18.5
3	−10.25	18	3′	4.47	18
4	−14.49	17	4′	6.32	17
5	−20.49	15	5′	8.94	15
6	−25.10	13	6′	10.95	13
7	−28.98	11	7′	12.65	11
8	−32.40	9	8′	14.14	9
9	−35.50	7	9′	15.49	7
10	−38.34	5	10′	16.73	5
11	−40.99	3	11′	17.89	3
12	−43.47	1	12′	18.97	1
13（*A*）	−44.67	0	13′（*B*）	19.49	0

垛的外轮廓线为一连续光滑的曲线，靠溜后迎水面与水流方向夹角较小，即对水流的阻力小，因此迎溜顺，托溜稳，回溜弱，冲刷坑小，用料较少，险情较轻。

B. 人字形垛

人字形垛的垛头圆弧段小于1/4圆，上下段切线与岸线的交角也较小。

抛物线形垛的垛头圆弧的圆心一般位于堤防或连坝临河堤肩上，如果圆心距堤肩或连坝肩的距离小，即$R<10$m时，则垛头变小。另外，迎水面、背水面与堤肩的夹角一般小于30°和60°，这样的垛称为人字形垛（图23-17）。人字形垛多由埽工“石化”后经历次加高改建演变而成，因此垛头半径及迎背水面夹角变化较大，有的甚至成任意三角形。近几十年新修的垛基本为抛物线形垛。

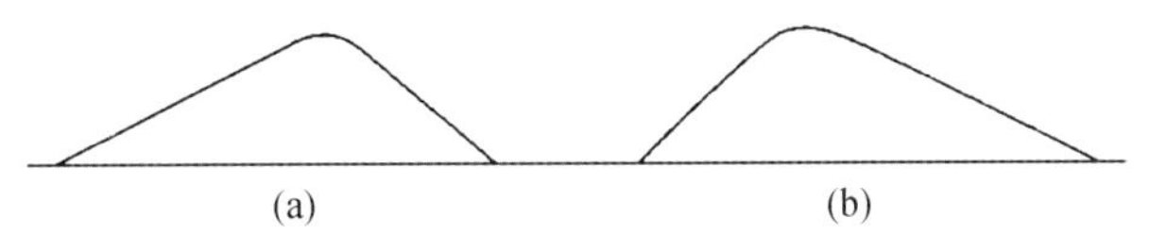

图 23-17　人字形垛平面示意图

C. 直线形垛

直线形垛是坝长很短的直线形丁坝，坝长一般不超过 30m。

（3）垛的间距

因垛间常修有护岸，间距（中–中）可大可小，一般 50～80m。

对于抛物线形的垛，其背水面有托溜外移减弱回溜的作用，间距与垛长的比值（L/l）可适当放大。当垛突出岸线的垂直长度为 10～30m 时，垛的间距（中—中）可采用 50～80m，但垛的净间距应小于 30m。

3. 护岸

单一护岸工程修建的较少。一般多在坝的间距或垛的间距较大时，为防水流淘刷坝裆处的连坝或滩岸而修建，如图 23-18 所示。护岸外形平顺，在平面上呈直线形。险工上的护岸一般距堤顶有 5～20m 宽的存料平台，在平台前沿即临河侧修裹护体。控导工程上的护岸一般直接修在连坝上，无存料平台，料物多存放在连坝上。

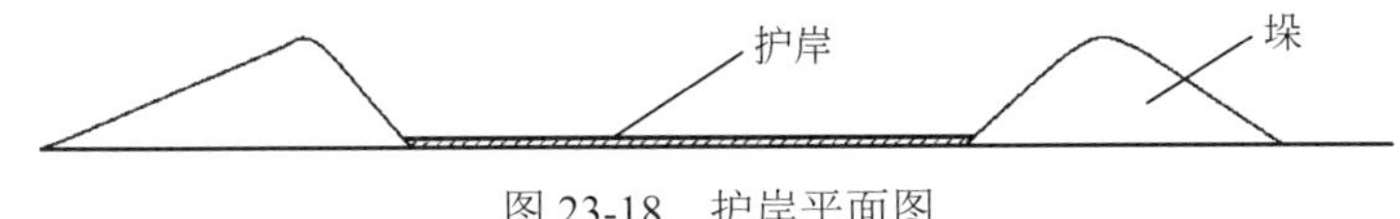

图 23-18　护岸平面图

护岸可长可短，依需要确定。短的护岸长可不足 20m，长的护岸如鄄城老宅庄控导 13 垛以上的护岸长达 800m，一般情况下护岸长多为 40～80m。

4. 回溜

在讨论丁坝坝头平面形式时，我们的着眼点在对坝上坝下回溜的影响，因为这关系到丁坝的出险状况、防守难易、抢险用料及投资。

造成回溜及其强度的原因有两个方面，一方面是水流情况，包括流量的大小、流速的高低、水流流向等；另一方面是坝垛情况，主要为：①丁坝坝头形式。坝头轮廓线与水流流线相近时，产生的回溜小，相差较大时，产生的回溜大。②丁坝的方位角。在丁坝受溜较重条件下，方位角是影响丁坝产生回溜的最重要因素，方位角大时回溜大，方位角小时回溜小。③丁坝间距。在丁坝受溜较重且方位角较大的条件下，丁坝间距大，回溜大，间距小，回溜小。④丁坝的受溜大小。只有丁坝受溜严重时，坝头形式对回溜的影响才起重要作用，如受溜较轻则没有产生强大回溜的水流条件，这时无论哪种坝头形式所产生的回溜并无明显的区别。

5. 整治工程上中下段建筑物形式的选择

一处河道整治工程可选用同一种建筑物形式，即全修坝或全修垛或全修护岸。但根据水流特性及各建筑物的特点采用不同建筑物形式相结合的布置更为合理。

根据河弯水流的变化特点，同一河弯工程的不同部位要布置不同的整治建筑物。丁坝抗溜能力强，易修易守，一般布置在弯道中下段。垛迎托水流，对来流方向变化的适应性强，一般布置在弯道上部，以适应不同的来溜。护岸工程是一种防护性工程，一般修在两垛或两坝之间，用以防止正溜或回溜淘刷。因此，在一处整治工程内，一般上段布置垛，下段布置坝，个别地方辅以护岸。

在一处工程内坝垛布置按“上（段）密、下（段）疏、中（段）适度”的原则布置。主要是由于在工程上段来溜方向及其“着溜点”变化很大，为使水流顺利入弯，并避免横河来溜“钻裆”导致工程发生“后溃”险情，所以弯道上段的工程密度要大些。中段是以弯导溜的主要部位，常承受中水大溜，过密增加工程投资，过疏影响导溜效果，所以丁坝密度要求适中。当水流经过工程上中段的调整后，下段的溜势已基本平顺且沿坝头方向行进，所以下段工程间距可以适当放宽，以节约投资。

需要说明的是从理论上看，在采用以弯导溜而不是以坝挑溜方法后，弯道应以修护岸为好，以减少丁坝冲刷坑深度，降低投资。黄河之所以在主要工程靠溜部位采用丁坝而不采用护岸或垛，主要出于防守因素。河道整治工程基础是靠水流淘刷冲深后抢险修做的，一次难以达到设计深度，如全部采用护岸工程，出险长度大，一旦人力、料物跟不上，将十分被动。而采用丁坝后，一般仅 3～5 道坝出险，且多集中在坝前头 30m 左右范围内，重点突出，易于抢护。在高村至陶城铺过渡性河段进行河道整治时，对这一问题曾作过工程实践比较，得出丁坝优于护岸。为改变丁坝不利因素，在长度上由近 200m 降至 100m，方位角由 60°～80°降至 30°～45°，效果显著。

由于护岸一般受上端的坝或垛的掩护，且不突出于河中，因此多靠边溜或回溜，对水流干扰小，冲刷坑也较小，根石深度一般较浅。但对于长达数百米的护岸，因上游无坝垛掩护，各部位都可能在不利来溜方向时形成深而大的冲刷坑，并且一旦出险，因长度较大，且无后退余地，抢险就比较困难。黄河下游的实践经验是：由坝、垛、护岸组成的工程，以及由坝、护岸或垛、护岸组成的工程，护岸前冲刷坑浅，根石也浅。但若在较长的工程段内全修成护岸时，并不能减少抢险段的冲刷坑深度，但出险段长，靠溜部位变化大，抢护被动困难，因此不宜全采用护岸形式。

二、建筑物结构沿革及建筑材料

（一）结构沿革

黄河与洪水斗争的历史很早，采用的工程措施就是修建堤防，但堤防经不住水流的淘刷，为保护堤防安全及堤防决口后堵口，我们的祖先就创造了一种能抵御水流冲刷的建筑物——埽工。

埽工是以薪柴（秸、苇、柳枝等）、土料为主体，以桩绳盘结联系为整体的河工建筑物。

埽工的起源很早，先秦时期的文献《慎子》中就有“茨防决塞”的记载。“茨防”就是类似埽工的建筑。有人认为埽工起源于汉代，汉代堵口工程中运用了许多埽工所需的材料和类似埽工的修筑。能比较肯定的是，北宋以前黄河埽工已有相当规模。北宋时期埽工技术已经成熟，并被普遍运用。“埽工”二字始见于文献记载，则在宋代。

据《宋史·河渠志》记载，北宋前期不仅已有专门管埽的官员，而且有完善的埽料准备制度。并指出这些都是“旧埽”、“旧制”，表明北宋以前黄河两岸对埽工的使用方面已经积累了相当丰富的经验。北宋前期黄河下游孟州以下已修建有 46 处埽工。埽工所在之地都是受溜重的地方，是防守的重点。埽工修守每年都要耗用大量的费用，这些费用都由当时的中央政府按计划拨给。为了保证埽工修守的需要，北宋时期规定了准备埽料的制度。要求沿河各州地方官，会同治河官吏，每年秋后农闲季节，率领丁夫水工，收集埽料，为次年春季施工之用。这些埽料称为“春料”，包括“梢、芟、薪柴、楗橛、竹石、茭索、竹索，凡千余万，……凡伐芦荻谓之芟，伐山木榆柳枝叶谓之梢，辫竹纠芟为索，以竹为巨索，长十尺至百尺有数等。”

宋代使用的是卷埽（图 23-19）。据《宋史·河渠志》记载，做埽的方法是：先选择宽平的堤面作为埽场。在地面密布草绳，草绳上铺梢枝和芦荻一类的软料；再压一层土，土中掺些碎石；再用大竹绳横贯其间，大竹绳称为“心索”；然后卷而捆之，并用较粗的苇绳拴住两头，埽捆便做成了。这种埽的体积往往很大，“其高至数丈，其长倍之”，需要成百上千人喊着号子，一齐用力，将卷埽推到堤身单薄处或其他需要下埽的地方。埽捆推下水后，将竹心索牢牢拴在堤岸的木柱上，同时自上而下在埽体上打进木桩，一直播进河底，把埽体固定起来。这样，埽就修成了。

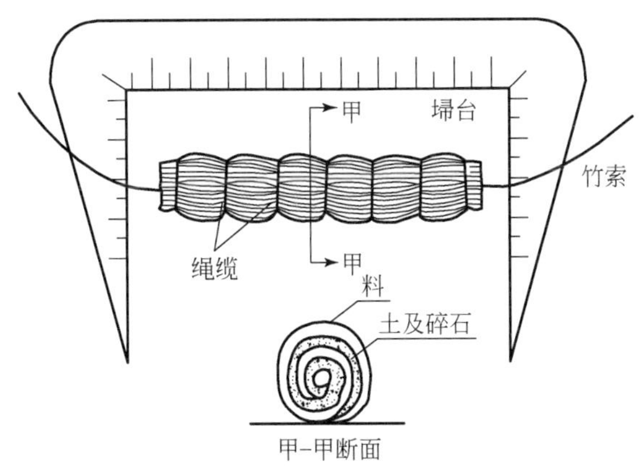

图 23-19　卷埽示意图

金代黄河多变化，主流摆动大，开封以上旧埽大体保留下来，开封以下埽工较少。据《金史·河渠志》记载，金代黄河下游共置有 25 埽，但却有了一支黄河防洪的“专业队伍”。每埽设散巡河官一员，每 4～5 埽设都巡河官一员，全河共配备埽兵 12000 人，负责埽工的修守。元代贾鲁在白茅堵口工程中，征用宁夏水工来制作卷埽，其做法大体与宋代相似。明代使用的埽工型式仍为卷埽。万恭《治水筌蹄》中在总结堵口的经验时就指出：“先以椿草固裹两头，以保其已有。却卷三丈围大埽，丁头而下之，则一埽可塞深一丈、广一丈，以复其未有，易易耳”。表明卷埽仍然是当时堵口的基本方法。

在黄河下游卷埽这一方法，直到清代中期才发生根本变革，但在黄河上游以后仍在使用，笔者胡一三于 20 世纪末还在内蒙古见到使用卷埽抢险。

卷埽在用料比例上前后有变化。宋代一般是“梢三草七”，元代用梢很少，不及草的十分之一，明代梢料有所增加，一般用柳梢料占草的五分之一，无柳时则用芦苇代替，不再使用竹索，而代之以麻类。

由于卷埽体积大，修埽时需要很大的场地和大量的人工，否则难以施工。清代在埽料使用上也发生一些变化，逐渐用秫秸代替柳梢，雍正二年（公元 1724 年）正式批准在山东、河南的黄河上用梢料做埽。经过实践探索，对修埽的方法进行了改进，逐步把卷埽的方法改为沉箱式的修埽方法。

乾隆十八年（公元 1753 年），正式批准将这种厢埽法用于铜山县黄河堵口，以后遂普遍推广使用。这是埽工技术上的一次重大改进。以后古代卷埽方法几乎失传。

沉厢式修埽是用桩、绳把秸料绾束成整体，以土压料，松缆下沉，逐层修做，直到河底，即修成为一个埽体。做埽时，开始几层，上料要厚，压土要薄；在埽体接近河底时，因过流断面减小，流速增加，水流冲刷力加大，应采用薄料厚土的办法，促其下沉。一般秸与土的体积比为 1∶0.3～1∶0.5，这种做埽的方法一直沿用到 20 世纪。

上述埽工是作为堤防、河岸的裹护体，在结构上是以薪柴（秸、苇、柳）、土料为主体，习惯上称为“秸土工”。

20 世纪 50 年代以后，使用秸料减少，多用柳枝，不足时也用榆树枝、杨树枝。为提高坝垛的耐久性和安全度，50 年代对险工坝垛进行了“石化”。但是，当时石料价格相对较高，且受运输条件限制，薪柴可就地取材，又有以柔克刚、缓溜落淤的功能，在新修工程及抢险时仍沿用埽工的办法。使用的薪柴以柳梢为主，杨树枝、榆树枝、苇为辅，使用的土料也改为石料或含黏量很高的胶泥（重黏土）。因此，习惯上称为“柳石工”。柳石工与秸土工相比，具有较秸土工耐冲，柳枝比秸料便于施工和有较好的耐久性等优点，但其透水性强，特别是干柳枝或无叶湿柳枝修建的工程，内部易于过水，发生险情。

柳石工最简单的构件是柳石枕。按其用途可分为常规枕、围枕、拦枕和懒枕（等枕）。常规枕及其抛投如图 23-20 所示。

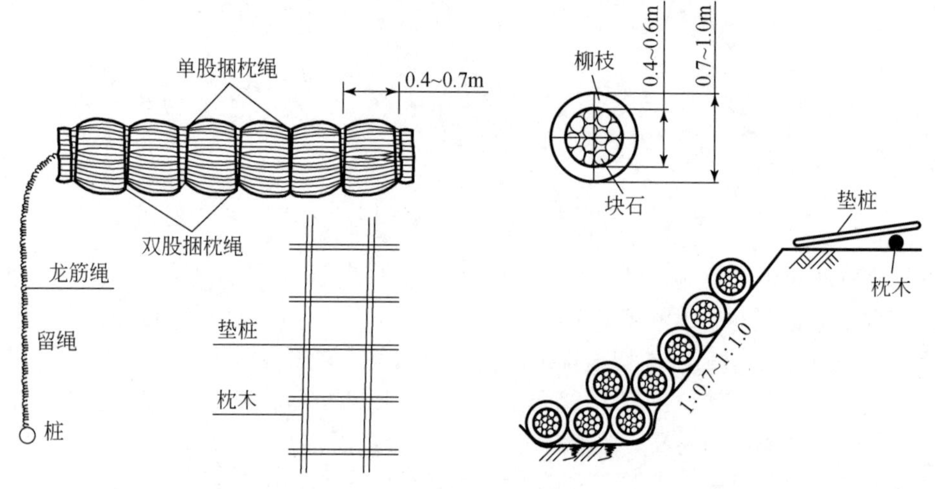

图 23-20　常规柳石枕捆抛示意图

柳石工最常用的施工方法为搂厢。按照施工方法又可分为层柳层石搂厢、柳石滚厢和柳石混厢 3 种。

层柳层石搂厢法多用于堵口截流、水中进占修建丁坝，也可用于坝垛抢险。其施工方法是先柳后石、层柳层石，先修底坯、松绳下沉、逐坯厢修、直至抓底，家伙联系、成为整体。具体方法包括准备工作，厢修底坯（含打顶桩、打腰桩、捆厢船定位、布缆绳、下料、回搂、下家伙等），加厢二坯，续厢三坯、四坯……，直至搂厢体下沉抓底，并压大土封顶（图 23-21）。

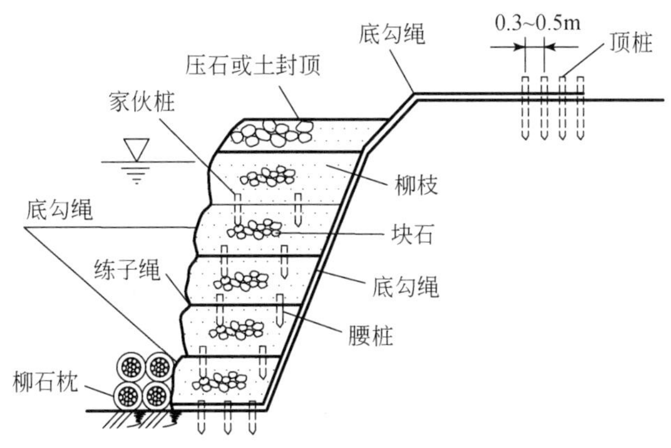

图 23-21　层柳层石搂厢示意图

柳石滚厢法，又名风搅雪。与层柳层石搂厢法的区别在于下料的方法。采用柳石混合齐下，内部不用家伙桩，只在厢修体到家后封顶，回搂底勾绳，打家伙桩。其结构是以底勾绳为经，以束腰绳为纬，形成网兜，兜内为柳石混厢体，再加滑绳分格吊拉，状如柳石混合的大网兜套小网兜（图 23-22）。它适用于堵口截流和水深溜急的抢险。具体施工方法包括：施工准备，厢修（含打顶桩、捆厢船定位、布绳、下料、打束腰绳及滑绳等），顶部打家伙桩、压土[①]。

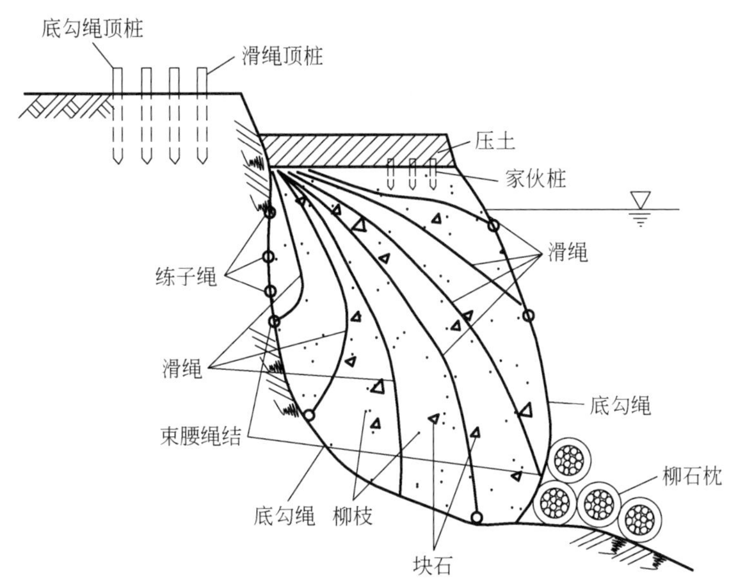

图 23-22　柳石滚厢示意图

柳石混厢法，又称柳石混杂厢修法。其下料方式大体与滚厢法相近，但不加束腰绳和滑绳，却使用家伙桩。实际上为柳石滚厢法与层柳层石搂厢法相结合的一种方法。这种方法在找不到捆厢船的情况下，可以临时搭架、扯绳或推浮枕、扎筏、摽浮筒进行施工。具体施工方法包括施工准备，厢修底坯（含打顶桩、捆厢船定位、布绳、下料、搂回底勾绳等），厢修二坯、三坯……直至抓底，压土封顶（图 23-23）。

① 李占元. 1994. 柳石工在防洪抢险中的运用

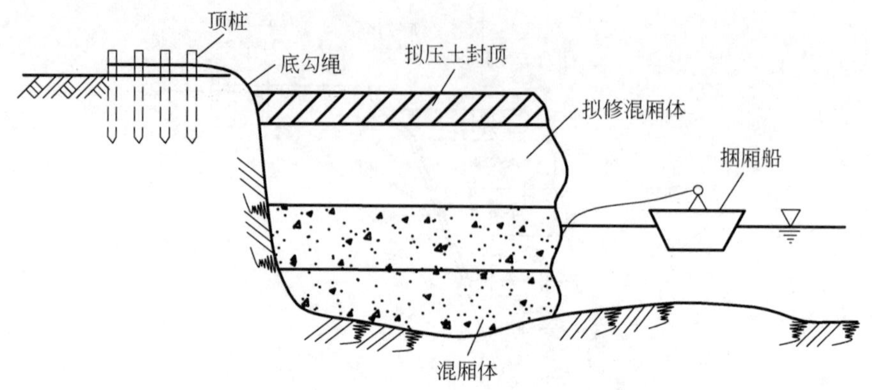

图 23-23　柳石混厢示意图

柳石工是 20 世纪后半期使用最广的结构形式。新修旱工时，在高岸坡上削坡或在土坝体迎水坡上直接抛柳石枕，一旦靠溜就可起到保护岸坡或土坝体的作用。对于紧靠溜的地方，可采用抛投柳石枕，也可采用柳石搂厢的办法修筑，溜急时还可再抛投柳石枕护根。

修建的柳石工及保存下来的秸土工，随着时间的推移，尤其是水上部分，经过长时间的风吹日晒后，柳枝秸料会变干腐烂，出现建筑物塌陷，尤其是经水流冲淘后更会发生坍塌，因此，整修时就需要抛石以维持建筑物的完整及抗冲能力，抢险时也需要用柳石工或石料抢险，以维持建筑物的安全。这样作为堤防、河岸裹护体的柳石工，就变成了由块石构成的“石工”。随着投资力度的增加，建筑物整修及新修旱工时，使用块石、铅丝石笼；建筑物抢险时，使用柳石工或石工。在 20 世纪末期，尤其是进入 21 世纪后，保护环境提到了重要议事日程，为了少用或不用柳料，即使是水中施工，也基本上是采用石工。

随着经济和科学技术的发展，20 世纪 80 年代以后也试修了一些其他结构形式的坝垛。

（二）建筑材料

随着结构变化，使用的材料也有所变化（水利电力部黄河水利委员会，1964）。不同结构对同一种材料的要求也有所差异。秸土工是以柔克刚的结构，使用的材料较多，石工使用的材料相对较少。

1. 秸料

秸料即高粱秆。它是埽工的主要材料。其优点是性质柔软，能缓和水流，缺点是易于腐烂，不能耐久。秸料要选择新的、干的、长的、整齐而带根须的。估计工料时，按 75～$80kg/m^3$ 计算。经黄河水利委员会水利科学研究所试验，秸料受压后的荷重与体积压缩率、容重关系如图 23-24 所示。

2. 梢料

梢料即树梢。以柳梢为最好，如柳梢缺少，也可用杨、榆、桑等杂树梢代替。梢料不如秸料与苇料柔软，但较为耐久，在水下易于抓底，特别是柳梢有缓溜落淤的效能。我国历史上宋、元、明三代做埽都把苇料和梢料混合使用，也有以梢料与软草混合使用的。遇沙底或滑底（淤泥底）时，多用柳梢铺于埽底。梢料须选择枝条长而鲜柔带叶者，以 2～3 年生柳为最好，短、粗、弯曲的不能使用。估计工料时，按 180～$200kg/m^3$ 计算。梢料以随取随用为佳，不宜长久堆存。当需备料储存一段时间时，应捆成梢个，成垛堆放。若备用的梢料是为了抢险捆柳石枕时，则最好捆成直径约 0.1～0.15m 的梢把，这样较易保存。试验得出柳梢受压后的荷重与体积压缩率、容重关系如图 23-25 所示。

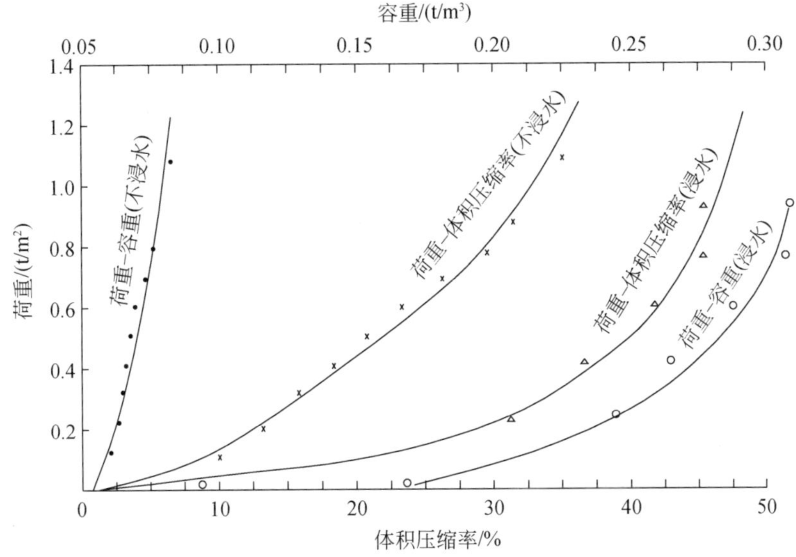

图 23-24　秸料荷重与体积压缩率、容重的关系曲线

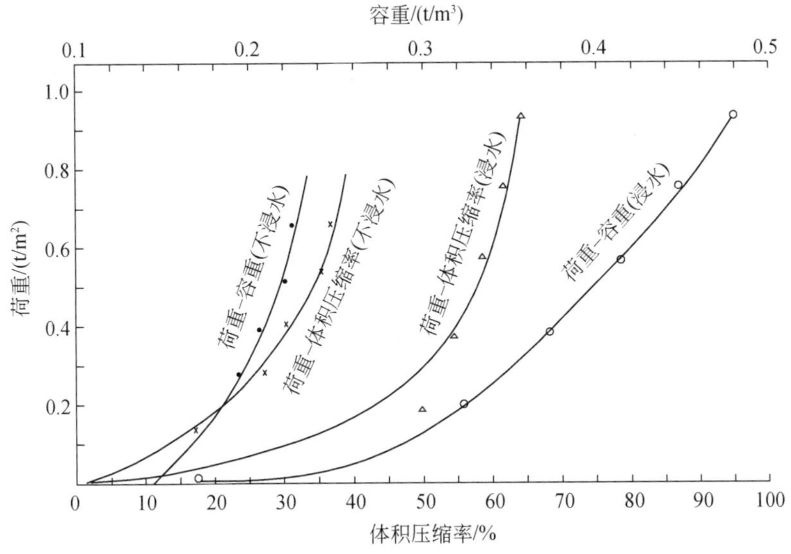

图 23-25　柳梢荷重与体积压缩率、容重的关系曲线

3. 苇料

苇料的性质基本上与秸料相同，但比秸料结实耐久，用来作埽，可经五年而不腐烂。选用标准以粗大直长者为佳。估计工料时，压实后的苇料一般按 100kg/m^3 计算。试验得出苇料受压后的荷重与体积压缩率、容重关系如图 23-26 所示。

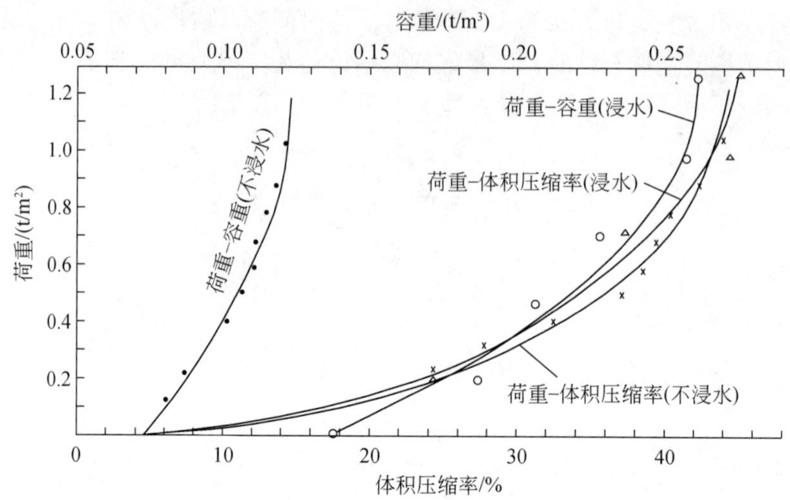

图 23-26　苇料荷重与体积压缩率、容重的关系曲线

4. 土料

（1）埽工用土料

修埽工用的秸料、苇料、柳梢都比较轻，而且浮于水，全靠压土才能下沉到水底。压埽用的土料一般多为壤土。用各种粉土和砂土压埽时极易下漏，又易被水流冲刷，非万不得已一般是不用的。最好用老淤士，即多年淤积的胶泥土，由于它经过风化，质地柔软，使用起来方便。

（2）土坝体用土料

河道整治工程的土坝体对土料的要求，严格讲应与堤防相同。考虑到险工和控导工程在渗流方面的要求比堤防低，几十年来对土料的要求也没堤防严格。由于黄河两岸多为来水来沙沉积的砂性土，黏粒含量低。多年来对黏粒含量的要求也有变化，一般为 10%～30%，在工程近处难以找到合适土料的情况下，尤其是控导工程的土坝体，对黏粒含量的要求可以降低，但也不得小于 3%。土料中不得含植物根茎、砖瓦等杂质。

5. 石料

筑埽时抛护埽根、压埽需用石料，作柳石枕也用石料。石料比重大、抗冲能力强，但由于当时运输不便，价格比较贵，用量较少。一般每块重约 20～50kg 左右。

河道整治工程所用石料要质地坚硬、强度高、不含软弱夹层、没有明显的风化迹象。石料单块重量一般要求为 25～50kg，随着大型机械投入施工和抢险，抛根可采用更大重量的块石。石料按外形规则程度可分为块石和料石。

（1）块石

块石是指由爆破或其他方式获得，可供河道整治工程使用的形状不规则的块体石料。

（2）料石

经过加工或开采获得，可供河道整治工程使用的、形状规则、表面较平整的石料。料石按加工程度分为毛料石、粗料石和细料石等。

A. 毛料石

外形大致方正，一般不加工或仅稍加修整，叠砌面凹入深度不大于 2.5cm，厚度不小于 20cm。

B. 粗料石

经过加工，外表较规则，叠砌面凹入深度不超过 2cm，厚度和宽度一般不小于 20cm，长度不大于厚度的 3 倍。

C. 细料石

经过细加工，外表规则，叠砌面凹入深度不大于 1cm，厚度和宽度均不小于 20cm，长度不大于厚度的 3 倍。

6. 木桩

在埽工中所需木材主要是用来做桩或签桩。桩有长桩与短桩之分。长度在 3m 以下的叫作短桩或橛，3m 以上的叫作长桩。签桩的长度在 1.5m 以下。短桩一般用柳木，但受力较大的以用榆木为佳。长桩以用杨、榆、松等木料为适宜。如供应有困难，也可用其他如楝、椿、枣、槐、栗等杂木代替。桩须选用圆直无伤痕的。兹将各种常用桩木的规格、用途列于表 23-3 中。

表 23-3　埽工常用桩木规格及用途表

类别	名称	长度/m	直径/cm		用途
			梢径	顶径	
一般埽工	顶桩	1.5～1.7	13	15	底勾桩、占桩、过肚桩及各种明暗家伙顶桩
	腰桩	1.7	8	10	各种家伙的腰桩
	家伙桩	2.0	9	12	各种家伙桩及滑桩
	签桩	1.0～1.5	5	7	练子绳、包眉子及明家伙的啮牙
	揪头桩、合龙桩	2.7	12	16	揪头桩、台龙桩、五花骑马桩
	长桩	3.5～5.0	14	18	提脑、揪艄、柳坝等桩
	长桩	5.0～15.0	14～26	20～35	柳坝、硬厢、签埽桩
卷埽	揪头桩	2.3～3.0		15～18	一般厢修用直径 15cm、长 2.3m，堵口用直径 18cm、长 3.0m
	底勾、占和尾抉等桩	1.7～2.3		13～15	一般厢修用直径 13cm、长 1.7m，堵口用直径 15cm、长 2.3m
	签桩	6、8、10、13		18～24	签定卷埽用，长短依水深而定

注：①埽工原用桩木长度全按旧制，如顶桩长 5 尺，腰桩长 5 尺，家伙桩长 6 尺，签桩长 3～4.5 尺，揪头桩、合龙桩长 8 尺，现均折合为米。桩的直径系按常用的列入。②对木桩长度要求不超过±5%，对直径要求不超过±5%。③埽工每坯料上拴打不同组合形式的桩绳叫家伙，家伙桩即每坯料上拴绳缆的木桩

我们曾选择不同长度的各种木桩打入地下，上露 0.2m，进行了剪力试验。所得出的结果列于表 23-4。

表 23-4　木桩剪力试验结果表

名称	长度/m	直径/cm	断面积/cm^2	荷重/kg	剪力/（kg/cm^2）	破坏情形
柏水桩	1.5	18.46	174.3	3001.0	17.20	桩被拉出
柏木桩	1.5	13.31	139.4	2297.2	16.45	桩被拉出
柏木桩	1.5	15.22	179.0	2249.0	12.66	桩被拉出
榆木桩	1.5	15.02	178.0	2096.3	14.80	桩被拉出

续表

名称	长度/m	直径/cm	断面积/cm^2	荷重/kg	剪力/（kg/cm^2）	破坏情形
榆木桩	1.5	18.66	274.0	3270.0	15.40	桩被拉出
榆木桩	1.5	18.82	278.0	2864.1	10.30	桩被拉出
楝木桩	1.5	14.80	173.0	2941.0	17.0	桩被拉出
楝木桩	1.5	17.29	236.0	3256.0	13.80	桩被拉出
楝木桩	1.5	17.64	245.5	2555.0	10.80	桩被拉出
柳木桩	1.5	12.51	122.5	2490.6	20.30	桩被拉出
柳木桩	1.5	10.54	87.5	2163.0	24.70	桩被拉断
柳木桩	1.5	10.80	91.7	2702.0	29.50	桩被拉出
柏木桩	3.0	17.58	244.0	5368.0	22.0	桩被拉断
柏木桩	3.0	16.46	213.0	3772.0	17.70	桩被拉断
柏木桩	3.0	15.02	178.0	5997.8	33.60	桩未拉断
榆木桩	3.0	20.57	322.0	6202.0	18.70	桩被拉斜
榆木桩	3.0	20.95	345.0	6197.0	17.95	桩未拉断
榆木桩	3.0	15.78	196.8	6689.5	34.00	桩未扭断
楝木桩	3.0	16.62	218.0	5669.0	26.00	桩被拉断
楝木桩	3.0	18.66	274.0	4539.0	16.50	因桩有裂缝，加荷重后即在距桩顶 1.03 米处折断
楝木桩	3.0	22.028	393.0	6197.0	15.75	桩未扭断

7. 绳缆

（1）竹缆

竹缆是以竹篾拧成或编成，也叫篾缆。有两种：一种是河南博爱的产品，用竹篾编制，每盘 60m，重 60kg；另一种以南方出产的苏篾为代表，用竹篾拧成，每盘 100～120m。编制的竹篾的伸缩性比拧成的大，但比麻缆的伸缩性小。竹缆的优点是入水后结实耐用，但在拴系或接头时没有麻绳柔和顺手。

（2）麻绳

黄河上习惯把用苎麻制作的绳叫做好麻绳。苎麻一般比苘麻结实，抗拉力大，但入水后没有苘麻耐沤。由于苎麻的价格比苘麻贵，所以不轻易使用，一般都用苘麻绳。苎麻以颜色洁白而光亮、麻皮薄而长的为最好，色黄麻皮宽而厚者次之；皮厚色黑黄且硬，手握有响声的，则不适用。苘麻以色青不带根蒂的为最好，白色的次之，黄色的又次之，而带土且有根皮的（俗称浑麻）则不适用。拧绳时，应先根据绳缆的用途、水的深浅、埽的长宽和拧绳的最大可能长度，计算每条的长度，并确定以几根成绳连接。应使接头尽量减少，因少一个接头可省苘麻十余斤。黄河上一般埽工常用的各种苘绳计有：经子，为最细的苘绳，作零星捆扎用；核桃绳，或叫练子绳，长 17m，重 2.5～3.5kg；六丈绳，长 20m，重 7.5～9.0kg；八丈绳，长 27m，重 10～12.5kg；十丈绳，长 33m，重 17.5～25kg；大缆，一般采用苎麻拧成，但对不甚严重的堵口和截流工程，亦可用苘麻加重拧成，长 66.7m（20 丈），重达 60～80kg 以上。核桃绳、六丈绳、八丈绳均有一般与加重之分，而十丈绳又有行十丈（比规定重量轻的）、十丈、加重十丈之别，长度虽相同，但重量不同，应用时依受力大小而定。

（3）苇缆

黄河上所用的苇缆计有三种：第一种叫毛缆，用青苇连叶带皮卷成，体质轻，只可在水浅溜缓处或埽体中不重要处酌量使用。第二种叫光缆，用黄亮的大芦苇蔑拧成，每条长33m，重20～25kg，直径4.5～5cm，或长40m，重30～35kg，直径5～6cm，也有长13m，重4～5kg，直径3～4cm的。光缆一般比毛缆结实。第三种叫灰缆，用高大的芦苇篾放入灰池中浸泡7日后拧成，性质柔软，入水后也耐久。做卷埽时，由于苇缆价格低廉且入水耐沤，多使用之。

（4）草绳

常用的草绳有四种：①蒲绳，以用蒲茎拧成的为最好，入水耐沤。它又分大蒲绳和小蒲绳两种，大蒲绳直径约4.4cm，小蒲绳直径约1.6～1.8cm。绳长按需要而定，一般大蒲绳长约20m，重约10kg，小蒲绳长约9m，重1kg。②稻草绳，用稻草拧打而成，极易腐朽，只能用来做临时性工程，其直径约1.2～1.5cm，长可按需要而定。③龙须草绳，用龙须草拧打而成，直径1.3～1.5cm，长度按需要而定，一般约为10m，其抗拉力很大，入水后又能经久；龙须草绳比蒲绳抗拉力大，但价格高于蒲绳而低于茼绳。④毛柳绳，为内蒙古干寒地带产物，有长13m、直径3～5cm的二股绳，又有长1.3m、直径5～7cm的，还有将三条3～5cm的二股绳拧在一起的，其长度可按需要而定。

（5）棕绳

棕绳产于江南，有红白之分。白棕绳直径约4cm，一般比红棕绳结实。棕绳性质坚韧，干湿均宜，比一般绳缆抗拉力强大且耐用。棕绳价格较贵，在黄河上应用不多。

（6）铅丝

黄河上用柳梢作埽工时多用铅丝缆。铅丝缆用8#、10#、12#、14#、16#铅丝做成，一般用单股、三股和六股3种，长度视需要确定。另外还有油丝缆，直径约为2.5～3.0cm，其质地柔软，抗拉力最强。

近半个世纪多用8#、10#、12#铅丝，除用其捆扎柳石枕外，还用于编铅丝笼网片，近些年来由于铅丝石笼用量增多，铅丝用量也在增加。

（7）储存

为保持各种绳缆的性能，采购后应储存在料场内比较高的位置，下部垫高，以免潮湿；保持良好的通风，勿使绳缆发热变质；同时还应有遮蔽风雨的设施，以免风吹、日晒、雨淋，使绳缆强度降低。对于较长时间或使用时间不定的材料，要修专用仓库保存，修工或抢险时从仓库提取。

埽工常用的各种绳缆的规格、用途见表23-5。

表23-5 埽工常用绳缆的规格及用途汇总表

名称		每条长度/m	直径/cm	股数	每条重量/kg	适用范围	备注
竹缆	编成的	60	3.0～5.0	3	60	堵口和截流工程中的提脑、揪艄主缆或埽占的束腰绳	
	拧成的	100～120		3		堵口和截流工程中的提脑、揪艄主缆或埽占的束腰绳	内有竹白芯子

续表

名称		每条长度/m	直径/cm	股数	每条重量/kg	适用范围	备注
苎麻绳	盘绳	66.7	5.5	3	60	堵口和截流工料中的过肚绳、占绳、底勾绳、把头缆、合龙缆和明家伙绳	
	锚顶绳	30	4.0	3	30	提脑、揪艄的锚顶绳	
	引绳	40	1.1	3	5	合龙缆过河的引绳	
苘麻绳	细绳		1.0	2		编织合龙时的龙衣	
	绖子		0.8～1.0	单		零星捆扎及扎龙衣用	
	核桃绳	17	2.5～3.0	3	2.5～3.5	练子绳及捆扎用	
	六丈绳	20	3～4	3	7.5～9.0	作埽占时下对抓子及作不甚重要的家伙绳	
	八丈绳	27	4～5	3	10～12.5	厢埽时的各种暗家伙绳及作不很重要的底勾绳	
	十丈缆	33	5～6	3	17.5～25	底勾绳及各种暗家伙绳	
	大缆	66.7	7～9	3	60～80	各种明家伙绳及截流、堵口时的过肚绳、占绳、底勾绳、把关缆和合龙缆	
	拉埽绳	6～12	3～5	3		捆卷埽身时拉埽	
	十二丈绳	40		3	35～40	底勾绳、占绳、箍头绳、穿心绳、揪头绳等	
	十八丈绳	60		3	70～75	底勾绳、占绳、箍头绳、穿心绳、揪头绳等	
苇缆	毛缆	33	4.5～5.0	4	15～20	以往作卷埽需用甚多，现多在不重要的埽工中用	
	光缆	33	4.5～5.0	4	20～25	以往作卷埽需用甚多，现多在不重要的埽工中用	
	灰缆	33	4.5～5.0	4	20～25	以往作卷埽需用甚多，现多在不重要的埽工中用	
	光缆	40	5～6	4	30～35	卷埽的占绳、箍头绳、束腰绳等	
	光缆	13	3～4	2	4～5	卷埽的腰绳	
草绳	大蒲绳	20	4.4	4	10	带枕及捆枕、龙筋绳、底勾绳	
	小蒲绳	9	1.6～1.8	4	1	捆柳石枕	
	稻草绳		1.2～1.5	2		捆柳把，也可作卷埽的腰绳	
	小龙须草绳	10	1.3～1.5	3	0.5	练子绳等	
	大龙须草绳		3.0	4		一般埽段底勾绳	
	毛柳绳	13	3～5	2	2～3	卷埽的腰绳	
	毛柳绳	13	5～7	3	4～5	卷埽的倒拉绳	
	毛柳绳		8～9	2		卷埽沉放时的揪头绳	
棕绳	白棕绳	230	4～5	3	200～350	锚缆及锚顶绳等	
	红棕绳	230	4～5	3	200～350	锚缆及锚顶绳等	

续表

名称		每条长度/m	直径/cm	股数	每条重量/kg	适用范围	备注
铅丝缆等	8号	435		1	50	柳石搂厢中的底勾绳，捆柳石枕的龙筋绳、吊枕绳、束腰绳和卷埽揪头绳	
	12号	30～100		3	5.0～15.5	柳石搂厢中的底勾绳，捆柳石枕的龙筋绳、吊枕绳、束腰绳和卷埽揪头绳	
	16号	70～100		6	9.5～13.5	柳石搂厢中的底勾绳，捆柳石枕的龙筋绳、吊枕绳、束腰绳和卷埽揪头绳	
	油丝缆		2.5～3.0	6	2～3（kg/m）	堵口时的提脑、揪艄主缆	6股缆内有7股麻心
	柳根绳		1.6	2		捆柳石枕的龙筋绳	

8. 其他

（1）砖料

黄河下游一般距采石山场较远，所以砖比石料价格低廉。在20世纪40年代以前，也用一部分砖料，有的坝垛护坡直接用砖，如封丘的西大坝就用砖防护。但由于砖有下述缺点：①砖比较轻，在水流冲刷紧急处容易走失；②水面附近的砖容易被冻裂，或被冰块冲撞而逐渐破碎脱落；③制造河砖的要求比一般砖高。因此，1950年后在河工上砖工已被淘汰。

（2）红荆条、白蜡条

红荆条和白蜡条可以编制篮筐，质韧耐用，入水之后也能经久。黄河上曾用红荆条代替铅丝编笼，装石后抛护坝根，很有成效。

（3）软草

软草也叫黄料，指禾黍和某些野生植物的杆。常用的软草中，以稻草、谷草、白茨、苦豆子为最好，豆秸、小芦苇次之，麦秸、蒲草又次之。其不透水性比秸、苇都强，所以塞埽眼、垫埽眉等都用软草。软草要选用干的、柔软的、涩的，而不要嫩的、硬的、疏松光滑的。这种料物收集后，也应堆成垛，以免雨湿后霉烂。但不论哪种软草，经水以后都容易腐烂。

（4）杂柴

在缺少秸料、苇料及柳梢的地区做埽时，也可配用玉米秆、棉花秆、河滩上生长的水红花秆、沙岗上的沙打旺（一种野草），以及夏季自河中打捞的河材（指从上游冲下来的滩岸上生长的杂草、树根等）。但这些材料比较散碎，做埽时绳缆应特别紧密，并且应该用顺长的秸柳正料加以严密包裹，以免这些碎料在重压后挤散。这些料物入水之后，极易腐烂，只能作一时应急之用。

（5）杂项

埽工中所用的杂项料物，有草袋、蒲包、麻袋等。近些年来，随着高分子工业的发展，编织袋也已成为修建河道整治工程和抢险的料物之一。

三、建筑物结构

（一）建筑物组成及坝垛结构

1. 建筑物组成部分

黄河上修建的河道整治建筑物，前面抵御水流冲淘的部分为裹护体，后部为土体。裹护体上部称为护坡，也叫坦石；下部称为护根，也叫根石。丁坝、垛、护岸在结构组成上基本一致，都是由土坝体、护坡、护根三部分组成。图 23-27 为险工丁坝、垛、护岸一般结构的横断面图。对于控导工程，由于建筑物高度较低且坝垛后面有滩地，不设根石台，其他与险工相同。

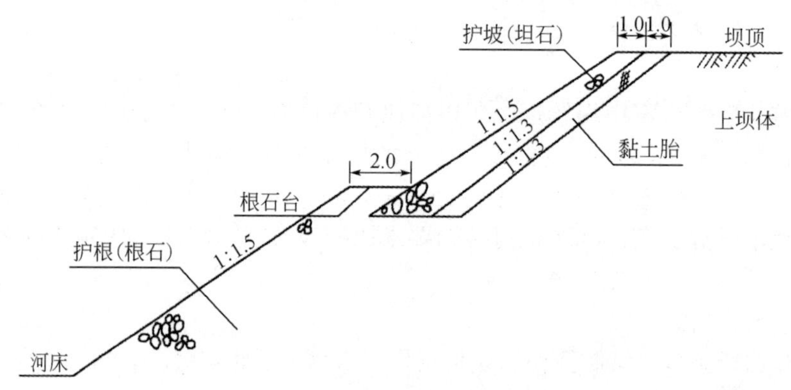

图 23-27　险工坝垛横断面示意图（单位：m）

（1）土坝体

土坝体是护坡、护根依托的“基础”，因此曾又称坝基或土坝基。它为防汛查险、抢险及日常管理提供工作场地。土坝体一般由壤土筑成，间或使用黏土或沙土。早期施工要求“好土包边盖顶”，即在施工中将黏土用于最外边，以防止雨水冲刷，包边盖顶厚度视黏土数量确定，无具体要求。20 世纪后期，裹护段要求修筑水平宽 0.5～1.0m 的黏土层，俗称黏土胎。进入 21 世纪后对土坝体使用土料多有具体设计。土坝体非裹护段，黏土水平宽 0.5m，并采用草皮防护，以免雨水冲刷。

连坝是将各丁坝坝根连接在一起的土堤。连坝顶是防汛查险、抢险及日常管理时的交通道路。由于垛掩护的距离短，垛间往往修有护岸。垛间无护岸者也往往修有连坝。连坝的顶部高程、施工要求与土坝体相同，连坝顶宽一般为 10m。

（2）护坡

护坡的主要作用是防止水流、风浪冲刷土坝体。土坝体由土料修筑，抗冲能力差，汛期河道水流流速较大，风浪淘刷力强，土的不冲流速较小，因此土坝体的迎水面需要保护，方能保持完整安全，发挥迎溜抗溜作用。

护坡一般由块石修成，在水流作用下，块石应保持稳定。斜坡上块石的起动流速可按张瑞瑾教授公式计算：

$$V_0 = 5.45kh^{0.14}d^{0.36} \tag{23-5}$$

式中：V_0为块石的起动流速，m/s；h为水深，m；d为块石粒径，m。

$$k=\sqrt[4]{\frac{m^2-m_0^2}{1+m^2}} \tag{23-6}$$

式中：m 为边坡系数；m_0 为块石自然稳定边坡系数，取块石内摩擦角Φ=45°，则m_0=cot45°=1.0。

由式（23-5）看出，在相同的水流条件下，坡度系数m愈小，不被水流冲走所需的块石粒径d愈大。当m=1.1～1.5时，块石粒径应为0.5～0.2m，重15～150kg。当m=1.05时，块石粒径应为0.8m，重700kg。在现有石料情况下，根石坡度以不陡于1∶1.1为宜。

护坡与护根的界限，险工坝垛因设根石台，界限比较明显，根石台以上部分为护坡，但其断面延伸到根石台以下（图23-27），根石台顶以下部分为护根。控导工程坝垛按规定不设根石台，常以设计枯水位为界，枯水位以上部分为护坡，枯水位以下部分为护根。

护坡按石料的修筑方式，可分为多种。对于扣石护坡不同部位石料有不同称谓（图23-28）。护坡表层石料称为沿子石，又称面石，里层石料称为腹石。腹石与沿子石连接部位的石料称二脖子石。护坡顶面一层石料称封顶石，封顶石最外沿一块石料称眉子石。河工上常将界线边线称为口，封顶石外边沿称为外口，内边沿称为里口或内口。里口是土石的共用边界线。为防雨水由此进入冲刷土坝体，有些坝垛常用黏土或三合土封盖成土埂，埂高0.15m，外坡1∶1.0，内坡1∶3～1∶5，此土埂称为土眉子。护坡在修筑时常分段，每段10～15m，各段端面要求大致平整光滑，以便形成立缝，沉陷变形时不影响相邻段护坡，端面表层石料称为倒眉子石。内口、外口、眉子土、倒眉子石等称谓均来自黄河埽工。

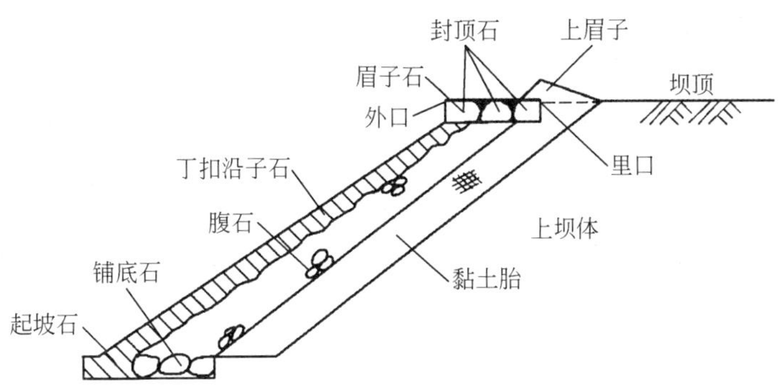

图23-28　扣石护坡各部位名称

（3）护根

护根是护坡的基础，也是土坝体下部的保护层。护根的材料主要为石料或柳石料，年久柳料腐烂后也用石料补充，因此护根习惯上称为根石。险工根石顶称为根石台。根石台宽度应能使护根后土体不被水流冲刷破坏。

A. 根石深度

护根的相对稳定深度一般需12～15m，大者达20m以上，坝垛护根需在不同来溜方向、不同含沙水流、较大溜势的长期冲淘作用下才能达到这一深度。由于黄河年内年际来水来沙变化大，河势不稳定，因此多数部位坝前冲刷坑深度达不到12m，有时不足10m，修建丁坝时又多在枯水时进行，因此丁坝修建时根基很浅，不能一次做到稳定深度，需要在运用中经不断抢险逐渐加深护根深度，这就属于所谓的“施工抢险”，即抢险是护根施工的继续。护根只有通过坝垛多次靠大溜，多次抢险，历经数年甚至几十年才能修至相对稳定深度。根石的深度大于或远大于土坝体、护坡的高度，因此，根石是坝垛用料最多的部分。在现有的根石深度实测资料中，以花园口险工将军坝为最大，达 23.5m，如图 23-29 所示。

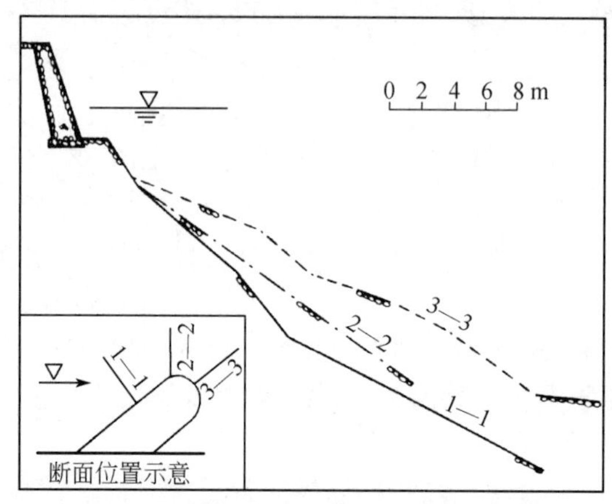

图 23-29 花园口险工将军坝根石断面图

B. 根石坡度

护根坡度指其外坡，其设计值视石料、财力等情况确定。20 世纪 80 年代以前按 1∶1.0 掌握，缓于 1∶1.0 时认为护根处于暂时稳定状态，陡于 1∶1.0 时认为护根处于不稳定状态。护根坡度达不到稳定要求，就可能发生坍塌，甚至危及护坡安全，这时有险要抢，无险也要抛石加固，以使护根坡度达到 1∶1.0 为度。后来，护根的坡度按 1∶1.1～1∶1.3、平均按 1∶1.2 控制。80 年代以后，尤其是进入 90 年代，护根外坡按 1∶1.3～1∶1.5 掌握，缓于 1∶1.3 时认为处于暂时稳定状态，陡于 1∶1.3 时即认为处于不稳定状态，需按 1∶1.5 进行加固。

C. 根石宽度

由于黄河河床冲淤变化剧烈，河岸边坡变化很大，施工时难以按设计坡度进行，多靠抛投物自然塌落形成，因此护根宽度很难确定。20 世纪 70 年代在对梁山程那里险工 3 坝进行改建时，坝前头拆至枯水位发现根石宽度为 3.4m，乱石护坡后土坝体边坡近于垂直。可见根石宽度是很大的。

D. 根石材料

护根的构件主要是散石、铅丝石笼、柳石枕等。所用构件依坝垛施工条件、运用阶段及不同部位确定。新修工程多用柳石枕护根，用石较少，为防止柳石枕外爬，外抛铅丝石笼。进入正常运用期以散抛石为主，多在坝头抛投部分铅丝石笼或大块石，以防止冲失。

2. 坝形

坝垛可从不同角度进行分类，黄河上半个多世纪以来，多以坝垛的护坡结构进行分类。护坡一般由石料修筑，护坡依石料修筑方式分为乱石、扣石和砌石 3 类，即乱石护坡、扣石护坡和砌石护坡，相应的坝形称为乱石坝、扣石坝和砌石坝。乱石坝、扣石坝为缓坡坝，砌石坝为陡坡坝（图 23-30）。新修时均为乱石坝，它是数量最多的坝形；扣石坝和砌石坝是乱石坝经过若干次抢险、维修加固，根石达到一定的稳定程度后，方可改建为扣石坝或砌石坝。砌石坝由于坡度陡，靠重力稳定，一旦出险，会造成整体垮坝，因此，20 世纪 80 年代以后，一般未再新建砌石坝，已建的砌石坝，多已改建为乱石坝或扣石坝。

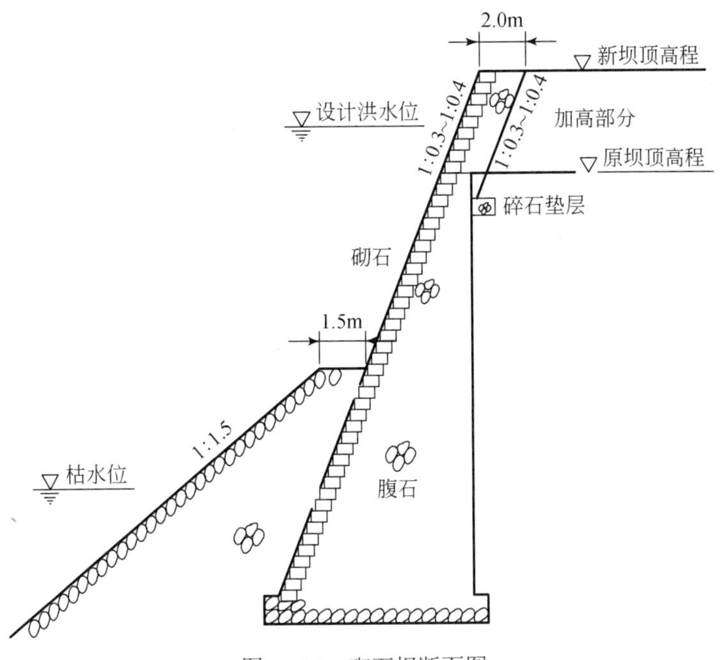

图 23-30　砌石坝断面图

（二）坝顶高程

1. 险工

险工是临堤修建的丁坝、垛、护岸。它除了具有控导主流、稳定河势的功能外，因其背靠堤防，直接防止水流冲淘堤防，因此采用与堤防相同的设计洪水位。确定堤顶高程的超高中包括安全加高一项，而险工主要防止水流直接破坏堤防，确定坝顶高程的超高主要考虑风浪爬高的影响，故险工坝垛的顶部高程取比堤顶高程低 1.0m。

2. 控导工程

（1）陶城铺以上河段

陶城铺以上河段控导工程顶部高程按河道整治设计流量相应水位加超高确定。

超高可按下式计算：

$$\Delta H = h_w + h_b + c \tag{23-7}$$

式中：ΔH 为超高；h_w 为弯道横比降壅高；h_b 为波浪爬高；c 为安全加高。

弯道横比降壅高 h_w 按式（23-7）计算：

$$h_w = \frac{BV^2}{gR} \tag{23-8}$$

式中：V 为流速，取 2.5m/s；g 为重力加速度。

根据河弯要素分析，取 R=3B，计算得出 h_w=0.21m。

波浪爬高可用Б.А.培什金公式计算：

$$h_b = 0.23\frac{\Delta h\sqrt[3]{\lambda}}{m\sqrt{n}} \tag{23-9}$$

式中：λ为波长与波高的比值，在河流条件下，取λ=10；m 为边坡系数，m=1.5；n 为边坡糙率系数，取 n=0.045；Δh 为波浪高度，$\Delta h = 0.37\sqrt{D}$；D 为波浪吹程，按弯道平滩河宽计算，并假定风向与工程交角为 45°。计算得，h_b=0.52～0.63m。

经计算，不同河段的弯道横比降壅高与波浪爬高之和为 0.73～0.84m，考虑安全加高因素，陶城铺以上河段控导工程超高取为 1.0m。

20 世纪 60 年代以来，超高采用 1.0m，90 年代初为减少控导工程对洪水漫滩、淤滩刷槽的影响，采用 0.5m，20 世纪末以后，仍采用 1.0m，在 2015 年批复的“黄河下游防洪工程初步设计”中又采用 0.5m。

（2）陶城铺以下河段

陶城铺以下河段考虑到堤距窄，排洪是第一位的，故而顶部高程采用与当地滩面平。20 世纪 90 年代以后，为便于管理采用较当地滩面高 0.5m。

（三）乱石坝

护坡由块石抛投、堆筑而成的丁坝（含垛及护岸）称为乱石坝。考虑稳定、备石、交通要求，坝顶宽一般采用 12～15m。为便于交通，大部分修有连坝，连坝顶宽采用 10m，边坡采用 1∶2.0。

1. 土坝体

乱石坝的土坝体，边坡非裹护部分 1∶2.0，裹护部分与护坡内坡相同；顶宽为坝顶宽减去护坡顶宽。

2. 护坡

护坡也称坦石。一般指枯水位以上的裹护体。

（1）边坡

采用块石修筑的护坡其边坡系数可用下式计算：

K=$m\tan\Phi$，式中，K 为安全系数，m 为边坡系数，Φ为块石内摩擦角。

河道整治初期，采用的边坡系数较陡，近几十年来，外边坡一般采用 1∶1.3～1∶1.5；内边坡一般采用 1∶1.1～1∶1.3。

（2）护坡宽度

护坡厚度可采用鲍瑞挈公式计算：

$$t = \frac{0.42\Delta h}{\gamma_s - \gamma} \times \frac{\sqrt{1+m^2}}{m} \tag{23-10}$$

式中：t 为护坡厚度，m；γ_s，γ为石、水的容重，t/m^3，γ_s 取 1.7t/m^3；m 为边坡系数，取 1.5；Δh 为波浪高度，m，$\Delta h = 0.37\sqrt{D}$；D 为波浪吹程，km，取 3.5km。

计算得 t=0.50m。相应护坡水平宽度为 0.71m。考虑一定的安全度，护坡顶宽取 1.0m。由于护坡内边坡陡于外边坡，护坡的水平宽度是随深度增加而增加的。

护坡（坦石）稳定性的计算，即防止坦石发生脱坡险情的计算，其滑动面为图 23-31 示出的 abc 折线。滑动力与阻滑力的极限平衡方程式为

$$Af_2^2 - Bf_2 + C = 0 \tag{23-11}$$

式中：$A = n\frac{m_1(m_2 - m_1)}{\sqrt{1+m_1^2}}$；$B = \frac{W_2}{W_1} m_2\sqrt{1+m_1^2} + \frac{m_2 - m_1}{\sqrt{1+m_1^2}} + n\frac{m_1^2 m_2 + m_1}{\sqrt{1+m_1^2}}$；$C = \frac{W_2}{W_1}\sqrt{1+m_1^2} + \frac{1+m_1 m_2}{\sqrt{1+m_1^2}}$。

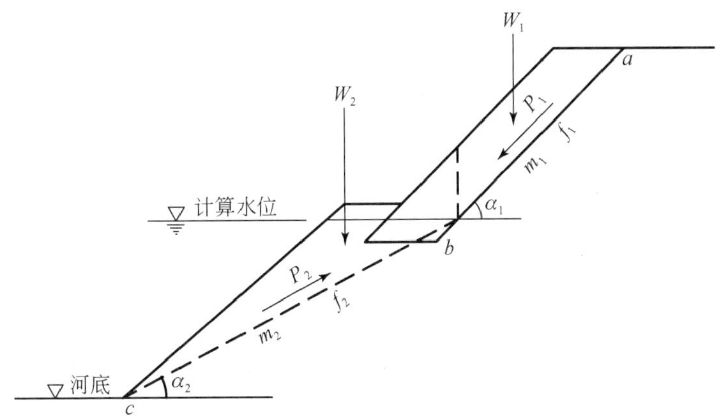

图 23-31　坦石稳定性计算图

其中，m_1 为折点以上坦石内坡的边坡系数；m_2 为折点以下滑裂面的边坡系数；W_1、W_2 为计算滑裂面以上、以下的坝体重量；$n=\dfrac{\tan\Phi_1}{\tan\Phi_2}=\dfrac{f_1}{f_2}$。

安全系数 K 为

$$K=\frac{\tan\Phi_2}{f_2} \tag{23-12}$$

式中：f_1、f_2 为维持坝坡稳定时所需的摩擦系数，Φ_1、Φ_2 为滑裂面上实际的内摩擦角。

乱石坝护坡标准在 20 世纪 70 年代以前一般采用顶宽 0.7m，外坡 1∶1.0，内坡 1∶0.75。后逐渐加大改为顶宽 1.0m，外坡 1∶1.1～1∶1.3，内坡 1∶0.8～1∶1.1，至 90 年代改为外坡 1∶1.3～1∶1.5，内坡 1∶1.1～1∶1.3，顶宽仍为 1.0m。

为防土坝体被波浪淘刷，在护坡后还铺土工布或修一层厚 0.5～1.0m 的黏土坝胎。

3. 护根

护根也称根石。控导工程不设根石台，一般枯水位以上称为坦石，枯水位以下称为根石。险工因其高度大，位置重要，为保安全，险工设根石台。

根石是保证坝垛安全的关键部分。需要有满足要求的坡度、宽度和深度。根石的坡度取决于流速的快慢和块体的大小（或重量）。通过研究水流中斜坡上块石的稳定性，分析稳定的根石坡度。

D.史迪芬逊从水流的推移力，分析岸坡上块石的稳定性，受力情况见图 23-32。

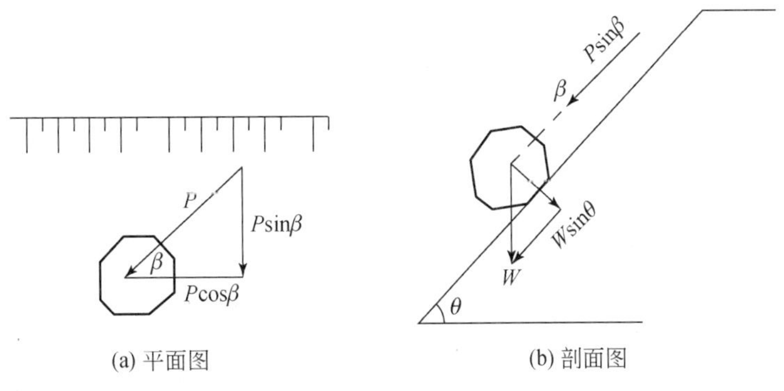

图 23-32　水流中斜坡上块石稳定性分析图

水流推力：

$$P = C_d K_1 \gamma d^2 \frac{V^2}{2g} \tag{23-13}$$

式中：P 为水流推移力；C_d为推移力系数，取 0.5；K_1 为块石形状系数，取 0.8；γ为水的容重；d 为块石尺寸；V 为水流流速，m/s。

块石沿斜坡向下的滑动力，为水流推移力的垂直分力及块石自重下滑力之和，即为$P\sin\beta+W\sin\theta$。其中，

$$W=K_2d^3\gamma（S-1）$$

式中：W 为块石的水下重量；K_2 为块体体积系数，取 0.8；S 为块石相对重率，取 2.6；其他同上。

水流推移力的水平分力 $P\cos\beta$和块石下滑力的合力 R 为

$$R = \sqrt{(P\cos\beta)^2 + (P\sin\beta + W\sin\vartheta)^2} \tag{23-14}$$

块体所受的阻滑力为$W\cos\vartheta\tan\Phi$，极限平衡方程式为

$$W\cos\vartheta\tan\Phi = \sqrt{(P\cos\beta)^2 + (P\sin\beta + W\sin\theta)^2} \tag{23-15}$$

以$W = K_2 d^3\gamma(S-1)$、$P = C_d K_1 \gamma d^2 \dfrac{V^2}{2g}$及$C_d\dfrac{K_1}{2K_2} = 0.25$代入式（23-15），并当$\beta$=0 时，化简可得

$$d = \frac{0.25V^2}{g(S-1)\cos\theta\sqrt{\tan^2\Phi - \tan^2\theta}} \tag{23-16}$$

或 $$\tan\theta = \sqrt{\tan^2\Phi - \left\{\frac{0.25V^2}{gd(S-1)\cos\theta}\right\}^2} \tag{23-17}$$

可以看出，水流流速、石料块度、根石坡度相互影响。当根石坡度一定时，流速决定块度的大小，当块度一定时流速决定坡度的陡缓。石料块度受开采、运输、坝垛施工及抢险的影响，块度不可能太大，只能通过改变根石坡度来达到稳定的要求。流速是平方项，作用显著。根石的枯水位以上部分，可按设计修成要求的坡度，但枯水位以下是水流冲刷形成的坡度，较为稳定的坡度需经若干次抢险抛投料物而形成。水流流速变化是很大的，尽管用最大垂线流速来计算，但局部流速还会大于最大垂线流速，因此，经过数次抢险抛投料物认为已达相对稳定的坝垛，出现新的险情也是不足为奇的。

需要说明的是，部分坝垛的根石坡度会出现陡于 1∶1.0 的情况，这是由于坡面上的浮石已被水流冲走，余下的块石相互咬合，所以根石坡面上的块石不被水流冲走。

根石的坡度，新建坝垛采用 1∶1.5，对于已有的坝垛，其根石坡度不陡于 1∶1.3 时，可不进行改建加固。险工根石台台顶高程平 3000m^3/s 流量相应水位，根石台宽度，原采用 1.0m，以后加宽至 2.0m。

4. 坡面处理

乱石坝的坦石、根石的施工特点是“抛”。抛成的坦石、根石坡面都是凹凸不平的，而且在坡面上存在一些孤石、浮石，这样不仅影响外观，而且人从坡面上行走时也不安全。20 世纪 60 年代以前修建的部分坝垛，或坝垛抢险后，对抛石坡面未进行修整，浮石甚多。70 年代以后新修坝垛或抢险后的坝垛对坡面多进行捡平，及清理坡面上的孤石、浮石，对

部分过分凹入、凸出的坡面进行处理，使坝垛的坦石、根石坡面整体上平顺，坡度达到设计要求。

进入 21 世纪后，乱石坝坡面处理采用最多的办法为“乱石粗排”。粗排是指为了使抛石坡面平顺、坡度满足设计规定，把块石顺其自然形状在抛石坡面上进行排整的施工作业。它适用于险工和控导工程的新建与改建工程。乱石粗排护坡是抛石护坡的一种形式，它是采用块石抛投并将面层（如厚 0.3m）用较大块石排整平顺的护坡。施工中应注意：①抛石过程中，应采取相应的保护措施，以防土坝体边坡遭到破坏。②按照“由下而上、随抛随排”的原则施工。每抛厚 1m 左右时，即对面石进行排整。③排整时要尽量把长、大的块石顺其自然形状在抛石坡面上排放紧密，使上下、内外层相互衔接，结合平稳，做到坡面平顺，没有浮石。

（四）扣石坝

扣石坝是护坡采用扣石结构的坝垛。扣石护坡是指面石采用扣砌方法修筑、腹石采用分层填石、排整的护坡形式。扣石护坡分为腹石和面石两部分。扣砌是指把护坡面层石料的某个轴垂直于坡面、外露面与坡面平齐修筑的施工作业。

1. 断面

扣石坝的土坝体、护根与乱石坝相同，主要区别在护坡上。扣石坝的沿子石（即护坡的最外一层石料）按垂直于坡面砌筑，内部腹石需要填筑紧密。扣石坝前期一般采用顶宽 0.7～1.0m、内坡 1∶0.7～1∶1.0、外坡 1∶1.0～1∶1.3（图 23-33）；进入 21 世纪后顶宽一般采用 1.0m，坡度有所放缓，内坡采用 1∶1.1～1∶1.3，外坡采用 1∶1.3～1∶1.5。

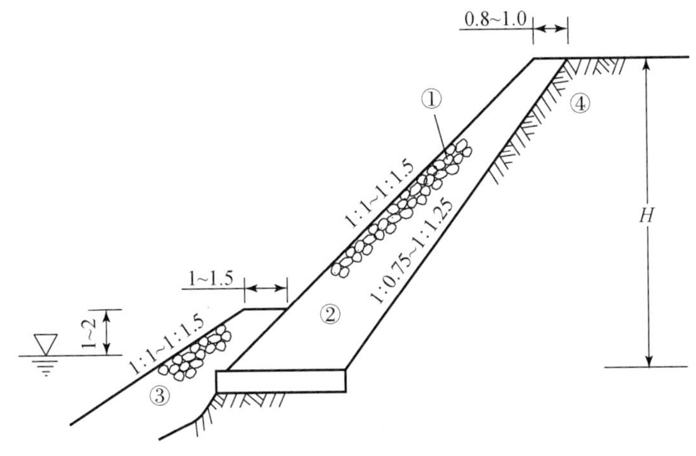

图 23-33　扣石坝断面图（单位：m）

注：①扣砌块石，②分层填石，③抛石护根，④土坝体

2. 分类

扣石护坡分为平扣护坡和丁扣护坡两种形式。平扣护坡是面石短轴垂直于坡面的扣石护坡形式；丁扣护坡是面石长轴垂直于坡面的扣石护坡形式，按面石采用的石料种类又可分为丁扣块石护坡和丁扣料石护坡。

扣石坝适用于根石基础较好的丁坝、垛和护岸改建，不能用于新建工程。丁扣块石护坡是险工和控导工程改建中常用的护坡结构形式之一；丁扣料石护坡因工程造价高，仅用于重点工程和人员活动较多的风景区内的部分坝垛改建，其他坝垛改建一般不采用。平扣护坡在险工和控导工程一般坝垛改建中采用。

（五）砌石坝

砌石坝是护坡采用砌石结构的坝垛。砌石护坡是指面石即沿子石采用平砌方法砌筑、腹石采用分层填石、排整紧密的护坡形式。砌石护坡其坡度陡，靠重力维持稳定，实为一个重力式挡土墙。它分为浆砌和干砌两种。

砌石护坡的沿子石水平放置，顶面、底面和外露端面需加工平整，两侧面大致平整，里面即靠腹石一面一般依石料自然形状，不作加工处理，砌筑时上层沿子石要比下层沿子石后退一段距离，使沿子石成台阶状，后退的距离取决于外坡的大小。沿子石的石料长度要使上下两层沿子石搭压不少于 20cm，上下两层石料上口连线所成的坡度等于设计坡度。

砌石坝的土坝体、护根与乱石坝相同，主要区别在护坡上。

由于砌石坝护坡坡度依靠沿子石后退成台阶状形成，而沿子石长度有限，因此砌石坝的外坡较陡，一般为 1∶0.35～1∶0.4；早期新建的砌石坝内坡垂直（图 23-34），后期新建的也有采用 1∶0.2 的，在黄河下游第二次、第三次大修堤时，险工坝垛加高中内坡采用 1∶0.2～1∶0.4；坦石顶宽新建时采用 0.8～1.0m，加高改建时为保持稳定，一般采用 1.5～2.0m。

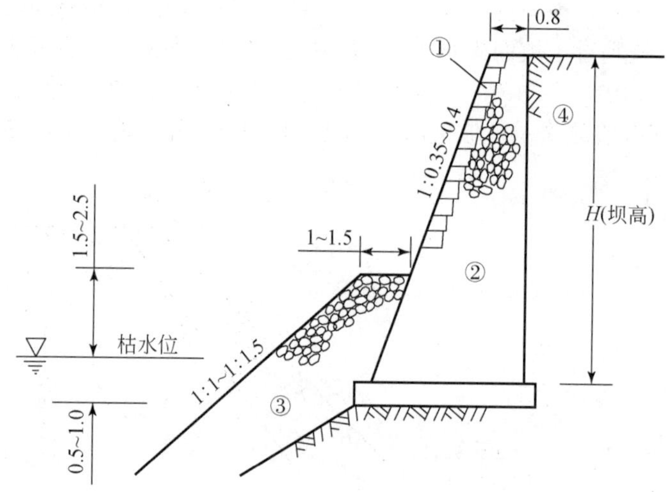

图 23-34　新修砌石坝断面图（单位：m）

注：①浆砌（干砌）块石，②分层填石排整，③抛石护根，④土坝体

（六）适用情况

1. 坝形优缺点

（1）乱石坝

乱石坝由于坡度较缓，护坡石料依托在土坝体上，因此稳定性较好；乱石坝对基础变动的适应性强，石块之间嵌制作用较差，一旦根石蛰动，坦石也跟随蛰动，险情易于发现，及早抢护，不仅自动增补了根石，减缓险情发展，也可少出大险、不出大险；坦石坡度与根石坡度基本一致，加高时可以顺坡加高，节省工料。乱石坝的坦石为散体结构，能适应各种变形，可在各种不利条件下修建，这种坝形被广泛采用。但是，乱石坝的坦石是抛筑

而成，表面比较粗糙，有失美观；雨水、河水对土坝体的淘刷作用较强，坦石与土坝体之间会出现水沟浪窝，需要进行翻修；管理工程量较大。

（2）扣石坝

扣石坝坡度较缓，属缓坡坝，其稳定性较好；坦石坡面较乱石坝严密平整，坝前水流条件较为平稳；坦石较紧密，水流不宜淘刷坝胎土造成掏塘子险情。前期修建的扣石坝，坦石坡度陡于根石坡度，加高时往往需要拆除改建，费工费料且对坝垛安全不利；新修坝垛不能修建扣石坝，必须在乱石坝经过若干年的沉蛰、抢险、整修，基础达到相对稳定后，方可将乱石坝改建为扣石坝。

（3）砌石坝

砌石坝的主要优点是坝面用沿子石砌垒，比较整齐严密，外形美观，水流不宜淘刷坝胎土，便于管理；坚固耐久，整体性好，抗冲能力强（图 23-35）；坦石坡面陡，从坝顶向下抛投根石方便。其缺点是坝坡陡，整体稳定性差，高坝易出垮坝险情；依靠较大的根石断面维持坝的安全，不经济；坦石坡度远陡于根石坡度，因河床淤积进行坝垛加高时，耗工耗时，工程量大，不适应加高的河情；新修坝垛不能修建砌石坝，只有在乱石坝经若干次抢险后，方可改建为砌石坝。

图 23-35　砌石坝

在“文化大革命”期间曾出现一种现象，认为砌石坝像水上长城，坚固美观，在宽河段盲目推广修建砌石坝。但因砌石坝整体稳定性差，曾接连出现垮坝和裂缝等严重险情，例如，开封柳园口险工 20 护岸，1977 年 8 月 19 日整体坍塌入水；历城王家梨行险工 8～11 坝，1981 年 12 月 25 日枯水期出现垮坝；东阿井圈险工 40-4 护岸，1982 年 8 月 10 日溃塌；济南泺口险工 10～12 坝，1985 年 11 月 17 日垮坝等。济南盖家沟险工 21 坝，1982 年 1 月 5 日坝顶距沿子石 7～9m 处，发生顺堤裂缝，长 77m，宽 1～10cm，深 2m 多；齐河大王庙险工 18、19 坝，1982 年 10 月 2 日坝顶距沿子石 6m 处发现裂缝，长 24m，宽 0.5～1.5cm。沁河沁阳水南关险工 3、12、13、16、27、2、30 坝，1982 年 8 月 1 日、2 日先后滑塌；现择要述后。

1）历城王家梨行险工。王家梨行险工 8～11 坝为浆砌石坝（岸），于 1981 年 12 月 25

日夜发生了突然滑塌（沈启麒等，1982）。该处为1898年决口、堵口处，9、10坝为合龙处，1954年实测背河潭坑最大水深为14m。9～11坝1952年改为浆砌石坝，8坝为1974年改为浆砌石坝。1981年9月14日8坝距沿子石外缘5.5m处出现顺堤方向裂缝，长25m，缝宽0.8cm。11月17日大河水位下降，背河淤背水位32.30m时，裂缝发展至长70m，最大缝宽2.0cm，滑动体顶面下陷18cm后稳定。12月13日开始翻修处理，开挖一条长70m，深2.5m，上口宽5.0m，下口宽1.0m的沟，逐坯夯实回填，12月25日下午竣工，当夜突然滑塌。

滑塌段长81.6m；滑落深度两头0.4～0.6m，中间最大处6.6m；坝顶外移1～3m；滑塌体的对比宽度两头4～5m，中间最大6.5m；滑塌后土胎成1∶0.2～1∶0.5的坡度。9坝滑动后情况见图23-36。

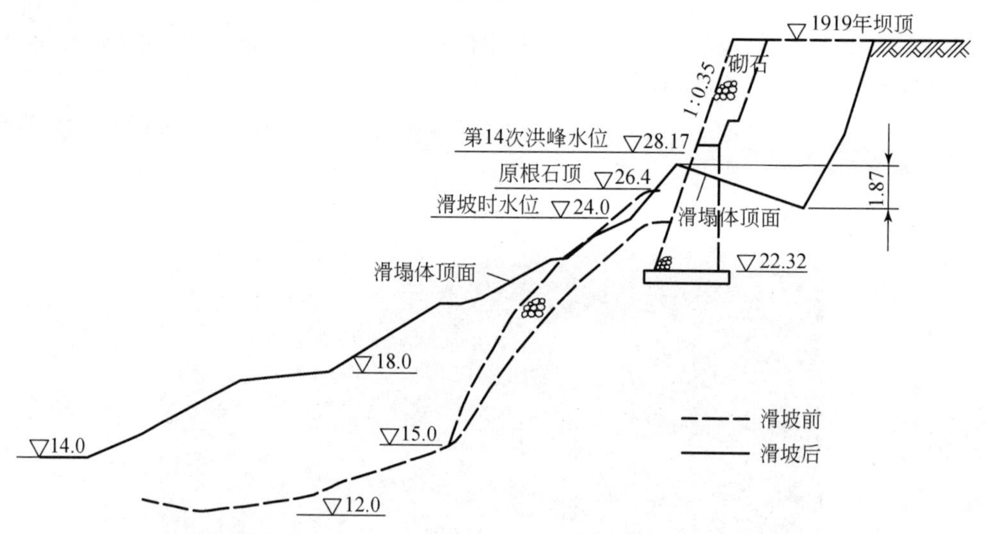

图23-36　王家梨行险工9坝1981年12月25日滑塌前后示意图（单位：m）

2）济南泺口险工。泺口险工10～12坝为砌石坝，于1985年11月17日发生垮坝险情。该坝始建于1930年，为秸埽工程，1948年改为乱石结构，1950年翻建为干砌石坝，1957年、1964年两次戴帽加高，1981年按浆砌标准加高。垮坝前断面平均情况为：坝顶高程约为36.7m；根石顶以上坝高约为6.8m；坝坡1∶0.30～1∶0.35；根石顶宽0.5～1.0m，边坡1∶0.8～1∶1.3；如图23-37。

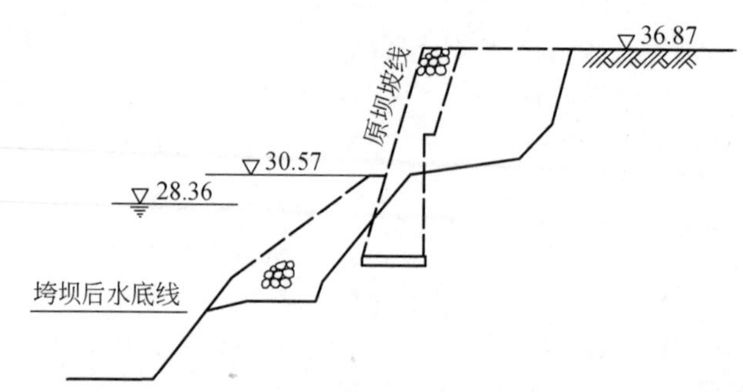

图23-37　泺口险工12坝1985年11月17日垮坝前后示意图（12坝中间偏上断面，单位：m）

出险时泺口站流量为1690m^3/s，出险坝段处流速约为1m/s，水位28.36m。垮坝后，坍塌体下蛰6.6～8.7m；往河中平移0.8～6m；坍塌石方2918m^3，土方3333m^3；塌后土胎坡度约为1∶0.3～1∶1.0。

历城王家梨行险工、济南泺口险工等工程发生垮坝及裂缝的原因有多条，但其共同的一条就是坦石坡度陡，整体不稳定。新建时问题尚不突出，但经过一次加高、二次加高，尤其三次加高后，稳定问题到了难以解决的程度。

2. 近期采用情况

半个多世纪以来逐渐形成了3种坝形，各种坝形除与河势变化、工程受力、使用材料、经济因素有关外，还与料源、技工、抢险以及习惯有关。20世纪70年代以前，扣石坝多在德州济阳、惠民地区各县段修建；砌石坝多在聊城东阿、德州齐河、济南市修建；乱石坝下游各县均有修建，孙口以上绝大部分都为乱石坝。

从管理和外观角度出发，希望修建扣石坝或砌石坝；但从受力和安全考虑，扣石坝优于砌石坝。将扣石坝和砌石坝的坦石绘在一个断面图上进行比较（图23-38），图中在OO_1线以左的根石，滑动力与抗滑力为同一方向，且与滑动方向相反，只产生抗滑力，对坝体稳定有利。在OO_2线以上取O_2a_1条块，其重量为W_1，滑动力$T=W\sin\alpha_2$，抗滑力$\tau=T$时，解得$\alpha_2=\Phi$（内摩擦角）。即按$\alpha_2=\Phi$定出OO_2线，在OO_1线至OO_2线之间的根石，滑动力小于抗滑力，对坝体的稳定有利。但在OO_2线以右的坝体，抗滑力小于滑动力，坝体愈陡愈高，对坝体的稳定愈不利。如在OO_3线以上取条块，在同一坝高为6m时，砌石坝条块O_3b_1，重量14.9t，滑动力$T=W\sin35°=14.9\times\sin35°=8.5$t；改为扣石坝时，$O_3b_2$条块，重量6.7t，滑动力$T=6.7\times\sin35°=3.8$t。单宽条块砌石坝滑动力为扣石坝的2.2倍。因砌石坝滑动力大，就需在OO_2线以左，尤其在OO_1线以左，增加阻滑体，抛投根石，方可维持坝体的稳定。另外，从坦石用石量来比较，因砌石坝靠重力稳定，断面尺度大。图23-38示出的断面，在同一坝高、顶宽情况下，砌石坝坦石的用石量为扣石坝的1.9倍。并且砌石坝坦石对材料要求严格，造价高。因此，从坝的稳定和投资考虑，砌石坝不如扣石坝。

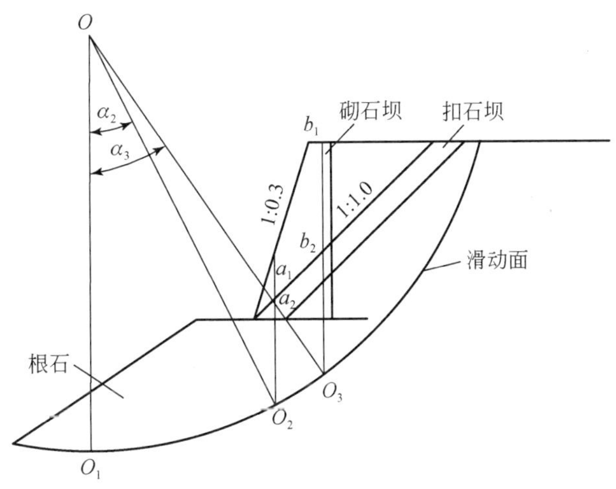

图23-38 扣石坝与砌石坝稳定情况比较图

扣石坝原坦石坡度多采用1∶1.0，根石多为1∶1.1～1∶1.3，在加高时存在坦石后退或根石前移问题。在20世纪80年代以后，坦石、根石采用相同的边坡，解决了这些问题。

综上所述，近期新修坝垛和过去一样，全采用乱石坝，其尺度设计时一般采用：坝顶宽 12～15m；坦石，顶宽 1.0m，内坡 1∶1.1～1∶1.3，外坡 1∶1.3～1∶1.5；根石，内坡 1∶1.1～1∶1.3，外坡 1∶1.3～1∶1.5，险工设根石台，顶宽 2.0m；土坝体，顶宽 11～14m，非裹护部分边坡 1∶2.0，裹护部分与坦石内坡同。

坝垛加高改建时，大部分仍按乱石坝改建，其断面尺度同新建，坡面一般按乱石粗排整理。部分坝垛改建为扣石坝，为适应多次加高的特点，放缓坦石边坡，采用与根石边坡相同的坡度。断面尺度基本与乱石坝相同，坦石的沿子石按扣石要求施工，腹石也需进行分层填筑。近期加高改建为扣石坝的仍多在陶城铺以下的弯曲性河段。

砌石坝因其靠重力稳定，不适应多次加高特点，整体稳定性差，又多次出现垮坝险情，20 世纪 80 年代之后，已很少修建砌石坝，已有的砌石坝也改建为乱石坝或扣石坝。除有特殊要求的如码头、桥梁外，已不再修建砌石坝。

四、丁坝冲刷深度

根石是坝垛的重要组成部分，根石深度直接关系到坝垛的安全。根石深度取决于坝前水流冲刷坑的深度，与单宽流量、流速、河势流向、水流含沙量、河床组成、坝垛形状尺度等多种因素有关，必须通过多种手段分析确定。

在水流的作用下，丁坝前形成冲刷坑，其深度与多种因素有关。这里所指的丁坝冲刷深度，是指丁坝受水流冲淘在坝前可能达到的最大冲刷深度。当丁坝根石达到或超过这一深度时，即认为该丁坝是有根基的或是基本稳定的；当丁坝根石小于这一深度时，则认为该丁坝根基薄弱或是未达到稳定状态。因此，确定丁坝冲刷深度的目的一是为设计提供依据，二是为运用安全与否提供判别标准，三是为根石加固计算工程量提供依据，四是为汛期防守确立重点提供依据。

（一）探测法

根石的完整是丁坝稳定最重要的条件，及时发现根石变动的部位、数量，对防洪安全具有重要意义。对根石不足的丁坝采用预防抛石或出险后及时抢护的办法，不仅可以防止工程破坏，还可节省大量的抢险费用。

在黄河上采用的常规探测方法，先是采取人工探测，后来多采取仪器探测。

1. 人工探测法

（1）探水杆探测法

由探测人员在岸边直接用长 6～8m 标有刻度的竹制长杆探测。这种探测方法，长杆入水后并不垂直，探测深度误差大。

（2）铅鱼探测法

在船上放置铅鱼至水下，用系在铅鱼上标有尺度的绳索测量根石的深度。这种方法误差也较大，如船没停稳时，绳长往往是不垂直的；当根石上有淤泥时，探测的成果实为浑水深度，不能反映根石的实际情况。

（3）人工锥探法

该法靠锥杆长度确定根石深度。对不靠水的坝垛根石可以采用此法探测，3～4 人在河床地面打锥即可。对于浅水下的坝垛根石，打锥人站在浅水中打锥，直到锥到根石顶面（图 23-39）。人们的工作环境很差，只能在水深小于 1.2m 的情况下采用。对位于水深大，流速快的水下坝垛根石，需要在船上 3～4 人打锥，靠人的感觉确定是否到达根石顶面，这种方法停船较困难，且人的安全条件较差。

图 23-39　浅水条件下人工锥探根石

2. 机械探测法

为了探测根石，黄河下游河务部门研制过多种探测机械，如活动式电动探测根石机，模仿人工探测根石的提升、下压、冲进等工作流程。该机工作原理是采用双驱动的两个同步旋转滚轮，靠一端能自锁的偏心套挤压探杆，两滚轮驱动探杆向下探测。当探杆碰到块石时，探杆不能继续下进，会将机器顶起，此时操作者立即松开操纵杆，两滚轮与探杆即可自行分离，停止下进，然后操纵反转开关，将探杆拔出地面，即可完成根石探测。

3. 仪器探测法

（1）利用仪器探测根石的早期试验研究

如何解决河道整治工程的根石探测问题，多年来一直是黄河防洪工作中研究的重要课题之一，国内许多科研单位和技术管理部门为此曾做过大量的工作，试图采用非接触的方法解决根石的探测问题。

A. HS—1 型浑水测深仪

1980 年前后黄委水文局科研所，利用水下声呐反射原理研制的 HS—1 型浑水测深仪，解决了穿透各种含沙量情况下的浑水测深问题。但因该仪器不具备穿透淤泥层的功能和精度等问题，以后未能推广应用。

B. 中科院声学所进行的试验研究

1982 年黄委与中科院声学所合作，利用声呐技术进行根石探测试验研究，经过 6 年试验，在浑水、泥沙、沉积层的衰减系数、散射系数、根石等效反射系数、沉积层声速等方面取得了大量资料，但因电火花声源、大电流产生的电磁波冲击使计算机死机和定位系统等技术问题未能解决，故无法投入应用。

C. SIR—8 地质雷达

1985 年黄委在调研国内外情况后，引进了美国地球物理勘探公司的 SIR—8 地质雷达。在河南、山东等地对淤泥层下根石分布情况进行多次探测试验，终因电磁波能量衰减快、散射特性复杂，目标回波和背景干扰混合在一起，增加了识别目标的难度等，未能取得有效的探测结果。

（2）“八五”科技攻关期间根石探测研究情况

1992 年“丁坝根石探测技术研究”列入国家“八五”重点科技攻关“黄河治理与水资源开发利用”项目第一课题第四专题，作为第二子专题开展试验研究。黄河水利委员会勘测规划设计研究院（简称黄委设计院）物探总队根据黄河下游河道整治工程根石的特殊水沙条件，在实地考察和国内外基础资料分析的基础上，重点对以下几种物探方法进行了研究：①直流电阻率法；②地质雷达探测法；③瞬变电磁法；④浅层反射法；⑤声呐探测法。但均未能解决根石探测的实际问题。

（3）利用 X—STAR 浅地层剖面仪探测根石

黄委通过“948”项目 1997 年 7 月从美国 EdgeTech 公司引进了 X—STAR 浅地层剖面仪，并进行了仪器性能检测试验、对比性试验和生产性试验。探测成果表明，X—STAR 浅地层剖面仪，不仅可以探测浑水深度，还可以穿过浑水层、淤泥层，探测出根石顶面（图 23-40）。

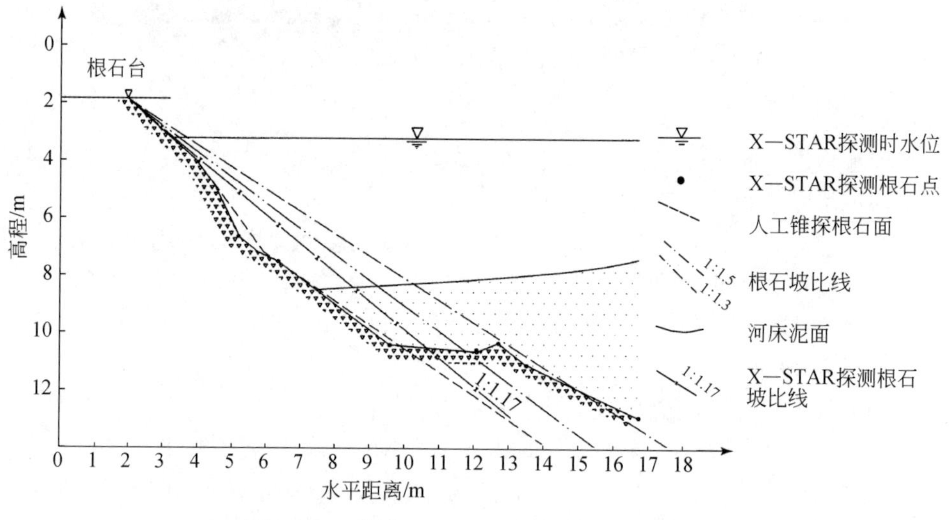

图 23-40　利用 X—STAR 探测的根石剖面图

（4）利用 3200—XS 浅地层剖面仪探测根石

浅地层剖面仪一般由甲板单元和水下单元（拖鱼）两部分组成（图 23-41）。在利用 X—STAR 浅地层剖面仪探测河道整治工程根石深度的过程中，发现 X—STAR 甲板单元存在一些硬件问题：①热敏打印机工作不正常，无法与系统联机打印探测剖面图；②磁带机故障率高，探测系统通不过自检，无法正常开展工作；③磁带机经常轧带，导致已采集的数据磁带，在内业数据处理时无法回放，致使采集的数据丢失。产生以上故障的原因是由于设备不适应黄河下游较为恶劣的使用环境，仪器设计不完全满足野外根石探测的具体要求，比如工作环境风沙较大，设备处于露天状态，仪器密封性不良，数据存储打印方式不当等。

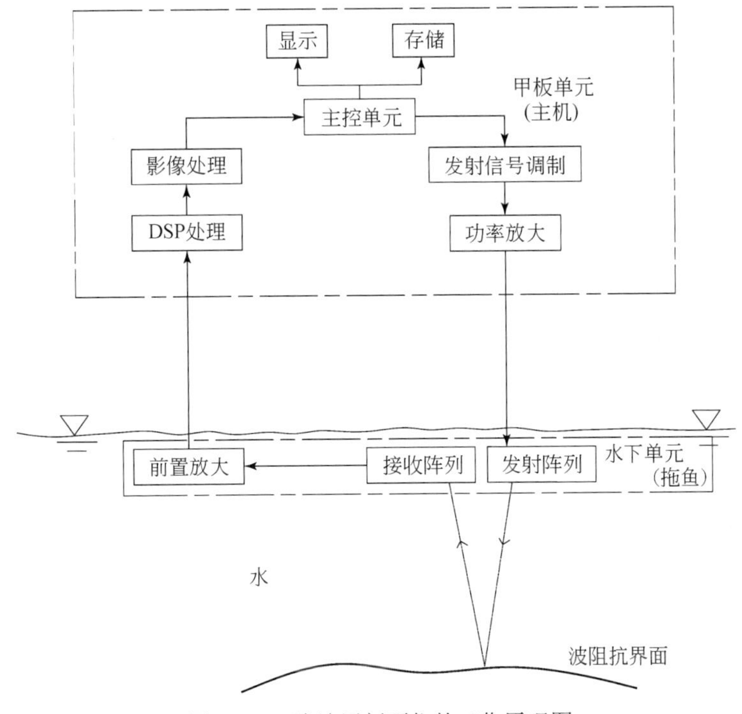

图 23-41　浅地层剖面仪的工作原理图

为能正常进行黄河根石探测，需对探测设备进行升级。于 2006 年引进了 3200—XS 浅地层剖面仪主机并进行了设备试验验收，在设备验收试验和随后的探测试验中，经过现场运行和探测数据分析处理应用，表明 3200—XS 浅地层剖面仪基本适应黄河下游的运行环境，可以正常投入探测使用。3200—XS 浅地层剖面仪性能，可穿透深度粗沙 30m、软泥土 250m（最大水深 300m）。图 23-42 是对比试验时，长垣大留寺控导工程 42 坝前头断面探测对比图。

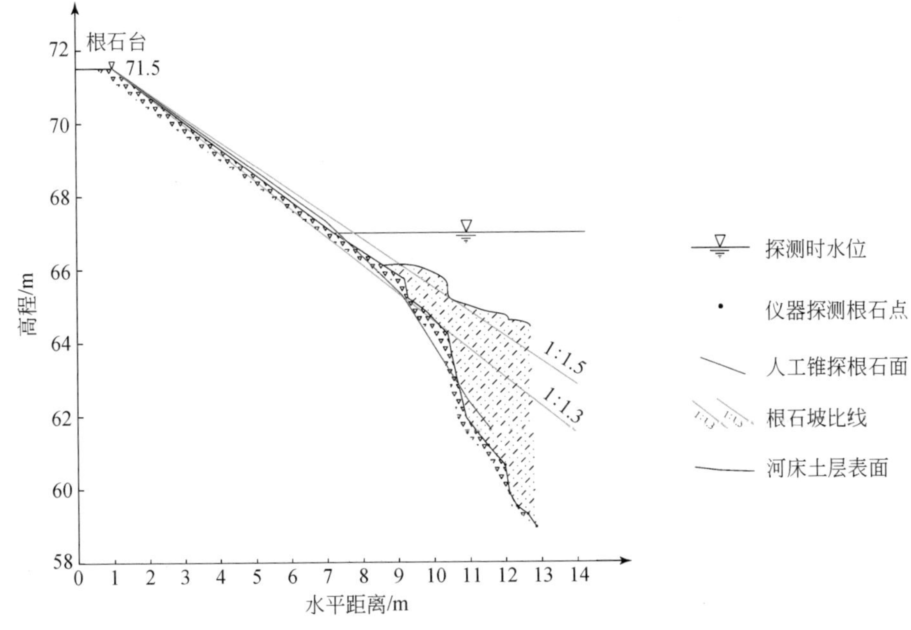

图 23-42　长垣大留寺控导工程 42 坝前头断面探测对比图

2008 年开始 3200—XS 浅地层剖面仪投入生产，每年用其探测坝垛根石，并绘出断面图（图 23-43），从图中不仅可以看出根石面情况，还可利用坡度线看出不同设计坡度情况下，1∶1.3、1∶1.5 时的缺石量。2010 年以后，3200—XS 浅地层剖面仪在黄河下游根石探测中得到了广泛推广应用。

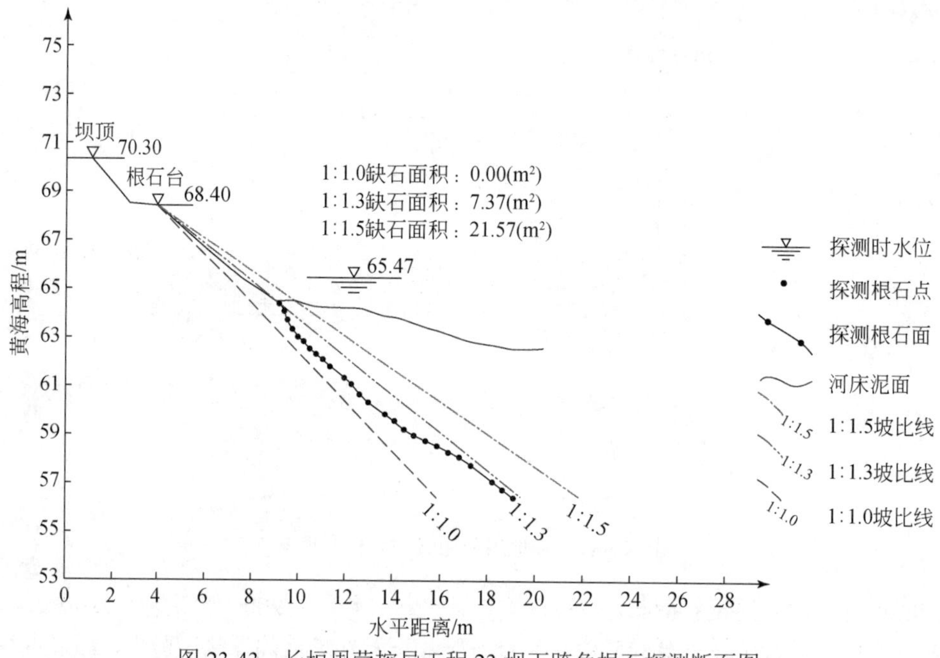

图 23-43 长垣周营控导工程 23 坝下跨角根石探测断面图

4. 根石探测资料

（1）1965 年黄委春修整险工作组资料

工作组搜集整理了花园口—东坝头河段，1964 年施测的花园口险工、申庄险工、九堡险工、黑岗口险工、柳园口险工、府君寺控导工程，和 1965 年施测的东坝头控导工程的根石探测资料①。对 116 道坝垛、762 个断面根石施测资料的深度、宽度、坡度、断面形态进行了调查、分析、研究。施测的断面位置、分布见表 23-6。

表 23-6 根石探测施测坝垛及施测断面位置统计表

指标	施测坝垛数及断面数								施测断面位置分布/个					
	丁坝		垛		护岸		合计		迎水面	上跨角	坝头	下跨角	背水面	合计
	数量/道	断面数/个	数量/道	断面数/个	数量/道	断面数/个	坝垛数/道	断面数/个						
统计数量	69	618	28	101	19	43	116	762	445	112	105	85	15	762

根石的深度、宽度、坡度的计算起点，采用各险工相应 2000m³/s 流量相应水位与根石坡面的交点为起点，2000m³/s 流量相应水位按附近水文站 1964 年水位并适当考虑多年情况推求，此起点比一般用根石顶外沿为起点的高程约低 1～2m。根石的深度、宽度、坡度系数的统计值见表 23-7。

① 黄委会春修整险工作组. 1965. 黄河下游石坝水下根石调查研究报告

表 23-7　坝垛不同部位根石深度、宽度、坡度系数统计表

部位	断面数	深度/m			宽度/m			坡度系数			
		最大	平均	一般	最大	平均	一般	最大	最小	平均	一般
迎水面	445	23.5	9.2		34.7	11.33		2.56	0.64	1.1	
上跨角	112	20.6	10.4		42.7	13.54		3.18	0.49	1.30	
坝头	105	16.6	9.32		33.2	13.37		3.10	0.74	1.29	
下跨角	85	18.3	8.09		37.8	13.03		4.3	0.45	1.31	
背水面	15		8.21			10.9				1.28	
合计	762	23.5	9.25	6～13	42.7	12.3	6～16	4.3	0.45	1.25	0.9～1.3

注：①背水面断面少不列最大最小值。②“平均值”均为算术平均值，“一般值”为按概率曲线查得范围，一般值所占总数百分比均大于 50%。③深度＞11m 的占 33.8%，＞15m 的占 3.3%；宽度＞11m 的占 50.5%，宽度＞15m 的占 24.6%；坡度系数＞1.3 的占 27.2%，＞1.5 的占 11.6%

本次探测的坝垛，根石深度各平面部位的算术平均值为 8～12m，一般深度 6～13m（占总数的 66.1%），最大根石深度能测到的为 23.5m（花园口险工原编号 155 坝迎水面，即将军坝迎水面），深度大于 11m 的占 33.8%，大于 15m 的占 3.3%。

根石宽度各平面部位的算术平均值为 11～16m，一般宽度为 6～16m（占总数的 67.3%），最大根石宽度为 42.7m（花园口险工原编号 169 坝上跨角），宽度大于 11m 的占 50.5%，大于 15m 的占 24.6%。

根石平均坡度系数各平面部位的算术平均值为 1.1～1.31 之间，一般坡度系数 0.9～1.3（占总数的 66.5%），断面坡度系数最大值达 4.3（花园口险工原编号 164 垛下跨角），最小值 0.45（黑岗口险工 21 垛下跨角），坡度系数大于 1.3 的占总断面数的 27.2%，大于 1.5 的占 11.6%。

（2）山东黄河河务局几次探测资料

A. 1987 年汛前险工根石探摸

山东黄河河务局 1987 年汛前，组织地（市）、县河务局，进行了根石探摸。探摸时间为 3 月 22 日至 5 月 20 日，临近水文站相应流量为 29～760m^3/s，共探摸 92 处险工、2511 道坝垛、3806 个断面，其根石坡度情况见表 23-8。根石坡度多为上缓下陡，呈凹腰状，缺根石部位多在中下部。

表 23-8　山东黄河河务局 1987 年汛前险工根石探摸坡度系数情况表

项目	水下部分坡度系数			水上部分坡度系数		
	＜1.0	1.0～1.5	＞1.5	＜1.0	1.0～1.5	＞1.5
数量/个	1091	1370	630	263	1218	2123
占统计数/%	35.3	44.3	20.4	7.3	33.8	58.9

资料来源：山东黄河河务局（87）黄管字第 40 号文

B. 1989 年汛前险工根石探摸

山东黄河河务局 1989 年汛前，组织地（市）、县河务局，进行了根石探摸。探摸时间为 3 月 13 日至 4 月 23 日，临近水文站相应流量为 0～1170m^3/s，共探摸 95 处险工、2732 道坝垛、4291 个断面，其根石坡度情况见表 23-9。

表 23-9　山东黄河河务局 1989 年汛前险工根石探摸坡度系数情况表

项目	水下部分坡度系数			水上部分坡度系数		
	<1.1	1.1～1.5	>1.5	<1.1	1.1～1.5	>1.5
数量/个	870	1507	1468	300	1173	2777
占统计数/%	22.6	39.2	38.2	7.0	27.6	65.3

资料来源：山东黄河河务局（1989）黄管发第 32 号文

C. 1991 年汛前险工根石探摸

山东黄河河务局 1991 年汛前，组织地（市）、县河务局，进行了根石探摸。据山东黄河河务局（91）黄管发第 19 号文介绍，共探摸 2646 道坝垛、3814 个断面。根石坡度系数<1.1 的，319 个，占 8.36%；在 1.1～1.5 之间的，1234 个，占 32.36%；>1.5 的，2261 个，占 59.28%。

D. 1992 年汛前根石探摸

山东黄河河务局在“关于 1992 年汛期险工、控导工程根石探摸情况的报告［黄管发（1992）15 号］中，介绍了 1992 年汛前，组织地（市）、县河务局进行根石探摸的情况。当时山东局计有险工 3714 道，探摸 2380 道，占 64.0%；计有控导工程 1861 道，探测 506 道，占 27.2%。根石探摸断面及坡度系数见表 23-10。

表 23-10　山东黄河河务局 1992 年汛前险工、控导工程根石探摸坡度系数情况表

类别		根石探摸数量			根石坡度系数		
		处数	坝垛数	断面数	<1.1	1.1～1.5	>1.5
险工		93	2545	3473	617	1124	1732
控导工程		43	506	778	199	390	189
合计	数量	136	3051	4251	816	1514	1921
	占总数/%				19.2	35.6	45.2

（3）黄委 2014 年汛前黄河下游根石探测资料

按照黄委建设与管理局 2014 年 2 月 13 日“关于做好 2014 年汛前河道整治工程根石探测工作的通知”（黄建管管便〔2014〕5 号）的要求，河南河务局、山东河务局、山西河务局、陕西河务局，以及山西三门峡库区管理局、陕西三门峡库区管理局、三门峡市黄河河务局，组织所辖地（市）、县河务局进行了根石探测工作。探测设备，河南河务局、山东河务局、山西河务局、陕西河务局采用非接触式的 3200—XS 浅地层剖面仪探测，其他局采用人工锥杆探测。

A. 探测坝垛数量

2014 年汛前根石探测共探测险工、控导工程 306 处，坝垛 3722 道，断面 9398 个。其中黄河下游干流河南、山东河务局共探测险工、控导工程 254 处、3228 道坝垛，探测根石断面 8097 个。其中探测险工 97 处、1442 道坝垛、3205 个断面，分别占现有 138 处险工 5130 道坝垛的 70.29%和 28.11%；探测控导工程 197 处、1786 道坝垛，占黄河下游 197 处控导工程、4589 段坝垛的 79.69%和 38.72%。各单位探测情况见表 23-11。

表 23-11　黄委 2014 年汛前根石探测坝垛分布情况

类别	单位	现有数量		根石探测数量				
		工程处数	坝垛道数	工程处数	占总数/%	坝垛道数	占总数/%	断面数/个
险工	黄委小计	152	5447	103	67.76	1486	2728	3256
	河南黄河河务局	29	1287	11	37.93	177	13.75	589
	山东黄河河务局	109	3843	86	78.90	1265	32.92	2616
	陕西三门峡库区管理局	14	317	6	42.86	44	13.88	51
	山西三门峡库区管理局							
控导工程	黄委小计	296	6920	203	68.58	2236	32.31	6142
	河南黄河河务局	63	2184	54	85.71	824	37.70	2372
	山东黄河河务局	134	2429	103	76.87	962	39.60	2520
	山西黄河河务局	19	467	3	15.79	7	1.50	21
	陕西黄河河务局	14	352	7	50.00	87	25.00	201
	陕西三门峡库区管理局	35	799	18	51.43	198	24.78	582
	山西三门峡库区管理局	20	410	10	50.00	89	21.71	354
	三门峡市黄河河务局	11	279	8	72.73	69	24.73	92
合计		448	12367	306	68.30	3722	30.10	9398

B. 根石深度

2014 年根石探测结果表明，根石深度在 8～14m 的断面居多，尤其是 9～13m 的更为集中。根石深度不足 10m 的断面数占探测断面总数的 37.52%；10～15m 的断面数占险工探测断面总数的 54.59%；大于 15m 的断面数占险工探测断面总数的 7.89%。根石深度的详细情况见表 23-12。

表 23-12　2014 年汛前根石探测根石深度情况表

根石深度/m	险工		控导工程		合计	
	断面数	占断面总数/%	断面数	占断面总数/%	断面数	占断面总数/%
＜4	14	0.43	32	0.52	46	0.49
4～5	28	0.86	145	2.36	173	1.84
5～6	2	0.06	167	2.72	169	1.80
6～7	16	0.49	376	6.12	392	4.17
7～8	86	2.64	489	7.96	575	6.12
8～9	236	7.25	621	10.11	857	9.12
9～10	382	11.73	932	1518	1314	13.98
10～11	475	14.59	863	14.05	1338	14.24
11～12	445	13.67	790	12.86	1235	13.14
12～13	466	14.31	573	9.33	1039	11.06
13～14	372	11.43	479	7.80	851	9.05
14～15	325	9.98	342	5.57	667	7.10
＞15	409	12.56	333	5.42	742	7.89
合计	3256	100.00	6142	100.00	9398	100.00

C. 根石坡度系数

将黄河险工和控导工程的根石坡度系数分为小于 1.0、1.0～1.3、1.3～1.5 和大于 1.5 四级，本次探测的成果为：根石坡度系数小于 1.0 的 635 个断面，占探测断面总数 9398 个的 6.76%；根石坡度系数为 1.0～1.3 的 1994 个断面，占探测断面总数的 21.22%；根石坡度系数为 1.3～1.5 的 2919 个断面，占探测断面总数的 31.06%；根石坡度系数大于 1.5 的 3850 个断面，占探测断面总数的 40.96%。各单位管辖河段的根石坡度系数见表 23-13。

表 23-13　黄河 2014 年汛前根石探测根石坡度系数情况表

类别	单位	探测断面数	根石坡度系数			
			<1.0	1.0～1.3	1.3～1.5	>1.5
险工	黄委小计	3256	124	314	956	1862
	河南黄河河务局	589	4	65	419	101
	山东黄河河务局	2616	120	198	537	1761
	陕西三门峡库区管理局	51		51		
控导工程	黄委小计	6142	511	1680	1963	1988
	河南黄河河务局	2372	160	525	1040	647
	山东黄河河务局	2520	327	431	767	995
	山西黄河河务局	21		8	10	3
	陕西黄河河务局	201		62	61	78
	陕西三门峡库区管理局	582		582		
	山西三门峡库区管理局	354	1	54	34	265
	三门峡市黄河河务局	92	23	18	51	
合计 黄委	数量	9398	635	1994	2919	3850
	占总数/%	100.00	6.76	21.22	31.06	40.96

上述根石探测资料表明，自 1964 年以来，探测的根石断面的根石平均深度增大，坡度变缓，河道整治工程的稳定性增强。这主要是由于通过抢险和根石加固大量抛投根石造成的。

（二）调查法

通过调查已有水文、施工、抢险时的水深资料，也可帮助确定根石冲刷深度。

水文站测流尤其是洪水期测流，主溜区的流速、水深往往偏大，对确定设计根石深度都有参考价值。如泺口站 1958 年流量 11900m^3/s，相应水位 30.70m、最大水深 18.11m，滩唇高程以下最大水深为 16.95m；1976 年流量 8000m^3/s，相应的水位 30.75m，最大水深 12.06m，滩唇高程以下最大水深为 10.42m。

在抢险期间及水中进占施工期间，往往进行摸水，这时的水深一般偏大。如花园口枢纽破坝后的南裹头，1964 年 9 月 27 日出现严重险情，主溜顶冲南裹头左上角又折向东北方向（图 23-44），破坝缺口段有一大鸡心滩，主溜在坝前仅有 100m 宽，当时流量 6000m^3/s 左右，平均单宽流量达 40～50m^3/s，最大流速 4.5m/s 以上，经 10 多天的抢险，用石 10500m^3，根石一般深 10m 以上，最大达 18.5m，探摸的水深已超过 20m。

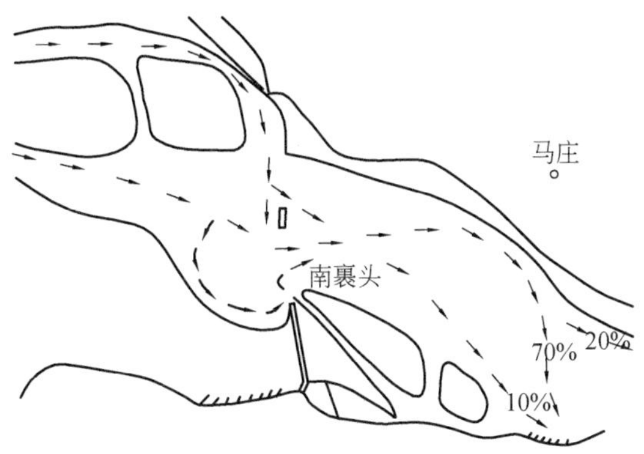

图 23-44　南裹头河段 1964 年 10 月上旬抢险河势图

河南黄河河务局水中进占筑坝及抢险时，坝前探摸的最大水深见表 23-14。

表 23-14　河南黄河河务局水中进占筑坝及抢险时坝前最大水深表

工程名称	三合村	南上延	南上延	裴峪	裴峪	赵口	赵口
坝号	1	新 2	新 3	23	17	43	支 1
最大水深/m	9.0	10.0	9.2	12.5	9.5	9.7	11.5
工程名称	九堡	大玉兰	化工	开仪	开仪	开仪	逯村
坝号	119	28	29～32	29	30	31	37
最大水深/m	11.0	10.0	12.0	14.0	11.0	12.0	9.0

（三）计算法

为了计算丁坝冲刷深度，不同的学者根据不同的河流特性、水沙状况、丁坝型式等因素，通过野外观测资料和模型试验资料分析，建立了多种计算公式。这些丁坝冲刷深度计算公式，多为经验公式，其中黄河下游使用较多的非淹没丁坝冲刷深度计算公式有三种。

1. 苏联波尔达波夫公式

公式为

$$h = h_0 + \Delta h = h_0 + \frac{2.8V^2}{\sqrt{1+m^2}}\sin^2\alpha \tag{23-18}$$

式中：h 为丁坝冲刷坑处水深，m，从水面算起；h_0 为行近水流水深，m；Δh 为冲刷坑深度，m；V 为行近水流流速，m/s；m 为根石边坡系数；α为水流与丁坝迎水面的夹角，(°)。

波尔达波夫公式主要考虑丁坝迎水面与水流的夹角、丁坝根石边坡系数和行近流速三项因素，适合于床沙较细的河流。由于公式结构简单，计算结果接近黄河下游冲刷情况，在黄河下游计算丁坝冲刷深度时被广泛采用。

2. 苏联马卡维也夫公式

该公式为

$$h = h_0 + \Delta h = h_0 + 27k_1k_2\frac{V^2}{g}\tan\frac{\alpha}{2} - 30d \tag{23-19}$$

式中：h 为丁坝冲刷坑水深，m，从水面算起；h_0 为行近水流水深，m；Δh 为冲刷坑深度，m；V 为行近水流流速，m/s；g 为重力加速度，m/s^2；α为水流与丁坝迎水面的夹角（°），当丁坝上挑即α＞90°时，应取 $\tan\frac{\alpha}{2}=1$；k_1 为与丁坝在水流法线上投影长度 b 有关的系数，$k_1 = e^{-5.1\sqrt{V^2/gb}}$，丁坝长 100m 时，$b$=100sin$\alpha$; k_2 为与丁坝边坡系数 m 有关的系数，$k_2 = e^{-0.2m}$；d 为床沙粒径，m，由于黄河下游粒径小，公式中的 30d 可忽略不计。

马卡维也夫公式主要考虑了丁坝迎水面与水流的夹角、丁坝根石边坡系数、床沙粒径、行近流速等因素，但没有考虑含沙量的影响，因此更适合于水流含沙量较小、床沙粒径较粗的河流。用于黄河，床沙粒径可以忽略不计。

3. 张红武公式

该公式为

$$h = \frac{1}{\sqrt{1+m^2}}\left[\frac{h_0 V\sin\alpha\sqrt{D_{50}}}{\left(\frac{\gamma_s-\gamma}{\gamma}g\right)^{2/9}\nu^{5/9}}\right]^{6/7}\frac{1}{1+1000S_v^{5/3}} \tag{23-20}$$

式中：h 为丁坝冲刷坑水深，m，从水面算起；h_0 为行近水流的水深，m；V 为行近水流流速，m/s；m 为根石边坡系数；α为水流与丁坝迎水面的夹角，(°)；D_{50} 为床沙中值粒径，mm，可取 0.1mm；g 为重力加速度，m/s^2；γ_s，γ 分别为泥沙和水的比重；ν 为水流运动黏滞系数，可取 0.01cm^2/s；S_v 为体积百分数计的含沙量。

张红武公式是张红武在黄科院工作期间研究的一项成果。该公式较全面地考虑了影响丁坝冲深的各种因素，应用时需注意正确选择有关参数。

（四）根石深度设计时取值

根石深度的设计值，要参照根石探测资料，调查的抢险、施工摸水资料及计算成果，并考虑留有一定的裕度，综合分析后确定。

坝垛根石深度，黄河老河工素有“够不够，三丈六”之说，即做埽深度达到水下 12m 后埽体方可稳定。

确定根石深度设计值时，有时尚需考虑可能用于修建河道整治工程的投资情况，根石部分所占的投资比例较大。当投资规模基本确定之后，根石深度选大了，拟建坝垛的安全程度就高；但能修建的河道整治工程就少，对河势的控制作用就小。另外，根石深度设计值往往采用平均值，下跨角、背水面裹护段的实际冲刷深度会远远低于上跨角、迎水面裹护段的冲刷深度，施工阶段还可对不同部位的根石深度进行调整。

黄河下游河道整治工程的设计根石深度，不同时段按照可能的河道整治工程投资力度，曾采用过不同的值。进入 21 世纪后，河道整治工程设计根石深度一般陶城铺以上河段采用 12m，陶城铺以下河段采用 9m。

五、坝垛建设模式

黄河下游的河道整治工程建设，在20世纪基本上是采用初建与抢险结合模式。初建时，只求当时能够站得住，所修坝垛不坍塌，起到保护滩岸不坍塌后退且具有迎流送流作用。河道整治工程建设的初建与抢险结合模式，实行了数十年，在基本建设投资少的年代发挥了很好的作用。那时除防汛岁修经费可用于抢险外，基本建设投资中也可列一部分投资用于抢险备石，当然相应的初建坝垛的根石设计深度也要小一些。进入21世纪后基本建设与防汛岁修经费分开管理，对用途的规定也更具体。基本建设项目审查时不允许列用于抢险的备石经费。为适应新的情况，河道整治工程的建设模式也需做相应的改变。经过几年探索，演变成为设计断面与备塌体结合模式。

（一）初建与抢险结合模式

1. 旱工

黄河采用薪柴、块石，土料修做的坝垛，结构种类繁多，按照“造价经济，施工方便，取材容易，有利防守”的原则，选用最佳断面。吉祥（1985）建议采用以下形式：

（1）修坝后近期可能靠河

工程修建后估计当年可能靠河的工程，可采用单一柳石枕结构。

施工时首先在坝基前挑槽，其深度尽量下挖，宽度可视其坝高而定，然后在槽内平行坝体捆扎柳石枕铺底，继而错茬排列捆扎柳石枕至坝顶（图23-45）。滩岸受溜坍塌后，柳石枕即可随着河床的变形而下蛰。柳石枕可与滩岸密切结合，缓溜落淤，防止串水溃膛。它的最大特点是结构简单，方便抢护，经济适用。

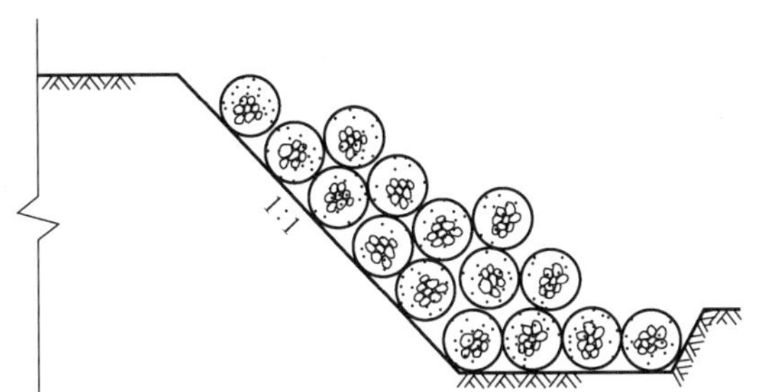

图23-45　旱工新修坝垛柳石枕裹护断面图

（2）修坝后近期可能不靠河

对于工程竣工后短时间内靠河机遇不多的，采用柳石枕护胎，外抛块石的结构形式（图23-46）。这种结构柳石枕能与土体很好结合，在当年不靠河时，外层抛石可以防止柳料经雨淋、暴晒后而失去韧性，枕上覆盖散石还能起到保护柳石枕的作用，外观上也比较整齐美观。

对于河道整治工程位置距山近，石料丰富且便宜的河段，工程初建时也可采用块石结构，施工时抛投块石至设计断面。

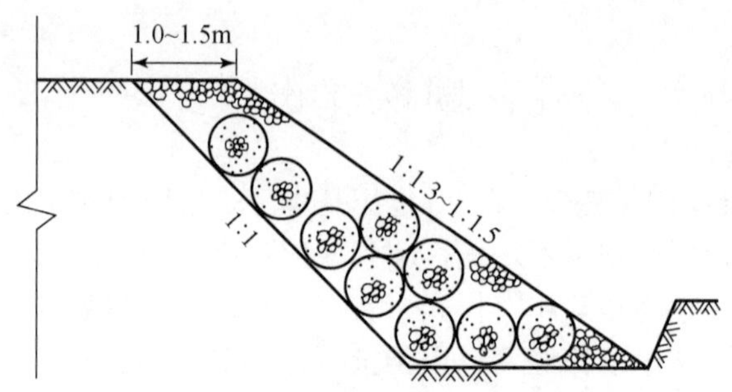

图 23-46 旱工新修坝垛块石柳石枕裹护断面图

随着时间的推移，来水来沙条件及来溜情况常会发生变化，坝垛护坡护根不能适应变化后的情况，致使坝垛前冲刷坑深度超过初建时冲刷坑深度时，裹护体就会发生坍塌，为保坝垛安全，必须进行抢险，补充坦石和根石，以求达到新的相对稳定。有时尽管冲刷坑深度没有超过曾出现的冲刷坑深度，但由于单宽流量、流速及来溜方向的不同，也会发生坦石根石坍塌情况，需要进行抢险。抢险是坝垛施工的继续，也有人称抢险为施工抢险。经过若干次抢险后，坝垛才能达到较为稳定。在投资、料物较为紧张的年代，提倡“多备少用”，以使料物发挥最大的作用。

2. 水工

水中施工习惯上称为水中进占。料物投放时直接受水流的影响，难度较旱工大。水中进占施工是直接在水流作用下进行，坝垛进占会挤压水流，加大流速，并改变局部水流的流态，施工进占的过程中坝垛前会冲出较深的冲刷坑，通过向冲刷坑中抛投料物才能保证施工正常进行。因此，水中进占施工修筑的坝垛裹护体的深度都要大于旱工修建的坝垛裹护深度。对于水浅且流速<0.5m/s 的情况，可采用旱工方法施工，先在小流速区抢修土坝体，再在土坝体前抢修裹护体，构件可视条件采用柳石枕、柳淤枕、块石等。

流速较大时必须采用水中进占。进占的方法较多，过去占体采用柳石搂厢，占体前面抛投柳石枕、块石等护坡护根，占体后面倒土，维持占体稳定。占体尺度可视水沙情况、施工条件确定。图 23-47 示出的尺度是采用较多的一种。

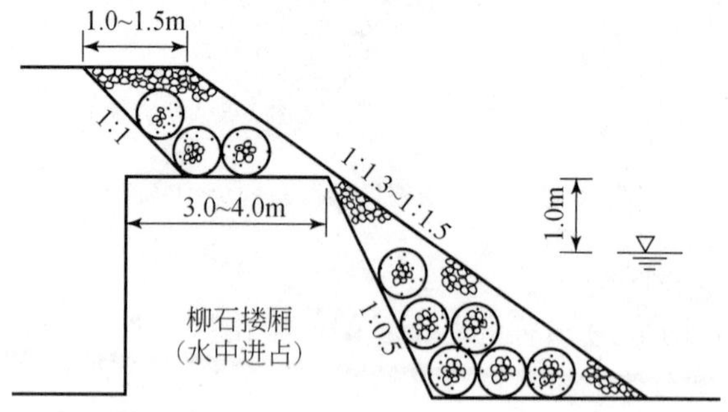

图 23-47 柳石搂厢水中进占断面示意图

占顶的宽度视水深、流速而定，在一般情况下顶宽以 3～4m 为宜，占体的内坡垂直，外坡为 1∶0.5，占外抛枕固根。占体以上坦石，靠近土坝体可重叠放置柳石枕，其高度可低于坝顶 0.5m 左右，然后按顶宽 1.0～1.5m，外坡 1∶1.3～1∶1.5 抛块石。根石先抛柳石枕，再抛块石达设计坡度。这种结构可用于水深在 5m 以上，流速不大于 2.5m/s 的情况。

若超出范围，可在坦脚外围加抛铅丝石笼1～2排，借以抗冲固根。进占时需注意，占后要紧跟土料，占前抛枕要及时，以保占体稳定。

对后有高岸的施工，或沿堤防修建护岸，削坡后可直接沿岸边或堤坡进行柳石搂厢施工，抓底后上压大土，增加重量，并根据水流情况在厢体前抛柳石枕护根（图23-48）。

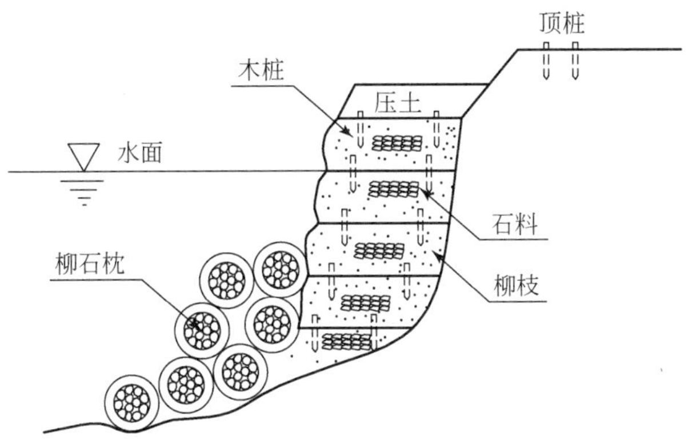

图23-48　柳石搂厢防护断面图

对于石料紧缺且有胶泥（重黏土）的地方，也可用胶泥代替部分石料，采用柳把填淤搂厢，外抛柳石枕护根（图23-49）。

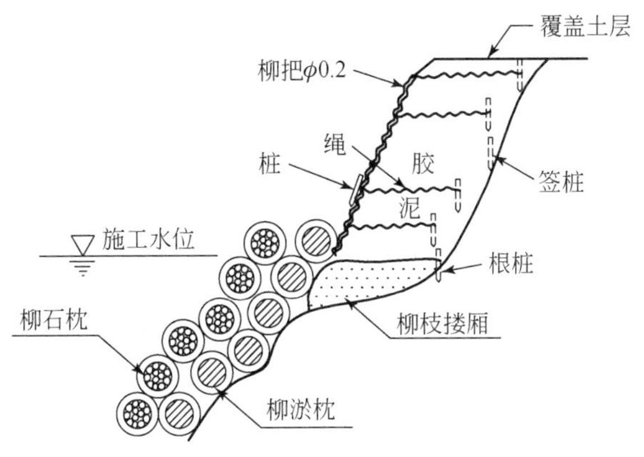

图23-49　柳把填淤搂厢防护断面图

当新修坝垛遇到较初建时更不利的水沙条件或来溜方向不利等情况时，水中进占初建时形成的裹护体就不能满足需要，必须进行抢险，使坝垛达到较为稳定。

综上所述，不论是旱工还是水中进占修建的坝垛，都需经过初建和抢险阶段，坝垛方能达到相对稳定。

（二）设计断面与备塌体结合模式

一般的水工建筑物建设，是采取措施开挖至基底，由下而上，直至建成。而河道整治建筑物建设，为了节省投资，减少施工难度，不是从最基层开始向上施工，而是借助水流的力量，冲刷坝垛前面河底，进而补充块石、柳石枕等料物形成坝垛的裹护体。尤其是下部的根石都是靠向坝垛前冲刷坑内抛投防护料物，而不是先开挖、后修根石。有些施工，如柳石搂厢，施工是自上而下，靠自重下沉，直至抓底，外抛柳石枕、块石护根。

设计断面与备塌体结合模式是先按坝垛的多种运用条件做出设计断面，由于不可能一次修至最低处，只能先修筑设计断面中上段一定深度的部分，其下部分所需的料物，放在设计断面以外，该部分料物称为“备塌体”。在横断面上备塌体的面积取决于未修筑部分的面积，其位置和宽度、深度需考虑水流和施工条件，且能使备塌体易于塌落到设计断面以内。

1. 旱工

图 23-50 为坝垛裹护体的设计断面与备塌体的断面图。按照坝垛位置、河床边界条件及水流条件，设计的裹护体断面的顶宽为 1.0m，外边坡 1∶1.5，内边坡 1∶1.3，考虑坝前冲刷坑深度后，设计裹护体为 *abdc*。如果初建时基坑挖至 *cd*，必将大幅度增加投资，这是非常不经济的，并且现有施工能力有些情况也难以实现。挖槽深度，人工施工时，一般可下挖 1m 左右，机械施工时，一般可挖深 1～3m。水上及开挖部分即图中的 *abef* 部分可按设计断面施工。设计断面中的 *cdef* 部分初建时没能完成，为减少施工难度，相应所需的料物，以备塌体的方式放在设计断面以外。备塌体要尽量下放，并不可太宽，尽量能在坍塌后易落到根石设计断面内，即图中的 *fghi* 部分尽量能塌落到 *cdef* 位置，*fghi* 的面积与 *cdef* 相等。用此法解决初次施工不能到位的问题。

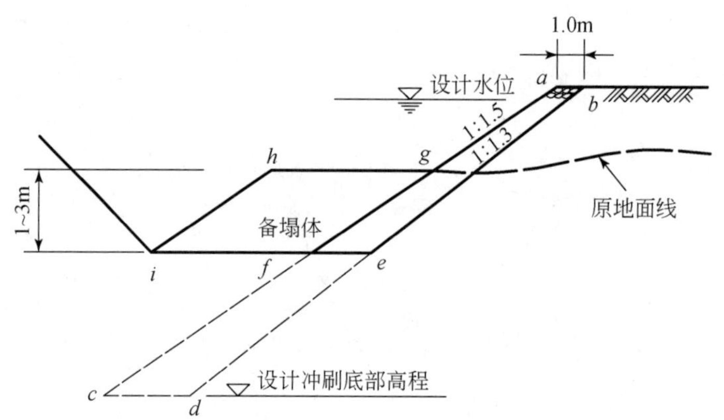

图 23-50　坝垛裹护体设计断面与备塌体断面图

2. 水中进占

水中进占施工断面形式并非完全一致。这与进占所用材料、水流条件、河床土质条件等有关。20 世纪 50 年代以前多用埽工进占，断面边坡很陡，以后采用柳石工进占，边坡有所放缓。图 23-51 是其中的一种形式。柳石搂厢进占体在施工过程中，抵御水流淘刷，推溜外移，为修土坝体创造条件，待土坝体、护坡、护根完成后，进占体就完成了使命。从图中看出，坝垛修成后，进占体位于土坝体范围。

随着经济社会的发展，柳料价格上升，石料价格相对下降，人们对环境问题愈来愈重视，采购柳料也愈来愈困难，另外，利用石料进占较柳石搂厢进占施工简单、难度小。于是就提出了用石工代替柳石工进占的问题。

从图 23-51 中看出，进占体所处位置为坝垛设计断面的土坝体，也就是说，这些进占料物在坝垛建成后全部与土的作用相同。为了改变这种不合理地使用料物的形式，对断面进行了改进。

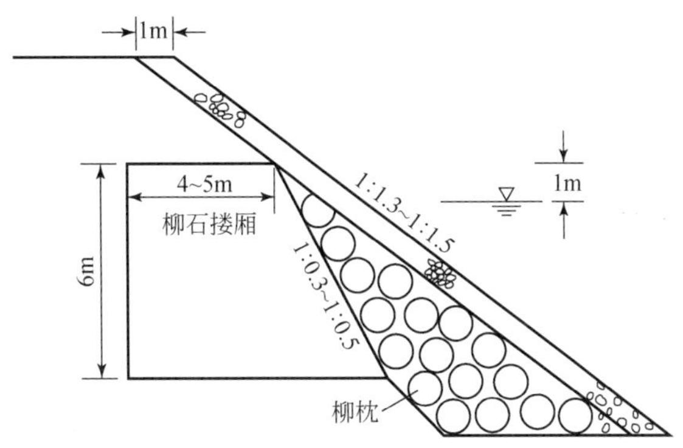

图 23-51　水中进占断面图

图 23-52 为用石工进占的断面图。图中采用的是石工进占。进占完成并修成坝垛后，进占体可视为三个部分：靠右边的三角形部分，属于土坝体的范围，即建成坝垛后石料仅起土料的作用；中间的四边形部分，为坝垛裹护体的设计断面，这部分石料将永久发挥裹护体的作用；左边的四边形（有时为三角形）位于设计裹护体以外，这部分石料可起备塌体的作用，坝垛建成后当遇到劣于施工期的水流条件时，冲刷坑深度将大于施工期的冲刷坑深度，坝前会发生坍塌，原进占的石料就会坍塌，加大根石深度。由上看出，设计断面改进后，进占体所用石料可大部分用于设计的裹护体及备塌体，只有少部分石料位于土坝体范围，在坝垛建成后只能发挥土的功能。

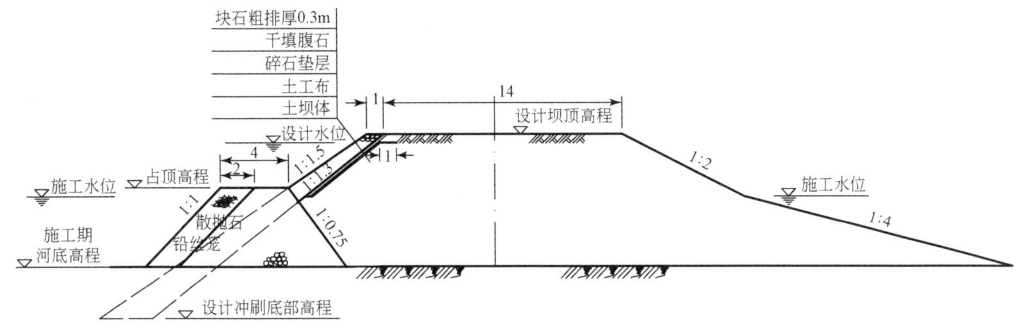

图 23-52　老君堂控导下延水中进占断面图（单位：m）

为了保护环境，尽量少用柳料。随着施工和抢险的机械化水平的提高，利用石料进占的价格也相应有所降低，因此，进入 21 世纪后，水中进占施工基本上都采用机械化施工的石料进占。对于水流冲刷严重的，还可视情况抛投一些铅丝石笼。

六、坝垛加高改建

由于河道内泥沙淤积，堤防的设防标准自行降低。为保持堤防防御洪水的能力，黄河下游分别于 1950～1957 年、1962～1965 年、1974～1985 年进行了三次大修堤。1996～2018 年又进行了第四次大修堤。黄河下游河道整治的险工，在 20 世纪 50 年代对以前的秸料埽老险工进行了“石化”，以后根据防洪需要修建了一些新险工。随着设计防洪水位的提高，这些依附堤防修建的险工就需要加高改建，有些险工已进行过 2～3 次加高改建。控导工程的坝顶高程也会随着设计水位的升高而升高，对于顶部高程与当地滩面平的控导工程，滩面淤高后也有加高问题。

几次加高改建以第三次大修堤加高的幅度为最大，同时考虑险工的加高改建比控导工程复杂，本节以黄河下游第三次大修堤险工加高改建为对象说明之。

（一）加高改建的标准与方法

险工坝垛加高改建，应满足工程稳定要求，保持工程的控导能力，稳定有利河势，在保证工程安全的前提下，力求做到经济合理。个别坝垛需要调整的，要经协商、审批。

1. 加高改建标准

险工坝垛加工改建遵循：①设计坝垛顶部高程较相应大堤堤顶高程低 1.0m（因背靠大堤，超高中不考虑安全加高），坦石顶与土坝体顶相平。即艾山以下，坝顶高于 1983 年水平年设计洪水位 1.1m；艾山以上至高村，高于 1983 年水平年设计洪水位 1.5m；高村以上，高于 1983 年水平年设计洪水位 2.0m。②为了适应黄河继续淤高的特点，便于下一次再加高，第三次大修堤时，坝垛加高改建均按上述设计坝顶增高 2m 进行铺底施工。③为了满足坝身抗滑稳定需要，根石需相应加高，根石台顶高程与 3000m^3/s 相应水位平。各控制断面的设计枯水位见表 23-15。

表 23-15　黄河下游第三次大修堤险工加高改建采用的设计枯水位表

项目	花园口	夹河滩	高村	孙口	艾山	泺口	清河镇	利津
设计枯水位/m	91.8	73.5	60.2	45.3	37.7	26.8	17.6	10.4
相应流量/（m^3/s）	500	450	400	350	300	300	200	200

注：高程：大沽

2. 加高改建方法

（1）顺坡加高

顺坡加高是按照原坝垛的边坡，向上加高至新的坝顶设计高程。扣石坝上部坝坡拆除 1.0m 左右，按顶宽 1.0～1.5m，内外坡平行进行加高，坦石后最好修一层含黏量高的红土层（图 23-53）。乱石坝按原断面顺坡加高，内外坡平行，坦石后也修红土层。

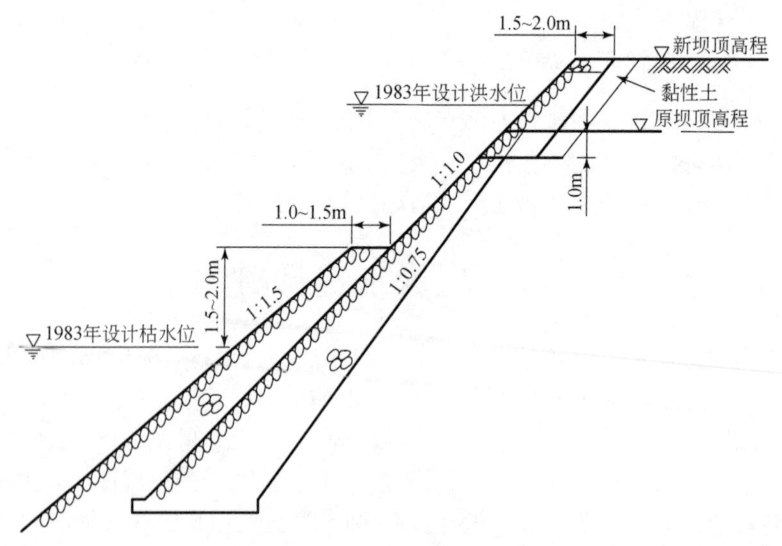

图 23-53　扣石坝顺坡加高断面图

（2）挖槽戴帽加高

砌石坝坦石坡度很陡、靠重力保持稳定，加高改建时仅顺坡加高无法保持坝身稳定。挖槽戴帽加高是指砌石坝在坦石顺坡加高的同时，必须在原坦石后挖槽，增加坦石宽度，以保坝体稳定（图 23-54）。挖槽深度 1.5～2.5m，一般为内外坡平行，新修坦石顶宽 1.5～2.0m，坦石后修红土层。

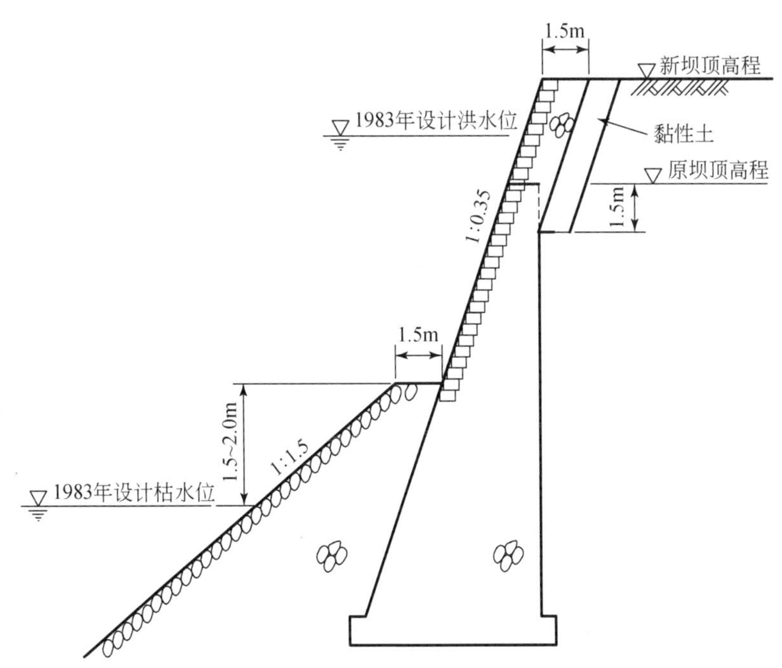

图 23-54　砌石坝挖槽戴帽加高断面图一

对于 20 世纪 50 年代修建的砌石坝，坦石外坡 1∶0.35～1∶0.4，内坡垂直。在 1964 年前后加高时，维持外坡不变，为减少土压力，上部内坡改为 1∶0.2，第三次大修堤改建时将挖槽深度内进一步变缓内边坡，使内外边坡平行。对于 1964 年前后加高时已按预留 2.0m 高要求，进行加高断面施工的砌石坝，本次加高挖槽深度可取 1.5m（图 23-55），受溜不严重的也可不挖槽，从现坝顶加高。

（3）拆除改建

拆除改建即拆除原有坦石重新修建。拆除改建的原因主要有坝身单薄，质量很差，继续加高有困难者；所在坝垛位置较上下坝垛过分突出，需要改变原坦石位置者；需要改变坦石结构者等。拆除后可按原坝形改建，亦可改为其他坝形。

砌石坝一般要求拆改到设计根石顶以下 0.5～1.0m 或设计枯水位以下 0.5～1.0m，具体拆改高度根据坝垛的实际情况确定。拆改断面顶宽 2.0～1.5m，外坡 1∶0.35～1∶0.4，内坡 1∶0.2（图 23-56）。

扣石坝拆改到设计根石顶以下 0.5～1.0m，具体拆改高度根据坝垛的实际情况确定。扣石坝拆改断面的顶宽为 1.0～1.5m，外坡 1∶1，内坡 1∶0.8（图 23-57）。

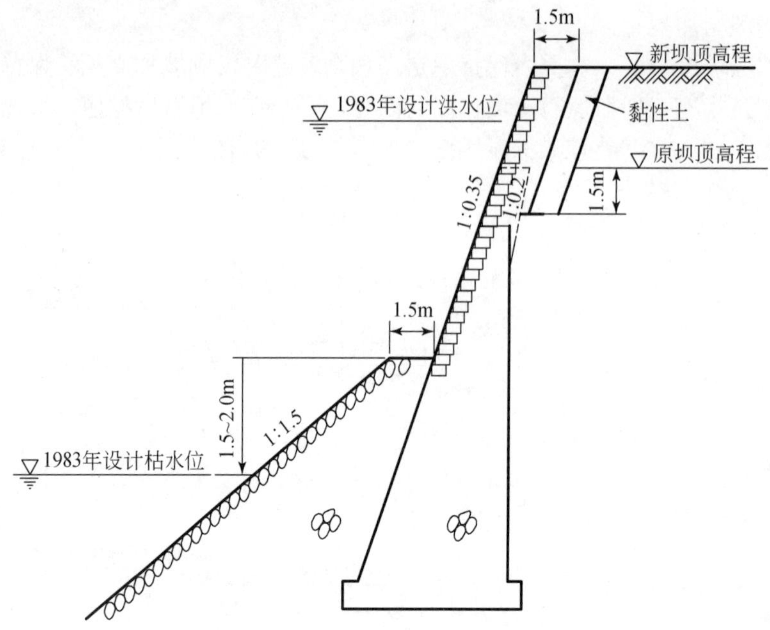

图 23-55　砌石坝挖槽戴帽加高断面图二

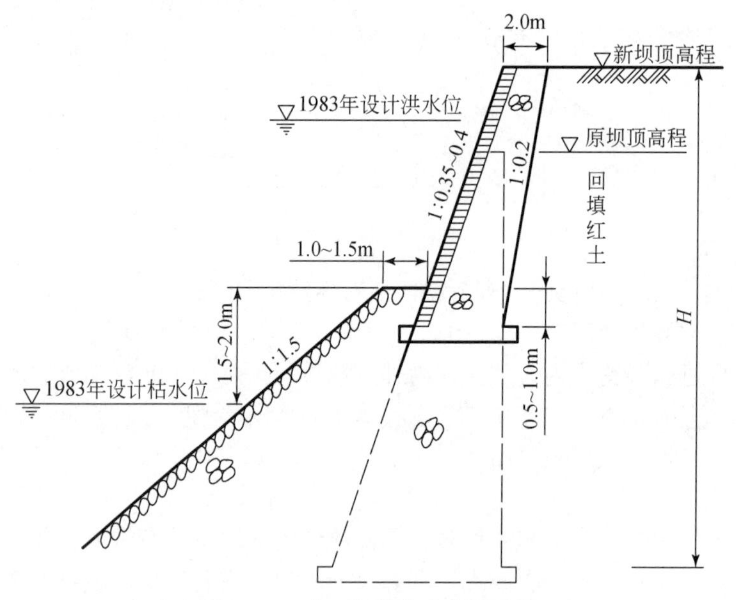

图 23-56　砌石坝拆除改建断面图

（4）退坦加高

险工坝垛加高改建时，坦石、根石及土坝体都需要加高。在 20 世纪 90 年代以前，一般情况下根石的边坡缓于坦石边坡。如扣石坝，坦石边坡 1∶1 左右，根石边坡 1∶1.2 左右。在险工加高改建时常常是注重直接看到的坦石，在一个横断面上以坦石位置确定裹护体断面。当时是首先加高坦石，再加高根石。沿原根石边坡顺坡加高至设计根石台顶时，根石台宽度就变得很窄，不能满足要求。为方便以后整险、抢险，加高中先满足根石台宽度要求，断面不足部分向外抛石，这样修筑的根石断面，就会将一部分石料抛在施工时坝

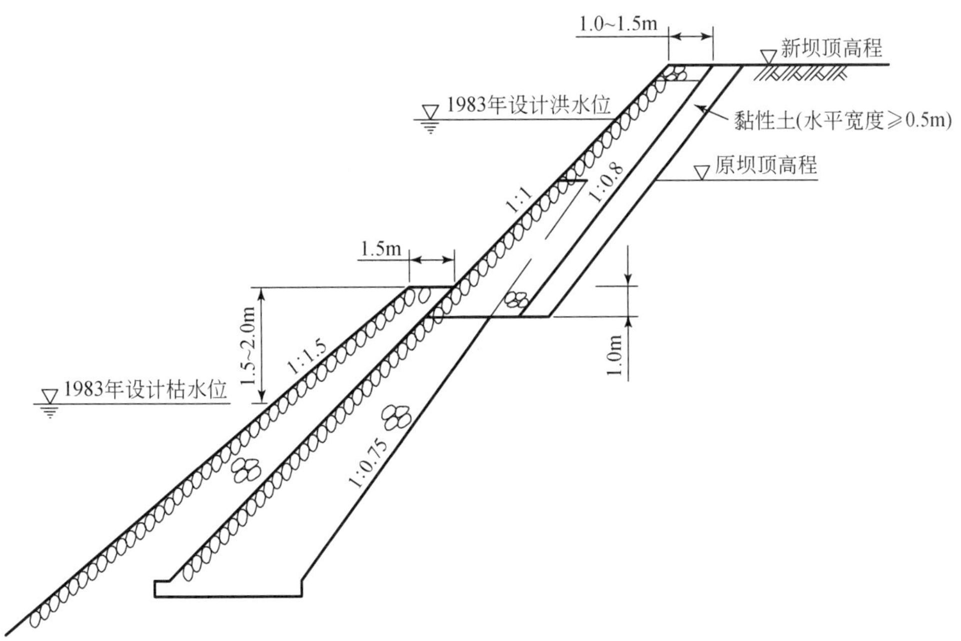

图 23-57　扣石坝拆除改建断面图

垛前的土质滩面上。加高后一旦靠溜，抛在滩面上石料以下的土体，易于被水流淘空，造成根石坍塌出险，有些还会造成严重险情，如开封黑岗口险工 1982 年发生的严重险情。

黑岗口险工在 1982 年汛期以前进行加高改建时，没有采取“退坦加高”的方法，致使新修石料堆放在施工时的滩面上，由于多种原因最严重的在原根石以外的宽度达 3m。以上情况造成 1982 年汛期黑岗口险工长期处于严重抢险的局面。险情不仅有一般的坦石、根石坍塌、小蛰慢蛰，还有平墩大蛰、裹护体整体下滑入水的大险。先后出险 30 坝次，其中 11、13、21、23、25 五个护岸和 26 垛、合计长度 180m 的裹护体分别整体墩蛰入水，六、七米高的土坝体裸露，情况十分危急。

从第三次大修堤时开始，严格规定坝垛加高改建坦石坡面需要变动时，只能后退，不许前进，即采用“退坦加高”的办法，以使原有根石充分发挥作用，不因加高改建造成人为险情。

（5）坝面展宽

由于加高后坝顶太窄，或因坝型改变等原因，改建时坝面需要展宽。除坝头段外，背水侧土坝体按照满足坝顶宽度要求使用土料展宽即可。但在坝头段的下跨角及紧接下跨角的数米长的背水面，如果坦石均采用顺坡加高或挖槽戴帽加高，就会造成坝头段坝面过窄，成为不规则的坝头形式，甚至变成三角形坝头。为防止此种情况，在加高改建时迎水面、上跨角段的裹护体按上述方法修筑；拆除下跨角裹护体及背水侧的裹护体，按照坝顶宽要求修筑士坝体，再在新的下跨角及几米长的背水面段进行裹护。展宽部分应采用抛石裹护，待基础稳定后再确定护坡形式。

（二）乱石坝加高改建

1）顺坡加高改建。乱石坝结构简单，内外坡基本一致，顺坡加高不会带来新问题，加高改建采用顺坡加高的办法，如图 23-58 所示。

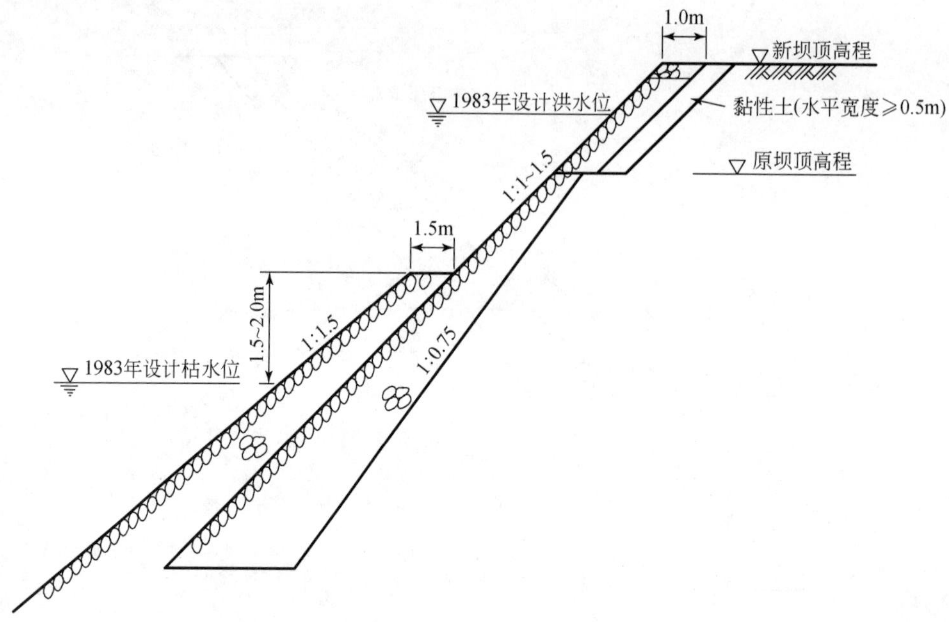

图 23-58　乱石坝顺坡加高断面图

2）拆除改建。对于经过若干年抢险，基础已达到基本稳定的乱石坝，也可拆除改建为扣石坝，但不要改建成砌石坝。

（三）扣石坝加高改建

1）顺坡加高改建。有些扣石坝始修于 20 世纪 50 年代，1964 年前后已进行过一次顺坡加高。本次再进行顺坡加高时，上部拆除 1m 左右，按顶宽 1.0～1.5m、内外边坡 1∶1 进行加高（图 23-59）。

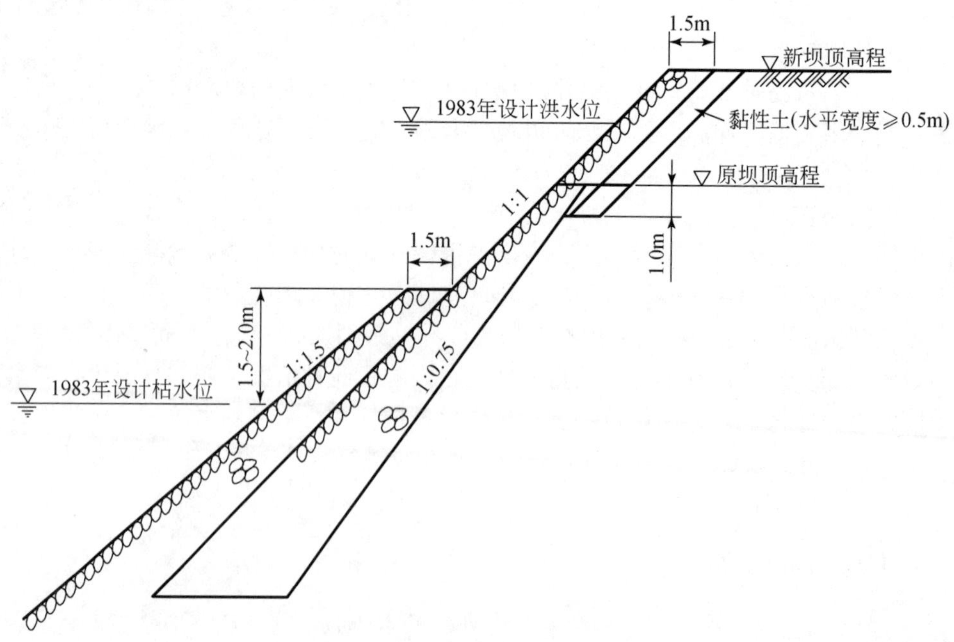

图 23-59　扣石坝加高改建断面图

2）拆除改建。对于采用拆除加高改建的扣石坝，上部拆除后，按顶宽 1.0～1.5m，外坡1∶1，内坡1∶0.8 修建（图 23-57），条件允许时，外坡可适当放缓。

（四）砌石坝加高改建

砌石坝为陡坡坝，靠自重维持稳定，随着砌石坝坦石多次加高，其高度远超过一般挡土墙的高度。随着高度的增加，砌石坝愈来愈不经济。因此，提倡将砌石坝改建为缓坡的乱石坝或扣石坝。

1. *砌石坝加高改建为砌石坝*

（1）挖槽戴帽加高改建

采用挖槽戴帽方法加高砌石坝时，要注意放缓砌石断面的内坡，以减少土压力。图 23-60 为 60 年代修建的砌石坝，内坡1∶0.2，本次加高改建时挖槽戴帽部分的内边坡改为与外坡相同的1∶0.4。

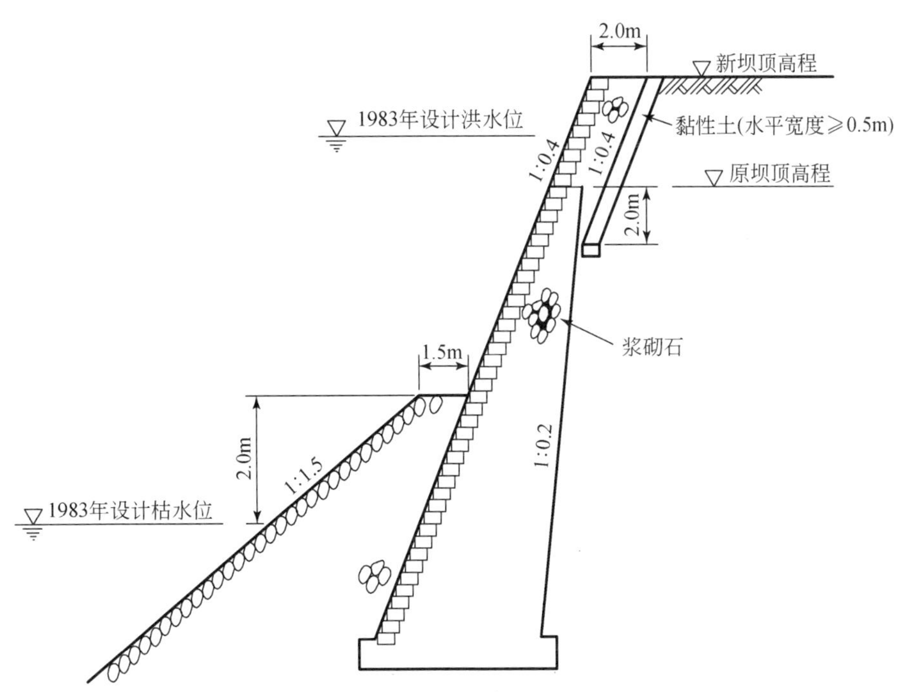

图 23-60　砌石坝挖槽戴帽加高为砌石坝断面图

（2）拆除改建

对于砌石体质量差的砌石坝，在加高改建时可采用拆除改建的办法，即拆除上部的砌石体，按新设计的断面重新砌筑（图 23-61）。对于有后退可能的，采用退坦加高的办法改建（图 23-62），以减少根石抛护方量，增加坝垛的稳定性。

2. *砌石坝加高改建为扣石坝*

砌石坝改建为扣石坝，由陡坡坝变为缓坡坝，坦石由砌筑变为扣筑，有利于今后解决坝垛坦石的稳定问题，再加高时变得相对容易，图 23-63 为砌石坝改建为扣石坝的一种断面形式，改建后的断面顶宽为 1.0～1.5m，外坡1∶1，内坡，1∶0.8。条件允许时可采用缓的坡度。

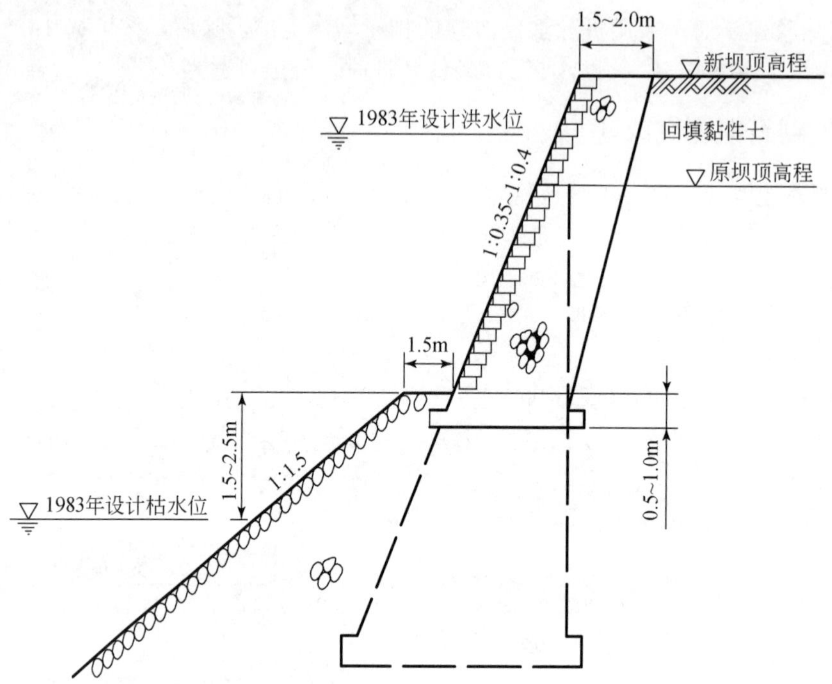

图 23-61 砌石坝坦石上部拆除改建断面图

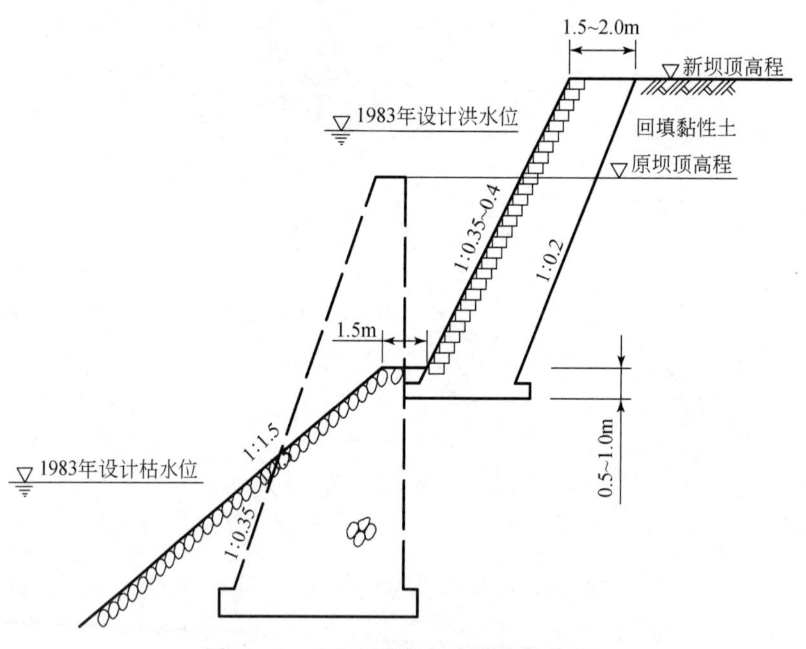

图 23-62 砌石坝退坦加高改建断面图

3. *砌石坝加高改建为乱石坝*

砌石坝改建为乱石坝，也是由陡坡坝变为缓坡坝，坦石由砌筑变为抛石，有利于今后解决坝垛坦石的稳定问题，再加高时变得容易，改建部分以下维持原状，改建部分按照乱石坝的尺度抛筑石料修成，坦石表层可进行乱石粗排。

有些险工的护岸顶宽窄，将陡坡的砌石坝改为缓坡的乱石坝或扣石坝后，由于坡度差的关系，造成护岸顶宽过窄，有的甚至会退至堤顶范围内。遇此情况时堤线可适当后退。这样就增加了修堤的土方量，但与护岸顶宽位置不动、坦石、根石前移相比，不仅可减少因根石前移而增加的根石石方量，而且可减少因根石前移而带来的抢险。土方单价远低于石方，从经济角度考虑也是划算的。

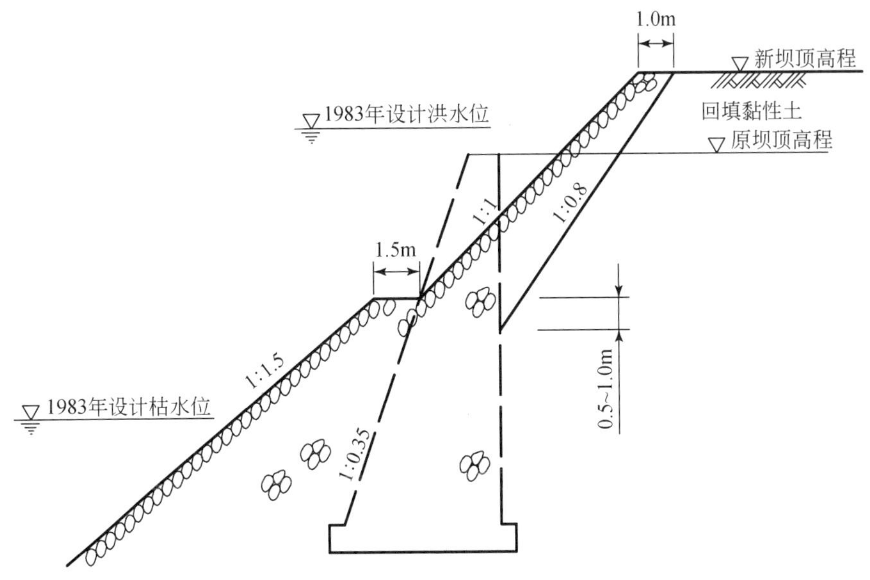

图 23-63　砌石坝改建为扣石坝断面图

（五）施工质量要求

施工需保证质量，按文件要求执行，如黄委 1978 年 7 月 15 日下发的“黄河下游险工坝岸加高改建意见”和“施工质量要求（试行）”[黄工字（78）29 号文]。

1. *坝垛拆改和挖槽*

1）坝垛拆改，一般拆到设计根石顶以下 0.5～1.0m，或设计枯水位以下 0.5～1.0m，根据坝垛的实际情况研究确定。挖槽戴帽加高的挖槽深度，应符合设计要求。

2）为了确保施工安全，开挖边坡应保持足够的稳定边坡，一般压实土可取 1∶0.5。挖槽戴帽加高的底槽宽度应不小于 50cm。

3）坝垛加高改建时，应将旧坝垛拆成外高内低的花茬或阶梯形斜面，以保证新旧砌体结合牢固。

4）拆改和挖槽戴帽加高的浆砌石坝，如有部分断面坐落在土基上，则需用碎石或灰土做垫层，其厚度不小于 50cm。

5）拆改坝垛时应加强水情联系，并集中力量，确保汛前完工。如工段较长时，可以拆一段，砌一段，随拆随砌。

2. *砌石*

（1）砌沿子石

1）沿子石一般要求厚 18～25cm，宽 25～50cm，长 30～80cm。顶底两面和外露面要粗打整平。

2）沿子石用石灰砂浆水平安砌，要求贴实、平稳，每层厚度相同，按设计坡度，逐层错台，收分一致。长短沿子石应相间使用，每砌四至五块沿子石，需用长度大于 40cm 的长石丁砌一块，拐角、端头等处应适当加强。

3）沿子石平缝和立缝的缝宽一般为 1cm 左右。上下两层砌缝相错应大于 8cm。立缝需用灰浆填满、抹平。

（2）填腹石

1）填腹石（塘子石）应选用较大的石块先排紧，然后用小石块塞严，不得有大于 10cm 以上的空隙。

2）与沿子石搭连的腹石（通称二脖石）应选用与沿子石厚度大致相同的较大石块排填严实，与沿子石搭接紧密，不得用大量小石块填塞。填腹石应与砌沿子石进度一致，逐层填平。

3）腹石的后部，应按设计坡度要求，用较大石块砌成平顺的背面，以保证坝胎回填后土石结合紧密。

4）腹石填塞以后，需用拌匀的稀灰浆灌实，亦可以座舖灰浆填石，并用小石块塞严，所有缝隙均需填满灰浆。

3. 扣石

1）按设计要求做好坝胎土坡，施工过程中要采取有效措施，保持土坡完整。

2）沿子石可以用厚度大致相同的石料扣砌，也可以按石料自然形状乱插花扣严。外坡应按设计坡度，做到平顺一致，不得做成凹坡凸肚。

3）腹石随沿子石逐层填平，插紧塞严，与沿子石要搭接牢固，砌体与坝胎土坡应贴靠紧密。

4. 回填

1）砌石坝砌垒沿子石、填腹石及背后回填坝胎土三道工序，可随坯同起，进度互相适应，亦可按设计坡度先做好坝胎土坡，然后分层砌石。

2）坝胎回填，一律用黏土，其水平宽度最少不小于 50cm，要分层夯实，干容重达 $1.5t/m^3$ 以上。回填土如与砌体随坯同起，土石结合面要特别注意夯实。如按设计坡度先做成坝胎土坡，砌石护坡分层砌石时应与土坡贴紧，填满灰浆，不留空隙。

5. 灰浆与勾缝

1）浆砌沿子石一律用 1∶3 石灰砂浆安砌，填腹石可用稀灰浆灌实，亦可用拌匀的 1∶3 石灰水泥浆灌实。石灰最好淋制成石灰膏，或用充分熟化的石灰粉。

2）砌石坝、扣石坝的沿子石一律用水泥沙浆勾缝。水泥砂浆标号不低于 50 号。

3）勾缝前应先将缝口剔清刷净，宽缝需先用碎石填塞。

4）水泥砂浆需填满缝深 3cm 左右，要求填满、轧实、压光、抹平，然后洒水养护三天左右。

5）砌石坝、扣石坝一律按设计坝顶宽度用浆砌石封顶，水泥砂浆勾缝。

6. 质量检查

1）班组质量检查员要随时检查各工种的施工质量，并做好记录。修防处、段质量检查组要组织定期质量检查和评比。质量不合要求的，坚决返工。

2）实修砌体与设计尺寸的允许偏差见表 23-16。

表 23-16　实修砌体与设计尺寸的允许偏差表

项目		扣石工		砌石工	
		+	−	+	−
铺底高程/cm		10	5	5	10
砌体总高/cm		10	10	10	10
砌体宽度/cm	顶宽	5	5	5	5
	底宽	10	10	10	10
砌体坡度/%		4	3	3	2

3）质量检查的主要项目为：坝胎土坡、坝顶挖槽、砌石和扣石、回填、灰浆和水泥砂浆、勾缝、封顶和排水、工程尺度。

参 考 文 献

胡一三，刘贵芝，李勇，等. 2006. 黄河高村至陶城铺河段河道整治. 郑州：黄河水利出版社

吉祥. 1985. 小议黄河下游新修坝岸的结构设计. 人民黄河，5：34-35

沈启麒. 1982. 山东黄河王家梨行险工滑塌的情况及对我们的启示. 人民黄河，3：9-13

水利电力部黄河水利委员会. 1964. 黄河埽工. 北京：中国工业出版社

第二十四章　工程结构现场试验

黄河河道整治工程建设有史可查的始于战国时期。现存修建较早的险工已有三百多年的历史。花园口险工始建于清康熙六十一年（公元 1722 年），其中的将军坝建于清乾隆八年，坝身为秸土，外裹石料；宁夏秦渠口的猪嘴码头始建于清康熙年间，内部采用土、薪填筑，外裹厚石，根基采用大块石防冲。当时修建工程多为临堤（岸）下埽，多采用秸料，称为秸土工，后来又用柳代替秸，并用一些石料，成为柳石工，目前水中进占筑坝仍多采用此法。

黄河干流河道整治工程的坝垛护岸结构形式仍以土（柳）石结构为主，又称“土石坝”（图 24-1）。这种结构坝体大部分用土料填筑，外层用石料（或秸料夹块石）裹护，具有施工机具简单、工艺要求不高、新修坝垛能较好适应河床变形、初始投资少、出险后易于修复等优点；其缺点是水流顶冲时易出险、防守被动、抢护维修费用高等。针对存在的问题，自 20 世纪 70 年代以来各级河道管理部门开展了一系列的新结构、新材料试验。按抛投材料分主要有：混凝土四面体或四角体、木架四面体，土工包、钢筋混凝土杩杈等；按结构分主要有桩坝、土工合成材料软体排。桩坝包括：水泥土旋喷桩坝、钢筋混凝土灌注桩坝、预制混凝土桩坝等；软体排包括：土工织物管袋充泥沉排、模袋混凝土沉排、格宾护垫等。虽然这些新材料或新结构在使用中还存在这样或那样的问题，但这些试验研究推动了黄河河道整治工程筑坝技术的发展。

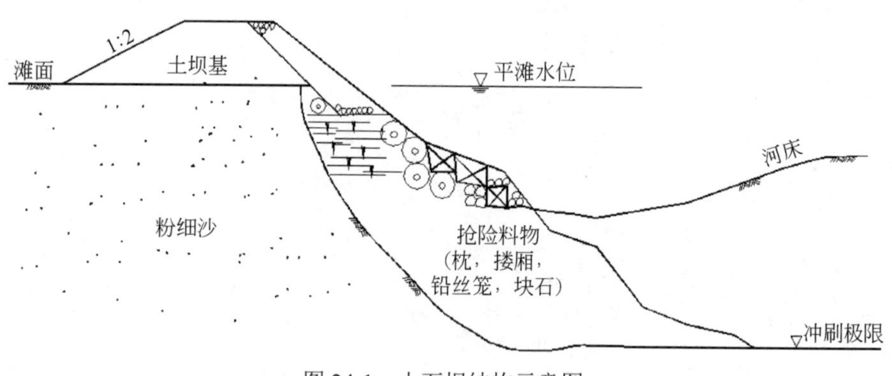

图 24-1　土石坝结构示意图

一、丁坝前冲刷坑

河道整治工程的存在，压缩了河道过流面积，改变了自然状态下的河道水流流态，引起丁坝附近河床的冲淤变形，即在坝垛护岸附近形成冲刷坑，坝垛结构形式不同，冲刷坑形态也各异。冲刷坑的存在和发展是影响工程安全的重要因素。

（一）坝前冲刷坑形态

黄河绵延数千公里，各河段的河床组成存在一定的差异，其中黄河下游河床多由粉细砂组成，局部分布有壤土或重粉质壤土，在大溜顶冲丁坝时，坝前将形成较深的冲刷坑。关于冲刷坑的形态及分布黄委水利科学研究院通过模型试验（张红武，1992）得出与原型观测基本一致的结论：

1）冲向坝面的水流一部分绕坝头而去，另一部分则沿坝面折转而下再绕坝头而行（也称折冲水流）。这两部分水流正是坝前冲刷坑形成的直接原因。

2）黄河下游丁坝坝前冲刷坑发展较快，一般情况下大溜顶冲丁坝某一部位持续 5～7 小时，冲刷坑基本稳定；坝前冲刷坑的范围及深度随单宽流量的增加而增加；行近水流与丁坝的夹角越大，冲刷坑范围也就越大；受大溜顶冲的丁坝，不仅坝前局部冲坑深，而且最大冲刷深度所在的部位距坝也较近，见图 24-2。

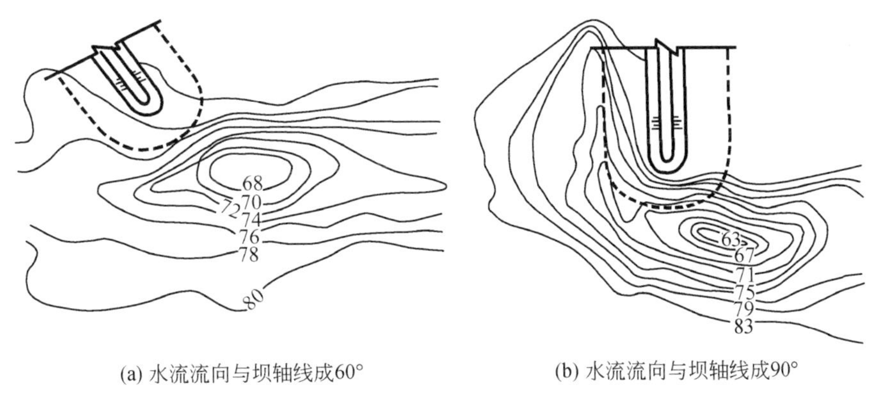

图 24-2　不同入流角度时丁坝附近水下地形图

3）丁坝坝前的冲刷坑发展是不同步的，一般是先在上跨角及坝前头附近的河床形成冲刷坑，继而再向上下游以及横向发展，最后形成一个上游坡陡、下游坡缓和近坝坡陡、远坝（沿横向）坡缓的冲刷坑形态，见图 24-3。

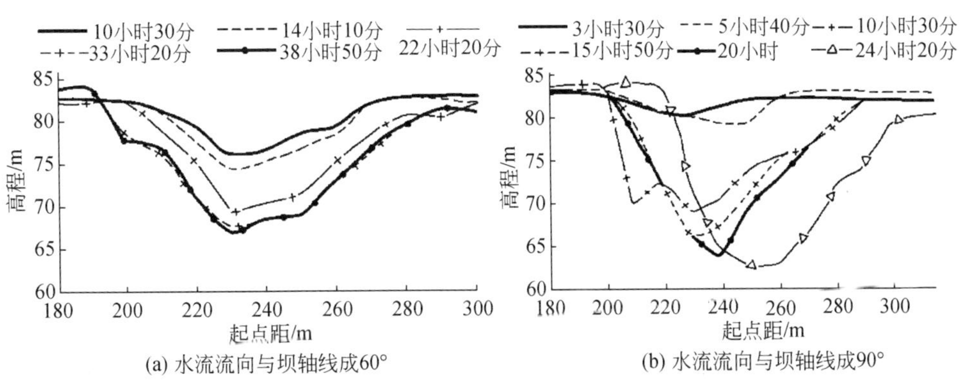

图 24-3　坝垛前冲刷坑横向断面图

4）在丁坝上游 5～6 倍坝长范围内，流线由丁坝一侧偏向丁坝对岸，离河底越近偏角越大，离丁坝越近偏角越大；流速越大偏角越小，可见，一道丁坝是难以改变水流流向的。

5）单坝的扰流作用较群坝强，坝头附近冲刷的范围和深度也较群坝大，最大冲刷坑位置一般在坝轴线的延长线上，群坝的冲刷坑相对较小，其形状为平行坝头连线的一条深泓线（图 24-4）。

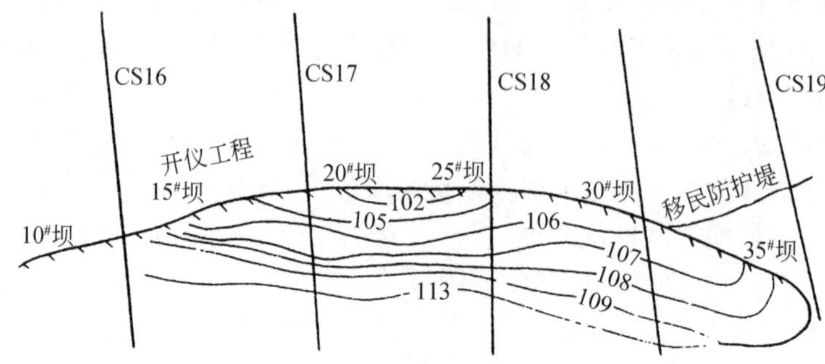

图 24-4　开仪控导工程冲刷坑地形图（模型试验）

丁坝出险与冲刷坑的形成和发展密切相关。冲刷坑形成后，丁坝坝高相对增加，稳定性明显减弱，特别是当冲刷坑逼近坝根时，会造成丁坝原有坡脚破坏，导致根石及坦石失稳滑塌落入坑内，形成险情。在水流强度较弱时，坝前冲刷坑的发展比较缓慢，丁坝险情较轻，这时如上部抢险料物跟进及时，丁坝基础会迅速得到加固，险情不会扩大，故出险是丁坝自身调整的过程，抢险是加深加固丁坝基础的一种施工方式，是丁坝修建的延续。但是由于这种丁坝基础的抢险加固是被动的，险情大小与上游来流和发现险情并进行抢修的及时程度关系密切。当冲刷坑发展过快、险情发现较迟或抢险料物抛入不及时，就会造成丁坝裹护体坍塌、土坝体外露、土体迅速被水流带走，险情迅速发展，轻者，增大抢险费用；重者，因抢护不及而"跑坝"。图 24-5 为双井控导工程 32 坝出险前、后断面图。

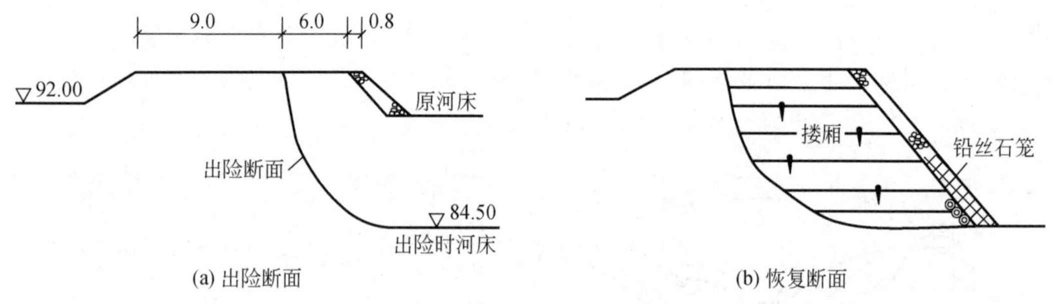

图 24-5　双井控导工程 32 坝出险断面图（单位：m）

双井 32 坝为 1987 年 4 月旱地修建，1988 年 8 月靠河，由于坝前冲刷，冲刷坑形成后不断发展加深加大，坦石下蛰，险情迅速扩大，出险长度达 50 余 m，坝顶塌宽达 6m，抢险历时 5 昼夜，用石 3917m^3，柳料 116 万 kg，铅丝 3.5t，投资 32.73 万元。

（二）沉排对冲刷坑的影响

丁坝坝前冲刷坑的存在，使得筑坝材料达到或接近冲刷坑底部时坝身才能稳定。水流条件的不确定性决定了坝前冲刷坑的形态一般是难以固定的，也就是说丁坝出险及险情发展具有一定的随机性。如何解决这一问题，人们首先想到的是将丁坝附近的冲刷坑推向距丁坝基础较远的位置，将丁坝基础附近的河床保护起来免受水流冲刷，因此，护底软体排应运而生。20 世纪 70 年代以前，软体排主要以柴排为主，即利用梢柳、秸秆编制成排体，上面抛石压重，利用船只控制使其沉入河底，起到防冲护底的作用。由于黄河下游河道主槽冲淤变化频繁，冲刷坑形状复杂，水流流速大，排体的沉放和定位一直是其未在黄河上采用的重要因素。20 世纪 80 年代后期，土工合成材料快速发展，其具有强度高、柔性大、耐水、成本低等特点，以土工合成材料为主要材料的软体排也开始在黄河下游使用。

丁坝附近铺放软体排后，对冲刷坑有何影响，从河床局部冲刷坑的计算公式（武汉水利电力学院河流动力学及河道整治教研组，1961）：

$$h = h_0 + \Delta h = h_0 + \frac{2.8v^2}{\sqrt{1+m^2}}\sin^2\alpha$$

式中：h 为冲刷坑水深，m；h_0 为水流行近水深，m；Δh 为冲刷坑深度，m；v 为水流行近流速，m/s；m 为边坡系数；α 为水流与丁坝迎水面的夹角。

可以看出：坝前冲刷坑深度与坝垛的裹护体边坡有关，边坡越缓冲刷深度越浅。当裹护体底部存在土工织物软体排时，沿裹护体边坡的下降水流不能立刻形成对坡脚处河床的冲刷，而是迅速沿河床表面扩散，当到达排体前缘时，流速有所削弱，同时，由于排体前缘距坝坡较远，绕坝水流流速也较坡脚小，因此铺放土工织物软体排后坝前冲刷坑深度将有所减小。软体排的试验研究（张红武，1992）表明，远离坝体的排体前缘在冲刷初期坡度较陡，一般在 1∶0.6～1∶1.0 之间，靠近坝体变形极小，随着冲刷强度的增大，沉排边缘下垂的长度逐渐增大，坡度变陡，继续冲刷，排体由边缘向坝体侧依次下沉，只要排体长度足以保护冲刷坑靠近坝体一侧，且满足自身抗滑稳定时，就可以起到保护坝体底部河床的作用。当排体沉降稳定之后，坝垛就基本稳定。由于丁坝的冲刷坑形态较平顺护岸的冲刷坑形态复杂，沉排的不均匀沉降，对其自身安全就有一定的影响，因此，沉排更适用于护岸。

（三）透水桩坝附近冲刷坑形态

透水桩坝是指由沿工程位置线插入河床底部的钢筋混凝土桩而形成的即可导流、又透水的河工建筑物。透水桩坝分为预制桩和现浇桩两种形式。当行近水流遇到透水桩时，其中一部分受到桩的阻拦，而改变方向，另一部分透过桩间空隙行进，由于透过桩坝的含沙水流流速迅速降低，泥沙会在坝后一定范围内沉降，因此透水桩坝具有缓流落淤作用。缓流落淤效果与来流方向、桩坝透水率（桩间空隙/桩中心距）及桩后床面高程等因素有关。模型试验①及原型观测资料均表明：透水桩坝附近的冲刷坑形态为一不对称条状沟带（图 24-6、图 24-7）。

透水桩坝前大溜顶冲处冲刷坑最深，最大冲刷深度随入流角和单宽流量的增加而增加，随透水率的增大而略有减少；最大冲刷坑最深处随桩坝透水率的增大而逼近桩根。

模型试验中相应原型桩径为 80cm，桩间距分别为 30cm、40cm、60cm，相应透水率分别为 27%、33%、43%，模型试验结果见表 24-1。

① 黄河水利委员会，黄河水利科学研究院. 2001. 不同透水率桩坝导流落淤效果研究模型试验报告汇编

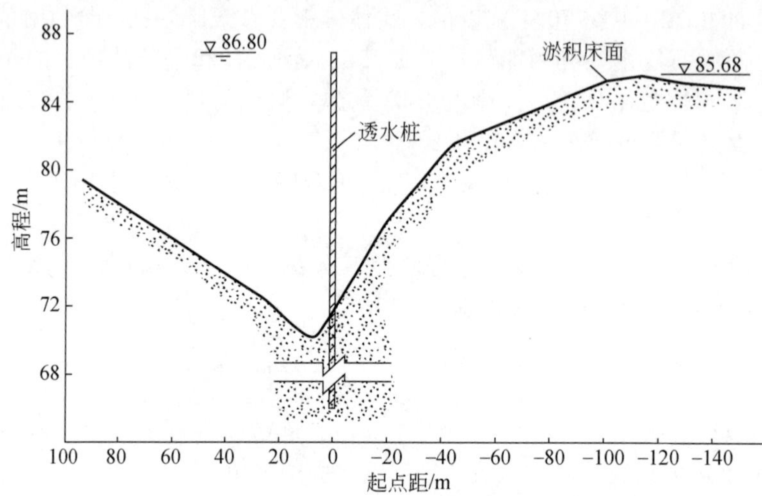

图 24-6　透水桩坝前后冲刷坑剖面图（模型试验）

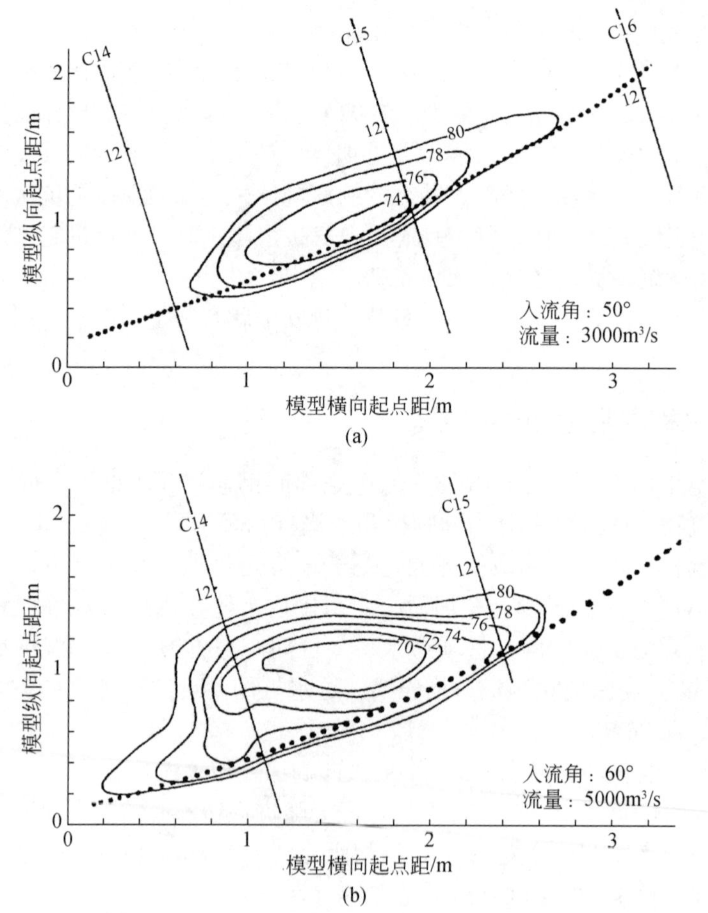

图 24-7　33%透水率桩坝冲刷坑地形图（模型试验）

表 24-1　不同入流角及透水桩附近冲刷坑深度　　（单宽流量：20m³/s）

透水率/%	入流角/（°）	最大冲深/m	距桩坝距离/m	桩根最大冲深/m
27	30	19.0	23.0	13.5
	60	19.5	15.0	16.8
	90	20.7	10.5	16.7
33	30	18.6	12.0	14.4
	60	19.9	10.0	17.4
	90	19.9	15.0	16.9
43	30	18.0	6.0	14.7
	60	19.5	12.0	17.0
	90	20.0	7.5	17.5

当丁坝透水率较大时，来流方向与桩坝轴线的夹角增大，其导流效果会有所减弱。试验表明，桩坝透水率大于 43%时，水流与坝轴线近乎垂直时，丁坝导流效果较差。

二、防止根石坍塌试验

黄河上坝垛现存最多的为土石结构，而且还在年年递增。这种坝垛的坝体由土料填筑，防冲保护层（裹护体）多用块石修筑，裹护体上部为护坡（坦石）、下部为护根（根石），块石重量一般为 15～75kg，大多由人工抛投，呈散粒堆放。位于坡面表层的块石除了随坝前冲刷坑的加大及坝身沉陷位移外，还有另外两种运动轨迹，一种是折冲水流作用沿坡面向冲刷坑滚动，另一种是在行近水流冲刷下启动，沿水流向上游或下游滚动。位于枯水位以下的块石，俗称"根石"。启动的根石被带到远离坝体的冲刷坑底部或冲向下游，造成根石坍塌，由于根石坍塌会对丁坝的稳定和抗冲性产生不利影响，因此，防止根石坍塌一直是筑坝技术研究的重要内容之一。

（一）根石坍塌与丁坝险情

1. 根石断面形态

大量实测资料表明，靠溜稳定的坝垛经过一段时间后，均会出现根石中间凹的情况（图 24-8）。说明丁坝坡面上的块石容易走失，这与流速在垂线上的分布情况有关，由于行近水流中上部的流速最大，位于该部位的根石容易起动，形成了断面中部凹入的现象。

张红武（1992）研究表明当坝前垂线平均流速在 2.5～3.0m/s 时，块石启动的临界粒径在 40～45cm，即重量为 115～165kg。由此可见，坡面上的块石一般是难以满足上述要求的。

20 世纪 80 年代，对河南段 20 多处靠溜较为稳定的 100 余道坝垛的根石断面进行了探摸（表 24-2），可以看出：根石平均深度一般都超过 10m，平均坡比在 1∶1.05～1∶1.21 之间。

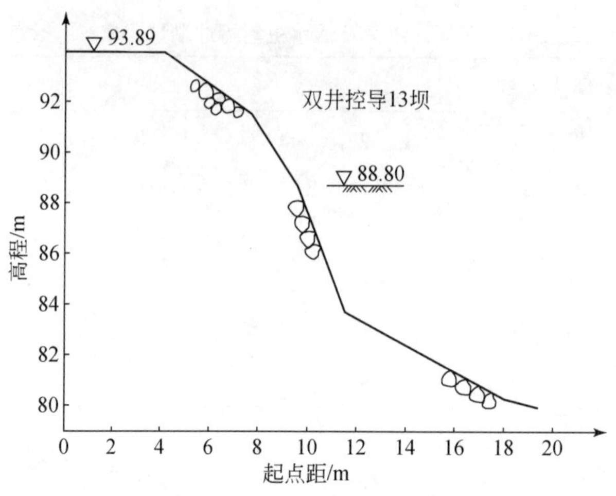

图 24-8　探摸根石断面图

表 24-2　根石探摸断面资料统计表

坝垛部位	迎水面	上跨角	坝头	下跨角
平均深度/m	10.3	12.6	11.1	8.8
平均坡比	1∶1.21	1∶1.13	1∶1.08	1∶1.06

2. 丁坝出险与根石加固

丁坝出险的原因有多种，其中以裹护体坍塌变形居多。对于基础较浅的坝垛，冲刷坑的范围和深度的变化是其出险的主要原因，这种险情是无法避免的，及时的抢险是施工过程的延续，通过抢险可以起到加深加大基础的作用，有利于坝垛的后期稳定；对于基础较深的坝垛，其出险的主要原因是根石坍塌或走失。严重时上部裹护体会失稳滑塌，如抢护不及，将造成坝体冲毁，危机防洪安全，这种险情可以采取预抛根石等措施加以防范。河南中牟赵口险工 41 坝为 1914 年修建，经过多年抢修加固，根石深度达到了 13m，1977 年 7 月 9 日，花园口洪峰流量 8100m^3/s，洪水时大溜顶冲该坝仅仅 20 分钟，上跨角一带长 18m 的坦石全部坍塌入水，抢险用石 520m^3，抛投铅丝石笼 200 余个。

根石坍塌或走失与水流流速、水深、块石粒径、断面形态等因素有关。张红武教授利用模型试验对黄河下游坝垛根石走失及坍塌研究后指出：在大溜顶冲时坝头附近的根石有 6%～10%启动后冲向下游（也称根石走失），20%～30%的根石最终位于远离坝头的冲刷坑内。大量的根石探摸资料也得出了基本相同的结论。为了及时补充根石，减少因根石坍塌或走失导致的坝垛出险概率，黄河下游每年需抛投块石约 10 万 m^3 用于加固根石。即便如此，中常洪水情况下仍有大量的工程因根石走失而出险，为了改变这种不利局面，黄委从 20 世纪 80 年代起开展了一系列的试验研究。

（二）防止根石坍塌或走失的主要措施

早期防止根石坍塌或走失的主要措施是，在重点受溜容易出险的部位推抛大块石或铅丝石笼等。由于铅丝石笼需要在抢险或施工现场制作，且铅丝耐久性较差；大块石大都是从一般块石料中挑选，储量不足，不能满足实际需要。为了增大单个块石的重量，

1985 年山东河务局在齐河南坦险工利用黏结方式将大块石链接起来用于加固根石。具体作法是：先将根石表面用较大块石覆盖整平，再在块石上钻孔，利用铅丝将 3～5 个块石链接在一起，然后用水泥砂浆浇筑。该方法虽然起到了防止根石走失及坍塌的作用，但由于施工繁琐，不易操作，特别是由于体积较大，下部根石蛰陷后，不适应基础变形，大块石架空，连接处易折断等原因，未被推广使用。此后，河南局在郑州马渡、赵口等险工利用网罩或混凝土防冲结构块等方式来防止根石走失及坍塌，同时用于坝垛险情抢护收到了一定的效果。

1. 网罩护根技术

网罩护根是借助民间渔网原理，将险工坝垛迎水面至下跨角的靠溜部位的根石用高强度网罩住（网是用经韧锻处理的镀锌铅丝或耐特龙等土工材料编制而成）。当水流冲刷根石时，首先是坡面容易启动的块石被网拦住后不能启动，其次是当床面冲刷，形成冲刷坑时，网罩前端网坠与裹护体坡脚根石一并下沉，网罩变形，铅丝收紧，根石紧贴冲刷坑近坝侧床面，不至脱离裹护体滚至冲刷坑底部而失去防冲和抗滑作用。

具体作法是选择靠溜较好、基础较深的坝垛，将根石按设计坡比或深度，补充完整。然后将网近坝一端锚固与根石台或裹护体内，另一端系网坠（铅丝石笼或较大体积的混凝土预制块）。该方案由黄科院提出（张红武，1992），经实体模型试验后，于 1991 年在郑州马渡险工 85 坝根石加固中首次采用，并取得了不错的效果。1999 年在马渡 22～25、27、29 坝和德州南坦险工 95～99 坝的根石加固中也采用了此法，所不同的是将编制网罩的材料由镀锌铅丝换为纳特龙网，网坠由铅丝石笼改为混凝四角锥体或混凝土枕。

2. 混凝土四面体（四角锥体）防护

利用砼四面体防止根石走失及坍塌的河段主要在宁夏下河沿至青铜峡河段，该河段河岸下部为砂卵石、上部覆盖 2～3m 的粉细砂，河道比降为 0.552‰，中常洪水平均流速约为 3.5m/s，且冰凌严重，块石粒径较小时，易被水流冲失或冰凌掀起，故大量采用抛铅丝石笼护根，但铅丝耐腐蚀性差，不易保护，因此根石加固的费用较高。20 世纪 80 年代，该河段的治黄工作者，结合该地区河床砂卵石储量丰富、防冲结构块对砂砾料要求不高等特点，在细腰子拜、秦坝关等常年靠溜的重要险工坝段抛投一定数量的混凝土四面体后，根石走失及坍塌现象明显好转。黄科院经过模型试验研究得出①：在坝垛坡脚及坡面上抛投砼四面体后，能够有效地削减折冲水流强度，减少河床冲刷深度，同时对防止坡面根石起动、被水流冲走也有一定的作用。但实际运用中也发现四面体有一定的缺陷，一是块体之间缝隙大，易形成集中扰流，数量不足时，其防护效果较差，二是在下沉过程中与块石之间的啮合较差，容易将块石架空，当其贴近土坝体时，土坝体不能得到有效防护，三是难以抛投到位。针对以上情况，1999 年黄委组织在河南郑州马渡、南裹头、东大坝等多处险工利用不同尺寸的四角锥体（表 24-3）进行了防止根石走失及坍塌和工程抢险的试验研究②。随后，在宁夏河段利用四角锥体作为防护材料对梅家湾等工程进行了加固（图 24-9）。

① 王家寅，丁晓明，等. 1988. 黄河险工四面体防护效果的试验报告

② 刘红宾，曹常胜，等. 1999. 混凝土四脚锥体防止根石走失技术的研究报告

图 24-9　宁夏河段利用混凝土四角锥体加固根石现场

表 24-3　混凝土四角锥体制作规格表

脚顶部直径/cm	高度/cm	体积/m^3	重量/kg
15	49.2	0.034	81
20	65.6	0.080	183
25	82.0	0.156	358
30	98.3	0.269	648

四角锥体的突出特点是：①可以增加裹护体坡面糙率，降低折冲水流流速，同时块体缝隙之间的各种绕流能量相互抵消，可有效减弱水流对坡面和床面的冲刷，降低冲刷深度；②块体之间有啮合作用，抗冲性强，在水流冲击下不易启动，能有效地保护下部粒径较小的块石不被水流冲走；③重心低、稳定性强，将其置于河床表面或裹护体坡脚，对上部结构有较好的支撑作用，可阻止裹护体滑塌，有利于坝体的抗滑稳定。

利用四角锥体的上述特点，结合坝垛根石加固、新建坝垛和险情抢护等工程实例，开展了不同布置形式和抛投技术等方面的试验研究，取得了不错的效果，主要认识如下：

1）混凝土四角锥体除可以作为筑坝材料对坝体根石进行补充加固外，在防止根石走失及坍塌方面效果显著；

2）采用混凝土四角锥体对迎溜顶冲的坝垛坡面或裹护体坡脚进行覆盖防护后，能有效地减小坝前冲刷深度和减缓水流对坝体的直接冲击，有利于坝体的抗滑稳定；

3）在坝垛重点靠溜等易出险部位抛投四角锥体，以点固面，可以起到削减水利冲击力，缓解或化解险情的作用；

4）混凝土四角锥体之间空隙大，应抛在有一定厚度的块石护坡、护根之上，增大裹护体的体积。不能直接抛投在土基上。

鉴于四角锥体在加固根石和筑坝方面具有很强的适用性，目前在宁夏河段采用较多。

三、水中进占筑坝材料试验

水中进占是河道整治工程建设和险情抢护的重要施工方法之一。它是由岸边向河槽内（水中）采用搂厢、推枕、抛石等方法逼迫水流偏离被保护对象，确保其防洪安全的方法。

黄河下游水中进占在20世纪80年代以前大多采用埽工，进占材料一般为秸料裹土或块石，如搂厢、埽枕等，宁夏、内蒙古等河段曾大量采用卷埽的方法。由于秸料透水性好、整体性强，搂厢或埽枕具有很好的缓溜落淤的作用，加上秸料可就地取材，因此该方法被广泛用于沙质河床筑坝或抢险。修筑搂厢和卷埽都以人工为主，由于柳（秸料）石搂厢占体体积大，用柳（秸料）较多，且柳石搂厢全部为手工操作，用人多、劳动强度大、功效低，施工组织比较困难，随着人工费用的不断提高和柳（秸）料源的日益短缺，在筑坝或抢险方面与土工合成材料等相比已不具备成本优势，因此，从20世纪80年代以来土工合成材料被广泛用于水中进占筑坝。

（一）土袋枕替代柳石枕筑坝

1985年汛前，山东河务局在修建鄄城县桑庄险工20坝时，利用土袋枕代替柳石枕修做了一道试验坝（李祚谟，1989）。该坝坝体采用柳石搂厢水中进占，在搂厢迎水面推抛土袋枕护根，占体后填土，最后在土袋枕表层抛投2～3m厚的块石。土袋枕的具体施工分土袋制作和推抛两部分。

1. 制作土袋

将塑料编织布（聚丙烯编织布和聚乙烯薄膜复合而成）缝制成土工袋，土袋分大、中、小三种。大型土袋成型后一般为宽0.96m、高0.42m，长5～10m，又称土袋枕，顺长度方向预留开口，装土料后缝好，为增强土袋枕的强度及密实度，同时防止土料向一个方向堆积，在土袋枕垂直轴线方向每间隔1m增设一捆枕绳，抛投前扎紧。中型土袋成型后长度为1～3m，小型土袋与一般编织袋类似。

2. 推抛土袋枕

在柳石搂厢进完一占后，推抛土袋枕固根。施工机具主要有船只和捆抛架，捆抛架结构见图24-10，将捆抛架安放在船上或岸边均可（图24-11），两种捆抛架都具有结构简单、坚固耐用、操作简便等优点。施工捆枕船一般为20～50t的机动平摆船。

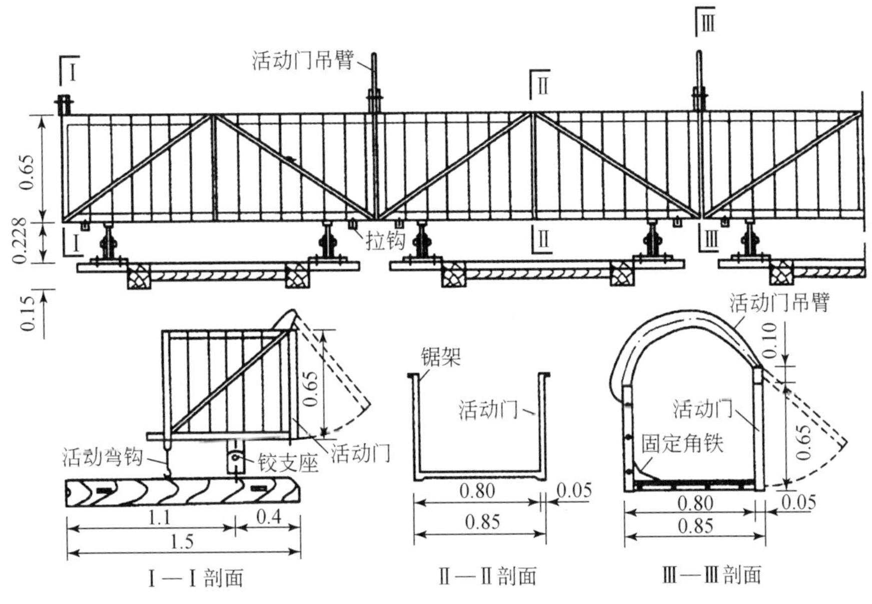

图24-10 土袋枕捆抛架结构示意图（单位：m）

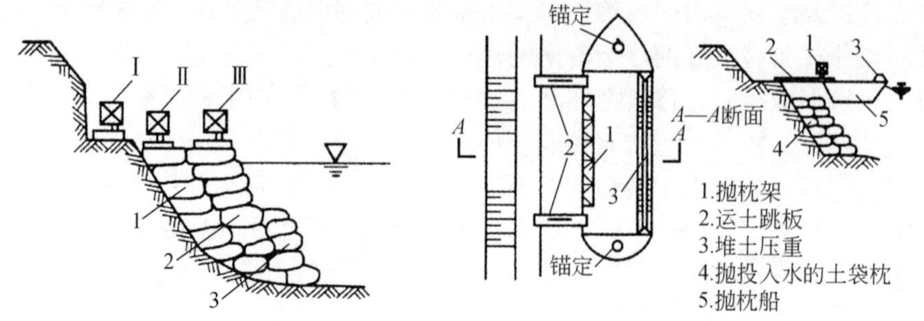

图 24-11　抛投土工袋示意图

20 坝当时是桑庄险工的最后一道坝，坝长达 360m，较其他坝垛明显凸向河中，对河势的影响较大，建成后连续多年靠溜，运用情况良好。1986 年和 1987 年，又利用该法分别在山东东明县老君堂控导工程和高村险工修筑了多道丁坝。1988 年 8 月高村站连续出现了 4 次流量大于 6000m^3/s 的洪峰，且历时较长，该河段其他坝垛大量出险，而利用土袋枕固脚的丁坝虽经大溜持续顶冲，除表层块石略有走失外，坝体安然无恙，说明土袋枕抗冲能力较强，可以作为柳石枕的替代产品。

（二）土工包进占筑坝

2004 年河南河务局在封丘顺河街工程 13 坝修筑中，进行了土工包进占试验①。其中主要方法是按照自卸汽车车厢大小，缝制土工包，试验采用的土工包尺寸如图 24-12 所示。土工包的材料选用高强机织布，布底缝制用于增强土工包强度和土工包定位下沉的绳索。施工时将缝制好的土工包放置在自卸汽车的车斗内，利用装载机或挖掘机将土石混合料装满土工包压实后缝口，并用预先缝制在布底的绳索绑扎紧，尽量排出土工包内的气体，同时将缝制在土工包两底角的绳索固定在坝垛的顶桩上。随后将土工包倒入水中，并利用底角绳控制土工包缓慢下沉，直至落入河底，然后投放下一个土工包。当投放的土工包露出水面后，进占完毕，然后加高占体，同时在占体前抛石或铅丝石笼防护（图 24-13）。

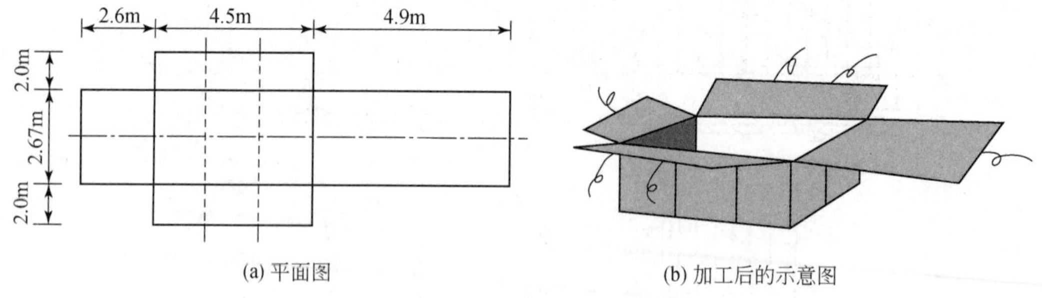

(a) 平面图　　(b) 加工后的示意图

图 24-12　土工包加工示意图

① 黄河水利委员会河南黄河河务局. 2007. 堤防堵口及水中快速筑坝新技术研究与应用

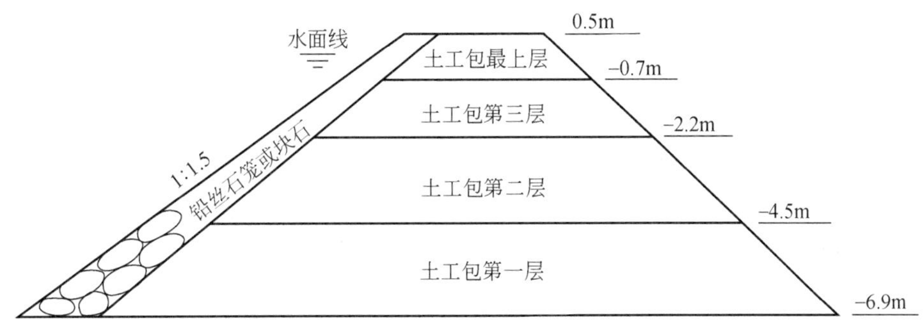

图 24-13　土工包占体示意图

（三）土工格栅压土袋（块石）进占筑坝

为了探索出一种结构合理、工艺简单、机械化程度高、进度快、造价低的坝垛结构形式。受软基处理的启发，利用土工格栅（geogrid）的隔离、抗拉、增阻等性能，将其铺放于河底，把河床与块石隔离开，增加河床承载力，减少近床块石坍塌，从而达到缩小占体断面，提高块石利用率，降低工程造价之目的。同时可以利用现有施工机具、加快施工速度、降低劳动强度。

2000 年 6 月，黄委在菏泽郓城县杨集上延控导工程施工中利用土工格栅铺底进占修建了 9 坝、10 坝两道丁坝（胡一三等，2006），断面结构如图 24-14。

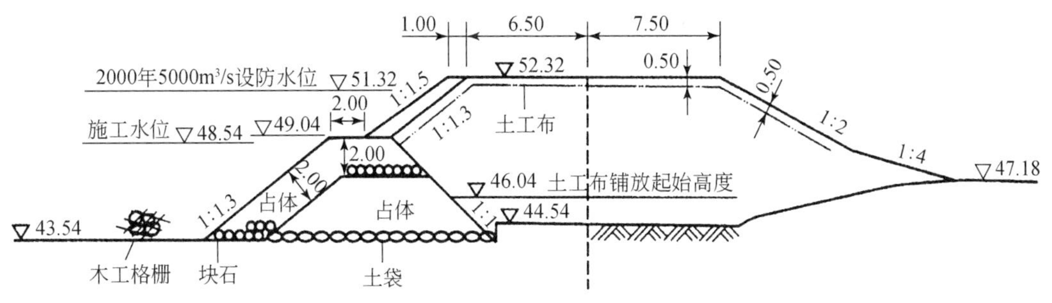

图 24-14　杨集上延 9 坝断面结构图（单位：m）

1. 土工格栅特性

土工格栅呈方形结构，主要特点是抗拉强度随延伸率及延伸速率增加而增大，随环境温度升高而降低；弹性模量随温度降低而增大；蠕变性小，在相应荷载下不发生长期蠕变破坏，当应变低于 10%时，曲线近似直线；耐折曲。

格栅具有嵌锁作用，利用格栅节点强度较高，可有效地约束嵌入的块石，将块石紧连在一起（图 24-15）形成嵌锁结构。格栅受到的拉力负荷转变到周围土体中的压应力，使嵌锁物体受到压缩、裹体作用，使格孔附近土体产生拱效应，形成一个稳定的、有一定模量的、能抵抗水平剪力的类似柔性平台的复合结构，对下部软基起到隔离作用。另外，紧连在一起的大量块石能够抵御水流的冲刷，避免了根石大量向下游走失。

2. 土工格栅的选择

铺底格栅一般应选择双向格栅（图 24-15），尺寸可根据丁坝进占时可能形成的最大冲刷坑确定。土工格栅主要作用是增加河床承载力，提高占体的整体稳定性。因此，格栅必须具有足够的强度，以满足抗拉要求。土工网格的主要力学指标可根据其在丁坝中的应用部位及受力情况选择。施工选用的双向格栅宽2.5m。

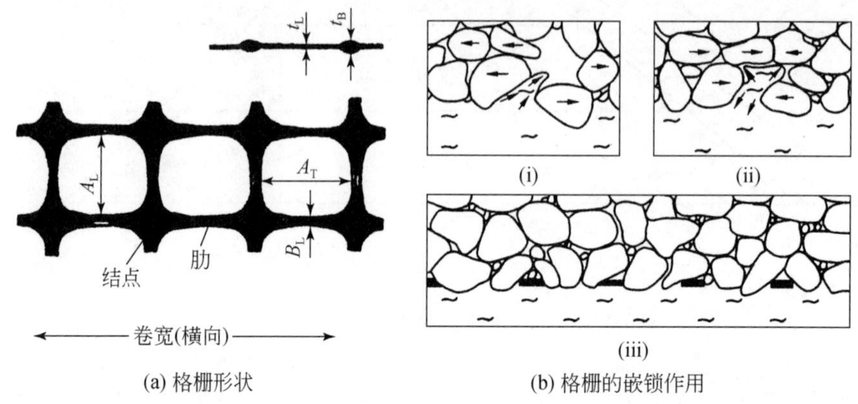

(a) 格栅形状　　(b) 格栅的嵌锁作用

图 24-15　土工格栅特性图

注：（i）未加栅，石块分离，软土进入石块间；（ii）未加栅，压实时，软土受挤上翻；（iii）加栅后，石块基础被嵌锁，软土难以进入石块间

3. 土工格栅的搭接和铺放

为了降低施工难度，减小土工格栅水下铺放工作量，首先将幅宽2.5m的土工格栅拼接成格栅排片，拼接处每个格眼均用尼龙绳绑扎，尼龙绳的拉伸力不应小于土工格栅的拉伸力。将拼接好的格栅排片上绑扎绳索。格栅排片大小和位置如图24-16所示。

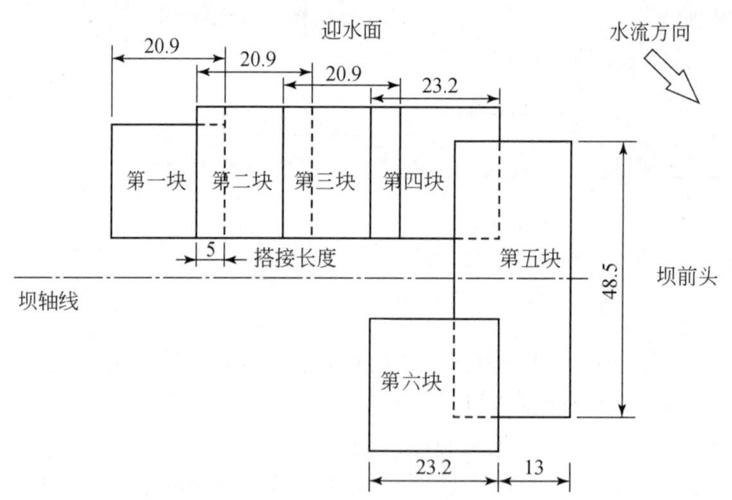

图 24-16　土工格栅铺放平面图（单位：m）

水深小于1.0m、流速小于0.5m/s处用人工直接铺放，水深大于1.0m处用船只铺放，先浅水、后深水，先上游后下游依次进行，这样便于搭接，其搭接长度为5m。将准备好的格栅排片装船，同时装上一定量的铅丝石笼，将船只驶向指定位置，在格栅排片前缘联上铅丝石笼，一起推到河底；然后将船只移向下游，在格栅排片后部连上铅丝石笼拉紧格栅排片，将铅丝笼推入河中。随后在格栅排片上抛撒少量乱石，使格栅紧贴床面。为了保证排体能沉到指定位置，须多只船配合沉放，如果船只不足，可在格栅排片周围系一些浮筒，

将排片移至指定位置后，逐步压载沉放。

4. 占体、土坝体及裹护体

铺放土工格栅后，占体采用编织袋装土填筑。首先将编织袋装满土并封口，然后装入自卸汽车运送到进占部位抛投，推土机随即推放到位，每占按 5～8m。占体后填土至占顶高程，直至进占全部完成。为防止坦坡后部土坝体被水流淘刷及超标准洪水漫坝造成土坝体的冲刷破坏，占顶高程以上土坝体采用防冲土工布包裹。土工布上面覆盖 0.5～1.0m 厚的土料，以防老化破坏。占体迎水面加抛块石，以增强其抗冲性，水下块石采用自卸汽车运输、抛投，推土机推放到位，水上部分采用自卸汽车运输、抛投，人工按设计断面粗排。

5. 运用情况

杨集上延工程建成后，经过一个汛期的运用（付帮勤和赵世来，2001），9 坝、10 坝上跨角占体上部的根石分别发生了一次蛰动险情，随后都对根石进行了必要补充，9 坝补充块石 348m^3；10 坝补充块石 195m^3。

9 坝、10 坝修建时大河流量 400m^3/s，出险时大河流量均超过 800m^3/s。将竣工验收时与抢护后的根石探摸断面进行对比（表 24-4）可以看出，出险较严重的部位均为上跨角，9 坝根石底部下蛰最大为 4m、10 坝为 3m，根石下蛰程度不大，均为缓慢下蛰，占体上部根石一天最大下蛰量不超过 1m。

表 24-4　底部探摸观测成果对比表　（单位：m）

坝底高程	断面									
	迎水面（0+20）		迎水面（0+40）		上跨角（0+62.5）		坝前头（0+74.3）		下跨角（0+86.1）	
	7 月 20 日	11 月 20 日	7 月 20 日	11 月 20 日	7 月 20 日	11 月 20 日	7 月 20 日	11 月 20 日	7 月 20 日	11 月 18 日
9 坝底高程	46.15	46.15	45.40	43.30	44.45	40.45	44.36	41.36	44.48	44.48
10 坝底高程	46.05	46.05	44.30	41.95	43.24	41.48	44.8	44.06	44.18	44.18

（四）土工布包土进占

随着生态环境保护意识的增强，在发生突发性险情时，及时大量地采购石料和秸料是非常困难的。为了应付突发性险情，同时降低工程造价。河南河务局在以往土秸料进占和土工布长管袋进占的基础上提出了利用土工布包土进占，这种施工工艺中充分利用了传统埽工中的船、绳、桩等工具和材料，与传统埽工进占有很多相似之处。2007 年汛前分别在焦作老田庵和兰考蔡集 2 处控导续建中使用了该项技术。

1. 施工机具及主要材料

施工主要机具除了增加了多台用于土工布拼接的手提式缝包机外，其他机具与传统秸料进占一致，包括：自卸车、推土机、发电机、船、打桩机（锤）。进占主要材料包括：高强机织土工布、土料、石料、绳、桩等。

2. 进占土工布的缝制

进占包土用的土工布一般采用高强机织布，尺寸按施工水深确定，可按下式计算（图 24-17）：

$$B = b + 2(m + \sqrt{1 + m^2})h \tag{24-1}$$

式中：B 为缝制好的布宽，即平行于水流方向的布宽；h 为水深（6～10m）；m 为占体边坡系数，一般取 1；b 为占体顶宽（6～8m）。

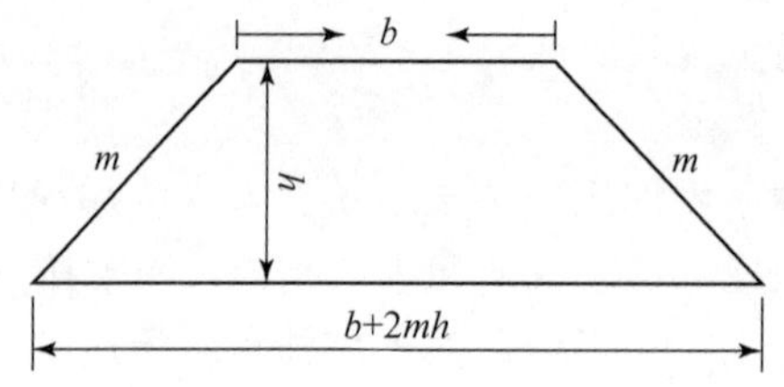

图 24-17　布宽计算图

垂直于水流方向的长度一般为 30～60m，视施工水深和施工能力而定。整个进占用的大布可按照上述尺寸预先加工好，也可在施工现场缝制。为缩短进占过程中土工布的搭接时间，可在大布进占方向的两侧分别预先缝制粗麻绳，拼接时只要将两块麻绳并拢，并用铅丝缠绕固定即可。

3. 施工准备

施工准备包括：放样、平整场地、备料、船只架设龙骨及定位等。场地平整要求在进占岸边削出 1∶0.5～1∶1.0 的边坡，以便岸上人员操作和占体与岸的结合。进占施工最好选择 3 只平板船，以便施工人员操作和架设龙骨，船上龙骨的架设与秸料进占基本相同，即布置在临占体的一侧的 2/5 处，长度与船只吃水线长度相当，但不得小于占体宽度，高度在 0.3～0.5m 之间，为防止龙骨受力后发生变形或折断，应在龙骨间增设着力点，将龙骨牢固固定。进占船只定位是确保施工安全和控制施工进度的关键，将 3 只船布置成“U”型布置，其中上、下游侧的船头与顺水流方向的主船首尾相连，并在船尾布置尾揽，在主船上游和下游一定距离分别抛锚，固定船只并控制其运行方向，使三只船只能同时沿占体轴线方向移动。

4. 打桩、布置绳网

为了固定并控制进占大布，需在垂直于占体的岸边打一排顶桩，桩间距为 1m，桩顶应明显低于占体顶面，以不影响施工为准。将底勾绳的一端拴在顶桩上，另一端缠绕在主船的龙骨上，底勾绳相互之间每间隔 1m 系练子绳，这样一张固定和控制进展布的绳网就布置好了（图 24-18）。

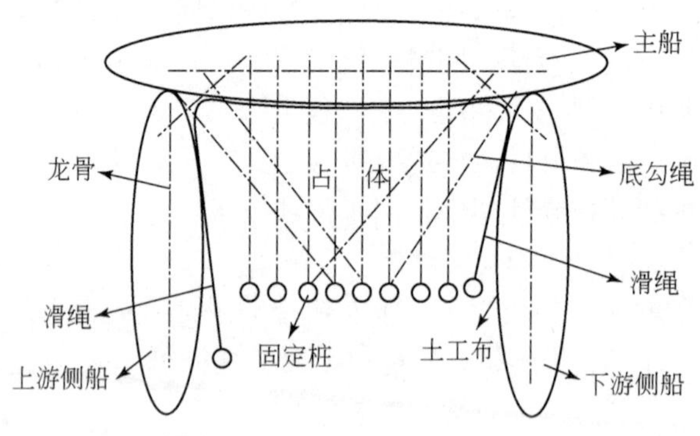

图 24-18　底勾绳平面布置图

5. 铺布、推土进占

将进占大布卷好并抬至作业面，首先将布的一边固定在顶桩上，然后将布铺放在绳网上，另外三边分别放置在已经固定好的三只船的龙骨外侧，最后将布和底勾绳用铅丝绑扎固定好。水深大于 7m 时，应加设侧向底勾绳。

将土料用自卸汽车运至顶桩附近，用推土机向大布内推土（图 24-19），大布在土的压重下逐步下沉，这时应及时松底勾绳，在松绳放布的过程中，应不断加长练子绳（群绳），始终保持绳头超过侧船龙骨上的布边，当水深较大，占体一时不能沉到河底时，可在两侧斜坡上打桩，将群绳用活扣拴在桩上，以便随大布一并下沉，保持群绳受力且不断，可起到减小船只受力的作用。当群绳不再受力时，说明大布已与河床相贴，这时将两侧船上的布头沿坝轴线向上包裹进占土体，绑扎固定群绳，随后在背水侧加宽占体，保持占体稳定，同时在临水侧抛石防冲。

图 24-19　推土进占施工场面

第一块大布施工到尽头时会露出预先缝制在布边的大麻绳，这时将第二块布的麻绳与第一块对齐，用铅丝绑扎、缝牢，继续推土进占，直至进占完毕。

四、透水桩坝试验

（一）鄄城苏泗庄透水桩坝

1. 桩坝简介

1979～1980 年，山东黄河河务局在鄄城县苏泗庄险工修建了 2 道（41、42 坝）钢筋混凝土透水桩试验坝。

41 坝长 55.1m，布设管桩 79 根，其中坝前部 1#～39#桩桩长 20m，后部 40#～79#桩桩长 16m。42 坝长 58m，布设 83 根桩，桩长均为 16m。两桩间隙 20cm，透水率 28.6%。

桩由多节管组合而成，管长 4m，直径 50cm，壁厚 10cm，混凝土标号为 250#。管的一端纵筋外露长度 15～20cm，另一端设有相同数量的预留孔，孔径 3cm，孔深 25cm。施工时先将硫黄胶泥灌入预留孔内，再将上节管子的外露钢筋插入下节管子的预留孔内使其黏结在一起。

41 坝管桩用自制压管机采用冲压法施工，42 坝管桩采用潜水钻造孔沉桩法施工。

2. 运行情况

1981 年 9 月 12 日高村站洪峰流量 7200m^3/s，两道坝均靠溜，管桩完好。1982 年 8 月 5 日高村站洪峰流量 13000m^3/s，洪水淹没桩顶，大边溜直冲 41、42 坝，洪水过后发现 41 坝倒桩 17 根，42 坝无损坏。1984 年 9 月 29 日高村站洪峰流量为 6480m^3/s，大溜顶冲 41、42 坝，4000m^3/s 以上的洪水持续时间长达 26 天，洪水期间 41 坝相继倒桩 39 根，42 坝倒桩 15 根，且有部分管桩偏离坝轴线向下游倾斜。洪水过后，两坝均已无法继续有效工作（图 24-20）。后来改成了实体坝。

(a) 面向下游　　(b) 面向上游

图 24-20　苏泗庄透水桩坝冲断后情况

从运行情况看透水桩坝具有以下特点：①一定的挑溜作用，建成 41 坝、42 坝透水桩坝后基本控制住了苏泗庄险工河势下滑和滩面后退的趋势。1982 年洪水是自 1958 年以来下游洪峰流量最大的一次洪水，41 坝虽然倒桩 17 根，但滩面未被冲向桩坝的水流刷掉，而且 42 坝后原坍塌的河弯已淤出滩面（图 24-21）。②较好的缓溜落淤作用，1981 年 10 月 13 日对 41 坝上、下游流速作了测量，由于流速减缓，坝后落淤，1981 年 10 月 13 日及 1982 年 8 月 26 日洪峰过后分别对 41 坝和 42 坝后滩地地形进行了测量，从图 24-21 和表 24-5 中可以看出 1981 年落淤效果较好，1982 年由于 41 坝有倒桩现象，落淤效果不佳。

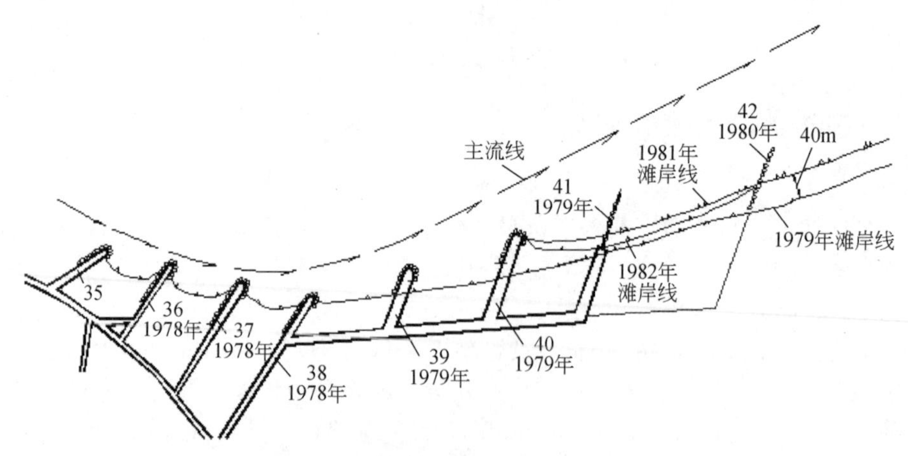

图 24-21　苏泗庄河段滩岸线变化示意图

表 24-5　流速观测成果表

坝号	测流断面位置	测点位置/m（至 1#桩水平距离）	水深/m	水面流速/（m/s）	平均流速/（m/s）	缓流效果（V-V下）/V上
41	上游距坝 70m	20	3.0	1.76	2.26	73.5%
		40	2.4	2.37		
		60	3.7	2.64		
	下游距坝 7m	6	3.3	0	0.60	
		25	6.0	0.82		
		40	6.2	0.97		
42	上游距坝 20m	10	2.3	0.89	1.17	56.4%
		20	3.6	1.06		
		30	3.7	1.40		
	下游距坝 15m	7	2.4	0.51	0.51	
		15	2.7	0		
		25	4.3	1.01		

3. 试验暴露出的主要问题

苏泗庄 41 坝、42 坝倒、断桩现象较多，主要原因是：①桩长不够。桩长仅 16～20m，桩间又无横向联系，管桩不仅受到水流的冲击，还受上下游水位差作用（透水率较低，杂草缠桩，坝上、下水位差达 30～50cm），管桩承受了较大的压力，近坝附近局部冲刷深约 6～10m。②管桩接头不牢。每一根管桩是由多节 4m 长的钢筋混凝土预制管对接而成的，硫黄胶泥施工中加热温度掌握不当，且管端胶泥未塞满等，致使黏结强度不足；预留孔一端 12～18cm 没有箍筋，管端预留钢筋也偏短（15～20cm），单桩在水流冲击下剧烈颤动，受力后极易拔出；管桩接头处的混凝土在施工时有破损。

（二）郑州花园口透水桩坝

在总结苏泗庄透水桩坝经验教训的基础上，1987 年在郑州花园口东大坝下延工程修建了一道透水桩坝。

1. 平面布置

透水桩坝轴线沿治导线方向布设，长度 104m，布桩 100 根，桩径 0.55m，每棵桩长 24m，见图 24-22。桩顶高程平当年 5000m^3/s 水位。透水率采用 50%和 42.1%两种，以比较透水桩坝的作用。

2. 设计与施工

洪水时险工坝垛坝前冲刷深一般在 8～9m 之间，较大时 15～18m，考虑到透水桩坝有一定的透水性，设计冲刷深度为 15m。荷载计算考虑了动水压力、冰压力等。桩身选用南京桥梁厂生产的预制钢筋混凝土成品桩（混凝土标号为 400$^{\#}$，相当于抗压强度 C38），外径 55cm，壁厚 8cm，桩身配筋，自下而上分为三节，长度分别为 10m、10m、4m，底、中节为焊接连接，中、顶节为螺栓连接。

为改善桩受力情况，减小振动，将每 20 根桩用系梁连接起来，系梁上有预留孔，可以根据河床淤积情况，适当加高桩长。系梁兼做工作桥，桥面高于设计水位 1m，以便观测。

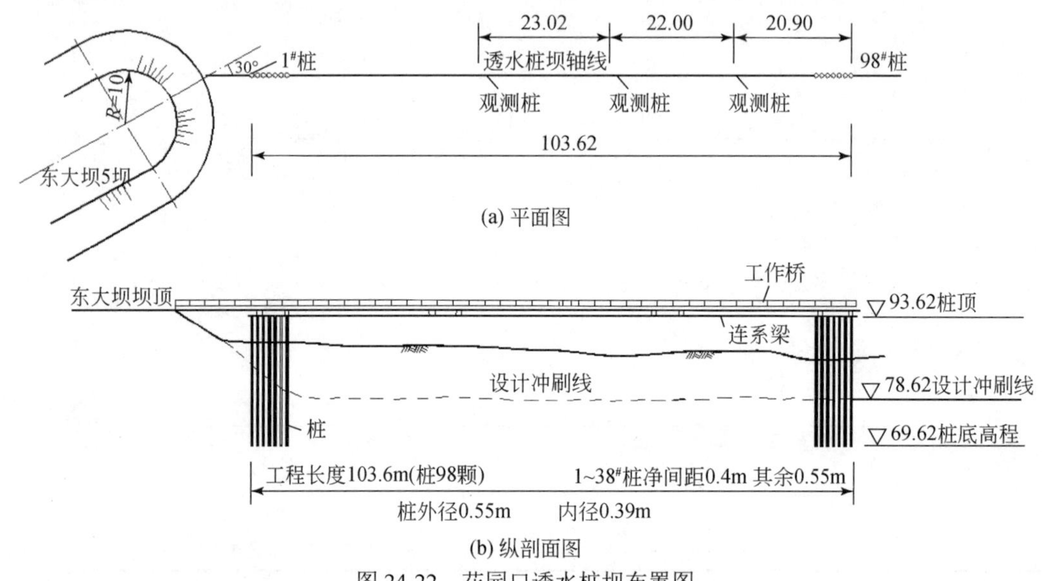

图 24-22　花园口透水桩坝布置图

施工的关键环节是打（沉）桩，为使水中打桩变为陆地施工，在水中修筑了施工平台。桩身的底节采用钻孔沉放，孔径 60cm，孔深 11m，由吊车先吊起，将其部分放入孔中后，将中节与其焊接后一并放入孔中。桩身中、顶节采用ϕ20mm 高强螺栓 20 个进行连接，然后用环氧树脂加铸石粉对接头处进行涂刷。然后采用水冲法沉桩，冲具由四根ϕ108mm 钢管组成，每根钢管长 25m，各配置一台扬程为 80m 的潜水泵，四管均匀布置在桩周围，相互联结，桩及冲具在水冲和自重作用下下沉，施工速度快、效果好。

3. 运行情况

该坝于 1988 年 5 月完工，当年便经受了汛期 6 次超过 5000m^3/s 流量的洪水考验，运行情况良好。坝后形成了新滩，基本上达到了试验目的，观测情况如下：

（1）水位及流速观测

桩坝中布置了观测桩，其迎水面和背水面安装有测压管，用于观测坝前、后的动水压力差，观测结果为 0.1～0.2m。

用流速仪测量坝前、坝后的流速变化，由于坝前流急，只测了水面流速。观测资料见表 24-6。由表中可以看出，平均流速降低 60%左右，缓流效果较好。

表 24-6　流速观测资料成果表

日期（年-月-日）	流量/（m^3/s）	坝前流速/（m/s）	坝后流速/（m/s）	缓流效果/%
1988-08-08	5400	1.60	0.64	60.0
1988-08-09	6300	1.79	0.94	47.5
1988-08-12	5760	3.32	1.05	68.4
1988-09-02	2070	1.08	0.45	58.3

注：表中流速为平均流速

（2）冲刷深度观测

原设计安装的重锤因汛期挂草将钢丝绳拉断，已无法使用。为此 1988 年 8 月 12 日采用超声探测仪对冲刷深度进行探测，探测的水深为 3.7～4.0m，相应大河流量为 5760m^3/s。

（3）坝后地形观测

工程建成后分别于 1988 年 10 月和 1990 年 4 月对坝后的地形及河岸线进行了测量。建成后第一年汛后河岸线向前移动了近 50m，第二年汛后又向前移动了 20～30m，河岸线转动了近 30°，与透水桩坝方向接近，详见图 24-23。坝后河床第二年比第一年淤高 1.4m。

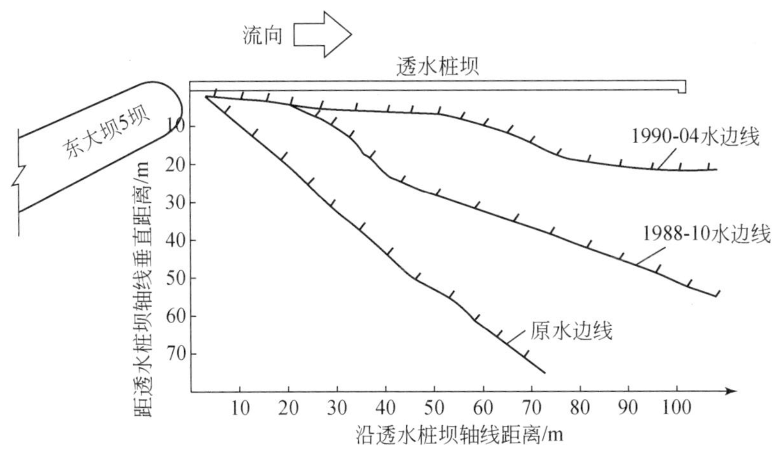

图 24-23　坝后水边线测量图

（三）东安、张王庄、韦滩透水桩坝

从苏泗庄和花园口两处桩坝的工程实践及运用效果来看，该种坝型具有以下特点：①结构简单，施工速度快；②坝顶可露出水面或潜入水下，能控导溜势和落淤造滩；③运行期不用抢险；④少挖压土地，减少了耕地损失和赔偿费用。

两处透水桩坝的原型试验及模型试验表明：透水桩坝的导流效果与入流角有关，与桩坝的透水率（透水率小于 43%）关系不太明显；当入流角较小时，透水桩坝（透水率小于 43%）的导流能力与实体坝相差不大，坝后落淤速率随透水率增大而减小。为了加快游荡型河道的整治，根据河段特性又选择在伊洛河口、沁河口及中牟滩区采用现浇灌注桩修建了三处控导工程。

武陟东安控导工程的下游为沁河入黄口，为控导黄河主流，同时不影响沁河出流，修建了长 4500m 的灌注桩坝（图 24-24、图 24-25）。

张王庄控导工程上迎神堤方向来流，神堤控导工程下首有伊洛河汇入，如果张王庄工程向北靠，则控导河势的作用大大减弱，如果向南靠，当伊洛河来水较大时，将影响伊洛河出流，壅高水位，为了改善这种不利情况，将张王庄工程沿规划治导线全部布置成灌注桩坝。

开封韦滩控导工程位于三官庙控导工程的下弯，该处河道断面较宽，南岸分布有大量的滩地，为了控制主流，同时在滩地滞洪沉沙，在该处沿工程规划治导线布置了 5000m 的灌注桩坝。

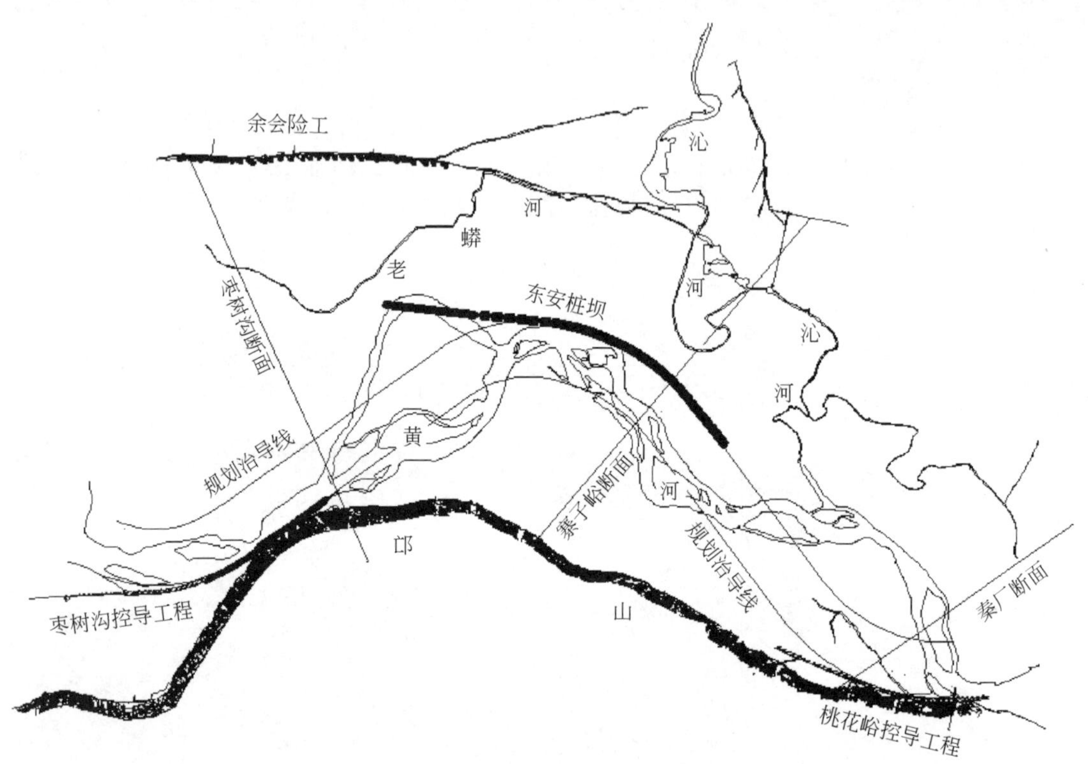

图 24-24　东安控导工程平面布置图

(a) 东安桩坝临水侧视图

(b) 东安桩坝背水侧视图

图 24-25　东安控导工程

1. 工程标准

按照黄河下游中水整治的基本原则，2002 年以前整治流量为 5000m^3/s，2002 年以后考虑小浪底水库运用，下游整治流量调整为 4000m^3/s，桩顶高程为整治流量相应水位。

2. 设计工况及荷载组合

由于大洪水漫滩，主流趋中，桩前后水位差较小，水流对桩的冲击力并不是最大；小水时水流流速较小，桩迎水面冲刷坑较浅，静水压力并不大。因此，运行工况考虑最不利荷载组合可能存在两种情况，一种是整治流量下的大溜顶冲，此时流速及桩前后水位差最大，桩受到向背水侧的推力，按桩前后河床高程一致，桩后不计被动土压力；另一种是桩在滩面上，桩前滩地被水流冲蚀，桩后土体未坍塌部分，饱和土压力对桩向临水侧的推力。

当发生第一种情况时，透水桩坝前最大冲刷水深与实体坝基本一致，桩前最大冲刷坑上游取 16m，坝前行近流速取 3.0m/s，桩前后最大水位差取 1.0m。当发生第二种情况时，临背河滩面差取 3m。

按照以上工况分别按照结构力学和弹性基础M法计算河床以上部分和河床以下部分桩的内力。

3. 桩及桩坝设计

桩身混凝土采用 C20 等级，桩径取 0.8m，钢筋保护层厚度 8cm，并按内力计算成果进行配筋，以确保桩的安全运用。

采用桩径 0.8m，桩中心距 1.2m，透水率为 33%，桩坝顶部采用现浇混凝土系梁（桥），它不仅可改善单桩的受力，同时，可以作为观测桥（图 24-26）。

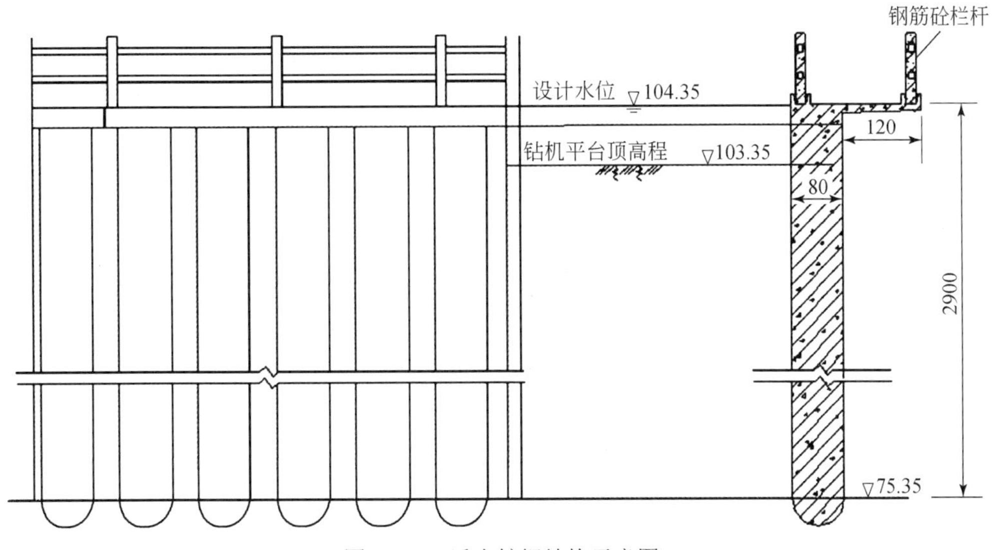

图 24-26 透水桩坝结构示意图

4. 桩的施工

灌注桩施工的优越性在于不需要大型施工机具，仅需一台轻型反循环钻机就可连续造孔，继而放钢筋笼、浇混凝土等，施工较为简单，缺点是施工质量不易控制，易发生孔斜、塌孔、缩颈、断桩、夹泥等现象，施工中需要严格控制，特别是桩的倾斜及扩孔现象比较普遍。桩的顶部可采用护筒，以保证顶部桩形。灌注桩施工工艺流程见图 24-27。

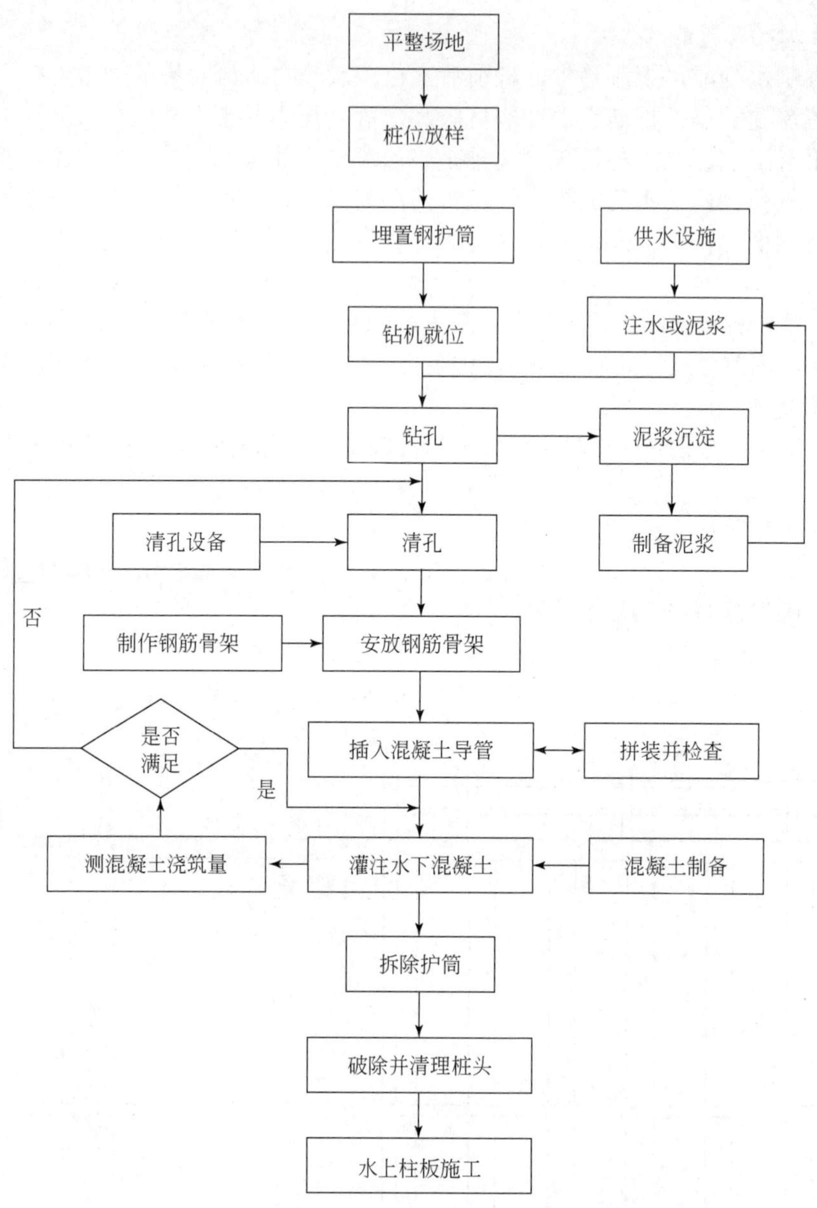

图 24-27　灌注桩施工工艺流程

五、沉排坝试验

沉排是一种很好的护底防冲结构形式。由于土工合成材料具有强度高、柔性大、耐水性好等特点，致使其在水利工程建设和防汛抢险中被广泛采用。利用土工织物做成沉排，铺放在坝前受溜部位，排体随排前冲刷坑的发展逐步下沉，自行调整坡度直至坡面稳定，达到护底，防止淘刷，保护工程之目的。黄河下游采用土工合成材料修建软体排始于 20 世纪 80 年代，制作软体排体的主要材料是土工布，其主要特点是透水不透沙且有足够的强度。排体垂直坝轴线方向的宽度可根据设计冲刷坑深度及排体最终稳定坡度确定；沉排的稳定主要靠排布上的压重来承担，压载物不同，施工方法也各不相同。

（一）沉排设计

1. 沉排平面尺寸的确定

考虑黄河下游河床冲刷变形快的实际情况，护底沉排必须满足坝坡侧河床和自身稳定两个要求。也就是说，排体的平面尺寸服从于坝前最大冲刷坑深度及相应坡度。

（1）最大冲刷深度

选取常用的几种局部冲刷公式算出丁坝坝前最大冲刷坑深为 15～25m，目前黄河下游实测最大根石深度为 23.5m，从根石探摸断面统计资料看根石深度大于 15m 的仅占 1.5%，坡度一般为 1∶1.1～1∶1.5。事实上，就坝前冲刷坑的形成与发展来看，柳石结构与沉排结构有着本质的区别，前者是折冲水流和绕坝水流直接冲刷作用的结果，因而冲刷坑也较大，后者则是把坝前冲刷坑平行推向坝前几十米外的排体前沿，而排前折冲水流和绕坝水流强度远比坝前为小，冲刷坑深度也相应减小。因而坝前最大冲刷坑深度选择 15～18m。

（2）冲刷坑的稳定坡度

假设排体对冲刷坑坡度影响不大，且完全可以随河床变形而变形，则冲刷坑的稳定坡度决定于床沙的休止系数，即水下休止角的正切值。对于分散颗粒的休止系数一般随粒径的减小而减小，孔隙率越大，休止阻力系数就越小（水利部，1998）。黄河下游床沙的水下休止阻力系数一般在 0.5 附近，即坡度系数在 2.0 左右。

（3）沉排的平面尺寸

按水流冲刷丁坝各部位最大冲刷深度和排体沉降至稳定深度时的坡降，分别计算出排体各部位的宽度。

一般情况下，上跨角至坝前头冲刷最强烈，迎水面中部次之。坝前冲刷深一般在 8～9m，大溜顶冲最大冲刷深 15～18m。丁坝护底沉排沿坝身轴线方向，受水流冲刷部位设计水深 8～18m（设计水位以下）。对旱地修做的沉排，为减少沉排在洪水冲刷后沉降的幅度，延长柳料、铅丝、绳索等易腐烂、锈蚀材料的使用寿命，防止土工织物老化及人为破坏，设计挖槽深度应低于实测枯水位 1～2m，低于滩面 2～4m，计算丁坝各部位宽度详见表 24-7 及图 24-28。

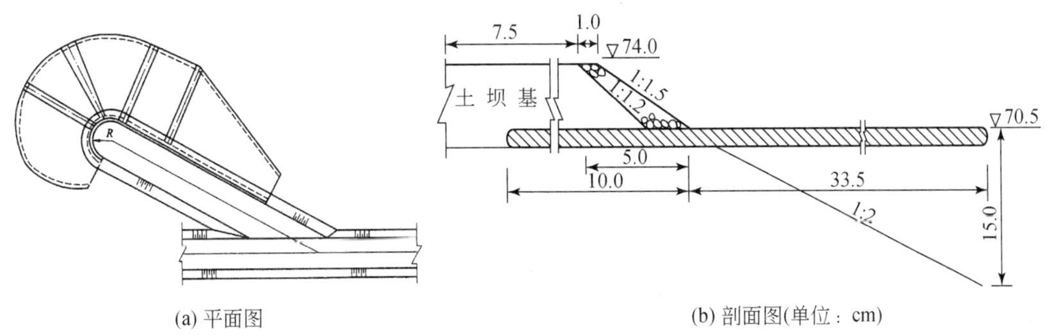

(a) 平面图　　(b) 剖面图(单位：cm)

图 24-28　丁坝软体排结构示意图

表 24-7　丁坝护底沉排各部位宽度值　　（单位：m）

部位	迎水面	上跨角	坝前头	下跨角
设计水深	8～18	18	18	18～8
沉排宽度	9～31	31	31	31～9

2. 沉排的稳定与排体压载

在水下深度、坡度、摩擦系数等不变情况下护底沉排的稳定主要取决于排布上的压载，即水下浮压强的大小。计算内容包括沉排抗浮稳定性、抗滑稳定性及抗水流冲击稳定性等。

（1）沉排的抗浮稳定性

关于如何确定排布上的压载量，现今尚无可靠的计算方法，只能通过模型试验和实践经验选取。南京水利科学研究院为长江做过试验，在流速 3m/s 情况下，压重 $100kg/m^2$ 即可使排体稳定。长江天兴洲修建的混凝土板块铰链式软体沉排，平均水下浮压重 $96kg/m^2$，排宽 22.5m，搭接 2.5m，以后设计的改进型，平均水下浮压重 $82kg/m^2$，已经过了洪水考验。汉江垂线平均流速 2m/s，设计的充沙褥垫厚度为 16cm。黄河禅房 34 坝采用的充泥长管袋，平均水下浮压重 $286kg/m^2$，经过几年的洪水考验，运行良好。黄河下游在流量 4000～$10000m^3/s$ 时，垂线平均流速可达 4m/s，比长江大 1m/s，但压载是否可以减轻些，目前尚无可靠的根据，黄河下游游荡性河段所采用的铅丝石笼沉排曾进行了减载试验，初始修建的九堡工程厚度为 1m，修建老田庵 11～14 坝时减为 0.7m，修建王庵工程时厚度又减至 0.5m。虽然黄河下游平均流速比长江大，压载取长江的两倍多是比较安全的。目前，黄河下游各种沉排结构压载情况见表 24-8。

表 24-8　各种沉排结构压载量比较表

工程名称	沉排类型	沉排厚度/m	单位重/（kg/m^2）	水下浮压重/（kg/m^2）
大功 12 坝	编织袋	0.30	568	298
保合寨 31～37 坝	柳石枕	1.50	1216	455
九堡 128～134 坝	铅丝石笼	1.00	1700	1046
马渡 26 坝下护岸	模袋混凝土	0.20	344	194
禅房 34 坝	长管袋	0.56	726	286
禅房 37 坝	褥垫长管袋	0.73	578	228

如果有波浪作用，排体将承受浪击引起的附加荷载，如浪的冲击力、浪前峰引起的浮托力、水流流速变化导致的作用力、浪进退产生的吸力等，情况十分复杂。这时，排体抗浮可按下列控制稳定系数 S_N（土工合成材料工程应用手册编写委员会，1994）来计算：

$$S_N = \frac{H}{\gamma'_R \cdot t_m} \tag{24-2}$$

式中：S_N 为稳定系数；H 为波浪高 $H=0.37\sqrt{D}$，D 为吹程，km，若取洪水时河宽 3km，则

H＝0.64m；γ'_{R} 为排体在水下的无因次相对重度，$\gamma'_{\mathrm{R}} = \dfrac{\rho_{\mathrm{m}} - \rho_{\mathrm{w}}}{\rho_{\mathrm{w}}}$；$\rho_{\mathrm{m}}$ 为排体密度，kg/m^3；ρ_{w} 为水的密度，kg/m^3；t_{m} 为排体厚度，m。

根据要求，对于链锁排当 $S_{\mathrm{N}}<5.7$ 时排体压载是安全的。

浮压重最小的模袋混凝土排 $S_{\mathrm{N}}=2.46<5.7$，因此，各种排体在波浪冲击下可以抗浮。

（2）沉排的抗滑稳定性

沉排随着排前冲刷坑的发展逐渐下沉，产生向坑底的下滑力（图 24-29）。如压载物和自然土之间存在反滤排布，计算时要考虑压载物和反滤排布及反滤排布和自然土之间的摩擦系数。选其中较小的摩擦系数进行计算。

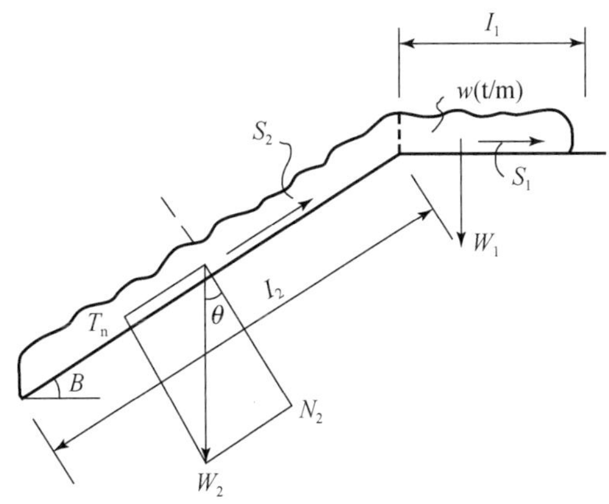

图 24-29　沉排受力图

$$F_{\mathrm{n}} = \frac{S_{\mathrm{n}}}{T_{\mathrm{n}}} = \frac{S_1 + S_2}{T_{\mathrm{n}}} = \frac{(\mathrm{I}_1\mu_1 + I_2\mu_2\cos\theta)\omega}{\omega I_2\sin\theta} = \frac{I_1\mu_1 + I_2\mu_2\cos\theta}{I_2\sin\theta} \tag{24-3}$$

式中：F_{n} 为抗滑系数；ω为沉排单位长度的平均重量，t/m，水下用浮容重；I_1 为未沉降沉排长度，m；I_2 为冲刷坑斜面上沉排长度，m；θ为坡面倾角；S_{n} 为抗滑力；T_{n} 为滑动力；μ为各材料间摩擦系数。

为保证排体具有一定的安全性，要求抗滑系数 $F_{\mathrm{n}}\geqslant 1.3$，如不能满足此要求，可考虑采用各种锚固措施。

（3）排体边缘抗掀动稳定性

排体边缘不致被掀起的条件是该处的流速必须小于某临界流速（土工合成材料工程应用手册编写委员会，1994）：

$$V_{cr} = \theta\sqrt{\gamma'_{\mathrm{R}}\, g t_{\mathrm{m}}} \tag{24-4}$$

式中：γ'_{R}，t_{m} 含义同式（24-2）；$\theta = \sqrt{\dfrac{2}{c_1}}$ ，其中，c_1 为浮力系数。

排边流速用下式计算：

$$V = V_{\mathrm{sm}}\left(\frac{Y}{h_0}\right)^X \tag{24-5}$$

式中：Y 为水下计算点距排块距离；h_0 为排前水深；X 为指数，取值为 1/3；V_{sm} 为水面实测流速。

（二）沉排现场试验

黄河下游自 1985 年以来共计试验修做了各类土工织物沉排坝 50 余道，从已靠河着溜的丁坝运行情况看，其防冲效果是明显的。按照压载物的不同，可分为：化纤编织袋、长管袋充填泥浆、铅丝石笼（柳石枕）、充沙褥垫式、铰链式模袋混凝土等沉排坝。既有旱地修做，又有水下施工，为黄河下游丁坝结构的改进积累了宝贵经验。

1. 编织袋装水泥土沉排试验坝

1985 年 5 月河南黄河河务局在封丘大宫控导工程采用编织袋装水泥土修建了一道沉排坝（12 坝），其结构详见图 24-30。它是由众多垂直于坝轴线的藕状条型编织袋组成的排体。编织袋宽 1m，在长度方向每间隔 1m 用尼龙线隔开，形成连在一起的许多小编织袋（开口朝上，内装配合比为 1∶10 的水泥土）。袋上下及袋与袋间用化纤绳网结成一体，为防止排体下滑，将绳及编织袋一端拴在位于土坝体内的木桩上。排体采用分块搭接，以免沉排下沉时单元排体受力过于集中。沉排以上土坝体采用铅丝石笼、散石护坡。

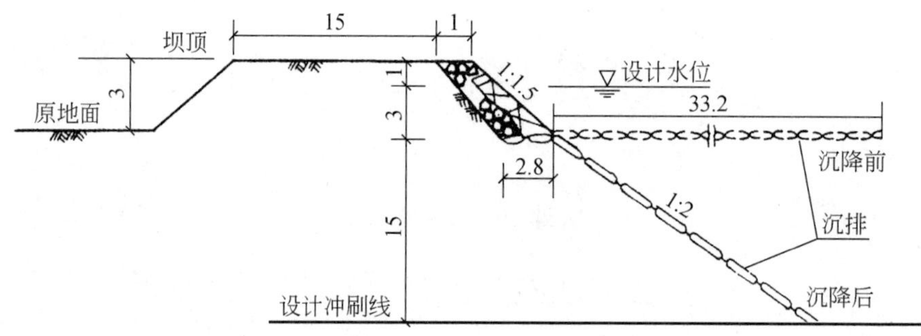

图 24-30　大宫 12 坝化纤编织袋沉排示意图（单位：m）

该坝于 1985 年汛前建成，1988 年靠河着溜时枯水位以上部分老化、人为破坏严重，部分编织袋开裂，在水流冲刷下，迎水面至坝前头坦石迅速下蛰，但脱落的水泥土仍可起到护根作用。该坝 1988～1994 年靠河间未出过大险，而同期修建的大宫工程其他各坝，仅 1988 年、1989 两年就分别抢险 10～26 次，各坝抢险用石多在 1800～3000m^3 之间。说明下部沉排起到了防冲作用，基本达到了预期目的。

1993 年根石探摸时在近坝身处发现排体，距坝身 10m 之外水太深，受探测手段限制未摸到河底。从探摸断面看（图 24-31），设计枯水位以下 1～6m 坡度较陡，约为 1∶1.0，6m 以下较缓，接近 1∶3.0，经初步分析认为主要问题是沉排底部未铺反滤排布，而设计枯水位以下 1～6m 正是水流冲刷最严重的部位，水流将床沙从编织袋之间缝隙带走，造成断面中部过陡。

该结构施工方法复杂，技术上要求高，全为手工操作，施工进度慢，工程质量不宜控制，以后未再采用。

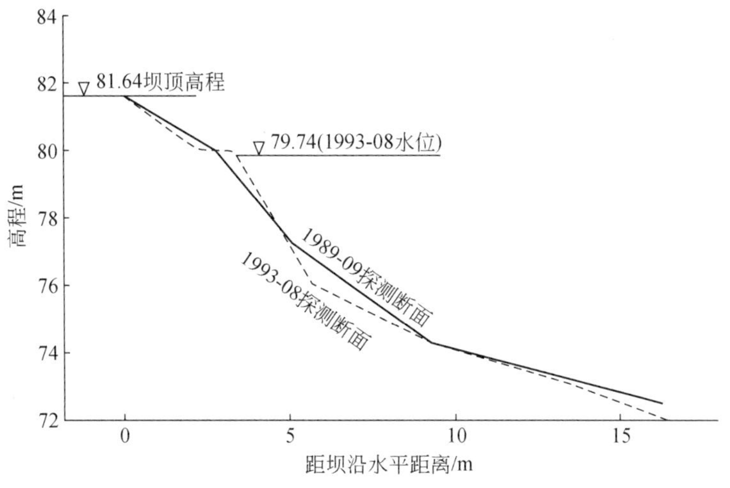

图 24-31　大宫 12 坝编织袋沉排探测断面图

2. 长管袋充填泥浆（沙）沉排试验坝

鉴于编织袋沉排施工操作的复杂性及难以水中施工，黄委河南河务局在此基础上提出了长管袋充填泥浆（沙）沉排，并于 1988 年在封丘禅房控导工程 34 坝修筑时进行了首次试验。该结构下层为防冲排布，排布分数块铺放，其中，圆头段采用整块布覆盖全部坝基，圆头铺完后再铺直线段，搭接宽 2～10m；排布上压载物为垂直于坝轴线的充泥（沙）长管袋，管袋内用混凝土输送泵充入滩地沙土拌和而成的高浓度泥浆（含沙量 1210～1500kg/m^3，平均 1332kg/m^3）；袋与袋之间在平行于坝轴线方向每隔 2.5m 用化纤绳上下交错扎结在一起，以便保持排体的整体性，排体上部坝体仍采用块石护坡。长管袋折径 90cm，由两层密度为 12×12 丝/cm 中间加套一层塑料薄膜组成，为排除袋内积水，在塑料薄膜上每隔 10m 开一 0.2m×0.2m 的天窗再粘贴一层无纺反滤布，考虑长管袋坝基内压边及圆头部分贯穿充填等因素，管袋长一般 46～60m，最长 70m，其中坝坡脚外最大铺放长度为 33.5m。

工程建成后对沉排进行了探摸，未发现水平位移和坍塌，且上面落淤 1.5～2m 厚。当年 8 月 8 日，夹河滩站流量 2700m^3/s，坝前主槽缩窄至 300m，迎水面 50m 长和坝头承受大溜顶冲，8 月 11 日靠溜部位坦石下蛰出险，下蛰高度 2～5m，随即进行抛枕抢护。分析原因，主要是由于施工时坦石与管袋、管袋与排布之间夹有大量淤泥，靠溜冲刷后，局部下滑所致，后又经多次洪水考验，坝体均安然无恙。为弄清沉排下沉情况，1988 年 8 月 29 日、12 月 8 日、1989 年 4 月 23～25 日、1991 年 8 月及 1993 年 7 月多次进行探摸（图 24-32、图 24-33），排体外沿沉入枯水位以下 10m 左右，排体下沉后，各断面坡度系数平均在 3.85 左右，满足设计要求，且坝前冲刷坑不明显。

在总结禅房长管袋沉排试验坝成功经验的基础上，考虑到当时黄河下游河道整治工程对小水的控制能力较弱，为了控制小水河势，同时保证洪水期间主槽有较大的过洪断面，1990 年在原阳马庄工程下首进行了潜坝试验。其结构与禅房 34 坝长管袋沉排一样，先铺放防冲排布，然后在排布上用泥浆充填长管袋起压重作用。不同之处是禅房 34 沉排坝只考虑坝前冲刷，而潜坝结构同时还考虑了坝顶漫溢后的坝后冲刷问题，因而沉排面积要大得多，垂直坝轴线方向宽度达 70m。潜坝坝体坐落在沉排之上，用铅丝石笼及散抛石筑成，坝顶宽 4m，高程平当年当地 4000m^3/s 水位，基本与当地滩面平，结构详见图 24-34。

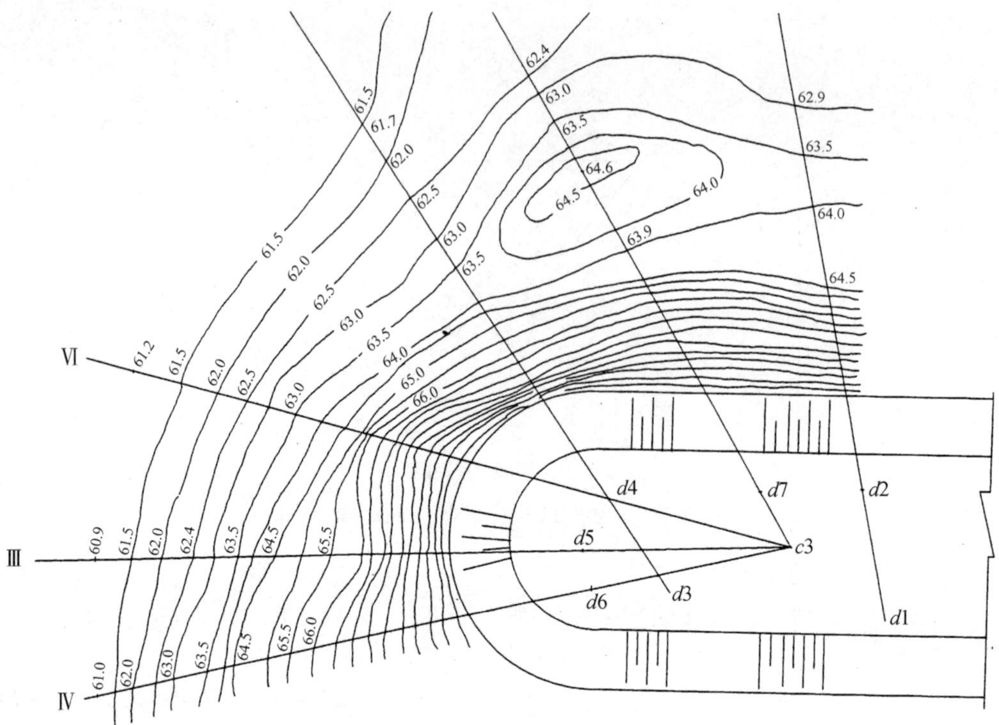

图 24-32 禅房 34 坝水下沉排地形图

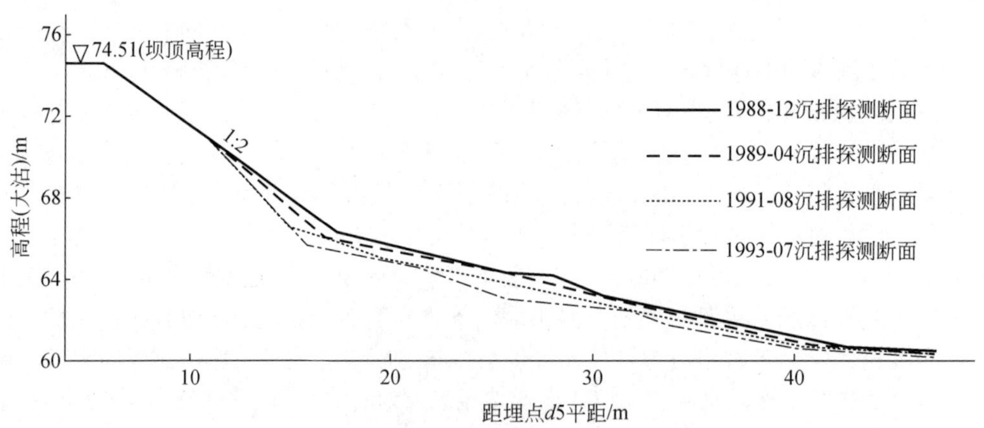

图 24-33 禅房 34 坝探测断面图（坝前头、断面 III）

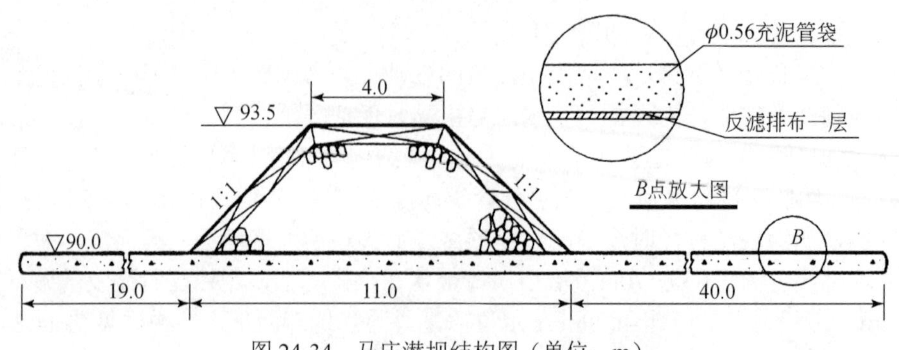

图 24-34 马庄潜坝结构图（单位：m）

该工程竣工后仅坝根（与老工程结合部）受水流顶冲出过下蛰险情，潜坝坝身未发生任何险情。“92.8”洪水漫顶后，坝顶与坝后滩面分别淤高 0.6～2.2m，起到了应有的效果。

3. 褥垫式管袋沉排坝

为解决充泥（沙）长管袋沉排向水中铺放防冲排布受气候及水流条件限制，以及长管袋之间的连接工艺比较繁琐，水下充填不宜控制，易造成压载不均等问题。受充气褥垫的启发，将长管袋与底层防冲排布连为一体，充填后排体形如褥垫，因此称为褥垫式管袋沉排。1992 年在封丘禅房控导工程 37 坝进行了试验。沉排由多个单元宽 10～20m、长 27～30m 的两层土工布缝制的褥垫组成，底层为宽幅透水编织布（管膜布），面层折成“Ω”形，缝在底层上的窄幅不透水涂膜编织布，褥垫内充填高浓度泥浆，构成排布和压载体合二为一的新结构，同时，首次采用刚性简易模袋水泥土护坡。该结构除可以旱地操作外，也适用于水中施工。

工程完工的当年汛期靠溜后发生较大险情，首先是护坡水泥土块下滑，接着护坡水泥土下部土工布破坏，土坝体土料流失，采用柳石枕加散抛石抢护，控制住了险情。出险主要原因是褥垫排体上部落淤，而又在淤泥之上修建刚性护坡结构，当坝体靠溜后，淤泥被水流带走，刚性护坡水泥土块不能适应下部变形，下滑出险。1993 年对排体进行了水下探摸，褥垫整体未发现断裂撕破现象，冲刷坑外移且褥垫变位不大，其结构详见图 24-35，探测情况见图 24-36。

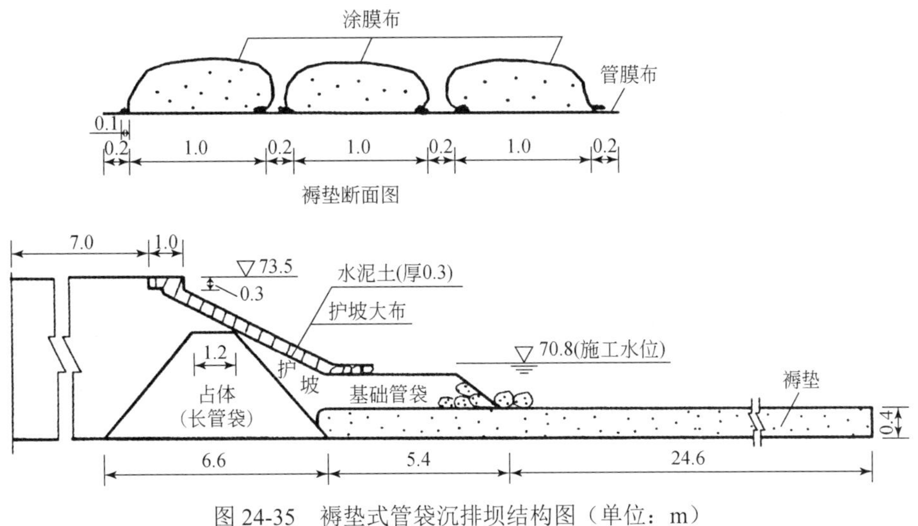

图 24-35 褥垫式管袋沉排坝结构图（单位：m）

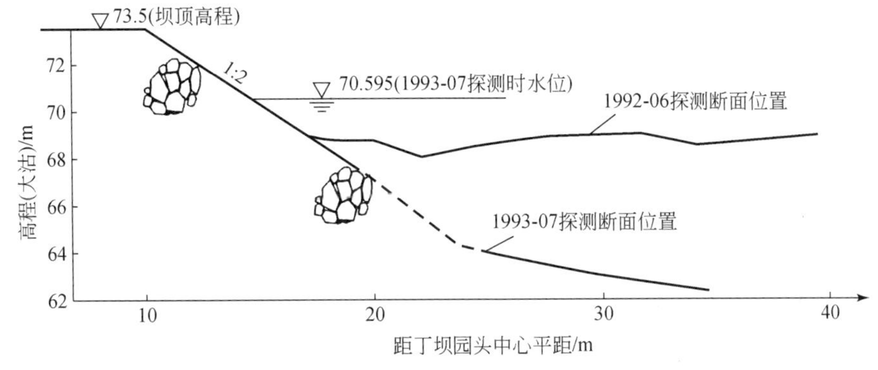

图 24-36 禅房 37 坝褥垫沉排上跨角探测断面图

褥垫式管袋沉排坝解决了长管袋压载不易定位、受力不均等问题，但同样存在褥垫在水深流急情况下的铺放问题；长管袋沉排沉陷伸缩缝是靠排布搭接来实现的，而褥垫式沉排则采取单元褥垫间直接缝接或褥垫搭接，没有前者经济实用；从施工条件来讲，单个管带在水深流急情况下较整个褥垫更宜充填和沉放。

1998 年以来通过不断的探索和改进，相继在郑州马渡、荥阳枣树沟等工程修建了多道褥垫式管袋沉排坝，这些沉排与最初的长管袋沉排已有了较大的区别，主要表现在两个方面：一是旱工或浅水修筑时在河底增加了一层反滤排布，避免了褥垫局部沉降引起搭接处河床裸露，加速河床变形而影响排体安全；二是将内壁涂膜的圆形管袋改为与排布相近的机织反滤布，增大了排体强度，避免了施工中的爆管现象，同时排水性能大大提高。

（1）防冲反滤布的铺放和褥垫的制作

底层的防冲排布选用比重较大的涤纶机织反滤布，不同水深及流速区，排布的铺放方法和难度也不相同，一般上跨角及圆头段主流区的排布最难铺放，铺放时可将船只摆成“∪”形，将布在水面展开，布四周悬挂重物，使排布均匀沉入河底。排布的铺放定位要考虑水流流速，并避免在风速较大时施工。缝制褥垫的布可选用高强机织丙纶布，以降低工程造价，缝制时将上层反滤布按图 24-35 缝制在下层反滤布上。

（2）泥（砂）浆拌制

泥浆最好选用颗粒较粗的细砂或粉细砂拌制，并严格控制浓度。颗粒太细或浓度太稀，泥（砂）浆不易沉淀，排水困难；浓度太大（含沙量超过 1500kg/m^3），泥浆输送及管袋充填困难，容易发生管袋爆裂现象。

（3）褥垫充填方法

旱工施工较为简单，首先将管袋的一端作为进浆口，另一端作为出水口，管袋充满泥浆后，将进浆口扎紧，待泥浆沉淀后，再充填第二次，反复充填，直至管袋内含沙量大于 1100kg/m^3，最后扎紧进、出口。

水中铺放排体与旱工相比略有不同，水深较小且流速不大时，可按图 24-37 方法充填，基本原理是将泥浆压入缝制好的管袋后，泥沙颗粒靠自重向河床深处下沉，含沙量较小的“清水”从充填口溢出，管袋不断充填下沉。水深较大时，泥浆的容重较小，在水压力作用下固结排水困难，同时排体体积大，在水流冲刷下定位困难（施工流速不应大于 1.5m/s），可使用吨位较大的平板船，在船上充填排体，逐步沉放入水。

（4）适用性

褥垫式管袋排布可根据设计在工厂直接缝制，充填土料就地取材，直接制浆充填，具有工艺简单、造价低的特点。但对反滤布要求高，既不能破损，又不能暴露于水上，从近二十年的应用情况看，存在管袋局部破裂、泥浆跑漏等现象，运用一段时间后还需抛石加固。因此，这种排体的适应性受到了较大的限制，主要用于在滩岸上或水中进占抢修工程，防止河床冲刷过快，造成工程量大增。另外，也可用于滩岸或坝垛坍塌时的紧急抢护。

4. 铅丝石笼沉排坝

由于旱工新修的土石坝垛基础较浅，靠溜后易出险，抢护困难，为了使旱地工程靠河后不抢险或少抢险，1990 年在中牟九堡、开封柳园口两工程先后修建了以土工排布护底、铅丝石笼压载的沉排坝。其结构及施工方法为：先用泥浆泵挖一深 4m 左右的基槽（超过此深度，渗水量增大施工困难），槽内先铺放一层复合土工布（无纺布加编织布）作为防冲排布，上铺 0.3m 厚的秸料作垫层，最后压放铅丝石笼排，排体锚固于土坝体内以增加排体的抗滑能力，坝的护坡仍采用块石结构。其概化结构见图 24-38。

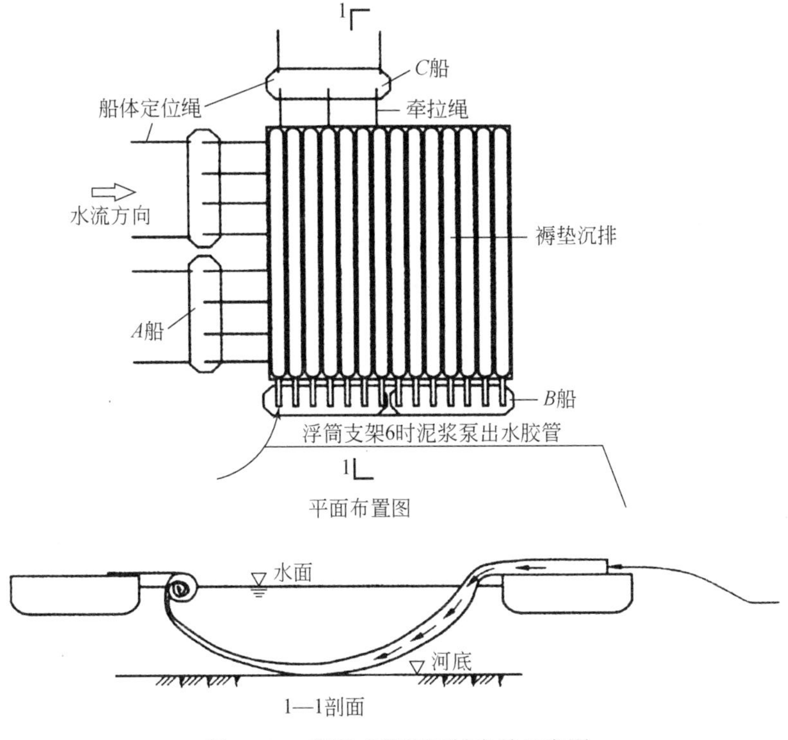

图 24-37 褥垫式管袋沉排充填示意图

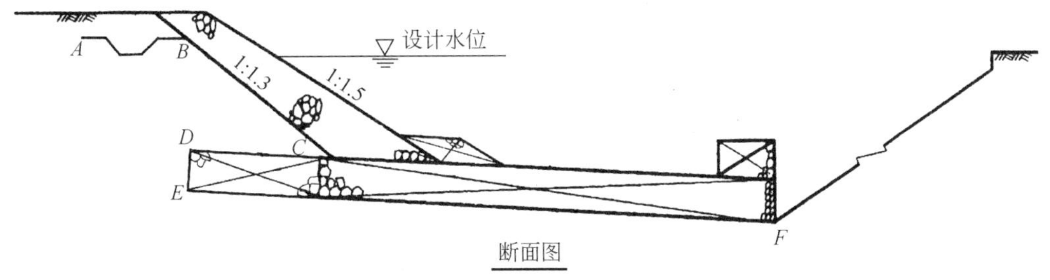

图 24-38 铅丝石笼沉排结构图

注：①*A-B-C-D-E-F* 铺放土工反滤布；②反滤布与块石或铅丝石笼间铺砂砾石或芦草

九堡沉排坝建成后即靠河着溜，1993 年汛后对沉排进行了探摸，坡度由原来的 1∶5.5～1∶12 变为 1∶1.2～1∶4.0，根石深度由原来的 4.5～6.9m 变为 11.6～16.6m，沉排下沉过程基本与原设计相符，且险情较少。

柳园口险工 29 坝 1～4 支坝，在 1992～1993 年相继出险。大溜顶冲初期工程无甚变化，几天后出现猛墩猛蛰，锚固桩、铅丝、排布均有被拉裂现象，出险后实测冲刷坑深度达 11～13m，经分析认为出险原因主要是排体垂直坝轴线方向宽仅 10m，远小于最大冲刷坑深度要求的排宽。开始靠溜时，坝前冲刷，排体下蛰自行调整坡度，当冲刷坑继续增大时，排体坡度变陡，失去稳定而拉断锚固桩入水。

铅丝石笼排实际上是目前较为流行的格宾石笼排的雏形，由于其造价远低于格宾石笼，且在减少坝垛险情方面与格宾石笼排具有同样的效果，从1993年起，黄委先后在河南巩义的赵沟、原阳的武庄、封丘的顺河街、兰考的蔡集等处修建了多道铅丝石笼沉排坝，并取得了较好的防冲效果。但在设计和施工中应注意以下几点：一是避免反滤布集中受力；二是护坡与护底反滤布分别铺放，且要按规范要求在反滤布与石料之间加铺垫层，以免散石砸烂或刺透土工布，影响反滤效果。

5. 铰链式模袋混凝土沉排坝

模袋混凝土是使用机织土工布为模板，内充具有一定流动度的混凝土或砂浆，在灌注压力的作用下，混凝土或砂浆中多余的水分被从模袋内挤出，形成高密度，高强度的固结体。混凝土充填凝固后形成一个个相互关联的小块，块与块之间由模袋内预设好的高强绳索连接，类似铰接，故也称铰链式混凝土模袋（图24-39）。

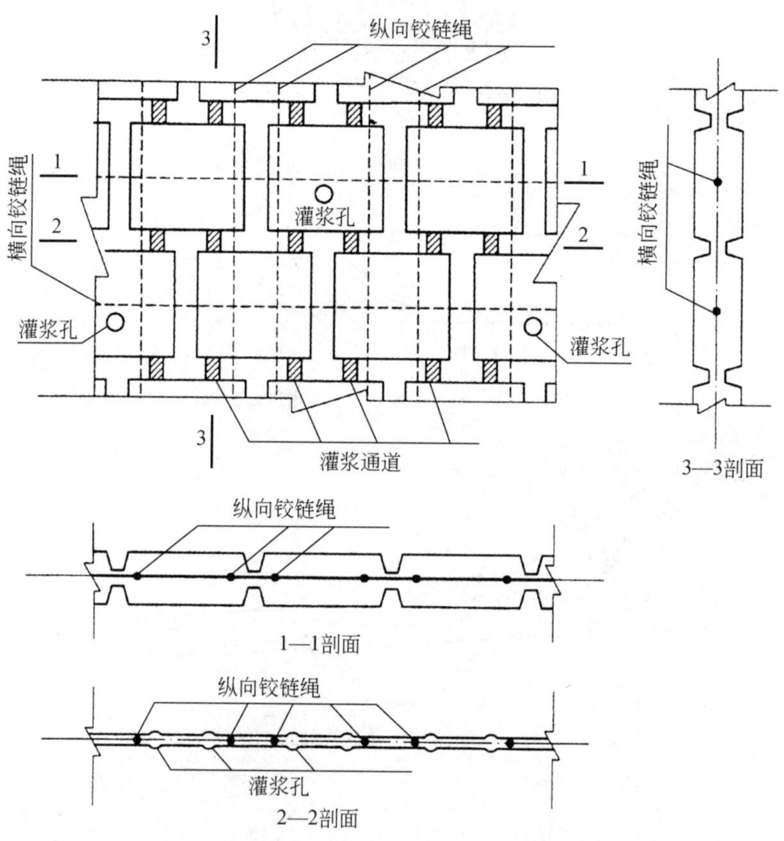

图24-39　铰链式模袋混凝土软体排结构示意图

铰链式模袋混凝土软体排充填成型后，具有较好的整体性和柔性，可随河床冲刷坑的变形而变形。底部与河床相贴的反滤布对被保护的下部土体有可靠的封闭作用，可防止土颗粒被水流带走，上层的块状柔性混凝土压重体可有效地抵御水流的冲刷，从而保证反滤布发挥作用，整个结构对工程基础的保护十分有效。其施工简便，水上、上下均可施工，砼或砂浆由灌注口直接灌入，无须排水或修筑施工围堰，机械化程度高，速度快。

黄委于1994年6月在河南郑州马渡险工26坝及27坝之间首次成功利用铰链式模袋混凝土修做护岸工程下部沉排800m^2（图24-40和图24-41），防止该处堤岸受水流淘刷不断坍塌后退，危及堤防安全。在此基础上山东河务局于 1998 年和 1999 年先后在高青北杜、东明老君堂、垦利十八户、利津东坝等工程处利用铰链式模袋混凝土沉排修建了多道坝垛。

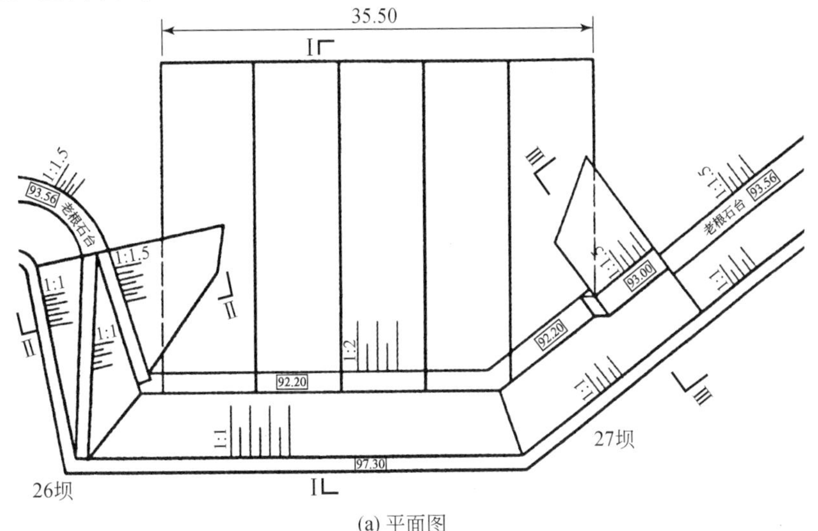

(a) 平面图

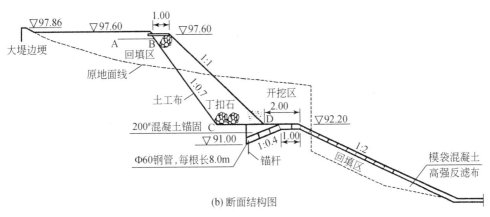

(b) 断面结构图

图 24-40　马渡铰链式模袋混凝土护底沉排示意图

图 24-41　马渡铰链式模袋混凝土护底沉排

（1）模袋的设计与制作

A. 护底排布

铺底排布的选择主要应遵循两条原则：一是透水不透沙，二是必须有足够的强度。一般采用高强（涤纶或涤纶与丙纶混纺）机织布。

根据《水利水电工程土工合成材料应用技术规范》（SL/T225—98）的有关规定。防冲排布应满足下式：

$$3d_{15} \leqslant O_{95} \leqslant 0.5d_{85} \tag{24-6}$$

式中：d_{15}，d_{85} 为土中小于该颗粒的土质量占总质量的 15%，85%。取式样中的小值，mm；O_{95} 为土工织物的等效孔径，mm。

反滤布的等效孔径在满足上式的基础上取上限，以增强排水能力，防止排布淤堵。为了便于水下铺放，建议水中进占选用比重大于 12.0kN/m^3 的涤纶或涤纶与锦纶混纺布，旱地挖槽施工可选择选择机织丙纶布，以降低工程造价。

由于黄河下游河床存在冲淤变化大、发展快，特别是丁坝坝头附近的冲刷坑在大溜顶冲 5～7 小时冲刷坑基本稳定，为适应这种变形，防冲反滤布必须具有较高的强度，平面尺寸按表 24-7 确定。

B. 膜袋及其充填厚度

模袋布应能确保水泥砂浆中的水分能及时排出，水泥颗粒流失较少，细骨料不能穿过。模袋厚度是排体稳定的一个重要因素，模袋厚度是指充灌混凝土或砂浆后形成的固结块体的平均厚度，它由层厚线控制。目前黄河下游丁坝护底沉排设计均采用浮压强大于 2.0kPa，按此计算单个块体平面尺寸为 91×46cm^2，块间距为 10cm（中间用预埋的高强锦纶绳“铰接”），则模袋块体平均厚度应为 20.8cm。考虑到施工中可能存在一些不确定因素影响，因此选用充灌后块体厚度为 25cm 的模袋。

C. 灌注孔和灌浆通道

每个单元排体上布设若干个混凝土灌注孔。灌注孔布设不得影响模袋布整体结构。孔的布设需考虑混凝土的泵送距离，一般每个灌注孔可控制 4m^2 左右的充填面积，灌注孔由厂家按模袋布特性设计加工并直接缝制在模袋布上层。

每个块体纵向布设四个灌浆通道，分别与前、后块体相连，通道在河床变形时能及时断裂，保证排体随河床变形下沉。受施工灌注条件的限制，通道直径一般在 12cm 左右，太小砂浆不易流动，影响施工；太大不易断裂，模袋适应河床的变形能力差。

通道断裂校核，通道主要受前面块体自重引起的剪切力作用，按受弯构件考虑。

$$KM \geqslant \gamma R_{\mathrm{L}} W_{\mathrm{L}} \tag{24-7}$$

式中：K 为混凝土构件强度安全系数，取 K=0.8；M 为弯矩；R_{L} 为混凝土抗拉设计强度；W_{L} 为截面受拉边缘弹性抵抗矩；γ 为截面抵抗矩的塑性系数。

如充填后块体尺寸取 91cm×46cm×25cm，经计算模袋前缘 1m 悬空即可导致通道断裂，说明直径 12cm 的通道可以适应河床变形。

考虑灌浆通道断裂的不同步性及混凝土块水下脉动对铰链绳的磨损以及悬挂和排体滑动等不利因素，铰链绳的安全系数取 2.5，假设冲刷坑局部存在胶泥夹层，这时软体排前缘局部会出现垂直悬挂现象。夹层厚一般不超过 1.5m，最厚 2.0m，则悬挂最大重量为 4.85kN/m，则单根绳的断裂强力不应小于 12.1kN，由模袋厂家按此要求预制在模袋中。

D. 膜袋单元及搭（拼）接

模袋单元尺寸是指一次连续充填所需的模袋布的最小尺寸，即每块模袋的加工尺寸，它主要取决于坝垛局部冲刷坑深度、施工场地、施工能力、模袋布的布幅、充填后的收缩率（模袋充填后收缩率一般纵、横向为：纵向 5%～6%、横向 7%～8%）等。模袋单元可采用工厂制作，现场逐个充灌，然后拼（搭）接。一般来说模袋越大，沉排的整体性越好；但面积过大一是加工困难，二是充填质量难以保证。

单元与单元之间一般采用上游块压下游块的搭接方法。对于平顺护岸，河床局部冲刷主要呈带状分布的，且变形差异相对较小的，靠排体的压重和排布的延展性基本能够调整排体与河床之间的变形，垂直水流方向长度按可能最大冲刷坑深度确定。搭接宽度按下式计算：

$$b_{\min} = 0.5B\left(\frac{1}{\cos\theta} - 1\right) + 0.3 \tag{24-8}$$

式中：$b_{\min}$ 为最小搭接宽度，m；B 为排体沿水流方向宽度，m；θ 为床沙水下休止角。

对于丁坝来说，由于河床局部冲刷变形差异相对较大，丁坝坝头处的排体沉降时受力较为复杂，总的来说排体有受拉扩展和受压收缩两种形式。当排体整体沉降时，将产生受压并向内收缩，面积减小，从上跨角至坝圆头四分之一圆收缩面积按下式计算：

$$\Delta S_{\max} = 0.5 r_2^2 \pi \sin\frac{\theta}{2} \tag{24-9}$$

式中：$\Delta S_{\max}$ 为最大收缩面积；r_2 为排体垂直水流方向的有效宽度，即扇形排体的有效半径（图 24-42）；

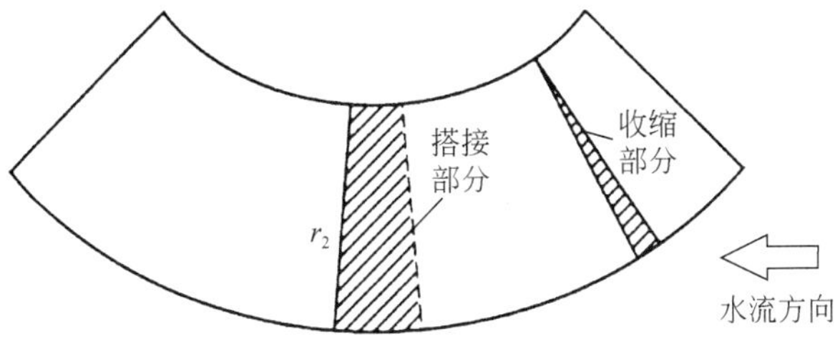

图 24-42　软体排搭接示意图

当排体前缘局部发生冲刷产生不均匀沉降时，排体将受拉扩张，丁坝圆头周围所形成的冲刷坑不同于护岸，仅靠压重和排布的延展性是无法适应河床变形的，需要增加排体面积以适应这种变形，防冲排布可以通过局部打折等方法解决，但压重排体需要靠分块并增加搭接宽度来适应这种河床变形。一般是将压重的排体分成若干扇形块，扇形块的好处是周边任意两点之间连线以外的部分可随意下蜇，同时与冲刷坑形态基本吻合。搭接宽度可按前式计算，其中 B 为扇形的弦长，搭接方式同护岸。

（2）反滤布和模袋的铺放

反滤布铺放采用先旱地后水中的原则。将反滤布锚固端缝制呈套筒，内穿钢管或钢丝绳，然后将其锚固在河岸上。留下用于铺设水中的反滤布按“Z”字形折好，装船后前沿配重。船上游和下游分别抛定位锚，然后将船缓缓驶离岸边，待布拉展后，同时将重物推入水中，使反滤布均匀下沉。在反滤布铺放时，应使布自然展开，无须拉紧，以免在水流淘刷沉排下沉时，出现应力集中，造成破坏。

模袋布在充填过程中纵向和横向都会有不同程度的收缩，故在铺设过程中要充分考虑到这一点。另外，模袋布铺放与反滤布不同，如铺放不展，将影响模袋充填质量，同时不利于同下一块模袋布的搭接。为了使模袋布在整个充灌过程中保持平整，采用了布设定位桩和调整模袋布张力的手拉葫芦等措施。水下铺设与反滤布基本相同。

（3）模袋充填

A. 混凝土砂浆

根据模袋充填要求，混凝土砂浆需具有一定的流动度，配合比按一级配设计，水泥采用 425#普通硅酸盐水泥，碎石粒径小于 1cm，模袋混凝土最终标号为 C20，为提高砼的和易性与抗冻性，有利于混凝土泵输送和在模袋内畅流扩散，可根据施工条件掺和适量的减水剂，以降低成本。

混凝土砂浆的配合比及添加剂用量可在参照表 24-9 的基础上，根据现场试验确定。考虑该河段的床沙特性，也可将混凝土标号降低到 C15。

表 24-9　1m³ 混凝土砂浆主要材料用量

混凝土类型	混凝土标号	水灰比	坍落度/cm	水/kg	水泥/kg	砂/kg	石/kg	木钙/%
普通	200	0.65	22±1	232	357	785	726	
添加剂	200	0.65	22±1	208	320	817	755	0.25

B. 充填

模袋充填是用混凝土输送泵将水泥砂浆或细骨料混凝土充入铺设好的模袋内，它是整个施工的关键。施工分水上、水下两种。

水下指水深大于 0.5m 的部位，这部分所占面积较小，深水区模袋边沿接近冲刷坑底部，采用流动性较好的水泥砂浆可直接充灌到底部。只要将原底部的灌注孔用涤纶带扎紧，配合比采用水泥∶砂＝1∶2.5，塌落度不小于 26cm。

水上充填与水下略有不同，由于模袋充填时易于观察，密实度容易掌握，故水上采用细骨料混凝土充灌，以降低成本。配合比采用：水泥∶砂∶石子＝1∶2.2∶1.9，塌落度为 23±2cm。

每充完一排灌注孔后，由于模袋布纵向收缩，张力太大，这时需适当放松顶部控制布的手拉葫芦，一个单元充填完成后，在充下一个单元时，应将单元间对应的横向连接绳系在一起，使单元与单元连成一个整体。充填时注意事项：

1）水泥砂浆及混凝土要严格掌控塌落度。

2）在水下充填时，每个灌注孔要尽量多充填砂浆，直至砂浆充满为止。

3）模袋块体与块体之间的通道较细，充填混凝土时碎石容易在此被阻滞留，从而影响下一块的充填，为此在每个通道处要有专人负责扰动，以使混凝土顺利通过通道。

4）水上充填时应注意每个充填孔所控制的面积，不可过多充填，混凝土流动愈远，水泥颗粒损失也愈多，同时远处压力降低，模袋块体不易充满，而由其他孔再充时，由于砂浆停留一段时间后，开始初凝，通道堵塞，不易充进，影响充填质量。

5）在每个单元体没有完全充填完毕时，中间不可停机。否则，因砂浆初凝，造成堵管，堵管不仅影响充填进度，而且造成弃浆。

6）灌注口及泵机操作人员要密切配合，协调一致。充满后，立即关机，否则将使模袋块体周围开线，致使块体连通，失去“铰链”作用。

（4）初步效果

从已经修建的 5 处铰链式模袋混凝土沉排看，在不同水流冲刷下，工程均未出险，说明排体整体未破坏。探摸资料表明：沉排受水流冲刷后，均出现不同程度的下沉，虽然探摸断面局部边坡陡于设计边坡 1∶2（图 24-43），但全断面平均坡度仍然缓于设计边坡，排体满足稳定要求。

模袋混凝土沉排主要材料采用工厂集约化生产、施工机械化程度高，沉排充填成形后，具有较好的整体性和柔性，可随河床冲刷坑的变形而变形。上层的块状柔性混凝土压载体可有效地抵御水流的冲刷，从而保证下部反滤布发挥作用，整个结构对工程基础的保护十分有效。

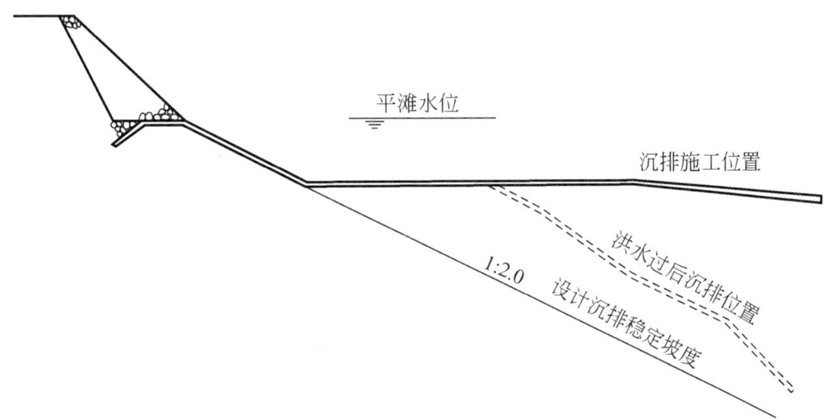

图 24-43　马渡险工 26 护岸铰链式模袋混凝土沉排探摸断面图

参 考 文 献

陈效国，李丕武，谢向文，等. 1998. 堤防工程新技术. 郑州：黄河水利出版社

付帮勤，赵世来. 2001. 黄河菏泽河段河道整治与新技术新材料应用. 郑州：黄河水利出版社

胡一三，刘贵芝，李勇，等. 2006. 黄河高村至陶城铺河段河道整治. 郑州：黄河水利出版社

李祚谟. 1989. 山东黄河应用塑料编织物筑坝技术简介. 人民黄河，1989（5）：13-18

水利部. 1998. 水利水电工程土工合成材料应用技术规范（SL/T225—98）. 北京：中国水利出版社

土工合成材料工程应用手册编写委员会. 1994. 土工合成材料工程应用手册. 北京：中国建筑工业出版社

武汉水利电力学院河流动力学及河道整治教研组. 1961. 河流动力学. 北京：中国工业出版社

张红武. 1992. 黄河丁坝冲刷及其防护途径. 见：黄委会水科院研究论文集. 第三集（泥沙、水土保持）. 北京：中国环境出版社

第二十五章　滩地整治

河流出峡谷后，如果两岸没有堤防或堤防约束能力不强，水面展宽、比降变缓、流速降低、泥沙沉积，受水位变幅影响往往会形成高低不同、大小不等、形状各异的河滩地。黄河中游的小北干流和温孟滩均是由此而形成。由于黄河流经干旱和半干旱地区，洪峰流量和含沙量具有陡涨陡落、变幅大的特点，为排泄较大洪水和滞洪沉沙，平原地区两岸堤距一般较宽，因此在黄河下游形成了广阔的滩地。黄河下游进行河道整治，促使大量的滩地被逐步固定下来。为保防洪安全，发挥滩区的滞洪沉沙作用，稳定河势，减少高滩、二滩坍塌，利于滩区群众生命财产安全，需对滩地进行整治。本章叙述的是黄河下游滩地整治。

一、滩地基本情况

（一）滩地的形成

黄河下游滩地的形成除水流因素外，河道变迁也起到了相当大的作用。兰考东坝头以下河段是 1855 年铜瓦厢决口改道后形成的。清咸丰五年（1855 年）汛期，兰阳（今兰考县境内）铜瓦厢险工河势下挫至无工之处，发生险情，因抢护不及而冲决成口。当时正值太平天国运动，咸丰皇帝下诏，暂缓堵合。铜瓦厢以下清水漫流 20 余年，北岸有古金堤作屏障，南岸山东定陶、单县、曹县、成武、金乡等州县为限制洪灾蔓延，自筹经费，“顺河筑堰，遇湾切滩，堵截支流”，修起了民埝，后逐渐修成大堤，约在清光绪十年（1884 年）两岸才建成比较完整的堤防。新河堤距较宽，洪水携带的大量泥沙在此沉积，河道逐步淤积抬高。河水至陶城铺附近穿运河之后入大清河。1855 年大清河是一条地下河，河宽约百米。自从行黄河水后，水面展宽，河道淤积，两岸因水立埝，由埝修堤，成为堤距较窄的河道，并逐步淤积抬升为地上河。铜瓦厢决口后东坝头以上发生了剧烈的溯源冲刷，水面降低，沁河口至东坝头遗留的河床老滩，百年间洪水没有上滩。

1938 年 6 月，为阻止日军西进，国民政府军在郑州花园口掘开黄河堤防，至 1947 年 3 月堵口合拢，黄河夺淮的近 9 年间，花园口以下河道逐渐干枯，受连年战乱影响，大量民众迁徙至河道内定居和耕作，黄河回归故道后，原河道内居民为保生产，修建了大量民埝（生产堤）。

民埝的存在，阻止了滩槽间的水沙交换，泥沙主要沉积在主槽内，滩地地势变洼，一旦遇较大洪水，生产堤决口，洪水极易直冲大堤，影响防洪安全。为确保大堤防洪安全，新中国成立初期，按照“宽河固堤”的治黄方略，要求全面废除生产堤，至 1954 年，全面废除了滩区生产堤。1957 年 4 月开工建设三门峡水库，当时众多知名专家认为，三门峡水库拦沙库容很大，加上中游地区水土保持，几年后进入下游泥沙就很少了，下游河道冲刷下切，不需要过大的泄洪断面，为了让滩区群众安居乐业，发展农业生产，建议修建生产堤。1958 年号召修建生产堤。生产堤修建后，对短时间内保护当地滩区农业生产起到了积极作用，但同时也消减了滩区滞洪沉沙的能力，为了达到“小水保丰收、大水减灾害”的目的，提出了“当秦厂发生 10000m^3/s 洪水时，相机开放生产堤，扩大河道排洪能力，削减洪峰，以保证黄河大堤安全”。

20 世纪 60 年代初期，三门峡水库淤积严重，水库由蓄水拦沙改为滞洪排沙运用，下游河道又开始淤积抬高，且主槽淤积严重，特别是生产堤与主槽之间的滩唇的抬高，以及大规模的临堤取土，造成临堤滩地越来越低，滩地横比降加大，加速了“二级悬河”的形成。任其发展将严重影响下游堤防安全。国务院国发〔1974〕27 号文指出：从全局和长远利益考虑，黄河下游滩区应迅速废除生产堤，修筑避水台，实行“一水一麦”一季留足群众全年口粮的政策。但该政策并未有效执行。目前，黄河下游生产堤总长接近 584km，其中河南 328km，山东 256km。

（二）自然地理

孟津白鹤至京广铁桥河段为禹王故道，河段内滩地主要集中在左岸的孟州、温县、武陟县境内，面积广大，习惯上称为“温孟滩”。温县大玉兰以上有小浪底水库移民安置区，为保证移民安全按 10000m^3/s 流量相应水位加超高 1m 修建了防护堤；大玉兰以下河段河道冲淤变幅较大，漫滩流量随中游来水来沙情况有很大差异，一般当地流量 5000m^3/s 左右即可漫滩。

京广铁桥—东坝头河段为明清故道。河道宽浅，是典型的游荡型河道，由于主流摆动、主槽淤积速度较快，1855 年铜瓦厢决口改道后河床下切形成的高滩已相对不高。1996 年 8 月花园口站发生最大流量 7860m^3/s 的洪水，140 多年来从未上过水的高滩也漫滩过流。河段内滩地主要集中在左岸的原阳、封丘和右岸的郑州、开封境内。

东坝头—陶城铺河段是 1855 年铜瓦厢决口改道后形成的河道，由于主槽淤积严重，滩唇高于滩面更高于临黄堤根，形成“槽高滩低堤根洼”的地势，滩面横比降增大至 1/2000～1/3000，远大于 1.5‱左右的河道纵比降，临河堤脚比附近滩面低 1.0m 以上的堤段约有 249km，宽度在 100～550m 不等。滩地内有大小不等的串沟 23 条，总长度 130km。该河段漫滩机遇较多，平滩流量 4000m^3/s 左右，是黄河滩区受灾频繁、灾情较重的地区。该河段内的自然滩主要有左岸的长垣滩、濮阳渠村东滩、濮阳习城滩、范县辛庄滩、范县陆集滩、台前清河滩，右岸的兰考北滩和东明南滩、鄄城的葛庄滩和左营滩等，面积（现状生产堤与大堤之间的面积）大于 100km^2 的有左岸的长垣滩、濮阳习城滩和右岸的兰考北滩和东明南滩，面积介于 50～100km^2 的有范县陆集滩、台前清河滩，其他自然滩面积为 25～50km^2。

陶城铺—渔洼河段，是铜瓦厢改道后夺大清河演变形成的。本河段为弯曲型河道，整治后河势流路比较稳定，滩槽高差较大。除长清、平阴两县的滩区为连片的大滩地外，其余全部是小片滩地。此河段不仅伏秋大汛洪水漫滩概率高，而且还受凌汛漫滩的威胁，生产不稳定。

渔洼以下属河口段，滩区村庄和人口较少，有耕地 20 余万亩，还有部分胜利油田的相关设施。

（三）社会经济

黄河下游河道面积为 4860.3km^2，两岸堤防之间有大小不等的滩地 120 多个，面积达

3154km^2，占下游河道总面积的 65%。截至 2007 年（黄河水利委员会，2013），滩区涉及沿黄 43 个县（区），滩区内有村庄 1928 个，居住人口 189.52 万人，滩区内耕地面积 340.1 万亩（表 25-1）。其中单个滩区面积大于 100km^2 的 7 个（表 25-2），总面积 2070.8km^2，占滩区总面积的 65.66%。人口 149.06 万人，占滩区总人口的 78.65%。

表 25-1　黄河下游滩区概况

河段	行河历史	河段长度/km	河道宽/km	滩区面积/km^2	耕地/万亩	村庄/个	人口/万人
孟津白鹤镇—京广铁桥	禹王故道	98	4.1～10	445.2	49.7	73	9.10
京广铁桥—东坝头	明清故道	131	5.5～12.7	702.5	76.8	361	45.42
东坝头—陶城铺	铜瓦厢改道	235	1.4～20	1477.2	157.0	992	93.37
陶城铺—渔洼	铜瓦厢改道	350	0.4～5.0	529.1	56.6	502	41.63
合计		814		3154.0	340.1	1928	189.52

表 25-2　黄河下游主要滩区情况表

序号	滩名	面积/km^2	耕地/万亩	村庄/个	人口/万人
1	原阳滩（含武陟、封丘）	407.7	46.6	209	26.14
2	长垣滩	302.6	31.3	179	22.46
3	濮阳滩（含范县、台前）	263.1	25.3	304	21.60
4	开封滩	136.8	13.0	95	10.95
5	兰（考）东（明）滩	184.2	18.8	105	9.68
6	长平滩（含东平、槐荫县区等）	369.4	36.1	399	36.91
7	封丘倒灌区	407.0	50.1	169	21.32
	合计	2070.8	221.2	1460	149.06

滩区经济是典型的农业经济，基本无工业。农作物以小麦、大豆、玉米、花生、棉花为主。受汛期洪水漫滩的影响，秋作物种不保收，产量低而不稳，滩区群众主要依靠一季夏粮维持全年生活。据统计资料分析，截至 2007 年底，滩区粮食总产量 261.78 万 t，其中夏粮 141.78 万 t，秋粮 120.0 万 t，人均纯收入 600～4900 元。东坝头以上滩区生产相对稳定，粮食单产高，漫滩机遇较下段滩区少。东坝头至陶城铺滩区，漫滩机遇较多，灾害频繁，生产环境较差，不少滩地洪水漫滩后，秋作物受淹，若退水不及时，还会影响到小麦的播种。

（四）洪水漫滩

自有历史记载以来，黄河下游河道发生过多次变迁。铜瓦厢决口改道后走现行河道，滩区居住大量居民。据不完全统计，中华人民共和国成立以来滩区遭受不同程度的洪水漫滩 30 余次，累计受灾人口 900 多万人次，受淹耕地 2600 多万亩次。

滩区漫滩最严重的是 1958 年、1976 年、1982 年和 1996 年。其中 1958 年、1976 年和 1982 年东坝头以下的滩区基本上全部上水，东坝头以上局部漫滩。1996 年 8 月花园口洪峰流量 7860m^3/s，由于河道主槽淤积严重，除高村、艾山、利津三站外，其余各站水位均达到了有实测记录以来的最高值，滩区几乎全部进水，原阳、开封、封丘等1855年的高滩也大面积漫水。据调查，“96.8”洪水滩地平均水深约1.6m，最大水深5.7m，洪水淹没滩区村庄1374个，人口118.8万人，耕地247.6万亩，倒塌房屋26.54万间，损坏房屋40.96万间，紧急转移安置群众56万人，按当年价格估算，直接经济损失64.6亿元。

黄河下游滩区还受凌汛威胁，在封冻期或开河期因冰凌插塞成坝，堵塞河道，水位陡涨，致使滩区遭受不同程度的凌洪漫滩损失。如1968年～1969年，黄河下游发生“三封三开”的严重凌情，造成山东东阿、齐河、长清、平阴、章丘、济阳、高清、利津、垦利等9个县滩区多次进水受淹，受灾村庄达130个，淹地2万亩，受灾人口6.6万人。随着小浪底水库和三门峡水库联合调度运用，陶城铺以上较大滩区基本不再受凌汛影响。

二、滩地的作用及存在的主要问题

（一）滩地的作用

黄河下游的平滩流量在20世纪80年代之前大多为5000m³/s左右，进入下游的洪水流量超过平滩流量后，洪水漫滩，水流进入广大的滩区，黄河下游发生大洪水时，下游滩区可以过洪、滞洪、削峰、沉沙。

20世纪50年代以来，黄河下游发生大洪水的年份有1954年、1958年、1982年等。

1. 滞洪削峰作用

黄河下游滩区面积占河道面积的65%以上，孟津白鹤镇至郑州京广铁路桥和郑州京广铁路桥至陶城铺两河段的滩区面积占到了下游滩区总面积78.7%，对洪水有显著的滞洪削峰作用，尤其对峰型较瘦的突发洪水滞洪削峰作用更为显著，表25-3为下游较大洪水沿程变化情况。

表25-3　花园口较大洪水沿程洪峰流量表　　（单位：m³/s）

洪水发生时间	花园口	夹河滩	高村	孙口	艾山	泺口	利津
1954年8月	15000	13300	12600	8640	7900	6920	6960
1958年7月	22300	20500	17900	15900	12600	11900	10400
1982年8月	15300	14500	12500	10100	7430	6010	5810

统计资料表明[①]（水利部黄河水利委员会，2012）：对于洪峰流量大于8000m³/s的洪水，花园口—夹河滩河段的平均削峰率约为7%，夹河滩—高村河段的平均削峰率约为9%，高村—孙口河段的平均削峰率为11.4%。上述河段每10km平均削峰率分别为0.83%、1.47%和1.63%，具有上小下大的特点，以高村—孙口河段最大，夹河滩—高村河段次之，夹河滩以上最小。根据花园口站洪峰流量大于8000m³/s的9次洪水分析，花园口—孙口河段的平均削峰率为24.37%，其中3次较大洪水（花园口洪峰流量大于15000m³/s的洪水）的平均削峰率为35.02%。

宽河道滞蓄洪量的作用也相当可观。1958年和1982年花园口大洪水，花园口～孙口河段的槽蓄量分别为25.89亿m³、24.54亿m³，起到了明显的滞洪作用，大大减轻了窄河

① 黄河水利委员会. 2012. 黄河下游滩区安全建设规划

段的防洪压力。从各河段的滞洪量看，高村～孙口河段最大，约占花园口～孙口河段最大滞洪量的 52%～71%。

2. 沉沙作用

黄河下游滩区不仅有滞洪作用，沉沙作用更为显著。据实测资料统计，黄河下游 1950 年 6 月～1998 年 10 月，黄河下游共淤积泥沙 92.02 亿 t，其中滩地淤积 63.70 亿 t，占全断面总淤积量的 69.1%（表 25-4）。其中铁谢—花园口河段滩地淤积了 8.82 亿 t，约占全断面总淤积量的 89.6%。其原因主要是该河段自上而下逐渐展宽，沉沙作用较大。

表 25-4　1950～1998 年黄河下游分河段冲淤量统计表　　（单位：亿 t）

	铁谢—花园口	花园口—夹河滩	夹河滩—高村	高村—孙口	孙口—艾山	艾山—利津	铁谢—利津
主槽	1.02	6.61	6.93	2.77	3.56	7.43	28.32
滩地	8.82	11.70	15.68	15.81	3.93	7.76	63.70
全断面	9.84	18.31	22.61	18.58	7.49	15.19	92.02

从表中可以看出，下游滩区的滞洪沉沙主要在孙口以上河段，滩区的沉沙量为 52.01 亿 t，占全下游滩区沉沙量的 81.6%；从沉沙量的绝对值看，夹河滩—孙口河段沉沙最多，花园口—夹河滩河段次之，铁谢—花园口河段最少。从黄河下游各水文断面最大含沙量的衰减情况分析，各河段含沙量的衰减值沿程递减。

总之，黄河下游滩区具有明显的自然滞洪削峰和沉沙作用。洪水漫滩后，流速变缓、洪峰传播时间增大、洪峰降低；通过水流横向交换，泥沙大量落淤在滩地，主槽则发生冲刷，淤滩刷槽，改善河道断面形态，增大主槽的排洪能力，有利于防洪。

（二）滩地存在的主要问题

黄河下游滩地的滞洪、削峰、沉沙作用主要表现在大洪水漫滩期间。漫滩洪水回归主槽，对主槽会形成冲刷，扩大主槽行洪断面，有助于主槽泄洪；而滩区又居住有大量的居民，漫滩会使滩区居民受灾。滩区的滞洪、削峰、沉沙作用与滩区漫滩受灾、滩区经济发展滞后而不希望漫滩就形成了矛盾，这给滩区治理带来很大的困难。

1. 主槽淤积快于滩地，加大洪水威胁

在 20 世纪 50 年代，来水来沙较丰，又废除了民埝，大水漫滩后，充分发挥了“洪水淤滩刷槽”的作用，大量的泥沙淤积在滩地，滩槽基本为同步淤积抬升，客观上讲两岸堤防之间保持了较好的断面形态，各河段的河槽平均高程均低于滩地平均高程。60 年代来水来沙较多，加之三门峡水库淤积在库区的泥沙排向下游，致使黄河下游发生严重淤积，加之生产堤的作用，泥沙集中淤积在河槽，约在 1972 年，东坝头—高村河段已经开始形成河槽平均高程高于滩地平均高程的“二级悬河”。20 世纪 80 年代中期以后，洪水减少、来水偏枯，加之生产堤的约束，漫滩落淤的概率更少，二级悬河进一步发展。这不仅对防洪安全不利，同时也影响滩区居民的安全和生产。

（1）加大了漫滩洪水对堤防安全的威胁

在河槽平均高程低于滩地平均高程的时期，洪水漫滩后，滩地横比降较缓，水流流速低，至堤根后对堤防的冲刷作用小，但由于滩地存在众多串沟，漫滩水流沿串沟较集中地流至堤根，在堤河发育的堤段造成顺堤行洪，危及堤身。随着主槽淤积比重的增大，滩唇抬高的速率明显大于滩面，横比降变陡，尤其是已经形成二级“悬河”的河段，滩地横比降远陡于河道纵比降，洪水期水流流速明显加快，沿串沟过流量增大，至堤根时对堤防的冲淘力强，往往造成堤防出险，对于顺堤行洪堤段，更是长距离的威胁堤防安全。

（2）削减了河道整治工程控制河势的作用

黄河下游自 1950 年开始进行河道整治以来，河道整治工程在控制河势方面发挥了重要作用。随着主槽淤积速度快于滩地淤积速度，滩槽高差不断减少，主槽平均高程高于滩地平均高程的二级“悬河”河段逐渐增长。洪水期主槽过流比正在减小，滩地的过流比相应增加，主槽虽仍为洪水的主要通道，但其比重已减少，河道整治工程控导河势的作用也相应降低。同时，随着滩地过流增大，水深增加，流速加快，顺堤行洪加重，对堤防安全将会产生严重影响。

如 2003 年秋汛，与兰考蔡集工程 28 坝相连的生产堤决口（黄河水利委员会，2008），因生产堤临河地面比背河地面高 1.5m 左右，水流迅速向上游绕过 28 坝至 35 坝坝头（本工程坝号自下游向上游排序），从 35 坝上首的串沟进入滩区，随着河势的上提，口门迅速展宽，滩区进水量逐渐加大，5 天时间，宽 60m 的口门过流量就接近 900m^3/s，约为河道总流量的三分之一，蔡集工程成为孤岛，腹背受敌，仅十天时间兰考北滩和东明南滩平均水深就达到了 3m，造成 35km 黄河大堤偎水，偎堤最大水深 5m，多段堤防出现渗水险情，有 14.37km 堤坡受风浪淘刷而坍塌。为控制险情，先将口门宽度限制在 90m，然后通过控制小浪底水库泄流等多种措施将口门堵复。本次生产堤决口，造成 152 个村庄、11.42 万人被水围困，1.68 万公顷耕地被淹，4252 间房屋倒塌。据统计，生产堤堵口用柳 312 万 kg、用石 16208 万 m^3。

（3）增加了“横河”形成概率

滩地串沟纵横，漫滩水流极易沿串沟向堤根低洼地带迅速汇集，尤其是二级“悬河”河段，溜势集中时，极易形成直冲大堤的“横河”。由于较大滩地的堤防多为平工段，抗水流冲击性差，顺堤走溜后，堤坡极易因冲刷破坏而出险。如 1977 年兰考县淤滩改土，破生产堤引水，300m^3/s～500m^3/s 流量堤河成溜，漫滩水从几处串沟进入堤河冲刷堤防，造成堤坡坍塌 200 多 m，抢修 6 个垛才保证了堤防安全。

（4）加大滩区群众受灾程度

由于主槽淤积快，过流能力降低，同流量水位明显偏高，同流量情况下漫滩概率增加，滩区横比降陡，流速大，冲淘能力强，对滩区建筑物的破坏能力增加；漫滩洪水在滩区滞留时间长，不仅对堤防安全威胁大，对滩区房屋等建筑物的破坏也会加大。如“96.8”洪水，虽属中常洪水，在下游的传播时间比正常情况下慢 14～100 小时，其中韩胡同—孙口河段长 20km，同级流量洪水正常的传播时间为 2～3 小时，而“96.8”洪水实际运行时间为 57 小时，洪水过后河南滩区仍滞留 6.8 亿 m^3 水量，直接加重了滩区淹没损失。

2. 滩区安全建设滞后，避洪设施不足

黄河下游滩区自 1974 年开始实施“废除生产堤，修筑避水台，实行一水一麦，一季留足群众全年口粮”的政策以来，通过修建避水台、房台、村台，以及采取堤外安置等措施，解决了滩区部分群众的防洪安全问题，但是由于滩区面积广、人口多，受国家、地方、个人经济条件的限制，还有超过 50%的滩区人口没有安全的避洪设施，大洪水时需要撤退；

约有 75 万人居住的村台或房台达不到 20 年一遇的防洪标准，且这些村台或房台大多为群众自发修建，村内街道、巷子地势低洼，洪水一旦进村，房台将成为孤岛，给群众的生活以及迁安救护带来极大的困难，且孤立房台没有防护设施，洪水浸泡后很容易出现不均匀沉陷、直接导致房屋裂缝、倾斜或倒塌，危及群众生命财产安全。

3. 滩区经济发展落后

滩区受淹概率较高，经济以农业为主，许多滩区农民家中除房子、农具和粮食以外，几乎没有其他积蓄，21 世纪初期贫困人口达到 65 万人，收入水平仅相当于所在省农民收入水平的 60%左右。为尽可能减少淹没损失，滩区群众对破除生产堤存在很大的抵触情绪，甚至不断对其进行加高加固，生产堤的存在，严重阻碍了滩区滞洪沉沙，加剧了二级“悬河”的发展，为了避免小洪水漫滩，小浪底水库在中常洪水时就要进行拦蓄，使水库淤积加快，减少了小浪底水库的拦沙使用年限。

综上所述，黄河下游滩区既是河道的重要组成部分，具有行洪、滞洪、沉沙的作用，同时也是区内约 189 万人赖以生存的家园。滩区生产生活条件差，群众处于相对贫困状态，滩区滞洪沉沙与区内经济社会发展矛盾突出，因此需要对滩地进行治理。为了发挥滩地的行洪、滞洪、削峰、沉沙作用，需采取工程措施淤高滩地，利于防洪安全；为了滩区群众生产安全，需进行安全建设，并在漫滩后实行补偿政策。

三、滩地整治的主要措施

河道整治除了对河槽进行整治外，滩地整治也是河道整治的组成部分。在 20 世纪 50 年代主要是在一些塌滩的地方下埽，修做一些临时性的防护工程。随着河道整治的发展，在黄河下游以防洪为主要目的的滩地整治也相继展开，其中包括：清除行洪障碍、堵截串沟、引洪放淤等一系列工程措施。

（一）清除行洪障碍

为了滩地更好地行洪、削峰、沉沙，必须清除行洪障碍。1946 年黄河归故以后，黄河下游滩区修建了大量民埝，1950 年前后贯彻“废除民埝”的政策，至 1954 年全部废除民埝。1958 年包括国内知名专家在内的大多数人认为三门峡水库可以解决黄河下游的洪水问题，与民埝性质相同的生产堤又修建起来，1960 年生产堤长达 707km。实践证明洪水问题并没有解决。1962 年生产堤按花园口站 $10000m^3/s$ 流量设分洪口门。1974 年确定废除生产堤，修筑避水台。1987 年生产堤按其长度的 20%进行破除，1992 年口门长度扩大到生产堤总长度的 50%。因涉及群众短期利益，生产堤口门破破堵堵，直至 21 世纪初，这一问题仍未解决。

对滩区行洪影响较大的除生产堤外，就是滩区片林和高秆作物。通过各方面的努力，在生产堤与主河槽间的片林已清除，高秆作物已基本不再种植，但生产堤与大堤之间的片林与生产堤一样没有得到很好的解决。

（二）通过河槽整治减轻洪水对滩地的威胁

从 1950 年开始进行了以河槽整治为主的河道整治，整治措施主要是修建坝、垛、护岸（简称坝垛），控导主流，稳定河势。半个多世纪以来，通过有计划的修建河道整治工程，在不同河段不同程度地控制了主流、稳定了河势、减少了滩地坍塌，20 世纪 50 年代平均每年塌滩 10 万亩，严重影响了滩区群众的生产生活，塌掉的滩地一般为可耕地，而淤出的滩地为当年或多年不能耕种的嫩滩，需要经过多次大水上滩逐步淤高后方具备耕种条件。河势基本稳定的河段，坍塌耕地的现象已经很少。河势的稳定也使村庄掉河现象减少了，在河势游荡和主流摆动的过程中，一些村庄会随着滩地坍塌塌入河中，有些村庄曾多次搬家，严重影响滩区居民的生命财产安全。据统计，1976 年前掉河村庄达 256 个，经过河槽整治、稳定河势，已基本消除村庄掉河的现象。在河槽整治前及整治初期，串沟夺溜或水流冲淘一岸连塌数公里，使滩地变为主槽、原主槽变为低滩的河势大变情况时有发生。经过河槽整治后，由于主槽基本稳定，已杜绝了滩槽大面积互换的情况发生。

（三）堵截串沟

黄河下游河道为复式断面，大的滩地宽度约在 3～7km，长度达数十千米。洪水期水流漫滩后，泥沙在滩地上沉积，清水退回主槽，进行滩槽水沙交换，还会形成大的串沟。串沟的形成主要有三种情况，一是历史上堤防决口时，溯源冲刷留下的河沟；二是大洪水时自然裁弯，原主槽逐渐衰亡，留下的沟道；三是洪水漫滩后，流速不均，在滩地上冲刷形成的沟道。串沟一般与堤河相通，二者组成一个水网。图 25-1 为 20 世纪 50 年代东坝头以下串沟堤河示意图（胡一三，1996），从中可以看出大洪水时漫滩水流的主要通道是串沟和堤河，洪水过后串沟和堤河积水成涝，土地难以利用，同时也影响滩区群众的生产和生活。20 世纪 50 年代在山东窄河段就开始采取措施堵截串沟。

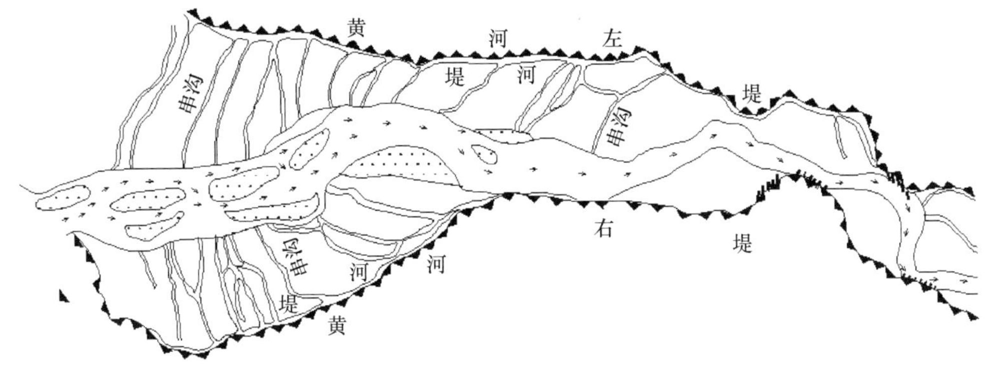

图 25-1　20 世纪 50 年代东坝头以下串沟堤河示意图

1982 年洪水过后，对黄河下游滩区的串沟和堤河进行了调查①，共发现大小不等的滩区串沟 53 条，总长度达到了 288.74km，深 0.4～3.0m，宽度一般不超过 100m（表 25-5）；临河堤脚比附近滩面低 1.0m 以上的堤段约有 555.33km，宽度在 20～700m 不等（表 25-6）。

① 黄河防总办公室. 1982. 黄河下游滩区引洪淤填串沟堤河的有关资料

表 25-5　黄河下游串沟统计表

河段	数量/条	累计长度/km	宽度/m	深度/m	面积/km^2
京广铁桥—东坝头	13	129.70	4～1000	0.5～2.2	27.08
东坝头—高村	16	102.30	14～50	0.5～1.0	2.22
高村—陶城铺	7	27.25	1.5～70	0.5～2.0	0.52
泺口以下	17	29.49	5～90	0.4～3.0	1.90
合计	53	288.74	1.5～1000	0.4～3.0	31.72

表 25-6　黄河下游堤河统计表

河段	累计长度/km	宽度/m	深度/m	面积/km^2
京广铁桥—东坝头	108.03	20～400	1.2～3.8	23.76
东坝头—高村	29.55	120～300	1.2～1.6	6.91
高村—陶城铺	219.67	100～550	1.0～2.3	55.42
陶城铺—泺口	3.45	100～300	2.0～4.5	0.78
泺口以下	194.63	100～700	1.0～2.5	30.64
合计	555.33	20～700	1.0～4.5	117.51

治理串沟的目的是防止串沟集中过流，其方法是在上段尤其在进口段进行堵截，并尽量利用含沙水流的作用使其淤填。20 世纪 50 年代丰水系列时，在济南以下窄河段根据洪水预报在串沟进口堵截，效果较好，图 25-2 示出的柳柜是堵串时常采用的工程形式之一（胡一三，1996）。堵截串沟为临时性工程，因流速较低，宜多采取生物措施。如采用柳编坝，即在串沟进口段横截串沟植数排柳，且高排与低排相间，排距 1m，株距 0.5m，高低排高差 1m 左右。柳成活后，在大水到来前高低柳编织在一起，形成高低起伏的柳篱，洪水漫滩后有较好的缓溜落淤作用。1987 年东平肖庄控导工程下的冲刷坑即是用柳编坝回淤起来的。更简单的办法是采用活柳锁坝，即在串沟上段每隔数百米植株距、行距各 1m 左右的十数行丛柳，形成数道活柳锁坝。该法简单易行，且投资少，柳成活后易管理，漫滩可缓流落淤，达到堵截串沟的目的。

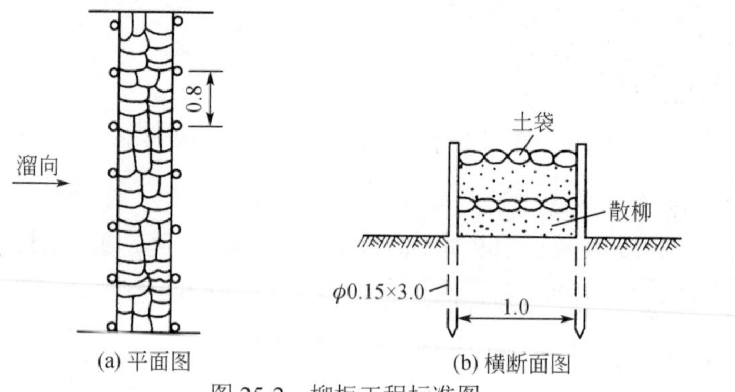

图 25-2　柳柜工程标准图

对于较大的串沟，在洪水到来之前可在串沟进口段适当位置进行堵截，防止洪水漫滩时集中过流。对于不过水流的串沟，一般选在非汛期修筑横拦串沟的土堤加以堵截，位置一般选择在距入口较近、土质相对抗冲、地势较高的滩唇处，顶面与串沟两侧滩面平或超出 0.5m，堤坡可以不防护，但堤身应尽量宽厚，坡脚部位可密植丛柳。对于过水的串沟，应采用先修裹头、再推抛柳（石）枕、然后修土堤的方式堵截。对既宽又长的串沟，可在串沟上半段每间隔一定距离修几道活柳坝，降低流速，缓流落淤。对于进口位于弯底的串沟，还要根据河势情况，结合修建防护工程，以防其扩大夺流改道。如鄄城大罗庄至姜堌堆串沟是刘口堤河的主要来水通道，串沟口在大罗庄护滩工程处，每年在维修护滩工程时对串沟口截堵土堤进行加固，1982 年汛期大水，大罗庄护滩工程被冲毁，但刘口堤河过流并不大。

（四）淤高堤河

20 世纪 50 年代、60 年代为丰水系列，且在陶城铺以上的宽河段无漫滩过流的障碍，洪水可自然漫滩。1952～1959 年大于 10000m^3/s 的洪水漫滩有 7 次，6000～10000m^3/s 的洪水漫滩有 23 次，滩地落淤多，通过泥沙的横向交换，淤滩刷槽，基本上滩槽并长。堤河是在自然漫滩的情况下淤高的。

进入 70 年代以后，洪水减少，漫滩次数也相应减少，加之生产堤的影响，滩槽水沙交换的水量有限，滩地淤积慢，堤河处淤的更少。堤河顺堤行洪问题愈来愈突出，为缓解此矛盾，曾在洪水期采用引洪淤填堤河，取得了很好的效果。如范县彭楼至李桥的辛庄滩，堤河及滩面低洼，1974 年修堤时大量的取土坑接连不断，既不能耕种，又对堤防安全不利。1975 年 8 月洪水期间，在彭楼闸引水渠东堤上扒口放水淤堤河，过流 23 天，最大引水量 200m^3/s，引泥沙 2000 万 m^3，淤地 2.98 万亩，一般淤厚 1m 左右，堤河淤积 544 万 m^3，最大淤厚达 3m 以上，放淤前后情况见图 25-3，淤高堤河及附近低洼滩面的效果十分明显。

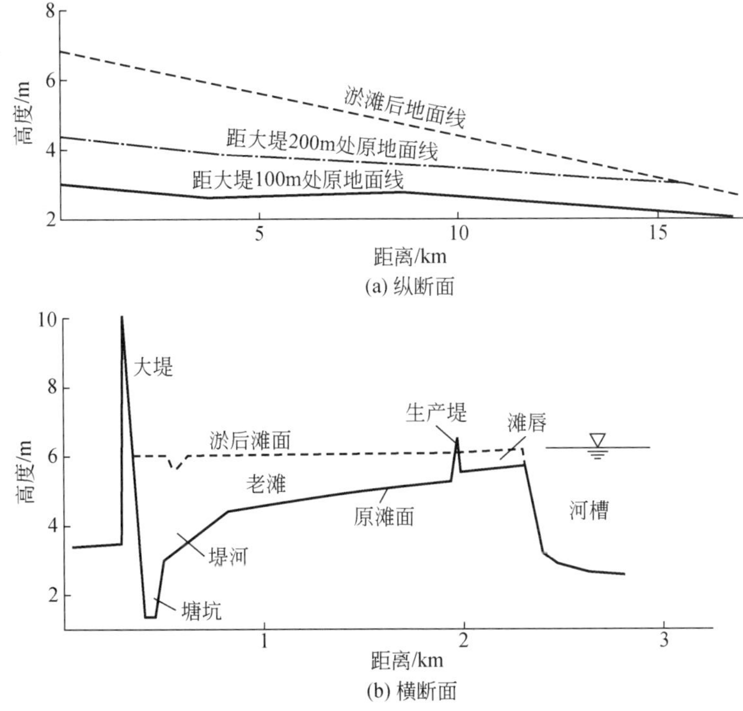

图 25-3　范县辛庄滩 1975 年人工放淤前后对比图

（五）人工放淤

20 世纪 70 年代及以后，为缓解“槽高、滩低、堤根洼”的问题，多次利用人工放淤的办法淤高低洼滩地。淤高堤河与淤高低洼滩地往往是同时进行的。

1. 人工引洪放淤

人工引洪放淤主要是利用较大洪水持续时间长、含沙量高、泥沙颗粒细的特点，将其引入滩地，有计划地对堤河、串沟及附近洼地进行淤填。为了防洪安全，缓解滩面横比降日趋加大、滩槽高差减小的不利情况，1975 年以后多次进行人工引洪淤高堤河及附近洼地。

为了多引进泥沙，在人工引洪淤滩中应注意：①选好口门位置，口门选在滩区的上段弯道下首靠溜近的地方，使口门有引流之势，一般选在控导工程中、下段的坝裆中或引黄渠堤上，有的还在控导工程上建引洪放淤闸；②及时掌握水沙预报，利用高含沙洪水期放淤，如 1977 年花园口站出现了最大含沙量 546kg/m^3 的高含沙洪水，东明南滩、濮阳渠村东滩人工淤滩都取得了好的效果；③安排好退水出路，退水入黄口选在滩面最低处，以增加滩槽水沙交换，多淤泥沙，最后余下的积水也可通过引黄闸、虹吸、排水站，相机排至背河；④利用泥沙运行规律，促使淤区落淤均匀。在一般情况下，口门附近流速大，淤的多为沙土；距口门远处，流速低，淤的多为壤土或黏土。可采用导沙沟向远处送泥沙，利用多口门进水均匀淤滩，如菏泽的张阎楼滩、鄄城县的葛庄滩、范县的辛庄滩，实行多口门进水重复淤的办法，淤出的滩地面平且土质比较均匀。

几次大的人工引洪放淤，堤河、滩地的淤高情况见表 25-7。从表中看出，每次淤高的堤河长度达一二十千米，淤厚 1～3m，这对减轻洪水对堤防的威胁效果是显而易见的。

表 25-7　黄河下游滩区人工放淤情况表

滩名	进口地点	淤滩年份	最大引水流量 /（m^3/s）	进水天数 /天	落淤情况			其中堤河		
					淤积土方 /万 m^3	淤地 /万亩	淤厚 /m	淤积土方 /万 m^3	淤厚 /m	淤长 /km
兰考北滩	杨庄险工 9 坝下	1975	300	70	3000	5.0	0.6	500	1～2	20
东明南滩	辛店集工程 9～10 坝	1977	1000	30	4375	9.2	0.8	220	1.0	11
濮阳渠村东滩	渠村引水渠右堤	1977	250	60	1675	3.64	0.7	450	1～2	15
菏泽张阎楼滩	张阎楼及贾庄工程	1975 1976	100	24	620	1.3	1.2	300	2～3	9.6
范县辛庄滩	彭楼引水渠右堤	1975	200	23	2000	2.9	1.0	543.8	1～3	9.0
鄄城葛庄滩	营房险工下首	1975 1976	80	7	270	2.0		100	0.5～2	10
鄄城左营滩	郭集工程上下首	1982	200	12	400	0.80	0.7			
范县陆集滩	张洼生产堤上	1985	330	36	1000	1.8	0.5～3	750	0.1～3	13
东明王店滩	王高寨进水闸	1988		45	153	0.35	0.4	100	0.3～2	

2. 非漫滩期放淤

一些河段由于主槽淤积而造成滩地低洼或是因洪水期守生产堤而失去滩地淤高机会造成滩地低洼，堤河常年积水，不仅长期浸泡堤防对防洪不利，而且无法耕种影响滩区居民生产。这些滩区更需采取必要的工程措施淤高滩地。

（1）非漫滩期放淤的基本原则

非漫滩期淤滩的基本原则是：①淤高滩地、堤河，以利防洪；②改善滩区农业生产条件，有计划地改良土壤，注意排水；③放淤工程属临时性工程，宜采用标准较低的简易工程；④进口应选在滩区的上中部，进水顺畅，水流平稳，既要防止口门淤积过快，造成后续进水困难，又要防止引水口门附近粗沙堆积，造成大面积农田沙化；⑤要安排好退水出路，控制好水流速度，避免因过度壅水而增大漫滩面积。

放淤的主要措施包括：有闸放淤和口门放淤两种。根据落淤方式不同，又分为：①静水放淤，将浑水引入淤区，泥沙全部沉淀后，将清水排走，此方法泥沙沉降较为均匀，但速度较慢，一般需要反复多次放淤，比较适合有闸放淤。②动水放淤，浑水引入淤区后，边进边排，让大部分泥沙沉淀落淤，该方法放淤速度快，适合有较好排水出路的滩区。③动静结合放淤，先采用动水放淤，待放至一定厚度时，再采用静水放淤。此法放淤效果好，不仅速度快，而且可以将进口附近粗泥沙区覆盖。

（2）范县陆集滩非漫滩期淤滩实践

1976 年来水丰，尤其是第五、六次洪峰相连，洪峰持续时间长、洪量大，东坝头以下滩区几乎全部漫滩。范县陆集滩在第五、六次洪水到来时，大部分劳力去守生产堤，洪水初期，其他滩区绝大部分已破堤进水，而陆集滩在洪峰到来时生产堤才决口进水漫滩，因进水较晚，且进水总量少，淤沙有限。但滩地下端出水口处淤积相对较高，洪水过后积水不能排出，在长数公里、宽 1km 左右的沿堤一带积水达数年。

为了消除常年积水，改良土壤，经黄委批准，1985 年在河南范县陆集滩开展了放淤①。

A. 地形地貌

范县陆集滩从左岸大堤桩号 125+000～142+000 段，即从黄营村至李菜园村（范县下界），堤段长 17km，河段长 23km。滩面宽 3～6km，两端窄、中间宽，近似呈梯形状。滩内有可耕地面积 7.8 万亩，涉及村庄 64 个，人口 42485 人。地面高程在 49～53m（黄海）之间，滩内有宋楼南和白庄两条较大串沟与堤河连通。其中宋楼南串沟起点为宋楼南，终点为前张庄（桩号 127+000），沟长 4km，宽 100m，深 1.4m；白庄串沟起点为白庄，终点在张庄(桩号 136+000)，长 9km，宽度约为 200m，深度 1.2m。堤河长 13.05km(桩号 126+950～140+000)、宽约 200m，深 1.5～4m。

B. 工程简介

陆集滩引洪放淤工程，规划放淤面积 4200 亩，利用 2～3 年时间淤填土方 400 万 m^3，淤区布置见图 25-4。放淤工程由引水渠、口门、放淤区、排水渠四部分组成。

1）口门。口门选在邢庙险工下游约 1km 的宋楼南滩沿处，口门宽 50m，为防止大水时口门失去约束，串溜夺河顺堤行洪，危及堤防安全，在口门两端抛石裹护。

2）引水渠。引水渠从口门起，经宋楼东，至黄营生产堤断头处，全长 2860m，底宽 50m，边坡 1∶2，自然纵比降 1∶1500，按孙口站 $3500m^3/s$ 时可引流量 $50m^3/s$ 设计。

① 黄河水利委员会，黄河水利科学研究院，等. 2015. 黄河下游宽滩区滞洪沉沙功能及滩区减灾技术研究

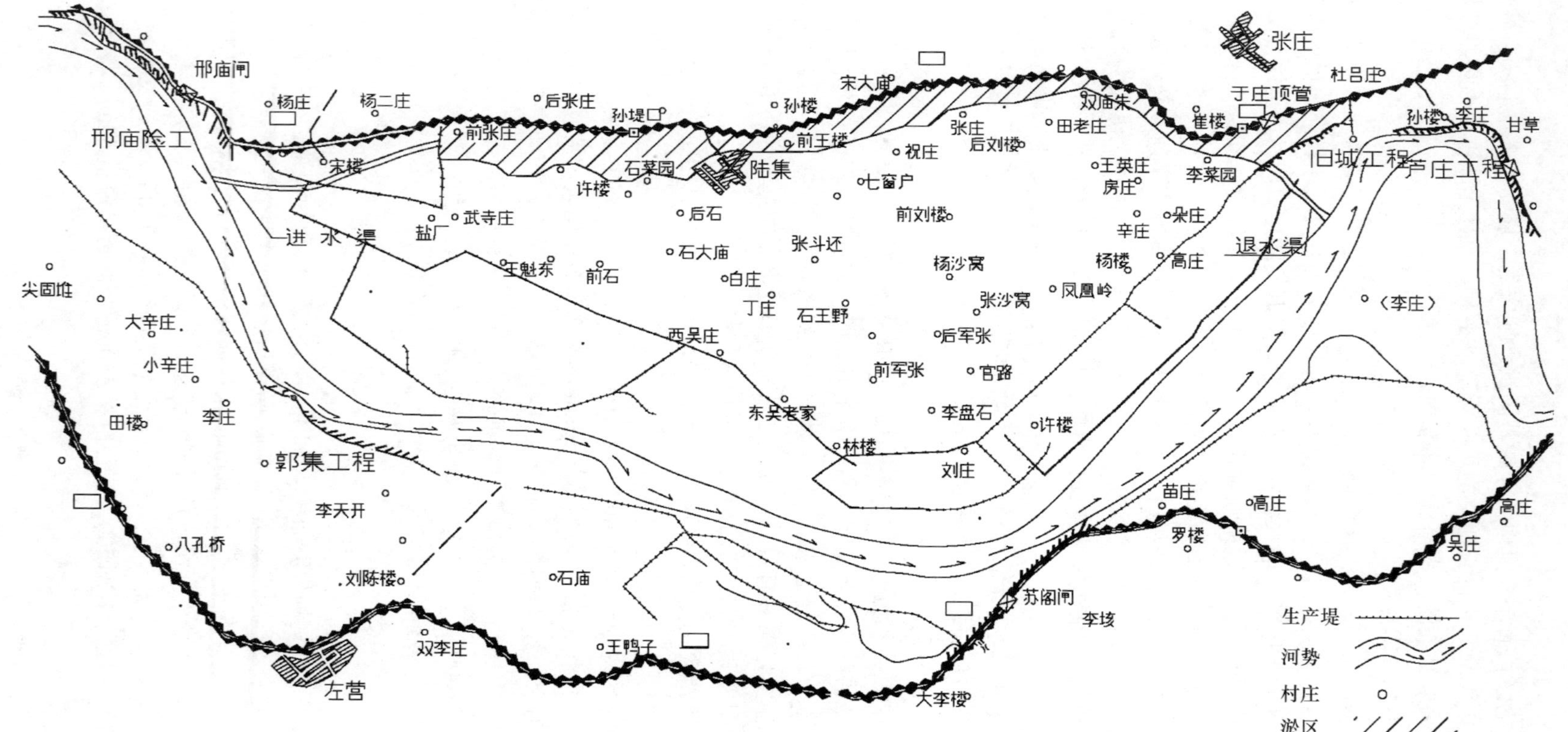

图 25-4 陆集引洪淤滩布置图

3）放淤区。设计放淤区沿堤线布置，堤段长 12.51km（桩号 126+950～139+460）。计划淤区宽约 200m，平均淤厚 1.5m。淤区右侧修筑围堤，围堤顶宽 3m，两侧边坡 1∶2，顶高程取当地 $5000m^3/s$ 水位加超高 0.5m，平均高度 2.9m。由于放淤项目投资较少，为减少群众矛盾，实施时未修建围堤，改为由群众自发组织，在地势较高处修挡水围堤，以减少淹没损失。

4）排水渠。也称退水渠，退水一般采用自流方式排向大河。为不影响堤防淤背，淤区排水选在李菜园村北，排水渠长 1700m，渠底宽 60m，渠堤由外调土填筑，高 2m，边坡 1∶2。

为确保工作顺利实施，范县县政府会同范县修防段成立了放淤指挥部，并制定了《范县下滩淤临实施方案》。该方案在工程设计的基础上，增加了向滩区东部储洼和凤凰岭等低洼地带退水措施，以淤高当地滩面；补充了遇到大洪水时在挖通南部吴老家及林楼附近串沟，增加进水口门向滩区放水方案；对放淤期间渠首和堤防可能发生的险情进行了预估，编制了防护预案；为不影响滩区群众播种冬小麦，还制定了进水口和退水口的堵复方案。

C. 放淤过程

1985 年 9 月 17 日 16 时，花园口站出现流量 $8100m^3/s$ 洪峰，18 日 5 时在陆集滩上首宋楼南生产堤破口放淤，至 10 月 23 日进水口门堵复，共放淤 36 天，实测进口流量 82～$330m^3/s$，引水含沙量 22～$45kg/m^3$，滩地进水 6 亿 m^3，耕地基本被淹，所在堤段堤防全线偎水。

进水口破口后，由于大河流量大持续时间长，口门迅速展宽至 80m 左右，平均进水流量 $220m^3/s$，进水渠漫溢，加上未按设计修筑围堤，堤根水面宽约 2000m，滩区进水主要沿串沟和堤河下泄，退水口按实施方案布置在旧城至于庄间，以及储洼、凤凰岭一带低洼地带，实际退水口达到 17 个。

为不影响群众种麦，10 月 3 日开始堵口，由于堵口期间大河花园口站流量仍然在 $4000m^3/s$ 左右，引渠过流 $150m^3/s$，口门宽度 300m，水面宽 80～120m，水深 0.5～2.5m，局部超过 3m，因此口门 23 日才合拢，历时 22 天。进口堵复后，又对 17 个退水通道进行填堵，填堵标准与两侧滩面平。余下积水通过陆集虹吸和于庄顶管排至背河。

D. 放淤效果

由于放淤期间，花园口站流量一直维持在 $4000m^3/s$ 左右，水量较大，下游排水顺畅，因而淤地、固堤效果十分显著，经测量和调查，黄营生产堤至陆集大桥（大堤桩号 127+000～132+000）长 5km、宽 1km、淤厚 2～3m（个别地点达到 5m）；田堌堆（桩号 132+000～135+000）长 3km、宽 700m、淤厚 0.5～1.5m，李菜园（桩号 135+000～140+000）长 5km、宽 300m，淤厚 0.1～0.5m。淤积土质：陆集（桩号 132+100）以上为沙质土和沙质壤土，陆集以下为粉质壤土和黏土。不包括串沟和其他滩面落淤，仅临河堤脚范围内落淤 1000～1200 万 m^3，淤改可耕地 1800 亩，占该滩区可耕地面积的 23%。

为了进一步巩固放淤成果，彻底堵截白庄和吴老家一带串沟与堤河贯通可能形成的夺溜之势，1986 年经黄委批准在白庄至吴老家修建了吴老家控导工程（图 25-5），以迎郭集方向来流，导流至苏阁险工，使该河段河势基本得到了控制。

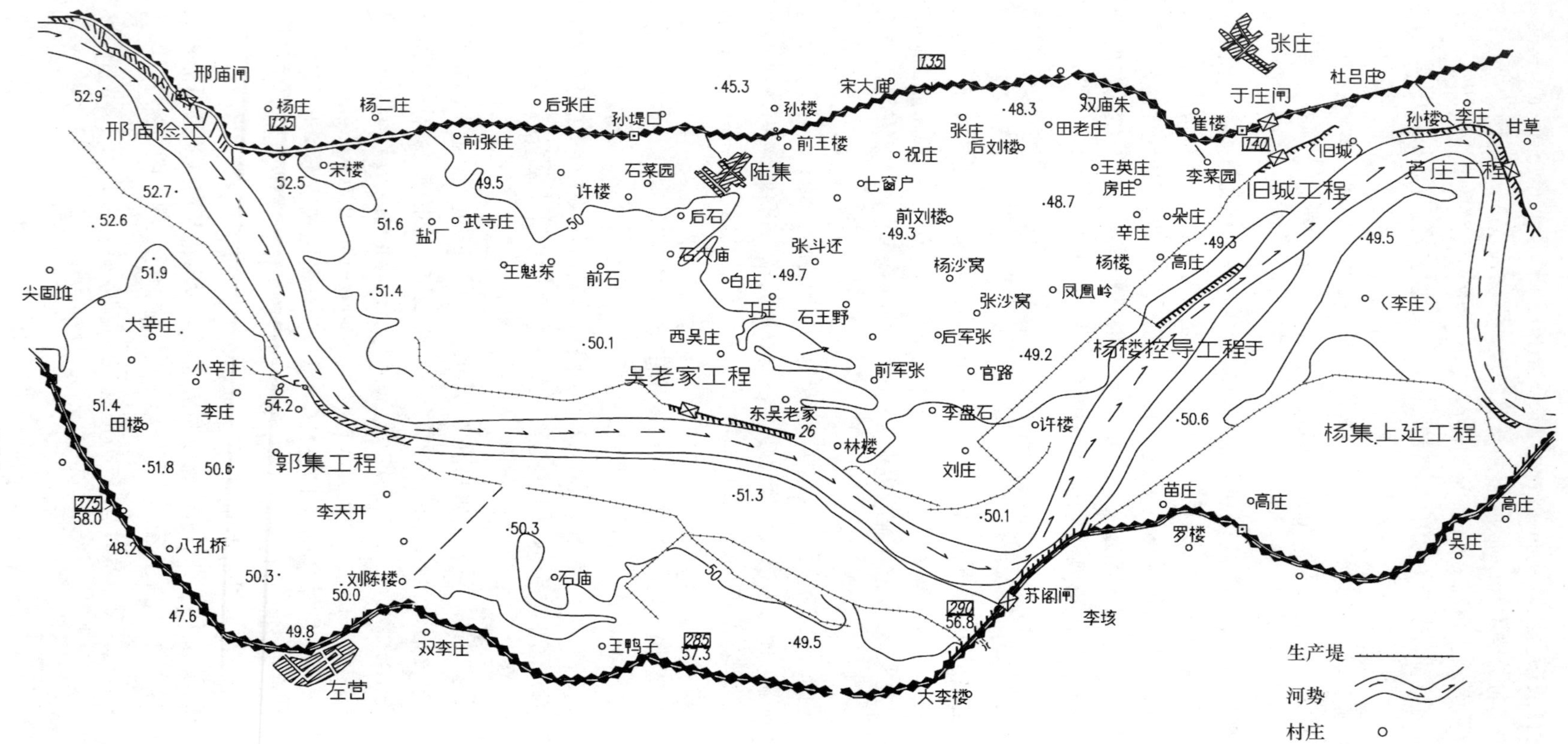

图 25-5　2001年邢庙—孙楼河势图

（六）防护坝工程

防护坝工程是在堤防非险工段沿堤修建的主要由丁坝组成的保护堤防安全的工程，曾称“防滚河坝”“防洪坝”或“滚河防护坝”等。20 世纪 70 年代开始修建，为与控导工程和险工相区别，进入 21 世纪后改称“防护坝工程”。与河道整治工程相比靠河概率少、工程结构较简单，由于堤河较宽、且堤线变化多，为发挥丁坝的联合作用，单个防护坝往往较长。

滩地横比降以及堤河的存在，使漫滩水流迅速在临河堤脚汇集，尤其在“二级悬河”发育严重的河段，堤脚高程远低于河槽，很容易形成顺堤走溜，当分流流量进一步加大，可能形成较大的汊流，尽管不是主流，当大河流量大时，沿堤河行洪流量可达数千立方米每秒，且流速会很大，冲淘堤身，在串沟过流顶冲的堤段，水流对堤防的威胁更大，如不采取措施往往冲塌堤身，历史上也有造成决口的，因此对这种情况进行防护是必要的。

如 1982 年黄河下游花园口站发生 15300m^3/s 的洪水，造成下游滩区大面积漫水，东坝头以下河势未发生大的变化，主流沿东坝头、禅房、马厂、辛店集、周营、霍寨至青庄险工上首下泄。8 月 4 日，洪峰到达夹河滩和东坝头，贯孟堤堤根偎水深约 3m，距贯孟堤起点 11.8km 的董楼闸因渗漏险情抢护不及冲毁过流，如图 25-6 所示（宾光楣，1983），初期口门宽 80m，水深 8m，过流量 800m^3/s，大股水流沿左寨闸干渠和五六支渠，流向大车集，然后顺堤防临河侧的天然文岩渠而下（图 25-6），第二天大河流量降至 6000m^3/s 左右，口门处过流迅速减小，未对防洪造成影响。洪水过后，黄委组织有关单位对河势进行了认真分析，认为遇特大洪水，在东坝头附近可能发生“滚河”。对此，黄科院进行了模型试验研究，认为在特大洪水发生时，东坝头至霍寨间的河道整治工程可能失去对河势的控制作用，一种可能是主流从左侧禅房和大留寺工程之间或大留寺至周营工程之间穿过，冲决左岸贯孟堤，夺天然文岩渠；另一种可能是右侧杨庄险工以下兰考滩串沟夺溜，老河道逐渐衰亡，水流不再回归原主河槽，已建的河道整治工程将全部失去作用。主流沿堤河宣泄，水深流急，大堤安全将受到严重威胁，必须采取措施进行防护。

为了防止漫滩后顺堤行洪及堤河夺溜造成堤防坍塌甚至决口，需要在非险工段修建防护工程，随着“二级悬河”的不断发展，更增加了修建防护坝工程的必要性和紧迫性。防护坝工程的主要作用是挑流外移，使主流带偏离堤防，或采取缓流落淤，淤高堤河，或减少堤河过流，降低流速。20 世纪 50 年代初在济南以下河段进行河道整治时，受投资所限曾采用透水柳坝（图 22-1、图 22-2）修建河道整治工程，取得了不错的效果。在堤河治理初期，也曾在堤河严重的河段修建透水柳坝缓流落淤。每组工程一般至少三、五道坝，坝高 1～2m，桩距 1m 左右，坝长超过堤河深泓点，也可打活柳桩及用柳枝作把子编篱。以后修建的防护坝工程都先修土坝体，有的坝上植柳，有的备石，待堤河过水时抛石防护。从 1973 年起，在东明南滩堤河处修建防护坝工程，坝长 100～300m，顶部高于当地滩面 3～4m，边坡 1∶1～1∶1.5，顶宽 5～10m，坝顶坝坡均植柳树。东明阎潭以下堤河，既深又长，且有多条串沟汇入，在堤河内分段修做活柳坝 34 道。1976 年洪水后，在顺堤行洪严重的堤段也修建了防护坝工程，如鄄城的刘口、高青的孟口等。1982 年大水后，逐步将“活柳坝”加高改建，同时在河南长垣等堤段也修建了一些防护坝。

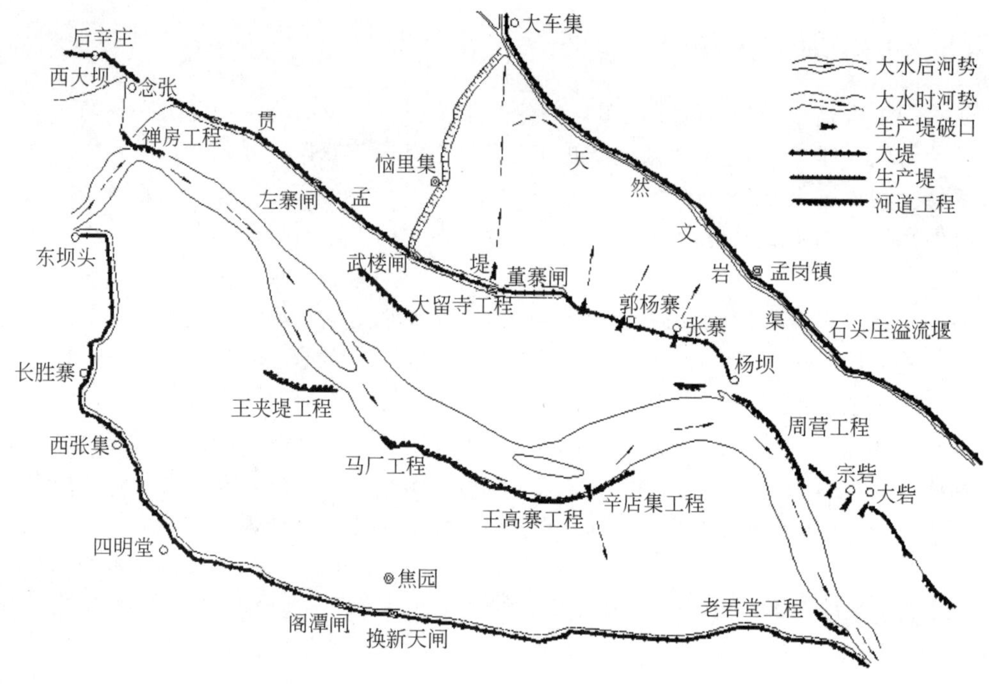

图 25-6　1982 年汛期长垣滩区进水示意图

为了确保防洪安全，防患于未然，以后在东坝头以下较宽的滩区，临堤修建了多处防护坝工程。截止 2015 年，黄河下游共修建防护坝工程 93 处、坝 460 道，防护坝顶部高程高于设防水位 1m，顶宽 10～15m，土坝体边坡 1∶2，在坝头及迎水面抛石裹护。

四、滩区安全建设与补偿政策

由于历史原因，黄河下游滩区居住着大量群众，存在人身和财产安全问题。本节重点介绍黄河下游滩区群众的安全防护措施以及为减少其洪灾损失而采取的相关政策。

（一）安全建设的主要措施

北宋初期，河患增多，有人主张“免赋徙民，兴复遥堤”。表明当时已有大量人口垦殖居住于河道内。较大规模的滩区安全建设起于 1974 年国务院批示的“黄河下游滩区应迅速废除生产堤，修筑避水台，实行‘一水一麦’一季留足群众全年口粮的政策”。随后根据不同滩区具体情况提出了：就地避洪、临时撤退、外迁安置等解决滩区群众防洪安全的多种措施。

1. 就地避洪

就地避洪就是在滩内修建避水工程，洪水时滩区内群众能够就地解决防洪问题。就地避洪措施主要有：避水台、房台、村台、避水楼等多种形式。下面就各种措施及主要特点介绍如下：

（1）避水台

又称“公共台”，仅是垫高的土台。洪水时无法撤退或不愿撤退的人上台临时避洪，台上不建其他公共设施，按人均 3m^2 修筑，由当地政府组织修建，中央政府给予一定的补助。

（2）房台

先修筑土台，房子建在土台上。洪水位低于房台顶高程时，群众仍可维持正常的起居生活。房台由群众自发修建，政府对房台土方给予一定的补助。洪水时，台四周偎水，房台受水浸泡或风浪淘刷，容易产生脱坡，既不安全，也不便于群众正常生活和迁安救护。

（3）村台

早期的村台是将村庄内的街道及房台之间的空地垫高，使其与房台高度基本一致，洪水时村台不上水，与房台相比，抵御洪水的能力大大增强。一般洪水，群众生活基本不受影响。1988 年，在山东鄄城滩区利用机械放淤的方式，将十三庄村内道路等低洼地淤筑抬高，起到了中常洪水不进村的作用。1996 年洪水以后，濮阳市的范县、濮阳和台前等县低滩区采用垫高村内街道的做法，修建了一批村台，资金来源为中央和地方政府补助。2000～2005 年，由中央政府投资 25900 万元在河南范县、长垣，山东的东明、平阴四县修建了 13 个较大的村台，地方政府直接投资 4500 万元配套修建了村台上的基础设施，群众自筹资金按规划建设了住房，共解决了 41 个村，3.8 万人的就地避洪问题。村台按二十年一遇洪水设防，台顶高于设防水位 1m，村台面积为人均 $60m^2$。

（4）避水楼

是在滩面上修建的 2 层楼房。整体为框架结构；房顶为预制混凝土楼板，高于设防水位 1.5m；墙体由砖垒砌。洪水时，推到墙体过水，人员上楼顶避水。这种措施仅在滩面较高的原阳县进行过试点，建造时政府给了一定的补助。

2. 临时撤离

临时撤离是修建通往大堤的道路、桥梁，在洪水来临前，群众能快速、安全地撤离滩区。这种措施主要是针对封丘倒灌区及临堤较近的村庄。

3. 外迁安置

外迁安置是将滩区内群众搬迁至大堤背河侧，从根本上解决群众生命财产安全的工程措施。从宏观上讲，外迁的安置方式包括当地政府就近建安置区及投亲靠友。

早期的外迁安置仅对失去滩区土地的掉河村或户的村民进行安置。黄河下游从 1998 年开始有计划地实施外迁，截止 2007 年，共外迁 206 个村庄，12.73 万人。从实施情况看，多是在堤防背河侧集中建住宅，将居住在滩区的居民迁移出来，他们仍靠原有土地生存，生产方式并无实质性变化。由于耕作半径较大，不便于生产和生活，加之黄河数年未发生较大洪水，外迁居民返迁的较多。

2013 年以来，河南省编制完成了《河南省黄河滩区居民迁建总体方案》（以下简称《总体方案》），计划利用 5～10 年时间，对受洪水威胁较大的黄河滩区 82 万群众进行外迁安置，共涉及 10 个县的 817 个村。为确保《总体方案》顺利实施，2014 年启动了黄河滩区居民迁建试点工作，截止 2016 年 10 月，第一批试点外迁工作已经完成，共搬迁人口 16718 人。第二批试点搬迁共涉及人口 40132 人，安置点建设等前期工作正在积极推进。

（二）滩区补偿政策

黄河下游滩区具有行洪、滞洪、削峰、沉沙的作用，对确保黄河下游防洪安全意义重大。长期以来滩区群众的生产生活与行洪、滞洪、沉沙存在着很大的矛盾，随着流域经济社会发展和对防洪安全要求的提高表现得更加突出。

1. 实施滩区补偿政策的必要性及合理性

目前滩区执行的是国务院〔1974〕27号文制定的政策，即“一水一麦，一季留足群众全年口粮”。这一政策在全国大多数地区尚未基本解决温饱问题的计划经济时期，对于解决滩区群众的基本生活问题，发挥了积极的作用。滩区经济是典型的农业经济，受洪水威胁，滩区群众生产生活条件相当恶劣，经济发展受到制约，滩区安全设施、水利、交通、能源、教育、卫生等基础设施与背河周边地区相比严重滞后，已成为豫鲁两省、乃至全国最贫困的地区之一，无法适应全面建设小康社会的形势。

滩区群众为生产生活所需，“与河争地”，建设了大量的生产堤。从下游防洪安全出发，需要废除生产堤，恢复滩区滞洪沉沙功能，但从滩区群众生产发展角度出发，又迫切要求减少漫滩概率、降低淹没损失。生产堤的修建与破除成为黄河下游防洪与滩区土地开发的矛盾焦点，国务院〔1974〕27号文制定的政策已不能适应目前的形势，制订并落实黄河下游滩区洪水淹没后的补偿政策是十分必要的。

黄河下游河道的自然状态是上宽下窄，排洪能力上大下小，仅从过洪能力的角度看，滩区发挥了重要的削减洪峰、蓄滞洪水的作用与功能。滩区滞蓄洪量相当大，1958年和1982年洪水，花园口—孙口河段的滩区滞洪量分别达到了25.9亿m^3、24.5亿m^3。根据实测资料统计，1950～1998年淤积在下游河道的泥沙共92.02亿吨，其中69%淤积在了宽广的滩区，31%淤积在河槽。黄河下游滩区处理泥沙的作用，是维持河槽过洪能力、维系大堤安全的保障条件。

多年实践表明，黄河下游洪水期水沙的自由交换，使滩区成为以河道形态存在的具有沉沙功能的特殊区域。长期以来，国家对黄河下游滩区实行废除生产堤、“一水一麦”的政策补偿；1988～1997年，国家投入开展了三期滩区水利建设，扶持滩区发展农田灌溉、修建生产道路、进行低洼地土地改良和滩区排水工程建设等。但是，2006年国家实行减免农业税政策后，“废除生产堤，修筑避水台，一水一麦，一季留足群众全年口粮”的政策已经失去了意义。国家应该对黄河下游滩区建立新的补偿机制，实施政策补偿。

2. 滩区运用补偿政策的主要内容

2012年国务院批准《黄河下游滩区运用补偿政策意见》，据此财政部会同国家发展和改革委员会、水利部制定了《黄河下游滩区运用财政补偿资金管理办法》（财农〔2012〕440号），该《办法》的主要内容包括：

（1）补偿范围

黄河下游滩区是指自河南省西霞院水库坝下至山东省垦利县入海口的黄河下游滩区，涉及河南省、山东省15个市43个县（区）。滩区运用后区内居民遭受洪水淹没所造成的农作物（不含影响防洪的水果林及其他林木）和房屋（不含搭建的附属建筑物）损失，在淹没范围内的给予一定补偿。

（2）补偿条件及对象

补偿条件：滩区运用是指洪水经水利工程调控后仍超出下游河道主槽排洪能力，滩区自然行洪和滞蓄洪水导致滩区受淹的情况。以下情况不补偿：一是非运用导致的损失；二是因河势发生游荡摆动造成滩地塌陷的损失；三是控导工程以内受淹的损失；四是区内各类行政事业单位、各类企业和公共设施的损失；五是其他不应补偿的损失。

补偿对象：滩区内具有常住户口的居民。

（3）补偿标准

农作物损失补偿标准，按滩区所在地县级统计部门上报的前三年（不含运用年份）同季主要农作物年均亩产值的 60%～80%核定。居民住房损失补偿标准，按主体部分损失价值的 70%核定。

（4）资金来源

因滩区运用造成的一定损失，由中央财政和省级财政共同给予补偿。中央财政承担补偿资金的 80%，省级财政承担 20%。

（5）补偿实施程序

补偿实施程序包括财产的登记和变更、淹没损失与补偿方案的申报、淹没损失的核查和资金发放与管理等 4 个部分，并对责任单位和工作方法等做了进一步明确，从根本上保证补偿资金的足额按时发放。

（6）补偿资金的管理

补偿资金由财政部门统一管理，专款专用，任何单位或个人不得改变资金用途。各级财政部门和水利部门应加强对补偿资金使用管理的监督检查，发现问题及时采取措施纠正。对虚报、冒领、截留、挪用、滞留补偿资金的单位和个人，按照《财政违法行为处罚处分条例》（国务院令第 427 号）有关规定处理、处罚和处分。

省级财政部门会同水利部门，根据本办法制定实施细则，并报财政部和水利部备案。

参 考 文 献

宾光楣. 1983. 堤河串沟夺流小议. 人民黄河，（1）：64-66

胡一三. 1996. 中国江河防洪丛书·黄河卷. 北京：中国水利水电出版社

黄河水利委员会. 2008. 黄河下游蔡集抗洪抢险启示录. 郑州：黄河水利出版社

黄河水利委员会. 2013. 黄河流域综合规划. 郑州：黄河水利出版社

第五篇　河工模型试验在河道整治中的应用

第二十六章　河工模型相似律

一、河工模型试验概述

河工模型试验是科学试验中一个重要的研究方法与专门技术，应用甚广。由于河床演变过程的复杂性，有许多河床演变的理论与技术问题还不能用分析计算的方法满意地解决，往往采用直观效果更好的河工模型试验方法开展研究。

河工模型试验是运用河流动力学知识，根据水流和泥沙运动的力学相似原理，模拟与原型相似的边界条件和动力学条件，研究河流在天然情况下或有建筑物情况下的水流结构、河床演变过程和工程方案效果的一种方法。它可以在一定的空间与时间范围内重演天然河流的某些演变过程或预报工程修建后的发展趋势。一个世纪以来，这种解决工程问题的研究手段越来越多地被利用，也由此带动了模型试验理论与技术的发展。例如，在进行天然河流和水库上下游河床冲淤变化问题、河道整治建筑物或桥墩附近的局部冲刷问题、海岸港口或河口整治的泥沙问题、水力枢纽和水电站机组的泥沙防护问题、渠系泥沙问题等方面的研究时，都可借助河工模型试验开展系统的观察、分析和预测。近年来，根据数理方程利用数学模型使用电子计算机进行计算的方法，在河流问题研究中也获得了广泛的应用与发展，具有迅速、节约人力物力与时间的显著优点。但如果在河槽形态演变不能适当简化、问题的三维性占有十分重要的地位时，或在试验范围内水流通过重要的水工建筑物的情况下，难以用数理方程表达时，数学模型仍然不能代替实体模型。在许多情况下，常采用数学模型与实体模型相结合的研究方式，以求问题的妥善解决。例如，在长江葛洲坝和三峡水利枢纽工程的泥沙问题研究中，就大量采用了数学模型与实体模型相结合的方法。

河工模型试验的研究成果，在制订正确的河流规划和工程设计中发挥了重要作用。从世界范围看，自牛顿发表相似理论后，1870 年弗劳德（W.Froude）进行船舶模型试验并提出弗劳德模型相似律，1885 年雷诺（O.Reynolds）进行 Mersey 河模型试验，1898 年恩格斯（H.Engels）在德国建立第一个河流水力学试验室，并于 20 世纪 30 年代接受我国委托进行了黄河的动床泥沙模型试验。此后，水力模拟迅速地得到发展，并成为解决各种水利工程问题普遍公认的一种有效工具。

近几十年来，河工模型试验已广泛应用于生产实践。20 世纪 50 年代，河工模型试验技术在我国水利水电、交通等工程中开始应用。60 年代我国大江大河的河道原型观测已有了较好的基础，为河工模型试验技术发展提供了较为有利的条件，同时我国泥沙学术界在河流泥沙方面做了大量的研究工作，取得了颇为丰硕的成果，也为泥沙模型试验奠定了较好的理论基础。70～80 年代为适应我国大江大河的河床演变规律研究和水利、水电、水运工程要求，河工模型试验在很多研究院所、高等院校发展起来，随着我国水利事业的蓬勃发展，在修建长江、黄河等除害兴利的各项工程中进行了许多试验研究工作，发挥了重要作用（武汉水利电力学院，1961）。特别是随着黄河治理进程的快速推进，多沙河流游荡性河道河工模型试验理论与技术研究已处于国际领先水平，并被广泛地应用于水库运用方式研究、黄河下游河道整治及洪水演进预报等科学研究中，有力地推动了泥沙学科的发展。

（一）河工模型设计与相似律研究进程

18 世纪末，Smention（1795）完成了公认的第一个水工模型试验研究。1875 年法国学者 L.法齐为研究航运问题，制作了一个水平比尺为 100 的动床河工模型开展研究。1885 年，Obsome Ryenolds 继 L.法齐之后，也开展模型试验，首次将时间比尺引入模型设计中。在 19 世纪末和 20 世纪初的欧洲，河道挟沙水流的模型试验及与之相伴的河道挟沙水流比尺模型的相似理论得到较快发展，大大促进了河工动床模型试验方法的进步。在此期间，因次分析法在确定模型相似比尺中得到广泛应用，如 Glazebook、B.Foroat、E.Buekingham、R.C.Tolman 等的研究。1944 年 H.A.Einsetin 对模型与原形的相似性问题进行了专题讨论，认识到要达到模型与原型相似，两者必须能被相同的方程所描述，这为相似理论在河工模型试验中的应用提供了重要的理论依据。1956 年 H.Einsetin 和 Chine 基于水流运动泥沙输移方程，提出变态河工动床泥沙模型相似律。其相似律表明，在水流运动方面必须满足佛汝德数相似及阻力相似，在推移质运动相似方面必须满足输沙量及河床冲淤相似，对于细沙还应同时满足沙粒雷诺数的相似。1960 年以后河工模型进入鼎盛时期，开展了比较多的模型试验和相似理论的研究工作。1982 年 Yalin 对河工模型相似准则又作了进一步的论述。Yalin 和 Silva（1990）基于 Yalin（1971）的相似准则，建立了以沙和卵石为模型沙的变态实体模型，研究了冲积河流形成机理。总的来说，近几十年来在研究河流问题时，国外逐渐转向于以数值模拟研究方法为主，而对实体模拟的理论和技术研究进展较缓，新的成果不多。

我国在 20 世纪 50～60 年代才开展了大量的水流和泥沙模型试验。中国水利水电科学研究院、南京水利科学研究院（南京水利科学研究所和水利水电科学研究院，1985）、黄科院、清华大学、天津大学及武汉水利电力大学等，对河道挟沙比尺模型的相似律问题，进行了一些有益的探讨。例如黄科院针对黄河多泥沙河流的模拟相似理论和技术开展了大量的研究，取得了许多具有创造性的成果（李保如和屈孟浩，1985；屈孟浩，1981）；武汉大学水利水电学院对河工模型相似律、模型变率等问题提出了颇具见地的研究成果（张瑞瑾，1979；谢鉴衡，1982）；南京水利科学研究院先后对悬沙模型及其后来的全沙模型的模拟理论和技术进行了卓有成效的探索；其他不少单位也针对各自研究问题的特殊性开展了相应的研究。从 20 世纪 70 年代初开始，为了解决葛洲坝水利枢纽工程部分关键性技术问题，建造了 10 个大型的水流、泥沙整体模型，这在国内外是没有先例的。随后，为建设小浪底水利枢纽、三峡水利枢纽，国内有关单位又开展了大量的模型试验研究（王桂仙等，1981），与此同时，也促进了对模型相似律问题的讨论，特别是关于正态与变态的问题、细颗粒模型沙问题、阻力平方区问题等。李昌华（1960）、李昌华和金德春（1981）、屈孟浩（1978）、窦国仁（1977）、张瑞谨（1979）、李保如和屈孟浩（1985）、左东启等（1984）等所提出的河道模型相似理论、模拟技术与方法等就是这一时期的重要代表成果。此外，还对各类模型沙的物理特性及水力特性、模型沙选择技术、河床加糙技术、河道水流比尺模型变态的限制条件、全沙模型相似律、不同河型河道模型相似律进行了不同程度的研究，并取得了丰富的研究成果。所有这些都大大促进了河道挟沙水流比尺模型模拟理论与技术的发展。

黄河动床模型设计及相似律研究，早期限于我国理论水平和科研环境条件，在国外建设的黄河河工模型，也只是一种定性的试验探讨。直至 20 世纪 40 年代末，黄河河工模型开始进入起步或初级阶段。近半个世纪以来，在继承和不断探索的基础上，研究提出了可适应黄河高含沙水流运动与河床演变规律的动床泥沙模型模拟技术及试验方法，找到了合适的模型沙材料，试验技术逐步完善。特别是 20 世纪 90 年代，黄河动床模型设计及相似律研究发展相当快，大量已完成的动床河工模型试验，为多沙河流的成功模拟积累了丰富经验，无论是基本相似理论还是模拟技术均居世界前沿地位。

20 世纪 30 年代初，H.Engels 和方修斯在德国开展的黄河模型试验，受原型资料及基础理论知识所限，模型试验与黄河相似程度很低。这是黄河模型试验的开端。李赋都等 1935 年在天津建立了第一个水工试验所（李赋都，1935）并开展了黄土河渠试验。1942～1945 年，谭葆泰主持黄河花园口堵口模型试验，在模型设计上考虑了几何相似和水流动力相似，但受当时条件所限，尚难进行动床模型设计。

1953 年郑兆珍提出了较系统的悬移质泥沙模型相似律。同年，黄科究院开始黄河动床模型试验方法的研究。1956 年，屈孟浩等采用引黄沉沙池进行游荡性河道造床试验，1957 年谢鉴衡也开展了同样的造床试验，试图通过造床试验探求黄河动床模型率。H.Einsten 及钱宁提出的模型相似律是最早的有系统理论基础的动床泥沙模型相似律。1958 年冬至 1960 年底，黄科院等单位分别开展了三门峡水库整体大、小模型及渭河局部变态模型试验。由于当时河工模型相似律尚不完善，为解决变动回水区水流重力相似和阻力相似、淤积相似和冲刷相似难以同时满足的矛盾，以及异重流流速过缓带来的各种难题，采用了浑水变态动床大比尺整体模型与系列延伸整体模型。整体大模型由钱宁设计（钱宁，1957），系列延伸整体模型按照沙玉清方法设计（沙玉清，1965）。该模型试验是我国最早开展的大型水库泥沙模型试验。

黄科院自 1964 年开始，着重于研究黄河比尺模型。1978 年屈孟浩根据黄河模型试验的经验，提出了动床泥沙模型相似律，该相似律在《泥沙手册》中被冠以“屈孟浩的动床泥沙模型律”。该模型相似律要求在黄河动床模型试验中，除须遵守重力相似条件和阻力相似条件外，在泥沙运动相似方面须遵循悬移质泥沙运动相似条件、挟沙能力相似条件、河床冲淤过程相似条件，还要满足床沙运动相似。此外，要求选择一种既能作悬沙又能作底沙的模型沙，按模型床沙中径与悬沙中径相等的条件选沙，允许泥沙级配与原型有一定的偏差。模型几何变率的大小按对水平比尺的 1/3 次方计算。其后，李保如、屈孟浩（1989）进一步研究了自然模型的模拟问题，给出了控制模型河型的主要因素，同时给出了设计黄河比尺模型的相似律。李保如（1992）还根据黄河实体模型试验的需要，在探讨游荡性河道模型的河相关系基础上，提出了游荡性模型比尺及变率的限制条件（李保如，1991）。1981～1986 年，围绕小浪底水利枢纽泄水建筑物门前防淤堵问题，屈孟浩、窦国仁分别对高含沙水流模型相似律进行了探讨。

黄河是世界上著名的难治之河，其重要特点在于水流含沙量大，河道游荡不羁造成河流宽、浅、散、乱的状态，前面所提及的研究成果虽对复杂河流的模拟技术有重大推进，但对高含沙水流运动机理的研究仍相对薄弱，无法解决难度更大的高含沙洪水的模拟问题。在 1989 年黄河下游河道治理研讨会上，提出大力推进黄河下游防洪及河道整治工作，积极利用河工模型试验对下游河道整治方案进行论证。在黄委及黄科院的全力支持和推动下，1991 年成立了“高含沙模型攻关项目组”，对这一极其复杂的课题进行了系统而深入的研究。张红武、江恩慧等围绕高含沙水流开展了一系列试验研究，在《黄河高含沙水流模型相似律》一书中提出了河型相似条件和悬沙悬移相似条件，并给出了确定高含沙洪水模型含沙量比尺和协调水流时间比尺与河床冲淤变形时间比尺相近的方法，为黄河河工模型试验的建设与应用奠定了理论基础（张红武等，1994）。并在黄河下游花园口－夹河滩河道模型试验中采用热电厂粉煤灰作为模型沙，既满足了模型冲淤、起动相似问题，又较好地解决了模型沙板结和河型不相似的问题。近 30 年来，依托该模型相似律建设的"花园口－东坝头河道动床模型"、"大玉兰－孤柏嘴河道动床模型"、"小浪底－陶城铺黄河下游河道动床模型"等等在黄河治理开发及科研工作中发挥了重大作用。

（二）河工模型分类

河工模型试验可分为定床模型、动床模型。模型水流为清水，在水流作用下河床不发生变形的称为定床模型；模型水流挟带泥沙，在水流作用下河床发生冲淤变形的称为动床模型。定床模型的河床常用水泥砂浆制作，动床模型的河床常用天然沙或轻质沙（如煤粉、粉煤灰、木屑、塑料沙、胶木粉等）制作。原型河床变形不显著，或虽有变形但对所研究问题影响不大（如研究流态问题等），往往可以采用定床模型。河床变形显著或要了解河道冲淤情况时，则要采用动床模型。定床模型只涉及水流因素，要求的相似条件较少，容易满足。动床模型除水流因素外还要满足泥沙运动相似条件，由于目前对泥沙运动规律的认识仍存在不足，模拟技术和模型沙材料等方面也都还存在着不同的问题，因而很难完全满足各种相似条件。动床模型由于考虑的角度不同，又可分为推移质动床模型、悬移质动床模型和全沙动床模型三种类型。近年来在动床模型试验中还出现了一种被称为自然河工模型的试验方法。这种试验方法主要是定性地模拟河床的演变过程，可用以研究河流上水文泥沙条件发生较大改变时河床演变的发展趋势。另外，还有采用定床加沙模型的，即试验时河床固定，进口施放挟沙水流。

按照模拟对象，可以将河工模型分为河道模型、库区模型、河口模型，以及以水利枢纽水力学和泥沙问题为研究对象的局部水力学模型等。

按照模型几何形状，可以将河工模型分为正态和变态两种。正态模型其几何形态与原型完全相似。从相似理论的基本要求出发，模型做成正态为好，这样可为模型与原型的运动和动力相似提供良好的前提条件。但常常由于场地、经费条件及供水能力、模型流态等条件限制，不得不适当降低几何相似的要求，采用水平方向是一个比尺，水深方向是另一比尺，模型几何相似偏离，即变态模型。应该指出的是，在变态模型中，由于几何相似的偏离，模型水流内部的动态和动力相似性也将发生偏离，只有在这种偏离对所研究的问题影响不大时，才能采用，因此模型变率往往是大型动床河工模型一个很重要的制约条件。

（三）模型试验过程

随着我国社会经济的发展，涉及河流泥沙的工程问题日趋增加。为满足水利水电工程技术人员的实际需要，在总结有关成熟的技术经验基础上，由水利部科技司主持制定了《河工模型试验规程》（SL99—95），2012 年水利部又修订颁布了新版《河工模型试验规程》（SL99—2012）。

河工模型试验研究一般分为模型设计、模型制作、模型试验、试验数据整理分析四个阶段。对于每个阶段，《河工模型试验规程》均规定了一些基本要求。

1. 模型设计阶段

模型试验是建立在相似理论的基础上。只有相似理论所规定的相似条件得到满足，模型和原型才可能是相似的，才可以通过模型的试验结果来研究原型的物理现象。模型相似律依赖于相似理论，利用描述物理现象的物理方程式，建立模型和原型的相似条件，从而达到模型和原型的相似，满足模型试验的目的。

根据工程规划所提出的试验研究任务，进行调查研究，现场勘查、搜集地形图、河道测量图，水文、泥沙、地质资料、工程设计及附图、河段的航空或遥感照片、河道的历史变迁等有关资料，并进行详尽地分析研究。按照任务要求和研究问题的性质，结合试验场地及设备供水能力、量测仪器以及模型沙的性能等因素，确定采用定床或动床、正态或变态模型，根据模型相似律的要求，进行模型设计，确定模型比尺、整体布置及拟定试验方案等。在模型设计过程中，常需进行模型沙的选择及性能试验。

2. 模型制作和量测设备准备阶段

确定试验范围、选定模型比尺并准备必要的器材后，按照几何比尺根据河道地形要求、建筑物形态和尺寸割制断面板、安装制作模型。同时进行试验设备的准备和安装。一般河工模型试验设备主要有：水沙循环系统，包括蓄水池、水泵、供水管道、配沙加沙设备、沉沙池、回水渠等设备；量水设备包括电磁流量计、量水堰、孔口箱等。除上述设备外，还要根据实验目的准备量测仪器，包括水位、流速、流向、压力、含沙量、淤积厚度及高程变化等方面的测量仪器。随着科技的发展，越来越多地采用自动化电测仪器。

3. 模型验证及试验进行阶段

模型建成后，首先要进行模型验证试验。根据实测水位资料验证水位，常采用加糙或减糙的方法对模型水位进行率定。根据天然实测的流速分布、含沙量分布、河床冲淤变形及过程资料，在模型中对水流运动和泥沙冲淤变化的相似性进行验证，判断模型设计的正确程度和模型沙的适应性。然后进行正式放水试验，根据工程规划方案，对不同水文系列的河势变化、河床冲淤和流场等开展试验预测。

4. 试验资料分析与报告编写阶段

试验资料的整理与分析应做到边试验边整理，务必及时进行，以便及时发现问题，及时研究调整。试验结束后对全部资料进行系统的整理分析，全面总结，提出试验结论，编写试验研究报告，绘制附图，以期能对工程规划设计工作和工程方案措施提供科学论据。

（四）河工模型试验的功能

实体模型试验作为一种科学研究手段，与野外原型定位观测资料分析及数值模拟等方法相比，具有多项特殊功能：①事件可重复功能。自然界的事物运动现象复杂多变，完全相同的事件很难重复出现。但是在实体模型上可以按照需要，在一定相似程度上多次复演某个事件，对其进行深入研究。②事件可预测功能。实体模型可以在给定的边界条件下，对未来可能发生的事件进行预演和预测。例如，在洪水演进预报试验中，按照地形、地物和河道边界条件制作模型后，通过各种量级的洪水开展预演试验，即可直观地观测和掌握洪水演进、水位表现、滩区淹没、工程出险等情况，从而为防洪预案的制定提供参考依据。③实现事件过程完整性功能。对自然界中诸多物理现象，原型观测往往因受技术、经济和安全的限制，使对有些事件的观测难以做到过程完整、详尽，从而制约了对自然现象演变基本规律的认识，实体模型对此可做出有益的补充，实现事件过程观测的完整性。④因素可分离功能。自然界的物质运动往往制约于众多因素的影响，而这些因素相互交织在一起，也就是说，各种物理、化学及生物等诸多过程往往是多种因素相互作用的结果，而这些因素又往往是相互关联或相互耦合的。由此，也就大大增加了人们对一些复杂自然规律认识和了解的难度，甚至造成人们对有些问题的认识长期不能突破。实体模型可以实现因素的分离，厘清每个因素的作用及其贡献的大小。⑤边界条件及初始条件可调控功能。在实体模型上可以对边界条件进行调整，如在河道整治工程试验中，可以通过不同的工程布置方案，实现对各种治理方案的比较和优选。⑥直观可视化功能。由于实体模型是对模拟对象进行三维空间的复演和预测，因而实体模型试验可以将其变化过程直观反映出来。

正是由于实体模型试验具有上述的突出功能，使其在开展诸如河流演变规律及河流治理的应用基础和关键技术等水科学问题研究中，往往具有其他研究手段所难以实现的作用，因此河工模型试验一直受到工程界的广泛重视和应用。尤其近些年来，实体模型试验与数值模拟的耦合已成为试验研究手段发展的新趋势，这无疑将会进一步拓展实体模型试验这一科学方法的使用功能和应用范围。

二、相似准则及动床模型相似特点

（一）基本相似准则

自然界的各种物理现象是由有关物理量相互作用反映出来的特定的物理过程，求解物理过程中各种物理量之间的内在联系的数学表达式即物理方程式，它是研究物理现象的一种重要途径。

模型试验是建立在相似理论基础上的。只有相似理论所规定的相似条件得到满足，模型和原型才可能是相似的，才可以用来研究原型中不同的物理现象。而模型相似律正是依赖于相似理论，利用描述物理现象的物理方程式，构建实体模型和原型的相似条件，使模型与原型相似，从而达到试验的目的。

相似这一概念，源自于数学中的基本概念。如平面几何中的相似三角形，立体几何中的相似锥体、建筑物模型等，这些相似都是限于静态的几何相似，属性较为简单，比较容易做到。而河工模型相似，是指物质系统的机械运动相似，除要求静态相似之外，还要求动态相似；除要求形式相似，还要求内容相似。

1. 相似特性

河工模型试验所研究的物理现象属于机械运动范畴。与原型相似的模型，必然具备下列三个方面的相似特征：

（1）几何相似

模型与原型的几何形态相似称为几何相似。与原型相似的模型，模型中任何相应的几何长度必然对应成比例。

河工模型做到严格的几何相似是非常难的。这是由于几何相似不仅要求河床的局部地形相似，而且要求河床的糙率相似，在当前的技术水平条件下是难以达到的。即使在原型上获得如此详细的资料，完全达到几何相似也是困难的。

（2）动态相似

模型与原型的运动状态相似称为动态相似。与原型相似的模型，模型中任何相应点的速度、加速度等运动特征要素必然对应成比例。

严格动态相似是空间流场的相似，对水流运动来说，也就是各个断面上各点的流速向量相似。

（3）动力相似

模型与原型的作用力相似称为动力相似。与原型相似的模型，模型中任何相应点的力必然对应成比例。

无论在模型还是原型中，作用力是多种多样的。水流运动中，同时存在有质量力（重力、离心力等）、压力、黏滞力、紊动阻力、惯性力等多种作用力，它们相互平行而且对应成同一比例。

从以上三个方面可以看出：模型的各个物理量可以通过将原型相应量除以相应比尺求得；原型的各个物理量也可以通过模型中的相应量乘以相应比尺求得，后者正是通过模型试验成果预测原型情况所采用的办法。同一物理量的比尺，对于系统中的不同点而言，是完全相同的。至于不同物理量的比尺，自然不一定相同。比尺是同类物理量的比值，因此都没有量纲。

（4）相似特征之间的关系

三个相似特征的关系是相互联系、互为条件的。动态相似与几何相似、动力相似是不可分的，几何、动力不相似的动态相似是不存在的。这三个方面是个统一的整体，其中一个相似不能为其他两个相似提供前提条件，其中一个不相似也将排斥其他两个相似的存在；另一方面，三个相似也不是并列的，而是应该有主有从的。一般的，由于动力是水流运动的主导因素，同时由于动力相似必然包含动态相似和几何相似，可以认为，动力相似是主导的，而动态相似和几何相似是从属的。主导和从属关系不是可有可无的。

同时列举这三方面的特征，在现阶段来看，还是恰当的，概括也是完整的。从实用观点来看，几何相似中长度比尺是设计模型的重要参数；动态相似中的流速比尺是检验模型相似性和根据模型试验成果推算原型的重要依据，动力相似则是模型设计的主要出发点，三者不可偏废。从理论观点来看，这三个方面刚好完整地表征包括三个基本因次（长度、时间、力或质量）的三个独立基本物理量，利用它们的不同方次组合的无因次综合体，可以描述或度量我们所遇到的任何物理量，同样利用表征这三个方面相似的比尺可以组合成任何比尺关系式，因而三者也不可偏废。除以上这三个相似特征之外，其他的相似特征，如能量或动量相似特征，都可以通过这三个相似特征表示出来，就没有必要再列举了。

2. 相似指示数和相似准则

相似过程中相对应的各个物理量必然具有同一比尺，但这些物理量的比尺，彼此之间是按照一定的规律联系在一起的。这是由于相似现象的物理属性必然相同，尽管尺度不同，但它们必然服从同一运动规律，并为同一物理方程式所描述。只有这样，才可能做到几何、动态和动力三方面的严格相似，否则，是不能做到相似的；或者，即使在某一时刻或某一种条件下能够做到相似，但另一个时刻，另一种条件，由于决定各个物理量变化规律的物理方程式不同，相似必然遭到破坏。

在此，简要介绍工程中常用的三种推求比尺关系式的方法。

（1）物理方程式法

一般模型水流，原则上应该像原型那样，同为紊流，并位于阻力平方区。只有这样，模型和原型水流运动的物理属性才是相同的，运动规律和描述这一规律的数学方程式才是相同的，模型和原型的水流运动才可能相似。否则，模型水流为层流，那就根本不可能相似；或者虽为紊流，但并非位于阻力平方区，则只能做到一定程度的相似，而不能做到严格的相似。

由于相似现象的物理属性一致，并为同一物理方程式所描述，各个比尺就要受到物理方程式所体现的自然规律的约束，不能任意选定。从描述相似现象的同一数学方程式所导引出来的由各个物理量的比尺组成的关系式称为相似指示数。由相似现象各个物理量组成的无因次综合体（即相似准则）为常数。

（2）量纲分析法

量纲分析法即因次分析法。在未知描述物理现象的物理方程式的情况下，这个物理现象和描述它的方程式中所包括的物理量却是已知。这样，就可利用因次分析法（例如π定理)，将这些物理量分别组合成无因次综合体。尽管表达这些无因次综合体的函数关系未知，但在已知无因次综合体的前提下，相似指示数和相似准则就可以求出，从而比尺关系式也可以求出。这种办法表面上看是能解决问题的，但由此得到的无因次综合体与引进的决定这一物理现象的各种物理量并不完全一致，无因次综合体可能并不具有严格的物理意义。如果引进的物理量中遗漏了较重要的物理量或添加了不重要的物理量，或者选用的基本物理量不当，所得到的无因次综合体，就不一定是对相似现象起主导作用的相似准则。因此，这种办法的任意性是比较大的，除了对那些还不了解的物理现象可以尝试采用这种方法之外，一般很少采用。而且即使采用这种办法，为寻求起主导作用的无因次综合体，也应以对物理现象力学实质的认识作指导。

（3）力学分析法

从控制物理现象的作用力的一般表达式出发，求出各种力的比尺关系式，然后根据各种作用力之比必须相等的动力相似原理，求出有关的比尺关系式。举例来说，控制水流运动的主要作用力可以认为是：重力、惯性力、黏滞力、紊动阻力。各种力的一般表达式及相应比尺关系式为

重力

$$f_{\mathrm{g}} = \rho g L^3 \tag{26-1a}$$

$$\lambda_{f_{\mathrm{g}}} = \lambda_{\rho}\lambda_{\mathrm{g}}\lambda_{\mathrm{L}}^3 \tag{26-1b}$$

惯性力

$$f_i = ma = \rho L^2 u \mathrm{d}t \frac{\mathrm{d}u}{\mathrm{d}t} = \rho L^2 \mathrm{d}\frac{u^2}{2} \tag{26-2a}$$

$$\lambda_f = \lambda_{\rho}\lambda_{\mathrm{L}}^2\lambda_{\mathrm{u}}^2 \tag{26-2b}$$

黏滞力

$$f_{\mathrm{v}} = \tau_{\mathrm{v}} L^2 = \rho \nu \frac{\mathrm{d}u}{\mathrm{d}L} L^2 \tag{26-3a}$$

$$\lambda_{f_{\mathrm{v}}} = \lambda_{\rho}\lambda_{\mathrm{v}}\lambda_{\mathrm{L}}\lambda_{\mathrm{u}} \tag{26-3b}$$

紊动剪力（以考虑与水流方向平行的平面剪力为例）

$$f_{\tau} = \tau_{\mathrm{t}} L^2 = -\rho \overline{u'v'} L^2 \tag{26-4a}$$

$$\lambda_{f_{\tau}} = \lambda_{\rho}\lambda_{\mathrm{L}}^2\lambda_{\mathrm{u}}^2 \tag{26-4b}$$

式中，L 为流体的几何尺度，L^3 为体积；L^2 为面积；v 为运动黏滞系数；u 为流速；ρ为水体密度；τ_v、τ_t 为单位面积的黏滞力及紊动剪力；λ_ρ为流体密度比尺；λ_L 为几何比尺；λ_u 为流速比尺。

惯性力重力比相似比尺关系式

$$\frac{\lambda_{f_i}}{\lambda_{f_g}}=\frac{\lambda_\rho\lambda_L^2\lambda_u^2}{\lambda_\rho\lambda_g\lambda_L}=\frac{\lambda_u^2}{\lambda_g\lambda_L}=1 \text{（佛劳德相似律）} \tag{26-5}$$

惯性力黏滞力比相似比尺关系式

$$\frac{\lambda_{f_i}}{\lambda_{f_v}}=\frac{\lambda_\rho\lambda_L^2\lambda_u^2}{\lambda_\rho\lambda_g\lambda_L\lambda_u}=\frac{\lambda_L\lambda_u}{\lambda_v}=1 \text{（雷诺相似律）} \tag{26-6}$$

惯性力紊动剪力比相似比尺关系式

$$\frac{\lambda_{f_i}}{\lambda_{f_\tau}}=\frac{\lambda_u^2}{\lambda_{u'}^2}=1 \tag{26-7}$$

（4）讨论

一般力学分析法在早期进行模型试验时运用较广泛，目前也还在继续使用。其最大优点是，即使不知道具体的物理方程式，也能根据一般的力学方程式导出比尺关系式，与用因次分析的办法对比，任意性较少。但是，应该指出，只要具体的物理方程式已知，就应该利用它们导出比尺关系式。这首先是因为，物理方程式各项的物理意义比较明确，这些方程式有一维、二维、三维之分，不同方程式中同一种力的涵义并不相同，由此所导出的比尺关系式的涵义也不一样，而按力学分析法导出的比尺关系式则都是一样，没有区别。其次是，对比物理方程式中的各项，容易区别主次，特别当不是从一般性方程式出发，而是从针对具体现象的方程式出发时，无关紧要的影响因素早已排除在外，上述特点就尤其显得突出，而按力学分析法导出的比尺关系式，从方法本身，是无从区别它们的主次的。

3. 相似条件

（1）第一相似必要条件

与原型相似的模型不会只有一个，而是有一系列大小不等的模型都可能与原型相似，这些模型中的任何一个，在几何形态上都必须与原型相似，而且和原型一样能为同一的物理方程式所描述，这是实现相似的第一个必要条件。

（2）第二相似必要条件

将这个确定的模型从一系列相似模型中区分出来，将所研究的确定的相似现象从一系列相似现象中区分出来的单值条件，必须是已知的。这正同描述物理现象的微分方程的某一个特解，是通过单值条件从微分方程的通解中区分出来一样。单值条件包含的物理量，原型和模型应该是相对应的，但数值上有所不同，它们之间的比值应该等于相应的比尺。单值条件在通常情况下就是边界条件。显然，如果边界上的有关物理量不相似，现象是不会相似的。因此，模型和原型单值条件包含的物理量相似，应为实现相似的第二个必要条件。

（3）第三相似必要条件

模型和原型单值条件所包含的物理量的比尺关系满足相似指示数等于 1 的要求，应为实现相似的第三个必要条件。最后这个条件也就是由单值条件所包含的物理量构成的相似准则必须相等。

（4）讨论

模型和原型的严格相似，是极难做到的。这首先是由于严格的几何相似极难做到，而与几何相似密切相关的动态相似和阻力相似（紊动相似），因之也很难严格做到。其次是，由描述这一物理现象的方程式所导出的比尺关系式很难同时满足，因而动力相似本来就难以严格做到。这还是就周界固定的模型而言，如果是周界变化的泥沙模型，问题就更复杂了。因此，目前广泛进行的模型试验，一般都不可能做到与原型严格相似，而只能做到近似相似。

实践表明，只要紧紧抓住主要矛盾，力求所研究的主要现象能够做到近似相似，模型试验是能够达到解决实际问题所要求的精度的。基于上述原因，在进行模型设计时，对于有关各种矛盾如何抓住主要的，照顾次要的，忽略不重要的，必须针对所要解决的主要问题和物理现象的实质，进行深入细致的分析，再作抉择。

（二）动床模型相似律

动床河工模型试验与定床河工模型试验相比，具有两个特点：

1）模型水流挟带泥沙。一般情况下，原型水流既挟带有悬移质，又挟带有推移质。悬移质中既有在自然情况下基本不参加造床的冲泻质，又有参加造床的床沙质。推移质中既有粒径接近悬移质中床沙质的沙质推移质，又有粒径远较悬移质为粗的卵石推移质。模型水流所挟带的泥沙应与原型相对应，并做到相似。

2）模型周界是可动的。在挟沙水流作用下，河床发生冲淤变化，周界形状不固定。模型也应与原型相对应，并做到相似。

以上两个特点正是动床模型区别于定床模型的地方，也是动床模型较定床模型更接近实际的地方。当原型河床冲淤变化较大，而这种冲淤变形及挟沙水流的运动对有关工程设施影响甚大时，动床模型试验往往是有效研究手段，有时甚至是唯一的有效研究手段，而不是分析计算或定床模型试验所能完全代替的。

然而，上述两个特点却为进行动床模型试验带来了很大的困难。由于挟沙水流运动规律十分复杂，各种相似要求之间存在的矛盾远较清水水流为大，不容易做到像清水水流那样相似。除此之外，由于要施放挟沙水流并做到相似，模型的供水供沙系统及监视装置比较复杂；每进行一次模型试验，地形必须重新塑造，加上模型沙的制备，工作量巨大。这些困难使得动床模型试验远较定床模型试验复杂、艰巨。

解决动床模型试验中的困难，特别是模型设计中满足各种相似要求的困难，最根本的办法还是针对试验河段及试验要求的特殊性，分析矛盾，抓住主要的，照顾次要的，忽略影响小的，在保证主要方面的相似得到满足的前提下，尽可能使问题简化。

动床模型与定床模型不同，除了必须满足水流运动相似之外，还必须满足泥沙运动相似。

三、高含沙洪水河工模型相似律

动床河工模型试验主要研究天然河道的水流运动、泥沙冲淤以及河床演变过程等问题。因此，动床河工模型设计时，必须考虑水流运动相似条件和泥沙运动相似条件。黄河是世界上最大的高含沙河流，在黄河河工模型试验中，高含沙洪水出现的概率较高，且对河床冲淤影响很大，高含沙洪水的相似问题一直是人们比较困惑的难题之一。为此，在 20 世纪

90 年代初期，张红武带领黄科院泥沙所河道整治研究室全体人员，以“花园口－东坝头动床河工模型试验”项目为依托，开展了大量的基础研究，形成了一套较为系统的“黄河高含沙洪水模型的相似律”，后被广泛应用。

（一）水流运动相似条件

大量研究成果表明，河道中高含沙水流属于紊流挟沙范畴，通过理论探讨和资料分析发现，高含沙紊流在流速和紊动强度沿水深分布以及输沙规律等方面，都能与一般挟沙水流统一起来，在定量上可相应采用同一个公式来描述。因此，为保证高含沙紊流运动相似，必须满足一般挟沙水流模型所要求的水流运动的重力相似条件和阻力相似条件，即

$$\lambda_{\mathrm{v}} = \sqrt{\lambda_{\mathrm{h}}} \tag{26-8}$$

$$\lambda_{\mathrm{v}} = \frac{1}{\lambda_{\mathrm{n}}} \lambda_{\mathrm{R}}^{2/3} \left(\lambda_{\mathrm{h}} / \lambda_{\mathrm{L}}\right)^{1/2} \tag{26-9}$$

式中：λ_{v} 为流速比尺；λ_{h}，λ_{L} 分别为垂直及水平比尺；λ_{n} 为河床糙率比尺；λ_{R} 为水力半径比尺。

另一方面，费祥俊、钱宁及杨美卿等学者的研究表明（费祥俊和朱程清，1991；杨美卿和钱宁，1988），高含沙紊流中的宾汉剪切力 τ_{BT} 随紊动强度增加而大大下降，比静止时实验室测得的宾汉剪切力 τ_{B} 小得多，天然大江大河出现的高含沙洪水紊动强烈，处于充分紊动状态，其 τ_{BT} 已小到完全可以忽略的地步，因而实际上为牛顿体。分析实验资料认为，当雷诺数 Re^{*} 大于 8000 后，阻力系数与雷诺数变化无关，水流处于充分紊动状态。因此，为保证模型高含沙水流流态与原型相似，其雷诺数 Re^{*}_{m} 必须大于 8000，亦即

$$Re^{*}_{m} > 8000 \tag{26-10}$$

此外，为了不使表面张力影响模型的水流运动，保证高含沙水流与原型洪水能用相同的物理方程式描述，模型水深还必须保证大于 1.5cm。即

$$h_{m} > 1.5\mathrm{cm}$$

（二）泥沙悬移相似条件

悬移质泥沙运动相似条件是模拟黄河下游河床演变及洪水位变化的关键。引用悬移质扩散方程经积分后的形式，即

$$\frac{\partial (VhS)}{\partial x} = a_{*} \omega S_{*} - a_{*} f_{1} \omega S \tag{26-11}$$

式中：$a_{*} = \dfrac{s_{b*}}{S}$ 为平衡条件下河底含沙量与垂线平均含沙量的比值也称为平衡含沙量分布系数、s_{b} 为河底含沙量，s_{b*} 为河底泥沙极限挟沙能力，f_{1} 为非饱和系数。

a_{*} 可根据已有的研究成果常见条件下的理论计算点据，建立不同悬浮指标 $\left(\dfrac{\omega}{\kappa u_{*}}\right)$ 取值范围内的简易表达式（其中 κ 为卡门系数，C 为谢才系数），分别为

当 $\dfrac{\omega}{\kappa u_{*}} \leqslant 0.15$ 时

$$a_* = 0.9238\left(\frac{\sqrt{g}}{\kappa C}\right)^{0.06} \exp\left(4.4\frac{\omega}{\kappa u_*}\right) \tag{26-12a}$$

当 $0.15 < \dfrac{\omega}{\kappa u_*} \leqslant 0.6$ 时

$$a_* = 14.38\left(\frac{\sqrt{g}}{\kappa C}\right)^{0.08}\left(\frac{\omega}{\kappa u_*}\right) \tag{26-12b}$$

当 $0.4 \leqslant \dfrac{\omega}{\kappa u_*} < 1$ 时

$$a_* = 32.14\left(\frac{\sqrt{g}}{\kappa C}\right)^{0.25}\left(\frac{\omega}{\kappa u_*}\right)^{1.5} \tag{26-12c}$$

当 $0.8 \leqslant \dfrac{\omega}{\kappa u_*} < 2$ 时

$$a_* = 51.33\left(\frac{\sqrt{g}}{\kappa C}\right)^{0.45}\left(\frac{\omega}{\kappa u_*}\right)^{2} \tag{26-12d}$$

当 $2 \leqslant \dfrac{\omega}{\kappa u_*} \leqslant 4$ 时

$$a_* = 64\left(\frac{\sqrt{g}}{\kappa C}\right)\left(\frac{\omega}{\kappa u_*}\right)^{3} \tag{26-12e}$$

有了 a_*的计算式，即可利用式（26-12）进行相似分析，进而彻底解决动床变态河工模型如何确定悬沙沉速比尺的问题。上述各个公式的适用范围，相互之间尽量保持有一定的重叠部分。其结果是相近的，这为具体模型设计带来了方便。

运用相似转化原理代入比尺关系，以足标“m”表示有关物理量的模型值，足标“p”表示有关物理量的原型值，式（26-11）可以表示为

$$\frac{\lambda_{\mathrm{v}}\lambda_{\mathrm{h}}\lambda_{\mathrm{S}}}{\lambda_{\mathrm{L}}}\left[\frac{\partial(VhS)}{\partial x}\right]_m = \lambda_{a_*}\lambda_{\omega}\lambda_{\mathrm{S}_*}(a_*\omega S_*)_m - \lambda_{a_*}\lambda_{\mathrm{f}_1}\lambda_{\omega}\lambda_{\mathrm{S}}(a_* f_1\omega S)_m \tag{26-13}$$

为了使模型中的悬移质运动与原型中的相似，式（26-13）中的各项前以各比尺组成的系数必须相等。考虑到重力作用是决定悬移质泥沙沉降的主要因素，将式（26-13）等号右侧第二项系数 $\lambda_{a_*}\lambda_{\mathrm{f}_1}\lambda_{\omega}\lambda_{\mathrm{S}}$ 分别和左端及右端第一项的系数相等。λ_{a_*} 为平衡含沙量分布系数比尺、λ_{f_1} 为非饱和系数比尺、λ_{ω}为悬移质沉速比尺、λ_{S}为含沙量比尺，即得

$$\frac{\lambda_{\mathrm{v}}\lambda_{\mathrm{h}}}{\lambda_{\mathrm{L}}\lambda_{\mathrm{f}_1}\lambda_{a_*}\lambda_{\omega}} = 1 \tag{26-14}$$

$$\frac{\lambda_{\mathrm{S}_*}}{\lambda_{\mathrm{f}_1}\lambda_{\mathrm{S}}} = 1 \tag{26-15}$$

从挟沙水流的冲、淤平衡条件应有

$$\lambda_{\mathrm{S}} = \lambda_{\mathrm{S}_*} \tag{26-16}$$

只有如此，原型处于输沙平衡状态时，模型也相应处于输沙平衡状态；原型处于冲刷

或淤积状态时，模型也相应处于冲刷或淤积状态，故需

$$\lambda_{f_1}=1 \tag{26-17}$$

将式（26-17）代入式（26-14），则得

$$\lambda_{\omega}=\lambda_{v}\frac{\lambda_{h}}{\lambda_{L}\lambda_{a_*}} \tag{26-18}$$

式（26-16）及式（26-18）即构成了悬移质运动相似条件，前者意味着含沙量比尺λ_S应与水流挟沙力比尺λ_{S_*}相等，称为挟沙相似条件；后者为悬移质泥沙悬移相似条件，在动床模型试验中，用来控制对模型悬移质泥沙的选择。

式（26-18）中的平衡含沙量分布系数比尺λ_{a_*}，可以根据原型及模型的悬浮指标$\omega/\kappa u_*$选取相应计算a_*的公式，然后求比尺。若$\omega/\kappa u_*>0.15$，可将a_*计算式表示成如下一般形式

$$a_*=K'_a\left(\frac{\omega}{\kappa u_*}\right)^{n_1} \tag{26-19}$$

式中：n_1为指数；K'_a为系数。

由式（26-19）可给出λ_{a_*}的表达式为（$\lambda_{K'_a}=1$，要求原型、模型的悬浮指标位于相应的范畴）：

$$\lambda_{a_*}=\left(\frac{\lambda_{\omega}}{\lambda_{\kappa}\lambda_{u_*}}\right)^{n_1} \tag{26-20}$$

因为摩阻流速比尺λ_{u_*}可表示为（$u_*=\sqrt{ghJ}$）

$$\lambda_{u_*}=\lambda_{v}\sqrt{\frac{\lambda_{h}}{\lambda_{L}}} \tag{26-21}$$

代入式（26-20），可得

$$\lambda_{a_*}=\left(\frac{\lambda_{\omega}}{\lambda_{v}\lambda_{\kappa}}\right)^{n_1}\left(\frac{\lambda_{L}}{\lambda_{h}}\right)^{\frac{n_1}{2}} \tag{26-22}$$

将式（26-22）代入式（26-18），整理即得

$$\lambda_{\omega}=\lambda_{v}\lambda_{\kappa}^{n_1}\left(\frac{\lambda_{h}}{\lambda_{L}}\right)^{\frac{2+n_1}{2+2n_1}} \tag{26-23}$$

在$0.15<\dfrac{\omega}{\kappa u_*}\leqslant 0.5$这一常遇的范围内，$n_1=1$，则$\lambda_{\omega}$的表达式应为

$$\lambda_{\omega}=\lambda_{v}\lambda_{\kappa}\left(\frac{\lambda_{h}}{\lambda_{L}}\right)^{0.75} \tag{26-24}$$

随着悬浮指标的增大（泥沙变粗），n_1分别增加到1.5、2、3，式（26-23）中的指数（$2+n_1$）/（$2+2n_1$）亦相应等于0.7、2/3及5/8。

黄河下游动床河工模型，特别是高含沙洪水模型试验，含沙量比尺λ_S不能太小，可近似取$\lambda_{\kappa}\approx 1$，故在$0.15<\dfrac{\omega}{\kappa u_*}\leqslant 0.5$条件下，泥沙悬移相似条件可以表示为

$$\lambda_{\omega}=\lambda_{v}\left(\frac{\lambda_{h}}{\lambda_{L}}\right)^{0.75} \tag{26-25}$$

研究表明，指数型垂线流速分布公式与多沙河流实测资料较为相符，因此上述导出的悬移相似条件，是有实用价值的。但从张红武给出的 a_* 与 $\dfrac{\omega}{\kappa u_*}$ 及 $\sqrt{g}/\kappa C$ 之间关系式理论性更强一些，采用它们来推求 λ_{a_*}，可以彻底解决动床变态河工模型如何确定悬移质泥沙沉速比尺 λ_{ω} 的问题。将 $\omega/\kappa u_*\geqslant 0.15$ 的 a_* 计算式可以表达成如下一般形式

$$a_*=K_{a}\left(\frac{\omega}{\kappa u_*}\right)^{m_1}\left(\frac{\sqrt{g}}{\kappa C}\right)^{m_2} \tag{26-26}$$

式中：m_1、m_2 为指数；K_a 为系数。

由式（26-26）可给出 λ_{a_*} 的表达式为（取 $\lambda_{K_a}=1$）

$$\lambda_{a_*}=\left(\frac{\lambda_{\omega}}{\lambda_{\kappa}\lambda_{u_*}}\right)^{m_1}\left(\frac{1}{\lambda_{\kappa}\lambda_{C}}\right)^{m_2} \tag{26-27}$$

因卡门常数比尺相对变化较小，为简化计，取 $\lambda_{\kappa}\approx 1$，再将式（26-14）及 $\lambda_{C}=\sqrt{\lambda_{L}/\lambda_{h}}$ 与式（26-27）联解，整理即得

$$\lambda_{a_*}=\left(\frac{\lambda_{\omega}}{\lambda_{v}}\right)^{m_1}\left(\frac{\lambda_{L}}{\lambda_{h}}\right)^{\frac{m_1-m_2}{2}} \tag{26-28}$$

如果将式（26-26）代入式（26-18），整理后得如下 λ_{ω} 的一般表达式

$$\lambda_{\omega}=\lambda_{v}\left(\frac{\lambda_{h}}{\lambda_{L}}\right)^{m} \tag{26-29}$$

其中指数

$$m=\frac{2+m_1-m_2}{2(1+m_1)} \tag{26-30}$$

在 $0.15<\omega/\kappa u_*\leqslant 0.6$ 较常见的范围内，$m_1=1$，$m_2=0.08$，则 $m=0.73$，泥沙悬移相似条件应表示为

$$\lambda_{\omega}=\lambda_{v}\left(\frac{\lambda_{h}}{\lambda_{L}}\right)^{0.73} \tag{26-31}$$

随着悬浮指标增大（泥沙粗度变大），m_1 变为 1.5、2 和 3，m_2 变为 0.25、0.45 和 1.0，式（26-29）中的 m 亦相应等于 0.65、0.592 及 0.5，因而，只有 $\omega/\kappa u_*\geqslant 2$ 的粗沙，其悬移质泥沙悬移相似条件才表示为

$$\lambda_{\omega}=\lambda_{v}\sqrt{\frac{\lambda_{h}}{\lambda_{L}}} \tag{26-32}$$

至于 $\omega/\kappa u_*\leqslant 0.15$ 的细沙，可列出如下比尺关系（下角标“p”表示有关物理量的原型值）

$$\lambda_{a_*}=\left(\frac{1}{\lambda_\kappa\lambda_C}\right)^{0.06}\exp\left\{4.4\left[\left(\frac{\omega}{\kappa u_*}\right)_p-\left(\frac{\omega}{\kappa u_*}\right)_m\right]\right\} \tag{26-33}$$

因 $\omega_m=\omega_p/\lambda_\omega$ ， $u_{*m}=u_{*p}/\lambda_{u_*}=u_{*p}\sqrt{\frac{\lambda_L}{\lambda_h}}\lambda_v^{-1}$ ， $\lambda_\kappa\approx1$ ， $\lambda_C=\sqrt{\frac{\lambda_L}{\lambda_h}}$ ，故式（26-33）可表示为

$$\lambda_{a_*}=\exp\left\{4.4\left[\left(\frac{\omega}{\kappa u_*}\right)_p-\frac{\lambda_v}{\lambda_\omega}\left(\frac{\omega}{\kappa u_*}\right)_p\sqrt{\frac{\lambda_h}{\lambda_L}}\right]\right\}\left(\frac{\lambda_h}{\lambda_L}\right)^{0.03} \tag{26-34}$$

将式（26-34）代入式（26-18），得

$$\lambda_\omega=\lambda_v\left(\frac{\lambda_h}{\lambda_L}\right)^{0.97}\exp\left[4.4\left(\frac{\omega}{\kappa u_*}\right)_p\left(\frac{\lambda_v}{\lambda_\omega}\sqrt{\frac{\lambda_h}{\lambda_L}}-1\right)\right] \tag{26-35}$$

在具体河工动床模型设计时，可根据原型悬浮指标（$\omega/\kappa u_*$）$_p$、模型几何比尺及流速比尺，由式（26-35）计算悬移质泥沙沉速比尺λ_ω。

由式（26-35）还可得知，当悬移质泥沙粗度极小时，即悬浮指标趋于零时，式（26-29）中的指数 $m=1$，其悬移质泥沙悬移相似条件为

$$\lambda_\omega=\lambda_v\frac{\lambda_h}{\lambda_L} \tag{26-36}$$

进一步对式（26-33）～（26-35）分析后发现，在$\omega/\kappa u_*$=0.085～0.6 的范围内，式（26-29）中的指数 m=0.7～0.8，为便于设计，也可近似取 m=0.75，悬移相似条件即为式（26-25）。

由含沙量沿垂线分布公式可以看到，要满足含沙量沿垂线分布相似，泥沙悬浮指标 $\omega/c_n u_*$（或$\omega/\kappa u_*$）在模型与原型中必须相等。在取 $\lambda_{c_n}=1$（或 $\lambda_\kappa=1$）的条件下，同样可得到式（26-32）。故该比尺关系式是否得到满足，将直接决定含沙量沿垂线分布是否相似。由上述分析可知，只有在$\omega/\kappa u_*\geqslant2$ 这类实际出现较少的情形下，才应视式（26-32）为泥沙悬移相似条件，一般情况下应以式（26-25）作为悬移相似条件。因此，从理论上讲变态模型中含沙量沿垂线分布，很难同原型完全相似。张红武、江恩慧的研究成果曾直观地分析了由不同比尺关系确定模型悬移质泥沙粗度，对含沙量沿垂线分布相似性的影响。结果表明，采用式（26-25）作为黄河高含沙洪水模型泥沙悬移相似条件，即使几何变率 D_t 很大，含沙量沿垂线分布与原型的偏差也是有限的，而采用式（26-36）的含沙量分布与原型偏差显然较大。

高含沙洪水时悬浮指标减小，由此确定λ_ω所对应的指数 m 值可能大于 0.75，但若从尽量兼顾含沙量垂线分布同原型相似这一角度看，似应以采用 m=0.75，即视式（26-25）作为泥沙悬移相似条件为妥。

（三）含沙量比尺的确定

含沙量比尺，正如式（26-16）所表达的，必须等于挟沙力比尺。因为只有如此，才能保证冲淤相似。

由于水流含沙对水流的特性，诸如水体的黏滞系数、水流的紊动强度、摩阻损失以致流态等都有影响，所以含沙量比尺不宜过大或过小，以免含沙量的影响在模型中与原型流动的差别过大。

对于黄河高含沙洪水模型来讲，因原型水流的含沙量已较高，如取λ_s<1.0，则模型水流的含沙量将更高，容易引起模型水流流态偏离原型水流。从过去做过的黄河模型来看，含沙量比尺多大于1.0而没有小于1.0的，正好说明了这一点。

当采用轻质沙为模型沙时，含沙量比尺小于1.0的机会增大，更需注意。

容重不同的模型沙使模型水流处于充分紊动状态的最大含沙量是各不相同的。开展黄河下游洪水模型试验，为了保证流态的相似，不宜选用容重小于 19.6kN/m^3 的模型沙。目前，黄河实体模型一般选用郑州热电厂粉煤灰作为模型沙，其容重为21.56kN/m^3。体积含沙量比尺 λ_{s_v} 宜位于1.15～3之间，亦即

$$\gamma_{s_m} \geqslant 19.6\text{kN/m}^3 \tag{26-37}$$

$$\lambda_{s_v} = 1.15 \sim 3 \tag{26-38}$$

至于含沙量比尺λ_s的确定，最妥当的办法是按给出的水流挟沙力公式计算原型和模型的挟沙力值，把这两者之比作为初步的含沙量比尺。待模型制作完成后，通过专门的验证试验，率定含沙量比尺及其相应的河床冲淤时间比尺，保证模型中洪水流态及河床冲淤变形与原型的相似。

（四）河床变形及河型相似条件

1. 河床变形相似条件

与含沙量比尺相应的另一个关键比尺是河床冲淤变形相似条件，我们用河床冲淤变形时间比尺表示。只有正确地确定该时间比尺，才能使模型反映出来的河床变形与原型相似。

黄河下游洪水遵循如下非恒定流条件下的泥沙连续方程式

$$\frac{\partial}{\partial x}(VhS) + \frac{\partial}{\partial x}(hS) + \gamma_0 \frac{\partial z}{\partial t} = 0 \tag{26-39}$$

式中：γ_0 为河床淤积泥沙的干容重。如果采用两个不同的时间比尺，在运用相似转化原理后，该式变为

$$\frac{\lambda_v \lambda_h \lambda_s}{\lambda_L}\left[\frac{\partial}{\partial x}(VhS)\right]_m + \frac{\lambda_h \lambda_s}{\lambda_{t_1}}\left[\frac{\partial}{\partial t}(hS)\right]_m + \frac{\lambda_{\gamma_0}\lambda_h}{\lambda_{t_2}}\left(\gamma_0 \frac{\partial z}{\partial t}\right)_m = 0 \tag{26-40}$$

式中：λ_{t_2} 代表河床冲淤变形时间比尺；λ_{t_1} 是水体中含沙量随时间变化的时间比尺。

用$\lambda_v\lambda_h\lambda_s/\lambda_L$除式（26-40）各项，得

$$\left[\frac{\partial}{\partial x}(VhS)\right]_m + \frac{\lambda_L}{\lambda_v \lambda_{t_1}}\left[\frac{\partial}{\partial t}(hS)\right]_m + \frac{\lambda_{\gamma_0}\lambda_L}{\lambda_s \lambda_{t_2}\lambda_v}\left(\gamma_0 \frac{\partial z}{\partial t}\right)_m = 0 \tag{26-41}$$

要使所得方程式（26-41）与用于模型的方程式（26-39）完全相同，要求

$$\frac{\lambda_L}{\lambda_v \lambda_{t_1}} = 1 \tag{26-42}$$

和

$$\frac{\lambda_{\gamma_0}\lambda_L}{\lambda_s \lambda_{t_2}\lambda_v} = 1 \tag{26-43}$$

由式（26-43）得

$$\lambda_{t_2} = \frac{\lambda_{\gamma_0}\lambda_L}{\lambda_s \lambda_v} \tag{26-44}$$

由式（26-44）可以看出，一旦选好了模型沙、几何比尺，河床冲淤变形时间比尺λ_{t_2}只取决于含沙量比尺λ_s。一定的含沙量比尺就对应着相应的λ_{t_2}，两者是相互制约的。亦即：模型河床变形相似的验证，必须是在一定的水沙过程（同时受λ_s及其相应的λ_{t_2}的制约）中完成的。

由式（26-42）可导出与水流运动时间比尺表达形式完全相同的公式，因此，如果不是人为地在一个方程中同时取两个时间比尺，高含沙洪水模型试验实际上并不允许时间变态。

由式（26-44）知，如果选用比重很小的轻质沙作为模型悬移质泥沙，往往因$\lambda_s < \lambda_{\gamma_0}$而使模型出现$\lambda_{t_2} > \lambda_{t_1}$的时间变态，这是黄河下游洪水模型不宜采用容重小于 19.6kN/m^{3}的材料作为模型沙的另一个主要原因。黄河洪水过程的预估本身就是试验的主要任务之一，况且水流运动过程同河床冲淤过程是互相影响的，因此不能轻易舍弃水流运动的相似条件。

2. 河型相似条件

通过对模型试验和野外资料分析等方法对河流稳定性、河相关系及河型成因开展系统研究，发现河流的河型主要取决于河流的纵向稳定性和横向稳定性，如果河床的纵向稳定性和横向稳定性小，为游荡型河段，否则为非游荡型河段。借鉴前人研究的合理结果，张红武等归纳分析后，以如下两式分别表示河床的纵向和横向稳定特征：

即

$$X_* = \frac{1}{i}\left(\frac{\frac{\gamma_s - \gamma}{\gamma}D_{50}}{H}\right)^{1/3} \tag{26-45}$$

$$Y_* = \left(\frac{H}{B}\right)^{2/3} \tag{26-46}$$

式中：i 为河床比降；B、H 分别为造床流量下河宽及平均水深；D_{50}为床沙中径；γ_s、γ分别为泥沙及水流的比重。

通过点绘大量天然河道及模型小河的X_*及Y_*的点群分布（图 26-1），无论是细沙河床还是粗沙河床，甚至沙卵石河床，也无论是清水还是一般挟沙水流甚至是高含沙量水流，其点据都根据不同的河型分布在不同的区域中。进一步分析后发现点群遵循如下规律

游荡性　　$X_*Y_* < 5$　　（26-47）

弯曲性　　$X_*Y_* > 15$　　（26-48）

分汊性　　$5 \leqslant X_*Y_* \leqslant 15$　　（26-49）

图中绘出了分别以$X_*Y_*=5$和$X_*Y_*=15$代表的游荡型与分汊型及分汊型与弯曲型的河型分界线。清楚地看出，游荡型点据分布在非稳定区（内区），弯曲型点据分布在稳定区（外区），分汊型点据则介于其中（次稳定区）。乘积X_*Y_*具有区划河型的作用，代表着河流的综合稳定性，因此也可称为河流综合稳定性指标Z_W。

将式（26-45）、式（26-46）代入$Z_W=X_*Y_*$整理即得

$$Z_W = \frac{\left(\frac{\gamma_s - \gamma}{\gamma}D_{50}H\right)^{1/3}}{iB^{2/3}} \tag{26-50}$$

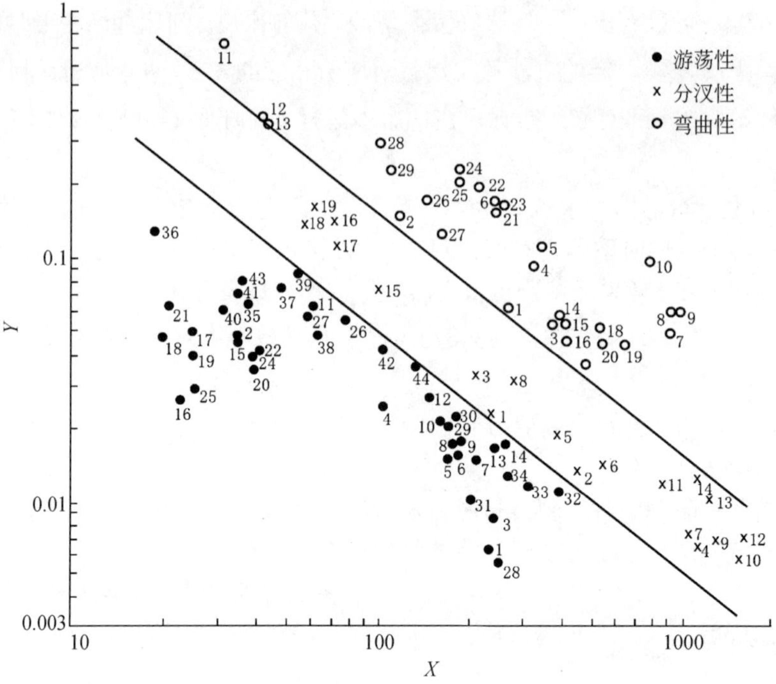

图 26-1　不同河型的稳定性点群分布

由于以式（26-50）表达的河流的河床综合稳定性指标具有四个优点：①量纲和谐；②同时反映了河床的纵向和横向稳定特征；③能适用于不同河床组成及来水来沙条件的河流；④能同时适用于不同河型的原型和模型，因此，它有很大的价值。张红武等（1994）在河工模型相似律研究时，也以它作为确定河型相似条件的依据。为了保证模型小河的平面形态与原型相似，必须要求模型与原型的综合稳定性指标（或称河型判数）相近，亦即把河型相似条件表示为

$$\left[\frac{\left(\dfrac{\gamma_s-\gamma}{\gamma}D_{50}H\right)^{1/3}}{iB^{2/3}}\right]_m \approx \left[\frac{\left(\dfrac{\gamma_s-\gamma}{\gamma}D_{50}H\right)^{1/3}}{iB^{2/3}}\right]_p \tag{26-51}$$

在开展黄河下游洪水模型设计时，式（26-51）可作为确定模型床沙粒径的依据。区划河型指标往往给出的是个范围，即使河流综合稳定性指标略有差异，不会使河型发生变化。因此相似条件式（26-51）只是要求左、右两端相近而不一定相等。此外，在模型设计时，只需造床流量下满足该式，并不要求每级流量下都做到，这也是不将河型相似条件列成比尺关系式的原因所在。

最后尚须指出，开展黄河下游洪水模型试验，为保证河床冲淤变形及床面稳定性相似，还必须满足泥沙起动及扬动相似条件，即

$$\lambda_{\upsilon} = \lambda_{\upsilon_c} = \lambda_{\upsilon_f} \tag{26-52}$$

式中：λ_{υ_c}，λ_{υ_f} 分别为泥沙起动流速比尺及扬动流速比尺。

由于现有起动流速公式及扬动流速公式不能既适用于原型沙，又适用于模型沙，设计

时最好以分别求得的原型值与模型值之比来确定 λ_{υ_c} 及 λ_{υ_f} 。黄河的原型沙的起动流速往往较现有公式计算结果大得多，必须借助于资料分析的途径确定。有三种方法可供参考：①点绘河床不冲流速与床沙质含沙量的关系曲线，由该曲线查含沙量等于零的流速作为原型沙起动流速；②若河段上游有水库时，以拦沙期下泄清水时下游该河段冲刷停止相对应的流速作为此时床沙的起动流速（模拟水库拦沙期下游河床将发生什么样的变化时较为适用）；③在非汛期含沙量很小的条件下，以河床平衡时对应的流速作为起动流速。

（五）相似条件小结

综合以上研究和分析，黄河高含沙洪水模型的相似律由如下诸条件组成。

1. 水流运动相似

重力相似条件

$$\lambda_\upsilon = \sqrt{\lambda_h}$$

阻力相似条件

$$\lambda_n = \frac{1}{\lambda_\upsilon}\lambda_R^{2/3}\left(\frac{\lambda_h}{\lambda_L}\right)^{1/2}$$

流态限制条件（充分紊流）

$$Re_{*m} > 8000$$

表面张力限制条件

$$h_m > 1.5\text{cm}$$

2. 泥沙运动相似

泥沙悬移相似条件

$$\lambda_\omega = \lambda_\upsilon \frac{\lambda_h}{\lambda_L \lambda_{a_*}}$$

常见的情况，上式转化为

$$\lambda_\omega = \lambda_\upsilon \left(\frac{\lambda_h}{\lambda_L}\right)^{0.75}$$

水流挟沙相似条件

$$\lambda_s = \lambda_{s_*}$$

河床冲淤变形相似条件

$$\lambda_{t_2} = \frac{\lambda_{\gamma_o}}{\lambda_s}\frac{\lambda_L}{\lambda_\upsilon}$$

泥沙起动及扬动相似条件

$$\lambda_\upsilon = \lambda_{\upsilon_c} = \lambda_{\upsilon_f}$$

3. 河型相似条件

$$\left[\frac{\left(\frac{\gamma_s - \gamma}{\gamma}D_{50}H\right)^{1/3}}{iB^{2/3}}\right]_m \approx \left[\frac{\left(\frac{\gamma_s - \gamma}{\gamma}D_{50}H\right)^{1/3}}{iB^{2/3}}\right]_p$$

由这些比尺关系式组成的模型相似律，已得到充分验证。并在很多河工模型中应用，效果很好。

四、多沙河流河工模型试验技术

模型设计完成以后，模型试验工作就进入了模型制作阶段。建造模型必须按模型几何比尺精确缩制。模型制作的质量对于试验成果的精度关系极大。模型制作所需材料除易于购置及便于操作外，应能够达到模型所要求的精确度和光滑度，模型不得发生变形和漏水。模型试验过程中可能更改的部分，制造时需预留便于拆装的接口，同时要妥善安置仪器设备，便于控制水流和易于观测水流情况，随着我国水利工程建设和科学研究的迅速发展，模型试验的技术水平也在不断提高（肖兴斌，1996；惠遇甲，1999）。现仅就模型制作、试验操作以及试验成果的整理和分析等模型试验技术加以说明。

（一）模型制作

1. 地形图的整理与拼接

河工模型需要根据河道地形图进行塑造，因此必须有完整的地形图资料，包括水下地形和两岸陆上地形图。带有建筑物的河道模型，所用地形图的比尺一般为 1∶5000～1∶2000，长河段河道模型所用地形图的比尺可为 1∶10000～1∶5000。应将按坐标分段的小幅地形拼接成试验河段完整的地形图，作为塑造模型地形所依据的基本资料。新技术的应用提高了模型制作的精度和效率，随着 CAD 技术的广泛应用，目前在模型制作中大量应用矢量电子地形图拼接，并直接在电子图上读取控制点坐标。

2. 初始地形的平面控制和高程控制

纸质或电子地形图拼好后，应在图上布置控制地形平面位置的导线网，控制方式根据模型的大小和形状而定。导线网要能全面精确地控制模型的平面位置，又要便于数据计算和施工放样。顺直河段模型，平面控制宜采用直导线，主导线一般沿河道的中心线布置，必要时两侧可设置平行的辅助导线。弯曲和分汊型的河道模型，宜采用三角形导线网控制，如模型的宽度较大，可沿模型的四周布置成环状封闭的导线网，如有需要还可以在封闭的导线网上增设支导线以控制局部地形的平面位置。根据控制网的形状和布设的要求，完成导线长度、导线夹角计算。特别需要注意的是，所有平面位置点据的计算和控制一定要依据坐标数据，严禁采用量角器、三角板等工具在图上直接量取。

模型高程的控制，应在试验场设置模型高程控制网。在试验场地上选择平面位置及高程都很固定的地方作为水准点，构成封闭的水准点网，由水准点将高程引到模型场的各个部位，进行高程控制。特别需要注意的是，放置模型的场地不要有不均匀的沉降。

3. 模型平面和立面布置方案的确定

在试验场地上能否合适的布置河道模型，不仅关系试验场地的合理利用，而且影响试验工作的顺利进行。为了优化模型布置，需要进行模型布置方案的比较。可将试验场的平面图和模型河道的平面图，按选定的模型比例绘制成相同比例的平面图，在纸质地图或电子地图上进行各种方案的比较。选定布置方案时，应预留模型进口首部及出口控制尾门和安装其他仪器设备所需要的空间。

模型平面位置确定以后，应根据模型中可能出现的最高洪水位，确定模型边墙的高程。

模型的边墙既要能够挡住模型中的填充物，又可以阻止模型中的水外渗，还可以兼作在试验人员和参观者的行走通道。因此，模型的边墙要有足够的强度，还要防渗。在模型的平面布置图上，还应建立模型边墙和导线网之间的关系，以便确定模型边墙的位置。目前应用 CAD 技术快速准确获得控制点坐标，而后应用全站仪、利用导线点和模型边墙的拐点角度距离位置关系，可实现快速高精度定位。

除了确定模型平面位置以外，还需要确定模型与试验场地面高程之间的关系，进行模型立面布置方案的选定。模型立面高程的选择，应使模型尾门和退水渠的泄水保持自由泄流的状态，使模型的尾门能灵活准确地控制和调节模型的水位，模型泄流不致影响尾门的正常工作。进行模型立面的布置，需要了解模型河底的高程，可根据地形图沿程最低点高程的资料，画出河道最低点的纵剖面图，即可进行模型立面布置方案的设计，确定模型各河段的高度。一般情况下，要使模型最低点高程不低于试验场地平面的高程，保持试验场地面的完整。如果局部点的高程过低，则会抬高整个模型的高度。因此要综合考虑模型立面各点高程之间的关系，既要尽量保持试验场地的完整，又不使模型过高，以增大模型的工程量，带来试验操作的不便。模型尾门和退水渠的高程，应以试验水文系列中的最低水位来确定。模型边墙的高程应高出模型最高洪水位 10cm 以上，以便超蓄水量，防止发生水体漫溢。

4. 模型断面板的制作与安装

（1）断面位置的确定

制作模型时，用来控制河道的方法很多，常用的方法的是断面板法。垂直断面板用来控制河底部分地形的变化，水平断面板则用来控制河岸部分的地形变化。垂直断面应尽量垂直于主流的方向，同时也尽量垂直于平面控制网的导线，以便于控制模型断面的位置。河道地形变化较大的河段，断面的间距一般 20～50cm，地形变化不大时，断面的间距可以为 50～100cm。地形变化较大或微地形复杂的河段，可增设加密辅助断面，以精确地控制塑造河道的微地形。水平断面板一般按地形的等高线制作，断面高程依据模型的垂直比尺的大小来确定，既要能控制河道的地形，又要便于模型的施工。在模型的布置图上，要建立模型水平断面板的位置和控制网导线的关系，以便于施工放线时确定断面板的位置。

（2）断面形状的控制

模型控制断面的形状是由断面上各点的位置及高程决定的，测点的位置通常沿控制导线向左或右测量，测点要有明确的高程，一般选择断面和等高线的交点，如等高线分布较稀或地形比较复杂，可选择有高程资料的测点，或内插一些点的高程作为断面的控制点。将图上测得的控制点的位置和高程数据填入断面计算表中，换算成模型的尺寸供绘制断面板使用。

（3）断面板的绘制和锯裁

河工模型使用的断面板一般采用凹型模板，将断面的模型数据点绘在断面板上，然后沿断面的河底轮廓锯裁下来。模型的断面板常采用胶合板、白铁皮、纤维板等。模型断面板的绘制和锯裁过程简述如下：

1）断面水平基线高程确定。根据断面上各测点高程变化定出水平基线高程，此高程一般选择整数。

2）确定导线的位置。根据断面的横向宽度，合理安排断面的左右部分，确定导线位置，并在断面板上画出和水平基线垂直的导线，作为控制水平距离的起点和施工放样的依据。

3）绘制断面控制点。根据断面计算表所计算的模型断面尺寸，在断面板上按照导线和水平基线构成的坐标系，画出横断面地形的各控制点，用直线连接各控制点，以折线的形式表现出模型横断面的形状。

4）断面板地形检查。断面板绘制完成后，要认真地检查控制点位置和高程的数据是否正确，断面板的形状和地形图所示是否一致。

5）锯裁断面板。将断面板埋入模型的部分留下，并保留表示断面轮廓的连线，其余部分裁去。保留的断面板埋装尺度应在 5～6cm，以便于模型制作时固定。

为解决模型断面板人工制作效率低、质量参差不齐的难题，黄科院与洛克机电系统公司合作开发了 HHZM-I-1225 型数控制模机。HHZM-I-1225 型数控制模机采用了 CAM 技术、数控技术，主要由工作机床、变频调速器、电气控制柜、工控机和制模软件组成。其刀头最高行进速度可达 9000mm/min，分辨率 0.005mm/脉冲。通过更换刀头，可切割各种金属与非金属模板材料。最大制模尺寸为 1200mm×2500mm×100mm。以黄河下游实体模型制作为例，在模型制作中，制模系统经过 400 工时的运转，圆满完成了模板制作任务。与手工制作相比，节约人力 10 人（包括模板制作人员和数据校对人员），缩短工期约 200 个工时，精度达到了 0.3mm。由于模板图形数据可以重复使用，保障了模型试验的连续性。数控制模机（图 26-2）节约了实体模型制作的人工成本，且提高了模型制作的精度。

图 26-2　断面板自动排版加工系统

（4）施工放样及断面板的安装

模型建造时，首先将模型的平面控制网施放在模型场地面上，再将模型边墙、首部和前池、模型的尾门和退水渠口位置等在模型场地上确定下来。然后沿导线将模型横断面位置固定，并在模型边墙上划出模型横断面位置线，即可依此来确定横断面位置。

安装断面板时，在断面线上将断面板上导线的位置对准控制导线，用模型沙将断面板固定，再用水准仪测定断面板高程，即可作为控制地形的依据。

5. 模型的塑造

模型断面板安装完毕后，将模型沙铺在断面板之间，并填压密实。然后，根据断面板的形状、参考地形图，塑造断面之间的微地形。动床模型的厚度应按可能的最大冲刷深度来确定，微地形的精细塑制对于试验的可靠性至关重要。

（二）模型验证

模型建成后，应严格检查模型地形地貌与原型的相似程度，进而才能够按照原型水沙资料开展验证试验，检验模型中水流运动、泥沙运动以及河床演变的相似程度。如有必要，可调整模型设计中的有关比尺，以保证模型中能重演天然河道中的水流和泥沙运动现象以及冲淤变化。验证试验成功后，方能进行正式试验，才能将水流和泥沙运动等试验成果运用到原型中去，为规划设计等提供参考依据。

1. 模型几何尺寸的检验

模型塑造完成后，需进行仔细的检验，检测各特征点的平面位置及其高程，以及模型微地形的状态。模型初始地形的平面控制精度为±10mm，高程控制精度为±2mm。模型微地形的形态和轮廓尺寸，应和原型的形态和尺寸保持相似。对于比尺较小的模型，若对断面间地形精度有更高要求，还可以进行模型地形的测量，绘制模型地形图并与原型河道地形图进行比较，检查模型制造的精度。

2. 水流运动相似的验证

模型相似性的验证，无论是定床水流模型，还是动床泥沙模型，都应在几何相似的基础上，进行水流运动相似性验证。水流运动相似性验证的内容包括各流量级下水面线的相似、水流沿垂线及沿河宽流速分布的相似以及局部水流结构的相似等。

（1）水面线的验证

河工模型试验中，水面线的相似是河床阻力相似的标志，水面线相似的验证，是根据原型实测若干流量级相应的沿程各站的水位资料，在模型中施放相应流量，测量沿程各站的水位。如果所测水位与实测水位不一致，就需调整模型河床糙率，使沿程各站的水位和原型一致。模型糙率的调整可采用梅花形等不同排列方式在河床上布置各种粒径的卵石来调整河床的粗糙度，也可以采用在河床上插木棍，或橡皮条，或在水流中悬挂绳索或铅丝的形式，来调整水流阻力。

（2）流态与流速分布的验证

水流的流态和流速分布反映的是水流流场，它是模型运动相似的重要标志。水流流态和流速分布的相似性，决定了泥沙运动的相似性，对于研究包含有泥沙运动的河工模型试验，水流运动的相似是前提。流速流态的验证，应进行洪、中、枯水不同流量级的清水率定（通过调整地形和糙率使流态与流速分布达到和原型相似）和浑水（利用河床冲淤地形和相应的流态与流速测验资料进行对比）流速流态的验证。流速分布形态应与原型相似，最大流速相对误差不得超过±5%，其他部分流速值相对误差不得超过±10%。流态的形态应与原型相似，流向必须与原型一致，与断面直线的夹角相对误差不宜大于15%。

验证模型进出口的水流情况，主要是水流流向及单宽流量分布（或垂线平均流速分布）的情况必须与原型相似。因此，模型必须有足够长的进水段。一般进口段的长度不宜小于20～50倍的水深，还需视具体情况进行调整或采取必要的稳流措施，如安装稳流栅等设备。对于出口段，除了要有足够的长度之外，尾门及量水堰的布置也要注意，以免影响出口段的水流相似。

3. 悬移质含沙量及推移质输沙率的验证

泥沙模型在水流运动相似的基础上，还要检验模型和原型在输沙能力方面的相似性。悬移质模型要验证断面平均含沙量、含沙量垂线分布及含沙量沿河宽分布的相似性。悬移质含沙量相似性的验证要依据原型实测含沙量的资料，模型中测验资料与原型相应条件的资料进行对比。推移质模型则要验证单宽输沙率的相似，没有实测资料时，也可利用调查资料进行估算，然后了解模型的输沙能力及沿程变化情况，判断模型对泥沙运动的复演能力。

4. 河床冲淤变形的验证

河床冲淤变形的相似是判断动床河工模型相似性的重要条件，也是模型试验成败的关键。因为试验成果的可信性和精度，均要以模型对于天然情况下河床冲淤变化复演的程度与精度为依据。河床冲淤变形的验证，应选择一定时段检验模型和原型河床冲淤变化情况的相似性。验证时段的选择，应包括原型河床冲淤变形最显著的时期。对冲积平原河道有浅滩的河段，验证时段还必须包括枯水期在内。河床冲淤变形的验证应对试验河段的冲淤总量、淤积分布及冲淤物组成（即泥沙的颗粒级配）和干容重进行验证。模型和原型各部位的数值必须达到定性相似，定量误差不超过±25%。

通过验证试验，如果在模型上能够获得与原型相似的水流结构和复演原型地形的冲淤变化，就可以认为初定的各类模型比尺是可行的，所选用的模型沙能够用来模拟泥沙运动及河床冲淤变化。否则就需要按照河床变形方程的要求，调整含沙量、输沙率和河道冲淤变形时间比尺。经过反复调整，直至能复演原型相应时段的河床冲淤变化为止。调整各类比尺以后，必须重新进行验证试验，直到各项观测结果均能符合验证要求，才可进行正式试验。

（三）模型试验

1. 试验准备及要求

（1）确定试验控制条件

按照验证试验确定的比尺，计算正式试验的放水要素，包括进口流量过程线 $Q(t)$、出口水位控制过程线 $Z(t)$、悬移质含沙量过程线 $S(t)$、推移质输沙率过程线 $G(t)$、放水时段 T 等。

（2）概化流量、含沙量、输沙率过程线

模型流量、含沙量、输沙率的概化应同步确定，必须包括洪、中、枯水期不同流量级。模型进口条件的概化，要能反映流量和沙量变化过程的特性，并保持概化前后总水量和总沙量的平衡。时段的数量、时段的长短、流量和沙量变化的速率，要便于试验操作。

（3）模型试验要求

按照规范的要求，试验过程中要进行水流和泥沙运动要素的测量。试验进行过程中，如果施放的流量、含沙量或输沙率、模型沙级配的任何一项的控制精度达不到试验要求，并在短时间内不能调整到试验要求的数值时，必须重新进行试验。

（4）编制试验大纲

根据模型试验任务书要求，具体编写模型试验的技术方法、试验观测内容、仪器设备的布置、试验设备操作、试验人员安排及其他相关注意事项，重点详述试验水沙控制条件、出口边界条件及试验步骤。

2. 试验程序

试验安排要周详合理，操作要准确可靠。试验是获得基础资料的重要手段，试验工作的顺利进行直接影响资料精度和使用效果。资料要收集齐全，并尽量做到边试验，边整理，力求及时发现问题，及时补救。

（1）试验前的准备及检查

A. 量测仪器的制备和检查

进行试验必需的各种仪器及装置，如流速仪、流向仪、光电测沙仪、水位及流量量测装置、颗粒分析设备、摄录像机具等均应齐全，并事先作好试运转工作。对仪器及装置的性能、精度、操作方法及使用条件应熟练掌握。各种率定曲线应事先绘制好，模型的所有测针零点应测定，观测断面的准确平面位置应在模型上标出，各种观测的辅助设施（如测桥、活动测针架、电源、照明系统、摄影天桥、通信设备）均应安装到位，并经过周密检查。

B. 供水系统的制备和检查

模型试验的供水系统，包括泵房的全套设备，模型的进水管路，回水渠道等均应装备齐全，试验前应进行全面检查，排除各种故障。进水管路的漏水现象，在缺乏平水塔设备的条件下应绝对避免。模型漏水情况，并采取措施加以排除。

C. 模型沙及供沙系统的制备和检查

模型沙的制备是动床模型试验的重要环节，有关模型沙的粉碎和分选（水选或风选）装置应完备，并储存有足够数量配制好的模型沙。模型沙的贮存，供沙及回收设备，也应经过周密检查，保证试验时能正常使用。选用的模型沙，应通过预备试验测定其密度、干密度、糙率、沉速、起动流速、悬移质水流挟沙力和推移质输沙率等有关资料。

D. 试验计划的制订

放水试验前，对试验组次，每组次的试验内容（包括试验历时、流量、含沙量、水位的控制数据等）、测验项目、人员分工等都应周密计划，并落实到人。记录表格和河道图纸要印制好，以备试验时随时取用。

（2）正式试验

不同类型的模型试验内容不相同，这与所研究的具体工程问题的性质关系很大，不能一概而论。

对定床河工模型而言，如系研究恒定流，一般是按规定流量放水，同时调节尾门，控制水位达到规定数值，等流量和水位都稳定后即可进行具体观测。全部项目观测完毕再改变流量，进行另一组试验的观测工作，直至全部试验结束。如为研究非恒定流，则按流量过程线放水，同时相应控制尾水位。

动床模型试验的内容与定床模型不同，不同性质的动床模型试验的内容彼此也不一致，一般是按概化后的流量过程线放水。由于往往须在动床模型上研究较长时期的河床变化，而模型中途停水会破坏地形，因此动床模型试验往往须连续进行较长时间的连续放水试验，并在不停水情况下观测水流及河床变化。如果试验历时过长，或受其他条件限制，也可选在河床变形不大的时段停止放水，并须为避免地形遭受破坏而采取相应的保护措施。对于某些研究局部问题的试验，可能只需施放固定流量，历时也不一定很长，问题要简单得多。

（四）动床河工模型测控系统与设备

1. 模型试验控制系统

目前河工模型试验的操作，逐渐由人工操作变为自动控制操作。常用的自动控制系统有以下三种。模型进口流量控制系统、模型加沙控制系统、模型尾水位控制系统。

（1）流量控制设备

常用的流量控制设备有量水堰、巴歇尔槽、差压式流量计、电磁流量计、涡轮流量计、超声波流量计等。目前黄河模型试验常用的流量测量设备是电磁流量计。电磁流量计由电磁变送器、电磁转换器和显示记录仪表配套组成。

变送器的主要技术特征为：①被测量液体的电阻率应不小于 $1\times10^{-3}\Omega\cdot m$；②变送器至转换器的信号线长应小于 30m；③成套仪表的精度为±15%。变送器可垂直或水平安装，但导管在任何时候均应满流，否则会引起测量误差。在它前后各1m 处管道应妥安另一地线，决不可共用电动机或变压器的地线，周围不得有较强的磁场。

电磁流量计转换器的功能是：将来自变送器的 0～10mV 交流信号经高阻抗变换、交流电压放大、解调、电压与电流变换及干扰自动补偿后转换为与流量成比例的 0～10mA 直流信号输出。其主要技术特性为：①输入信号 0～10mV（交流）；②输出信号 0～10mA（直流）；③负载电阻 0～3kΩ；④恒流特性±0.2%kΩ。

使用电磁流量计时要注意：①电源电压波动的影响；②停水时，泥沙沉积的影响，解决泥沙沉积的办法是加排沙管或加清水冲洗管；③严格按安装的要求安装（电磁流量计前段的直管段的长度要大于 5 倍管径）。

（2）供水设备

河工模型的供水加沙方式有两种：①水沙分开方式；②水沙混合方式。水沙分开的供水方式与河工清水模型试验的供水方式完全一样，其供水设备一般由动力间、泵房、平水塔、输水管、蓄水池和回水渠组成，这种供水设备的动力间、泵房、平水塔可以几个模型联用。

水沙混合的供水设备，也称为浑水供水设备，可以有平水塔，也可不用平水塔，由于每个模型的含沙浓度不同，故这种供水设备，仅供一个模型专用。

含沙量变幅较小的悬沙模型试验，一般采用水沙混合运行方式的供水设备较好；进行推移质模型试验和含沙量变幅较大且变化较快的悬沙模型试验，采用水沙分开的供水设备则比较方便。

（3）加沙设备

采用水沙混合方式进行模型试验时，一般不需要加沙设备，试验时用水泵将搅拌好的浑水抽入模型前池，即可进行试验。在试验过程中，如需要改变模型进口的含沙量，可向蓄水池内加沙或加水，经检测、调整，使模型进口含沙量符合设计要求。采用水沙分开方式进行模型试验时，则需一套专门的加沙设备，包括搅拌池、电磁流量计、含沙量计和输沙管等。

试验时，先将模型沙放在搅拌池内搅拌成均匀的高含沙量泥浆，然后通过含沙量计和电磁流量计的检测，由输沙管或陡槽送入模型前池与清水混合进行试验。模型进口含沙量由下式确定：

$$S_{入} = \frac{Q_1 S_1}{Q_0 + Q_1} \tag{26-53}$$

式中：$S_{入}$为模型进口含沙量；S_1为搅拌池内含沙量；Q_0为由清水泵送入模型前池的清水流量；Q_1为由孔口箱（或电磁流量计）送入模型前池的浑水流量。

采用这套设备进行试验时，需要配备一个大型沉沙池，模型出口的浑水经沉沙池沉清后，方可由回水渠送入蓄水池，供模型试验循环使用。

（4）尾水位控制系统

该控制系统由尾水位显示操作器、跟踪式水位计、电动执行器和尾门组成。

2. 测验仪器

泥沙模型试验常用的测验仪器有水位计、流速仪、流量计、含沙量计、地形仪和颗分仪等。各种仪器都有各自的特性，使用时要全面掌握它们的特性。

（1）水位计

A. 测针

测针由测针杆、测针尖和测针座三部分组成。测针杆的长度有 60cm 和 40cm 两种，正面有刻度，并附有游标，精度为 0.1mm。

使用时，将测针固定在模型边墙上或测针架上，直接测量模型水位。如果模型水面波动较大，可以用橡皮管和紫铜管将模型水位引入量筒内，用测针测量筒内水位即可获得模型水位。采用测针测水位时，转动手轮，使测杆徐徐下降，逐渐接近水面，以针尖与其倒影刚好吻合、水面稍有跳动为准，观测测杆读数。同时要注意：①测针针尖不要过于尖锐，尖头大小以半径为 0.25mm 为准；②测针杆与测针尖的连接是否牢固；③测针杆与测针尖是否与水面垂直；④测针座是否活动，零点是否变动。

B. 电子跟踪式自记水位计

电子跟踪式自记水位计是利用水电阻的限值变化，使电桥产生不平衡的原理来测量水位的仪器，其传感器由两根不锈钢针组成。一根接地，另一根插入水中 0.5～1.5mm（可调）。当水位固定不变时，两测针之间的水电阻不变，两测针连接的电桥保持平衡，不输出信号。当水位变动时，水电阻随之变化，桥路失去平衡，产生信号输出，输出的信号经放大处理，驱动可逆电动机旋转，经机械转换，变成测针的上下位移，驱使测针跟踪于相应的水位，以获得新的暂时平衡。将上述水位计的卷筒机构改换成模数转换装置的编码盘，就可以获得数字信号输出与水位计数字显示器配套，可直接显示水位读数，或经专用接口由计算机进行集中数据采集和处理，得到水位变化过程线和沿程水面线图。类似的还有超声式水位计，由于采用温度补偿，使精度和稳定性较前者有所提高，近年来已开始在黄河模型试验中广泛使用。

（2）流速仪

目前黄河模型试验常用的是光电式旋转流速仪，由感应器（旋转叶轮）、导光纤维、放大器、运算器及显示器组成。旋转叶轮的叶片边缘粘贴反射金箔，当电珠光束（电源）经发射导光纤维照射至反射纸时，由于反射纸的反射作用，使反射光经接受导光纤维传输至光电管，使感应信号转换成电的脉冲信号，经放大器、运算器和数字显示器显示出测量数据。然后按下式可求得流速：

$$\upsilon = K\frac{N}{T} + C \tag{26-54}$$

式中：υ为测点流速；K为叶轮系数，经率定确定；N为叶轮转数；C为叶轮惯性系数，经率定确定；T为测量时间。

（3）测沙仪

在河工模型试验中，常用的测沙方法有称重法（烘干称重法和比重瓶置换法）、光电测沙法、同位素测沙法、超声波测沙法、振动传感器测沙法。其中称重法长期应用于黄河模型试验中，目前仍在使用。

A. 烘干法

烘干法是将沙样直接放在烘箱内烘干，然后称出沙重，计算含沙量。

B. 比重瓶置换法

比重瓶置换法是将水样装在比重瓶内称重，然后利用下列关系求含沙量：

$$W_s = \frac{W' - W_0}{\frac{\gamma_s - \gamma_0}{\gamma_s}} \tag{26-55}$$

$$S = \frac{W' - W_0}{\frac{\gamma_s - \gamma_0}{\gamma_s}\overline{V}} \tag{26-56}$$

式中：W_s为比重瓶内的沙重；S为含沙量；W'为比重瓶的瓶加浑水重（测量时水温下）；W_0为相应水温下，比重瓶加清水重；γ_s为模型沙比重；γ_0为相应水温下，水的比重；$\overline{V}$为比重瓶的体积。

C. 光电测沙法

光电测沙法是利用光电测沙仪测含沙量。其原理是：当光源发出的平行光束射入试样时，试样中的浑浊（含沙量）会使光的强度衰减。光强的衰减程度与试样的浊度（含沙浓度）的关系为

$$I_2 = I_1 \cdot \mathrm{e}^{-KSL} \tag{26-57}$$

式中：I_1为射入试样的光束的光强度；I_2为透过试样后的光束的光强度；S为含沙量；L为试样的厚度；K为常数（与泥沙粒径有关）。

当光源强度一定（即 I_1=常数），泥沙粒径一定，就可以利用上述关系测量含沙量。国内比较成功的光电测沙仪是南京水科院研制的光电测沙仪。光电测沙仪有多种类型，除了透射含沙量计外，还有散射含沙量计、散射透射含沙量计、表面散射含沙量计等。该仪器在黄河模型中已开始小规模试用，但其稳定性还需改进。

D. 光电颗分仪

细泥沙颗粒分析的仪器有粒径计、比重计、移液管、底漏管和光电颗分仪。当前河工模型试验常用的颗粒分析仪器是 PA-720 型颗分仪和 GDY-1 型光电颗分仪。其主要部件是传感器，当大小不同的颗粒通过传感器中能透光的矩形通道时，由于大小颗粒的遮光强度不同，输出不同高度的脉冲，根据脉冲高度与粒径大小的关系，经处理，便能自动绘出所分析的颗粒级配曲线。GPY-1 型光电颗分仪由光电探头、直流稳压电源和指示记录仪表组成，是利用消光原理研制而成的仪器。其原理与光电测沙仪基本相同。当进行颗分时，指示仪表可采用直流微安表，也可用数字电压表；当做含沙量定点采样与自动记录时，采用电子电位差计自动记录，并可自动绘制颗粒级配曲线。光电颗分仪是黄河模型试验颗粒粒径分析的主要方法。

（五）试验资料整理和分析

资料整理和分析是模型试验中一项十分重要的工作。在试验观测中测得的大量资料，应通过计算整理绘成必要的图表，然后把观测的资料与理论分析结合起来，从中找出规律性的东西，回答生产上提出的技术问题。

（1）边试验边整理

试验过程中能够整理计算、绘图的资料最好马上整理绘图，便于及时发现试验中的问题，指导试验工作，也可减少最后资料整理分析的工作量。

（2）分析观测资料

对观测资料要去伪存真、去粗取精。资料的取舍要有充分根据，不可主观臆断，更不能任意挑选资料来附和自己的主观愿望而导致错误的结论。

（3）绘制图表曲线

对试验资料要进行统计归纳，绘成图表曲线，以便找出各因素间的相关关系和变化趋势，或者建立因素间关系式。

通常需要整理的图表，在水流方面一般包括：水面线图、平均流速和单宽流量沿河宽分布图、流速沿垂线分布图、水面流态图等；在泥沙方面一般包括：垂线平均含沙量及单宽推移质输沙率沿河宽分布图、含沙量沿垂线分布图、床沙分布图、河道地形图、纵横断面变化比较图等。

整理分析资料过程中，应根据生产上的要求和说明问题的需要，决定绘制图表的性质和内容。

（4）编写模型试验报告

资料整理分析结束后，编写模型试验报告书，其内容一般包括：①河道概况及研究背景；②试验的目的、任务及工程方案；③模型设计；④模型制造；⑤验证试验；⑥试验成果分析（包括原设计方案和修改方案）；⑦结论和建议。

参 考 文 献

窦国仁. 1977. 全沙模型相似律及设计实例. 水利水运科技情报，8：1-20

费祥俊，朱程清. 1991. 高含沙水流运动中的宾汉切应力. 泥沙研究，4：13-22

惠遇甲，王桂仙. 1999. 河工模型试验. 北京：中国水利水电出版社

李保如. 1991. 我国河流泥沙物理模型的设计方法. 水动力学研究与进展，6（增刊）：113-122

李保如，屈孟浩. 1985. 黄河动床模型试验. 人民黄河，6：26-31

李昌华，金德春. 1981. 河工模型试验. 北京：人民交通出版社

南京水利科学研究所，水利水电科学研究院. 1985. 水工模型试验. 北京：水利电力出版社

钱宁. 1957. 动床变态河工模型律. 北京：科学出版社

屈孟浩. 1981. 黄河动床河道模型的相似原理及设计方法. 泥沙研究，3：29-42

沙玉清. 1965. 泥沙运动学引论. 北京：中国工业出版社

王桂仙，惠遇甲，姚美瑞，等.1981.关于长江葛洲坝水利枢纽回水变动区模型试验的几个问题. 见：中国水利学会. 第一次河流泥沙国际学术讨论会论文集. 北京：光华出版社

武汉水利电力学院. 1961. 河流动力学. 北京：中国工业出版社

肖兴斌. 1996. 水工泥沙试验工. 郑州：黄河水利出版社

谢鉴衡. 1982. 河流泥沙工程学（下册）. 北京：水利出版社
杨美卿，钱宁. 1988. 紊动对细泥沙浆液絮凝结构的影响. 水利学报，8：21-30
张红武，江恩慧，白咏梅，等. 1994. 黄河高含沙洪水模型的相似律. 郑州：河南科学技术出版社
张瑞瑾. 1979. 关于河道挟沙水流比尺模型相似律问题. 水利水电技术，8：35-41
张瑞瑾. 1998. 河流泥沙动力学（第二版）. 北京：中国水利水电出版社
左东启，等. 1984. 模型试验的理论和方法. 北京：水利电力出版社
M S Yalin. 1971. Theory of Hydraulic Models. Macmillan

第二十七章　河工模型设计

一、整体模型设计与应用实例

（一）概述

多沙河流的河床演变规律极其复杂，仅凭水流和泥沙实测资料分析，不进行实体模型试验，很难提出比较切合实际的河道整治方案，尤其难以对治河工程措施实施后的河床演变进行预测。因此，泥沙动床模型试验是河道治理开发中不可缺少的技术手段。

黄河实体模型试验始于20世纪30年代，由德国著名河工专家、河工模型试验创始人恩格斯教授（Hubert Engels）所做。真正研究河床变形问题的黄河动床模型试验，则是中华人民共和国成立后随着黄河流域综合规划和第一期工程的实施全面开展的（谢鉴衡，1990）。黄委黄科院紧密结合生产需要，1953年拟定了挟沙能力、冲刷能力和挟沙水流模型律三大课题作为主攻研究课题。从比尺模型到自然模型，又从自然模型再回到比尺模型，通过一系列试验资料分析，提出了一套比较全面的黄河动床模型设计和试验方法—黄河动床模型律（李保如，1991）。从60年代末开始，黄科院先后采用这一套黄河动床模型律进行了三门峡水利枢纽增建后黄河下游河床演变过程预报试验、黄河三盛公枢纽库区动床模型试验、黄河渠村闸特大洪水分洪模型试验及夹河滩—高村防止滚河模型试验、东坝头—高村河道整治模型试验等。1977年黄河下游发生高含沙洪水以后，黄科院在黄河动床模型律的基础上，及时进行了高含沙水流模型试验方法的研究。1978年黄科院李保如、屈孟浩等对上述模型试验的原理与方法进行了系统总结，提出，黄河实体模型除需遵守水流运动相似条件外，还需遵循悬移质泥沙运动相似、挟沙能力相似、河床冲淤过程相似，并给出了床沙运动相似条件及模型几何变率限制条件（李保如和屈孟浩，1985）。1988年，张红武等（1994）在前人研究的基础上系统开展了动床河工模型相似条件的研究，提出了一套系统的高含沙洪水动床模型相似律。按照该模型相似律建立的“花园口－东坝头动床河道模型”（张红武等，2001）、“小浪底－苏泗庄动床河道模型”，已经过了各种水沙条件的验证，验证结果表明：模型除满足水流惯性力重力比相似、输沙相似、泥沙起动相似及河床冲淤变形相似等条件外，在含沙量分布、流速分布、泥沙级配、河型及河势等方面与原型也基本相似。因此，利用这些模型来研究黄河下游游荡性河段河道整治工程的布设及其存在的问题，是完全可行的。

（二）整体模型设计技术与方法

1. 模型试验总体布局与基本流程

整体模型试验的主要目的，是为了研究长河段、长时段内河床冲淤演变的总体趋势、冲淤纵向分布和横向分布情况以及冲淤演变发展过程。这类模型试验仅要求模型水流纵横向运动和泥沙纵横向交换与原型基本相似，并不严格要求局部水流结构与原型的严格相似。因为天然河道往往平面尺度很大、水深较小，这类动床模型试验一般采用变态模型。

模型的整体布局，一般包括进口水沙控制系统、模型主体部分、尾门控制系统、地下水库供水系统（为节省地方，常设计为地下水库）。

为满足施放非恒定流量和含沙量过程的需要，模型进口水沙控制系统往往采用清水、浑水系统分设，以方便水与沙的实时调配，保证试验水沙过程与原型相似。为了保证水流出流平顺、水沙混合均匀，模型进口除设置专门的进水前池外，还需要预留足够长度的非有效试验段，以保证水流进入有效试验河段时的水流流态、出流方向（河势流路）、水沙一体。模型出口控制系统，在试验过程中按照试验要求控制尾水位变化，以保证出流平顺，防止水流不稳，造成拉沙成槽，破坏模型有效试验段模型试验的相似性。

模型的主体部分，包括模型边界、主河道的河床、河防工程等。首先需要选择试验场地，模型场地要满足进口段和模型试验段以及出口段布局的要求，根据场地条件和试验目的确定模型的平面比尺和变率。在制作模型之前，还必须要选择一套适合模拟河段的模型试验相似条件（如水流运动相似条件和泥沙运动相似条件）。动床模型的河床是用模型沙铺填而成的，因此模型制作前还要选择好模型沙。模型沙的选择要根据模型平面比尺、模型试验相似条件，通过不同方案比选，最终确定。黄河动床模型因为用沙量极大，一般选取郑州热电厂的粉煤灰，既能达到试验目的又价格便宜，然后采用水选法制备符合要求的床沙和悬沙，再通过颗分检验后铺设到模型河床的不同部位。模型必须要严格按照原型河道的地形、地物、地貌制作好初始地形，特别要掌控好模型河床物质的干容重。一般开展长河段洪水演进和河道冲淤变化的动床模型试验时，除满足泥沙起动相似条件和淤积相似条件外，还必须满足水流运动相似、阻力相似条件；局部河段动床模型试验时，则需要满足泥沙起动相似条件和水流运动惯性力重力比相似条件；高含沙水流的动床模型试验，需要满足泥沙运动相似条件和泥沙流变特性相似条件（李昌华和金德春，1981；谢鉴衡，1982）。

模型制作完成后要对模型进行检验和验证。即选择原型已经发生的洪水过程，制作当年的初始地形，开展验证试验。如果模型放水以后，水流运动和河床演变与原型不相似，则需要调整模型试验参数使模型与原型相似。之后才能开展正式试验工作。

2. 浑水加沙系统

河工模型的供水加沙方式有水沙分开方式和水沙混合方式两种。黄河上的模型试验多采用水沙分开的方式，其供水设备一般由动力间、泵房、平水塔、泥浆搅拌系统、输水管、蓄水池、退水渠组成。模型试验前，先将模型沙放在搅拌池内搅拌成均匀的高浓度砂浆，采用目前较为先进的光电颗分仪测量搅拌池泥沙的粒配，然后通过含沙量计和电磁流量计（或孔口箱）的检测，由输沙管或陡槽送入模型进口与清水混合。采用这套设备进行试验时，模型尾部一般要配备一个大型沉沙池，模型出口的浑水经沉沙池沉清后，方可由退水渠送入蓄水池，水沙分开以方便模型悬沙的循环使用。

3. 模型测控系统

常用的自控系统包括：模型进口流量控制系统；模型尾水位控制系统；模型加沙控制系统；模型量测控制系统。详见第二十六章第四节。

4. 模型制作技术

（1）选沙和备沙

动床模型的河床是用模型沙铺填而成的，因此模型制作的前期工作是选好模型床沙；在模型试验过程中进口需要施放具有含沙量的水流，因此也必须备好模型试验用悬沙。

选沙的基本原则：①为满足试验目标和相关具体要求，一般长河段冲淤模型要按冲淤相似条件和河型相似条件选沙；②模型沙的物理特性要比较稳定；③方便模型制作；④价格便宜。

制备方法是筛选或水力分选。选用煤屑做模型沙时，可用筛分法制备符合要求的模型沙；采用粉煤灰做模型沙时，可以用水选法制备符合要求的模型沙。模型沙配制好后，需进行颗分，按粗细分类堆放，以方便取用。

（2）模型试验范围和断面布设

模型试验范围应包括试验河段上下游一定距离的过渡段，以保证进口段水沙充分混合，出口段尾门水位调节不影响试验河段地形变化。在划定的试验范围内布设断面，一般情况下除原型实际大断面外，小断面的布局按比尺缩放后在模型上的断面间距以 50～100cm 为佳。若地形变化比较复杂，断面要适当加密，地形变化比较平缓的地方，断面可适当减稀（模型断面之间的最大间距不能超过 2m），在断面的一侧变化较大、另一侧变化比较平缓的地方，则在变化大的一侧，适当增添一些半河断面。平顺的直河段，断面可以稀些；弯曲的河段，断面宜密些，特别是急弯段；试验范围内的断面布设好后，按模型比尺，将断面换算成模型断面数据表；按模型断面数据表中的高程和起点距，画在断面板上；根据断面板上的画线，锯成模型断面板；断面板锯好后应用红漆标注高程和起点距数字，再用清漆刷一遍，放置通风处晾干备用。目前，上述步骤可由模型断面制作仪一次完成。

（3）导线布设

要想把原河道摆放到模型上，则需要在图纸上设置控制模型位置和断面位置的导线，导线可以是三角网导线，也可以是一根或平行的两根直导线。导线布设好后，从图纸上找出断面两端与导线的关系和模型边框线与导线的关系，就具备了在试验场地上制作模型的前提条件了。

（4）模型制作

将图纸上的导线，换算成模型值，施放在实验室拟建模型的地坪位置上，然后按模型边框线的位置与导线的关系，将模型边框线放在实验厅的地坪上，按边框线制作模型边墙。用水泥砂浆将模型边墙粉好，再将模型边框线刻画在模型边墙上。

利用图纸上模型断面位置（端点）与模型边框线的交点，把模型断面位置画在模型边墙上，并按此关系，安装断面板。然后，在模型内填充模型床沙，至所需要密实度，床沙铺填厚度一般要满足河床最大冲刷深度要求，冲刷坑最深处（先估算出最大冲刷深度坑底处的高程）以下的沙厚不应小于 10cm；安装好断面板，刮制模型地形。地形刮制好后，要给模型灌水或洒水，充分浸泡模型，直至模型内不再出现气泡。一般来讲，透水性好的模型沙，4 小时左右即可泡透，透水性差的模型沙，需要一天时间方能浸透，故一般浸泡模型沙的时间为一天（24 小时）。浸泡后再检测模型床沙的干容重。

必须指出，用以制作模型的模型沙，使用前必须经过浸泡冲洗除去杂质油污之后，方可使用。模型浸泡后，复测地形断面高程，复测合格后，小心地将断面板拔出，若发现断面处有局部沉陷时，则用模型沙填补沉陷部位，至地形全部符合要求为止。

定床加沙模型，河床是用水泥砂浆制作的定床，这时必须注意定床的基础要打好，若基础不好，放水后基础发生不均匀沉降，模型塌陷，试验则宣告失败，甚至造成模型边墙倒塌，砸坏试验仪器设备和试验人员，后果严重。

黄河下游的地形测量资料，仅能反映河床的大致情况，有些微地形地貌是反映不出来的，如生产堤的尺寸、高程及平面具体位置，滩唇的位置、高程等，地形图上都未示出，而这些资料，对制模非常重要。因此，模型制作前，必须进行原型查勘，全面收集所有资料。此外，大断面资料和河势资料是模型制作时最好的参考资料。再者，制作模型时，要根据试验任务和要求，对河道整治工程进行细致的制作和安装。

（三）花园口至东坝头河段河工动床模型设计与验证

花园口－东坝头河段河工动床模型的设计与验证是黄河动床模型设计的一个成功实例（张红武等，2001）。

黄河花园口－夹河滩河段属于典型的游荡性河段，河道宽、浅、散乱，游荡多变，“横河”等畸形河势时有发生。因此，为了科学预测该河段不同类型大洪水期的防汛形势、检验河道整治方案布局的合理性和对未来不同水沙系列的适应性，开展系统的模型试验研究很有必要。黄河下游花园口－东坝头河段的河道模型设计完成于 1989 年，模型的制作与验证工作完成于 1991 年。模型模拟范围从花园口水文断面至夹河滩水文断面，该河段直线长度达 100 多千米，堤宽 5～14km，河道比降平均为 2.03‱，河槽床沙中径 D_{50}=0.1mm，不均匀系数约为 1.6，一般情况下汛期悬沙中径 d_{50}=0.01～0.025mm，河槽淤积物干容量为 13.7～14.7kN/m^3，河滩泥沙中径变化范围在 0.02～0.03mm 之间，滩地糙率为 0.03 左右。该河段为 1855 年铜瓦厢决口前的老河道，由于溯源冲刷，北岸及南岸形成高滩，多已耕种，村庄相望，并有不少集镇，一般洪水不漫高滩。据初步分析，1990 年制作模型时该河段平滩流量为 5000～6000m^3/s，河槽水面宽度一般为 1000～3000m，平均水深为 1.1～2.0m，平均流速为 2～2.5m/s，糙率为 0.008～0.01，弗劳德数 F_r=0.5～0.6。

1. 模型设计

（1）比尺计算

首先根据场地条件和对模型几何变率问题的前期研究成果，模型水平比尺及垂直比尺定为λ_L=800、λ_h=60，几何变率 $D_t=\lambda_L/\lambda_h$=13.3，比降比尺$\lambda_J=\lambda_h/\lambda_L$=0.075。通过对不同模型沙材料的研究比选，采用郑州热电厂的粉煤灰作为模型沙。该模型沙的容重γ_{sm}=20.58kN/m^3，干容重γ_{0m}≈7.01kN/m^3，其中泥沙与水的容重差比尺 $\lambda_{\gamma_s-\gamma}$=1.5，$\lambda_{\gamma_0}$=1.99。

将模型的垂直比尺λ_h=60 代入水流惯性力重力比相似条件公式求得流速比尺λ_υ=7.75，流量比尺$\lambda_Q=\lambda_\upsilon\lambda_h\lambda_L$=371806；将$\lambda_\upsilon$、$\lambda_J$ 及λ_h 代入水流阻力相似条件公式求得糙率比尺λ_n=0.542；由泥沙悬移相似条件公式得到泥沙悬移相似比尺λ_ω=7.75×（60/800）$^{0.75}$=1.11。由于原型及模型悬移质泥沙较细，可采用滞留区公式计算沉速，由此得出如下粒径比尺关系式

$$\lambda_d=\left(\frac{\lambda_\omega\lambda_v}{\lambda_{\gamma_s}-\lambda}\right)^{1/2} \tag{27-1}$$

式中，$\lambda_{\gamma_s-\gamma}$为泥沙与水的容重差比尺；$\lambda_v$ 为水流运动黏滞系数比尺。

根据原型及模型水流温差情况，取λ_v=0.718，代入式（27-1），得

$$\lambda_d=\left(\frac{\lambda_\omega\lambda_v}{\lambda_{\gamma_s-\gamma}}\right)^{1/2}=\left(\frac{1.11\times0.718}{1.5}\right)^{1/2}=0.729$$

由原型河宽 B_p=3040m、平均水深 H_p=1.45m、比降 J_p=2‱、床沙中径 D_{50p}=0.1mm 及模型的河宽 B_m=3040/800=3.80m、平均水深 H_m=1.45/60=0.024m 及比降 J_m=0.0002/0.075=0.00267 等数据代入河型相似公式求得模型床沙中径 D_{50m}=0.033mm，相当于床沙粒径比尺 λ_D=3。

采用野外资料点绘河床不冲流速与床沙质含沙量的关系曲线，查含沙量等于零所对应的流速作为原型沙起动流速，得 V_{cp}=0.74～0.84m/s。另一方面，由试验得出的模型沙相应起动流速 V_{cm}=0.088～0.114m/s，从而可求得 $\lambda_{\upsilon_c}=V_{cp}/V_{cm}$=7.4～8.4，与流速比尺接近，表明所选模型沙能满足起动相似条件。对于悬移质泥沙中那部分与床沙有一定交换概率的泥沙，由唐存本（1963）的起动流速公式计算原型 d_{50}=0.013mm 的细沙起动流速 V_{cp}=0.85～0.95m/s，而作为模型沙的电厂粉煤灰的 d_{50m}=0.013/λ_d=0.0178mm，其 V_{cm}=0.12m/s，则 λ_{υ_c}=（0.85～0.95）/0.12=7.08～7.92，此与λ_υ也相差不多。表明即使悬移质落淤床面后，也能够满足起动相似条件。此外，根据窦国仁（1977）及张红武等（1994）的水槽试验成果，黄河天然沙扬动流速约等于起动流速的 1.6 倍，故求得原型床沙起动流速 V_{fp}=1.184～1.344m/s，模型相应的 V_{fm}=0.166～0.187m/s，可求出$\lambda_{\upsilon f}=V_{fp}/V_{fm}$=7.13～7.19，略小于$\lambda_\upsilon$，也基本上满足扬动相似条件。

（2）高含沙洪水条件下的比尺校核

对于黄河下游高含沙洪水，尽管随含沙量的增大水流黏性有所增加，同样水流强度下浑水有效雷诺数 Re_*有所减小，但是根据实测资料，求得的有效雷诺数 Re_*=1.1×10^6～7.2×10^6，远大于 8000，表明水流属于充分紊动状态。因此在模型设计中可不考虑τ_B的影响。在高含沙洪水模型预备试验中，含沙量高达 365kg/m^3，其有效雷诺数 Re_*一般为（1.5～2.5）×10^4＞8000，模型水流也处于充分紊动状态。由该模型预备试验资料求得糙率 n_m=0.0126～0.022，而原型糙率 n_p=0.0065～0.013，故得λ_n=0.516～0.59，与按阻力相似式计算的 0. 542 颇为接近。因此本模型开展高含沙洪水试验，也能满足水流运动的阻力相似条件。

根据群体沉速公式及相关文献给出的模型沙沉速公式（徐正凡等，1982；华东水利学院，1979），求得模型和原型泥沙群体沉速，求得$\lambda_\omega=\omega_p/\omega_m$=0.87～1.27，与前面的计算值$\lambda_\omega$=1.11 比较接近。表明在高含沙洪水条件下，能满足泥沙悬移相似条件。按照模型挟沙力公式分别计算原型、模型挟沙力，可得出 λ_{s_*}=1.74～2.32。由河床变形相似条件计算时间比尺 λ_{t_2}=88.5～118（取干容重比尺为 1.99）。

模型计算得到的比尺见表 27-1。

表 27-1　模型比尺汇总表

比尺	数值	依据	备注
水平比尺λ_L	800	根据场地条件	经过多次比较
垂直比尺λ_h	60	参考前期研究结果	变率：D_t=13.3
流速比尺λ_v	7.75	惯性力重力比相似条件	

续表

比尺	数值	依据	备注
流量比尺λ_Q	371806	$\lambda_Q=\lambda_L\lambda_h\lambda_v$	
糙率比尺λ_n	0.542	阻力相似条件	
沉速比尺λ_ω	1.11	悬移相似条件	
悬沙粒径比尺λ_d	0.729		取λ_v=0.718
床沙粒径比尺λ_D	3.0	河型相似条件	
起动流速比尺 λ_{υ_c}	6.17～8.41	起动相似条件	$\lambda_{v_c}\approx\lambda_v$=7.75
扬动流速比尺 λ_{υ_f}	7.13～7.21	扬动相似条件	$\lambda_{v_f}\approx\lambda_v$
干容重比尺 λ_{γ_0}	1.99	$\lambda_{\gamma_0}=\gamma_{0p}/\gamma_{0m}$	γ_0为干容重
水流运动时间比尺 λ_{t_1}	103.2	$\lambda_{t_1}=\lambda_L/\lambda_\upsilon$	
含沙量比尺λ_s	1.74～2.32	$\lambda_S=S_{*p}/S_{*m}$	模型设计结果
河床变形时间比尺 λ_{t_2}	88.5～118	河床变形相似条件	模型设计结果

2. 模型验证

为了评价模型设计的可靠性，进行了专门的验证试验。在正式开展模型验证试验前，首先开展了预备试验；然后分别开展了原型 1982 年大洪水、1988 年中水丰沙洪水和 1992 年 8 月高含沙洪水过程的验证试验。

（1）预备试验

预备实验主要包括下列内容：

A. 水流阻力特性率定

模型按 1982 年汛前断面铺制地形后，先后施放已实际发生的 1320m^3/s 和 5510m^3/s 两级流量的恒定水流过程。从泥沙运动规模、河床沙纹尺度以及稳定后的沿程水位测量结果看，与实际情况较为符合。

B. 河型的相似性

通过水位率定试验后的模型小河，相对于初始地形已有所变化。继续进行试验的造床过程中，模型小河存在着一些心滩，水大时没入水下，落水后往往变化很大。对双井－马渡一带的心滩运移情况观察后发现，心滩每小时内大致向下游运移 5～15cm，按λ_υ=7.75 换算，约相当于原型心滩每小时位移 0.4～1.2m 与掌握的少量原型资料类似。至于模型的边滩，也很不稳定，主流傍滩之处，滩岸坍塌，它处出滩，河势变化迅速，主流摆动频繁，模型小河呈现“宽、浅散乱”的游荡特性。说明，本模型按照河型相似条件确定模型床沙粗度，达到了预期效果。

C. 模型水流挟沙力

确定λ_s时，需要在模型小河中，率定其挟沙力的大小。进口水沙条件尽量与原型相应，对某一流量级和泥沙粗度，进口加沙由少到多，河床有冲到淤，通过输沙率法判定其平衡值即为该组的挟沙力点据。含沙量取样部位分别在花园口、九堡、柳园口及夹河滩，前两者作为花园口河段挟沙力试验的进口和出口条件，后两者作为夹河滩河段挟沙力试验的进口和出口条件。试验表明模型小河存在着“多来多排”的输特沙性。

D. 坝垛附近的冲刷

模型变态后，局部工程附近的流态将受到不同程度的扭曲，本模型几何变率高达 13.3，其变态的影响不可忽视。经过反复试验，并与原模型河道工程的导流情况相比较，最后认为可通过控制局部冲深来消减变态对于坝垛工程的影响。因为局部冲深变小后，过水断面深槽和水流向工程附近过分集中的现象就能在一定程度上消除，从而工程的导流能力就能与原型相近。控制模型坝垛冲深是通过调整坝坡来实现的。亦即根据原型坝垛根石深度范围及模型垂直比尺λ_h，可定出模型相应的冲深范围，由此即能通过试验率定出坝垛应附加的坡度。本模型坝垛工程是木制的，重要工程的丁坝与垛都是按上述原则制作的。预备试验测出了模型重点坝垛前冲刷坑深度，与收集到的原型根石深度进行了比较，基本位于相同的范围。表明尽管在丁坝坡度上仅做了较小的修正，但对变态影响的消减效果还是良好的。

（2）验证试验结果

A. 洪水位验证结果

水位验证除花园口及夹河滩两水文站资料外，大都是险工及控导工程观测的水位资料。预备试验已表明本模型已满足了水流阻力相似条件，但对于河床变形剧烈的河段，水面线不仅受水流摩阻特性的影响，而且受河床冲淤变化的较大影响。

1982 年和 1988 年模型验证的原型时段长达 100 天以上，比以往黄河模型验证时段（一般不足 20 天）大为增加。在试验过程中，及时测验和点绘了逐日的水面线，从而能够掌握各时段及各河段河床冲淤变化的趋势。图 27-1 为 1982 年验证时段内逐级流量下模型与原

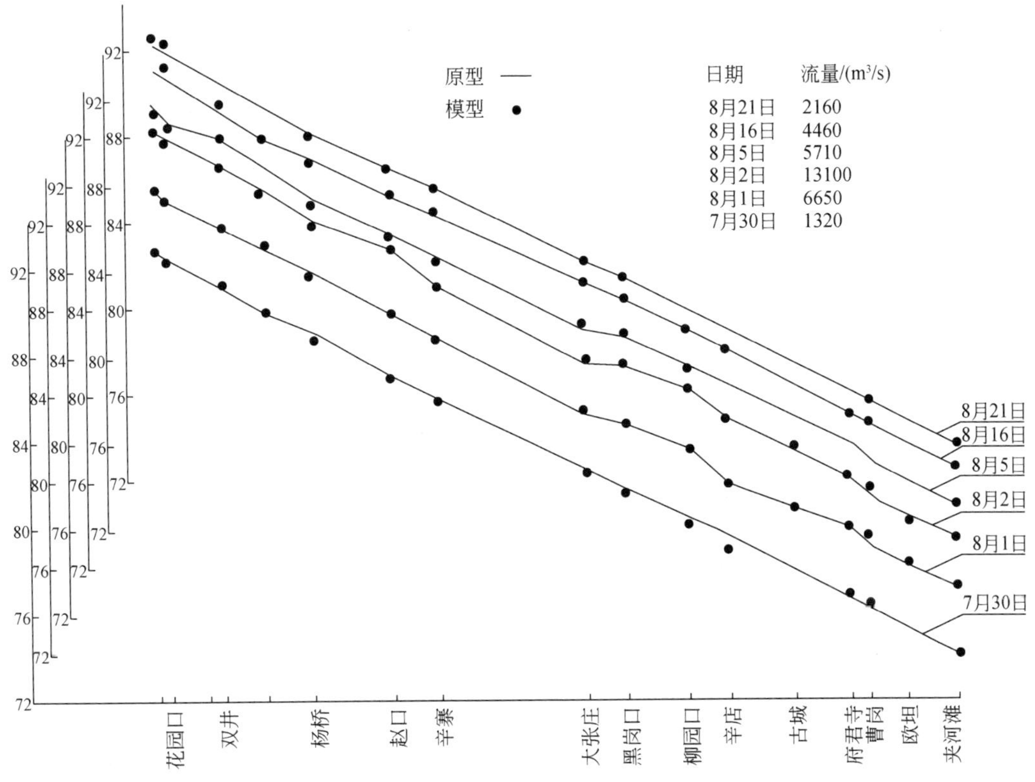

图 27-1 1982 年沿程水位验证

型的水面线部分比较结果，模型与原型实测水位值的偏差一般小于 25cm，最大不超过 31cm，表明本模型沿程水位与原型是相似的。图 27-2 为 1988 年水面线比较结果，除个别点据偏高外，实验值与原型还是比较符合的。1992 年 8 月洪水过后，开展了“92.8”洪水模拟试验，正式试验从 8 月 7 日开始，试验测得 8 月 11 日花园口水位值为 92.82m，比汛前同流量（Q=1740m^3/s）时的水位高 10～15cm，从 12～14 日水位变化看（图 27-3），在流量变化不大的情况下，水位升高了 20cm，表明洪峰到来之前，河床处于淤积状态。当洪峰流量为 6260m^3/s 时，模型测得的花园口水位达 94.39m。将花园口、夹河滩及沿程各险工、控导工程观测的水位与原型资料比较，表明本模型中的高含沙洪水，同样能达到沿程水位与原型水位相似，从而也间接说明了各河段河床冲淤变化的趋势，与原型基本一致。从试验结果看，由于河道淤积严重，过流断面减小，影响了洪水传播速度，提高了洪水位。

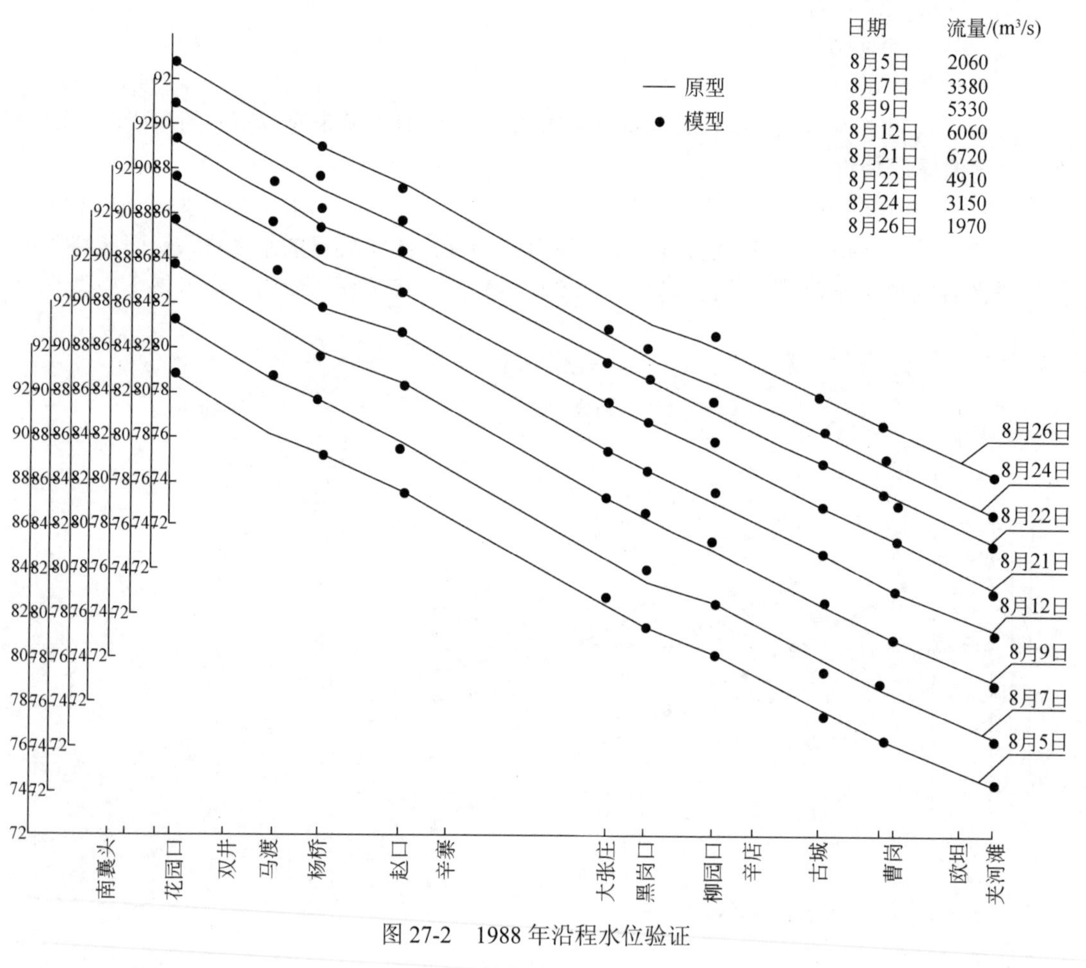

图 27-2 1988 年沿程水位验证

B. 冲淤量验证结果

动床模型验证试验中最主要的内容是检验河床变形的相似性。我们参考模型设计及预备试验结果，分别选用λ_s=1.5 和λ_s=2 并取相应的河床变形时间比尺 λ_{t_2} 在模型中复演原型的水沙过程，然后根据实测的水沙及断面资料，判断模型在河床变形方面的相似性。

第一次验证试验取λ_s=1.5，λ_{t_2}=120，淤积量结果比原型略大些（按输沙率法计算），但仍属微冲微淤的状态。对资料进一步分析后，取λ_s=2，由于模型床沙密度有所增加，其干容重实测值约为7.64kN/m^3，那么$\lambda_{\gamma_0}=1.859$，于是可以求得$\lambda_{t_2}=(1.859/2)(800/7.746)=96.0$，亦即模型放水15分钟相当于原型的一天时间。用花园口逐日流量、含沙量变化过程控制进口条件，出口按夹河滩水文站逐日水位变化过程控制。试验结果表明，取$\lambda_S=2$及$\lambda_{t_2}=96$后，不仅输沙率法得到的冲淤量结果与原型一致，而且断面法求得的冲淤体积与原型也比较接近（表27-2）。按照时段和沿程的累计淤积量验证结果，表明模型在各时段和沿河段的河床冲淤规律以及滩槽冲淤分布与原型都是一致的，且数量也较接近。套绘模型与原型断面测验资料的比较结果，尽管游荡性河段的情况极为复杂，但大致变化的趋势还是接近的。

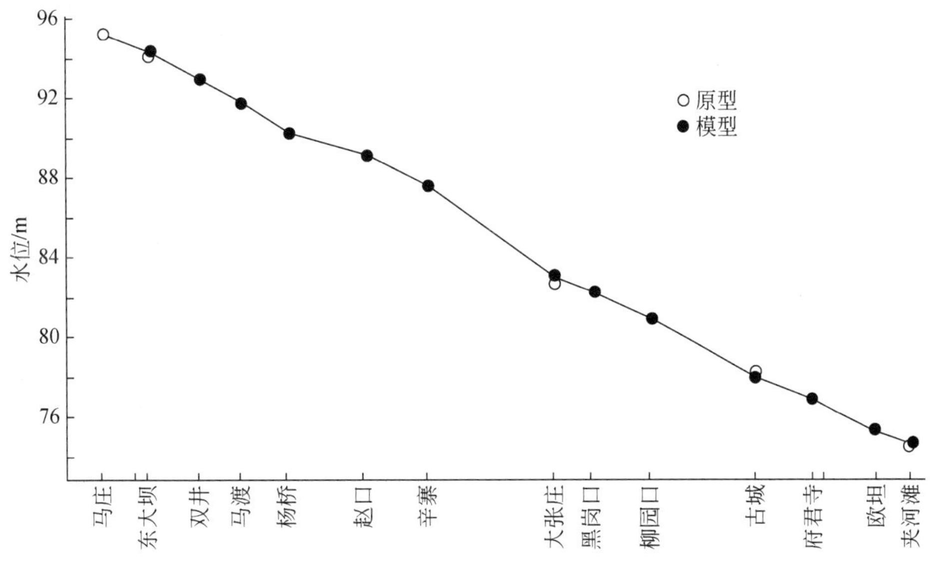

图27-3　1992年8月洪峰期沿程水位验证

表27-2　验证试验河床冲淤量的比较

年份	输沙率法/万 t			断面法/万 m^3		
	原型	模型	误差%	原型	模型	误差/%
1982	+841.44	+757.03	10.03	−2221.155	−2475.90	11.47
1988	19456.92	20003.83	2.81	11027.45	11094.03	0.60

注："+"表示淤；"−"表示冲

在1992年8月发生的高含沙洪水试验中，沿程落淤严重。该河段总冲淤量列于表27-3中，从试验结果看，模型略大于原型。由断面测量资料来看，花园口下段及九堡－韦城这两个河段淤积较以下河段严重，相对于原型情况，模型中花园口—八堡河段淤积偏多，其他大部分河段都颇为吻合。高含沙洪水特有的造床作用，使得落水期水面宽明显减少。

表 27-3　河床冲淤量验证结果

原型/亿 m^3	模型/亿 m^3	误差/%
2.54	2.77	9.06

注：断面法原型结果按照河务局汛前汛后大断面资料计算

C. 含沙量及流速分布验证结果

1982 年为大水少沙年，流速分布及含沙量分布的相似性容易检验，但由于开展验证试验时观测流速及含沙量的手段不完善，仅在花园口断面测量了少量资料。模型试验测得的含沙量及流速沿横向分布与原型资料的比较结果基本上是一致的（图 27-4）。

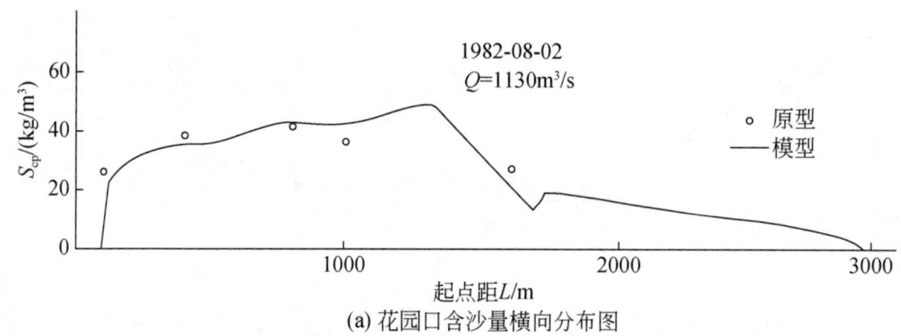

(a) 花园口含沙量横向分布图

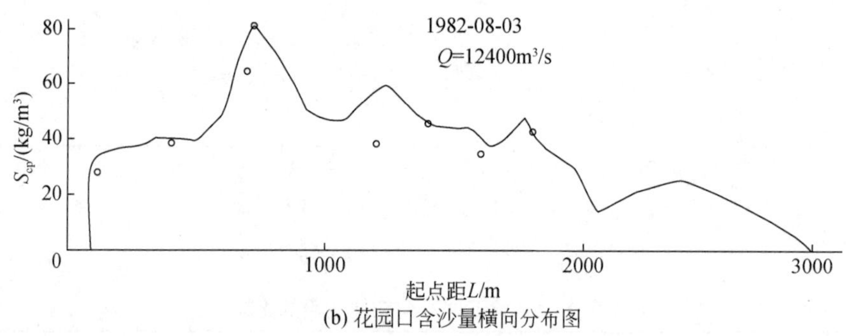

(b) 花园口含沙量横向分布图

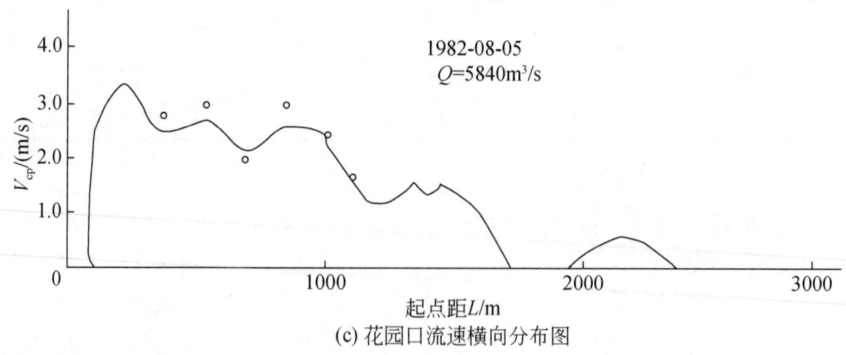

(c) 花园口流速横向分布图

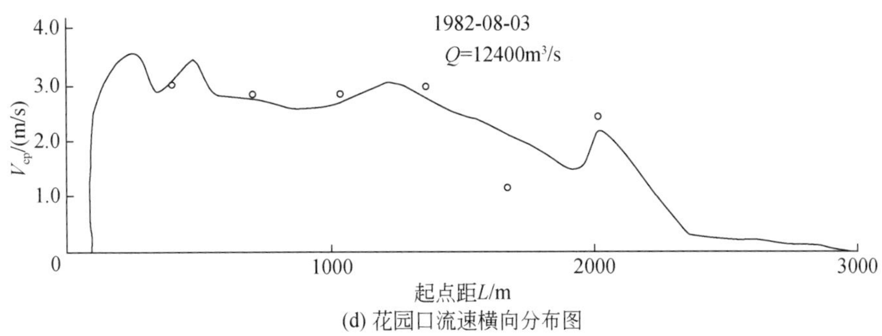

(d) 花园口流速横向分布图

图 27-4　1982 年含沙量及流速沿横向分布验证结果

在 1988 年水沙试验过程中，由于原型含沙量大，水流掺混作用强烈，使得含沙量梯度很小，沿河宽分布也较有规律（主流区大，边溜区小），模型达到了含沙量分布相似（图 27-5）。在花园口及夹河滩断面实测了流速沿垂线和沿河宽的分布（图 27-6），尽管本模型变率较大，但由于原型宽深比很大，且河床糙率较小，因此流速分布相对于目前的测试水平而言，应该说是基本一致的。由此可以说明，黄河下游游荡性河段，由于宽深比极大，河床糙率较小，它的模型取较大几何变率时，流场相似性所受的影响也并不像以往分析的那么严重。多沙河流模型流速验证的困难主要在河床变形剧烈和测速仪器不稳定两个方面。

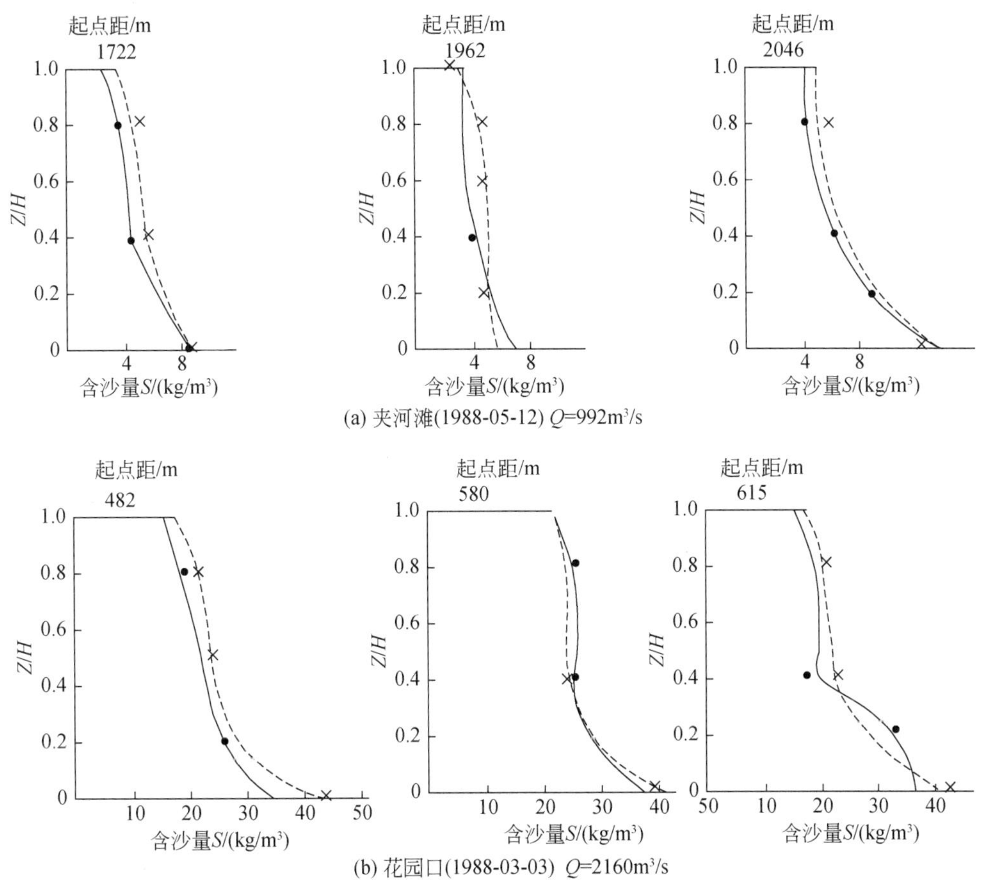

(b) 花园口(1988-03-03)　Q=2160m³/s

图 27-5　1988 年含沙量沿垂线分布验证结果

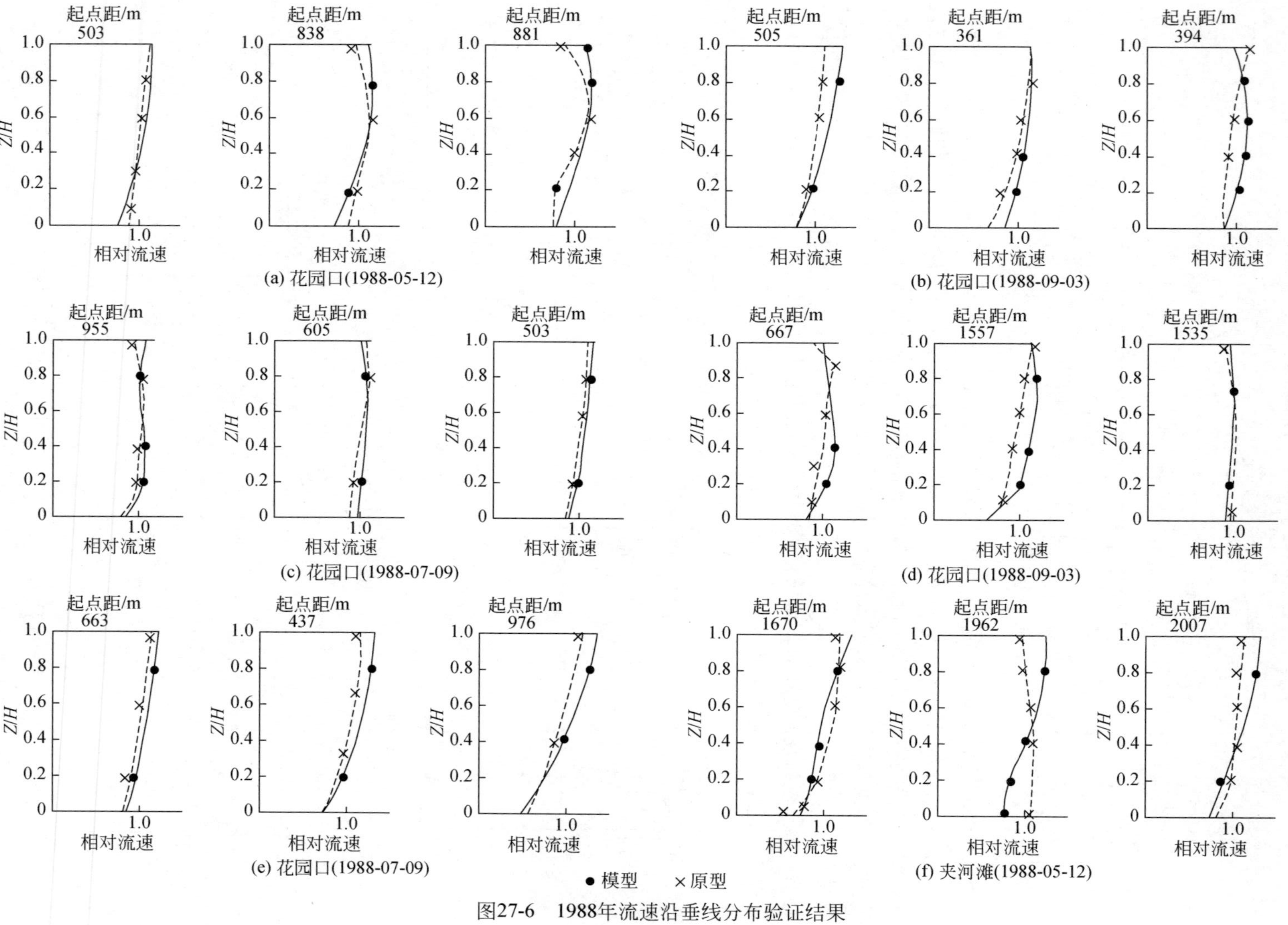

图27-6　1988年流速沿垂线分布验证结果

D. 泥沙粒配验证结果

在 1982 年、1988 年及 1992 年验证试验过程中，我们不仅尽量保证模型进口的水沙过程与原型相似，而且在加沙和铺沙时，还要求模型沙的粒配与原型相似。实践经验表明，这两者都是极为重要的。特别是对于黄河下游游荡性河道模型，水沙过程复杂，泥沙粗度对冲淤的影响又十分敏感，因此进口加沙时稍有不慎，该组试验即会招致失败。

通过 1982 年的验证实验，我们对模型进口加沙粒配的控制取得了经验。表 27-4 和图 27-7 为花园口及夹河滩两断面模型实测悬沙及床沙资料与原型的比较结果。在 1988 年验证试验中，认识到对于悬沙而言，花园口距进口加沙处 10 多米，在该断面取样可在很大程度上反映进口控制情况。而夹河滩位于模型尾部，在该断面取样可以了解经过河床冲淤调整，泥沙交换后的粒配能否与原型相似。验证图表均表明，模型不仅在泥沙中径方面与原型相似，而且颗粒级配与原型也能达到相似。

表 27-4 1988 年验证试验悬沙、床沙中值粒径对照表

沙样分类	站别	原型			模型		
		日期	中值粒径 d_{50}/mm	施测水温/℃	实测值 d_{50}/mm	换算值 d_{50}/mm	试验水温/℃
悬沙	花园口	07-11	0.015	22.2	0.0169	0.0149	24
		07-28	0.019	26.2	0.0211	0.0177	24
		07-31	0.015	25.0	0.0174	0.0148	24
		08-06	0.0165	28.0	0.0210	0.0173	24
		08-22	0.0175	27.0	0.0188	0.0180	24
		09-03	0.0220	27.9	0.0254	0.0209	24
		7 月平均	0.0169	28.0	0.0220	0.0180	24
	夹河滩	06-21	0.027	25.8	0.030	0.0253	24
		07-12	0.016	24	0.0196	0.0165	24
		07-23	0.015	31	0.0191	0.0151	24
		08-09	0.0158	20.4	0.019	0.0167	24
		08-20	0.0205	19.0	0.021	0.0196	24
		08-22	0.026	17.0	0.0284	0.0266	24
		9 月平均	0.020	15.0	0.021	0.020	24
床沙	花园口	07-05	0.126		0.043	0.129	
		07-31	0.100		0.036	0.108	
		08-12	0.168		0.051	0.153	
		08-21	0.110		0.038	0.114	
	夹河滩	07-29	0.102		0.035	0.105	
		07-07	0.075		0.026	0.078	
		7 月平均	0.086		0.028	0.084	

E. 河势变化验证结果

游荡性河流模拟，由于原型主流摆动呈一定的随机性，因此在平面河床变形方面不可能达到完全符合。本模型将主要研究河道整治，因此有必要专门分析河势的变化情况。

1982 年验证试验中，在模型进口段，主流靠花园口闸门以下，涨水后双井靠河，但落水后河势南移。大水时河势趋直，行至杨桥一带，主流靠险工，以下万滩下部及赵口靠大溜。九堡以下河势变化很大，Q=13400m^3/s 时，溜走中弘，直趋大张庄靠溜。大张庄－黑岗口形成横河。大水前柳园口下首靠河，大水主流距坝 20～30cm（相当于原型 190～240m）。落水时，河在柳园口前坐弯，斜向辛店工程，并在古城靠流，府君寺下首靠溜，然后在对岸曹岗下首及常堤靠溜，贯台工程逐渐脱河。相对于原型发生的情况而言，上述试验结果基本符合实际（图 27-8）。

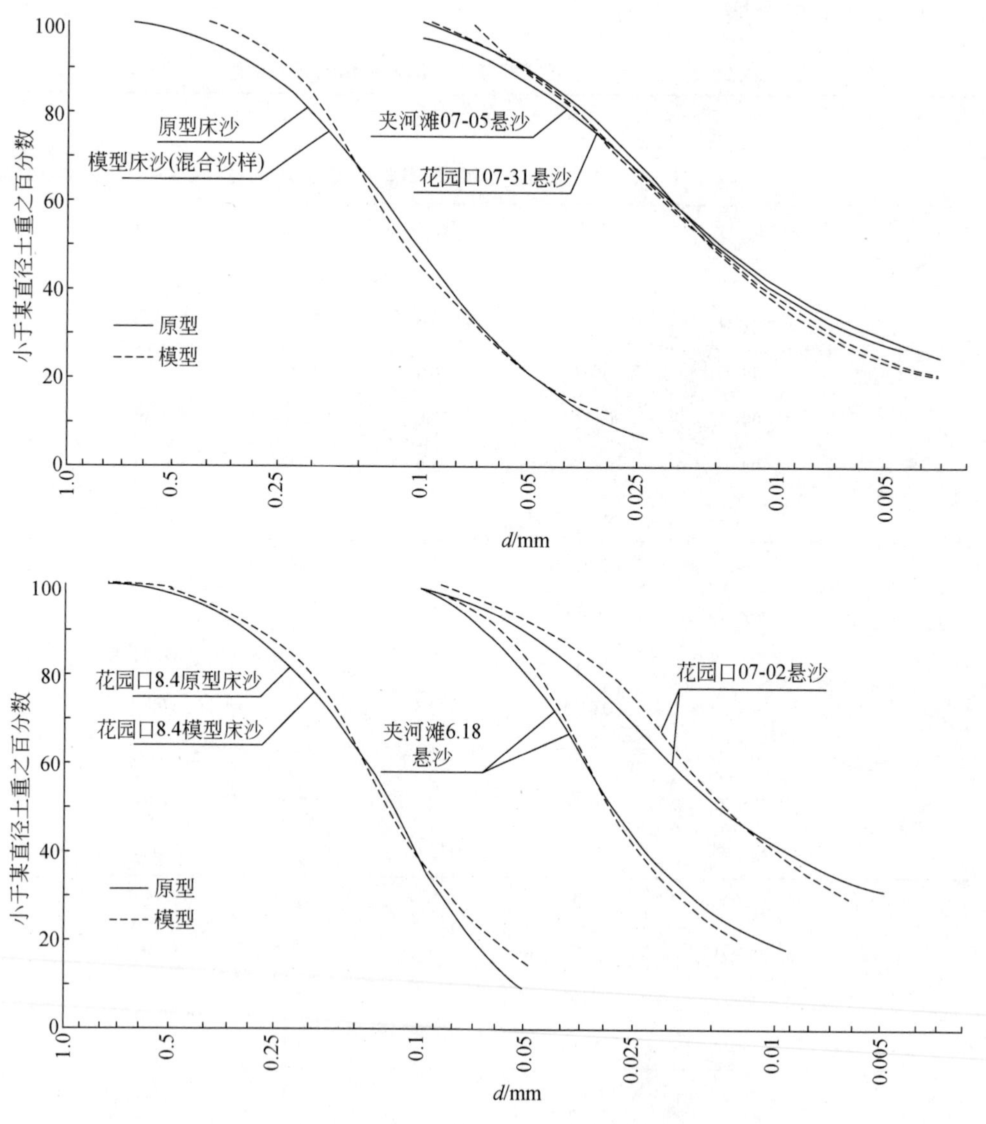

图 27-7　1988 年泥沙粒配变化验证结果

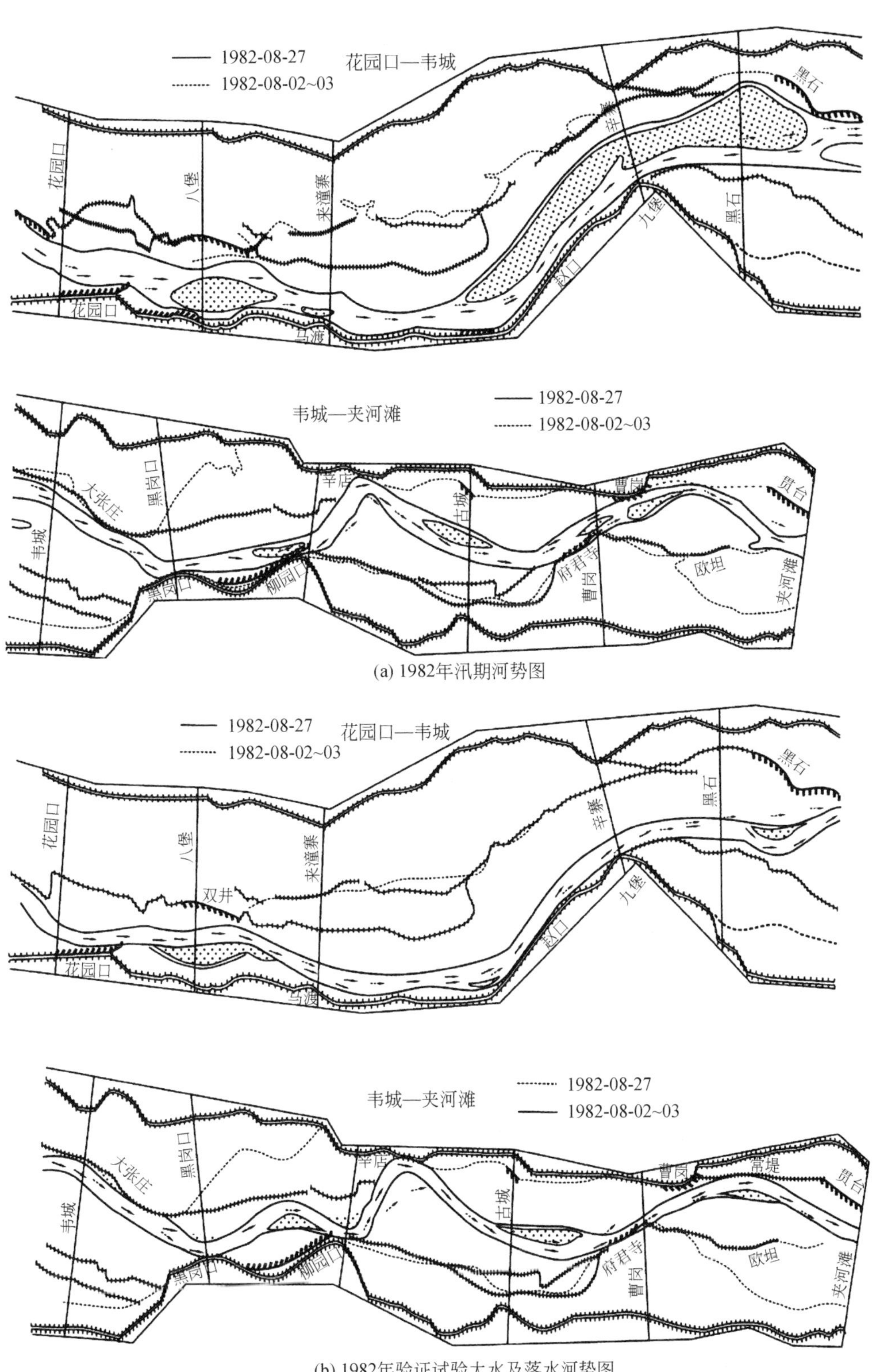

(a) 1982年汛期河势图

(b) 1982年验证试验大水及落水河势图

图 27-8　1982 年汛期河势变化验证结果

1988 年淤积严重，河势变化较大。大水时主流由赵口险工托流，直趋张毛庵方向，绕九堡险工塌滩后逐渐坐弯，致使九堡以下主流南滚，造成太平庄—司口村大面积塌滩，坐湾后挑向对岸趋向韦城，在大张庄靠溜，黑岗口附近的靠流情况也时常变化，大水时主流北移，柳园口靠河，高朱庄工程也起托流作用，北岸大宫控导工程逐渐靠流，其发展过程与原型实际情况也较接近。河势变化与原型基本一致（图 27-9）。

1992 年 8 月 11 日，试验测得花园口水位值为 92.82m，比汛前相同流量下（Q=1740m^3/s）的水位高 10～15cm。8 月 12 日至 14 日流量变化不大，但是水位升高超过了 20cm，表明洪峰到来之前河床已处于淤积状态。8 月 14 日，流量仅为 3220m^3/s 时，原阳双井滩区即开始漫水，双井工程以上预留的两处生产堤口门也少量进水。8 月 15 日（流量为 3840m^3/s）原阳低滩漫水范围及生产堤口门进水量明显增加，韦滩也已上水，特别是由于含沙量达 250kg/m^3 左右，河道严重淤积，致使水位进一步抬高，九堡下延工程漫顶过水，河势仍保持主流南滚趋势，南仁村受洪水威胁严重。不过，在 8 月 16 日 8 时，流量涨为 4340m^3/s，黑石工程靠河行洪，主流摆幅达 2km，显示出宽浅散乱的游荡特性。当洪峰流量为 6260m^3/s 时，模型测得的花园口水位达 94.39m，双井控导工程的坝顶还高出水面 1m 左右，马庄－夹河滩河段的低滩基本全部漫水，水深 0.5～1.7m，原阳高滩的西兰庄、焦庵、东兰庄等村庄进水，测得的漫滩水水深达 0.5～1m 左右，赵厂－徐庄 20km 范围内上水，影响 20 多个村庄。封丘的高滩水深 0.4～0.6m。此外，模型中南仁村附近的高滩也局部上水。洪水漫滩情况均与原型资料较为符合。

除上述九堡－大张庄局部河段外，其他河段洪峰前及洪峰期河势变化不大，即使在落水时也是如此，特别是柳园口以下，没有出现不利的河势，大宫、古城、府君寺、常堤、贯台等护滩控导工程起到了作用。这些情况与原型情况较为接近。

本节验证结果表明，取含沙量比尺 $\lambda_s = 2$ 及河床变形时间比尺 $\lambda_{t_2} = 96$ 是适宜的。后者与水流运动时间比尺 $\lambda_{t_2} (=103)$ 非常接近，因而时间上不变态，保证了模型能同时复演原型洪水运行及河床演变过程。

自 1991～2003 年期间，利用该模型，先后开展了 1992 年、1994 年、1996 年、1997 年、1998 年、1999 年黄河花园口－东坝头河段汛期洪水预报试验、1998 年黄河下游大张庄－柳园口河段挖河固堤模型试验、2000 年河南王庵－古城河段挖河模型试验、2002 年河南黄河挖河固堤工程王庵－古城河段实施方案中试试验、国家“八五”科技攻关项目：黄河下游游荡型河段河道整治、国家“九五”科技攻关项目：黄河下游防洪规划治导线检验与修订、黄河流域（片）防洪规划项目：利用物理模型预测黄河下游河道冲淤和河势变化及现有河道整治工程适应性分析等上百组次的试验研究，为黄河下游洪水演进预报、河道整治方案与局部工程布置、小浪底水库运用方式研究、河南河段挖河固堤等提供了可靠的参考依据。

二、局部模型设计与应用实例

在实体模型试验中，由于场地条件以及测验要求的限制，有时需要对河道中特定的边界或物体进行特定研究，以解决局部和细化的问题，因此就有必要开展局部模型试验。开展局部模型试验一般会忽略河道中被研究对象以外的其他物体和边界，以达到对被研究物体更加细致的研究。

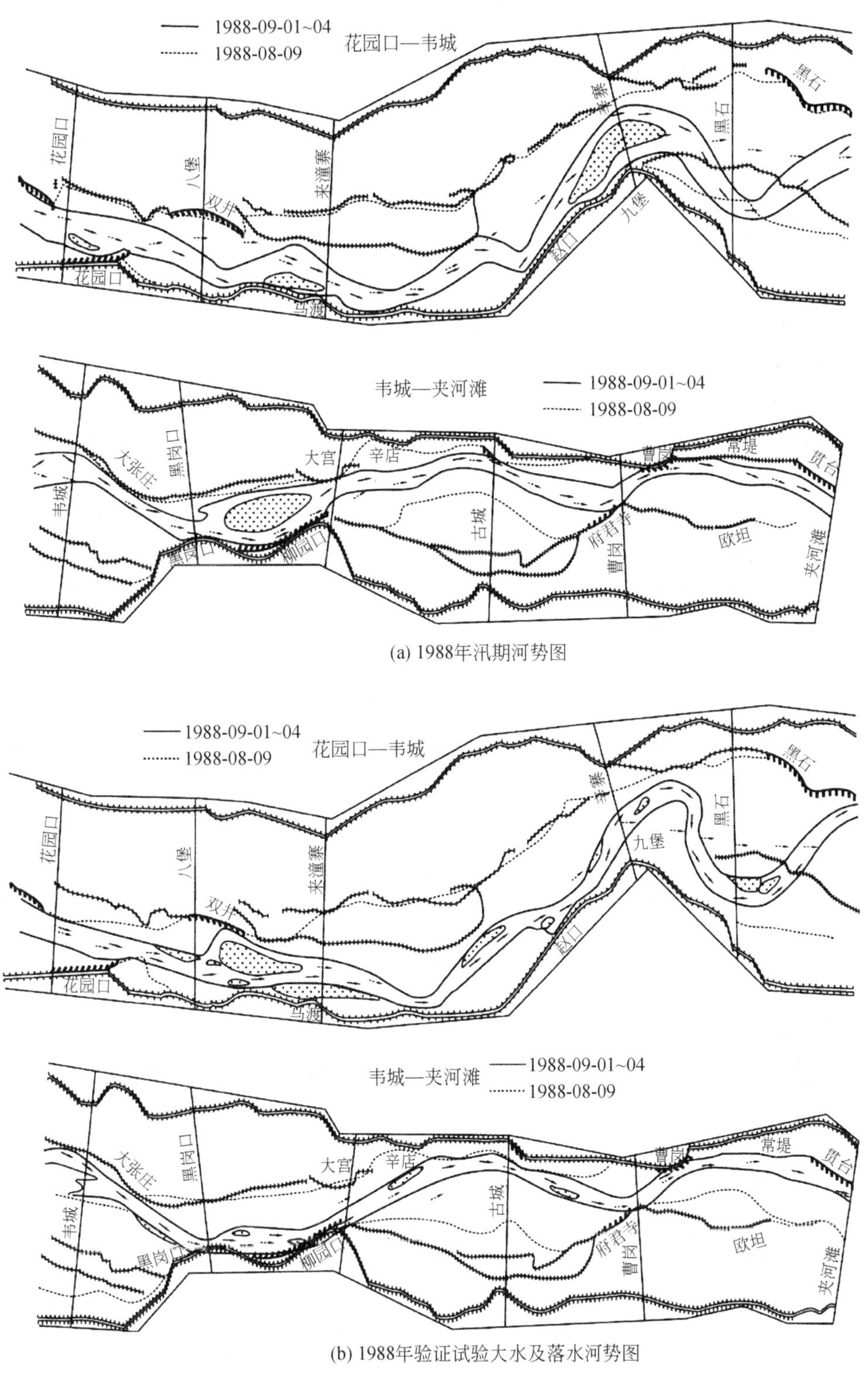

(a) 1988年汛期河势图

(b) 1988年验证试验大水及落水河势图

图 27-9　1988 年汛期河势变化验证结果

目前，局部实体模型试验在分析研究局部河段河势变化和在黄河修建涉河建筑物对河道的影响中得到广泛使用。黄科院多次开展过涉河建筑物局部模型试验。局部模型试验分为局部河段模型试验和局部定点模型试验。2000 年进行黄河孙口河段拟建孙口黄河公路大桥初步设计工作时，开展了局部河段模型试验－孙口黄河公路大桥河段水文泥沙及河势变化。本节仅以孙口黄河公路大桥河段水文泥沙及河势变化试验（江恩慧等，2006，2000）为例，介绍局部河段模型试验。局部定点模型的例子参见第二十九章第一节丁坝局部冲刷试验研究。

（一）设计技术与方法

局部河段模型设计除须严格依据整体模型设计要求以外，还需兼顾模型小河自然塑造的要求，同时还要满足模型中小水试验测量的需要。局部河段模型试验与整体模型试验一样，必须首先开展专门的模型设计和验证工作。

1. 模型设计

孙口黄河公路大桥是一座横跨黄河、穿越北金堤滞洪区的特大型桥梁。桥址处河道平均宽度约 4km，主槽宽度为 600m，属于宽浅河道。试验模拟范围为杨集断面—大田楼断面，河道长度约为 38km。该河段左岸为河南省台前县，右岸为山东省梁山县。两岸除有连续的堤防工程外，还修建了比较完善配套的河道整治工程，按照河道整治规划治导线共布置 10 处工程，自上而下为杨集险工、韩胡同控导、伟庄险工、于楼控导、程那里险工、梁路口控导、蔡楼控导、影堂险工、朱丁庄控导和枣包楼控导。桥位附近还有黄河孙口水文站和京九铁路大桥。

依据已有成果并考虑现有场地条件，取水平比尺λ_L=800，垂直比尺λ_h=60。其模型几何变率 $D_t=\lambda_L/\lambda_h$=800/60=13.3。通过对不同模型沙材料的研究比选，采用郑州热电厂的粉煤灰作为模型沙，其重度γ_{sm}=20.58kN/m^3，干容重$\gamma_{0m}\approx$0.72t/m^3，其中$\lambda_{\gamma_s-\gamma}$=1.5，$\lambda_{\gamma_0}$=1.99。

本模型设计得出的比尺计算结果汇于表 27-5。

表 27-5　模型主要比尺汇总表

比尺	λ_L	λ_h	λ_υ	λ_Q	λ_n	λ_ω	λ_d	λ_D	λ_{υ_c}	λ_{t_1}	λ_s	λ_{t_2}
数值	800	60	7.75	371806	0.542	1.11	0.807	2.7	6.17～8.41	103	2.1	96

2. 模型验证

局部模型是针对研究对象开展其对边界影响的专题试验研究，模型验证可对重点影响因素进行模拟分析。孙口局部模型试验首先对试验河段利用 1999 年实测的 Q=1000m^3/s、Q=2500m^3/s、Q=3000m^3/s 三级流量的沿程水位进行了验证（江恩慧等，2006，2000），验证结果见表 27-6。

表 27-6　不同流量级沿程水位验证结果

位置	流量/（m^3/s）	原型水位/m	模型水位/m	差值/m
韩胡同	1000	49.5	49.62	−0.08
	2500	50.47	50.36	−0.09
	3000	50.75	50.77	+0.02

续表

位置	流量/（m³/s）	原型水位/m	模型水位/m	差值/m
伟庄	1000	48.87	48.78	−0.09
	2500			
	3000	49.48	49.53	+0.05
梁路口	1000	47.63	47.66	+0.03
	2500	48.99	49.05	+0.06
	3000	49.25	49.16	−0.09
孙口	1000	47.30	47.28	−0.02
	2500	48.47	48.38	−0.09
	3000	48.70	48.65	−0.05
枣包楼	1000	45.49	45.47	−0.02
	2500	46.62	46.56	−0.06
	3000	46.90	47.00	+0.10

图 27-10 为实测孙口站不同流量级水位与设计水位对比情况，可以看出模型验证试验的水位流量关系与当年黄委的设计结果是很接近。

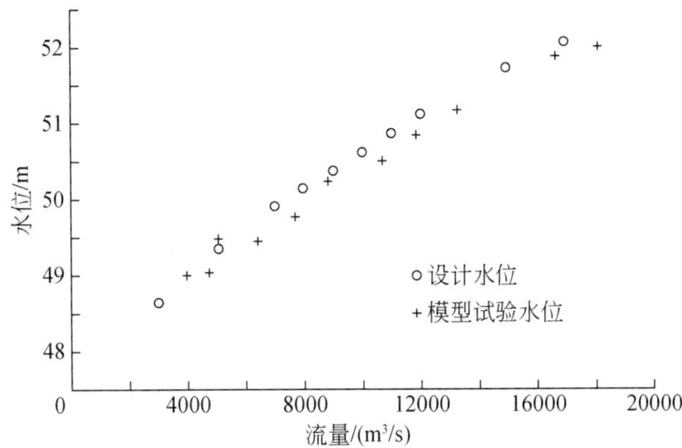

图 27-10　孙口水文站不同流量级水位与设计水位对比情况

为了较为准确的确定含沙量比尺，需要在模型小河中验证其挟沙力的大小。对某一流量级的泥沙粗度，进口加沙由少到多，河床由冲到淤，通过计算输沙率变化过程，准确判定冲淤分界点，以此给出该流量级的水流挟沙力。

表 27-7 为预备试验挟沙力验证结果，由此确定模型挟沙力比尺λ_s=2.1。

从模型验证试验结果看，该局部模型试验结果与原型相似，可以用于本河段不同洪水水沙运行及河势变化等的预测研究。

表 27-7　模型挟沙力验证结果表

流量/（m³/s）	原型挟沙力/（kg/m³）	模型挟沙力/（kg/m³）	含沙量比尺
1000	9.38	4.75	1.97
2000	22.0	9.83	2.23
3000	34.23	16.34	2.09

（二）试验结果

试验水流条件采用黄委设计院提供的小浪底水库建成以后千年一遇“下大型洪水”过程（表 27-8）。含沙量过程采用历年“下大型洪水”水沙关系线调配。尾门水位按国那里水位站 2000 年黄委设计水位流量关系推出的枣包楼水位控制。

表 27-8　　模型试验水沙条件

序号	持续时间/小时	流量/（m^3/s）	含沙量/（kg/m^3）	枣包楼水位/m
1	24	3900	31.22	48.01
2	16	4660	34.11	48.24
3	24	6370	39.88	48.71
4	16	7675	43.80	49.03
5	16	8805	46.90	49.30
6	16	11847	54.37	50.01
7	16	16126	63.47	50.98
8	8	18125	67.31	51.42
9	16	16685	64.58	51.10
10	16	13266	57.55	50.34
11	24	10676	51.66	49.74
12	24	10205	50.51	49.64
13	24	9895	49.73	49.56
14	24	5000	49.03	49.49
15	24	3500	48.77	49.46

试验共进行了三个组次。第一组为仅有现状的京九铁路桥的情况，第二组、第三组分别为公路桥上距京广铁路桥 50m 方案（以下简称桥位方案Ⅰ）、450m 方案（以下简称桥位方案Ⅱ）。

1. 拟建公路桥对桥前壅水影响的试验结果

由于修建桥渡后桥墩对天然水流的挤压，在桥址以上形成壅水区。壅水高度不仅影响桥梁梁底高程，而且还会涉及两岸防洪工程的高度问题。故对千年一遇洪水条件下桥上游最大壅水高度及壅水范围进行了试验研究。

确定桥前壅水的方法是采用水面曲线法。即假定水面线与河床大致平行。在模型中大致从上游回水影响的终点断面开始至下游不受桥梁影响的天然水流断面为止，在左滩、右滩、主槽沿程布置了 20 多个水位观测点，分别测量滩地、主槽在试验过程中水位变化，由测验值绘制滩地水面线和主槽水面线，然后与天然水面线对比，取桥上游水面最大升高值即为水位最大壅高值。

依上述推算方法，公路桥修建后与仅有京九铁路桥的情况对比，上游水位有明显的壅高。其中按桥位方案Ⅰ修建新桥，上游壅水与京九铁路的壅水相叠加后，上游最大壅高值为 0.33m，与仅有京九铁路桥相比多壅高 0.14m（实测单桥最大壅水值为 0.19m），最高壅水点大概位于京九铁路桥上游 400m 左右，壅水范围在京九铁路桥上游约 3.6km（如果按主流走向计算，实际壅水范围约 5km）。

按桥位方案Ⅱ修建新桥后，双桥上游水位壅高值为0.26m，与单桥相比抬高0.07m。据分析可能是由于公路桥的最大壅高点位于京九路桥桥下水位下降区，相互抵消所致。壅水范围上延至公路桥上游约3.9km处，即京九铁路桥上游3.5km附近（如果按主流走向计算，实际壅水范围约在公路桥上游5.5km附近）。

2. 拟建公路桥对滩区滞洪及堤防安全影响的试验结果

试验结果表明，当大河流量达到4660m^3/s之后，大部分生产堤口门进水，部分未破口留下来的生产堤段，出现偎水或漫溢坍塌现象。由于两岸堤根低洼，滩地横比降明显大于主槽纵比降，漫向滩地的水流很快流至堤根，缓缓排向下游（图27-11）。

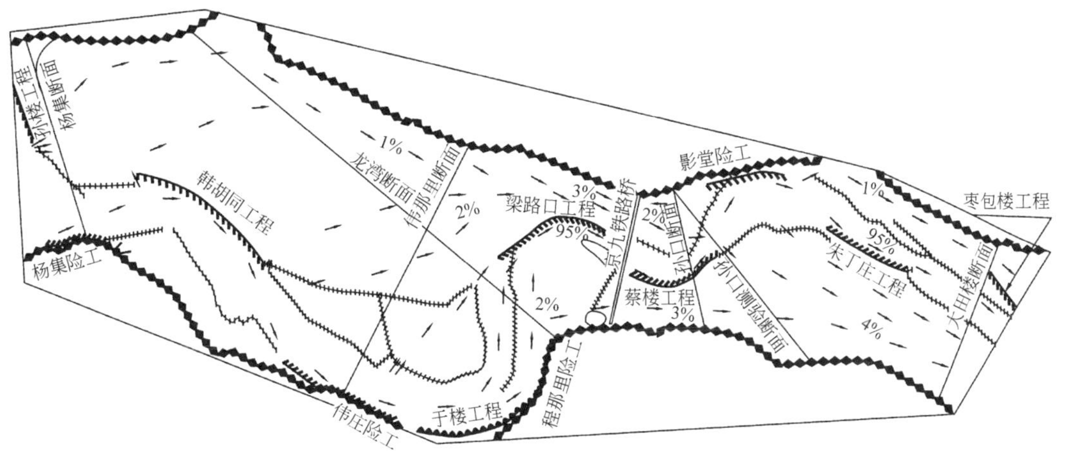

图27-11　黄河孙口公路大桥桥位河段第一组试验流量为4660m^3/s时河势

随着试验历时的延长，流量逐步加大，两岸漫滩流量增加。当流量大于6000m^3/s，特别是达到18000m^3/s以后（图27-12），水流从孙楼工程背后和下首、韩胡同工程上首和下首，以及伟庄险工对岸漫向左岸滩地，其中一部分水流从梁路口工程上游退回大河，剩余的水流经梁路口工程与大堤之间的滩面，分别从梁路口工程下首和通过大桥后于影堂工程上首退回大河。滩面上村庄树木繁多，生产堤与道路纵横交错，除滩唇前沿串沟内水流流速较大外，滩面流速非常小，无明显集中行流带，滞洪作用大。

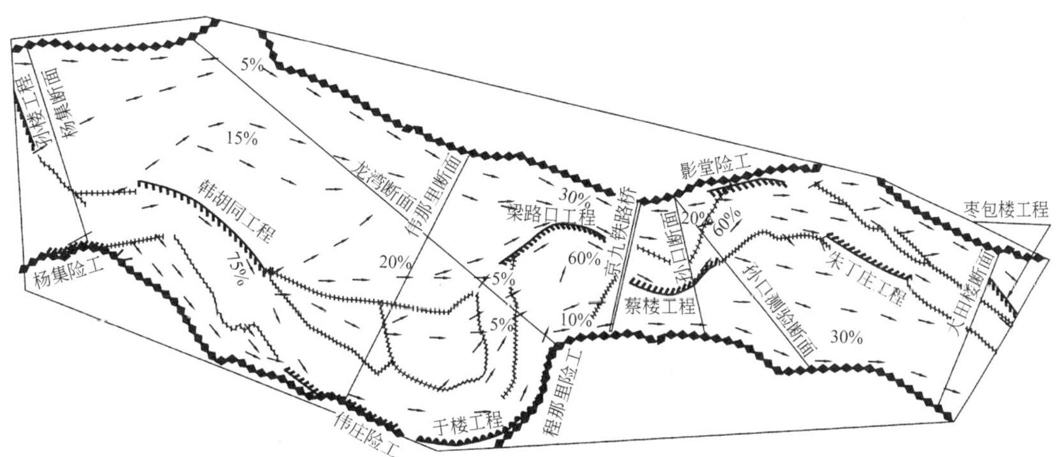

图27-12　黄河孙口公路大桥桥位河段第一组试验流量为18050m^3/s时河势

韩胡同控导—梁路口控导段左岸滩地宽达 6km，而在梁路口工程处滩宽仅有 1km 多，对汇入滩地之水形成一个卡口，滩地水位抬高后，由于梁路口工程坝顶高程较高，洪水由梁路口工程顶部漫水，退回大河的水量较小，这就增大了左岸滩地的洪水压力。既有铁路桥及拟修建公路桥又进一步缩窄过流断面，造成大桥上下水流流速加大，流态恶化。

表 27-9 为新桥修建后桥上游左右两滩区河工模型试验流速实测结果，可以看出，由于双桥的壅水作用，桥上游滩区流速比单桥有所减小，对滩区泄洪存在一定的影响，由于流速减小不大，相对于河道本身对洪水的影响来讲较小。实测堤根（即边孔）流速有所增大，而且桥位方案Ⅰ大于桥位方案Ⅱ。对土质较差的黄河大堤和堤根滩面而言，冲刷强度有所增加。因此，大桥与两岸大堤交叉堤段应采取防护措施。

表 27-9　模型实测洪峰期不同部位流速　　（单位：m/s）

桥梁方案	桥位主槽最大流速	左滩梁路口工程背后平均流速	左滩最小流速	右滩程那里平均流速	右滩最小流速	左堤根最大流速	右堤根最大流速
仅有京九铁路桥	3.80	1.20	0.12	0.80	0.17	2.45	1.74
京九桥+新桥方案Ⅰ	3.85	1.05	0.09	0.72	0.15	2.64	1.83
京九桥+新桥方案Ⅱ	3.98	1.15	0.10	0.75	0.16	2.58	1.78

3. 拟建公路桥对河势影响的试验研究

第二、三组试验（有公路桥桥位方案Ⅰ、桥位方案Ⅱ）结果均表明，试验初期，在控导工程的作用下，小流量洪水时水流基本上都被控制在主槽内，为单股流，杨集、韩胡同、伟庄、程那里、梁路口、蔡楼、影堂、朱丁庄等河道整治工程均靠溜（图 27-13）。

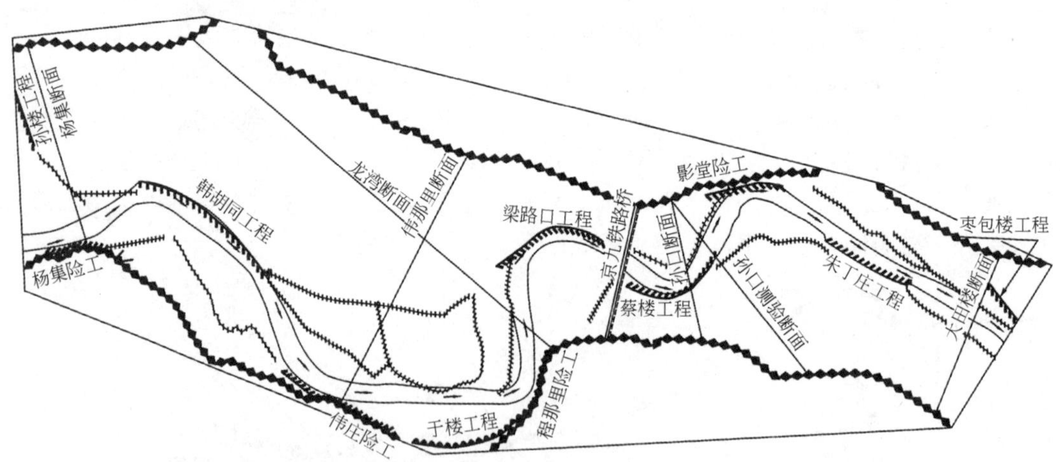

图 27-13　黄河孙口公路大桥桥位河段第二组试验（桥位Ⅰ）初始河势

当流量达到 4000m^3/s 之后，大部分生产堤口门进水，部分未破口留下来的生产堤段，也逐步出现决口，两岸滩地洪水漫溢。由于滩槽高差较大，加之滩地横比降大于主槽纵比降，两岸堤根低洼，漫滩水流汇集于堤根，缓缓排向下游。图 27-14 是流量 7675m^3/s 时河势状况，左岸滩地汊流密布，大量洪水汇集于滩面。随着试验历时的延长，流量逐步加大，两岸漫滩流量增加。在流量大于 16000m^3/s，特别是达到 18000m^3/s 以后，从孙楼工程背后和下首、韩胡同工程上首漫向左岸滩地，特别是集中于韩胡同临 4 号坝以上的串沟漫向左岸滩地的水流直接威胁着该工程上首的安全（图 27-15）。这种情况在“96.8”洪水期间曾出现过，当时大溜顶冲韩胡同工程上首+9～+4 号坝，8 月 12 日 13 时，因流量增大，水位上涨，工程上首以上 200m 处生产堤漫决过水，开始时临背水位相差 3m，口门迅速扩展至 1000 余 m，口门过溜约占大河流量的 20%，水大溜急，致使上坝路被冲断，抢险料物无法运进，8 月 13 日+9 号坝被冲垮，16 日+8、+7 号坝被冲垮，+6 号坝被冲断仅剩坝头部分，后经全力抢护+6 号坝才得以保住（图 27-16）。1998 年修建了韩胡同临时工程（临 4～临 1），施工时，由于主溜顶冲，水深溜急，施工困难，临 1 坝没有能修建到设计长度 87.5m，仅修建了 40 多米就盘头裹护。工程修建后，对防止上首滩地坍塌起到了一定作用，但因临 1 号坝距韩胡同工程上首新 9 号坝 180m，空档过长，临 1 号坝坝长又较短，不能控制主溜，在新 9 号坝与临 1 号坝之间塌滩坐弯。1999 年汛后，韩胡同临 1 号坝与新 9 号坝之间的空档遭水流淘刷，已发展到连坝之后，主溜顶冲工程上首的连坝头与新 9 号坝坝根，使连坝与新 9 号坝出险。本次试验该处漫滩水量没有超过“96.8”洪水，漫滩水量少的主要原因，正是由于韩胡同工程上延后对减小滩地入流起到了重要作用。桥位附近水流流态在洪水期非常复杂，一方面弯道环流的影响，受梁路口工程控导的水流至桥前变成底流，流速偏大；另一方面受桥梁壅水及滩地漫滩水量较大的影响，使桥前主槽表面流速场滞缓。在公路桥的左边跨，大堤在此为凸形，堤根水流流速较大，滩地出现明显的冲刷。特别是桥位方案Ⅰ，左岸滩区退水刚好顶冲 9～13 号桥墩，对桥墩的安全是非常不利的（图 27-15）。桥位方案Ⅱ跨过蔡楼工程上延的 1 号、2 号垛，漫向右岸滩地的水流实测最大流速 1.42m/s，对蔡楼工程和 34～37 号桥墩都具有较大的冲刷作用（图 27-17）。桥位断面两岸滩地行洪虽然达 40%左右，但 60%以上的水流仍受控于两岸河道整治工程之间，河槽、河势相对稳定。左岸漫滩洪水穿过两座桥梁于影堂险工上游汇入大河；漫入右岸滩地的洪水主要是来自桥上游滩地过流和蔡楼与朱丁庄工程的漫顶水及蔡楼和朱丁庄工程之间的漫滩水，孙口断面右岸滩地过流量占 15%，孙口断面以下右岸滩地行洪占 25%。

洪峰过后，流量逐渐减小，水流逐渐归槽。当流量至 5000m^3/s 时（图 27-18），95%的水流基本上回归主槽，整个河道仍然呈单一稳定的河槽。

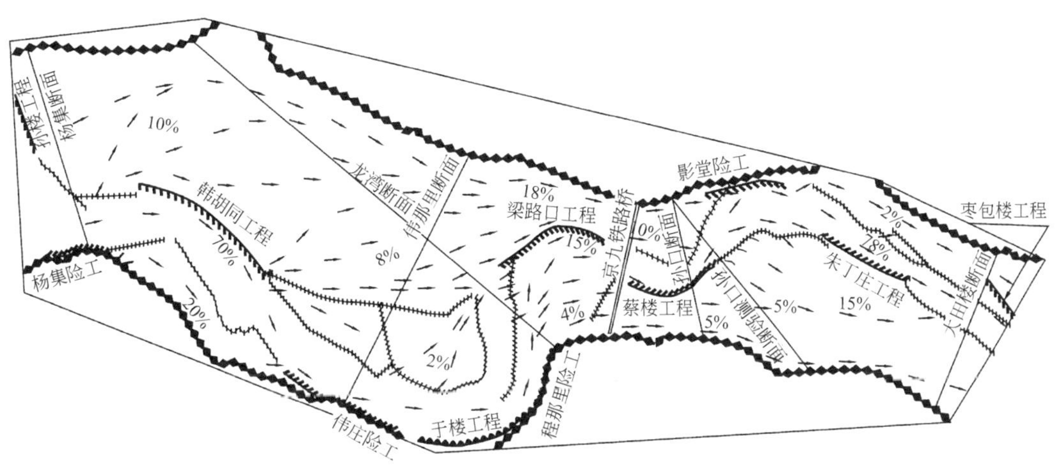

图 27-14　黄河孙口公路大桥桥位河段第二组试验（桥位Ⅰ）流量为 7675m^3/s 时河势

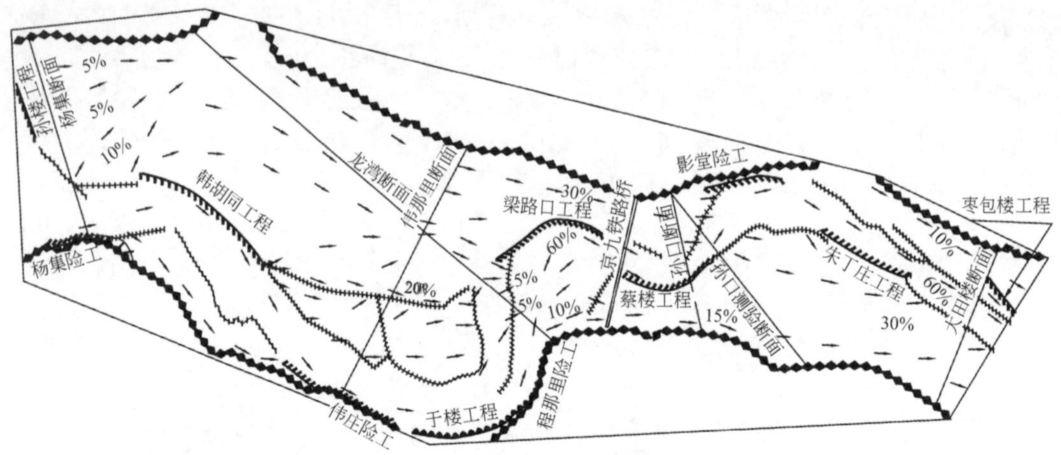

图 27-15　黄河孙口公路大桥桥位河段第二组试验（桥位Ⅰ）流量为 18050m^3/s 时河势

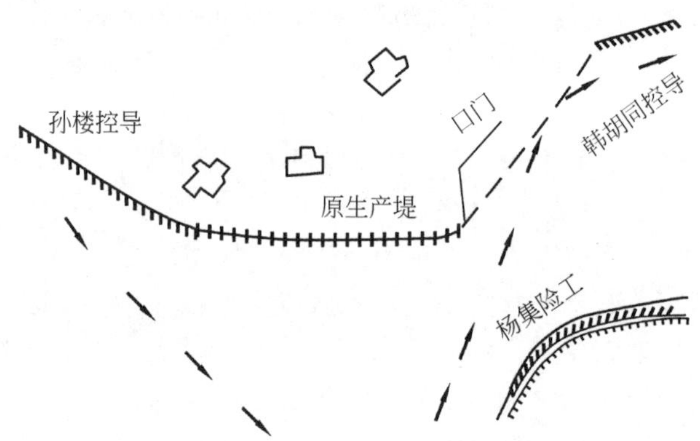

图 27-16　韩胡同工程“96.8”洪水出险示意图

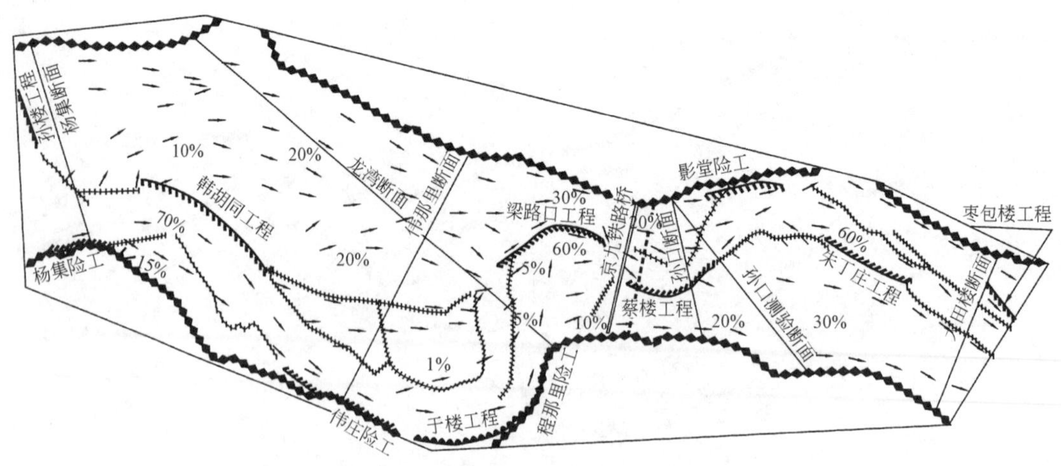

图 27-17　黄河孙口公路大桥桥位河段第三组试验（桥位Ⅱ）流量为 18050m^3/s 时河势

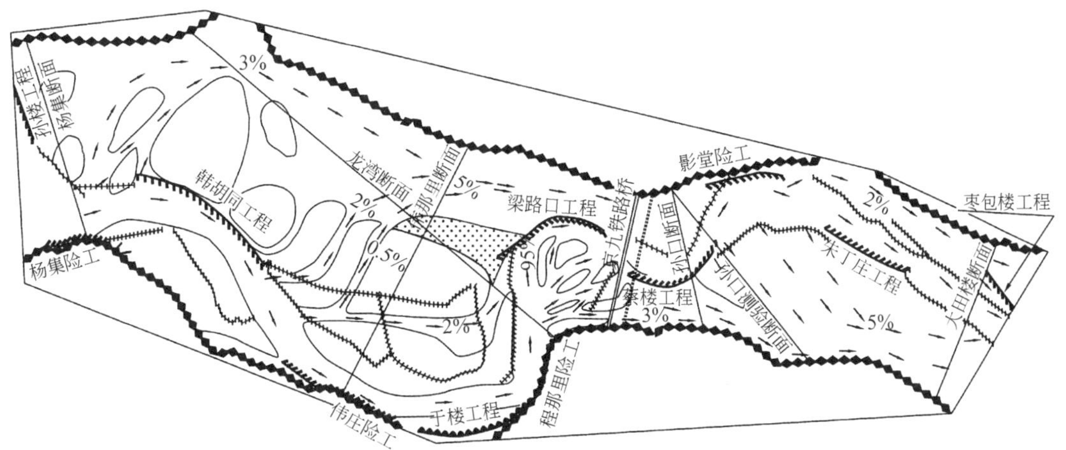

图 27-18　黄河孙口公路大桥桥位河段第三组试验（桥位Ⅱ）流量为 5000m³/s 时河势

三组试验结果基本相同，说明无论桥位Ⅰ或桥位Ⅱ，大洪水期对本河段河势不会产生大的影响。但预估在小浪底水库运用初期，河槽出现下切时，主槽过流量将增大，虽然减小了滩地的防洪压力，但对桥墩的冲刷作用会增强。

4. 中小洪水对河势及断面形态影响的试验研究

依据 1988 年 7 月 1 日至 9 月 30 日孙口流量过程，开展了中小洪水对河势及断面形态影响的试验研究，其水沙条件见表 27-10。

表 27-10　中小洪水模型试验水沙条件概况

最大流量/（m^3/s）	最大含沙量/（kg/m^3）	$Q<1000m^3/s$	$1000m^3/s\leq Q<2000m^3/s$	$2000m^3/s\leq Q<3000m^3/s$	$3000m^3/s\leq Q<4000m^3/s$	$Q\geq 4000m^3/s$
5870	24.82	12 天	37 天	25 天	2 天	14 天

图 27-19 为试验期间主流演变情况。试验中后期，蔡楼河势略有下挫，影堂出现河势下移，工程下首滩地受到一定程度的淘刷。对比原型 1966 年、1967 年、1968 年均属中常洪水，与本次模型试验结果类似，只是当时河道整治工程配套程度比当时好，滩地塌失量明显减小。纵观整个河段河势演变情况，出现此种河势的原因有二：一是受程那里险工着流部位的影响，梁路口工程入流点尚有较大的变化范围；二是在桥位处，两座桥桥墩对水流的分散作用比单桥要大，试验前后，桥位上下 1km 范围内河槽宽度有所增加（图 27-20），其中桥位处河槽宽度由试验初期的 450m 增加到 640m（沿桥墩轴线方向）。不过，桥墩对水流的分散作用并没有造成桥下出现河心滩，这一点与游荡性河段建桥后对河势变化的影响是不同的。随着黄河下游河道整治的逐步完善，本河段河势有望得到进一步改善。

“八五”攻关期间（胡一三等，1998），胡一三、刘月兰等统计给出了小流量时高村、孙口断面的水深、流速、河宽、$B^{0.5}/H$ 值及 V^3/H 值（表 27-11）。计算得出，1974 年河道整治后高村断面水面宽减小 18%～22%，水深增大 9%～24%，孙口站变幅度相对很小。

图 27-21 为试验前后伟那里和孙口断面套绘图，可以看出，中小洪水除前述对桥位附近断面形态略有影响外，对整个河段影响不大。

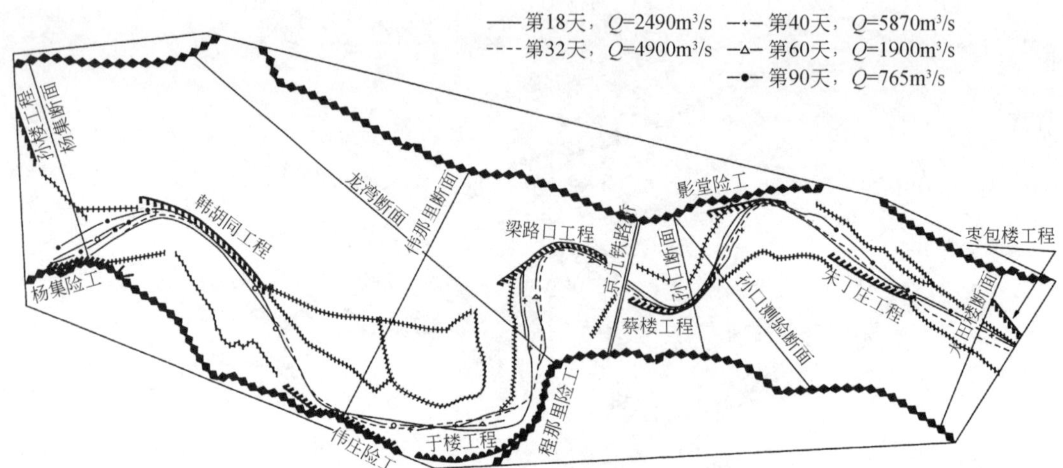

图 27-19　黄河孙口公路大桥修建后中小洪水试验主流线套绘

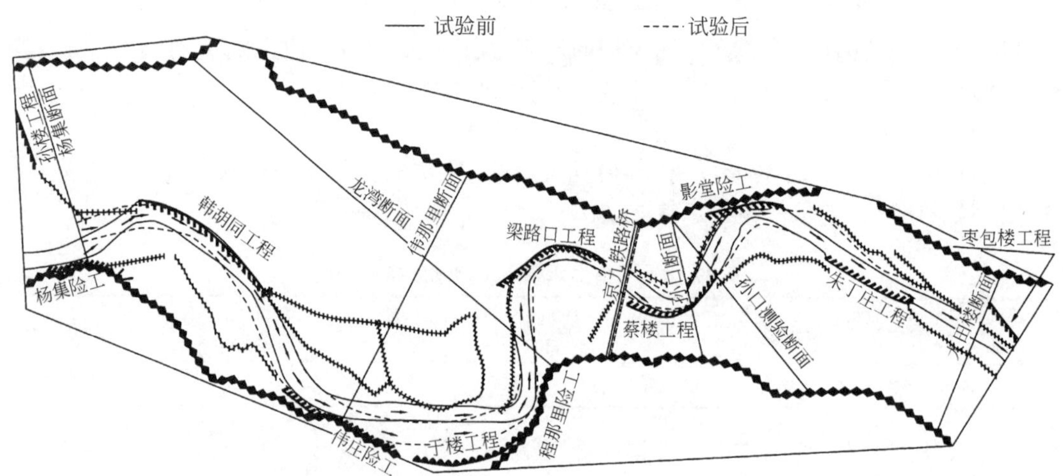

图 27-20　黄河孙口公路大桥修建后中小洪水试验前后河势套绘

表 27-11　高村及孙口站小流量断面形态及水力因子变化

流量级/（m^3/s）	时段	高村					孙口				
		水深/m	流速/（m/s）	河宽/m	$B^{0.5}/H$	V^3/H	水深/m	流速/（m/s）	河宽/m	$B^{0.5}/H$	V^3/H
500	整治前 1950～1960 年	1.11	1.00	483	19.8	0.9	1.6	0.86	442	13.1	0.40
	整治后 1974～1988 年	1.27	1.13	377.5	15.3	1.13	1.58	0.95	370	12.17	0.54
1000	整治前 1950～1960 年	1.13	1.53	617	21.98	3.17	1.63	1.48	468	13.27	1.99
	整治后 1974～1988 年	1.41	1.53	478	15.5	2.54	1.61	1.50	411	12.59	2.09

续表

流量级/（m^3/s）	时段	高村					孙口				
		水深/m	流速/（m/s）	河宽/m	$B^{0.5}/H$	V^3/H	水深/m	流速/（m/s）	河宽/m	$B^{0.5}/H$	V^3/H
1500	整治前1950～1960年	1.47	1.70	653	17.38	3.34	1.98	1.72	504	11.34	2.57
	整治后1974～1988年	1.60	1.81	537	14.48	3.70	1.67	1.85	493	13.3	3.79
2000	整治前1950～1960年	1.68	1.84	689	15.6	3.71	2.27	1.87	492	9.77	2.88
	整治后1974～1988年	1.94	1.99	551.6	12.1	4.06	1.95	1.98	527	11.77	3.98

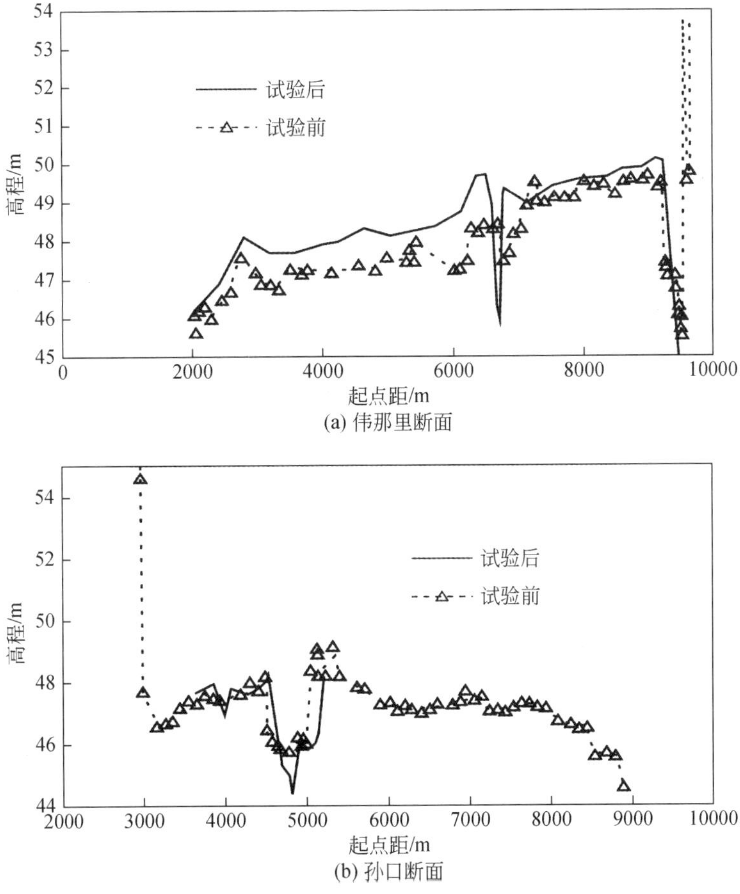

图 27-21　试验前后断面套绘

三、概化模型设计

概化模型不仅可以研究长河段的河床演变和洪水演进问题，也可以研究短河段的局部冲刷问题。因此长期以来概化模型试验方法一直是人们乐于采用的研究方法。必须指出，有些概化模型试验的成果能否直接用于天然河流，仍然是有疑问的。疑问的焦点是概化模型与原型的“相似性”。因为有的概化模型，概化的自由度太大，模型概化以后，模型的水面比降、平滩流量、挟沙能力以及河床冲淤特性与原型均不相似，这种概化模型纯属人为的虚构模型，其试验成果是没有多大实用价值的。因此，我们认为进行概化模型试验，首先必须以相似原理为基础，按相似原理进行模型设计，模型试验结束后，要根据相似律认真检查模型制作和操作过程与原型的相似性。

黄科院在开展黄河下游河道整治模型试验期间，曾进行土工织物作为连坝过水防护材料的概化模型实验[①②]。

（一）概化模型设计的相似律

根据动床模型相似原理和实践经验，我们认为，在模型试验中，若要使模型试验的水流运动、泥沙运动引起的河床冲淤、河势变化等现象与原型相似，则应要求概化模型设计必须遵守以下相似条件。

模型平面形态相似条件：$\lambda_{\mathrm{L}}=\dfrac{B_{\mathrm{p}}}{B_{\mathrm{m}}}=\dfrac{R_{\mathrm{p}}}{R_{\mathrm{m}}}=\dfrac{b_{\mathrm{p}}}{b_{\mathrm{m}}}$

模型滩槽高差相似条件：$\left(\dfrac{Z_n}{Z_0}\right)_{\mathrm{m}}=\left(\dfrac{Z_n}{Z_0}\right)_{\mathrm{p}}$

模型纵剖面相似条件：$\lambda_{\mathrm{J}}=\dfrac{\lambda_{\mathrm{H}}}{\lambda_{\mathrm{L}}}$

模型水流惯性力重力比相似条件：$\lambda_{\upsilon}=\lambda_{\mathrm{H}}^{0.5}$

模型水流运动阻力相似条件：$\lambda_{\mathrm{n}}=\dfrac{\lambda_{\mathrm{H}}^{2/3}}{\lambda_{\upsilon}}\lambda_{\mathrm{J}}^{0.5}$

模型沙冲刷相似条件：$\lambda_{\mathrm{D}}=\dfrac{\lambda_{\gamma_{\mathrm{s}}}\lambda_{\mathrm{H}}\lambda_{\mathrm{J}}}{\lambda_{\gamma_{\mathrm{s}}-\gamma}}$，$\lambda_{\gamma_0'}=\lambda_{\mathrm{s}*}$，$\lambda_{\gamma_0'}=f(\gamma_{01},t)$

模型沙悬浮运动相似条件：$\lambda_{\omega}=\lambda_{\upsilon}\left(\dfrac{\lambda_{\mathrm{H}}}{\lambda_{\mathrm{L}}}\right)^{m}$

挟沙能力相似条件：$\lambda_{\mathrm{s}}=\lambda_{\mathrm{K}}\lambda_{\frac{\gamma_{\mathrm{s}}}{\gamma_{\mathrm{s}}-\gamma}}\lambda_{\frac{U_*}{\omega}}\dfrac{\lambda_{\upsilon}\lambda_{J}}{\lambda_{\omega}}$

河床冲淤过程相似条件：$\lambda_{\mathrm{t}_2}=\dfrac{\lambda_{\lambda_0}}{\lambda_{\mathrm{s}}}\lambda_{\mathrm{t}_1}$。

（二）概化模型设计的自由度

就概化模型设计的整体原则讲，概化模型设计必须严格遵守模型设计的相似律，但是概化模型所研究的问题性质有很大的差异。由于模型试验研究的目的、内容不同，模型设计必须遵守的相似条件也应不同，即有的概化模型设计必须全面地满足上述模型设计相似

① 张红武，曹丰生，刘杰. 1993. 土工织物防护控导工程联坝过水的试验研究.黄河科学研究院
② 江恩慧，刘贵芝，等. 2000. 小浪底水库运用初期黄河下游河道整治工程适应性分析.河道工程新技术成果汇编

条件，而另一些概化模型设计只需满足上述相似条件中的部分条件，允许模型设计放弃一些相似条件，这就是概化模型设计的自由度。

根据经验，对于长河段河床演变和河道整治模型试验，模型试验时可能出现的误差较多，因此，模型设计时，必须严格遵守模型相似条件，不应该有自由度。而对于研究局部河段治河工程附近河床局部冲刷的动床模型试验，由于试验任务仅研究治河工程附近的河床冲刷问题，模型沙可按照冲刷条件相似准则选择，可忽略泥沙悬浮相似条件。此外因模型较短，水流运动阻力相似的累积作用是次要的，故水流运动阻力相似条件也可以忽略。

参考文献

窦国仁.1977. 全沙模型相似律及设计实例. 水利水运科技情报，8：1-20

胡一三，张红武，刘贵芝，等. 1998. 黄河下游游荡性河段河道整治. 郑州：黄河水利出版社

华东水利学院. 1979. 水力学. 北京：科学出版社

江恩慧，赵连军，陈书奎，等. 2000. 孙口黄河公路大桥水文泥沙及河势变化咨询报告. 黄科技 HX-2006-29. 黄科院

李保如. 1991. 我国河流泥沙物理模型的设计方法. 水动力学研究与进展，6（增刊）：113-122

李保如，屈孟浩. 1985. 黄河动床模型试验. 人民黄河，6：26-31

李昌华，金德春. 1981. 河工模型试验. 北京：人民交通出版社

唐存本. 1963. 泥沙起动规律. 水利学报，3：1-12

谢鉴衡. 1982. 河流泥沙工程学（下册）. 北京：水利出版社

谢鉴衡. 1990. 河流模拟. 北京：水利电力出版社

徐正凡，梁在潮，李炜，等. 1980. 水力计算手册. 北京：水利出版社

张红武，江恩慧，白咏梅，等. 1994. 黄河高含沙洪水模型的相似律. 郑州：河南科学技术出版社

张红武，江恩慧，陈书奎，等. 2001. 黄河花园口至东坝头河道整治模型试验研究. 郑州：黄河水利出版社

第二十八章　河工模型试验在河道整治实践中的应用

一、河工模型试验在河道整治整体方案研究中的应用

在黄河治理开发实践中，适合黄河高含沙水流的河工模型试验技术为黄河河道整治方案的研究与制定发挥了重要作用。特别是随着黄河下游游荡性河道整治工作的不断推进，黄科院近年来先后修建了三座大型河工模型，包括花园口—东坝头河段模型、大玉兰—花园口河段模型和小浪底—陶城铺模型。其中，小浪底—陶城铺河段模型先期建设范围为小浪底—花园口河段，后分两次延长到山东鄄城苏泗庄和阳谷陶城铺。模型设计均依据黄科院多年动床模型试验经验（张红武等，1996，2000），遵循黄河泥沙模型相似律，选取郑州热电厂粉煤灰作为模型沙，制作的模型能够反映水流泥沙运动的相似性，同时兼顾时均流速输移和紊动扩散对泥沙悬移影响的相似，克服了一般比尺模型不考虑河型相似的缺陷（张红武等，1996）。多次验证试验确定的模型主要比尺见表 28-1。

表 28-1　模型主要比尺值表

比尺名称	比尺值			备注
	大玉兰—花园口	小浪底—苏泗庄	花园口—东坝头	
水平比尺λ_L	1000	600	800	根据场地条件及试验要求确定
垂直比尺λ_H	80	60	60	满足变率限制条件等
几何变率 D_t	12.5	10	13.3	$D_t=\lambda_L/\lambda_H$
流速比尺λ_υ	8.94	7.75	7.75	$\lambda_\upsilon=\lambda_H^{1/2}$
糙率比尺λ_n	0.587	0.626	0.542	$\lambda_n=\lambda_R^{2/3}\lambda_\upsilon^{1/2}\lambda_J^{1/2}$
水流运动时间比尺λ_{t_1}	112	77.5	103	$\lambda_{t_1}=\lambda_L/\lambda_\upsilon$
沉速比尺λ_ω	1.35	1.38	1.11	$\lambda_\omega=\lambda_\upsilon(\lambda_H/\lambda_L)^{3/4}$
悬移质泥沙粒径比尺λ_d	0.803	0.81	0.729	根据水温变化略有调整
含沙量比尺λ_s	2	1.8	2	按 $\lambda_s=\lambda_{s*}$ 设计，并根据验证试验确定
河床变形时间比尺λ_{t_2}	111	83	96	按 $\lambda_{t_2}=\lambda_{\gamma_0}\lambda_L/(\lambda_S\lambda_\upsilon)$ 设计，并根据验证试验确定

承担的“八五”“九五”“十一五”国家科技攻关等多个项目的河工模型试验均分别在这三个模型上完成。试验成果为黄河下游河道整治目标和原则的确定、规划治导线以及河道整治工程平面布局设计等提供了科学依据，修建的大批工程，在历年防洪中发挥了巨大作用。

（一）国家科技攻关项目研究成果

1. “八五”科技攻关

黄河下游游荡性河道宽、浅、散、乱，冲淤多变，当时的河道整治工程远不能按照预期目的起到控制河势的作用。“八五”科技攻关期间，利用黄河花园口—东坝头河道整治模型开展了游荡性河段河道整治工程治导线比较研究（胡一三等，1998）。首先，通过原型观测资料分析，并基于概化模型试验和理论研究，探讨了花园口—东坝头河段河势演变规律和既有河道整治工程对控制溜势的作用，进行了中常洪水、较大洪水及大洪水情况下的现状（1990 年）河道边界条件和规划的河道整治治导线条件下的河势演变对比试验；之后为确定、优化规划治导线布置，进行了多种水沙条件和不同布置方案下的对比试验，并在此基础上提出了黄河下游花园口—东坝头河段河道整治规划治导线修订方案。

通过分析研究多年河势观测资料，黄委提出了该河段曲直相间的“微弯型”河道整治总体方案（胡一三，1992），选用的河道整治工程规划治导线流路为：马庄—花园口—双井—马渡—武庄—赵口—张庵—九堡—三官庙—韦滩—大张庄—黑岗口—顺河街—柳园口—大宫—王庵—古城—府君寺—曹岗—欧坦—贯台。其中，现状河道边界条件和规划治导线条件下的河势演变对比试验表明，这种布局顺应了河流的自然特性，可以作为该河段河道整治工程布局的基本依据。进而，后续的试验中对规划治导线进行了初步修订和修订，对工程的布局参数进行了适当的调整，修订后的各处工程的布置参数参见表 28-2。

表 28-2　河道整治不同试验方案工程参数表

工程名称	规划治导线方案			修正方案		
	弯道半径/m	中心角/（°）	过渡段长度/m	弯道半径/m	中心角/（°）	过渡段长度/m
马渡下延工程	3500	82	2650	3500	59	4600
武庄工程	上 3550 下 2500	28 37	2500	上 5000 下 3850	28 37	0
赵口工程	2600	64	3500	3000	99	4550
张毛庵工程	3950	92	1950	2030	85	1900
九堡工程	2800	44.5	3700	3500	55	4500
三官庙工程	2750	112	1500	2530	115	2010
韦滩工程	3000	82	1700	2525	118	1000
大张庄工程	3000	50	3950	2300	98	3000
黑岗口工程	2800	93	1050	3350	96.5	1950
顺河街工程	上 3600 下 2400	30 56.5	1400	2500	77	2000
柳园口工程	2500	80	2650	1950	73	3170
王庵工程	2600	79	2100	2150	86	3100
古城工程	2600	82	2600	3100	85	1700
府君寺工程	2200	90	1450	3050	87	2100
曹岗工程	2500	79	3500	3100	68	3850
欧坦工程	3400	40	2100	3350	50	3280

综合分析现状工程条件、规划治导线布局工程和修订方案三种不同方案条件下的中常洪水、大洪水以及高含沙洪水检验试验结果（张红武等，2001），可以发现：①现状工程情况下，随着水沙过程的不断变化，河势均有不同程度的调整，但是在当时两岸整治工程较为配套的花园口—马渡河段河势变化小，河道较为稳定。在九堡—大张庄河段，虽然有护滩工程，但是因其不能有效地发挥控制河势的作用，试验过程中主溜线的摆幅很大，如黑石、南仁最大摆幅均在 3km 以上，最大者达 6km，其他河段的河势变化也较大。结果表明，河势的稳定程度取决于河道整治工程的配套程度；游荡性河段的河道整治工程，尽管很不完善，但是在修建工程的部位还是在一定程度上起到了控制河势的作用，特别是在一些河道整治工程相对配套的局部河段河势已趋于稳定。②按照规划的治导线修建整治工程后，无论中水、大水还是高含沙洪水，新布设的工程都能发挥控导主溜、限制游荡范围的作用。③修订后的河道整治工程布局方案，中水流路有所改善，大水期整治工程仍可以起到控制主流的作用，高含沙洪水条件下也尚能适应。尽管小水走弯，大水趋直，河势发生上提下挫，由于受到工程的控制，主溜均在两岸整治工程构成的包络线之内。

总体来看，推荐的河道整治布局方案缩小了游荡范围，减少了“横河”发生的次数，提高了引水保证率，遏制了严重塌滩掉村的现象，表明游荡性河段河道整治治导线方案是可行的。

随后，为了进一步研究小浪底水库拦沙期河道整治治导线方案的适应性，预估河床演变趋势，又进行了小浪底水库拦沙期的河道整治方案适应性研究。试验选用不利水沙条件，即：施放三门峡水库运行初期 1962～1963 年两年汛期花园口水文站实测水沙过程，接着再施放 1964 年汛期花园口水文站实测水沙过程。从试验中看出：①河床普遍发生了冲刷，控制较好的马庄—来潼寨河段，河床以下切为主；其他河段，特别是九堡—大张庄河段，下切伴随着展宽，滩地塌失，并出现了“横河”等不利河势。②河床严重冲刷使河槽过水断面增大，排洪能力增加。并使河床粗化，比降变缓，河宽减小，水深增大，河势向单一规顺方向发展，游荡特性减弱。③所布设的河道整治工程对于小浪底水利枢纽拦沙期的水沙过程基本适应，发挥了限制游荡范围和控导河势的作用，但是尚不能达到“一弯导一弯”的效果。只有进一步修建完善河道整治工程，才能达到微弯型整治的目标。小浪底水库运用后的若干年，游荡性河段的河势概况与模型试验结果基本相符。

2. “九五”科技攻关

“九五”科技攻关期间，针对黄河下游出现的新情况，特别是小浪底水库投入运用后，会改变下游河道的来水来沙条件，从而引起下游河床的新一轮调整。黄委根据国家对黄河再治理的要求，在《黄河下游防洪规划》中对黄河下游河道整治也做出了 2010～2030 年工程建设规划，以进一步完善黄河下游防洪减淤工程体系，减轻黄河水患威胁。为此，黄科院先后开展了“利用物理模型预测下游河道冲淤和河势变化试验”、“黄河下游河道整治规划治导线检验与修订试验”、“黄河神堤—驾部河段河道整治规划方案对比试验”等研究工作。近 5 年的研究结果认为，针对当时黄河下游河道河槽严重萎缩、洪水位显著抬高的不利局面，应充分利用小浪底水库运用初期的有利时机，为黄河下游提供合理的水沙组合，冲刷下游主槽；同时加强堤防工程建设，进一步完善河道整治工程的布局，稳定流路，防止出现“横河”。

“利用物理模型预测下游河道冲淤和河势变化试验”，在小浪底—苏泗庄河段模型和花园口—东坝头河段模型同时进行。小浪底—苏泗庄河道模型选取小浪底水库运用初期河床变形较为剧烈的前 6 年，即黄河原型 1981 年加上 1978～1982 年实际水沙过程经过小浪底水库调节后产生。花园口—东坝头河道模型则进行了多种水沙条件的试验研究，包括：①三门峡水库拦沙期（1962 年 7 月 19 日至 10 月 18 日和 1963 年 8 月 1 日至 10 月 31 日两年）水沙过程；②中常洪水（2000～7000m^3/s 流量级）过程；③大洪水（Q_{max}=15300m^3/s 和 Q_{max}=22000m^3/s）过程；④1977 年高含沙洪水过程。

试验结果表明，小浪底水库拦沙期，铁谢—高村自上而下产生不同程度冲刷，水位下降，平滩流量增加。受工程控制较好或比较顺直的河段，河床以下切为主，而工程不配套或工程长度不足的河段，河床下切的同时，伴随着展宽、滩地塌失，出现“横河”的概率较大。伊洛河口、沁河口附近、赵口—大张庄河段出现较为严重的塌滩现象，急需整治工程配套上马；此外，已建工程也需上延下续进一步完善，主流顶冲或坐弯较死的部位将面临严重的局部冲刷。为防止河床演变过程中出现“横河”等不利河势，必须加强河道整治工程建设。

花园口—夹河滩河段在中常洪水及大洪水试验条件下流路迁徙不定，控导工程漫顶现象时有发生，给防洪带来巨大压力。其中九堡—大张庄河段每场洪水主流河势都有很大摆幅。此外，在黑岗口以下，顺河街、王庵等处还时常塌滩不止，流路变化较大。针对以上河道调整变化情况，必须对该河段进行系统整治，同时加强堤防工程的建设（张红武等，2001）。

其后，又开展了“黄河下游河道整治规划治导线检验与修订试验”。根据黄河下游防洪规划要求和当时河势调整变化情况及上述模型试验预测结果，黄委对“八五”期间制定的黄河下游河道整治规划治导线进行进一步的调整，并要求黄科院利用模型试验对调整后的规划治导线开展系统检验，提出近期黄河下游河道整治工程布局的修订意见，供黄河下游治导线修订时参考使用。根据当时的模型试验条件，先后利用“大玉兰—花园口河段模型”、“花园口—夹河滩河段模型”和“小浪底—苏泗庄河段模型”进行了相应的试验研究。亦即先在前两个模型上针对局部河段重点工程的布局开展试验调整，再利用“小浪底—苏泗庄河段模型”进行黄河下游规划治导线的整体检验和修订试验。模型试验水沙系列采用小浪底水库运用方式研究时设计的水沙系列和黄河流域规划研究设计的水沙系列。即在 1999 年汛前河床边界的基础上，采用小浪底调控上限流量 2600m^3/s 及 3700m^3/s 的 2000～2005 年水沙系列。上述试验结果表明：小浪底投入运用后，下游河道将普遍发生冲刷，冲刷强度自上而下有所减弱，平滩流量花园口以上可达 6500m^3/s，2600m^3/s 流量下水位下降幅度为 1.9～0.8m，总体河势向好的方向发展。为了稳定流路，防止产生严重的“横河”，建议对枣树沟、老田庵、来潼寨下延等工程进行修改完善。其中，神堤—孤柏嘴河段河道整治方案又专门开展了“黄河神堤—驾部河段河道整治规划方案对比试验”，为黄河下游河道整治提供了有效的技术支撑（参见本章第二节之二）。

黄河下游通过开展系统的河道整治，游荡性河段河势游荡范围得到有效控制，水流状态得到了改善，有效地减少了塌滩、塌村，提高防洪安全和引黄取水保证率。从小浪底水库拦沙初期运用情况看，在河道整治工程还不完善的部分河段，河床冲刷下切的同时，河势也出现了相应的调整变化，滩岸坍塌、工程险情、“横河”现象等，都有所发生。因此，加快高村以上游荡性河段河道整治是当前黄河下游治理的一项重要任务。

（二）游荡性河道微弯型整治方案整体可行性检验试验

黄河下游河道整治是从1950年开始试修河道整治工程的。一代一代治黄工作者，根据黄河自身特点，通过几十年的研究总结，本着实践第一的原则，不断汲取经验与教训，逐步形成了微弯型整治方案。方案中的每处工程的工程布局，都经过多次调整。随着科研投入力度的不断增加，利用实体模型试验，先期开展整治方案的可行性和具体工程布局的合理性，大大减小了工程实践过程中的盲目性。进入21世纪后，在新一轮黄河下游游荡性河道整治研究过程中，按照黄委的工作部署，黄科院依据水力学、河流动力学、河流泥沙工程学、河床演变学、土力学等基本原理，采用资料总结分析、理论研究、数模计算、实体模型试验相结合的方法，揭示了“河性行曲”和“大水趋直、小水坐弯”等河势演变规律及其机理（江恩慧等，2006）；运用统计学原理，建立了整治工程设计指标体系；依照河工模型试验，对规划设计整治方案进行了多次检验和调整，提出了小浪底水库运用后游荡性河道进一步整治的具体方案与工程具体布置。

1. 试验概况

2002～2005年，黄科院在“模型黄河”试验基地，利用“小浪底—苏泗庄河道模型”对游荡性河道整治微弯型整治方案进行了一系列试验研究，检验了微弯型河道整治方案的可行性，同时也对局部河段和局部工程布局提出了科学的修改完善建议。黄河小浪底—苏泗庄河道模型，模拟原型河道总长349km。模型除包括黄河干流外，还模拟了伊洛河、沁河两条支流的入汇情况。模型主要比尺见表28-1。利用该模型先后完成了小浪底水库运用方式研究、小浪底水库2000年运用方案研究、小浪底—苏泗庄汛期洪水预报试验、黄河下游防洪规划治导线检验与修订、黄河调水调沙实体模型试验等多项生产科研任务。为进一步检验模型的相似性，2002年3月，又进行了“黄河小浪底—苏泗庄河段河道模型1999～2001年持续小水系列的验证试验”，验证结果表明，模型的河势演变、水位、冲淤量等均达到与原型相似的要求。

通过对近期水沙变化的分析，综合考虑各方面的影响，黄委设计院拟定了小浪底水库入库水沙过程，通过水库泥沙数学模型模拟计算和实测资料分析后，提出了小浪底水库不同运用阶段出库和花园口断面的水沙过程，即“1978～1982+1987～1989+1977+1990+1992～1996”经小浪底水库调节后的15年设计水沙系列作为模型试验水沙系列。该系列包括了丰、平、枯三种水沙过程，其中1978～1982年属拦沙初期清水下泄过程和1987～1989+1977+1990+1992～1996年属水库相机排沙过程。前者年均水量（小+黑+武）313.89亿m^3，年均沙量2.286亿t；后者年均水量（小+黑+武）277.17亿m^3，年均沙量8.276亿t。

为了检验工程的适应性，本次研究过程共开展了四组实体模型试验，即初选方案、修改方案、建议方案和推荐方案。每次试验过程中，发现问题及时进行分析研究，并相应调整工程布局。初选方案与修改方案实体模型初始地形采用2001年汛后实测大断面和河势资料。建议方案的检验初始地形则根据2002年汛后实测大断面和河势资料塑制。推荐方案采用了2004年汛期（7月份）实测大断面和河势资料塑制模型初始河床地形。滩地、村庄、植被等地貌地物状况按1∶10000河道地形图模拟，并结合现场踏勘情况予以修正。表28-3为实体模型试验的水沙条件及边界情况。

表 28-3　各组试验水沙条件以及模型边界情况

水沙条件	试验名称	边界情况
黄委设计院制定的并根据专家咨询意见概化后的小浪底初期运用设计水沙系列中 1978～1982+1987～1989+1977 年共 9 年的设计水沙过程	初选方案	2001 年汛后地形条件，新增工程 3 处，工程长度 14.3km；改建工程 6 处，工程长度 9.8km；续建工程 24 处，工程长度 33.6km。累计增加工程长度 47.9km。新建工程有：张王庄工程、金沟工程和孤柏嘴工程。与 2000 年整治规划相比，加强了桃花峪工程、武庄工程、毛庵工程、三官庙工程和曹岗工程等
	修改方案	2001 年汛后地形条件，新建、改建工程 55 处，新增工程长度 97.9km。与初选方案相比，工程增加较多，新增的工程有逯村下延、花园口上延、黑岗口上延工程下延、高村上延等等。其中张王庄和金沟工程位置右移；6 年后对方案的工程布置进行了调整。减少工程上延、下延 16.6km。金沟工程在减少下延 500m 的同时右移到初选方案的位置。大玉兰、老田庵、柳园口和大宫等工程调整送流段半径，使下首工程靠河位置上提。另外新增三合村下延 500m
黄委设计院拟订的“1978～1982+1987～1989+1977+1990+1992～1996”15 年的水沙系列	建议方案	2002 年汛后地形条件，河道整治工程是根据初选方案和修改方案的两次试验结果并综合其他方案提出的。此方案新建、改建工程 57 处，总长度达 79.0km，比修改方案工程减少约 4.0km
	推荐方案	2004 年 7 月地形，推荐方案新建、改建工程 51 处，工程总长度 80.37km。因 2003、2004 年原型河势上提，大宫、王庵、黑岗口上延抢险修筑了一些坝垛。虽然其对河势控制作用不大，但对防止河势进一步恶化具有积极的作用

2. 模型试验结果

最终的整治方案是通过实体模型试验不断优化确定的。本节重点分析几次试验反映的不同方案对河势控导效果的差异和最终检验情况，评价河道整治方案的整体适应性。

（1）白鹤镇—神堤河段

本河段的整治工程建设相对较为完善，从模型检验效果看，无论是初选、修改、建议、还是推荐方案，河势均相对规顺，流路也基本稳定，且趋于规划治导线，说明该河段的整治工程对试验水沙系列是基本适应的。对个别工程进行调整的目的是为了更好地解决该河段入口和出口河势不稳定的问题，特别是第三次、第四次试验，小水作用时间较长，河势的调整较第二次慢。花园镇以下至神堤，整治工程对多种水沙条件的适应性均较强，工程体系的控导作用明显，河势相对规顺，流路基本稳定（图 28-1）。

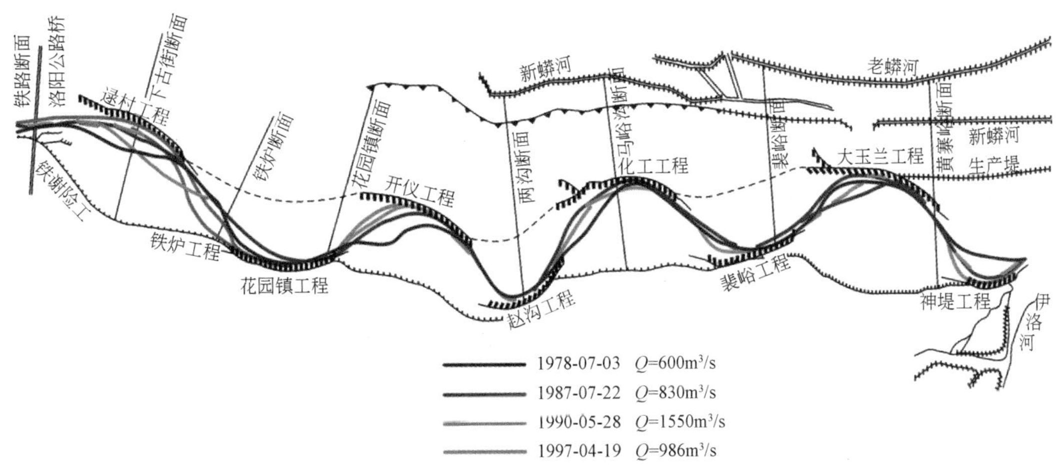

图 28-1　建议方案试验过程中小浪底—伊洛河口河段河势变化

（2）神堤—京广铁路桥河段

神堤—京广铁桥河段，1998 年前仅有驾部一处控导工程，1998 年后先后修建了枣树沟、桃花峪、张王庄、东安工程，但这些工程还不完善，初始流路与规划流路相差较大，河势调整时间长。值得说明的是，该河段河道整治工程布局曾经开展了专门的试验研究（详见本章第二节之二），按照推荐的工程布置方案，从本次模型试验检验结果看，对河势的调整效果和整体稳定情况良好。特别是，第三次检验试验，放水至第 5 年（1982 年，拦沙初期）河势已基本调整到位，后 10 年（相机排沙期）河势相对稳定，与规划流路基本一致（图 28-2）。

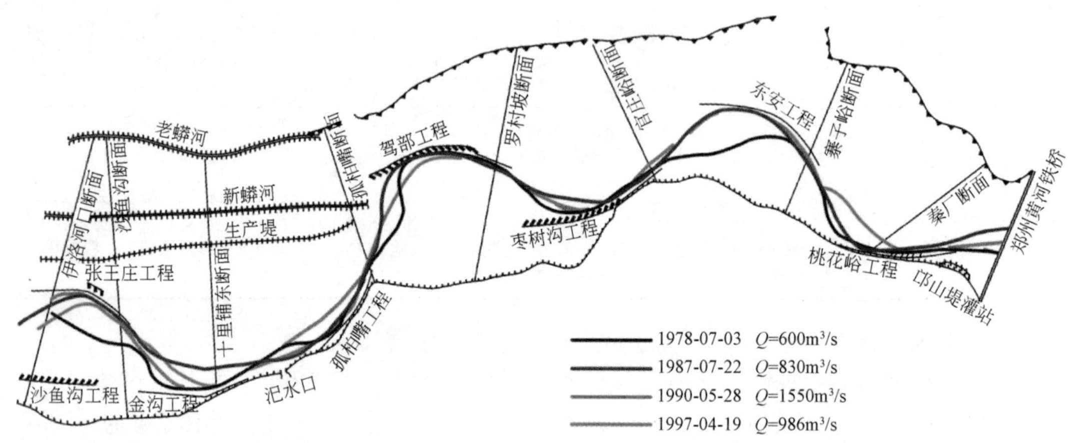

图 28-2　建议方案试验过程中伊洛河口—京广铁桥河段河势变化

（3）京广铁桥—黑岗口河段

京广铁桥—赵口河段，建议方案与修改方案相比治导线完全一致，仅保合寨工程下延和武庄工程上延各减少了 700m，两次检验因初始地形不同，河势演变前 2～3 年略有不同，其余时间与规划流路基本一致（图 28-3）。推荐方案进一步验证了要充分发挥马庄工程和花园口险工的作用，必须有老田庵和保和寨工程与其相配套。

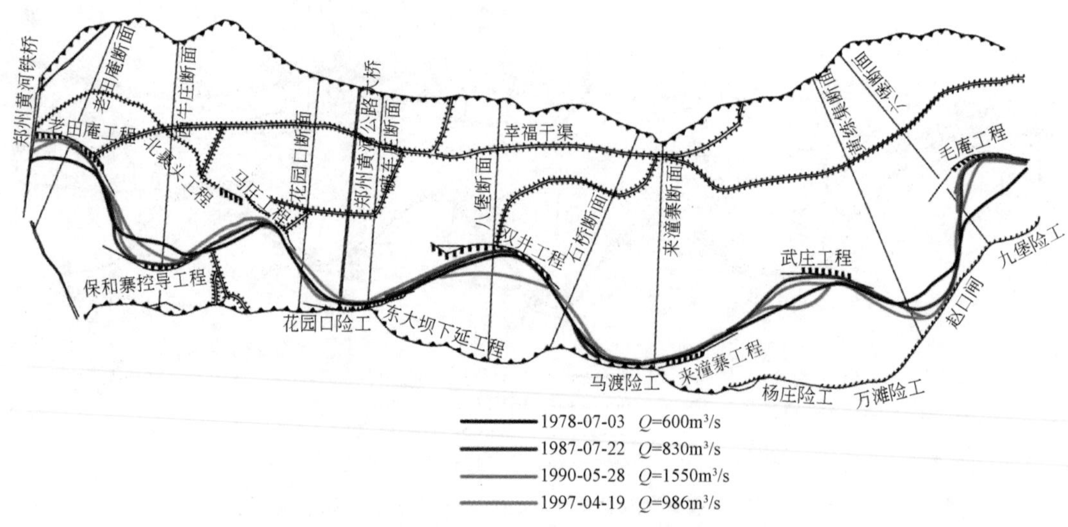

图 28-3　建议方案京广铁桥—九堡河段主流线套绘图

赵口—黑岗口河段是河势游荡摆动幅度最大的河段之一，建议方案对毛庵工程位置进行了复核，经调整后，虽然九堡下延工程比修改方案减少了 500m，但九堡、三官庙、韦滩工程靠河着溜情况都有明显改善，河势经 3～4 年调整后，与规划流路基本一致。推荐方案虽采用了不同的地形，但结果与建议方案一致（图 28-4）。说明工程总体布局基本能够适应未来可能出现的水沙条件。

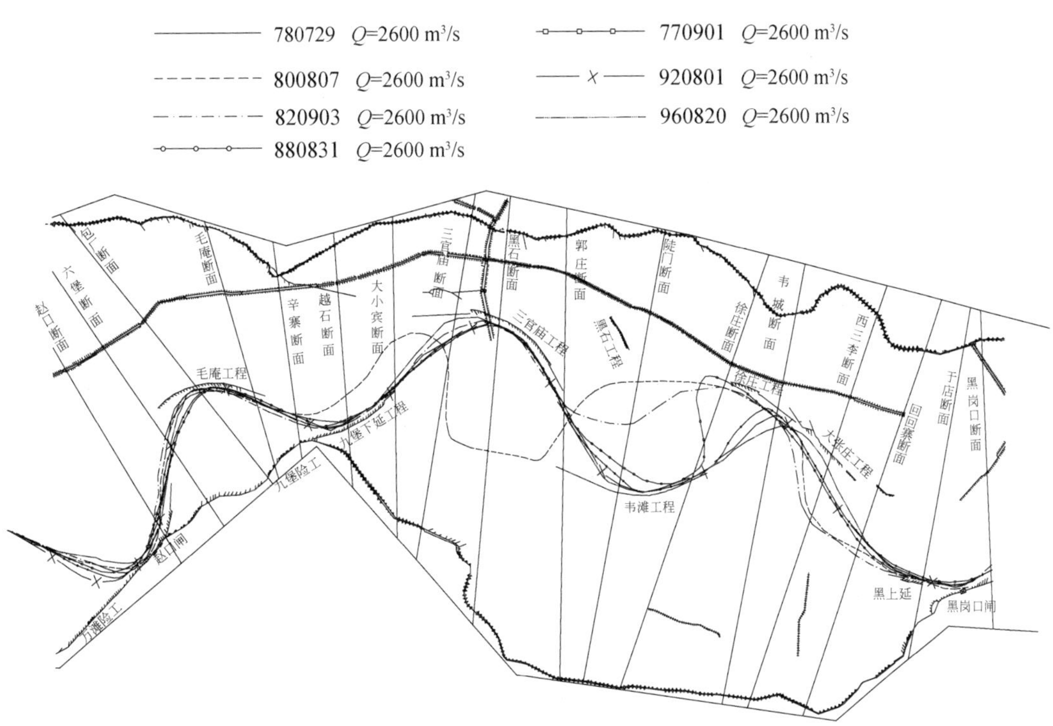

图 28-4 推荐方案赵口—黑岗口河段模型试验主流线套绘图

（4）黑岗口—东坝头河段

该河段的河道整治工程布局方案也是经过专门的试验研究确定的（参见本章第二节之二）。目前该河段已经按照模型试验推荐的黑岗口—顺河街—柳园口方案实施。实际上，黑岗口—府君寺河段河势能否稳定，取决于黑岗口和顺河街工程的布置，黑岗口下延将溜送至顺河街中上部，并适当下延顺河街工程，以下各工程都将发挥较好的控溜作用。特别是推荐方案采用的初始流路与规划流路差别较大，王庵—古城河段的畸形河弯，试验初期即在大水作用下裁弯（图 28-5），至第 5 年末，该河段工程全部靠河着溜，河势与规划流路趋于一致。

建议方案与修改方案相比，河势演变过程前期相差较大。主要原因有三，一是初始地形建议方案比修改方案存在多处畸形河弯，调整难度大、历时长，且在调整过程中常出现不利河势；二是建议方案小水历时明显增加，不利于河势尽快调整到位；三是工程略有调整，柳园口、大宫、贯台工程下延分别减少 500m、500m 和 1000m，河势调整速率减缓。

府君寺—东坝头河段，东坝头河弯中心角偏大，很难适应各种水流条件。大水因贯台靠溜较短，东坝头控导与西大坝之间仍会出现两条流路，其中西河由禅房上游滩地行溜；小水在夹河滩—东坝头险工之间主流会偏离工程，难形成完整的弯道。试验中均表现出东坝头控导与东坝头险工配合不好，主流出东坝头险工后，北摆坐弯，致使禅房着溜部位不断下挫（图 28-6）。说明，贯台工程的下延长度及东坝头湾的改造问题，需要开展专题研究。

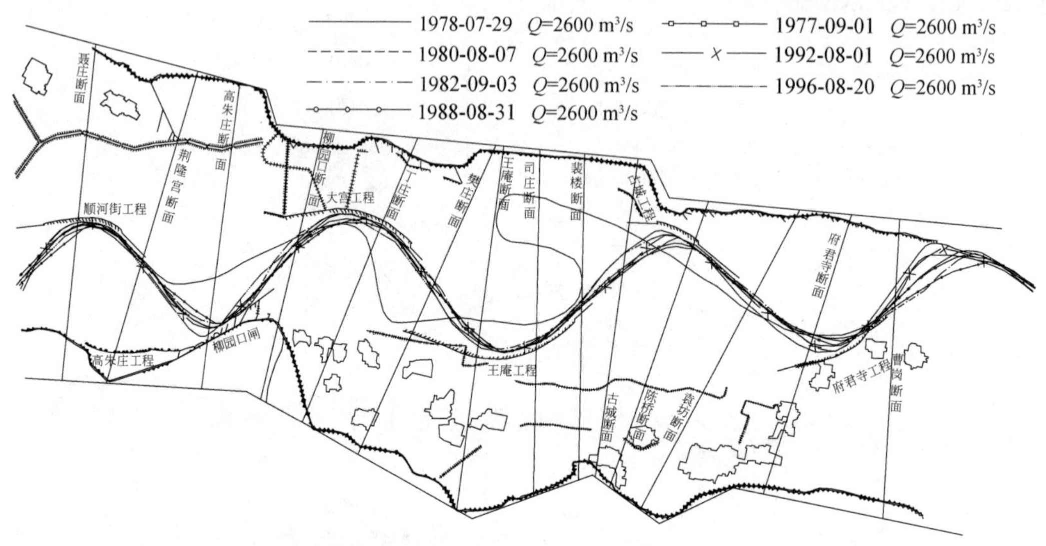

图 28-5　建议方案顺河街—府君寺河段模型试验主流线套绘图

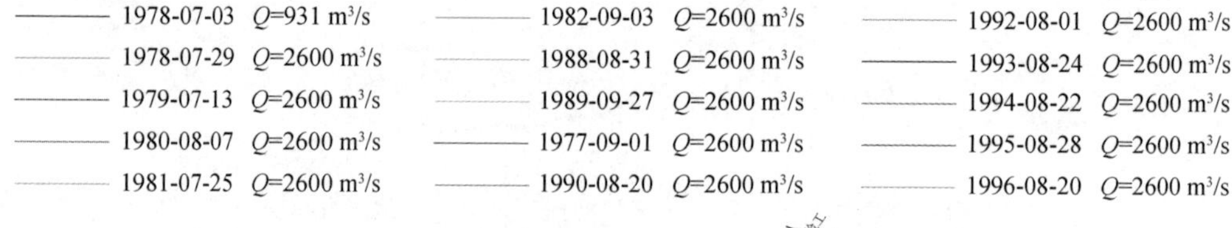

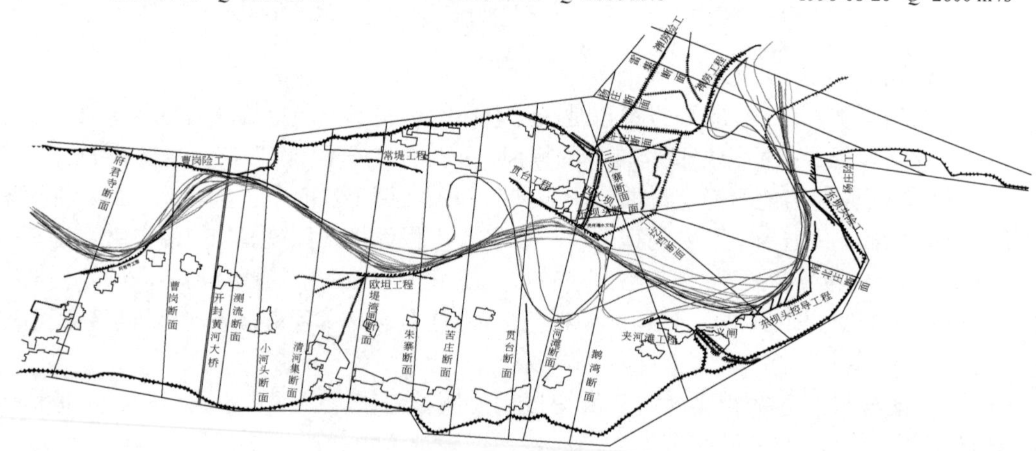

图 28-6　推荐方案府君寺—东坝头 15 年水沙系列主流线套绘图

（5）东坝头—苏泗庄河段

该河段各方案工程布局基本都能适应设计水沙条件（图 28-7）。由于初始地形或工程布局的不同，个别河段河势变化略有差异，但均在工程控导范围之内，除三合村外，其他工程未出现脱溜现象和不利河势。但模型试验中也发现尚有一些问题需引起注意。

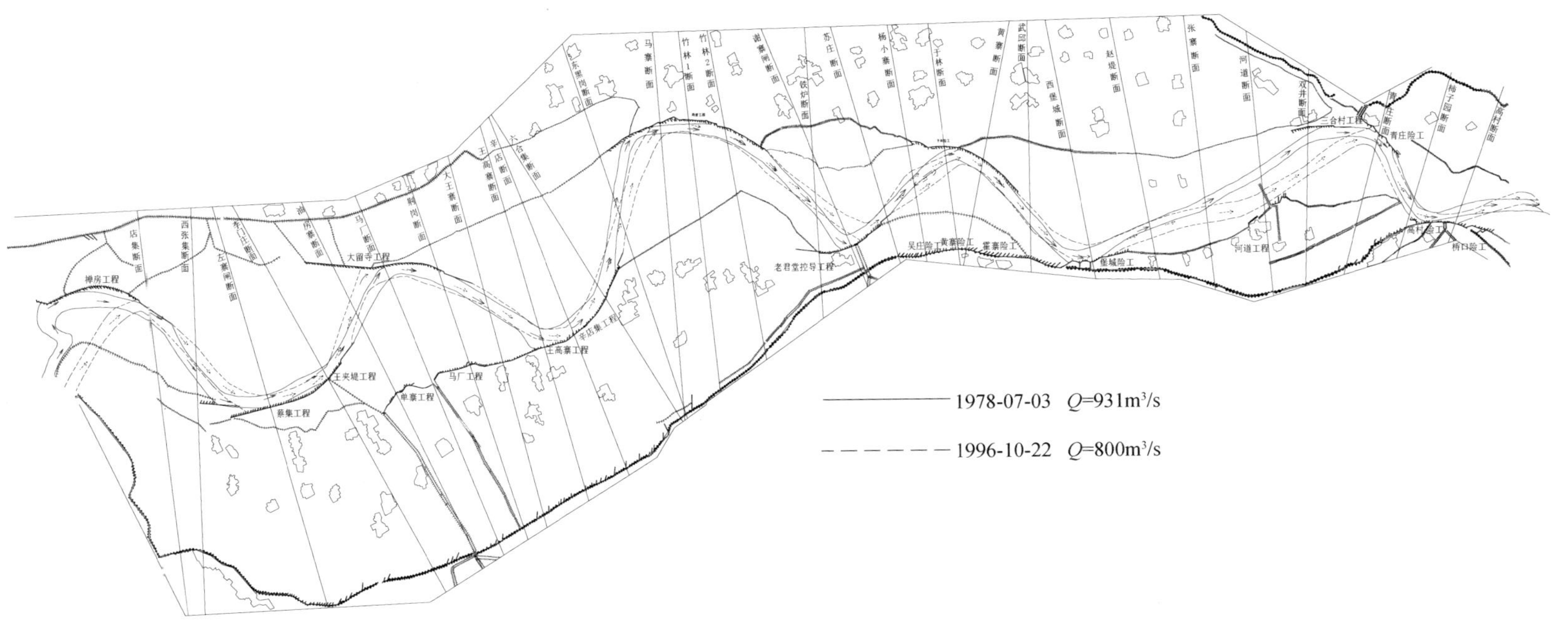

图28-7　东坝头—三合村河段模型试验初始、结束河势套绘图

1）东坝头险工—禅房工程，试验中建议方案和推荐方案均表现出主流出东坝头险工后右摆，致使禅房工程靠溜段逐年下挫，严重时仅规划的下延段靠溜；而多年统计资料为东坝头险工靠溜，禅房工程上段靠溜。因此，东坝头控导应适当下延，稳定禅房险工入流部位，避免河势下挫问题。

2）堡城—青庄 10 余千米直河段处理问题。堡城—青庄 10 余千米直河段，几十年来一直没有布设工程，河势相对较为稳定，20 世纪 90 年代，主流左摆，在三合村处塌滩塌村，抢修了三合村护滩工程，后为防止高村险工河势上提，希望三合村工程下延并与青庄险工中下段形成一个弯道。目前青庄工程靠溜偏上，高村、南小堤河势上提的趋势并未改变。从模型试验情况看，堡城险工和三合村之间河势无法维持长期稳定，一旦三合村工程脱河、青庄险工仅下段靠溜，可能会导致高村险工、南小堤险工河势严重下挫，影响下游河势的稳定，因此，应密切关注堡城—三合村河段的河势变化。

从四次实体模型放水检验效果看，按照微弯型整治依推荐方案布设整治工程后，河势经过一段时间的调整，与规划治导线基本一致。说明该方案能适应试验水沙条件，达到强化河床边界条件、缩小主流游荡范围、控制河势的目的。但应注意，实体模型试验中的整治工程的布置是一次到位，而且水沙条件也是预先设计的。由于整治工程在实际中是分期建设的，而且来水来沙也有较大的不确定性，因此本次研究提出的整治方案在实施过程中仍然需要加强跟踪研究，发现问题及时调整，使整治方案更加符合实际。

二、河工模型试验在河道整治工程布局中的应用

20 世纪 50 年代以来下游修建的大量河道整治工程改变了黄河下游河床的边界条件，小浪底水库建成运用后改变了黄河下游的来水来沙条件，所有这些条件的变化，都给黄河下游的河势演变带来一定影响。纵观黄河下游游荡性河道整治历程，受国家投资及对河势演变规律认识的不足等影响，神堤—驾部河段、武庄工程、黑岗口—柳园口河段、毛庵工程、黑石工程、府君寺—贯台河段等的工程布局方案长期议而未决，直接影响河道整治的整体效果。为此，黄科院利用河工模型试验开展了专题研究，解决游荡性河道整治工程的具体布局难题（江恩慧等，2002）。现举例于后。

（一）武庄控导工程布置方案试验

随着马庄、花园口和双井三处工程改建完善，马渡险工靠流稳定。1991 年马渡险工下延 4 道坝以后，对马渡—赵口约 20km 大堤和险工安全发挥了重大作用，但引起河势北滚 2.7km，造成北岸滩地塌失，同时也为了稳定送溜赵口险工（赵口险工也是治导线上的一处工程），急需在北岸原阳武庄一带修建武庄控导工程。1994 年初受河南黄河河务局委托，黄科院开展了武庄控导工程平面布局模型试验。通过实体模型试验，验证设计控导工程对黄河各级洪水的适应性，并提出了修正方案，以适应上游来水，送流至赵口险工，并能流畅地与规划流路衔接（张柏山等，2003）。

试验在花园口—东坝头河道模型上进行，模型比尺见表 28-1。在 1994 年汛前地形下，设置不同布局方案（表 28-4），主要试验组次见表 28-5。对各种设计方案按 3500m^3/s、5000m^3/s、7000m^3/s 级流量（含沙量按照输沙平衡控制）进行放水试验（表 28-6）。预估当时出现中常洪水及较大洪水后河势发展趋势；之后施放 1982 型大洪水，检验武庄工程在大

洪水作用下对水流的约束效果，研究其靠流导流情况。

表 28-4　各个方案工程状况表

工程方案	工程名称	工程位置	直段长/m	半径/m	弧长/m	现状坝数	拟修坝数
现状	来潼寨			3500	400	4	
I	来潼寨			3500	1800	4	14
	武庄	直上	675				46
		弯上		4900	1197		
		弯下		3000	2147		
		直下	650				
II	来潼寨		900	3500	900	4	14
	武庄	直上	2100				53
		弯上		5000	742		
		弯下		3850	2432		
III	来潼寨	弯上		3500	900	4	10
		直下	500				
	武庄	直上	2100				47
		弯上		5000	742		
		弯下		3850	1358 潜 500		

表 28-5　主要试验组次一览表

试验组次编号	含沙量/（kg/m^3）	流量/（m^3/s）	历时/h	备注
WX-1	16.2～52.6	2000～7000	1728	现状条件
WX-2	42.4	5000	216	1994 年汛前地形，1994 年工程状况
WX-3	27.0～72.0	3000～10900	120	WX-2 地形，1994 年汛前工程状况
WH-1	31.4	3500	144	1994 年汛前地形，方案 I 工程状况
WH-2	42.4	5000	192	WH-1 地形，工程状况不变
WH-3	70.0	7000	120	H-2 地形，工程状况不变
WJ-1-1	31.4	3500	168	1994 年汛前地形，方案 II 工程状况
WJ-1-2	42.4	5000	192	连续放水
WJ-2-1	42.4	5000	264	WJ-1-2 地形，来潼寨又沿直线顺延 4 道丁坝，总计 18 道丁坝
WJ-2-2	42.4	5000	590	继续放水
WJ-3	42.4	5000	222	WJ-2 基础上连续放水
WT-1	31.4～52.6	3500～7000	128	起始地形，来潼寨去掉 WJ-2 组次顺延的 4 道丁坝，武庄去掉下首 3 道坝，变为 50 道坝
WT-2	40.0	5000	274	WT-1 地形，武庄去掉 43#以下工程，变为 42 道坝
WT-3-1	42.4	5000	48	WT-2 地形，来潼寨恢复顺延 4 道丁坝，武庄恢复为 50 道坝
WT-3-2	70.0	7000	72	连续放水
WT-4-1	42.4	5000	192	初始地形，方案III工程状况
WT-4-2	70.0	7000	36	连续放水
WT-5	31.4～42.4	3500～5000	96	在 WT-4 地形上，工程未变动
WT-6	31.4～42.4	3500～5000	96	WT-5 地形，工程未变动
WT-7	11～23.7	5710～13400	120	1994 年汛前地形，工程未变动

表 28-6　中常洪水试验水沙条件

序号	流量/（m^3/s）	含沙量/（kg/m^3）	原型洪水历时/天	累计历时/天	说明
1	2000	16.2	11	11	流量按照多年水沙系列概化，含沙量按照输沙平衡控制
2	3500	31.4	10	21	
3	5000	42.2	9	30	
4	7000	52.6	3	33	
5	5000	42.2	11	44	
6	3500	31.4	13	57	
7	2000	16.2	15	72	

首先开展了现状条件下的中常洪水试验。试验结果发现，由于上游河道工程趋于完善，原阳武庄河滩塌滩严重，赵口险工河势下挫，赵口引黄闸脱河概率明显增加［图 28-8（a）］，严重影响赵口及以下河段河势稳定和两岸工农业生产，因此武庄控导工程应尽快上马。

工程布置方案Ⅰ中，由于规划武庄工程过于偏北，以致离河太远，工程靠流困难［图 28-8（b）］；工程布置方案Ⅱ，根据“最优坝区”设想布设的工程位置，向南调整武庄工程位置后，能保证拟修工程和赵口险工有较好的靠溜部位，但是送溜较急，赵口险工前出现弯陡流急的险象［图 28-8（c）］。经过多次对比试验，原阳武庄工程的平面布置，最终采用南移下挫方案，与原规划位置相比向河中推进近 1km（即工程布置方案Ⅲ）［图 28-8（d）］。

由于方案Ⅲ系在方案Ⅱ的基础上修改而成的，模型检验结果表明，该方案具有较好的迎流和送流效果，而且结合赵口险工改建工程，能使下游河势得到改善［图 28-8（d）］。进一步检验大洪水对方案Ⅲ工程的适应性［图 28-8（e）］，施放 1982 型洪水时，整个武庄工程仍有较好的控导主流的效果。该方案已被生产中采用，从修建后的靠河情况看，效果良好。

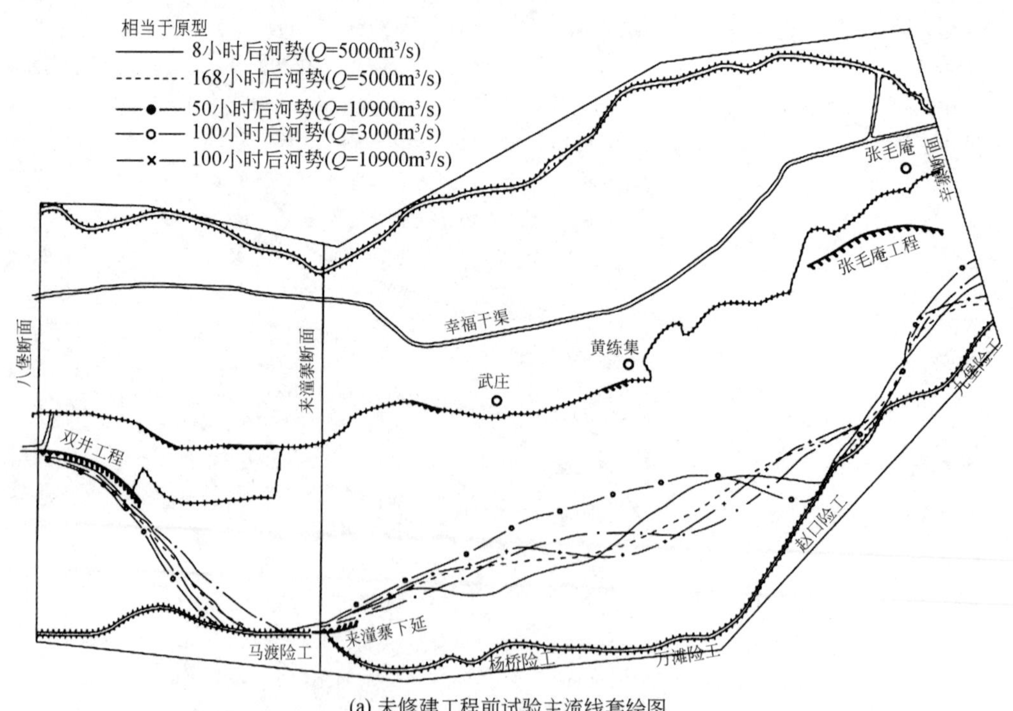

(a) 未修建工程前试验主流线套绘图

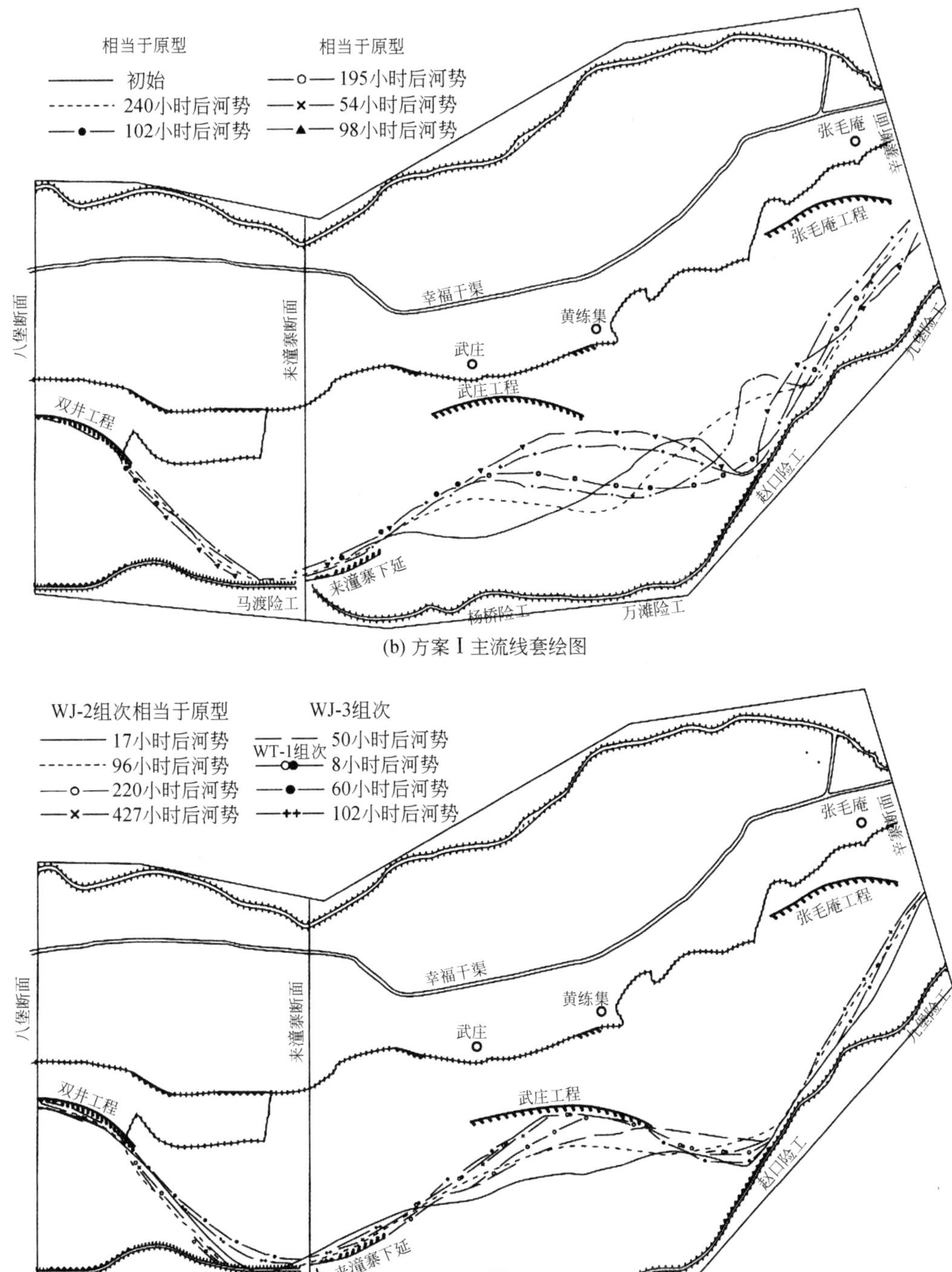

(b) 方案Ⅰ主流线套绘图

(c) 方案Ⅱ主流线套绘图

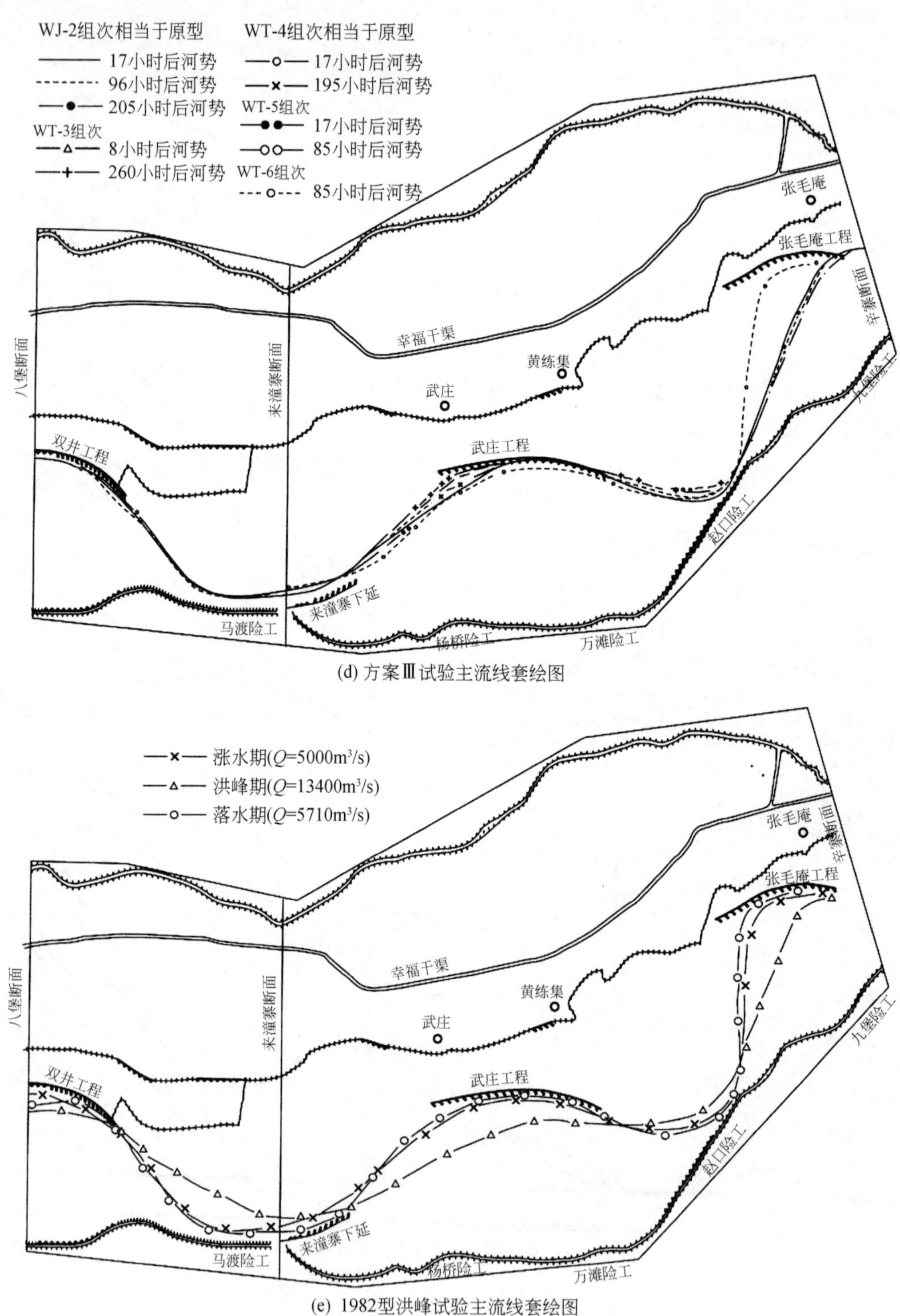

(d) 方案Ⅲ试验主流线套绘图

(e) 1982型洪峰试验主流线套绘图

图 28-8 武庄工程各个方案布置及试验期间水流变化

（二）神堤—驾部河段河道整治工程布局方案试验①

神堤—驾部河段位于黄河小浪底水库下游约 67km。2000 年小浪底投入运用后，为防止水库下泄水流造成其下游滩地的大量塌失，同时为改善以下河段的入流条件，使已有河道整治工程进一步发挥作用，保证下游河道防洪和南水北调中线工程的安全，需加强该河段的河道整治工作。然而，该河段的河道整治工程布局长期存在两弯和四弯两个方案，为此黄委责成黄科院开展模型试验研究工作。

神堤—驾部河段长约 25km，河段内沙洲棋布，水流分汊，河势流路变化不定，属于游荡性河道。神堤以上河段的河道整治工程已经基本完善配套，河势流路已初步得到稳定。但是神堤—驾部河段内的河道整治工程却极不完善，河道内仅有处于北岸的张王庄工程（5 道坝）。由于工程少，河势缺乏控制，河道基本上仍处于天然状态，主流摆动频繁，且常出现“横河”等不利河势。不仅左岸滩地不断塌失，右岸山崖也不断后退。本河段河势主要受邙山山崖的制约，孤柏嘴山弯对河势的影响尤甚。此外，当伊洛河来水流量较大时，入黄后对黄河主流产生一定的顶托作用，使溜势外移。因河势上提下挫，孤柏嘴出流不定，1985～1990 年驾部前主流最大摆幅达 3.5km；1990 年以来，因黄河来水量的减少，驾部工程处主流摆幅有所减小，但伊洛河口断面以下 2km 处主流摆幅仍达 3km。由于本河段河道边界条件的特殊性，河道整治工作的难度是很大的。当时，神堤—夹河滩作为游荡性河道整治的重点河段，按照微弯型整治思路，仅有两个河段的规划治导线没有确定，一个就是神堤—驾部河段，另一段是府君寺—贯台河段；而唯一没有完成布点工程的河段就是神堤—驾部河段。这也从另一个侧面说明了这一河段河道整治的困难性。

神堤—驾部河段河道整治规划流路的四弯方案，包括陆庄方案（方案一）和南压陆庄方案两种布置形式，其中南压陆庄方案又包括：张王庄工程位置与现在采用的工程位置基本一致的方案二和张王庄工程南移 900m 的方案三；两弯方案包括关白庄方案和张王庄方案，见图 28-9～图 28-11。

神堤—驾部河段当时仅有河道整治工程 3 处，南岸有神堤控导工程，北岸有当时才修建了 5 道坝的（22～26 坝）的张王庄控导工程和驾部控导工程。“九五”国家攻关项目和 1999 年黄河下游防洪规划期间，利用“大玉兰—花园口河段动床模型”和“小浪底—苏泗

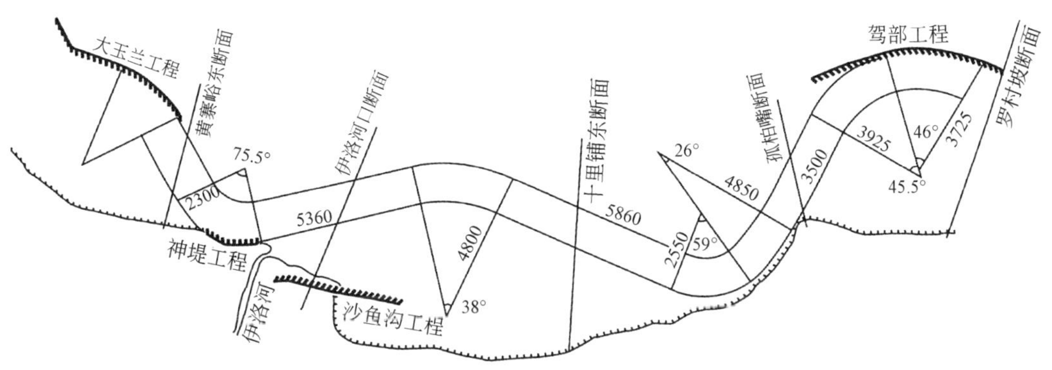

图 28-9　神堤—驾部河道整治规划治导线两弯关白庄方案

① 江恩慧，陈书奎，王世杰，等. 2000. 黄河神堤－驾部河段河道整治规划方案对比试验研究.黄河水利科学研究院，ZX-2019-32.

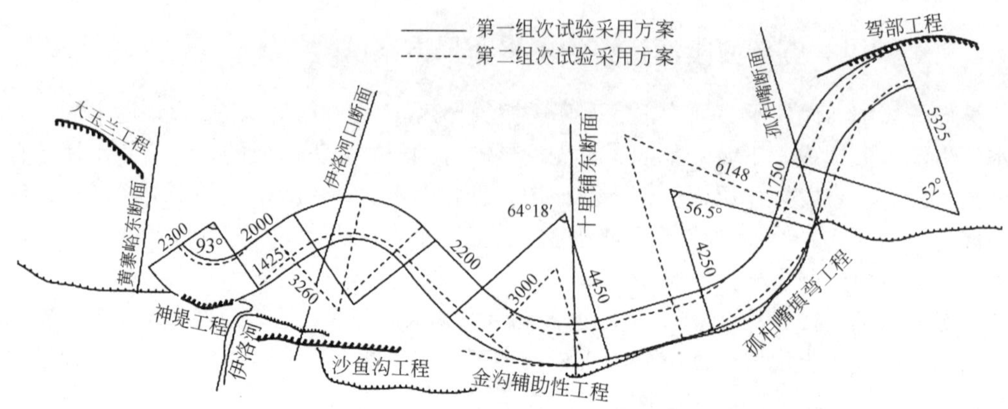

图 28-10　神堤—驾部河道整治规划治导线两弯张王庄方案

神堤—驾部河道整治原规划治导线方案要素对照表

工程＼方案	神堤工程			张王庄工程			金沟工程			陆庄工程			孤柏嘴工程			驾部工程	
	弯道半径/m	中心角/(°)	过度段/m	弯道半径/m	中心角/(°)	过度段/m	弯道半径/m	中心角/(°)	过度段/m	弯道半径/m	中心角/(°)	过度段/m	弯道半径/m	中心角/(°)	过度段/m	弯道半径/m	中心角/(°)
四弯南压陆庄方案Ⅰ ------	2300	845°	2825	2425	84°	1650	2500	124°	1875	2350	93.5°	2600	1500 4850	81° 13°	3500	3925 3725	45.5° 46°
四弯南压陆庄方案Ⅱ —+—	2300	812°	1500	2750	69°	2000	2250	89°	1650	2350 5075	42° 21°	1740	2650 5500	53° 33°	2350	3925 3725	45.5° 46°
四弯陆庄方案 ——	2300	93°	1500	3500 2500	33.6° 52.9°	1550	2461	111.5°	1800	3392	75.9°	2290	2472 3472	49.7° 37.5°	1615	3925 3725	45.5° 46°

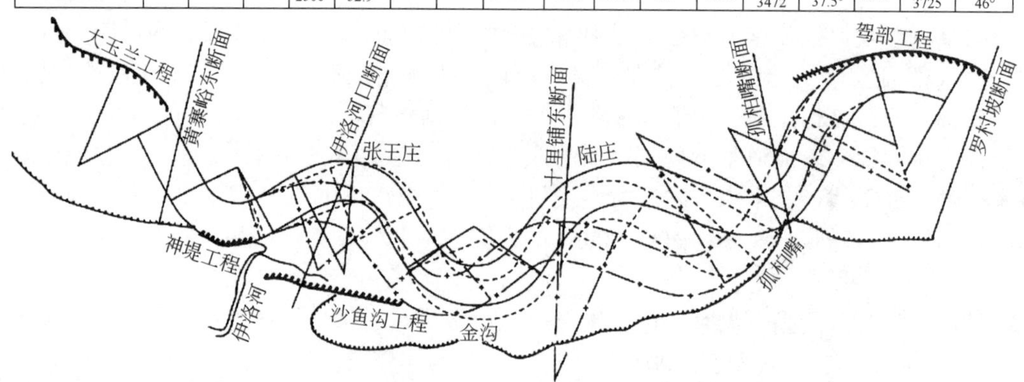

图 28-11　神堤—驾部河道整治规划治导线四弯方案不同布局情况

庄河段动床模型”对神堤—驾部河段规划治导线进行了研究，取得了一些认识。但是对于本河段的河道整治工程布局形式有不同看法。为此，1999 年 9 月 22 日讨论后建议，采用张王庄下移后的两弯方案，同时修建孤柏嘴控导工程。

1. 四弯方案试验概况

为开展四弯方案模型试验，黄科院专门建设了“大玉兰—花园口河段动床模型”，模型主要比尺见表 28-1，模型沙选用郑州热电厂粉煤灰。模型经过一系列的验证试验，保证水流泥沙运动及河床演变的相似性。在该模型上针对局部河段重点工程的布局开展试验调整，在此基础上再利用“小浪底—苏泗庄河段模型”进行黄河下游长河段规划治导线的整体检验和进一步修订试验。

（1）第一组方案试验

初始地形采用黄河下游 1998 年汛后实测大断面模拟制作，采用的水沙条件是黄委设计院在小浪底水库运用方式研究中提出的水沙条件（表 28-7）。

表 28-7　试验水沙条件

试验组次	年份	来水量/亿 m³	来沙量/亿 t	最大流量/（m³/s）	$Q \leq 3000\text{m}^3/\text{s}$	$3000 < Q \leq 4000\text{m}^3/\text{s}$	$Q > 4000\text{m}^3/\text{s}$
第一组	2000	191	3.36	5939	39	24	12
	2001	211	2.84	4488	44	35	5
	2002	221	1.51	5061	66	32	2
	2003	80	0.40	5100	31	10	1
	2004	277	2.20	5669	73	36	10
	2005	252	1.25	6200	108	18	4
第二组	2000	292	2.34	4488	145	24	5
	2001	290	1.29	5061	180	10	2
	2002	113	0.44	5100	87	1	1
	2003	346	2.58	5669	151	30	10
	2004	325	6.64	5208	116	9	35
	2005	162	1.56	3620	148	3	0

铁谢—花园口河段选定的设计流路是：铁谢—逯村—花园镇—开仪—赵沟—化工—裴峪—大玉兰—神堤—张王庄—金沟—陆庄—孤柏嘴—驾部—枣树沟—东安—桃花峪—老田庵—保合寨—马庄—花园口。该方案中，在大玉兰—孤柏嘴河段，由于伊洛河汇入，神堤工程腹背受水，修守难度较大。1993 年可研报告中规划的神堤—陆庄（或叫张王庄）—孤柏嘴（即两弯方案）和 1998 年、1999 年修订的治导线均作为第二方案保留。本次防洪规划研

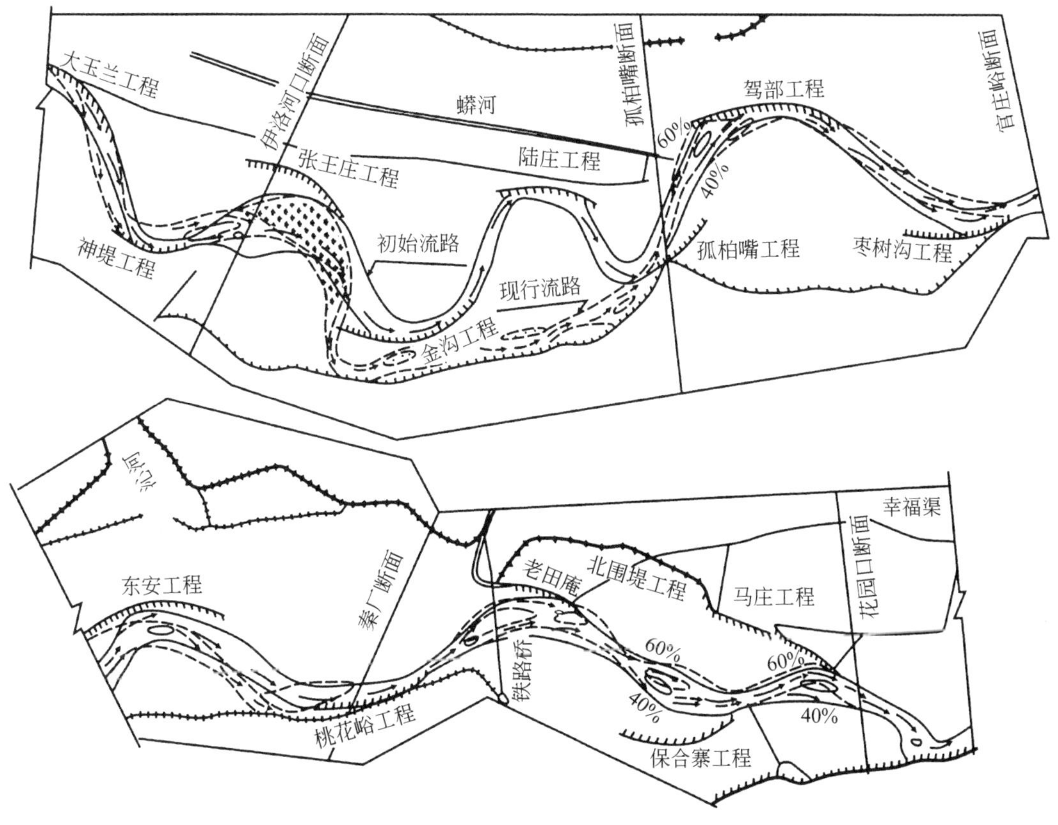

图 28-12　初始流路与现行流路对比

究依据 1999 年年初河南黄河河务局修订的规划治导线即上述选定的设计流路作为初始工程边界条件。因初始河势与规划流路相差较大，试验初期先沿张王庄、金沟、陆庄、孤柏嘴开挖一条流路。孤柏嘴工程上首横拦大河，藏头段无法藏头，试验前黄科院邀请黄委有关专家到模型现场查看了工程情况，同意黄科院去掉孤柏嘴工程的藏头部分，见图 28-12。

图 28-13 为 2000 年主流线套绘图，神堤工程送流不力，金沟靠河偏下；金沟到陆庄大河基本呈横河，陆庄着溜点靠上，陆庄工程送流孤柏嘴后易导致工程上首山弯受大河顶冲，且送流效果不理想。鉴于此，经与委河务局、河南局等有关专家会商，试验中对部分工程作了如下调整：

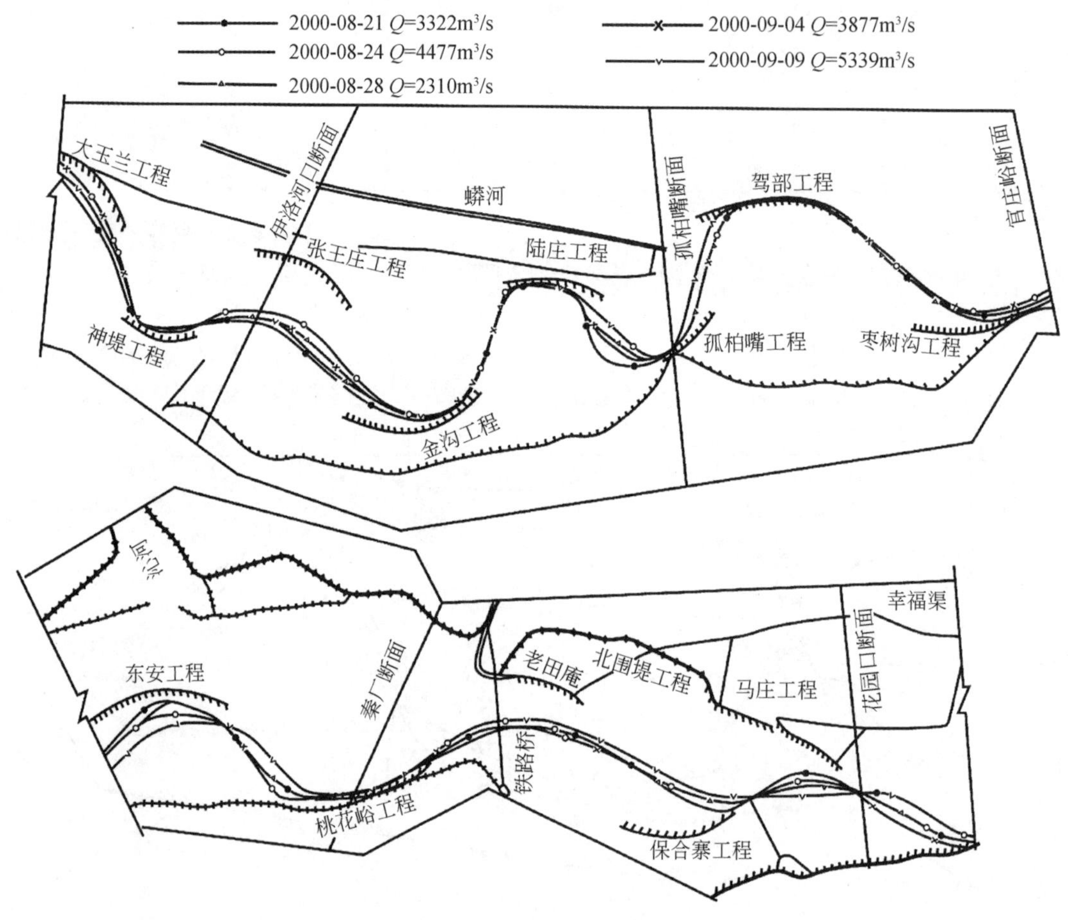

图 28-13　2000 年主流线套绘图

为保证神堤送流张王庄，将神堤下延弯道半径由 2300m 调整为 2000m，并增加 500m 潜坝；张王庄按直线下延 500m 潜坝；金沟弯道半径由 2499m 调整为 3000m；陆庄则整体改变，见图 28-14。

图 28-15 为 2005 年主流线套绘情况，可知大河经大玉兰、神堤等工程的控导作用后，张王庄工程靠溜在下部。由于张王庄工程下延长度较长，对水流的约束作用较强，使得金沟、陆庄、驾部等工程着流点虽然存在上提下挫现象，但提挫幅度较小，主流均靠溜在各工程中上部，说明“金沟—陆庄—孤柏嘴—驾部”经过调整后的各控导工程平面布局基本上可以适应小浪底水库下泄清水期河床演变规律，上迎下送关系相对较好。

（2）第二组方案试验

根据上次试验结果，对部分工程进行了调整。同时认为，根据现行大河流路情况，立即修建金沟工程似有困难，因此模型中暂不修作金沟工程，试验过程中视河势发展情况，再逐步上马。

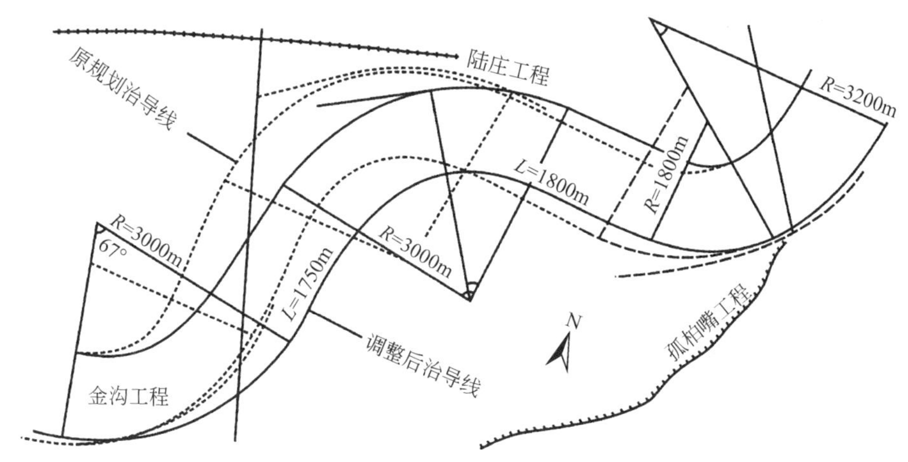

图 28-14　金沟、陆庄工程调整情况

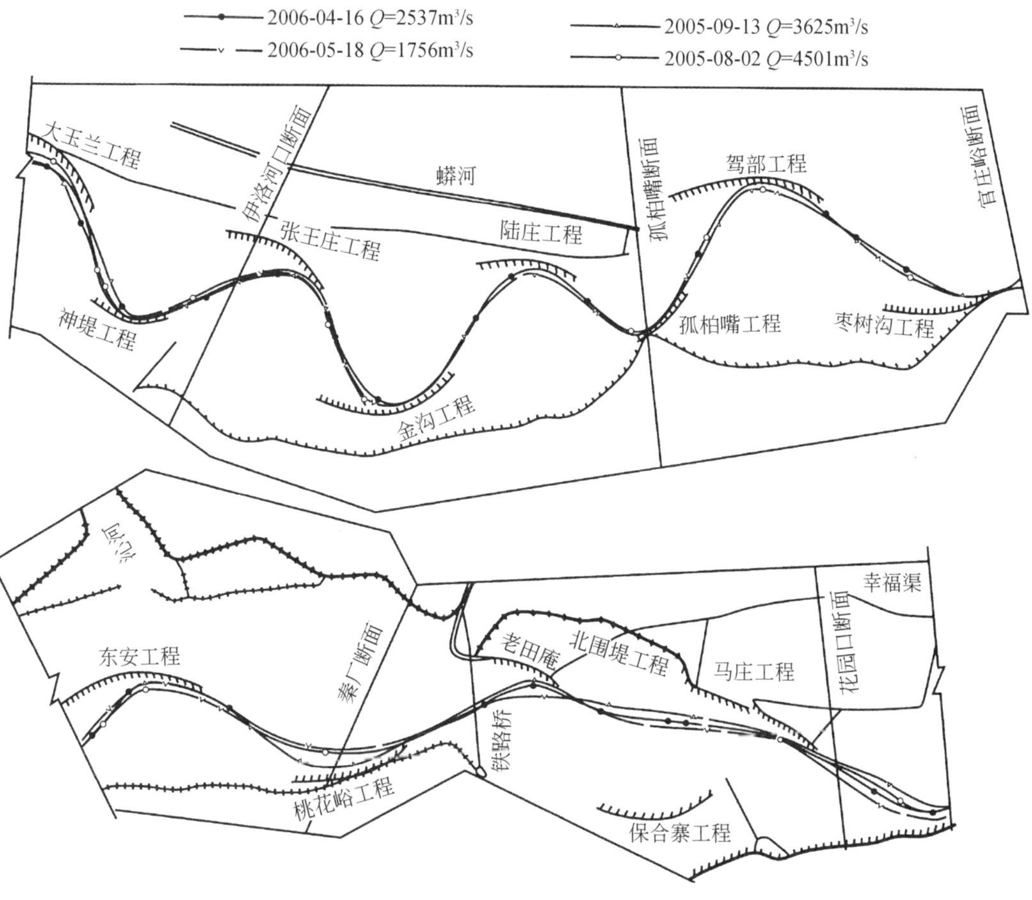

图 28-15　2005 年主流线套绘图

初始地形采用1999年汛前实测大断面资料制作。试验水沙条件采用黄委设计院提供的黄河下游防洪规划水沙系列。神堤、张王庄工程 2000～2003 年汛前均修建了下首直线段上的500m潜坝。大河在金沟工程上首南北横河坐弯较死，为了使金沟河势尽快下挫，为金沟工程上马创造机会，2003年汛期又将神堤、张王庄工程下延的500m潜坝去掉。

金沟工程是在试验过程中根据河势变化情况分段修建的（图28-16）。试验中观察到，采用水中进占方式分段修作金沟工程，一方面使河槽缩窄，单宽流量增加，水流动力作用增强，另一方面迫使水流流向改变，可以逐步实现现有流路向由金沟工程控制的弯曲型流路发展。不过，在实际工程修作中，可能修作难度极大，抢险投入较多。

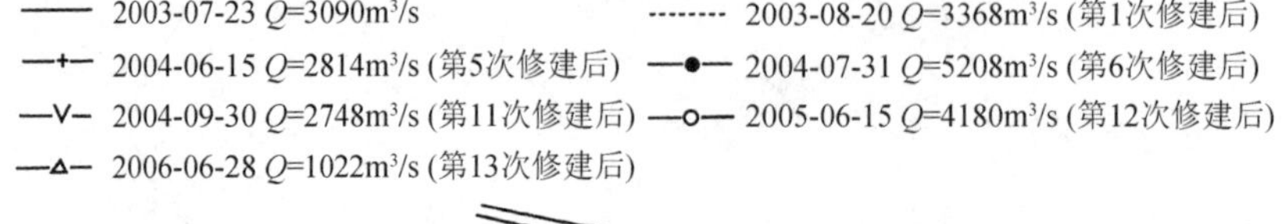

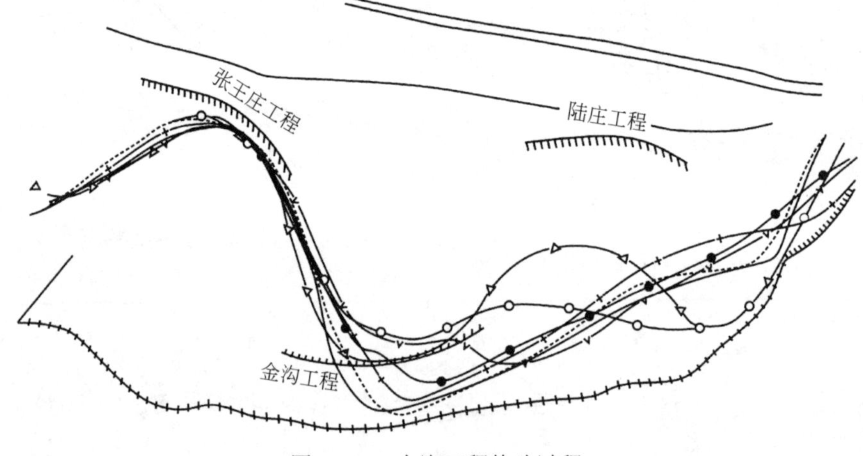

图28-16 金沟工程修建过程

图28-17为2005年汛期及2006年汛前主流线套绘图，由于金沟工程的导流、送流能力得以发挥，主流明显北移，在北岸坐小弯后滩弯导流将主流送至孤柏嘴上部提水站附近，由于孤柏嘴山嘴出流方向陡，导流能力强，驾部主流顶冲点上提至19坝，枣树沟着溜点也有所上提。

综合上述河势演变过程来看，金沟工程处于现行河道中，修作困难，虽然金沟工程发挥了一定控导作用，但是如果不采取其他工程措施，单靠小浪底水库下泄中小水塑造河道，陆庄工程短时间内难以靠河。

2. 两弯方案对比试验结果

试验水沙系列同四弯方案的第二组次试验，即采用1999年黄河流域防洪规划项目研究中由黄委设计院提供的2000年7月至2006年6月水沙系列。模型初始地形采用的是1999年汛前地形，初始河势根据1999年汛后河势修正。

两弯方案共进行了两组试验，试验初始工程布置形式，共同的地方是神堤工程，神堤工程均与四弯方案试验工程布置形式相同，即在已有的 23#坝后按规划治导线在弯道上段修作500m 工程（去掉了最初在直线段上下延的 500m），也就是说，两弯方案二组试验的进口工程边界条件是完全一样的。张王庄工程：第一组次试验因当时只有黄委的工程批复文件，河南局没有具体实施意见，所以按批复情况把下首未批复的3道坝由弯道变成了直线；第二组次试验按现在的修作情况将现在工程下首未修作的5道坝均按直线修建。金沟工程：第一组次试验没有修作，第二组次试验根据委河务局在去年防洪规划期间对这一段工程两弯方案的修改布置方案，由河南局和黄科院共同调整后布置。孤柏嘴工程：第一组次试验工程长度偏短，半径较小，第二组次试验工程长度较长，半径较大，具体布置情况详见表28-8。

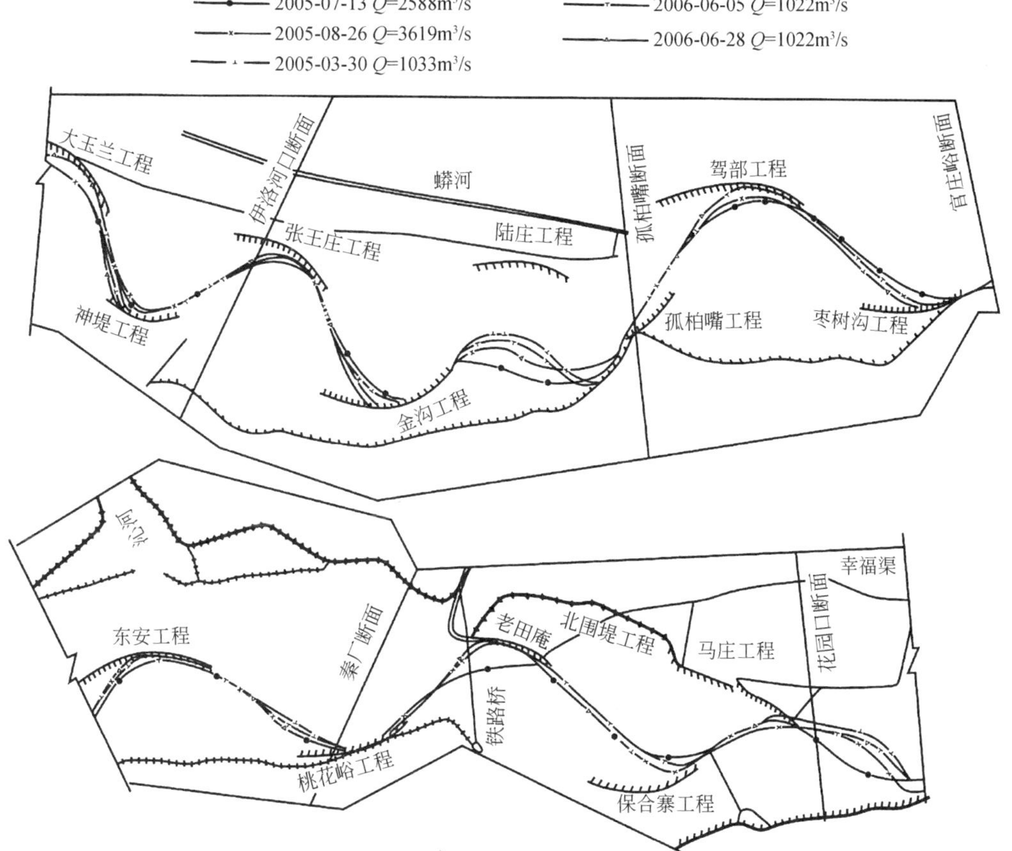

图28-17　2005年汛期及2006年汛前主流线套绘图

表28-8　大玉兰—花园口河段模型试验工程布置情况

工程名称	第一组次试验	第二组次试验
大玉兰	现状工程，最后一道坝41#坝	同第一组
神堤	弯道下延5道坝，半径2000m	同第一组
张王庄	16垛，28坝，300m潜坝	16垛，26坝，500m潜坝
金沟工程	没有安装	直线藏头段2000m，导流段1571m，半径3000m，直线送流段500m，均为护岸形式
孤柏嘴工程	直线藏头段 1400m，导流段 4191m，半径4250m，均为护岸形式	直线藏头段2000m，导流段3380m，半径6148m，直线送流段1000m，均为护岸形式
驾部	已装至47#坝	同第一组
枣树沟	17垛，22坝，2000m护岸	同第一组
东安	装57道坝	同第一组
桃花峪	14垛，24道坝，1000m护岸	同第一组
老田庵	现状工程，最后一道坝为26#坝	同第一组
保合寨	规划位置	规划位置

（1）第一组次试验结果

初始流路为：大河沿邙山山崖经孤柏嘴挑向驾部工程，如图 28-18 所示。

小浪底水库运用初期（2000 年）水量较丰，年内流量大于 3000m^3/s 的时间为 26 天，其中大于 4000m^3/s 的流量有 5 天。由于水量大，神堤工程前水流趋直作用较强，张王庄工程下首滩地蚀退很快，凹岸坍塌后退，凸岸淤积增长，河身逐渐向下游摆动。2001 年 5 月 1 日时，主流在北岸向下游塌滩达 1400m。当凹岸河弯发育到一定程度时，曲率增大，滩弯约束水流作用减弱，主流顺向冲刷下游凸岸，张王庄—金沟的斜河逐渐发展成横河。以下大河依金沟—孤柏嘴河段的邙山山崖运行，由于邙山山崖平面上很不平顺，上游曲率半径较大的山弯靠溜较紧，以下主流外移，孤柏嘴工程下首着溜，送流长度短，驾部主流顶冲点由 15 坝下挫至 28 坝（图 28-19）。

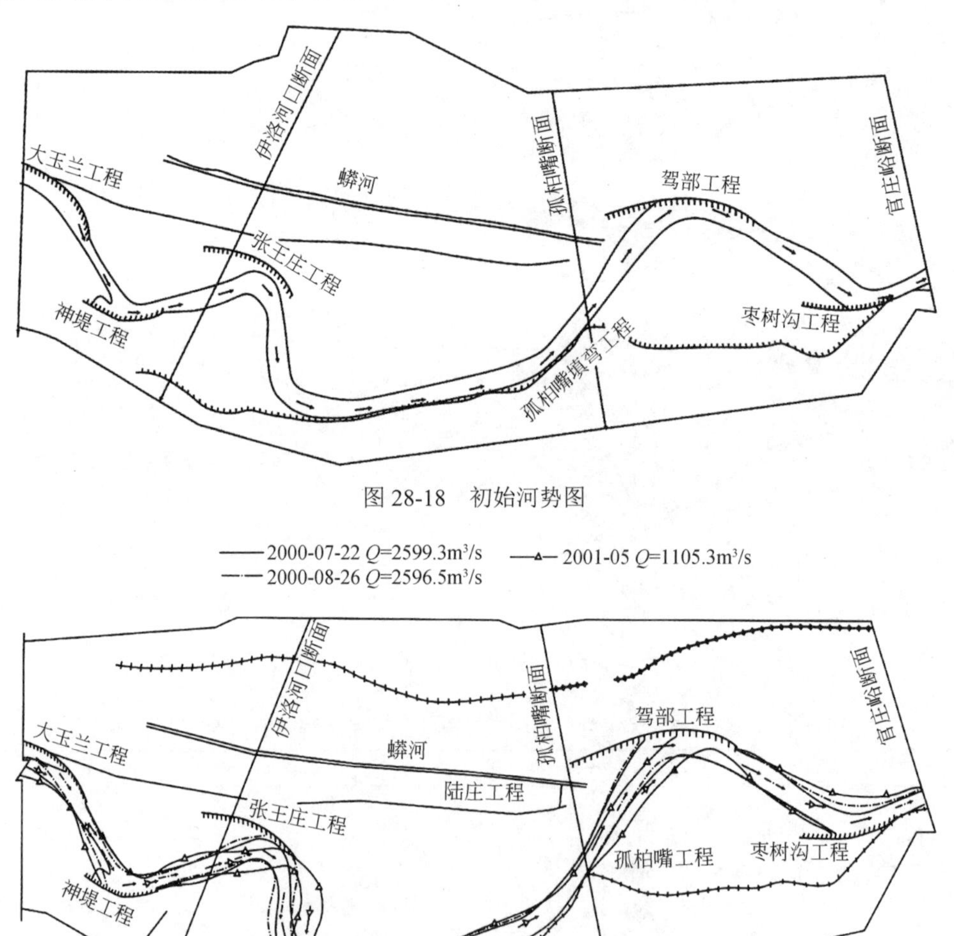

图 28-18　初始河势图

图 28-19　2000 水文年主流线套绘图

2001 年，由于张王庄对水流的约束作用较弱，河出张王庄后，大河持续呈横河顶冲邙山山崖，且入流点稳定在金沟一带，邙山山崖上游山弯靠溜较紧，托流作用较强，导致以下河势明显外移，主流在孤柏嘴下首着溜后转向驾部工程；驾部工程着溜部位继续下挫，参见图 28-20。

2002 年水量较枯，中小水历时长，神堤工程着溜部位上提至 15 坝，导流能力增强，张王庄河势有所上提。张王庄—金沟的横河逐渐演变成斜河，邙山山崖主流顶冲点下移，以下孤柏嘴工程主流顶冲点也有所上提，驾部前河势变化不大。

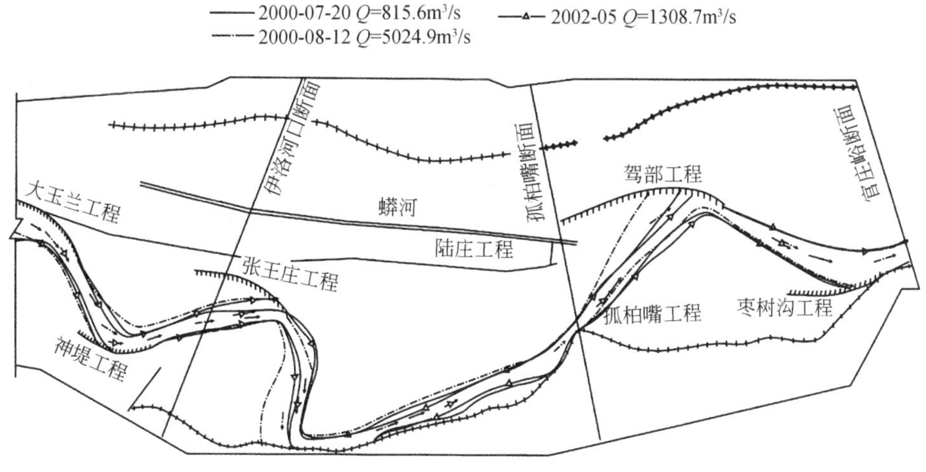

图 28-20　2001 水文年主流线套绘图

2003 年水量大，沙量也大，水流对河势的影响较大。随着邙山山崖着溜点下移至寥峪，孤柏嘴工程前右岸淤积，主流外移至孤柏嘴山嘴前，受此影响，以下河势均不同程度下挫。2003 年 9 月 7 日时，流量为 $5311.4m^3/s$，孤柏嘴填弯工程前主流外移，右岸心滩出落。

图 28-21 为 2003 年主流线套绘，由于神堤工程主流顶冲点下挫至 19 坝，导流能力减弱，张王庄、邙山山崖着溜部位不同程度下挫，以下孤柏嘴工程脱溜，驾部河势下挫。2004 年随着张王庄、邙山山崖主流顶冲点的下挫，孤柏嘴前右岸滩地逐渐淤积抬高，大河外移至孤柏嘴山嘴前（图 28-22）。孤柏嘴失去对水流的约束作用，驾部着溜部位下挫至 38～47 坝。图 28-23 为 2006 年 4 月 30 日结束时的河势状况，驾部仅在下首 43～47 坝着溜。由于驾部导流能力的减弱，以下河势均不同程度下挫。

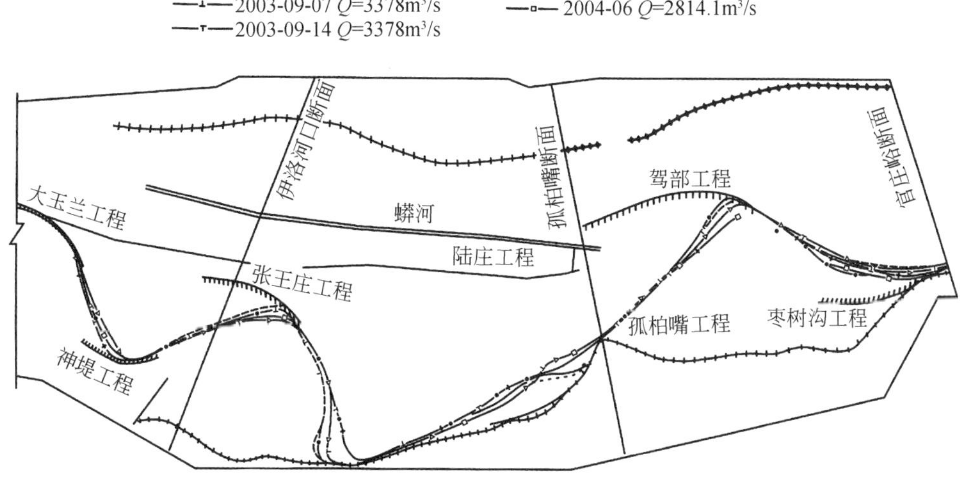

图 28-21　2003 水文年主流线套绘图

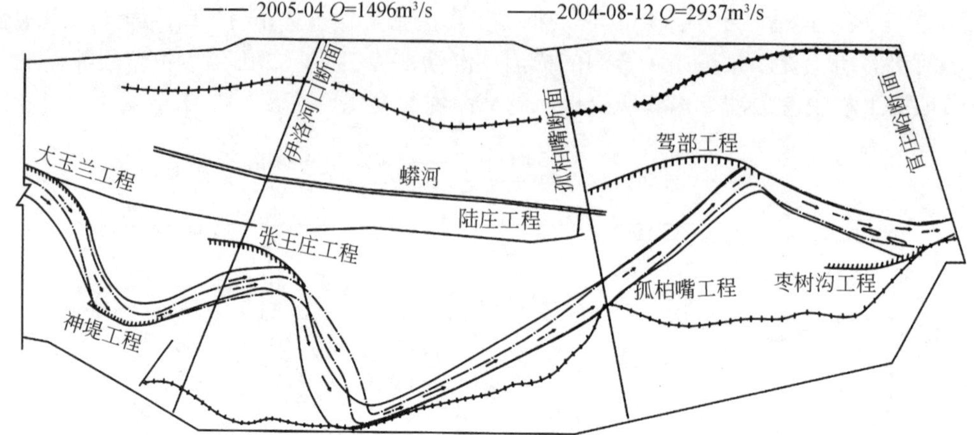

图 28-22　2004 年 8 月与 2005 年 4 月河势套绘图

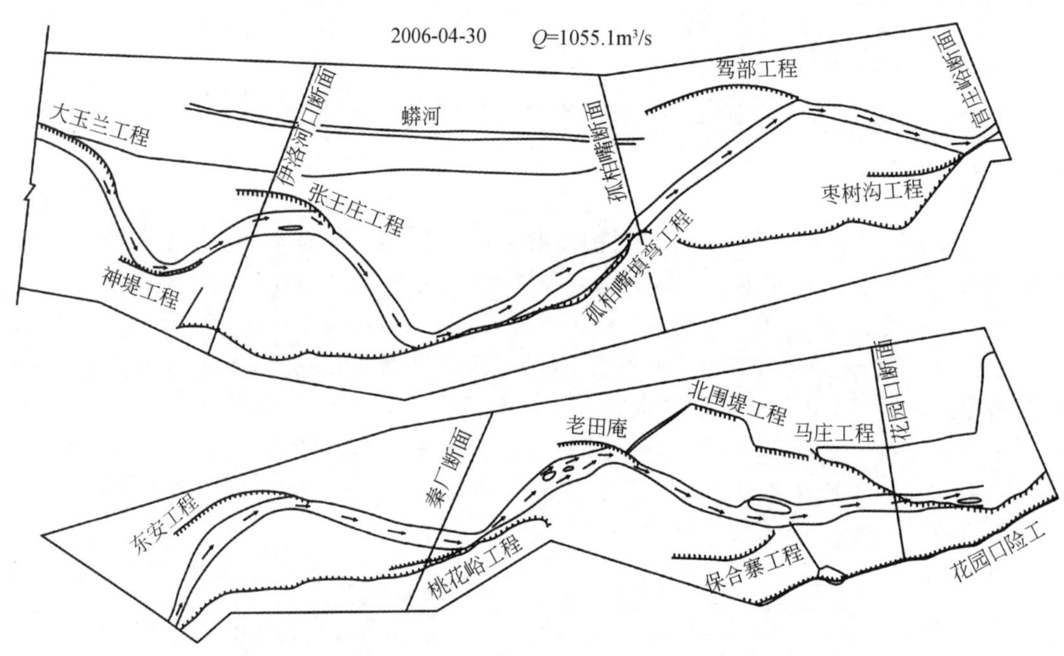

图 28-23　2006 年 4 月 30 日河势图

综上所述，张王庄河势与神堤工程着溜部位密切相关，如果神堤工程着溜部位在 9#～13#坝之间，才有可能使张王庄工程河势上提。由于邙山山根长期受水流冲刷，且顶冲部位不一，造成山弯在平面形态上很不平顺，小浪底水库投入运用后，如果单靠张王庄工程送流，易造成邙山山崖着溜部位在英峪—寥峪之间外凸型山体构成的山弯内，而且靠溜较紧，山体对水流的外挑作用较强，最终导致下游山体及孤柏嘴填弯工程脱溜，失去对主流的控导作用。一旦孤柏嘴脱溜，下游河势将会发生很大的变化，甚至会使下游很多工程失去控导作用。

在第一组试验结束后的专家咨询会上，专家们同意修建金沟工程，使之有效地迎流入弯；改造孤柏嘴山弯，保证驾部入流部位上提至 13#坝上下。考虑到张王庄工程已经上马，部分专家建议将张王庄河弯半径放平的意见没有采纳，同时决定对四弯方案不再进行研究。

(2) 第二组次试验结果

根据咨询会意见，河南黄河河务局协同黄科院，在上述规划治导线方案基础上，对本河段两弯方案进行了调整。根据调整结果，试验中修建了金沟工程，孤柏嘴工程半径增大，相对于上一组试验工程外移 150～180m；张王庄工程未改变。

由于金沟工程前流路与现行河势不一致，事先沿金沟工程开挖一条流路，如图 28-24 所示。可以看出，开挖后，金沟工程和孤柏嘴工程靠溜很紧，导流能力较强。

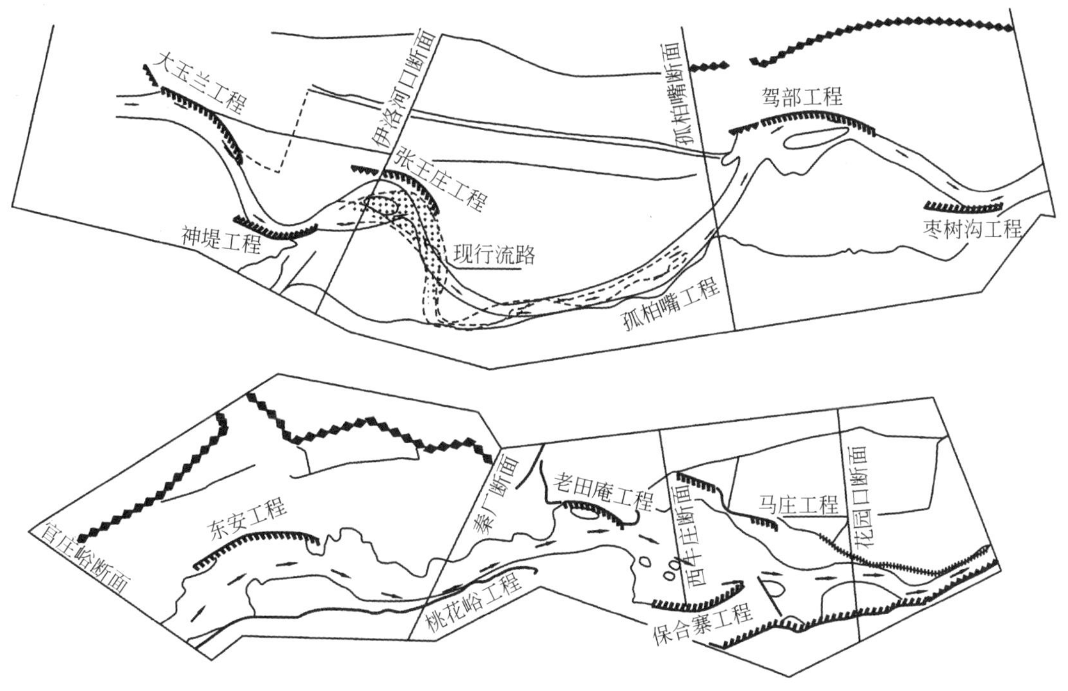

图 28-24 初始河势及工程平面布置

2000 年，神堤 13 坝上下着溜，导流能力较强，张王庄河势同前几组试验一样，先形成南北横河，后河弯逐步下挫，横河随之下移，金沟辅助性工程前北岸滩地切滩较为明显。由于修建了金沟辅助性工程，且在初期，着溜部位偏上，入流较为平顺，金沟辅助性工程有效地发挥了迎流入弯的作用，水流经过调整之后，平顺地依势进入孤柏嘴工程。随着张王庄—金沟横河的下移，金沟着溜点下挫，水流动力作用使其出流方向略有北偏，孤柏嘴工程前河势出现外移。不过整体河势仍依托孤柏嘴走势，使得驾部入流点较为稳定，且靠溜在中上部，导流作用增强，枣树沟乃至以下河势也逐渐向好的方向发展（图 28-25）。

图 28-26 为 2001 年主流线套绘结果。随着神堤河势的变化，张王庄河势出现明显的大水下挫，小水上提入弯的情况。如 2001 年 7～8 月，神堤着溜部位位于 $13^{\#}$～$15^{\#}$坝之间，张王庄 $16^{\#}$～$26^{\#}$坝段靠流，金沟河势较为平顺。经过 8 月中旬 $5000m^3/s$ 流量级的调整后，进口河势出现一定变化，神堤河势下挫，张王庄河势出现连锁反应。随着张王庄工程主流顶冲点的下挫，工程下首滩地继续向下游蚀退。受此影响，金沟工程主流顶冲点下挫了 700m，但着溜部位仍在弯道段，迎流入弯作用明显，下游山体及孤柏嘴工程靠溜很紧，驾部河势较为稳定。

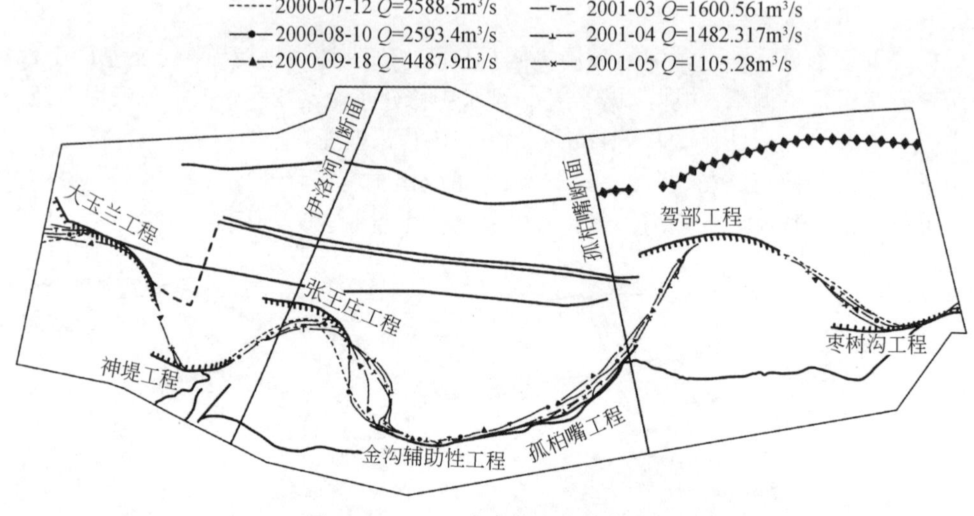

图 28-25　2000 水文年主流线套绘图

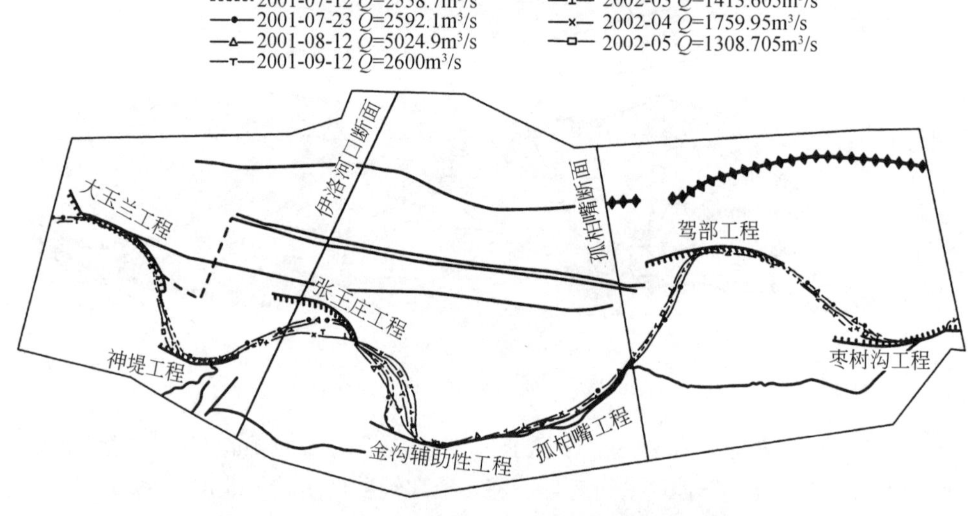

图 28-26　2001 水文年主流线套绘图

2002 年属一般中小水年，神堤着溜部位基本稳定在 10～13 坝，张王庄主流顶冲点上提至 16#坝附近，导流作用有所增强。北岸主流在前期切滩形成的滩弯中逐渐回摆趋直，金沟河势继续下挫，中间没有防护的部分山崖着溜。由于孤柏嘴工程与上游山体衔接较为平顺，孤柏嘴工程靠溜仍然较紧。不过，对于原型可动的山体来讲，水流长期顶冲未防护的山体可能会出现滑坡等险情。下游驾部河势有所上提（图 28-27）。

2003 年，水量最大且流量变幅较大，神堤着溜部位提挫幅度增大。由于 8 月份和 9 月份大于 4000m^3/s 流量的天数较多，水流趋直作用很强，张王庄—金沟河势出现较大的变化。工程对水流的约束作用减弱，北岸下首滩地蚀退很快。至汛后小水时，张王庄河势又有所上提，下首斜河逐渐回摆。孤柏嘴、驾部靠溜较为稳定（图 28-28）。

2004 年，由于神堤着溜部位的变化，张王庄河势提挫幅度最大，其中，神堤着溜在 9～12 坝时，张王庄主流顶冲点上提至 5 坝；神堤着溜在 17～19 坝时，张王庄主流顶冲点相应下挫至 28 坝。在张王庄河势上提，靠溜在 5 坝～10 坝时，导流作用增强，下首金沟工程河势回摆上提；随着张王庄河势的下挫，金沟河势相应下挫，主流顶冲邙山山体，以下河势变化较小，参见图 28-29。

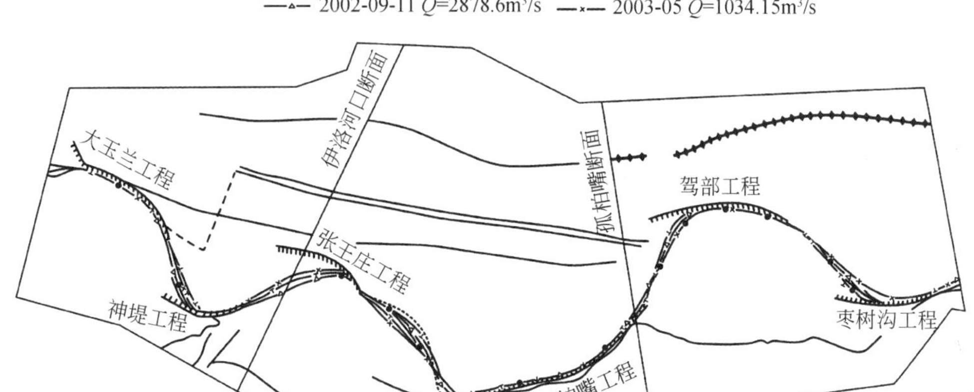

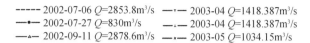

图 28-27　2002 水文年主流线套绘图

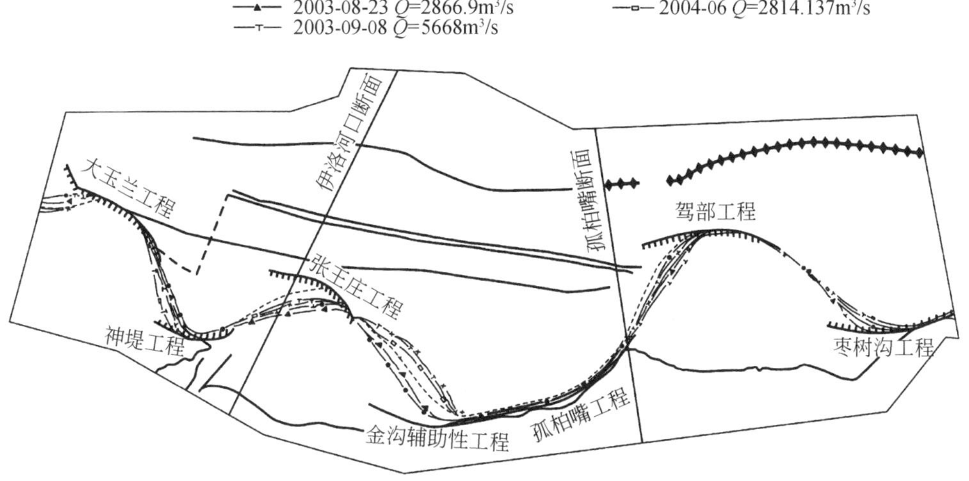

图 28-28　2003 水文年主流线套绘图

图 28-30 为 2005 年 4 月 30 日与 2005 年 6 月 30 日河势套绘。从图上可以清楚地看出，张王庄工程的迎送流情况与神堤工程的着溜部位密切相关。2005 年 4 月（流量为 1496m^3/s）神堤靠溜在 9 坝附近，张王庄河势曾一度上提到 6 坝上下；而在 2005 年 6 月 30 日（流量为 4183m^3/s），当神堤河势下挫至 18 坝附近时，张王庄河势竟下挫至 30 坝附近。

受前期河势演变影响，2005 年，神堤 17～19 坝着溜，导流能力减弱，张王庄着溜部位下挫至 24～26 坝，控导作用大大减弱。但由于孤柏嘴、驾部靠溜较为稳定，以下河势比较规顺，逐渐形成了与规划治导线相适应的良好流路，如图 28-31 所示。

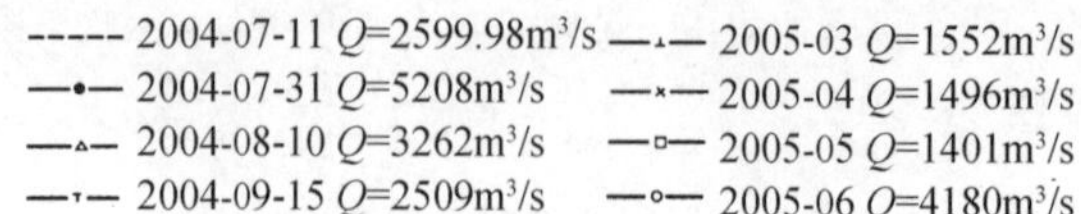

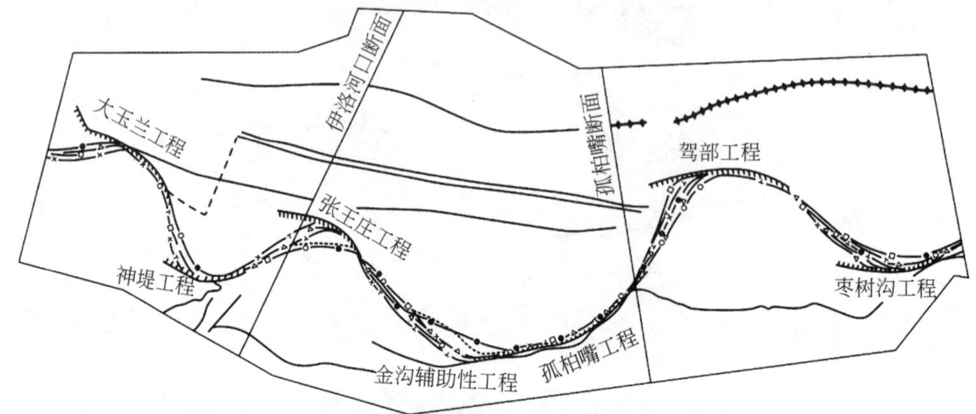

图 28-29　2004 水文年主流线套绘图

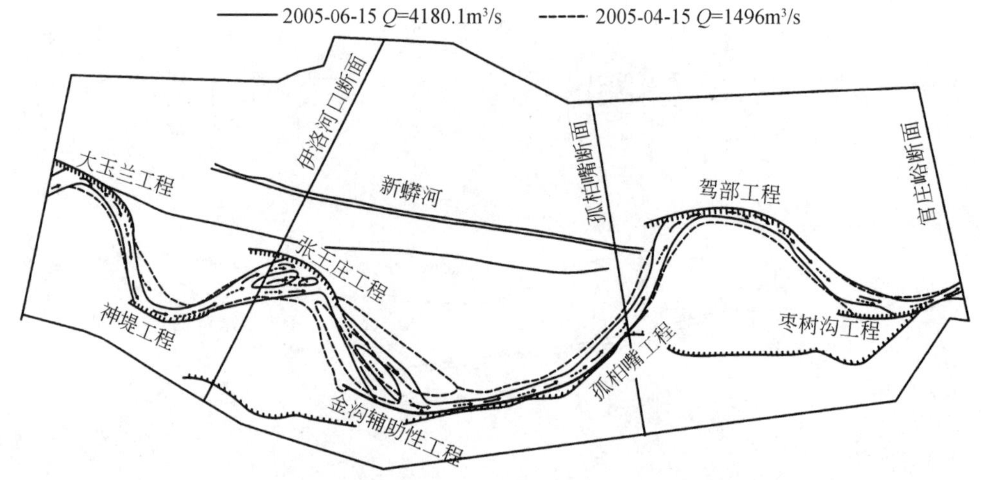

图 28-30　2005 年 4 月与 2005 年 6 月河势套绘图

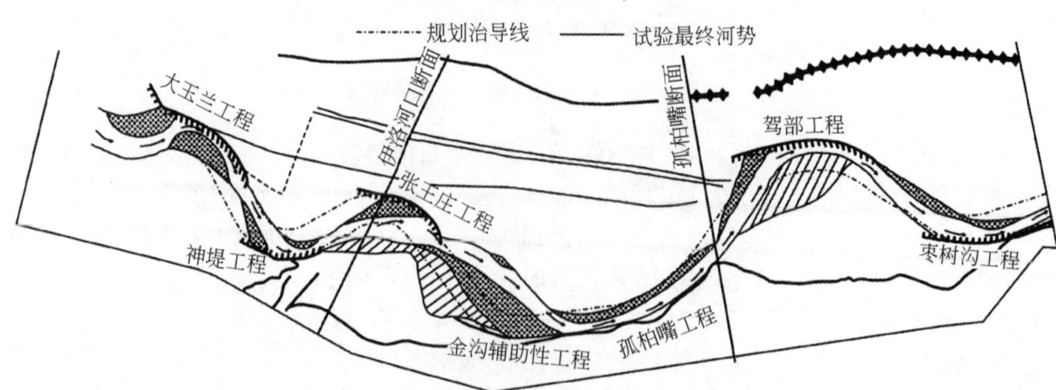

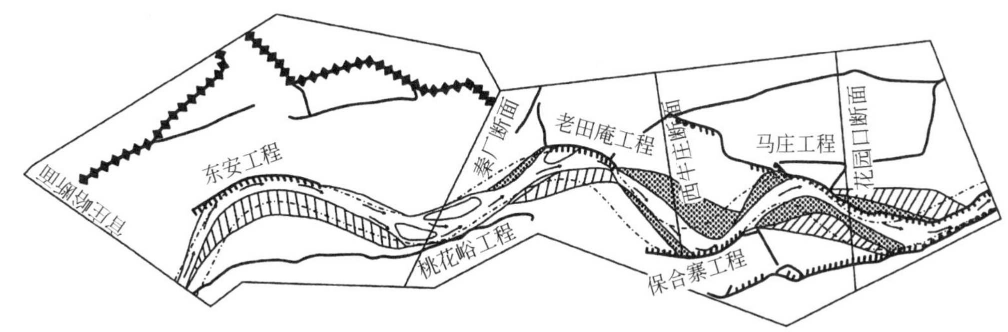

图 28-31　模型试验最终河势图

综上所述，在给定水沙条件下，金沟工程、孤柏嘴工程有效地发挥了控导河势的作用，使得驾部及以下河段形成了与工程相适应的河势流路。试验中发现，张王庄河势下挫，导致金沟工程着溜部位下移至没有工程防护的邙山山体上，迎流入弯作用减弱。因此为保证张王庄河势的稳定，建议神堤工程适当下延。由于本次试验是把伊洛河的水加到大玉兰以上来流中，神堤工程下延是否会影响伊洛河出流，试验反映不出。张王庄工程应适当下延，可使金沟工程着溜在中上部，使之有效地发挥迎流入弯的作用。

3. 方案比选

为了给黄委确定该河段河道整治工程布局方案提供参考，我们就两弯方案和四弯方案的控导效果进行了对比。

1）两弯方案和四弯方案试验结果表明，张王庄工程的位置和长度对该河段河势的控导作用效果明显。

在上、下游工程布局均已确定的情况下，要在神堤—驾部约 25km 长的河段内布置四弯显得弯顶距小，布置两弯显得弯顶距大。加之张王庄对岸有伊洛河入汇，因此张王庄工程的合理摆放就非常重要。它不仅要上迎神堤来流，收纳伊洛河洪水，还要送流入金沟工程。几组试验结果表明，张王庄工程位置基本可行，上首藏头部分可暂时不修，下段送流直线段应该先修工程的河弯半径也作了相应调整。

2）两弯方案，在张王庄工程现在已经按四弯方案修作的条件下，不修作金沟辅助性工程时，大河在张王庄工程的控导下，极易在金沟—英峪一带的山根坐死弯，应修作金沟控导工程，以利金沟工程以下按规划流路行河，使孤柏嘴以下河段的河势得到了有效的控制。

3）两弯方案存在三个不利的方面。一是张王庄工程已经上马（22#～26#坝今年已经黄委批复修作），修改的余地较小，按规划下首还需下延 500m 弯道和 500m 的直线段。要按两弯方案布置工程，下延的 500m 直线段必须修作。二是金沟工程同四弯方案一样，要等金沟河势下滑后才能修作。三是金沟—孤柏嘴一岸修工程，战线长，防守困难，另外，在小水期，河势稳定性较差。

4）四弯方案存在四个不利方面。一是金沟工程位置处于现行河道中，修作困难；二是如果没有其他工程措施，如挖河疏浚等，在小浪底水库运用初期，单靠中小水的自然冲刷，陆庄工程靠河需要很长时间；三是孤柏嘴工程与现行河道流路有较大的差异，也不利于驾部及其以下河段河势的稳定；四是陆庄工程要跨越南北两个行政区，协调难度较大。

综上，推荐两弯方案作为该河段河道整治工程布局方案。

（三）王庵—古城河段挖河方案试验[①]

受河南黄河河务局委托，黄科院开展了 2002 年"河南黄河挖河固堤工程王庵—古城河段实施方案中试试验"。试验结果表明：当前的河床边界条件和设计的来水来沙条件对实施挖河疏浚工程是有利的，按照规划治导线布置的挖河线路和新河口门设计基本合理，通过挖河能够达到理顺王庵—古城河段畸形河势之目的。为保证入流条件更加顺畅，建议新河进口向南移，使其靠近王庵工程。由于其上游柳园口河段河势不规顺，如在近期实施挖河工程，应密切关注其上游河势和来水来沙条件的变化。

1. 试验概况

本次挖河中试试验的主要目的是，检验能否实现规顺本河段河势、稳定河槽，分析在当时河床边界条件下挖河设计方案的合理性及对设计方案的修改意见。模型试验的主要比尺见表 28-1。模型平面布置情况参见图 28-32。主要模拟范围上起黑岗口险工，下至府君寺工程，河道长度 39.2km，试验初始地形按照 2002 年调水调沙后实测大断面地形进行制作。试验初始河势，采用 2002 年 10 月河南黄河河务局现场查勘勾绘的河势，工程边界条件采用 2002 年汛后原型实际工程情况。

研究的挖河方案为河南黄河勘测设计研究院"河南黄河挖河固堤工程王庵—古城河段施工图设计（修改补充）"方案。试验中新开挖断面尺寸为底宽 140m，顶宽 170m，挖深 3.2～3.45m，边坡 1∶4，具体位置见图 28-33。

试验水沙条件是以小浪底 2000 年运用方案提出的汛期流量过程为基础，结合挖河工程的需要，在时间上做了部分调整。试验采用的水沙系列（表 28-9）经过了黄委专家的咨询，试验时段长 25 天，花园口站流量为 830～4000m^3/s，含沙量为 10.8～15.5kg/m^3，总水量为 34.58 亿 m^3，总沙量为 0.48 亿 t。

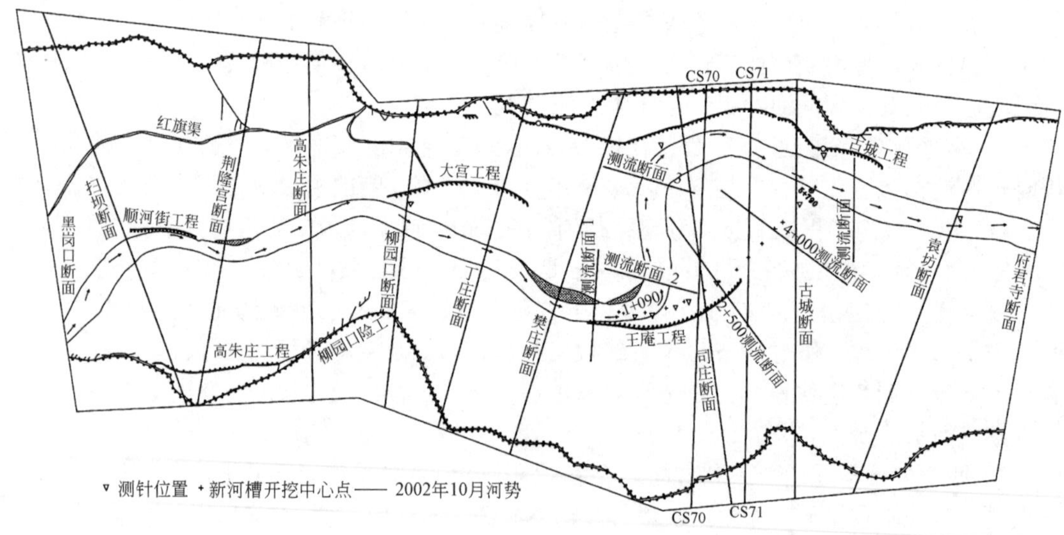

图 28-32 王庵—古城河段挖河固堤模型试验平面布置图

① 李丙瑞，江恩慧，符建铭，陈书奎.河南黄河挖河固堤工程王庵—古城河段实施方案中试试验报告. 黄河水利科学研究院，HX-2002-14-32（N18），2002.10

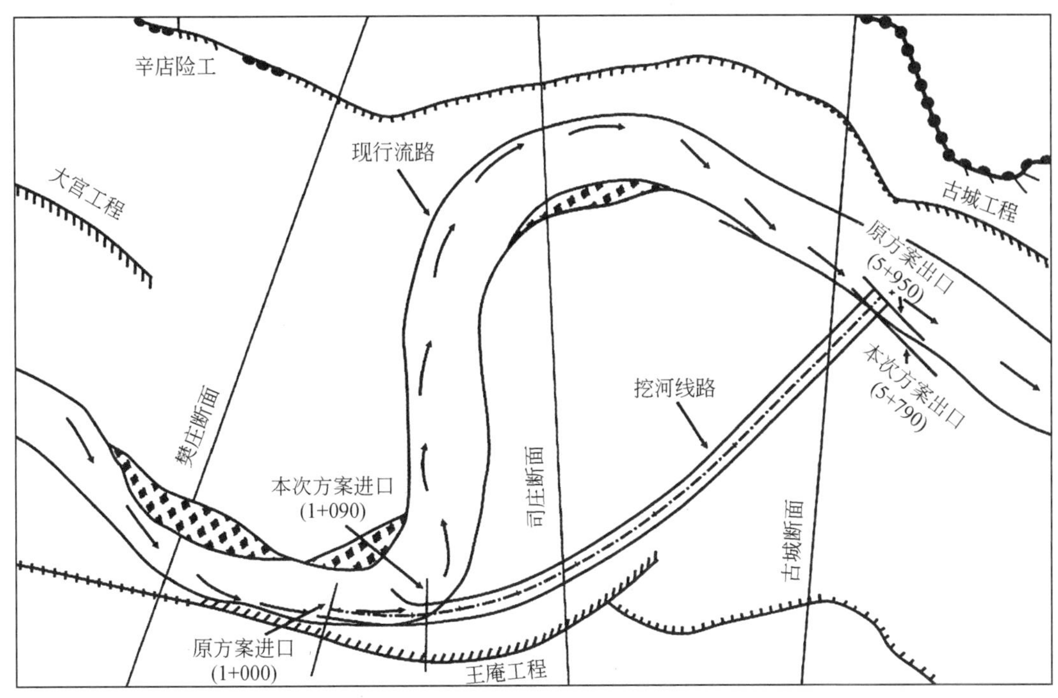

图 28-33　挖河线路平面图

模型按照初始地形制作完成后，根据最新的原型水位资料，在模型上又施放 1000m^3/s 流量对河槽进行了率定与调整。水位率定结果见表 28-10。

表 28-9　模型试验花园口站水沙过程

累计天数	原型时间（月-日）	流量/（m^3/s）	含沙量/（kg/m^3）
1	07-01	1099	12.62
2	07-02	1125	12.78
3	07-03	1160	13
4	07-04	1127	12.79
5	07-05	1117	12.73
6	07-06	1098	12.61
7	07-07	1103	12.64
8	07-08	1112	12.7
9	07-09	1230	13.44
10	07-10	1163	13.02
11	07-23	830	10.81
12	07-24	830	10.81
13	07-25	830	10.81
14	07-26	946	11.62
15	07-27	830	10.81
16	07-28	1700	10.81

续表

累计天数	原型时间（月-日）	流量/（m^3/s）	含沙量/（kg/m^3）
17	07-29	1700	15.35
18	07-30	2600	15.35
19	07-31	2600	15.35
20	08-01	2600	15.35
21	08-02	2600	15.35
22	08-03	2600	15.35
23	09-05	4000	15.5
24	09-06	3192	15.4
25	08-04	830	10.81

表 28-10　1000m³/s 流量水位率定结果　（单位：m）

水尺名称	原型水位	模型率定后水位	水尺名称	原型水位	模型率定后水位
花园口	92.57	92.67	黑岗口	81.54	81.65
双井	91.3	91.21	大宫	79.4	79.29
马渡	90.25	90.20	王庵	78.58	78.54
赵口	87.55	87.64	古城	77.65	77.68
九堡	85.7	85.71	府君寺	77.2	77.18
黑石	84.29	84.30	曹岗	76.78	76.76
大张庄	82.7	82.81	贯台	74.62	74.65

2. 模型试验成果

试验开始即开通新河，相应的大河流量为 1099m³/s。在试验过程中，为使新河开通过程具有可操作性，尽量避免人为因素对开挖河槽的影响。根据已有试验测得的新河初始流速，计算出水流由新河入口到达出口的时间大约需要 20s（相当于原型 35～40min）。首先开挖新河入口口门，待水流接近 2+500 断面时，才将出口口门扒开，以防止老河水流沿新河出口倒灌。

从整个试验过程来看，前 15 天 1000m³/s 左右的流量对新河的拓宽作用不明显，主要表现为刷深河槽，河槽下切深度为 0.3～0.8m。新河过流量未有明显增大，始终维持在 38%～54%。但前期的小流量过程，对新河上游河势调整、新河进口入流条件通畅作用很大。第 18 天，流量达到 2600m³/s 时，新河水流基本平槽，随后河槽展宽速度明显加快。由于 2002 年汛期黄河调水调沙试验使得主槽冲刷下切，因此本次试验新老河所包围的河中滩地没有出现漫滩现象。待大河流量达到 4000m³/s 时，该河段水流开始漫滩。图 28-34 为新河进口段河势变化图，从图中看出，由于河势变化，新河入口存在两个微型小弯，致使汇入新河水流不畅，上游来水受入口上游边滩托流的影响，导致进入新河的水流动力不足。当流量达到 1700m³/s 以后，新河口门下唇向后蚀退的速率明显加大，进口南岸的边滩逐渐消亡，新河进口入流条件得到改善，河势慢慢变得规顺。当流量达到 4000m^3/s 时，水流全靠王庵工程下行，其后新河进口河势变化很小，水流沿规划治导线顺利下行。

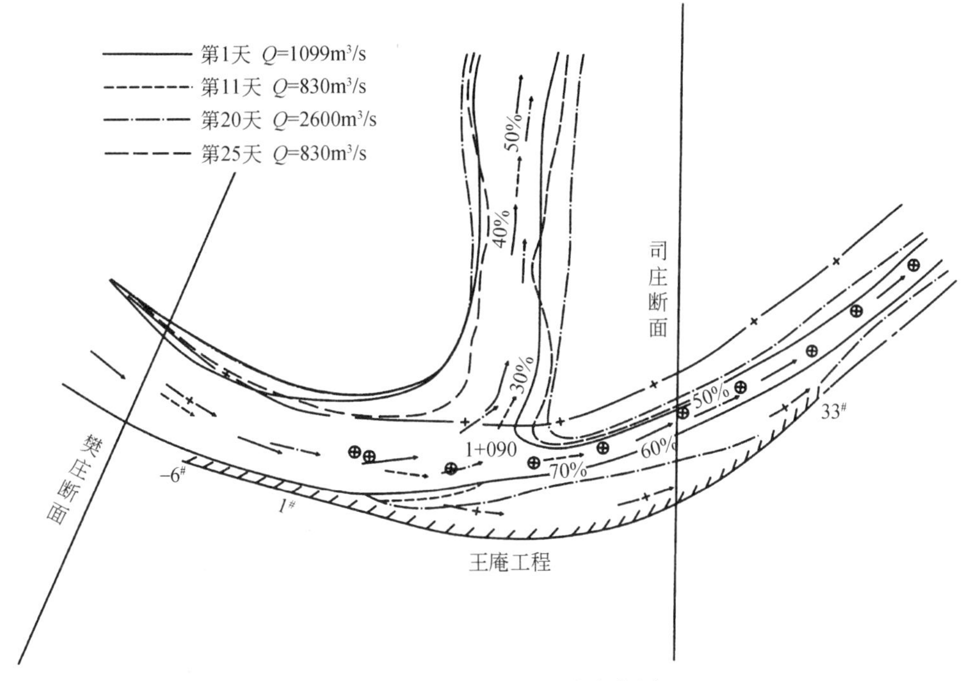

图 28-34　新河进口段河势变化图

注：图例中所示流量为大河流量

进口南岸的边滩尽管最终并未影响新河发育的成功，但从试验过程看，对水流有外托作用，影响前期小流量对新河河势的塑造，建议对进口入流条件略作修改即将进口中心线向南平移，以便使水流能够平顺进入新河。

图 28-35 为新河出口河段河势。新河开通初期，过流量较小，老河仍然过流。新河水流与老河水流在汇合口交汇以后，顺老河槽入古城工程以南低凹河槽下泄。

从沿程水面线变化情况看，试验开始新河进口伊始口门处形成明显的局部跌水，比降陡，自口门向上游发生溯源冲刷，上游水位显著下降，随着试验的继续，局部跌水逐步消失，水面线逐渐平缓。从断面测量结果看，流量较小时，水流主要集中河槽下泄，河宽变化较小，河床以下切为主。流量增大以后，随着河槽中水位抬升，水流动力作用增强，河宽逐步增大，同时河床不断淤积抬升，新槽变得宽浅。主要原因是随着大河流量的增大，水流挟沙能力增大，沿程泥沙的补给使水流至挖河段时含沙量明显增加，加上上游河势与新河河势之间的连接逐步规顺，分流量的增大也使进入新河的泥沙量相对增加，造成新河槽在展宽的同时发生淤积。另外，位于河弯的顶部的弯道环流作用明显大于河弯以下的过渡段，因而前者河宽的展宽速率与展宽宽度均明显大于后者。从不同时期的靠河情况看，在前期小流量作用下，王庵工程靠河情况与初始相比变化较小，试验至第 15 天 830m^3/s 流量时，王庵工程靠河情况基本没有变化，待到后期流量加大以后，河势变化较为迅速，工程靠河坝数越来越多，河势也渐渐规顺，试验进行到第 23 天 4000m^3/s 流量时，该工程全部靠河，其中−6～+3 坝、25～33 坝靠大溜；3～25 坝靠边溜。从工程靠河变化来看，挖河工程基本能达到理顺本河段河势之目的。从新河过流量测量结果看，新河口门自打开至试验第 24 天流量为 3192m^3/s 止，老河一直在行洪过流，但分流比在不断减小，新河分流量则不断增大。当大河流量增大到 1700m^3/s 以后，新河分流达 1033m^3/s，约占总流量的 60.7%；试验进行至第 23 天，流量达到 4000m^3/s 时，分流比为 84.4%；落水后，老河过流渐渐减少，试验进行至第 25 天，大河流量已减小到 830m^3/s 时，老河淤塞断流，全部沿新河下泄，且王庵工程全部靠河。

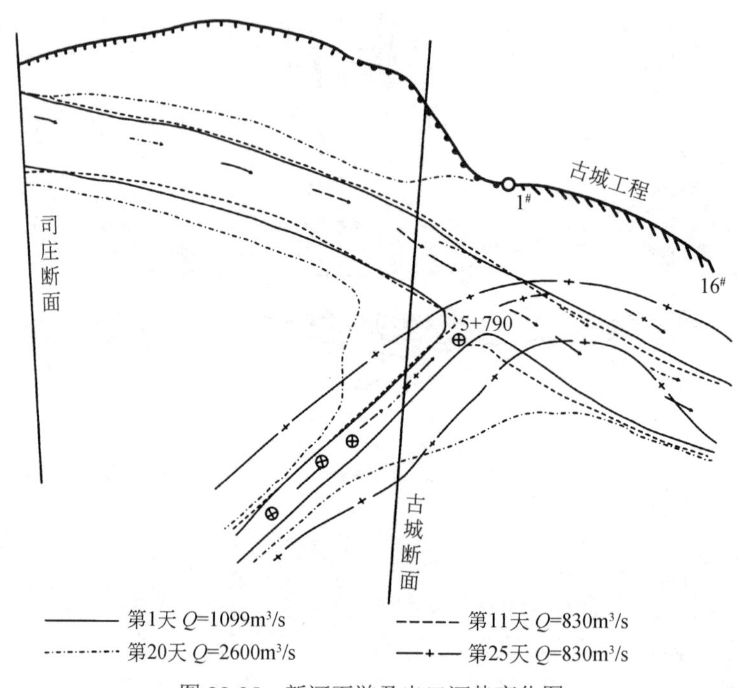

图 28-35　新河下游及出口河势变化图

注：图例中所示流量为大河流量

与新河演变情况形成鲜明对比，老河河槽一直处于淤积抬高状态。在流量较小时，由于老河初始河槽相对宽大，新河槽的开通，使老河过流量骤降，水面宽度、水深相应减小，深槽发生淤积。流量加大以后（第 15 天至 22 天），老河槽过流量也相应增大，水面宽度、水深也同时增加，大水带大沙，使进入老河槽的泥沙量随之加大，淤积速度明显较前期小流量时加快。而且，淤积不仅发生在深槽，边滩的淤积也十分明显。到第 22 天时，老河槽已非常宽浅。到了试验后期，口门附近河槽形态更加宽浅，进入老河的泥沙快速落淤于老河口门，使越过老河口门进入老河的泥沙含量有所减小，老河口门以下河道的淤积速率明显减缓。至第 25 天，大河流量降为 830m^3/s 时，老河以淤塞断流而告终，测流断面 3 深泓点高程由初始 72.86m 淤积抬升为 77.06m。

3. 模型试验结果分析

1）新河分流量、分流比随着时间的延长及大河流量的增加而逐渐增大。在时间相对较短及大河流量较小时，分流量、分流比增加较为缓慢，随着时间的延续大河流量增至大于 1700m^3/s 以后，分流比开始明显增大。

2）新河分沙比与分流比基本一致，即新河水流的含沙量与大河水流的含沙量基本相近。

但在试验前期，新河过流量较小时，分沙比大于分流比，后期随着新河的规顺，受弯道环流的影响，使位于凸岸的老河逐渐淤堵，从而导致新河的分沙比小于分流比。

3）新河在前半个月大河流量较小时，其过流量、河槽宽度及过水面积变化均不大。在大河流量大于 1700m^3/s 后，三者增加较快，特别是新河过流量迅速增大，新河过水面积增加很快，说明大流量对新河的塑造作用强。但前期小流量过程对改善新河上游河势、促进新河进口入流条件的通畅及后期新河的发育成长打下了良好的基础。

4）在每一级流量过程中，新河的流速都远大于老河流速。从新河的流速随流量的变化过程可知，1000m^3/s 左右的流量对新河河床的造床作用较弱，新河基本没有展宽；当流量达到 2600m^3/s 以后，塑槽作用增大，新河河宽展宽明显，洪水漫滩，流速减小。当流量达 4000m^3/s 时，河宽已达初始河宽的 3～4 倍，但由于新河的分流比也在逐渐增大，再加上 2600m^3/s 洪水对新河槽的塑造，新河槽过流量明显增大，流速增加至大于 2m/s。老河流速在试验前期变化不大，但在试验后期，由于淤积加剧，过流量减小，加之河道宽浅，流速减小非常明显。

5）对 2000 年开展的河南王庵—古城河段挖河模型试验和本次模型试验结果综合分析表明，新河开挖方案设计基本可行，开通时机与开通流量基本合理，新河与给定的水沙条件基本适应。

总之，王庵—古城河段在长期枯水造床作用下，自 90 年代初逐步形成“S”形畸形河势已近十年，直接影响本河段乃至以下几十千米河道的河势稳定。从试验结果看，在设计来水来沙条件下，通过挖河基本能够达到理顺王庵—古城河段河势之目的（江恩慧等，2001）；按照规划治导线布置的挖河线路和新河口门设计基本合理，但为保证入流条件更加顺畅，建议新河口门及进口段平面位置视开挖前河势变化情况略作修改，将新河进口中心线向南移，使其靠近王庵工程，以便与上游河势平顺衔接；从整个试验过程来看，目前的河床边界条件和设计的来水来沙条件对实施挖河工程是有利的。

参 考 文 献

胡一三. 1992. 黄河下游游荡性河段河道整治的必要性和可治理性. 泥沙研究，2：1-11

胡一三，张红武，刘贵芝，等. 1998. 黄河下游游荡性河段河道整治. 郑州：黄河水利出版社

江恩慧，曹永涛，张林忠，等. 2006. 黄河下游游荡性河段河势演变规律及机理研究. 北京：中国水利水电出版社

江恩慧，张林忠，马继业，等. 2001. 小浪底水库运用初期游荡性河道整治应与挖河固堤相结合. 人民黄河，5：1-5

江恩慧，张林忠，赵文林，等. 2002. 分段整治实现游荡型河道整治的有机统一. 人民黄河，6：34-36

张柏山，江恩慧，周念斌，等. 2003. 长管袋沉排潜坝技术研究与应用前景. 郑州：黄河水利出版社

张红武，江恩慧，白咏梅，等. 1994. 黄河高含沙洪水模型的相似律. 郑州：河南科学技术出版社

张红武，江恩慧，陈书奎，等. 2001. 黄河花园口至东坝头河道整治模型试验研究. 郑州：黄河水利出版社

张红武，江恩慧，钟绍森，等. 1996. 黄河花园口至东坝头河段河道整治模型的设计与验证. 人民黄河，9：22-24

张红武，刘海凌，董年虎，等. 2000. 小浪底水库运用初期小浪底至苏泗庄河段模型试验研究. 人民黄河，8：38-39

第二十九章　河工模型试验在河道整治基础研究中的应用

一、丁坝局部冲刷试验研究

在多沙河流上修建河道整治工程或其他涉河工程都必须考虑局部冲刷问题，要想工程设计得经济、合理、安全，必须弄清楚局部冲刷的水流现象和基本规律。黄河下游的险工和控导工程，以实体丁坝为主，水流顶冲丁坝以后，容易造成丁坝根部根石大量滑塌、坝身蛰陷、丁坝出险等局面。因此丁坝的局部冲刷问题很多年来都是国内外专家研究的主要课题之一（孔祥柏等，1983；潘庆燊和余文畴，1979）。黄科院在 20 世纪 80 年代末进行了黄河丁坝冲刷模型试验研究，详细描述了丁坝在冲刷过程中对水流的影响、坝前冲刷坑形态以及群坝冲刷问题（张红武等，1993）。通过试验可以清晰地观察丁坝冲刷过程中的水流特征、冲刷机理以及冲刷坑发展，了解修建河道整治工程及其他涉河建筑物后工程的局部冲刷情况。

（一）丁坝局部冲刷过程中的水流现象及冲刷坑形态

1. 模型试验概况

丁坝冲刷试验属于复杂的三维水力学模型试验，既有回流又有漩涡，还有局部壅水现象，流态极其复杂，因此必须采用正态模型才能获得可靠的试验成果。黄科院张红武等根据场地条件，采用几何比尺为 100 的正态模型（表 29-1），模型边界参照九堡险工加以概化，亦即：南岸取九堡险工段为原型，另一岸根据来流需要与南岸平行制作，开展了单丁坝的局部冲刷试验。此种以黄河原型实际险工段概化得到的微弯型河段，在黄河上有一定的代表性①。

表 29-1　单丁坝冲刷试验基本比尺表

项目	水平比尺 λ_L	垂直比尺 λ_h	流速比尺 λ_υ	流量比尺 λ_Q	糙率比尺 λ_n	时间比尺 λ_t
比尺	100	100	10	10^5	2.15	10
依据	根据试验要求以及场地情况		惯性力重力比相似 $\lambda_\upsilon=\sqrt{\lambda_h}$	连续性 $\lambda_Q=\lambda_\upsilon\lambda_L\lambda_h$	阻力相似 $\lambda_n=\frac{1}{\lambda_\upsilon}\lambda_h^{\frac{2}{3}}\lambda_J^{\frac{1}{2}}$	运动相似 $\lambda_t=\frac{\lambda_L}{\lambda_\upsilon}$

在影响险工出险的因素中，坝前主流流向和流速（或单宽流量）的大小是主要因素，因此采用只模拟对险工有直接影响的 400m 宽的主流带流动状况的局部模型。另外，在惯性力重力比相似与阻力相似无法同时满足的条件下，考虑到坝头冲刷坑中水流流速的大

① 张红武，王家寅. 1987. 黄河丁坝冲刷及根石走失的试验研究. 黄河水利科学研究所. 科技第 88007 号

小和方向沿程变化剧烈，相对于阻力而言，惯性力所占的比重较大，因此降低了居为次要地位的阻力相似条件，而主要保证满足惯性力重力比相似条件。不同溜向对坝头冲刷影响的模拟，则通过调整丁坝的方位来实现。局部动床部分选用粉煤灰作为模型床沙，基本满足冲刷相似条件（图 29-1）。

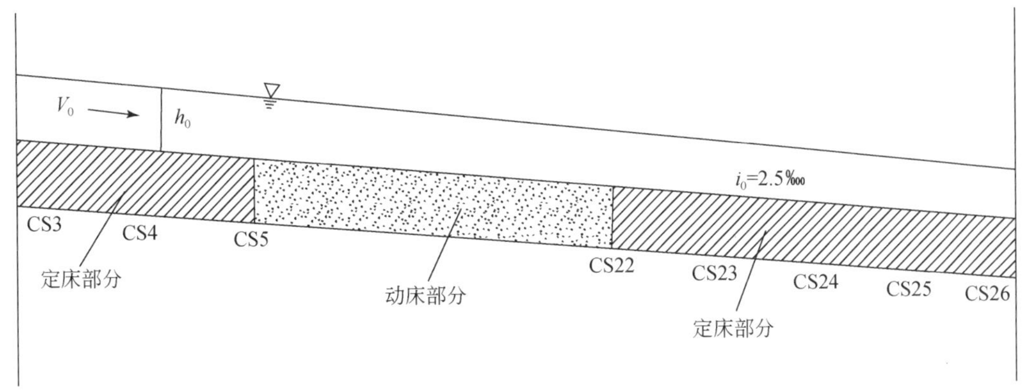

图 29-1　模型纵剖面示意图

模型制作完成后，在铺沙厚度为 40cm 的动床部位，按照黄河下游最为习用的圆头形丁坝的设计图样（图 29-2），先后制作方位角θ（即丁坝与连坝的夹角）分别为 30°、60°及 90°的单丁坝，并对于每一种布置形式，分别进行流量 22～115L/s 的四个组次试验，其目的是研究在不同来流方向、不同水流强度（流速或单宽流量）作用下，丁坝坝前的冲刷坑形态；同时为了了解坝头根石坡度对冲刷坑的影响，除完成 15 组边坡为 1∶1.5 的试验外，还进行了边坡垂直（方位角θ= 90°）的 3 组试验和边坡 1∶1.0（θ分别为 30°和 60°）的 9

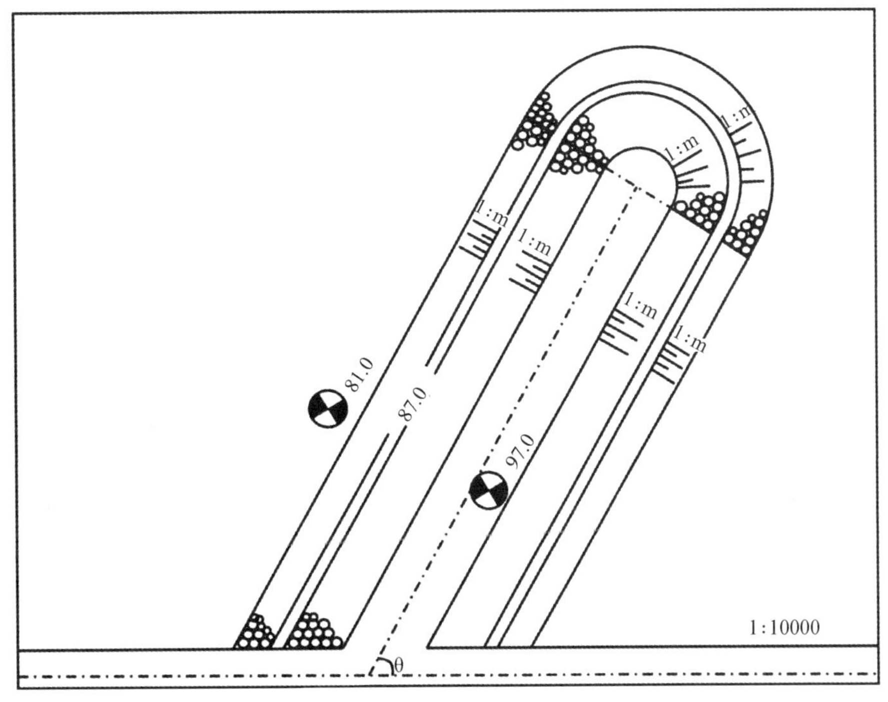

图 29-2　黄河圆头丁坝设计图

组试验，试验组次见表 29-2。

表 29-2　单丁坝局部冲刷试验组次表

丁坝方位角（θ）	丁坝边坡系数/m					
	1.0		垂直		1.5	
	行近流速 V_0/（cm/s）	冲刷前水深 h_0/cm	行近流速 V_0/（cm/s）	冲刷前水深 h_0/cm	行近流速 V_0/（cm/s）	冲刷前水深 h_0/cm
30°	13.5	3.7			12.5	4.0
	20.4	4.9			22.69	5.4
	25.0	6.0			25.5	6.0
	28.57	7.0			31.17	7.5
					32.5	8.85
60°	15.54	4.2			15.54	4.2
	22.69	5.4			21.88	5.6
	26.10	6.8			26.10	6.8
	29.97	7.8			29.78	7.85
	32.30	8.9			32.12	8.95
90°			21.88	5.6	15.54	4.2
			29.78	7.85	21.88	5.6
			32.12	8.95	26.1	6.8
					29.78	7.85
					32.12	8.95

2. 试验成果

（1）试验观测的水流现象

河床中设置丁坝后，坝前水面宽度减少，水流绕经坝头，丁坝上游水流受阻，动能减少，水位抬高，至坝前迎水面，壅水最高，沿丁坝迎水面，坝根处由于流速小水位最高，而坝头处由于流速大则水位最低，在高速与低速流带之间的流速梯度产生的剪切力作用下，形成一顺时针立轴回流区（图 29-3、图 29-4）。冲向坝面的水流一部分绕坝头而去，另一部分则沿坝面折转而下再绕坝头而行。这两部分水流正是坝前冲刷坑形成的直接原因。至于两者之间所占的比重，试验中可定性得出随部位不同而变化的规律，亦即，前者与后者之比值，随距坝头的远近而相应由小变大。坝前被压缩的水流绕过丁坝之后，产生边界层的离解现象，于是水流继续收缩至最小收缩断面，然后逐渐扩散，在坝下游一定距离处再接近河岸。坝后静水区与扩散水流间的流速梯度产生的剪切力，导致坝后顺时针立轴回流区的形成。回流区的流速滞缓，此处明显出现泥沙淤积，并随着近岸的回流向上游的运动，靠近连坝处，有清晰可辨的沙波出现。值得说明的是，坝后回流区淤积的泥沙，不少是坝前折冲水流掀起并横向交换输移而来的床沙。沿回流中心线（往往与冲刷坑近岸边界线接近）横向输送扩散形成沙坎出现，甚至还可发现粗化现象，与河弯中凹岸出现的冲刷情形近似。其原因应该与绕过丁坝的流带弯曲（这是先收缩、后扩散引起的）有关。试验表明：丁坝的方位与最小收缩断面的位置以及回流强度有密切关系，方位角为 90°时距离坝头最近，回流强度最大；方位角为 60°时次之；方位角为 30°时最小收缩断面距坝头较远，且回流轻。另外最小收缩断面的部位与水流强度也有一定关系。这些特性对于坝后冲刷坑形态也将有直接的影响。从试验结果还可以看出：丁坝沿横向对水流的影响宽度为丁坝投影长度的 3～3.5 倍，坝头附近水流流速一般为行近水流流速的 1.2～1.5 倍。

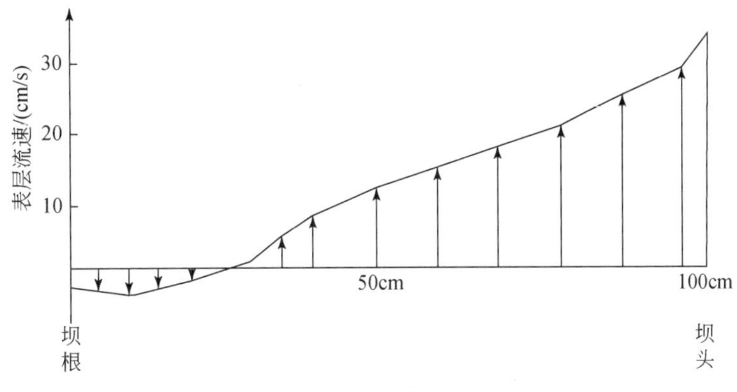

（θ= 60°，V_0=26.1cm/s，h=6.8cm）

图 29-3　丁坝迎水面表层流速分布图

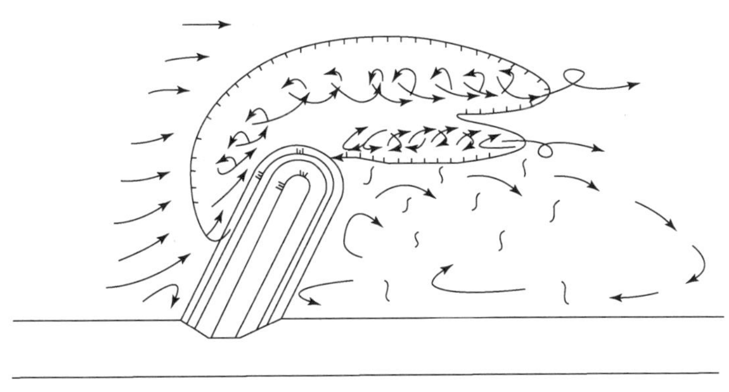

（θ= 60°，V_0=26.1cm/s，h=6.8cm）

图 29-4　丁坝坝前冲坑及水流流态图

（2）坝前冲刷坑形态

为了得到丁坝坝前稳定状态的局部冲刷坑，每次试验放水历时一般都大于 4 小时（相当于黄河原型丁坝一直靠溜的时间持续 40 小时）。试验中可以根据冲刷坑内是否有明显的泥沙运动来判断冲刷坑是否达到稳定。

试验表明，放水的前 30 分钟（相当小于黄河原型 5 个小时）内，坝前冲刷坑发展较快，此后变慢直至稳定［图 29-5，此时原型对应的行近流速及冲刷前水深分别为 26.1cm/s、6.8cm，单宽流量为 17.75m^3/（s • m)］。放水 33～43 分钟，冲刷坑形态基本稳定，冲刷坑最大水深变化不大，对于黄河原型，如果大溜顶冲某坝时间持续 5～7 个小时，坝前即会出现最大的冲刷水深。对比多种丁坝方位角以及水流强度试验结果，行近水流与丁坝的夹角大时，回流强度大，坝前形成的冲刷坑氾围也就愈大。否则，顺溜时（方位角小）回流强度小，所形成的局部冲刷坑范围也相应较小。另外，局部冲刷坑的最大冲刷水深所在的部位，有随着来流方向与丁坝迎水面夹角的增加而逼近坝头的趋势（表 29-3)。这就意味着对于黄河原型，丁坝受主溜顶冲之时，不仅坝前局部冲刷坑水深大，而且最大冲刷水深所在的部位距坝头也较近，这对于丁坝的坝头安全是不利的。另外，丁坝附近冲刷坑的发展是不同步的，一般是先在上跨角及坝前头附近的河床形成冲刷坑，再向上下游以及横向发展，最后形成一个沿河流方向上游坡陡、下游坡缓和沿横向近坝侧坡陡、远坝侧坡缓的冲刷坑形态。

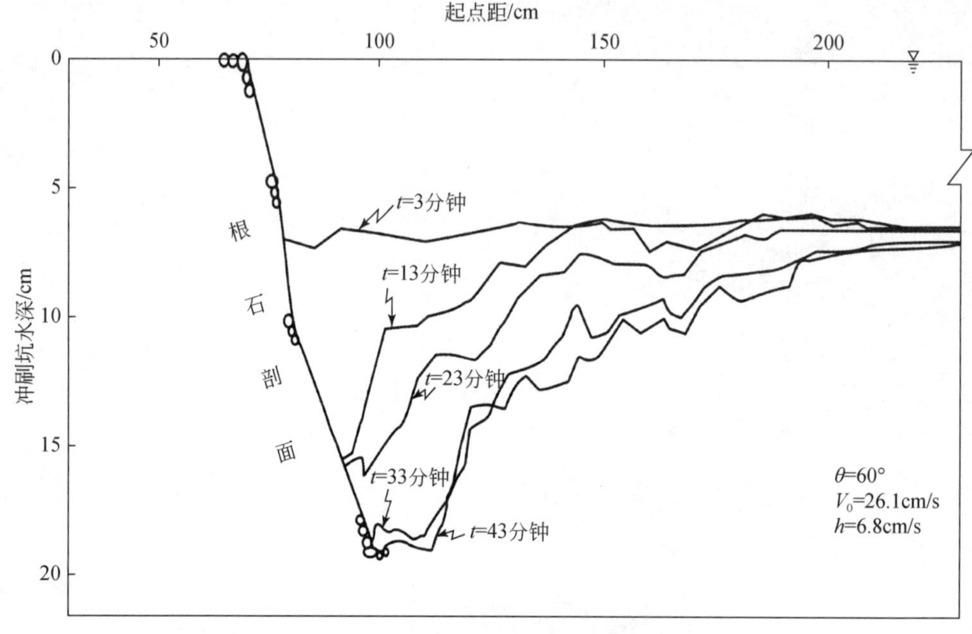

图 29-5　不同时刻坝头冲刷坑变化图

表 29-3　最大冲刷水深的部位统计表（原型对应值）

坐标	方位角			备注
	30°	60°	90°	
x	40～60m	10～40m	0～10m	x、y 系以丁坝坝头段根石台前缘中点为原点的坐标系坐标。ox 轴指向下游，oy 轴指向对岸
y	40～50m	30～50m	30～40m	

（二）冲刷坑形成机理及其发展过程

为了深入研究丁坝冲刷现象的基本规律，2002 年黄科院江恩慧等在开展黄河防汛科技项目“长管袋沉排潜坝技术研究及应用效果分析”时（张柏山等，2003），通过模型试验详细分析了漫水和不漫水丁坝冲刷机理及冲刷发展过程。

1. 试验概况

试验仍采用正态模型，比尺见表 29-1。试验采用潜坝坝体结构。潜坝由底部长管袋沉排和坝体两部分组成（图 29-6）。长管袋沉排下铺褥垫沉排布，褥垫沉排布的主要作用是使长管袋连接成整体和保护布下的泥沙颗粒不被水流带走，以维持长管袋沉排的整体性及坝体的稳定。坝体用土袋抛堆，表面用铅丝石笼（或土工网石笼）裹护，以保证洪水漫顶时不被冲垮，模型总长 24m，其中试验段长 20m。采用清水试验，共进行两组。第一组试验，水流流向与坝轴线成 60°角，沉排扇面直径 70m，单宽流量（原型）q_p=5.43m^3/（s • m），放水总历时为 39 小时 10 分钟；第二组试验，水流流向与坝轴线成 90°角，单宽流量（原型）q_p=6.10m^3/（s • m），放水总历时 24 小时 30 分。选用易透水、滤沙效果好、拉力满足要求的白棉布作为长管袋及排布材料。

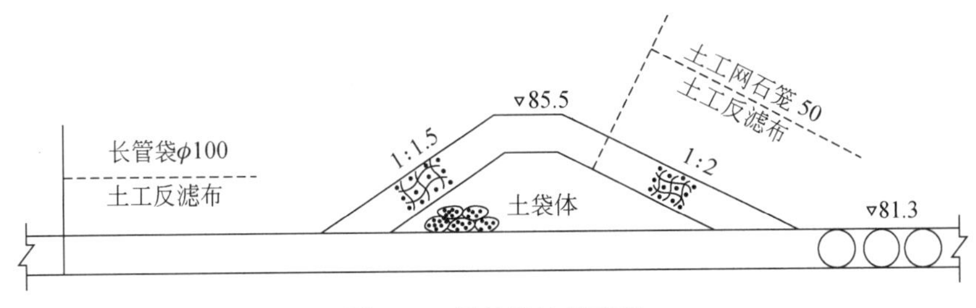

图 29-6　坝体结构示意图

2. 试验成果

（1）冲刷坑形成机理

丁坝的存在使得周围水流状况变得较为复杂。有关丁坝的冲刷机理——产生坝头局部冲刷的主要原因，尚存在许多认识上的差异（潘庆燊，1981），有些学者认为是坝头附近的漩涡系造成的；也有学者认为是坝头附近的下潜水流引起的；还有一些学者认为是丁坝压缩水流导致坝头附近的单宽流量增大形成的。我们根据试验过程中对水流结构所进行的观测和分析，认为上述三种观点分别说明了坝头附近河床局部冲刷成因的某个方面，实际上它们是互相联系和共同作用的，即坝头附近产生局部冲刷应是下潜水流、坝头附近单宽流量增加及其相互作用所生成的漩涡系综合作用的结果。

对于不漫水丁坝周围的水流结构，很多研究者都有描述。作为漫水丁坝，由于坝顶出现漫水，使它周围的水流情况又出现新的特点，图 29-7 是漫水与不漫水丁坝周围水流情况对比示意图。

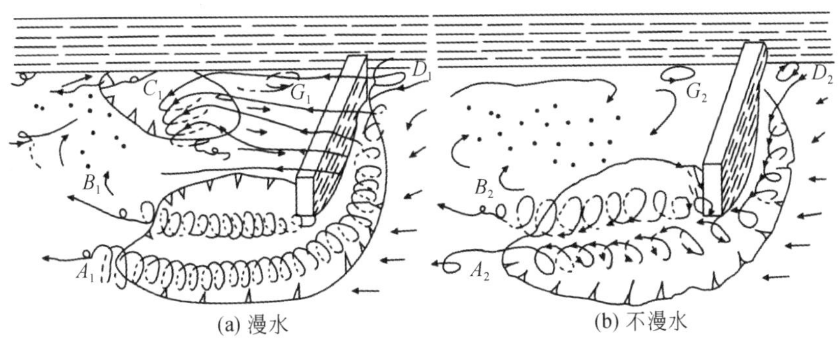

图 29-7　丁坝周围水流情况示意图

比较图 29-7（a）和（b）看出，一般情况下，漫水丁坝周围除了有与不漫水丁坝相对应的涡系 A_1，B_1，D_1，G_1 外，在丁坝下游多出一组水平轴涡系 C_1。另外 A_1 与 A_2 略有不同，A_1 是由分别向坝头与坝顶两股水流合成作用的结果。B_1 和 B_2 都是因绕坝头四周边缘的水流因流速梯度突变而产生的一斜轴涡系。A_1、B_1 是产生丁坝坝前与坝头局部冲刷的主要原因。

C_1 是过坝顶的水流在坝后形成的水平轴涡系。水平尺度约为坝高的 3～4 倍。它一方面增加坝轴心位置的床面冲刷，另一方面又把冲刷的泥沙带到坝踵处。故 C_1 对丁坝安全影响不大。由 B_1 和 C_1 的综合作用决定坝后的河床演变。当坝顶水头较小时，B_1 的作用显著，坝后回流淤积区可达数倍坝长；当坝顶水头较大时，B_1 的作用会因坝顶水头而大大削弱，但由 C_1 产生的回流淤积区也可达 3～4 倍的坝高，B_1 也还能起削弱下游流速的作用。丁坝坝顶漫水后，在近河床处仍存在回流区。

漩涡 D_1、G_1 是两组诱发性涡系，它们的存在及变化与丁坝方位角关系较大。当方位角减小时，D_1 也随之减小，而当方位角小于 30°时，D_1 便基本消失。当方位角增大时，G_1 随之减小，D_1 增大，当方位角大于 150°时，G_1 便基本消失。

试验还发现：在丁坝上游 5～6 倍坝长范围内，流线由丁坝一岸向丁坝对岸偏移，离河底越近偏移角度越大，离丁坝越近偏移角度越大。它们有个共同特点：流速越大处偏角反而越小。这是因为流速越大越难改变方向，从而把某处的流向突变转化为较大范围内的渐变来完成。

当水流冲击潜坝时，在潜坝上游面产生壅水，形成高压区，而在坝头附近，则由于水流的绕流作用，流速较大，形成低压区，位于高压区的底层水流向坝头的低压区前进，并折向河床形成环绕坝头的螺旋流，使坝头附近河床发生冲刷。图 29-8 为不同入流角度时的冲刷地形图。两种入流形式冲刷坑最深部位均在潜坝坝轴线延长线以下，不同的是水流流向与坝轴线成 90°时，冲坑范围较大，冲刷已波及潜坝迎水面，这是由于水流受正交潜坝阻挡后，在迎水面前螺旋流作用较大所致。

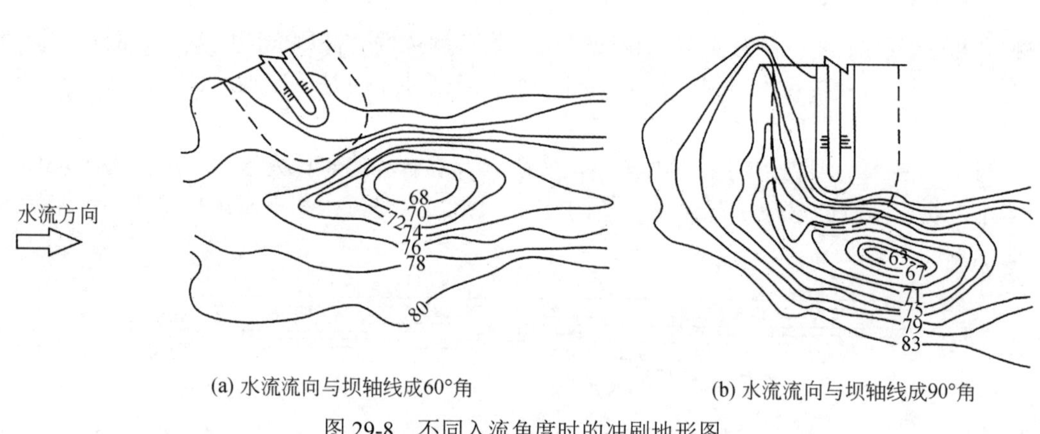

(a) 水流流向与坝轴线成60°角　　(b) 水流流向与坝轴线成90°角

图 29-8　不同入流角度时的冲刷地形图

潜坝表层水流在坝后形成跌水，坝后 20～200m 范围之内形成缓流区，流速均小于 1.5m/s。受坝体阻挡折向坝头的表层水流与上游来流交汇，在下跨角形成回流，回流区水流挟沙能力降低，泥沙大量落淤，从下跨角沿回流带形成沙垄，见图 29-9。

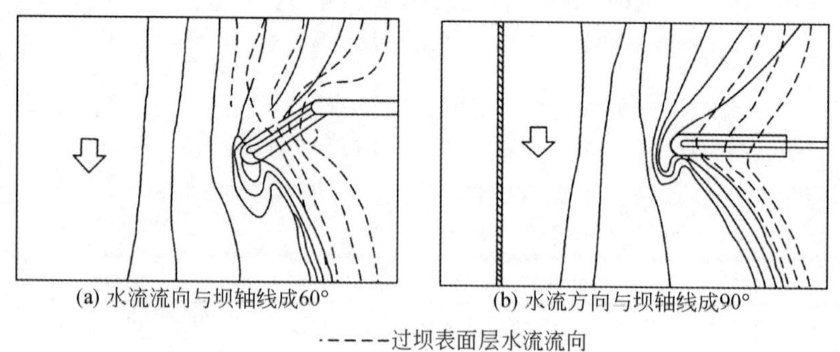
(a) 水流流向与坝轴线成60°　　(b) 水流方向与坝轴线成90°

-----过坝表面层水流流向

图 29-9　水流流向示意图

（2）冲刷发展过程

在试验过程中发现，当水流流向与坝轴线成 90°角时，坝头前冲刷坑发展较快，冲刷历时 24 小时就基本达到冲深稳定，最大稳定冲深约 19.5m。由图 29-10 可以看出，在前 10 小时内，冲深增加较快，冲刷坑范围扩展也相对较快；与 24 小时总冲深相比，前 10 小时内的冲深已达其深度的 60%。10 小时后，冲深发展的速度已渐趋缓慢，这是由于冲刷深度增大，水深增加，过流面积逐步增大，致使坝头前螺旋流对床沙的冲刷强度逐渐减弱。水流流向与坝轴线成 60°角时，冲刷发展较为缓慢，冲刷历时 33 小时才基本达到冲深稳定，最大稳定冲深也相对较小，约 15.8m。

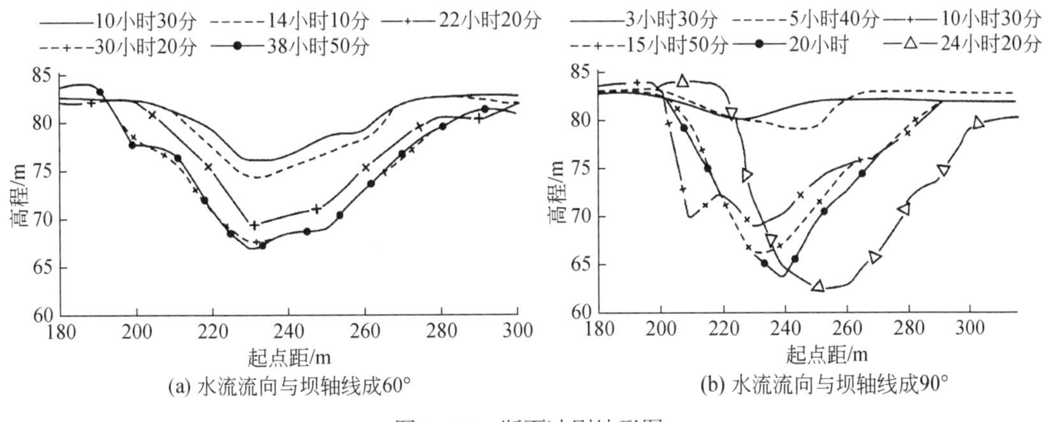

(a) 水流流向与坝轴线成60°　(b) 水流流向与坝轴线成90°

图 29-10　断面冲刷地形图

二、河道整治对洪水期输水输沙影响试验研究

（一）试验的河道边界条件及水沙条件

在“八五”科技攻关期间，为研究黄河下游在出现不同水沙情况下河势演变和河道整治工程对控制溜势的作用，黄科院利用黄河花园口—东坝头河道整治模型依次在现状工程、河道整治规划治导线方案、规划治导线修正方案 A 和修改方案 B 四种边界条件下，进行了中常洪水、大洪水、高含沙洪水以及小浪底水库拦沙初期出库水沙四种不同水沙过程情况下的下游河道河床演变试验（表 29-4 和表 29-5），根据多次试验结果对比分析，研究了河道整治对输水输沙的影响（胡一三等，1998）。

表 29-4　各组次试验边界情况

试验方案	现状工程方案	规划治导线方案	规划治导线修正方案 A	规划治导线修正方案 B
试验边界条件	1990 年汛前实测断面，高滩、生产堤口门位置、河道整治工程及夹河滩设防水位采用 1992 年汛前实际情况	与现状工程试验相同的初始地形。按照微弯型治理，流路为马庄—花园口—双井—马渡—武庄—赵口—毛庵—九堡 二官庙—韦滩—大张庄—黑岗口—顺河街—柳园口—大宫—王庵—古城—府君寺—曹岗—欧坦—贯台	与现状工程试验相同的初始地形。对规划治导线进行了初步修正，把作用较差的曹岗下延工程及有一定争议的来潼寨下延工程、武庄工程及顺河街工程去掉，构成修正方案 A	1995 年汛前实测大断面，高滩、生产堤口门位置、河道整治工程及夹河滩设防水位采用 1992 年汛前实际情况。在规划治导线工程方案及其修正方案 A 检验试验结果的基础上，结合原型河势发展状况，对规划治导线方案作了进一步修正，对个别工程进行了调整

表 29-5　试验水沙过程

<table>
<tr><td colspan="5">中常洪水（2000～7000m³/s 流量级）</td><td colspan="3">大洪水 Q_{max}=15300m³/s（与 1982 年 8 月洪水相似）</td><td colspan="3">大洪水 Q_{max}=22000m³/s（1982 型设计洪水）</td></tr>
<tr><td rowspan="2">流量/（m³/s）</td><td colspan="2">一般水沙组合</td><td colspan="2">多沙组合</td><td rowspan="2">流量/（m³/s）</td><td rowspan="2">含沙量/（kg/m³）</td><td rowspan="2">放水时间/天</td><td rowspan="2">流量/（m³/s）</td><td rowspan="2">含沙量/（kg/m³）</td><td rowspan="2">放水时间/天</td></tr>
<tr><td>含沙量/（kg/m³）</td><td>放水时间/天</td><td>含沙量/（kg/m³）</td><td>放水时间/天</td></tr>
<tr><td>2000</td><td>16.2</td><td>11</td><td>78</td><td>6</td><td>1320</td><td>8</td><td>1</td><td>1901</td><td>8.6</td><td>1</td></tr>
<tr><td>3500</td><td>31.4</td><td>10</td><td>111</td><td>5</td><td>5510</td><td>39</td><td>1</td><td>7934</td><td>41.8</td><td>1</td></tr>
<tr><td>5000</td><td>42.2</td><td>9</td><td>150</td><td>4</td><td>6650</td><td>22</td><td>1</td><td>9576</td><td>23.5</td><td>1</td></tr>
<tr><td>7000</td><td>52.6</td><td>3</td><td>120</td><td>2</td><td>13100</td><td>27.6</td><td>1</td><td>18864</td><td>19.5</td><td>1</td></tr>
<tr><td rowspan="2">5000</td><td rowspan="2">42.2</td><td rowspan="2">11</td><td rowspan="2">92</td><td rowspan="2">5</td><td>13400</td><td>37.6</td><td>1</td><td>19296</td><td>40.3</td><td>1</td></tr>
<tr><td>8410</td><td>47.4</td><td>1</td><td>12110</td><td>50.8</td><td>1</td></tr>
<tr><td rowspan="2">3500</td><td rowspan="2">31.4</td><td rowspan="2">13</td><td rowspan="2">110</td><td rowspan="2">7</td><td>5710</td><td>29.9</td><td>1</td><td>8222</td><td>32.1</td><td>1</td></tr>
<tr><td>4880</td><td>27.3</td><td>1</td><td>7027</td><td>29.2</td><td>1</td></tr>
<tr><td rowspan="4">2000</td><td rowspan="4">16.2</td><td rowspan="4">15</td><td rowspan="4">70</td><td rowspan="4">9</td><td>4780</td><td>28.7</td><td>1</td><td>6883</td><td>30.7</td><td>1</td></tr>
<tr><td>4150</td><td>34.2</td><td>1</td><td>5976</td><td>36.7</td><td>1</td></tr>
<tr><td>2800</td><td>31.9</td><td>1</td><td>4032</td><td>34.2</td><td>1</td></tr>
<tr><td>2590</td><td>35.9</td><td>1</td><td>3730</td><td>38.4</td><td>1</td></tr>
</table>

试验首先按照 1990 年汛前实测地形条件，施放接近黄河汛期多年水沙平均值的中常洪水，即一般水沙组合；之后在一般水沙组合试验后的地形上，进行多沙组合中常洪水试验。继而，恢复现状地形，分别开展 1982 年大洪水 Q_{max} 为 15300m³/s 和 22000m³/s 的 1982 型设计水沙过程试验；再次恢复现状地形条件，又分别开展了 1977 年型高含沙第一峰和第二峰两组试验（水沙过程见表 29-6）。最后进行小浪底水库拦沙期长系列试验，水沙条件选用三门峡拦沙期 1962 年 7 月 19 日至 10 月 18 日和 1963 年 8 月 1 日至 10 月 31 日共计 184 天的汛期花园口水文站实测水沙过程。

表 29-6　高含沙洪水模型试验水沙条件

第一峰				第二峰			
洪水历时/h	流量/（m³/s）	含沙量/（kg/m³）	尾门水位/m	洪水历时/h	流量/（m³/s）	含沙量/（kg/m³）	尾门水位/m
24.0	2370	34.2	74.38	24.0	2020	79.2	74.31
48.0	5660	94.8	75.04	48.0	4520	197.2	74.81
63.4	5600	207.4	75.18	59.2	6131	300.2	75.07
73.7	8000	310.5	75.31	63.5	10428	345.6	75.56
84.0	6600	404.3	75.18	72.0	7945	288.2	75.30
96.0	5200	337.0	74.98	96.0	4430	300.6	74.80
120.0	3990	274.8	74.70	120.0	2880	430.6	74.50
144.0	3460	158.4	74.57	144.0	2740	197.2	74.47
168.0	3860	105.2	74.69	168.0	2170	98.8	74.35
192.0	2880	75.8	74.50				
216.0	1770	48.8	74.07				

试验在黄科院设计并建造的黄河花园口—东坝头模型（模型比尺见表 28-1）上进行。

（二）不同工程布局条件下试验结果

1. 现状工程条件下

在中常洪水和大洪水期间，花园口—夹河滩河段洪水流路变化不定，呈现游荡特性。其中来潼寨—辛寨河段，南岸险工坝垛决定了河流的东北走向，但因工程不配套，各部位特别是赵口靠河状况不稳定，送溜效果不同，常在毛庵或越石不同部位坐弯，甚至危及北岸大堤。九堡至大张庄河段河势更为游荡不羁，每场洪水主流都有很大的摆幅。黑岗口以下，顺河街、王庵等处经常塌滩，流路多变。但是从由现状工程条件下的试验可以看出，尽管游荡性河段水流散乱，主流摆动频繁，但是从某一次主流线的平面形式看，还是具有曲直相间的微弯形式。因此，按照微弯型治理方案是顺应自然河性的（张红武等，2001）。

在高含沙洪水期间，花园口—夹河滩河段低滩全部漫滩，高滩偎水，来潼寨—黑岗口河段，宽、浅、散乱，游荡特性显著。高含沙洪水造床作用比一般洪水明显，河床自动调整过程也更为迅速，河道大冲大淤，较易出现“横河”等不利河势，危及工程安全。因此，高含沙洪水对于黄河下游游荡性河道是不利的，应该采取积极措施减少高含沙洪水出现的概率。从冲淤量计算结果看，多沙组合试验淤积量明显大于一般水沙组合，滩唇淤高 1.5～2.3m。大洪水（洪峰为 22000m^3/s）时滩淤槽冲，滩槽总淤积量最少。

在小浪底枢纽拦沙初期试验中，花园口—夹河滩河段自上而下出现严重冲刷，各断面深泓点高程随之降低。受河道工程控制较好的马庄—来潼寨河段，河床冲刷以下切为主，其他河段特别是九堡—大张庄河段，河床在下切的同时伴随着展宽，演变过程中还出现横河险情。河床严重冲刷使河道过水断面增大，水位下降，排洪能力加大。此外，冲刷还使河床粗化，比降加大，河宽减小，水深增大，河势向单一规顺方向发展，游荡特性减弱。

2. 规划治导线方案

在中常洪水和大洪水期间，大部分新布设的工程都发挥了控导主溜、限制游荡的作用，但某些工程的位置和参数，尚须通过试验进行修正和调整。在高含沙洪水期间，该方案具有强烈的淤滩刷槽作用，输沙作用增强。同时对河势起到了一定的限制和控导作用，减轻了高含沙洪水对高滩、村庄及局部堤段的影响程度。工程对沿程水位和洪水传播的影响较小。

在小浪底枢纽拦沙初期试验中，大部分拟建河道整治工程都发挥了护滩及限制主流摆动的作用，但控导效果较差，尚需对武庄、来潼寨等工程的布局进行修正与调整。

3. 规划治导线修正方案 A

在中常洪水和大洪水期间，在来潼寨工程已下延四道丁坝及黑岗口工程具有一定导流能力的情况下，武庄、顺河街嫩滩塌失在所难免。因此，为稳定溜势及承上启下，必须增修武庄、顺河街两处控导工程。此外，其他工程也有进一步调整或修改的必要。

高含沙洪水试验中，本次试验与规划治导线的试验结果相近。但是武庄断面及顺河街断面，河有北滚趋势，主流摆幅增大，主流着溜点时常变动，在一定程度上影响了工程的控导作用。为使上下游较好地呼应，必须增建武庄工程、顺河街工程及来潼寨工程下延。

4. 规划治导线修正方案 B

在制定修正方案时，首先开展了马渡—辛寨河段的试验，结果表明，无论从防止赵口 8#～40#坝脱溜及避免下游河势失控的角度讲，还是从防止武庄河滩继续大量坍塌和保证赵

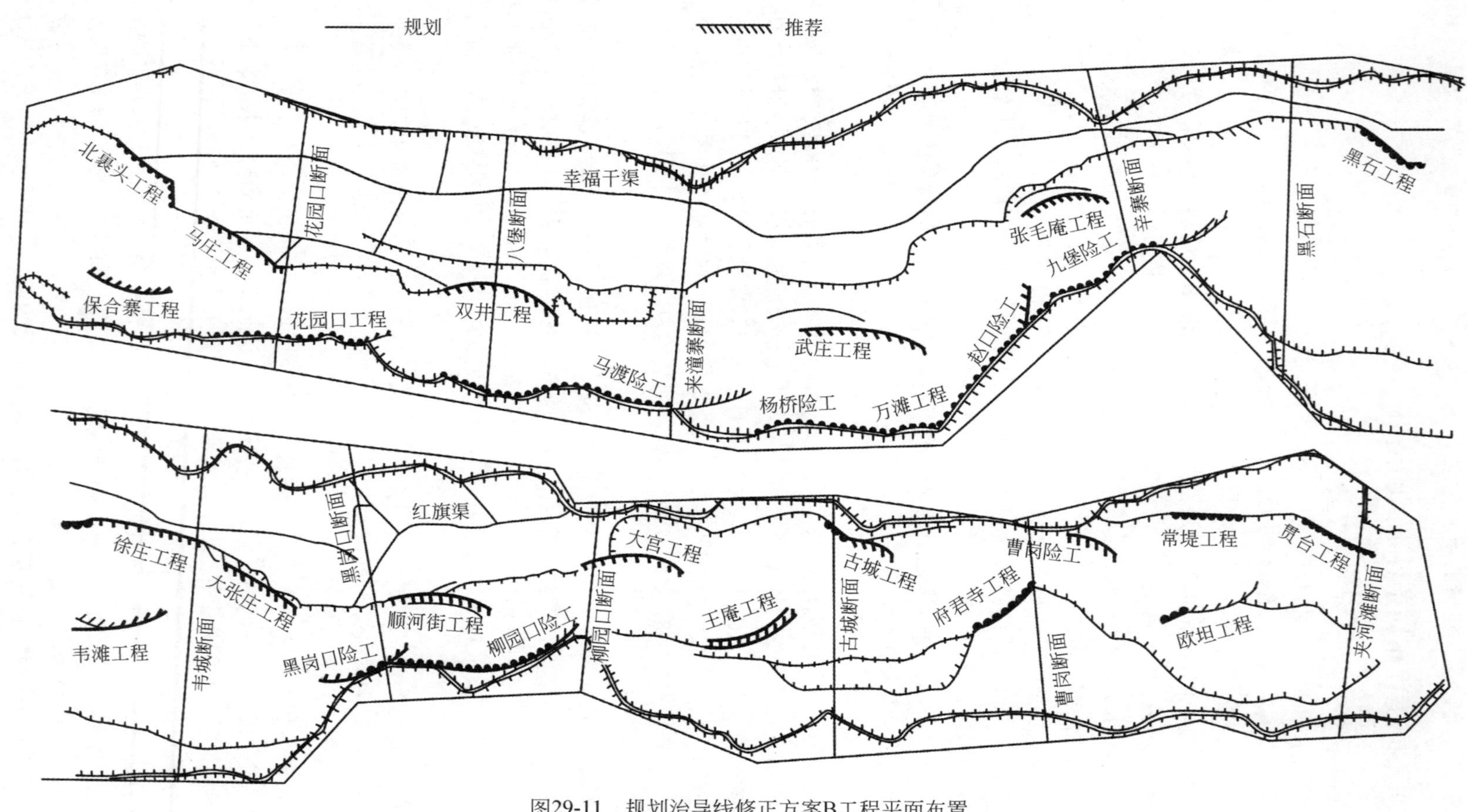

图29-11　规划治导线修正方案B工程平面布置

口、三刘寨引黄闸引水的方面看，修建武庄控导工程都是必需的。经过反复比选，最后对马渡下延工程、武庄工程、赵口下延工程及毛庵工程的长度、弯曲半径及具体布局进行了调整。韦滩工程对于稳定该河段溜势、限制游荡摆动幅度及承上启下，具有举足轻重的作用。但是由于它距上、下两个已建工程较远，布局难度很大，根据上述试验的河势变化状况，在保证送溜至大张庄工程的前提下，上首藏头段敞开，以适应上游流路变化，接纳各种来流而不被抄后路。此外顺河街等工程也进行了适当调整，最后提出修正方案 B（图 29-11）。各种水沙组合情况下，大部分控制性工程靠溜较好，以下河段流路也有变好的趋势。

在中常洪水和大洪水期间，修正方案 B 较修正方案 A 洪水流路有所改善，大洪水期间河道整治工程仍能起到控制作用。尽管小水走弯，大水趋直，河势时常上提下挫，但是主流不会摆动到由两岸河道整治工程构成的包络线之外。

高含沙洪水试验与其他试验方案相比，对高含沙洪水最为适应，该方案较好地发挥了控导主流、限制游荡范围及减少不利河势的作用。同时在小浪底枢纽拦沙初期试验中，该方案工程布设较为适应小浪底拦沙初期的水沙过程，更好地发挥了控导主流和限制游荡摆动的作用。

通过对各组试验成果对比分析得出：大中水期间，新修建控导工程前后，漫滩范围、水位及中水期河床淤积量变化不大。但是与现状工程条件下相比较，大水期间河床冲刷量略有增加，洪水传播时间亦有所缩短。高含沙洪水具有强烈的淤滩刷槽作用，大部分河段的横向摆动相对不大，修建工程后，输沙作用增加，河段淤积量减少，沿程水位变化不大，对洪水传播时间影响较小。

（三）河道整治工程对输水输沙的影响

1. 不同整治方案与现状条件下的水位比较

中水组合流量为 7000m^3/s 时规划方案、修正方案 A、修正方案 B 与现状工程条件下的水位比较结果见表 29-7。由表可以看出，新布设河道整治工程实施后，对各处水位影响较小。大水时与现状相比较，除水流集中顶冲部位水位略有升高外，一般变化不大（表 29-8）。个别部位水位值略有降低，除受动床试验精度影响外，还与该处河床冲刷严重有关。

表 29-7　中常洪水试验不同方案沿程水位比较（单位：m）

断面	现状方案		规划治导线方案		治导线修正方案 A		治导线修正方案 B	
	一般水沙组合	多沙组合	一般水沙组合	多沙组合	一般水沙组合	多沙组合	一般水沙组合	多沙组合
花园口	94.70	95.16	94.50	95.13	94.60	95.14	94.60	95.11
双井	92.70	93.80	92.70	93.60	93.00	93.70	92.80	93.70
马渡	92.15	92.70	92.00	92.60	92.00	92.60	91.80	92.50
杨桥	90.48	91.42	90.80	91.25	90.82	91.40	90.60	91.40
赵口	88.65	89.42	88.80	89.25	88.95	89.40	88.60	89.40
九堡	87.95	88.20	87.73	88.10	87.90	88.20	87.80	88.20
大张庄	83.80	84.40	83.80	84.27	83.65	84.40	83.80	84.40
黑岗口	82.80	83.40	82.78	83.25	82.70	83.40	82.80	83.40
柳园口	81.32	81.80	81.10	81.61	81.10	81.80	81.30	81.80

续表

断面	现状方案		规划治导线方案		治导线修正方案 A		治导线修正方案 B	
	一般水沙组合	多沙组合	一般水沙组合	多沙组合	一般水沙组合	多沙组合	一般水沙组合	多沙组合
古城	78.80	79.10	78.70	79.18	78.85	79.20	78.65	79.00
府君寺	77.50	77.60	77.40	77.79	77.60	77.80	77.40	77.70
曹岗	77.00	77.18	77.00	77.25	77.00	77.31	76.90	77.30
欧坦	76.02	76.20	76.00	76.20	76.00	76.30	76.00	76.20
夹河滩	74.85	75.06	74.90	75.00	74.88	75.06	74.90	75.10

表 29-8　大水时不同方案沿程最高洪水位比较　（单位：m）

断面	现状方案		规划治导线方案		治导线修正方案 A		治导线修正方案 B	
	15300m^3/s	22000m^3/s	15300m^3/s	22000m^3/s	15300m^3/s	22000m^3/s	15300m^3/s	22000m^3/s
花园口	94.30	94.55	94.25	94.45	94.30	94.50	94.23	94.45
双井	92.90	93.10	93.00	93.20	93.00	93.20	92.90	93.10
马渡	91.90	92.00	91.80	92.00	91.90	92.20	91.80	92.00
杨桥	90.80	90.85	90.65	90.90	90.70	90.95	90.55	90.80
赵口	88.90	89.00	88.72	89.00	88.80	89.20	88.65	89.18
九堡	87.70	87.85	87.50	87.90	87.60	88.00	87.50	88.00
大张庄	84.10	84.55	84.05	84.50	84.20	84.60	84.10	84.45
黑岗口	83.15	83.30	83.20	83.40	83.20	83.40	83.20	83.50
柳园口	81.75	81.95	81.90	82.00	81.80	82.15	81.80	82.15
古城	79.60	79.80	79.60	79.90	79.75	80.00	79.60	79.90
府君寺	78.50	78.75	78.45	78.80	78.50	78.80	78.35	78.80
曹岗	78.00	78.40	78.00	78.40	78.10	78.40	78.00	78.40
夹河滩	76.15	76.60	76.20	76.50	76.20	76.50	76.00	76.40

不同整治方案与现状工程条件下高含沙洪水洪峰期沿程水位比较结果见表 29-9。由表可以看出，新布设整治工程后，水位值有增有减，相对影响不大。

表 29-9　高含沙洪水洪峰期不同方案沿程水位比较（Q_{max}=10428m^3/s）　（单位：m）

断面	现状方案	规划治导线方案	治导线修正方案 A	治导线修正方案 B
花园口	95.60	95.70	95.56	95.57
东大坝	94.50	94.60	94.80	94.58
双井	93.93	94.10	94.20	93.92
马渡	92.60	92.80	92.83	92.69
杨桥	91.31	91.30	91.50	91.31
赵口	89.00	89.12	89.18	89.16
九堡	87.65	87.76	87.80	87.80
黑石	85.25	85.10	85.18	85.29
大张庄	83.90	84.10	84.15	83.92

续表

断面	现状方案	规划治导线方案	治导线修正方案 A	治导线修正方案 B
黑岗口	82.90	82.94	83.07	82.95
柳园口	81.60	81.60	81.81	81.80
古城	79.20	79.31	79.29	79.10
府君寺	77.86	77.81	77.74	77.90
曹岗	77.60	77.65	77.59	77.51
夹河滩	75.28	75.40	75.40	75.27

2. 对洪水传播的影响

（1）对中常洪水及大洪水传播时间的影响

从模型试验可见，按照治导线增加河道整治工程后，一方面对行洪有直接的阻水作用，且因增加了主流弯曲路径使洪水传播速度减缓；而另一方面，整治工程增加后，整体流路规顺，又使洪水传播速度增大。由表 29-10 列出的各方案洪水传播时间比较结果表明，新布设工程实施后洪水传播速度比其他方案略有增大。

表 29-10　各组试验洪水传播时间比较　（单位：h）

试验组次	规划治导线方案				治导线修正方案 A				治导线修正方案 B			
	花园口—九堡	花园口—柳园口	花园口—曹岗	花园口—夹河滩	花园口—九堡	花园口—柳园口	花园口—曹岗	花园口—夹河滩	花园口—九堡	花园口—柳园口	花园口—曹岗	花园口—夹河滩
洪峰 15300m³/s	4.28	7.72	11.14	12.68	4.71	8.14	11.58	12.75	4.28	7.28	11.35	12.60
洪峰 22000m³/s	3.52	7.28	10.72	12.30	3.85	7.28	11.14	12.50	3.80	6.86	11.00	12.20

（2）对高含沙洪水传播时间的影响

高含沙洪水的传播时间，与主流流路、洪水漫滩等情况有关，与前述相似，增修河道整治工程后也会对洪水传播有一定的影响。表 29-11 给出了各方案洪水传播时间，表明在工程布设前后，高含沙洪水传播时间变化不大。

表 29-11　高含沙洪水试验传播时间　（单位：h）

方案	组次	花园口—曹岗	花园口—夹河滩
现状工程条件	第一峰	18.86	20.86
	第二峰	19.28	21.28
规划治导线方案	第一峰	18.43	20.43
	第二峰	19.71	21.71
修正方案 A	第一峰	18.50	20.50
	第二峰	19.11	21.11
修正方案 B	第一峰	19.43	20.93
	第二峰	19.28	21.72

3. 对河道输沙的影响

（1）对大洪水及中常洪水河床冲淤量的影响

表 29-12 同时列出了由输沙率法及断面法得出的各组试验的河床冲淤量，可以看出，新布设工程实施后，虽然大水期的河床冲刷量稍有增大，但由于新布设的工程数量有限，对中常洪水时的河床冲淤量影响不大，整体来讲对输沙影响程度有限。

表 29-12 整治河段各组试验的冲淤量比较结果

方案	一般水沙组合试验		多沙组合试验		洪峰为 15300m³/s 试验		洪峰为 22000m³/s 试验	
	断面法/亿 m³	输沙率法/亿 t	断面法/亿 m³	输沙率法/亿 t	断面法/亿 m³	输沙率法/亿 t	断面法/亿 m³	输沙率法/亿 t
现状方案	1.05	1.36	1.70	2.80	−0.94	−1.250	−1.28	−1.75
规划治导线方案	0.95	1.34	1.50	2.77	−0.90	−1.385	−1.23	−1.79
修正方案 A	0.94	1.33	1.59	2.53	−1.09	−1.404	−1.25	−1.84
修正方案 B	0.91	1.30	1.63	2.69	−0.93	−1.390	−1.29	−1.88

（2）对高含沙洪水河床冲淤的影响

游荡性河段在高含沙洪水期间河床淤积量很大，在表 29-13 中同时列出了由输沙率法及断面法得出的各组试验的河床冲淤量。表明，新布设工程实施后，由于工程数量有限，对河床冲淤的影响不明显（张红武等，1994）。

表 29-13 整治河段高含沙洪水试验冲淤量测验结果

组次	冲淤量	现状工程条件	规划治导线方案	修正方案 A	修正方案 B
第一峰	断面法/亿 m³	1.92	1.80	1.88	1.81
	输沙率法/亿 t	2.79	2.49	2.36	2.62
第二峰	断面法/亿 m³	1.44	1.40	1.42	1.46
	输沙率法/亿 t	2.63	2.51	2.30	2.28

三、不同因子对河道整治控导作用的试验研究

2006 年，黄科院开展了“中小流量下不同河弯半径河道整治工程控导作用分析”研究，通过研究不同弯道半径、不同流量、不同入流角度、不同靠溜长度下河道整治工程的导溜长度，并结合下游现有整治工程及小浪底水库下泄水沙条件，提出黄河下游特别是小浪底水库运用后，游荡性河道整治工程设计有关参数的改进意见，提出了水流送溜距离与流量、工程弯曲半径、入流角度及靠溜长度之间的经验公式，收集整理了历年“小浪底—苏泗庄河段动床河道模型”有关河道整治、规划治导线检验与修订等试验研究资料和原型观测资料，进一步检验了送溜距离经验公式的适应性。

（一）影响河道整治工程控导作用的因素

河势演变是指河道水流平面形态的变化及其发展趋势，它制约于来水来沙条件、河床边界条件（张海燕，1990），其主要演变形式有弯道的后退下移、串沟夺流、主流摆动、流势的提挫变化、主支汊交替以及裁弯等。在演变过程中，主流线的变化难以完全重演，但

从宏观角度可归纳几条基本流路。流量过程、河道整治工程的弯曲半径、入流角度、靠溜长度是影响河道整治工程控导能力的主要因素。

1. 流量大小及过程对河道整治工程控导作用的影响

流量大小及其过程是影响河势演变的主要因素之一。黄河下游河道整治选用的流路是中水流路，设计流量是对中水河槽的平槽流量和最大输沙率法计算的造床流量综合分析后选取的，20 世纪 90 年代以前为 5000m^3/s，进入 21 世纪后采用的是 4000m^3/s。

流量不同，水流动力轴线就不同，而河道整治工程修建后，其平面外形就基本固定。随着来流的变化，水流动力轴线与河道整治工程平面形态就存在着差异，整治工程对河势的控导作用也会发生变化。当来流较大时，水流动量（$mV=\frac{Q}{g}C\sqrt{HJ}$）大，惯性作用强，流路趋直；当来流较小时，水流动量小，流速小，泥沙落淤，横向环流引起的泥沙输移，促使流路向弯曲发展，因而有“小水坐弯、大水趋中”之说。在黄河下游广为流传的“小水上提、大水下挫”，“涨水下挫、落水上提”等都是反映流量变化对河势的直接影响。

20 世纪 60 年代以前，黄河下游的游荡性河道未进行有计划的整治，来水偏丰，该时期处于天然的来水来沙及河床边界条件下，游荡性河段比降陡，流量过程变幅大，河势变化非常剧烈，主溜在两岸大堤之间频繁摆动，有时经过一场洪水，主槽就会南北易位。据统计，该河段主溜摆动范围一般在 5～7km 之间，最大可达 10km。

60 年代以后，随着三门峡水库的投入运用，进入下游的水沙条件发生了变化，与此同时，也建成了部分河道整治工程，强化了河床边界条件，在一定程度上限制了主溜的摆动范围。据统计，游荡性河段 1960～1964 年主溜平均摆动范围为 3.5～4.2km，1964～1972 年主要断面的主溜平均摆动范围为 3.36km，1981～1990 年，东坝头以上 22 个断面的主溜平均摆动范围仍可达 2.45km。

进入 90 年代，尤其是 90 年代后期以来，国家加大了黄河下游的治理力度，修建了一批工程，游荡性河段的河势流路得到了进一步控制，主溜摆动范围进一步减小。经统计，1995～2004 年主要断面的主溜平均摆动范围为 1.11km。但是，不同河段，河道整治的进程、完善程度不同，河势流路的稳定程度也不相同。花园镇—神堤，马庄—来潼寨，东坝头—高村，这些河段的工程大部分是在 60～70 年代修建的，由于修建时间早，河道整治工程发挥了一定的控导作用，上述河段的河势流路 80 年代末以来已达到初步稳定，河势变得单一、规顺。但随着该时期进入下游的水量减少及引用水量的增加，特别是中小洪水、高含沙洪水出现概率的增加，导致一些迎送溜关系较好的控导工程对河势的控导作用削弱。小浪底水库的运用改变了进入下游的水沙及洪水过程，中小水持续时间将更长，流量因素对已建河道整治工程控导效果的影响不容忽视（江恩慧等，2002）。

2. 河弯半径对河道整治工程控导效果的影响

河道整治工程的导溜效果与其弯曲半径有密切关系。当其他条件一定时，某一级流量的水流动力轴线是不变的，若河道整治工程弯曲半径与水流动力轴线一致，则水流需要消耗的能量就小，河道整治工程的控导作用相应就好；反之，河道整治工程弯曲半径与水流动力轴线不一致时，水流为了适应主流线的形态与河弯平面形态的不相似，要消耗很大的能量，控导工程的导溜作用相对变弱（胡一三，2001）。

3. 水流入流角对河道整治工程控导作用的影响

我们将水流主流线方向与坝垛迎水面的交角称为水流的入流角，如图 29-12 所示。整治工程的控导作用与水流入流角度的关系，当其他条件一定时，水流入流角度应存在一最佳值，即主流线的平面形态与控导工程平面形态差别最小时，控导效果最好；大于或小于此角度时，水流需克服平面形态的不相适应而消耗很大的能量，致使控导工程的导溜作用减弱。在工程布置中，应使工程的入流角度平顺，使来溜平顺入弯。需要说明的是，受多种因素的影响，当工程修建后，平面形式一定，而来溜方向和流量大小处于变化之中，单一情况下的最佳值不一定是最好的，而应追求最佳综合作用。

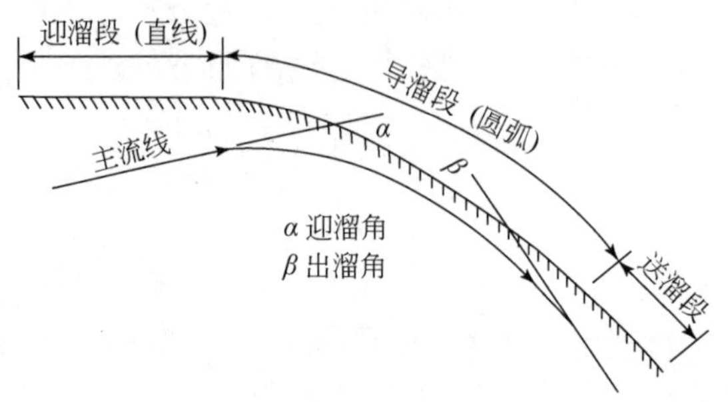

图 29-12　河道整治工程入流角示意图

在黄科院开展的黄河温孟滩河段河道整治模型试验中，研究人员点绘了化工工程下首局部冲深与入流角的关系图（图 29-13），从图中可以看出，冲坑深与入流角存在着很好的正比关系，入流角越大，冲深越大。

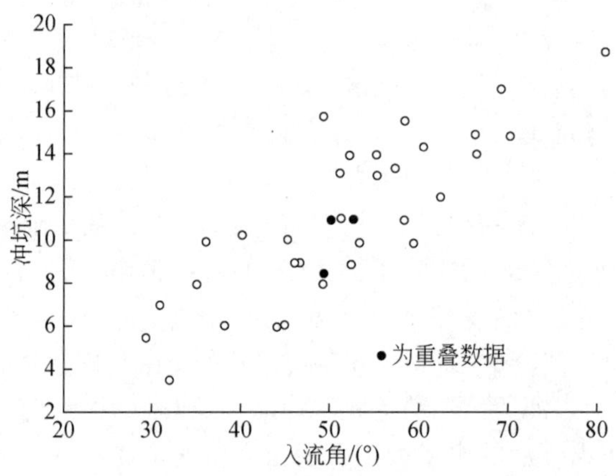

图 29-13　冲坑深与入流角的关系

黄河下游的河道整治工程按与水流的关系可将工程分为迎溜段、导溜段和送溜段。按设计要求，迎溜入弯段多为小水靠溜段，以弯导溜段多为中水靠溜段，送溜出弯段多为洪水漫滩后靠溜段。出于工程安全考虑，入流角不宜太大或太小，目前黄河下游游荡性河道整治工程布局设计的入流角度大多位于 30°～60°之间。

4. 工程靠溜长度对河道整治工程控导作用的影响

在河势趋于稳定的情况下，控导工程靠溜长度长，则工程约束水流的作用就强，工程导溜效果好；反之，靠溜长度短，则工程约束水流的作用就弱，工程导溜效果差。

黄河下游铁谢—神堤 2000～2004 年原型主流线套绘如图 29-14 所示。从图中可以看出 2004 年 5 月大玉兰工程靠溜稳定，此时神堤工程靠溜情况也很好，到 2004 年 10 月大玉兰

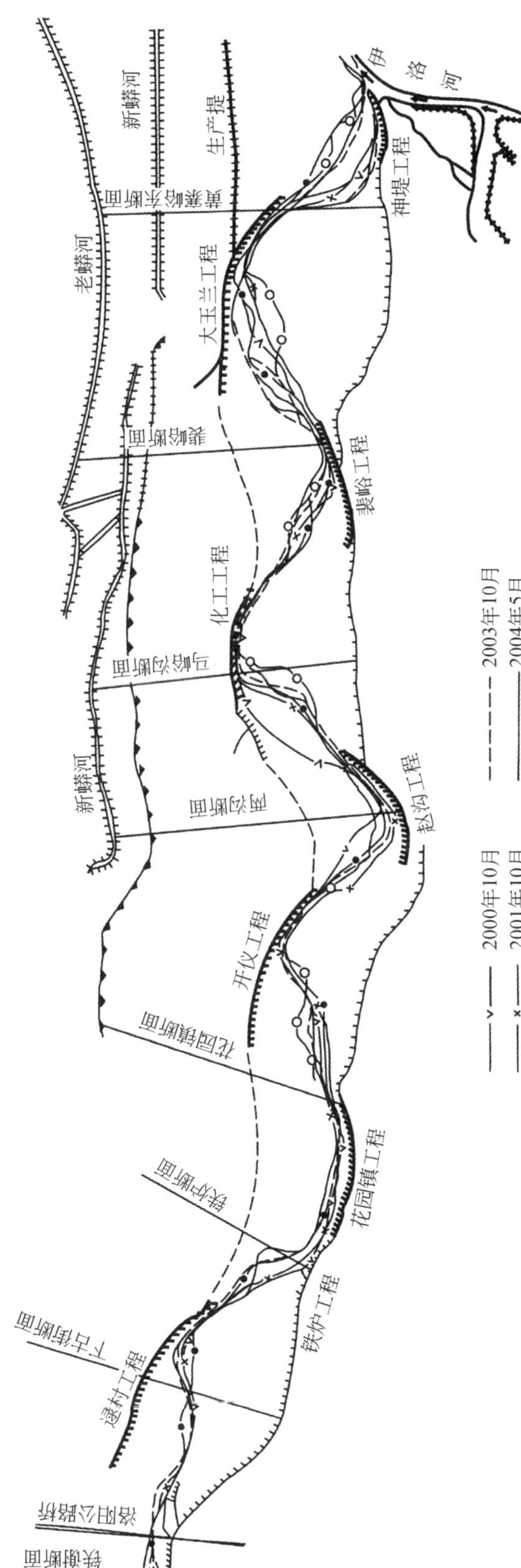

图29-14　黄河下游铁谢—神堤2000～2004年原型河势主流线套绘图

工程河势明显下挫，靠溜长度明显减小，此时神堤工程仅在尾端靠河。

“九五”科技攻关期间，“花园口—东坝头河段规划治导线检验与修订试验”研究专题组统计了黄科院模型试验中模范河段工程的靠溜情况，一般工程靠溜长度达 2km 以上时，河势较稳定。

（二）河道整治工程送溜距离的试验研究

送溜距离指水流离开控导工程后，基本不改变运行方向所能达到的距离。在各种影响因素一定的条件下，河道整治工程的控导作用，一般可以用送溜距离、送溜方向来表示。对于河弯导流工程的送溜作用，屈孟浩在 20 世纪 80 年代初曾给出如下送溜长度计算公式：

$$X = 2.11\left[\frac{1}{\sin\left(\dfrac{57.3L}{R}\right)} - \cos\left(\frac{57.3L}{R}\right)\right] \tag{29-1}$$

式中：X 为送溜长度，km；L 为河道整治工程靠溜长度，km；R 为河道整治工程弯曲半径，km。

为了验证上述公式在黄河下游游荡性河段的适用性，我们统计了在“小浪底—苏泗庄河段动床模型”上进行的“黄河下游河道整治规划治导线检验与修订试验”中的一些河势资料，并与式（29-1）计算的送溜长度进行了比较，发现式（29-1）计算的送溜长度较实际值一般偏小，当靠溜长度与工程弯曲半径的比值小于 0.3 时，采用式（29-1）计算的送溜长度又远大于实际工程的送溜长度，详见表 29-14。从点绘的图 29-15 看出，式（29-1）计算值与试验值差别大，有必要进一步开展专门的试验研究。

表 29-14　模型试验公式计算的工程送溜长度比较

工程弯曲半径/m	靠溜长度/m	靠溜长度/工程弯曲半径	送溜长度试验值/m	送溜长度计算值/m
3200	1500	0.5	3500	2788
3200	1700	0.5	3500	2346
3200	1700	0.5	3500	2346
3200	1900	0.6	3400	2022
3200	1600	0.5	3800	2549
3200	1500	0.5	3900	2788
3200	1000	0.3	3500	4855
3200	1200	0.4	3600	3797
3200	1400	0.4	3700	3069
3200	1400	0.4	3500	3069
3200	1100	0.3	3900	4274
3200	1000	0.3	3800	4855
3200	600	0.2	3300	9246
3200	700	0.2	3200	7663
3200	400	0.1	3100	14829
3200	900	0.3	3800	5574
3200	700	0.2	3700	7663

续表

工程弯曲半径/m	靠溜长度/m	靠溜长度/工程弯曲半径	送溜长度试验值/m	送溜长度计算值/m
3200	900	0.3	4000	5574
3200	1000	0.3	4000	4855
3200	1400	0.4	4000	3069
3200	1600	0.5	3400	2549
3200	2000	0.6	3500	1895
3200	1700	0.5	3900	2346
3200	1000	0.3	3700	4855
3200	1500	0.5	4300	2788
3200	800	0.3	3700	6484
3200	900	0.3	3900	5574
3200	800	0.3	3700	6484
2600	2400	0.9	3900	1373
2600	2500	1.0	3500	1365
2600	3100	1.2	4100	1491
2600	2000	0.8	3800	1517
2600	2400	0.9	4000	1373
2600	2400	0.9	3600	1373
2600	2300	0.9	3600	1390
2600	1600	0.6	3400	1932
2600	2200	0.8	3900	1419
2600	2800	1.1	3600	1396
2600	2700	1.0	4000	1378
2600	2400	0.9	3900	1373
2600	2300	0.9	4000	1390
2600	2600	1.0	3500	1367
2600	2400	0.9	3400	1373
2600	1900	0.7	3800	1590
2600	2100	0.8	4100	1461
2600	2400	0.9	3900	1373

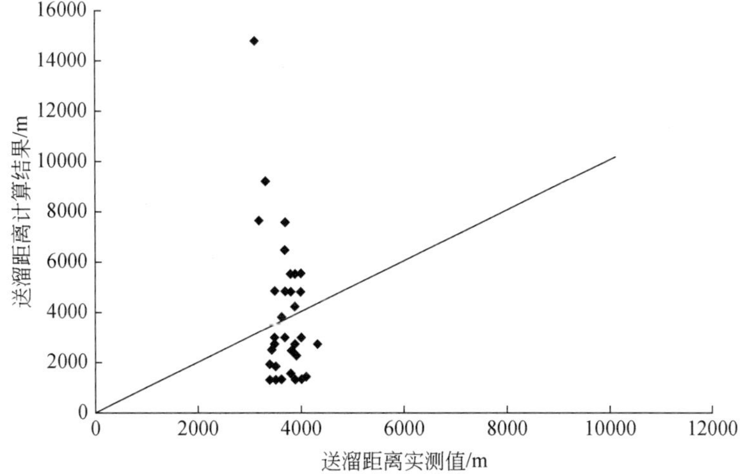

图 29-15　送溜距离实测值与式（29-1）计算结果对比图

1. 模型试验概况

工程送溜距离与河弯参数、河床的土质组成、水流强度、含沙量、泥沙级配、河道比降等有着密切的关系。一般来说水流强度大、变幅小，出溜方向稳定，河床可动性小，送溜距离长；反之送溜距离短。水流强度可以用平滩流量表示，出溜方向的稳定程度可用弯道半径和靠溜长度综合系数表示，河床可动性可用局部河道比降和床沙粒径表示，则送溜距离可用下列函数形式表示：

$$X = f(Q, J, D_{50}, S, R, L, \beta) \tag{29-2}$$

式中：X 为送溜距离；Q 为平滩流量；J 为局部河道比降；D_{50} 为床沙中值粒径；R 为工程弯曲半径；L 为靠溜长度；S 为含沙量；β 为水流入流角。

为简化试验，本次仅考虑流量 Q、工程弯曲半径 R、水流的入流角度β和靠溜长度 L 四种因素的影响，将送溜距离 X 表示为上述四个变量的函数关系，即

$$X = f(Q, R, \beta, L) \tag{29-3}$$

为了确定式（29-3）中各参数的具体关系，2005 年我们新建一个局部河道概化模型，开展了多组次试验，专题研究中小流量过程、不同河道整治工程弯道半径、不同靠溜部位、不同入溜方向条件下的弯道送溜距离，分析河道整治工程的导溜效果。需要说明的是，是在靠河情况较好情况下实验研究的河道整治工程送溜能力。这里的靠溜长度主要指工程靠主溜的长度。

模型设计遵循黄河泥沙模型相似律，为了提高概化模型的试验精度，尽量采用大比尺模型。根据场地条件、试验河段长度的要求以及试验材料模型沙的特性，最终选定的局部概化模型的水平比尺λ_L=400、垂直比尺λ_h=80、模型几何变率 D_t=5，其他比尺详见表 29-15。

表 29-15　局部概化模型主要比尺

比尺	λ_L	λ_h	λ_v	λ_Q	λ_n	λ_{t1}
数值	400	80	8.94	286217	0.928	44.72

模型采用柳园口断面概化试验初始地形。试验过程中流量保持不变，进口放清水；试验历时以河势流路达到相对稳定为准，一般按原型 2～3 个月来控制；初始水位按比降 J=2‱率定，图 29-16 为试验初始水位的率定结果，试验中水位按同一比降进行控制。

2. 试验基本参数

（1）流量

小浪底水库 2000 年已投入运用，就小浪底水库初期运用方式，黄委设计院曾提出两种水沙条件，即小浪底水库调控上限流量 3700m^3/s 和 2600m^3/s。这两个流量级在相应的水沙系列中持续时间最长，又接近当时黄河下游河床萎缩情况下的造床流量，对河床的演变影响较大。因此，本次试验选定 3700m^3/s 和 2600m^3/s 两个流量级。

（2）弯曲半径

表 29-16 为当时黄河下游不同河段河道整治工程的弯曲半径统计表。可以看出，各河段的河道整治工程平均弯曲半径为 2700～3700m，最小弯曲半径 1700m，最大弯曲半径 5600m。本次试验选定的河弯半径为 2000m、3000m 和 4000m。

（3）入流角

长期的研究和模型试验得出，水流入流角太大和太小都不好，一般 30°～60°较为合适。但为了研究的系统性，本次试验我们选定 0°、30°、45°、60°和 85°作为主流入流角度。

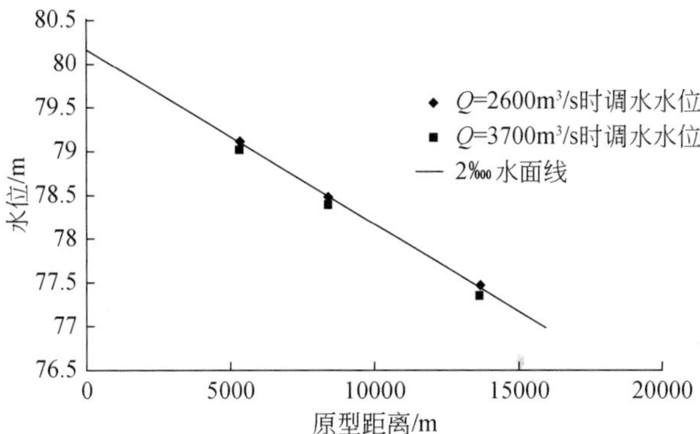

图 29-16　局部概化试验初始水位率定结果

表 29-16　现状工程情况下各河段弯曲半径统计

河段		工程名称	弯曲半径/m	平均值/m
模范河段	铁谢—神堤	逯村	4250	2994
		花园镇	4200	
		开仪	3900	
		赵沟	1700	
		化工	2550	
		裴峪	2200	
		大玉兰	3050	
		神堤	2100	
	马庄—武庄	马庄	2250	3638
		花园口	4000	
		双井	3550	
		马渡	5600	
		武庄	3300	
	禅房—高村	禅房	2300	3194
		蔡集	3700	
		大留寺	3200	
		辛店集	3600	
		周营	4500	
		老君堂	2013	
		于林	3700	
		堡城	3450	
		三合村	2977	
		高村	2500	

续表

河段		工程名称	弯曲半径/m	平均值/m
非模范河段	神堤—保合寨	张王庄	3200	3167
		枣树沟	3100	
		东安	3860	
		桃花峪	3740	
		老田庵	2600	
		保合寨	2500	
	九堡—黑岗口	三官庙	3100	2788
		韦滩	3450	
		大张庄	2800	
		黑岗口	1800	
	黑岗口—贯台	顺河街	1900	2739
		柳园口	2200	
		大宫	2600	
		王庵	2500	
		古城	2650	
		府君寺	3000	
		曹岗	3900	
		欧坦	3400	
		贯台	2500	

（4）靠溜长度的选取

根据我们对白鹤镇—神堤、马庄—武庄、东坝头—高村三个模范河段和神堤—保合寨、九堡—黑岗口、黑岗口—贯台三个一般河段整治效果的统计分析（表 29-17），模范河段整治工程的靠溜长度为 2100～2700m，其导溜效果较好；一般河段的靠溜长度为 1300～1900m，其导溜效果相对较差。为详细研究靠溜长度的影响，本次试验选择的靠溜长度组数较多，分别为 500m、1000m、1500m、2000m 和 2500m，在试验中通过调整整治工程的相对位置来控制工程的靠溜长度。

表 29-17　现状工程情况下各河段有效靠溜长度统计

河段		有效靠溜长度/m
模范河段	铁谢—神堤	2666
	马庄—武庄	2125
	禅房—高村	2290
一般河段	神堤—保合寨	1492
	九堡—黑岗口	1905
	黑岗口—贯台	1322

3. 工程送溜距离经验公式建立

按照上述试验控制条件和参数选取原则，在局部概化模型上进行了放水试验，共进行了25组次的试验观测。观测成果见表29-18，图29-17～图29-20为其中4组流路相对稳定时的河势情况。

表29-18 局部概化模型试验数据统计表

组次	送溜距离 X/m	入流角度β/（°）	流量 Q/（m^3/s）	弯曲半径 R/m	靠溜长度 L/m
1	3440	45	2600	2000	1300
2	3520	60	2600	2000	1500
3	3400	85	2600	2000	1500
4	3640	45	3700	2000	1300
5	3560	60	3700	2000	1600
6	3520	85	3700	2000	1600
7	3824	30	2600	3000	1200
8	3600	45	2600	3000	1400
9	3604	60	2600	3000	1300
10	3560	85	2600	3000	1500
11	4000	30	3700	3000	1100
12	4000	45	3700	3000	1300
13	3800	60	3700	3000	1300
14	3600	85	3700	3000	1500
15	3900	30	2600	4000	1600
16	3800	45	2600	4000	1600
17	3752	60	2600	4000	1000
18	3700	85	2600	4000	1500
19	3700	60	3700	3000	1000
20	3500	60	3700	3000	500
21	3660	45	2600	3000	2000
22	3960	45	3700	3000	2000
23	3892	30	2600	3000	2500
24	3940	30	3700	3000	2500
25	4048	30	5000	3000	2500

根据前面分析，送溜距离 X 主要与流量 Q、工程半径 R、靠溜长度 L、入流角度β有关，考虑各参数与送溜距离的定性关系，特别是入流角度的影响，我们假定它们满足如下经验关系：

$$X = kQ^a R^b L^c (1+\cos\beta)^d \tag{29-4}$$

式中：X 为送溜距离，m；Q 为流量，m^3/s；R 为工程弯曲半径，m；L 为靠溜长度，m；β 为水流入流角度，（°）；k，a，b，c，d 为系数及指数。

根据表29-18的实测数据，采用最小二乘法按式（29-4）的形式对实测试验数据进行回归分析，得出各系数的取值见表29-19。

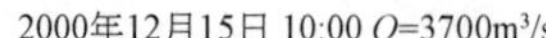

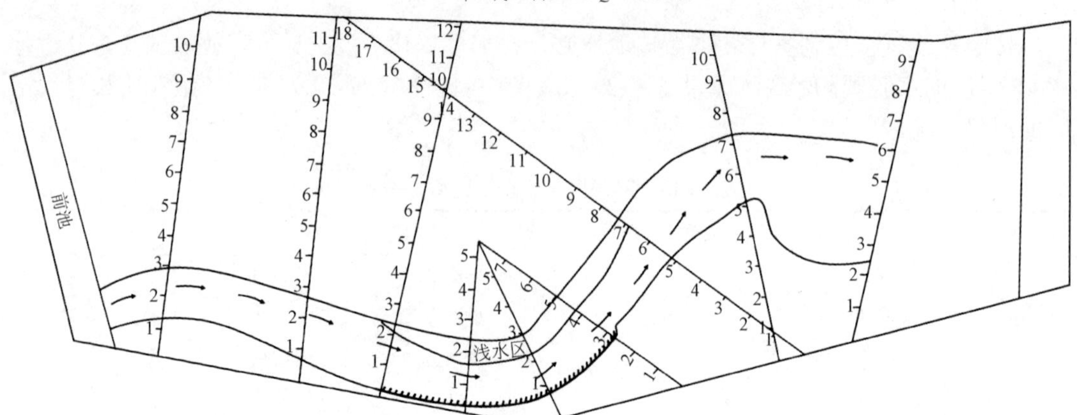

图29-17　流量$Q=3700\text{m}^3/\text{s}$、入流角$\beta=30°$时流路稳定后的河势情况

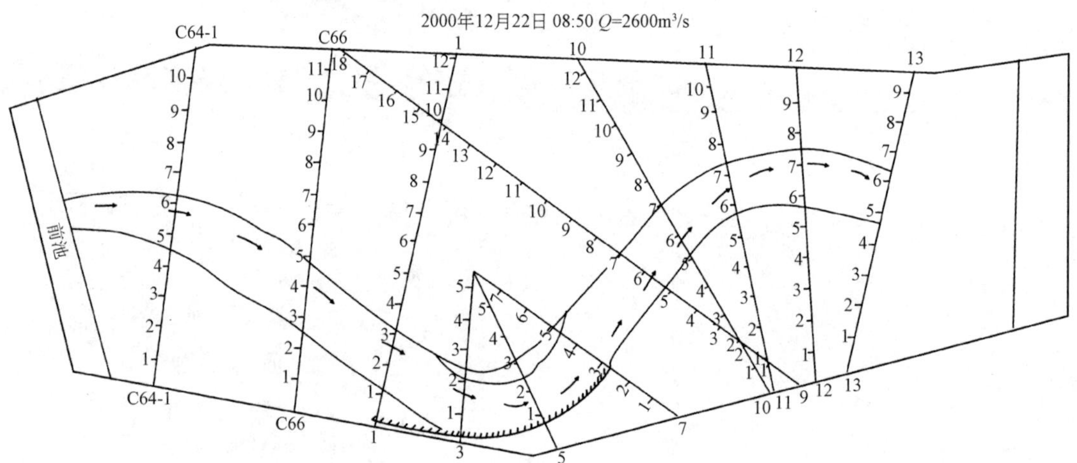

图 29-18　流量 $Q=2600\text{m}^3/\text{s}$、入流角$\beta=45°$时流路稳定后的河势情况

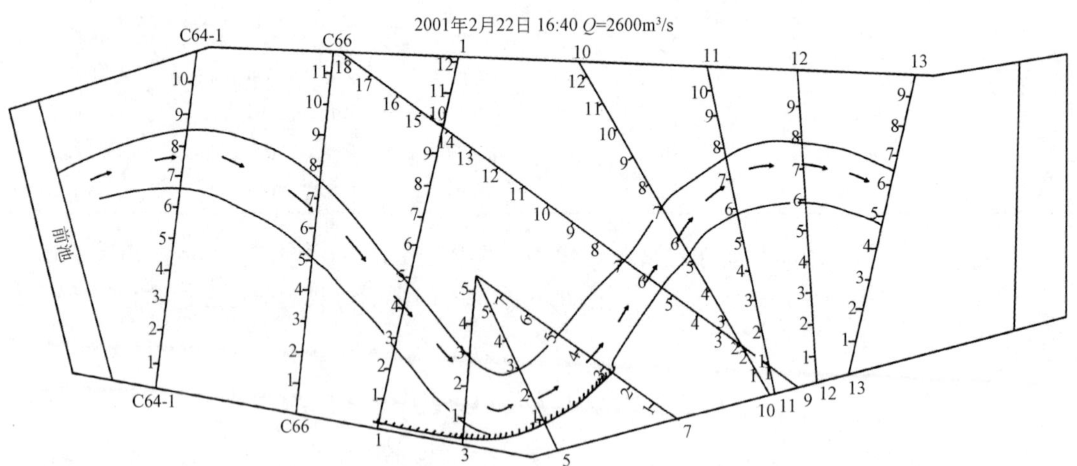

图 29-19　流量 $Q=2600\text{m}^3/\text{s}$、入流角$\beta=60°$时流路稳定后的河势情况

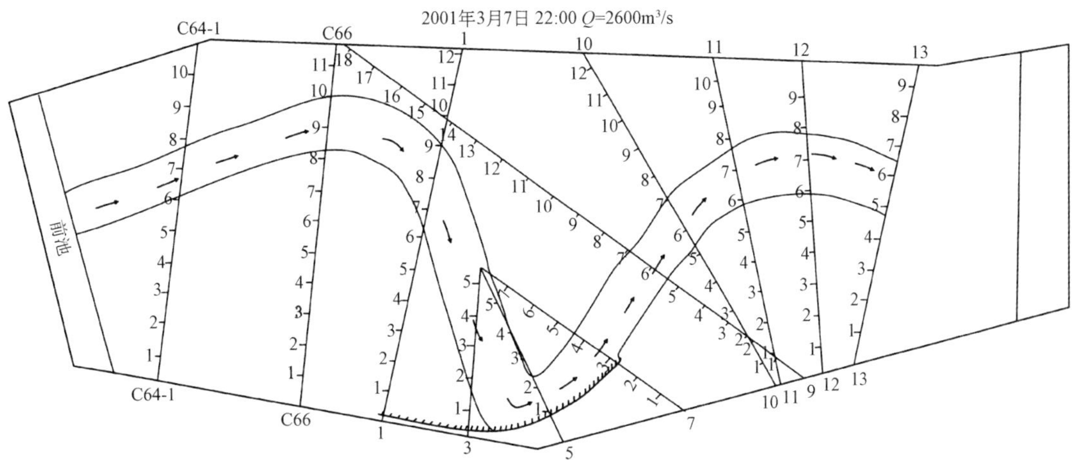

图 29-20　流量 Q=2600m^3/s、入流角β=85°时流路稳定后的河势情况

表 29-19　送溜距离关系式系数取值

k	a	b	c	d	相关系数 r
280.339	0.123	0.134	0.066	0.127	0.905

将各参数代入到式（29-4）中，可得如下送溜距离与流量、入流角度、工程弯曲半径及靠溜长度的经验关系式：

$$X = 280.339Q^{0.123}R^{0.134}L^{0.066}(1+\cos\beta)^{0.127} \tag{29-5}$$

式中：各参数意义及单位同式（29-4）。

式（29-5）是对上面模型试验数据回归分析的结果，其相关系数为 0.9。分析式（29-5）可知，对送溜距离影响最大的是流量 Q 及工程的弯曲半径 R，两个因素的影响大概各占 35%左右；靠溜长度 L 影响其值占 20%左右，入流角度β在影响占 10%左右。图 29-21 是根据回归分析得出的式（29-5）计算送溜距离值与实测值的比较。

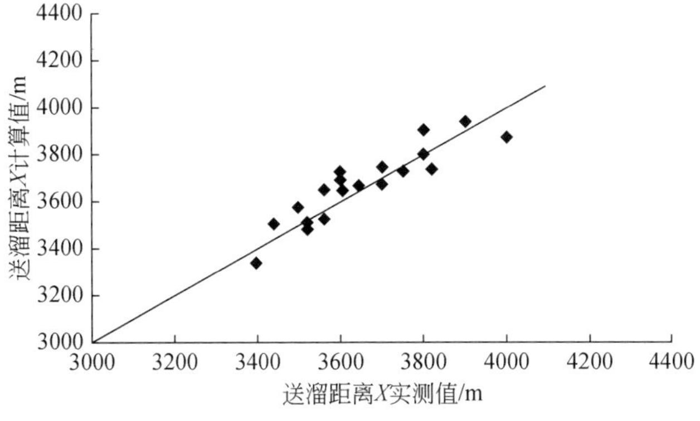

图 29-21　送溜经验公式的验证结果

从式（29-5）可以看出，流量、工程弯曲半径对送溜距离的影响相对较大。在来流流量一定的前提下，工程弯曲半径及靠溜长度越大、入流角度越小时工程的送溜距离越长。

4. 工程送溜距离经验公式验证试验

为了进一步研究不同模型比尺下送溜距离式（29-5）的适用性，我们又参照黄河下游花园口—东坝头河段动床河工模型，建设了另外一个比尺模型，开展了相关试验，对式(29-5)进行了验证。模型水平比尺λ_L=800，垂直比尺λ_h=60，模型几何变率$D_t=\lambda_L/\lambda_h=13.3$，比降比尺$\lambda_J=\lambda_h/\lambda_L$=0.075，详见表 29-2。模型初始河槽根据花园口—夹河滩河段河槽情况，河宽按 800m（模型 1m）、平滩流量按 4000m^3/s、比降按 2‰左右（模型比降按 2.5‰）控制。试验过程中进口施放清水，流量用电磁流量计控制；尾门为差动式尾门，用人工根据比降要求进行控制。

（1）验证模型试验概况

试验分为 8 组，不同组次的工程参数见表 29-20，8 组次试验结果对比分析如下。

表 29-20　不同试验组次工程参数对照表

试验组次	工程半径/m	工程长度/m	中心角/（°）	入流角/（°）	流量/（m^3/s）	试验天数/天	备注
No.1	2000	1885	54	0	2600	80	
No.2	2000	1885	54	0	3700	60	
No.3	2000	3142	90	0	3700	55	
No.4	2000	3142	90	0	2600	150	从第 81 天开始流量为 3700m^3/s
No.5	2000	3142	90	30	2600	130	自 95 天开始，流量 3700m^3/s
No.6	2000	3142	90	30	3700	150	从第 123 天开始流量为 5000m^3/s
No.7	2000	1885	54	36	3700	120	自 90 天开始，流量增至 5000m^3/s
No.8	2000	1885	54	36	2600	100	

A. No.1 和 No.2 组次试验

No.1 和 No.2 组次试验初始地形相同，两组试验初始河势及流路稳定时河势分别见图 29-22 和图 29-23。

从图中可以看出，由于 No.2 组试验初始流量（3700m^3/s）比 No.1 组试验大，所以冲刷强度相应较大，在工程下游弯顶 CS19 断面右岸向外分别坍塌了初始河宽的 5/7 和 7/10。虽然水流对边岸冲刷强度不同，但从河势上看又有相似性，主流都是从 CS16 断面下挫至 CS19 断面，然后送溜至 CS24 断面，再下过渡至右岸。由于水流通过 CS16 断面后对下游 CS19 断面右岸造成了强烈的冲刷，故工程对水流控导作用不明显，应加长工程长度，以便于更好地控导水流、稳定河势。

B. No.3 和 No.4 组次试验

No.3 和 No.4 组次试验初始地形相同，在 No.1 和 No.2 两组试验基础上将工程中心角增至 90°，工程下游 CS18～CS24 断面地形加以适当修改，以顺应河势发展。

No.3 组试验放水至第 55 天后（河势见图 29-24），控导工程 CS16 断面处凸岸向内淤积致使河道缩窄至初始河宽的 2/5，主流出 CS16 断面送溜至 CS26 断面左岸，后又向下游右岸过渡，CS19～CS25 断面河弯形态已基本稳定。No.4 组试验初始流量为 2600m^3/s，放水 80 天后，CS18～CS23 断面右岸受环流影响向外略有冲刷，CS21 断面右岸向外坍塌宽度为初始河宽的 2/5。从河势图中可以看出主流在该段已逐渐偏离左岸，因而左岸受水流冲刷作用减弱，不再向外发展。从第 81 天开始流量增至 3700m^3/s。流量加大以后，水流冲刷作用

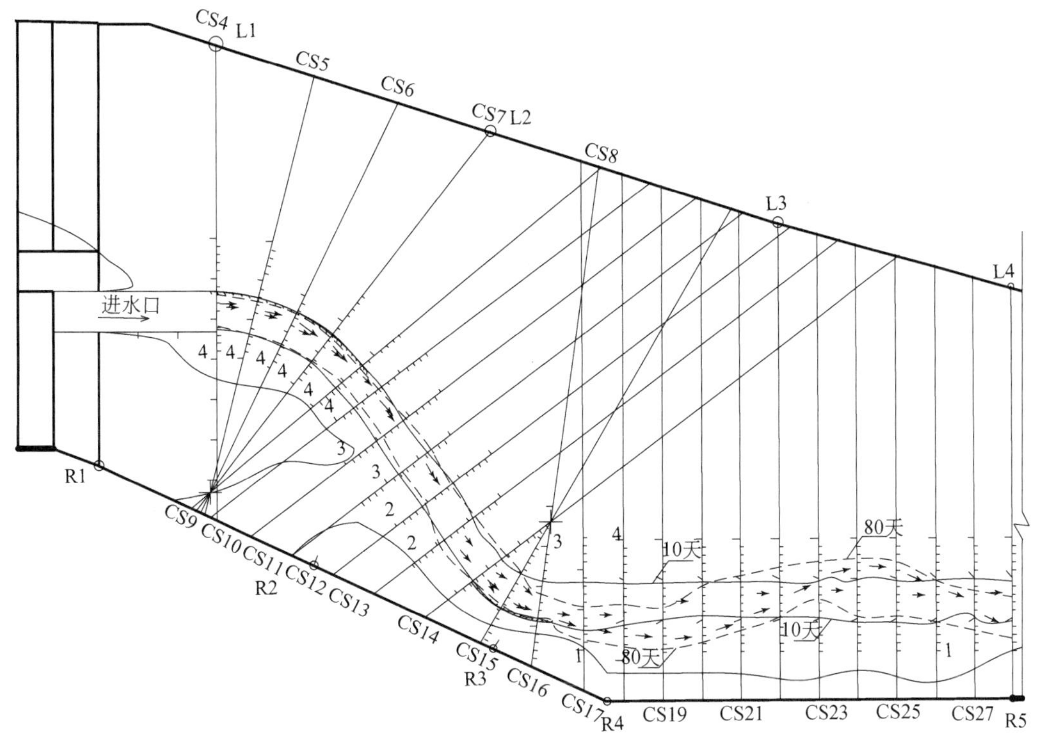

图 29-22　No.1 组试验第 10 天和 80 天河势图

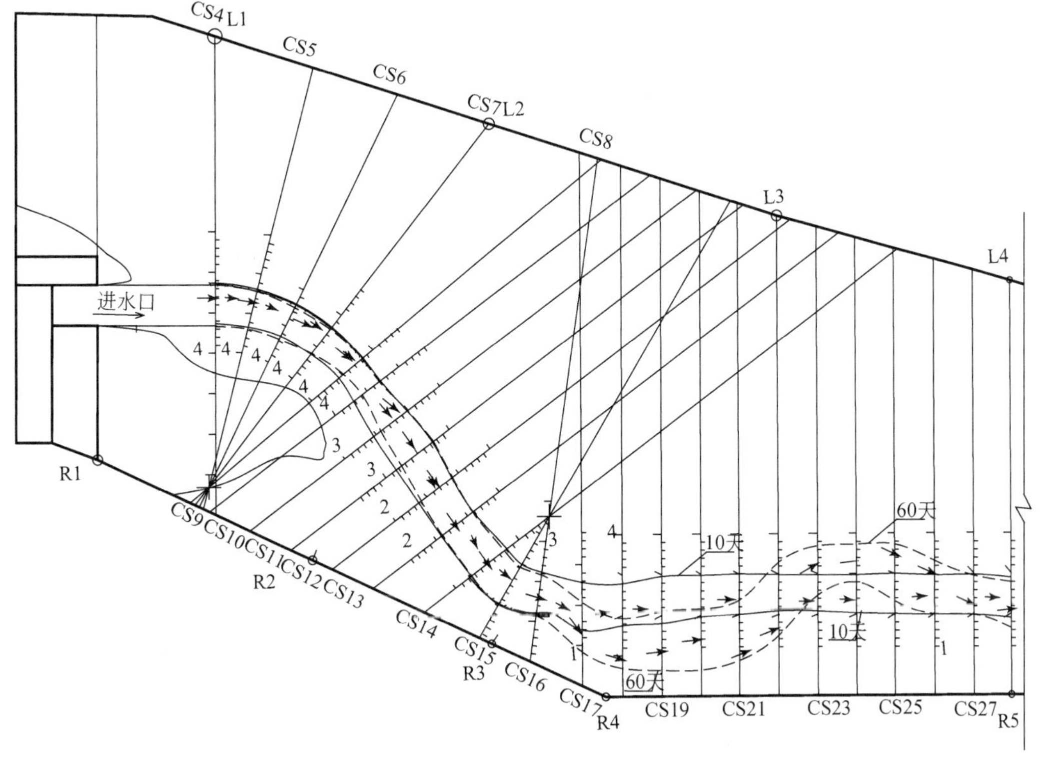

图 29-23　No.2 组试验第 10 天和 60 天河势图

明显增强，CS19～CS25 断面，主流行靠左岸，左岸坍塌速度很快，右岸相应的不断回淤。150 天后，CS19～CS25 断面河弯形态已基本稳定，水流冲刷作用，CS25 断面左岸向外坍塌宽度为初始河宽的 1.9 倍，河势见图 29-25。

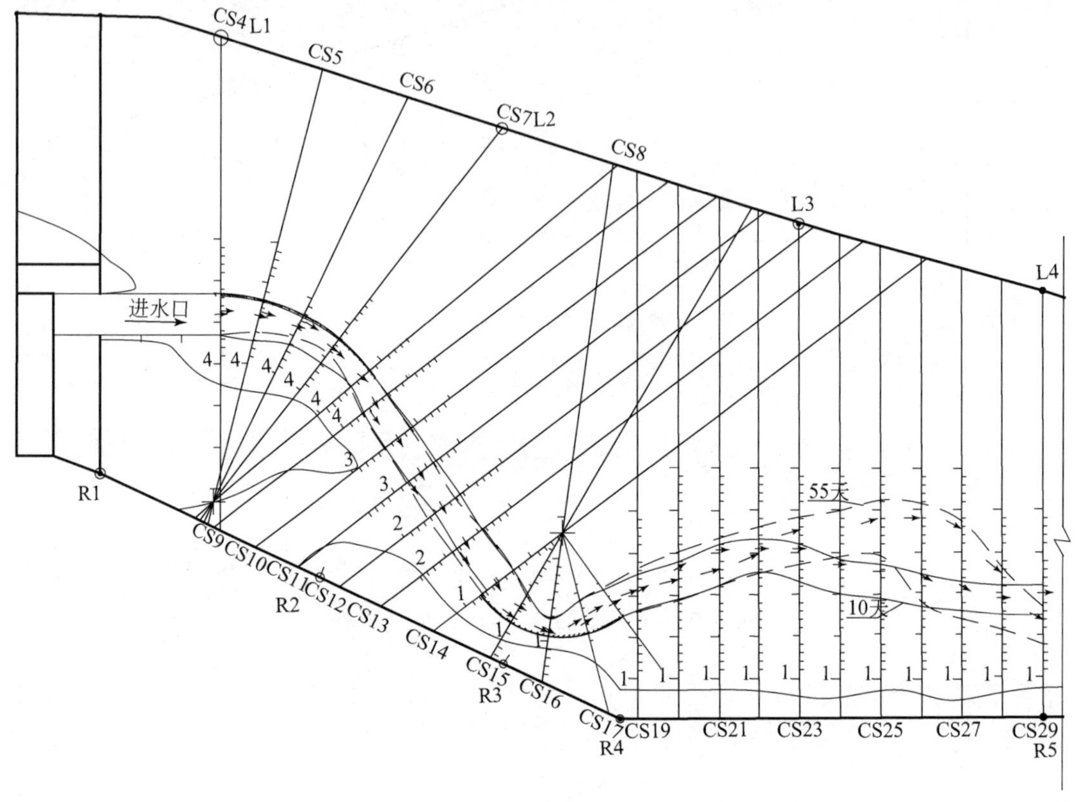

图 29-24　No.3 组试验第 10 天和 55 天河势图

C. No.5 和 No.6 组次试验

为了进一步了解不同入流角度条件下工程对水流的控导效果，No.5 和 No.6 两组试验在 No.3 和 No.4 组试验的基础上调整工程入流角度，工程下游 CS18～CS24 断面地形加以适当修改，以顺应河势发展。两组次试验初始地形相同。

No.5 组试验放水 50 天后，CS18～CS23 断面左岸受水流冲刷较强烈，CS20 断面左岸向外坍塌了初始河宽的 1.1 倍，右岸同时向内淤积，工程下游河道平面形态为较缓的倒“S”形，放水至 90 天后，CS18～CS25 断面紧靠左岸，有进一步冲刷的趋势，右岸同时回淤，为进一步研究河势发展趋势，95 天开始，流量从 2600m^3/s 增至 3700m^3/s，130 天后，CS18～CS22 断面主流逐渐偏离左岸，左岸受水流冲刷强度减弱；CS22 断面以下主流仍靠左岸至 CS26 断面后又过渡至右岸。控导工程以下左岸形成了一个中心角很大的河弯（图 29-26）。

No.6 组试验初始流量为 3700m^3/s，放水至第 10 天，CS18～CS23 断面左岸受水流冲刷较强烈，同时右岸淤积。放水 85 天后，CS18～CS22 断面主流逐渐远离左岸，左岸塌落速度明显减小。但 CS23～CS25 断面河势下切形成一个急弯，主流顶冲左岸，左岸有向前塌落形成“横河”的可能。120 天后，水流在 CS21 断面分为两股，靠左岸一股占水流 70%左右，靠右岸约占水流的 30%。Cs23 断面主流顶冲左岸，然后主流下挑至 CS24 断面后又靠

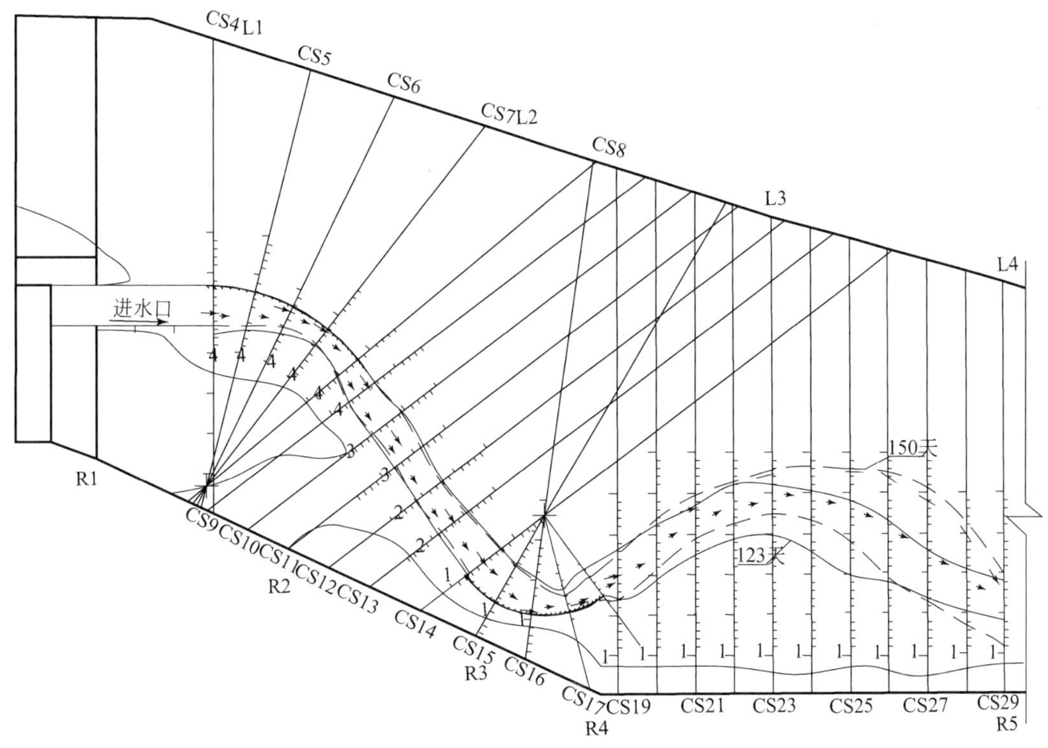

图 29-25　No.4 组试验第 123 天和 150 天河势图

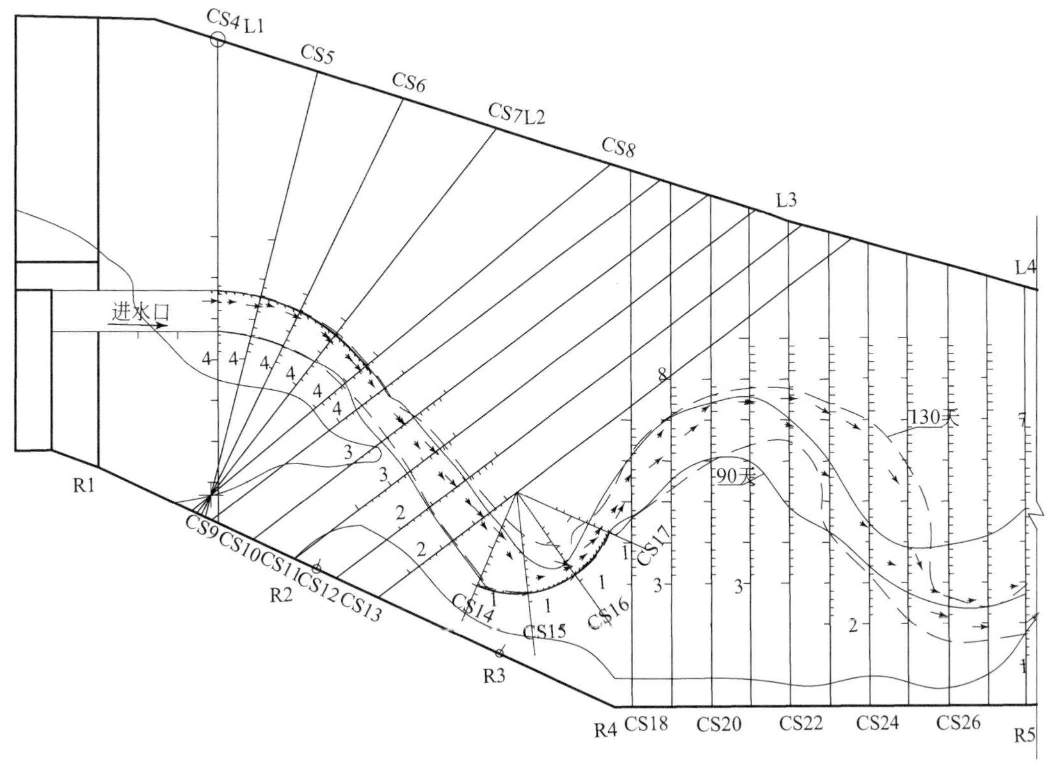

图 29-26　No.5 组试验第 90 天和 130 天河势图

右岸。控导工程下游形成一个倒“S”形河势。第 123 天流量增至 5000m^3/s，150 天后主流在 CS18～CS22 断面又汇成一股逐渐靠近河道中部，CS22 断面以后主流坐弯垂直下切至 CS24 断面后靠右岸，见图 29-27。

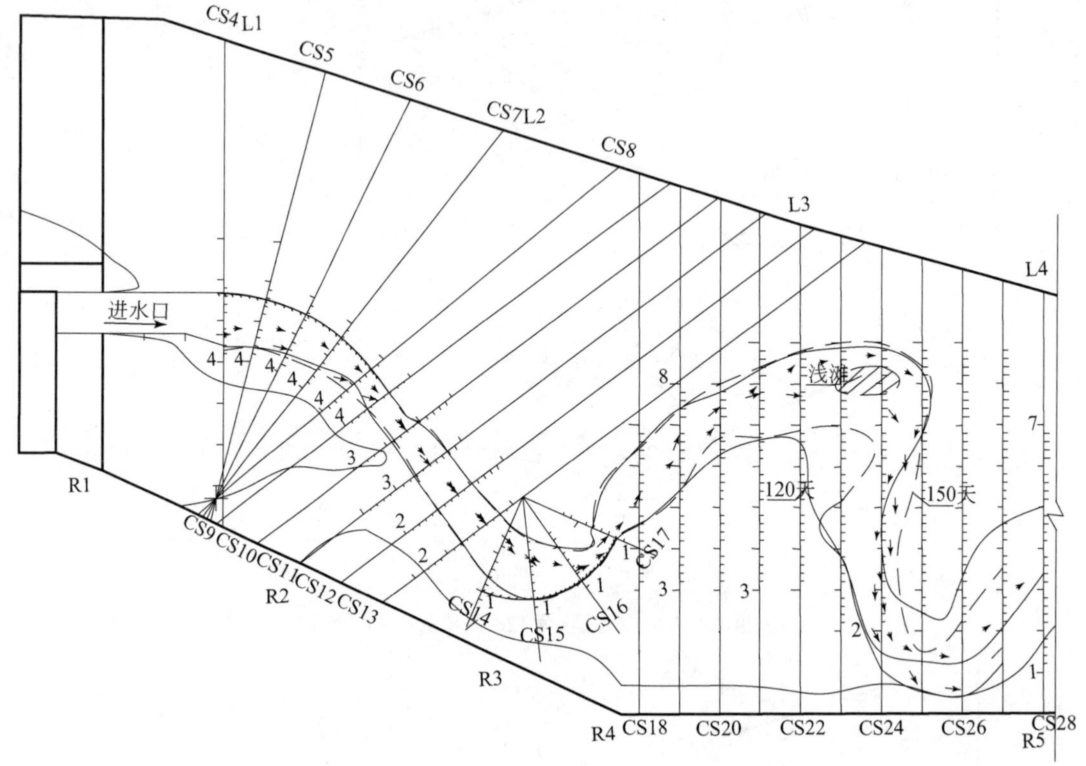

图 29-27　No.6 组试验第 120 天和 150 天河势图

D. No.7 和 No.8 组次试验

由于 No.5 和 No.6 两组试验过程中出现了畸形河势，为了更好地了解工程对水流的控导效果，No.7 和 No.8 两组试验工程中心角减至 54°，同时加大了入流角。

No.7 和 No.8 两组试验初始流量为 3700m^3/s，放水至 80 天，主流出 CS16 断面后至 CS22 断面抵达弯顶，CS22 断面下游出现倒“S”形河弯。90 天后，流量增至 5000m^3/s，CS16 断面下游右岸冲刷较强烈，右岸向外冲刷宽度约为 1/5 初始河宽。放水至 120 天，主流出工程后逐渐靠近左岸，至 CS22 断面抵达弯顶。CS22 断面下游平面形态已发展成倒“S”形河弯（图 29-28）。No.8 组试验初始流量为 2600m^3/s，放水至 30 天，主流出工程后逐渐靠近左岸至 CS20 断面抵达弯顶，CS20 断面下游主流靠左岸，右岸略有淤积。50 天后，CS18～CS27 断面左岸受水流冲刷其宽度约为 1/4 初始河宽，同时右岸淤积。放水至 100 天，由于河槽进一步刷深，CS18～CS27 断面主流位置逐渐靠近河槽中部，见图 29-29。

由以上 8 组试验结果可以看出，No.3、No.4 和 No.8 组试验，工程对水流控导效果较好，工程下游河势横向摆幅不大，工程起到了稳定河势的作用。No.1 和 No.2 两组试验过程中，由于工程中心角（54°）和入流角（0°）较小，水流在工程下游形成弯道，工程没有起到控导水流的作用。No.5、No.6 两组试验工程中心角和入流角分别增大至 90°和 30°，工程对水流的控导能力较强，但是工程下游出现了畸形河弯，不利于工程下游河势的稳定。

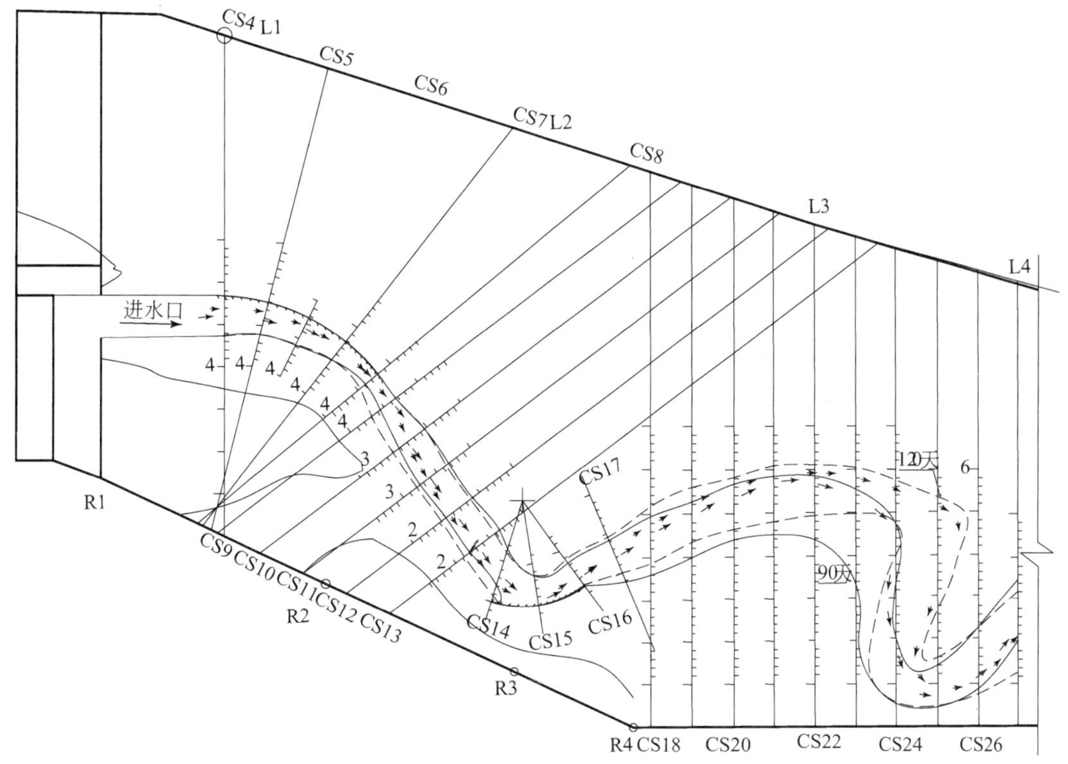

图 29-28　No.7 组试验第 90 天和 120 天河势图

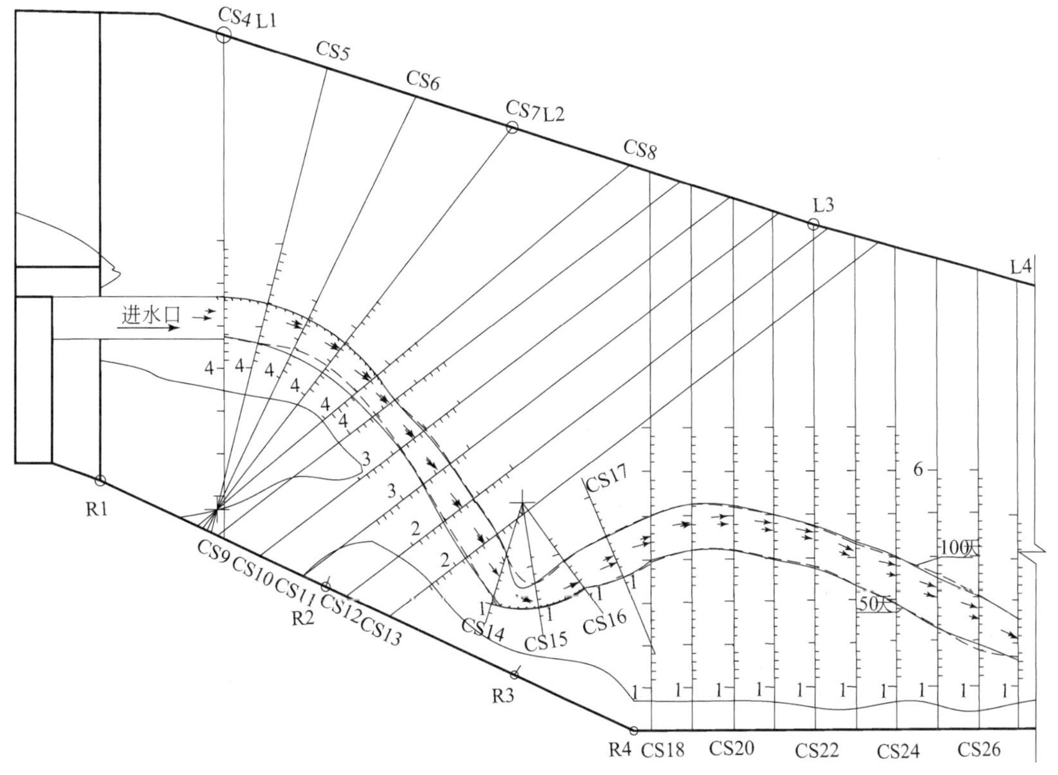

图 29-29　No.8 组试验第 50 天和 100 天河势图

尽管 No.7 组试验工程中心角（54°）不是很大，但与 No.1 和 No.2 两组试验相比入流角度增大至 36°，试验过程中，尤其在较大流量（Q>3700m³/s）作用下，工程下游同样出现了畸形河弯。所以，受工程中心角和入流角的综合影响，河弯主要控制参数的选取应在一个合理范围内进行考虑。

（2）工程送溜距离经验公式验证情况

通过统计得出了 8 组验证模型试验数据。表 29-21 中的计算送溜长度是采用式（29-5）计算得出的。实测送溜长度与计算送溜长度的关系如图 29-30 所示。

表 29-21　验证模型 8 组试验参数统计表

试验组次	工程半径/m	入流角度/（°）	流量/（m³/s）	靠溜长度/m	实测送溜长度/m	计算送溜长度/m
No.1	2000	26	2600	1885	3400	3644
No.2	2000	38	3700	1040	3450	3631
No.3	2000	20	3700	1736	3744	3795
No.4	2000	35	3700	1840	3840	3779
No.5	2000	66	3700	1360	3736	3585
No.6	2000	53	3700	1140	3680	3603
No.7	2000	50	5000	1440	3792	3809
No.8	2000	53	2600	1200	3360	3462

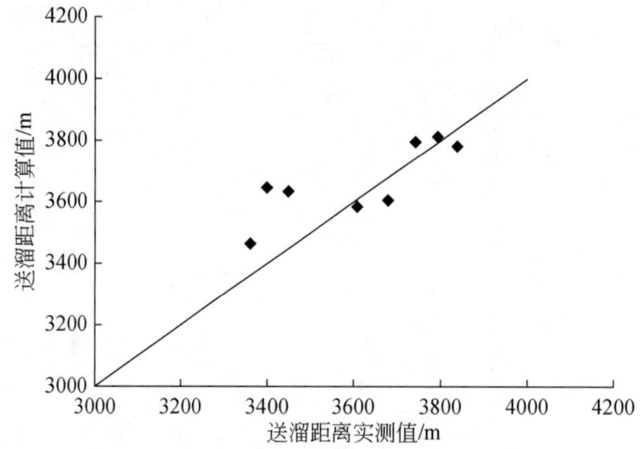

图 29-30　送溜经验公式在验证模型的验证结果

从图 29-30 中可以看出，第一组和第二组的数据符合的不是太好，偏差较大，主要原因是前两组试验的工程长度太短，水流出工程后河势就开始下败，工程没有起到明显的控导主流作用。第三组至第六组试验调整了工程的圆心角，增加了工程的长度，主流与工程比较相似，工程起到了比较好的控导作用。这四组试测的送溜距离与采用式（29-5）计算所得的送溜长度吻合的非常好。第七组与第八组试验由于调整了入流的方向，工程布置形式与河势吻合的比较好。实测送溜距离与采用经验公式计算的送溜长度也基本符合。由此可以看出在工程控导效果较好的情况下，利用式（29-5）计算所得的送溜距离是能够基本反映实际情况的。

5. 工程送溜距离公式在曹岗下延工程布局中的应用

在 2002～2006 年黄河下游游荡性河道整治研究中，我们采用该送溜距离公式对每个河弯工程进行了校验。现就该公式在曹岗下延工程布局中的应用举例说明如下。

府君寺工程和曹岗险工之间宽度仅 2.4km，1999 以前的多次规划中，府君寺—贯台河段规划为曹岗—贯台流路及曹岗—欧坦—贯台两条流路，在“八五”科技攻关基础上开展的黄河流域（片）防洪规划项目等，初步确定了该河段走曹岗—欧坦—贯台流路。由于曹岗险工的靠溜段较短，对河势的约束作用较弱，欧坦工程 1978 年修建后，仅 1979 年靠溜。常堤工程已多年不靠河，1999 年汛前在常堤与贯台之间形成一个畸形河弯，2002 年调水调沙后，贯台与夹河滩工程之间形成了“Ω”形畸形河弯，使得欧坦—东坝头河段河势恶化。

在进行“黄河小浪底—苏泗庄河段物理模型治导线检验与修订试验”时，对曹岗险工按控导工程进行了下延，下延工程弯道半径为 4000m，弯道长 1300m，直线段长 600m。试验中，新修建的曹岗下延工程使欧坦工程前主流南移，但由于工程送溜距离偏短，至第三年末主流仍没发展到欧坦工程处（图 29-31）。第四年汛末将曹岗下延工程增加了 300m 潜坝，并将原来的直线送流段改为半径 4000m 的弧线段，以增强向欧坦工程的送流能力，但到试验结束时，欧坦工程的靠溜情况仍很不理想（图 29-32）。

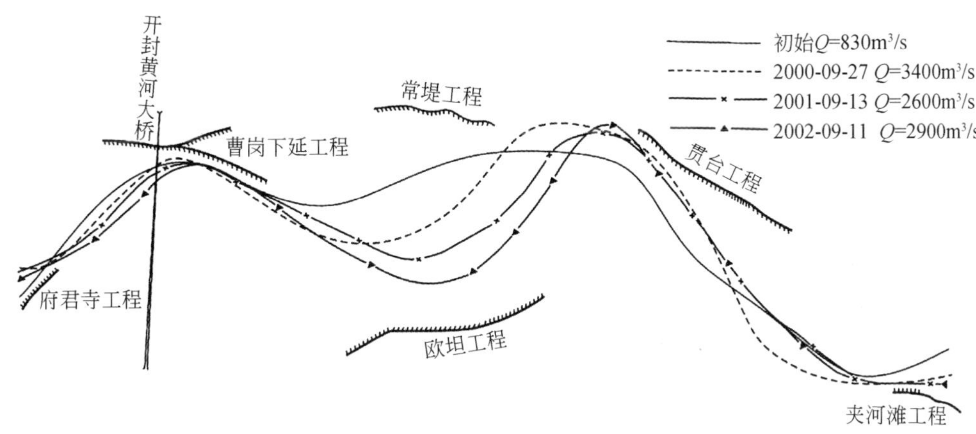

图 29-31　模型试验曹岗—贯台河段 2000～2002 年主流线套绘图

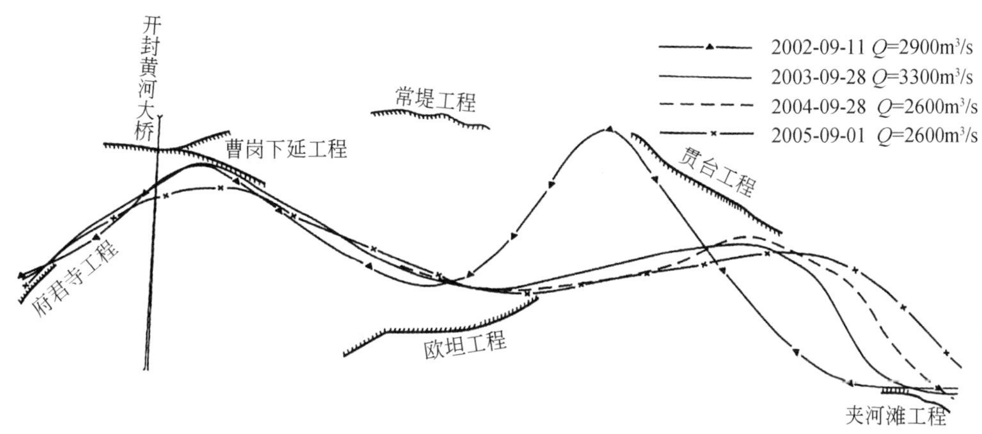

图 29-32　模型试验曹岗—贯台河段 2002～2005 年主流线套绘图

由于受初始流路的影响，曹岗下延工程—欧坦工程前两年河势不稳定，到 2002 年 3 月份以后河势流路才趋于稳定，我们统计了这个时期以后的河势资料，各参数见表 29-22。

表 29-22　治导线检验模型试验曹岗下延工程河势参数统计表

日期	流量/（m^3/s）	工程弯曲半径/m	靠溜长度/m	入流角度/（°）	送溜距离计算值/m	送溜距离实测值/m
2002-03-30	1414	4000	1800	58	3599	3400
2002-05-10	1300	4000	1400	52	3528	3400
2002-06-27	1025	4000	1300	56	3394	3400
2002-09-11	2900	4000	1300	46	3898	3800
2003-05-25	1034	4000	1300	45	3437	3500
2003-07-06	2900	4000	1500	51	3915	4100
2003-09-05	4100	4000	1300	49	4056	4100
2003-09-25	4000	4000	1500	51	4073	4000
2004-03-04	1000	4000	1400	48	3430	3600
2004-05-28	1000	4000	1500	50	3438	3600
2004-06-15	2793	4000	900	48	3780	3900
2004-08-15	4356	4000	1100	45	4057	4000
2004-08-20	2600	4000	1700	48	3907	3800
2005-06-03	3934	4000	1500	48	4078	3900
2005-06-28	3934	4000	1500	49	4074	3900
2005-07-13	2600	4000	1400	45	3869	4000
2005-09-01	2600	4000	1300	45	3850	3800

从表 29-23 中可以看出，曹岗下延工程的实际送溜长度与采用公式计算的送溜长度基本符合（图 29-33）。曹岗下延工程末端与欧坦工程相距 5100m 左右，即使曹岗下延工程弧线段长仍为 1300m、下延直线段为 600m 后，其末端距欧坦工程的距离仍为 4500m 左右。而采用公式计算的送溜长度在未改变工程之前为 3600m 左右，远小于到欧坦工程的距离 5100m；调整曹岗下延工程的形式以后，其计算的送溜长度一般为 4000m 左右，仍小于曹岗下延工程到欧坦工程的距离 4500m。如果下延直线段改为 900m，中水流量下计算的工程送溜距离约为 4200m，此时工程末端距欧坦工程的距离也减小为 4200m 左右，计算送溜距离值与实际值相适应。

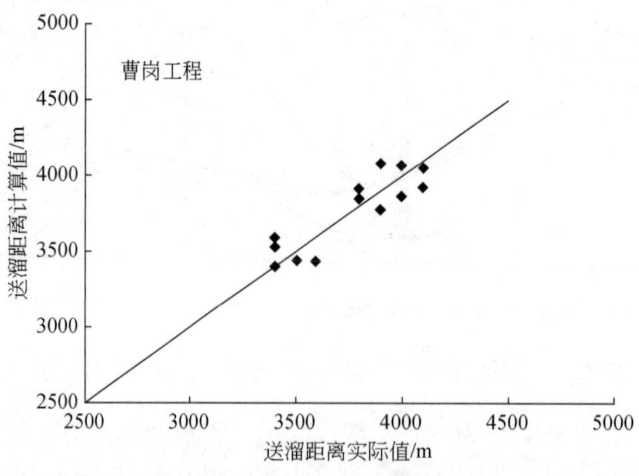

图 29-33　曹岗下延工程送溜距离实际值与计算值对比

表 29-23　曹岗下延工程河势参数统计表

日期	流量/（m^3/s）	工程半径/m	靠溜长度/m	入流角度/（°）	送溜距离计算值/m	送溜距离实测值/m
1979-12-15	799	3900	2600	48	3464	3500
1980-11-03	801	3900	2600	47	3468	3500
1981-10-07	802	3900	2600	47	3469	3500
1982-11-23	800	3900	2500	46	3462	3500
1988-12-01	801	3900	2100	47	3420	3500
1989-10-15	798	3900	1700	41	3389	3500
1977-11-07	798	3900	2600	47	3467	3600
1990-12-07	802	3900	2600	37	3498	3600
1992-12-09	800	3900	2700	37	3506	3600
1993-10-05	799	3900	2700	38	3503	3600
1994-10-19	799	3900	2800	39	3509	3600
1995-10-13	800	3900	2600	41	3486	3600
1996-10-22	800	3900	2600	42	3483	3600
1978-09-24	3500	3900	2300	40	4150	4000
1980-08-07	2600	3900	2300	38	4007	3900
1982-09-03	2600	3900	2300	42	3994	3900
1988-08-31	2600	3900	2300	45	3984	3900
1992-08-01	2600	3900	2400	48	3984	3900
1996-07-28	2600	3900	3400	50	4068	4000

对此次试验的河势资料进行统计，看出按此布置的曹岗下延工程在小水时送溜距离一般稳定在 3600m 左右，欧坦工程靠溜基本稳定。当流量增大为 3000m^3/s 时，送溜距离一般都为 3900m 左右，与欧坦工程的距离相符，两工程河势配套较好。统计的送溜距离实际值与计算值关系如图 29-34 所示。

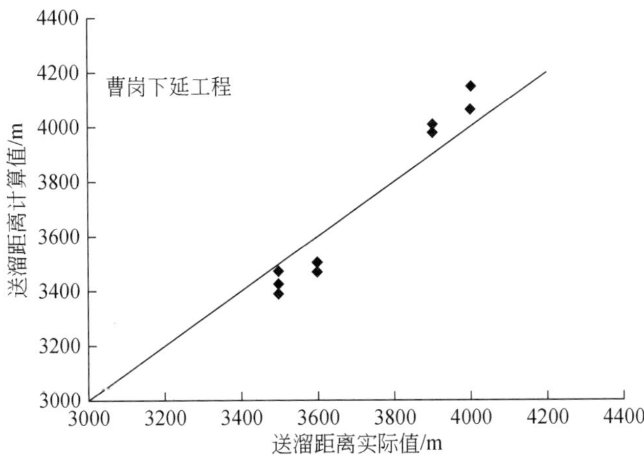

图 29-34　曹岗下延工程送溜距离实际值与计算值关系图

参 考 文 献

胡一三. 2001. 黄河河道整治原则. 人民黄河，1：1-2

胡一三，张红武，刘贵芝，等. 1998. 黄河下游游荡性河段河道整治. 郑州：黄河水利出版社

江恩慧，张林忠，等. 2002. 分段整治实现游荡性河道整治的有机统一. 人民黄河，6：34-36

孔祥柏，胡美英，等. 1983. 丁坝对水流影响的试验研究. 水利水运科学研究，2：67-77

潘庆燊. 1981. 抛石护岸工程的试验研究. 泥沙研究，1：75-84

潘庆燊，余文畴. 1979. 国外丁坝研究综述. 人民长江，3：51-61

张柏山，江恩慧，周念斌，等. 2003. 长管袋沉排潜坝技术研究与应用前景. 郑州：黄河水利出版社

张海燕. 1990. 河流演变工程学. 方铎，曹叔尤，蔡金德等译. 北京：科学出版社

张红武，江恩慧，白咏梅，等. 1994. 黄河高含沙洪水模型的相似律. 郑州：河南科学技术出版社

张红武，江恩慧，陈书奎，等. 2001. 黄河花园口至东坝头河道整治模型试验研究. 郑州：黄河水利出版社

张红武，吕昕. 1993. 弯道水力学. 北京：水利电力出版社

第六篇　黄河下游河道整治的效用

第三十章　河道整治对河道演变的影响

一、河道整治对河道平面形态的影响

（一）游荡性河段心滩边滩的变化

以河道水边线内面积、心滩边滩面积，以及心滩边滩面积占水边线内面积的比例（%）来反映不同时期河道平面的变化。平面形态特征与水位密切相关，本次均采用历年汛末（10月份左右）的平面图进行分析。所用资料为美国 USGS 网站下载的遥感影像、《黄河下游现代河道演变图》《黄河下游主流线变迁图》和历年黄河下游河势观测资料。

黄河下游高村以上河段，为典型的游荡性河段。尤其是夹河滩以上河道多沙洲汊河，宽浅散乱，心滩边滩变化快，并伴随着主流的来回摆动。根据 1960 年以来的遥感影像和航空卫片，提取了典型年份从小浪底到高村的水面线变化图，均为历年汛后（10 月份前后）的水面线。1960 年以来由于人类活动、天然来水来沙和河道整治工程的影响，游荡性河道的平面形态发生了剧烈的变化。

1. 花园口以上河段

由图 30-1～图 30-5 可以看出，1960 年是河道心滩边滩最发育的年份，此时水面宽广，心滩边滩遍布，尤其是花园口以上河段。

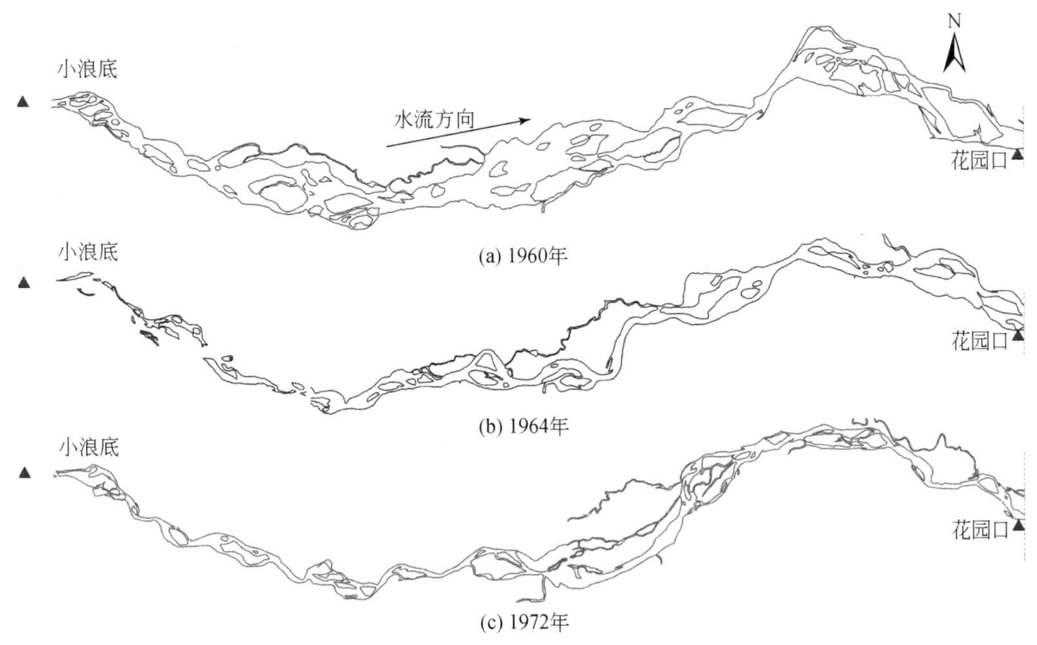

图 30-1　小浪底—花园口河段 1960 年、1964 年、1972 年平面形态变化

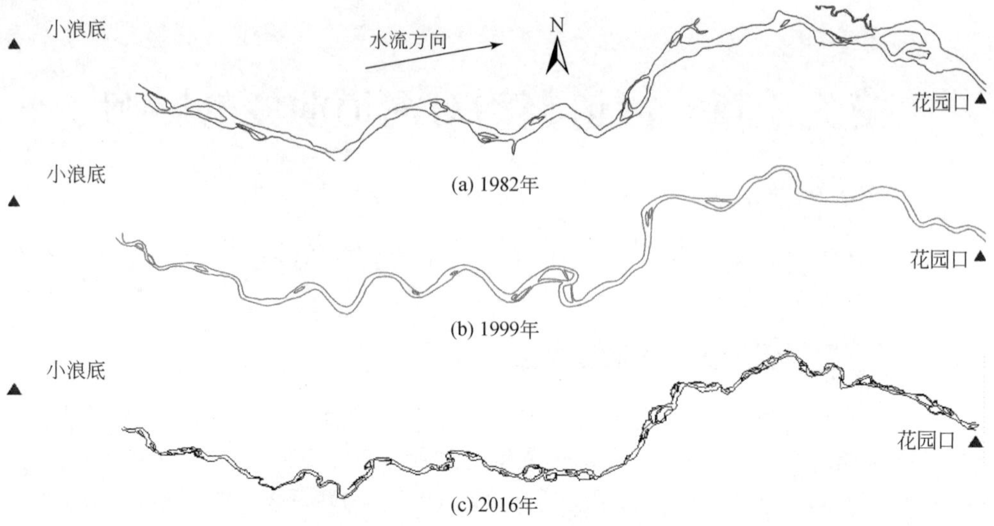

图 30-2　小浪底—花园口河段 1982 年、1999 年、2016 年平面形态变化

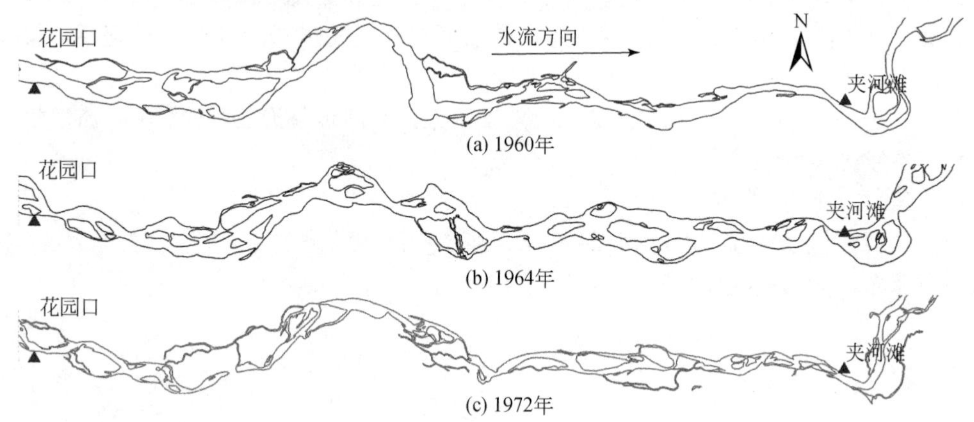

图 30-3　花园口—夹河滩河段 1960 年、1964 年、1972 年平面形态变化

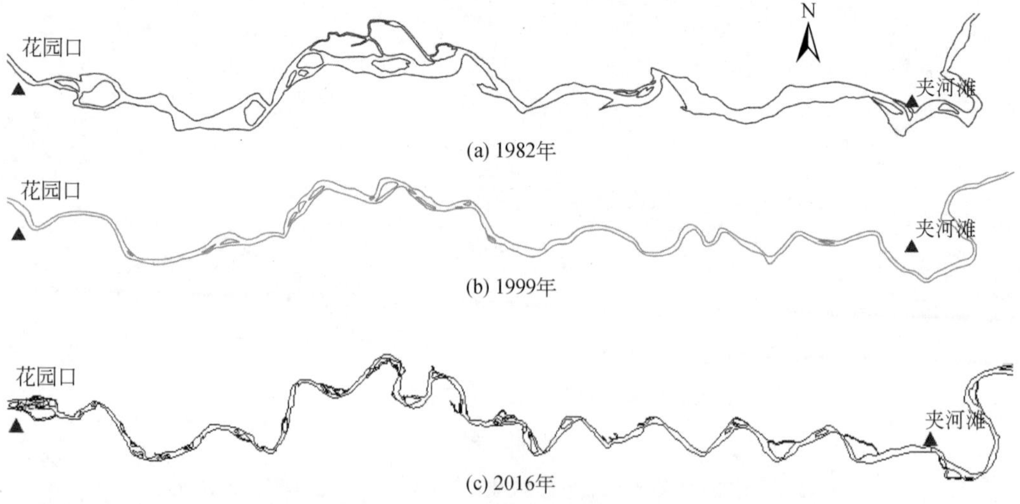

图 30-4　花园口—夹河滩河段 1982 年、1999 年、2016 年平面形态变化

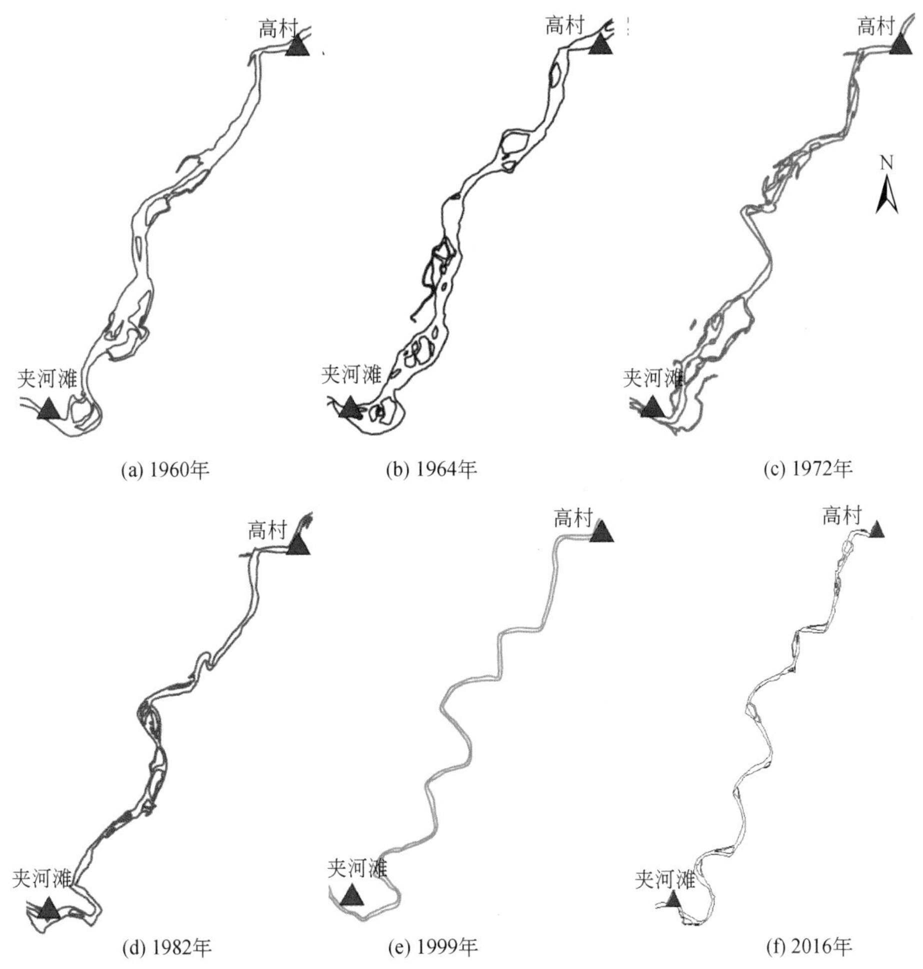

图 30-5　夹河滩—高村河段多年平面形态变化

花园口以上河段，1960 年平均水面宽为 4003m（表 30-1），水面面积为 519km^2，心滩边滩面积为 209km^2，心滩边滩面积占水边线内面积的 40%。该河段共有 61 个心滩，平均 2.1km 就有 1 个心滩。受 1960～1964 年三门峡水库蓄水拦沙运用的影响，河道发生了冲刷下切，心滩边滩面积有所减小，水面面积为 350km^2，其中心滩边滩面积为 130km^2，约占全部水面面积的 37%。由于来水来沙的持续减少，至 1972 年水面面积相应减小，心滩边滩面积变化不大，心滩边滩面积占水面面积的比例增加到 50%。至 1982 年花园口以上河段出现了明显变化，以前宽浅散乱心滩遍布的特征只在局部河段出现（图 30-2），整个河段主流比较规顺，大部分呈现出一股河的特征，此时心滩边滩面积约占水面面积的 19%。1999 年为黄河下游水沙变化趋势的转折点，1986～1999 年是黄河下游来水较枯的时期。1999 年是花园口以上河段主流最规顺、心滩边滩个数最少且面积最小的年份，水面面积为 95km^2，心滩边滩面积为 11km^2，心滩边滩面积仅占水面面积的 11%。2000 年开始，小浪底水库进入拦沙运用初期，除了调水调沙运用外，其余时间均为清水下泄，河道发生了明显的冲深下切。至 2016 年，水面面积变化不大，河道仍然是单股河流的外形，但心滩边滩个数有所增多，比 1982 年还多，但心滩边滩的面积较小，约为 20km^2，心滩边滩面积占水面面积的 26%。

表 30-1 游荡性河段典型年份水面面积、心滩和边滩变化

指标	河段	1960 年	1964 年	1972 年	1982 年	1999 年	2016 年
水面面积/km^2	小浪底—花园口	519	350	271	170	95	76
	花园口—夹河滩	300	311	221	193	65	74
	夹河滩—高村	166	179	120	85	40	59
	小浪底—高村	985	840	612	448	200	210
心滩边滩面积/km^2	小浪底—花园口	209	130	135	33	11	20
	花园口—夹河滩	117	96	141	55	5	21
	夹河滩—高村	43	44	47	17	0	12
	小浪底—高村	368	269	323	104	16	53
平均水面宽/m	小浪底—花园口	4003	2700	2093	1309	736	588
	花园口—夹河滩	2977	3086	2190	1914	641	735
	夹河滩—高村	2281	2464	1652	1173	545	819
	小浪底—高村	3249	2772	2019	1477	659	692
心滩边滩占水面比例/%	小浪底—花园口	40	37	50	19	11	26
	花园口—夹河滩	39	31	64	28	8	28
	夹河滩—高村	26	24	40	20	0	20
	小浪底—高村	37	32	53	23	8	25
心滩个数/个	小浪底—花园口	61	56	53	15	14	55
	花园口—夹河滩	27	45	45	14	14	49
	夹河滩—高村	13	24	20	19	0	17
	小浪底—高村	101	125	118	48	28	121

2. 花园口—夹河滩河段

花园口—夹河滩河段是心滩遍布、主流散乱的河段（图 30-3）。1960 年，该河段平均水面宽为 2977m，比花园口以上河段小 1026m（表 30-1）。水边线内面积约为 300km^2，心滩边滩面积为 117km^2，心滩边滩面积占水边线内面积比例为 39%，与花园口以上河段基本相同。1964 年心滩边滩面积变化不大。1965 年河道由冲刷转为淤积，尤其是 1969～1971 年水量减少，至 1972 年水边线内面积减小为 221km^2，心滩边滩面积为 141km^2，心滩边滩面积占水边线内面积的百分比增加到 64%。1982 年，心滩边滩面积减小，占水边线内面积的百分比为 28%，水面宽减小为 1914m（图 30-4）。1999 年，心滩边滩几乎消失，约占水边线内面积的 8%，河道呈现出弯曲性河道的外形。小浪底水库运用 16 年以后河道外形没有发生太大变化，但明显可见心滩增多、面积增大，心滩边滩面积占水边线内面积的比例达到 28%。

3. 夹河滩—高村河段

夹河滩—高村河段，较其以上河段河宽较小。1960 年该河段平均水面宽 2281m，心滩边滩也较多，水面面积 166km^2，其中心滩边滩面积为 43km^2，占水面面积的 26%。1964 年心滩边滩面积分布与 1960 年相比，变化不大。至 1972 年则水面面积有所减小，较 1960 年减小约 28%，而心滩边滩面积变化不大。1982 年，该河段心滩边滩大幅减少。至 1999

年，该河段没有出现心滩边滩，河道完全呈现出弯曲河道的外形。2016 年，河弯均很稳定，仅在局部出现 17 个较小心滩，平均水面宽 819m，水面面积为 59km^2，心滩面积仅 12km^2，心滩边滩面积占水边线内面积的百分比仅为 20%。

综上所述，河道整治对游荡性河段心滩边滩的影响是很大的，水面宽度、心滩边滩面积占水边线内面积百分比均大幅度减少，就整个游荡性河段平均而言，水面宽减少了 79%，心滩边滩面积占水边线内面积的百分比减少了 12%，对河型也产生了一定的影响。这些从图 30-1～图 30-5 中更可一目了然地看出。

（二）弯曲系数的变化

河流的弯曲系数表示河流的弯曲程度，其变化反映河流主流长度的变化。利用数十年黄河下游丰富的 1/50000 河道地形图上的河势资料及黄河大断面资料，分析计算各个河段不同时期的弯曲系数。

一个河段的河势变化对其下河段的河势会产生一定影响，如弯道裁弯后裁弯上下河段主流线缩短，弯曲率减小，而其他河段河道的弯曲率又可能增加，因此，河道弯曲系数需在一个较长河段内量取和计算。

河流的流向受临河山丘和堤防的限制，水流不能塌透山丘或穿过堤防而改变流向，即使发生堤防决口也会堵口复堤使水流重回原河道。为了避免临河山丘或堤防对河流弯曲的影响，在计算河流弯曲系数时需对河流进行分段。

河流弯曲系数每年计算一次，一般取汛后主流线，对于没有汛后主流线的用汛前代替。1960 年以前，主流线不全的，按实有年数计算。

1. 白鹤镇—高村游荡性河段

在计算白鹤镇—高村游荡性河段河流弯曲系数时，将河道分为 4 个子河段段，即①白鹤镇—沁河口（寨子峪断面），②沁河口（寨子峪断面）—九堡（辛寨断面），③九堡（辛寨断面）—东坝头（东坝头断面），④东坝头（东坝头断面）—高村（高村断面）。白鹤镇至高村的弯曲系数采用 4 个子河段弯曲系数的（按河段直线长度）加权值。

经量取计算，游荡性河段 1949～2016 年主流线弯曲系数见表 30-2，其变化过程见图 30-6。

表 30-2　游荡性河段 1949～2016 年主流线弯曲系数

时段	白鹤镇—沁河口	沁河口—九堡	九堡—东坝头	东坝头—高村	河段加权平均	离散系数（Cv）
1949～1960 年	1.09	1.18	1.20	1.09	1.14	0.019
1961～1964 年	1.11	1.16	1.21	1.13	1.15	0.018
1965～1973 年	1.15	1.19	1.20	1.20	1.18	0.031
1974～1980 年	1.19	1.25	1.27	1.29	1.24	0.021
1981～1985 年	1.15	1.19	1.21	1.24	1.19	0.012
1986～1993 年	1.19	1.19	1.30	1.26	1.23	0.025
1994～1999 年	1.30	1.23	1.34	1.34	1.31	0.013
2000～2010 年	1.25	1.21	1.34	1.31	1.28	0.043
2011～2016 年	1.30	1.28	1.40	1.30	1.32	0.010

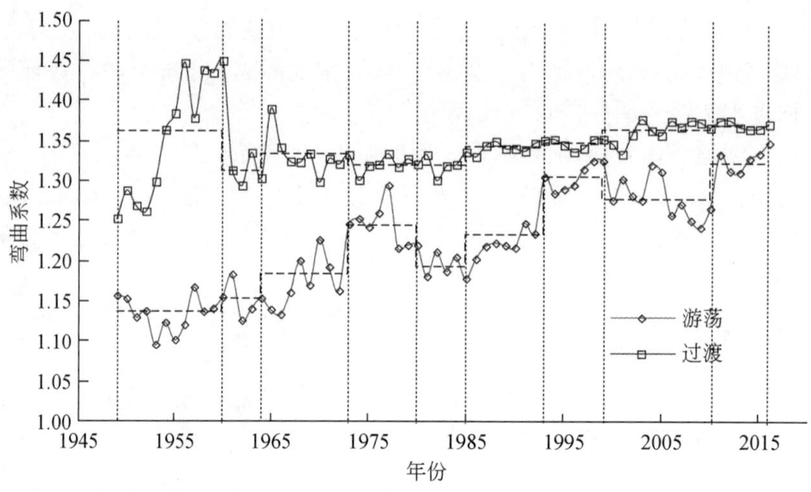

图 30-6　游荡性河段及过渡性河段不同时期弯曲系数变化

由图 30-6 和表 30-2 可以看出，弯曲系数是逐年变化的，变化范围多数为 1.10～1.30；每一个时段内变化范围相对较小，一般在 0.10 以内；游荡性河段弯曲系数半个多世纪以来总的趋势是变大的，仅 1981～1985 年、2000～2010 年 2 个时段弯曲系数变小；2000～2010 年弯曲系数变化最快（离散系数最大），2011～2016 年弯曲系数变化最慢。

2. 高村—陶城铺过渡性河段

东平十里堡—陶城铺是过渡性河段的尾段，河势较为稳定，年际间变化小，历年的河势查勘资料少，且弯曲度较为适宜，因此，在分析弯曲系数及其变化时，用高村—十里堡河段代替高村—陶城铺河段。

在分析高村—陶城铺过渡性河段的河流弯曲系数时，将河道分为 2 个子河段段，即：①高村（高村断面）—邢庙（史楼断面），②邢庙（史楼断面）—十里堡断面。高村—十里堡河段的弯曲系数采用 2 个子河段弯曲系数的（按河段直线长度）加权值。

经量取计算，高村—十里堡过渡性河段 1949～2016 年主流线弯曲系数见表 30-3，其变化过程见图 30-6。

表 30-3　高村—十里堡过渡性河段 1949～2016 年主流线弯曲系数

时段	高村—邢庙	邢庙—十里堡	河段加权平均	离散系数（Cv）
1949～1960 年	1.31	1.40	1.36	0.055
1961～1964 年	1.30	1.33	1.31	0.012
1965～1973 年	1.28	1.39	1.33	0.020
1974～1980 年	1.26	1.39	1.32	0.007
1981～1985 年	1.26	1.39	1.32	0.009
1986～1993 年	1.28	1.41	1.34	0.005
1994～1999 年	1.29	1.41	1.35	0.005
2000～2010 年	1.30	1.43	1.36	0.011
2011～2016 年	1.30	1.44	1.37	0.003

由图 30-6 和表 30-3 可以看出，弯曲系数是逐年变化的，1974 年以前年际间变化很大，

弯曲系数为1.25～1.45，1974年以后弯曲系数变化小，多在0.03以下；弯曲系数时段平均为1.31～1.37；时段内弯曲系数变化情况为：1974年以前达0.20，1974年以后多在0.04以下；高村至十里堡过渡性河段弯曲系数半个多世纪以来时段平均总的趋势是稳定的；2011～2016年弯曲系数变化最慢（离散系数最小）。

（三）主流的摆动情况

河势变化在平面上最主要的是主流的变化。主流变化用主流线的变化进行分析。主流线时时处于变化之中，为便于分析每年只取一次。影响主流变化的因素众多，不同河段不同时段的变化情况是不同的，需分河段分时段进行研究。以下将通过不同河段不同时段的主流摆动幅度（即主流摆动范围）和主流摆动强度（即在一个时段内诸年摆动范围的平均值）的变化，反映主流的变化（胡一三等，1998）。

分析主流的摆动范围和摆动强度需分河段进行，游荡性河段仍分为4个子河段，过渡性河段仍分为2个子河段。每个河段内选取若干河道大断面，通过每个大断面与主流线交点位置的变化，分析主流线的变化。

1. 白鹤镇—高村游荡性河段

游荡性河段在分析主流摆动情况时，选取了以下河道大断面：铁谢、下古街、花园镇、两沟、马峪沟、裴峪、黄寨峪东、十里铺东、孤柏嘴、罗村坡、官庄峪，寨子峪、秦厂、白庙、花园口、八堡、来潼寨、孙庄、三刘寨，辛寨、黑石、韦城、黑岗口、柳园口、古城、曹岗、堤湾、夹河滩、东坝头、禅房、左寨闸、油坊寨、王高寨、马寨、铁炉、杨小寨、西堡城、河道村。

（1）主流摆动范围

经量取、计算游荡性河段4个子河段的主流摆动范围如表30-4和图30-7～图30-9所示。

表30-4　1949～2016年游荡性河段主流摆动范围　　（单位：m）

时期	白鹤—沁河口			沁河口—九堡			九堡—东坝头			东坝头—高村		
	最大	最小	平均	最大	最小	平均	最大	最小	平均	最大	最小	平均
1949～1960年	5803	1095	3341	8714	4438	6484	6249	1463	3469	5157	1429	3032
1961～1964年	8295	384	2601	4218	723	2328	6269	434	2531	5434	851	2547
1965～1973年	5031	614	2643	4295	3588	4020	5080	1348	2627	4609	385	2719
1974～1980年	4976	611	1955	5039	1694	3259	4188	932	2685	4582	329	2443
1981～1985年	5335	479	2121	5555	914	2383	4023	391	2249	3759	263	1611
1986～1993年	3885	267	1853	2771	1884	2378	4689	716	2590	3500	542	1733
1994～1999年	1708	265	970	2603	351	1260	2498	416	1422	2128	186	847
2000～2010年	1919	352	935	3261	315	1336	3427	284	1841	714	225	485
2011～2016年	1344	95	582	1669	132	820	4252	154	898	1049	130	438

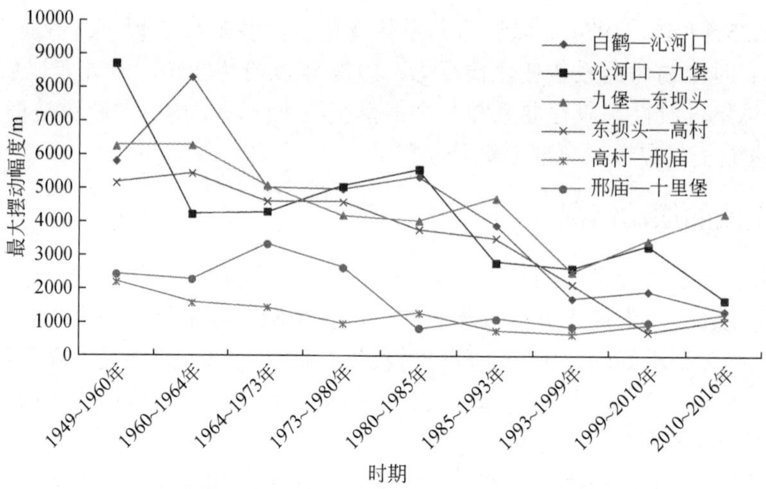

图 30-7　不同时期游荡性河段及过渡性河段主流最大摆动幅度变化

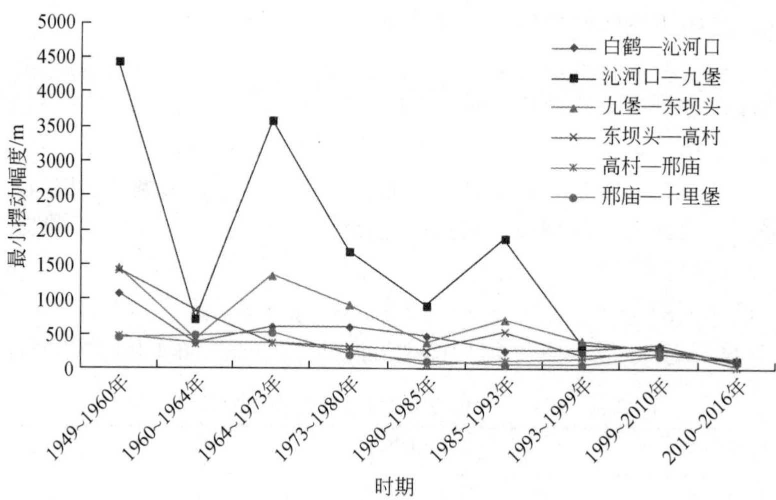

图 30-8　不同时期游荡性河段及过渡性河段主流最小摆动幅度变化

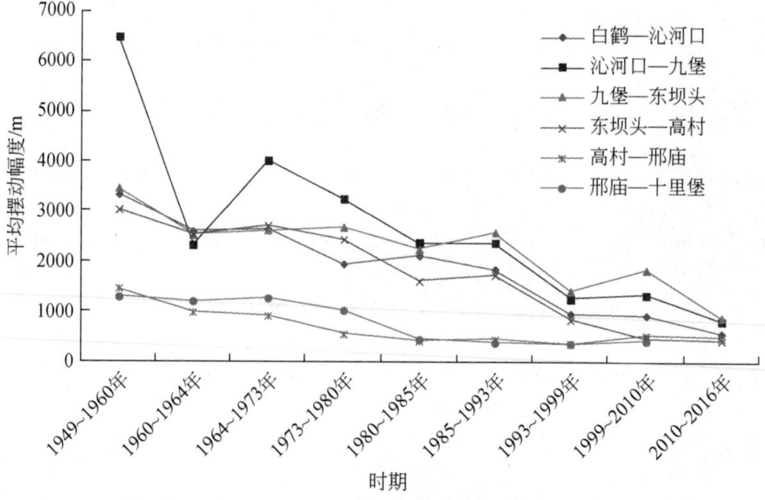

图 30-9　不同时期游荡性河段及过渡性河段主流平均摆动幅度变化

由图 30-7～图 30-9 和表 30-4 可以看出：主流的最大摆动范围、最小摆动范围、平均摆动范围 60 余年来都有明显减少。

4 个子河段的最大摆动范围，20 世纪 50 年代和 60 年代在 5km 以上，白鹤镇—沁河口、沁河口—九堡子河段达 8～9km。1994 年以后有明显减少，至 21 世纪 10 年代，除九堡—东坝头达 4km 外，其他 3 个子河段减少到 1～2km。

4 个子河段的最小摆动范围，沁河口—九堡子河段最大，1994 年前为 1～4.4km，1994 年后明显减少，至 21 世纪 10 年代为 0.13km。其余 3 个子河段最大不超过 1.5km，1994 年后减少，21 世纪 10 年代仅为 0.1km 左右。

4 个子河段的平均摆动范围，最大为沁河口—九堡子河段，1974 年以前达 4～6.5km，1974 年后有所减少，1981 年后减少到与其他 3 个子河段相当。其余 3 个子河段 20 世纪 60 年代以前为 3～3.5km，1960 年以后总的趋势是随着时间的推移而减少，至 21 世纪 10 年代为 0.5～1.0km。

（2）主流摆动强度

经量取、计算游荡性河段 4 个子河段的主流摆动强度如表 30-5 和图 30-10 所示。

表 30-5　1949～2016 年游荡性河段主流摆动强度

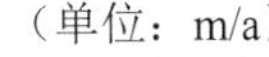
（单位：m/a）

时期	白鹤镇—沁河口	沁河口—九堡	九堡—东坝头	东坝头—高村	游荡性河段
1949～1960 年	278	540	289	253	330
1961～1964 年	520	466	506	509	503
1965～1973 年	264	402	263	272	294
1974～1980 年	244	407	336	305	316
1981～1985 年	354	397	375	269	349
1986～1993 年	206	264	288	193	236
1994～1999 年	139	180	203	121	160
2000～2010 年	78	111	153	40	96
2011～2016 年	83	117	128	63	97

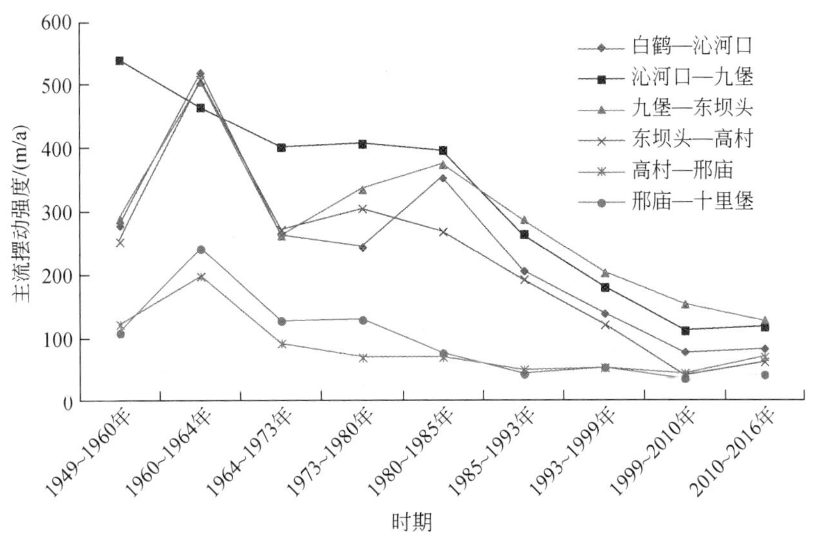

图 30-10　不同时期游荡性河段及过渡性河段主流摆动强度变化

由图 30-10 及表 30-5 可以看出：游荡性河段主流摆动强度总的讲是很大的，不同河段、不同时段都在发生着变化。河段平均摆动强度宏观上随时间变小，1986 年以前河段平均主流摆动强度一般为 0.3km～0.5km/a，1986 年以后有所减小，1994 年以后低于 0.2km/a，到 21 世纪 10 年代都在 0.1km/a 左右。

就 4 个子河段而言，1974 年以前，沁河口至九堡子河段的主流摆动强度高于其他 3 个子河段，达 0.4～0.54km/a，其他 3 个子河段摆动强度的变化情况基本一致，为 0.26～0.52km/a。1974～1986 年沁河口至九堡子河段仍为最大，保持在 0.4km/a 左右。1986 年以后摆动强度下降趋势一致，九堡—东坝头子河段最大，东坝头—高村子河段最小，基本变化在 0.2～0.1km/a 之间。进入 21 世纪后，东坝头—高村子河段的摆动强度进一步减小，已与过渡性河段相当。

需要说明的是，这里的主流摆动强度是游荡性河段或其子河段主流摆动强度的平均值，故其值很小。每年仅取一个值，掩盖了河势的随时变化，如在洪水期一日内主流可以变化数百米至数千米，而河段的摆动强度仅为百米尺度。但作为反映河段宏观河势变化情况，尤其是河势随时间的变化情况，主流摆动强度却是一个不可或缺的物理量。

2. 过渡性河段

分析过渡性河段主流摆动情况时，选取了以下河道大断面：高村、南小堤、双合岭、苏泗庄、营房、彭楼、大王庄，史楼、徐码头、于庄、杨集、伟那里、龙湾、孙口、大田楼、路那里。

（1）主流摆动范围

经量取、计算过渡性河段 2 个子河段的主流摆动范围如表 30-6 和图 30-7～图 30-9 所示。

表 30-6　1949～2016 年过渡性河段主流摆动范围　（单位：m）

时期	高村—邢庙			邢庙—十里堡		
	最大值	最小值	平均值	最大值	最小值	平均值
1949～1960 年	2193	486	1466	2431	463	1296
1961～1964 年	1574	370	989	2277	494	1208
1965～1973 年	1447	384	921	3327	531	1272
1974～1980 年	959	275	558	2622	213	1030
1981～1985 年	1273	78	422	824	116	456
1986～1993 年	757	131	455	1093	68	387
1994～1999 年	643	142	374	871	72	373
2000～2010 年	889	314	538	1001	204	425
2011～2016 年	1004	41	493	572	83	290

由图 30-7～图 30-9 和表 30-6 可以看出：主流的最大摆动范围、最小摆动范围、平均摆动范围 60 余年来都有明显减少。1974 年以前摆动范围均大，1974 年或 1981 年以后有明显减少。

最大摆动范围高村—邢庙子河段由 1986 年以前的 1～2.2km 减少到 1986 年以后的 0.6～1km；邢庙—十里堡子河段由 1981 年以前的 2.3～3.3km 减少到 1981 年以后的 0.6～1.1km。最小摆动范围高村—邢庙子河段由 1981 年前的 0.3～0.5km 减少到 1981 年以后的

0.1～0.3km；邢庙—十里堡子河段由 1981 年以前的 0.2～0.5km 减少到 1981 年以后的 0.1～0.2km。平均摆动范围高村—邢庙子河段由 1974 年以前的 0.9～1.5km 减少到 1974 年以后的 0.4～0.6km；邢庙—十里堡子河段由 1981 年以前的 1～1.3km 减少到 0.3～0.5km。

（2）主流摆动强度

经量取、计算过渡性河段 2 个子河段的主流摆动强度如表 30-7 和图 30-10 所示。

由图 30-10 和表 30-7 可以看出：过渡性河段主流摆动强度总的讲还是较大的，但比游荡性河段的摆动强度小，尤其是 20 世纪时远比游荡性河段小。不同时段的摆动强度不同，但总的趋势逐渐减少。高村至邢庙子河段主流摆动强度 1974 年以前为 0.1～0.2km/a，1974 年以后减少到＜0.1km/a；邢庙至十里堡子河段 1981 年以前为 0.1～0.2km/a，1974 年以后减少到＜0.1km/a。

表 30-7　1949～2016 年高村至十里堡过渡性河段主流摆动强度　（单位：m/a）

时期	高村—邢庙	邢庙—十里堡	高村—十里堡
1949～1960 年	122	108	115
1961～1964 年	198	242	219
1965～1973 年	92	127	109
1974～1980 年	70	129	98
1981～1985 年	70	76	73
1986～1993 年	51	43	47
1994～1999 年	53	53	53
2000～2010 年	45	35	40
2011～2016 年	70	41	56

（四）河道整治影响分析

影响河流平面形态变化的因素是多方面的，来水来沙及其过程是最基本的因素，边界条件也是影响因素之一。修建大型骨干水库会改变来水来沙条件尤其是水沙过程，对河流平面形态有时会产生较大影响。通过有计划的河道整治改变河流的部分边界条件对河流平面形态也会产生较大影响。60 多年来黄河下游开展了河道整治，在平面形态变化较大的过渡性河段和游荡性河段，从 20 世纪 60 年代后半期开始进行有计划的河道整治，半个世纪内规模有大有小，速度有快有慢，对河道平面形态的影响也不同程度的显现出来。

1. 游荡性河段水面变窄水流归槽

游荡性河段是水流宽浅，流势散乱，边滩心滩发育，多股行河。经过多年河道整治现已水面变窄，心滩边滩减少，水流归槽，向单一规顺发展，基本为一股河。

游荡性河段，河宽缩窄，水边线内面积已由 1960 年的 985km^2 缩窄减小到 1999 年的 200km^2，减少了 80%；水流规顺，心滩边滩面积已由 1960 年的 368km^2 减小到 1999 年的 16km^2，减少了 96%；心滩边滩面积占水边线内面积的比例已由 1960 年的 37%减少到 1999 年的 8%，基本成为一股河。这期间三门峡水库 1960～1964 年蓄水拦沙运用方式造成下游河道严重冲刷的影响，已被 1965 年后尤其是 1970 年前后下游河道的严重淤积所抵消。

2. 对弯曲系数的影响

1）过渡性河段，时段内弯曲系数变化幅度减小（图 30-6），1974 年以前的离散系数为

0.012～0.055，1974 年以后离散系数不超过 0.011。弯曲系数的时段均值基本不变，变化范围仅为 5%左右。局部河段短时段内当出现畸形河弯、裁弯等情况时，河长会发生突变，但河流自身有自我调整功能，一个小河段突变后，邻近河段往往会发生相应调整，致使较长河段在较长时段内弯曲系数无大变化。

2）游荡性河段，弯曲系数较过渡性河段小，变化幅度较过渡性河段大。弯曲系数总的趋势是上升，仅在来水较丰的 1981～1985 年和小浪底水库拦沙运用的 2000～2010 年有所下降。

3）游荡性河段的弯曲系数向过渡性河段靠拢。1949～1960 年游荡性河段的弯曲系数仅为 1.14，过渡性河段为 1.36，到 2011～2016 年游荡性河段上升到 1.32，过渡性河段为 1.37，已接近过渡性河段的弯曲系数。这表明，随着河道整治的进展，主流逐步得到控制，快变、顺直的特性有所改变，已在河型方面具有部分弯曲性河流的特性。

3. 对主流摆动范围的影响

主流摆动范围随着河道整治的进展呈单一减少趋势，当一个河段河道整治达到一定程度后就会有明显减少，过渡性河段为 1974 年以后、游荡性河段为 1994 年以后。需要说明的是减少是有限度的，河流不是渠道，影响因素很多，一个河段在一个时段内总会有一定的摆动范围。如进入 21 世纪 10 年代以来，河道已经过整治，且经过小浪底水库 10 多年的拦沙期运用，下游河道已发生大量冲刷的情况下，下游主流平均摆动范围，游荡性河段仍在 0.5～1.0km，过渡性河段也在 0.3～0.5km，中水水面宽的变化范围还要大，部分河段的摆动范围还会超过上述数值，因此，在进行河道整治时要符合自然规律。

4. 对主流摆动强度的影响

河道整治对主流摆动强度的影响也像对主流摆动范围的影响一样，就一个河段而言是呈单一减少趋势。河道整治至某一程度后会有明显减少，游荡性河段为 1994 年以后、过渡性河段为 1986 年以后。至 21 世纪 10 年代，游荡性河段在百米左右，过渡性河段在五十米左右，但就局部河段某些年而言要大，部分局部河段可能要大得多。

5. 对游荡性河段河型的影响

河型问题涉及的影响因素很多，一个河段的河型是在来水来沙及其过程、河床土质、两岸边界情况等因素长期作用下形成的。河道整治仅是改变河流的部分边界条件，但长时间也会对河型产生一定影响。

黄河下游有计划进行河道整治已 60 多年，过渡性河段以上也已有半个世纪。河道整治所采取的措施是根据水流运行规律拟定的，因此取得了改善河势的效果。河势的变化范围、变化速度、变化强度均有大幅度的减小，尤其是游荡性河段。随着河道整治的进展游荡性河段的弯曲系数一直在增大，逐步接近过渡性河段的弯曲系数，至 21 世纪已与过渡性河段大体相当，从某种意义上讲河型也发生了一定变化。

二、河道整治对河道断面形态的影响

从不同时间同流量下河道断面指标的变化可以了解河道整治对河道断面形态的影响。以 1960～1999 年黄河下游历年汛前、汛后大断面测量资料为基础，可得到各测次各大断面的河宽、面积，进一步计算出相应的河相关系 $\xi=\sqrt{B}/H$；同时根据测量时间可查出相应的流量，这样就可建立河段平均的断面形态指标与流量的关系，判别不同时期河道整治对河道断面形态的影响。

由图 30-11 可见，根据历年测次资料建立的各时期指标与流量的关系有比较明显的趋势（有些散乱）。为了更清楚地比较各时期的指标变化，根据关系趋势给出各时期的指标，重新绘制各指标与流量的关系，作为分析的基础。

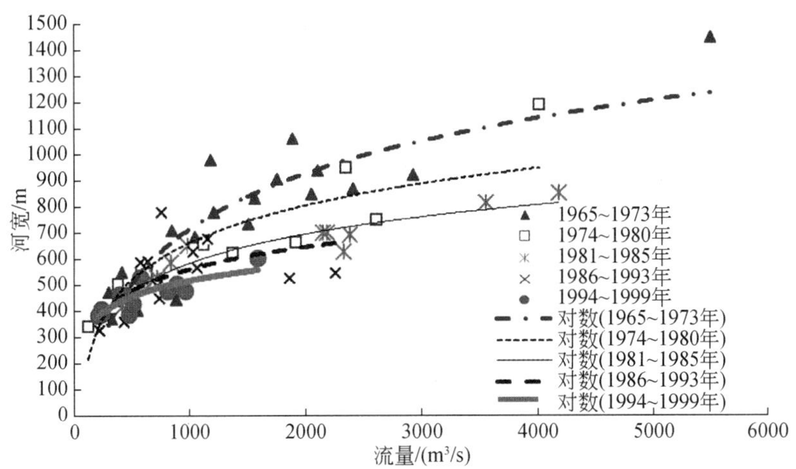

图 30-11　高村—孙口河段各时期河宽随流量的变化

（一）河宽的变化

比较各河段各时期相同流量下的河宽可以看到，河道整治后的河段宽度显著变窄（图 30-12～图 30-16）。

花园口以上河道是典型的游荡型河道（图 30-12），宽浅游荡，随着河道整治的开展，河道宽度逐时期减少，同样 1000m^3/s 和 1500m^3/s 流量条件下，河宽由 1973 年前两时期的 1480m 和 1700m，逐时期缩小到 1994～1999 年的 730m 和 790m，宽度缩窄近一半。

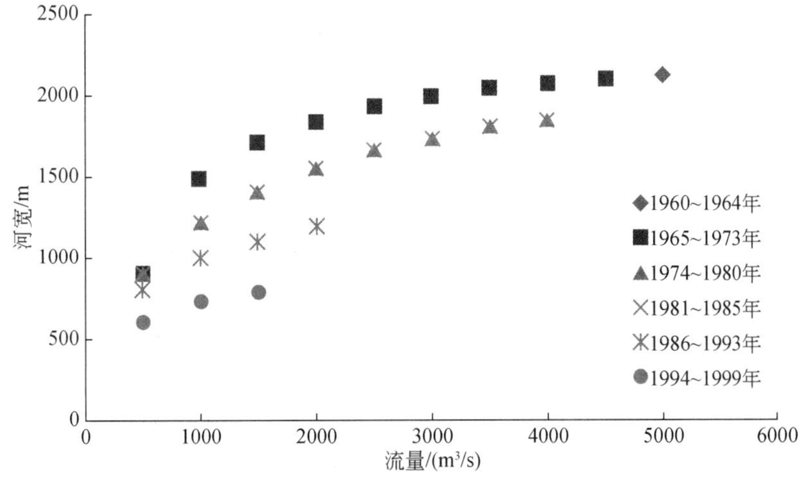

图 30-12　花园口以上河段各时期河宽随流量的变化

相比之下，整治程度最低的花园口—夹河滩河段（图 30-13），各时期河宽变化较小，

1000m^3/s 和 3000m^3/s 流量河宽约 1200m 和 2000m。

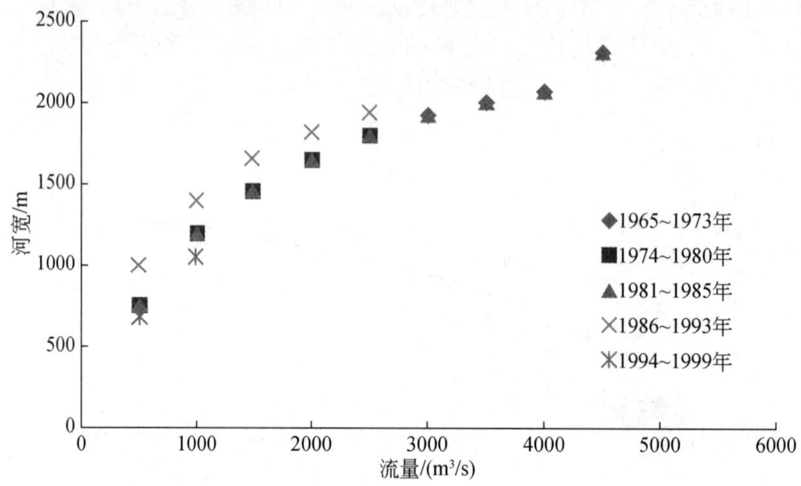

图 30-13 花园口—夹河滩河段各时期河宽随流量的变化

夹河滩—高村河段 1986 年以前河宽变化还比较大（图 30-14），1986 年后才稳定缩窄，1000^3/s 和 1500m^3/s 流量河宽基本稳定在 930m 和 1050m。

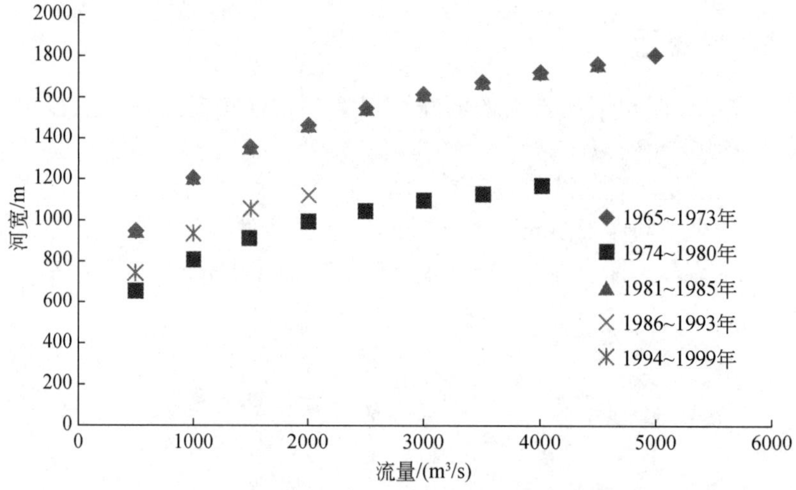

图 30-14 夹河滩—高村河段各时期河宽随流量的变化

高村以下河道整治较早，在 20 世纪 80 年代中期基本控制河势，由图 30-15 和图 30-16 可见，高村—孙口河段和孙口—艾山河段 1981～1985 年以后河宽都明显减小，前者在 1000^3/s 和 1500m^3/s 流量条件下，河宽由 1980 年以前的 720m 和 840m，减小到 1994～1999 年的 560m 和 600m，后者分别由 520m 和 580m 减少到 420m 和 440m。

（二）水深的变化

各河段河道整治前后同流量水深变化趋势不明显（图 30-17～图 30-21）。

花园口以上河段（图 30-17）1965～1973 年同流量水深较 1960～1964 年减小明显，但到 1974～1980 年又恢复到 1960～1964 年水平。经 1981～1985 年水深稍减后，1986 年以后

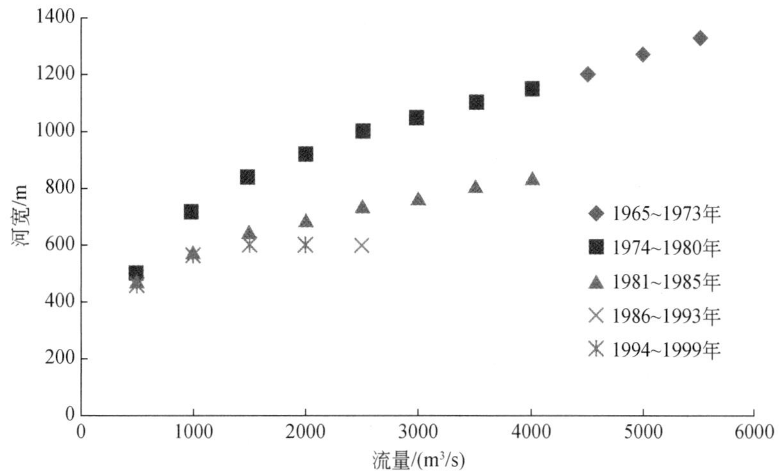

图 30-15　高村—孙口河段各时期河宽随流量的变化

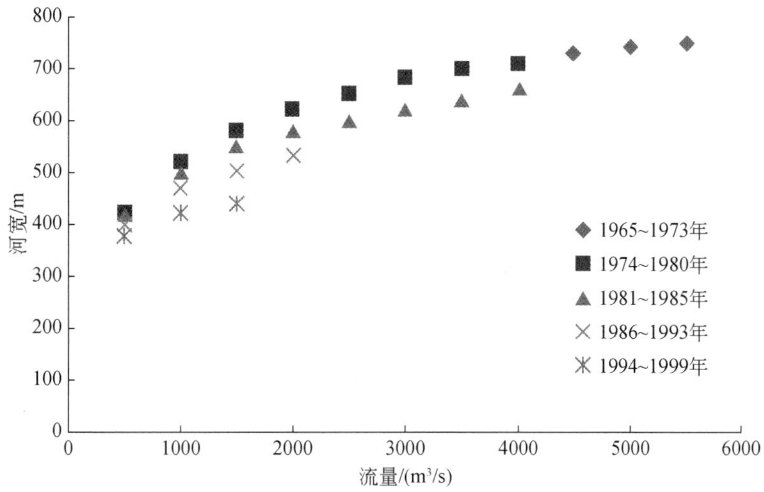

图 30-16　孙口—艾山河段各时期河宽随流量的变化

两个时期水深有稳定增加，尤其是 1994～1999 年 1000m^3/s 和 1500m^3/s 流量水深分别达到 1.75m 和 1.85m，而其他时期基本都不超过 1.5m。

花园口—夹河滩河段（图 30-18）各时期水深随流量的变化基本一致。个别时期，如 500m^3/s 小流量在 1986～1993 年和 1994～1999 年出现水深不足 1.0m，1974～1980 年 1500m^3/s 以上流量的水深超过其他时期 0.1～0.2m。

夹河滩—高村河段（图 30-19）水深随流量的变化基本可分为两组，1965～1973 年、1981～1985 年和 1986～1993 年相对水深减小，1000m^3/s 和 3000m^3/s 水深分别为 1.11m 和 1.65m；1974～1980 年和 1994～1999 年水深变化比较接近，水深高于其他时期，1000m^3/s 和 3000m^3/s 水深分别为 1.5m 和 2.1m 左右。

高村—孙口河段（图 30-20）1965～1973 年和 1974～1980 年同流量水深最小，1000m^3/s 和 2000m^3/s 水深分别为 1.32m 和 1.58m；其后水深显著增加，1986～1993 年两流量级水深达到各时期最大，分别为 1.6m 和 2.18m；1994～1999 年水深又较大减少，两流量级水深只有 1.52m 和 1.7m。

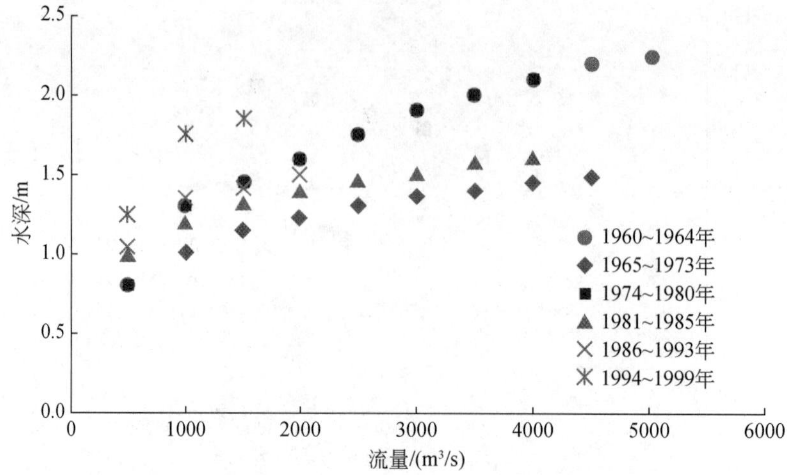

图 30-17　花园口以上河段各时期水深随流量的变化

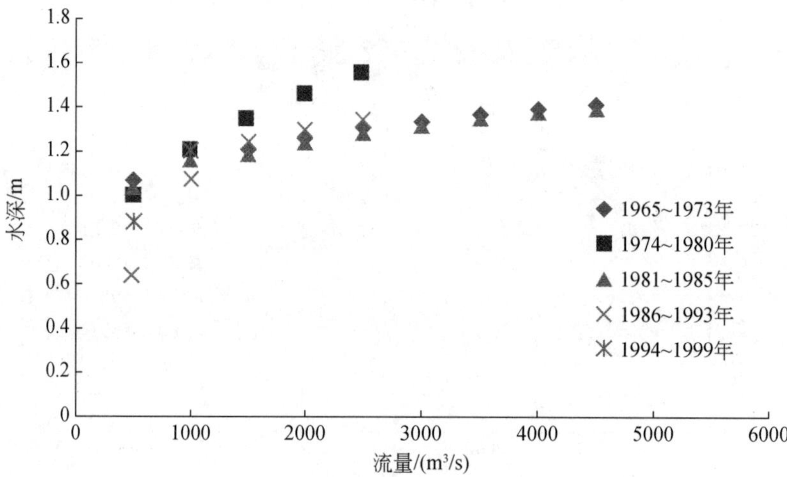

图 30-18　花园口—夹河滩河段各时期水深随流量的变化

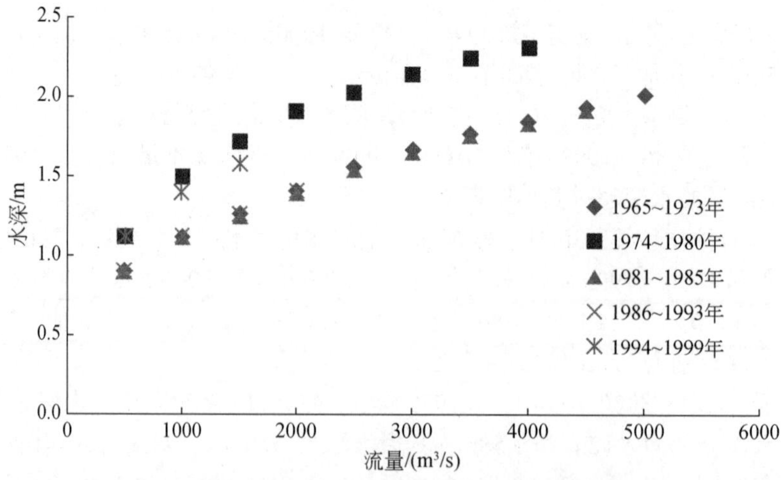

图 30-19　夹河滩—高村河段各时期水深随流量的变化

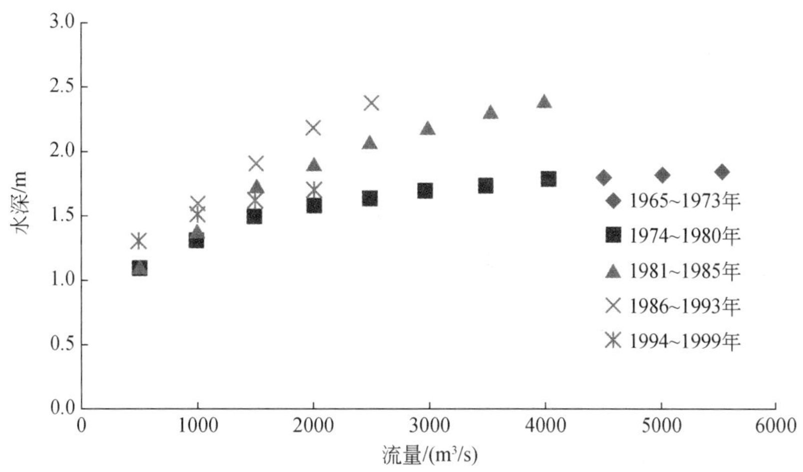

图 30-20 高村—孙口河段各时期水深随流量的变化

孙口—艾山河段（图 30-21）1965～1973 年同流量水深较小，1000m^3/s 和 3000m^3/s 流量分别只有 1.5m 和 2.15m；其后 1974～1980 年和 1981～1985 年 1500m^3/s 以上流量水深增加，3000m^3/s 流量水深达到 2.6m，为各时期最高值；其后水深逐渐减小，1986～1993 年水深为各时期最小，1000m^3/s 和 2000m^3/s 流量水深只有 1.4m 和 1.65m。

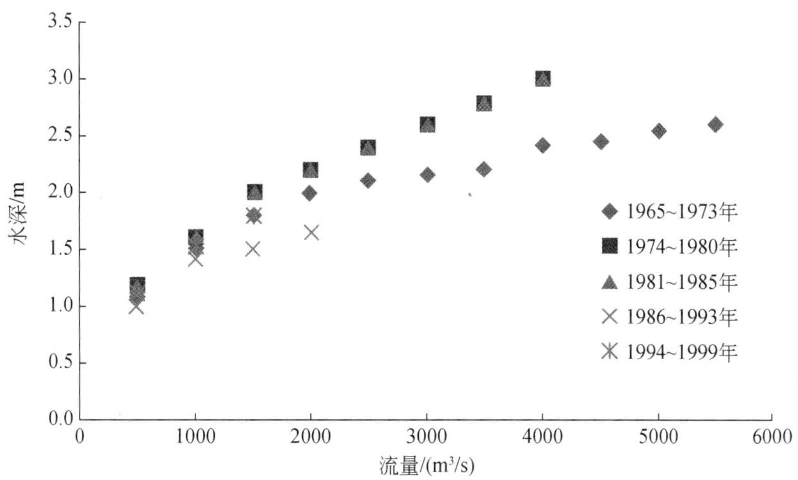

图 30-21 孙口—艾山河段各时期水深随流量的变化

（三）过水面积的变化

各河段河道整治前后同流量下的面积也无显著变化（图 30-22～图 30-26）。

花园口以上河段（图 30-22）各时期过水面积随流量变化很小，除 1974～1980 年外，其他各时期过水面积随流量的变化趋势是相同的，各流量级过水面积 1974～1980 年比其他时期大 120～230m^2。

花园口—夹河滩河段（图 30-23）各时期过水面积变化稍大，且没有规律，1965～1973 年、1981～1985 年和 1994～1999 年同流量的过水面积相同，且都比较小；而 1974～1980 年过水面积最大，1000m^3/s 和 2500m^3/s 分别比其他时期大 200m^2 和 500m^2；1986～1993 年过水面积仅在 1000～2000m^3/s 相对较大，其中 1500m^3/s 偏大最多，偏大 240m^2。

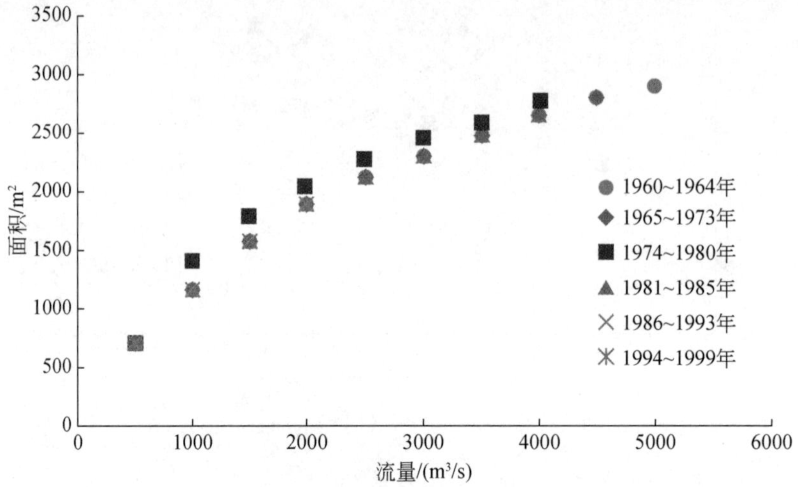

图 30-22　花园口以上河段各时期面积随流量的变化

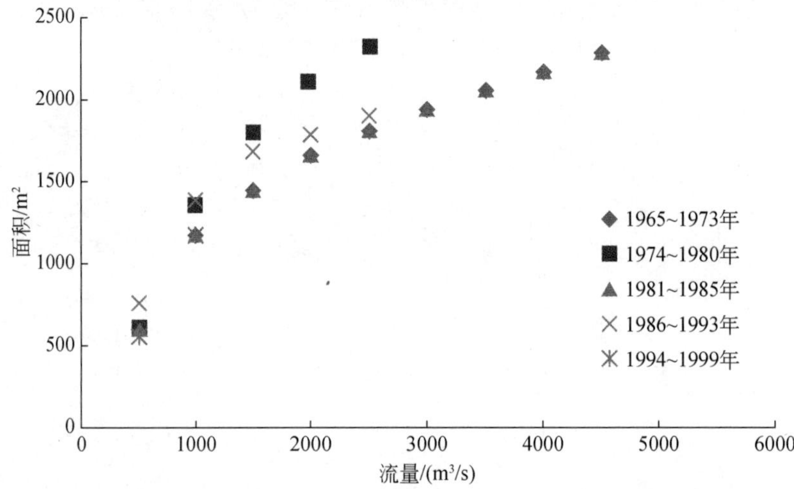

图 30-23　花园口—夹河滩河段各时期面积随流量的变化

夹河滩—高村河段（图 30-24）过水面积随流量的变化基本可分为两组，相同流量下 1986 年以后各时期过水面积明显小于 1986 年以前，1965～1973 年、1974～1980 年和 1981～1985 年 1000m^3/s 和 2000m^3/s 过水面积分别为 1175m^2 和 1650m^2；而 1986～1993 年和 1994～1999 年两流量级过水面积分别减小到 930m^2 和 1240m^2。

高村—孙口河段（图 30-25）各时期各河段面积随流量变化基本一致，仅在流量较小时，1986 年以后两个时期面积稍有降低，但是幅度较小。

孙口—艾山河段（图 30-26）各时期各河段面积随流量变化非常规律，在 1500m^3/s 以下小流量时各时期基本相同；但在 1500m^3/s 以上随着流量增大，1974 年后各时期同流量过水面积较 1965～1973 年过水面积增大，4000m^3/s 时 1974 年前、后的过水面积分别为 1800 和 2150m^2，增大了 11%。

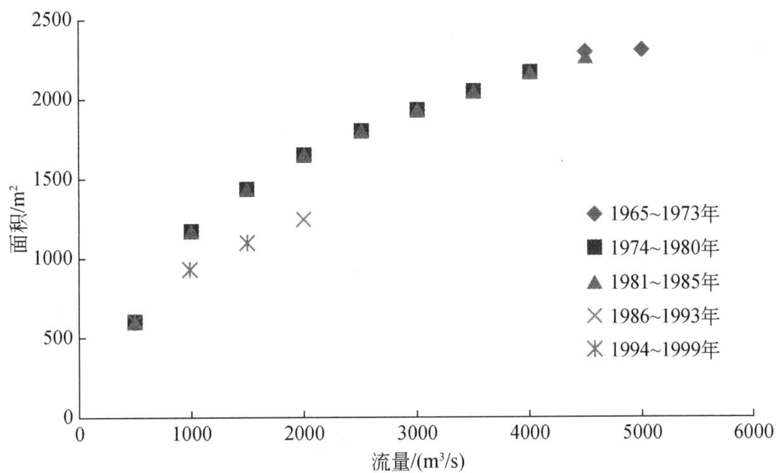

图 30-24 夹河滩—高村河段各时期面积随流量的变化

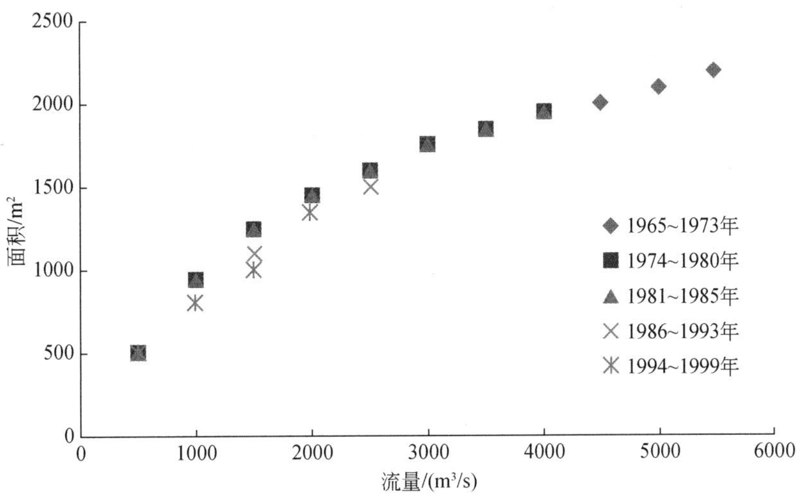

图 30-25 高村—孙口河段各时期面积随流量的变化

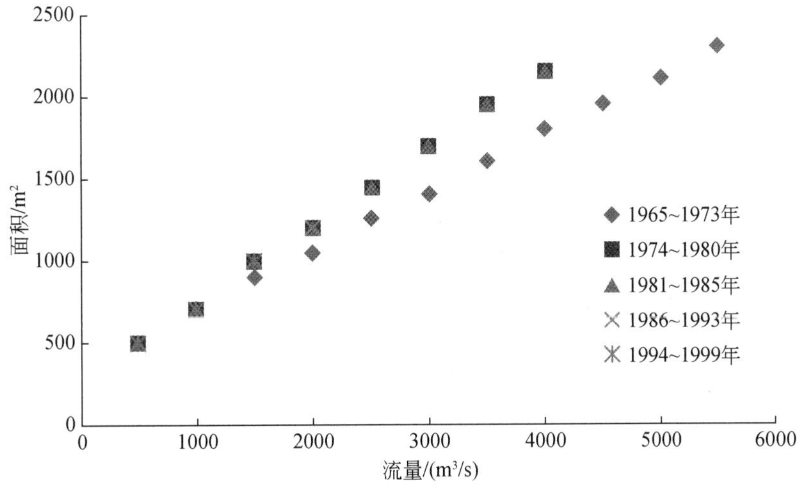

图 30-26 孙口—艾山河段各时期面积随流量的变化

（四）河相关系的变化

以河相关系 $\xi=\sqrt{B}/H$ 来表征河道的断面形态，各河段河道整治前后断面形态变化特点不一（图 30-27～图 30-30、表 30-8）。

花园口以上河段（图 30-27）河道宽、可调整幅度大，各时期河相关系变化较大。1960～1964 年各流量下的河相关系变幅较大，随流量增大河相关系显著减小，由 1000m^3/s 的 38.5 减小到 5000m^3/s 的 22。1964 年以后河相关系比较稳定，随流量变化很小，同时基本上逐时期减少，花园口以上河段 1000m^3/s 和 1500m^3/s 流量的河相关系由 1974 年以前的约 35 减少到 1981～1985 年的约 30，1986 年以后进一步减少到约 25。

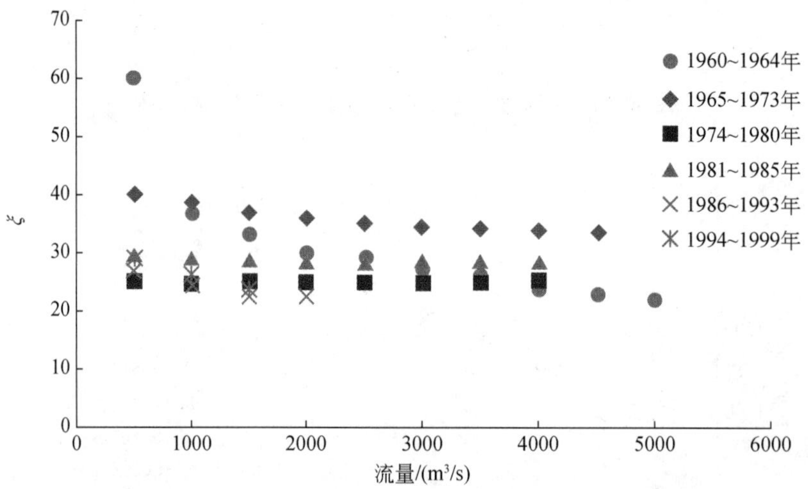

图 30-27 花园口以上河段各时期河相关系随流量的变化

花园口—夹河滩河段（表 30-8）的河相关系各时期仍保持着变化不定的特点，没有一定变化规律。

表 30-8 花园口—夹河滩河段各时期河相关系随流量的变化

时期	1965～1973 年	1974～1980 年	1981～1985 年	1986～1993 年	1994～1999 年
河相关系ζ	15～45	12～42	25～40	25～65	18～35

夹河滩—高村河段（图 30-28）河相关系各时期都表现出随流量增大减小的特点。但在 1986 年前各时期河相关系变化并不稳定，有大有小，直到 1986 年后的 1986～1993 年和 1994～1999 年逐时期减少。1965～1973 年和 1981～1985 年的河相关系相同，1000m^3/s 和 3000m^3/s 流量河相关系分别为 35 和 26.2；1974～1980 年和 1994～1999 年河相关系相同，1000m^3/s 和 3000m^3/s 流量河相关系分别为 21 和 16.3。

高村—孙口河段（图 30-29）河相关系变化最为规律，逐时期减小，1965～1973 年和 1974～1980 年河相关系相同，1000m^3/s 和 3000m^3/s 流量河相关系分别为 20.5 和 18.8，1981～1985 年分别减小到 17 和 12.5；1986～1993 年和 1994～1999 年最小，1000m^3/s 和 2000m^3/s 流量河相关系分别仅为 14 和 12.5。

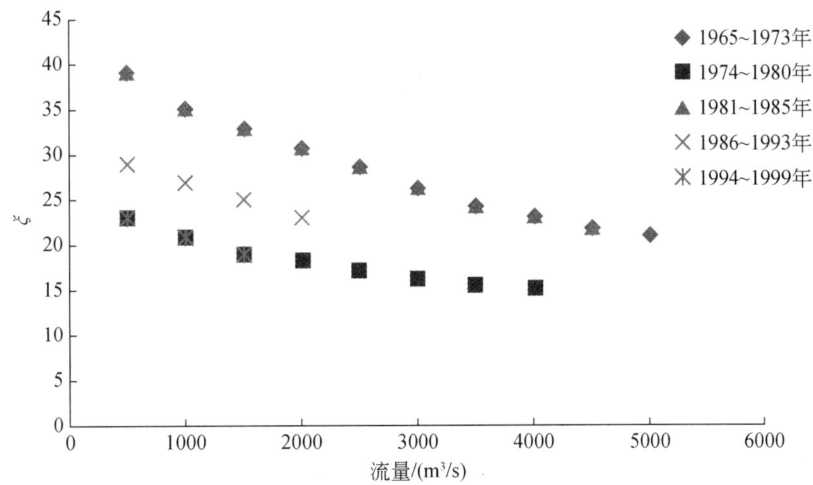

图 30-28　夹河滩—高村河段各时期河相关系随流量的变化

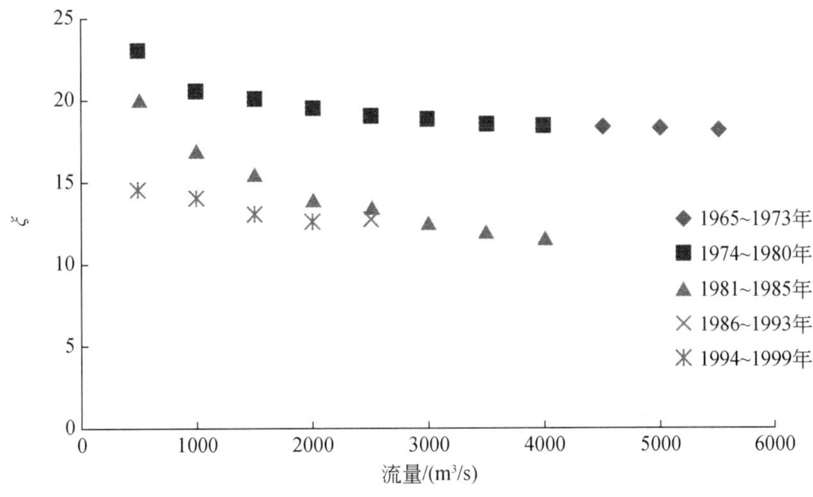

图 30-29　高村—孙口河段各时期河相关系随流量的变化

孙口—艾山河段（图 30-30）各时期河相关系基本相同，没有变化；只是河相关系随流量逐渐减小，1000m^3/s 和 3000m^3/s 流量河相关系分别为 15 和 10；但是 3000m^3/s 以后河相关系基本稳定在 10 左右。

（五）河道整治影响分析

河道断面形态的影响因素中，一般情况下水沙条件影响最大，而河道整治工程主要通过改变河道边界控制河势，进而影响水流对河道断面的塑造，因此影响要小于水沙条件。而且多种因素交织在一起共同作用在河道上，某一时期的断面形态不能归因为单一因素，本次通过对比各河段河道整治过程中断面形态指标，来分析河道整治的影响。

1. 对河宽的影响

河道整治对河道断面形态的影响比较大，尤其在控制河道宽度方面效果显著，各河段在本河段整治基本完善后宽度都明显缩窄，这也反映出河道整治工程发挥了控制河势的作用。

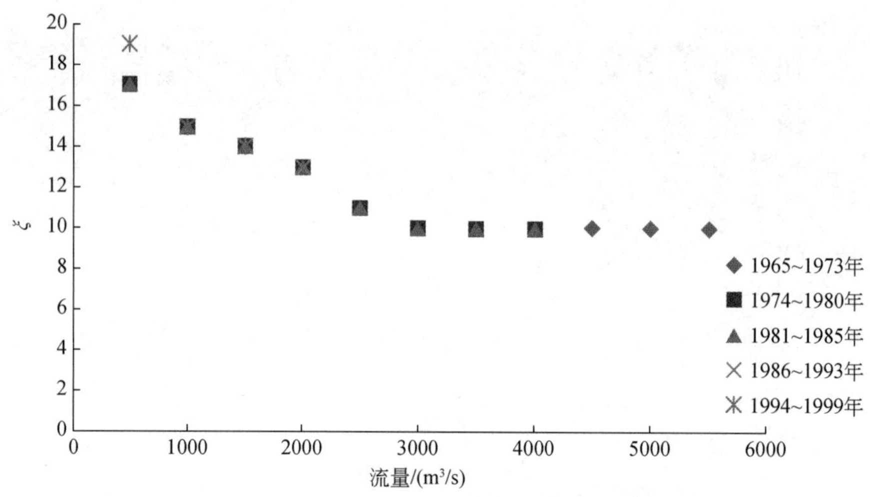

图 30-30 孙口—艾山河段各时期河相关系随流量的变化

2. 对水深的影响

各河段河道整治前后同流量水深变化趋势不明显，仅在花园口以上河段表现出河道整治后水深增大，其他河段未显现出趋势性变化。

3. 对过水面积的影响

各河段河道整治前后同流量过水面积变化趋势不明显，仅夹河滩—高村河段相同流量下 1986 年以后各时期过水面积明显小于 1986 年以前，高村—孙口河段在流量较小时 1986 年以后有小幅度降低，反映出河道整治对下游同流量下过水面积的影响较小。

4. 对河相关系的影响

河道整治对河道河相关系有一定影响，在河道整治较早且河道整治工程比较完善的夹河滩—高村和高村—孙口河段，河相关系在河道整治后明显减小，断面形态趋向窄深；在河道宽浅、可调整范围较大的花园口以上河段，也在近期表现出河相关系减小的特点。

三、河道整治对河道输沙特性的影响

从不同时间同流量下河道断面输沙因子的变化可以了解河道整治对河道输沙的影响。以 1960～1999 年黄河下游历年汛前、汛后大断面测量资料为基础，可得到各测次各大断面的水深和面积，同时根据测量时间可查出相应的流量，进一步计算出相应的流速和输沙因子 v^3/h；这样就可建立河段平均的断面输沙能力的指标与流量的关系，判别不同时期河道整治对河道输沙能力的影响。

根据历次测量资料建立的各时期输沙能力指标与流量的关系（图 30-31），可以看出它们之间有比较明显的趋势关系，但有些散乱。为了更清楚地比较各时期的指标变化，根据关系趋势给出各时期的指标，重新绘制各指标与流量的关系，作为分析的基础。

（一）流速的变化

分析河道整治对输沙能力的影响，首先要看河道整治前后河段流速是否变化。由各河段流速与流量的关系（图 30-32～图 30-36）可见，河道整治对流速有一定的提高作用。

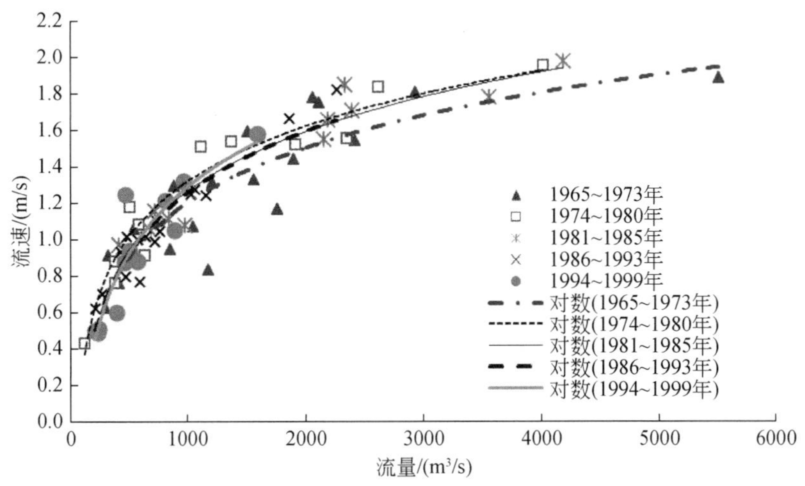

图 30-31　高村—孙口河段各时期流速随流量的变化

花园口以上在 1986 年后流速稳定增大（图 30-32），1000m^3/s 和 1500m^3/s 流量的流速分别由 1973 年以前的 0.94m/s 和 1.1m/s 增加到 1994～1999 年的 1.0m/s 和 1.3m/s，增幅分别为 6%和 18%。

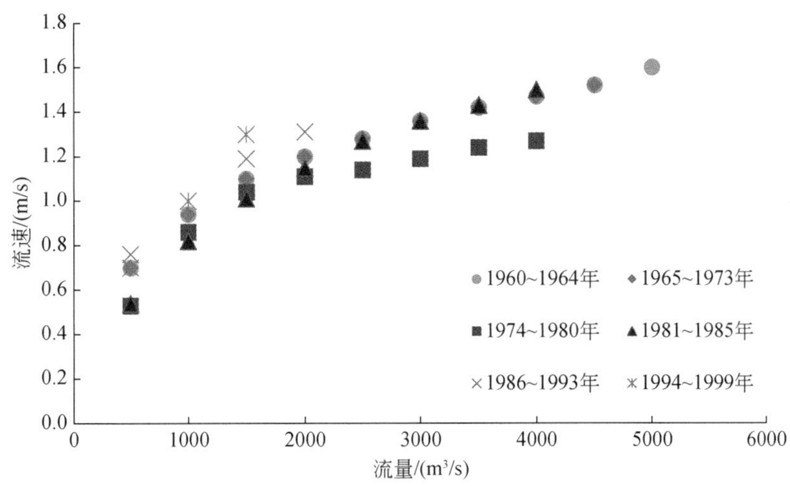

图 30-32　花园口以上河段各时期流速随流量的变化

花园口—夹河滩河段（图 30-33）流速与流量的关系基本上可分为三组，三组同流量下流速依次增大。第一组为 1974～1980 年，流速最小，1000m^3/s 和 2500m^3/s 流速分别只有 0.81m/s 和 1.1m/s；第二组为 1965～1973 年、1981～1985 年和 1986～1993 年，流速增加，1000m^3/s 和 2500m^3/s 流速分别为 0.98m/s 和 1.3m/s；第三组为 1994～1999 年，1000m^3/s 以下小流量流速增幅较大，1000m^3/s 流速达到 1.2m/s，较第二组增加 22%。

夹河滩—高村河段（图 30-34）流速与流量的关系比较稳定，除 1981～1985 年较小外，其他各时段基本上一致，1000m^3/s 和 3000m^3/s 流速分别为 1.1m/s 和 1.6m/s。

高村—孙口河段（图 30-35）流速随流量变化规律各时期基本一致，没有变化，1000m^3/s 和 3000m^3/s 流量的流速分别为 1.25m/s 和 1.75m/s。

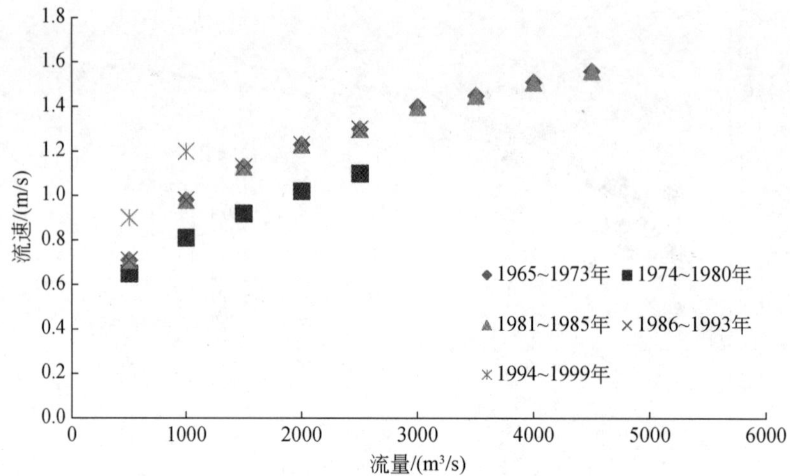

图 30-33　花园口—夹河滩河段各时期流速随流量的变化

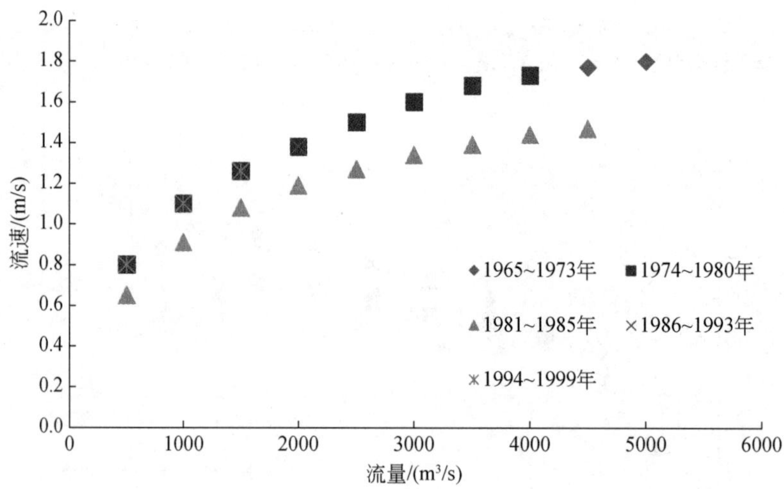

图 30-34　夹河滩—高村河段各时期流速随流量的变化

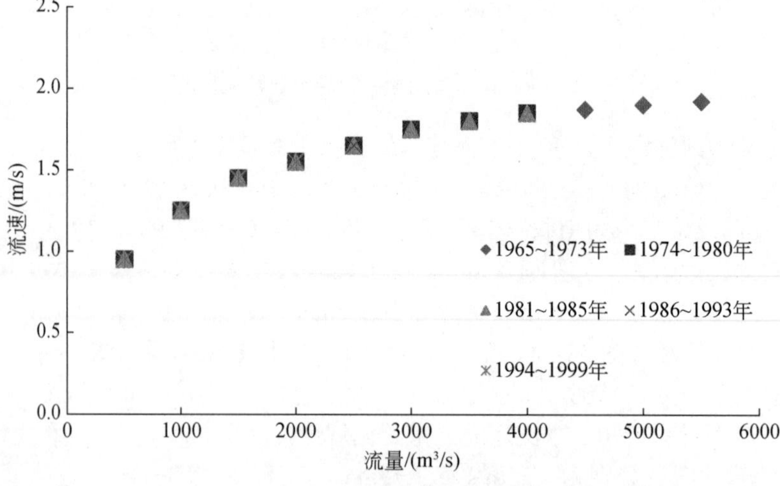

图 30-35　高村—孙口河段各时期流速随流量的变化

孙口—艾山河段（图 30-36）流速随流量变化各时期差别很少，仅 1994～1999 年在小流量表现出流速较以前稍有增加，1994～1999 年 1000m^3/s 和 1500m^3/s 流量的流速分别为 1.35m/s 和 1.56m/s，增幅在 6%左右。

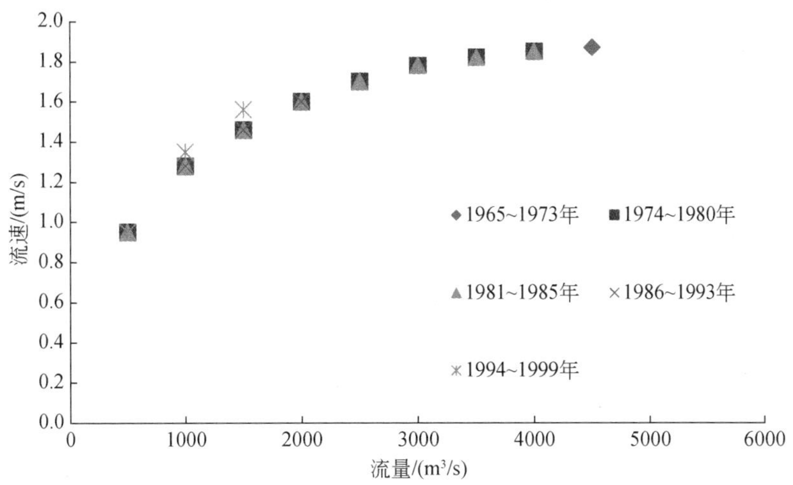

图 30-36　孙口—艾山河段各时期流速随流量的变化

（二）输沙因子的变化

输沙因子 v^3/h 是挟沙力计算公式中反映水动力条件与河道条件的组合因素，更直接地综合反映了河道变化后的输沙能力。各河段各时期输沙因子与流量的关系见图 30-37～图 30-41。

花园口以上河段（图 30-37）输沙因子随流量的关系变化清楚地分为三组，1974～1980 年是同流量下各时期中输沙因子最小的，1000m^3/s 和 3000m^3/s 流量的输沙因子分别仅 0.42 和 0.84，说明河道输沙能力较低；1960～1964 年、1965～1973 年和 1981～1985 年关系是相同的，远高于 1974～1980 年，1000m^3/s 和 3000m^3/s 流量的输沙因子分别为 0.76 和 1.68；其后的 1986～1993 年和 1994～1999 年输沙因子进一步提高，1000m^3/s 和 2000m^3/s 流量的输沙因子分别为 1.0 和 1.9，较第二组增幅达到 30%～40%。

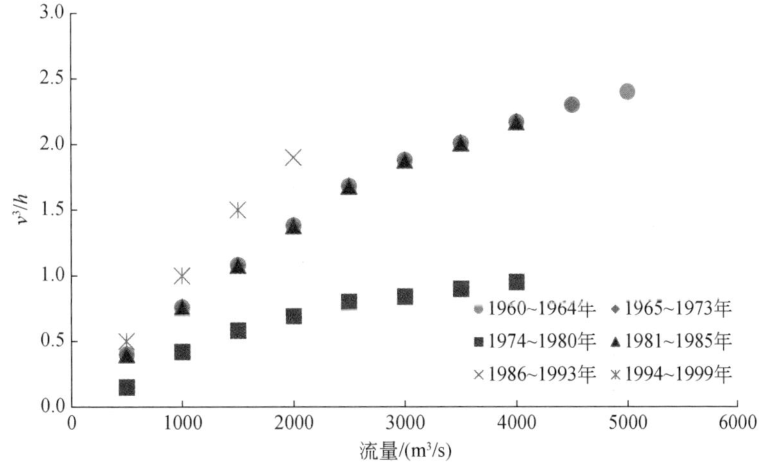

图 30-37　花园口以上河段各时期输沙因子随流量的变化

花园口—夹河滩河段（图 30-38）各时期输沙因子变化没有明显趋势，各时期有增大有减小。受三门峡水库下泄清水的影响，输沙因子 1965～1973 年很大，1974～1980 年又明显降低，1981～1985 年有所抬高，1986～1993 年又略有降低，1994 年后明显增大，1994 年后 1500m^3/s 流量的输沙因子较 1994 年以前各时期的增幅在 50%以上。

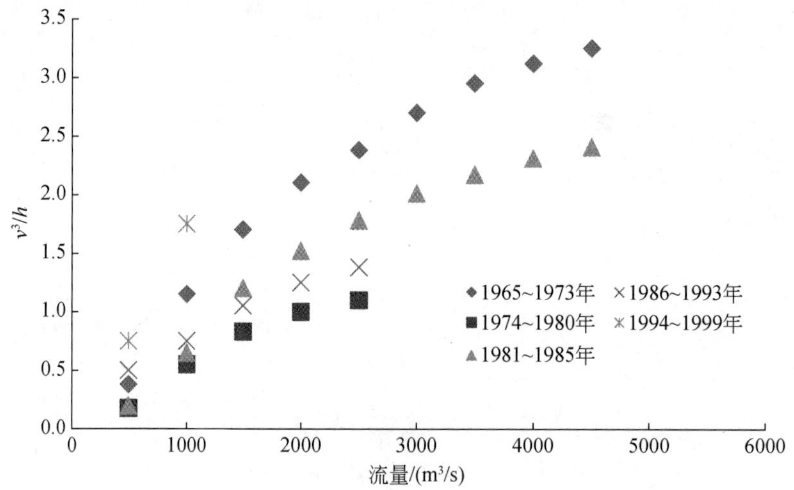

图 30-38　花园口—夹河滩河段各时期输沙因子随流量的变化

夹河滩—高村河段（图 30-39）输沙因子与流量的关系，1965～1973 年和 1986～1993 年趋势相同，1000m^3/s 和 3000m^3/s 流量的输沙因子都是最高的，分别为 1.2 和 3.51；其次是 1994～1999 年；再次为 1974～1980 年和 1981～1985 年，两个时期比较接近，但是在流量大于 2000m^3/s 后 1981～1985 年明显高于 1974～1980 年，1000m^3/s 和 3000m^3/s 流量的输沙因子 1981～1986 年为 0.78 和 2.18，1974～1980 年为 1 和 1.6。

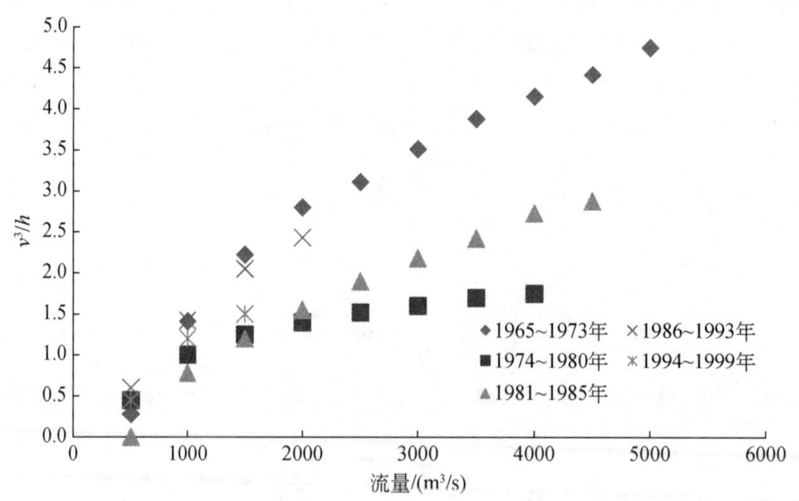

图 30-39　夹河滩—高村河段各时期输沙因子随流量的变化

高村—孙口河段（图 30-40）输沙因子与流量的关系各时期基本一致，变化很小，1000m^3/s 和 3000m^3/s 流量的输沙因子为 1.6 和 3.0。

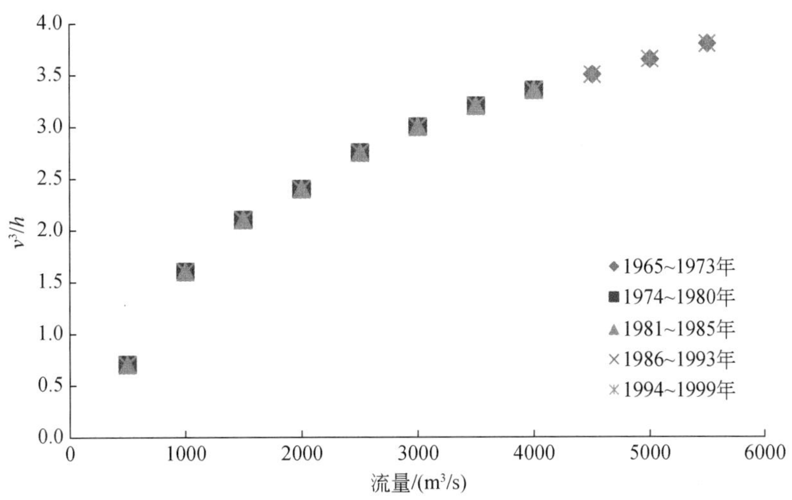

图 30-40　高村—孙口河段各时期输沙因子随流量的变化

孙口—艾山河段（图 30-41）输沙因子与流量的关系在 1965～1973 年最高，其后各时期基本一致，变化较小，1000m^3/s 和 3000m^3/s 流量的输沙因子为 1.7 和 2.5，但在 1994～1999 年有所提高，1000m^3/s 和 1500m^3/s 流量的输沙因子达到 2.1 和 2.6。

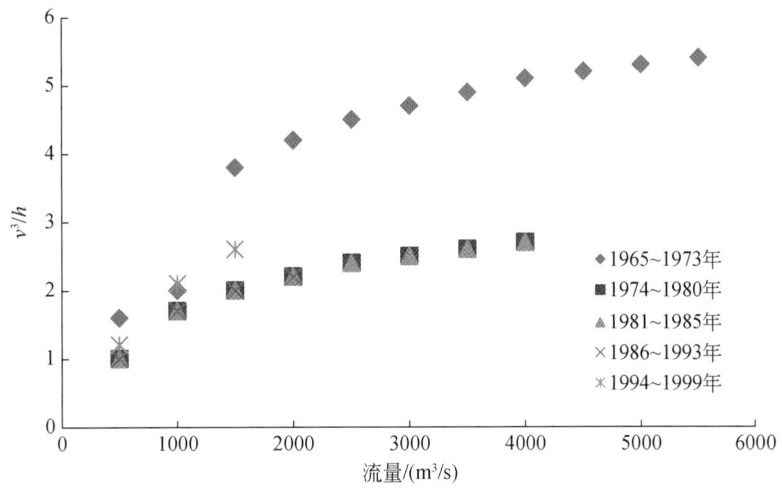

图 30-41　孙口—艾山河段各时期输沙因子随流量的变化

（三）河道整治影响分析

河道整治工程控导水流、改变水流边界，从而影响水流的水动力条件，进而影响输沙能力。不同时期的输沙能力与水沙条件、前期河床条件等许多因素有关，本次通过对比各河段河道整治过程中流速和输沙因子，来分析河道整治的影响。

1. 对流速的影响

河道整治对流速的影响，主要在夹河滩以上河段，表现为整治后流速稳定增大，说明河道整治有利于游荡型河道输沙能力的提高。但是对于夹河滩以下河段，各时期流速变化不大，河道整治的影响不明显。

2. 对输沙因子的影响

与对流速的影响相应，河道整治对输沙能力的影响也主要表现在夹河滩以上河段，尤其是小流量时期，输沙能力提高较多。同时在夹河滩—高村河段和孙口—艾山河段也表现出 1986 年以后输沙因子略有提高，但可能是水沙条件的影响更大些。

需要说明的是，限于资料来源于测量大断面，测量时间基本上在 5～6 月和 10～11 月，测验期流量较小，尤其是 1986～1999 年没有较大流量，这两时期的流量基本上在 2000m^3/s 以下，由此对比分析河道整治对断面形态和输沙特性的影响，只能反映出较小流量的影响，不能反映流量较大时期的影响。因此还需要更丰富、更深入的研究才能全面认识河道整治对河道的影响。

参 考 文 献

胡一三，张红武，刘贵芝，等. 1998. 黄河下游游荡性河段河道整治. 郑州：黄河水利出版社

第三十一章 利于防洪安全

黄河下游河道整治的根本目的是稳定河势流路，确保防洪安全，同时兼顾两岸引水安全和滩区群众安全。通过 60 余年的有计划整治，取得了巨大成就，主要表现在：陶城铺以下窄河段河势已得到控制；高村—陶城铺过渡性河段河势基本得到控制；游荡性河段的花园镇—神堤、花园口—赵口、东坝头—高村河势也已初步得到控制，其他河段河势摆动幅度明显减少。经过河道整治大大提高了防洪工程的整体抗洪能力，减少了防洪工程的出险概率，滩区群众生产生活走向稳定，并逐步得到提高。

一、稳 定 河 势

黄河下游是著名的“悬河”，历史上每一次堤防决口，都曾造成重大灾难。堤防决口包括冲决、漫决和溃决，其中以冲决较多，且灾害严重。河势稳定是确保堤防不发生冲决的重要保障。

（一）河势摆动游荡威胁防洪安全

黄河下游为冲积性河道，水流被束缚在两岸大堤之间。在整治以前，河道冲淤变化频繁，易形成“横河”等畸形河势，威胁堤防安全。

黄河下游陶城铺以上河段，两岸堤距较宽，受上游来水来沙影响，主槽淤积严重，在没有河道整治工程约束水流的情况下，主流在两岸大堤之间来回摆动，一场洪水往往造成主槽横向摆动数千米，直接顶冲大堤造成堤防坍塌或冲决。据史料记载（黄河水利委员会黄河志总编辑室，1991 年），1925 年 9 月中旬，濮县李升屯（今属山东鄄城）民埝漫决，南金堤与民埝间的濮县、范县、郓城、寿张 4 县被淹，决水出堰游衍于堤堰之间，至黄花寺壅逼不舒，一时水与堤平，随后水势回落，黄花寺已落至堤根，但因河底西高东低，溜势南北突变为东西（“横河”顶冲堤防），一日之间堤根刷深二丈有余，横宽刷至六十余丈，急调寿张、东平、东阿、郓城、汶上六县三万余人，抢至七昼夜，卒因人力不敌，七日间刷堤二百六十余丈，终于九月二十日，将黄花寺大堤冲溃，灾区达 1500km^2，灾民 200 余万人。

在整治初期，高村以上游荡性河段主槽宽浅、沙洲密布，汊流丛生，主槽的游荡摆动更为频繁。例如，1977 年 7 月 9 日花园口站出现洪峰流量为 8100m^3/s 的洪水，最大含沙量 546kg/m^3，洪峰过后，郑州南裹头—中牟赵口河段河势大变，洪峰前主流经南岸南裹头而下，洪峰过后主流北移至马庄，以下以近 90°角顶冲花园口险工，八堡断面以下河由 3 股变为 1 股（图 31-1），顶冲杨桥险工，造成杨桥险工 200 余 m 长的坝垛坍塌入水，经 7 昼夜抢护，险情才被控制住。

受上游来水来沙及河道淤积影响，河床组成千差万别，当水流遇到易冲的粉细沙时，河岸迅速坍塌坐弯，当遇到抗冲性强的黏性土时，冲刷缓慢，在河势演变过程中，易于形成畸形河弯等不利河势。从图 18-14（苏泗庄—营房河段整治前主流线套绘图）看出，该河

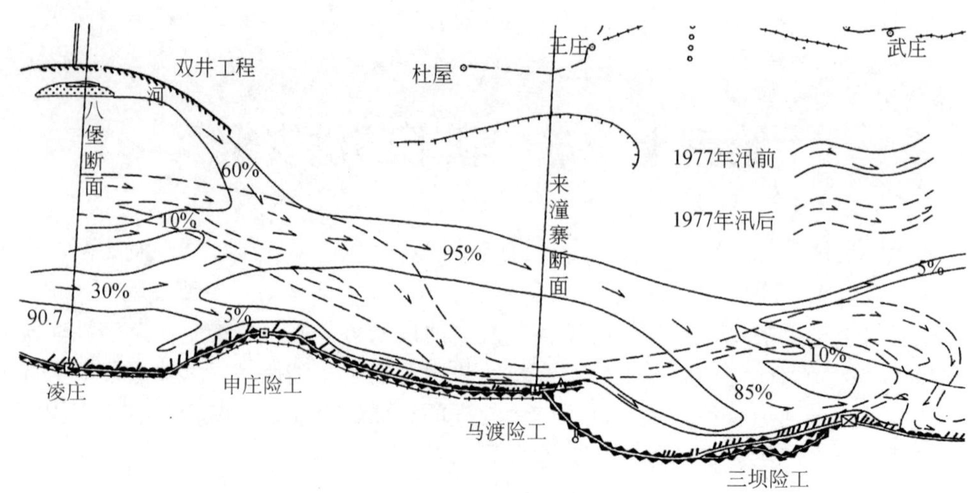

图 31-1 双井—马渡 1977 年汛前、汛后河势套绘图

段整治前多次出现"Ω"形河弯，这种畸形河弯河槽阻力大，不利于宣泄洪水，凌汛期易造成卡冰封河，壅高水位，并可能导致河势突变，影响防洪安全。

1949～1960 年，下游河道整治工程少，除被动抢险修建了少量工程外，没有开展有计划的河道整治。频繁的河势变化，不仅威胁堤防安全，还致使滩地坍塌后退、村庄掉河、取水口脱河等现象时有发生，严重影响滩区群众的正常生产生活和两岸工农业生产。1960 年三门峡水利枢纽投入运行，受大跃进思潮影响，希望通过梯级水库开发整治下游河道，后因下游泥沙淤积问题没有解决而放弃。1965～1974 年为下游河道大规模的整治期，特别是高村—陶城铺河段修建了大量的整治工程（表 31-1），1975 年后，整治效果逐步显现了出来。高村以上的游荡型河道，河势变化快，整治难度远大于过渡型河段，且河势的调整需要经过较长的时间。1998 年以后国家加大了黄河防洪工程的建设投资，如在黑岗口—曹岗河段布置了黑岗口下延和顺河街控导工程，完善了大宫、王庵、古城控导工程（表 31-2），工程长度增加了近一倍，大大提高了河道整治工程对河势的控制作用。

表 31-1 高村—陶城铺河段河道整治工程建设统计表

时段	工程数量/处			坝垛数/个		
	已建	新增	合计	已建	新增	合计
1961 年以前	8		8	148		148
1961～1964 年	8	4	12	148	47	195
1965～1974 年	12	12	24	195	466	661
1975～1985 年	24	1	25	661	74	735
1986～1998 年	25	4	29	735	86	821

表 31-2 黑岗口—古城河段河道整治工程建设统计表

工程名称	坝垛数/个			工程长度/m		
	已建	新增	合计	已建	新增	合计
黑岗口下延		13	13		1300	1300
顺河街		31	31		3430	3430

续表

工程名称	坝垛数/个			工程长度/m		
	已建	新增	合计	已建	新增	合计
柳园口	51		51	4788		4788
大宫	30	13	43	3615	1200	4815
王庵	9	46	55	1080	5180	6260
古城	36	10	46	2863	1000	3863
合计	126	113	239	12346	12110	24456

注：新增是指 1998 年以后修建的河道整治工程

（二）河道整治工程发挥了控制河势的作用

河流在天然状态下，河势不断变化，主流频繁摆动，加重了两岸防洪负担。

20 世纪 50 年代开始，在黄河下游自下而上分河段、有计划地进行了河道整治。经过 60 多年的持续整治，黄河下游不同特性河段的河势分别得到了不同程度的控制。河势流路的稳定性可用整治前后主流线的变化反映。通过河道整治，主流线的摆动范围明显减小。

1. 主流线在平面上的变化

从河道平面上看，整治前主流线在两岸大堤之间来回摆动，主流线基本布满两岸大堤之间，如图 31-2 为过渡型河段中的大王庄—徐码头河段主流线套绘图（胡一三等，2006），主流线的摆动幅度也很大，基本上在两岸大堤之间。

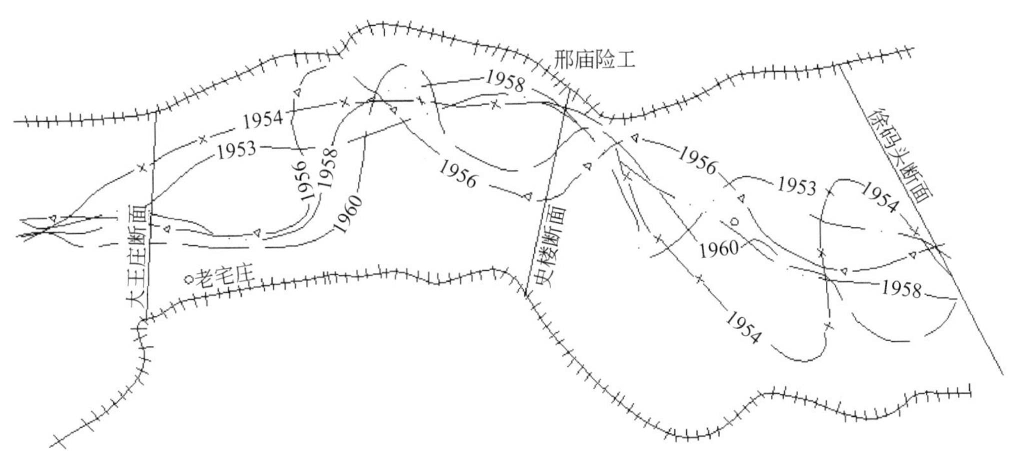

图 31-2　大王庄—徐码头河段整治前主流线套绘图（过渡型河段）

整治前主流线在平面上的大幅摆动，常常导致堤防平工段靠溜出险，影响防洪安全。

有计划进行河道整治前修建的险工，为被动修建，平面上凹凸不平，不同险工段靠溜出流方向不同，对以下河段主流线的摆动有很大影响。

图 31-3 为整治前该河段徐码头断面套绘图，可以看出 1965 年一个汛期断面深弘点摆动了 1.1km，表明该河段在整治前主流线的变化是比较剧烈的。

图 31-4 为游荡型河段中柳园口—曹岗河段整治前的主流线套绘图。可以看出主流线的摆动范围很大，其走势受堤防走势的影响，向河中凸出的老险工前主流线较密集，如黑岗

口险工、柳园口险工。

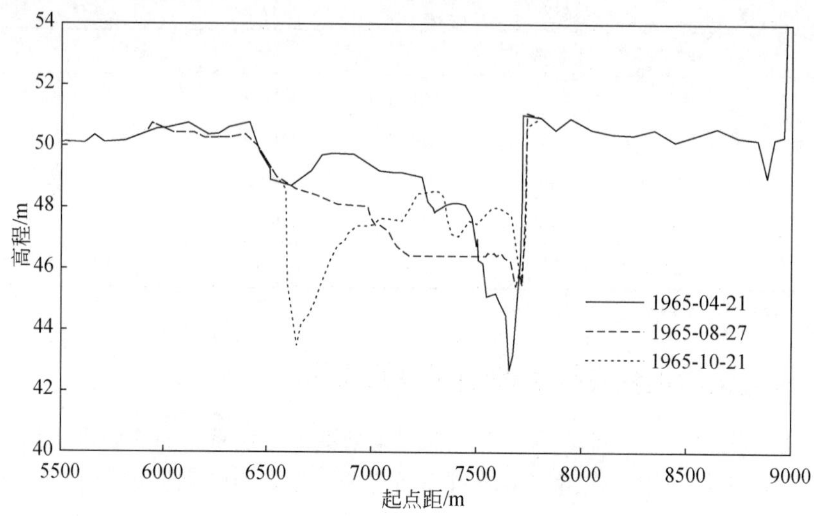

图 31-3　徐码头断面 1965 年套绘图（整治前）

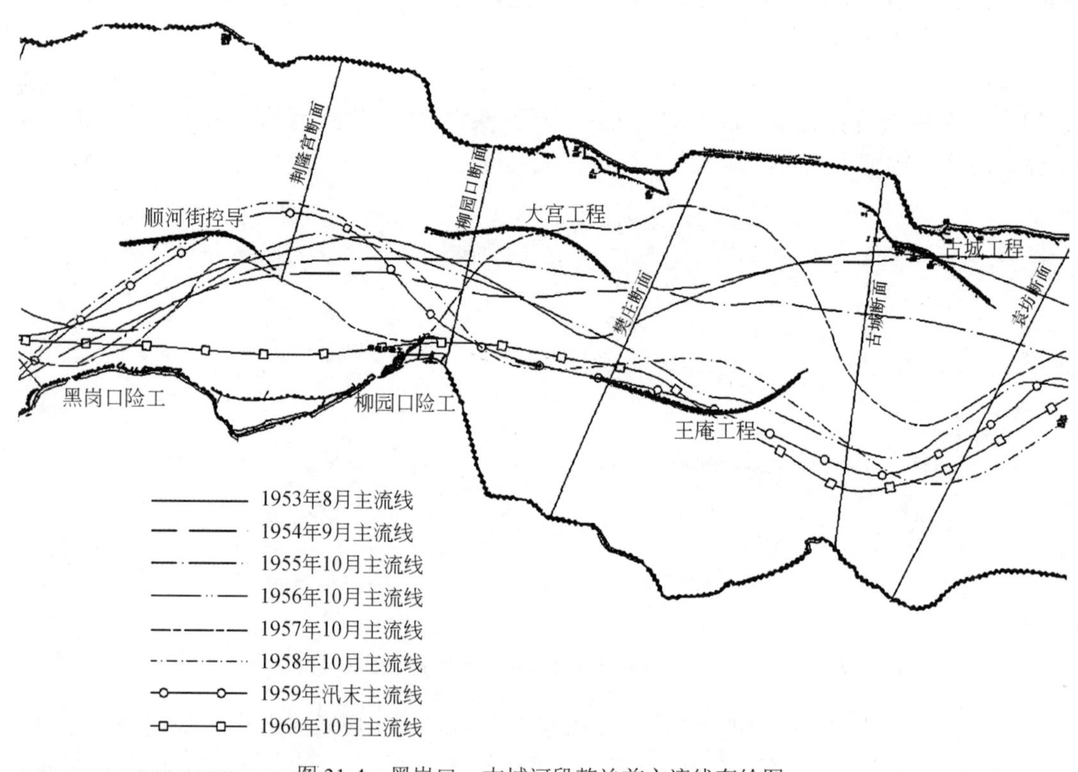

图 31-4　黑岗口—古城河段整治前主流线套绘图

图 31-5 为过渡性河段中的大王庄—徐码头段整治后（1976～1981 年）的主流线套绘图，可以看出主流线在平面上被限制在不足 1km 宽的范围内，水流规顺、工程靠溜部位比较稳定，其主要原因是 1965～1974 年间在高村—陶城铺 165km 范围的河道内修建了 466 道坝垛护岸（表 31-1），使该河段的整治工程长度由整治前的不足 20km 增加到超过 60km，其

中该河段先后新建了老宅庄、桑庄、芦井、郭集四处河道整治工程，并完善了李桥险工，使该河段河势得到了明显的改善。

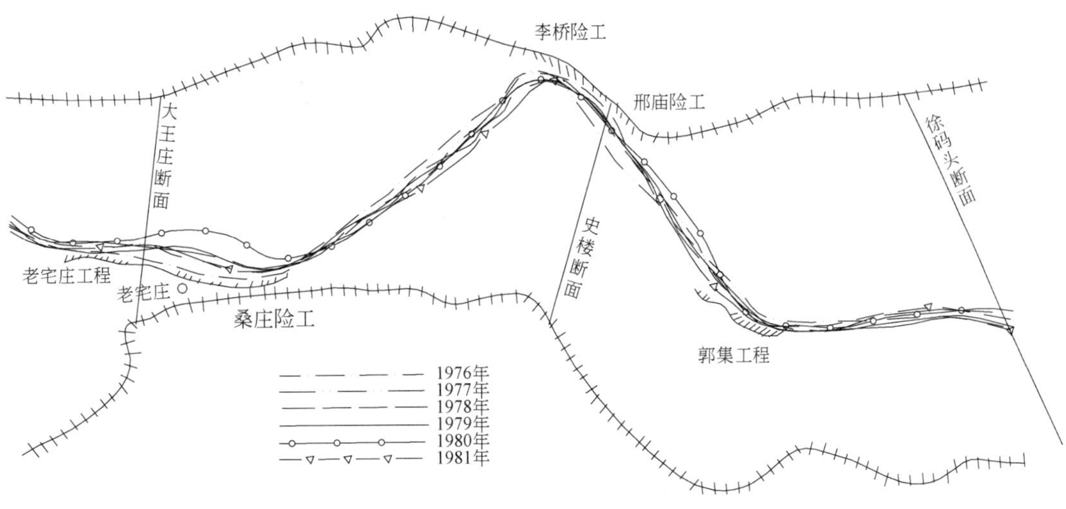

图 31-5 大王庄—徐码头河段整治后主流线套绘图

图 31-3 中徐码头断面整治前 1965 年一个汛期断面深弘点摆动了 1.1km。图 31-6 为徐码头断面整治后断面套绘图，可以看出 1976～1980 年 5 年间徐码头断面的深弘点的摆动范围仅为 450m，说明整治后主槽相对固定，河势得到了控制。

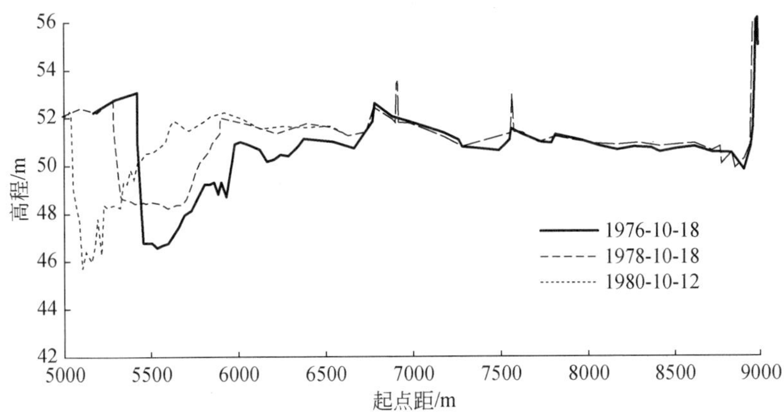

图 31-6 徐码头断面 1976～1980 年套绘图（整治后）

经过河道整治，逐步控制河势，主流线的摆动范围和摆动强度明显减小。如从表 31-3 示出的高村—陶城铺河段实测断面不同时段主流线的摆动范围和摆动强度统计值中可以清楚地看出：经过大规模整治后的 1975～1985 年主流线在断面上的摆动范围、年内最大摆幅及摆动强度分别比整治前（1949～1960 年）减少了 43.1%、42.0%、39.4%，稳定河势的作用非常明显。其中 1965～1974 年以上各项指标分别比整治前减少了 38.1%、37.1%、13.9%，说明在整治工程修建过程中，其对控导河势方面的作用已初步显现出来。

表 31-3　高村—陶城铺河段主流线摆动幅度和摆动强度统计表

断面	1949～1959 年			1960～1964 年			1965～1973 年			1974～1986 年			1987～2000 年		
	摆动范围/m	最大摆幅/m	年均摆幅/（m/a）	摆动范围/m	最大摆幅/m	年均摆幅/（m/a）	摆动范围/m	最大摆幅/m	年均摆幅/（m/a）	摆动范围/m	最大摆幅/m	年均摆幅/（m/a）	摆动范围/m	最大摆幅/m	年均摆幅/（m/a）
高村	970	720	188	1370	980	406	1700	1000	550	1050	800	167	1400	1000	324
南小堤	800	500	154	1600	850	675	900	450	258	850	450	160	1084	500	276
双合岭	1250	650	450	2180	1160	810	1200	800	236	1280	800	246	600	350	129
苏泗庄	500	300	118	360	200	130	820	570	172	540	280	92	400	200	95
密城湾	6900	4550	1277	2550	1600	812	1500	900	392	870	520	178	700	400	141
营房	3100	1600	504	870	800	415	370	270	81	250	150	35	350	200	100
彭楼	950	550	204	2150	1150	575	1000	650	350	700	400	164	750	450	216
大王庄	2300	1350	481	500	300	175	800	450	314	950	500	157	300	200	83
史楼	3830	2000	591	1050	600	400	1350	900	391	750	500	117	630	350	154
徐码头	2700	1600	677	470	370	262	1100	700	341	1650	1200	335	1450	800	283
于庄	1760	1300	408	2750	1450	1000	2850	1900	791	1350	700	278	800	650	158
杨集	1960	1060	290	1930	1400	595	930	750	205	450	250	103	1750	1300	233
棘针园	1880	1200	427	1380	1300	465	1800	1000	508	600	350	125	1400	1250	158
伟那里	1100	800	229	1000	550	400	800	450	303	200	100	52	350	250	62
龙湾	1650	1300	286	800	700	225	1600	900	400	550	300	92	1550	1250	212
孙口	2330	1680	532	1050	700	350	600	450	183	450	300	75	2550	2450	250
大田楼	1450	900	290	1550	1000	662	1400	1000	366	700	400	139	3550	1800	754
路那里	450	250	121	2800	1450	775	1500	900	378	2280	1380	334	2200	1250	575
平均	1993	1239	402	1464	920	507	1234	780	346	859	521	158	1212	814	234
百分比	100%	100%	100%	73.5%	74.2%	126.4%	61.9%	62.9%	86.1%	43.1%	42.0%	39.4%	60.8%	65.7%	58.2%

从图 31-7 中还可以看出，1986～2000 年各断面摆动范围、年内最大摆幅及摆动强度各项指标均比 1974 年以前各时段有所减少，但较 1974～1986 年间有所增加，对照表 31-3 发现主流线摆幅增加较多的主要在杨集断面以下，其主要原因为：一是近些年上游来水急剧

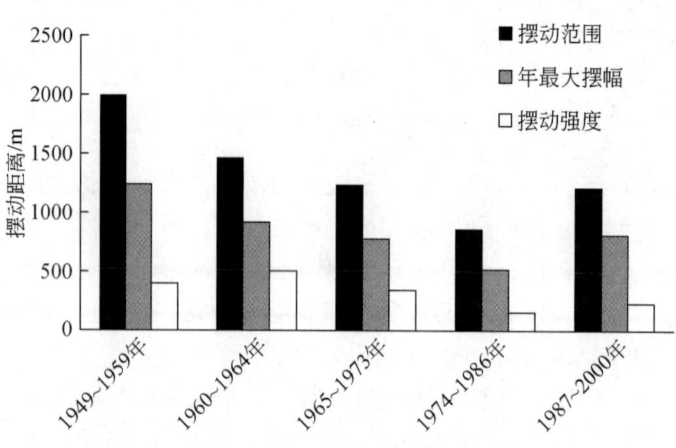

图 31-7　高村—陶城铺河段主流线摆动情况统计表

减少（表 31-4、表 31-5），全年来水约为多年平均的一半，汛期来水约为多年平均的三分之一，主流弯曲幅度加大，致使工程附近河势出现不同程度的上提，特别是在平面上看弯曲率较大的工程，溜势上提对主流线的影响较大。二是河道内建筑物增加，对不同流量的来水作用不同，对小水的影响尤为突出，造成主流摆动，例如，1989 年在孙口断面上游 500m 修建了将军渡浮桥，1990 年建成鄄城旧城浮桥，1991 年又在该断面上游 2km 修建了京九黄河铁路桥，小水时桥墩导流自蔡集控导工程上首坐弯，致使主流偏向孙口断面左侧，大水时对水流影响不大，主流偏向断面右侧；1995 年在杨集断面上游 1km 修建了郓城县李青浮桥，对主流线摆动也有一定的影响。

表 31-4　不同时段年来水量统计表（单位：亿 m^3）

时段	花园口			高村			艾山		
	汛期	非汛期	全年	汛期	非汛期	全年	汛期	非汛期	全年
1949～1961 年	294	175	470	276	165	440	284	165	449
1961～1964 年	339	280	619	342	282	624	374	292	666
1965～1973 年	220	182	402	216	177	392	214	169	383
1974～1986 年	280	175	454	260	160	420	255	142	396
1987～2000 年	131	142	273	116	120	236	111	95	206
2001～2010 年	90	149	239	87	132	219	91	109	200

表 31-5　不同时段汛期日平均流量出现天数统计表（单位：天）

时段	花园口			高村			艾山		
	＜1000m^3/s	1000～3000m^3/s	＞3000m^3/s	＜1000m^3/s	1000～3000m^3/s	＞3000m^3/s	＜1000m^3/s	1000～3000m^3/s	＞3000m^3/s
1950～1960 年	10.8	75.6	36.5	13.4	72.5	37.1	14.4	67.8	40.8
1961～1964 年	3.3	62.5	57.3	4.5	60.3	58.3	4.5	52.0	66.5
1965～1973 年	31.3	63.4	28.3	34.1	61.2	27.7	33.2	63.1	26.7
1974～1986 年	13.5	69.0	40.5	19.5	66.6	36.9	22.6	63.8	36.5
1987～2000 年	61.0	55.5	6.5	67.1	52.2	3.6	70.9	48.4	3.6
2001～2010 年	97.3	24.3	1.5	97.5	23.9	1.6	91.5	29.6	1.9

游荡型河段河道整治后同样发挥了控制河势的作用，例如，黑岗口—古城河段。该河段上游左岸有大张庄控导工程，限制了主流向左岸摆动，主流基本被限制在了右岸黑岗口险工一带，但因黑岗口险工平面形式不好，工程着溜部位不同，出溜方向变化很大，虽然下游右岸有柳园口险工，左岸有大宫和古城控导工程，但黑岗口险工以下河段河势一直比较散乱，为改善这种不利形势，1995 年开始布置黑岗口上延控导工程，并在 1998 年同时布置了黑岗口下延和顺河街控导工程，使该河段的入流条件大大改善。图 31-8 为 2000～2005 年黑岗口—古城河段主流线套绘图，可以看出黑岗口—顺河街入流条件不错，但顺河街以下的主流线的摆动范围和变动幅度仍然较大，特别是大宫—古城区间，时常出现畸形河弯，主流线的摆动幅度常常达到数千米。2006 年又将黑岗口上延工程上延了 800m，黑岗口下延工程下延 200m，基本稳定了该河段的入流条件，同时将顺河街工程进行了上延和下续，长度分别为 880m 和 300m，巩固了顺河街工程的迎送流条件，使柳园口险工靠河着

溜。图 31-9 为经过整治后该河段的主流线套绘图，可以看出主流线在平面上的摆动明显减少，完善后的整治工程对河势的控制能力大大增强。

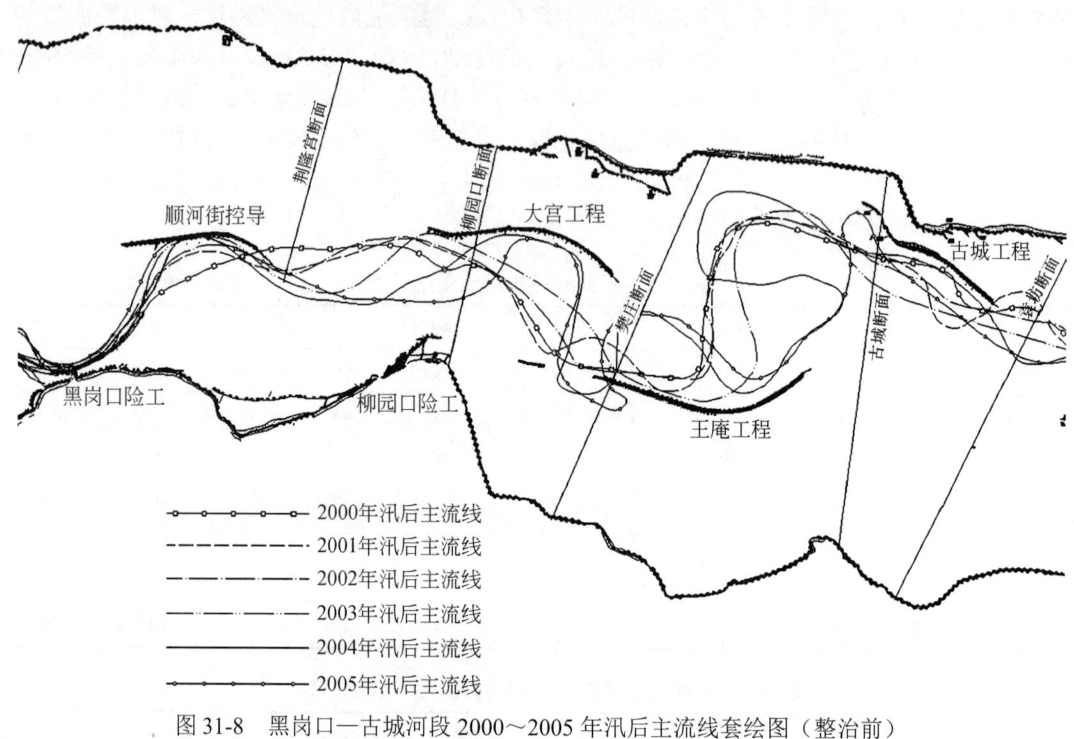

图 31-8　黑岗口—古城河段 2000～2005 年汛后主流线套绘图（整治前）

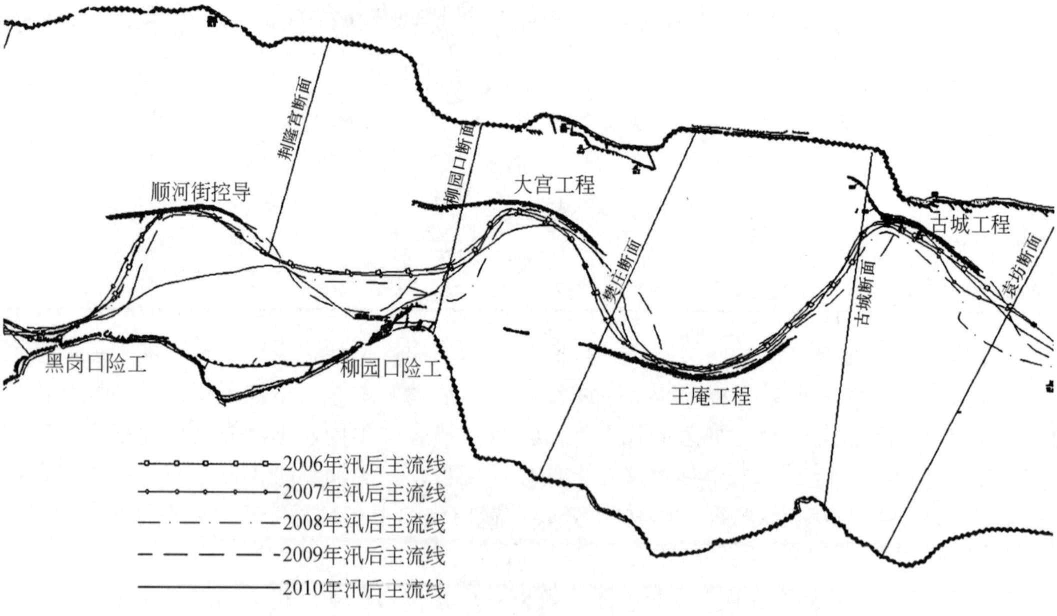

图 31-9　黑岗口—古城河段 2005～2010 年汛后主流线套绘图（整治后）

2. 主流线在断面上的分布

以下通过主流线在横断面上起点距的变化反映河道整治工程对河势的控制作用。

把相邻的上、下游两个断面同一时间的起点距分别作为横、纵坐标点绘在坐标图上，可以看出主流线在断面上的分布特点。图 31-10 为过渡性河段密城湾和营房断面主流线起点距相关图，可以看出以下几个特点。

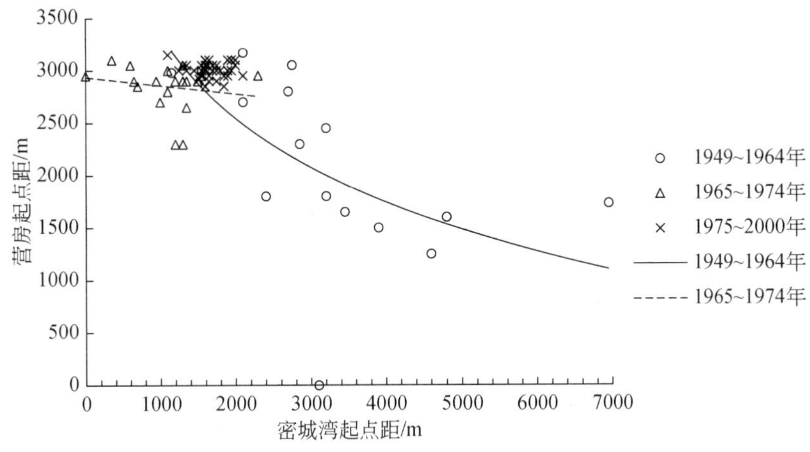

图 31-10　密城湾、营房断面主流线起点距相关图

1）整治后主流线在断面上的分布区间与整治前相比明显缩小。整治前（1964 年以前）密城湾断面的主流线分布在起点距 1000～5000m 之间，相应营房断面主流线分布在起点距 1200～3200m 之间；在整治过程中（1965～1974 年）密城湾断面主流线分布区间缩小到 0～2100m，变化范围缩小约 50%，相应营房断面主流线分布区间缩小到 2300～3100m 之间，变化范围减少了 60%；整治后（1975～1984 年）密城湾和营房断面主流线的分布区间更是缩小到不足 800m 和 300m，近年来（1986～2000 年）仍然维持在这样的水平。

2）主流线在断面上的摆动存在一定的关联性，但起决定作用的仍然是河道整治工程。整治前主流线在断面间的摆动虽然较大，但仍然存在一定的相关性，当密城湾断面向左摆动时，营房断面向相反方向摆动，河势呈现出“一弯变、多弯变”向下游传播的特性；整治期间及整治后由于摆动区间减小，相关性相应减弱，说明这时的主流线的分布受工程控制的因素更加突出。

3）主流线在断面上的分布与断面位置有关，在弯道进口段主流线较为分散，弯道出口段的主流线较为集中。说明弯道对主流的调整作用较大，有利于河势的稳定。图 31-11 为营房断面与彭楼断面不同时段主流线起点距位置图。营房断面位于营房湾出口，左侧无工程控制，整治前主流线在断面上的分布比较散乱，整治后主流线逐步靠向右岸工程，并且维持在 300m 左右的变化范围内。彭楼断面位于营房湾与彭楼湾之间的直线段，上距营房断面约 5.7km、下距彭楼工程弯道约 2.5km，两侧没有工程约束，整治后的主流线分布区间虽较整治前有所减小，但减小程度不及营房断面。

以上诸点表明河道整治工程发挥了控制河势的作用。

游荡型河段中黑岗口—曹岗河段主流线在黑岗口、柳园口及古城、曹岗断面上的位置见图 31-12 和图 31-13（为便于比较，古城断面的起点距向左移动了 1000m）。

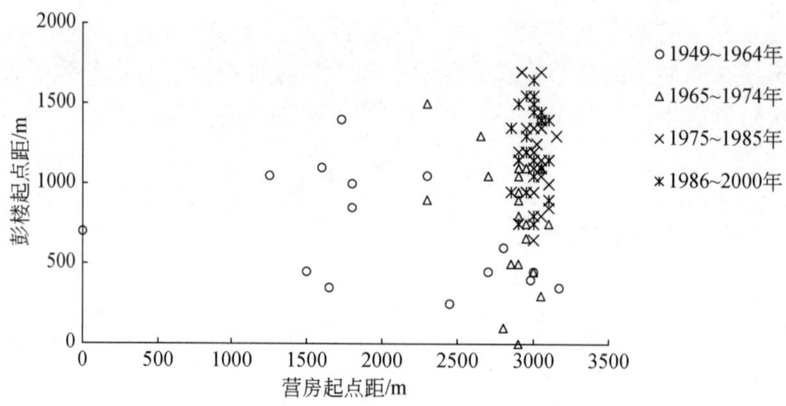

图 31-11　营房、彭楼断面主流线起点距点绘图

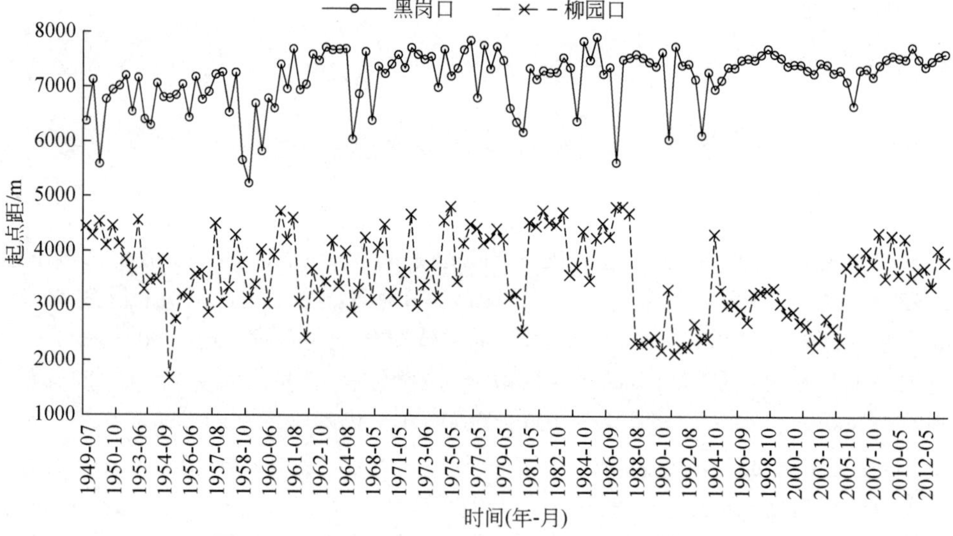

图 31-12　黑岗口、柳园口断面主流线起点距变化图

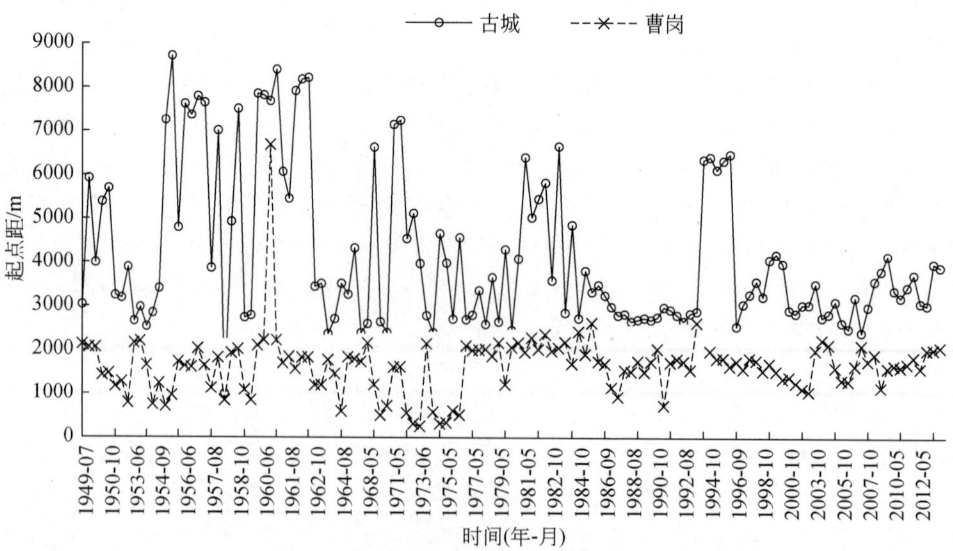

图 31-13　古城、曹岗断面主流线起点距变化图

从图中看出，其特点与过渡性河段相似，即：

1）工程下首，即弯道出口主流线的摆动范围明显小于进口和直河段。黑岗口和曹岗断面的主流线摆动范围明显小于柳园口和古城断面。

2）整治后主流线在断面上的分布区间明显小于整治前，1998 年以后加大了对该河段的整治力度，主流线的分布区间明显小于 1998 年以前。整治期间，柳园口险工大部分不靠溜（图 31-8），经过整治后，柳园口险工开始靠河着溜，以下河势趋于稳定，位于古城弯道上游的古城断面摆动范围由前期的 3～4km 减少到不足 1km。

3）主流线在断面上的分布与工程布置有关，但相关性不如过渡性河段。从图 31-12 也可以看出在黑岗口上延和顺河街控导工程没有修建以前（1996 年以前），柳园口与黑岗口主流线在断面上的位置分布较广，且基本上不相关。黑岗口上延控导工程修建后，黑岗口断面主流线起点距集中分布在 7100～7800m 的区间内，而柳园口断面主流线分布出现了两个区间，其中 2005 年以前集中在 2300～2900 范围内，2005 年以后集中在 3500～4300 范围内，这主要是由于 2003 年后顺河街工程靠河着溜，工程发挥作用，将主流逐步导向柳园口险工（39 坝以下靠溜），主流相对稳定，从而为以下至曹岗河段的河势稳定奠定了基础。

尽管游荡性河段的河道整治难度大，但已修建的河道整治工程发挥了控制河势的作用。

二、增大、维持主槽排洪能力

根据河床演变学和河流动力学理论，冲积河流的断面形态与上游来水来沙条件有关；在其他条件不变的情况下，相同断面面积不同形态断面的排泄洪水的能力不同，相对窄深的矩形断面排泄洪水的能力明显大于宽浅不规则的断面。

（一）断面趋向窄深，主槽排洪能力增大

河道经过整治后，从平面上看，主槽单一、河宽减小，弯曲系数变化不大，有利于河道排泄洪水。从断面上来看，主槽横断面趋向窄深，有利于排泄洪水和泥沙，主槽比降虽略有减小，但减少不明显，远小于横断面变化对排洪能力的影响。对黄河下游相对宽浅的河道断面，河道的排洪能力可用以下水力学公式表示：

$$Q=\frac{1}{n}h^{\frac{5}{3}}J^{\frac{1}{2}} \tag{31-1}$$

式中：Q 为流量，m^3/s；n 为河床糙率；h 为水深，m；J 为河道纵比降。

由于河道的过洪能力与水深的 5/3 次方成正比。河道通过整治以后，由于主槽稳定，河道断面相对整治前窄深，更有利于排泄洪水，同时主槽稳定后糙率也比经常变化的河槽糙率低，这对排泄洪水有利。图 31-14 为不同时期彭楼断面套绘图，从图中可以看出，1969～1971 年间，彭楼断面变化较大，这期间修建了马张庄控导工程 1～23 坝，初期靠溜不稳，营房险工靠溜部位也在发生变化，彭楼工程靠溜时常上提下挫，彭楼断面主槽也随之变动，经过 1971～1973 年的调整，营房险工靠溜部位基本维持在 15～20 坝之间，至 1973 年彭楼断面已经形成较好的矩形断面，并一直维持了下来。

图 31-15 是古城断面 2000 年和 2005 断面图，对照图 31-9 可以看出，经过整治后主槽更加稳定，同时加上小浪底的调节运用，主槽断面更加窄深，过流能力增加了 1 倍以上。大大提高了主槽的排洪能力。

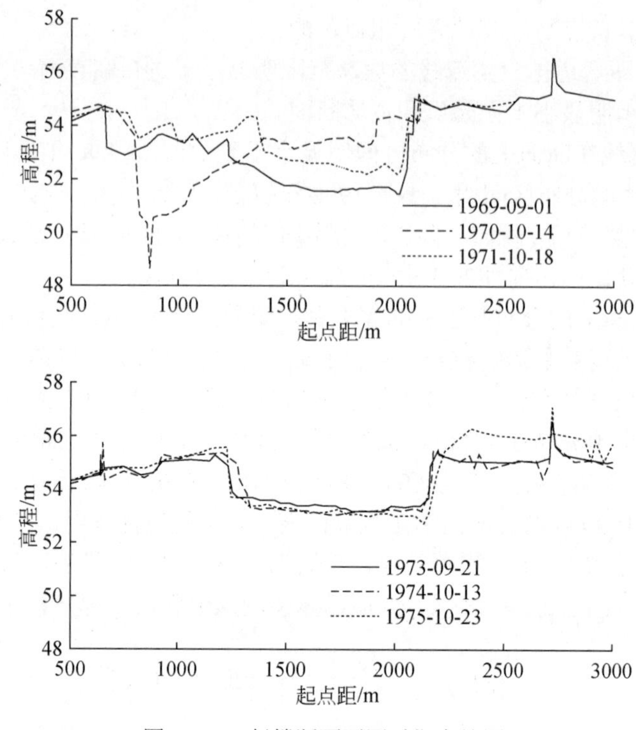

图 31-14 彭楼断面不同时期套绘图

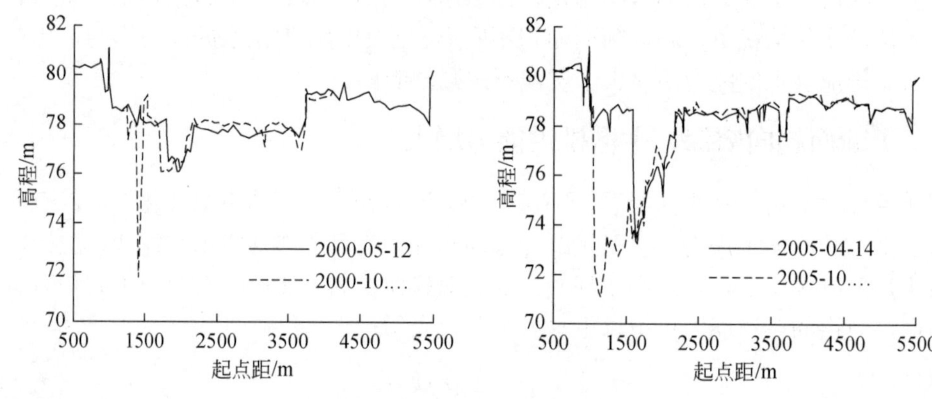

图 31-15 古城断面不同时期套绘图

（二）河道淤积抬高后维持断面形态

河道经过整治以后，河槽的排洪能力能否维持下来取决于主槽断面。图 31-16 为营房断面套绘图，由于该河段整治工程比较完善，期间虽然水沙条件变化较大，河床平均抬高了 2.5m，但主槽的淤积抬高并未引起主槽摆动，同时，断面形态和尺寸变化较小，说明河道整治工程在限制主槽摆动和保持断面形态过程中起到了决定性作用，从而有效地维持了主槽的排洪能力。

需要指出的是生产堤的存在，限制了生产堤背河侧滩地的淤积抬高，使主槽的淤积抬高速率快于生产堤至堤防之间的滩地，一旦出现水位较高的大洪水，水流出槽后，由于滩地横比降的存在，在工程控制较弱的河段，主流容易失去控制，形成顺堤行洪，影响防洪安全。

同时，河道经过整治后，限制了畸形河弯的发展，基本消除了因河槽阻力明显增加所导致的局部河段壅水和卡冰现象，对确保防洪和防凌的安全意义重大，社会效益和经济效益显著。

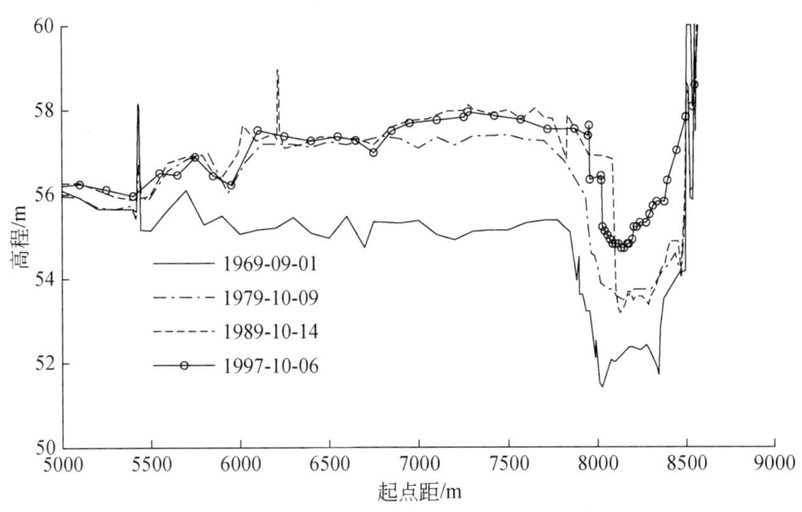

图 31-16　营房断面 1969～1997 年套绘图

三、改善防汛形势

黄河下游防汛工作的基本方针是“安全第一、常备不懈、以防为主、全力抢险”，对险情抢护的原则是“抢早抢小”。确保防洪安全的首要任务是减少险情和限制险情的发展。经过河道整治以后，从根本上扭转了黄河下游“背着石头撵河”的被动抢险局面，使防汛工作重点突出。

（一）减轻了临堤抢险被动局面

在河道整治前，由于主槽摆动频繁，“横河”“畸形河弯”等威胁防洪安全的不利河势时有发生，各地险情不断，防洪重点不突出，“背着石头撵河”成为下游防汛的突出问题。例如，1961 年汛期，东坝头桐树园坐弯，导溜至禅房，直逼贯孟堤，造成临堤抢险；1985 年 6 月 17 日，花园口站洪峰流量 8100m^3/s 的洪水之后，神堤以上河段，南岸赵沟工程下首滩地坐弯导溜，形成“横河”直冲北岸化工与大玉兰工程之间的空当，成入袖之势，造成多年不靠水的孟县黄河堤出险。

河道经过整治以后，工程沿规划治导线布置，通过强化河床边界条件，使主流变幅缩窄，且被控制在排洪河槽宽度之内，避免了“横河”、“畸形河弯”等威胁堤防安全的不利河势发生，减轻了临堤抢险的紧张局面。例如，封丘大宫控导工程的修建，控制了大溜直冲辛店堤段；古城和府君寺控导工程的续建，控制了主溜顶冲曹岗险工上首堤防薄弱段；贯台、东坝头控导、禅房控导工程的修建不但截断了东坝头河湾的北河，而且避免了类似 1933 年、1949 年、1965 年汛期贯孟堤抢险的危险局面，1933 年大水时，河出东坝头以后，直冲长垣大车集一带的堤防，主流向西北摆动了 10 多 km，堤防平工段发生多处决口，而 1982 年洪水时，主流出东坝头后，方向与 1933 年相似，主流未及贯孟堤即遇禅房控导工程，导流向右岸蔡集、王夹堤一带，确保了左岸堤防安全；1964 年汛期花园口站最大洪峰流量 9430m^3/s，沿河各地河势变化很大，不少险工脱河，花园口—东坝头之间的高滩坍塌出险，堤防偎水，高村—陶城铺河段滩地漫滩，串沟、堤河走溜，造成多处平工堤段出险，而 1982 年汛期花园口站最大流量 15300m^3/s，整个洪水过程河势没有发生大的变化，未出现平工变险工现象。1982 年、1996 年汛期大水，滩区大量进水，双井、老宅庄等多处工程漫顶，部分坝垛被冲毁，洪水过后，水流归槽，河势没有发生大的变化，堤防平工段基本未出险，更没有发生整治前“背着石头撵河”的被动抢险局面，防洪压力大大减轻。

（二）突出了防守和抢护重点

下游河道在有计划整治以前，防洪没有重点，主溜顶冲到哪里，哪里就发生险情，不仅临堤抢险紧张，而且沿堤布满了防护工程。开展河道整治以后，减少了主溜顶冲堤防段长度，使防洪有了重点，减少了防洪的被动性。如郑州保合寨—中牟九堡险工，河道长 48km，至 1966 年先后修有保合寨、花园口、申庄、马渡、三坝、杨桥、万滩、赵口、九堡等 9 处险工，工程几乎首尾相连，险工长度合计 43km。在修建花园口东大坝下延、双井、马渡控导工程前，主溜顶冲位置不定，所有险工段均有可能靠溜出险，而且小空当平工段也会出险。如花园口险工下首赵兰庄一带有 1.4km 的平工段，1967 年汛末，主流以“横河”之势冲向此平工段，堤前滩地不断坍塌后退，主流直逼此段堤防，为确保堤防安全，被迫在此平工段前抢修了 6 道坝、一个垛；1988 年汛期三坝险工受“横河”顶冲，5～21 坝相继出险，其中 14～15 坝出现严重险情，进行了紧急抢护。河道整治后，河势流路控制为花园口－双井－马渡，基本避免了申庄、三坝、杨桥、万滩 4 处险工靠溜顶冲的局面。

黄河下游河道整治遵循“中水整治、考虑洪枯”“以弯导流、以坝护弯”的原则。河道经过有计划的整治后，主要靠弯道导流，弯道上段为迎溜段，中段为导溜段，下段为送溜段。大量的观测资料表明，当水流经过弯道时，工程受大溜顶冲的部位一般在工程中上段，同时受水流冲刷最严重的坝段为 5 道左右，虽然随流量的不同，靠溜部位会有上提或下挫，但一般不会超过 3～5 道坝，也就是说常年受大溜顶冲的坝段相对固定，一般长度约 1000m。工程险情主要是因流速过大导致的局部冲刷坑加深、扩大或坡面根石坍塌，一般通过加抛根石等措施就可控制，这就有效减少了工程出大险和抢大险的不利局面。如，1988 年 8 月鄄城郭集控导工程 21～23 坝抢险、1996 年 8 月杨集上延工程 3～5 垛抢险、2003 年 9 月封丘顺河街 14、16 坝抢险等均是由于大溜顶冲工程，基础淘刷，根石下蛰所致。这类险情多出现在 2～3 道重点靠溜坝，出险长度 200～300m，这就便于组织人力和料物进行抢护，大大减轻了防洪抢险压力。

（三）有利于险情预估和制定防守预案

河势演变具有“一弯变、多弯变”的特点。黄河下游采用的是微弯型整治方案，该方案利用了天然河道的弯曲特性，河道经过整治以后，流路稳定，弯道着溜点相对固定，河弯之间的相互关系更加明确，通过分析不同流量下的工程靠溜部位和上下游河弯之间的对应关系，结合各工程的平面特点，可以对工程出险部位和出险情况进行预估，有针对性地制定工程抢险预案，有效地消除被动抢险局面和减少洪水灾害。例如，彭楼—邢庙河段经过整治后，各工程之间靠溜部位存在较好的对应关系。当彭楼靠溜部位在 26 坝以上时，老宅庄工程靠溜部位在护岸（长约 800 余 m）以下、桑庄险工 13～15 坝靠溜，李桥险工 41 坝以下着溜，河势较为规顺。当彭楼险工 27～29 坝靠溜，老宅庄河势上提至护岸以上，桑庄险工靠溜部位下挫，芦井控导工程靠溜，导致李桥险工河势上提至 41 坝以上，直接威胁堤防安全。1974～1986 年彭楼险工靠溜部位在 26 坝以上（图 31-17），以下河势控制较好，多年未发生大的险情。1988 年以后，彭楼险工河势下挫至 26 坝以下，受下首 28～29 坝挑溜，大溜顶冲老宅庄控导工程，桑庄溜势下滑至 17 坝附近，李桥险工河势上提，41 坝以上滩地迅速坍塌后退，主流距堤防最近处仅 200m。1990 年汛前修建了李桥险工 40～38 坝，汛期即发挥了作用。1991 年老宅庄河势继续上提至 3～4 垛，桑庄险工溜势下滑至 20 坝附近，芦井控导 8～10 垛靠溜，李桥河势继续上提，根据河势分析情况修建了李桥上延控导工程 36、37 坝。1994 年汛期又修建了 27～34 坝，致使该河段河势基本维持至今。

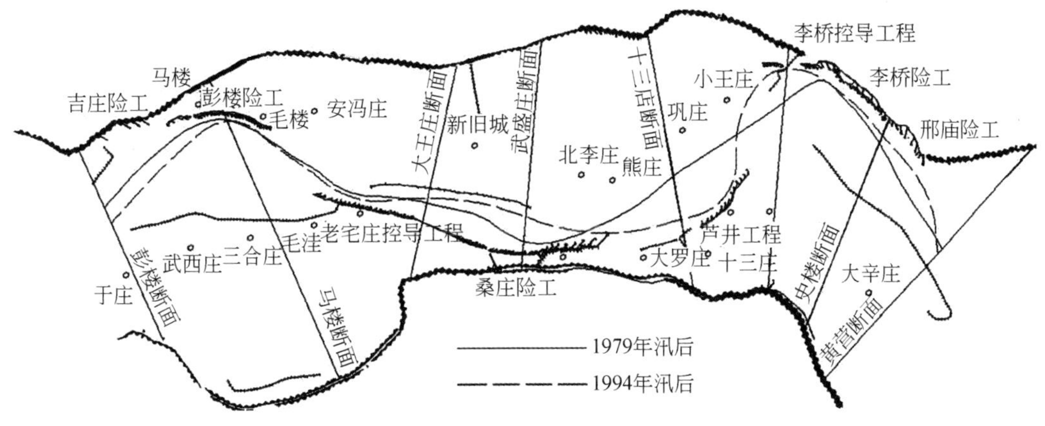

图 31-17　彭楼—邢庙河段主流线套绘图

参 考 文 献

胡一三，刘贵芝，李勇，等. 2006. 黄河高村至陶城铺河段河道整治. 郑州：黄河水利出版社

黄河水利委员会黄河志总编辑室. 1991. 黄河防洪志. 郑州：河南人民出版社

第三十二章　利于滩区和两岸经济社会发展

一、减少滩区灾害

黄河下游两岸堤防之间有大小不等的滩地 120 多个，总面积达 3154km^2（含封丘倒灌区），占下游河道总面积的 65%。滩区内有村庄 1928 个，人口约 189.5 万，耕地面积 340.1 万亩。虽然滩区的主要作用是滞洪沉沙，但尽量减轻滩区群众灾害损失也是下游防洪的重要任务之一。

（一）减少了滩地坍塌和村庄掉河

在进行河道整治以前，由于主槽摆动频繁，滩槽变化快，滩地坍塌现象时常发生。较高的滩地坍塌后，一段时间内难以恢复，而新淤积的嫩滩需要经过多次的淤积抬高才能转化为可耕地。滩地的坍塌后退，致使河道主槽断面更加宽浅，失去滩岸控制的主流摆动范围进一步加大。从多年的治河实践中人们认识到保护滩地的重要性。在河道整治初期，人们首先想到的是“把滩沿用抗冲材料裹护起来，防止其进一步坍塌后退”，这些工程以“护滩为主”，故称“护滩工程”。随着河道整治的进行，仅仅把滩地固定下来已经不能满足防洪和国民经济发展的需要，“控导主流”已经成为河道整治的主要任务，同时随着筑坝技术的提高和经济实力的增强，水中进占修筑的坝垛逐渐增多，工程对主流的控制作用增强，主流摆动范围大大减小，滩岸线相对稳定。河道整治工程不仅保护了工程所在地段的滩地和村庄，同时整治河段的滩岸也不再坍塌后退。

据不完全统计，陶城铺以上宽河段，1950～1976 年间，共塌村 256 个，塌失耕地 167 万亩。如严重的河南濮阳密城湾，1958 年以前就有 28 个村庄因主流摆动塌入河中；1969～1973 年先后修建了马张庄和龙常治控导工程，稳定了主流，该河段河势得到了基本控制，大规模地塌滩现象基本消失。1976 年以来，基本没有发生村庄塌入河中的现象，避免了大量的社会问题。再如，河南原阳 1961 年、1964 年、1967 年 3 年塌失滩地 18 万亩，7 个村庄掉入河中；1968 年在南裹头下游的对岸原阳滩上修建了马庄控导工程，限制了主流向北摆动，导流至花园口险工，在花园口下游对岸又修建了双井控导工程，导流至马渡险工，使南裹头—马渡河段主流得到了基本控制，原阳滩未发生过村庄掉河，滩地坍塌现象也大大减少。

（二）减轻了洪水威胁，利于滩区经济发展

河道未整治前，由于主槽断面宽浅，中小洪水水流漫滩，串沟、堤河进水，常常阻断生产道路，淹没低洼耕地，围困村庄等，严重影响了滩区群众正常的生产生活。河道经过整治后，河槽变窄，过流能力增强，中常洪水被限制在主槽内，同时，河道整治工程起到了截断串沟的作用，避免了中常洪水滩区大面积进水。如蔡集和王夹堤控导工程的修建和完善，截断了多条串沟的进水通道，东明防护坝的修建，基本缓解了堤河对堤防的威胁，

使平滩流量以下洪水东明南滩基本不漫滩，焦园和长兴集两个乡多年的低洼地积水、村庄被围的现象得以消除。

整治效果较好的河段，滩岸线稳定，中水河槽得以维持；小水不塌滩、不漫滩，大洪水漫滩后，泥沙在滩地淤积，滩地逐步淤高，使滩地进一步得到巩固。滩区灾害主要表现为较大洪水的淹没损失。

为了减轻滩区灾害，有利于滩区群众发展生产，进行了滩区安全建设，通过外迁、修建村台、撤退桥梁和道路等措施，保证了滩区居民生命及主要财产安全，有效地减少了洪灾损失。1988～1996 年，国家还安排了黄河下游滩区水利建设。2006 年国家实行减免农业税政策后，2012 年财政部又印发了《黄河下游滩区运用财政补偿资金管理办法》，该办法明确了对滩区群众受灾作物和房屋进行补偿，大大提高了滩区群众发展农业生产改善生活条件的积极性，有利于滩区经济的发展。

通过河道整治和多种滩区治理措施，有效减轻了洪水对滩区居民的威胁。生命和主要财产安全有了保障，滩区补偿政策实行以后漫滩洪水造成的损失会得到补偿，滩区居民的生活水平不再因漫滩而造成降低，利于滩区经济社会发展。

二、利 于 引 水

新中国成立前，黄河干流引水灌区主要分布在宁蒙河套灌区。黄河下游由于河道主槽淤积严重，特别是受河道变迁的影响，黄河水沙利用率极低。随着 1950 年建成利津綦家嘴引黄闸和 1952 年建成引黄济卫渠工程（后改为“人民胜利渠”），下游开始发展引黄灌溉，初期由于大水漫灌等原因，造成灌区土壤盐碱化，1962 年停止引黄灌溉，转而大量开采地下水发展井灌。黄河下游两岸属半干旱地区，年均蒸发量大，大多数区域除黄河水和依靠黄河补源的地下水外，再无其他可靠水源，随着人口和种植面积的快速增加，仅靠地下水已远远不能满足两岸工农业用水的需要，人们开始认识到源源不断的黄河水是两岸工农业生产不可或缺的宝贵水源，同时高于地表的“悬河”为自流引水提供了得天独厚的条件。通过不断探索，在改变灌溉方式后于 1966 年起逐渐恢复并发展引黄灌溉，同时开始利用黄河水沙改造沿黄两岸沙荒盐碱地。

在河道整治以前，因河势摆动较大，取水口经常脱溜，引水困难，灌溉及用水无法保障，极大地影响了当地工农业发展。通过河道整治，有效地缩小了河势变化，限制了主流的摆动，稳定了中水河槽，利于涵闸取水口安全和取水，提高了引水保证率，为经济社会的可持续发展做出了贡献。

（一）稳定河势利于引水

三门峡、花园口、位山枢纽的修建，人们普遍认为下游防洪问题可以解决，下游的主要问题转为如何兴利，在 1958 年“大跃进”形势之下，1958～1963 年，黄河下游先后建成引黄涵闸 25 座，其中河南 13 座（含原阳滩区幸福渠渠首），山东 12 座（黄河水利委员会黄河志总编辑室，1998 年）。灌溉控制面积 5586 万亩，其中河南 786 万亩，山东 4800 万亩。由于河南河段河道宽浅，引水保证率低，灌溉面积远不及山东，其中高村—陶城铺过渡性河段设计引水能力和灌溉面积分别为 970m^3/s 和 1302 万亩，而实际灌溉面积不足 100 万亩，不到设计灌溉面积的 8%。除灌区配套措施没有跟上外，另一个主要原因就是主流摆动不定、河势变化频繁，引水口时常脱河，一些闸门常年引不上水。例如，刘庄闸 1959 年建成，由于河势摆动，靠溜条件不好，为改善引水效果，1960 年在上游对岸南小堤修建了长约 2000m 的截流坝，又因上游河势未得到很好的控制，到 1972 年的 13 年间，仅 1958 年、1959 年、1961 年和 1963 年靠河，以后河势下挫，多年无法引水，不得不在刘庄闸以下 3km 处修建郝寨闸。郝寨闸建成后，由于靠溜不稳，也基本没有发挥作用。1973 年后在上游先后下延了高村险工，修建了南小堤上延等一系列工程，这些工程的修建使刘庄一带河势上提，主流基本控制在刘庄闸门附近，涵闸引水保证率明显提高，引水有了保障，用水量逐步提高。

通过河道整治，河势得到基本控制，涵闸引水条件大为改善，引水保证率大大提高。1977 年以后，在高村—陶城铺河段除对原有的涵闸进行改建外，又增修了高村、于庄、邢庙、杨集 4 座涵闸。截至 2010 年，该河段共有引黄涵闸 16 座，设计引水流量共计 490m^3/s，是整治前的 50%，但灌溉面积近 600 万亩，是整治前的 6 倍。

河南中牟赵口老闸 1970 年修建，设计引水流量 210m^3/s，设计灌溉面积 167 万亩。该河段有计划进行河道整治前，河势摆动剧烈，靠河概率不高、加上灌区不配套，建成后实际灌溉面积仅 8 万亩，1981 年对老闸进行了改建，但由于闸门引水条件不好，实际灌溉面积仍未超过 8 万亩，1985 年以后主流开始偏向赵口险工，赵口闸引水条件开始好转，河南省加快了灌区配套，1990～1992 年年均引水量 1.71 亿 m^3，1993 年初，马渡以下主流北滚，原靠河的杨桥、万滩险工逐步脱河，赵口险工处主流分为东西两股，赵口闸引水条件恶化，1993 年汛后只能靠回流引水(图 32-1)，这年郑州地区降水量为 559mm，为多年平均的 85%，属干旱年份，但赵口闸引水量仅 0.47 亿 m^3，为前三年的 30%。为控制主流，减少滩地坍塌和有利于赵口闸引水，1995 年开始陆续修建武庄控导工程，同时加大马渡控导工程的下延力度，至 2006 年马渡控导工程共下延 1700m，修建武庄控导工程 3480m，赵口险工靠溜基本稳定在 8 坝附近，大大改善了赵口闸的引水条件，赵口闸年引水量恢复至 1.7 亿 m^3 左右，为正在实施的灌区改造和发展创造了条件。

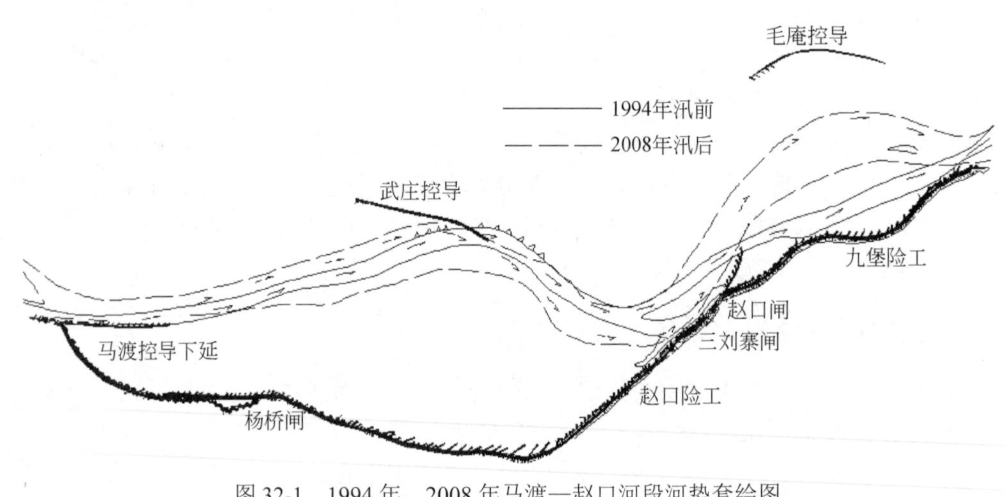

图 32-1　1994 年、2008 年马渡—赵口河段河势套绘图

（二）在河道整治工程上修建取水口运行安全

河道采取微弯型整治后，“以坝护弯，以弯导流”，稳定的河势为选择合适的取水口提

供了便利条件。在弯道布置取水口，既有利于取水，也有利于保证取水口的安全。目前黄河下游有引黄闸 94 座，取水口均布置在险工或控导工程上。特别是高村以上宽河段，由于主流距堤防较远，取水口至堤防之间需开挖引渠，为防止不引水时泥沙淤积引渠，往往需要在控导工程上布置“防沙闸”，作为引黄水闸的取水口。河道经过整治后，水流规顺，弯道靠溜稳定，在弯道上布置引水口有利于引水，同时弯道上的坝垛护岸对引水口具有很好的保护作用，保证了“防沙闸”的运行安全。如，河南原阳县的韩董庄和柳园引黄闸取水口分别布置在马庄和双井控导工程上、山东东明县的阎潭、谢寨引黄闸取水口分别布置在王夹堤和老君堂控导工程上等。

（三）利于放淤改土

由于历史上频繁决口，以及“悬河”向地下侧渗等原因，黄河下游两岸原来分布有 300 多万亩沙荒盐碱地。为了发展农业，需要改良这些沙荒盐碱地，利用黄河水含沙量大的特点进行放淤改土。随着河势的稳定，取水条件得到了改善，沿黄地区 20 世纪 60 年代中期开始利用汛期洪水含沙量大、有机肥含量高的黄河水放淤改土。

黄河滩面高于背河地面，加之筑堤取土，堤防背河侧地势低洼、常年积水，同时还存在大量盐碱地，这些严重影响了附近村庄群众的生产生活。河势稳定后，涵闸引水便利，洪水期引含沙量大的黄河水进入低洼地，沉沙落淤，改善当地群众生产生活条件。例如，兰考在河势相对稳定后，1975～1979 年连续四年在背河的三义寨乡范台大队放淤，共淤改土地 604 亩，粮食产量由放淤前的亩产 298kg/亩，上升至 1982 年的 745kg/亩，亩产提高了 1.5 倍[①]。再如 1986 年鄄城县利用旧城闸后渠道，沉沙 100 余万平方米，改善低洼地 105hm^2，极大地改善了背河低洼地带群众的生产生活条件。

黄河下游河道淤积，主槽淤积抬高速率大于滩地，至滩唇愈远淤积速率愈低，至堤根附近淤积最少，加之多次堤防加高加固取土等原因，造成堤根低洼，河道内横比降远大于河道纵比降，洪水漫滩后易形成串沟过水顶冲堤防或顺堤行洪，直接威胁堤防安全。河道整治不仅有利于堤防安全，而且为利用较高含沙量洪水放淤改善堤根低洼地带创造了条件。大规模地开展河道整治前，由于主流摆动频繁，滩地此消彼长，取水口变化无常，放淤时机和地点难以确定。开展河道整治后，主流发生较大摆动的现象基本消除，利用河道整治工程靠溜稳定、导溜能力强的特点，在河道整治工程下首修建涵闸或开挖引渠，汛期引较高含沙量洪水进滩，在地势低洼的堤根处落淤，效益显著。例如，1975 年在营房险工下首修建简易闸门，洪水期开闸放水，50 小时就将 8km 长的堤根淤厚 0.5～3m，并将深 2m 以上的塘坑全部淤平，大大改善了堤根低洼的不利局面。1985 年 5 月，在范县邢庙险工下首宋楼挖引渠，初步估算，汛期共淤滩近 100km^2，普遍淤厚 0.6～1m，淤土方 8700 万 m^3。

通过洪水期的放淤改土，堤防背河侧 300 多万亩沙荒盐碱地普遍淤高，土质同时得到改良，经过耕作已成为不可多得的良田。临河侧的部分堤河洼地也进行了淤高、改良，这不仅减轻了漫滩洪水顶冲堤防、顺堤行洪的威胁，也增加了可耕农田。

① 黄河水利委员会黄河志总编辑室. 1986. 河南黄河志

三、利 于 交 通

黄河下游由于径流量年际年内变化大，在未整治以前，河道宽浅、主槽频繁摆动，且枯水期水深很小，不能通航；汛期洪水陡涨陡落，河槽冲淤变化快，局部冲刷大，不利于船只通行和桥梁安全。随着下游河道整治的开展，河势逐步规顺、主槽趋于单一，为航运提供了一定的条件。但随着经济的发展，两岸用水量的增加，河道内水量逐步减少，航运萎缩，随之而来是横跨河道两岸的桥梁迅速增加，从新中国成立时仅有郑州京广铁路桥和济南津浦铁路桥，迅速增加到21世纪初的30余座。

（一）河道整治与下游航运

晚清及民国时期，黄河航运主要由民间经营，用木帆船运输农副产品及修防物料。据《中国实业志》统计，1934年时，山东黄河船只已达300余艘，年货运约40万t，是新中国成立前最多的时期（山东黄河河务局，1988）。1938年黄河在花园口扒口改道，下游航运中断，船只损失很大。1947年3月黄河回归故道，山东河段首先恢复航运，主要是客运和运送防汛抢险物质，船只为吃水较浅的木帆船，年运量不足2万t。随着河道整治的开展，河道主槽单一，主流基本稳定，断面形态趋向窄深，对航运起到了促进作用，尤其是河道整治进行早的窄河段，航运业发展较快，至20世纪70年代，开始发展机动船舶，木质帆船减少，单船吨位增加到150t左右，并出现了500t级的定型货轮。经过河道整治初步或基本控制了河势的河段，水流集中、规顺，至20世纪80年代，下游航运达到鼎盛时期，仅山东河务局就有轮驳船101艘，总吨位11767t，年运量接近40万t。这不仅便利了交通，利于工农业发展，也为抢险时运输防汛料物提供了条件。

由于黄河流经干旱和半干旱区域，随着工农业的发展，沿程用水量急剧增加，黄河下游水量少、且不均衡，1972年山东河段首次出现断流，20世纪90年代几乎年年断流，这就直接导致航运中断，船只报废，航运业迅速萎缩。至90年代末，河南、山东河务局先后撤销了船运队，基本终止了航运，民间航运也大都转向了旅游业。

（二）河道整治与桥梁工程

黄河下游在河道整治开展以前，跨河建筑物少，仅有京广、津浦两座跨黄河铁路大桥。主流摆动大、施工和运行安全制约因素多，均是跨河建筑物少的原因。随着河道整治的开展，河势趋于稳定，受河势变化的影响因素逐步减弱，加上施工工艺的提高，跨河桥梁工程近些年发展很快。河势稳定对跨河建筑物的影响主要表现在以下两个方面：

1. 利于桥梁位置选择

河势摆动及河道冲淤变化不利于跨河建筑物位置的确定，且影响导流建筑物布置及运行安全。早期的跨河建筑物大都选择在两岸有天然节点或工程控制的卡口处，如20世纪初建成的郑州京广铁路老桥右岸为邙山，左岸为1855年形成的高滩，该处宽度约为3000m，是下游游荡型河段的最窄处。河道整治以后，由于河势稳定，主流变化范围小，尽管堤距宽，但河槽与滩地位置相对稳定，修桥时主桥的位置和长度易于确定，一般不需要在两岸大堤之间都按主桥考虑。如孙口京九铁路桥，位于龙湾和孙口断面之间，上游左岸有梁路口控导工程，下游右岸是蔡集控导工程，尽管桥位处两岸都没有工程，但该河段经过整治以后，河势稳定，主流一直沿规划治导线运行，对桥梁安全无威胁。

2. 利于桥梁设计施工

在开展河道整治以前，河道主槽摆动大，滩地不固定，无论是主槽内还是滩地上的桥墩基础深度均按最大冲刷深度设计，桥墩间距基本一致，如 1960 年建造的郑州京广铁路桥，桥位处由于主流变动频繁，该桥共布置了 71 跨，每跨均为 40.7m，桩基入土深度 30m（刘栓明等，2006 年）。河道经过整治以后，主流相对稳定，滩地变化不大，为避免桥墩阻水和降低工程造价，主槽和滩地上的桥墩采用了不同的间距和深度，如 2004 年开工建设的阿深高速开封黄河特大桥，位于游荡性型河段，上游距古城控导工程约 1km，下游距府君寺控导工程约 1.1km，桥位处堤距 7800m，采用全跨方式穿过黄河。由于整治后河势稳定，主槽宽度维持在 800m 以下，该桥在设计时将冲刷分为主槽、嫩滩、高滩，冲刷深度分别取 20m、12m、5m，基础以上部分分别采用了不同的结构，其中主桥全长 1010m，为 8 跨（1×85m+6×140m+1×85m）预应力混凝土斜拉桥；南北岸滩地部分副桥分别采用 41 跨×50m 和 33 跨×50m 连续 T 型梁；南北高滩副桥均采用组合箱梁，分别为 72 跨×35m 和 15 跨×35m。由于滩地部分与主槽部分采用了不同基础深度、跨度和结构，降低了工程造价。从历史上已发生的河势情况看，整治前主流变化范围在 5km 以上，也就是说主桥修至 5km 以上也无法保证桥梁安全，而利用河道整治后主流趋向稳定的条件，桥梁结构可按河槽滩地分段设计和施工，在排洪河槽宽度内按主槽冲刷深度水中施工，其余按滩地冲刷深度设计、旱地施工，可大大降低工程造价。需要说明的是，影响河势演变的因素很多，修桥一定要留有余地，主桥的长度要宁长勿短，以确保桥梁安全。

参 考 文 献

黄河水利委员会黄河志总编辑室. 1998. 黄河志・黄河流域综述. 郑州：河南人民出版社

刘栓明，侯全亮，刘新华，等. 2006. 黄河桥梁. 郑州：黄河水利出版社

山东黄河河务局. 1988. 山东黄河志. 济南：山东新闻出版局

第七篇　黄河上中游河道整治

黄河上中游河道很长，但大部分为山区河段。防洪任务突出的有兰州市区河段、宁夏内蒙古河段，其他河谷较宽的河段防洪中仅涉及滩地和少量的村庄。

直至目前黄河进行的河道整治仍是以防洪为主要目的的河道整治。在甘肃境内有数百千米河道河谷较宽，但两岸村庄绝大部分在设计洪水位以上，对于少数位于设计洪水位以下的村庄，在其临河侧可修建局部堤防，以保村民安全；在保证排洪的前提下，对河势变化大的河段，为减少滩地大量坍塌，可修建防止滩地坍塌、顶部高程与滩面平的护岸工程。青海境内河谷较宽的河段也采取了上述方法。

禹门口—潼关的小北干流河段，长 132.5km，左右岸分属山西、陕西两省，两岸为高达数十米的高岸，属无堤防河段；河谷宽达 3～18km，河势变化速度快、幅度大，属游荡性河型。历史上两岸为争种滩地多次发生纠纷。为解决两岸纠纷，1952 年政务院就做出了“以黄河主流为界，两岸不准过河种地”的指示，1953 年、1963 年两省虽两次达成关于解决滩地矛盾的协议，但均未落到实处。1987 年黄委提出了《黄河禹门口—潼关河段治理规划报告》，经多次修改，至 1990 年国务院下发了“国务院关于黄河禹门口—潼关河段河道治导控制线规划意见的批复”（国函〔1990〕26 号），治导控制线具体位置绘在图纸上，宽度 2500m。它是两岸新建、续建、改建已有工程的依据，工程布设均不得超出治导控制线的范围，治导控制线以外也不允许修建工程，以后修建、续建、改建工程均需报黄委批准。河势处在不断的变化之中，但作为两岸分界的治导控制线是不变的。工程的顶部可以按照排洪、沉沙、滞沙的要求进行控制，但工程布置不能超过治导控制线，本河段为防止滩地坍塌修建控导工程时，与其他河段是有区别的。

兰州市河段过去两岸已修建有堤防，因处于城市段，两岸人口密集，堤距仅为四五百米，近期规定两岸堤距一般不小于 400m，为防止局部过度缩窄河道遇特殊情况也不得小于 300m，实际上兰州市河段河道已经渠化。该河段河道冲淤变化迅速，尤其是洪水期间，为防抬高洪水位，充分发挥河道的排洪作用，河道内不得新建有碍排洪的建筑物，河道内已不具备修建控导河势建筑物的条件。

鉴于上述情况，黄河上中游进行以防洪为主要目的的河道整治的河段，主要为宁夏内蒙古河段。

第三十三章　宁夏内蒙古河段河道冲淤演变

一、宁夏内蒙古河段河道特性

黄河宁夏内蒙古河段（宁蒙河道）位于宁夏回族自治区和内蒙古自治区境内，是黄河上游的下段，宁蒙河道自宁夏中卫县南长滩，至内蒙古准格尔旗马栅乡（图 33-1），全长 1203.8km，约占黄河总长的五分之一。受两岸地形控制，形成峡谷河段与宽河段相间出现的格局。南长滩—下河沿、石嘴山—乌达公路桥及蒲滩拐—马栅乡为峡谷型河道，其余河段河面宽阔。本节重点介绍平原段河道冲淤演变。

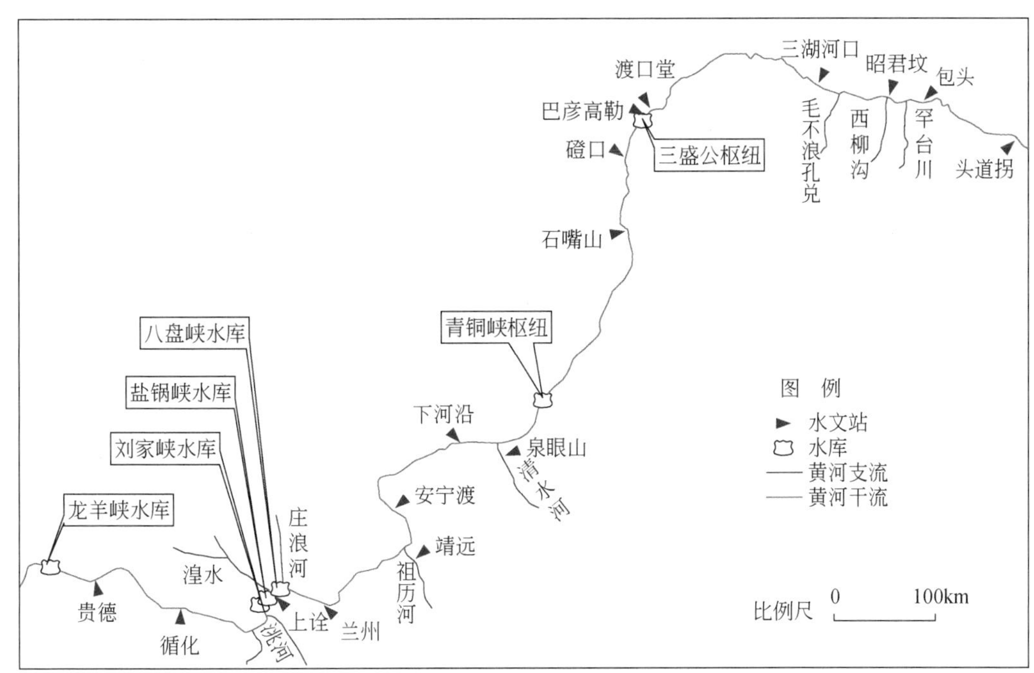

图 33-1　宁蒙河道示意图

（一）宁夏河段

宁夏下河沿—青铜峡河段长 124km，河道迂回曲折，河心滩地多，河宽 200～3300m，平均比降 7.8‱；青铜峡—石嘴山河段长 194.6km，河宽 200～5000m，河道平均比降为 2.0‱。

宁夏河段自中卫南长滩翠柳沟起至石嘴山头道坎麻黄沟（尾段都思兔河河口—麻黄沟沟口为宁夏与内蒙古的界河），全长 397km，其中石嘴山以上长 372.4km。全河段由峡谷段、库区段和平原段三部分组成。峡谷段由黑山峡峡谷段和石嘴山峡谷段组成，总长 86.12km，在黑山峡峡谷段规划有大柳树水利枢纽和已建成的沙坡头水利枢纽。库区段为青铜峡库区，自中宁枣园—青铜峡枢纽坝址，全长 44.14km。下河沿—枣园及青铜峡坝址—石嘴山的平原段长 266.74km。按其河道特性，翠柳沟—麻黄沟之间可分为以下五个河段（表 33-1）。

表 33-1　黄河宁夏河段河道特性

河段	河型	河长/km	平均河宽/m	主槽宽/m	比降/‰
翠柳沟—下河沿	山区	61.5	200	200	8.7
下河沿—仁存渡	非稳定分汊型	158.9	1700	400	7.3
仁存渡—头道墩	过渡型	69.2	2500	550	1.5
头道墩—石嘴山	游荡性	82.8	3300	650	1.8
石嘴山—麻黄沟	峡谷型	24.62	400	400	5.6

注：河道长 397km，其中整治河道长 266.74km

1. 翠柳沟—下河沿

该河段为黄河黑山峡峡谷尾段，长 61.5km，河槽束范于两岸高山之间，河宽为 150～500m，平均为 200m，纵比降 8.71‰，受两岸高山约束，主流常年稳定。

2. 下河沿—仁存渡

该河段长 158.9km，其中下河沿以下 75.1～119.2km（青铜峡坝址）之间的 44.1km，为青铜峡水库库区。由于黄河上游出峡谷后，水面展宽，卵石推移质沿程淤积，洪水漫溢时，悬移质泥沙落淤于滩面，因此，河岸具有典型的二元结构，下部为砂卵石，上部覆盖有砂土。河道内心滩发育，汊河较多，水流分散，流势多分为 2～3 汊（图 33-2 和图 33-3），属非稳定性分汊河道（也有专家称其为游荡型），其河床演变主要表现为主、支汊的兴衰及心滩的消长，主流顶冲滩岸，造成险情。清水沟在青铜峡库区以上右岸汇入黄河，红柳沟在库区段右岸汇入黄河，苦水河在库区以下右岸汇入黄河。

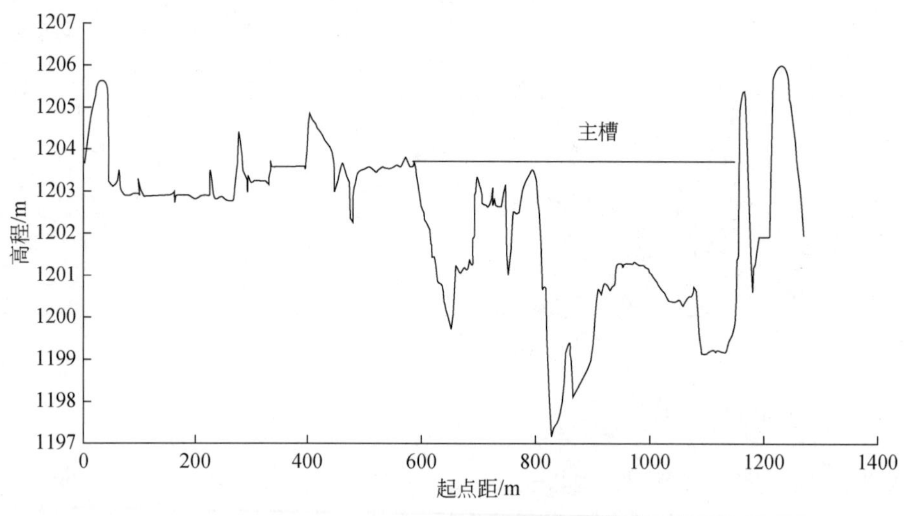

图 33-2　下河沿—仁存渡典型断面

本河段为砂卵石河床，河宽 500～3000m，主槽宽 300～600m，河道纵比降青铜峡库区以上为 8.0‰，库区以下为 6.11‰，弯曲系数为 1.16。青铜峡水库库区段坝上 8km 为峡谷河道，峡谷以上河床宽浅，水流散乱，其河床演变除受来水来沙条件及河床边界条件的影响外，还与水库运用方式密切相关。

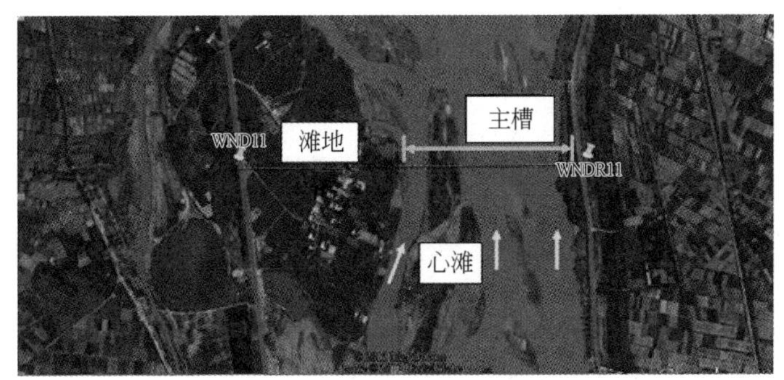

图 33-3　下河沿—仁存渡河段河道特征

3. 仁存渡—头道墩

该河段为平原冲积河道，河床组成由下河沿—仁存渡的砂卵石过渡为砂质，为分汊型河道向游荡型河道转变的过渡型河道，也有些专家将此段划为弯曲型河道。受鄂尔多斯台地控制，右岸形成若干节点，因此平面上出现多处大的河弯，心滩少，边滩发育（图 33-4 和图 33-5），主流摆动大。抗冲能力弱的一岸，主流坐弯时，常造成滩岸塌滩，出现险情。永清沟于左岸汇入黄河，水洞沟于右岸汇入黄河。

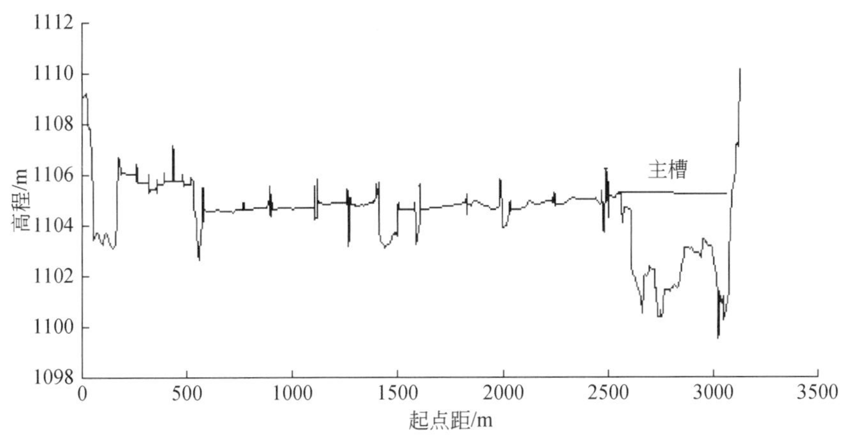

图 33-4　仁存渡—头道墩河段典型断面

本河段长 69.2km，河宽 1000～4000m，平均 2500m。主槽宽 400～900m，平均宽约 550m。河道纵比降 1.51‱，弯曲系数为 1.21，主流多靠右岸，左岸顶冲点变化不定，平面变化大。

4. 头道墩—石嘴山

该河段受右岸台地和左岸堤防控制，平面上宽窄相间（图 33-6 和图 33-7），呈藕节状，断面宽浅，水流散乱，沙洲密布，河岸抗冲性差，冲淤变化较大，主流游荡摆动剧烈，两岸主流顶冲位置不定，经常出现险情，属游荡型河道。右岸有都思兔河汇入黄河。

本河段长 82.8km，河宽 188～6000m，平均 3300m。主槽宽 500～1000m，平均约 650m。河道纵比降 1.81‱，弯曲系数为 1.23。

5. 石嘴山—麻黄沟

该河段黄河右岸为桌子山，左岸为乌兰布和沙漠，长 24.62km，属峡谷河道，河宽约

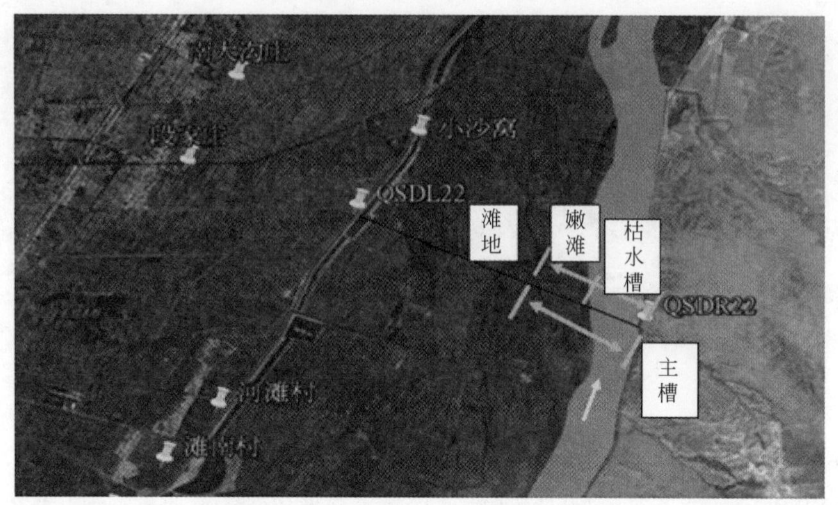

图 33-5　仁存渡—头道墩河段河道特征

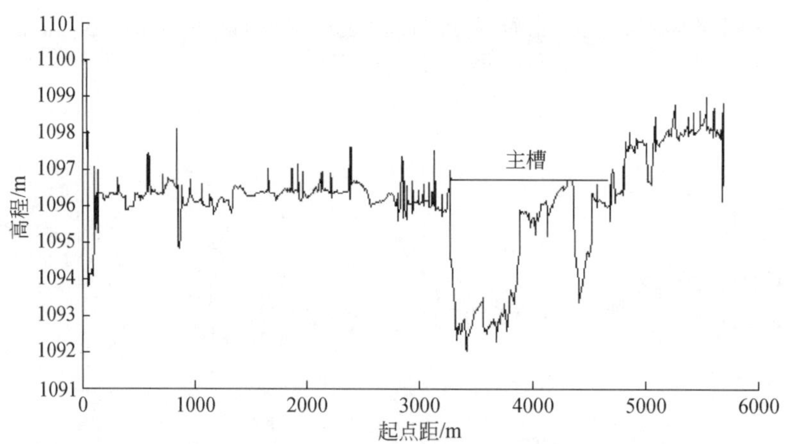

图 33-6　头道墩—石嘴山河段典型断面

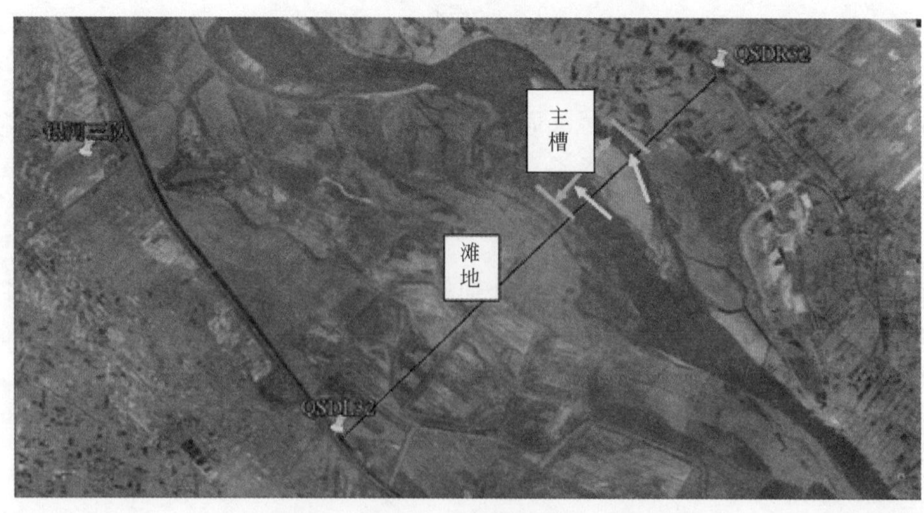

图 33-7　头道墩—石嘴山河段河道特征

400m，纵比降 5.61‱，受右岸山体和左岸高台地的制约，平面外形呈弯曲状，弯曲系数为 1.5，主流基本稳定（图 33-8）。左岸有麻黄沟汇入黄河。

图 33-8 石嘴山—麻黄沟河段河道特征

（二）内蒙古河段

黄河内蒙古段地处黄河最北端，自都思兔河口—马栅乡全长 843.5km，其中石嘴山以下 823.0km。受两岸地形控制，形成峡谷与宽河段相间出现，石嘴山—海勃湾库尾、海勃湾坝下—旧磴口、喇嘛湾—马栅为峡谷型河道，河道长度分别为 20.3km、33.1km 和 120.8km，其余河段河面开阔，由游荡型、过渡型及弯曲型河道组成。各河段河道基本特性，见表 33-2。

表 33-2 黄河内蒙古河道基本特性表

序号	河段	河型	河长/km	平均河宽/m	主槽宽/m	比降/‱	弯曲系数
1	都思兔河口—石嘴山	游荡型	20.5	3300	650	1.8	1.23
2	石嘴山—海勃湾库尾	峡谷型	20.3	400	400	5.6	1.50
3	海勃湾库区		33.0	540	400		
4	海勃湾坝下—旧磴口	峡谷型	33.1	1800	500	1.5	1.31
5	三盛公库区		54.2	2000	1000		
6	巴彦高勒—三湖河口	游荡型	221.1	3500	750	1.7	1.28
7	三湖河口—昭君坟	过渡型	126.4	4000	710	1.2	1.45
8	昭君坟—头道拐	弯曲型	173.8	上段 3000 下段 2000	600	1.0	1.42
9	头道拐—喇嘛湾	过渡段	40.3	1300	400	1.7	1.10
10	喇嘛湾—马栅	峡谷型	120.8	500	300	1.7	1.10
	合计		843.5				

1. 都思兔河口—石嘴山河段

该河段受右岸台地和左岸堤防控制，平面上宽窄相间，河床宽浅，水流散乱，河床抗冲性差，河道冲淤变化较大，主流游荡摆动剧烈，两岸主流顶冲部位不定，常出现险情，属游荡型河道。

该河段长 20.5km，河宽 1800～6000m，平均约 3300m；主槽宽 500～1000m，平均 650m。河道纵比降 1.8‱，弯曲率 1.23。

2. 石嘴山—海勃湾库尾河段

该河道为峡谷型，河长 20.3km，黄河右岸为桌子山，左岸有乌兰布和沙漠。平均河宽 400m，局部河段宽达 1300m，纵比降 5.6‱，弯曲系数 1.5。

3. 海勃湾库区

海勃湾水库位于内蒙古自治区的乌海市，库区长 33.0km。工程左岸为乌兰布和沙漠，右岸为乌海市，河谷为不对称河道，平均宽 540m，主槽宽 400m，平水期水深一般为 0.5～2.5m。

4. 海勃湾坝下—旧磴口河段

该河段为峡谷型，河道长 33.1km。河道受台地及沙漠前缘的控制，河道宽窄相间，存在较大的河心滩，汊河较多，该段河宽 700～3000m，平均河宽 1800m；主槽宽 400～900m，平均宽 500m。河道比降 1.5‱，弯曲系数 1.31。

5. 三盛公库区

旧磴口—三盛公坝址全长 54.2km，库区为平原型水库，平均宽 2000m，主槽平均宽 1000m。右岸鄂尔多斯台地发育有众多走向大体平行的山洪沟，库区段河道的河势变化受来水来沙条件及水库运用的共同影响，较为复杂。

6. 巴彦高勒—三湖河口河段

该河段为游荡型河段，长 221.1km。黄河穿行于河套平原南缘，河身顺直，河床宽浅，水流散乱，河道内沙洲众多。该段河宽 2500～5000m，平均宽 3500m：主槽宽 500～900m，平均宽 750m。河道纵比降 1.7‱，弯曲系数 1.28。

该河段北岸有河套灌区总干渠二闸、三闸、四闸、六闸退水渠和总排干沟汇入黄河，还有刁人沟等山洪沟汇入黄河。

7. 三湖河口—昭君坟河段

该河段为游荡型向弯曲型转化的过渡型河段，北岸为乌拉山山前倾斜平原，南岸为鄂尔多斯台地，沿河右岸有毛不浪、布日嘎斯太沟和黑赖沟等 3 条孔兑汇入，河段长 126.4km。由于上游游荡型河段的淤积调整，该河段滩岸已断续分布有黏性土，使该河段发展为由游荡型河道向弯曲型河道转变的过渡型河道。由于河道宽广、河岸黏性土分布不连续，加之孔兑的汇入，主流摆动幅度仍较大，其河床演变的特性介于上游游荡型河道和下游弯曲型河道之间。

该河段河宽 2000～7000m，平均宽 4000m；主槽宽 500～900m，平均宽 710m，河道纵比降 1.2‱，弯曲系数 1.45。

8. 昭君坟—头道拐河段

该河段为弯曲型河道，河段长 173.8km。黄河自包头折向东南，沿北岸土默特川平原南缘和南岸准格尔台地流向蒲滩拐，平面上呈弯曲状，由连续的弯道组成，右岸有西柳沟、罕台川、哈什拉川、母花沟、东柳沟和呼斯太沟等 6 孔兑汇入，左岸有昆都仑河、五当沟、大黑河等数条来自阴山的支流汇入。水流经上游长距离的调整后，含沙量有所降低，滩岸分布有断续的黏性土层，抗冲性较强，加之南岸台地控制，该河段发育为弯曲性河道，其河床演变主要表现为凹岸的淘刷和凸岸边滩的淤长，常冲刷滩地及堤防，险情不断。另外，该河段河道较窄，河身弯曲，凌汛期易形成冰塞、冰坝等特殊冰情，且造成大的险情。

该河段河宽 1200～5000m，上段较宽，平均宽 3000m，下段较窄，平均宽 2000m。主槽宽 400～900m，平均宽 600m。河道纵比降 1.0‰，弯曲系数 1.42。

昭君坟—头道拐河段为复式断面，大部分河段断面由枯水槽、嫩滩及二滩构成（图 33-9、图 33-10）。枯水槽为长期过流的河槽，在 1986 年龙羊峡和刘家峡联合调度运用控制下泄流量后，流量全年 95%的时间为 1500m^3/s 以下，因此，河道内常年过流的就是这部分枯水槽。紧邻枯水槽的部分嫩滩是在枯水槽摆动过程中形成的较低滩地，没有明显的滩地横比降，基本没有农作物，也具有较大的过流能力。枯水槽和嫩滩合称为主槽，它是主要的过洪区；主槽以外的滩地滩唇明显，具有较大的滩地横比降，一般种植有农作物。近年来主要是凌汛期壅水导致滩区过水。

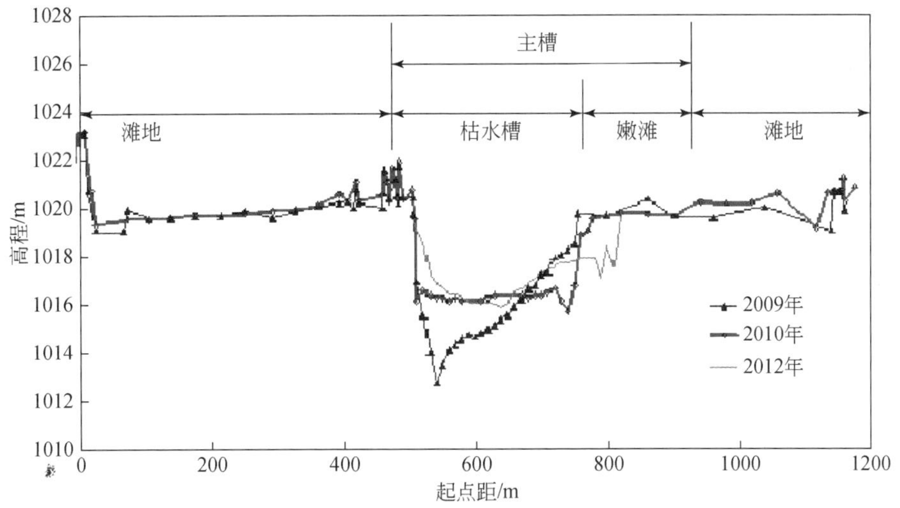

图 33-9　三湖河口水文站断面

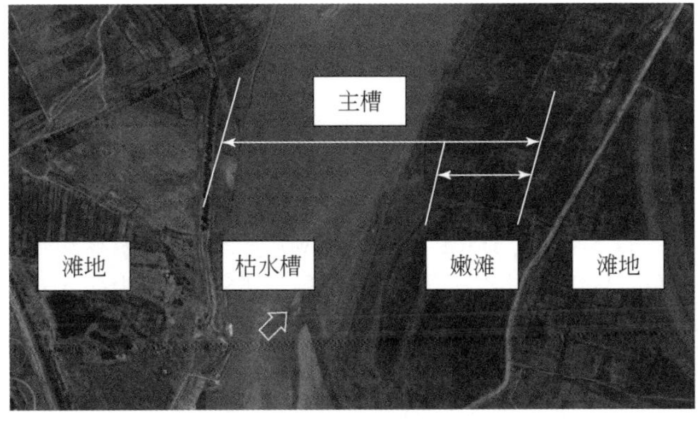

图 33-10　三湖河口水文站附近河道图

9. 头道拐—喇嘛湾河段

该河段为弯曲型向峡谷型的过渡段，长 40.3km，河宽平均 1300m，主槽宽 400m，河道纵比降 1.7‱。

10. 喇嘛湾—马栅河段

该河段为峡谷型河道，长 120.8km。河宽 400～1000m，主槽平均宽 300m。在该段建有万家寨水利枢纽，左岸有浑河汇入黄河。

二、宁夏内蒙古河段河道冲淤变化及其特点

（一）河道冲淤变化

1. 宁夏河段

由于断面法冲淤量反映长时期河道冲淤变化较为准确，因此该部分以断面法冲淤量来分析。宁夏河段不同时段冲淤量及滩槽分布见表 33-3。可以看出，宁夏河道 1993 年 5 月至 2009 年 8 月年平均淤积量为 0.093 亿 t。从河段分布看，淤积主要集中在青铜峡—石嘴山河段，年均淤积量 0.091 亿 t，占总淤积量的 97.8%；下河沿—白马（青铜峡水库入库处）河段为微淤状态，年平均淤积量 0.002 亿 t。从整个河段滩槽分布来看，滩地淤积量占全断面淤积量的 60%，而下河沿—白马河段基本上是主槽冲刷、滩地淤积，白马—石嘴山河段是滩槽皆淤。

表 33-3　宁夏河段断面法冲淤量计算结果　　（单位：亿 t）

河段	1993 年 5 月至 1999 年 5 月			1999 年 5 月至 2001 年 12 月		
	主槽	滩地	全断面	主槽	滩地	全断面
下河沿—白马（入库）	−0.009	0.003	−0.006	−0.01	0.017	0.007
青铜峡坝下—石嘴山	0.106	0.002	0.108	0.043	0.08	0.123
下河沿—石嘴山	0.097	0.005	0.102	0.033	0.097	0.130
河段	2001 年 12 月至 2009 年 8 月			1993 年 5 月至 2009 年 8 月		
	主槽	滩地	全断面	主槽	滩地	全断面
下河沿—白马（入库）	−0.003	0.009	0.006	−0.006	0.008	0.002
青铜峡坝下—石嘴山	−0.007	0.072	0.065	0.043	0.048	0.091
下河沿—石嘴山	−0.010	0.081	0.071	0.037	0.056	0.093

从时间来看，1993～1999 年和 1999～2001 年两个时期淤积较大，年均淤积量分别达到 0.102 亿 t 和 0.13 亿 t，均超过 1000 万 t；而 2001～2009 年淤积有所减少，年均为 0.071 亿 t。但各时期滩槽冲淤不同，1993～1999 年淤积量的 95%集中于主槽，而 1999～2001 年和 2001～2009 年淤积以滩地为主，分别占到全断面淤积量的 75%和 114%。

2. 内蒙古河段

内蒙古巴彦高勒—头道拐河段不同时期的冲淤量见表 33-4，该河段 1962 年 10 月至 2012 年 10 月 50 年淤积较多，达到 10.16 亿 t，年均 0.203 亿 t。50 年总淤积的 99%在三湖河口以下，三盛公—三湖河口 50 年仅淤积 0.087 亿 t，从时间上来看，淤积主要在 1982～1991

年和 1991～2000 年，年均淤积量分别达到 0.391 亿 t 和 0.648 亿 t；2000～2012 年淤积减少，年均仅 0.118 亿 t，1962～1982 年河道年均冲刷 0.031 亿 t。淤积严重的两个时段淤积都集中在主槽（表 33-5），主槽淤积量分别占到全断面淤积量的 65%和 86%，2000～2012 年由于大漫滩洪水作用，主槽冲刷、滩地淤积（赵文林，1996）。

表 33-4　三盛公—河口镇河段各时期断面法冲淤量　（单位：亿 t）

河段	时段（年-月）									
	1962-10～1982-10		1982-10～1991-12		1991-12～2000-08		2000-08～2012-10		1962-10～2012-10	
	总量	平均	总量	平均	总量	平均	总量	平均	总量	平均
三盛公—新河	-2.35	-0.117								
新河—河口镇	1.74	0.087								
三盛公—河口镇	-0.61	-0.031	3.520	0.391					10.16	0.203
三盛公—毛不浪			1.290	0.143						
毛不浪—呼斯太			2.070	0.23						
呼斯太—河口镇			0.160	0.018						
巴彦高勒—三湖河口					1.251	0.139	-0.104	-0.009	0.087	0.002
三湖河口—昭君坟					2.988	0.332	0.832	0.069		
昭君坟—蒲滩拐					1.593	0.177	0.690	0.058		
巴彦高勒—蒲滩拐					5.832	0.648	1.418	0.118		
三湖河口—河口镇									10.037	0.201

注：2000～2012 年数据采用“十二五”国家科技支撑计划项目课题“黄河内蒙古段孔兑高浓度挟沙洪水调控措施研究”（2012BAB02B03）研究成果

表 33-5　内蒙古三盛公—河口镇河段各时期河道淤积量横向分布

时段（年-月）	河段	淤积总量/亿 t			主槽占比/%
		全断面	主槽	滩地	
1982-10～1991-10	三盛公—毛不浪	1.29	0.84	0.45	64
	毛不浪—呼斯太河	2.07	1.22	0.85	59
	呼斯太河—河口镇	0.16	0.16	0	100
	三盛公—河口镇	3.52	2.22	1.3	65
1991-12～2000-07	巴彦高勒—三湖河口	1.251	1.0008	0.250	80
	三湖河口—昭君坟	2.988	2.48004	0.508	83
	昭君坟—蒲滩拐	1.593	1.54521	0.048	97
	巴彦高勒—蒲滩拐	5.832	5.01552	0.816	86
2000-08～2012-10	巴彦高勒—三湖河口	-0.104	-0.425	0.321	408
	三湖河口—昭君坟	0.832	-0.163	0.995	-19.6
	昭君坟—蒲滩拐	0.690	0.304	0.386	44.1
	巴彦高勒—蒲滩拐	1.418	-0.284	1.702	-20.0

注：2000～2012 年数据采用“十二五”国家科技支撑计划项目课题“黄河内蒙古段孔兑高浓度挟沙洪水调控措施研究”（2012BAB02B03）研究成果

（二）河道冲淤特点

1. 长河段河道冲淤特点

由于宁蒙河道大断面测量次数较少，不足以分析河道的冲淤变化特点，因此只能以沙量平衡法资料为基础进行分析。断面法与沙量平衡法部分资料对比分析表明，各时期冲淤性质和趋势基本一致。

宁蒙河道 1952 年以来逐年累计冲淤量变化过程见（图 33-11），20 世纪 50 年代河道经历了一个较强烈的持续淤积过程，到 1959 年累计淤积到 11.902 亿 t；其后上游水库陆续修建拦沙，在有利的水沙条件下，1960～1966 年基本维持冲淤平衡；经过 1967、1968 年大冲，累计淤积量减少到 7.835 亿 t，其后直到 1976 年河道基本维持冲淤平衡；从 1977 年到 1983 年经历一个由冲到淤的变化过程，累计淤积量变为 9.052 亿 t；从 1984 年开始，河道进入持续淤积过程，到 2003 年逐年淤积量都较大，累计淤积量达到 24.267 亿 t，尤其 1989 年年淤积量最大达 2.393 亿 t；2004 年后淤积强度明显减缓，2007 年以后基本不淤，至 2012 年累计淤积量达到 25.105 亿 t。

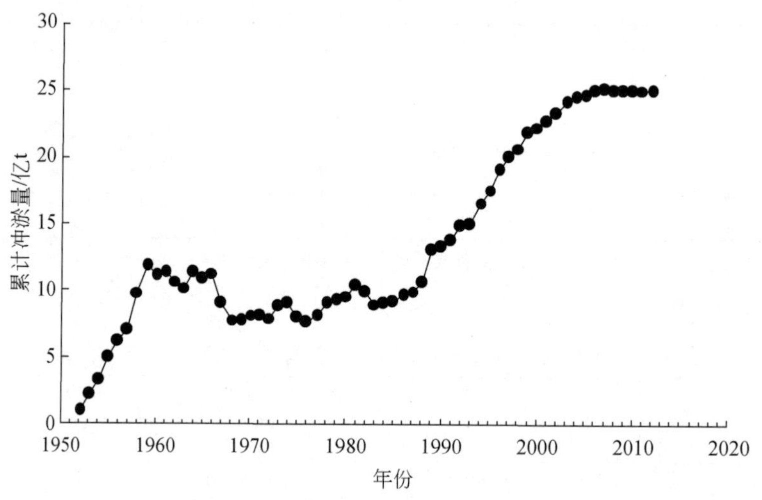

图 33-11　宁蒙河道 1952 年以来累计冲淤量变化过程

由表 33-6 可见，宁蒙河道 1952 年以来累计淤积 25.105 亿 t，年均淤积 0.412 亿 t。从时期上来看，除 1961～1968 年冲刷 3.37 亿 t 外，各时期都是淤积的，其中 1952～1960 年和 1987～1999 年淤积最多，分别淤积 11.205 亿 t 和 12.171 亿 t，分别占到长时期总淤积量的 44.6%和 48.5%，年均淤积 1.245 亿 t 和 0.936 亿 t。冲淤的年内分布以汛期淤积为主，各时期汛期淤积量基本上占全年的 90%以上，长时期汛期年均淤积 0.418 亿 t，与全年年均淤积量相当；非汛期长时期为微冲，各时期差别较大，其中 1961～1968 年和 1969～1986 年发生冲刷。

从冲淤量的空间分布来看（表 33-7），各河段都是淤积的，淤积量最大的是三湖河口—头道拐河段，淤积量达到 15.818 亿 t，占到宁蒙河道总淤积量的 62.9%；其次是下河沿—青铜峡和石嘴山—巴彦高勒河段，淤积量分别为 3.151 亿 t 和 3.824 亿 t，分别占到总淤积量的 12.6%和 15.3%；最少的是青铜峡—石嘴山和巴彦高勒—三湖河口河段，淤积量分别为 1.422 亿 t 和 0.889 亿 t，仅分别占总淤积量的 5.6%和 3.6%。

表 33-6 宁蒙河道冲淤量时间分布

时期	总量/亿 t	占总量比例/%	年均/亿 t	汛期/亿 t	非汛期/亿 t	汛期占全年比例/%
1952～1960 年	11.205	44.6	1.245	1.111	0.134	89
1961～1968 年	-3.37	-13.4	-0.421	-0.099	-0.323	24
1969～1986 年	1.891	7.5	0.105	0.117	-0.012	111
1987～1999 年	12.171	48.5	0.936	0.867	0.07	93
2000～2012 年	3.207	12.8	0.247	0.224	0.022	91
1952～2012 年	25.105	100.0	0.412	0.418	-0.006	101

表 33-7 宁蒙河道冲淤量河段分布

项目	总量/亿 t	年均/亿 t	占总量比例/%
下河沿—青铜峡	3.151	0.052	12.6
青铜峡—石嘴山	1.422	0.023	5.6
石嘴山—巴彦高勒	3.824	0.063	15.3
巴彦高勒—三湖河口	0.889	0.015	3.6
三湖河口—头道拐	15.818	0.259	62.9
下河沿—石嘴山	4.573	0.075	18.2
石嘴山—头道拐	20.531	0.337	81.8
下河沿—头道拐	25.105	0.412	100

2. 分河段冲淤特点

宁蒙河道长近 1200km，各河段属性不同，冲淤特点差别也很大。

（1）下河沿—青铜峡河段

由图 33-12 和表 33-8 可见，下河沿—青铜峡河段长时期淤积 3.151 亿 t，年均淤积 0.052 亿 t；其中 1969～1986 年淤积最为严重，淤积量占到长时期淤积量的 56%，年均淤积将近

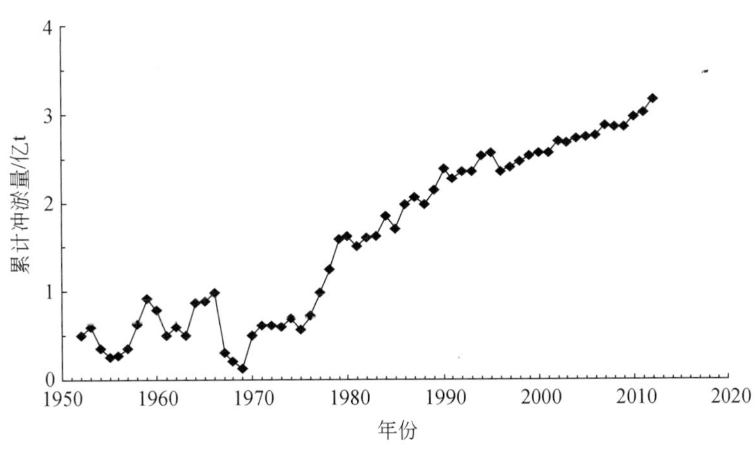

图 33-12 下河沿—青铜峡河段累计冲淤量变化过程

1000 万 t；其次为 1952～1960 年，淤积量占长时期总量的 25%，年均淤积将近 900 万 t；1987 年以后的两个时期年均淤积量相当，分别为 0.048 亿 t 和 0.043 亿 t；而 1961～1968 年是唯一冲刷的时期，共冲刷 0.584 亿 t，年均 0.073 亿 t。

从河段冲淤量的年内分配可知，汛期和非汛期都是淤积的，1986 年以前以汛期淤积为主，占到全年淤积量的 80%左右，1986 年后变为主要淤积发生在非汛期。

表 33-8　下河沿—青铜峡河段冲淤量时间分布

时期	总量		年均			
	冲淤量/亿 t	时期占总量比例/%	冲淤量/亿 t	汛期/亿 t	非汛期/亿 t	汛期占全年比例/%
1952～1960 年	0.802	25	0.089	0.07	0.019	79
1961～1968 年	−0.584	−19	−0.073	0.033	−0.106	−45
1969～1986 年	1.762	56	0.098	0.081	0.017	83
1987～1999 年	0.554	18	0.043	0.013	0.029	30
2000～2012 年	0.618	20	0.048	0.005	0.043	10
1952～2012 年	3.151	100	0.052	0.042	0.009	81

（2）青铜峡—石嘴山河段

该河段长时期表现为淤积（图 33-13），但淤积总量不大，由表 33-9 可见，长时期淤积 1.422 亿 t，年均淤积 0.023 亿 t。该河段各时期冲淤差别较大，河道对冲淤量的调整能力也较大。1952～1960 年淤积量最大，总共淤积 3.843 亿 t，年均淤积 0.427 亿 t；另一个淤积时期是 1987～1999 年共淤积 1.846 亿 t，年均为 0.142 亿 t。其他时期均是冲刷，其中 1961～1968 年冲刷最大达到 2.854 亿 t，年均冲刷 0.357 亿 t；1969～1986 年冲刷 1.132 亿 t，年均冲刷 0.063 亿 t；2000～2012 年稍冲，年均仅为 200 万 t。

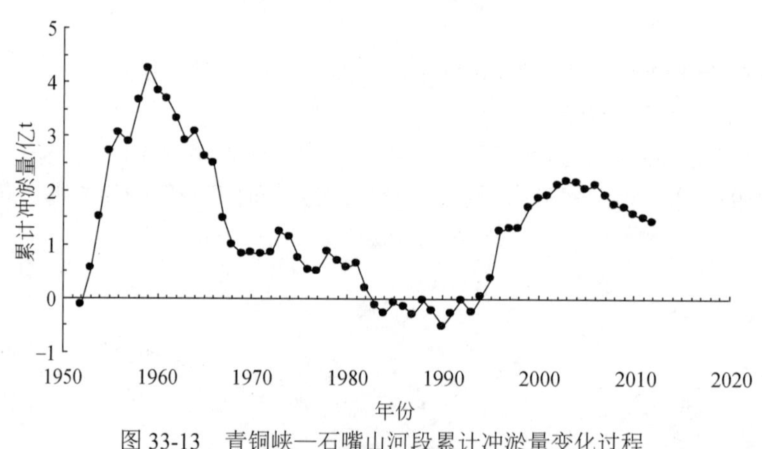

图 33-13　青铜峡—石嘴山河段累计冲淤量变化过程

表 33-9　青铜峡—石嘴山河段冲淤量时间分布

时期	总量		年均			
	冲淤量/亿 t	时期占总量比例/%	冲淤量/亿 t	汛期/亿 t	非汛期/亿 t	汛期占全年比例/%
1952～1960 年	3.843	270	0.427	0.498	−0.071	117
1961～1968 年	−2.854	−201	−0.357	−0.123	−0.234	34
1969～1986 年	−1.132	−80	−0.063	0.067	−0.13	−106

续表

时期	总量		年均			
	冲淤量/亿 t	时期占总量比例/%	冲淤量/亿 t	汛期/亿 t	非汛期/亿 t	汛期占全年比例/%
1987～1999 年	1.846	130	0.142	0.284	−0.142	200
2000～2012 年	−0.281	−20	−0.022	0.104	−0.126	−473
1952～2012 年	1.422	100	0.023	0.16	−0.136	696

从冲淤量年内分布来看，除 1961～1968 年汛期、非汛期均冲刷外，都表现出汛期淤积，非汛期冲刷的特点；汛期淤积量随水沙变化，非汛期基本上年均冲刷 1000 万 t。

（3）石嘴山—巴彦高勒河段

该河段长时期淤积量较大（图 33-14），1952～2012 年共淤积 3.824 亿 t（表 33-10），年均淤积 0.063 亿 t。各时期除 1952～1960 年稍有冲刷外均淤积，其中 1961～1968 年、1969～1986 年、1987～1999 年淤积强度相近，年均淤积量分别为 0.109、0.087 和 0.085 亿 t，2000 年以后淤积较少，年均仅 0.025 亿 t。

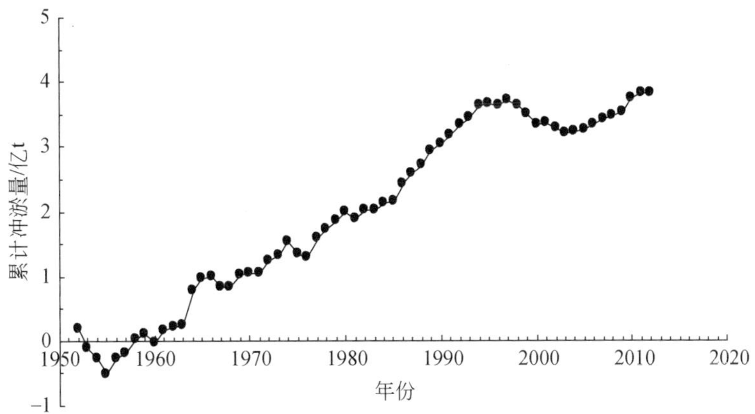

图 33-14　石嘴山—巴彦高勒河段累计冲淤量变化过程

表 33-10　石嘴山—巴彦高勒河段冲淤量时间分布

时期	总量		年均			
	冲淤量/亿 t	时期占总量比例/%	冲淤量/亿 t	汛期/亿 t	非汛期/亿 t	汛期占全年比例/%
1952～1960 年	−0.039	−1	−0.004	−0.109	0.104	2725
1961～1968 年	0.87	23	0.109	−0.006	0.115	−6
1969～1986 年	1.572	41	0.087	−0.005	0.092	−6
1987～1999 年	1.099	29	0.085	0.057	0.028	67
2000～2012 年	0.321	8	0.025	−0.001	0.026	−4
1952～2012 年	3.824	100	0.063	−0.006	0.069	−10

从年内冲淤情况来看，该河段以汛期冲刷、非汛期淤积为主。汛期除 1987～1999 年年均淤积 0.057 亿 t 外，其他时期有少量冲刷，非汛期淤积量较大，年均达到 0.069 亿 t，但是随着时间增长非汛期年均淤积量不断减少，从 1986 年以前的 1000 万 t 左右减少到 1986

年后年均仅 200 余万 t。

（4）巴彦高勒—三湖河口河段

该河段长时期冲淤量不大（图 33-15），总共淤积 0.889 亿 t（表 33-11），年均仅淤积 0.015 亿 t。各时期有冲有淤，长时期累计淤积量不大。其中 1952～1960 年和 1987～1999 年淤积，年均淤积 0.151 亿 t 和 0.224 亿 t；1961～1968 年和 1969～1986 年冲刷，年均分别冲刷 0.254 亿 t 和 0.068 亿 t；2000 年后有少量冲刷，年均冲刷 100 万 t。

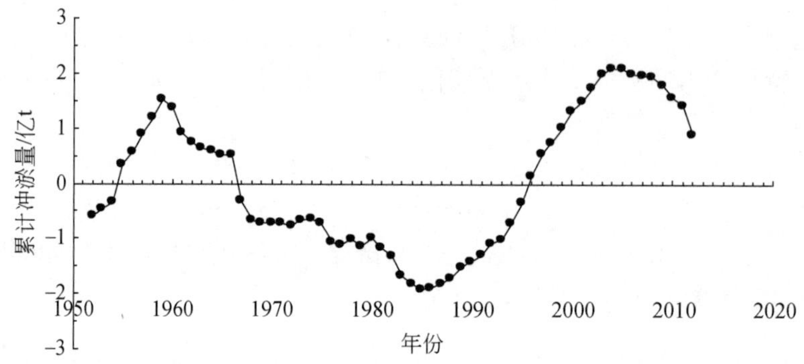

图 33-15　巴彦高勒—三湖河口河段累计冲淤量变化过程

该河段全年冲淤主要取决于汛期，由于各时期冲淤相抵，长时期汛期冲淤平衡。非汛期除 1961～1968 年冲刷外，其他时期都是淤积的，年均淤积 0.015 亿 t。

表 33-11　巴彦高勒—三湖河口河段冲淤量时间分布

时期	总量		年均			
	冲淤量/亿 t	时期占总量比例/%	冲淤量/亿 t	汛期/亿 t	非汛期/亿 t	汛期占全年比例/%
1952～1960 年	1.362	153	0.151	0.143	0.008	95
1961～1968 年	−2.031	−228	−0.254	−0.177	−0.077	70
1969～1986 年	−1.223	−138	−0.068	−0.078	0.01	115
1987～1999 年	2.911	327	0.224	0.135	0.089	60
2000～2012 年	−0.129	−15	−0.01	−0.017	0.007	170
1952～2012 年	0.889	100	0.015	0	0.015	0

（5）三湖河口—头道拐河段

该河段淤积强烈（图 33-16），长时期淤积达 15.818 亿 t（表 33-12），年均淤积 0.259 亿 t。淤积最大的是 1952～1960 年和 1987～1999 年，分别淤积 5.237 亿 t 和 5.761 亿 t，分别占到总淤积量的 30%以上，年均淤积量分别为 0.582 亿 t 和 0.443 亿 t；其次是 2000～2012 年，年均淤积 0.206 亿 t；较小的是 1961～1968 年和 1969～1986 年，年均淤积量分别为 0.154 亿 t 和 0.051 亿 t。

该河段除个别时期外，汛期、非汛期基本都是淤积的，汛期年均淤积 0.222 亿 t，最大的 1952～1960 年和 1987～1999 年年均淤积 0.509 亿 t 和 0.378 亿 t。非汛期淤积的时期年均淤积 700 万 t 左右。

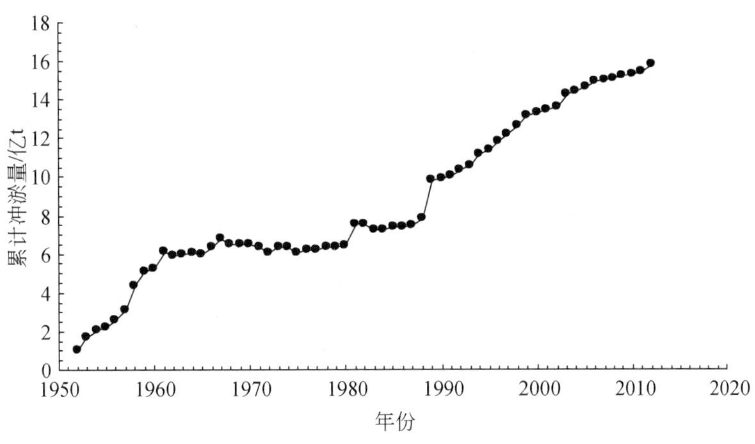

图 33-16　三湖河口—头道拐河段累计冲淤量变化过程

表 33-12　三湖河口—头道拐河段冲淤量时间分布

时期	总量		年均			
	冲淤量/亿 t	时期占总量比例/%	冲淤量/亿 t	汛期/亿 t	非汛期/亿 t	汛期占全年比例/%
1952～1960 年	5.237	33	0.582	0.509	0.073	87
1961～1968 年	1.229	8	0.154	0.173	−0.02	112
1969～1986 年	0.913	6	0.051	0.052	−0.001	102
1987～1999 年	5.761	36	0.443	0.378	0.065	85
2000～2012 年	2.678	17	0.206	0.134	0.072	65
1952～2012 年	15.818	100	0.259	0.222	0.037	86

参 考 文 献

赵文林. 1996. 黄河泥沙. 郑州：黄河水利出版社

第三十四章　宁夏内蒙古河段河势变化及河道整治必要性

黄河宁夏内蒙古河段位于黄河上游的下段，自宁夏中卫县南长滩至内蒙古准格尔旗马栅乡，穿过25个县（市、旗、区），长1203.8km，其中峡谷段长239.8km，库区段长94.5km，平原河段长869.5km。各河段的特性见表34-1。

表34-1　黄河宁夏内蒙古河段河道特性表

序号	河段	河型	长度/km	比降/‰	河宽/m		主槽宽/m		弯曲率
					一般	平均	一般	平均	
1	南长滩—下河沿	峡谷型	62.7	0.87	150～500	约200			1.8
2	下河沿—仁村渡[a]	非稳定分汊型[b]	161.5	0.8～0.61	500～3000		300～600		1.16
3	仁村渡—头道墩	弯曲型[c]	70.5	0.15	1000～4000	约2500	400～900	约550	1.21
4	头道墩—石嘴山	游荡型	86.1	0.18	1800～6000	约3300	500～1000	约650	1.23
5	石嘴山—乌达公路桥	峡谷型	36.0	0.56	局部1300	约400			1.5
6	乌达公路桥—三盛公[d]	过渡型	105.0	0.15	700～3000	约1800	400～900		1.31
7	三盛公—三湖河口	游荡型	220.7	0.17	2500～5000	约3500	500～900	约750	1.28
8	三湖河口—昭君坟	过渡型	126.4	0.12	2000～7000	约4000	500～900	约710	1.45
9	昭君坟—蒲滩拐	弯曲型	193.8	0.1	1200～5000	约3000	400～900	约600	1.42
10	蒲滩拐—喇嘛湾拐上	峡谷型	20.3	0.17	约1300		约400		
11	喇嘛湾拐上—马栅乡[e]	峡谷型	120.8		400～1000				
	合计		1203.8						

a 该段枣园—青铜峡坝址长39.9km为青铜峡库区；b 有学者把该河段划为游荡型；c 有的把该河段划为过渡型；d 该段旧磴口—三盛公拦河闸长54.6km为三盛公库区；e 原为峡谷型河道，现为万家寨库区

一、宁夏内蒙古河段河势变化

（一）宁夏河段河势变化

河势变化主要是指河道水流平面形态的变化，掌握河势演变规律是有效进行河道整治的前提。

宁夏河段两岸地形及河床组成变化大，不同河段的河势变化差别也大。总的讲，除峡谷河段外，仁存渡以上河段主要为砂卵石河床，河势变化相对幅度较小，速度较慢；仁存渡至石嘴山河段，河势变化相对幅度较大，速度较快[①]。宁夏河段实测大断面次数少，每年

① 宁夏防汛抗旱指挥部办公室，宁夏水利科学研究所. 2011. 黄河宁夏段河道治理与研究

也不进行河势查勘，河势演变材料较少。

1. 1994 年以前主槽摆动情况

20 世纪 90 年代以前，宁夏黄河尚未形成完整的堤防。有人曾对 1994 年以前的资料进行分析，仁存渡以上河段河道宽度不大，汊河较多，水流分散，但在中小水时河道弯曲，有些弯道中心角大，弯曲半径小，在水流的冲淘下，险点较多，部分堤防发生冲决；仁存渡以下河段断面宽浅，主流摆动频繁，危及堤防时，造成险情，且险情位置多变，防守难度较大。就大断面变化而言，下河沿至仁存渡河段变化较小，主槽摆动幅度一般为 100m 左右，仅个别断面达 500m；而仁存渡以下河段，主槽摆动幅度大，一般为 300～500m，最大摆幅达 7600m。如东河断面 1979～1993 年，主槽左移 300m；以下的临河断面 1979～1990 年主槽右移 450～800m，1990～1993 年深泓左移近 100m；马太沟断面 1990～1993 年主槽左右摆动 300～1500m；第四排水沟断面 1979 年至 90 年代，主槽右移 1100m。

2. 1994 年以后主槽摆动情况

通过对 1993 年、1999 年、2002 年、2009 年下河沿至青铜峡河段 22 个大断面、青铜峡至石嘴山河段 29 个大断面的实测资料套绘、分析得出：

仁存渡以上河段，河道宽度不大，由于河床为砂卵石，抗冲能力较强，河道整治后修建河道整治工程较多，河岸相对较窄，主槽变化较小，但心滩、支汊位置多有变化。

仁存渡以下河段为沙质河床，断面形态变化较大，主槽摆动，侧向侵蚀，河道趋于展宽。断面形态变化越向下游相对越大，主槽横向变化也越大。QS10（东河）至 QS27（都斯兔河口）大断面主槽移动为 0～510m，变化最大的是 QS17（京星农场）大断面，2002～2009 年主槽左移了 510m。

3. 部分河段的河势变化

通过对黄河宁夏主要整治河段 1979 年、1990 年和 2002 年河势套汇资料分析得出，仁存渡以上河段，河道相对变窄；仁存渡以下河段，因主流变化造成侧向侵蚀，河道趋于展宽。

（1）中卫县新弓湾至枣林湾河段

该河段位于卫宁河段断面 WN03 至 WN05（堤防桩号 WN 左 7+000 至 12+500），1979 年，河宽 200～1000m，新弓湾险工处有较大的心滩两处，流势散乱，主流分 3 汊，北汊过流量较大，出新弓湾后主流归一；至 1990 年，河宽 200～800m，新弓湾险工处主流北移，两处心滩合并为一处，并略有上移，出弯后主流归一。枣林湾险工下游是崾岘子沟入黄处，山洪暴发挟带大量泥沙入河、淤积，形成心滩一处，将主流分为两股汊，南汊过流量较大，1979～1990 年，南岸坍塌后退约 150m；随着新弓湾险工的修建，至 2002 年，枣林湾河走南河，且河势基本稳定。

（2）中卫县马滩至中宁县黄庄河段

该河段位于卫宁河段，相应断面为 WN13 至 WN19 下游，堤防桩号为 WN 左 46+000 至 WN67+500。

马滩—石空湾，位于卫宁河段断面 WN13 至 WN17 下游（堤防桩号 WN 左 46+000 至 58+000）。1979 年，河宽 400～1900m，该河段心滩众多，水流分散；至 1990 年，河势发生了较大变化，河宽 250～1200m，较 1979 年河宽最大缩窄 700m，主流南移 100～700m，心滩均不同程度地发生了下移；至 2002 年期间，该河段进行了集中整治，修建了黄羊湾、泉眼山、金沙沟、田滩以及石空湾控导工程，并采取了黄羊湾锁坝、开挖引河等措施，有效地调整了河势，主流基本走规划流路，解决了泉眼山泵站和宁夏扶贫扬黄灌溉水源泵引水困难问题。

康滩—黄庄河段，位于卫宁河段断面 WN18 上游侧至 WN19 下游侧（堤防桩号 WN 左 58+000 至 67+500）。1979 年，河宽 400～1650m，该河段心滩较多，流势散乱，水流分散；至 1990 年，河势发生了较大变化，中宁大桥上游康滩湾处河心滩上移并与上游心滩连为一体，大河分为南北两汊，出弯后合流归一，河宽 400～1300m，较 1979 年河宽最大缩窄 350m。中宁大桥下游心滩众多，河汊也多，流势散乱，主流偏向北岸；至 2002 年，经过修建河道整治工程，该段河势继续发生变化，康滩湾对面河岸向南展宽最大距离 750m，南北 2 汊汇合，主流平顺入弯，河宽 320～1100m，较 1990 年河宽最大缩窄 200m。中宁大桥下游，众心滩此消彼长，位置上移下挫，河汊仍旧较多，水流分散。

（3）青铜峡市细腰子拜至灵武市华三河段

该段位于青铜峡至石嘴山河段断面 QS02 上游侧至 QS07 上游侧（堤防桩号 QS 左 2+000 至 27+000）。1979 年，河宽 300～1050m，该河段心滩较多，流势散乱，水流分散，使细腰子拜成为宁夏历史上有名的险工；至 1990 年，左岸边滩向右下移，细腰子拜险情向下游移动。候娃子滩受水流冲刷，被切成两半，左滩西移，右滩东趋，水流冲刷左岸三闸湾和右岸秦坝关，造成险情。在陈袁滩处，心滩不断增大，并逐渐下移，造成罗家湖、陈袁滩、古城湾以及华三 4 大险工；至 2002 年，经过修建河道整治工程，河势发生了较大变化，心滩减少，主流规顺且初步稳定，初步实现了规划流路。

（4）永宁县东升至灵武市金水河段

永宁县东升至灵武市金水段（断面 QS12 至 QS14）1979～2002 年套汇河势分析后得出，银古黄河大桥上下 1979 年左岸河滩串沟较多，至 1990 年边滩发育较快，串沟明显减少，1998 年后随着上游东升控导工程的实施，难以消除的东升险情基本得到控制，左岸边滩进一步淤涨，工程末段 16～19 坝送流作用明显，主流顶冲下游临河堡，出临河堡工程后由于水面突然展宽，流速减小，主流仍靠东岸。银川黄河大桥处 1979～1990 年水面较宽，1979 年大桥下游右岸滩地发育，至 1990 年右滩后退下移，在大桥修建（1991～1994 年）时，由于引堤、桥墩、桥台的挤压、干扰和导流作用，水面比降和流速增加，桥位断面束窄，水流过桥后展宽，主流顶冲桥墩后偏向右岸，主流在金水园、横城一带坐弯，为保障古老的横城堡（现西夏影视城）等旅游区的安全，自 1999 年汛后起建设金水控导工程，对强化河岸边界，控导主流起到了一定的作用。西夏影视城处河分 2 汊，右岸主流已展宽到 220m，左汊逐渐缩窄，河心滩继续西移，在灵武园艺场扬水站上游 1km 处，两汊汇合成一股。

（5）陶乐下八顷至平罗五香

下八顷—五香河段位于断面 QS19 上游侧至 QS21 上游侧（堤防桩号 QS 左 119+000 至 134+000）。1979 年，河宽 350～2000m，该河段河面普遍较宽，仅下八顷扬水站处左右河宽较窄仅 350m。至 1990 年，下八顷扬水站上游两岸河岸均向东扩展，最大处达 950m，扬水站下游右侧河岸西移最大距离 1600m，左侧河岸坍塌后退最大距离 950m，河宽 700～1800m，河势发展流路总体趋于顺直。至 2002 年，河宽 500～2900m，下八顷险工上游左、右侧河岸均向西移动，最大移动距离 1200m；下八顷险工处右侧河岸基本维持 1990 年河岸线未变，左侧河岸向东移动，最大距离 1050m；下八顷险工下游右侧河岸向东坍塌后退，最大距离 1600m，左侧河岸向西后退，最大距离 250m，河岸最大展宽 1300m。五香控导工程处河岸左侧河岸向东延伸，最大延伸距离 600m，右侧河岸向东坍塌，最大距离 350m。

（二）内蒙古河段河势变化

内蒙古河段两岸地形及河床组成变化大，不同河段的河势变化差别也大。对于山区丘陵区河段，河势变化很小，一般可以不计；库区段尽管中低水位时河势会有变化，但经过高水位期会重新调整，无大影响；平原高原区河道的河势变化往往影响防洪安全，是需进行河道整治的重点河段。内蒙古平原高原河段为巴彦高勒—头道拐河段，范围内共有巴彦高勒、三湖河口、昭君坟和头道拐 4 个水文站和 113 个大断面。以巴彦高勒、三湖河口、昭君坟和头道拐这 4 个水文站为分界点再分为 3 个河段，其中巴彦高勒—三湖河口为游荡性河型，含 1～38 断面，三湖河口—昭君坟为过渡性河型，含 39-69 断面，昭君坟—头道拐为弯曲性河型，含 70-113 断面。内蒙古河段实测大断面次数少，每年也不进行河势查勘，河势演变材料较少。黄河勘测规划设计有限公司和清华大学水沙科学与水利水电工程国家重点实验室对已有资料进行了汇集和分析①。

1. 横断面变化情况

内蒙古河段范围内共有 113 个大断面，每个断面最多具备 1962 年、1982 年、1991 年、2000 年、2004 年、2008 年和 2012 年共计 7 年的实测数据（部分断面一些年份缺测）。

资料分析得出，河道特征参数自上而下有一定的变化趋势。主槽平均宽度、主槽最小宽度沿程变小；深泓点位置变化幅度沿程减小趋势十分显著，由巴彦高勒—三湖河口河段的 2226m 减小到昭君坟—头道拐河段的 1350m，减幅达到 39%（表 34-2）。

表 34-2　黄河干流内蒙古河道不同河段范围内的河道特征参数　（单位：m）

河段范围	主槽宽度			深泓点位置变化幅度
	最小	最大	平均	
巴彦高勒—三湖河口	395	1081	707	2226
三湖河口—昭君坟	388	1120	677	2035
昭君坟—头道拐	330	814	555	1350

（1）巴彦高勒—三湖河口河段

该河段穿行于河套平原南缘，河身顺直，断面宽浅，水流散乱，河道内沙洲密布，主流游荡摆动。河宽 2500～5000m，平均宽度约 3500m；主槽宽 500～900m，平均宽约 750m，河道纵比降 0.17‰，弯曲率 1.28。除 1～6 断面因实测年份较少而无代表性外，7～38 断面的深泓点位置变化十分剧烈，摆动幅度均在 1200m 以上，变化于 1500～3000m 之间，变化幅度最大的是 8 断面，达 5169m。

1962～2012 年，该河段断面横向变化主要包括以下两类：一是单股深槽在河槽范围内左右摆动，如 7 断面 1962 年单股深槽位于河槽左岸，1982 年单股深槽移至河槽中部，原来的深槽部位成为低滩，1991 年单股深槽又出现在左岸，且较 1962 年更偏左，2004 年和 2008 年单股深槽位于河槽中部稍偏右的位置，而 2012 年单股深槽则出现在河槽右岸。二是多股深槽在河槽范围内左右摆动。

① 黄河勘测规划设计有限公司，清华大学水沙科学与水利水电工程国家重点实验室. 2013. 黄河内蒙古河段冲淤演变规律及治理措施效果分析

（2）三湖河口—昭君坟河段

该河段横跨乌拉尔山山前倾斜平原，北岸为乌拉尔山，南岸为鄂尔多斯台地，由于上游游荡型河段的淤积调整，本河段滩岸已断续分布有黏性土，使该河段成为游荡型河道与下游弯曲型河道的过渡段。由于河道宽广，河岸黏性土分布不连续，加之孔兑泥沙的汇入，使该河段主流摆动幅度仍然较大，其河床演变特性介于游荡型和弯曲型河段之间。该段河宽 2000～7000m，平均宽度约 4000m，主槽宽 500～900m，平均宽度约 710m，河道纵比降 0.12‰，弯曲率 1.45。该河段深泓点位置的变化仍然十分剧烈，但较上一河段而言相对减小，摆动幅度多在 1000～3000m 之间，其中变化幅度最大的是 46 断面，达 3524m。1962～2012 年间，该河段断面横向变化的主要特点是单股深槽在河槽范围内左右摆动，但亦有少数断面（如 49 断面等）存在多股深槽在河槽范围内左右摆动的情况。

（3）昭君坟—头道拐河段

该河段自包头转向东偏南，沿北岸土默川平原南边缘与南岸准格尔台地奔向喇嘛湾，平面上呈弯曲状，由弯道与直河段组成，南岸有孔兑汇入，北岸有数条阴山支流汇入，其入黄处多位于黄河弯道凸岸。该河段经上游长距离沉沙后，含沙量有所降低，滩岸分布有断续黏性土层，抗冲力较强，发育为弯曲型河道，河床演变的主要表现为凹岸冲刷和凸岸边滩淤涨。另外，该段河道较窄，河身弯曲，凌汛期易形成冰塞、冰坝，易造成大的险情。该段河宽 1200～5000m，上段较宽，平均约 3000m，下段较窄，平均约 2000m；主槽宽 400～900m，平均约 600m。河道纵比降 0.10‰，弯曲率 1.42。该河段深泓点位置的变化是三个河段中最小的，摆动幅度多在 500～2000m 之间，其中变化幅度最大的是 103 断面，达 3828m。1962～2012 年间，断面横向变化的主要特点是单股深槽在河槽范围内小幅度左右摆动。

2. 主流摆动情况

主流横向摆动受河道地形地质条件的制约，主流摆动幅度与河型密切相关，各河段的摆动情况也不尽相同。统计得出 1962～1982 年、1982～1991 年、1991～2000 年及 2000～2012 年各时段的河道主流摆动情况。鉴于不同系列含有的年份不同，用摆动幅度与系列年数的比值描述河道主流摆动的速度。3 个河段中各断面摆动速度的最大值和平均值见表 34-3，可以看出：

表 34-3　黄河干流内蒙古河段 1962～2012 年主流摆动情况

河段		1962～1982 年	1982～1991 年	1991～2000 年	2000～2012 年
巴彦高勒—三湖河口	最大值	112.50	323.56	448.57	337.29
	平均值	39.08	87.65	140.35	106.48
三湖河口—昭君坟	最大值	185.50	263.78	231.98	197.41
	平均值	46.20	63.64	59.39	58.94
昭君坟—头道拐	最大值	128.50	196.22	295.89	182.18
	平均值	29.06	45.67	62.18	40.75

注：表中数字为摆动幅度（m）与系列年数的比值

（1）主流摆动随河型变化

巴彦高勒—三湖河口的游荡型河段及三湖河口—昭君坟的过渡型河段的主流摆动速度相对较大，而昭君坟—头道拐的弯曲型河段主流摆动速度相对较小。

（2）主流摆动随时段变化

无论河道摆动速度的最大值还是平均值，不同的时段间各河段均存在很大不同。1962～1982 年各河段的主流摆动速度均相对较小；1982～1991 年及 1991～2000 年均有明显加大；2000 年以后摆动速度又逐步减小，但较 1982 年之前仍有较大提高。主流摆动速度随时间的变化在巴彦高勒至三湖河口的游荡型河段表现得尤为明显。

造成这一现象的原因可能与上游水库的运用有关。在上游龙羊峡、刘家峡水库联合运用后，进入河段的汛期水量以及洪峰流量相对减小，相应小流量出现的时间加长，大流量出现的时间减少，流量的变化导致河势也发生相应的变化。在黄河上广为流传的“小水坐弯、大水趋中”和“小水上提、大水下挫”就反映了这一现象。小流量时水流动量较小，河床边界对水流的约束作用相对较大，出现水流坐弯较死、顶冲能力增强的情况。此外，龙羊峡、刘家峡水库联合调节、加之前期河床的冲刷，导致河道输沙能力降低，河道发生严重淤积，造成平滩流量减少约 1/3。且由于干流河道的淤积增加，更加重了十大孔兑汛期洪水造成黄河干流局部河段淤积的局面。

3. 河势套汇情况

历史上河套平原一带，河道大幅度摆动、迁徙，幅度可达 50～60km，从遗址上看，古河道以顺直型和微弯型为主。

黄河勘测规划设计有限公司、清华大学水沙科学与水利水电工程国家重点实验室对资料完整的 1994 年、2004 年、2009 年和仅有部分河段资料的 1997 年、2001 年的河势演变资料进行了套汇和分析。

巴彦高勒—三湖河口的游荡性河段，河势散乱，河道中存在 2～3 个基本流路且主流摆动幅度大。1～10 断面主流摆动大的有 3 处，摆幅可达 2～4km；10～24 断面由 1994 年的宽浅散乱演变到出现数十个小河弯；24～38 断面主流摆动，但幅度小于 1～10 断面的主流摆动幅度。

三湖河口—昭君坟河段，河势变化较上段有所减弱，但在孔兑汇入处，受孔兑顶托和泥沙堆积的影响，河势变化剧烈。尤其是在暴雨后，洪水携带的泥沙有时会淤堵黄河主槽。39～48 断面更接近于上游的游荡型河段，断面的摆动幅度相对较大，而 48～68 断面逐渐向弯曲型河段过渡，河道的摆动幅度有所减弱。

昭君坟—头道拐的弯曲型河道，河道中水流以弯段、直段相间的形式向下游流动。在演变过程中弯道的变化决定直河段的变化，对河势演变起主导作用。在该河段大多数表现为弯道顶点的下移以及近年来因流量减小而导致的河道弯曲程度加大。在孔兑入汇处，主流仍有较大变化，但其摆幅较昭君坟以上明显减小。

二、宁夏内蒙古河段河道整治必要性

20 世纪 90 年代以前，宁夏内蒙古河段曾进行过一些防洪工程建设，但受当时条件的限制，规模较小。堤防可约束洪水但不能控制河势；当水流冲至堤防时，采用塌那护那的办法修建了一些险工。因修工时不是从控制河势的角度出发，对河势无控制作用。河势多变，不仅危及堤防安全，而且造成滩地大量坍塌，引水口处主流时靠时脱，引水保证率低，故迫切需要进行河道整治。20 世纪 90 年代后期开始，除进行堤防加高加固外，从防洪保安全的角度出发，依照水沙条件及河床边界条件，按照水流运行规律，为达稳定河势，20

年来多次新建、续建河道整治工程，在稳定有利河势、改善或防止不利河势方面取得了一定成效，但与稳定河势的要求还相差甚远。鉴于宁夏内蒙古河段河道长，河势变化大，控导河势的任务艰巨，今后仍需继续进行河道整治（胡一三，2010）。

（一）保证防洪安全需要进行河道整治

在河势演变的过程中，水流冲刷堤防时就需要抢险，当抢护的速度赶不上坍塌的速度时，堤防就发生决口。宁蒙河段是凌汛严重的河段，多年的观测和研究表明，宽浅河道及畸形河弯易于卡冰结坝，需要通过河道整治，改善宽浅散乱河势，增加水深，防止畸形河弯，减少卡冰结坝，以利排凌。

历史上洪灾频繁，近几十年来也常有发生。1904 年青铜峡 Q=7450m/s^3，宁夏唐徕、汉延、惠农、大清四渠决口淹毁农田无数。1934 年大洪水期间宁夏沿河一带淹没，田庐漂泊。1935 年洪水，宁夏秦坝关一带河堤冲决，河渠不分。1943 年青铜峡 Q=5100m/s^3，洪水泛滥冲刷两岸。1946 年青铜峡 Q=6230m/s^3，宁夏河东秦渠、河西汉延渠决口，细腰子拜冲决数十丈。

20 世纪 50 年代以来，1981 年宁夏中宁田家滩、吴忠陈袁滩、中卫刘庄及申滩堤防决口，内蒙古 9 段堤防决口。1990 年内蒙古达拉特旗大树湾上游穿堤涵洞破损发生渗水，造成堤防决口。1993 年 2 月内蒙古乌拉特前旗金星乡白土圪卜段（166+850）决口；12 月内蒙古磴口县南套子段（3+300）决口。1994 年 3 月内蒙古乌拉特前旗西柳匠段决口；3 月内蒙古达拉特旗乌兰段蒲圪卜堤防（271+400）决口。1995 年内蒙古磴口县燕家圪旦险工、五原县三苗树险工、杭锦后旗二八社险工、临河市友谊险工先后出现严重险情危及大堤安全。1996 年 3 月内蒙古达拉特旗乌兰乡新林场段（260+500）决口；3 月达拉特旗解放滩二亮子圪旦决口；1998 年 3 月包头土默特右旗团结渠口以上冲断堤防 50m。2003 年 9 月内蒙古乌拉特前旗大河湾段（245+500）决口。2008 年 3 月 20 日内蒙古杭锦旗独贵特拉奎素段 2 处堤防（193+900 及 196+255）决口等等。

在河势变化的过程中，如危及堤防安全或可能造成严重恶果的，就需要抢险或修建新的险工。如 1990 年前后在河势演变的过程中，宁夏永宁县南方六队以下主流西移，边岸坍塌，左岸从南方三队至东河十队险情不断，尤以南方三队最险，黄家圈以下，主流又冲向右岸，造成右岸北滩、下桥村坍塌出险，以下主流又折向左岸，直冲东升，十多年来，塌滩严重，抢险不断，东升成为当时最难抢护的险情。

决口一般可分为漫决、溃决、冲决，因河势变化、水流冲淘堤防造成决口的占相当比例。每次决口都会给沿河一带带来深重灾难，因此，为减少抢险，稳定河势，防止决口，需要进行河道整治。

（二）提高引水保证需要进行河道整治

宁夏内蒙古河段，降雨量少，气候干旱，靠引黄河水灌溉种植农作物。“黄河百害，唯富一套”表明河套地区引黄河水灌田，夺取丰收，成为富庶之地。

引水口位置是相对固定的，而变化的河道水流会造成引水口处时而靠河、时而脱河，河势及其变化直接关系到灌区的农业生产。有时引水口处虽靠水但不靠溜，引水量也是会受到影响的。在有计划地进行河道整治之前，多变的河势造成引不上水的情况是屡见不鲜的。

宁夏跃进渠 1958 年建成，进水口处由于河道主流摆动，20 世纪 70 年代以来，引水经常发生困难，每年都要进行挖槽引水，1988 年不得不将进水口上移数千米。宁夏七星渠进水口原在中宁县清水河入黄河处，由于黄河主流摆动，进水困难，于 1972 年将取水口上移至中卫县申滩，与羚羊夹渠合并，80 年代末期以来，黄河主流又发生偏移，当黄河水小时，渠首进水又发生困难。宁夏泉眼山至中宁大桥段，由于滩槽交替变化，边滩成犬牙交错状分布，主流左右摆动，北滩南险，南滩北险，河势不稳定。1986 年建成通水的固海扬水工程，约在 1990 年后，就因主流摆动，河势不稳，经常发生取水困难，不得不采用挖去卵石疏通河道的办法，导水至取水口，以保证引水。

内蒙古沿黄河有河套灌区、土默特川灌区、南岸黄河灌区等，与黄河并行的灌溉面积达 800 万亩。三盛公枢纽修建后，保证了河套灌区引水，其他灌区引水保证率都受河势变化的影响。

主流摆动会冲毁取水口，或远离取水口造成引水困难甚至不能引水。为提高从黄河引水的保证率，实现灌区农作物适时灌溉，增加农业产量，并保证城镇生活及工业用水，需要进行河道整治，稳定河势，提高引水保证率。

（三）减少滩地坍塌需要进行河道整治

宁夏内蒙古河段，大部分为宽河道，两岸堤防之间有大量滩地，有些已经耕种。在河势变化尤其是主流摆动的过程中，一岸会塌去大片可耕种的滩地，尽管另一岸会淤出新的滩地，因新淤出的滩地滩面低，不能耕种，只能待以后若干次洪水淤高后才具有耕种条件。如 1979～1993 年，由于中小水坍塌，宁夏沿河 11 县（市、区）共塌毁农田 13.03 万亩，河滩地 18.13 万亩，林地 3.21 万亩，平均每年冲毁土地 2.46 万亩。累计塌毁堤防 131.05km，道路 15.7km，房屋 4515 间，涉及人口 24760 人。

河势大幅度变化会坍塌两岸滩地，为减少滩岸坍塌需要进行河道整治。

（四）交通设施安全需要进行河道整治

跨河桥梁的安全除与自身结构有关外，还与河道水流变化情况密切相关。桥梁影响水流，水流的变化又会危及桥梁的安全。桥梁建设时往往仅考虑就近几年的河势情况，确定水流的冲刷深度，对河势的长期变化常常考虑不够。在宽河道主流的摆动幅度有些会达数千米，当主流由桥墩深度较大的桥段摆向桥墩深度较小的桥段时，洪水期桥墩处的冲刷深度若大于桥墩的设计冲刷深度，就会危及桥梁本身的安全。宁夏清水沟入黄口处，1990 年前后心滩淤涨，向下游延伸，十年达 700 余米，两股水流变化，冲刷坍塌，小坝队抢险，以下威胁叶盛大桥安全。1994 年宁夏陶乐县陶横公路月牙湖段就有 600m 道路塌入河中，致使交通中断。

为了航运或两岸交通，在靠主流的地方常修建一些码头。当河势发生较大变化如主流摆动时，已建码头就可能失去作用。

因此，为了桥梁等交通设施的安全，需要修建工程，稳定河势，进行河道整治。

参 考 文 献

胡一三. 2010. 黄河宁夏内蒙古河段河道整治. 水利规划与设计，5：1-4

第三十五章　宁夏内蒙古河段河道整治措施

一、河道整治方案

（一）河道整治目的

黄河宁夏内蒙古河段历史上修建的防洪工程少，一旦发生大洪水就会发生严重的洪水灾害。宁蒙河套平原是黄河流域开发较早的地区之一，引黄灌溉尤为发达。为了防止水害，历史上曾多次采取塌那护那的办法修建一些防护工程，以保护渠首，防坍塌耕地、水毁家园。东汉永建四年（公元 129 年），郭璜就以石筑堤，维护河岸，防止河水冲刷。北魏太平真君五年（公元 444 年）刁雍为恢复古高渠引水，采用草土混合修筑拦水坝，截堵小西河，后来逐步发展成为草土护岸和草土码头。明代天启年间（公元 1621～1627 年），张九德用草石堆积修筑秦渠护岸堤和灵州导流堤，是历史上著名的丁坝挑流和顺坝护岸相结合的沿河工程。清康熙四十八年（公元 1709 年），用柳囤内装卵石柴草修筑渠首工程。1933～1943 年沿河主要县设立河工处，专事防洪治河之事，表明已经修建了较多的防护工程。

现阶段宁夏内蒙古河段进行的河道整治是以防洪为主要目的河道整治。结合宁蒙河道的实际情况，通过修建河道整治工程，逐步强化水流边界，规顺中水河槽，减少主流的摆动范围，改善现状情况下的不利河势，逐步稳定河势流路，以达有利防洪安全；并有利于沿河渠首引水，促进农业发展，减少塌滩塌岸，保护沿河群众安全。

（二）河道整治原则

1. 防洪为主，统筹兼顾

河道整治具有显著的社会效益、经济效益和环境效益。为此国民经济各部门对河道整治寄予很高的期望。沿黄地区要求黄河安全，以利发展经济；黄河有大量的水沙资源，希望引水可靠保持或扩大引黄灌溉面积，提高农业生产产值；沿河群众希望有一条稳定的流路，减少滩地坍塌；交通部门要求深槽稳定，加大水深，发展航运，并保证各类桥梁运行安全等。所有这些要求都是合理的。要满足这些要求必须具备两个基本条件，一是对河床演变规律不仅在宏观上有全面深刻的认识，而且在微观上也必须有全面深刻的认识，才能采取有效且经济合理的整治措施。二是根据黄河特点及现有的整治经验与技术，给予必要的投入，才能保证河道长期处于优良状态。显然，以上两个条件目前都不具备。

河道整治满足防洪要求主要体现在河道整治工程能有效地控制主溜。主溜受到控制后，主槽会保持相对稳定，河道在平面上大幅度的左右摆动现象会显著降低，直接顶冲大堤造成冲决成灾的现象就会消除。河道整治满足防洪要求后，主溜受到了有效控制，但由于上游来水来沙影响，主溜仍会发生左右摆动现象，整治工程的靠河部位会上提下挫，但这种左右摆动和上提下挫都是在一定范围内进行的，幅度有限。因此渠首引水、滩地村庄及桥梁安全等都得到了一定的保障。也就是说，河道整治除满足防洪要求外，充分考虑其他方面的要求，也是可以做到的。

正确处理国民经济各部门对河道整治的要求，根据黄河其他河段的整治实践，只能是以防洪为主，兼顾引水、护滩、交通等部门的要求。防洪问题解决了，其他问题相对也容易基本解决。

2. 上下游、左右岸综合分析

河道整治除主要为防洪服务外，还要涉及国民经济的多个部门，因其对河道的要求各不相同，甚至会有矛盾之处，因此河道整治必须充分考虑上下游左右岸的要求、干支流特性，在综合效益最大的前提下，综合分析包括社会因素在内的诸方面利益的要求。

3. 中水整治，考虑洪枯

中水整治是古今中外许多著名水利专家的一贯主张。早在20世纪30年代德国恩格斯教授通过进行黄河下游的模型试验，提出了“固定中水河槽”的治河方案。我国著名水利专家李仪祉经过精心研究亦主张固定中水河槽，近60余年来黄河下游河道整治不论哪个河段均是按中水整治的。实践表明，按中水进行河道整治不仅能够控制中常洪水溜势，而且对控制枯水、特别是对控制洪水溜势的作用明显。

在进行中水整治时，还需考虑河道在洪水和枯水时的主溜变化范围，并采取相应的措施予以防范，避免在洪水落水期或长期枯水时主溜发生大的变化，以至影响中水河势的相对稳定。

4. 以坝护弯，以弯导溜

“短丁坝，小裆距，以坝护弯，以弯导溜”是黄河下游河道整治的一条成功经验。以防洪为主要目的的河道整治，其基本要求是实现对主溜的有效控制，从而使河势得到基本稳定。通过合理修建防护工程，控导弯道主溜，是被实践证明的有效稳定河势的措施。按照对无工程控制河段分析，采用以弯导溜方式控导主溜，依照治导线布设工程，两岸所需修建的工程长度约占河道长度的90%，而采用其他方式，需要修建的工程长度会远远大于这一比值。在缺少工程控制或有工程但工程配套不完善的河段，河势变化往往比较大，即使有较完善的工程控制，因来水来沙的变化河势也会发生变化，主溜也会在一定范围内摆动。按照以弯导溜的原则布置工程可以使上游不同方向的来溜通过迎溜段迎溜入弯，经过弯道段调整为单一溜势。弯道在调整溜势的过程中逐渐改变水流方向，使出弯水流溜势平稳且方向较为稳定，顺势向下一弯方向运行。在运行过程中如河槽单一畅通，进入下一弯将十分顺利；如河槽不顺，存有沙洲或滩岸阻挡，只要水流强度大，也会冲刷沙洲或滩地，塑造新的河槽，送溜达下一河弯。

以坝护弯是实现以弯导溜必不可缺少的工程措施。以弯导溜要求弯道凹岸具有很强的抗冲能力，防止在迎溜入弯、以弯导溜、送溜出弯的过程中，因岸线发生剧烈变化而丧失控导溜势的能力。提高凹岸抗冲能力的建筑物有丁坝、垛、护岸三种型式。采用护岸型式，运用过程中会在较大工程长度内出险，抢护困难，人力料物如不及时满足抢险需要，会发生垮坝事故。采用丁坝的优越性在于丁坝坝头是靠大溜的重点，在防守上抢护若干点即可保护一条线，人力料物均可集中使用，有利于工程安全。因此，在传统结构没有被新结构替代之前，在人力料物尚不充足的条件下，仍应按照以坝护弯的原则来布设工程，尤其在弯顶靠大溜段更是如此。

5. 主动布点，积极完善

主动布点是整治河道的一种主动行为。可以在河势发生恶化前占领有利阵地，一旦工程靠河即可以主动抢险，一面加固工程，一面控导溜势。当来溜方向属于长期稳定，下游送溜方向又有明确要求时，可以因势利导完善工程布局，发挥整体工程导溜能力，以取得最大的整治效果。

为了主动布点，需要对长河段的河势演变规律和当地河势演变特点进行分析，只有这样才能使工程位置适中、外形良好，且具有较好的迎溜、导溜、送溜能力。工程修建并靠河后。应加强河势溜向观测，积极完善工程平面布局形式。当溜势有上提趋势时，应提前上延工程迎溜，防止抄工程后路；当溜势有下滑趋势时，应抓紧修建下续工程。在河道整治实践中，因上延下续工程不及时造成被动局面的事例是很多的。如 2012 年是中水时间较长的一年，一些河段塑造出有利的中水河槽，应抓住有利时机，通过布设新工程控制河势；对已修建的工程，可进行必要的上延下续。

6. 继承传统，开拓创新

河道整治是一项系统工程，无论是整治原则、整治方案，还是工程布局、坝垛结构及新材料的运用，都将随着经济社会的发展及人们对河势演变认识的提高而需要开拓创新。黄河宁夏内蒙古河段，在吸收黄河下游河道整治经验的基础上，20 世纪 90 年代后期以来，进行了有计划的河道整治，积累了一些经验，修建了一些控制河势作用好的河道整治工程；在工程结构和新材料运用方面也有所创新。在以后的河道整治中仍应坚持继承传统、开拓创新的原则。

（三）河道整治方案选择

1. 20 世纪 90 年代中期以前

20 世纪 90 年代中期及以前，宁夏内蒙古河段虽然修建了一些防护性工程，但均未从控制河势的角度入手有计划地进行河道整治。基本是水流塌滩至堤防、引水渠首、村庄时，或者是坍塌大量滩地时，修建防护性工程。由于不是从改善不利河势角度修建工程，致使有些险工，险情不断抢而再抢，或者在一个小河段内接连塌失耕地，防护住一个位置后由于河势变化、坍塌位置改变，又得抢护另一个位置，如东升一带曾发生过的情况。

宁夏下河沿—石嘴山河段，在 20 世纪中期以前按照塌哪护哪、与河争地的思想修建工程，着重控制大水流路，就中水而言，实际上是一种宽河摆动的整治思想。按照这一治河思想，不仅工程战线长，工程量大，而且主流得不到有效控制，常常是此防彼险，防不胜防，长期以来，防洪安全不能保证，中小水坍塌严重，常危及沿黄河城镇、村庄、农田、输水及交通设施的安全。实践证明，这种治理方案并不符合该河段的实际情况[①]。

内蒙古乌达公路桥—蒲滩拐的治理则是因险就险，被动防守，该河段河道整治工程多为据当时险情而修建的护岸工程，但整治工程的修建并未考虑上下弯道的衔接，工程不能控制河势，由于河势变化造成的问题仍然存在。

2. 有计划进行河道整治后

20 世纪 90 年代后期宁夏内蒙古河段开始有计划地进行河道整治。宁夏内蒙古水利厅分别于 1995 年前后编制了本区范围内黄河河道治理可行性研究报告，在此基础上黄委设计院于 1996 年 7 月编制了黄河宁蒙河段 1996～2000 年防洪工程建设可行性研究报告。提出对河道进行有计划的整治，为此必须确定河道整治方案。

① 宁夏防汛抗旱指挥部办公室，宁夏水利科学研究所. 2011. 黄河宁夏段河道治理与研究

经过对卡口整治方案、麻花型整治方案、宽河摆动整治方案、微弯型整治方案的分析，宁夏内蒙古河段河道整治选择微弯型整治方案，其原因主要为：

（1）微弯型整治方案符合河床演变的基本规律

天然情况下，平原河道及高原河道的自然流路本身就是由一系列具有不同曲率半径的弯道和直河段组成的，其主流线具有曲直相间的外形，游荡性河段，虽然河道宽浅散乱，河分多股，主流摆动频繁，但其摆动的形状是左右相间的。游荡性河段尽管外形较为顺直，但主溜及各汊沿水流方向都是曲直相间的。因此，按微弯型方案整治河道，是符合水流运动规律的。

用现有的几次宁蒙河道下河沿至蒲滩拐河道地形图及实测河道大断面成果，分析其主流变化，同样具有沿程左右摆动的规律，尤其是龙羊峡、刘家峡水库联合运用后，平水时间加长，主流坐弯较死，滩岸坍塌严重，同时，河道的弯曲率也明显具有增加的趋势，因此，按微旁型方案整治宁蒙河道，以弯导流、以坝护弯，控制中水流路，也是符合该河段的河床演变规律的。

（2）河道整治的治导线是依照水流运动规律确定的

河道整治工程是长期起作用的防洪工程，它需要适应多种来水来沙情况，不仅要适应中水，而且还要兼顾洪水和枯水。洪水的来水来沙对当次水流的河床演变影响最大，所形成的河势流路未必能很好适应以后的来水来沙情况。微弯型整治方案就是通过分析，按水沙特性和河床边界条件合理确定工程布局，以适应河势变化，限制改造不利河势，稳定有利河势，长期发挥控导河势的作用。

河道水沙条件是动态的，不仅随时间变化，而且沿程各河段也不会相同，变化是其主要特点之一。对于冲积性河流，平原河道、高原河道在天然情况下，“河行性曲”是司空见惯的不争事实。河流或一个河段的弯曲系数大于 1，大部分河流的弯曲系数大于 1.2，从另一方面说明“河行性曲”的事实。渠道是按照某个流量级设计建设的，流量无大变化，这正是人工渠道多为直线的原因，但在停止引水时，通过渠道的流量短时间内降到 0，在土渠底部也会观察到停止引水后小流量形成的弯曲的、或曲直相间的小沟。小沟是在无人工作用的情况下形成的，这也是“河行性曲”的一种情况。平原河道及高原河道是冲积性河道，微弯型整治方案不是人造弯道，而是遵循水流的自然规律，采用曲直相间的治导线。并要按照所在河段的具体情况，合理概化、选择整治流量，整治河宽，弯曲半径、中心角、直河段长度、弯曲幅度、河弯跨度等河弯要素，为了排洪还须留足排洪河槽宽度，避免或减少出现如图 11-7～图 11-20 所示的各种畸形河弯。这样才能使河道整治达到稳定河势、保证防洪安全的目的。微弯型整治方案，不是强行设弯，而是按照水流运动规律，合理安排弯道段和直河段，使拟定的工程平面布置（治导线）能尽量适应多种来水来沙情况，减少河势的变化范围，达到稳定河势的目的。

（3）借鉴黄河下游河道整治经验

黄河下游自 1950 年创办河道整治以来，在半个多世纪河道整治的过程中，由易到难，不断总结创新。先后研究、实行过纵向控制方案、卡口整治方案、平顺防护整治方案、麻花型（∞型）整治方案、微弯型整治方案。经比较优选出微弯型整治方案，淘汰了其他整治方案，改变了过去塌哪护哪、“揹着石头撵河”的局面。于 20 世纪 80 年代明确提出采用微弯型整治方案（胡一三，1986），指导了以后的河道整治。至 90 年代中期，弯曲性河段已控制了河势；由游荡向弯曲转化的过渡性河段已基本控制了河势；对于控制河势难度最大的游荡性河段，与过渡性河段相连的长达 70km 的东坝头至高村河段，80 年代也已初步控制了河势，至90年代，花园镇至神堤、花园口至武庄2个河段也初步控制了河势。由实践提炼出的微弯型整治方案，又指导以后的河道整治，实践证明微弯型整治方案是冲积性河道整治行之有效的方案。

宁夏内蒙古河段为冲积性河道，从长时段讲是淤积抬高的。河道纵比降均陡于0.1‰；河势变化速度快，幅度大，塌滩刷堤险情多，决口频繁，防洪任务重；冬季易卡冰结坝，造成严重凌情；河道整治以防洪、防凌为主要目的，兼顾引水、交通需要。与黄河下游相比，河道特性、水流形态，致灾抢险、整治目的等方面都是相似或相同的。因此，宁夏内蒙古河段进行河道整治借鉴黄河下游河道整治中采用的微弯型整治方案是可行的。

（4）微弯型整治方案修建的工程长度短

微弯型整治方案是在分析河势演变的基础上，归纳出2～3条中水基本流路，进而选择1 条基本流路作为整治流路，该流路与洪水、枯水流路相近，有利于长期控制河势，整治之后综合效果优。整治中在1个弯道内采用单岸控制。

按照微弯型整治方案整治河道，首先要分析河势变化规律，选择基本流路，分析并合理选择弯道参数，使弯道段对河势变化有一定的适应能力，以发挥河道整治工程的导流作用，进而绘制治导线。河道整治工程只需在凹岸及部分直线段修建，按照黄河下游的河道整治实践经验，两岸河道整治工程的长度达到河道长度的90%时，即可基本控制河势。按照塌哪护哪修建防护性工程时，随着时间的推移，因未考虑控制河势，修建的工程会愈来愈长，两岸工程的总长度甚至达到河道长度的2倍。因此，就修建的河道整治工程长度而言，经过一个较长的时期后，按微弯型整治方案整治河道修建的工程是较短的，相应需要的投资也是较少的。

（5）实体模型试验

宁夏河道整治工程指挥部于 2000 年委托清华大学黄河研究中心进行了宁夏黄河青铜峡至石嘴山河段河道整治模型试验。利用1993～1999年原型水沙及河床测验资料，进行了中小水条件下的验证；利用1981年的洪水资料对模型进行了大洪水条件下的验证和率定。验证及率定与实际情况比较吻合。模型试验是在1999年的地形上进行的，依照黄河宁蒙河段1996～2000年防洪工程建设可行性研究报告中，按照微弯型整治方案拟订规划治导线及弯道布置的工程进行了实体模型试验。

首先开展了整治流量2200m^3/s的试验。试验结果表明，主流基本按治导线行进，河势颇为稳定，整治工程起到了控导河势，保滩护堤的作用。随后开展了 3000m^3/s、4000m^3/s和5000m^3/s三个洪水组次的模型试验，试验结果表明，随着流量变化，主流尽管上提下挫，但均能被工程所控制，即使在流量为5000m^3/s的大洪水时，各工程仍能起到控制主流的作用。部分河段不同流量级的试验结果见图35-1和图35-2。2000年12月专家对模型试验进行评审时指出，确定的治导线方案能适应不同的水沙条件，并能较好地控制河势。

实体模型试验表明：采取微弯型治理，通过强化弯道河床的边界条件，以弯导流，可以控制河势，规顺中水河槽，稳定河势流路，使河道具有曲直相间的微弯形式，发挥护滩、保堤的作用。

3. 2010年以后

2010年以后修建河道整治工程时，一部分采用微弯型整治方案，另一部分采用就岸防护方案。

当时河势与规划治导线相近地采用了微弯型整治方案。

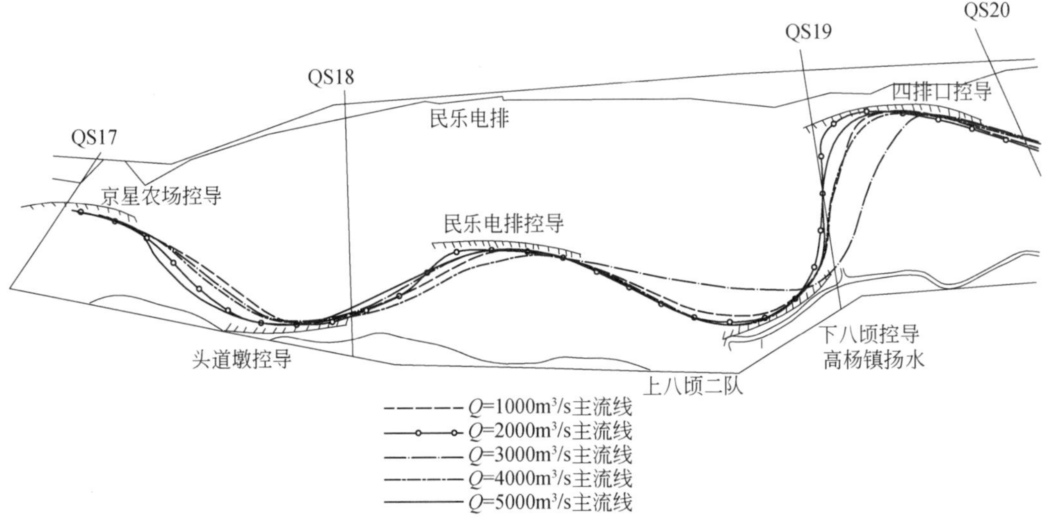

图 35-1　宁夏头道墩—四排口河段治导线试验河势图

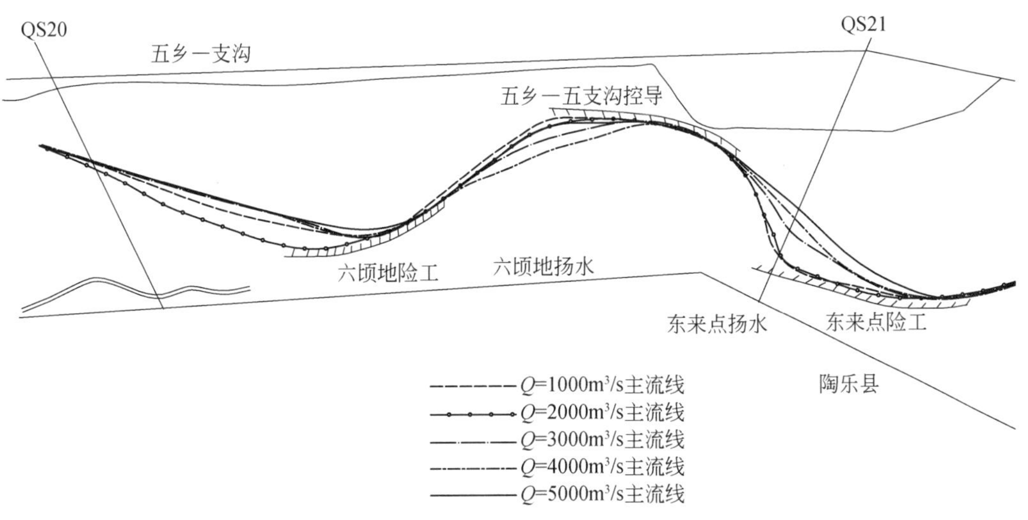

图 35-2　宁夏六顷地—东来点河段治导线试验河势图

就岸防护方案是依堤防或滩沿的走向、地形修建工程，主要作用为保堤护滩。保堤就是现状河道主流距堤防较近，若不及时防护，将对堤防产生较大威胁；护滩就是现状河道主流顶冲滩地，若不及时防护，滩地就会大量坍塌。就岸防护工程仅起保护堤防、滩地不被水流冲刷的作用，无控导河势的作用。

尽管就岸防护方案，采用塌哪护哪，布置工程时不需进行深入研究，但笔者认为就岸防护方案尚需进一步研究，请考虑下列因素：①在黄河下游河道整治的进程中，经多方案比较后是被淘汰的整治方案之一。②就岸防护方案布置工程时，仅考虑了当时的河势情况，而河道的来水来沙及来溜情况是多变的，大水、中水、枯水流量的大小及其过程均会影响河势变化，仅按当时河势情况修建的工程，对河势变化缺乏适应能力。③确定工程布局的河道边界尤其是河势资料，往往是小水时的河势边界情况，按照水流运行规律，小水时弯曲半径小，水流运行的弯曲率大，达不到中水、大水时水流行进的要求，有碍于排洪。④把小水河弯边界用工程固定下来，会造成下弯工程靠溜部位上提，给以下河段修建工程增加困难。⑤按照就岸防护方案修建工程，因未考虑工程控制河势的作用，塌哪护哪，随着时间的推移和河势变化，已建的工程会失去作用，为防发生新的险情，不得不修建新的工程。久而久之，就岸防护方案修建的工程长度将会远远大于微弯型方案需要修建的工程长度，相应所用投资也会增大。⑥在基本建设的过程中，就岸防护也是难以做到的。从防洪工程可行性研究报告→初步设计→施工图设计，需经过多次设计、审批，一般需 3 年（或>3年）的时间。而来水来沙是动态的，随着水流条件的不断变化，相应的河道边界也要发生变化，河岸往往处于变化之中，尤其是游荡性河段。可行性研究阶段的岸、初步设计阶段的岸、施工图设计阶段的岸在同一个河段经常是不同的。修建工程时是按哪个阶段的岸确定工程位置？可行性研究阶段的岸到施工图阶段时，可能被塌入河中；也可能在岸前又淤出了新的滩地，滩地前沿又形成了新的河岸。因此，就岸防护难以做到。如果都按照施工图阶段的岸施工，可行性研究阶段审查确定的工程位置指导作用就大为降低，只起控制投资的作用。如内蒙古河段，由于上个防凌年度时水位高、流量大，河势发生了较大变化，2016 年施工图设计时，可行性研究报告时沿岸线布置的部分工程所在岸线的位置已被塌入河中，有的已到主流区，给工程布置造成困难。在天然河道，随着时间的推移，岸线位置发生变化是不可避免的。

二、河道整治参数与治导线

在以往工作的基础上，20 世纪 90 年代中期对宁夏内蒙古河段河道整治的整治方案、整治参数进行了全面深入的研究，并绘制了规划治导线。

（一）整治参数

整治参数是确定规划治导线的水流及河弯要素指标，整治参数的选取应以整治河段的水流运动及河床演变规律为基础。

1. 整治流量

整治流量是确定治导线的重要水力指标，也是确定其他整治参数的依据。以防洪为主要目的的河道整治是对中水河槽进行整治。这是因为中水的造床作用大，河道平面轮廓较为规顺，即便洪水来时，主槽过流亦占较大比重。宁夏内蒙古河段受上游龙羊峡、刘家峡水库运用的影响，大洪水概率已明显减少，由于大水漫滩后，主流趋直，水面宽阔，河弯轮廓过大，且历时较短，按洪水条件整治不能适应中小水流路的要求，且耗资太大，不宜选取。小水整治因其断面过小，流量增加时主流可能摆出工程控制范围，从而造成工程阻水、分散流势、增加防洪负担，故也不宜选取。

中水整治的设计流量应采用造床流量，其值介于洪水、枯水流量之间。可通过计算得出；据已有资料分析，其值与平滩流量较为接近。

马卡维也夫认为，造床作用包括造床强度和作用时间两个方面，前者以表征水流输送泥沙能力的综合因子 Q^mJ 来表示（m 为指数，J 为比降），后者以流量出现的频率 P 来反映，当 Q^mJP 达最大值时，其对应的流量 Q 即为反映水流造床作用的造床流量。龙羊峡、刘家峡水库联合运用以来，在 20 世纪 90 年代中期以前，宁夏内蒙古河段仅有 1987～1994 年 8 年的水沙资料，除 1989 年外，其余年份均为枯水枯沙，下河沿站洪峰流量在 $3000m^3/s$ 以内，不具代表性，故本次仅用 1989 年资料以马卡维也夫法进行造床流量计算，该年下河沿年水量 385.2 亿 m^3，比多年平均值大约高 20%，输沙量 1.12 亿 t，与多年平均值接近。经计算，各站造床流量如表 35-1。

表 35-1　宁夏内蒙古河段各站造床流量计算成果表　（单位：m^3/s）

测站断面	下河沿	青铜峡	巴彦高勒	三湖河口	昭君坟	头道拐
造床流量	2550	2420	2400	2400	2600	2600

中水整治的造床流量与平滩流量（或称平槽流量、满槽流量）较为接近。据宁夏内蒙古河段各水文站、水位站及实测大断面资料分析，各河段平滩流量如表 35-2 所示。

表 35-2　宁夏内蒙古河段平滩流量统计表　（单位：m^3/s）

河段	下河沿—仁存渡	仁存渡—石嘴山	石嘴山—三湖河口	三湖河口—昭君坟	昭君坟—头道拐
平滩流量	2940	2460	2200	2080	1910

考虑龙羊峡、刘家峡水库运用后宁夏内蒙古河段汛期水沙减少趋势及汛期引水的影响，并考虑两水库排沙流量也在 $2000m^3/s$ 左右，综合以上因素分析，本次整治流量选取为：青铜峡水库以上河段为 $2500m^3/s$，青铜峡至三盛公库区库尾河段为 $2200m^3/s$，三盛公以下至蒲滩拐河段为 $2000m^3/s$。

2. 整治河宽

整治河宽 B 是指河道经过整治后，与设计流量相应的直河段宽度。由于来水来沙及其过程的变化，即使在河道经过整治后，直河段的宽度也是一个变数。但在现阶段以 B 来确定河道经过整治后中水河槽的外形和整治工程的平面轮廓、描述河弯形态间各要素之间的关系，还是一个较为合适的物理量。

整治河宽是绘制治导线不可或缺的要素。微弯型整治仅在弯道凹岸及部分直河段布设工程，且控导工程按中水流量设计，洪水时水流仍可自由漫滩、大溜在一定范围内可以调整。由于天然河道受地质、地形条件影响，断面形态沿程有一定变化，平滩河弯沿程也相应发生变化。

天然河道中水流运动遵循：

水流连续方程

$$Q=BHV \tag{35-1}$$

曼宁公式

$$v=\frac{1}{n}H^{2/3}J^{1/2} \tag{35-2}$$

河流经过长时期的冲淤调整，沿程各断面的水力、几何因子之间存在一定的关系，即河相关系，可表示为

$$\xi=\frac{\sqrt{B}}{H} \tag{35-3}$$

将 ξ 代入以上方程联解，得整治河宽 B 的表示为

$$B=\xi^2\left(\frac{Qn}{\xi^2 J^{0.5}}\right)^{\frac{6}{11}} \tag{35-4}$$

式中：H 为整治流量下的平均水深，m；J 为与整治流量相应的比降；n 为河段综合糙率。

根据河道特性及水沙特性，将宁夏内蒙古河段分为八段，各河段整治河宽的计算成果见表 35-3。

表 35-3　宁夏内蒙古河段整治河宽计算成果表

项目	下河沿—枣园	青铜峡—仁存渡	仁存渡—头道墩	头道墩—石嘴山	乌达公路桥—旧磴口	三盛公—三湖河口	三湖河口—昭君坟	昭君坟—蒲滩拐
整治流量/（m^3/s）	2500	2200	2200	2200	2200	2000	2000	2000
河相系数	6.3	7.0	7.6	11.2	10.0	14.0	11.0	9.5
综合糙率	0.025	0.024	0.015	0.016	0.016	0.016	0.016	0.015
比降/‰	0.787	0.552	0.151	0.184	0.146	0.172	0.120	0.101
整治河宽/m	359	396	470	655	627	772	685	606

内蒙古河道 1991 年实测大断面资料各河段的主槽宽度见表 35-4。

表 35-4　内蒙古各河段主槽宽度表　（单位：m）

项目		乌达公路桥—旧磴口	三盛公—三湖河口	三湖河口—昭君坟	昭君坟—蒲滩拐
主槽宽度	范围	400～900	575～945	605～845	544～864
	平均	600	752	709	

参照上述资料和当时实际河宽，并考虑河道整治后的调整变化，采用的各河段整治河宽见表 35-5。

表 35-5　宁夏内蒙古各河段设计整治河宽表　（单位：m）

项目	下河沿至枣园	青铜峡—仁存渡	仁存渡—头道墩	头道墩—石嘴山	乌达公路桥—旧磴口	三盛公—三湖河口	三湖河口—昭君坟	昭君坟—蒲滩拐
整治河宽	300	400	500	600	600	750	700	600

3. *河弯要素*

规划治导线各河弯的河弯要素要能代表天然情况下河流自由演变河弯的弯道特征。自然情况下，随着弯道的发展，曲率变大，达一定程度后，自然裁弯，继而进入下一次的弯道演变。在来水来沙及河道边界的共同作用下，不同类型的河流及同一类型河流的不同河段，河弯形态演变差别往往很大。统计发现，具有某种外形的河弯，与其他弯道相比，变形速度慢，维持的时间较长，具有相对的稳定性；或者某种外形的河弯，出现的概率相对较多。因此，治导线采用的河弯要素应是相对稳定的或出现机率较高的河弯要素。目前河弯要素的计算尚不完善，本次采用资料分析与整治经验相结合的方法并以当前河势情况确定河弯要素。

对宁夏内蒙古河段近一时期靠河比较稳定的河弯进行统计分析，其河弯要素如表 35-6 所示。

表 35-6　宁夏内蒙古河段河弯要素概化统计表

项目	下河沿—枣园	青铜峡—仁存渡	仁存渡—头道墩	头道墩—石嘴山	乌达公路桥—旧磴口	三盛公—三湖河口	三湖河口—昭君坟	昭君坟—蒲滩拐
弯曲半径/m	700～1500	1100～1850	1500～2300	1900～2800	1300～3000	800～3200	800～2700	900～3200
中心角/（°）	41～83	47～97	62～80	66～81	60～110	45～94	40～110	45～110
直河段长度/m	400～1500	600～1200	750～4200	500～1700	1000～6500	1000～5000	1000～5000	1000～4000
直河段宽度/m	150～300	250～450	400～700	250～1100	500～800	550～950	600～850	500～850

河弯要素可通过弯曲半径 R、中心角Φ、直河段长度 d、河弯间距 L、弯曲幅度 P、河弯跨度 T，以及整治河宽 B 来描述。

分析本河段的资料，并参照黄河下游河道整治的经验及研究成果，宁夏内蒙古河段河道整治的河弯要素一般采用：弯曲半径 R=（3～5）B；中心角Φ=50°～100°；直河段长度 d=（1～3）B；河弯间距 L=（5～8）B；弯曲幅度 P=（2～4）B；河弯跨度 T=（9～15）B。

4. 排洪河槽宽度

按照规划进行河道整治后，一处河道整治工程的末端，至上弯整治工程末端与下弯整治工程首端连线的距离，称为该处河道整治工程的排洪河槽宽度。

大洪水时，水流漫滩，主流趋直，控导工程漫顶。此时，为了保证工程既能控导主流，又不影响行洪，两岸工程之间应有足够的宽度，大部分洪水从此宽度内流过。对于长河段而言，这一宽度的确定需要沿程洪水断面及相应的水沙因子等资料，且问题较为复杂，一般是通过研究实测资料、实体模型试验及水动力学数模计算，经综合分析后确定。取值范围一般为整治河宽的 2～3 倍。

（二）治导线与整治工程位置线

1. 治导线

（1）选择整治流路

在河势演变的过程中，主流的位置经常发生变化，尤其是游荡性河段，主流线甚至遍布两岸大堤之间。但在一个河段内可把主流线归纳为 2 条基本流路，有的河段可能存在 3 条基本流路。

选择整治流路是从 2～3 条基本流路中选择 1 条基本流路作为整治流路，该流路控导中水河势的能力强，可稳定河势，利于防洪安全，对洪水、枯水有好的适应性，能较好地满足国民经济各部门的要求，是综合效益优的流路。

（2）拟定治导线

治导线是河道经过整治后的平面轮廓线，它是河道整治工程平面布置的依据。

拟定的治导线除应按照整治河宽、河弯要素、排洪河槽宽度、现有河势情况外，还要考虑充分利用现有工程及两岸耐冲的滩岸，引水、交通、村镇等国民经济各部门的要求，上下游、左右岸的关系，并要考虑较大支流汇入对河势的影响（胡一三，2010）。

拟定治导线的步骤一般为：由整治河段进口开始逐弯拟定，直至整治河段末端。第一个弯道作图前首先分析来溜方向，再分析凹岸边界条件，根据来溜方向、现有河岸形状及导溜方向规划第一个弯道。若凹岸已有工程，则根据来溜及导溜方向选取能充分利用的工程段规划第一个弯道。具体作图时选取弯道半径适线，绘出弯道处凹岸治导线，并使圆弧线尽量多地切于现有工程各坝头或滩岸线。按照设计河宽缩短弯曲半径，绘出与其平行的另一条圆弧线。接着确定下一弯的弯顶位置，并绘出第二个弯道的治导线。再用公切线把上弯的凹（凸）岸治导线与下弯的凸（凹）岸治导线连接起来，此切线长度即为直河段长度。进而拟定第三个弯道的治导线，检查三个弯道间的河弯要素关系，……直至最后一个河弯。继而检查、分析各弯道形态、上下弯关系、控导溜势的能力、弯道位置对当地利益兼顾程度等，发现问题进行修改、调整。

整治河段治导线拟定后通过对比分析天然河弯个数、弯曲系数、河弯形态、导溜能力、已有工程利用程度等论证治导线的合理性。拟定治导线是一项相当复杂的工作，一个切实可行的治导线需经过若干次调整后才能确定。

鉴于影响河道整治因素的复杂性及多变性，随着河道整治的实践，人们对河势演变规律的认识会进一步深入，经过一个时期后，可对治导线进行必要的调整或修改，以更好地符合水流运行规律，力求好的整治效果。

2. 整治工程位置线

每一处河道整治工程坝垛头的连线，称为整治工程位置线，简称工程位置线或工程线。它是依据治导线而确定的一条复合圆弧线。其作用是确定河道整治工程长度及坝垛头位置。

在确定整治工程位置线时，首先要充分研究河势变化的各种情况，预估河势上提时的最上靠溜部位，作为整治工程的起点，以免河势变化时抄工程后路；中下段满足规划治导线的要求，能将溜送至下一个河弯。一般情况下，工程线的中下段多与治导线重合，上段要放大弯曲半径或采用与治导线相切的直线，以便退离治导线，适应河势上提和迎溜入弯。弯曲半径放大多少或切点在何处合适，需在规划时充分研究，如确定不当，在河势上提时可能会抄工程的后路。

为保工程安全，在抢修工程时容易受条件限制，使整个工程平面布置发生畸形变化，使抢修部分与原有弯道的工程位置线不连续，造成拐弯的情况，这就导致工程靠溜、送溜作用发生很大变化。黄河下游曾出现过上述情况，如禅房控导工程。若整治工程上段沿治导线后退不足尤其以折线形式后退修建工程时，该部分一旦靠溜，将会挑溜外移，易引起导溜段脱溜或上下段工程靠溜、中段工程不靠溜的情况，消减整个工程控制河势的作用。因此，在确定整治工程位置线的上段时，一方面要沿治导线后退，但又不能布置成折线，另一方面要把起点布置在河势上提的最上部位，防止河势上提时抄工程后路或因抢险等因素造成工程后败。工程位置线上段若布置成直线型，切点部位基本在治导线弯道上中段交界附近。

整治工程位置线按平面形式可分为直线形式、分组弯道式和连续弯道式。

直线式不能发挥以弯导溜的作用，不予采用。

分组弯道式是一条由几个圆弧线组成的不连续曲线。即将一处整治工程分成几个坝组，各坝组自成一个小弯道，坝组与坝组之间有的还留出一段空当，不修工程。坝组中有的采用长坝短坝结合，上短下长。不同的来溜由不同坝组承担，优点是汛期长坝掩护短坝，防守重点突出，缺点是每个坝组所组成的弯道很短，调整流向及送溜能力较差，当来溜发生变化时，着溜的坝组和出溜方向将随之改变，影响导溜效果。因此，整治工程位置线不采用分组弯道式。

连续弯道式是一条光滑的圆弧线，水流入弯后诸坝受力均匀，形成以坝护弯，以弯导溜的形式。其优点是导溜能力强，出溜方向稳，坝前淘刷较轻，易于修守，是推荐采用的形式。

在绘制整治工程位置线时，按照与水流的关系自上而下可分为 3 段。上段为迎溜段，要采用大的弯曲半径或与治导线相切的直线，使工程位置线退离治导线，以适应来溜的变化，利于迎流入弯，但不能布置成折线，以避免折点上下出溜方向改变。中段为导溜段，弯道的半径较小，以便在较短的距离内控导溜势，调整、改变水流方向。下段为送溜段，其弯曲半径比中段稍大，以利顺利地送溜出弯，控导溜势至下一处河道整治工程。由于河势变化的多样性，单靠弯道段的工程还不能送溜至下一弯道时，可在弯道以下的直线段也修一部分坝垛。这种工程位置线的型式，习惯上称为“上平、下缓、中间陡”的型式。

三、河道整治建筑物

（一）建筑物形式

河道整治工程建筑物形式经常采用的有丁坝、垛、护岸三种。

1. 丁坝

丁坝分上挑式、正挑式和下挑式。下挑式丁坝对水流干扰小，坝的上下游回溜轻，防守抢险比较容易，故采用下挑式丁坝（图 35-3）。

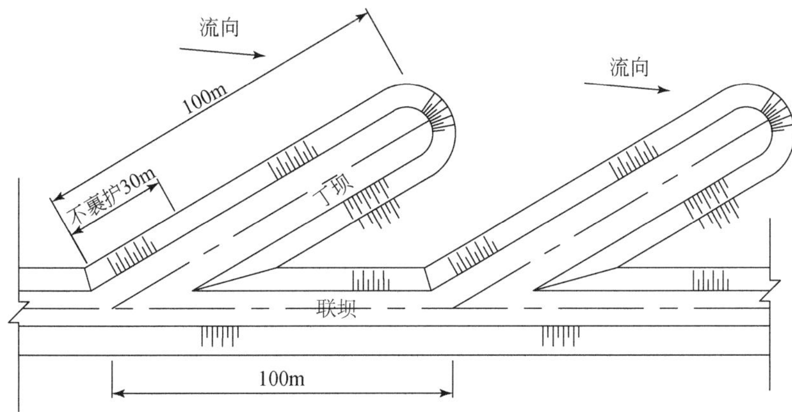

图 35-3　丁坝平面布置图

丁坝坝头常采用的平面形式有圆头形、拐头形、抛物线形（流线形）及椭圆头形等多种，圆头形丁坝施工简单，出险部位集中，便于抢护，因此一般采用圆头形作为丁坝坝头形式。

丁坝多布设在水流横向摆动幅度大，河势流向变化剧烈的河段。

2. 垛

垛的平面形式有人字形、鱼鳞形、月牙形、雁翅形、磨盘形、锯齿形等多种。人字形垛施工简单、管理方便，迎导溜效果好，一般采用人字形垛（图 35-4）。人字形垛的间距 60～80m。

3. 护岸

护岸可分为两种情况，一为坝垛间距大，为保护堤防或连坝安全，在坝裆或垛垂长较小的垛间修建的护岸；二为在较长工程段不修丁坝及垛、全部修成护岸。前者因受坝垛掩护，冲刷坑浅，根石深度小，投资省。后者对水流的干扰较小，但防守重点不突出，主流可能顶冲到护岸工程的各个小段，出险长度大，出险部位冲刷坑深，抢护困难，在较长时段其用料和投资可能更大。

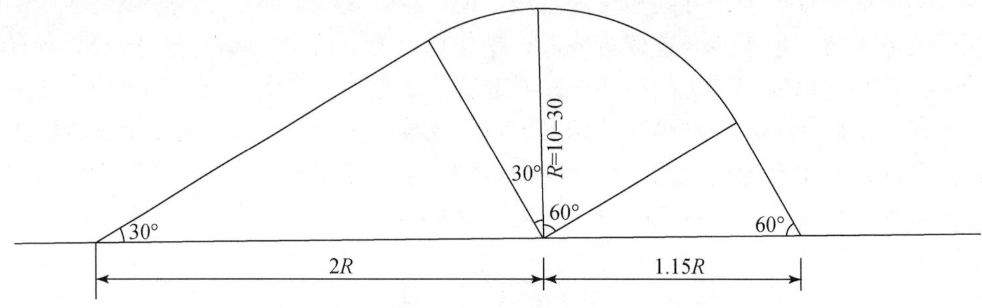

图 35-4　人字形垛平面图

在现有建筑物结构情况下，河道整治建筑物的布置宜采用以坝垛为主，必要时辅以护岸。

（二）顶部高程

河道整治工程分为在滩区修建的控导工程和沿堤修建的险工。

1. 控导工程

控导工程的顶部高程由设计水位加超高确定，即

$$Z = H + \Delta H \tag{35-5}$$

式中：Z 为顶部高程，m；H 为中水时设计流量相应水位；ΔH 为超高。

超高按下式计算

$$\Delta H = h + a \tag{35-6}$$

式中：h 为弯道横比降壅高，m；a 为波浪爬高，m。

$$h = \frac{BV^2}{gR} \tag{35-7}$$

式中：V 为流速，m/s；g 为重力加速度，m/s^2；R 为弯道半径，m；取 $3B$。

$$a = 0.23\frac{\Delta h\sqrt[3]{\lambda}}{m\sqrt{n}}$$

式中：λ 为波长与波高的比值，在河流条件下取 10；m 为边坡系数，取 1.3；n 为边坡糙率，按块石护坡，取 0.045；Δh 为波浪高，m，取 $\Delta h = 0.37\sqrt{D}$，D 为波浪吹程，km，按整治河宽计算，并假定风向与工程迎水面的交角为 45°。

经计算，不同河段控导工程超高见表 35-7。

表 35-7　控导工程超高计算表

项目	下河沿—枣园	青铜峡—仁存渡	仁存渡—头道墩	头道墩—三盛公	三盛公—三湖河口	三湖河口—昭君坟	昭君坟—蒲滩拐
整治河宽/m	300	400	500	600	750	700	600
波浪吹程/km	0.42	0.57	0.71	0.85	1.06	0.99	0.85
波浪高/m	0.24	0.28	0.31	0.34	0.38	0.37	0.34

续表

项目	下河沿—枣园	青铜峡—仁存渡	仁存渡—头道墩	头道墩—三盛公	三盛公—三湖河口	三湖河口—昭君坟	昭君坟—蒲滩拐
边坡系数	1.3	1.3	1.3	1.3	1.3	1.3	1.3
糙率	0.45	0.45	0.45	0.45	0.45	0.45	0.45
流速/（m/s）	3.0	3.0	2.7	2.7	2.7	2.5	2.5
波浪爬高/m	0.43	0.51	0.56	0.61	0.69	0.67	0.61
弯道壅高 h/m	0.31	0.31	0.25	0.25	0.25	0.21	0.21
超高 ΔH/m	0.62	0.67	0.81	0.86	0.94	0.88	0.82

超高计算值为 0.62～0.94，采用 1.0m。

2. 险工

由于堤防涉及保护区的安全，为了保证在设计洪水条件下的安全，除下部根石需达设计深度外，上部护坡也需满足设计水位的要求。考虑宁夏内蒙古河段堤防不高且超高不大，确定工程顶部高程与堤顶平。

（三）丁坝间距与坝长的关系

丁坝间距 L_j 与坝长 L 等因素有关。参照黄河下游的河道整治经验，一般取丁坝间距与坝长的比值 $k≈1.0$，多取为 100m。

在一处整治工程的上段，宜采用较小的 k 值，一般坝、垛宜短宜密；在弯道中段，流向逐渐得到调整，k 值可以适当放大，近年来一般采用 $k=1.0$；在河势变化不是很大的下段，k 可略大于 1.0。对于人字形垛，因其背水面有一定的向外托流的作用，其 k 值可较直线型的坝垛大。

（四）建筑物结构

1. 已采用过的结构形式

已修工程主要采用的是土石结构，用土料修筑土坝体，上部用块石护坡，下部用块石和铅丝石笼护根。这种结构施工简单，抢险方便，但用石较多，投资较大。

还采用过或试验过其他结构形式，如以下 7 种。

A. 草土卷埽结构

历史上就多采用草土卷埽结构，尤其是在水中进占筑坝时。该结构是用层土层草卷成直径 1.5～2.0m、长 7～10m 的卷埽，推抛入水，修筑坝基，然后用块石、铝丝石笼进行裹护（图 35-5）。它易于就地取材，一年四季均可修作，水下可保持 10～20 年不腐烂，有一定的抗冲能力。此种方法多用于石嘴山以上河段。

B. 混凝土四面体护根

每块四面体 1.0m^3，在坝顶就地浇注，用起重机起吊抛投。由于体积大，块体重，抗冲能力强，不易被水流冲走。但因块体重，抛投困难，抢险速度慢，另外四面体间缝隙大，防护坝基效果差，需要增大裹护厚度，用料较多。在仁存渡以上河段，由于卵石丰富，用水泥砂浆配以卵石即可浇注成四面体，代替石料，因此广泛使用这种结构。

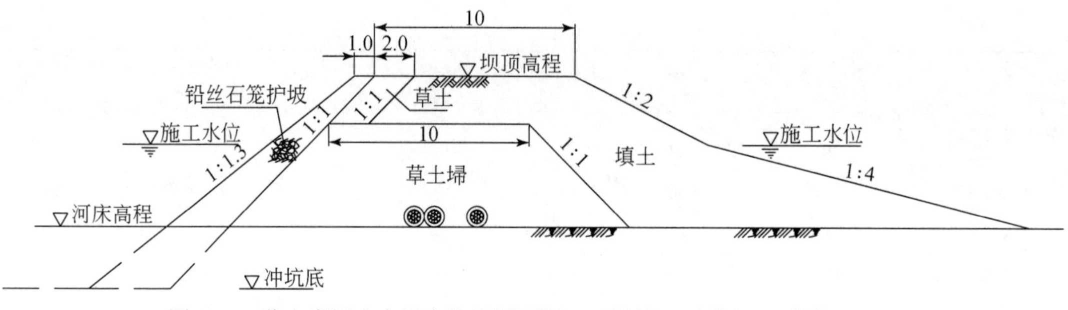

图 35-5　草土卷埽水中进占筑坝断面图一（银川—石嘴山）（单位：m）

C. 编织布土枕结构

编织布土枕是由聚丙烯编织布袋装土后经捆扎而成，在水中进占筑坝时采用。具有抗腐蚀性强、耐久性高、操作简单、柔软适宜变形、价格低廉的优点；缺点是怕紫外线照射、怕高温。

D. 木架附重四面体

由 6 根长 2.0m 木桩相互绑扎而成四面体框架，然后用 0.2m×0.2m×0.2m 混凝土块绑扎于四面体各顶端，沿设计坝轴线或护岸线抛投，直至露出水面，具有缓溜落淤作用，适用于水浅溜缓之处。

E. 压力灌注桩护岸试验

为了防止滩岸坍塌，探索新的结构形式，宁夏在中卫县莫家楼渡口以下黄河右岸的申家滩进行了压力灌注桩护岸试验（李桂荣和刘汇泉，1983）。试验段河床表层为冲积沙质壤土，厚 1.5～2.0m，下部为黄土和卵石沙砾混合冲积层，Φ=35°，卵石最大粒径 d_{max}=8～12cm。据调查试验段最大冲刷深度为 6m，桩的深度应在 4000m^3/s 水位以下超过 6m。为节省投资，沿岸只修了单排桩。桩距采用 D=100cm。桩径选定 d=28cm。据计算当河床冲深 2m 时，需配筋承受弯距，为减少配筋，在上部结构与下部桩柱联结部位加设一根ϕ16 的水平拉筋。设计中按冲刷 3m 深配筋。用钢筋混凝土横梁，将每 5 根桩连为整体（图 35-6）。工程于 1982 年 6 月开工，1983 年 5 月结束，共完成桩 892 根，护岸长 890m。但需说明的是，应用后最大冲深 6m，1990 年前后因冲深超过设计值而被冲垮。

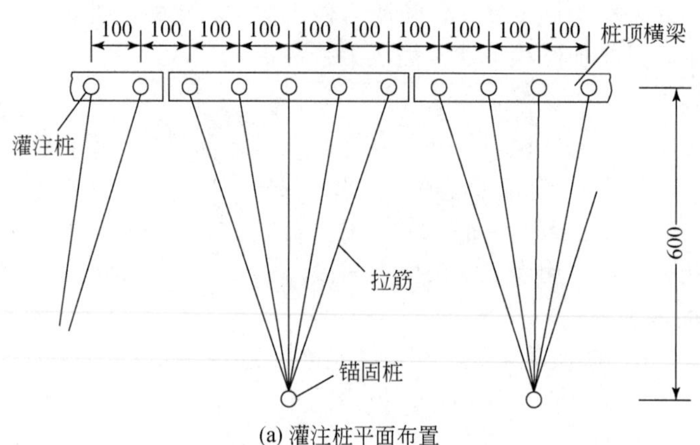

(a) 灌注桩平面布置

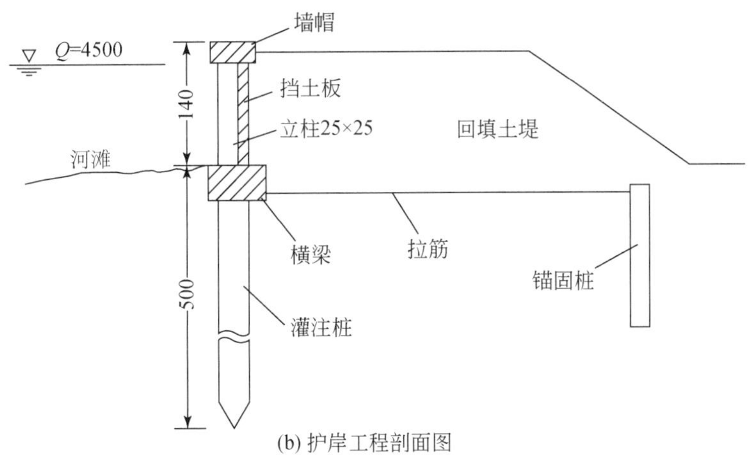

(b) 护岸工程剖面图

图 35-6　压力灌注桩护岸示意图（单位：cm）

F. 钢筋混凝土框架坝垛

钢筋混凝土框架坝垛是预制钢筋混凝土杆件框架式坝垛的简称（石秉直，1986），是内蒙古自治区 1976 年提出的结构。它为透水结构，上部为三角形框架，迎水面布置透水率为 20%～35%的挡水板，下为沉排（图 35-7）。框架为等腰三角形，高 5m、宽 6m，长有 8m、6m、4m 三种。框架由 8 种规格的构件，系 13 根钢筋混凝土杆件和 6 块钢丝水泥肋板组成。各构件用螺栓固结。沉排厚 0.5～1.0m，长宽各宽出框架 0.5～1.0m，由直径约 10cm 的木

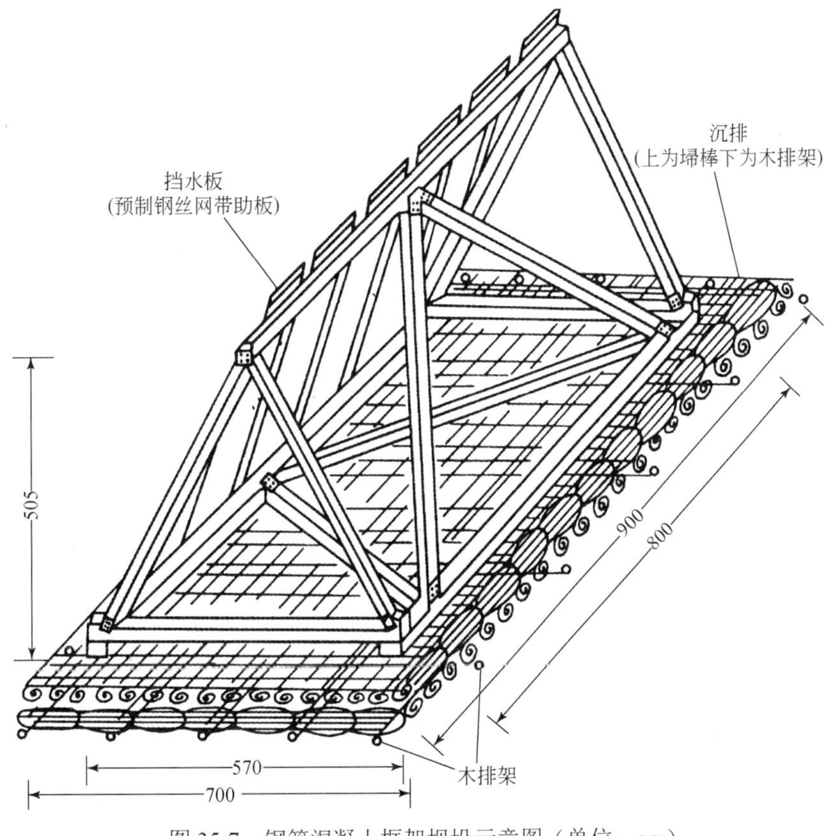

图 35-7　钢筋混凝土框架坝垛示意图（单位：cm）

料排架上捆扎埽棒和埽料组成。可拼成长度为 4m、6m、8m、10m、12m、16m 等多种坝垛。对于 8m 长的坝垛，框架总重量为 17.6t，单个杆件重不超过 2.5t。共用钢筋混凝土 7.3m^3，钢筋及铁件 1.3t；埽料 0.5 万～1.0 万 kg，1976 年造价约 0.8 万元。可在冰上施工，俟冰融后下沉就位；在岸上组装，吊入河中就位，也可利用船只拖运至护岸处。采用小裆距，间距是坝垛长的 3～5 倍，一般 15～40m；坝垛间距过大时，可用框架坝垛补裆；也可修在原有坝垛的坝头，以扩大坝的基础，保护原坝安全。

1978 年 12 月至 1979 年元月，在五原县联合一队险工处，冰上安装框架坝垛 4 道，冰融后入水就位，经多年考验，起到了迎托水流、减缓流速、回淤河岸的作用。以后又在韩五河头修做 12 道、西河头 15 道、西柳匠圪旦 16 道、三湖河口 9 道……，共修建一百多道，取得了较好的落淤效果。后来三湖河口等被冲垮，改成了石坝。

G. 钢管桩网坝

为防止塌岸，1988 年在内蒙古五原韩五河头险工段试修了 7 道钢管桩网坝（郝培明，1989）。钢管桩网坝工程是以 5 根长 7～9m、Φ 51～Φ 64mm 的钢管作桩材，沿坝轴每隔 5m 打桩一根，将 8$^{\#}$铅丝网片挂在桩上，上部用横梁将诸桩连成整体［图 35-8（a）］。桩入土长不小于桩长的 3/5，并在上游侧设两根 4 股 8$^{\#}$铅丝拧成的拉线，以防向下游倾倒。上游坝根处抛一排铅丝石笼，把网片下端压固在河底［图 35-8（b）］。在韩五河头险工 5 垛以下，布设钢管桩网坝，坝轴线与河岸垂直，坝长 20m，共 7 道，间距前 4 个为 45m，后 2 个为 60m。

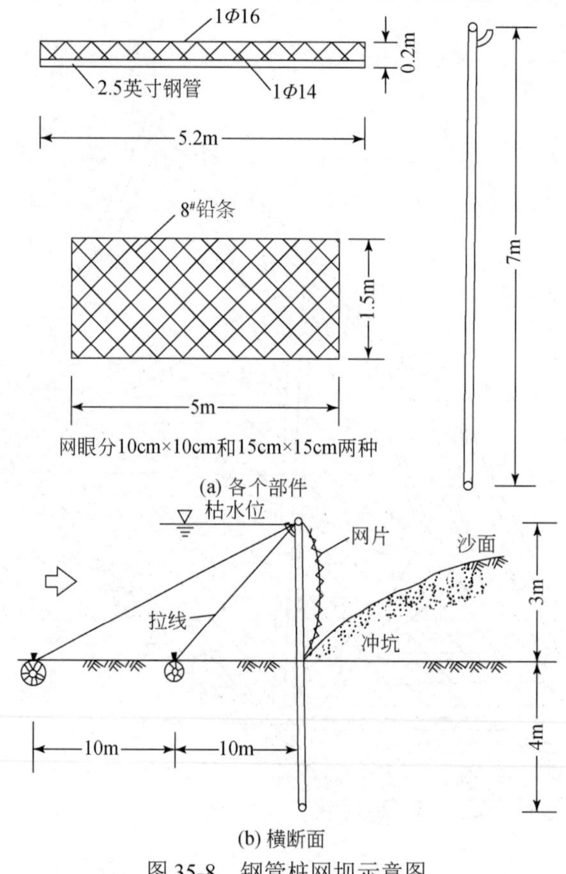

图 35-8　钢管桩网坝示意图

注：1 英寸=2.54cm

网坝于 1988 年 9 月 8 日至 9 月 23 日施工。竣工后，由于河中漂浮杂草多，1#网坝很快挂柴草阻水，致使溜势外移。1#与 2#网坝之间流速减缓；3#与 4#以及 4#与 5#网坝间很快落淤，水流逐渐断流；6#与 7#间水流基本滞流不动；工程以下 80～120m 内河岸不再坍塌。10 月 9 日河水降落。10 月观察到 1#～5#网坝间宽 15～20m 内已淤厚 1.5～2.0m。网坝下游侧根部稍有冲刷，深 0.8m 左右。以后随着水位的上升又回淤，至 11 月底封河时，网坝顶全部埋在淤沙之下。

2. 横断面

（1）冲刷深度

1）仁存渡以上河段按 K.B.马卡维也夫公式［式（23-16）］计算，计算成果见表 35-8。

表 35-8　仁存渡以上河段丁坝冲刷深度计算成果表

计算条件	α/（°）	h_0/m	K_1	m	K_2	V/（m/s）	h/m
洪水	30°	6	0.353	1.3	0.77	3.5	7.3
	45°	6	0.449	1.3	0.77	3.5	8.3
中水	60°	4.5	0.508	1.3	0.77	3.0	8.9
	90°	4.5	0.532	1.3	0.77	3.0	13.4

2）仁存渡以下河段按 E.B.波尔达波夫公式［式（23-15）］计算，成果见表 35-9、表 35-10。

表 35-9　仁存渡—三湖河口河段丁坝冲刷深度计算成果表

计算条件	α/（°）	V/（m/s）	m	Δh/m	h_0/m	h/m
洪水	30°	3.0	1.3	3.8	5.3	9.1
	45°	2.8	1.3	6.7	5.3	12.0
中水	60°	2.7	1.3	9.3	4.5	13.8
	90°	2.7	1.3	12.4	4.5	16.9

表 35-10　三湖河口—蒲滩拐河段丁坝冲刷深度计算成果表

计算条件	α/（°）	V/（m/s）	m	Δh/m	h_0/m	h/m
洪水	30°	2.8	1.3	3.3	6.0	9.3
	45°	2.8	1.3	6.7	6.0	12.7
中水	60°	2.5	1.3	8.0	7.5	15.5
	90°	2.5	1.3	10.7	7.5	18.2

参照计算结果，结合实际情况，仁存渡以上河段中水最大水深取 9m，仁存渡—三湖河口河段中水最大水深取 14m，三湖河口—蒲滩拐河段中水最大水深取 16m。考虑河道整治工程裹护段冲刷深度并非全部达到最大水深，根石平均计算深度仁存渡以上河段取 7m，仁存渡—三湖河口河段取 8m，三湖河口—蒲滩拐河段取 8m。

（2）设计横断面

土石结构的丁坝、垛、护岸由土坝体及裹护体组成。裹护体上部称为护坡或坦石，下部称为护根或根石。通常坝垛由土坝体、护坡、护根 3 部分组成。考虑坝前水流条件，丁坝迎水面距坝根 30m 范围内不进行裹护。

A. 土坝体

土坝体一般用壤土填筑。考虑施工抢险及堆放抢险料物丁坝坝顶宽度采用 10m，连坝顶宽采用 6m。

土坝体边坡非裹护段采用 1∶2.0，裹护段按护坡内坡确定。连坝边坡采用 1∶2.0，水中进占筑坝时，水下边坡采用 1∶4.0。

B. 护坡

裹护体的坡度，按块石护坡考虑，在水流作用下，一般采用 1∶1.3，为了保持护坡的安全，其厚度宜随深度的增加而增加，故护坡内坡取 1∶1.1。进入 21 世纪后外坡多采用 1∶1.5，内坡多采用 1∶1.3。

护坡厚度按险工计算，以防护波浪冲刷为计算条件。采用鲍瑞契公式［式（23-9）］计算，计算护坡厚度 t 不小于 0.48m，即护坡最小水平宽度、坝顶处为 $\frac{t}{\sin 45^{\circ}}=0.68$。考虑一定的安全度和抢险需要，取坝垛顶部护坡水平宽度为 1.0m。

块石护坡按此水平宽度和内、外坡度是可以满足稳定要求的。

C. 护根

护坡、护根一般以枯水位为分界，护根顶部水平宽度等于护坡底部水平宽度，其坡度也沿用护坡的坡度。

施工断面可分为旱地施工和水中进占两种。

i. 旱地施工

在土坝体前按设计断面挖槽 1～3m，以加深裹护的深度，再由挖槽底面开始向上裹护，直至坝顶。由于未修到设计冲刷深度，靠溜后会接连抢险。所需石料可随抢险随补充，或紧靠护坡修备塌体（图 23-50），临时存放石料，靠溜后下部土体坍塌被水流带走，备塌体石料坍塌下沉，保护坝垛安全。

ii. 水中进占

为使河道整治工程具有控导河势的能力，有些工程需要在水中修筑，称为水中进占。修筑方法为，在土坝体的上游侧采用草土卷埽或编织布土枕进占，占体顶宽 10m，边坡 1∶1.0，占体随水流冲刷随下沉，不断增修料物，直至占体出水 0.5～1.0m。石嘴山以上河段采用层草层土卷成直径 1.5～2.0m、长 7～10m 的草土埽进占，石嘴山以下河段采用编织布土枕进占。土坝体采用壤土填筑，边坡 1∶2，水下 1∶4；裹护部分内边坡 1∶1.1，外边坡 1∶1.3，顶宽 1.0m；坝顶宽 10m。护坡、护根材料采用块石、铅丝石笼、四面体等。为了防止河水、渗水、雨水的冲刷，占体以上土坝体靠护坡的部分设置 2m 厚的层草层土（图 35-5）。

进入 21 世纪后，水中进占采用占体顶宽 5m，迎水面边坡 1∶1.3，背水面边坡 1∶0.5。石嘴山以上河段采用层草层土的草土埽进占，石嘴山以下采用编织布土枕进占。土坝体采用壤土填筑，顶宽 10m（含裹护体和草土体宽度），背水边坡 1∶2，水中倒土边坡按 1∶4，临水侧边坡与裹护体内坡相同。裹护部分外边坡 1∶1.5，内边坡 1∶1.3，顶宽 1.0m。护坡、护根材料采用块石、铅丝石笼等。为防止河水、渗水、雨水的冲刷，占体以上坝基靠护坡的部分设置水平宽 1m 的层草层土（图 35-9）。

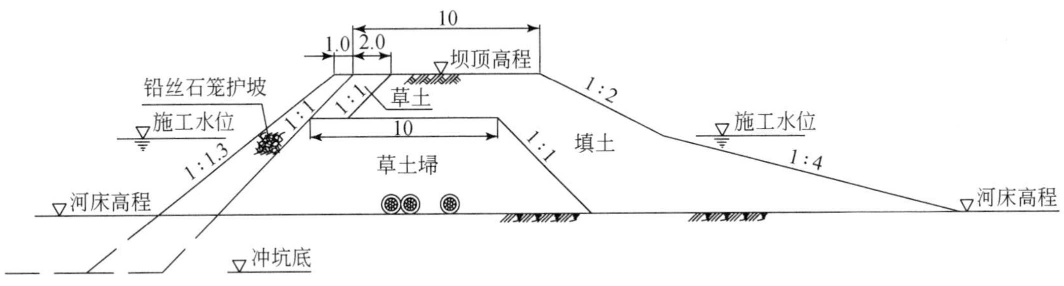

图 35-9　草土卷埽水中进占筑坝断面图二（银川—石嘴山）（单位：m）

四、宁夏内蒙古河段河道整治的初步成效

宁夏内蒙古河段原来仅是在危及堤防处、对引水影响较大处被动修建了一些防护性工程，至20世纪90年代中期计有河道整治工程113处，坝垛1133道，工程长85.1km（表35-11），这些工程对河势起不到控制作用。20世纪90年代后期按照统一规划，采用微弯型整治方案，开展了有计划的河道整治，新建了大量的河道整治工程，对部分已有工程进行了加固，对工程布局不合理的进行了调整或改建，至2007年底宁夏内蒙古河段计有河道整治工程142处，坝垛2195道，工程长度180.5km（表35-11）

表 35-11　宁夏内蒙古河段河道整治工程统计表

项目	控导工程			险工			合计		
	处数	坝垛数/道	长度/km	处数	坝垛数/道	长度/km	处数	坝垛数/道	长度/km
约1995年	75	653	55.3	38	480	29.8	113	1133	85.1
2000年底	92	1276	106.1	32	540	37.0	124	1816	143.1
2007年底							142	2195	180.5

由表35-11看出，2008年以前的河道整治工程长度还是很短的，尤其是内蒙古河段工程长度占河道长度的比例更低。至2010年，就工程长度而言，距初步控制河势要求的长度还相差甚远，尽管如此，对于部分修建工程较多的河段，已修建的河道整治工程却发挥了一定的控导河势的作用。笔者对河道整治的效果未进行深入分析，以下仅举几个小河段的情况说明在2010年以前河道整治发挥的作用。

A. 缩小了河势摆动范围

内蒙古三岔口—南圪堵河段位于昭君坟以上的黄淤62#～66#断面之间，三岔口、羊场、南圪堵是3个连续弯道。1999～2002年按照规划治导线修建3处整治工程，长3.8km，对河势变化起到了约束作用，摆动幅度缩窄，塌岸危及堤防的险情减少。从深泓点的摆动范围看，20世纪60～80年代为-12～-2980m，而近期仅为-56～988m。目前，由于上游右岸四村险工段尚未治理，三岔口险工靠流位置上堤下挫幅度仍较大。

B. 减少了抢险

宁夏细腰子拜—梅家湾河段在青铜峡枢纽以下，相应堤防左岸桩号为2+000～27+000。细腰子拜是历史上有名的老险工。1979年，心滩多，流势散乱。至1990年左岸边滩向右下移，细腰子拜险情移向下游，侯娃子滩被切成两半，致使三闸湾和右岸秦坝关险情不断。

该段按照治导线涉及 5 个河弯。采用以坝护弯、以弯导流的办法在左右岸连续的 5 个弯道修建整治工程，工程长度达规划规模的 59%。通过整治工程控导主流，初步稳定了河势，使长期处于被动抢险状态的细腰子拜、秦坝关、三闸湾险段基本解除了险情。

C. 提高了引水保证率

宁夏马滩至石空湾河段左岸相应桩号为 46+000～59+000。1979 年心滩众多，水流散乱，主流偏左，河岸宽 400～1900m。至 1990 年，河势变化，心滩下移，主流右移 100～700m，河岸宽 250～1200m。1998 年后，自马滩至石空滩 6 个弯道，修建了 6 处控导工程，长度达规划长度的 72%，并修建了黄平湾锁坝，开挖了引河，现规划流路已经形成，所建工程基本靠流，初步控制河势，提高了引水保证率，改变了多年一直被动抢险的局面，解决了泉眼山泵站和宁夏扶贫扬黄灌溉水源泵站引水困难问题。

内蒙古解放营子至丁家营子河段位于镫口（包头市东河区供水取水口）上下，黄淤 84#～90#断面之间，自上而下依次有解放营子、官地、黄牛营子、新河口、丁家营子等 6 个弯道，河段长 36km。目前左右岸已修建工程长 10.04km（约相当于河道长度的 30%），该河段河势已向稳定发展，深泓摆动范围由原来的 5～-1010m 缩小到目前的 29～-697m，堤防防守较过去有重点，同时改变了取水口经常脱河难以取水的状况，保障了东河区供水取水口和镫口扬水站取水口顺利取水，引水保证率明显增加。

不难看出，在宁蒙河段尽管已修建的河道整治工程还很短，但在按照微弯型整治方案修建整治工程相对较多的部分河段，减少了河势变化范围和摆动强度，初步控制了河势，基本达到了河道整治的目的。

需要说明的是，截至 2010 年，宁夏内蒙古河段两岸河道整治工程长度仅相当于河道长度的 1/5。按照微弯型整治方案，两岸整治工程长度相当于河道长度的 90%时，一般可以基本控制河势。若按就岸防护方案，工程长度会接近河道长度的 2 倍，或者说接近两岸堤防长度之和。因此，宁蒙河段河道整治的任务是很艰巨的。

参 考 文 献

郝培明. 1989. 钢管桩网坝工程的应用. 人民黄河，6：20-22

胡一三. 1986. 微弯型治理. 人民黄河，4：18

胡一三. 2010. 黄河宁夏内蒙古河段河道整治. 水利规划与设计，5：1-4

李桂荣，刘汇泉. 1983. 压力灌注桩护岸试验介绍. 人民黄河，6：39-42

石秉直. 1986. 预制钢筋混凝土杆件框架式坝垛简介. 人民黄河，3：25-26

第八篇　研究与探索

第三十六章　河型成因及其转化探讨

一、河 型 分 类

（一）河型划分标准

天然河流是一个非常庞杂的系统，诸多因子影响着河流系统的演化过程。从宏观尺度讲，有河流地质地貌、水文、气象（气候）、人类干预程度等；从微观上讲，有河道边界条件、水沙特性、水利工程设施等。

河床演变学是研究在水流作用下的河床形态及其变化的科学，它是介于河流动力学与河流地貌学之间的边缘性学科。20 世纪 60 年代，河床演变学逐渐成为一门独立的学科之后，一系列颇具代表性的河床演变学专著问世。如 *Fluvial Processes in Geomorphology*（Leopold et al.，1964）、*The Fluvial System*（Schumm，1977）、*Engineering Analysis of Fluvial System*（Simons et al.，1982）、《河流泥沙工程学》（谢鉴衡，1982）、《河床演变学》（钱宁等，1989）。

天然河流的平面形态即河型千差万别，把河型按不同性质进行分类是系统概括河床演变现象和规律的一项重要工作。每种河型都具有一些共同的特点，研究不同河型的形成、主要特点及其转化条件，对于认识和治理一条具体的河流具有十分重要的意义。由于研究工作者来自地质、地貌、水利等不同领域，概括的对象和侧重点不同，因而分类的原则和标准也不同。目前存在着各种不同的河型分类，尚无一个公认的标准。

1）表 36-1 列出了很多种各具特色的分类（Brice et al.，1978），但这些分类方法一般只考虑了河流特性的某一方面，适合于某种特定的目的，缺乏普遍适应性。

2）表 36-2 列出了一些有代表性的河型分类（王兴奎等，2004）。这些分类各有自己的原则和指标，大体可归纳为按静态平面形态分类、按动态演变规律分类、静态和动态相结合分类。按河流的平面形态进行分类，可以分成弯曲、顺直、辫状、单股、分汊、江心洲等；按河流的演变规律分类，可以有周期增宽、蜿蜒、游荡、摆动等。在西方国家广泛应用的是 Leopold 的河型分类方法，即把河流分为弯曲（meandering）、辫状（braided）和顺直（straight）3 类。

3）结合中国的河流情况，钱宁等在 1989 年出版的《河床演变学》一书中，把河型分为游荡、分汊、弯曲、顺直 4 类（表 36-3）；谢鉴衡等在 1997 出版的《河床演变及整治》一书中，把河型分为顺直型或边滩平移型、弯曲型或蜿蜒型、分汊型或交替消长型、散乱型或游荡型，为了照顾习惯，称为顺直型、蜿蜒型、分汊型、游荡型。近年来我国普遍采用的是按静态和动态相结合的分类方法，即把河流分为游荡、分汊（anabranching）、弯曲（蜿蜒）和顺直 4 类。

表 36-1　根据不同原则的河流分类（Brice et al.，1978）

河槽宽度	窄（<30m）	较宽（30～150m）	宽（>150m）	
水流特性	季节性（居中间）	长流水，但暴涨暴落	长流水	
河槽边界	冲击	准冲击	非冲击	
床沙	黏土　粉沙	沙　卵石	砾石或巨砾	
河谷	浅河谷 (<30m深)	中等 (30~300m)	深河谷 (>300m)	没有河谷 冲积扇
河漫滩	很少或没有 (<2×河宽)	(2 ~10)×河宽	宽 (>10×河宽)	
弯曲程度	顺直 (弯曲系数=1~1.05)	微弯 (1.06~1.25)	弯曲 (1.26~2.0)	高度弯曲 (>2.0)
游荡程度	非游荡（<5%）	局部游荡 (5%~35%)	普遍游荡 (>35%)	
分汊程度	不分汊（<5%）	局部分汊 (5%~35%)	普遍分汊 (>35%)	
河谷宽度与边滩发展	等宽 窄边滩	弯曲段展宽 宽河滩	不规则变化 不规则边滩	
河床下切	没有下切	可能下切		
河岸切割	极少	局部	普遍	
河岸组成	黏性物质：抗冲击岩 非抗冲击岩 冲击岩	非黏性物质：粉沙，沙，卵石砾石，巨砾		
河岸树木覆盖	＜50%的岸线	50%～90%	＞90%	

表 36-2　不同研究者建议的河型分类（王兴奎等，2004）

研究者	河型分类						
Leopold		弯曲		顺直		辫状	
Lane，张海燕		弯曲		顺直	陡坡辫状		缓坡辫状
康德拉契夫	自由弯曲		非自由弯曲	单股		分汊	
罗辛斯基		弯曲		周期增宽		游荡	
武汉水利电力学院		蜿蜒		顺直微曲	分汊		游荡
方宗岱		弯曲		江心洲		摆动	

（二）各类河型特点

各类河型的主要特点见表 36-3。

表 36-3　河型分类与各类河流的特征（钱宁等，1989）

河型	形态特征	运动特征	稳定性	边界特征	实例
游荡	散乱多汊	游荡	极不稳定	河岸物质组成较粗，缺乏抗冲性	黄河下游，永定河下游，钱塘江河口段；南亚布拉马普特拉（Brahmaputra）河；南美赛贡多（Rio Segundo）河；美国鲁普（Loup）河和普拉特（Platte）河；加拿大红狄尔（Red Deer）河；挪威塔纳（Tana）河
分汊	分汊	各支汊相互发展消长	稳定性可以从稳定到介于游荡与弯曲之间	两岸具有一定抗冲性。稳定的江心洲河道有时上下游存在控制节点	长江中下游、珠江（广东部分）、赣江、湘江、松花江、黑龙江；非洲尼日尔（Niger）河和贝努埃（Benue）河
弯曲	弯曲	深切河曲：下切	比较稳定	两岸具有一定抗冲性	荆江、渭河下游、北洛河、南运河、汉水中下游、沅江、辽河；美国密西西比河中游；加拿大比顿（Beatton）河；匈牙利海尔纳德（Hernad）河
		自由弯曲：蜿蜒			
		强制性弯曲：平移			
顺直	顺直	犬牙交错的边滩，不断向下游移动	稳定	两岸物质组成很细或受基岩、树木钳制	新西兰麦克林南（MacLennan）河河口段；美国密西西比河下游

1）游荡型河流，在平面形态上散乱多汊，沙洲密布；断面宽浅；运动特点是游荡摆动，变化迅速；边界特征是河岸组成较粗，缺乏抗冲性；稳定性极差。

2）分汊型河流，在平面形态上河槽分汊；运动特点是各支汊交替发展消长；边界特征是河岸具有一定的抗冲性，稳定的江心洲河道有时上、下游存在控制节点；稳定性介于游荡型与弯曲型河流之间。

3）弯曲型河流，在平面形态上具有弯曲外形；断面呈不对称三角形，深槽紧靠凹岸，边滩依附凸岸；运动特点是凹岸冲刷，凸岸淤长，河身在无约束条件下向下游蜿蜒摆动，在有约束条件下平面形态基本保持不变；边界特征是两岸具有一定抗冲性；比较稳定。

4）顺直型河流，在平面形态上河身具有顺直外形，河道两边分布着犬牙交错的边滩；断面多呈矩形；运动特点是犬牙交错的边滩不断向下游移动；边界特征是两岸组成很细或受基岩、树木钳制；稳定性好。

（三）河型划分研究发展过程及现状

河流平面形态的不同是河型划分的基本原则，将河流平面形态与河流冲积过程连续起来的河型划分标准，可以使研究者根据河型推断出河流的冲积发展过程。河型划分的第一步，是确定河流是冲积河流或非冲积河流。冲积河流的平面形态由自身形成，河床与河岸物质是由水流从上游输送来的，河道是自由的，可以随着上游来水来沙条件的改变而自我调整；相反，非冲积河流的河床不是自身形成的，很难或不能自由调整，如岩石河床的河流。

在按河流平面形态分类方面，Leopold 和 Wolman（1957）最早在 1957 年提出可将河型划分为顺直、弯曲、游荡，此后所有这方面的河型划分，都是以此为基础。Brice（1975）在各种观测到的河流平面形态的基础上，提出了一个新的河型划分图表（图 36-1），该图表在地貌学研究方面发挥了重要作用。随后，Schumm（1981，1985）提出了一个范围更广、包括顺直、弯曲、游荡三种基本河型在内的 14 种河型划分标准（图 36-2）。

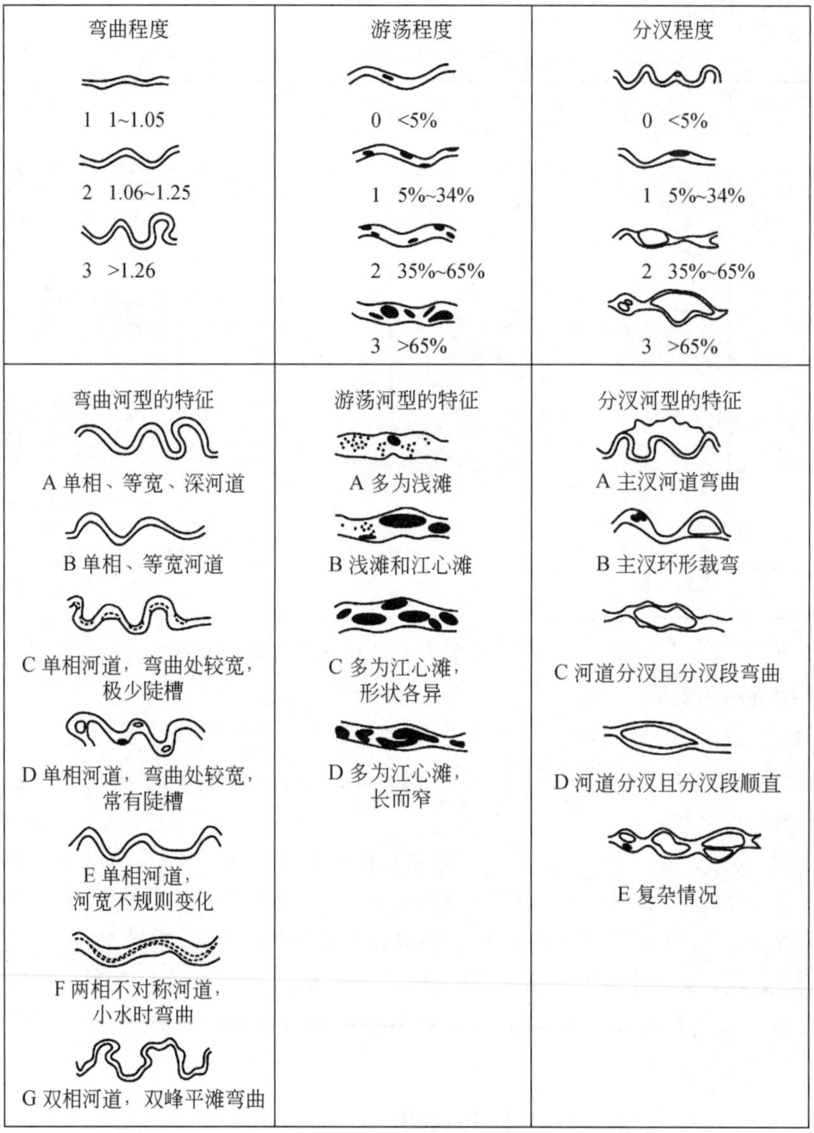

弯曲程度	游荡程度	分汊程度
1 1~1.05 2 1.06~1.25 3 >1.26	0 <5% 1 5%~34% 2 35%~65% 3 >65%	0 <5% 1 5%~34% 2 35%~65% 3 >65%
弯曲河型的特征	游荡河型的特征	分汊河型的特征
A 单相、等宽、深河道 B 单相、等宽河道 C 单相河道，弯曲处较宽，极少陡槽 D 单相河道，弯曲处较宽，常有陡槽 E 单相河道，河宽不规则变化 F 两相不对称河道，小水时弯曲 G 双相河道，双峰平滩弯曲	A 多为浅滩 B 浅滩和江心滩 C 多为江心滩，形状各异 D 多为江心滩，长而窄	A 主汊河道弯曲 B 主汊环形裁弯 C 河道分汊且分汊段弯曲 D 河道分汊且分汊段顺直 E 复杂情况

图 36-1 Brice 河型划分图

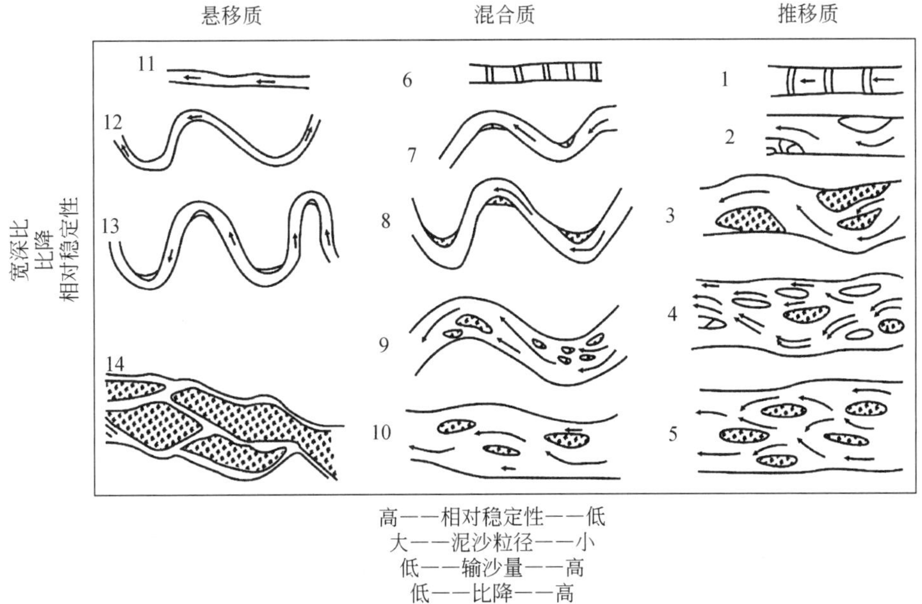

图 36-2 Schumm 考虑泥沙类型的河型划分图（Schumm，1981）

Carson（1984）又划分了两种砂卵石河床的弯曲型河流，一种河弯移动速度非常快，河心滩经常被激流切滩，类似于河型 3；另一种类似于河型 14，大部分河槽被有植被的河滩分割成多股。1998 年，Knighton（1998）指出 Schumm 划分的 14 种河型与泥沙输移特性有关，河型 1～5 是以推移质为主的河流，河型 6～10 是推移质与悬移质都有的河流，而河型 11～14 是以悬移质为主的河流。尽管河型的种类已经被许多人调查、讨论过，但是，各个河型之间是有相互联系的，不同河型是一系列参数相互作用的结果。Schumm 建议在河型划分时，应考虑泥沙粒径、传输机理等。

在用地貌学方法划分河型的同时，Schumm（1977）也考虑根据泥沙的传输方式、河床与河岸中粉沙和黏土的百分比、河道的稳定性来描述地貌的稳定条件，以及地貌变化时相应通过河床淤积或冲刷所表现出来的不稳定性（表 36-4）。在这种划分方法中，一条稳定的河道按照 Mackin 的方法被定义为在各级水流下河床比降正好被调整到可以满足输送上游来沙的要求，而一条不稳定的河道，有可能正处于冲刷或淤积状态。需要指出的是，这种划分方法是根据 20 世纪后半期美国中西部的经验得出的，应用于其他河流需要进行适当修正。

1994 年 Rosgen 提出了一个河型划分方法，类似于早期 Rundquist（1975）的方法。Rosgen 的方法包括河谷类型的划分，并引入了滩槽比，定义为滩区宽度与平滩河槽宽度的比值。表 36-5 总结了 Rosgen 描述的广义划分方法，每条河型可以与其主要的河床物质联系起来，基岩-1，大块石-2，大鹅卵石-3，砾石-4，砂粒-5，粉沙/黏土-6。

表 36-4　1977 年 Schumm 提出的冲积性河型分类

泥沙输移及河道形式	河道泥沙（*M*）/%	推移质（占河道泥沙的百分比）	河道稳定性		
			稳定（均衡河流）	淤积（输沙量过大）	冲刷（输沙量不足）
悬移质	＞20	＜3	稳定的悬移质河道 宽深比＜10； 弯曲率一般＞2.0； 坡度相对平缓	悬移质淤积河道 主要是河岸淤积，使得河道变窄；初始河床淤积轻微	悬移质冲刷河道 主要冲刷河床；最初河道展宽轻微
混合质	5～20	3～11	稳定的混合质河道 宽深比＞10，＜40； 弯曲率一般＜2.0，＞1.3； 坡度适中	混合质淤积河道 最初主要是河岸的淤积，然后是河床	混合质冲刷河道 最初河床冲刷，伴随河道展宽
推移质	＜5	＞11	稳定的推移质河道 宽深比＞40； 弯曲率一般＜1.3； 坡度较陡	推移质淤积河道 河床淤积且江心滩形成	推移质冲刷河道 河床轻微冲刷；河道展宽为主

表 36-5　1994 年 Rosgen 提出的广义河型划分方法

河流类型	滩槽比	宽深比	弯曲度	比降	弯曲幅度与河槽宽度之比	主要河床质
Aa+	＜1.4	＜12	1.0～1.1	＞0.10	1.0～3.0	1，2，3，4，5，6
A	＜1.4	＜12	1.0～1.2	0.04～0.10	1.0～3.0	1，2，3，4，5，6
B	1.4～2.2	＞12	＞1.2	0.02～0.039	2.0～8.0	1，2，3，4，5，6
C	＞2.2	＞12	＞1.2	＜0.02	4.0～20	1，2，3，4，5，6
D	不确定	＞40	不确定	＜0.04	1.0～2.0	3，4，5，6
DA	＞2.2	可变	可变	＜0.005	不确定	4，5，6
E	＞2.2	＜12	＞1.5	＜0.02	20～40	3，4，5，6
F	＜1.4	＞12	＞1.2	＜0.02	2.0～10	1，2，3，4，5，6
G	＜1.4	＜12	＞1.2	＜0.039	2.0～8.0	1，2，3，4，5，6

注：1. 基岩；2. 大块石；3. 大鹅卵石；4. 砾石；5. 砂粒；6. 粉沙/黏土

通过修正图 36-2，图 36-3 试图将 Schumm 和 Rosgen 的方法综合起来。Schumm 的方法主要依赖他在美国中西部的经验，而 Rosgen 的经验在较陡的山区河流。此外，Schumm 的划分方法不包括锯齿状的河型，而 Rosgen 的划分方法中包括这一河型。图 36-3 显示河型从一种状态发展到另一个状态，是一个可以预测的地貌反应过程，这一过程通过协调水流能量、河床物质、河道外形来重新建立一个平衡，使当地河道输送水沙的能力与上游来水来沙情况相适应。

1997 年 Thorne 等（1997）指出，许多河型划分方法都没有考虑冲积河流的动态调整或演变过程。1995 年 Downs（1995）综合 Brice（1975）和 Brookes（1981）的河型划分方法，在他们早期工作的基础上，提出了一个全面地将观察到的河流调整趋势和平面形状与促使河道变化的沉积和泥沙输移过程相联系的河型划分方法（图 36-4）。像 Downs 这种基于动

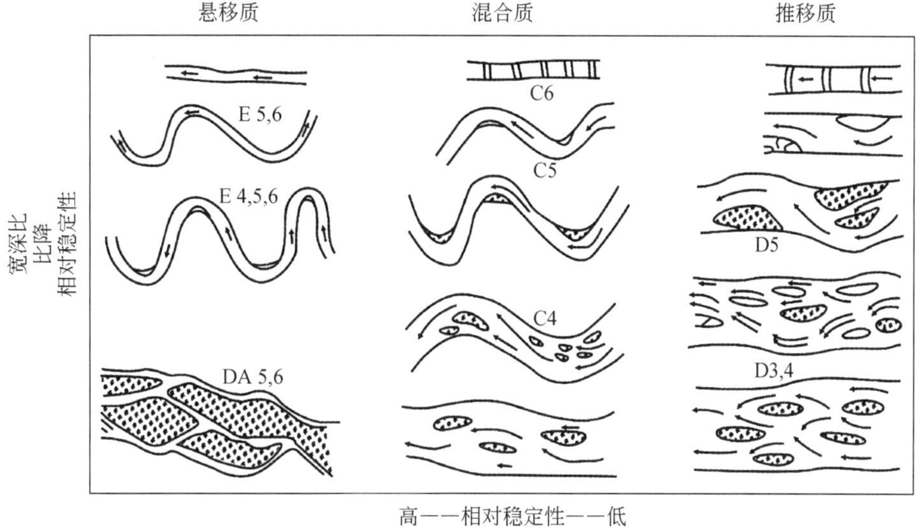

图 36-3　综合 Schumm 和 Rosgen 方法的河型划分图

图中 E5，6 等编号涵义为表 36-5 中的河流类型及主要河床质编号

态调整的河型划分方法与传统的根据河流平面形态分类不同，每一个分类中都要求观测者决定河道目前的稳定状态及其天然调整演变过程，因为记录这些变化的数据不一定能够得到，因此这需要研究者自己判断，他必须从河道外形推断出河流演变过程及发展趋势。

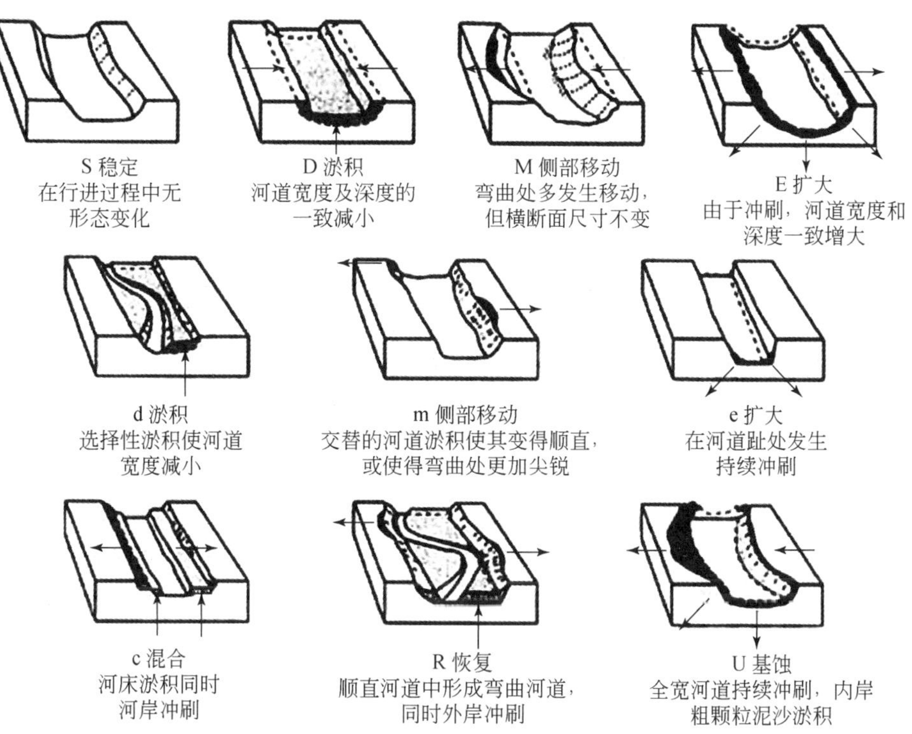

图 36-4　Downs（1995）的河型划分图

人们对游荡型河流的研究已有百年之久，形成了基本的理论体系并得到了大量的研究成果。但至今，理论上，我们仍没有彻底掌握河流的演变规律，还不能从机理方面准确把握和预测游荡型河流变化趋势。

二、河型成因探讨

河型所描述的是河流的平面形态特征，存在的问题是：①为什么会形成具有某种平面形态的河型？②什么条件下，某种河型才能够产生、存在并得以维持？③河型之间相互转化的临界条件是什么？

（一）河型影响因素

尤联元等（1983）认为，影响河型发展的主要因素主要有以下几个方面：

1. 河岸与河床边界的相对可动性

河岸与河床边界相对可动性决定了河床边界在水流作用下的相对运动强度，从而影响河岸与河床调整的相对强弱。当河岸可动性极大，大大超过河床可动性时，主要选择侧蚀方式来进行调整，这样河流就可能趋于宽浅；当河岸可动性小于河床可动性很多时，主要选择下蚀，河流就趋于窄深；当河岸可动性和河床可动性都比较适中，侧蚀和下蚀就有大致均等的概率。尤联元等（1983）曾统计了我国一些冲积河流的边界条件及其他因素对河型的影响，认为河岸可动性可从两个方面确定。

1）河岸结构：有单一、二元和混合三种类型。二元结构的特点是河岸下部为河床相砂层，易为水流淘刷而展宽，但上层有河漫滩相细颗粒层的保护，所以侧向展宽只能保持在适度的范围，适合于发育为弯曲型和分汊型河型。单一结构河岸可动性上下均一，视物质组成而不同。如果上下均为细砂和粉砂，则河岸可动性很大，侧向展宽十分容易，易发育成游荡型河型。如果上下均为耐冲的细颗粒或基岩，则侧向展宽不易，导致顺直单一河型的形成。混合型结构的河岸可动性适中，也适合于形成弯曲型和分汊型河型。

2）河岸物质组成：河岸的可动性应与河岸中细颗粒的含量（M_ω）成反比，$M_\omega<0.25$为顺直型和弯曲型河流，$0.25\leqslant M_\omega\leqslant0.65$为过渡型和分汊型，$M_\omega>0.65$转化成游荡型。

2. 地壳运动与河谷地貌条件

地壳运动性质对河床变形和河型发育的影响可归纳为两方面：影响坡降，从而影响河流的能量；影响河床边界的可动性，沉降区有泥沙堆积，显然其可动性将比没有或少有沉积物的隆起区为大，这势必会影响到河流取哪一种调整方式，从而又对河床变形和河型发育产生影响。一般说来，河床宽浅的游荡型河流及部分分汊型和弯曲型河流都发育在沉降区，而顺直型和部分弯曲型河流发育在隆起抬升区。在室内进行模拟这种地壳升降运动的实验结果，与天然河流资料基本一致。

河谷地貌条件对河床变形和河型发育的影响主要表现在：

1）影响河流的调整方式：纵向上的约束作用，可以以河谷坡降J_V与河床坡降J之比，即J_V/J来表示。比值小，意味着河流有较大的惯性，河床横向变形幅度较小，容易发育成顺直或分汊和游荡性河型。相反则河床横向变形幅度较大，易发育成弯曲河型。横向上的约束作用，可以以河谷谷底宽度B_V与河床宽度B之比，即B_V/B值愈大，河床在横向回旋的余地愈大，为需要较大空间的弯曲摆动提供条件。反之，则河床摆动受限制，只能保持较顺直的外形。

2）影响泥沙堆积的数量和部位：河谷放宽、收缩以及节点的约束作用能影响泥沙堆积的数量和部位。在宽河段，水流挟沙能力降低，泥沙容易堆积；在狭窄河段或节点紧束的所在，水流挟沙能力增强，泥沙就不易落淤，而泥沙堆积数量上的差别又将影响河型的发育。长江中下游分汊段和单一段的相间出现，就与河谷形态沿程宽度变化和节点的控制有密切关系。

3. 流域来水来沙条件

流域来水条件包括流量大小、流量的变化幅度、洪峰的涨落特性等。大量实测资料的统计表明，河型与流量、坡降的乘积 QJ（即单位河长上能耗率）存在着明显的关系（Ромашин，1968）。当 $QJ>1400$ 时为多汊型；当 $350<QJ<1400$ 时为未成型河流；当 $QJ<350$ 时为自由弯曲型。流量的变幅大、洪峰涨落猛，将有助于游荡型河流的形成，黄河下游河南段的情况是其典型实例；反之，流量变幅小和洪峰涨落平缓则有利于弯曲河型的形成。

流域来沙条件包括来沙的数量和组成。来沙数量过多，超过了河流大部分状态下的挟沙能力，河道就要发生淤积，这样就有助于形成游荡型河流，出现游荡型河流多半是由于泥沙的堆积。黄河下游长期以来持续淤积、抬高，成为典型的游荡型地上河流，持续淤积是其重要原因之一（钱宁等，1965）。然而，必须指出，持续淤积并不是造成游荡型河流的惟一原因，形成游荡还须有其他条件的配合。

来沙组成主要是指泥沙颗粒的粗细和级配。Schumm（1977）曾对来沙性质与河型形成的关系作了归纳。他把泥沙输移的方式分为三类：以悬移质为主的，其细颗粒泥沙（粉沙和黏土）在全部泥沙中的含量＞20%，较粗的床沙质占总沙量＜3%；混合质型的，细颗粒泥沙含量为5%～20%，床沙质含量3%～11%；推移质类型的，细颗粒泥沙含量＜5%，床沙质含量＞11%。通常情况下，悬移质输移为主的河流比较窄深，宽深比＜10，弯曲率也较大；推移质输移为主的河流比较宽浅，宽深比＞40，弯曲率也小；混合质输移为主的河流则介于两者之间。

（二）河型形成条件

钱宁等（1989）将各种河型的形成条件作了总结，列出了五种不同的主要影响因素，见表36-6。上述各个方面的环境因素在河型形成中的作用是确定无疑的。需要指出的是，这些因素是综合起作用的，河型形成并不是由单一因素确定的。对不同的时空尺度，不同因素所起作用的程度也不一样，例如地质地貌因素可以在相当长的一个时期内持续地影响河流的发育，就这一尺度时段来说，它是重要因素，而对于短时段来说，流量的变幅、来沙的数量往往可以起相对更重要的作用，因此应该具体情况具体分析。

总的来说，现有的研究资料表明，河流由顺直型→弯曲型→分汊型→游荡型的依次发展过程，是与下列因素的变化直接相关的：①宽深比的增加，而这常常与河岸稳定性的降低和推移质输沙率增加有关；②水流功率的增加，这相当于给定比降时增加流量，或给定流量时增加比降；③输沙率的增加，特别是床沙质泥沙的增加。

表 36-6　不同河型的形成条件（钱宁等，1989）

形成条件		游荡型	分汊型	弯曲型	顺直型
边界条件	河岸组成物质	两岸由松散的颗粒组成，抗冲性较弱	两岸组成物质介于游荡型与弯曲型之间	两岸组成物质具有二元结构，有一定的抗冲性，但仍能坍塌后退	除弯道蠕动过程中暂时形成的顺直型河流外，一般两岸组成物质中黏土含量较多或植被生长茂密
边界条件	节点控制	—	在分汊河段的进出口常有节点控制，河流横向自由摆动范围也有一定限制	—	河流中有间距短促的节点控制，或两岸因构造运动影响有广泛分布的出露基岩
	水位顶托	—	—	汛期下游水位受到顶托，有利于弯曲型河流的维持	—
来沙条件	流域来沙	床沙质来量相对较大	床沙质来量相对较小，但有一定冲泻质来量	床沙质来量相对较小，但有一定冲泻质来量	—
	纵向冲淤平衡	历史时期曾处于堆积状态，河流的堆积抬高有利于游荡型河流的形成	纵向冲淤变化基本保持平衡	纵向冲淤变化基本保持平衡	—
	年内冲淤变化	平水期、枯水期的主槽淤积促使河流朝游荡型发展	—	汛期微淤，非汛期微冲	—
来水条件	流量变幅	流量变幅大	流量变幅和洪峰流量变差系数小	流量变幅和洪峰流量变差系数小	—
	洪水涨落情况	洪水暴涨猛落	洪水起落平缓	洪水起落平缓	—
河谷比降		河谷比降较陡	河谷比降较小	河谷比降较小	位于河口三角洲地区的顺直型河流比降很平，两岸有基岩出露或植被生长茂密的顺直河流在各种河谷比降下发育形成
地理位置		出山谷冲积扇上或冲积平原上部	冲积平原的中、下部	汛期受干流或湖泊顶托处	河口三角洲地区，两岸有基岩出露或植被生长茂密的顺直型河流可以在不同地理位置发育形成

（三）河型成因理论

迄今为止，试图从各种角度出发来解释河型成因的理论已有许多，撇去已被历史淘汰的各种理论不说，现在仍被人们重视并研究的理论，包括地貌界限假说、最小能耗率假说、稳定性理论、随机理论、相对负载假说、相对可动性假说等，它们都能在一定程度上解释河型的成因。但各家理论都不同程度地存在着一些难以自圆其说的地方。

地貌界限假说（Schumm and Khan，1972），该假说是指自然界由于地貌系统的不断发展演变，在某种临界条件下发生质的变化，从而引起原有地貌系统的分解并导致地貌系统在该临界条件下从原有状态向另一状态发生转化。地貌界限又分为内部界限和外部界限。地貌内部界限从根本上说是由塑造地貌形态的内因决定的。Schumm 认为在弯曲河流的发展过程中，由顺直渐次经过微弯直至随弯曲率增大，从而使河床的不稳定性增大到某一极限，河流将由弯曲的渐变转化为突变的自然裁弯，这些都是地貌内部界限的反映。地貌外部界限是指那些对地貌系统突变起触发作用的自然条件界限。如在一定条件下引起裁弯的特大洪水，或由水库蓄水这个外部条件达到一定界限时也可能诱发引起地震等。可见，地貌外部界限反映的是促成地貌系统转化的外部条件，它反映的是地貌系统变化的外因。

图 36-5（a）和 36-5（b）是 Schumm 和 Khan（1972）的室内试验的结果。试验流量为 423L/s，只加入床沙质（中径 0.7mm）。结果表明，当比降小于 0.002 时为顺直型河流；比降在 0.002～0.016 时为弯曲型河流，在 0.008～0.013 时弯曲率达到最大；当比降大于 0.016 时为游荡型河流。

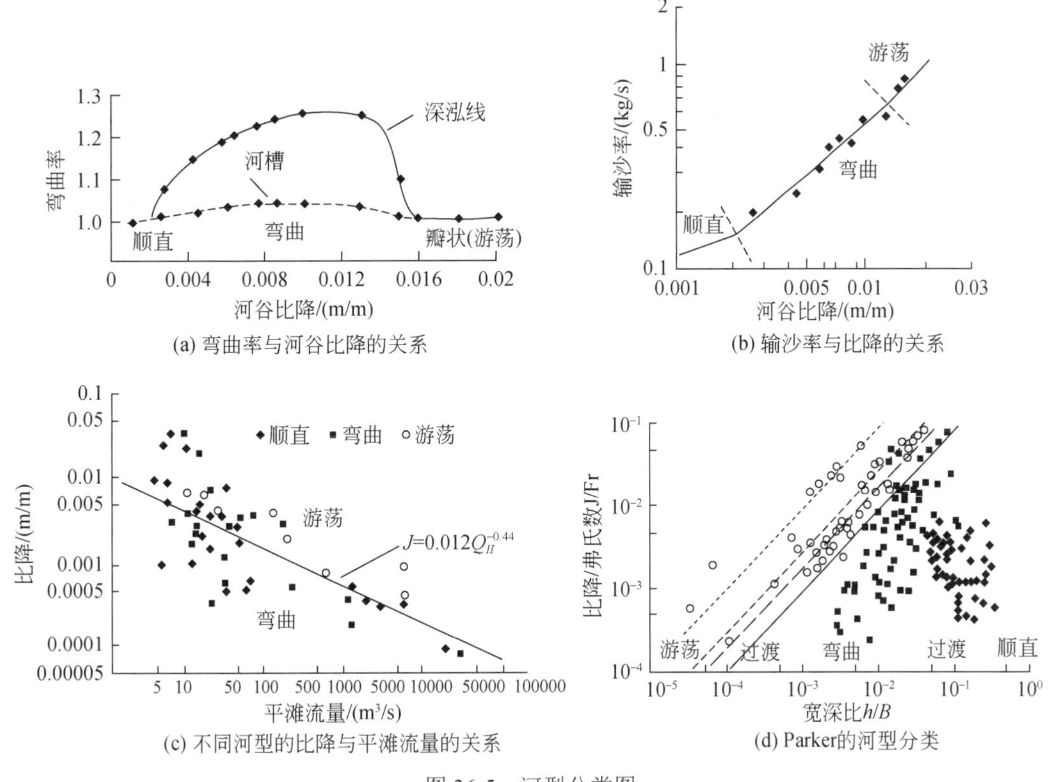

图 36-5　河型分类图

极值假说，它给出的是对河流在各种给定条件下形成特定河型的力学机理解释。它力图说明的是塑造河流地貌的主要动力——水沙流本身潜在地使河型向某一方面发展的可能性（或原因）。根据能耗率极值假说（Chang，1979；Yang，1971），流体或掺有固体的多相流体在一定的边界条件下运动时，除满足质量及能量（或动量）守恒外，总是不断地调整着体系中的各变量，以使体系的运动满足能耗率达到极值。对于河流系统，它的变化将通过三个侧面——横断面、纵向及平面形态的变化来具体反映。把能耗率极值原理用来研究河型成因时，可具体地描述为：对于给定的流量（Q）、输沙率（G）以及输沙粒径（D），河流系统总是不断地调整其宽度（B）、深度（h）、流速（U）及河槽比降（J），从而也必然地调整着与此对应的河流平面形态（即河型），以使河流系统单位河长的能量耗散率（γQJ）达到极值。河流系统单位河长的能耗率（γQJ）趋向于极值是以河流系统遵循水沙质量及能量守恒律为前提条件的，通常这些条件是由水流连续方程、阻力公式及输沙率公式给定的，再结合（γQJ）取极值的条件，共有四个方程求解 B，h，J，U 四个未知数，因此方程组是封闭的。

应该指出，Chang 从能耗率极值假说出发研究河型问题，从而开辟了一条别具一格的途径，为后人的研究指出了一种值得借鉴的方法，事实上已证明 Chang 的方法的确能在一定程度上解释一些问题。Chang 的工作弥补了 Schumm 提出的河型分析“框架”的空洞之处，它能够部分地尝试说明所谓的“临界条件”其内部原因究竟是什么，这就是水流的γQJ趋向于最小。

由于理论上的局限性，实际应用中常常运用直观的统计方法来研究河型问题。对于河型成因问题，常被视作统计对象的无非是河流的边界组成和来水来沙两类变量。在这里人们关心的并不是使河流出现各种河型的力学机理，而是河流在各种边界条件及来水来沙条件下所表现出的各种特殊性，是把众多的看来是带有偶然性的特殊表现形式集中起来分析得到带有共同性的东西。

对于由松散沉积物组成的河床边界条件，常用中值粒径D_{50}、泥沙不均匀系数、黏土加粉沙权重M、临界剪切力τ_0等反映边界组成的特性。对于随时间变化的来水来沙，一般只能选择具有代表意义的特征流量、沙量以及统计上的参数来衡量其平均特性和变差特征。由此可以看出，采用统计分析方法所得结果比较粗糙，但它提供的经验性的、带有局部性条件的结论却是很直观的，并能给人以深刻启示。

Leopold 和 Wolman（1957）认为，河型的产生是不同边界和来水来沙条件下，河流系统调整以使河流趋于平衡的反映。给出的河型与比降和平滩流量的关系见图 36-5（c），在关系曲线的下方为弯曲型河流，线的上方为游荡型河流，临界条件为

$$J = 0.012Q_{\mathrm{II}}^{-0.44} \tag{36-1}$$

式中：Q_{II}为平滩流量，$\mathrm{m^3/s}$。

Lane（1957）则认为河型由弯曲向游荡分汊转化的原因是泥沙输移的过载。统计结果表明$jq_m^{1/4}$是衡量河型及其转化的一个较好的参数，随着$jq_m^{1/4}$的增大，河流向游荡的方向发展；随着$jq_m^{1/4}$的减小，河流向弯曲的方向发展。Lane 认为在游荡与弯曲河流之间，应存在有一个过渡区域，并根据世界上一些河流的资料，把$J\sim Q_{\mathrm{m}}$关系图按下列式子分成三个区，即

$$J_1 = 0.0041Q_{\mathrm{m}}^{-1/4} \tag{36-2}$$

$$J_2 = 0.0007Q_{\mathrm{m}}^{-1/4} \tag{36-3}$$

式中：Q_{m}为年平均流量，$\mathrm{m^3/s}$。当实际河流的比降大于J_1时为游荡型河流；小于J_2时为弯曲型河流；介于两者之间则是自弯曲向游荡过渡的区域。

图 36-5（d）是 Parker（1976）从稳定性理论出发所得结果。图中的资料说明，较小的纵比降和宽深比有利于形成弯曲性河流，而足够大的纵比降和宽深比有利于形成游荡性河流。

三、河型判数和河床的综合稳定性指标

苏联国立水文研究所根据苏联河流（以平原河流为主）的统计分析资料，提出了下列的河相系数：

$$\frac{\sqrt{B}}{H}=\zeta \tag{36-4}$$

这个公式的河宽 B 和平均水深 H 是相应于与河漫滩齐平的流量而言。这个系数的大小与河型有一定的关系。

钱宁指出，表示河槽挟沙能力的指标可以反映一个处在准平衡状态下的河流的相对稳定性。因为影响水流挟沙能力的最重要的水力指标为 $\frac{\gamma_s-\gamma}{\gamma}D_{50}/(HJ)$，故而称之为河床的纵向稳定系数 φ_h，即

$$\varphi_h=\frac{\gamma_s-\gamma}{\gamma}\frac{D_{50}}{HJ} \tag{36-5}$$

式中：J 为河床比降；D_{50} 为床沙中径；γ_s、γ 分别为泥沙及水流的容重。

我们采用大量天然河流及模型小河的资料分析发现，河相系数 ζ 及河床纵向稳定系数 φ_h 并不足以区分不同的河型。

钱宁等提出了如下形式的游荡性指标，即

$$Z_u=\left(\frac{HJ}{D_{35}}\right)^{0.6}\left(\frac{B_{max}}{B}\right)^{0.3}\left(\frac{B}{H}\right)^{0.45}\left(\frac{Q_{max}-Q_{min}}{Q_{max}+Q_{mn}}\right)^{0.6}\left(\frac{\Delta Q}{0.5TQ}\right) \tag{36-6}$$

式中：D_{35} 为床沙中以质量计 35%较之为小的粒径；B_{max} 为历年最高水位下的水面宽；Q_{max}，Q_{min} 分别为汛期最大及最小日平均流量；ΔQ 为一次洪峰中流量变幅；T 为洪水历时，以 d 计。

式（36-6）表示的游荡指标包括的影响因素全面，并提出：$Z_u>5$ 为游荡性河段；$Z_u<2$ 为非游荡性河段；$Z_u=2\sim5$ 为过渡性河段。我们分析后认为，自然界河流形态极其复杂，一些洪峰变差甚大的或宽滩型河流仍属非游荡型，因而在式（36-6）中所出现的洪峰陡度 ΔQ/（$0.5TQ$）、流量变幅（$Q_{max}-Q_{min}$）/（$Q_{max}+Q_{min}$）及河漫滩相对宽度 B_{max}/B 这三个组合变值的作用是微小的。从黄河下游的情况看，汛期最小日平均流量 Q_{min} 对于河床的游荡性几乎没有什么影响，至于洪峰陡度，其影响也相对不大。

不过，游荡指标 Z_u 表达式中的另两个组合变值，即 HJ/D_{35} 及 B/H，是较合适的。钱宁等指出，前者代表河床物质的相对可动性，间接反映河流的来沙量和冲淤幅度；后者就是河槽的宽深比，反映了河岸对主流摆动的约束性。两者组合起来，显然应比单用河相系数或者河床纵向稳定系数更能符合实际情况。

20 世纪 90 年代以来，谢鉴衡（1997）、刘建军等首先考虑静态及动态特征，对冲积河流的河型进行确切分类，并经过分析归纳，对决定河型判数的因子作了取舍，构造出由纵向稳定指标、横向稳定指标及洪峰流量变差系数三项组成的河型判数。然后再视主流摆幅大小来衡量河床稳定性程度，利用黄河、长江等江河实测资料进行回归分析，给出河型差别方程及河型判数的确切形式，分别为

$$\frac{\Delta B_{max}}{B}=0.084\Phi^{-0.199} \tag{36-7}$$

$$\Phi=\left(\frac{D}{hJ}\right)\left(\frac{h'}{B^{0.8}D^{0.2}}\right)^{3.62}\left(\frac{1}{C_V}\right)^{0.756} \tag{36-8}$$

式中：Φ 为河型判数；ΔB_{max} 为河流主流的年最大摆幅；D 为床沙平均粒径；h'、B、J、分别为满槽时水深、河宽及河床比降；h 为造床流量的平均水深；C_V 为洪峰流量变差系数。

上述式（36-7）及式（36-8）特别是后者在因子选择上具有重要的学术价值。实际上，谢鉴衡教授早在 20 世纪 50 年代后期及 60 年代初期，就曾尝试用纵向稳定系数和横向稳定系数及洪峰变差系数对河流进行区分，20 世纪 90 年代初又将其综合成一个系数，并将其作为河型判数看待，具有很大的意义。谢鉴衡等在冲积河流河型判数的研究中还进一步根据实测资料分析结果，大体上定出区分河型的临界值，即 $\Phi \leqslant 0.1‱$为游荡型，$0.1‱ < \Phi \leqslant 5‱$为分汊型，$5‱ < \Phi \leqslant 5‱$为蜿蜒型，$\Phi > 5‱$则为顺直型。同时指出，两种河型之间的界面是模糊的，存在重叠交错现象，特别是同属相对稳定河流的分汊、蜿蜒、顺直三种河型的区分，重叠现象尤甚。这说明所选用河型判数未能将全部影响河型的因子都包括在内，尚值得进一步完善。

在上述研究的基础上，再通过模型小河的进一步观察认为，不论何种可动的河床组成或水沙组合，冲积河流的河型主要取决于河床的纵向稳定性和横向稳定性。如果河床的纵向稳定性和横向稳定性小，即为游荡性河段，否则为非游荡性河段。借鉴前人研究的合理结果，张红武等归纳分析后，以如下两式分别表示河床的纵向和横向稳定特征，即

$$X_* = \frac{1}{J}\left(\frac{\frac{\gamma_s-\gamma}{\gamma}D_{50}}{H}\right)^{\alpha} \tag{36-9}$$

$$Y_* = \left(\frac{H}{B}\right)^{\beta} \tag{36-10}$$

式中，α，β 为指数，其他符号意义同前。

指标 Y_*与钱宁、周文浩确定的有关组合变量类同，反映河岸对主流摆动的约束性。河床纵向稳定指标 X_*，与常见的形式有一定差别，最主要是河床比降的指数与组合变量（$\frac{\gamma_s-\gamma}{\gamma}D_{50}/H$）分离开，其目的是要突出河床比降对于河型变化的作用。

将 X_*、Y_*组合起来，构成河流的综合稳定性指标 Z_w，即

$$Z_w = \frac{1}{J}\left(\frac{\gamma_s-\gamma}{\gamma}\frac{D_{50}}{H}\right)^{1/3}\left(\frac{H}{B}\right)^{\beta} = \frac{\left(\frac{\gamma_s-\gamma}{\gamma}D_{50}H\right)^{1/3}}{JB^{2/3}} \tag{36-11}$$

图 36-6 中点绘了大量天然河道及模型小河的 X_*及 Y_*的点群分布图。图中符号所代表的河段（包括模型小河）有关的资料列于表 36-7～表 36-10。不难看出，无论是细沙河床还是粗沙河床，甚至沙卵石河床，也无论是清水还是一般挟沙水流甚至是高含沙水流，其点据都根据不同的河型分布在不同的区域中。进一步分析后发现点群分布具有如下规律：

游荡型 $Z_w = X_*Y_* < 5$ （36-12）

弯曲型 $Z_w = X_*Y_* > 15$ （36-13）

分汊型 $5 \leqslant X_*Y_* \leqslant 15$ （36-14）

图中绘出了分别以 $X_*Y_*=5$ 和 $X_*Y_*=15$ 代表的游荡型与分汊型及分汊型与弯曲型的河型分界线。清楚地看出，游荡型点据分布在非稳定区（内区），弯曲型点据分布在稳定区（外区），分汊型点据则介于其中（次稳定区）。乘积 X_*Y_*确实具有区划河型的作用，因此也可作为河型区划指标，亦即河型判数。

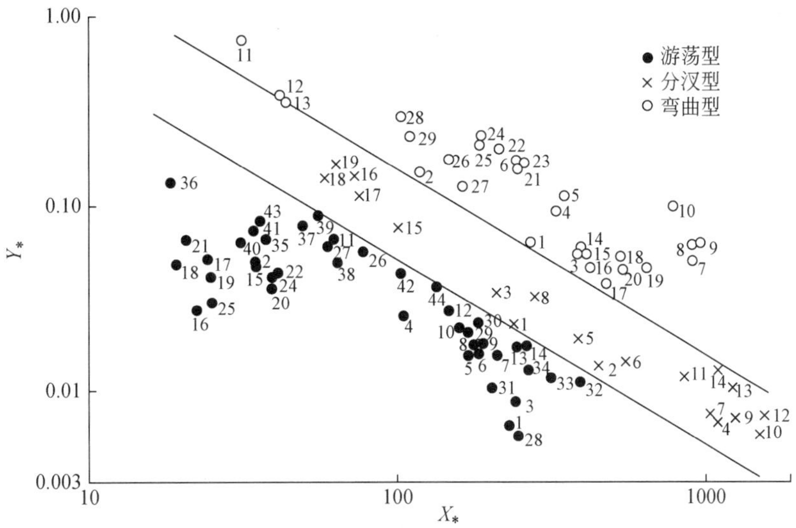

图 36-6　不同河型的稳定性点群分布

以式（36-11）表达的河床综合稳定性指标具有四个优点：①量纲和谐；②同时反映了河床的纵向和横向稳定特征；③能适用于不同河床组成及来水来沙条件的河流；④能同时适用于不同河型的原型和模型。因此，该式具有很好的应用价值。

表 36-7　天然河流的河床综合稳定性指标

名称	$\sqrt{B}/H$	X_*	Y_*	h	Z_w	河型	符号
黄河花园口—夹河滩河段	38.04	235	0.0061	0.53	1.45	著名游荡型	•1
洛河寻峪沟沟口	9.54	35	0.046	4.46	1.65	游荡型山区河流	•2
黄河夹河滩—高村河段	27.22	243	0.0082	0.39	2.00	游荡型	•3
永定河卢沟桥—梁各庄河段	10.58	105	0.0235	0.28	2.42	游荡型	•4
黄河包头河段	14.14	175	0.0142	0.38	2.50	游荡型	•5
渭河威阳—泾河口河段	16.58	187	0.0147	1.65	2.97	游荡型	•6
昆马力克西大桥	18.94	212	0.0141	26.8	2.99	游荡型	•7
塔里木河	16.64	181	0.0165	0.24	3.01	游荡型	•8
汉江黄家港—太平店河段	17.30	190	0.0168	0.67	3.15	游荡型	•9
长江上源沱沱河河段	10.54	165	0.0205	8.15	3.36	游荡型山区河流	•10
圣克鲁斯河河段	8.66	62	0.057	1.59	3.47	游荡型	•11
黄河贺家营子河段	7.53	149	0.0257	0.25	3.85	带有游荡型	•12
托什干西大桥	17.25	250	0.016	31.2	4.00	带有游荡型	•13
汉江太平店—囊阳河段	17.31	265	0.0163	1.05	4.46	带有游荡型	•14
黄河赵沟—秦厂河段	61.93	250	0.0053	0.98	1.325	游荡型	•28
黄河高村—孙口河段	10.41	235	0.022	0.25	5.19	过渡型	×1

续表

名称	$\sqrt{B}/H$	X_*	Y_*	h	Z_w	河型	符号
布拉马普特拉河河段	7.45	452	0.0128	0.60	5.96	游荡性分汊型	×2
渭河泾河口—赤水河河段	6.81	213	0.0316	0.87	6.77	过渡型	×3
长江团风河段	22.79	1 125	0.0063	1.74	7.14	鹅头分汊型	×4
黄河中卫河段	11.85	385	0.0182	27.8	7.16	次稳定分汊型	×5
松花江哈尔滨河段	14.24	543	0.0135	1.25	7.36	次稳定分汊型	×6
长江陆溪口河段	19.92	1 055	0.00705	1.59	7.48	鹅头分汊型	×7
黄河兰州崔家大滩	7.07	280	0.0292	14.1	8.19	次稳定分汊型	×8
长江马鞍山河段	20.49	1 280	0.0065	1.88	8.37	顺直分汊型	×9
长江贵池河段	24.96	1 550	0.0055	3.33	8.70	微弯分汊型	×10
长江界牌河段	11.77	860	0.0115	1.01	10.05	顺直分汊型	×11
长江八卦洲	18.27	1 590	0.0068	2.13	10.95	鹅头分汊型	×12
长江牧鹅洲	13.71	1 218	0.0103	2.61	12.65	微弯分汊型	×13
长江天兴洲	12.01	1 140	0.012	2.38	13.83	微弯分汊型	×14
黄河艾山—泺口河段	3.90	267	0.057	0.19	15.26	限制性弯曲型	○1
淮河河湾—息县河段	2.24	120	0.135	0.08	16.33	弯曲型	○2
渭河赤水河—三河口河段	4.45	390	0.052	0.71	20.41	弯曲型	○3
汉江仙桃河段	2.20	330	0.087	0.23	28.90	弯曲型	○4
涡河	3.29	350	0.103	0.28	36.21	弯曲型	○5
颖河	1.86	250	0.160	0.18	40.30	弯曲型	○6
长江上荆江	2.77	915	0.046	0.74	42.49	弯曲型	○7
长江下荆江	2.55	945	0.050	0.77	53.37	弯曲型	○8
长江牌洲湾	2.24	982	0.055	0.59	5.419	弯曲型	○9
淮河洪河—正阳关河段	3.06	785	0.089	0.50	68.86	弯曲型	○10

表 36-8　前人开展的模型小河的综合稳定性指标

名称	$\sqrt{B}/H$	X_*	Y_*	h	Z_w	河型	符号
李保如 1#模型	51.64	35	0.046	0.66	1.60	游荡型	●15
李保如 2#模型	129.1	23	0.0253	0.83	0.59	游荡型	●16
屈孟浩模型 a	52.37	25	0.0485	1.08	1.15	游荡型	●17
屈孟浩模型 b	54.07	20	0.0461	0.65	0.93	游荡型	●18
屈孟浩模型 c	67.13	25	0.038	0.91	0.98	游荡型	●19
屈孟浩模型 d	114.5	42	0.0285	1.62	0.74	游荡型	●20
勾韵兰模型	51.03	21	0.062	0.65	1.37	游荡型	●21
谢鉴衡 40#模型	100.1	42	0.040	3.74	1.69	游荡型	●22
谢鉴衡 41#模型	107.3	40	0.0323	3.19	1.31	游荡型	●23
谢鉴衡 42#模型	109.8	40	0.0292	2.84	1.13	游荡型	●24
万兆惠模型	155.4	25	0.028	1.81	0.72	游荡型	●25
刘有录模型	30.75	80	0.053 6	0.24	3.8	游荡型	●26
夹河滩—高村河段模型	55.90	60	0.057	0.55	3.22	游荡型	●27

续表

名称	$\sqrt{B}/H$	X_*	Y_*	h	Z_w	河型	符号
金德春模型 a	64.36	100	0.069	11.2	7.07	分汊型	×15
金德春模型 b	5.66	32	1.73	0.92	24.4	弯曲型	○11
金德春模型 c	15.41	42	0.346	2.31	16.0	弯曲型	○12
唐日长模型	11.18	45	0.339	1.18	15.7	弯曲型	○13

表 36-9　天然高含沙洪水时河流的综合稳定性指标

名称	$\sqrt{B}/H$	X_*	Y_*	h	Z_w	河型	符号
黄河花园口河段“92·8”高含沙	18.44	269	0.0122	0.94	3.28	游荡型	●34
黄河夹河滩河段“92·8”高含沙	14.16	178	0.020	0.23	3.56	游荡型	●29
黄河夹河滩河段“92·8”高含沙	13.23	181	0.021	0.26	3.80	游荡型	●30
黄河夹河滩河段“92·8”高含沙	30.51	206	0.0096	0.35	1.98	游荡型	●31
黄河花园口河段“92·8”高含沙	23.09	392	0.0104	2.92	4.08	游荡型	●32
黄河花园口河段“92·8”高含沙	21.86	317	0.0112	1.40	3.55	游荡型	●33
黄河龙门河段（1977 年高含沙）	4.74	403	0.0545	23.55	21.96	弯曲型	○14
黄河龙门河段（1977 年高含沙）	5.21	416	0.051	30.43	21.22	弯曲型	○15
黄河龙门河段（1977 年高含沙）	6.73	414	0.043	29.97	17.80	弯曲型	○16
黄河龙门河段（1977 年高含沙）	9.15	480	0.035	46.73	16.80	弯曲型	○17
渭河临潼河段（1977 年高含沙）	5.02	539	0.0507	19.19	27.33	弯曲型	○18
渭河临潼河段（1977 年高含沙）	7.48	654	0.042	30.47	27.47	弯曲型	○19
渭河临潼河段（1977 年高含沙）	7.88	556	0.042	19.86	23.35	弯曲型	○20
北洛河朝邑河段（1973 年高含沙）	2.67	249	0.150	0.68	37.35	弯曲型	○21
北洛河朝邑河段（1973 年高含沙）	2.13	222	0.185	0.44	41.07	弯曲型	○22
北洛河朝邑河段（1973 年高含沙）	2.86	263	0.158	0.88	4.155	弯曲型	○23

表 36-10　模型小河的综合稳定性指标

名称	$\sqrt{B}/H$	X_*	Y_*	h	Z_w	河型	符号
塑料沙模型 $1^{\#}$小河	102.0	40.74	0.072	0.69	2.92	游荡型	●35
塑料沙模型 $2^{\#}$小河	27.45	18.82	0.128	0.1	2.41	游荡型	●36
塑料沙模型 $3^{\#}$小河	62.17	48.82	0.069	0.41	3.38	游荡型	●37
塑料沙模型 $4^{\#}$小河	144.1	68.87	0.044	1.13	3.03	游荡型	●38
塑料沙模型 $5^{\#}$小河	80.91	54.59	0.085	0.80	4.63	游荡型	●39
塑料沙模型 $6^{\#}$小河	109.1	30.49	0.058	0.45	1.76	游荡型	●40
塑料沙模型 $7^{\#}$小河	83.27	34.70	0.069	0.43	2.41	游荡型	●41
塑料沙模型 $8^{\#}$小河	153.9	106.7	0.040	1.75	4.29	游荡型	●42
塑料沙模型 $9^{\#}$小河	64.54	35.68	0.081	0.37	2.90	游荡型	●43
塑料沙模型 $10^{\#}$小河	198.9	131.0	0.035	2.67	4.65	游荡型	●44
电厂粉煤灰模型 $1^{\#}$CS1	44.50	69.02	0.129	3.89	8.87	分汊型	×16

续表

名称	$\sqrt{B}/H$	X_*	Y_*	h	Z_w	河型	符号
电厂粉煤灰模型 1#CS2	56.97	73.16	0.104	4.63	7.59	分汊型	×17
电厂粉煤灰模型 1#CS3	33.59	55.54	0.121	2.03	6.72	分汊型	×18
电厂粉煤灰模型 1#CS4	33.24	58.01	0.134	2.31	7.77	分汊型	×19
塑料沙模型 11#小河 CS1	29.96	179.8	0.207	4.71	37.2	弯曲型	○24
塑料沙模型 11#小河 CS2	31.29	178.8	0.193	4.63	34.5	弯曲型	○25
电厂粉煤灰模型 2#CS1	34.94	141.9	0.165	6.43	23.4	弯曲型	○26
电厂粉煤灰模型 2#CS2	54.41	162.6	0.120	9.67	19.5	弯曲型	○27
电厂粉煤灰模型 3#CS1	22.70	108.40	0.260	2.50	28.2	弯曲型	○28
电厂粉煤灰模型 3#CS2	30.49	117.0	0.205	9.61	24.0	弯曲型	○29

四、河型转化试验

不同河型的河流或河段在河床形态、水沙运动及河床演变方面有不同的特点和规律，对人类生产活动的影响各有不同，治理方略及工程措施也存在很大的差异。

为了探讨河型的成因，许多地貌学家和水利学家试图以地貌界限假说、极值假说、稳定性理论及随机理论等方面来解释，采用的研究方法多为概化模型试验。早在 1945 年，Friedkin 就利用室内模型小河对弯曲型河流的形成和演变进行了试验研究，塑造出的模型小河仅相当于顺直型河流中主流流路的弯曲。20 世纪 60 年代初，长江科学院河流室及尹学良分别采用植草护滩及在大水中加入黏土的办法，把边滩固定下来，从而在试验室中塑造出真正的弯曲型河流。1972 年 Schumm 和 Khan（1972）采用类似办法，也复制出一条弯曲模型小河。1989 年，倪晋仁和王随继（1989）采用不同的初始边界及水沙条件，塑造出不少模型小河，对河型成因进行研究。李保如、谢鉴衡、张仁、金德生、屈孟浩等都进行过有关河型方面的试验研究，取得了较大的进展。

“八五攻关”期间，“黄河下游游荡型河道整治”课题组的张红武、赵连军等（胡一三，1996），也制作了一系列模型小河，采用的模型沙材料分别有电厂粉煤灰（容重 $\gamma_s = 21.07\text{kN/m}^3$）、煤屑及煤粉（$\gamma_s = 14.2\text{kN/m}^3$）、塑料沙（$\gamma_s = 10.29\text{kN/m}^3$）及天然沙（$\gamma_s = 25.97\text{kN/m}^3$）等。粒径范围很宽，先后塑造出大小不同、形态各异的模型小河 30 多条。概化模型的初始河槽形态都是一样的，即在模型沙自然密实以后，开挖成顺直的矩形河槽，然后施放不同的流量过程。实验水流条件及其初始边界条件如表 36-11。

表 36-11　七个模型小河实验条件及其初始条件

模型名称	模型沙	模型沙容重/（kN/m³）	床沙中径/mm	模型长度/m	初始槽宽/cm	初始槽深/cm	流量/（L/s）	河床密实状况	模拟对象
模型 A	电厂粉煤灰	21.07	0.042	130	300	5	100	自然密实	黄河游荡河段
模型 B	塑料沙	10.29	0.22	15	10	1	0.13	水浸密实	黄河游荡河段
模型 C	电厂粉煤灰	21.07	0.042	10	15	1	0.25	自然密实	弯曲性河段
模型 D	塑料沙	10.29	1.0	8	5	0.8	0.02	水浸密实	弯曲性河段

续表

模型名称	模型沙	模型沙容重/（kN/m³）	床沙中径/mm	模型长度/m	初始槽宽/cm	初始槽深/cm	流量/（L/s）	河床密实状况	模拟对象
模型 E	电厂粉煤灰	21.07	0.035	100	70	10	50	自然密实	过渡性河段
模型 F	塑料沙	10.29	1.0	8	5	0.8	0.032	水浸密实	过渡性河段
模型 G	煤屑	14.21	3.52	30	66.7	2.5	3.6	水浸密实	山区游荡性河流

试验结果随着相应条件的不同，形成了不同河型的模型小河，其中，水流在模型 A 初始河槽中运行 20min 后，模型上段出现河弯，再过 30min，自上而下、左右相间形成 5 个河弯。但 3 小时后，随着河床淤积抬高，水流另辟新流路，汊道与心滩形成。小河边滩很不稳定，往往由于滩岸坍塌，串沟夺溜而变成主槽，主流流路摆动频繁，10 多小时后，具有“宽、浅、散乱”特点的游荡型小河开始形成，在平面上具有宽窄相间的形态。如图 36-7 所示。

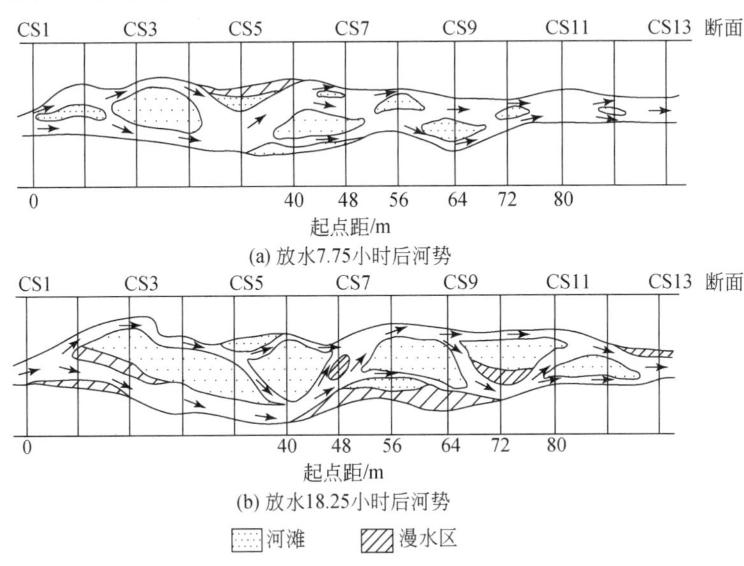

图 36-7　游荡型模型小河河势变化图（模型 A）

模型 B 的模型沙为塑料沙，河床的活动性极强，放水后时间不长，初始河床平面形态已面目全非，不久即形成一条典型的游荡性小河（图 36-8）。

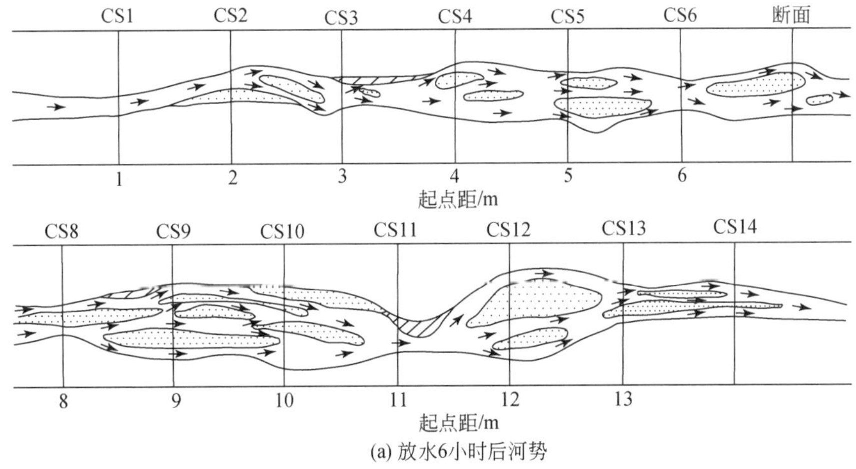

(a) 放水6小时后河势

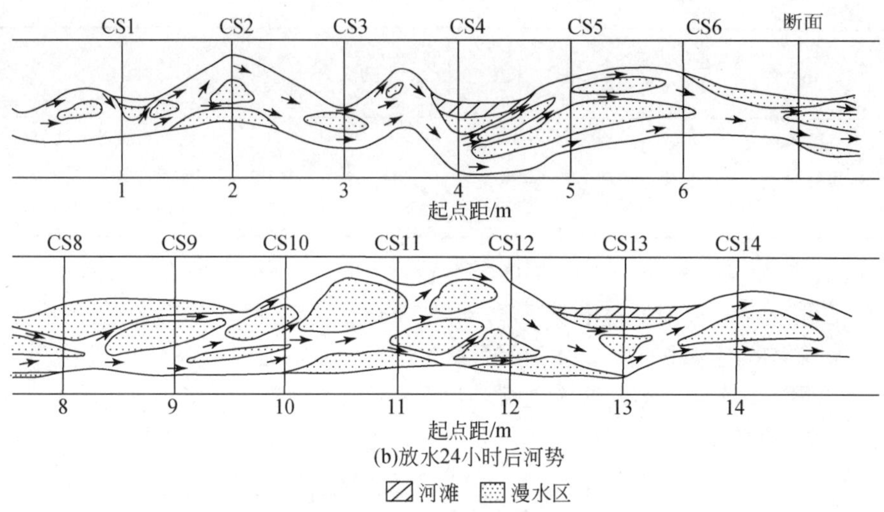

图 36-8　游荡性模型小河河势变化图（模型 B）

模型 C 的床沙组成与模型 A 相同，进口流量减小到 250mL/s。因水流强度减小，小河演变过程较为缓慢，放水达十几天后，在小河两岸逐渐形成交错分布的边滩，且边滩稳定发育，流路弯曲程度不断增强，1 个多月后发展为曲直相间的弯曲性小河，52 天后已演变为典型的弯曲型河流（图 36-9）。

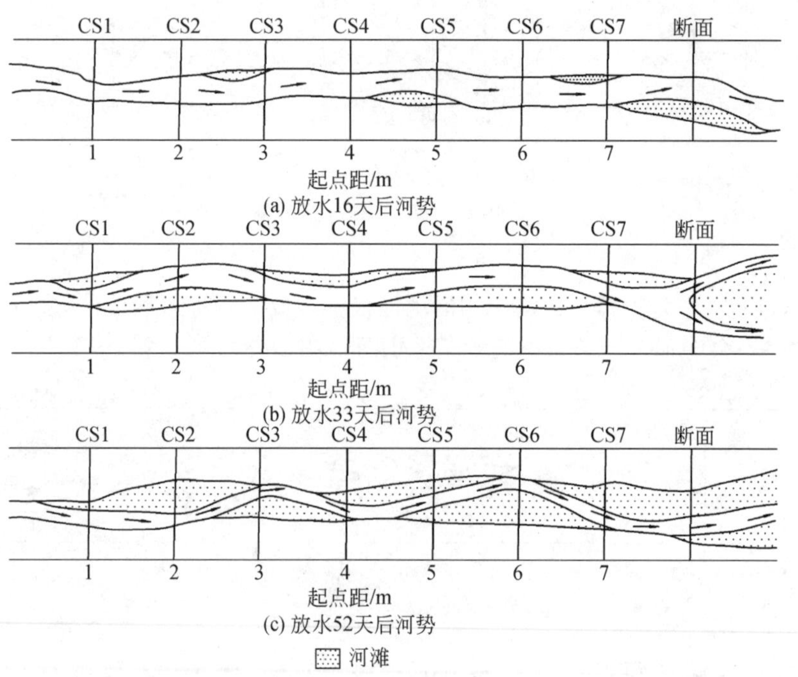

图 36-9　弯曲型模型小河河势变化图（模型 C）

模型 D 采用根本无什么黏性可言的粗颗粒塑料沙作为模型床沙。进口流量为 20mL/s，水流强度微弱，最后也形成了一条弯曲的模型小河（图 36-10）。

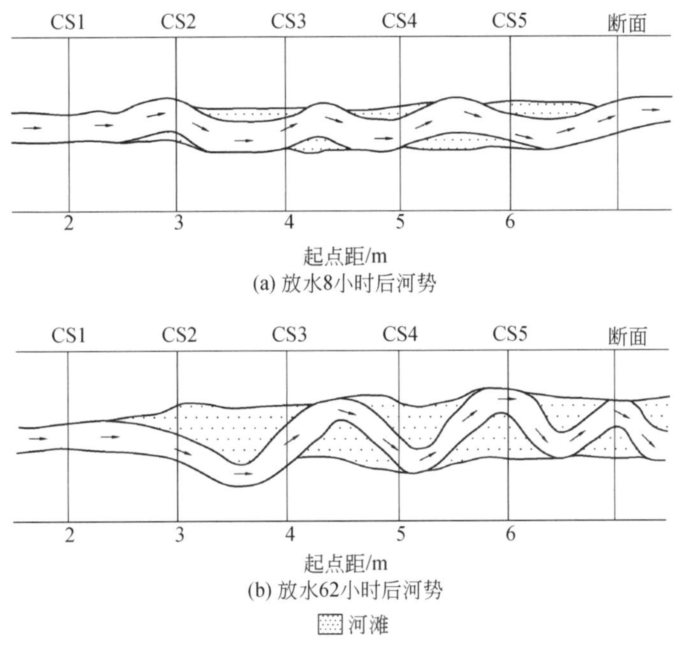

图 36-10　弯曲型模型小河河势变化图（模型 D）

模型 E 在经水流自然造床作用后，模型小河的水流较为集中，河床上沙洲较少，多呈单股河道状态，具有弯曲的外形，主流的位置却不固定，平面和断面形态时常变化，复演了过渡型河段的演变特性，模型 E 造床试验后期河势的变化如图 36-11 所示。

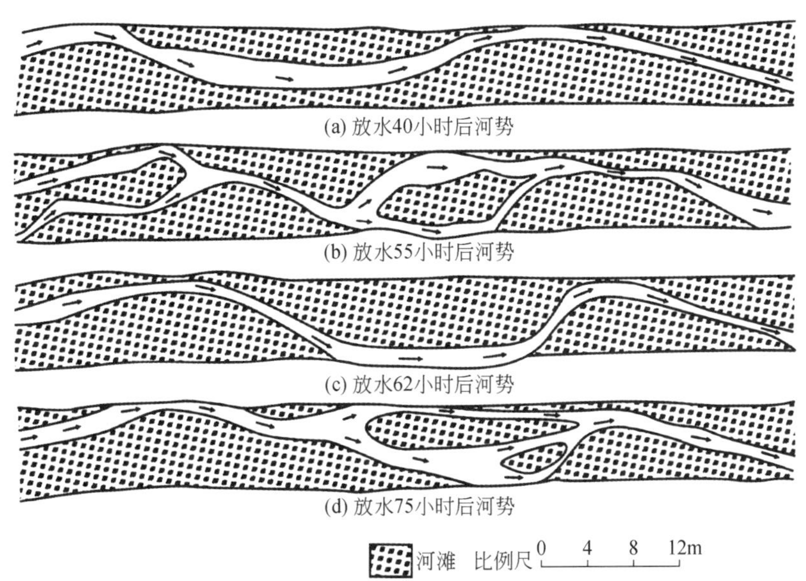

图 36-11　过渡型模型小河河势变化图（模型 E）

模型 F 的床沙及初始河床边界条件与模型 D 相同，只是将进口流量加大至 32mL/s 左右。因水流强度的增强，模型小河的河槽不再如模型 D 那样稳定，也没有模型 B 那样“宽、浅、散乱”，其演变规律与模型 E 类似，形成一过渡性小河。实际上，把进口流量再增大一些即可形成散乱的游荡性小河。

模型 G，尽管床沙较粗，但由于模型比降大（为 0.02），水流强度大，使得河床相对稳定性小，水流作用仅几秒钟后，初始河床已面目全非。很快即形成了沙滩散乱、汊道交织的模型小河（图 36-12），与天然位于小盆地上的游荡型山区河流的平面形态及演变特性颇为相近。

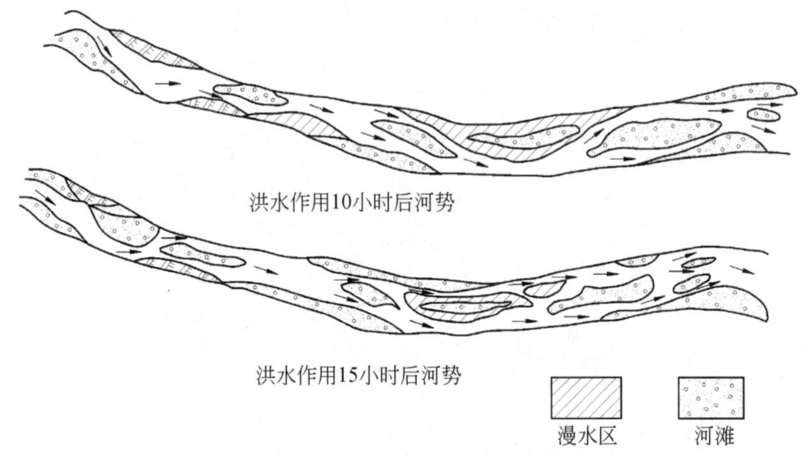

图 36-12　山区游荡型模型小河河势变化图（模型 G）

其他多组试验都复演了上述规律，由此可以认为：不同河型都是水流与河床泥沙相互作用的结果。任何可动河床条件下都可能形成游荡型、分汊型及弯曲型河流，只要水流保持相应的强度和过程。如果水流条件一定，河型则取决于河床相应的稳定程度。

五、游荡性河段河型转化研究

游荡性河段治理，就必然涉及河型转化问题，这也是在理论上和实践上都具有重要意义的研究课题。如果游荡性河道能改变游荡特性，成为其他比较稳定的河型，自然可以使用治理其他河型行之有效的措施进行治理，否则，如果游荡如故，或虽有所减弱，但仍保持游荡特性，则采用的治理措施就必须充分考虑游荡性河型的特点。

（一）促进游荡性河段河型转化的因素

对黄河下游游荡性河型转化的研究，现多是从上游来水来沙条件变化与河槽两岸兴建控导工程两方面分析。

1. 来水来沙条件的变化对游荡性河型转化的影响

当上游来水来沙条件发生改变时，游荡性河型可能发生转化。王桂仙通过分析大量黄河下游游荡型河道资料认为：游荡性河流的来水来沙条件与河床边界组成保持不变时，河流的游荡特性会稳定地发展下去。否则，如来沙增加、河槽淤积增大、滩槽高差减小、河槽萎缩变小、形态宽浅散乱时，游荡加剧；如滩地淤高、主槽刷深，则河道可能在一定时期内变得窄深并向弯曲型河道变化，但这种条件改变时，河道又会慢慢恢复原来的形态。

谢鉴衡等（1997）采用所提出的河型判数式（36-8）对改变游荡性河型的可能性进行了预估，认为当上游来沙量减小 1/3 左右时，游荡性河道有可能转化为较为稳定的河型。并进一步指出，改变河型的关键措施是减少上游来沙量，使河床由淤积抬升变为冲刷下降，其结果使河床比降变小，平滩水深加大，床沙粒径变粗，这些都会大大加强河床的稳定性，使河型由游荡转为非游荡。由于要求减少的来沙量较大，因而难度是比较大的，有待长期努力，才可望实现。此外还对现状下的游荡型河段的治理提出一些原则性的意见，主要论点是，在游荡性河型未得到根本性改造之前，根据游荡性河流的演变特性及黄河下游游荡型河段的整治经验，整治时必须“治槽”与“治滩”并举，其主要目的在于控制主流，缩小游荡范围，避免“横河”等现象发生。

长时段上游来水来沙变化极为复杂，尽管采取一些措施可在某一时段减小来沙，但是河道也不可能长期处于少沙冲刷状态。例如，小浪底水库修建可以拦截大量泥沙，当水库淤积平衡后，又会有大量泥沙下泄，何况即使长期下泄清水，游荡性的河型也是难以转化的。故仅期望水沙条件变化来实现河型转化，是很困难的。

2. 河道整治对游荡性河型转化的影响

游荡型河流虽然以主流迁徙不定为特点，但对于某一特定的河段来说，主流摆幅的大小是与该河段河身的宽窄及岸线的外形有密切的关系。凡是岸线为凸出的山嘴、抗冲的胶泥嘴或人工建筑物所控制，主流的摆幅就会受到限制，而在没有控制物的河段，主流的摆幅就要大得多。因此人们试图通过修建控导工程来促使河型转化。

倪晋仁（2000）在游荡型河道加入控制节点对河型转化的研究中，在他制作的游荡型小河中加入较密的节点，发现并不能改变游荡性河型，而只能是在顺应游荡型河流的总趋势下限制河势的摆幅并使游荡强度减弱，这一结论是在试验所使用的控制节点的条件下获得的，就黄河的情况而言，这类节点起不到控导主溜、稳定河势的作用。近年来，随着大量控导工程的兴建，黄河下游游荡性河段的河势变化受到了一定程度的控制。但因工程密度、工程长度有限，对主溜的约束仍较差。黄河花园口—夹河滩河段现状河道边界及不同水沙条件下的物理模型试验结果表明：来潼寨—大张庄河段最大主流摆幅仍可达数千米。

为进一步研究游荡性河型的变化，我们以黄河下游游荡型河段为模拟对象，专门开展了通过河道整治工程措施促使河型转化的自然河工模拟试验。

（二）通过河道整治促使游荡性河段河型转化的试验

1. 模型概况及自然造床试验

本试验在长 15m、宽 1.4m、深 0.5m 的水泥水槽中进行。模型沙选用活动性极强的塑料沙，中值粒径 D_{50}=0.22mm，容重γ_s=10.29kN/m^3。在模型上首先开展了无工程条件下的自然造床试验，亦即第四节模型 B 的试验，由试验过程及图 36-8 可看出，模型小河明显表现出游荡型河道“宽、浅、乱”的特性。模型小河河道曲折系数为 1.03，其综合稳定指标 Z_W=1.7，与黄河花园口—高村河段的综合稳定指标接近，保证了模型河型与原型相似。

模型小河的特征值与原型特征值对比，得出的模型比尺见表 36-12。

表 36-12　河型转化自然模型比尺表

比尺	数值	依据
水平比尺 λ_L	6000	$\lambda_L = B_p / B_m$
垂直比尺 λ_h	250	$\lambda_h = H_p / H_m$
流速比尺 λ_v	15.8	惯性力重力比相似条件

续表

比尺	数值	依据
流量比尺 λ_Q	23720000	$\lambda_Q = \lambda_V \lambda_L \lambda_h$
比降比尺 λ_J	0.042	$\lambda_J = \lambda_h / \lambda_L$
糙率比尺 λ_n	0.51	水流阻力相似条件
床沙粒径比尺 λ_D	0.45	$\lambda_D = D_{50p} / D_{50m}$
含沙量比尺 λ_S	6.0	$\lambda_S = \lambda_{S*} \approx S_{*p} / S_{*m}$

注：下角标“p”、“m”分别表示原型及模型值

在上述游荡型模型小河上，设置控导工程，观察河势变化情况，参照胡一三等的研究成果（胡一三，1996），整治工程的平面形式采用凹入型。整治工程位置线采用连续的曲线，分迎流段、导流段、送流段三段。迎流段采用直线，以适应上游水流流路变化；送流段弯曲半径为 0.9m；导流段是控导主流的主要部位，采用较小的弯曲半径，取弯曲半径为 0.5m，相当于黄河原型工程半径为 3000m。采用长 1.7cm 的三合板模拟控导工程的下挑丁坝，丁坝间距为 1.7cm，形成以坝护弯、以弯导流的工程布局。

本试验研究分为清水冲刷、中水中沙及中水丰沙等几种情况，研究在游荡型河段通过修建河道整治工程对河型转化的影响，先后开展了 10 个组次的模型试验，各试验组次的试验条件等见表 36-13。

表 36-13　河道整治工程促使河型转化的试验组次情况表

试验组次编号	模型流量 /（mL/s）	原型流量 /（m^3/s）	进口含沙量 /（kg/m^3）	试验历时/小时	模型中工程总长度/m	说明
N-1	130	3084	0	0	3.1	在模型 B 试验地形上布设工程，模拟工程密度小时的情况
N-2	90	2135	0	46	12	重铺地形，模拟工程密度较大时情况
N-3	90	2135	0	88	13.4	在 N-2 组次地形上，对部分工程调整或加长
N-4	130	3084	0	27	13.4	在 N-3 组次地形上，增大放水流量
N-5	130	3084	0	166	14	在 N-4 组次地形上，对部分工程调整或加长
N-6	170	4032	0	407	15	在 N-5 组次地形上，对部分工程调整或加长，并增大放水流量
N-7	230	5456	0	265	15	在 N-6 组次地形上，增大放水流量
N-8	230	5456	4.4	16	15	在 N-7 组次基础上，进口加沙，模拟中水中沙情况
N-9	230	5456	13.2	8	15	在 N-8 组次基础上，进口加沙量增大，模拟中水丰沙情况
N-10	290	6879	3.9	7	15	在 N-9 组次基础上，进口加沙量减小，增大流量，模拟河槽严重淤积萎缩后发生漫滩大洪水情况

2. 试验情况

（1）N-1 组次试验——工程密度小时的清水试验

在模型 B 造床后的河道弯顶处布置整治工程，每处工程长度为 0.2～0.5m，两岸工程总长度为 3.1m，研究工程布设密度小时对河型转化的影响。放水历时 2 小时，各工程靠溜较好（图 36-13），但随着时间加长，大量工程的着溜点开始下挫，河势下败，甚至工程失去控制作用，模型小河河道曲折系数为 1.05，又变成“宽、浅、乱”的游荡小河（图 36-14）。

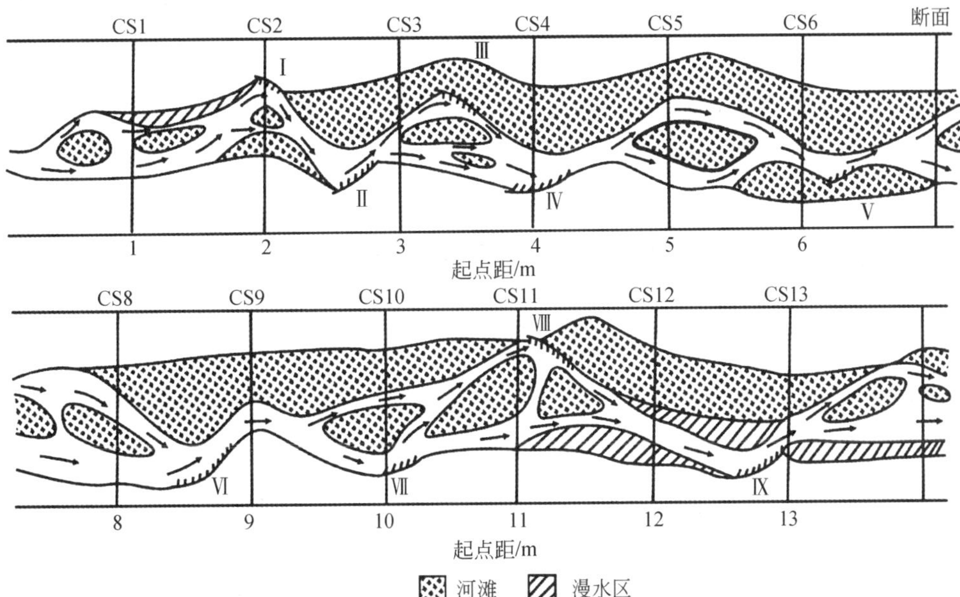

图 36-13　N-1 组次试验放水 2 小时后河势图

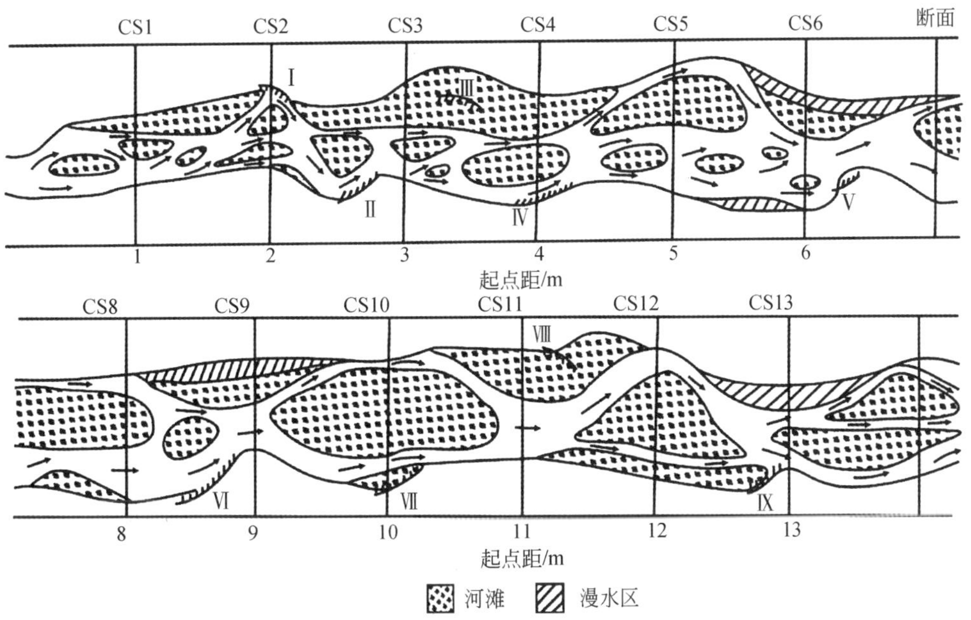

图 36-14　N-1 组次试验放水 7 小时后河势图

（2）N-2～N-5 组次试验——工程加密调整后的清水试验

为研究上述水流条件下，控导工程促使河型转化的布局方案，重新铺作初始地形，初始河槽尺寸与上述试验相同。参照黄河下游河道整治经验，每道工程长度为 0.5～0.7m。部分工程在放水过程中根据河势变化略有调整或加长，最后总工程长度由最初的 12m 增加到 14m，模型放水流量为 90～130mL/s，模拟原型流量约为 2000～3000m^3/s 时的中小洪水冲刷情况。

图 36-15～图 36-18 分别为试验组次 N-2～N-5 的河势图。这几组试验表明，随着工程长度的加长，密度的增加，上下工程配套较好，使水流变得集中，主河槽不断刷深，比降

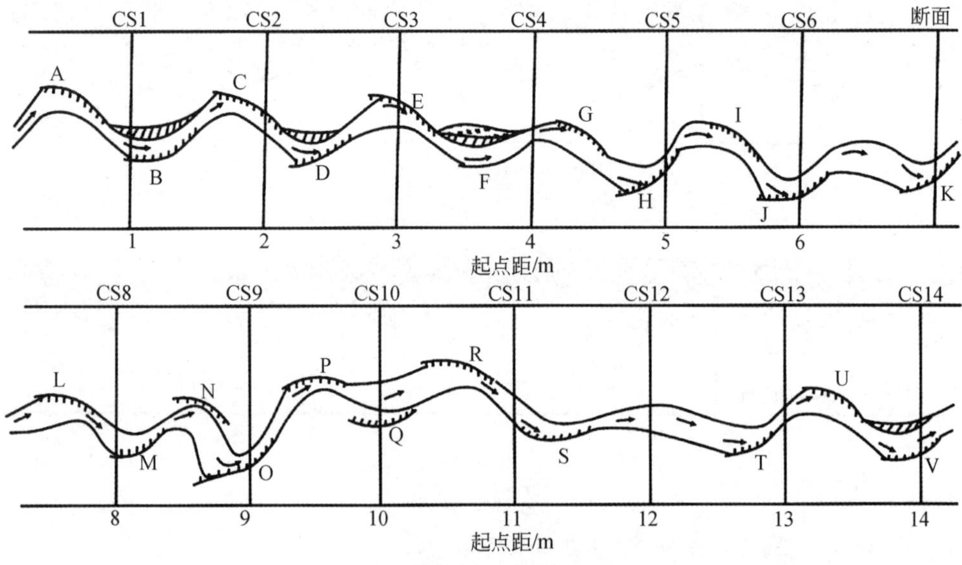

图 36-15　N-2 组次试验放水 24 小时后河势图

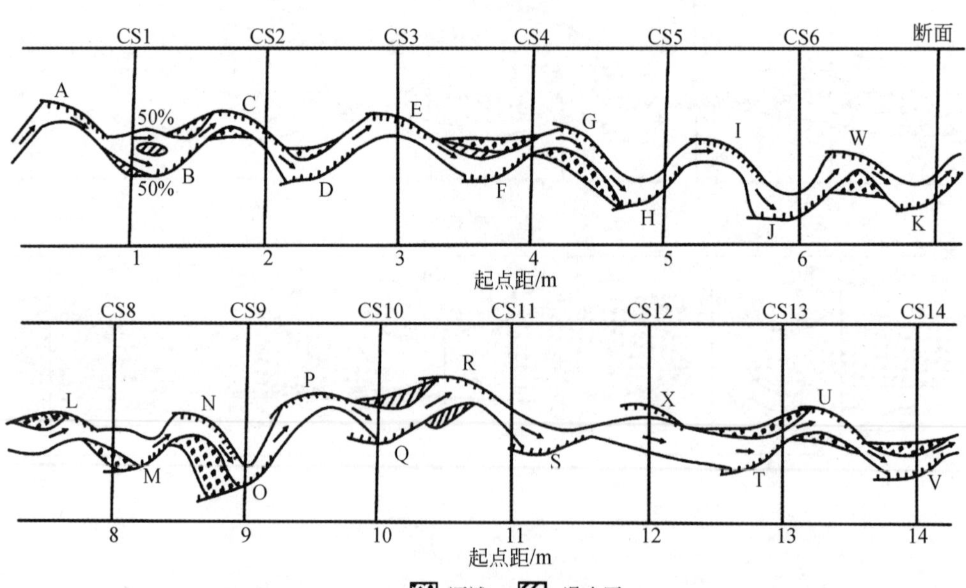

图 36-16　N-3 组次试验放水 64 小时后河势图

减小，滩槽高差增大，河道曲折系数逐渐增加到 1.2 左右，河势稳定，综合稳定指标 Z_w=15.03，游荡型模型小河已转化为限制性弯曲小河。由此可见，即使是河床稳定性很小的塑料沙模型小河，也能够通过工程措施，改变其游荡性河型。

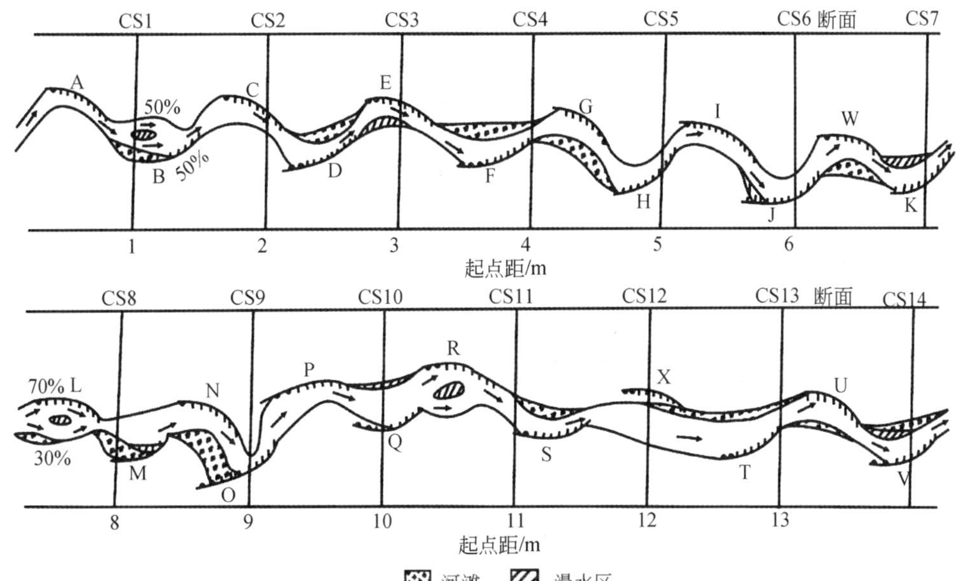

图 36-17　N-4 组次试验放水 26 小时后河势图

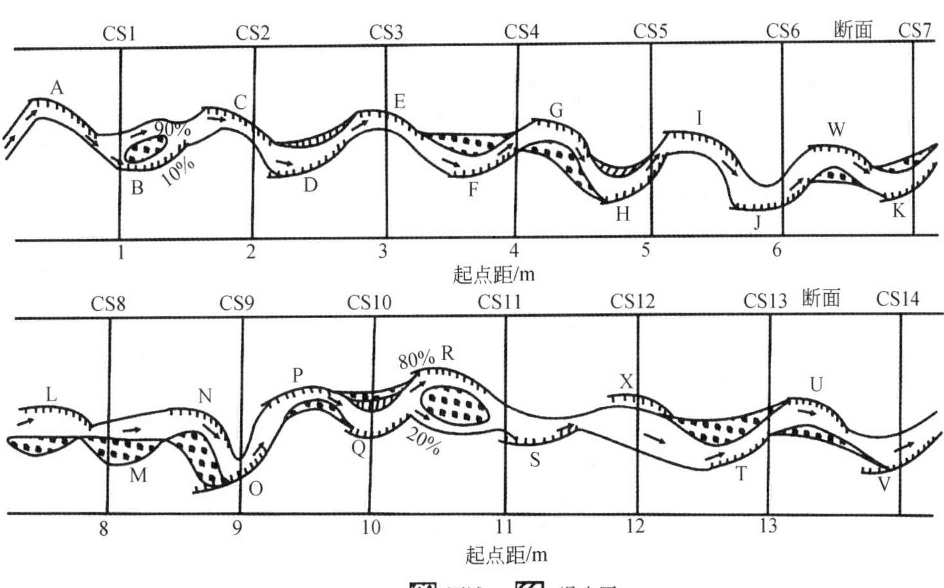

图 36-18　N-5 组次试验放水 151 小时后河势图

（3）N-6～N-7 组次试验——进一步加密工程或加大流量情况下的清水试验

在 N-5 组次基础上，把流量增加到 170～230mL/s，模拟原型流量为 4000～5500m^3/s 的中常洪水冲刷情况。试验初期水面较宽，部分嫩滩上水，局部主流下挫较多；相应对工程略微调整、加长，使工程总长度达到 15m，约占河道长度的 88%。试验看出，随着河槽的冲深，水流又变得更为集中，滩槽高差进一步加大。由实测各要素求得小河综合稳定性

指标 Z_w=15.1，再由试验组次 N-6 和组次 N-7 的河势图（图 36-19，图 36-20）不难看出，模型小河仍为限制性弯曲小河。

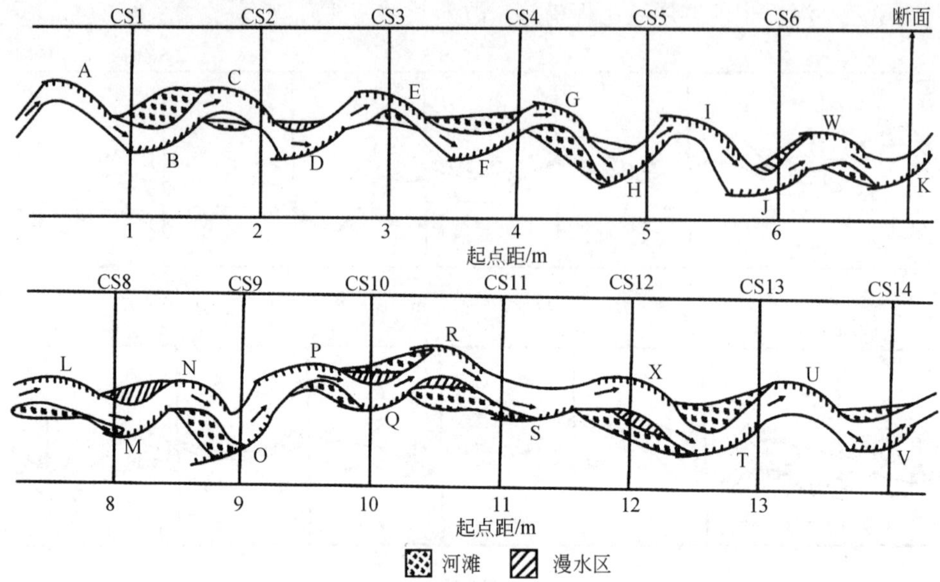

图 36-19　N-6 组次试验放水 384 小时后河势图

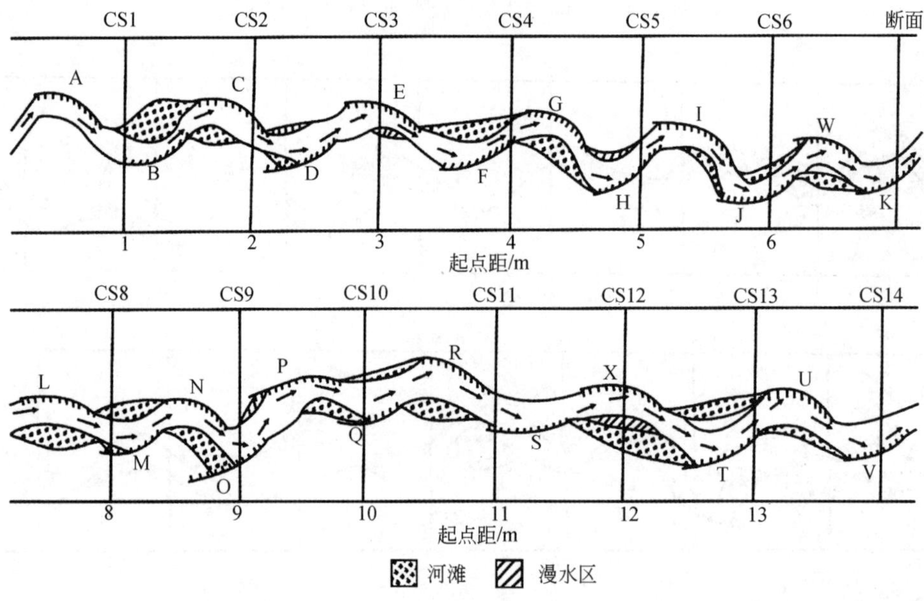

图 36-20　N-7 组次试验放水 264 小时后河势图

（4）N-8 组次试验——中水中沙组次试验

在 N-7 组次试验基础上，不改变流量及工程布置条件，通过进口加沙使河槽处于微冲微淤状态。平均含沙量约为 4.4kg/m^3，相当于原型含沙量 26kg/m^3，以模拟黄河下游河道中水中沙时的演变状况。在模型小河下段，因河道相对较宽，比降较缓，水流流速较小，挟沙能力小，淤积较多，部分洪水上滩。除此以外，其他河段河势变化不大，整个小河仍为限制性弯曲小河（图 36-21）。

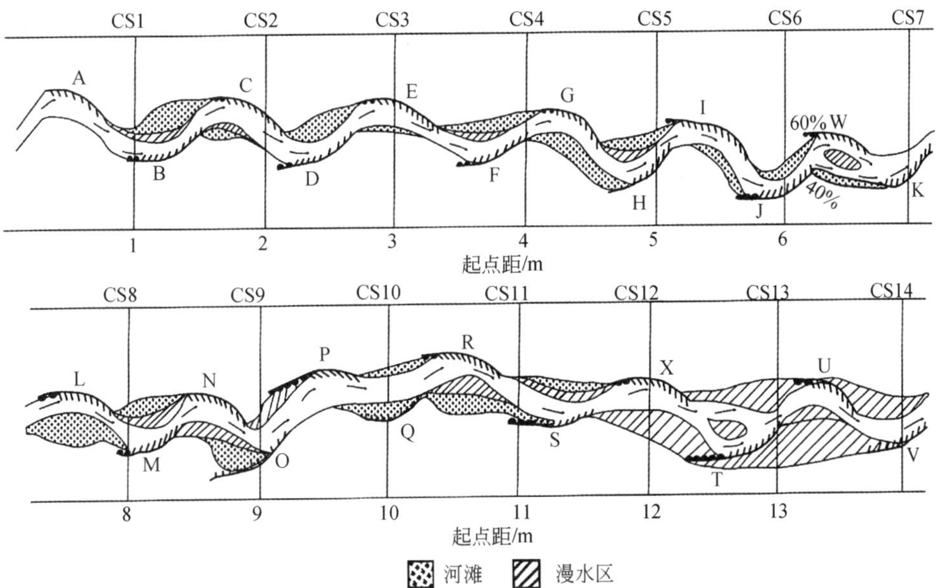

图 36-21　N-8 组次试验放水 16 小时后河势图

（5）N-9 组次试验——中水丰沙组次试验

流量及工程等条件不变，只是将进口含沙量增加到 13.2kg/m^3，相当于原型的含沙量 80kg/m^3，来模拟黄河下游河道中水丰沙条件下的河势变化情况。

此时进口含沙量已明显超过模型的水流挟沙力，亦即模型水流处于超饱和状态，因此大量泥沙在主槽内淤积，河床抬高，使滩槽高差显著减小，河道萎缩，过流能力大大降低，漫滩水量逐渐增多。特别是在河槽进一步淤高后，工程送流不力，滩地漫溢水量剧增，大量工程被漫滩水包围，在 G 工程以下形成串沟，过流量占总流量的 15%，而且大有夺溜之势。只是因工程密度较大，主流仍被工程控制在主槽内流动。由模型小河的河势图（图 36-22）可求得河道曲折系数减小至 1.1 左右，河槽宽度增加，河内已有沙滩出露，综合稳定性指标大大降低。

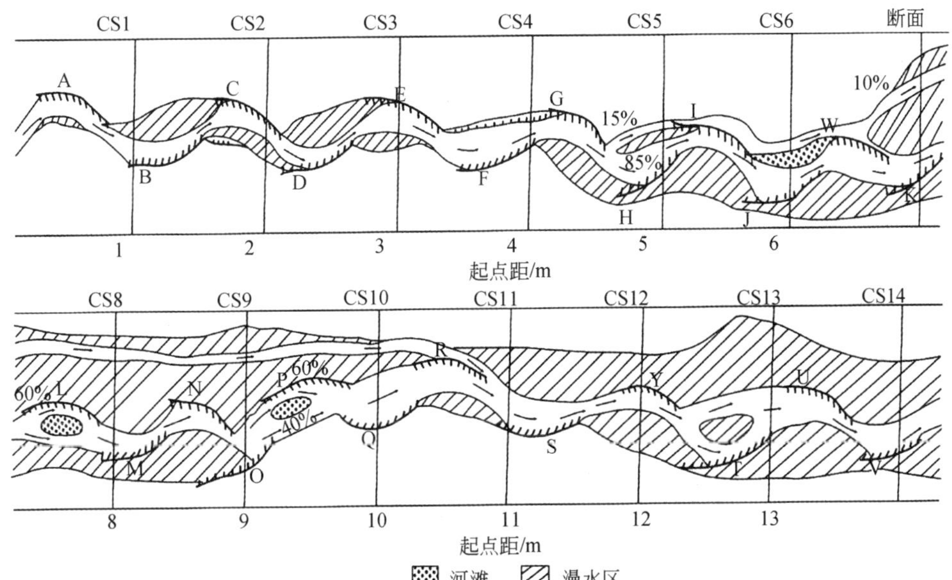

图 36-22　N-9 组次试验放水 7 小时后河势图

（6）N-10 组次试验——继续增大流量并减少含沙量试验

在 N-9 组次试验基础上，将进口含沙量减小，流量进一步加大至 6879m^3/s（原型流量），来模拟河槽严重淤积萎缩后发生大水小沙洪水漫滩后的河势演变状况。

因河槽行洪能力较低，虽洪水含沙量较小，但不能很快塑造形成较深河槽，大量洪水漫滩。随着放水历时的增长，在进口第三处工程以下也形成一串沟，分流比约为 20%，流至 G 工程以下与老串沟汇成新支河，且以前汇入主河槽的流路逐渐被淤积堵塞，新生河槽不断发展壮大，分流比竟发展到 40%，新槽中有心滩出露，沙滩密布。右岸河滩也有串沟形成。原河槽流量不足总流量的一半，且其内多处沙滩出露。显然整个河段的河型又转变为游荡型（图 36-23），且短时间内很难恢复到限制性弯曲型。

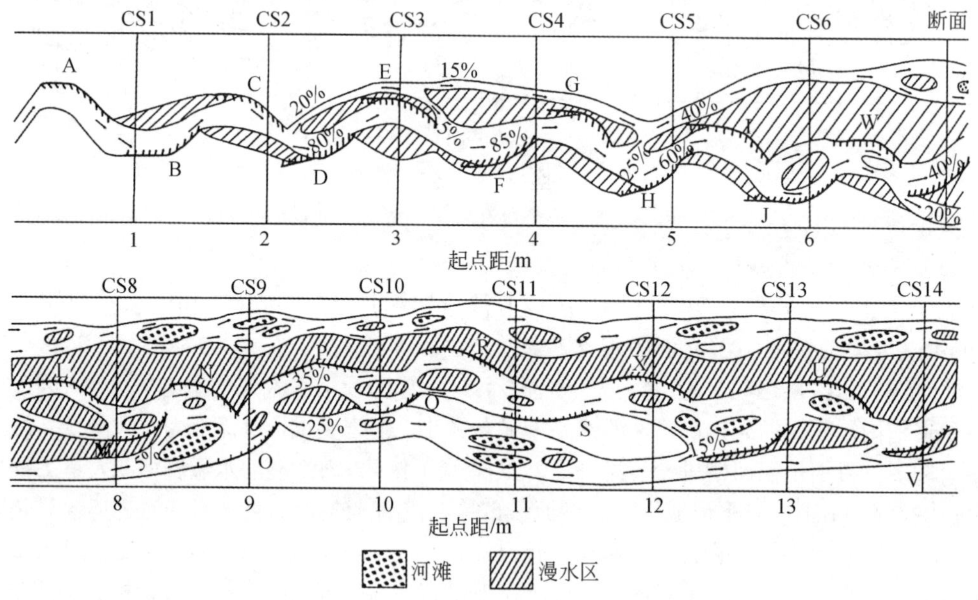

图 36-23　N-10 组次试验放水 6 小时后河势图

3. 超饱和输沙弯曲型河流的河型转化试验

对于冲积河流中的自然弯曲型河段来说，当上游来沙过多时，也会使河型向过渡型或分汊型转化。模型小河 H 试验是在长 10m、宽 1.4m 的水槽中进行的。模型沙选用郑州热电厂粉煤灰，床沙中径 D_{50}=0.042mm。进口施放流量 Q=350mL/s 的清水，经 10 天后塑造成一典型的弯曲型小河（图 36-24）。然后再在进口加沙，使小河水流一直处于超饱和状态。随着河床大量淤积，河槽展宽，又有切滩发生，河中间形成稳定心滩，主流对岸出现串沟，但其主流仍为弯曲型（图 36-25）。

4. 试验结果分析

根据第（三）部分的 10 组试验结果可以看出，通过对工程合理布局，使最后的小河具有弯曲的平面状态，虽主流仍随流量变化发生上提下挫（图 36-26），但河型已转化为限制性弯曲型。由试验可得出：黄河下游游荡型河道转化为限制性弯曲河型，两岸有效的控导工程总长度至少需占河道长度的 90%，每处工程长度需达到 4km 左右。

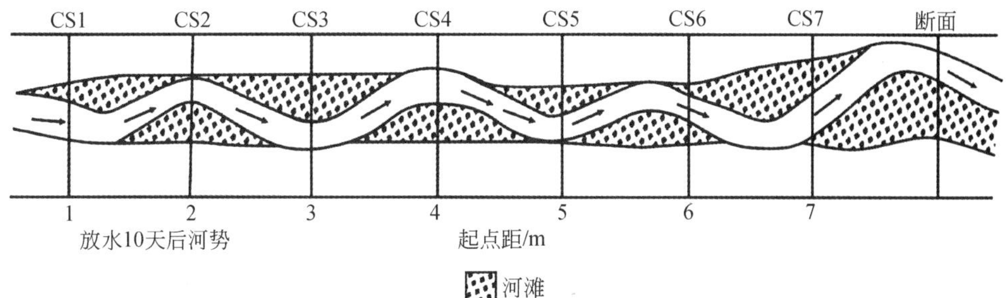

图 36-24　弯曲型模型小河平面图（模型 H）

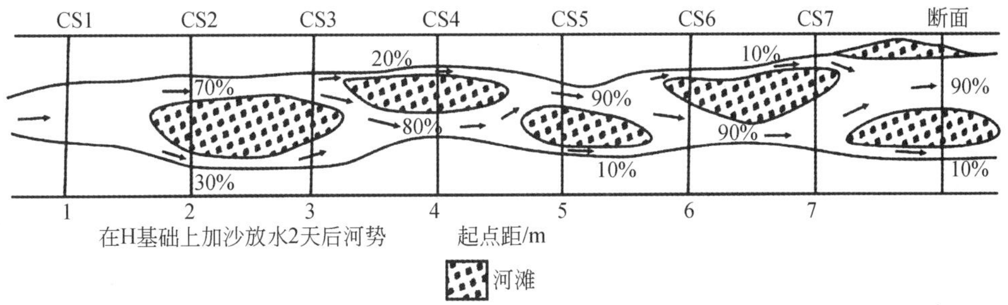

图 36-25　存在串沟的弯曲型模型小河平面图（模型 H）

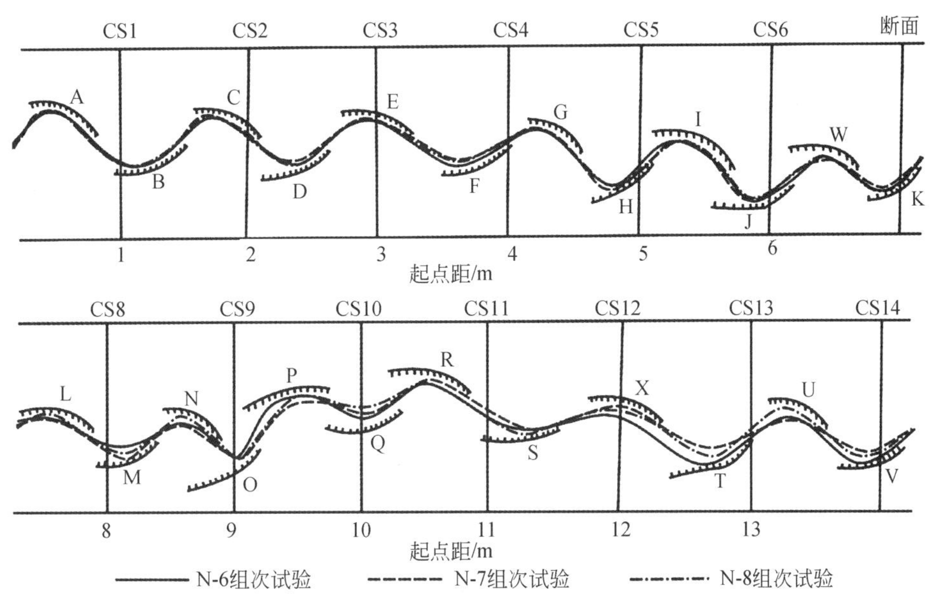

图 36-26　限制弯曲型小河主流线套绘图

由试验可知，对于限制性弯曲型小河，当上游来水来沙条件发生变化时，其稳定特性仍会发生变化。其中少沙洪水对河槽塑造是有利的，通过河槽的不断冲深，滩槽高差增加，有利于弯曲河型的进一步发展；中沙洪水有利于河床冲淤平衡，可促使边滩加速形成，对弯曲河型的发展影响不大；丰沙洪水，特别是小水带大沙，因主河槽被淤积萎缩，减弱了限制性弯曲型河流的稳定性，河型又会向非稳定的河型发展。

实际上，对于弯曲型模型小河 H，当进口清水流量增加到某一数值时，河型也会发生转化。由此可知，黄河下游游荡型河段实现河型转化，需在两岸合理布设控导工程的同时，尽可能通过上游水库调节减少来沙，并减小大洪水出现的机遇。

需要指出的是，本节（二）中的试验时间是中等流量叠加的，如折合成原型，时间特别长，不可能这么长时间的中水，与原型并不相似。如果一次中水形成的有利河势，在变成枯水后，会维持很长时间，再来中水或大水，仍为好的起始河势。如 N-9 后，流量逐渐变小，串沟可能会淤积一部分或淤死，再来大水与 N-10 就可能不一样。

参 考 文 献

胡一三，张红武，刘贵芝，等. 1996. 黄河下游游荡性河段河道整治. 郑州：黄河水利出版社

倪晋仁，王随继. 2000. 论顺直河流. 水利学报，12：14-20

钱宁，张仁，周志德. 1989. 河床演变学. 北京：科学出版社

钱宁，周文浩. 1965. 黄河下游河床演变. 北京：科学出版社

王兴奎，邵学军，王光谦，等. 2004. 河流动力学. 北京：科学出版社

谢鉴衡. 1982. 河流泥沙工程学（下册）. 北京：水利出版社

谢鉴衡. 1997. 河床演变及整治. 北京：中国水利水电出版社

尤联元，洪笑天，等. 1983. 影响河型发育几个主要因素的初步探讨. 第二次河流泥沙国际学术讨论会

Brice J C. 1975. Airphoto interpretation of the form and behavior of alluvial rivers. Final Report to the U. S. Army Research Office，Durham，Washington University，St. Louis，Mo

Brice J C，Boldgett J C，et al. 1978. Countermeasures for Hydraulic Problems at Bridges，Federal Highway Administration，FHWA-RD-78-162

Brookes A. 1981. Channelization in England and Wales. Discussion Paper No. 11，Department of Geography，University of Southampton，Southampton，UK

Carson M A. 1984. Observations on the meandering-braided transition，Canterbury Plains，New Zealand Geographer，40，89-99

Carson M A. 1984. The meandering-braided river threshold：A reappraisal. J Hydrology，113：1402-1421

Chang H H. 1979. Minimum stream power and river channel patterns. Journal of Hydrology，(41)：303-327

Downs P W. 1995. Estimating the probability of river channel adjustment. Earth Surface Processes and Landforms，20：687-705

Knightton A D. 1998. Fluvial Forms and Processes：A New Perspective. London：Amold

Lane E W. 1957. A Study of the Shape of Channels Formed by Natural Streams Flowing in Erodible Material，MRD Sediment Series 9，United States Army Engineer Division，Missouri River，Corps Engineers，Omaha，Nebraska，106

Leopold L B，Wolman M G. 1957. River channel patterns：Braided，meandering and straight. Professional Paper 282-B，U. S. Geological Survey，Washington，D C

Leopold L B，Wolman M G，Miller J P. 1964. Fluvial Processes in Geomophology. Freeman，New York，San Francisco

Parker G. 1976. On the cause and characteristic scales of meandering and braiding in rivers. Journal of Fluid Mechanics，76：457-480

Rosgen D L. 1994. A classification of natural rivers. Catena，22：169-199

Rundquist L A. 1975. A classification and analysis of natural rivers. Ph. D. dissertation，Department of Civil

Engineering，Colorado State University，Fort Collins，Colo

Schumm S A. 1977. The fluvial system. New York：Wiley

Schumm S A. 1981. Evolution and response of the fluvial system，sedimentologic implications. Special Publ. No. 31，Society of Economic Paleontologists and Mineralogists，Tulsa，Okla：19-29

Schumm S A. 1985. Patterns of alluvial rivers. Annual Review of Earth and Planetary Science，13：5-27

Schumm S A，Khan HR. 1972. Experimental Study of Channel Patterns. Bulletin of the Geological of America，83：1755-1770

Simons D B，Li R-M，Associates. 1982. Engineering Analysis of Fluvial Systems. Simons，Li and Associates，Fort Collins，Colo

Thorne C R，Hey R D，Newson M D. 1997. Applied Fluvial Geomorphology for River Engineering and Management. Chichester，UK：Wiley

Yang C T. 1971. Potential energy and stream morphology. Water Resources Research，7（2）：311-322

第三十七章　“河行性曲”机理探讨

一、研 究 现 状

（一）释义

地表水在重力的作用下，经常或间歇地沿着地面上的线形低凹地流动，这种沿线形低凹地流动的水流称为河流。流动的水流像其他流体一样，具有流动性和可塑性。河流是在河谷（河床）上流动，每个河段或横断面被塑造的形状，是由河谷的形状决定的，对于坚硬岩组成的河谷，水流对其的冲淘能力与岩石本身的抗冲淘能力而言是微不足道的，在一定的时期内，可以认为河床是不变的，即河流的平面形状和横断面基本保持稳定；对于抗水流冲淘能力不大的河床（河谷），在河水流过时，河床（河谷）对水流有塑造作用，但在水流的作用下，河床（河谷）会发生变形，河流被塑造的形状不仅与初始的河床（河谷）形状有关，还与水流对河床（河谷）作用所造成的变形有关；对于抗水流冲淘能力小的河床，河床在塑造水流的过程中，因河床经不起水流的冲淘而很快变形，河流的平面形态及横断面形式，不仅取决于河床的初始形态，更主要的是取决于水流与河床相互作用过程中所形成的新的河床平面形态及横断面形式，这在由细颗粒组成河床的平原河道，尤其是游荡性河道更为明显。

世界上几乎找不到一条河流是完全顺直的，所以，常有“河行性曲”之说。

“河行性曲”是指河流在重力作用下向前行进流动时，其流程具有弯曲的特性。弯曲的形状是多种多样的，弯曲程度有轻有重，中心角有大有小，两个弯曲段之间顺直河段的长度也有长有短。弯曲的河道不意味是稳定的河道。只有符合相应河段特性的弯曲形状，才能使河道保持相对稳定。

本章探讨“河行性曲”机理的范围，是指抗水流冲淘能力小的河床上的河流，对于抗水流冲淘能力不大的河床（河谷）上河流，也可包括在内，但其演变的速度慢，在一个较短时段内，难以看出变化。对于坚硬岩石组成的河谷，水流对河床冲淘引起的变化非常缓慢，往往几代人、几十代人都看不出来，不在本章讨论的范围内。

部分河流的岩石河床河段，在特定的条件下形成瀑布。出现瀑布时，水流已不是在低凹地流动，而是接近自由落体的状态。瀑布段不在本章的讨论范围之内。

需要说明的是，河流弯曲、弯曲河道不是说在一个较长河段内没有直河段，而是指河流是由弯曲段和顺直河段组成的，就一个长河段而言，河流是弯曲的。即是在由坚硬岩石组成河床，在地质年代内形成的河流，于一个较长河段内，仍为曲直河段相间组成的弯曲河道。

（二）已有研究概况

有关“河流弯曲”的原因或者称其为机理，一直是科学界和工程文献中不断讨论的一个课题，杨志达（Yang，1971）、Chitale（1973）、Callander（1978）、Hickin（1983）、张海燕（1990）等学者曾对此进行了深入研究，提出的原因包括最可能流路（最小方差）、环流、动力不稳定性、河床物质粉沙－黏土含量以及河谷、河道比降的相互关系等。

国内有关这方面的研究也经常见诸于许许多多的文章与专著，而这些成果大多是基于天然河流及实体模型试验（包括概化模型试验）开展的河型成因及河型转化方面的研究，都不同程度地从宏观和微观的角度对河流弯曲、河型成因及转化等问题进行了阐述，但是这些成果均不足以系统、明了地揭示“河行性曲”内在的机理。近期，江恩慧等（2006）在充分吸收前人研究成果的基础上，通过水流受力分析和水流状态分析，分别从微观的紊动漩涡和宏观的次生环流角度尝试揭示“河行性曲”及河流弯曲的成因或机理。

（三）张海燕河流弯曲成因理论

张海燕（1990）认为，河流弯曲的成因可用塑造河道和形成冲积河谷不同的演变过程进行解释。

由于流量和输沙量的变化，每一条河流都经历着周期性的冲刷和淤积。然而，河槽和河谷对冲刷和淤积的地貌反应是不同的。当可能由于挟沙过多而淤积时，河槽调整通常表征为展宽和分汊，而冲积河谷则是均匀堆积。大多数活动的堆积性河谷的形成发生在历史性的水文突发事件中，但冲积河谷的淤积也可以在一个较长时段内通过演变调整来形成。不管是通过活动性分汊还是河道的逐渐摆动，淤积在河床上的分布一般总是相当均匀的。所以，淤积促进了冲积平原的形成。在由于来沙补给不足而引起冲刷期间，河道总是试图放缓其坡降。与淤积成鲜明的对照，对冲刷的地貌反应，表征为河流对冲积平原的下切。因此，冲刷有利于狭窄河道的形成。河槽的下切或刷深因水力分选造成床沙的粗化而受到抑制，甚至在粗化层形成后停止；此外，通过下切以减小河道比降需要极大的刷深。由于这些原因，河道通常是通过弯曲使比降变缓。河道的形成与造床流量或平滩流量有关，这种流量的重现期很短（一般为几年一遇）。河谷比降主要由构造运动所控制，河道比降是在河谷比降的基础上，由水流和泥沙运动微调而成的。河谷比降常由与形成现有河道不同的条件所形成。由于在任意一个地质年代，当河道比降大于河谷比降时，河谷比降就变得更陡，故河谷比降能比目前的河道比降大得多。由此说明了为何某些河流有着明显的弯曲形态的原因。

张海燕理论从宏观的表现方面说明了河流弯曲的原因，但没有与最基础的紊流力学相联系，不足以阐明河流弯曲的机理及潜在的根本原因，来水来沙条件与河床条件只是造成水流弯曲的边界条件而已，其弯曲的根本原因应与紊流结构有关。

（四）数学模型的初步模拟

20 世纪 80 年代中后期，国外一些学者在充分认识世界上不同河流的河性特征之后，开始尝试利用数学模型来模拟不同河流的演变过程。由于游荡性河流的宽浅散乱本性，使得游荡性河流的形态在任何模型上都不能进行准确的长期预报。实际上这项工作至今仍然是一个难题。

荷兰 Delft 水力学实验室采用 Mike21c 数学模型模拟了一条游荡性河流的发展过程，如图 37-1 中所示。该模型首先利用孟加拉国的 Jamuna 河的参数对模型进行了验证，表明该模型可以用来模拟游荡型河道水流与边滩的发展。之后，用假定比降、流量、粒径、宽度、深度、河床阻力都不变的完全规则的河床形态作为计算的初始边界条件，模拟了 Jamuna 河 30 年的演变过程。

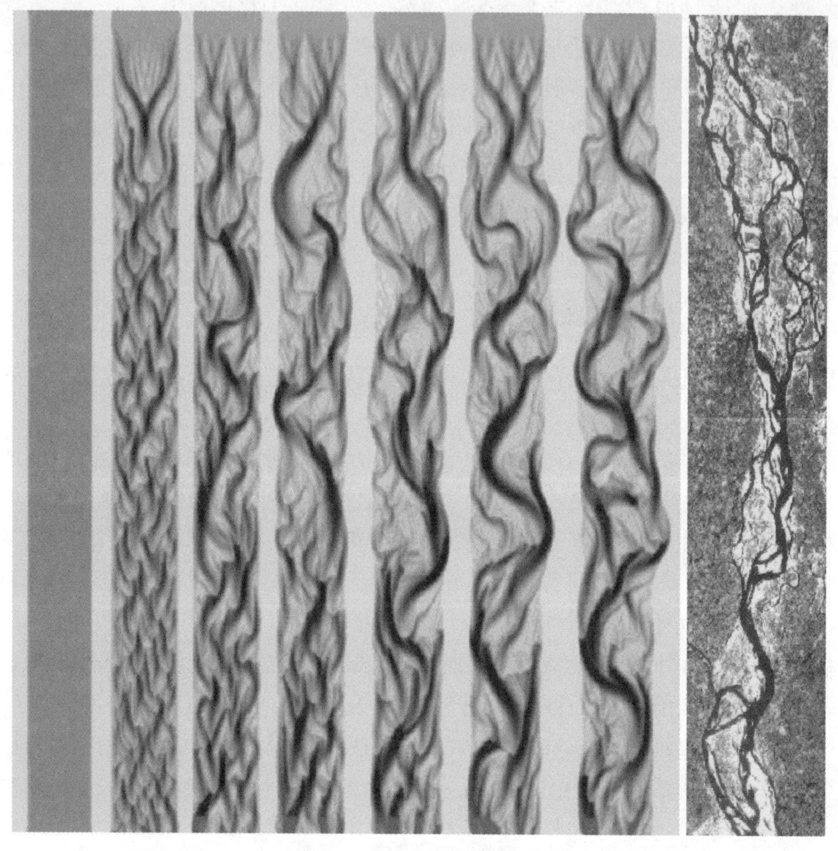

图 37-1　完全规则条件开始的游荡性河流的模拟过程

图中从左至右分别是当年、3 年、6 年、12 年、18 年、24 年、30 年以后的发展形态，最右边显示的是孟加拉国的 Jamuna 河的真实情况

从最终模拟结果看，Mike21c 可以再现游荡性河流的波长、游荡的强度、河道的展宽、浅滩的变形（形状和大小），只是受模型网格点的数量所限，给较小汊道和浅滩的模拟带来了一定困难。

二、天然河流中的紊动涡和紊动猝发

（一）紊动涡的产生

1. 涡体产生机理

天然河流由于液体的黏滞性和边界面的滞水作用，液流过水断面上的流速分布总是不均匀的，因此相邻各流层之间的液体质点就有相对运动发生，使各流层之间产生内摩擦切应力。对于某一选定的流层来说，流速较大的邻层加于它的切应力是顺流向的，流速较小的邻层加于它的切应力是逆流向的（图 37-2）。因此该选定的流层所承受的切应力，有构成力矩，使流层发生旋转的倾向。由于外界的微小干扰或来流中残存的扰动，该流层将不可避免地出现局部性的波动，随同这种波动而来的是局部流速和压强的重新调整。如图 37-3（a）所示，波峰附近由于发生流线间距变化，在波峰上面，微小流束过水断面变小，流速变大，根据伯努利方程，压强要降低；而波峰下面，微小流束过水断面增大，流速变小，压强就增大。在波谷附近流速和压强也有相应的变化，但与波峰处的情况相反。这样就使发生微小波动的流层各段承受不同方向的横向压力。显然，这种横向压力将使波峰愈凸，波谷愈凹，促使波幅更加增大［图 37-3（b）］。波幅增大到一定程度以后，由于横向压力与切应力的综合作用，最后，使波峰与波谷重叠，形成涡体［图 37-3（c）］。涡体形成以后，涡体旋转方向与水流流速方向一致的一边流速变大，相反一边流速变小。流速大的一边压强小，流速小的一边压强大，这样就使涡体上下两边产生压差，形成作用于涡体的升力（图 37-4）。这种升力就有可能推动涡体脱离原流层而掺入流速较高的邻层，从而扰动邻层进一步产生新的涡体。如此发展下去，层流即转化为紊流。

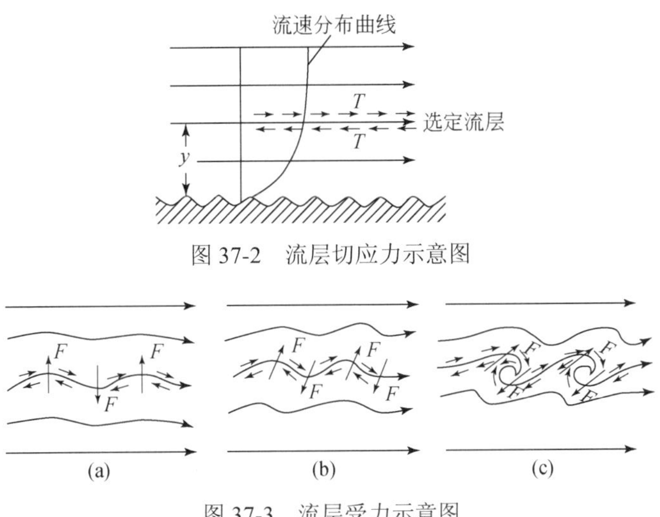

图 37-2　流层切应力示意图

图 37-3　流层受力示意图

涡体形成并不一定就能形成紊流。一方面因为涡体由于惯性有保持其本身运动的倾向，另一方面因为液体是有黏滞性的，黏滞作用又要约束涡体的运动，所以涡体能否脱离原流层而掺入邻层，就要看惯性作用与黏滞作用两者的对比关系。只有当惯性作用与黏滞作用相比强大到一定程度时，才可能形成紊流。

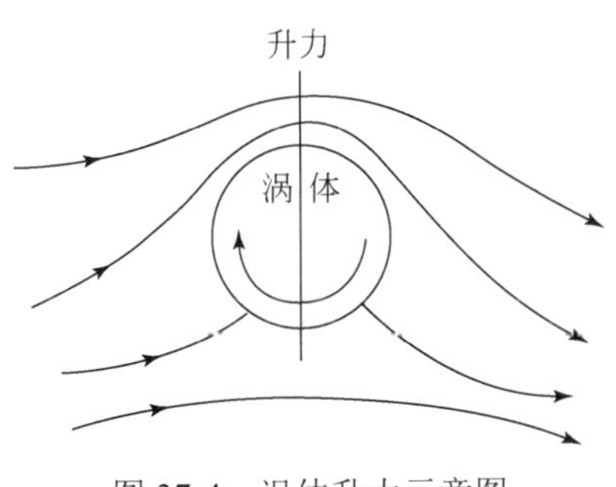

图 37-4　涡体升力示意图

2. 边界层分离现象

1904 年，Plandtl 首先提出了边界层的概念，指出在高雷诺数情况下，理想流动与黏流的差别将主要局限于固体壁面边界附近的一个薄的流动层中，Plandtl 称之为边界层。黏性流体流经固定物体表面时，紧贴物面的一层速度为零，由边界向外，速度陡然增大。对于黏性系数很小的流体，如水、空气等，大多数情况下流速梯度是很大的，在离开壁面很近的地方，速度就已经非常接近相应于理想流体的速度了，即理想流体绕流同一物体在该处所能达到的速度。因此，只有在靠近物体表面的一薄层流动区中，黏性流动才与理想流动表现出有本质的差别。在这一层中，由于速度迅速增大而形成很大的速度梯度，流动层之间的剪切应力不能忽略。而在这一薄层之外，速度梯度很小，黏性流动与理想流动没有很大差别，流体的黏性可以忽略，可以把流体当做理想流体处理。

均匀顺直来流绕光滑平板和流线形物体流动的边界层分别如图 37-5 和图 37-6 所示。边界层从物体前缘开始，由于流体黏性滞止作用迅速向外、向后扩展，边界层厚度 δ 沿流动方向逐渐增厚。边界层内，流体的速度大小从物面上的零值，也将迅速增大到边界上接近相应理想流体绕流所能达到的速度值。通常，把当地流体速度达到相应理想流体绕流速度的 99%大小的点处，定义为边界层的外边界点，由物面外法线方向度量物面至边界层外边界点之间的距离，即称为该点处边界层的厚度。按图 37-5 情况而言，流场中物面各点理想流体绕流速度是常数，处处都是 U_∞，因而边界层各外边界点上当地流体速度都是 $0.99U_\infty$。而按图 37-6 情况看，边界层外边界上各点的相应理想流体绕流的速度是变化的，因而在边界层边界上实际流体的速度也是变化的。

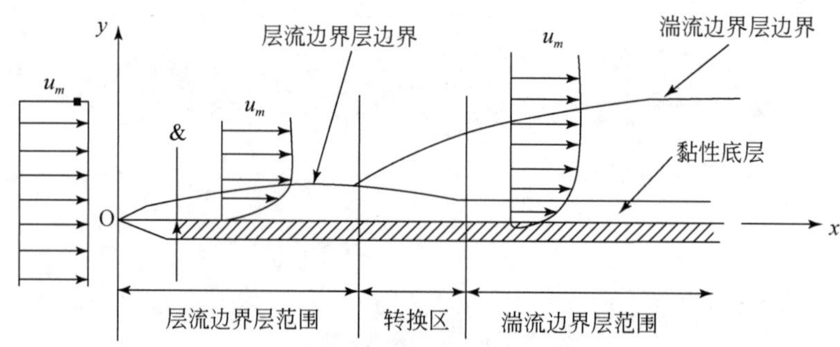

图 37-5　均匀顺直来流绕光滑平板边界层示意图

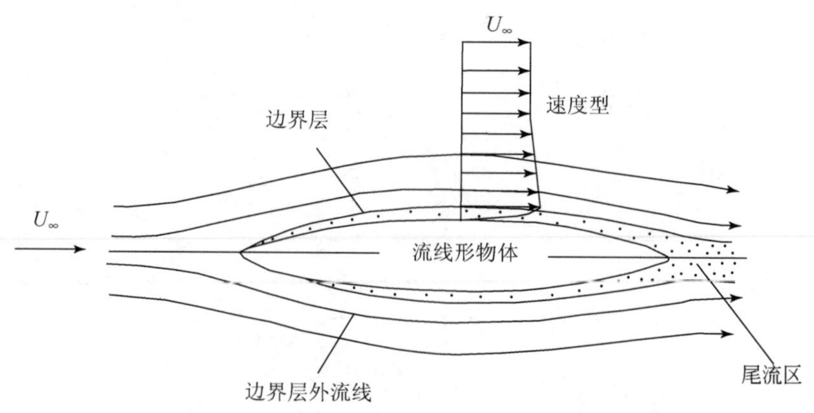

图 37-6　均匀顺直来流绕流线形物体边界层示意图

流线形物体上的边界层同平板边界层有一些不同，沿流线形物体表面的压力是变化的。在物面前缘驻点处压力最大，然后压力减小到最小压力点，从最小压力点到后缘点，压力又逐渐增大。因此，在物面最小压力点之前，边界层外的水流不断加速，因而压力逐渐降低，沿流向具有顺压梯度。顺压作用传入边界层内，推动边界层内的流体向前流动，相对于无压力梯度情况，边界层有变薄的趋势。而在最小压力点以后，水流速度逐渐降低，压力逐渐升高，沿流向形成逆压梯度。类似地，逆压作用传入边界层内，阻碍边界层内的流体向前运动。这时，流体不仅要克服黏性阻力，而且还要减速、增压，用以克服逆压梯度，故边界层内流体速度将迅速减小，使边界层厚度急剧增加。这是平板边界层中所没有的现象。

流线形物体上的边界层还容易发生分离现象。如图 37-7 所示，从前缘驻点 A 到最小压力点 B 是顺压梯度，边界层不会发生分离。但从 B 点往后，压力增加，是逆压梯度，它会促使沿壁面的边界层迅速增厚，逆压梯度越大，增厚现象越严重。在很大的逆压梯度作用下，边界层内流体由壁面向外逐渐滞止下来。因此，不仅物面上 $V=0$，而且迫使贴近壁面的部分地区内的 $\dfrac{\partial V}{\partial y}$ 由正号变为负号（出现回流现象）。通常，将首先出现 $\left(\dfrac{\partial V}{\partial y}\right)_{y=0}=0$ 的点定义为分离点 S。滞止而堆积起来的流体，必使边界层以及主流离开壁面而产生分离。在分离点下游，将形成漩涡和尾流区，又称分离区。多数情况下，分离区一直向后延伸，形成很宽的尾流区，尾流区内的流速和压力都将显著小于外流速度和来流的压力。在分离区中，流动是非定常的，从漩涡的生成、脱离壁面到重新又生成分离漩涡，周而复始。脱离壁面的漩涡的能量来自主流，但由于有黏性摩擦等因素的作用，漩涡在尾流区中将受到阻尼，大漩涡变成小漩涡，最终使漩涡能量耗散转变为热量。因此在这样的流动中，主流的机械能量有很大的损耗。

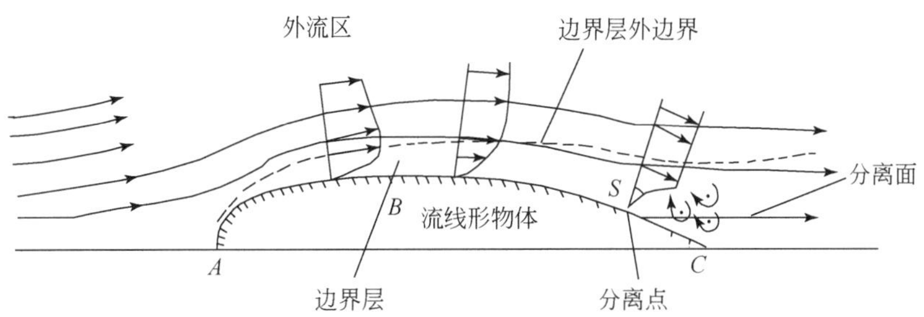

图 37-7 流线形物体边界层分离示意图

一般的管流和明槽流，紊源主要在临近管壁或槽壁的高流速梯度和高剪应力强度区。这种高速水流梯度及高剪应力强度区为小尺度涡体的形成和发展提供了最有利的条件。同时容易在轻微的扰动下产生边界层的波动。这种边界层因受某种扰动及与接近边界区的大流速梯度和强剪力相联系的压力差的作用而产生的以高频率、小尺度紊动为主的紊动涡体，形成面积较广泛、结构比较单纯的紊流。Prandtl 称顺直管道和棱柱体槽的近壁层为“涡体作坊”，意思是这种近壁层为紊动涡体的发生之处。

（二）明渠流动中的相干结构

明渠紊流中的相干结构或拟序结构（coherent structure）是指流体质团有序的运动，可以分为猝发现象（bursting phenomena）和大尺度漩涡运动体。

1. 猝发现象

猝发现象最初是美国斯坦福大学克兰教授的研究组在 20 世纪 60 年代使用氢气泡的流动显示（flow visualization）技术观察到的，但是由于物理现象本身的复杂性，还有很多问题得不到共识（Kline et al.，1967）。

克兰等发现在靠近固体壁面的黏性底层中在平面上具有顺流向的高速带和低速带相间形成的带状流动结构。图 37-8 为用氢气泡显示技术摄制的边界层内不同高度上的流动图像（董曾南等，1998）。$y^+=\dfrac{yu_*}{\nu}$ 表示无量纲的自壁面算起的高度，u_* 为剪切流速，ν 为流体的运动黏性系数，单位 m^2/s。由图 37-8（a）可以清楚地发现高低速相间的带状流动结构。沿断面展向流速分布图形如图 37-9 所示，此图取自 $y^+=5$，仍在黏性底层之内。该图更具体地表现出流速高低相间的情形。由图还可以看到低速带的分布并不规则，低速带一般出现在 $y^+=0\sim10$ 之间的高度。在黏性底层中低速带在向下游流动的过程中，其下游头部常缓慢上举，低速带与固体壁面间的距离逐渐增大，低速带与固体壁面之间产生如图 37-10（a）所示的横向漩涡。图中 u_r 表示距漩涡中心距离为 r 处的圆周方向流速。漩涡在流场的作用下将受到向上的升力（lift）（$L=\rho U_\infty \Gamma$，U_∞ 为漩涡前未扰动流速，Γ 为漩涡的环量）的作用，从而漩涡将顶托低速带使低速带上升。图 37-10（b）说明升力产生的原因。试验中观测到低速带上升的倾角约在 2°～20°之间。横向漩涡在向下游运行的过程中发生变形，成为马蹄形涡（horseshoe vortex），或称 U 形涡，如图 37-11 所示。马蹄涡的头部由于涡旋的诱导作用也随着向下游流动而逐渐上举。上举后由于流场中上部流速大，马蹄涡受到拉伸作用而变形。马蹄涡的拉伸和变形使得最终在流场中产生复杂的涡量场。

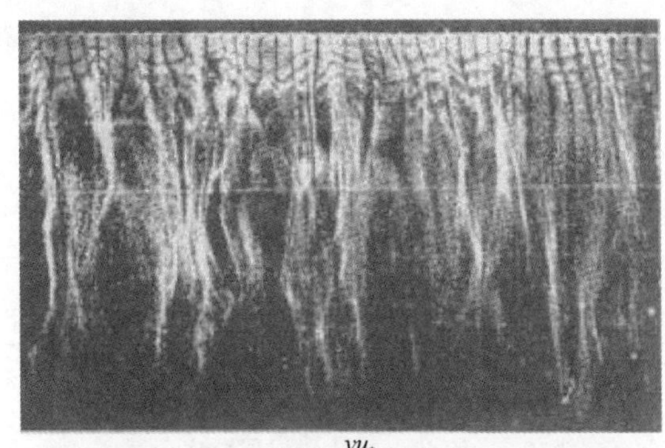

(a) $y^+=\dfrac{yu_*}{\nu}=4.5$

(b) $y^+=50.7$

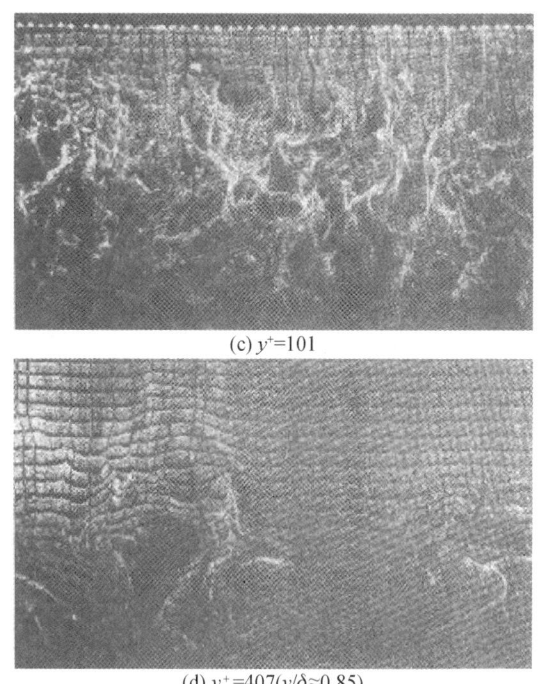

(c) y^+=101

(d) y^+=407($y/\delta\approx$0.85)

图 37-8　边界层内不同高度的流动图像

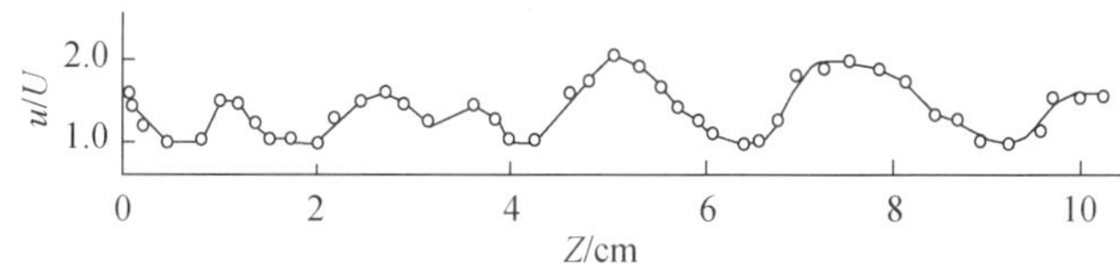

图 37-9　黏性底层内流速的带状结构

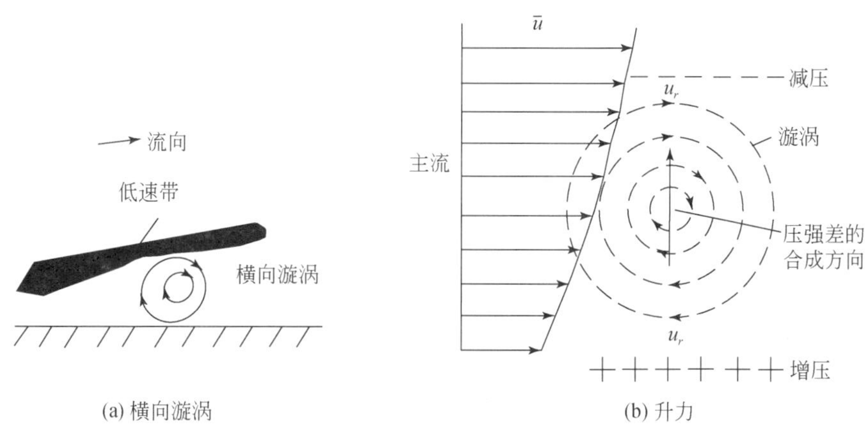

(a) 横向漩涡　　(b) 升力

图 37-10　横向漩涡与升力的产生

在低速带上举、马蹄涡拉伸变形的过程中，还可以观察到 y^+=20～200 的区域内流速较高的流体向下游俯冲，从而在高速与底层低速流体之间形成剪切层并使瞬时的 x 向流速分布曲线上出现拐点，增加了流动的不稳定性，促使层流向紊流的转变。

图 37-11 表示了猝发现象的过程及各个阶段的流速分布曲线形状，图 37-12 则表示在猝发的喷射（ejection）阶段（a）及清扫（sweep）阶段（b）的瞬时流速分布曲线。马蹄涡头部的上举最终形成底部低速流体向上层高速流动区域的喷射，喷射一般发生在 y^+=20～30 的流区。可以把相邻两个喷射之间的时间间隔作为猝发现象的周期。低速流体向上喷射将伴随上层高速流体向下层俯冲而入形成清扫。喷射和清扫都形成流体内部的剪切层，使断面瞬时流速呈现相当复杂的状况，如图 37-11 和图 37-12 所示。清扫过后瞬时的流速分布恢复正常，拐点消失，如图 37-11⑥所示。清扫过程中的流速分布如图 37-12 中曲线 B。由马蹄涡的形成、发展到发生喷射和清扫，整个过程称为猝发现象。清扫过后，黏性底层中重新出现低速带，开始一个新的猝发过程。

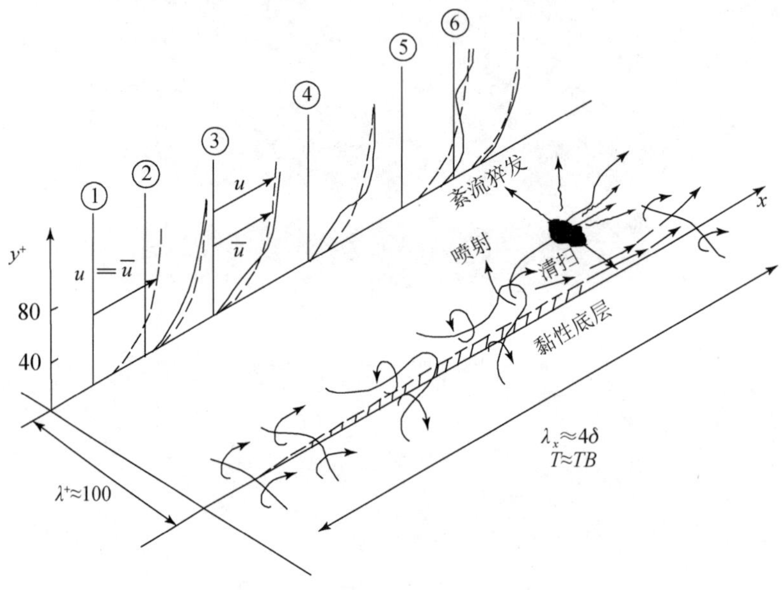

图 37-11　猝发过程

注：图中实线为瞬时流速分布；虚线为时均流速分布

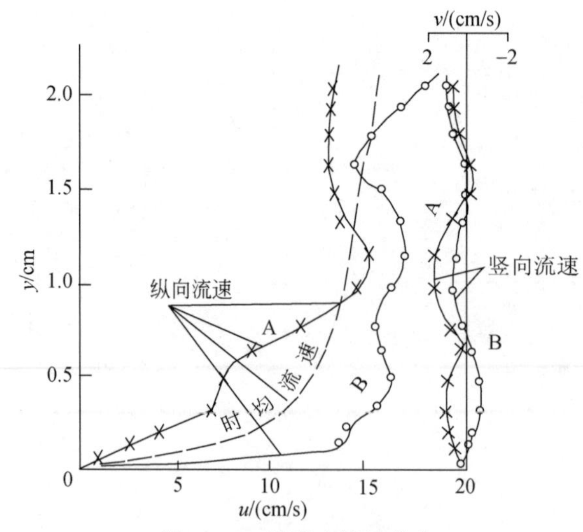

图 37-12　猝发中流速分布

A. 喷射；B. 清扫

如图 37-13 所示，在试验中得到的猝发现象有一定的规律性（Nezu et al.，1993），如其低速条状带的横向平均间距 λ_z 与水流参数有以下关系

$$\frac{\lambda_z}{\left(\dfrac{v}{u_*}\right)} \approx 100 \tag{37-1}$$

或

$$\frac{\lambda_z}{h} \approx \frac{100}{R_*} \tag{37-2}$$

式中：$R_* = u_* h / v$，这一关系不随雷诺数或弗劳德数而变。所谓“发夹状”的猝发体经过拉伸，变为充分发展或已衰减的猝发体，到外区后会在水面形成泡漩。

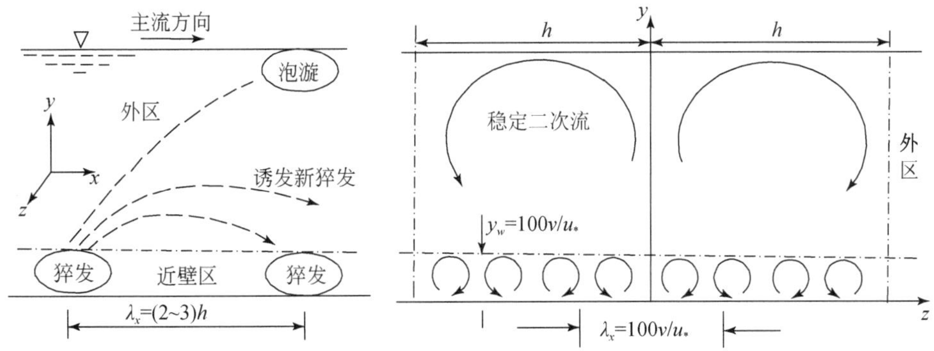

图 37-13　明渠中不同类型的相干结构示意图（Nezu et al.，1993）

2. 大尺度漩涡运动体

大尺度漩涡运动体可以在流动的整个外区出现。其中强烈、间歇性、向上运动且倾斜的漩涡被称为“kolk”（Matthes，1947），它一般出现在沙波波峰下游，会形成一种水面泡漩，Nezu 等（1993）称之为“Ⅰ型水面泡漩”。在德文中“kolk”一词原意为“凹陷，冲坑”之意，Matthes 用来表示其生成的部位（沙波的波谷处），如图 37-14 所示。它如同龙卷风一样，在生成、上升过程中会挟带河床物质上升，在抵达水面后衰减，形成水面泡漩。因此称之为“凹坑泡漩（kolk-boil）”。

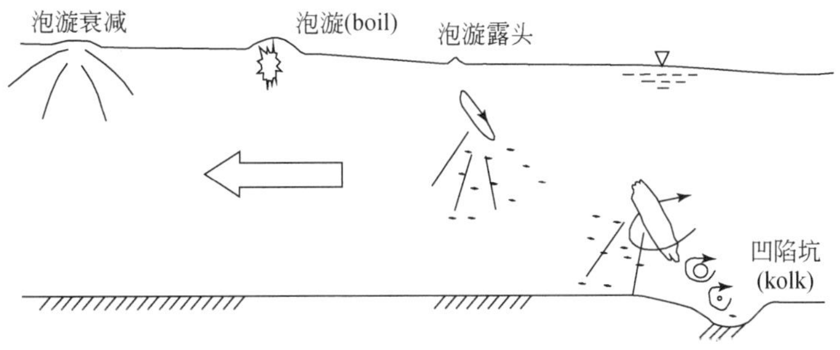

图 37-14　凹坑泡漩示意图（Matthes，1947）

在克兰（Kline）之后，许多人研究了“猝发清扫”现象，在雷诺数某个变化范围内以及壁面糙率不同的情况下均可观察到紊流拟序运动。在粗糙床面上产生的紊流比在光滑床

面上产生的要强烈得多，紊动随着粗糙体尺度的增加而趋向于各向同性。在砂砾河床有限水深情况下，Kirkbride 研究了床面粗糙对紊流结构的影响。分析表明，从粗糙体顶部发生的漩涡宣泄是边界层中产生紊流结构的控制性机制。在相对粗糙度较高的情况下，水流结构外区的主体受漩涡宣泄制导，而边界层紊流结构内区在相对粗糙度较低的情况下就对“猝发清扫”比较敏感。在结构内区外缘与结构外区的主体之间可能有某种连续体。紊动能量是通过大尺寸漩涡之间强烈的相互作用从平均流动取得的，故紊动能量主要包含于拟序涡漩之中。观察表明剪切层可能产生漩涡，而漩涡结构亦可能产生剪切层，但各自的产生机理仍不清楚。

（三）相干结构对泥沙运动的影响

目前的文献中关于相干结构对泥沙运动影响的研究，是针对床面泥沙运动及河床形态变化的。观察表明，在沙波顶部产生的边界层分离在局部形成明显的压强梯度，这是该区域下游产生悬移质输运的主要原因。同时，包括沙波下游一次和二次分离流动在内的床面附近涡流，对床面泥沙颗粒的上扬以及被外层分离水流捕获后远距离输运起决定性作用，关键是短暂的拟序运动。

Gyr 和 Schmid（1997）根据试验结果指出，泥沙输运与水流之间有回馈机制，这取决于床面剪切应力超过某个界限值的作用时间。各种拟序流动对泥沙输运有显著影响。Rashidi 等（1990）应用流场可视化技术研究了颗粒和紊流的相互作用。河床上泥沙颗粒运动的发生与雷诺应力的峰值相对应，这取决于形成“清扫”冲击的决定性水流。很多研究记录了“清扫”与“条纹”之间密切的空间联系。

Gyr 和 Schmid（1997）指出，当 Rouse 数（$=\omega/ku_*$，又称悬浮指标，其中 ω 为颗粒沉速）大于 1 时猝发运动可输运比较大的泥沙颗粒。他根据对拟序结构的理解提出了多种泥沙输运方式（推移质、悬移质和冲泻质）的准则。试验发现聚苯乙烯颗粒加强了水流的紊动强度和雷诺应力，增加颗粒数量会加强上述影响。颗粒输运主要被“喷射”控制，而喷射来自壁面低速条纹的上举和解体。这些涡体沿着水流方向被拉长，上举时“腿部”与水平面的夹角为 20°。如图 37-15 所示，位于低速条纹区域内的示踪颗粒会被倾斜上扬的涡圈举起并射入主流。

当颗粒回落边壁时，有的恰好碰上壁面“喷射”，又被上举。喷射反复进行，形成颗粒沿水流方向的悬浮输运。“清扫”冲击床面时，涡核负压很大，像泵一样抽吸泥沙悬浮。有的床面形态照片可见纵向条纹，有的像橘子皮，还有的呈箭头形状。

Nezu 和 Nakagawa（1997）从悬移质试验得出的结论是，如果 Rouse 数低于 5，则猝发运动对床面附近的悬移质输运起决定性作用，频繁出现的喷射阻碍了泥沙沉降。大尺度涡动、特别是喷射过程对泥沙颗粒悬移机理的作用，值得进一步深入研究。明渠流动中的大尺度涡使梯度型扩散假设不再适用，特别是有时猝发可触及水流表面，直接影响悬移质泥沙的浓度分布。低 Rouse 数的情况下泥沙的移动会出现连续跳跃。在非恒定水流上升阶段，泥沙输运与下降阶段相比要强得多。

在泥沙呈周期性的高输运率的情况下进行的测试表明，“清扫”频率在整个水深中为常数，“清扫”现象随着壁面剪切应力的增加变得更加均匀。显然，含沙水流的紊流结构的特点需要更透彻的研究分析。据估计，壁面剪切流速的变化中有 30%的部分是因为受到泥沙输运的影响而产生的。

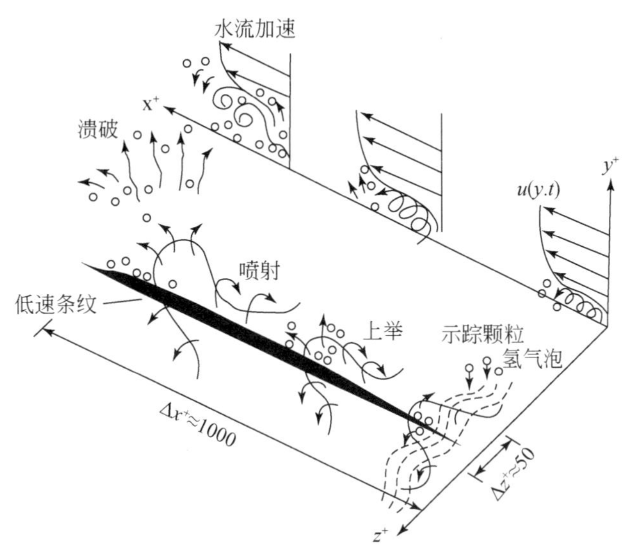

图 37-15 相干结构对泥沙运动的影响过程示意图

即使是黏土含量很低也对流速的分布有重大影响，会导致近底部流速梯度降低以致拖曳力降低。试验结果表明，在流体和悬浮的泥沙颗粒之间有速度差，泥沙的流向分速度比水体的流向分速度约小 4%，含沙浓度高时速度差还会加大（Clifford et al.，1993）。

在沙垅下游水流混合层中，水流、泥沙输运和床面形态之间形成了反馈，这对沙垅的发展至关重要。有研究者试图将这些流动过程按其拟序结构的形态进行分类，采取流动显示描述涡体结构。Nezu 和 Nakagawa（1997）在床面为沙波形态的情况下，采用 LDA 系统和安装在壁面上的压力传感器，量测了流速—流速和流速—压力的空间及时间相关，对此种床面形态下的大尺度漩涡体（图 37-16）进行了研究。

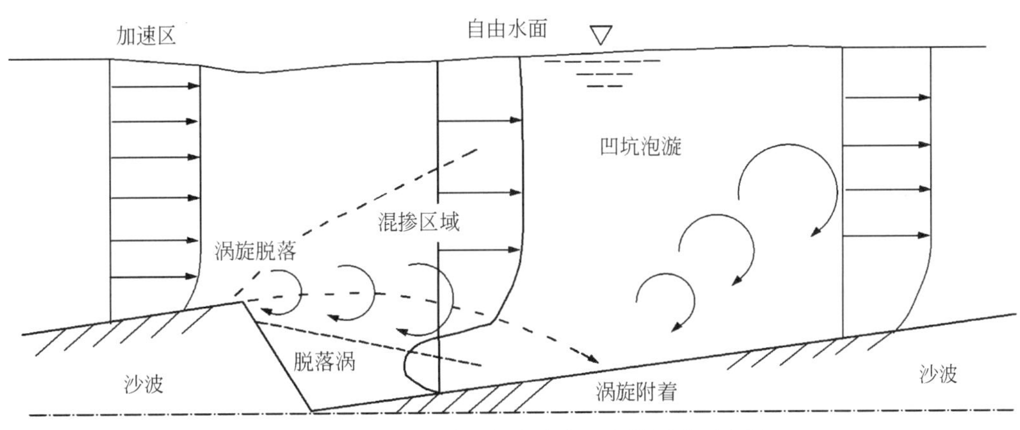

图 37-16 床面沙波形态上的大尺度漩涡体示意图

试验室水槽中的大量流动可视化研究（Sumer and Ogüz，1978）将紊动结构和猝发特征与床面附近的泥沙运动联系起来，获得了一些有意义的结论，即当紊动猝发自床面附近上升时，也挟带了那里的泥沙，如果泥沙的沉速较大，则在抬升过程中会很快回到河床床面，这样的泥沙就属于推移质。若泥沙沉速较小，则进入悬浮状态，在悬移质和床面泥沙或推移质之间存在着不断的交换。Heathershaw 和 Thorne（1985）、Lapointe（1992）曾通过安置在河流和海洋环境中近底床含砾砂的流速仪观测到了“像猝发那样的信号”。程和琴等（2000）利用声学悬浮泥沙浓度测定系统和高分辨率流速仪、旁侧声呐、热敏式双频测深仪等手段，对长江口南支-南港之间粗粉砂至极细砂在涨落潮流作用下的运动进行探测，获得了河口区连续时间序列的可视“紊流猝发”。探测结果表明，大、小尺度紊流的猝发特征（时间间隔和历时、频率和强度）与粗粉砂和极细砂的起扬运动、各种尺度沙波的形成直接相关。

（四）床面形态与紊流拟序结构

1. 沙波

沙波顶部水流分离，使得沙波上游壁面边界层的涡流形成混合层，在水流内部形成了泡漩和冲刷环流，它们制约着沙波凹槽断续的泥沙输运。凹槽外的平均剪切应力值较低，沿水流方向的泥沙输运和返向沙波的泥沙输运导致了凹槽的冲刷，使沙波能保持形状。当沙波高度超出了平衡点，反向回填和对冲刷环流的抑制限制其发展。

有文献描述了沙波下游涡体产生的过程，认为这与自由剪切层分离区的涡体宣泄有内在联系，流动显示证明大涡可达水面。他们把这归于剪切层内接面的不稳定性，而不是低速条纹的上举。“马蹄涡”是这种不稳定性的典型形状，它与层流边界层中的这种结构很相似。

2. 沙纹的发展

图 37-17 是沙纹发展示意图。生成低速条纹和发髻状涡旋后有一些次级小涡形成[图 37-17（b）]。多重条纹和清扫形成与泥沙脊埂平行的水流［图 37-17（c）]，床面产生不平整［图 37-17（d）]。清扫扩大了床面不平整，水流分离导致下游的冲刷和沙垄进一步发展［图 37-17（e）]。马蹄涡成群后对床面产生群体清扫作用，或者产生单一的流体进入上举条纹段。这种条块比原背景条纹跨度要大些，这些涡群和较大的清扫冲击会使床面显得空间不够。便在能形成沙纹的大范围内激发水流分离。就这样，紊流拟序结构使沙纹不断有所发展。

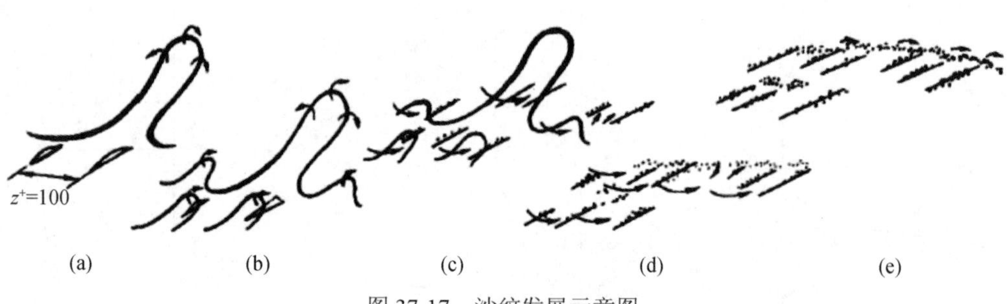

图 37-17　沙纹发展示意图

三、次生环流的形成及对紊动猝发的作用

（一）顺直河道中次生环流的形成

河道水流分为原生流和次生流。原生流是河道水流的主体部分，它的流向与河道纵比

降的趋势一致，主要决定于河谷地貌和地质条件。次生流是在河段中的正流特别是主流所决定的河道水流总形式下，由纵比降以外的其他因素所促成的。这种次生流有的具有复归性，或基本上与正流脱离，在一个区域内呈循环式的封闭流动，或正流与其他副流结合在一起，在一个区域内呈螺旋式非封闭复归性流动。对于这种复归性的次生流，称之为环流。

图 37-18 所示为一矩形横断面直河道、宽深比为 20 的等速线及边界剪应力的分布，即使在如此相对宽浅情况下边界附近仍有逆时针的二次流单元存在，其宽度大约占明渠宽度的 15%。图 37-19 是水流在宽深比为 1.52 的窄深梯形渠道中等速线及边界剪应力的分布，与图 37-18 不同的是，窄深梯形断面中全部充满了二次流单元并且形成了不同方向的涡。

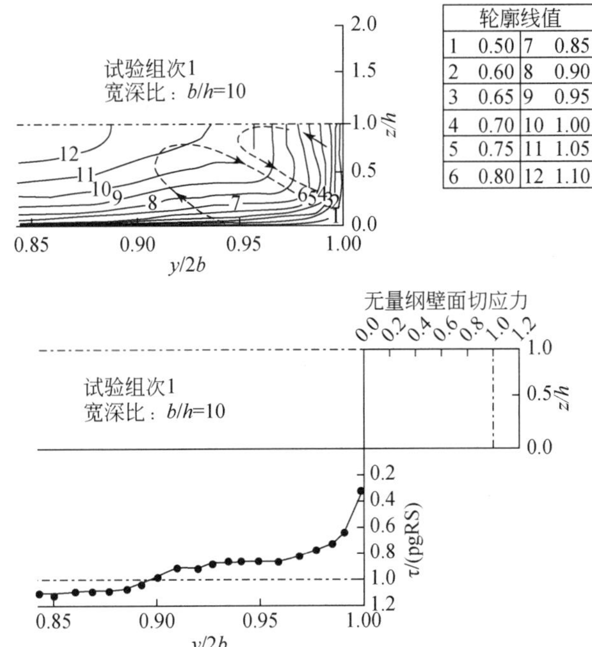

轮廓线值			
1	0.50	7	0.85
2	0.60	8	0.90
3	0.65	9	0.95
4	0.70	10	1.00
5	0.75	11	1.05
6	0.80	12	1.10

图 37-18　宽深比为 20 的直河道矩形横断面等速线及边界剪应力分布

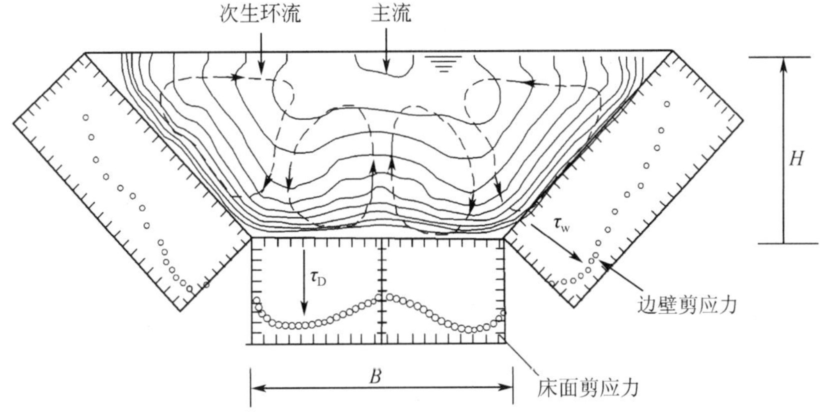

图 37-19　窄深梯形渠道中等速线及边界剪应力的分布（宽深比为 1.52，弗劳德数为 3.24）

在任一个非圆形的断面中都会出现紊流流动现象，如天然河道的二次流往往由各向异性的紊动（应力引起的二次流）或者沿水流方向的弯曲（曲流引起的二次流）产生。在直渠道中，应力引起的二次流速率通常很小，一般只有主流速度的 1%～2%。模拟这些天然河道中复杂断面情况下的微观运动是非常困难的。在弯曲性河道中，弯曲引起的二次流的速率可以达到主流的 10%～20%，它显著地影响主流速度的分布和河床剪应力分布。

（二）边壁突然变化产生的次生环流

自然状态下河流两岸的边壁总是不规则的，特别是河床演变过程中犬牙交错的边滩形成以后，固体边壁在延伸过程中就发生了方位上的突然变化，临近边壁的流层就会突然地、急剧地将相当大的一部分动能转化为势能，促使边层水流与固体周界发生分离，形成分离点（流体力学中常称为“奇点”），从而产生环流（图 37-20），从分离点开始向下游运动的原边壁水流，形成正流与环流的分界面。此处往往存在较大的横向流速梯度 $\frac{\mathrm{d}u}{\mathrm{d}z}$ 和与之相应的紊动切应力 τ，成为带动环流运动所需要的动力和动能的源泉，直接决定环流的强度与规模，进而影响环流区内泥沙的冲刷和淤积、冲淤的数量和部位等。

另外，在河槽的一侧出现撇弯。水流运行不对称时，不可避免的也要发生水流分离现象，原来贴近固体周界的水流在分离点以下脱离固体周界，形成一侧为正流流带，另一侧为封闭式环流，如图 37-21 所示。

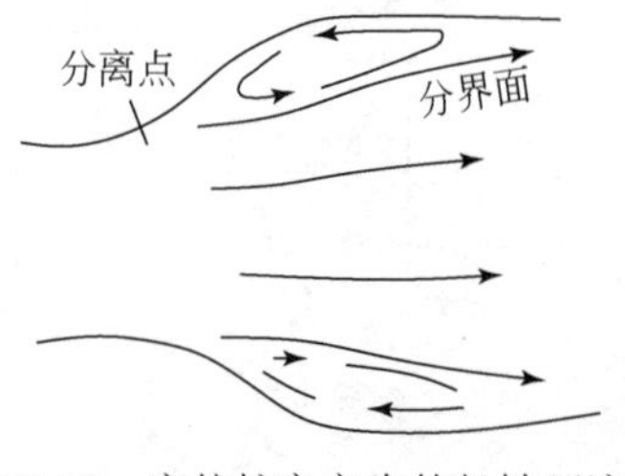

图 37-20　突然扩宽产生的竖轴环流

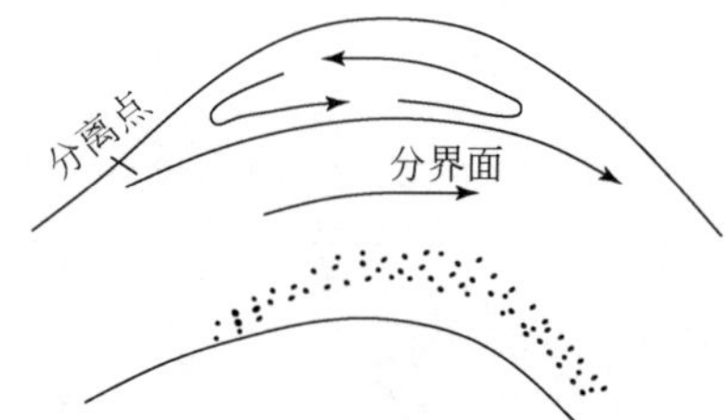

图 37-21　因撇弯形成的竖轴环流

（三）次生环流的形成机理

宽浅河道水流运动的研究在河流工程学领域占有重要位置，人们通过航照发现，在河道中沿河槽宽度方向泥沙浓度呈周期性分布。由此可以推测，这种现象可能与蜂窝状次生环流有关。

对洪水期的许多河流进行原型观测发现：水面上形成明暗相间的带。明亮区泥沙浓度较低，且流速较快，而暗区由于高浓度泥沙由下向上形成了沸腾现象，且表面流速比明亮区域的要慢 10%～20%。根据上述现象和观测结果，我们可以想象宽浅直河道中的三维水流，之所以会形成明暗相间的水流，就是因为在淤积的河床上的次生环流将床沙中的细颗粒从水底带出，而后在明亮区域，部分泥沙又随下沉水流回到河底。伴随着这种泥沙的运动，在原本均匀平滑的河床上形成了纵向的沙沟和沙垄，沙沟由粗沙组成，沙垄由细沙组成，环流将沙沟中的细沙带出后又沉积在沙垄上，沙沟的粗沙就暴露出来，沙垄上的细沙又被强劲的上升水流带向水面。两条沙垄的间距约等于二倍的水深。沙垄上方为上升水流，沙沟以上为下降水流。由于床面的不均匀性，和随后床面形态的波动造成床面摩擦阻力沿横向呈周期性变化，这种床面剪切力的不均匀性造成了紊流的各向异性，就形成了沿水流方向的漩涡和次生环流。

同时，相反的过程也在发生，如果蜂窝状次生环流已经存在，由于床面剪切力的不同而产生纵向的沙沟沙垄，也就是说，次生环流造成了河床上粗细相间的沙带，床面沙沟沙垄又可以继续产生次生环流。这是一种相互激励的反馈机制。蜂窝状次生环流作直径约为水深的以河道纵向为轴的圆周运动，环流单元的中心几乎就在一半水深的高度处。上升流比下降流强度要大，次生环流的最大速度可以达到主流最大流速的3%。虽然三维紊流结构对河道泥沙输送及河床形态很重要，但由于问题非常复杂，在宽浅直河道内的蜂窝状次生环流的启动和持续机理以及对河道形态的影响还没有一个成熟的观点。

（四）次生环流对紊动猝发的作用

1. 次生环流促进涡的发生与喷射

明渠横断面内的次生环流在猝发过程中起重要作用，它使马蹄涡摆动，有利于马蹄涡抬升直到寻找到突破口发生喷射。在图 37-22 的照片中喷射处上游看不见明显的喷射现象，由流速矢量场图可见上游已有喷射和次生流流动，正是次生流促进了喷射（图 37-23）。

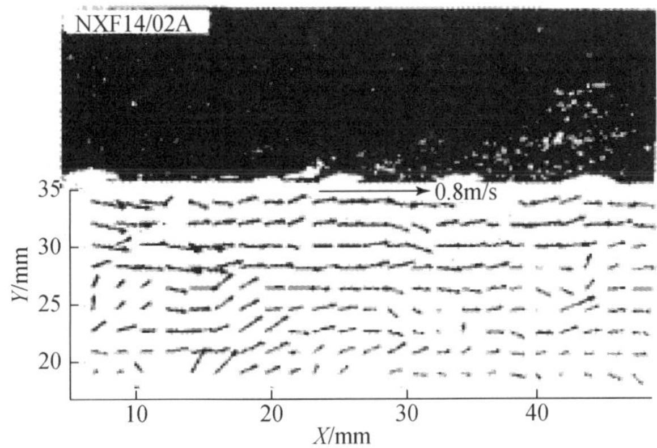

图 37-22　流速矢量场表明横向次生流在喷射处上游流动

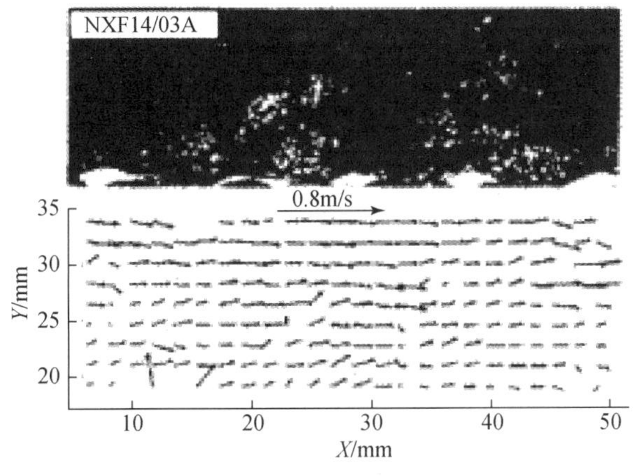

图 37-23　次生流促进喷射显现

2. 喷射提高水体动能κ和紊动耗散率ε

发生猝发现象时流体被喷射到边界层稍高部位后向四面八方迸裂，最终是使周围水体的动能κ和紊动耗散率ε明显加大。图 37-24 为粗糙雷诺数 Re_{Δ}=87 发生群喷时拍摄的流场喷射和分析计算得到的流速矢量场以及动能κ和紊动耗散度ε的等值线图。由图可见床面附近水体的动能和紊动耗散度均较低，而喷射水体附近的动能和紊动耗散度均分别提高了好几倍。

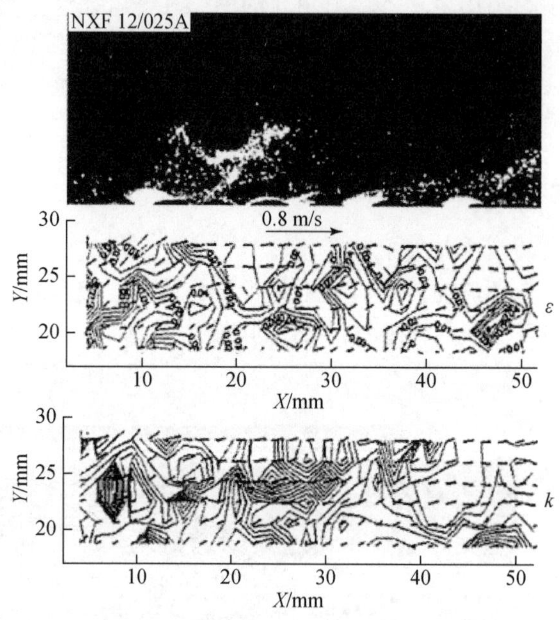

图 37-24　实验照片和流速矢量场、动能κ及紊动耗散度ε分析

四、河流自然弯曲的机理

实际上，上述有关明渠二维紊流、明渠流动中的相干结构、紊动猝发的过程，对流速分布的影响以及对泥沙运动、河床形态变化的影响等一系列研究成果，均可直接借鉴过来，用于河流自然弯曲即天然河流平面变形（主要是边壁）机理的研究。次生环流的研究则是我们对该节研究的重要铺垫。

为了解释天然河流中“河行性曲”的机理，我们不妨在上述成果的基础上，先假定天然河流都从顺直状态开始，来研究在自然状况下水流流体在两岸边壁处，是如何由简单的紊动猝发现象逐步发展到大尺度涡体结构，进而在不同尺度的次生环流作用下，继续发展为人们经常看到的自然弯道或自然弯曲的天然河流。

正如前文所述，目前对河床床面的变形研究者甚多、研究的深度也较深，但对河床边壁变形方面的研究，成果较少，特别是机理方面的研究。大多数文献的表述都是讲：河流边壁的变形主要是近岸水流的直接冲刷和河岸坍塌引起；近岸水流切应力是水流施加于河岸的表面土体，是促使其起动的主要动力，称其为水流冲刷力，而有效重力和颗粒间的黏结力是泥沙本身固有的，是使泥沙保持静止不动，抵抗水流冲刷的主要阻力，称为河岸土体的抗冲力。当水流冲刷力大于河岸土体的抗冲力时，就可以冲刷河岸边坡上的表层土体，使河岸边壁发生变形。河岸的变形一般以“凹陷—扩展—坍塌”形式出现。河岸凹陷以后，由于平轴环流的作用，产生横向输沙不平衡，促使弯曲的进一步产生和发展。

应该说明的是，河岸的坍塌和横向输沙不平衡都发生在水流出现弯曲以后，或者说的更直接一点，是发生在河弯已经形成之后，它的作用主要是使河弯进一步发展。而更让人感觉遗憾的是，这一方面的研究进行了这么长时间，在真正引入到数学模型进行计算时，大多都是根据模拟的河流实际情况，直接简化建立一个坍塌速率与水流流速经验相关关系了之。

如何解释弯道的初始形成及演变过程？这是我们需要认真分析的课题，它将为黄河下游游荡性河道微弯型整治方案的研究奠定理论基础。本次研究我们在对目前明渠水流紊流结构研究成果综合分析的基础上，认为河流自然弯曲的机理是：紊动涡漩是根本，次生环流是动力。

Nezu 和 Nakqgqwa（1997）对非恒定流水深变化的明渠水流开展了相应的试验研究，采用激光流速仪量测了明渠非恒定流的黏滞底层流速分布，据此得出了摩阻流速（而不是利用对数区流速分布），且发现非恒定流的涨水阶段比退水阶段紊动强度大，纵向和垂向脉动强度 u'/u_*、v'/u_*和 Reynolds 应力$\overline{uv}/u_*^2$受流动非恒定性质的影响并不明显。拟序结构对泥沙运动的影响研究者也不少，如 Gyr 和 Schmid（1997）、Clifford（1993）、Graf（1998）等，这些研究多限于对河床底部有沙波存在时床面泥沙颗粒的上扬、输运等，真正把它从紊流力学的角度推广剖析洪水演变、河道平面变形机理的参考文献目前还很少见。但是，这些成果对我们从机理层面进一步揭示河势演变平面规律具有很大的借鉴作用。

（一）紊流的内部结构

紊流是一种完全不规则的脉动运动，而这种脉动运动，是由随机地分布在流场中的大小涡体（eddy）所产生的。最大涡体的尺度与容器的特征长度，或产生紊动的机械装置尺寸同数量级。例如明渠水流中，最大涡体尺寸与水力半径同数量级；紊流边界层中，最大涡体尺度与边界层厚度同数量级。最小涡体的尺度，受流体的黏性作用限制，这是因为大涡体在混掺过程中，一方面传递能量，另一方面不断分解成较小涡体，较小涡体再分解成更小涡体，由于小涡体的尺度小，脉动频率高，阻止小涡体运动的黏性作用大，从而紊动能量主要通过小涡体运动而耗损掉，这样，黏性作用就使涡体的分解受到一定的限制。这里顺便提一下流体质点和流体微团的概念。流体质点是指很小的流体体积，它的内部，压力和流速都是均匀的，它的尺寸由紊流最微小的尺度结构所确定，即与最小涡体尺度相当，其尺度量级，以$\left(\dfrac{\nu^3}{\varepsilon}\right)^{\frac{1}{4}}$为尺度，或以$\dfrac{\nu}{u_*}$为尺度，其中，$\nu$为水流运动黏性系数；$\varepsilon$为紊动动能耗损率；$u_*$为摩阻流速。粗略估计，最小涡体尺度大致为 1.0mm。流体微团可理解为较大的流体连续区域，内部各点的紊动量之间有关联，也就是说它组成流体质点相干团。它的尺度与紊流较大涡体尺度相当。

一般讲小涡体靠近边界，大涡体在距边壁较远处。具有边壁的紊流，如管流和渠槽水流，因为靠近边壁的流速梯度和切应力较大，如果是粗糙边壁，还有边壁表面粗糙干扰的影响，因而边壁附近容易形成涡体。因此，有人称边壁附近为“涡体制造厂”。涡体在边壁附近形成之初，因受空间限制，尺度比较小，在上升的过程中，直径逐渐增大，形成大涡体；但这种大尺度高转速的涡体，由于受流体黏性的作用，本身不稳定，要逐步破裂为各级较小的涡体，这样就使紊流中形成一个从大尺度涡体直至最小一级涡体同时并存而又互相叠加的涡体运动。

紊流中各种尺度的涡体，都伴随着有一定程度的脉动周期和动能含量。大涡体混杂运动的脉动周期长，振幅大，频率低，含的有效能量大，在涡体分裂成小一级的涡体过程中，将能量传给小涡体。也就是说，大涡体主要起能量的传递作用。而小涡体脉动周期短，振幅小，频率高，与周围流体之间形成的相对速度大，黏性切力作用也大，所以，能量损失主要是通过小涡体的黏性作用而造成的。

（二）张瑞瑾有关紊动的论述

张瑞瑾教授曾就河道水流的紊动结构、紊源问题（河势紊源）以及紊动内的传递等作过详细论述（张瑞瑾，1998）。

河道水流的紊动结构，与平直的管道及棱柱体明槽流中的紊动结构，有本质上的差异。表现在前者系由大、中、小尺度紊动结合构成，其中大尺度紊动占有突出的地位；而后者一般由小尺度紊动构成，由大、中、小尺度构成的紊动结构虽不能完全排除，但不占主导地位。值得注意的是，所谓大、中、小尺度紊动，不仅具有相对的尺度大小的差异，而且具有性质上和绝对尺度大小的差异。产生这些差异的基本原因有二：一是河道水流较一般的管流及明槽的规模、动能要大得多，前者的雷诺数一般可达 5×10^7 或更高，后者则多在 1×10^5 以下；二是两者的紊源在性质和规模上有很大的不同。

河道水流的边界条件较一般管流及明槽流要复杂得多。如河势、河相、成型淤积体、河底或河岸的大凸大凹、沙垄及沙波等，在紊动的形成、加强、发展、保持，及削弱等方面的作用，都远非后者可以比拟。

紊动结构的最基本的问题是紊源问题。一般的管流和明槽流，紊源主要在临近管壁或槽壁的高流速梯度和高剪应力强度区。这种高流速梯度及高剪应力强度区为小尺度涡体的形成和发展提供最有利的条件。同时，容易在轻微的扰动下产生边界层的波动。这几种作用结合在一起，当近壁涡体发展到一定尺度以后，涡体所受的非对称表面压力，即将迫使这些涡体脱离边层水流向管中心部位或明槽近表层部位飞去，故普兰特称这种近壁区为“涡体作坊”。应该明确，涡体承受非对称表面压力，仅以在近壁区为限。离壁稍远，这种表面压力在垂向的非对称性即会丧失。此时，涡体能继续保持在全流区中作不规则的掺混运动，是与紊动扩散作用紧密联系的。由上述紊源提供的紊动涡体所形成的水流紊动结构，可能性较大的是各向同性的小涡体紊动结构。在这个结构里，涡体自然也大小不同。脉动频率有强弱不同，脉动速度有高低不同，能量损失有多少不同，但它们在变化中具有相同的基本性质，遵循一定的统计规律。

河道水流在紊源问题上，与一般管流及棱柱体明槽流有很大的质与量上的差别。除了临近河床表面为河道水流提供与一般管流及明槽流相同或相似的属于小尺度的紊源以外，还为河道水流提供各种各向异性的大尺度和中尺度的紊源，其中包括河势紊源。这种紊源就其规模之大、影响之广来说，可能属于第一级的紊源。它出现在整个河段的河势改变上（首先包括主流的巨大变化）。当以主流为代表的整个河段的河势发生巨大变化时，河段中的水流形势与河床形式，在互相适应方面差别较大。例如，河流的溪线与主流线在平面上完全脱离，重要环流结构完全改变等。在这种情况下，河道水流中势必出现若干影响广泛的分离点及其下游的分界面。这些分离点和分界面，可以毫不夸张地称之为“大、中型涡体制造厂”。它们在制造与发展涡体上与临近床面的涡体作坊的最大不同之处在于：在水流与边壁的适应和对抗的矛盾上性质不同。可以在一定范围内自由活动的分离点及交界面，与完全固定的壁面在提供、产生与发展大、中尺度紊动的机会上，有巨大的差别。在河道水流中除了河势紊源以外，还有河相紊源、河道成型淤积体紊源、沙垄及沙波紊源、边壁大凸大凹紊源等，都为不同大小的大、中型紊动的产生与发展提供了一般管流及明槽流所缺乏或完全没有的机会。

大尺度紊动在大尺度紊源所在处发生时，尺度大，发生的周期比较清楚，与四周水流具有一定的相对速度，一次掺混可以达到较大的距离（与河道各种特征几何尺度同数量级），在掺混过程中发生质量扩散、动量扩散及动能扩散，涡体逐渐变小，并逐渐减弱原有的周期性与力学规律性，而随机性和各向同性逐渐加大。这就是说，凡具有大尺度紊动的水流必然同时具有中、小尺度的紊动；而具有小尺度紊动的水流却可以不同时具备大、中尺度紊动。紊动就能的传递来说，一般是单向的，即由大尺度紊动传递给中尺度紊动，再传递到小尺度紊动，或直接由大尺度紊动传递到小尺度紊动，最后随小尺度紊动而转化为热能而散失。要继续维持这一具有大、中、小尺度紊动结构的持续存在的水流图形，必须经常提供一定的有效能量，通过水流的紊动能，最后转化为热能而消散。但是，值得一提的情况是：无论就泥沙的掺混扩散而言，或就紊动能的传递与向热能转化消失而言，大、中、小型紊动虽然都可以起直接作用，但大尺度紊动在导致一定形式的泥沙运动及河床演变上，作用最为显著。在天然河流及室内模型中，常常可以清楚地见到或测出通过大尺度紊动对床面泥沙起动，以及阵发性大量泥沙运移所起的强大作用。这种高强度输沙作用与小尺度紊动相比，可以大一个数量级至几个数量级。至于紊动能转化为热能而消散的问题，在紊流中广泛存在的小尺度紊动所起的耗能作用，是没有争议的。其中还未完全从概念上澄清的问题是：通过大尺度紊动的紊动能是否与小尺度紊动一样，完全不能逆转为水流势能？这样的问题，只有在更多、更精、更系统的量测资料汇集分析中才能获得解答。

（三）微观的紊动涡漩是河流自然弯曲的根本

对顺直河流的边壁来说，由于不可能像平板绕流那样保持完全平整，边壁的凸凹不平必然对边壁附近的水流造成扰动，使水流在速度的大小和方向上发生变化。河流为水体在河床上的运动，自河流形成的那一刻，水体运动必定要与河床物质相接触，河道边壁上任一微小突起或泥沙颗粒的扰动都将使水流发生局部急剧的减速，继而出现分离，产生分离漩涡；即使边壁的几何形态是平滑的，也会由于河床物质的不均匀性或同种河床物质在不同部位沉积特性的不同，使河岸边壁存在抗冲强度上的不均匀性，在水流拖曳力作用下，抗冲性较弱部位率先发生淘刷，形成凹陷，促使水流发生分离或形成漩涡。在分离漩涡的生成、脱离以及破碎、衰减周而复始的过程中，来自主流的动能将不断地转变为热能而耗散。漩涡在近边壁区生成、脱离和破碎的过程中，在强烈的紊动猝发、大尺度涡动的“脱举”和“解体”控制之下，必将对粗糙壁面上（像在粗糙的床面上一样）的糙元——泥沙颗粒进行毫不留情的“挖掘”“脱离”“喷射”“清扫”，也就是说涡核在解体的同时形成的负压，抽吸、挟持边壁上的泥沙颗粒进入水流。值得说明的是，边壁附近的紊流拟序结构对边壁上泥沙的影响，与对河床上泥沙的作用是不同的，不存在跃起的泥沙重新回落壁面的现象，因此，在边壁上不会出现像河床上的沙波和沙纹现象，如此反复、持续不断的作用结果，将逐渐形成“犬牙交错”的边滩。

在这种“犬牙交错”的边滩形成过程中，由于漩涡的随机性和强度的不均匀性，两岸边滩不可能完全对称，就是同一岸的边滩，其前凸和后凹的尺寸、形态也不可能一致，进一步导致了漩涡发生的数量、大小和强度的差异。后凹稍有明显的地方，漩涡强度就会进一步增大，对边壁的淘刷随之增加，则边壁后凹下挫的尺寸（包括宽度、深度）亦将随之进一步扩大；如此持续发展，就有可能使邻近几个凸凹相间的边滩逐渐演变相连形成一个较大的后凹下挫滩坎，形成弯道的雏形；继而出现弯道环流的迹象，加速后凹滩坎的进一步发展，在该处逐渐演化成为一个弯道，促使主流产生弯曲，水流转为弯道环流，并使本弯道以下的河道也逐渐向弯曲发展，成为弯曲性河道。这一点在实体模型试验中经常可以看到：顺直河道首先在一个地方（随机的）发生弯曲，河弯逐渐扩大后，影响河弯以下的水流结构，使河弯以下的顺直河道逐渐弯曲，一弯一弯的向下发展。

（四）宏观的次生环流是水流自然弯曲的动力

环流的发展被提出作为弯曲的成因，这是从顺直河道中能够出现环流的现象推断出来的。毫无疑问，环流对河流弯道地貌起着非常重要的作用，因为环流结构对河段中各部位的泥沙输移及冲淤强度的影响很大。因此，我们说，河道近边壁处的逆时针次生环流的动力作用对边壁的稳定必将存在明显的影响。

环流按其产生的原因可以区分为：①因离心惯性力而产生的弯道环流，称之为“Prandtl的第一类次生环流”，它是由水流中的多股方向不一致，造成漩涡的拉伸而产生的水流状况，这种环流产生于离心力，主要在弯曲渠道或河流中产生；②蜂窝状次生环流，称之为“Prandtl第二类次生环流”，由于水流紊流的各项异性、不均匀性产生的纵向环流现象；③柯里奥里力产生的环流，它是由于地球自转的影响，惯性作用受到柯里奥里力的作用，使得北半球的河渠，右岸水面会增高，左岸水面会降低（南半球的河流刚好相反），从而产生环流；④因水流与固体周界分离而产生的环流，是由于固体周界在向下延伸过程中发生方位上的突然或过急的变化，促使边层水流与固体周界发生分离；⑤因上游来水流量急剧变化或下游壅水作用急剧变化而产生的环流。

离心力产生的环流是弯道形成以后形成的，对河岸的侵蚀作用较强；柯氏力作用相对较小，产生的环流强度不强，对河岸的侵蚀效果不明显；因上游来水流量急剧变化或下游壅水作用急剧变化而产生的环流，强度一般不会太大，对河岸侵蚀作用有限，也不是造成河弯平面形态发生变化的主要原因。因此，本次对以上三种环流的作用，不再作为研究重点。

在天然河流中，常常可以清楚地看到或测出通过大尺度紊动（环流）对床面泥沙启动，以及阵发性泥沙运移所起的强大作用。当然环流较之于近岸紊源提供的小尺度的紊动涡体，在导致一定形式的泥沙运动及河床演变作用也要显著得多，它对河岸变形的作用，比小尺度紊动作用要大一个数量级至几个数量级。

沙纹、沙波、沙垄、沙沟的形成与持续机理对我们分析边壁区次生环流对河弯形成及“河行性曲”的机理有较大的帮助。对边壁区次生环流而言，当边壁上泥沙颗粒被紊动涡起动离开边壁以后，强大的次生环流就将发挥它强大的携运作用，把泥沙带进水流，运移至下游的其他地方，使得原本比较顺直的边壁开始产生不同程度的不平整。由于河床物质组成的不均匀性，这种不平整将很快发展成为“犬牙交错”的边滩。继而，随着“犬牙交错”边滩的形成，边壁区的水流流态发生变形，出现类似于边壁突然变化的渠槽，水流经过此区域，必定产生分离，使边壁区立轴环流又开始逐步发育，更进一步加大了从边壁区搬运泥沙的力度，也进一步促进了“犬牙交错”的边滩向弯曲性河道雏形状态发展，从而逐步发展进入弯道环流状态。因此我们说宏观的次生环流是水流自然弯曲的动力。

（五）涡强对边壁泥沙颗粒影响分析

在上述分析与论述的基础上，再对边壁泥沙的起动条件作简要分析。边壁上单颗粒泥沙的受力情况假设如图 37-25 所示。

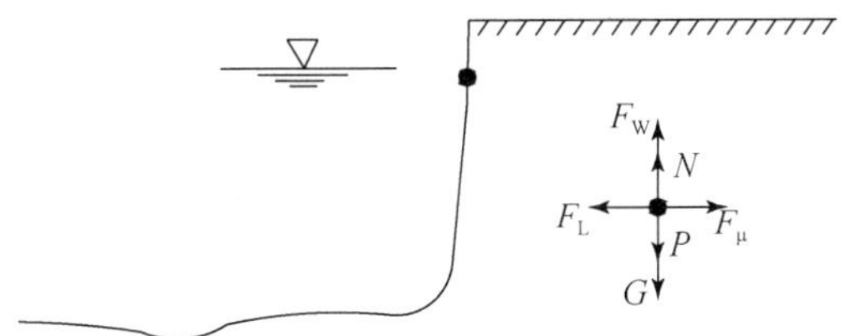

图 37-25　边壁上单颗粒泥沙受力简图

单泥沙颗粒在垂直方向主要受 4 个力作用，分别为泥沙的重力 G，上面的泥沙颗粒对其压力 P，水的浮力 F_W 及下面泥沙颗粒对其支撑力 N。在水平方向主要受水流的曳拉力 F_L 及泥沙颗粒的黏结力 F_μ。由于在垂直方向上受力平衡，仅对水平方向上泥沙颗粒的受力进行分析。

1. 泥沙颗粒之间的黏着力

韩其为和何明民（1999）、唐存本（1963）等都对泥沙颗粒之间的黏着力进行过研究。韩其为和何明民（1999）直观地从黏着力与颗粒距离的高次方成反比的概念出发，两个相邻泥沙颗粒的黏着力作用如图 37-26 所示，假设两颗粒上对应两点之间的单位面积上的黏着力 $q=\dfrac{k}{(2h)^3}$，则

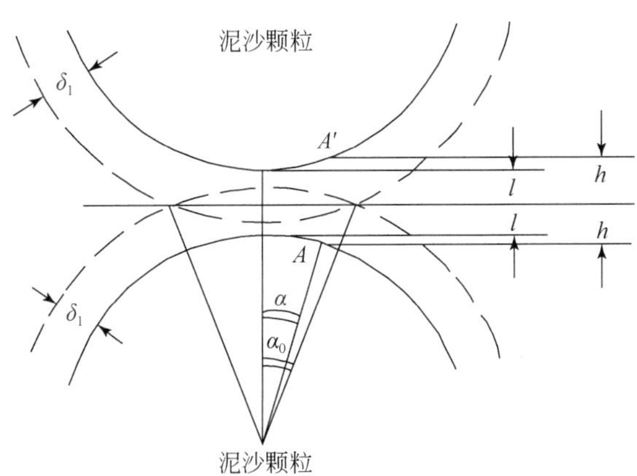

图 37-26　黏着力作用示意图

$$F'_\mu=\int_\Omega q\mathrm{d}\Omega=\int_\Omega\frac{q_0\delta_0^3}{h^3}\cdot\mathrm{d}\Omega \tag{37-3}$$

简化得出：

$$F'_{\mu}=\pi q_0\delta_0^3R_{\mathrm{d}}\left(\frac{1}{t^2}-\frac{1}{\delta_1^2}\right)\tag{37-4}$$

式中：q 为单位面积上的黏着力；π 为系数；h 为颗粒缝隙；Ω 为颗粒间薄膜水接触面积的投影，$\mathrm{d}\Omega=2\pi R^2\sin\alpha\cdot\cos\alpha\cdot\mathrm{d}\alpha$；$\delta_0=3\times10^{-9}\mathrm{m}$ 为一个水分子厚度；F'_{μ} 为两颗粒之间的黏着力；q_0 为 $h=\delta_0$ 时单位面积上的黏着力，$q_0=1.3\times10^9\mathrm{kg/m^2}$；$R_{\mathrm{d}}$ 为颗粒半径，$R_{\mathrm{d}}=\frac{1}{2}d$；$t$ 为两颗粒间最小间距；δ_1 为全部结合水的厚度，取为 $4\times10^{-7}\mathrm{m}$。

当该泥沙颗粒周围的颗粒较密实时，多半是起动颗粒与床面三个颗粒斜接触（图 37-27），这时总黏着力 F_{μ} 应为

$$F_{\mu}=3F'_{\mu}\cos30^{\circ}=\frac{3\sqrt{3}}{2}F'_{\mu}\tag{37-5}$$

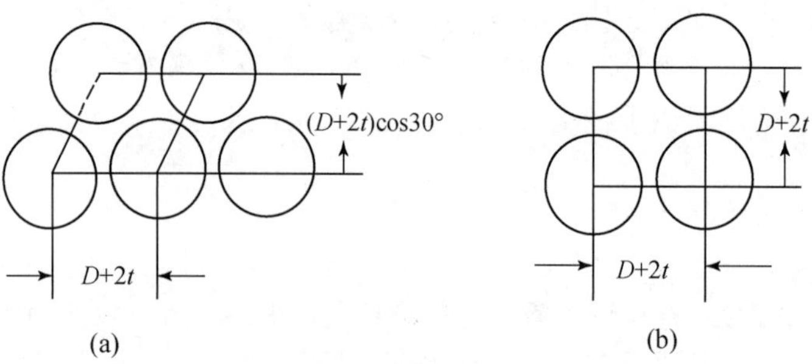

图 37-27　颗粒排列示意图

当颗粒很疏松即 $t=\delta_1$ 时，多半是与两个颗粒接触，这时总黏着力为

$$F_{\mu}=2F'_{\mu}\cos30^{\circ}=\sqrt{3}F'_{\mu}\tag{37-6}$$

故随着 t 的增加，可假定与起动颗粒接触的颗粒由 3 线性地减至 2，从而黏着力为

$$F_{\mu}=\frac{\sqrt{3}}{2}\left(3-\frac{t}{\delta_1}\right)F'_{\mu}=\frac{\sqrt{3}}{2}\pi q_0\delta_0^3R\left(3-\frac{t}{\delta_1}\right)\left(\frac{1}{t^2}-\frac{1}{\delta_1^2}\right)\quad(t\leqslant\delta_1)\tag{37-7}$$

唐存本（1963）采用稳定容重 $\gamma'_{\mathrm{s,c}}$ 概念，提出的黏着力公式为

$$F_{\mu}=0.915\times10^{-4}\frac{a_1\beta_1}{a_4}\left(\frac{\gamma'_{\mathrm{s}}}{\gamma'_{\mathrm{s,c}}}\right)^{10}D\tag{37-8}$$

式中：$\gamma'_{\mathrm{s,c}}=1.6\mathrm{g/cm^3}=1.6\mathrm{t/m^3}$ 称为“稳定干容重”。当 $\gamma'_{\mathrm{s}}=\gamma'_{\mathrm{s,c}}$ 时，

$$F_{\mu}=F_{\mu,\mathrm{c}}=0.915\times10^{-4}\frac{a_1\beta_1}{a_4}D\tag{37-9}$$

从而有

$$\frac{F_{\mu}}{F_{\mu,\mathrm{c}}}=\left(\frac{\gamma'_{\mathrm{s}}}{\gamma'_{\mathrm{s,c}}}\right)^{10}\text{或}\frac{\sqrt{F_{\mu}}}{\sqrt{F_{\mu,\mathrm{c}}}}=\left(\frac{\gamma'_{\mathrm{s}}}{\gamma'_{\mathrm{s,c}}}\right)^{5}\tag{37-10}$$

而根据公式（37-7）

$$F_{\mu}=\frac{\sqrt{3}}{2}\pi q_0\frac{\delta_0^3}{\delta_1^2}R_d\left(3-\frac{t}{\delta_1}\right)\left[\left(\frac{\delta_1}{t}\right)^2-1\right] \tag{37-11}$$

$$\sqrt{\frac{F_{\mu}}{F_{\mu,c}}}=\frac{\left(3-\frac{t}{\delta_1}\right)\left[\left(\frac{\delta_1}{t}\right)^2-1\right]}{\left(3-\frac{t_0}{\delta_1}\right)\left[\left(\frac{\delta_1}{t_0}\right)^2-1\right]} \tag{37-12}$$

采用韩其为和何明民（1999）提出的非均匀沙干容重公式计算

$$\frac{1}{\gamma_s'}=\frac{P_1}{\gamma_s}+\frac{P_2}{\gamma_{s,1}'} \tag{37-13}$$

$$\gamma_s'=\left[0.698-0.175\left(\frac{t}{\delta_1}\right)^{\frac{1}{3}\left(1-\frac{t}{\delta_1}\right)}\right]\left(\frac{D}{D+2t}\right)^3\gamma_s \tag{37-14}$$

此处 P_1，P_2 分别为粗细两种沙所占的重量百分数，分别为 0.38 和 0.62；$\gamma_{s,1}'$ 为细颗粒部分干容重（代表粒径为 0.004mm），按均匀沙公式由式（37-14）确定，γ_s 为单颗泥沙容重。

实际上，如果将唐存本教授的公式写成如下形式：

$$\frac{\sqrt{F_{\mu}}}{\sqrt{F_{\mu,c}}}=\left(\frac{\gamma_s'}{\gamma_{s,c}'}\right)^m \tag{37-15}$$

按照式（37-11）的计算结果相当于 m=5～7，较之唐存本提出的式（37-8）中采用的数值 5 要大，故在图 37-28 中，韩其为院士的黏着力理论公式更符合实际（韩其为，1999）。

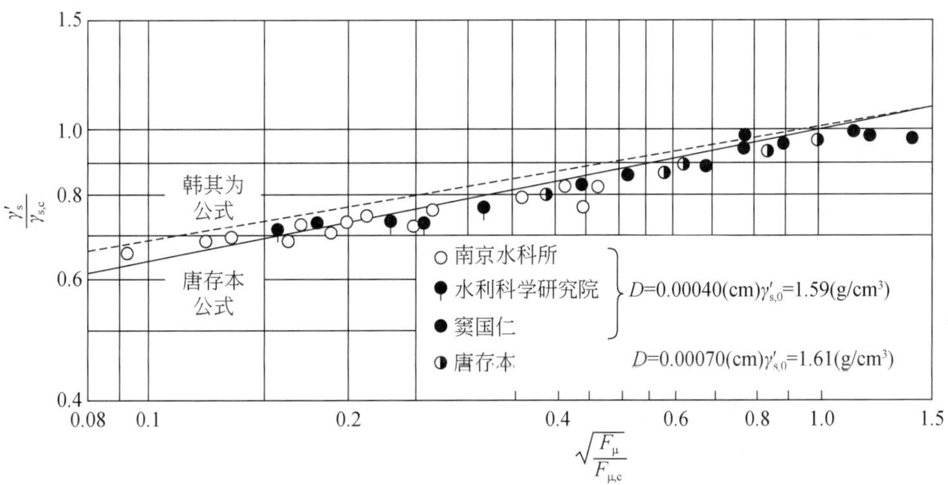

图 37-28　黏着力与干容重关系

韩其为院士根据上述各式计算了不同干容重情况下的相对黏着力，见表 37-1。

表 37-1　相对黏着力不同计算公式对比

$\dfrac{t}{\delta_1}$	0.95	0.9	0.8	0.6	0.5	0.375	0.3	0.28	0.27	0.20
$\gamma'_{\mathrm{s,1}}$	0.822	0.844	0.87	1.008	1.077	1.185	1.259	1.281	1.292	1.376
γ'_{s}	1.12	1.14	1.19	1.30	1.39	1.50	1.57	1.59	1.60	1.68
$\gamma'_{\mathrm{s}}/\gamma'_{\mathrm{s,c}}$	0.694	0.710	0.741	0.822	0.866	0.934	0.978	0.990	1.000	1.048
$\left(3-\dfrac{t}{\delta_1}\right)\times\left(\dfrac{\delta_1^2}{t^2}-1\right)$	0.221	0.492	1.24	4.27	7.50	16.04	27.3	31.97	34.72	67.2
$\sqrt{\dfrac{F_\mu}{F_{\mu,\mathrm{c}}}}$	0.080	0.119	0.189	0.367	0.465	0.680	0.887	0.960	1	1.40
$\sqrt{\dfrac{F_\mu}{F_{\mu,\mathrm{c}}}}=\left(\dfrac{\gamma'_{\mathrm{s}}}{\gamma'_{\mathrm{s,c}}}\right)^5$	0.161	0.180	0.223	0.375	0.487	0.771	0.895	0.951	1	1.264

黄河下游河床泥沙的干容重一般为 1.4t/m^3，由上表可知，此时的 $\dfrac{\delta_1}{t}\approx 2$，又因为 $R_{\mathrm{d}}=d/2$。由式（37-11）可得

$$F_\mu=\frac{15}{8}\sqrt{3}\pi d q_0\frac{\delta_0^3}{\delta_1^2} \tag{37-16}$$

2. *水流对泥沙颗粒的曳拉力*

河流边壁水流紊动产生的漩涡对边壁的影响非常复杂，我们假设该边壁上单颗粒泥沙只受附近一长直线涡丝影响，该涡线距泥沙颗粒的距离为 S。

流体微团的速度环量 $\varGamma=\int_L\vec{V}\cdot d_{\mathrm{r}}$，其中，$\vec{V}$ 和 d_{r} 分别是封闭曲线 L 上的速度矢量和弧元素矢量，并规定逆时针方向为 L 的正方向。速度环量表征流体质点沿封闭曲线 L 方向运动的总的趋势的大小，其量纲为［速度×距离］。我们利用速度环量来表征涡旋强度，并假定直线涡丝的切线环量为 $\varGamma=k_1hu_*$，其中，h 为水深；u_* 为摩阻流速；k_1 为系数。则由流体力学涡旋知识，在边壁泥沙颗粒感生的速度为：

$$V=\varGamma/2\pi S \tag{37-17}$$

由水流绕流所带来的水流曳拉力 F_{L}，是由于颗粒外部流速大、压力小，靠近边壁的底部流速小、压力大所造成的：

$$F_{\mathrm{L}}=C_{\mathrm{L}}ad^2\gamma V^2/2g=\frac{C_{\mathrm{L}}ad^2\gamma T^2}{8\pi^2 gS} \tag{37-18}$$

式中：d 为颗粒的直径；γ 为水的容重；g 为重力加速度；C_{L} 为拉力系数；a 为垂直于沿铅直方向的沙粒面积系数。

将 $\varGamma=k_1hu_*$ 代入式（37-18）得：

$$F_{\mathrm{L}}=\frac{k_1^2 C_{\mathrm{L}} a\gamma (dhU_*)^2}{8\pi^2 gS} \tag{37-19}$$

对于瞬时 t 时刻，由 $\frac{U}{u_*}=\frac{1}{n\sqrt{g}}R^{\frac{1}{6}}$ 得

$$u_*=\frac{n\sqrt{g}}{R^{\frac{1}{6}}}U \tag{37-20}$$

将式（37-20）代入式（37-19）得

$$F_{\mathrm{L}}=\frac{k_1^2 C_{\mathrm{L}} a\gamma (ndhU)^2}{8\pi^2 SR^{\frac{1}{3}}} \tag{37-21}$$

当涡旋引起的水的拉力大于等于泥沙颗粒与河床边壁黏结力时，泥沙颗粒将离开边壁进入水体。即

$$F_{\mathrm{L}} \geqslant F_{\mu} \tag{37-22}$$

将式（37-21）及式（37-16）代入式（37-22）得

$$\frac{k_1^2 C_{\mathrm{L}} a\gamma (ndhU)^2}{8\pi^2 SR^{\frac{1}{3}}} \geqslant \frac{15}{8}\sqrt{3}\pi dq_0\frac{\delta_0^3}{\delta_1^2} \tag{37-23}$$

将（37-23）化简整理得

$$\frac{k_1^2 d(nhU)^2}{SR^{\frac{1}{3}}} \geqslant \frac{15\sqrt{3}\pi^3 q_0\delta_0^3}{C_{\mathrm{L}} a\gamma\delta_1^2} \tag{37-24}$$

泥沙颗粒单位面积上的黏结力 $q_0=1.3\times10^9\mathrm{kg/m^2}$；水分子厚度 $\delta_0=3\times10^{-10}\mathrm{m}$；薄膜水厚度 $\delta_1=4\times10^{-7}\mathrm{m}$；水的容重 $\gamma=1000\mathrm{kg/m^3}$；水的拉力系数 $C_{\mathrm{L}}=0.18$；面积系数 $a=\pi/4$。将参数代入式（37-24）整理得

$$\frac{k_1^2 d(nhU)^2}{S\cdot R^{\frac{1}{3}}} \geqslant 1.25\times10^{-6} \tag{37-25}$$

对于黄河而言，式（37-25）中，U，h，d，n，R 一般可以确定。如设 $U=1.0\sim3.0\mathrm{m/s}$，$h=1.0\sim5.0\mathrm{m}$，$d=0.00001\mathrm{m}$，$n=0.020$，$R\approx h$。这里涡丝距离 S 分别取 0.001m 及 0.005m 进行计算。

当 $S=0.001\mathrm{m}$ 时 k_1 值的取值范围如表 37-2 所示。

从以上初步分析可知，当水流速度，水深，泥沙的粒径及涡丝距泥沙颗粒距离满足式（37-25）的关系时，泥沙颗粒受漩涡影响将发生脱离边壁的现象，式中的 k_1，S 可以通过进一步试验来检验。

表 37-2　$S=0.001$m 时 k_1 的取值范围

U/（m/s） \ h/m	1	2	3	4	5
1	0.559	0.314	0.224	0.176	0.146
2	0.280	0.157	0.112	0.088	0.073
3	0.186	0.105	0.075	0.059	0.049

当 S=0.005m 时 k_1 取值范围如表 37-3 所示。

表 37-3　$S=0.005$m 时 k_1 的取值范围

U/（m/s） \ h/m	1	2	3	4	5
1	1.250	0.702	0.501	0.394	0.326
2	0.626	0.351	0.250	0.197	0.163
3	0.416	0.235	0.168	0.132	0.110

利用表 37-2 及表 37-3，绘制出不同流速下 k_1 值与水深 h 的关系曲线（图 37-29）。

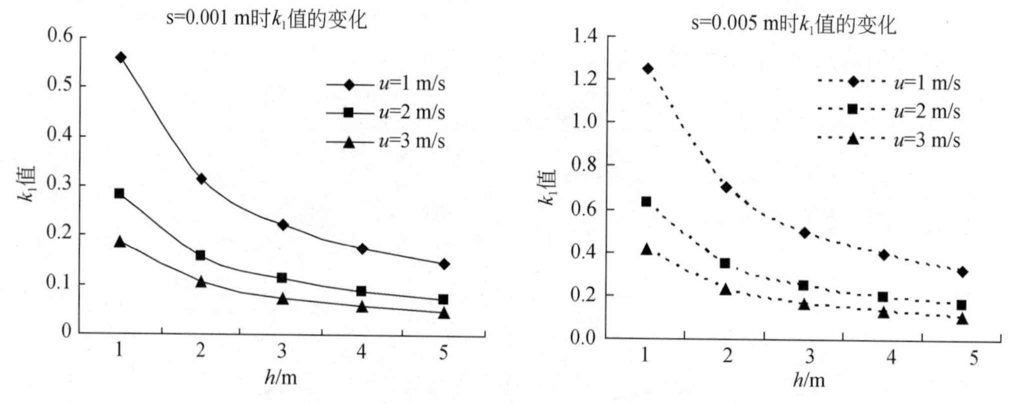

图 37-29　不同流速下 k_1 值随 h 的变化

参 考 文 献

程和琴，宋波，薛元忠，等. 2000. 长江口粗粉砂和极细砂输移特性研究-幕式再悬浮和底形运动. 泥沙研究，（1）：20-27

董曾南，章梓雄. 1998. 非黏性流体力学. 北京：清华大学出版社

韩其为，何明民. 1999. 泥沙起动规律及起动流速. 北京：科学出版社

江恩慧，曹永涛，张林忠，等. 2006. 黄河下游游荡性河段河势演变规律及机理研究. 北京：中国水利水电出版社

唐存本. 1963. 泥沙起动规律. 水利学报，2：1-12

王兴奎，邵学军，李丹勋. 2002. 河流动力学基础. 北京：中国水利水电出版社

张海燕. 1990. 河流演变工程学. 方铎，曹叔尤译. 北京：科学出版社

张瑞瑾. 1998. 河流泥沙动力学. 北京：中国水利水电出版社

Callander R A. 1978. River Meandering. Annual Review of Fluid Mechanics, 10: 129-158

Chitale S V. 1973. Theories and Relationships of River Channel Patterns. J Hydrol, 19: 285-308

Clifford N J, French J R, Hardisty J. 1993. Turbulence : Perspective on Flow and Sediment Transport. Chichester: John Wiley&Sons Ltd.

Gyr A, Schmid A. 1997. Turbulent flow over smooth erodible sandbeds in flumes. J Hyd Res., IAHR, 35 (4): 525-544

Heathershaw A D, Thorne P D. 1985. Sea bed noises reveal role of turbulent bursting phenomelna in sediment transport by tidal currents. Na-ture. 316: 339-342

Hickin E J. 1983. River Channal Changes. Modern and Ancient Fluvial Systems. In: Collins J D, Lewin J. Int Asso Sediment Spec Pub 6. Oxford, England: Blackwell Scientific Pub: 61-83

Kline S J, Reynolds W C, Schaub F A, et al. 1967. The structure of turbulent boundary layers. JFM, 30: 741-773.

Lapointe M F. 1992. Burst like sediment suspension events in a sand bed river. Earth surface Process and Landforms, 17: 253-270

Matthes G H. 1947. Macroturbulence in natural stream flow. Trans Amer Geophy Union, 28: 255-265

Nezu I, Nakagawa H. 1997. Turbulent structure in unsteady depth varying open channel flows. In: Nezu I, Nakagawa H. Turbulence in Open Channel Flows. IAHR Monograph, A. A. Balkema Publishers

Rashidi M, Hetsroni G, Banerjee S. 1990. Particle-turbulence inter-action in a boundary layer. Int J Multiphase Flow, 16 (6): 935-949

Sumer B M, Ogüz B. 1978. Particle motions near the bottom in turbu-lent flow in an open channel. J Fluid Mech, 86 (1): 109-127

Yang C T. 1971. On River Meanders. J Hydrol, 13: 231-253

第三十八章 “大水趋直、小水坐弯”机理探讨

为了更加直观地反映直河道边壁上一个微小凸起对水流扰动的影响、扰动涡的变化情况及不同河弯曲率、不同水力条件下边壁环流的强度变化，进而分析水动力条件的变化对河流系统调整的影响，黄科院在开展相关研究中，委托美国密西西比大学国家水科学与工程计算中心，利用CCHE三维模型开展了不同水流动力条件下直河道边壁微小凸起、不同河弯尺度边壁次生涡的发展、尺度变化的模拟计算。

一、CCHE三维数学模型验证

（一）CCHE三维数学模型简介

CCHE三维模型是在笛卡儿坐标系（x_i或x，y，z）下用有限元方法，求解雷诺平均动量方程［式（38-1）］和不可压缩连续方程［式（38-2）］的解。

$$\frac{\partial u_i}{\partial t}+u_j\frac{\partial u_i}{\partial x_j}+\frac{\partial(\overline{u_i'u_j'})}{\partial x_j}+\frac{1}{\rho}\frac{\partial p}{\partial x_i}-f_{x_i}-\nu\frac{\partial^2 u_i}{\partial x_j^2}=0 \quad (i,j=1,2,3) \tag{38-1}$$

$$\frac{\partial u_j}{\partial x_j}=0 \tag{38-2}$$

式中：u_i，u_i'和f_{x_i}分别为平均流速分量，脉动流速分量，以及沿着i轴方向的外力；t为时间；p为压力；ρ为水的密度；上划线为时均符号。

自由面的高程η可利用自由表面运动方程求解：

$$\frac{\partial \eta}{\partial t}+u_{1(z=\eta)}\frac{\partial \eta}{\partial x_1}+u_{2(z=\eta)}\frac{\partial \eta}{\partial x_2}-u_{3(z=\eta)}=0 \tag{38-3}$$

采用Speziale提出的非线性$k-\varepsilon$闭合紊流模型：

$$-\overline{u_i'u_j'}=-\frac{2}{3}k\delta_{ij}+2\nu_t S_{ij}+4C_D c_\mu^2\frac{k^3}{\varepsilon^2}\left(S_{im}S_{mj}-\frac{1}{3}S_{mn}S_{mn}\delta_{ij}\right)+4C_E c_\mu^2\frac{k^3}{\varepsilon^2}\left(\mathring{S}_{ij}-\frac{1}{3}\mathring{S}_{mm}\delta_{ij}\right) \tag{38-4}$$

其中：

$$\mathring{S}_{ij}=\frac{\partial S_{ij}}{\partial t}+\vec{u}\cdot\nabla S_{ij}-\frac{\partial u_i}{\partial x_k}S_{kj}-\frac{\partial u_j}{\partial x_k}S_{ki} \tag{38-5}$$

应变张量S_{ij}、紊流动能k和漩涡黏性系数ν_t分别定义如下：

$$S_{ij}=\frac{1}{2}\left(\frac{\partial u_i}{\partial x_j}+\frac{\partial u_j}{\partial x_i}\right) \tag{38-6}$$

$$k = \frac{1}{2}\overline{u_i'^2} \tag{38-7}$$

$$\nu_t = c_\mu \frac{k^2}{\varepsilon} \tag{38-8}$$

式中：ε为紊动扩散系数。k和ε由传递方程求得

$$\frac{\partial k}{\partial t} + u_j \frac{\partial k}{\partial x_j} - \frac{\partial}{\partial x_j}\left(\frac{\nu_t}{\sigma_k}\frac{\partial k}{\partial x_j}\right) = P - \varepsilon \tag{38-9}$$

$$\frac{\partial \varepsilon}{\partial t} + u_j \frac{\partial \varepsilon}{\partial x_j} - \frac{\partial}{\partial x_j}\left(\frac{\nu_t}{\sigma_\varepsilon}\frac{\partial \varepsilon}{\partial x_j}\right) = c_{\varepsilon 1} P \frac{\varepsilon}{k} - c_{\varepsilon 2}\frac{\varepsilon^2}{k} \tag{38-10}$$

紊流动能P定义如下：

$$P = -\overline{u_i' u_j'}\frac{\partial u_i}{\partial x_j} \tag{38-11}$$

式（38-4）～式（38-10）中的常数值为：$c_\mu = 0.09$，σ_k=1.0，σ_ε=1.3，$c_{\varepsilon 1}$=1.44，$c_{\varepsilon 2}$=1.92，$C_D = C_E = 1.67$。

动压力在垂向流的三维水流中起主导作用，它的计算可利用流速修正法。泊松方程中采用的速度为瞬时速度，而满足自由发散条件的最终速度可通过求解压力借助流速修正过程求得。利用 SIP 法采用一阶欧拉方程联解式（38-1）、式（38-2）。在动量方程和k-ε模型中采用边壁边界条件。由 Naot 和 Rodi 修正水面ε方程的边界条件如下，即将式

$$\varepsilon_{(z=\eta)} = \frac{c_\mu^{3/4} k^{3/2}}{\kappa}\left(\frac{1}{0.07h} + \frac{1}{d_w}\right) \tag{38-12}$$

改为

$$\varepsilon_{(z=\eta)} = \frac{c_\mu^{3/4} k^{3/2}}{0.07\kappa}\left(\frac{1}{h} + \frac{1}{d_w}\right) \tag{38-13}$$

式中：$\kappa = 0.41$为卡门常数；h为当地水深；d_w为到边壁的距离。通过研究发现数值模拟不是很稳定，除非式（38-5）中的对流项$\vec{u} \cdot \nabla S_{ij}$被忽略。所以在以下的研究中忽略了此项。

（二）CCHE 三维模型的验证

该模型对弯道内的两种试验水流状况进行了验证：第一种状况是动床模拟试验冲刷后形成的不规则的河床形态（试验由 Blanckaert 和 Graf 共同完成），第二种状况是定床平底（试验由 de Vriend 完成）。这两组试验设施及水流参数如表 38-1 所示。Blanckaert 和 de Vriend 只测量了弯道中 60°断面外侧流场分布。试验测量的内容非常详细，给出了平均流速分量和雷诺压力的分布。de Vriend 仅测量了 21 断面下游沿河道方向平均流速的横向分量，而且网格相对较粗（纵向 11 列、横向 9 排，如图 38-1 所示）。两个试验均清晰地说明了两个横向环流单元的存在（如图 38-1（a）、图 38-4 所示）。

表 38-1　水力边界条件（水槽—平均值）

状况	流量 Q /（m^3/s）	宽度 B/m	水深 H/m	流速 U /（m/s）	弗劳德数 Fr	水力半径 R/m	角度 θ/（°）	谢才系数 C/（$m^{1/2}$/s）	泥沙中径 d_{50}/mm
状况 1	0.017	0.4	0.11	0.38	0.36	2.0	120	1.89	2.1
状况 2	0.12	1.7	0.21	0.35	0.25	4.25	180		1

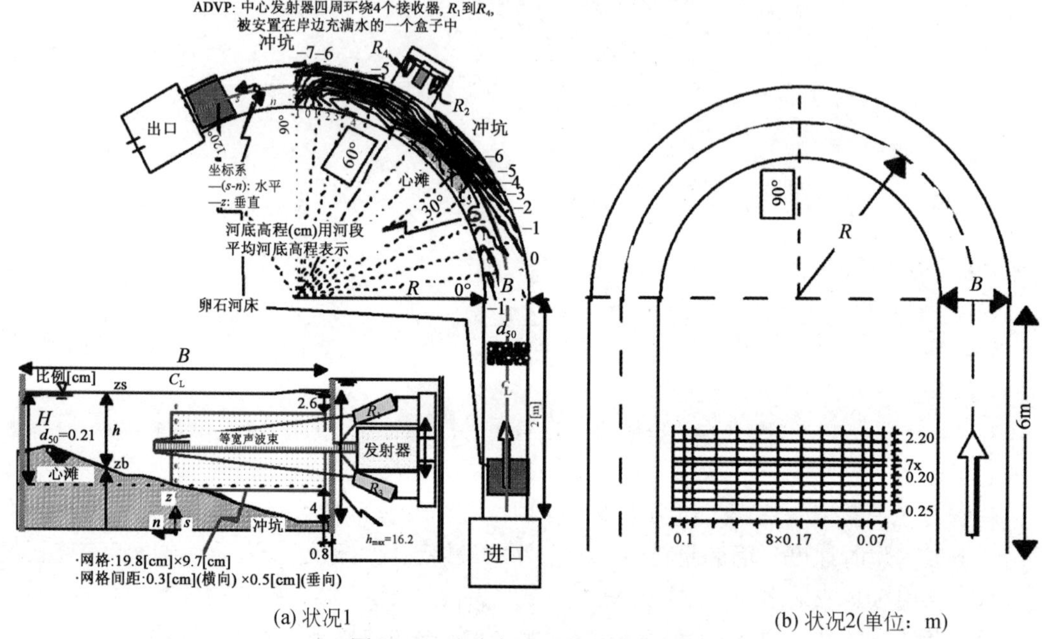

(a) 状况1　　(b) 状况2(单位：m)

图 38-1　试验启动和水力边界条件

在圆柱形坐标系中对流场的测量值和模拟值进行了比较。圆柱形坐标系中 s 轴沿水槽中心线指向河流下游，n 轴和 s 轴垂直相交，z 轴向上和 n-s 平面垂直相交。图 38-2（a）和 38-2（b）体现了第一种状况中 60°断面外侧的横向环流运动（v_n，v_z）和指向下游的流速 v_s 的测量值；图 38-2（c）和 38-2（d）体现了整个横断面流速的模拟值。断面平均流速，$U=Q/（BH）$=0.38m/s。红色部分表示实际测量值，而周围区域的数值系推算结果。

计算很好地反映了流场的主要特点。模拟的横向水流运动包括所有的环流单元和沿远离中心方向流速的增加。在中心线以内的断面范围内 $v_s/U<1$，中心线以外的断面范围内 $v_s/U>1$。同时可以明显地看出两个环流单元分离的最大流速 $v_{s,\max}/U$ 部位。垂向流速 v_s 分布与典型的顺直均匀流中的对数流速分布不同：横向流速最大值出现在近水体底部，且上部 $\partial v_s/\partial z<0$。

图 38-3、图 38-4、图 38-5 表示了第二种状况弯顶段水面线的变化情况和不同断面处的横向流速 v_n 分布和副流场。可以看出，该模型较好地模拟了弯道段的水面线变化和不同断面横向流速分布。

具有自由水面的弯道水流形态的主要特点是有涡漩的循环，它的存在强烈影响着流场和水流的形态。除了典型的涡旋的单元，通常也会出现一个微弱的反向旋转的边界单元。标准的 $\kappa-\varepsilon$ 闭合紊流模型不能模拟在开口弯道内涡漩的二次单元，本模型采用非线性 $\kappa-\varepsilon$ 闭合紊流模型模拟了动床和定床两种情况。流场的模拟令人满意，同时模拟结果表明紊流的各相异性在形成边界环流单元中起了很大的作用。非线性的 $\kappa-\varepsilon$ 闭合紊流模型能够准确地模拟开放水槽弯道中的复杂的水流运动。

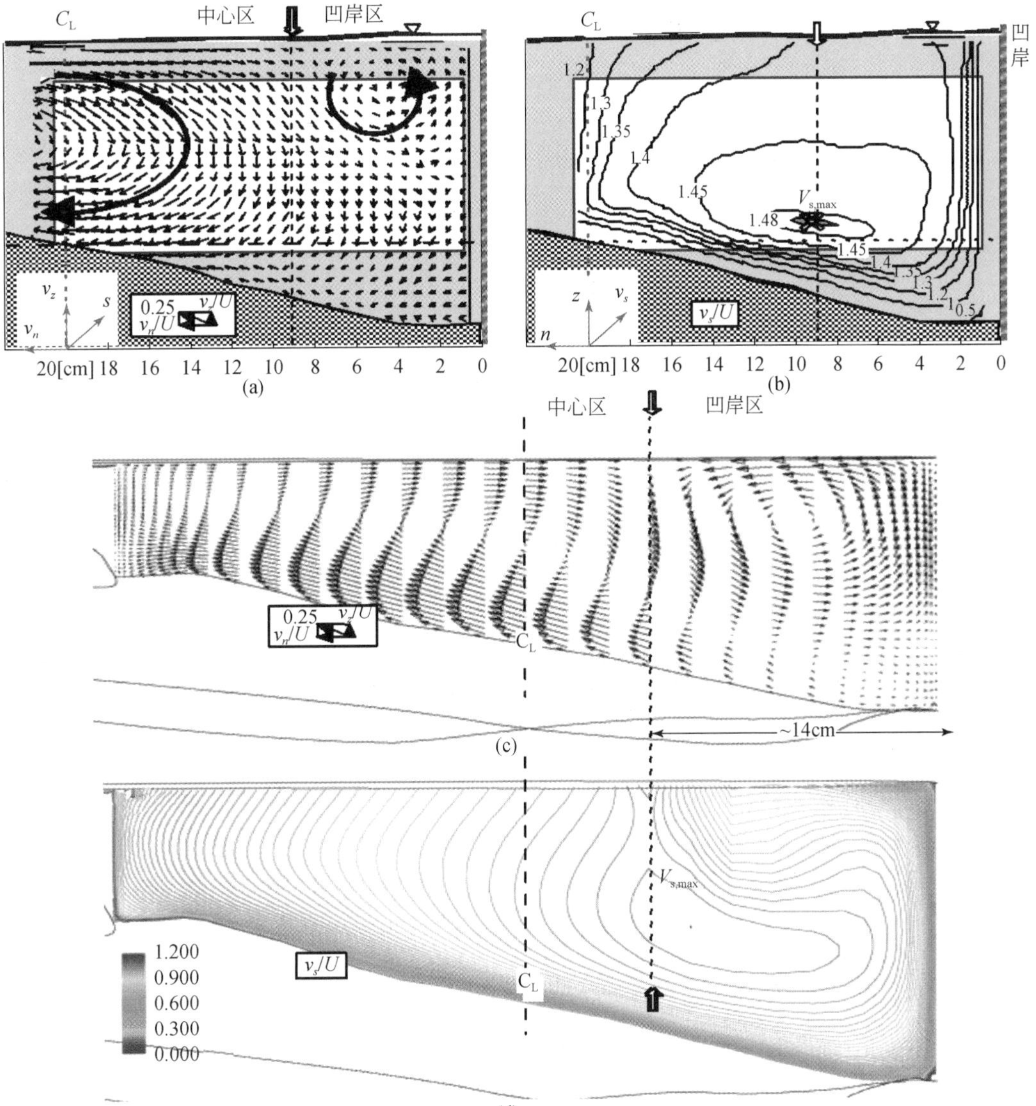

图 38-2　第一种状况实测值与模拟值对比图

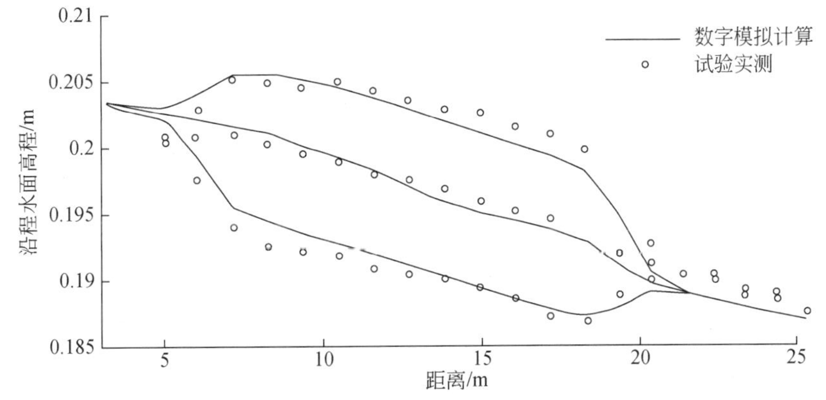

图 38-3　第二种状况弯顶段水面线的变化验证结果

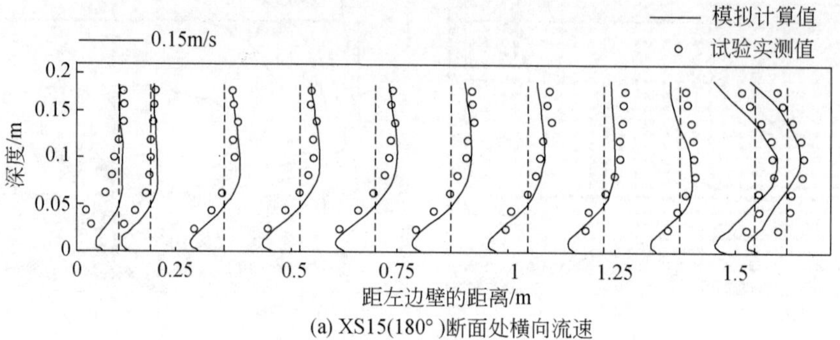

(a) XS15(180°)断面处横向流速

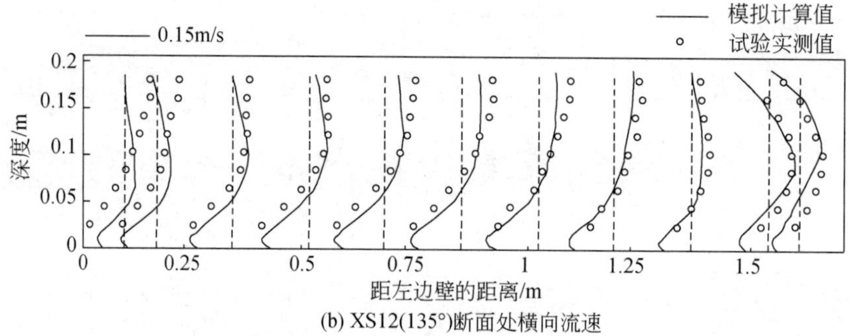

(b) XS12(135°)断面处横向流速

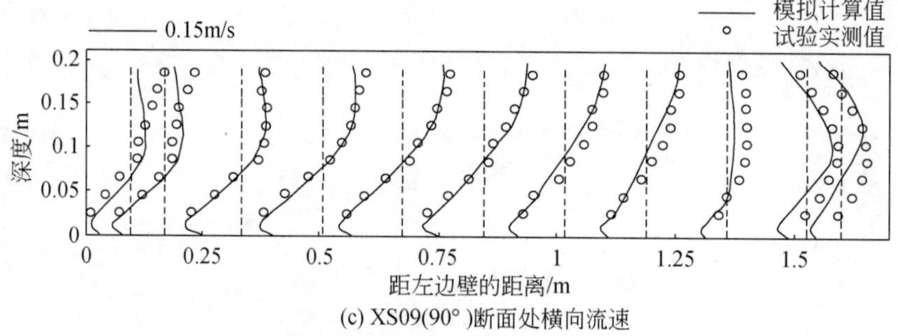

(c) XS09(90°)断面处横向流速

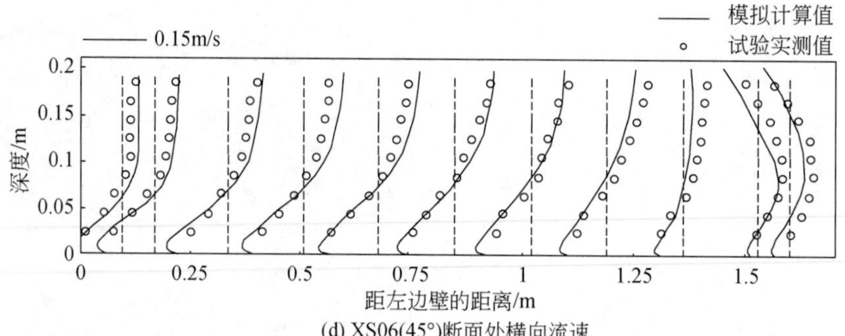

(d) XS06(45°)断面处横向流速

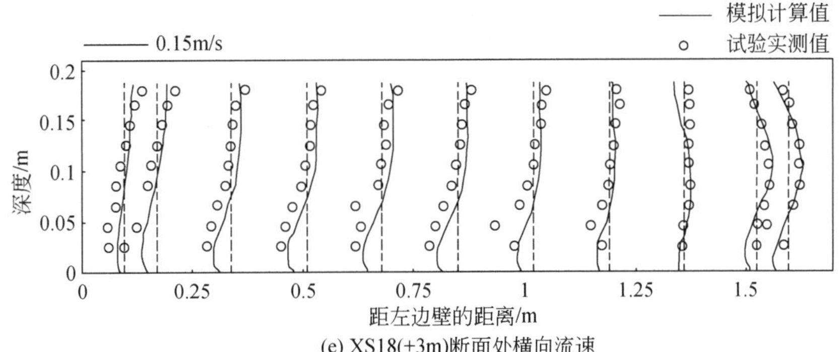

(e) XS18(+3m)断面处横向流速

图 38-4　第二种状况不同断面处横向流速分布验证结果

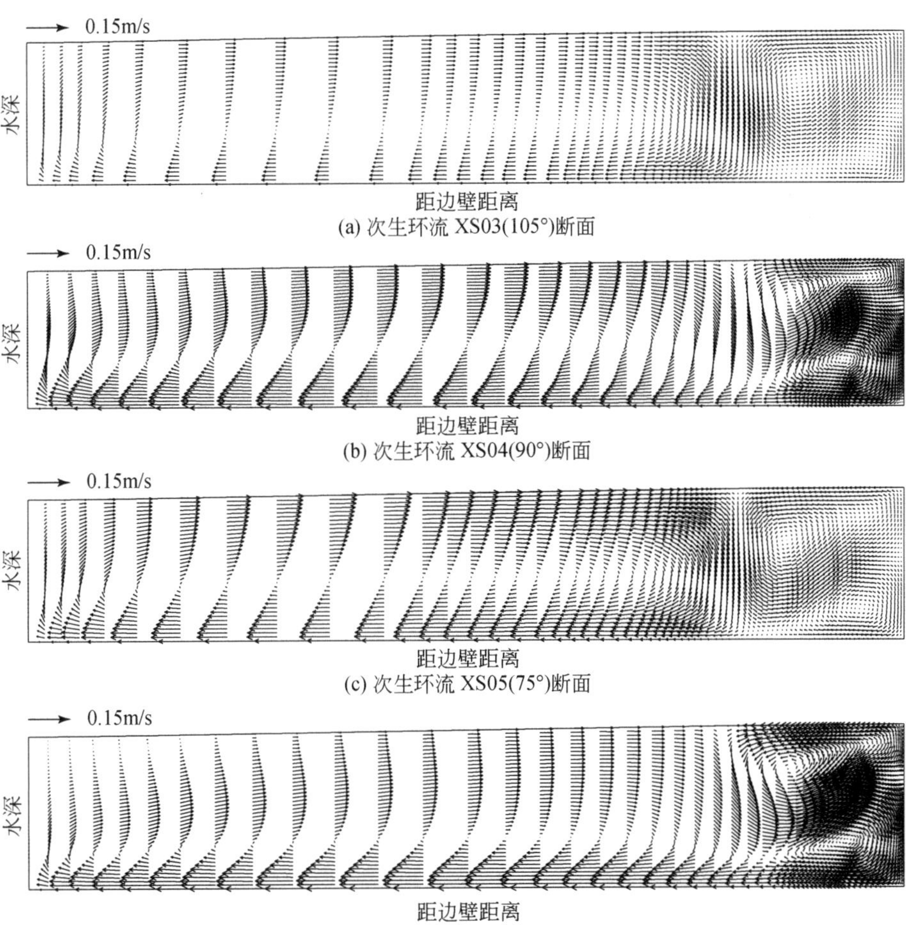

(a) 次生环流 XS03(105°)断面

(b) 次生环流 XS04(90°)断面

(c) 次生环流 XS05(75°)断面

(d) 次生环流 XS06(30°)断面

图 38-5　第二种状况不同断面处副流场验证结果

二、涡量变化预测计算

（一）直河道小凸起扰动涡的变化情况

图 38-6 为顺直河道中边壁存在一微小凸起时扰动涡的产生、发展变化情况计算示意图。

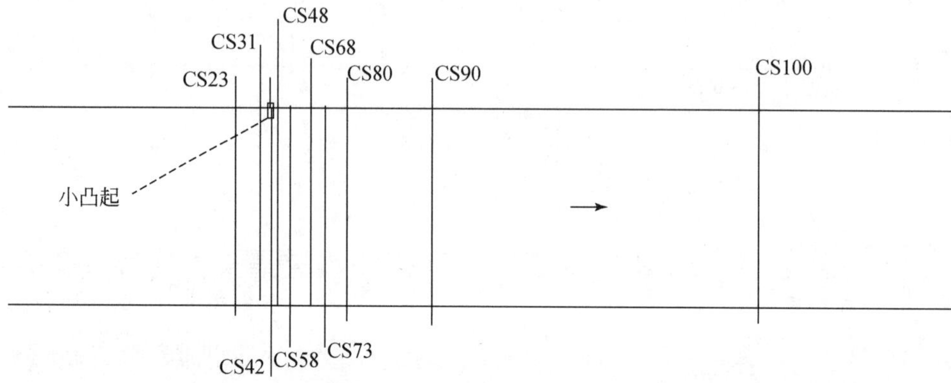

图 38-6　顺直河道矩形河槽边壁存在小凸起的河道平面形态

图 38-7～图 38-9 为断面 CS23、CS27、CS36、CS38、CS40、CS42、CS48、CS52、CS58、CS63、CS68、CS100 横向流场分布的计算结果。从图中可以明显看出，在 CS23～CS100 之间，由于小凸起的存在，该河段扰动涡的产生、发展过程以及小凸起附近紊乱的流场、局部水位的壅高和跌落现象。由此，可以推测，天然河流中陡立的岸壁，因其凸凹不平，水面波动起伏的原因除常规所讲的水面波（多种因素形成）本身引起的波动外，另外一种原因就是因凸凹不平的陡立岸壁引起的逆时针方向大边壁涡造成的局部水位壅高和跌落。

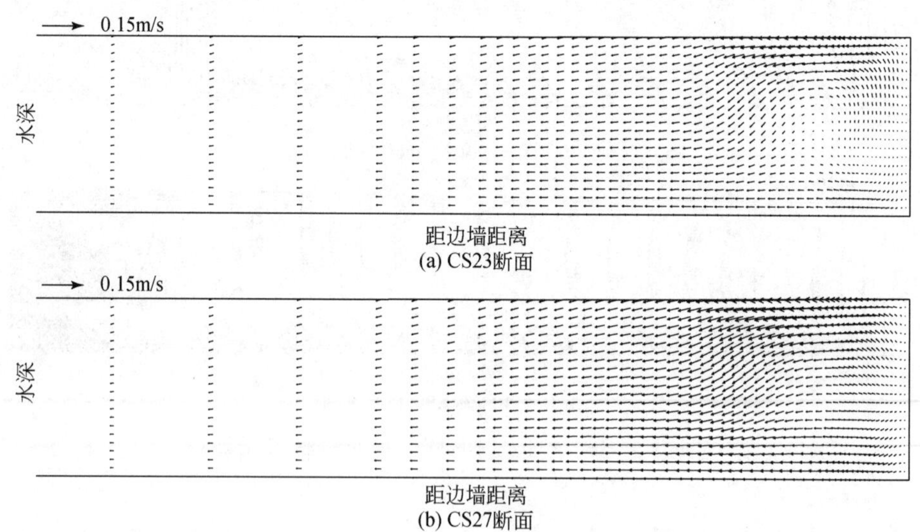

(a) CS23断面

(b) CS27断面

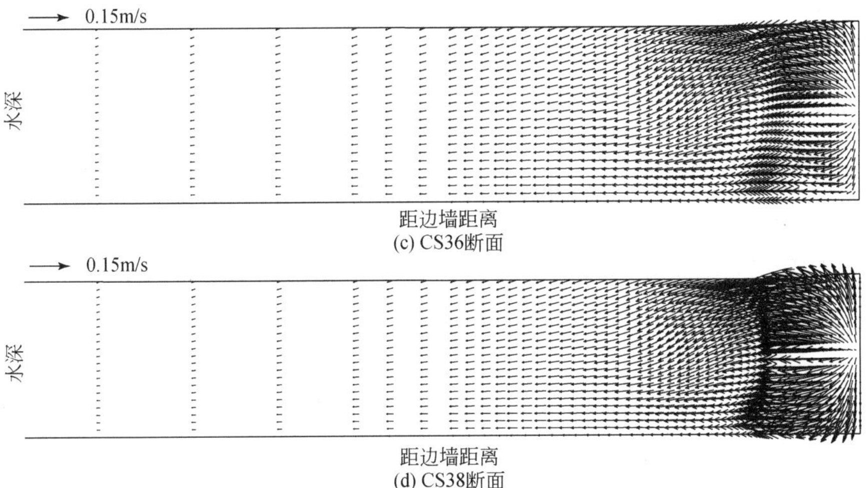

图 38-7　顺直河道小凸起断面为 CS23、CS27、CS36、CS38 横向流场分布（流量为 $0.179m^3/s$）

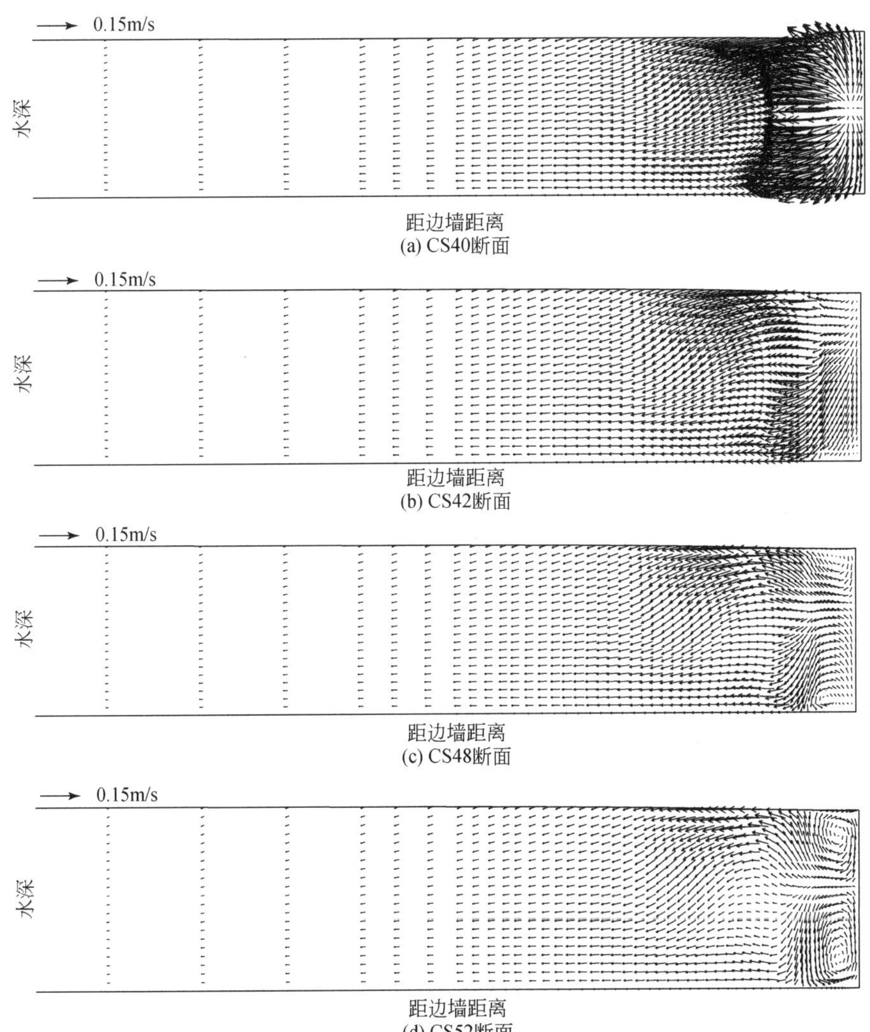

图 38-8　顺直河道小凸起断面为 CS40、CS42、CS48、CS52 横向流场分布（流量为 $0.179m^3/s$）

0.15m/s

水深

距边墙距离

(a) CS58断面

0.15m/s

水深

距边墙距离

(b) CS63断面

0.15m/s

水深

距边墙距离

(c) CS68断面

0.15m/s

水深

距边墙距离

(d) CS100断面

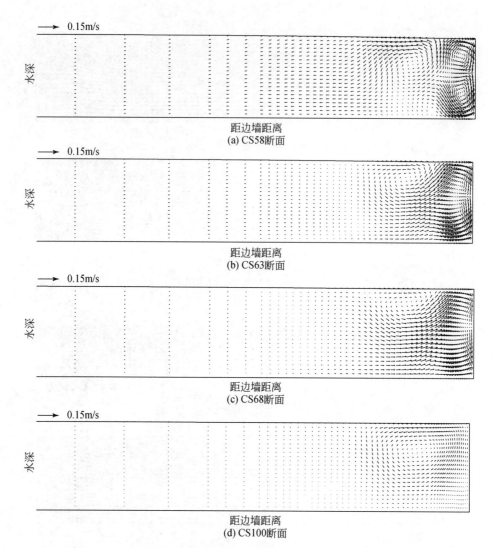

图 38-9 顺直河道小凸起断面为 CS58、CS63、CS68、CS100 横向流场分布（流量为 $0.179m^3/s$）

（二）不同河弯不同部位边壁涡的变化

图 38-10～图 38-12 为模拟计算的不同中心角河弯平面形态。河槽皆为矩形河槽，宽 1.7m，深 0.20m；河弯内径为 3.4m，外径为 5.1m。

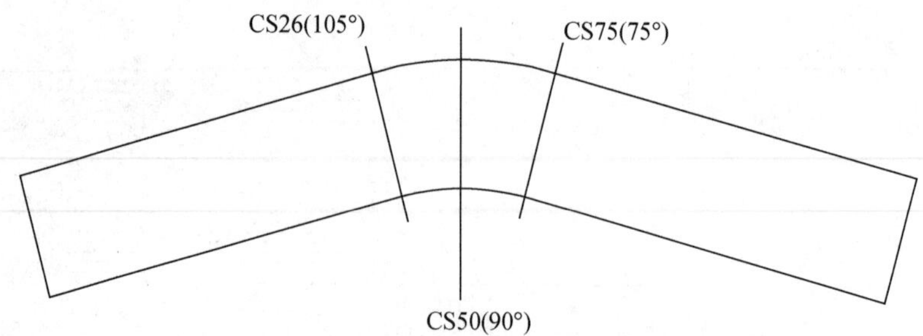

图 38-10 矩形河槽中心角为 30°河道平面形态

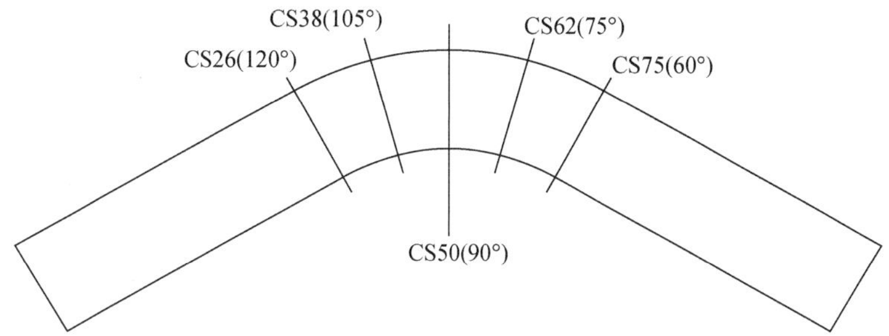

图 38-11　矩形河槽中心角为 60°河道平面形态

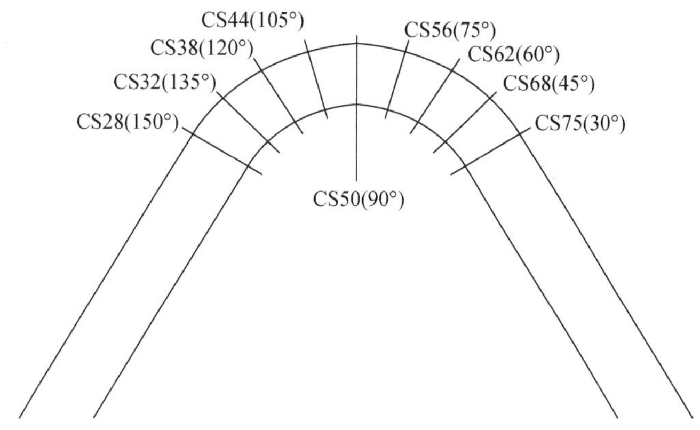

图 38-12　矩形河槽中心角为 120°河道平面形态

图 38-13～图 38-15 分别为河弯中心角 30°、60°、120°时位于 105°、90°、75°部位处横向流场的对比计算结果。计算流量 Q 皆为 0.179m^3/s。

从对比情况可以看出，弯道中心角越大，横向环流的发育越充分，相同部位环流涡的尺度也越大。例如，在 105°部位处 30°河弯的横向环流非常弱，几乎看不出来，而在 120°河弯情况下，三个横向环流涡清晰可见。同样，在 90°部位处 120°河弯的横向环流基本上分别是 30°、60°河弯的 2.15、1.45 倍。

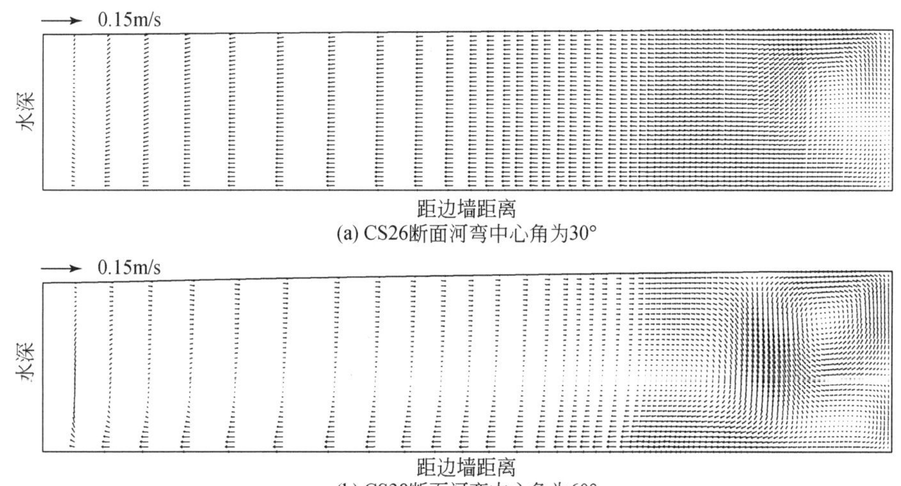

(a) CS26断面河弯中心角为30°

(b) CS38断面河弯中心角为60°

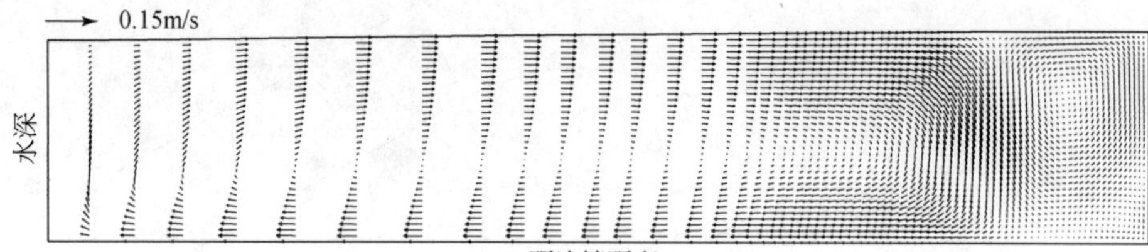

(c) CS44断面河弯中心角为120°

图 38-13　105°部位处不同河弯中心角流场对比

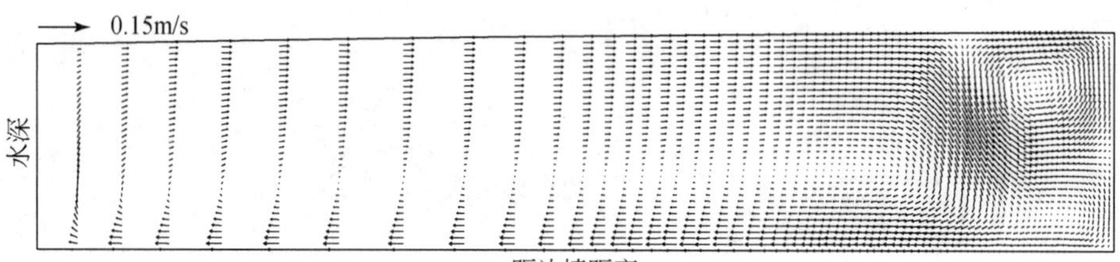

(a) CS50断面河弯中心角为30°

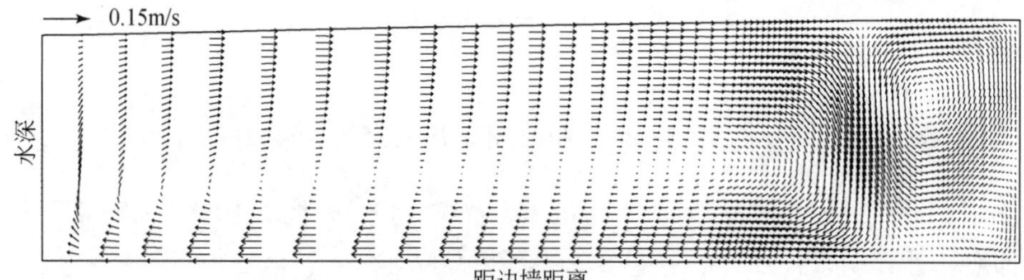

(b) CS50断面河弯中心角为60°

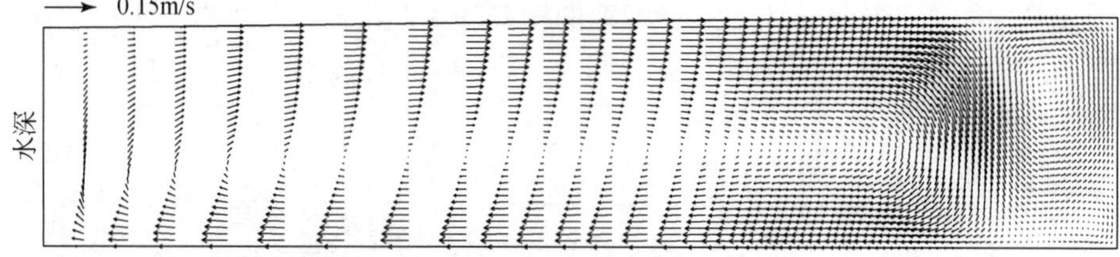

(c) CS50断面河弯中心角为120°

图 38-14　90°部位处不同河弯中心角流场对比

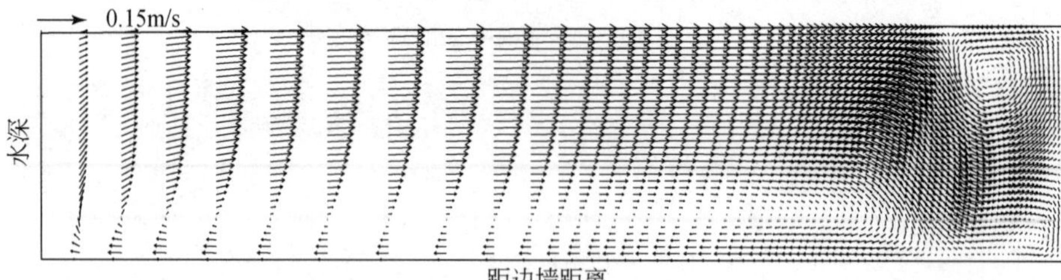

(a) CS75断面河弯中心角为30°

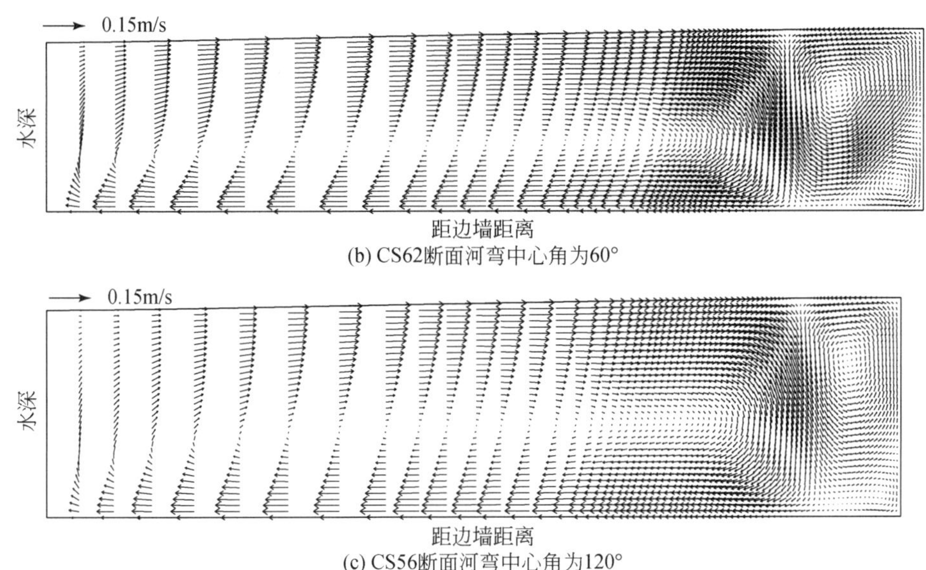

(b) CS62断面河弯中心角为60°

(c) CS56断面河弯中心角为120°

图 38-15　75°部位处不同河弯中心角流场对比

图 38-16 为上述计算条件下（Q=0.179m^3/s；河道为矩形河槽，宽 1.7m，深 0.20m；河弯内径3.4m，外径5.1m），不同河弯中心角时河弯凹岸涡强的沿程变化情况，涡强用 $\frac{dw}{dx}-\frac{du}{dz}$ 表示，其中 w、u 分别为垂向和横向流速，z，x 分别为垂向和横向距离。从图 38-16 中可以看出，河弯最大涡强都位于弯顶以下，且随着河弯中心角的增大，最大涡强值和最大涡强点距弯顶的距离增大。

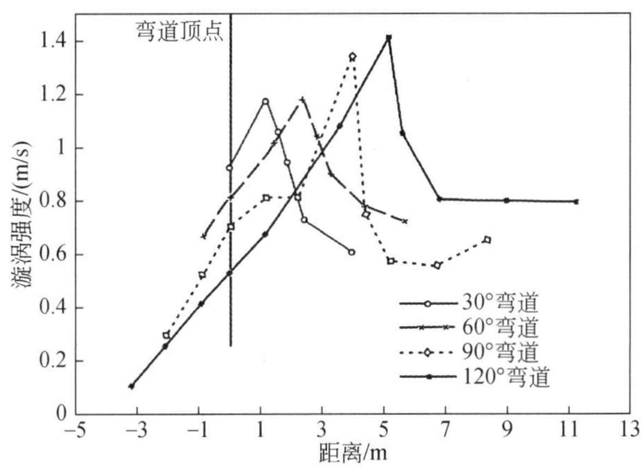

图 38-16　不同河弯中心角时涡强在弯顶前后的变化情况

仔细分析图 38-15 的计算结果，我们可以发现，在河弯中心角为 30°、60°时，涡强相差不大，而河弯中心角增大到 90°、120°以后，涡强明显增人。随着涡强的增人，水流出河弯以后的下败角相应增大，这减小了河弯对水流的控导效果。因此，对河道整治来说，在满足需要的同样条件下，应尽量采取微弯型方案，其对水流的控导效果要强于中心角较大的弯曲型方案。此外，同样条件下弯曲型方案工程布置密度一般要大于微弯型，这也是不经济的。

（三）不同水力条件下河弯横向环流的发展

图 38-17 为模拟的同样河槽形态（矩形河槽，宽 1.7m，深 0.20m；河弯内径 3.4m，外径 5.1m）、不同流量下 90°河弯横向环流发展的断面布置情况。

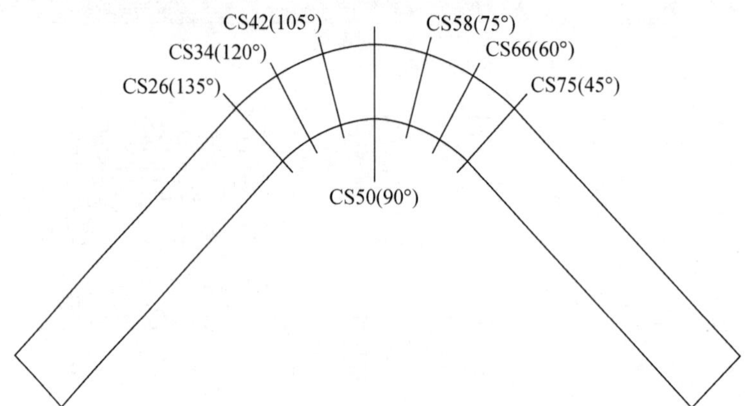

图 38-17　矩形河槽中心角为 90°河道平面形态

图 38-18、图 38-19 分别为 120°、90°、75°、45°位置、流量为 $0.12\text{m}^3/\text{s}$、$0.25\text{m}^3/\text{s}$ 情况下的横断面流速场变化对比结果。从图上可以看出，流量为 $0.25\text{m}^3/\text{s}$ 时，每一个环流单元的横向流速基本上均为流量 $0.12\text{m}^3/\text{s}$ 时的 2 倍，而且边壁涡的尺度也明显大于前者。

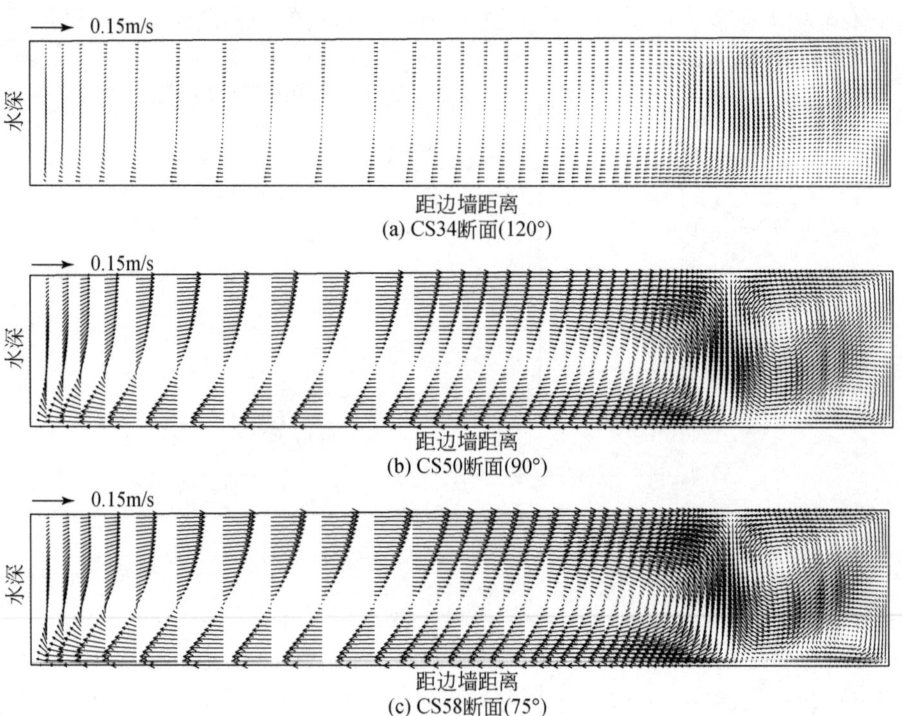

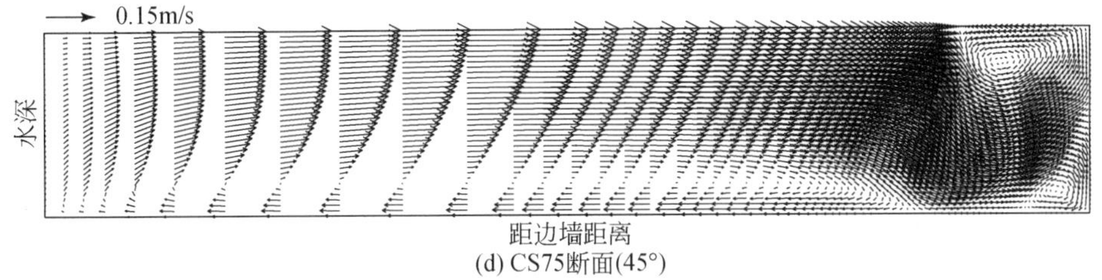

(d) CS75断面(45°)

图 38-18　流量为 $0.12m^3/s$ 不同位置横断面流速场对比结果

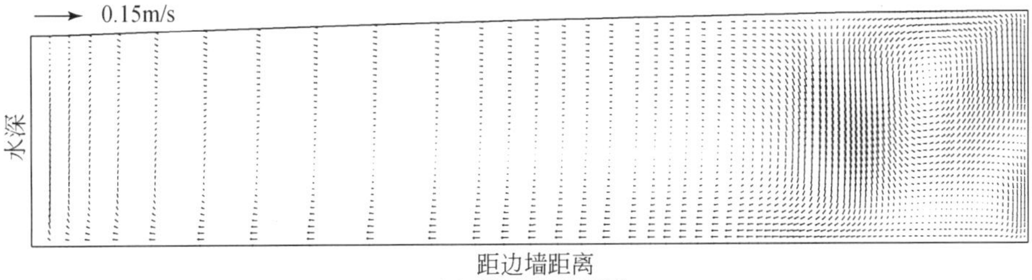

0.15m/s
水深
距边墙距离
(a) CS34断面(120°)

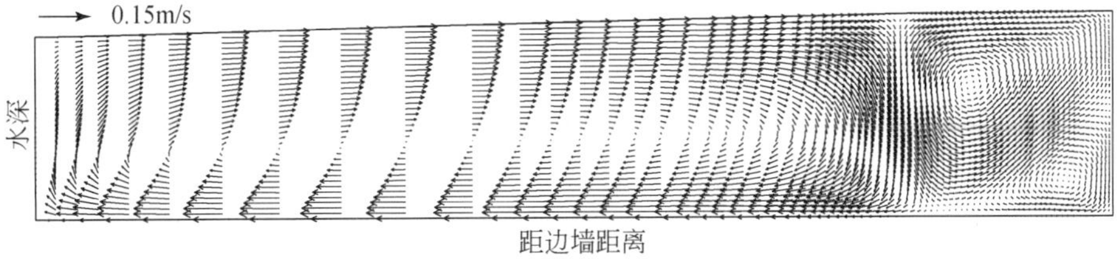

0.15m/s
水深
距边墙距离
(b) CS50断面(90°)

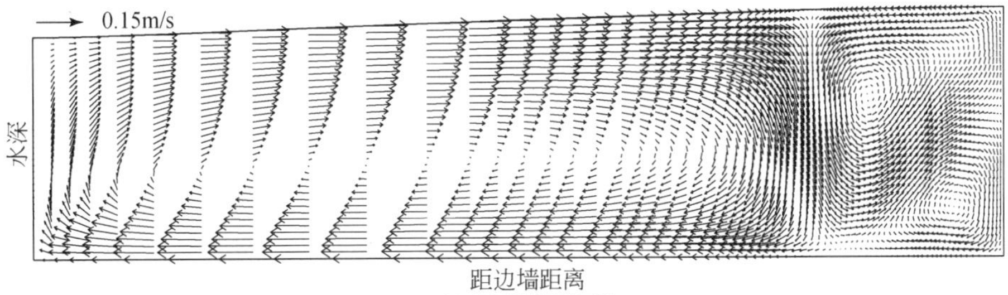

0.15m/s
水深
距边墙距离
(c) CS58断面(75°)

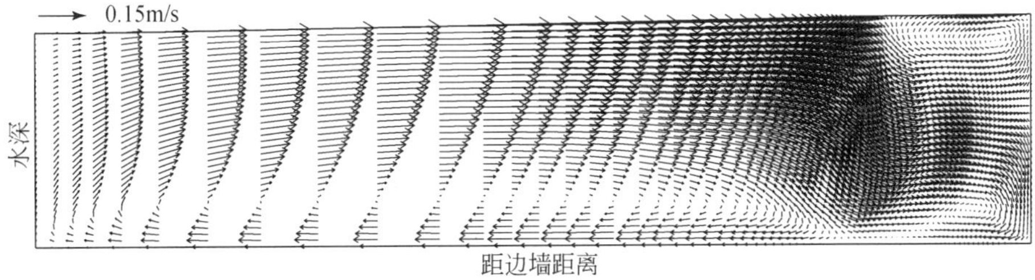

0.15m/s
水深
距边墙距离
(d) CS75断面(45°)

图 38-19　流量为 $0.25m^3/s$ 不同位置横断面流速场对比结果

图 38-20 为不同流量下涡强沿河弯的发展情况，图中 $Q^- = 0.12m^3/s$，$Q = 0.179m^3/s$，$Q^+ = 0.25m^3/s$。可以看出，涡强随流量的增加而明显增大。

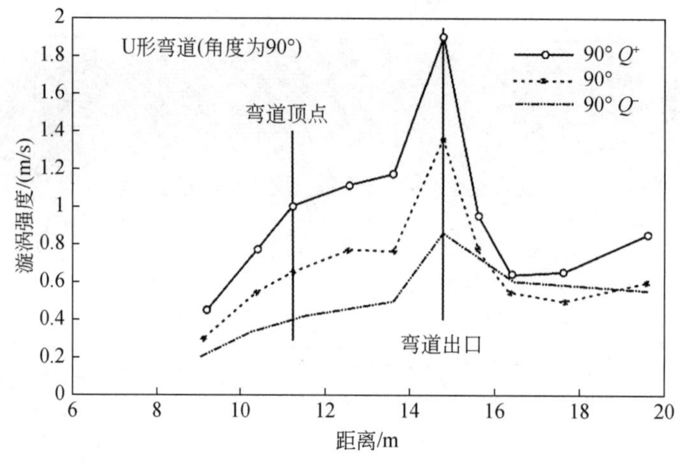

图 38-20 90°河弯不同流量下凹岸涡强的沿程发展情况

三、"大水趋直、小水坐弯"的水力学机理

关于弯道环流以及弯道的横向输沙问题研究者甚多（王兴奎等，2002；张红武和吕昕，1993；张海燕，1990），对此我们不作更多的表述，本节仅讨论弯道水流的运动特性。

弯道水流的运动特性不同于直线水流，当水流沿曲线流动时，在重力和离心力的共同作用下，水面产生横比降，从而造成横断面上的横向环流，并与纵向水流结合产生螺旋流。河道中沿程各断面的最大垂线平均流速所在位置的连线称为水流动力轴线，又称主流线。天然河弯的水流动力轴线，一般在弯道进口段居中，进入弯道后即逐渐向凹岸过渡，至弯顶稍上部位，最大水深和最大流速均紧靠凹岸。主流最逼近凹岸的位置，常称为水流顶冲点。顶冲点下游相当长的距离内主流都贴近凹岸。图 38-21 为洪、枯水期间和长江下荆江来家铺弯道不同流量下主流线的变化情况（欧阳履泰，1983），随着流量的变化、水位的升降，主流线的弯曲程度发生明显的变化，即所谓的"大水趋直、小水坐弯"或"高水居中、低水傍岸"。与此同时，水流对凹岸的顶冲点也随水流动力轴线的变化而"上提下挫"，低水时顶冲点上提、高水时顶冲点下移。对此，人们往往解释为水流惯性力的作用，低水时水流动量小，呈坐弯趋势；高水时水流动量大，倾向于趋直走中。

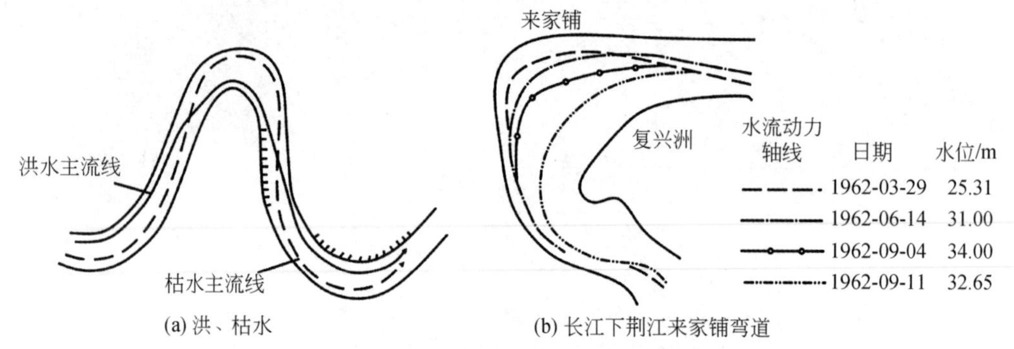

(a) 洪、枯水　　(b) 长江下荆江来家铺弯道

图 38-21 弯曲型河流水流动力轴线变化

实际上，影响弯道内水流运动特征的内在机理不如解释为弯道环流的大小更为直观。

从图 38-18～图 38-20 的计算结果说明，水力条件对弯道环流的影响是非常大的，而横向环流的大小直接决定着弯道内主流的运动方向。对同一河弯，随着流量的增大，河弯各部位的旋涡尺度和涡强明显增大，其与水流的纵向流速合成以后的主流流速的大小和方向，在河弯内将发生较大的调整，出现明显的下挫水流，即下败角增大，水流趋直；同样，随着流量的减小，河弯各部位的旋涡尺度和涡强减小，主流流速的方向在水流出河弯后出现明显的上提，即下败角减小，水流有更加弯曲的趋势，这就是黄河下游经常说的“大水趋直，小水坐弯”的水力学内在机理所在。

参 考 文 献

欧阳履泰. 1983. 试论荆江河曲的发育与稳定. 泥沙研究，4：1-13

王兴奎，邵学军，李丹勋. 2002. 河流动力学基础. 北京：中国水利水电出版社

张海燕. 1990. 河流演变工程学. 方铎，曹叔尤译. 北京：科学出版社

张红武，吕昕. 1993. 弯道水力学. 北京：水利电力出版社

第三十九章　河弯“流路方程”探讨

游荡型河道河势演变的关联性综合表现在时间和空间尺度上。空间尺度上，黄河人形象的“一弯变，多弯变”等谚语（胡一三等，1996），表述了上弯发生河势变化、下弯发生相应河势变化的响应关系；时间尺度，它蕴含着某一时间的河势状况可能导致以后一定时期内河势的变化趋势。

在河床演变研究中，河相参数、河相关系和稳定性指标等的表述与计算方法非常多，如基于经验方法、最小活动性假说、最小功原理（能耗最小假说）、河岸河床可动性假说等。对此，钱宁（1989，1965）、谢鉴衡（1997）等都有较详细的论述，江恩慧等（1999）也曾根据张海燕的最小功原理对小浪底水库运用后黄河下游游荡型河道整治的有关参数进行过分析，结合近期黄河下游河道整治工程布局的实际情况，提出：今后一定时期内下游游荡型河道整治仍要以微弯型整治方案为主。

一、研 究 现 状

（一）河流平面形态有关参数研究

多少年来，一代又一代科研工作者对河型成因、河型发育、河弯流路等进行了不同程度的研究，认为，河流的弯曲蠕动也是一种周期性振荡运动。丹麦科技大学的 Engelund 等曾针对矩形河槽的恒定均匀流，假定河床上发生小的扰动 h'，基于弯曲水流的性质，这种扰动在横向、纵向都将具有周期的波动，写出的数学方程如下：

$$h' = h'_0 \cos k_2 z \cdot \exp(ik_1 x) \tag{39-1}$$

式中：h'_0 为波动的振幅；k_1 和 k_2 分别为 x，z 方向的波数。

由于河道边界条件的复杂性和河床物质组成的非均匀性，使得每一条河流的河弯形态和尺寸、甚至每条河流沿流程的变化都不一样。为此，河流平面的弯曲形态采用随机的方法进行研究是可行的。然而，不同河流的平面几何形态随机中蕴藏着明显的统计规律性，又使研究者相信，弯曲河流所共有的几何形态特征可以用专门的理论或动力学原理来剖析。例如，Ikeda 等（1981）以及 Parker 等（1983）应用动力方程分析纵向流速、用运动方程分析河岸侵蚀等，为河弯流路的研究提供了力学基础，导出的波长表达式为

$$\lambda / H = 8(\pi B / fH)^{1/2} \tag{39-2}$$

式中：λ 为波长；f 为摩擦系数；B 为河宽；H 为水深。

由于河床演变的复杂性、随机性，要想写出河流的流路方程是非常困难的，因而国内外学者都从研究河流的平面形态参数入手，借以反映河弯流路的变化。钱宁等（1989）、Simons 等（1982）、Carlston、Chitale（1973）等也曾就河弯平面形态与流域因素、断面形态建立关系，得出了一系列的河弯要素关系式。一般地，比较规则河弯的平面形态可以用

一系列方向相反的圆弧和圆弧之间的直线来模拟（图 39-1）。这样，河弯平面形态就可以用曲率半径（R）、中心角（Φ）、河弯跨度（T）、弯曲幅度（P）（或者 P_m）、直河段长度（d）、河弯间距（L）与弯曲系数（或弯曲率）（S）来表示。对天然河流来说，这些河弯形态特征必须与流域因素联系起来。通过对密西西比河近 1500km 范围内 179 个河弯的弯曲半径和中心角进行频率分析，发现较多弯道曲率半径的变化范围约为 1000～2500m，中心角的变化范围约为 30°～100°。

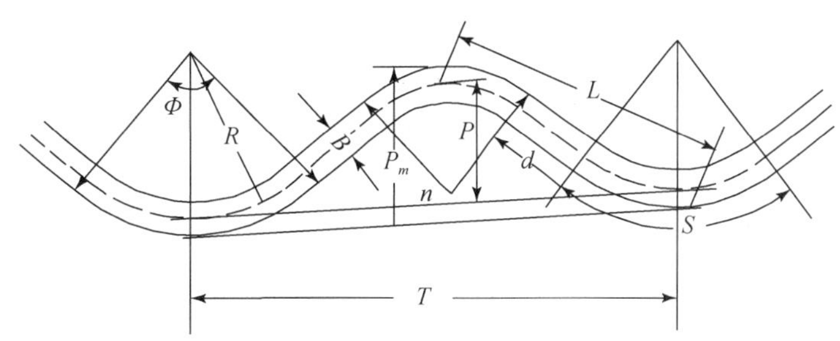

图 39-1　弯道基本要素

钱宁和周文浩（1965）点绘了一些河流河弯跨度（T）与平滩流量（Q_π）间的关系，这些河流中有的大至如密西西比河和黄河，有的小至室内实验性小河，其间流量差别达到 10^8 倍，尽管点群比较散乱，却大致存在下述关系：

$$T = 50Q_\pi^{0.5} \tag{39-3}$$

式中，T 单位为 m；Q_π 单位为 m^3/s。

Dury 在分析世界上很多弯曲河谷以后，得到如下关系（张海燕，1990）：

$$T = 54.3\overline{Q}_{max}^{0.50} \tag{39-4}$$

式中，$\overline{Q}_{max}$ 为年最大流量的多年平均值，m^3/s；T 单位为 m。

事实上，采用平滩流量和年最大流量的多年平均值来和河弯形态建立联系并不是最合理的，对于河弯形态的塑造来说，起作用更大的应该是较平滩流量稍小的流量。在黄河下游用式（39-3）计算的 T 值明显偏小。Carlston 曾把河弯形态与各种不同的特征流量建立联系，发现以采用年平均流量（一年以内约有 40%的时间超过该级流量）或出现最大洪峰月份的月平均流量（一年以内约有 10%的时间超过该级流量）相关最好。在采用年平均流量为特征流量时，河弯跨度与流量的关系式为

$$T = 156Q_m^{0.46} \tag{39-5}$$

鉴于流量的资料不一定都齐全，而另一方面，河槽的宽度是河流的几何形态特征之一，具有明确的物理涵义，因而不少研究工作者直接建立河弯形态与直段河宽（B）之间的关系：

$$T = 12B \tag{39-6}$$

$$P = 4.3B \tag{39-7}$$

$$R = 3B \tag{39-8}$$

一般说来，河弯曲率半径愈大，则中心角愈小。这一点是不难理解的，因而，钱宁等把曲率半径、中心角和河宽（也可以用流量来代替）统一在一起的有黄河下游吴楼河湾观测段的公式：

$$R = 160Q_{\pi}^{0.33}\Phi^{-1} \tag{39-9}$$

和长江中、下游干支流的公式：

$$R = 330\overline{Q}_{\max}^{0.73}\Phi^{-1.15} \tag{39-10}$$

式中：Q_{π} 为平滩流量，m^3/s；$\overline{Q}_{\max}$ 为多年平均最大流量，m^3/s；Φ 为中心角，(°)；R 以 m 计。

另外，还有一些考虑其他流域因素后的弯道形态关系式。如 Schumm 考虑河床和河岸组成物质中粉质黏土含量的增大，河弯跨度有减小的趋势，给出：

$$T = 1935Q_m^{0.48}M^{-0.74} \tag{39-11}$$

式中：Q_m 为年平均流量，m^3/s；M 为河床和河岸组成物质中粉质黏土的含量。河弯的弯曲系数（S）亦与 M 成指数关系：

$$S = 0.94M^{0.25} \tag{39-12}$$

在曲率半径与流量、中心角的关系中也有一些公式考虑了坡降的影响，如

$$R = KQ_{\pi}^{0.5}J^{-0.25}\Phi^{-1.3} \tag{39-13}$$

河弯平面形态与断面形态之间似也有一定的相关关系。Chitale 曾根据 42 条河流的实测资料，得出如下的经验关系：

$$S = 0.917\left(\frac{B}{h}\right)^{-0.065}\left(\frac{D}{H}\right)^{-0.077}J^{-0.052} \tag{39-14}$$

$$P_m / B = 36.3\left(\frac{B}{h}\right)^{-0.471}\left(\frac{D}{h}\right)^{-0.050}J^{-0.453} \tag{39-15}$$

式中：D 为床沙平均粒径；P_m 为自弯顶量起的河弯幅度（图 39-1）。式（39-14）和式（39-15）中的长度单位均以 m 计，坡降以万分率计。

（二）河弯流路方程研究

规则河弯流路的早期数学模型，如 Ferguson（1976）将河弯流路定义为正弦波、Fargue 定义为螺旋线、Von Schelling（1951）定义为正弦派生曲线，这三种模型基本上是相似的。每一模型在平滩水位条件下，用一尺度参数（弧度）和一形状参数（弧角，曲折率或最大曲率）来确定。张海燕（1990）等按河弯流路同螺旋运动或环流的沿程变化相关，也取得了一些研究成果。

1. 最小方差理论与正弦派生曲线

正弦派生曲线的起源可追溯到两固定点间的最可能路径。冲积河流为了输送来自流域的水和泥沙，必须保持一定的比降。在沿着河谷的任何两点之间，水流可以通过各种不同的流路，而依然保持该两点之间同样的比降。从概率的观点考虑，在这许许多多流路之间，必然有一条具有最大的可能性。Langbein 和 Leopold（1960）认为，这样一条最可能出现的流路，可以通过随机游移的模式来加以确定，是它规定了河弯的几何形态。

试设想河流沿它的流路前进一段距离 Δx 以后，它与原来的方向将偏离一个角度 $\Delta\Phi$，

$\Delta\Phi$ 的出现概率为 p。这个偏离角的概率可以假定具有正态分布。这样一个随机游移的模式可以带来各种不同的流路，其中最可能出现的流路相当于方差最小的流路，即

$$\sum\frac{(\Delta\Phi)^2}{\Delta x}=最小 \tag{39-16}$$

满足上述条件的流路，其上诸点的方向角应是沿着流路的距离的正弦函数，写成数学方程，即为

$$\Phi=\Omega\sin\frac{x}{T}2\pi \tag{39-17}$$

式中：Φ 为距离 x 处的方向角；T 为河弯跨度；Ω 为流路中各点与平均河谷方向所成夹角的最大值，所有的角度均以弧度计。

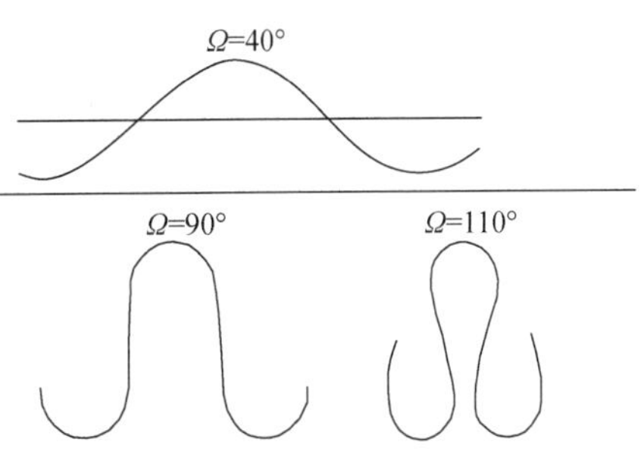

图 39-2　不同Ω的正弦派生曲线

图 39-2 为 Ω 为 40°、90°和 110°时的流路，它本身不是一条正弦曲线，而是由正弦函数派生出来的曲线，称之为“正弦派生曲线”，它比正弦曲线更为圆滑，在弯道处具有比较均匀的曲率半径。

图 39-3 为美国怀俄明州普博阿齐河（Popo Agie）实测资料与理论曲线的对比，图中的实测点子为沿着河槽每隔 30m 距离的方向角，可以看出点群很好地分布在正弦派生曲线的两侧。

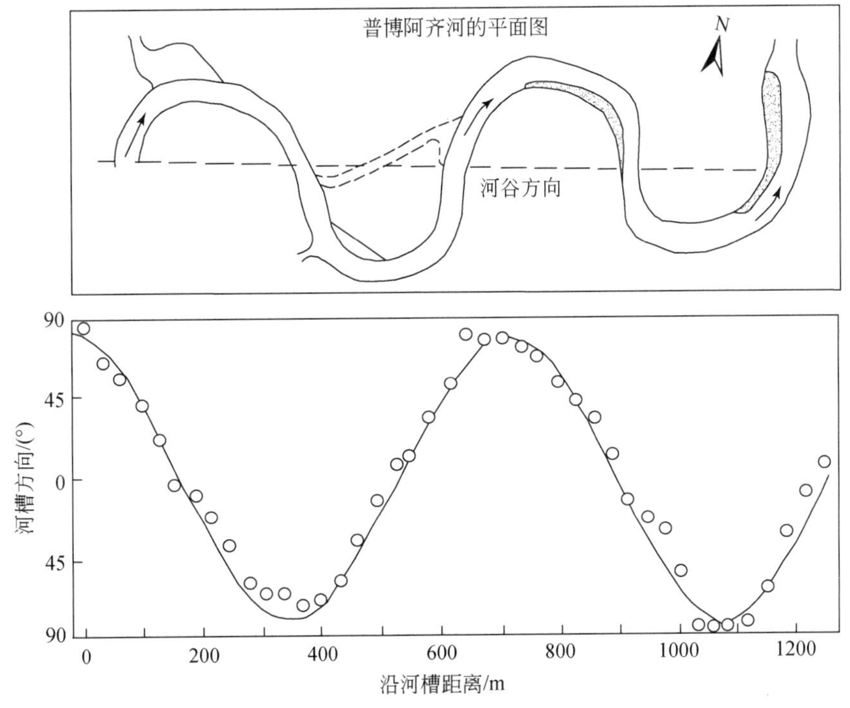

图 39-3　河流实测资料与偏离角沿程分布理论曲线（正弦派生曲线）对比图

图 39-2 所示的正弦派生曲线保持对称的外形，而在天然河弯中，特别是在发展成为畸形河弯以后，往往向一侧偏转。Parker 等（1983）等曾根据 Engelund 对弯道水流的动平衡解和弯道凹岸侵蚀的运动方程，对弯道发展的稳定性进行了分析，并求得河弯外形在蠕动中保持不变时的解：

$$\Phi = \Phi_0 \sin\varphi + \Phi_0^3 \left[\frac{1}{192} \sin\varphi + \frac{\sqrt{2\left(A + F_r^2\right)}}{128} \cos 3\varphi \right] \tag{39-18}$$

式中：Φ_0 为初始点（$x = 0$ 处）的方向角；φ 为相角；$F_r = \dfrac{U}{\sqrt{gh}}$；$A$ 为系数，反映了弯道环流对凹岸冲刷的影响。Φ_0 与 Φ 的最大值 $\Phi_{\max}$ 之间具有如下的关系：

$$\Phi_{\max} = \Phi_0 \left(1 - \frac{1}{192} \Phi_0^2 \right) \tag{39-19}$$

可以看出，如仅取式（39-18）右侧的第一项，则将得出与 Langbein 和 Leopold（1966）和 Leopold 和 Wolman（1960）推导得到的式（39-17）具有十分相似的正弦派生曲线。但由于第二项的影响，在 Φ_0 较大时，河弯外形将产生偏转。图 39-4 为取 A=2.89 时在不同 Φ_0 情况下的河弯外形。

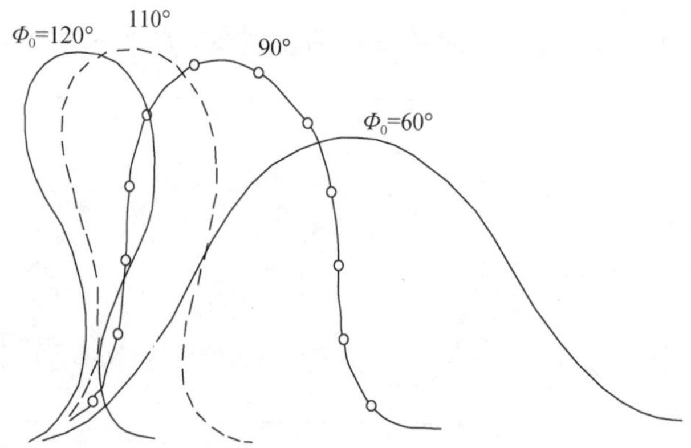

图 39-4　派克等所推导得到的河弯外形理论解

毋论是图 39-2 还是图 39-4 所示的河弯平面形态，都比较规则。天然河流由于边界组成物质的沿程变化，河岸抗冲性的千差万别，使得弯曲型河流的平面形态虽有周期性振荡运动的基本特点，但又因边界的影响而具有一定的随机性。Ferguson（1976）曾根据这种特点提出了弯曲河流平面形态的扰动的周期模式。他在弯曲型河流周期性无阻尼振荡方程式的基础上，叠加以局部边界的影响，得出了这种模式的数学表达式。

式（39-17）所示的是无阻尼的周期振荡模式，其微分形式是

$$\frac{\mathrm{d}^2\Phi}{\mathrm{d}x^2} = -\left(\frac{2\pi}{L}\right)^2 \Phi = -k^2\Phi \tag{39-20}$$

考虑河床和河岸组成物质的变化等影响所带来的随机性局部变异，式（39-20）中的 Φ 值应以随机变量（$\Phi-\varepsilon$）代替，其中 ε 是距离 x 处的周期振荡运动的偏离值，它是一个平均值为零的随机函数，表示造成河弯不规则的河床边界扰动的空间序列。在组成比较均一的河床，如试验水槽和冰川河流，ε 就比较小；而在河弯变形剧烈的弯曲型河流，ε 就比较大。

当在式（39-20）中仅以（$\Phi-\varepsilon$）代替 Φ 时，得出的结果还存在两个根本性的问题：

①虽然能得出弯曲河道的流路，但其振幅和方向角的变化却沿程逐渐增大，即得出的解是不稳定的；②得出的解多是对称的弯曲流路，且其河谷轴线总是直的，为了使方程的解稳定，必须使每个扰动所产生的振动向下游逐渐消失，这样虽然不断有新的扰动加入，方程的解仍可以是稳定的。为此，必须用阻尼振动代替无阻尼振动，使每个扰动所产生的振动经过一定距离就趋于消失。Ferguson（1976）采用不规则准周期性简谐阻尼振动方程式来模拟这种情况，其方程式为

$$\Phi+\frac{2\mu}{k}\frac{\mathrm{d}\Phi}{\mathrm{d}x}+\frac{1}{k^{2}}\frac{\mathrm{d}^{2}\Phi}{\mathrm{d}x^{2}}=\varepsilon \tag{39-21}$$

式中，μ为阻尼因子。当 $0<\mu<1$ 时，ε是距离 x 处的周期振荡运动的偏离值，它是一个期望值为零的随机函数，本身有稳定的解。当μ和ε均为零时，式(39-21)就还原为式(39-20)。

Ferguson 曾用上述模式模拟天然河流。在图 39-5（a）是特伦特（Trent）河的平面图，右边四个平面图是根据特伦特河的参数，按照扰动的周期模式确定的。可以看出，在河弯大小、形状和河道的总方向等方面模拟河流与特伦特河有一定相似之处，但在细节上差别仍很大，但至少给我们今后进一步研究提供了一个思路。

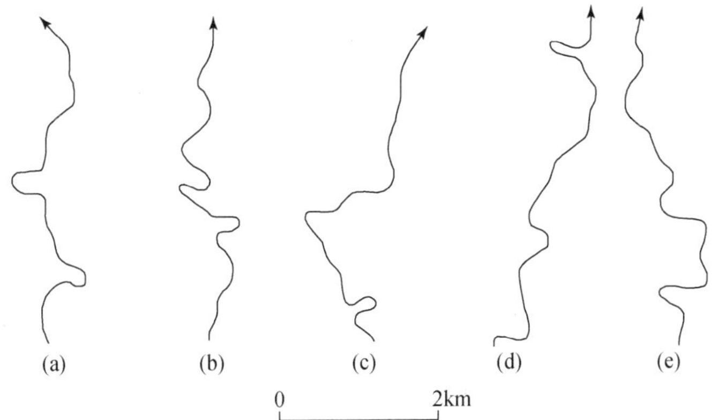

图 39-5　特伦特河的平面形态与模拟形态的比较

2. 张海燕河弯流路方程

张海燕（1990）也曾在导出横向流速沿河弯流路消长的一般方程的前提下，推出河弯流路方程为

$$\frac{F_1}{r}=\frac{F_1}{r_0}-\left[\left(\frac{F_1}{r_0}-v_c\right)-\int\left(\frac{F_3}{r_{c0}}-\frac{F_3}{r_0}\right)\exp\left(F_2 s\right)ds\right]\exp\left(-F_2 s\right) \tag{39-22}$$

其中，

$$F_1=\frac{H}{k}\left[\frac{10}{3}-\frac{1}{k}\frac{5}{9}\left(\frac{f}{2}\right)^{1/2}\right]U \tag{39-23}$$

$$F_2=\frac{k}{H}\left(\frac{f}{2}\right)^{1/2}\frac{m}{m+1} \tag{39-24}$$

$$F_3 = \left(\frac{1+m}{m} - \frac{m}{1+m}\right)U \tag{39-25}$$

式中：r 为沿河弯流路的水流曲率半径；r_0 为 B 或 F 点处河弯流路的最小曲率半径；r_c 为河槽曲率半径；r_{c0} 为最小河槽曲率半径；U 为断面平均流速；k 为卡门常数；v_c 为初始横向表面流速；s 河弯流路的弧长；f 为摩阻系数；H 为水深。横向表面流速 v 用下式计算：

$$\frac{v}{U} = \frac{1}{k}\frac{H}{r_c}\left[\frac{10}{3} - \frac{1}{k}\frac{5}{9}\left(\frac{f}{2}\right)^{1/2}\right] \tag{39-26}$$

给定弯顶河道曲率半径(r_0)及其他所需的量(H, U 和 f)，用有限差分法解方程(39-22)可得弯道流路。流路的几何图形用曲线距离的微小增量 Δs 进行计算，如图 39-6，从 B 到 F 的流路是在 D 点改变符号的横向流速消长的一个完整周期，B 点距 A 点的距离即相位滞后。计算从 B 点开始，但是用距点 A 的距离（即相位滞后）量度的该点的位置为一未知量。弯道流路是相位滞后值的函数。因此，根据不同的相位滞后可以得出不同的弯曲曲线。在规则弯道流路情况下，沿着曲线周期重复的各点具有相同的几何图形，据此，采用试算法可获得相位滞后值，使每一条流路的规则性得以保持。在试算过程中，假设不同的相位滞后进行计算，发现流路出现规则性重复流路图形的相位滞后约为弯顶至下一个拐点之间距离的 1/5。

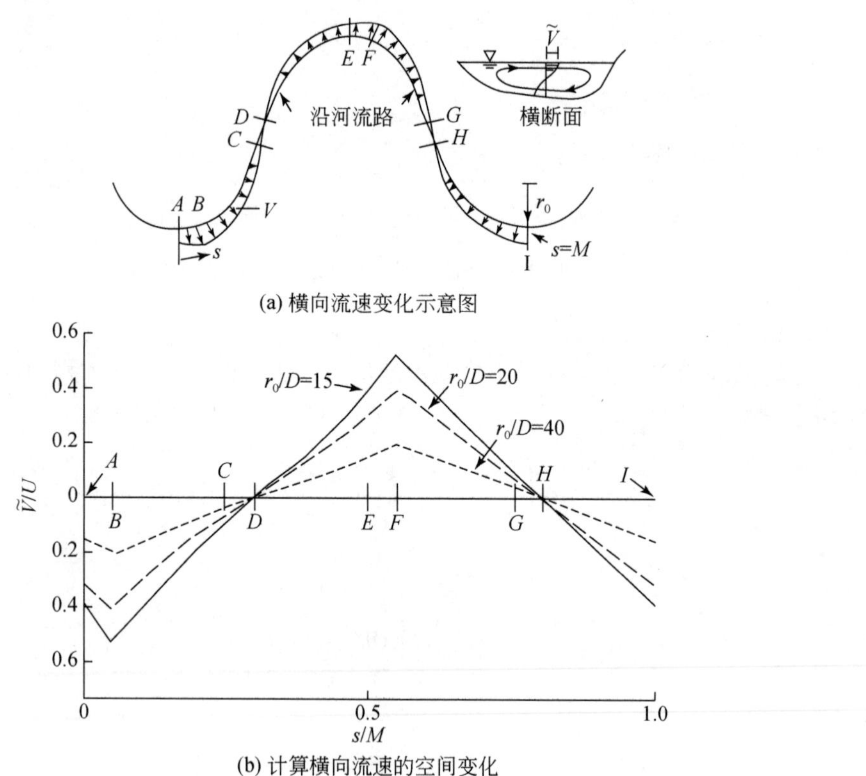

图 39-6　河弯流路的相位滞后

式（39-22）中的河道曲率半径 r_c 和 r_{c0}，分别用下游滞后距离处的流路曲率半径进行计算。在每一个增量 Δs 处，r 的值用式（39-22）计算，横向表面流速用式（39-26）计算，其他几何参数从下式求得

$$\theta_{j+1} = \theta_j + \frac{\Delta s}{\gamma_j} \tag{39-27}$$

$$x_{j+1} = x_j + \Delta s \cos\theta_j \tag{39-28}$$

以及

$$y_{j+1} = y_j + \Delta s \sin\theta_j \tag{39-29}$$

式中：x 为水平坐标；y 为垂直坐标，下角标 j 和 j+1 是 s 坐标的标记。计算精度取决于 Δs 的大小。由计算经验得知，如 $\Delta s < H/4$，则计算结果趋于稳定。

目前的问题是，如何使这些成果转化应用到黄河下游游荡性河道的整治实践中，针对黄河下游游荡型河道河势演变（平面变化）规律，开展对河道整治有直接指导意义的机理层面上的基本理论研究，以便采用比较切实可行的河道整治方案，并进行有效的河道综合治理。

二、黄河下游游荡性河道河弯整治流路基本方程探讨

通过对已有成果的分析，我们认为最小方差理论较好的表达了河势流路演变的相关性，以及河床演变过程中水流动力条件的影响，因此把最小方差理论引入黄河下游游荡型河道河弯形成的内在机理研究中。

（一）黄河下游游荡性河段自由发展河弯形态和正弦派生曲线的对比

在 20 世纪 50～60 年代，黄河下游游荡性河道整治工程少，河道基本处于自由发展状态。为了分析黄河下游游荡性河道自然条件下河势的演变情况，我们选取了河势发育较充分的几个典型河段的河势与正弦派生曲线进行对比分析。由于黄河游荡性河段河势具有宽浅散乱的特点，我们在统计河道方向角的过程中不考虑小支汊、串沟的变化，主要依据汛后主流线的发展趋势分析。

1953 年，全年来水量为 434 亿 m^3，而汛期的来沙量却达到了 15.886 亿 t，汛期平均输沙率为 149t/s，平均流量为 2390m^3/s。整个大河的流路相对弯曲，表 39-1 为 1953 年汛后马庄—武庄河段河势方向角的统计情况，图 39-7 为统计值与正弦派生曲线的对比情况，可以看出，二者符合的相当好。

1954 年为丰水年，来水来沙量较 1953 年均有所增大，年水量为 594 亿 m^3，汛期流量为 3566m^3/s，汛期输沙率为 222t/s。大河流路与 1953 年相比，趋直的较多，表 39-2 和图 39-8 列出了该年汛后蔡集—周营河段河势方向角的有关统计资料和与正弦派生曲线的对比情况，可以看出，实测河势明显较平直（江恩慧等，2008）。

表 39-1　1953 年汛后马庄—武庄河段河势方向角

曲线距离/km	方向角/（°）	曲线距离/km	方向角/（°）	曲线距离/km	方向角/（°）	曲线距离/km	方向角/（°）
0	24	6.96	-11	13.92	-6	20.88	30
0.87	25	7.83	-19	14.79	0	21.75	29
1.74	26	8.7	-29	15.66	4	22.62	25
2.61	15	9.57	-33	16.53	15	23.49	16
3.48	2	10.44	-31	17.4	29	24.36	6
4.35	-4	11.31	-28	18.27	34	25.23	0
5.22	-5	12.18	-25	19.14	33	26.1	-3
6.09	-7	13.05	-15	20.01	31		

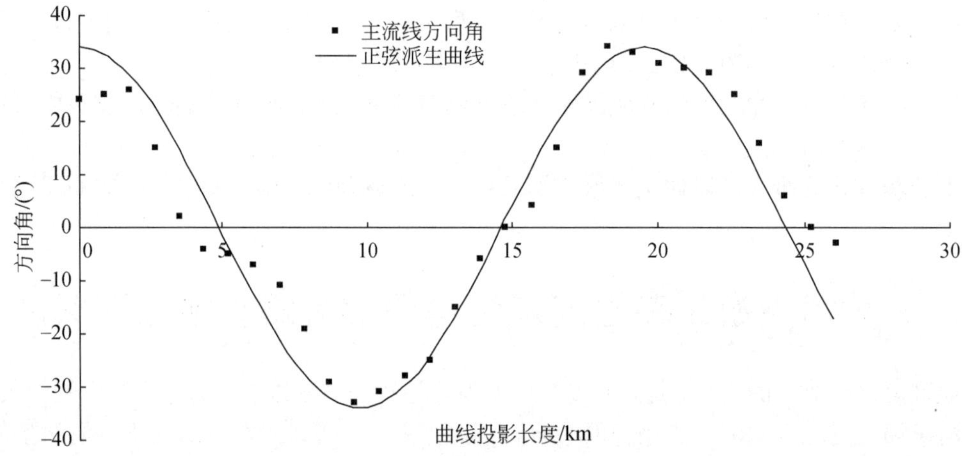

图 39-7　马庄—武庄 1953 年汛后主流线方向角与正弦派生曲线的对比

注：该时间段花园口脱河，主流走北

表 39-2　1954 年汛后蔡集—周营河段河势方向角

曲线距离/km	方向角/（°）	曲线距离/km	方向角/（°）	曲线距离/km	方向角/（°）	曲线距离/km	方向角/（°）
0	5	6.384	19	12.768	-32	19.152	20
0.912	42	7.296	18	13.68	-26	20.064	25
1.824	35	8.208	15	14.592	-20	20.976	25
2.736	28	9.12	-6	15.504	-13	21.888	25
3.648	22	10.032	-36	16.416	-2	22.8	16
4.56	20	10.944	-43	17.328	7	23.712	9
5.472	19	11.856	-39	18.24	16		

1964 年水量相对丰沛，三黑小三站年径流量达到了 752 亿 m^3，此时正处于三门峡水库蓄水拦沙运用下游河道普遍冲刷时期。三门峡枢纽明显起到了削减洪峰和沙峰的作用，汛期的平均流量为 $4582m^3/s$，汛期输沙率仅为 78.78t/s。枢纽的削峰作用使得赵沟—神堤河段的河势主流线呈现向微弯型流路发展。表 39-3 和图 39-9 列出了该年汛后赵沟—神堤河段河势方向角的有关统计资料和与正弦派生曲线的对比情况，可以看出两者基本符合。

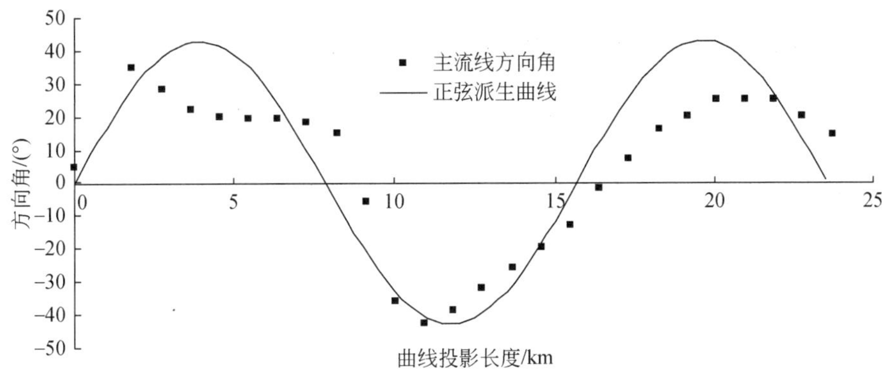

图 39-8　蔡集—周营 1954 年汛后河势方向角与正弦派生曲线的对比

从以上三个河段不同年份的对比可以看出，黄河下游游荡性河段自由发展情况下的河弯主流线方向角统计值与正弦派生理论曲线基本符合。但是，受来水来沙条件不确定性、复杂河床边界条件及床沙组成等的影响，实测值与正弦派生曲线尚存在一定偏差，而且丰水年的流路要比中枯水年的流路顺直。

表 39-3　1964 年汛后赵沟—神堤河势方向角

曲线距离/km	方向角/（°）	曲线距离/km	方向角/（°）	曲线距离/km	方向角/（°）	曲线距离/km	方向角/（°）
0	0	6.304	34	12.608	-6	18.912	-10
0.788	5	7.092	14	13.396	5	19.7	-34
1.576	43	7.88	-5	14.184	20	20.488	-46
2.364	65	8.668	-22	14.972	29	21.276	-38
3.152	60	9.456	-36	15.76	35	22.064	-30
3.94	56	10.244	-46	16.548	34	22.852	-14
4.728	54	11.032	-29	17.336	21	23.64	0
5.516	45	11.82	-15	18.124	5	24.428	29

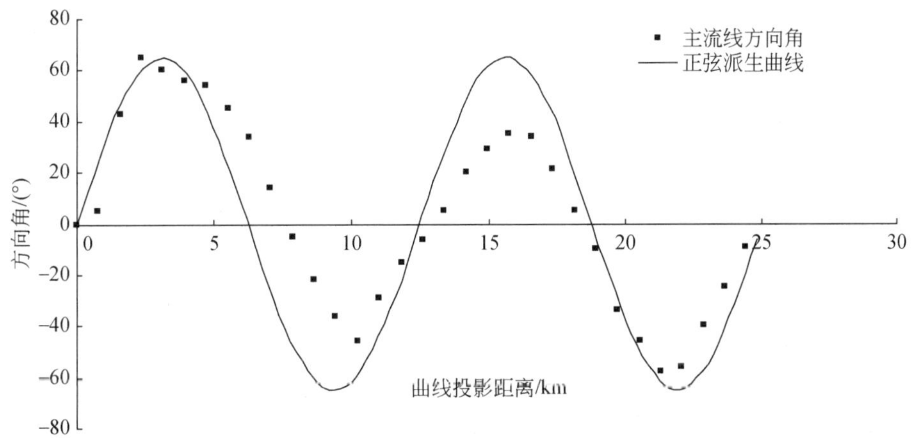

图 39-9　赵沟—神堤河段 1964 年汛后河势方向角与正弦派生曲线的对比

（二）均质河床自由发展的河弯形态与正弦派生曲线

为了进一步说明河弯形态与正弦派生曲线的关系，下面采用张红武、赵连军等学者在“八五”科技攻关期间所作的模型小河试验河势进行对比研究（图 39-10，胡一三等，1996）。该试验初始地形采用粒径 $D_{50}\approx 0.1\text{mm}$ 的塑料沙（颗粒间基本无黏性可言）铺设成规则的矩形河槽，为动床清水试验。初始试验流量为 250mL/s。在水流强度相对较强的情况下，即形成一个宽浅、散乱的游荡性小河；当流量进一步减小，即水流强度减小到一定程度后，河型变成分汊型；进一步把流量减小到 20mL/s，水流强度进一步减弱，模型小河逐步演变成一个微弯型河道。

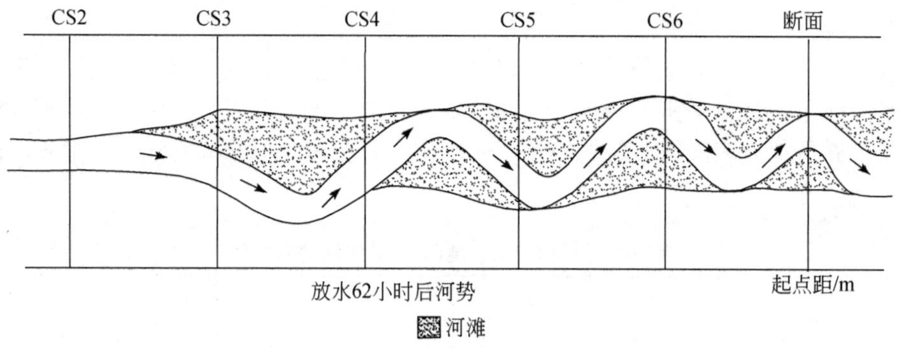

图 39-10　模型小河试验河势

试验初始河床铺设的模型沙上下游基本一致，可认为上下游河床组成是均质的。其最终的河势方向角实测结果与正弦派生曲线的对比如图 39-11（距起点约 15m 的 CS4 断面前的部分由于是直河段送流部分，弯道发展不充分，故未采用），可以看出，自由发展形成的河势方向角的测量值与正弦派生曲线吻合的非常好。

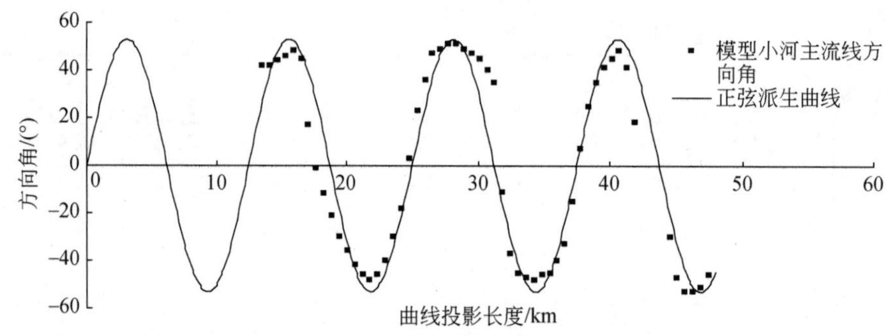

图 39-11　自由发展小河主流线方向角与正弦派生曲线

江恩慧等（2006）开展的不同入流角试验中也同样得到了类似的成果，该试验河床边界条件是依据黄河下游花园口—东坝头河段实际情况进行概化。模拟的原型河道比降为2‱，模型沙采用热电厂粉煤灰，模型比尺采用花园口—东坝头河段河道动床模型的比尺，即水平比尺 $\lambda_L=800$、垂直比尺 $\lambda_h=60$、比降比尺 $\lambda_J=\lambda_h/\lambda_L=0.075$。花园口—东坝头河道模型经过了不同典型年的验证，因此，依据该模型模拟的概化模型基本满足有关相似条件。试验共布设两个固定河弯，在给定不同入流角的情况下，研究其第三个河弯在自由发展状况下的变化过程和最终形态。图 39-12 示出的为入流角为 36°、Q=3700m^3/s、试验至第 100 天时的河势；图 39-13 是河弯流路方向角与正弦派生曲线的对比情况，可以看出，两者基本吻合（起点为 CS13 断面）。

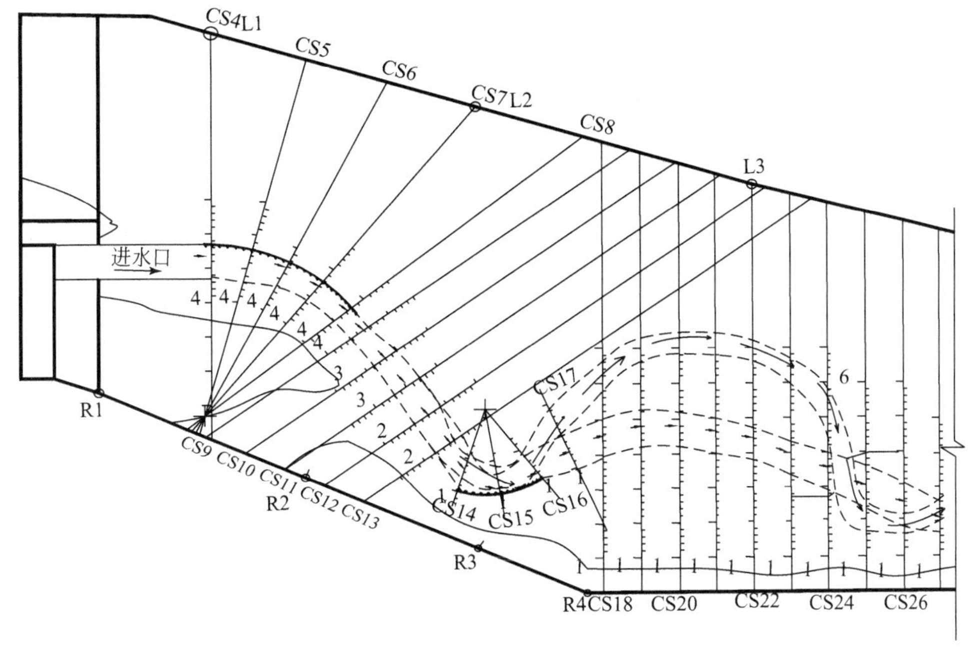

图 39-12　不同入流角试验中入流角为 36°时局部河势图

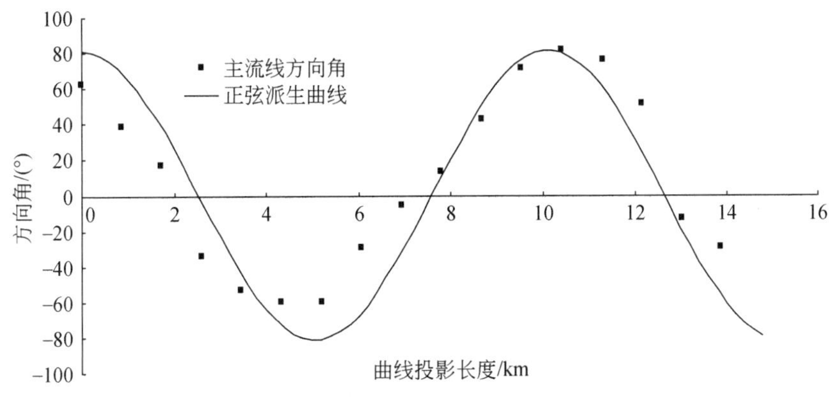

图 39-13　不同入流角试验河弯流路与正弦派生曲线对比

总之，通过以上原型河势、模型河势方向角与正弦派生曲线的对比，可以看出，正弦派生曲线基本可以反映游荡性河道自由发展状态下河势变化的形态特征，因此，可以用正弦派生曲线来描述黄河下游游荡性河道河势流路的发展状况。

（三）黄河下游游荡型河道河弯整治流路基本方程

根据上述分析，黄河下游游荡性河段自由发展状态下的河弯形态与正弦派生曲线具有相似性，那么目前在河道整治中进行工程布局时，河弯形态是否也能采用正弦派生曲线呢？

为此，我们分别选取黄河下游三个河势比较规顺的原型模范河段（铁谢—神堤、马庄—武庄、禅房—高村）2003 年汛后河势主流线进行分析。图 39-14、图 39-15、图 39-16 分别为这三个河段 2003 年汛后的河势图，据此测得的各河段河势方向角如表 39-4、表 39-5、表 39-6 所示，实测数据与正弦派生曲线的对比见图 39-17～图 39-19。

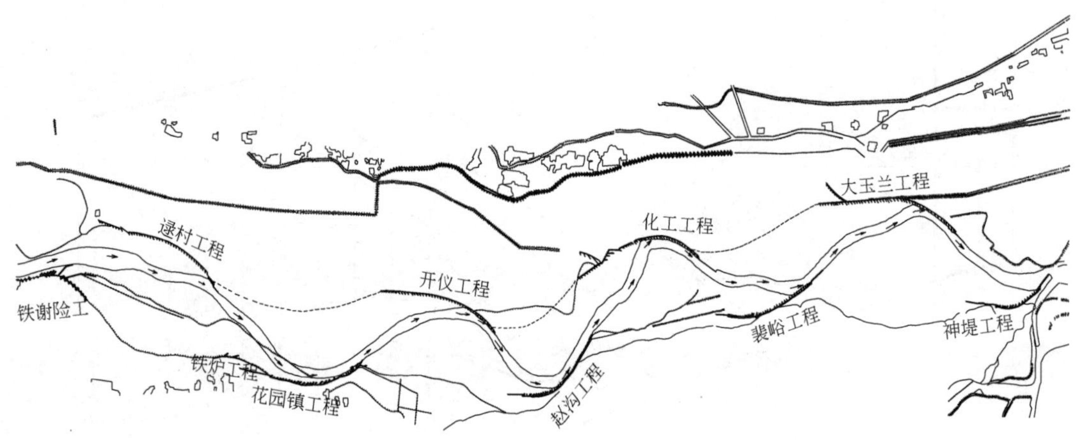

图 39-14　铁谢—神堤河段 2003 年汛后河势图

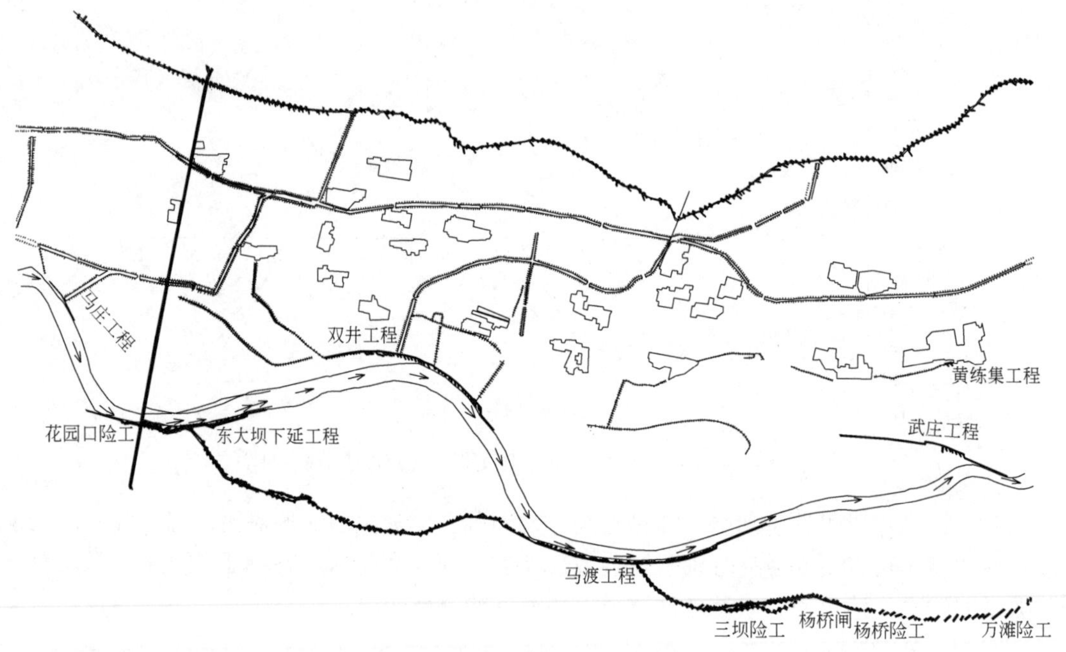

图 39-15　马庄—武庄河段 2003 年汛后河势图

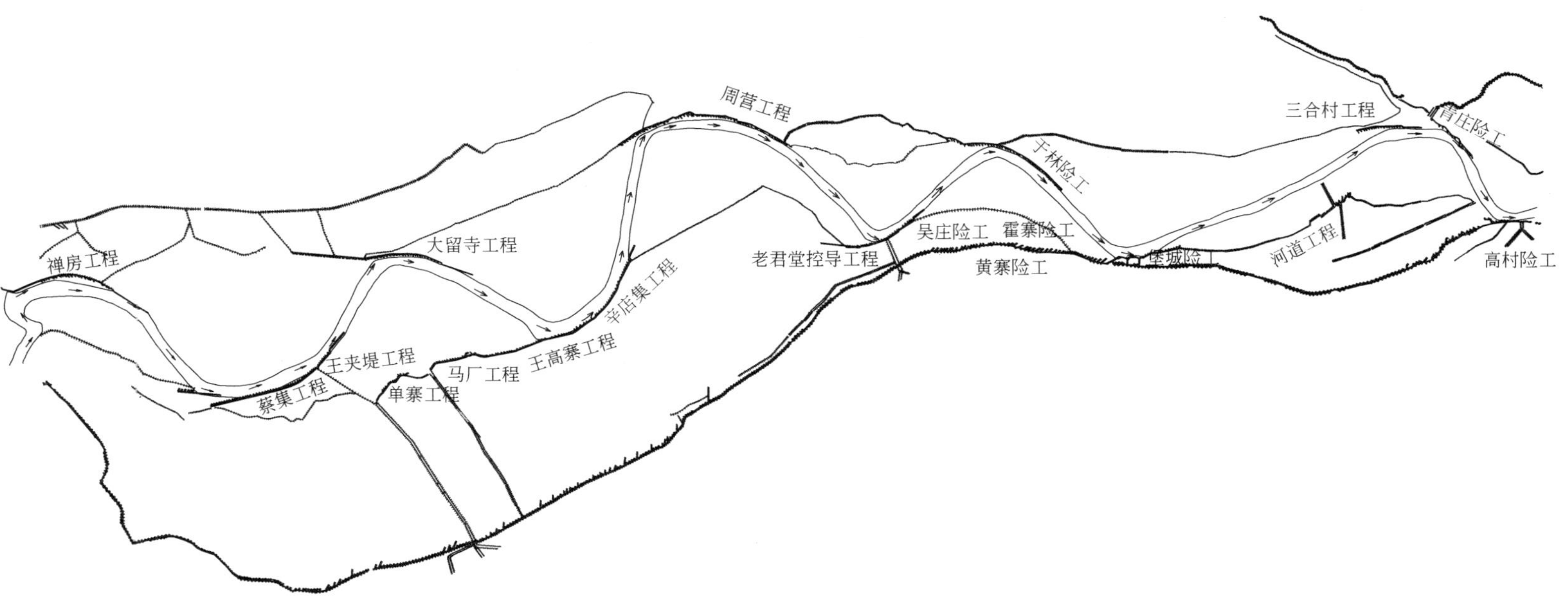

图 39-16　禅房—高村河段2003年汛后河势图

表 39-4　铁谢—神堤河段 2003 年汛后主流线方向角

曲线距离/km	方向角/（°）	曲线距离/km	方向角/（°）	曲线距离/km	方向角/（°）	曲线距离/km	方向角/（°）
0	0	12.411	−14	24.822	−10	37.233	26
0.591	6	13.002	−5	25.413	20	37.824	38
1.182	10.5	13.593	12	26.004	46	38.415	41
1.773	10	14.184	25	26.595	49	39.006	43
2.364	8	14.775	30	27.186	53	39.597	45
2.955	5	15.366	32	27.777	53	40.188	43
3.546	4	15.957	34	28.368	53	40.779	40
4.137	−3	16.548	35	28.959	46	41.37	33
4.728	−8	17.139	35	29.55	44	41.961	20
5.319	−17	17.73	33	30.141	43	42.552	−10
5.91	−24	18.321	24	30.732	33	43.143	−25
6.501	−28	18.912	17	31.323	7	43.734	−35
7.092	−33	19.503	5	31.914	−16	44.325	−43
7.683	−37	20.094	−10	32.505	−27	44.916	−49
8.274	−39	20.685	−26	33.096	−30	45.507	−51
8.865	−40	21.276	−33	33.687	−33	46.098	−46
9.456	−40	21.867	−38	34.278	−31	46.689	−45
10.047	−40	22.458	−41	34.869	−29	47.28	−40
10.638	−38	23.049	−39	35.46	−21	47.871	−33
11.229	−30	23.64	−36	36.051	−4		
11.82	−22	24.231	−30	36.642	11		

表 39-5　马庄—武庄河段 2003 年汛后主流线方向角

曲线距离/km	方向角/（°）	曲线距离/km	方向角/（°）	曲线距离/km	方向角/（°）	曲线距离/km	方向角/（°）
0	−53	8.411	26	16.822	−57	25.233	31
0.647	−58	9.058	28	17.469	−53	25.88	24
1.294	−57	9.705	28	18.116	−37	26.527	20
1.941	−64	10.352	27	18.763	−12	27.174	16
2.588	−61	10.999	25	19.41	3	27.821	14
3.235	−57	11.646	22	20.057	11	28.468	13
3.882	−39	12.293	20	20.704	15	29.115	10
4.529	−10	12.94	16	21.351	18	29.762	6
5.176	7	13.587	−14	21.998	22	30.409	4
5.823	14	14.234	−40	22.645	28	31.056	−9
6.47	19	14.881	−48	23.292	34	31.703	−16
7.117	22	15.528	−45	23.939	36	32.35	−24
7.764	24	16.175	−55	24.586	35	32.997	−26

表 39-6　禅房—高村河段 2003 年汛后主流线方向角

曲线距离/km	方向角/（°）	曲线距离/km	方向角/（°）	曲线距离/km	方向角/（°）	曲线距离/km	方向角/（°）
0	-21	18.512	-45	37.024	-38	55.536	30
0.712	-26	19.224	-45	37.736	-44	56.248	34
1.424	-31	19.936	-42	38.448	-45	56.96	36
2.136	-38	20.648	-40	39.16	-49	57.672	36
2.848	-49	21.36	-33	39.872	-49	58.384	36
3.56	-57	22.072	-20	40.584	-35	59.096	36
4.272	-61	22.784	3	41.296	-30	59.808	34
4.984	-60	23.496	15	42.008	0	60.52	30
5.696	-55	24.208	31	42.72	35	61.232	30
6.408	-50	24.92	44	43.432	45	61.944	25
7.12	-31	25.632	56	44.144	50	62.656	24
7.832	-15	26.344	64	44.856	58	63.368	21
8.544	4	27.056	70	45.568	48	64.08	16
9.256	15	27.768	75	46.28	43	64.792	14
9.968	24	28.48	75	46.992	35	65.504	5
10.68	31	29.192	74	47.704	15	66.216	-3
11.392	40	29.904	85	48.416	-15	66.928	-24
12.104	48	30.616	79	49.128	-35	67.64	-41
12.816	51	31.328	65	49.84	-42	68.352	-45
13.528	52	32.04	41	50.552	-46	69.064	-55
14.24	50	32.752	22	51.264	-46	69.776	-60
14.952	46	33.464	7	51.976	-43	70.488	-62
15.664	20	34.176	-4	52.688	-40	71.2	-63
16.376	-14	34.888	-13	53.4	-30		
17.088	-35	35.6	-20	54.112	-11		
17.8	-45	36.312	-29	54.824	18		

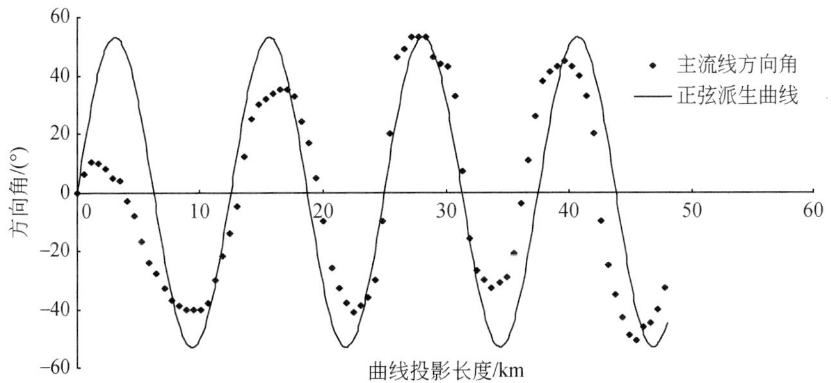

图 39-17　铁谢—神堤河段 2003 年汛后主流线方向角与正弦派生曲线对比图

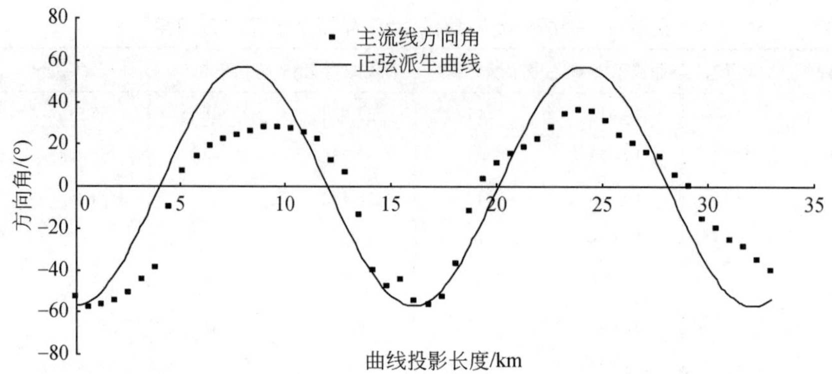

图 39-18　马庄—武庄河段 2003 年汛后主流线方向角与正弦派生曲线对比图

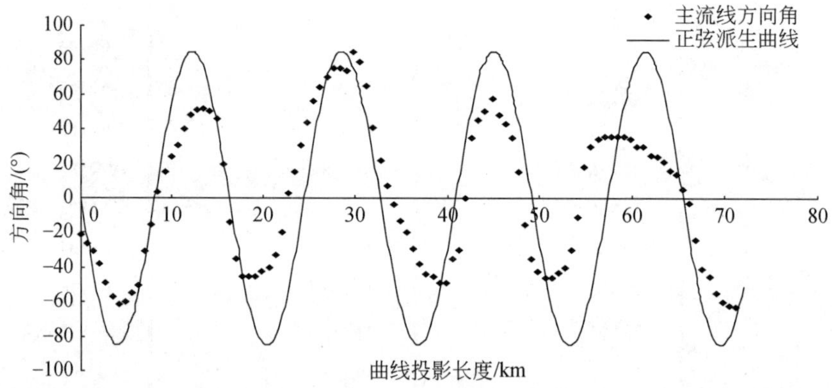

图 39-19　禅房—高村河段 2003 年汛后主流线方向角与正弦派生曲线对比图

从上述验证结果可以看出，对黄河下游目前河道整治工程控制下的河弯流路，整治较好河段的实际流路与正弦派生理论曲线基本符合，说明正弦派生曲线公式对于黄河下游整治工程比较完善的河段也是适用的。为了将此曲线用于整治不完善河段的河道整治工程布局，需要确定公式中的两个关键变量Ω、T的取值方法。由于河弯形态的塑造主要受河床特征物理量（如比降、床沙粒径）和来流条件（整治流量或平滩流量）影响，对这些河段来说，整治流量（或平滩流量）在短时间内变化不会太大，可以取定值，因此可以只选用这些河段多年平均床沙 D_{50}、河床纵比降 J，回归分析得到 Ω、T 与这些参数的关系。

表 39-7 为模范河段近年相对稳定流路下相关参数的统计资料，据此进行回归分析，可得：

$$T = 721\left(\frac{D_{50}^{\frac{1}{3}}}{J}\right)^{0.49} \tag{39-30}$$

$$\Omega = 0.04\left(\frac{D_{50}^{\frac{1}{3}}}{J}\right)^{1.25} \tag{39-31}$$

式中：T 为某河段河弯跨度，m；J 为河道纵比降；D_{50} 为床沙中值粒径，m；Ω为某个河弯流路与平均河谷方向所成最大夹角的平均值，按弧度计。

在运用式（39-30）、式（39-31）进行某个河段河弯流路规划时，需要知道规划河段内

每个河弯的 J 和 D_{50}，然后取这些计算值的最大值，代入正弦派生曲线进行计算。实际上，我们往往关注规划河段平均的河床比降 J 和平均床沙中值粒径 D_{50}，对具体某个河弯的比降和床沙组成不太关心。因此，为便于公式运用，我们又对模范河段选用的 Ω 和 T 值，与这些河段各个河弯的平均 Ω 和 T 值进行了比较，见表 39-8、表 39-9。

表 39-7　模范河段近年相对稳定流路下相关参数的统计表

名称	河弯跨度 T/km	比降 J/‱	D_{50}/mm	最大方向角/（°）
逯村	13	3.26	0.2373	10.5
花园镇	12.2	2.54	0.1673	−40
开仪	9.5	2.64	0.1635	35
赵沟	9.3	2.94	0.1597	−41
化工	9.775	2.75	0.1529	53
裴峪	10.05	2.46	0.1460	−33
大玉兰	10.2	2.20	0.1392	45
神堤	9.4	2.16	0.1324	−51
马庄	8.35	2.08	0.1126	−64
花园口	11.2	2.05	0.1146	28
双井	13.5	2.09	0.1122	−57
马渡	16.35	2.10	0.1098	36
武庄	12.55	2.00	0.1074	−61
辛店集	12.55	1.54	0.0765	51
周营	12.15	1.51	0.0753	−45
老君堂	10.2	1.48	0.0742	75
于林	11.25	1.45	0.0730	−49
堡城	15	1.42	0.0719	58
三合村	14.25	1.39	0.0713	−46

表 39-8　模范河段稳定河势主流线最大方向角统计表

河弯名称	最大角度/（°）	河弯名称	最大角度/（°）	河弯名称	最大角度/（°）
逯村	10.5	马庄	24.62	蔡集	61
花园镇	40	花园口	64	大留寺	52
开仪	35	双井	28	辛店集	45
赵沟	41	马渡	57	周营	85
化工	56	武庄	36	老君堂	49
裴峪	33			于林	50
大玉兰	45			堡城	46
神堤	46			三合村	36
				高村	62
平均值	37.93		42		54
放大系数 $\Omega_{max}/\overline{\Omega}$	1.47		1.52		1.55

表 39-9 模范河段稳定河势流路河弯跨度统计表

河弯名称	实测 T 值/km	河弯名称	实测 T 值/km	河弯名称	实测 T 值/km
逯村	13	马庄	8.35	禅房	11.75
花园镇	12.2	花园口	11.2	蔡集	14.9
开仪	9.5	双井	13.5	大留寺	11.65
赵沟	9.3	马渡	16.35	辛店集	12.55
化工	9.775	武庄	12.55	周营	11.65
裴峪	10.05			老君堂	10.25
大玉兰	10.2			于林	9.8
神堤	9.4			堡城	15.75
				三合村	14.05
				高村	10.6
平均值	10.43		12.39		12.295
放大系数 $l_{max}/\bar{l}$	1.17		1.32		1.28

从表中可以看出，三个模范河段稳定流路的各河弯方向角的平均值与最大值相差 1.47～1.55 倍，河弯跨度的平均值与最大值相差 1.17～1.32 倍，综合评价后，$\varOmega$ 的放大系数取为 1.5，即 $\varOmega = k_1\overline{\varOmega} = 1.5\overline{\varOmega}$；$T$ 放大系数取为 1.2，即 $T = k_2\overline{T} = 1.2\overline{T}$ 。

将式（39-30）、式（39-31）代入式（39-17），并计入放大系数后，得

$$\varPhi = k_1 0.04\left(\frac{D_{50}^{\frac{1}{3}}}{J}\right)^{1.25} \sin 2\pi \frac{x}{k_2 721\left(\frac{D_{50}^{\frac{1}{3}}}{J}\right)^{0.49}} \tag{39-32}$$

运用式（39-32）分别对目前黄河下游河道整治工程尚未完善的河段规划整治流路进行了验证（柳园口—府君寺、赵口—黑岗口）。选用的河势为黄河下游河道整治规划方案检验试验第 20 年汛后河势，两个河段的有关统计数据见表 39-10 和表 39-11，其中 D_{50}、J 取近年平均值，验证结果如图 39-20 和图 39-21 所示。

验证结果表明按照整治规划流路布置的河道整治工程基本可以实现微弯型整治方案近期相对稳定河势的整治目标，以此进行工程布局符合游荡性河道自然发展规律，因此是合理的。

总之，把式（39-32）作为黄河下游游荡型河道流路方程，并以此指导游荡性河道进一步整治的工程布局是基本可行的。

为了更加直观地表达河弯流路方程，进一步将流路方程（39-32）转换为 XY 直角坐标形式（图 39-22）。

表 39-10　赵口—黑岗口河段规划整治验证试验第 20 年汛后主流线方向角

曲线距离/km	方向角/（°）	曲线距离/km	方向角/（°）	曲线距离/km	方向角/（°）	曲线距离/km	方向角/（°）
0	0	11.228	-20	22.456	-48	33.684	-55
0.802	23	12.03	-6	23.258	-49	34.486	-44
1.604	60	12.832	20	24.06	-37	35.288	-37
2.406	66	13.634	28	24.862	-7	36.09	-22
3.208	67	14.436	29	25.664	13	36.892	-9
4.01	65	15.238	30	26.466	28	37.694	2
4.812	62	16.04	32	27.268	46	38.496	7
5.614	62	16.842	32	28.07	65	39.298	15
6.416	45	17.644	16	28.872	66	40.1	19
7.218	14	18.446	-14	29.674	60	40.902	35
8.02	-28	19.248	-34	30.476	34		
8.822	-26	20.05	-41	31.278	5		
9.624	-32	20.852	-41	32.08	-52		
10.426	-38	21.654	-42	32.882	-56		

表 39-11　柳园口—府君寺河段规划整治验证试验第 20 年主流线方向角

曲线距离/km	方向角/（°）	曲线距离/km	方向角/（°）	曲线距离/km	方向角/（°）	曲线距离/km	方向角/（°）
0	-6	6.512	-40	13.024	42	19.536	-38
0.592	27	7.104	-48	13.616	44	20.128	-39
1.184	48	7.696	-52	14.208	42	20.72	-38
1.776	44	8.288	-52	14.8	41	21.312	-35
2.368	43	8.88	-50	15.392	43	21.904	-28
2.96	44	9.472	-48	15.984	39	22.496	-11
3.552	44	10.064	-45	16.576	25	23.088	-5
4.144	40	10.656	-39	17.168	-2	23.68	15
4.736	28	11.248	-14	17.76	-25	24.272	25
5.328	7	11.84	16	18.352	-35		
5.92	-24	12.432	30	18.944	-37		

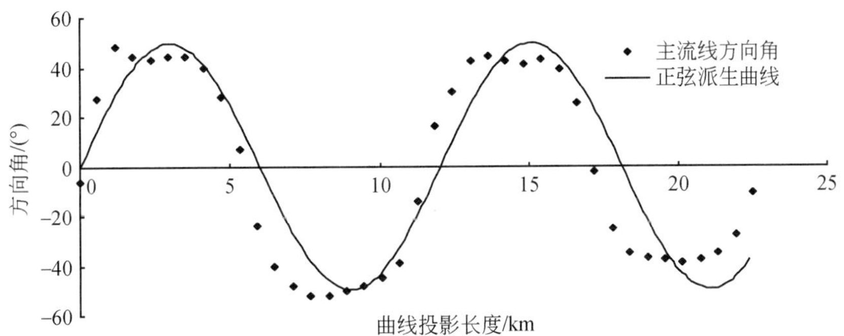

图 39-20　赵口—黑岗口规划流路与正弦派生曲线（D_{50}=0.1mm　J=0.0002）

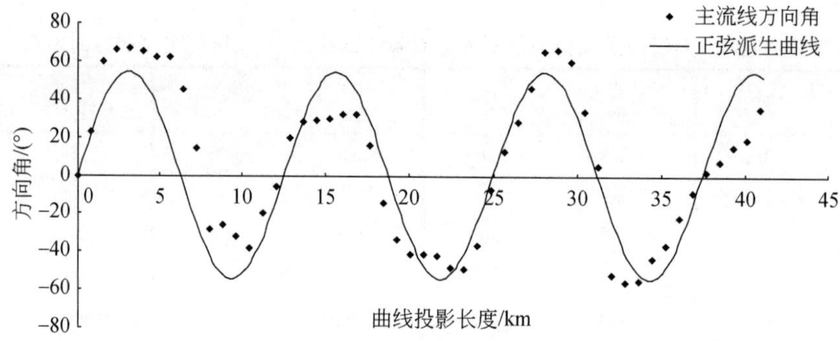

图 39-21　柳园口—府君寺规划流路与正弦派生曲线（D_{50}=0.08mm　J=0.0002）

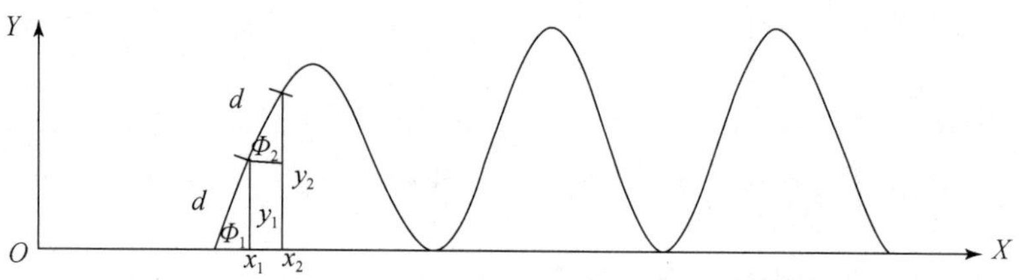

图 39-22　流路方程转换直角坐标示意图

取河势流路曲线每微分段长度为 d。可以得到流路曲线横坐标 X、流路曲线纵坐标 Y 与流路方向角 Φ 的关系如表 39-12。

表 39-12　流路方程曲线坐标与 *XY* 直角坐标的转换关系

曲线距离/（km）	流路曲线纵坐标/km	流路曲线横坐标/km
$x_1=0$	$Y_1=0$	$X_1=0$
$x_2=d$	$Y_2=d\sin\Phi_1$	$X_2=d\cos\Phi_1$
$x_3=2d$	$Y_3=d(\sin\Phi_1+\sin\Phi_2)$	$X_3=d(\cos\Phi_1+\cos\Phi_2)$
$x_4=3d$	$Y_4=d(\sin\Phi_1+\sin\Phi_2+\sin\Phi_3)$	$X_4=d(\cos\Phi_1+\cos\Phi_2+\cos\Phi_3)$
⋮	⋮	⋮
$x_n=(n-1)d$	$Y_n=d(\sin\Phi_1+\sin\Phi_2+\cdots+\sin\Phi_{n-1})$	$X_n=d(\cos\Phi_1+\cos\Phi_2+\cdots+\cos\Phi_{n-1})$

当 d 足够小可记为 $d=\mathrm{d}x$，则直角坐标系下的流路方程即为

$$X=\int_0^x\cos\left(\Omega\sin\frac{2\pi x}{T}\right)\mathrm{d}x \tag{39-33}$$

$$Y=\int_0^x\sin\left(\Omega\sin\frac{2\pi x}{T}\right)\mathrm{d}x \tag{39-34}$$

由于上述两积分式为非常规积分，不能直接得到解析式。但利用 Excel 或 Mathematic 等工具可以很容易得到其数值解。

以铁谢—伊洛河口河段进行验证。取Ω=0.925、T=12.5km，微分段 d=0.2km。验证结

果如图 39-23 所示。从图中可见，数值计算的河段直线长度与实际直线距离（39.93km）非常接近，而且流路横向摆幅，河弯跨度等指标与规划流路的指标也比较接近。

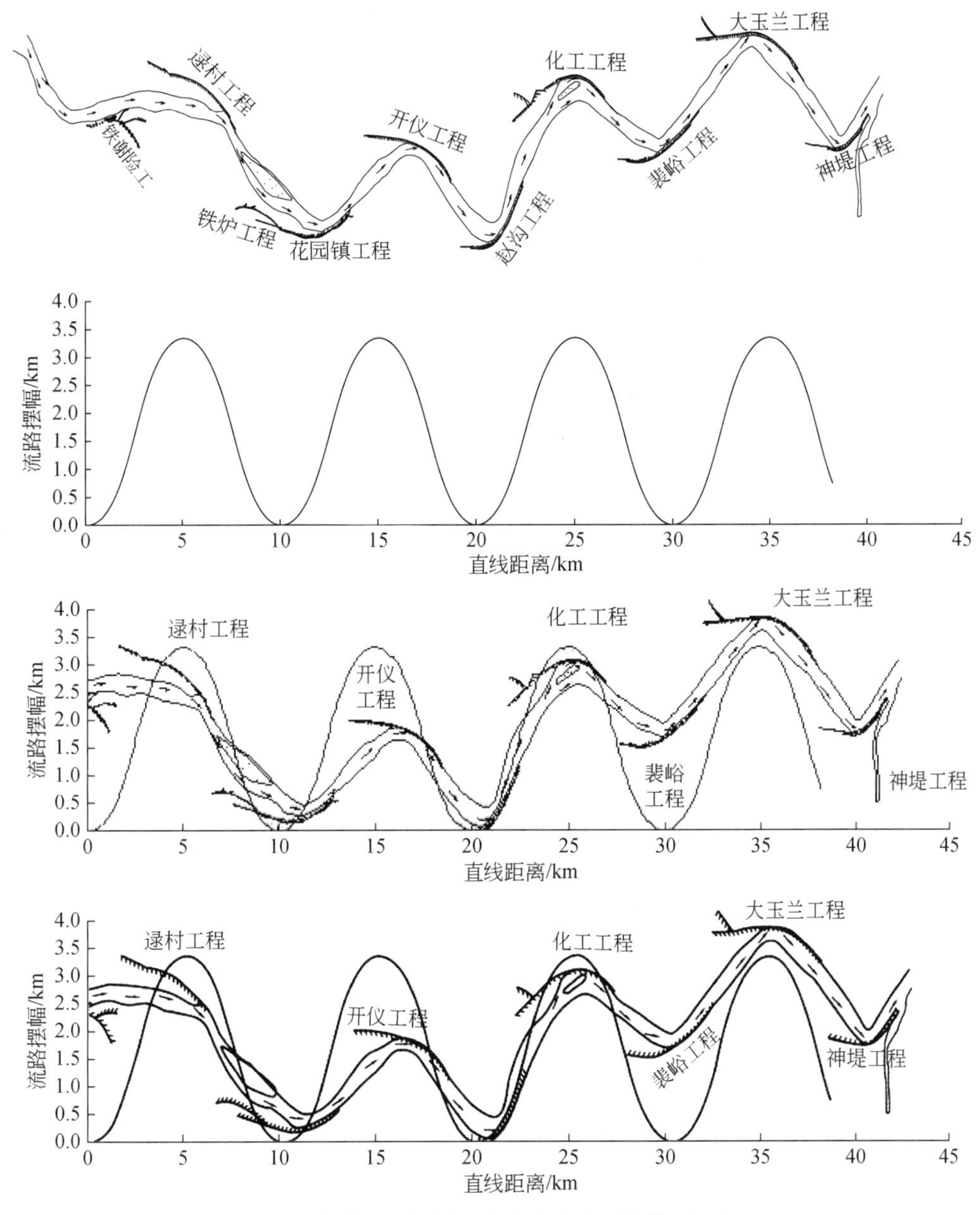

图 39-23 计算流路与规划方案流路对比（铁谢—伊洛河口）

三、黄河下游游荡性河段微弯型整治方案评价

（一）相位滞后

在弯曲河流中，河槽主流线和河槽中线不相同，即存在如图 39-24 所示的相位滞后。

将所考虑的范围定为点 A 到 F。弯曲河流的观测通常表明：水流的最大曲率处（在 B 或 F）趋向于弯顶（A 或 E）的下游，该处河槽曲率最大。在拐点 C，河槽曲率为零，但水流曲率和横向环流不完全为零，而是在 D 点，即 C 点的下游处为零。我们称此现象为相位滞后。

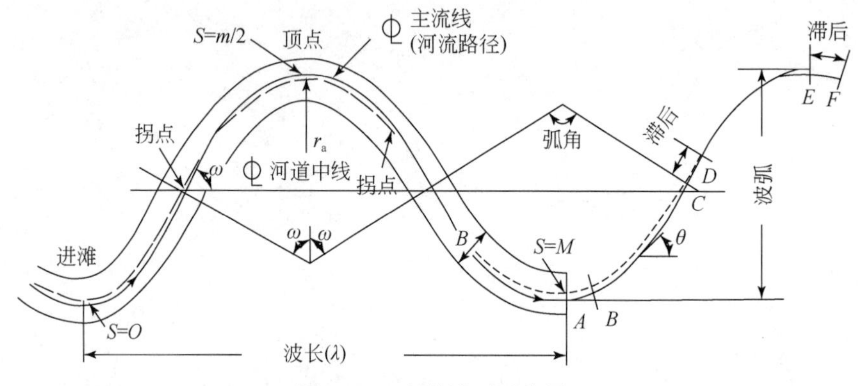

图 39-24　相位滞后示意图

一般地，反馈机制总是要落后于初始扰动。相位滞后归因于河槽对水流反应的滞后，即河槽的形成落后于河流的流型。张海燕根据其河弯流路方程研究发现，出现规则性重复流路图形的相位滞后约为弯顶至下一个拐点之间的距离的 1/5。

关于相位滞后的问题，黄河上习惯称其为下败。黄河下游规划治导线两个弯顶间距离一般为 5～6km，按张海燕理论，相位滞后值约 500m。

朱太顺根据黄河下游的实测资料，整理分析后得出的下败角 α 公式为

$$\alpha=3+5\left(\frac{S}{S_*}\right)^{1.85} \tag{39-35}$$

式中：S 为含沙量；S_* 为水流挟沙能力，kg/m^3。按朱太顺下败角公式计算，相位滞后值约 300～500m。这一结果与按张海燕方法计算结果基本一致，也基本符合黄河下游游荡型河段的实际情况。

（二）河弯蠕动与水流流路

河弯可能在横向和顺河谷方向发生蠕动，也可能发展或消失。水流流过河弯的过程中，环流运动强度沿程发生变化，这种变化与河弯的许多现象有关。河弯地貌影响河弯流路，同时，河弯流路变化中的曲率及其与河道曲率的相位差对河弯地貌也有重要的影响，这种影响以某种方式与环流运动强度联系起来。

张海燕河弯流路方程（式 39-22）反映了环流强度或水流曲率顺水流方向沿程变化。该式表明环流强度、横向流速或水流曲率的沿程变化受河道曲率引起的向心加速度、横向水面比降和内部紊动切力的影响。内切力是水流改变曲率时必须克服的阻力。由于这种阻力，使河道曲率变化后，水流曲率并不能立即调整与其相适应。DeVrlend 和 Struiksma（1983）认为这一过程是水流曲率对河道曲率的滞后反应，并引起了图 39-25 所示的相位滞后。

河弯的蠕动除受河岸物质构成和植被影响外，它还与水流和泥沙输移过程有关。水流对泥沙输移和蠕动模式的影响可用与河道类型有关的流型来分析。水流作用于河道边界的

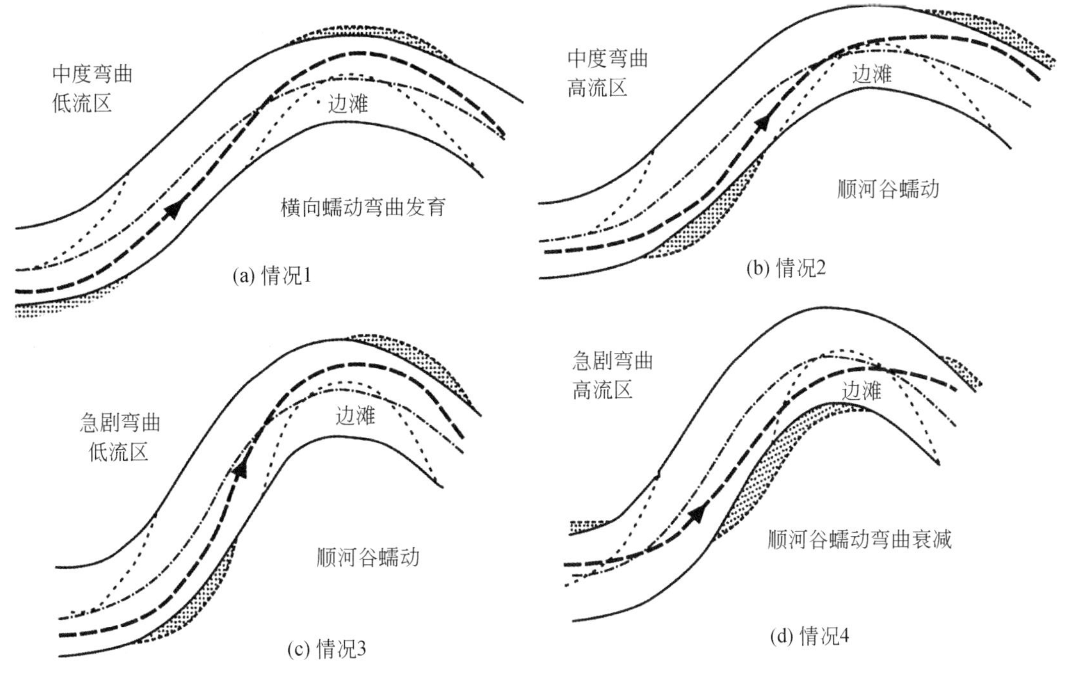

图 39-25　与流型有关的河弯变形的一般模式

拖曳力或剪切力有纵向分量和横向分量。这里所说的纵向是指沿河道流路的方向，而横向是指正交于河道流路的方向。只要水流流路和河槽路径之间有一角度差，则主流和环流在纵向和横向均有分量。

纵向剪力主要由主流引起，且在水流流路紧靠河岸处产生河岸冲刷，如图 39-25 中河岸的阴影区域所示。而在水流流路离开河岸的地方，可能产生淤积。

水流流路与河道路径的角度差还会在河道中心线处产生一个横向净流量，称为横贯流量。环流对凹岸施加一个向下作用力，并将泥沙从凹岸移向凸岸。按照主流的横贯分量和环流引起的相对输沙率，泥沙可能离开或移向某一岸。此外，河弯蠕动也受到波浪作用和塌岸模式的影响。

环流强度或水流曲率的变化是水流条件的函数，与此同时水流流路与河道路径之间的相位差也随之而变。由式（39-22）可知，在浅水中或低水时水流流路能更快地调整到河道曲率，而在高水时则调整较慢。水深很大的地方，由于水流流路的转折受到阻碍，因此它们的曲率差别和相位差均较大。根据与河道路径有关的水流流路的类型，河弯演变经常以横向蠕动或顺河谷方向的蠕动（或两者兼而有之）表现出来。对于不同的河道曲率和水流条件组合，图 39-25 示出了河弯发展或衰减的四种情况。第一种情况（较缓曲率和较小水深），环流运动发展迅速，因而水流路线同河道轮廓线更趋于一致。由于最大水流曲率靠近弯顶，表现为横向蠕动和弯曲拉长的趋势。第二种情况（较缓的曲率和较高的水深），水流曲率变化缓慢，最大水流曲率因而从弯顶移向下游更远处，表现为顺河谷方向的蠕动。第三种和第四种情况（急剧弯曲的河道），河道曲率和水流曲率之间存在着更大的差别。第三种情况（较小水深），流型表现为顺河谷方向蠕动。第四种情况（较高水深），河道曲率和水流曲率有巨大差别，并伴随着巨大的相位差，且高流区靠近凸岸。流动模式与河型之间的这一关系表明了顺河谷方向的蠕动同弯道曲率减少一起出现的趋势。

Ippen 和 Drinker（1986）在缓流条件下光滑梯形河道的弯曲河段，测出了边界剪切力的分布，进行了一系列试验以确定流量和河道几何图形的变化对切力图形的影响，发现最大切力的位置一般与最大流速路径一致。相对曲率是与河道尺寸有关的河道曲率的量度。在相对曲率大时，发现高切力在弯道内岸凸岸附近和弯道出口下游的外岸（凹岸）附近。这一切力图形与图 39-25 中描绘的第四种情况的流动形态是一致的。当相对曲率小时，在弯道下游部分沿外岸（凹岸）出现剪力增大，这与情况二的流动形态一致。

概括起来，影响河弯蠕动的复杂的水流和泥沙过程，可用环流运动沿程变化的观点来描述，这也反映了水流发展的模式。由于水流在它逐渐发展的过程中必须克服阻力，使流动模式滞后于河道的边界模式。根据流动模式与河道边界模式之间的关系，河弯在横向或顺河谷方向蠕动时，其曲率既可增大也可减小，如图 39-25 中的例子所示。与主流流向正交的环流或横向环流，引起横向输沙，但相对于主流流向不产生横向流量。主流与河道中心线的夹角引起横贯流量、水位的变化及纵向剪力的重分布。

需要说明的是，天然河道中的水流流路变化较上述还要复杂。在河床质均匀，水沙条件变化不大的情况下，随着时间的推移，在水流与边界相互作用的过程中，会出现相位滞后、河弯在横向及纵向发生蠕动，顶冲点的位置表现为下败。下败程度受河道整治工程布局或耐冲岸线形状、河床质的不均匀程度、水沙过程等情况的影响。在天然河道中，河床的颗粒组成由上游至下游是变化的，在同一河段不同时段也是不一样的，且往往存在局部的以黏性土为主的河床或以砂性土为主的河床；水流过程有时是缓变的有时是突变的；由于受多种因素的影响，已有的控导工程的平面形状与水流的流动规律不相适应等等。因此，在天然河道河势演变的过程中，水流对工程的顶冲点除下败的情况外，有的也表现为上提。如东明辛店集控导工程至长垣周营控导工程，在 20 世纪 70 年代就有时表现为下败，有时表现为上提。

（三）对黄河下游游荡性河段河道整治工程平面布局的思考

从以上论述中可以看出，根据正弦派生曲线计算的河弯流路与自由发展的天然河弯及概化模型试验中均质河床充分发展的模型小河的实际流路基本一致。对于黄河下游游荡性河段河道整治三个模范河段的受控河势流路的发展情况，在弯顶处却存在差别，而且均是原型实测值小于正弦派生曲线的计算值，也就是说，模范河段控导工程的布局使受控水流的实际流路的振幅 P（P_m）一般小于天然情况下自由发展的流路摆幅。这正是一代又一代治黄工作者在治黄实践中对水流运动规律及河道整治工程控导机理潜移默化、逐渐认识的结果，是对实际流路相位滞后问题有效控制的具体体现。

天然状况下的河弯不可能稳定不变，水流条件的不同造成水流流路与河道曲率的相位差，由相位滞后引起的图 39-25 所示的河弯蠕动模式在黄河下游游荡性河段经常出现，因此，在小浪底水库运用后对游荡性河段进一步整治时，在本章第三节流路方程的基础上，尚需考虑相位滞后的影响，尽量缩小河道曲率与水流曲率的差别，有效利用河弯蠕动向横向的发展（河道整治工程可以控制），尽量遏制或减小河弯沿河谷方向蠕动的影响。

基于上述分析，我们认为黄河下游采用目前的微弯型整治方案是可行的。但是，采用微弯型整治方案，还要防止出现图 39-25 中的第二种情况，即河弯顺河谷蠕动。要想稳定河弯流路，必须使布设的控导工程在弯顶以下有足够的长度，甚至在治导线的直线段部分布置一定长度的控导工程，以便有效控制河弯向下游的蠕动。

综上所述，在黄河下游游荡性河段，要想有效地控制流路，河道整治工程的平面位置必须布设在水流出上一河弯后而在下一河弯充分发育之前，以收住水流，有效地遏制相位滞后的发生；同时，为了避免水流出河弯以后快速分散消耗水能，应在每一个河弯工程的下首增加适当长度的控导工程，尽量减少水流出弯后存在明显分离的影响。基于此认识，利用河弯流路方程对目前整治工程未完善的几个河段规划治导线上的整治工程布局进行了验证，对规划治导线还利用实体模型试验进行了检验，均表明目前采用的规划治导线是可以达到近期黄河下游游荡性河段河道整治目标的。

参 考 文 献

胡一三. 1996. 中国江河防洪丛书·黄河卷. 北京：中国水利水电出版社

胡一三，张红武，刘贵芝，等. 1996. 黄河下游游荡性河段河道整治. 郑州：黄河水利出版社

江恩慧，曹永涛，张林忠，等. 2006. 黄河下游游荡性河段河势演变规律及机理研究. 北京：中国水利水电出版社

江恩慧，梁跃平，张原锋，等. 1999. 新形势下黄河下游游荡性河道整治工程设计有关问题探讨. 泥沙研究，4：26-31

江恩慧，万强，曹永涛. 2008. 黄河下游游荡性河道整治河弯流路方程. 天津大学学报，9：1057-1061

钱宁，张仁，周志德. 1989. 河床演变学. 北京：科学出版社

钱宁，周文浩. 1965. 黄河下游河床演变. 北京：科学出版社

谢鉴衡. 1997. 河床演变及整治. 北京：中国水利水电出版社

张海燕. 1990. 河流演变工程学. 方铎，曹叔尤译. 北京：科学出版社

Chitale S V. 1973. Theories and Relationships of River Channel Patterns. J Hydrol，19：285-308

DeVriend H J，Struiksma N. 1983. Flow and Bed Deformation in River Bends，River Meandering，Proceedings of the Conference Rivers'83，New Orleans，Louisiana：810-828

Ferguson R I. 1976. Disturbed Periodic Model for River Meanders，Earth Surface Processes，1：337-347

Langbein W B，Leopold L B. 1966. River Meanders—Theory of Minimum Variance. U. S. Geological survey Prof. Paper，No. 422-H：15

Leopold L B，Wolman M G. 1960. River meanders. Geol Soc Amer Bull，71：769-794

Parker G，Diplas P，Akiyama J. 1983. Meander Bends of High Amplitude. J Hyd Engin，109（10）：1323-1337.

Simons D B，Li R M. 1982. Associates. Engineering Analysis of Fluvial Systems. Simons. Li and Associates，Fort Collins，Colo

Von Schelling H. 1951. Most Frequent Pariticle Paths in a Plane. Trans Am Geophys Union，32：222-226

第四十章　畸形河弯形成机理探讨

一、天然河流普遍存在畸形河弯

畸形河弯经常在水沙条件变化之后、河床形态剧烈调整过程中出现，在河床调整过程中，如果河弯形态受到某些特殊边界条件（如河岸控制点）的限制，则可能会发生畸形河弯现象。畸形河弯是多沙河流普遍存在的现象，如黄河及其支流渭河、阿姆河以及我们在用动床模型模拟黄河等多沙河流试验时都曾出现过畸形河弯。

（一）黄河

黄河流域气候干旱，降雨偏少，且又流经水土流失严重的黄土高原，因此进入黄河下游的水沙条件，具有水少沙多、年内时空分布不均、年际之间变化大、受人类活动影响显著等特点（胡一三，1996）。

1986 年以来，由于降水量减少，沿程工农业用水增加，以及龙羊峡水库、刘家峡水库调节等因素的影响，黄河下游来水来沙条件发生了明显的变化，主要表现为：年水量减少，连年出现枯水少沙现象；水库运用改变了年内水沙过程，汛期水量减少、非汛期水量增加；中常洪水洪峰流量减小；全年泥沙相对集中在汛期进入下游；10 月份水沙特性已基本接近非汛期的水沙特性。

黄河下游来水来沙主要控制站实测水沙资料统计表明，1985 年 11 月至 1999 年 10 月进入下游的年均水量 278 亿 m^3（三门峡、黑石关、武陟三站之和），为多年均值的 60%，其中汛期平均水量 128 亿 m^3，仅为多年均值的 46%。汛期水量占全年的比例由多年均值的 60%降至 46%，非汛期水量占全年的比例由多年均值的 40%升至 54%；实测年均沙量 7.64 亿 t，为多年均值的 49%，其中，汛期沙量 7.23 亿 t，为多年平均值的 54%，但汛期沙量占全年的比例由多年的 86.5%进一步增至 94.6%。

20 世纪 90 年代以来进入下游的水沙量又进一步减少，汛期水量减少的幅度明显大于沙量减少的幅度，致使汛期平均含沙量明显增大，由 1985 年前的多年平均 48.6kg/m^3 增加到 1985 年后的 56.5kg/m^3，其中 1990～1999 年汛期平均含沙量高达 63.2kg/m^3，为 1985 年前汛期平均含沙量的 1.3 倍（赵文林，1996）。

长期小水作用不仅使河道弯曲、河势上提，还容易形成横河、斜河和“Ω”、“S”等畸形河弯。如 1987 年东坝头出现的畸形河弯；1993 年汛末黑岗口、柳园口、古城、王夹堤等出现的畸形河弯；1994 年汛末马庄、大宫出现的畸形河弯，特别是在古城断面（图 40-1）上下形成了一个罕见的“S”形河弯和大宫工程前的“∿”形河弯（胡一三，1998）。1999 年汛前常堤与贯台间开始形成“Ω”形畸形河弯。2003 年蔡集工程上首出现了畸形河弯，河弯向纵深发展，造成了生产堤决口，致使兰考、东明滩区全部漫滩。

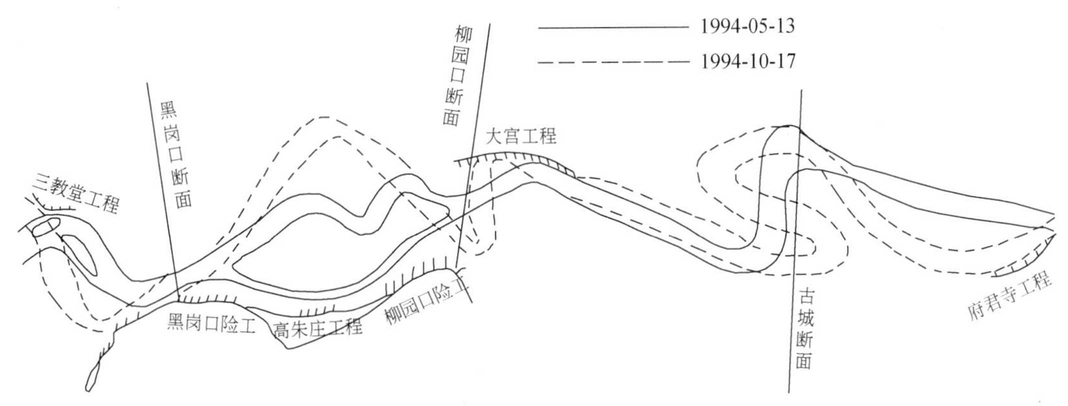

图 40-1　1994 年古城断面附近形成的畸形河弯

（二）渭河

渭河是黄河最大的一条支流。渭河下游自咸阳铁桥至渭河口，河道长 208km，于潼关附近汇入黄河。沿程两岸支流分布极不对称，南多北少。北岸支流大而长，有泾河、石川河和北洛河。泾河长 455km，流域面积 45420km^2，集水面积大，穿行于水土流失区，来沙量大，含沙量高；北洛河河长 680km，流域面积 26905km^2。南岸支流短而多，有沣河、灞河、产河、零河、犹河、赤水河、遇仙河、石堤河、罗汶河、苟峪河、方山河、葱峪河、罗夫河、柳叶河、长涧河、蒲峪河等 16 条大小支流，多为间歇性河流，这些支流均源于秦岭，坡陡流急，河道短直，河长 21～107km 不等，集水面积小，含沙量低。

渭河下游水、沙来源于咸阳以上渭河干流和泾河、北洛河以及南山诸多支流。

据 1950～1986 年实测资料统计，华县站多年平均年水量 81.0 亿 m^3，年输沙量 3.94 亿 t，年平均含沙量 49kg/m^3；咸阳站年水量 50.3 亿 m^3，年输沙量 1.51 亿 t，年平均含沙量 30kg/m^3；泾河张家山站年水量 14.8 亿 m^3，年沙量 2.42 亿 t，年平均含沙量 164kg/m^3。渭河咸阳以上干流和南山支流水多沙少、含沙量低，泾河水少沙多、含沙量高。

华县站的水沙主要来自渭河干流和泾河。水量，咸阳占华县站的 62%，张家山占 18%；沙量，咸阳占华县站的 38%，张家山占 61%。渭河下游水量主要来自渭河咸阳以上，沙量主要来自泾河。

渭河下游水量的年际变化幅度很大。咸阳年水量最多 111.7 亿 m^3（1964 年），最少 5.3 亿 m^3（1995 年），最大变幅为 106.4 亿 m^3；张家山年水量最大值 38.8 亿 m^3（1964 年），最小值 3.2 亿 m^3（1972 年），最大变幅是 35.6 亿 m^3；华县站年水量最大值 187.6 亿 m^3（1964 年），最小值 17.5 亿 m^3（1995 年），最大变幅是 170.1 亿 m^3。沙量的年际变化幅度更大，咸阳站年输沙量最大值 3.89 亿 t（1973 年），最小值 0.20 亿 t（1972 年），最大变幅是 3.69 亿 t；张家山年输沙量最大值 11.7 亿 t（1993 年），最小值 0.32 亿 t（1972 年），最大变幅是 11.38 亿 t；华县站年输沙量最大值 10.64 亿 t（1964 年），最小值是 0.50 亿 t（1972 年），最人变幅 10.14 亿 t。并且具有持续丰水时段和持续枯水时段的特点，持续丰水时段为 2～3 年，持续枯水时段为 4～5 年。

根据河道平面形态可将渭河下游干流分为三段，上段咸阳—耿镇桥长 37km，河宽 1～1.5km，河床比降 6.5‱左右，属游荡型河道，该段河道比较顺直，但河道宽浅，沙滩较多，主流摆动不定，易冲易淤，$\sqrt{B}/H \geqslant 10$；河床组成物质较粗，为粗中砂夹零星小砾石，河漫滩多为细砂，北岸细南岸较粗；本段虽属游荡型河道，但游荡强度不大，多年来主槽位置相对比较稳定，主槽基本位于左汊。中段耿镇桥—赤水河口，长 63km，为从游荡到弯曲的过渡性河道，河宽 0.5～1km，河床比降 3.5‱左右，弯曲系数 1.2，$\sqrt{B}/H$ 为 5～10；河道宽窄相间，宽段内有心滩，三门峡水库修建后修建了控导工程；河床物质组成为砾卵石，粗、中、细砂，沿程由粗变细。下段赤水河口—渭河口，长 108km，属弯曲型河道，河宽 0.5～1.5km，比降 1.3‱左右，弯曲系数 1.6～1.7，$\sqrt{B}/H$ 值小，在渭淤 6 以下，河床较窄深；河床物质主要为细沙、粉沙，河漫滩为粉砂、亚砂、亚黏土；河道两岸堤距 2.28～3.77km，河床很不稳定，河弯发育。方山河以下，属 335m 高程以下三门峡库区，河弯弯曲半径 0.6～1.0km，该河段基本无工程防护，河弯无控制，河势变化不定。

渭河下游由于河道整治工程不完善，河弯向纵深发育，畸形河弯时有发生。如渭河仁义湾位于三门峡水库库区 335m 高程以下，该湾形成于 1905 年以前，1974 年裁弯前总长 12km（图 40-2），外形呈鹅头形，弯颈处长 2.5km。该湾曲折率大，泄洪不畅，影响渭河下游防洪。1974～1975 年实施了仁义湾裁弯，裁弯后水面比降由 1.16‱增大为 1.87‱，冲刷后引河口门以上 5.2km 处的陈村汛后水位（200m^3/s 流量）1975 年下降 2.9m，洪水位（流量 4230～4320m^3/s）下降 0.67m。

1990 年以来，华阴农场—陈村形成一个倒“S”形河弯；1992 年以后在南赵—梁赵段出现一畸形河弯，形成南北横河。

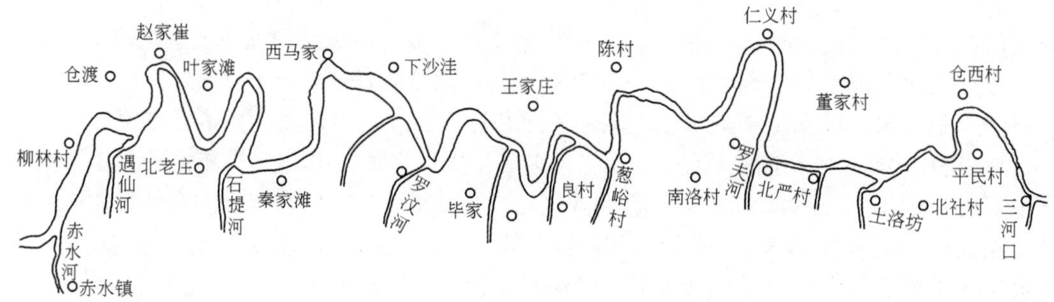

图 40-2　渭河下游 1962 年仁义村附近畸形河弯

（三）阿姆河

阿姆河是中亚地区最大的河流，多年平均年水量 671 亿 m^3。阿姆河流域的悬移质泥沙含量在中亚细亚河流中居于前列。阿姆河的多年平均含沙量 4～5kg/m^3，平均年沙量 2.7 亿 t；最大年沙量达 6.98 亿 t，最小为 1.53 亿 t。5 月可见到悬移质泥沙含量的最高值，从 6 月起其数量减少，在 11～12 月达到最低值。阿姆河在克尔基城附近一年内输沙量约 2.17 亿 t，泥沙顺流而下，沉积在河谷中。阿姆河带到咸海里去的泥沙大约为克尔基城附近输沙量的 11%。洪水最大含沙量 S_{max}=100kg/m^3，少水年 S_{max}=48kg/m^3；春汛发生在 3～6 月，7～8 月气温最高，永久积雪与冰川融化形成主要洪峰，最大洪峰发生在 7 月，实测最大洪峰流量 9060m^3/s。

阿姆河流域上游年降水量 1000～2000mm，平原地区年均降水量只有 100mm 左右。为了解决当地的农业生产灌溉用水，阿姆河兴建了多处大型引水干渠如卡拉库姆运河、阿姆—布哈拉运河、卡尔申瓦赫什等引水灌溉工程，引水量在 20 世纪 60～70 年代占总水量的 60%～70%，20 世纪末引水量约占总水量 80%～90%。1980 年建成土雅姆水库后，对水量进行调节，大量泥沙淤积在库区，下泄清水，出库的含沙量在流量 4000m^3/s 时，由天然情况下的 8～10kg/m^3 变为不足 1kg/m^3，引起下游河道长距离的冲刷。

从 1980～1999 年的 20 年间，由土雅姆水库出库的最大洪峰流量、平均流量、最小流量变化过程可知，1992 年、1998 年，最大流量均大于 4000m^3/s，1994 年、1998 年为丰水年，年水量分别达到 501 和 485 亿 m^3。年均下泄水量约为 300 亿 m^3，最小年水量仅 174 亿 m^3，最小流量经常不足 200m^3/s，且全部由灌溉渠系引走，河道处于近乎断流状态。

在天然情况下河道和三角洲地区年均淤积约为 0.8～1 亿 t，土雅姆水库建成投入运用后，下泄清水，下游河道发生冲刷，水位下降 2～3m，塔希阿塔什枢纽下游河道也冲深 2m。

土雅姆水利枢纽距河口约为 450km，其中近坝下游 250km 为游荡性河道。自古以来难以管驯，当地人称之为野性河，汊流密布，主流摆动幅度在 3～5km，甚至达 10km。河道纵比降 2.2‱～1.4‱，床沙为松散沙，D_{50}=0.15mm。小于 0.05mm 的含量仅占 13%。河槽宽浅，心滩、边滩、浅滩、汊河、串沟普遍存在（图 40-3）。主槽宽度远小于滩宽。水面宽 150～2000m，两岸间距达 3～5km。平均水深 1～5m，最大水深 2～12m；平均流速为 0.3～2.5m/s，最大为 1～5m/s。在流量 3000～4000m^3/s 时，V/V_0=2.5～3.5（V_0 为床沙的起动流速，V 为水流流速），河床极不稳定，洪枯水位相差 2.5～3m。洪水期常形成横河顶冲滩岸，造成滩地坍塌，主流沿横比降大的方向流动，造成河道大摆动。

图 40-3　阿姆河宽浅河道照片

洪水期塌岸每昼夜可达 50m，年塌岸宽度达 400m，河道的摆动，滩地坍塌，给灌溉引水、土地利用，带来极大的困难。同时威胁居民点的安全。

为了保护滩区耕地，稳定水流于中河，阿姆河采用对口丁坝整治方案进行了河道整治（尚宏琦，2003）。阿姆河整治后，游荡范围有所缩小，但在流量 700～800m^3/s 的小水期，经常发生坐死弯现象，甚至出现入袖河势。如 2000 年前后，由于水流受到正挑丁坝的限制，逐渐形成一畸形河弯，如图 40-4 所示。该河弯为一“S”形与一斜“S”形河弯组成的“Ω”形河弯，弯颈处长仅 2.0km 左右，对口丁坝坝身也被冲塌一部分。采用对口丁坝整治后，仍会形成畸形河弯。该湾曲率大，泄洪不畅，影响防洪。

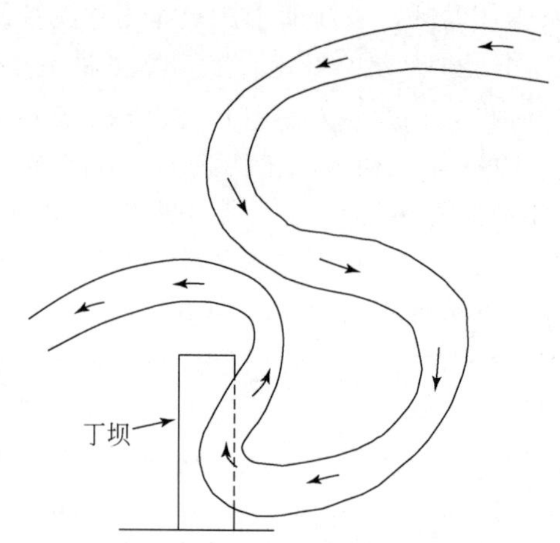

图 40-4　阿姆河的畸形河弯（2000 年 11 月现场考察勾绘）

二、畸形河弯形成机理初步探讨

（一）研究现状

1. *黄河下游过渡性河段畸形河弯研究*

黄河下游高村—陶城铺河段为由游荡性向弯曲性转变的过渡性河道，该河段在 1966 年进行集中河道整治以前，曾经多次形成畸形河弯，并发生自然裁弯现象。在 20 世纪 50 年代和 60 年代的十多年间，该河段至少有 7 次裁弯现象。从畸形河弯的形成、发展至裁弯，有的经过几年，有的仅在一个水文年内就完成了这一过程。胡一三和肖文昌（1991）对该河段畸形河弯的裁弯现象进行了详细分析，认为河道边界中出露的耐冲黏土层（胶泥嘴）在畸形河弯的形成中起着重要的作用；通过 1966 年之后有计划的河道整治，稳定了主流，改变了畸形河弯的边界条件，裁弯现象未再出现。因此，河道整治是控制畸形河弯的重要措施。

2. *黄河下游游荡性河段畸形河弯研究*

20 世纪 80 年代中期以来，黄河流域气候偏旱，随着国民经济的高速增长，人类用水量激增，使进入下游河道的水量大幅度减小，河道频繁断流，造成河槽萎缩。长期的持续小水，使游荡性河段的河床演变出现了许多新问题，畸形河弯现象即是其中之一。许炯心等（2000）对这一时期游荡性河段的畸形河弯形成、演变过程及机理进行了研究，认为：畸形河弯是在水沙条件变化之后河床形态剧烈调整过程中出现的，在河床调整过程中，如果河弯形态受到某些特殊边界条件的限制，则可能会发生畸形河弯现象（许炯心等，2000）。在黄河流量减小的过程中，弯道的几何尺度会进行自我调整，以适应新的水流条件。这种调整表现为减小跨度、河弯半径和曲流带宽度的内在要求。在不受边界条件限制的情况下，曲流的发育表现出向下游蠕移的特征。由于凹岸的最大冲刷点位于弯顶稍下处，故随着凹岸的冲刷、凸岸的淤长，整个弯道将向下游方向缓慢移动。如果由于某种边界点的限制，在某一点上不能移动，而该点以上的河弯部分仍可下移，则可使河弯向畸形发展。20 世纪

80 年代以来，随着河道整治工程特别是护滩控导工程的修建，黄河游荡性河段出现的河弯大部分为限制性河弯，即两岸的弯顶都受到险工或控导工程的控制。在这种情况下，河弯不会下移，在总体上河道的位置比较稳定。然而，随着流量的减小，曲流带的宽度将减小，其他形态指标如河弯跨度、弯道半径等也将减小。这样，就可能出现某一岸原来受到水流顶冲的险工脱离水流的现象。按照弯道的天然发育规律，在这一点上弯顶失去控制后将向下游移动，而下一个弯顶则可能仍会受到节点的控制而保持固定位置。这时就会使弯道形态变形，出现弯道倒转。若失控的弯顶继续下移，当它移动到下游方的弯顶以下时，则畸形河弯便会出现，并最终导致自然裁弯的发生。裁弯以后，起控制作用的节点被甩掉，原有的工程失去对河势的控制作用。此后新的弯道形态还会进一步发育，在适当的条件下仍可能出现新的畸形河弯，从而开始畸形河弯的下一个发育周期。

许炯心等（2000）认为游荡性河段的畸形河弯形成机理与过渡段相同，但促使游荡性河段畸弯形成的节点常常是人工节点（河道整治工程），反映改变了的水流条件与原有人为工程条件不相适应而出现的一种剧烈的河势调整和河床形态调整。

（二）影响因素分析

畸形河弯的形成主要受三种因素控制，一是来水来沙过程；二是河道形态；三是河床物质组成。其中三是一、二的产物，受其直接影响。畸形河弯正是受来水来沙条件、河床边界条件影响的直接结果，也是河势演变随机性、不均衡性的具体体现。

1. 来水来沙过程的影响

黄河水少沙多的来水来沙特性，致使黄河下游河道处于长期的淤积状态，泥沙来源区域的差异造成河道淤积物组成的不均匀。

来水来沙过程对畸形河弯的影响突出表现在，流量的减小加大了畸形河弯形成的概率。河床演变强度与水沙条件、河床边界条件等因素有关，其中，流量的大小是影响河床演变的主要因素之一。流量大则水流的动量就大，河床的演变就剧烈；相反，流量小则水流的动量就小，河床的演变就缓慢。另外，流量大时，河槽对水流的约束作用较小，水流可以漫过河槽在滩地上行洪，当漫滩水流遇到较为有利的地形条件时，如纵比降远远大于原河道比降时，漫滩水流就有可能拉沟成槽，发生大水夺溜的情况。而流量小时，河槽对水流的约束作用较大，水流基本在河槽中运行，河床的演变主要表现为凹岸的冲刷后退和凸岸的淤积扩张，随着冲刷的发展，当弯顶向下移动的速度大于出弯段以下河道运移速度时，就有可能使弯顶位于出弯段以下，从而形成畸形河弯。其实，大水时如果不发生大水夺河的局面，仍有可能形成畸形河弯。如老君堂控导工程以下河段，在 20 世纪 70 年代和 80 年代等丰水条件下多次出现过“横河”现象，只是当时流量大，畸形河弯存在时间较短，大水时畸形河弯很快发生裁弯，所以说当时畸形河弯的出现概率远没有现在小水时出现的概率大，因此，当时也未引起人们对畸形河弯的高度重视。

2. 河道形态的影响

宽浅的河道形态，加重了黄河下游河道的淤积。黄科院在统计分析多年实测资料的基础上，发现黄河下游河道的输沙能力与断面形态关系密切，当含沙量较大时，床沙质输沙率是流量与含沙量的函数，其关系式可写成：

$$Q_s = KQ^a S_{上}^b \tag{40-1}$$

式中：$S_{上}$为上站床沙质含量，kg/m^3；a，b 分别为流量和含沙量的指数，研究表明含沙量指数 b 与断面形态（$\sqrt{B}/H$）成负相关关系：

$$b = 1.155(\sqrt{B}/H)^{-0.107} \tag{40-2}$$

在宽浅游荡性河段，b 值约为 0.7 左右，而在窄深弯曲性河段 b 值接近 1。由此可见，宽浅的河道床沙质输沙能力较窄深的河道输沙能力低。

宽浅的断面形态，不仅加重了河道的淤积，使河床组成不均匀，而且由于河道的冲淤，致使河道的断面形态不断调整。一定的河床形态和河床组成，决定了一定的与其相适应的水流条件；而一定的水流条件，又使河床形态和河床组成产生一定的与其相适应的变化。当来水情况发生改变时，原有河势流路与来水情况不适应，河床相应会发生自动调整，如洪峰过后，中小水时往往会发生河势上提或小水坐弯等状况，畸形河弯就是在河弯调整过程中由于弯顶受工程或胶泥嘴限制而形成的。也就是说，畸形河弯是河道形态与来水过程不适应时，河床平面形态自动调整过程中的必然产物。

3. 河床组成的影响

河岸土质的不均一是形成畸形河弯的主要因素之一。由于河岸组成的不同，河岸的抗冲性也不同。黏性土的黏聚力明显大于壤土，其抗冲能力也明显大于壤土；随着黏粒含量的增大，土壤的液限含水率越大，黏土的抗液化能力也越强，因而在河床冲刷变形的过程中，黏土河岸及黏土河底的抗冲能力是非常强的。

（1）不同土体的起动切应力

河岸抗冲性能的强弱，可以用起动切应力的大小来表示。

当用起动切应力来表示滩岸抗冲性能的强弱时，唐存本认为，对新淤黏性土，一般认为泥沙颗粒间尚未全部密实，泥沙在起动时仍然可以按照单个泥沙颗粒来处理，不过应加上黏结力项（唐存本，1963）。将重力、拖曳力、上举力及黏结力统一考虑，根据力的平衡方程式，可以用下式来计算起动拖曳力：

$$\tau_c = 6.68 \times 10^2 \times d + \frac{3.67 \times 10^{-6}}{d} \tag{40-3}$$

式中：τ_c 的单位为 N/m^2；粒径 d 的单位为 m。

图 40-5 给出了黏性河岸土体的起动拖曳力随土体粒径的变化关系。从图中可以看出，当 d 位于 0.08～0.1mm 之间时，土体最容易起动。根据本篇第二章的分析，黏土的中值粒径为 0.0059mm，壤土的中值粒径为 0.013mm，粉煤灰的中值粒径为 0.0065mm，而黄河下游河床床沙中值粒径一般为 0.1mm 左右，说明黄河下游的床沙最容易起动，而黏土最难起动。

（2）不同土体的起动流速

河岸抗冲性能的强弱，同样可以用起动流速的大小来表示，关于这方面的研究成果较多。

通过点绘用沙玉清公式计算得出的水深、粒径与起动流速的关系发现（齐璞等，2008），床沙中值粒径在 0.07～0.2mm 范围内，均处于最容易起动的区域，粒径由 0.07mm 增加到

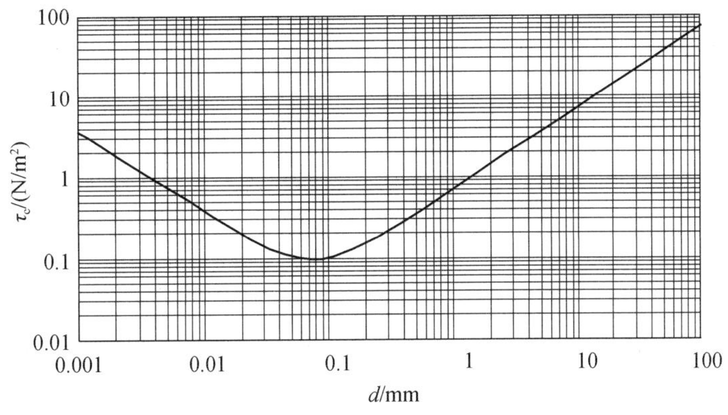

图 40-5 黏性土的起动拖曳力

0.2mm，所需的起动流速均为 0.42m/s；而中值粒径在 0.07～0.2mm 范围内的床沙基本上属于砂土类非黏性土，也就是说，中值粒径在 0.07～0.2mm 范围内的砂土类非黏性土起动流速约为 0.42m/s。

由于黏性土颗粒间存在黏结力的作用，黏性土以多颗粒成片或成团的形状起动。而非黏性土受水流作用时，多以单个颗粒形式起动。因此，一般地，黏性土的起动流速要比非黏性土大（韩其为和何明民，1999）。

黎青松曾在水槽内开展了天然沙（包括花园口淤泥）起动的试验。由于之前在室内水槽中试验大水深条件下泥沙起动不可能，黎青松的试验是在加压循环管道中进行，分为渐变段和观测段，观测段的横断面为正方形，长 100cm，宽 9cm，高 9cm。取花园口的淤泥进行试验，D_{50}=0.0068mm，其中粒径小于 0.001mm 占沙样的 13%。泥沙的级配如图 40-6。试验的起动标准以床面淤泥全断面冲为准，试验结果如表 40-1。

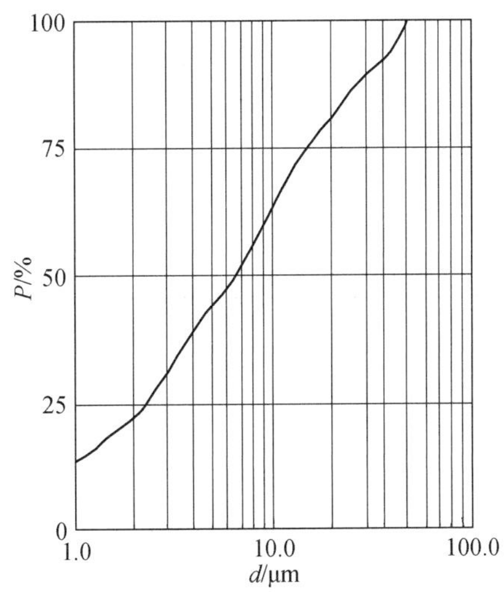

图 40-6 试验用沙级配曲线

表 40-1　花园口淤泥成团起动流速试验数据表

组次	干容重γ_s'/（t/m^3）	水深 H/m	起动流速 V_c/（m/s）
1	0.7	2.5	0.38
2	0.7	2.98	0.4
3	0.7	2.76	0.38
4	0.75	3.68	0.47
5	0.75	3.82	0.51
6	0.75	2.96	0.45
7	0.966	10.22	1.05
8	0.966	11.59	1.14
9	0.966	10.28	1.08
10	0.86	5.82	0.75
11	0.86	5.54	0.72
12	0.86	5.2	0.69
13	0.65	2.46	0.34
14	0.65	2.2	0.34
15	0.65	2.3	0.34
16	0.65	2.8	0.36
17	0.65	2.26	0.34

由表 40-1 中的试验数据回归分析得到起动流速与干容重、水深的经验关系式为：

$$V_c = 0.429\gamma_s'^{1.39} H^{0.415} \tag{40-4}$$

由式 40-4 可以看出，随着干容重的增加，起动流速的增大更加明显，表明土的固结程度对起动流速的影响较大。

我们将白鹤镇—伊洛河口河段河床取样得到的中值粒径为 0.0059mm 黏性土干容重 1.30t/m^3 代入式 40-4 中，得到不同水深时取样黏性土的起动流速，见表 40-2。为了便于比较，我们同时用张瑞瑾、唐存本、窦国仁、沙玉清公式对取样黏性土不同水深时的起动流速进行了计算，一并列在表 40-2 中。

表 40-2　用各家公式计算的 d_{50}=0.0059mm 的起动流速

水深/m	拟合公式/（m/s）	张瑞瑾公式/（m/s）	唐存本公式/（m/s）	窦国仁公式/（m/s）	沙玉清公式/（m/s）
0.05	0.178	0.669	0.827	0.660	0.691
0.10	0.238	0.739	0.928	0.739	0.794
0.20	0.317	0.818	1.042	0.835	0.912
0.30	0.375	0.870	1.115	0.906	0.989
0.40	0.422	0.911	1.169	0.966	1.047
0.50	0.463	0.944	1.214	1.019	1.095
0.60	0.500	0.973	1.251	1.069	1.136
0.70	0.533	0.999	1.284	1.116	1.171
0.80	0.563	1.022	1.313	1.160	1.203
0.90	0.591	1.044	1.339	1.203	1.231
1.00	0.618	1.065	1.362	1.244	1.258

续表

水深/m	拟合公式/（m/s）	张瑞瑾公式/（m/s）	唐存本公式/（m/s）	窦国仁公式/（m/s）	沙玉清公式/（m/s）
1.50	0.731	1.152	1.458	1.432	1.364
2.00	0.824	1.225	1.529	1.601	1.445
2.50	0.904	1.290	1.587	1.757	1.511
3.00	0.975	1.349	1.636	1.902	1.567

从表中可以看出，不同公式计算的同样水深的起动流速差别较大，以水深 1m 时为例，根据黎青松试验数据拟合的经验公式计算的起动流速为 0.618m/s，而根据唐存本公式计算的结果为 1.362m/s，后者是前者的一倍多。

为了进一步搞清白鹤镇—神堤河段现有河槽两侧的黏性土的抗冲能力，我们专门对取样黏土进行了起动流速试验研究（江恩慧等，2006）。将在黄河上取回的黏性土切成 30cm 宽的块状，放置在长 10m，宽 30cm 的水槽中并保持床面平整，进行泥沙起动的试验。在保持较低水深的情况下，调整进口流量、尾门开启度和水槽比降以改变流速，观察黏性土表面和水流，并在试验中取水样静置。

根据观察，黏性土的起动可分为三个阶段：①床面无泥沙运动，整个床面俨如固体表面一般；②床面极慢剥蚀，表面形成细细的条纹；③在土样的薄弱边缘处，有小拇指头大小的土块剥落，在平整床面处，土样呈明显剥蚀状态。这里取第二阶段时的流速作为原状土的起动流速。

根据上述各起动流速公式计算结果，试验土体的起动流速在水深 10cm 左右时，最大不超过 1.0m/s。但试验过程中发现，流速从 0.2m/s 增大至 1.0m/s 的试验过程中，黏性土表面均无明显的单颗粒及片状起动，静置的水样中也没有黏性土存在，说明在此试验条件下，该种黏性土无法起动。通过调整进口流量、尾门开启度和水槽比降等各种方式增大流速，土体仍旧未能起动。最后将试验宽度缩窄至 10cm，试验段内平均流速增大，当增大至 1.7m/s 时，原状土起动，此时水深介于 7.0cm～8.0cm 之间。

从本次水槽试验结果可以看出，黄河上沉积下来的胶泥层是非常难以起动的，其抗冲能力极强，而上述各家公式的实验用的土体大多是采用刚淤积的土体，也就是说未达到固结状态，与黄河天然情况相差甚远，因而表 40-2 中各家公式计算结果都较小，因此，不能采用上述公式来计算黄河下游胶泥层、胶泥嘴泥沙起动流速。

（3）不同抗冲性土体的试验模拟

黄河王庵—古城河段长期存在“S”形畸形河弯，河势极不稳定。黄委 1999 年制订的《1999 年黄河挖河固堤工程实施方案》提出在该河段进行挖河，2000 年黄科院在开展该河段挖河模型试验期间（江恩慧等，2001），现场调查发现计划开挖新河的进口段地质情况比较复杂，该河段前几年的淤积厚度为 0.8～1.0m，根据现场查勘情况，滩面以下 1m 处，有厚度 0.6m 左右的胶泥层，其中值粒径 D_{50xp}=0.015～0.03mm（x，p 分别表示细沙、原型），属中壤土、重壤土和粉土类。其中最细的土就是我们前面提到的壤土，该种土虽然没有黏土的抗冲能力强，但比黄河下游普遍存在的砂土的抗冲能力强得多。

为了反映胶泥层对进口段扩展速度的影响，模型中采用的郑州热电厂粉煤灰中值粒径为 D_{50xm}=0.017～0.018mm 的细灰（x，m 表示细灰、模型）来模拟胶泥层。试验的初始河势如图 40-7。试验表明，在铺设胶泥层的老河南岸滩沿处河岸冲刷后退较为缓慢（图 40-8），老河南岸滩沿的胶泥唇对抑制老河弯顶下移和新河口门下唇的下挫起到了良好作用，对新河进口段河势稳定起到了积极作用。其他河岸冲刷后退较快。

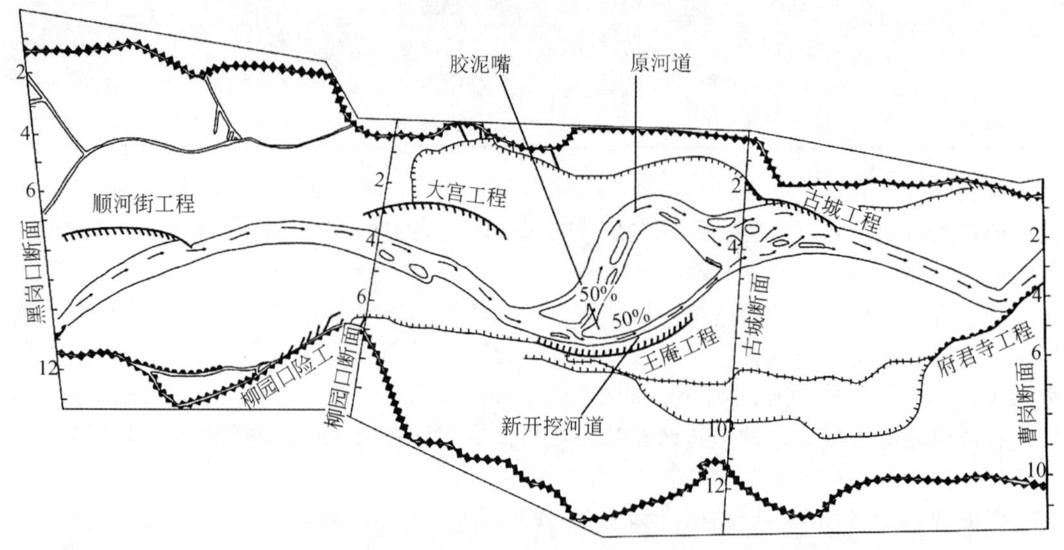

图 40-7　挖河模型试验初始河势图

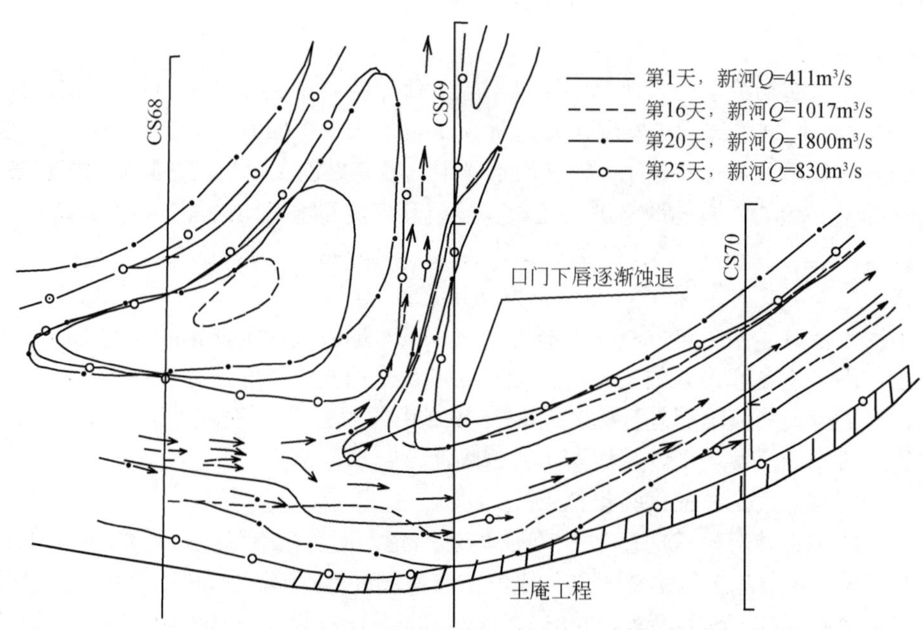

图 40-8　挖河模型试验有胶泥覆盖滩沿的进口蚀退过程

综上所述，由于黏性土抗冲性能比非黏性土强，因此，凡是黏性土含量高的河岸，河岸的冲刷后退速度就较为缓慢，相反，黏性土含量较少的河岸，河岸的冲刷后退速度就较为迅速，在河岸组成不均一的地方，抗冲性较弱的非黏性土必然要比抗冲性较强的黏性土冲刷后退得快，这就是土质不均一的河弯向畸形发展的原因之一（黄文熙，1983）。

黄河下游河岸多由砂土或粉质、沙质壤土组成，黏性土含量较少，因而河岸土体颗粒组织较为松散，抗冲能力较弱（马国彦等，1997）。对于由中密及稍密细沙或粉质、沙质壤土组成的河岸，不仅抗冲能力极弱，而且坍塌的土体极易分解成散粒而被水流带走；在水流冲刷能力很强和土质抗冲能力极弱的条件下，如果河岸抗冲性沿程比较均一，则河岸将以较大的坍塌速度基本上平行后退，岸线呈连续的“锯齿形”或“香蕉形”；如果河岸抗冲性沿程不均一，则在抗冲能力较弱、河岸组成比较均一的地方，河岸将以较大的坍塌速度基本上平行后退，而在有坝、垛段或者胶泥嘴等其他某种特定条件形成的河岸抗冲性局部较强的地方，河岸坍塌将受到一定限制，河岸坍塌速度较为缓慢，这样一来，岸线才有可能形成“S”形或“Ω”形，即所谓的畸形河弯（崔承章和张小峰，1996）。

（三）畸形河弯演变过程

畸形河弯的发展大致可分为三个阶段，即初步形成阶段、缓变阶段和裁弯阶段。为了分析说明畸形河弯的发展过程，以 1993 年汛末形成的柳园口—古城间畸形河弯的演变过程为例分析说明如下：

1986 年以后由于黄河下游连续枯水，造床流量（平滩流量）减小，河宽变窄，由此引发河弯形态的剧烈调整。1989 年汛后，在原来规顺的柳园口—大宫—古城之间的弧形河弯上，出现了一个向南凹进的次生小河弯（图 40-9A′，1989），这显然反映了水流力图塑造尺度更小的河弯形态的内在要求，使上述弧形弯道变成一个包含两个相反弯道即具有一个完整曲流波长的弯道。由于弯顶在古城工程处受到限制，位置固定，不能下移，而新形成的向南凹进的弯道（以下称南岸弯道）则因弯顶处不受控制而有下移的趋势。1990 年、1991 年汛后，此弯顶有明显的下移（图 40-9A，1990；图 40-9B，1991）。1992 年大水，使河床展宽（图 40-9C′、图 40-9C，1992），干扰了这一进程，但因大水历时短，并未改变河床演变的总体趋势，1993 年汛后，南岸弯道弯顶已下移到北岸古城弯顶以下，使北岸弯顶倒向上游，由此初步形成了畸形河弯（图 40-9D，1993）。1994～1995 年，这一畸形河弯进一步发展，弯曲系数也不断增大（图 40-9E，1994；图 40-9F，1995），这一期间为畸形河弯的缓变阶段。1996 年汛前弯曲系数已达 6.9，弯道颈长仅 1000m 左右。汛期大水时，发生了裁弯（图 40-9G，1996），这是畸形河弯的裁弯阶段。裁弯的结果使古城工程脱流，形成了不受原有险工和控导工程控制的新的弯道，形态宽浅（图 40-9H，1997）。至此完成了畸形河弯的发育周期。

1994～2004 年王庵—古城河段一直存在不同程度的“S”形河势，在此期间，“96.8”洪水前还曾出现“Ω”形河弯。1999 年汛前，河在王庵 9 坝坐弯后，成横河直冲古城上首滩地，再次坐弯后背离古城工程而去，上下游工程均不靠河。黄河 2004 年第三次调水调沙期间，王庵与古城之间的“S”形河弯进一步发展。畸形河弯一旦形成，在缓变阶段，小水时河脖会越来越短，至 2004 年汛后，弯道颈长仅 1500m。在 2004 年 11 月至 2005 年初黄科院开展的“游荡性河道微弯型整治方案节点工程布局实体模型检验”试验中，初始地形采用的正是 2004 年汛后地形，经过一个汛期（设计采用的是 1978 年 7 月～9 月水沙条件）的冲刷，王庵与古城之间的“S”形河弯即在此弯颈处发生了自然裁弯，古城工程逐渐靠溜并发挥控导作用（图 40-10）。

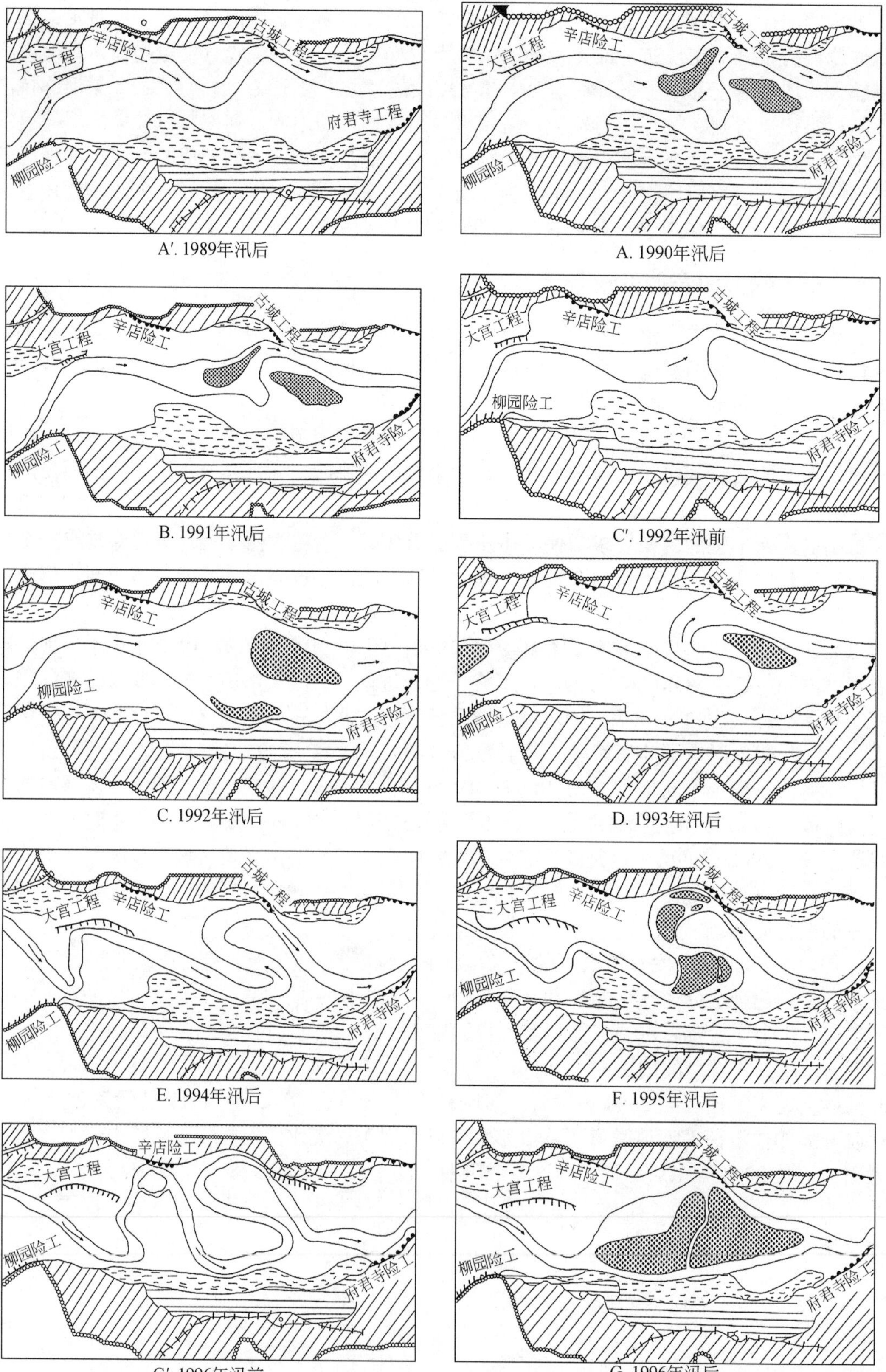

A′. 1989年汛后

A. 1990年汛后

B. 1991年汛后

C′. 1992年汛前

C. 1992年汛后

D. 1993年汛后

E. 1994年汛后

F. 1995年汛后

G′. 1996年汛前

G. 1996年汛后

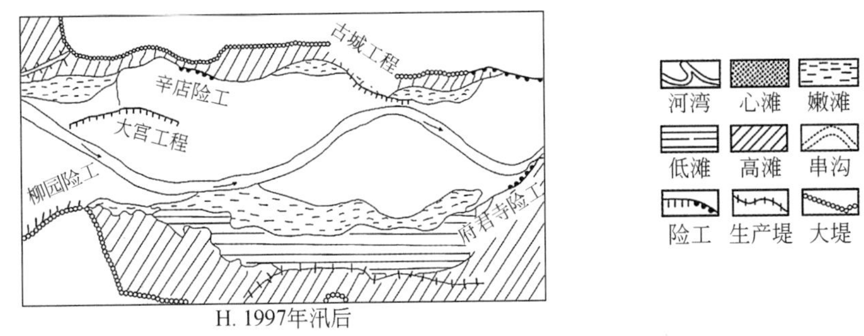

图 40-9　1989～1997 年柳园口—府君寺河段畸形河弯变化河势图

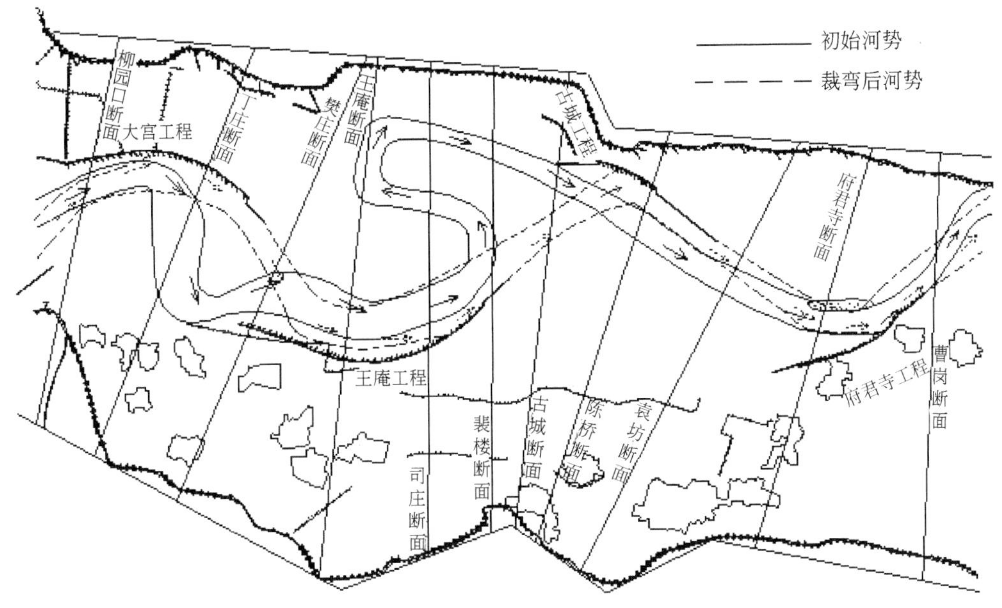

图 40-10　模型试验中王庵—古城间畸形河弯裁弯前后河势图

（四）形成机理探讨

根据目前的研究成果，黄河下游过渡性河段和游荡性河段河道形成的畸形河弯现象，其形成机理在本质上是相同的。由于局部抗冲节点的形成和出露，使位于此处的弯顶不能向下移动；若上游对岸的弯顶可以自由下移，则当上游弯顶超前于上述受到限制而无法下移的弯顶时，就会使整个河弯形态受到扭曲而形成畸形河弯。

但已有的研究成果也存在不一致的地方，如胡一三（2002）认为河道整治工程限制了畸形河弯的形成与发展，但许炯心等（2000）的研究成果，认为河道整治工程反而是促使游荡段畸形河弯形成的主要原因——是人为的抗冲节点。

对小浪底水库运用后新形成的畸形河弯进行分析，通过对白鹤镇—神堤河段一些河势出现变化、有可能发展成为畸形河弯的河段进行的现场土力学取样分析和室内水槽试验分析，认为：

1）胡一三、许炯心等学者的研究成果分别反映了畸形河弯形成的两种类型，一种是在前期河道整治工程不完善、河势变化较大的情况下，由于主流的摆动引起滩地上胶泥嘴的出露，进而发展成为畸形河弯；另一种是在前期河道整治工程相对完善、河势流路已相对稳定的情况下，由于来水情况的改变，导致原有河势流路与来水情况不适应，在河弯调整过程中由于弯顶受工程限制而形成的。这两种类型从根本上，都是河道形态与来水过程不适应，在河床平面形态自动调整过程中发生的。

2）在小浪底水库投入运用、长期下泄清水的过程中，还会出现另一类型的畸形河弯：即使原有的河弯形态与来水过程相适应，但在河床下切过程中，由于前期淤积的河床质的组成、分布不同，其抗冲性也不同，有可能主流区的河床质抗冲性较大，河槽下切很慢；而边溜区河床质抗冲性较弱，河槽下切很快，造成主流逐渐向边溜区移动；随着主流的移动和河槽的下切，原来的主河槽逐渐淤积、相对抬升。在此过程中，如果主流是向两侧边溜区移动，则会造成河流分汊、原主河槽变成支汊，形成河心滩；若只向一侧移动，则造成河势的上提或下挫；若主流在原主河槽的上首向一侧移动，在原主河槽的下首向另一侧移动，则极易形成畸形河弯。

这种畸形河弯的形成机理，与前述两种类型并不完全一致：前述两种是两个弯顶，一个受到节点限制，一个没有限制，在来水条件变化后，河床为适应变化进行自动调整过程中形成的；而后者并不需要两个弯顶，甚至在直河段都有可能形成，而且并不是河道形态与水流过程不适应造成的，纯粹是因为河床质抗冲性的不同而造成的，因此想通过完善河道整治工程来改善是行不通的，必须通过工程勘察，探明不同抗冲性河床质的分布情况，然后根据治导线进行有计划的开挖、疏通。

以曹岗—贯台间 1999 年以后畸形河弯的形成过程为例，该河段 1986～1999 年间一直为直河段（张红武，2001），河道形态与小流量的来水过程基本适应；1999 年小浪底水库投入运用后，河槽逐渐开始下切，由于左岸滩地抗冲性大、右岸滩地抗冲性小，主流线开始逐渐右移；但在贯台工程前，左右岸滩地抗冲性都较大，河槽与主流线基本稳定。如此在贯台工程上首，逐渐形成了一个横河顶冲的“几”字形畸形河弯（图 40-11）；该畸形河

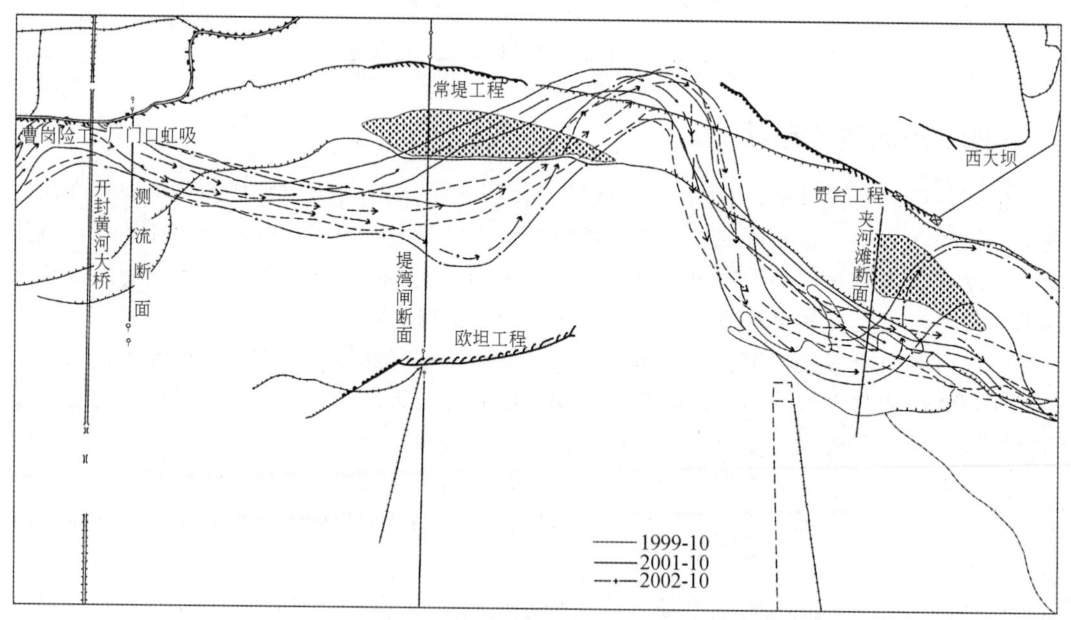

图 40-11　曹岗—贯台河段 1999～2002 年河势变化图

弯在2003年和2004年持续发展，2005年汛期已发展成为一“Ω”形畸形河弯（图40-12），大水时随时有裁弯的可能。实际上，2006年汛前，该处已自然裁弯。随着曹岗下延工程的修建，2007年汛后欧坦工程开始靠河，该处河势又逐渐向规划流路调整，至2012年汛后该河段河势已基本调整到位。

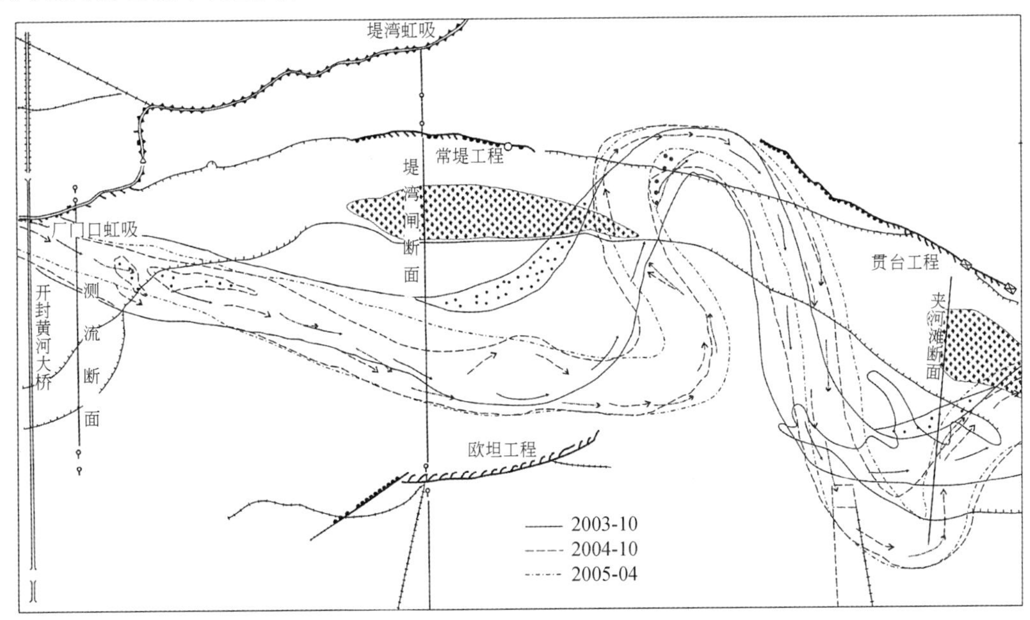

图40-12　曹岗—贯台河段2003～2005年河势变化图

参 考 文 献

崔承章，张小锋. 1996. 河床演变与河床组成的关系. 泥沙研究，2：61-65

韩其为，何明民. 1999. 泥沙起动规律及起动流速. 北京：科学出版社

胡一三. 1996. 中国江河防洪丛书·黄河卷. 北京：中国水利水电出版社

胡一三. 2002. 节点议. 人民黄河，4：13-14

胡一三，肖文昌. 1991. 黄河下游过渡性河段整治前的裁弯. 人民黄河，10：32

胡一三，张红武，刘贵芝，等. 1998. 黄河下游游荡性河段河道整治. 郑州：黄河水利出版社

黄文熙. 1983. 土的工程性质. 北京：水利电力出版社

江恩慧，曹永涛，张林忠，等. 2006. 黄河下游游荡性河段河势演变规律及机理研究. 北京：中国水利水电出版社

江恩慧，张林忠，马继业，等. 2001. 小浪底水库运用初期游荡性河道整治应与挖河固堤相结合. 人民黄河，5：1-5

马国彦，王喜彦，李宏勋. 1997. 黄河下游河道工程地质及淤积物物源分析. 郑州：黄河水利出版社

齐璞，高航，余欣，等.2008. 黄河利用洪水排沙不必刻意拦粗排细. 水利水电科技进展，2：19-24

尚宏琦，鲁小新，高航. 2003. 国内外典型江河治理经验及水利发展理论研究. 郑州：黄河水利出版社

唐存本. 1963. 泥沙起动规律. 水利学报，2：1-12

许炯心，陆中臣，刘继祥. 2000. 黄河下游河床萎缩过程中畸型河弯的形成机理. 泥沙研究，6：36-41

张红武，江恩慧，陈书奎，等. 2001. 黄河花园口—东坝头河道整治模型试验研究. 郑州：黄河水利出版社

赵文林. 1996. 黄河泥沙. 郑州：黄河水利出版社